PRÉCIS DE ZOOLOGIE

PAR

LE DR G. CARLET

PROFESSEUR A LA FACULTÉ DES SCIENCES ET A L'ÉCOLE DE MÉDECINE DE GRENOBLE
MEMBRE CORRESPONDANT DE L'ACADÉMIE DE MÉDECINE
LAURÉAT DE L'INSTITUT (Académie des Sciences)

QUATRIÈME ÉDITION

ENTIÈREMENT REFONDUE PAR

RÉMY PERRIER

ANCIEN ÉLÈVE DE L'ÉCOLE NORMALE SUPÉRIEURE
AGRÉGÉ et DOCTEUR ÈS SCIENCES NATURELLES

Avec 741 figures dans le texte.

PARIS
MASSON ET Cie, ÉDITEURS
LIBRAIRES DE L'ACADÉMIE DE MÉDECINE
120, BOULEVARD SAINT-GERMAIN

1896

PRÉCIS

DE

ZOOLOGIE

PRÉCIS

DE

ZOOLOGIE

PAR

LE DR G. CARLET

PROFESSEUR A LA FACULTÉ DES SCIENCES ET A L'ÉCOLE DE MÉDECINE DE GRENOBLE

MEMBRE CORRESPONDANT DE L'ACADÉMIE DE MÉDECINE

LAURÉAT DE L'INSTITUT (Académie des Sciences)

QUATRIÈME ÉDITION

ENTIÈREMENT REFONDUE PAR

RÉMY PERRIER

ANCIEN ÉLÈVE DE L'ÉCOLE NORMALE SUPÉRIEURE

AGRÉGÉ et DOCTEUR ÈS SCIENCES NATURELLES

Avec 741 figures dans le texte.

PARIS

MASSON ET Cie, ÉDITEURS

LIBRAIRES DE L'ACADÉMIE DE MÉDECINE

120, BOULEVARD SAINT-GERMAIN

1896

AVERTISSEMENT DES ÉDITEURS

M. Gaston Carlet, professeur à la Faculté des sciences et à l'École de médecine de Grenoble, est mort subitement dans cette ville, en pleine activité de travail, a l'âge de quarante-sept ans, le 18 mai 1892 (1).

M. G. Carlet venait d'achever la troisième édition de son *Précis de zoologie médicale*, dont il avait profondément remanie le texte et augmenté le cadre; et le succès avait répondu à ses efforts, puisque cette édition a été épuisée en moins de trois ans et qu'il est devenu nécessaire d'en préparer une nouvelle.

M. Rémy Perrier, agrégé des sciences naturelles et chargé du cours de Zoologie de l'Enseignement préparatoire au certificat d'etudes physiques, chimiques et naturelles à la Faculté des sciences de Paris, a bien voulu, à la demande de Madame Carlet et à la nôtre, se charger de mettre la quatrieme édition au courant de la science, et en même temps de faire au plan général du livre les modifications nécessaires pour le mettre en rapport avec les exigences d'un nouvel enseignement.

Aussi les changements apportés a cette nouvelle édition sont-ils plus profonds que ceux qui marquent en général les éditions successives d'un même ouvrage. C'est presque un livre nouveau que nous offrons aux étudiants, puisqu'il doit

(1) M. Gaston Carlet, né à Dijon en 1845, a eté reçu docteur es sciences en 1872 : il a éte nommé a Grenoble en 1873. La première édition du *Précis de zoologie médicale* a paru en 1881 dans le format in-18 diamant Outre cet ouvrage, M. Carlet a publié un grand nombre de memoires et de travaux originaux parmi lesquels on cite : l'Etude de la marche, l'Appareil musical de la cigale, les articles CIRCULATION (en collaboration avec M. Marey), DIGESTION, etc., du *Dictionnaire encyclopedique*, les Recherches sur l'abeille, etc.

répondre à un besoin également nouveau. Bien que le Precis de Zoologie de Carlet ait eté adopté par un grand nombre de candidats a la licence, son titre même de Zoologie medicale indique qu'il était essentiellement destiné à aider les étudiants en médecine dans leurs études zoologiques de première année. Depuis la publication de la troisième édition, une réforme importante a eté opérée : les futurs médecins doivent au préalable passer une année dans les Facultés des Sciences, où leur sont enseignés les éléments des *Sciences physiques, chimiques et naturelles* (P. C. N.).

Le fait même que cet enseignement est donné dans les Facultés des Sciences montre que la direction qui lui est donnée doit être indépendante de toute préoccupation professionnelle; ce sont les éléments des sciences pures, et non pas leurs applications médicales, qui font l'objet des premières études exigées des futurs médecins. L'enseignement du P. C. N. est destiné d'ailleurs à être suivi par un assez grand nombre d'étudiants, qui n'embrasseront pas plus tard la carrière médicale. Comme l'indique bien nettement le changement que nous avons imposé au titre, c'est dans cet esprit plus directement scientifique que le livre de M. G. Carlet a dû être modifié.

Quant au corps même de l'ouvrage, il a dû subir des modifications très grandes, sur certains points même une transformation complète. C'est ainsi que M. Rémy Perrier a rédigé entièrement à nouveau la Zoologie générale, et la plus grande partie de ce qui a trait aux animaux inférieurs, aux Protozoaires et aux Phytozoaires. Tout en laissant subsister les applications médicales et technologiques, qui d'ailleurs présentent un intérêt général, il a donné place aux théories morphologiques, qui dominent aujourd'hui si nettement la Zoologie.

Enfin il a été fait, plus encore qu'aux éditions précédentes, une part considérable à l'illustration, qui aide si puissamment à la compréhension du texte. La plupart des figures nouvelles ont été empruntées aux Éléments de Zoologie de Claus; d'autres ont été dessinées spécialement pour cette édition.

Un enseignement zoologique qui s'adresse à de futurs savants doit avoir une base essentiellement philosophique, et le rôle du professeur est essentiellement de faire ressortir les grandes lois de la morphologie et l'idée de la continuité dans le domaine des êtres vivants; mais ces lois s'appuient sur des faits précis, qui doivent être bien connus dans tous leurs détails, et être représentés souvent à la mémoire de l'étudiant.

C'est le rôle modeste de ce « Précis de zoologie ». Son but n'est pas de reproduire l'exposé des idées théoriques de morphologie et d'enchaînement, qui sont plutôt du domaine de l'enseignement oral. Mais il doit constituer une sorte de memento, où l'étudiant trouvera l'ensemble des faits qui se rapportent à l'histoire naturelle des animaux et des caractères qui marquent leur organisation. Nous espérons qu'à ce point de vue il pourra rendre de grands services aux étudiants.

Avril 1896.

TABLE DES MATIÈRES

ZOOLOGIE GÉNÉRALE

ZOOLOGIE SPÉCIALE

FIN DE LA TABLE DES MATIERES.

PRÉCIS
DE ZOOLOGIE

CHAPITRE PREMIER

CONSIDÉRATIONS GÉNÉRALES

La *Zoologie* est la partie des sciences naturelles qui a pour objet l'étude des animaux. Cette étude peut être faite à divers points de vue, dont chacun peut être considéré comme correspondant à une branche spéciale de la Zoologie. Si on se propose de décrire purement et simplement les organismes, on peut étudier leur forme même (*Morphologie*), la disposition de leurs organes internes (*Anatomie*), la structure intime de ces organes (*Histologie*) On peut étudier d'autre part le fonctionnement des appareils (*Physiologie*) ou le développement de l'organisme (*Embryologie*). On peut enfin s'occuper des mœurs des animaux (*Éthologie*), de leur *Distribution géographique*, enfin de leur groupement suivant un ordre méthodique qui rapproche les formes voisines dans des groupes communs (*Systématique*). Cette dernière étude nécessite des comparaisons entre les divers êtres. Après avoir étudié l'anatomie, l'embryogenie, la physiologie de chaque forme, il faut comparer les uns aux autres les résultats ainsi obtenus isolément; on fait alors de l'*Anatomie*, de l'*Embryologie*, de la *Physiologie comparées*.

La Zoologie, étude des animaux, a pour parallèle la *Bota-*

nique, ou étude des plantes. Ces deux sciences forment par leur ensemble la *Biologie*, ou étude des êtres vivants.

Caractères généraux des êtres vivants. — Les *êtres vivants* ou *êtres organisés* sont essentiellement caractérisés parce qu'ils sont en voie continuelle d'échanges avec le milieu qui les entoure : ils lui empruntent constamment certaines substances et lui en donnent d'autres en échange.

Aussi leur composition varie d'un moment à un autre, et les substances qu'ils empruntent au milieu ambiant ne font que les traverser, pour être rendues à ce milieu, après une serie de transformations chimiques qui ont leur siège dans le corps même de l'être. L'ensemble de ces phénomènes chimiques constitue la *Nutrition.*

En second lieu, les êtres vivants peuvent modifier spontanément, au moins en apparence, leur forme et leurs dimensions; ces changements, en genéral très lents, constituent l'*Évolution* de l'individu.

Enfin beaucoup peuvent changer leur situation dans l'espace, par des *mouvements spontanés.* Tout au moins, peut-on constater des mouvements internes, déplaçant dans une certaine mesure les particules constitua tes les unes par rapport aux autres. Cette propriéte est la *motilité.*

Enfin, les êtres vivants sont capables de donner naissance à de nouveaux êtres, en général semblables a eux ou capables de le devenir. Ils peuvent *se reproduire.*

Nutrition, evolution, motilité, reproduction, telles sont les manifestations les plus importantes de cette activité spéciale, qu'on nomme la VIE, et qui est définie par l'énumération même de ces propriétés.

L'activité vitale ne dure qu'un temps, elle cesse bientôt d'être, et les êtres vivants reviennent à l'état de corps inanimés. Cette cessation de la vie est la *mort.*

Protoplasmes. — La vie ne se manifeste jamais en dehors de substances complexes, auxquelles on a donné le nom de *protoplasmes.* Protoplasme et substance vivante sont donc des termes exactement synonymes. Les êtres les plus simples sont constitués par une masse de protoplasme. Mais ces masses protoplasmiques restent en général de dimensions très restreintes. Les êtres plus compliqués sont formés par l'association d'une multitude considérable de petites masses protoplasmiques ayant chacune son existence propre, mais vivant entre elles dans une solidarité plus ou moins grande.

Ces masses protoplasmiques portent le nom d'*éléments anatomiques* ou de *plastides;* on les appelle aussi des *cellules* (1). Les êtres formés d'une seule masse protoplasmique sont dits *unicellulaires;* ceux dont le corps comprend plusieurs cellules sont *pluricellulaires.*

Les animaux unicellulaires forment l'embranchement des PROTOZOAIRES ; tous ceux qui sont pluricellulaires sont réunis sous la dénomination de METAZOAIRES.

Étude de la cellule. — La cellule animale, aussi bien que la cellule végétale, comprend tout d'abord une quantité plus ou moins grande de protoplasme fondamental, qu'on peut appeler le *cytoplasme.* Ce cytoplasme est limité, en general, par une enveloppe de nature légèrement différente, la *membrane.* Enfin il renferme à son intérieur un élément figuré, le *noyau.*

1° Le *cytoplasme*, auquel on réserve plus spécialement le nom de protoplasme, est, comme toutes les substances protoplasmiques, de nature *albuminoide.* Il est clair que, en tant que substance vivante, sa composition chimique varie constamment avec les phénomènes de nutrition dont il est le siège ; mais si on l'étudie a un moment donné, on y trouve les quatre corps simples, C,O,H, Az, dans la proportion qu'ils ont dans toutes les substances albuminoides. Toutefois le protoplasme n'est pas une substance chimique à proprement parler, sa nature n'est pas la même dans toutes ses parties ; il n'est pas homogène, et présente une architecture, une structure déterminées. Un grossissement, même faible, montre au sein du protoplasme

(1) Ce terme tire son origine de l'etude des végétaux ; les plastides vegetaux sont loges dans une chambrette à parois rigides de cellulose, ces parois rendent bien plus nette la structure des vegetaux, qui a de la sorte ete connue avant celle des animaux. Les anciens anatomistes, frappes de l'existence de ces logettes, les ont considerees comme les parties essentielles des plantes, et les ont appelees *cellules* Aujourd'hui c'est le contenu de ces logettes qui apparait comme la veritable unite organique, mais on a conserve le mot primitif de cellules.

des granulations extrêmement fines, plongées au sein d'une substance plus claire. On peut donc admettre que le protoplasme est formé reellement par l'association de deux substances différentes : la substance qui forme les granulations constitue le *spongioplasme*, la substance hyaline, le *hyaloplasme* (Leydig). Quelle est la disposition exacte de ces deux eléments? On n'est pas encore fixé à cet égard. Les uns admettent que la structure du protoplasme est bien telle que l'indique le premier examen : des granules de spongioplasme plongés dans

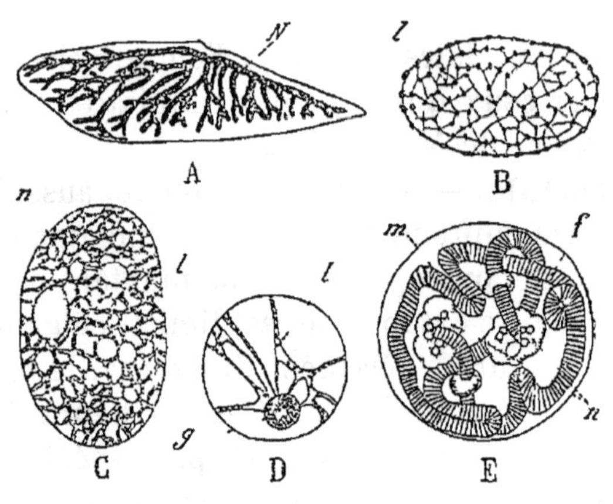

Fig. 1. — A, cellule d'une patte de *Phronima* avec un noyau *N* ramifié. — B à E, structure de divers noyaux. B, noyau à structure alvéolaire de *Ceratium tripos*, — C, noyau à structure réticulaire. — D, noyau (vésicule germinative) d'un œuf d'Oursin avec le corps nucléinien *g* (tache germinative), — E, noyau avec filament *f*, montrant la nucléine disposée en forme de microsomes *m*, *n*, nucléoles, *l*, filaments de linine.

un hyaloplasme homogène (Altmann); d'autres, que le spongioplasme est formé de fibrilles independantes (Flemming) ou anastomosées en réseau (Heitzmann, Leydig); d'autres enfin, que le hyaloplasme est divisé en une multitude de gouttelettes, séparees les unes des autres par des cloisons de spongioplasme (Butschli). Il se peut que ces diverses structures soient reellement representees; dans tous les cas, le fait important à retenir est la complexite de structure du protoplasme.

2° La *membrane* n'est pas une formation distincte du cytoplasme. C'est la portion periphérique de celui-ci, dont le hyaloplasme s'est plus ou moins complètement retiré, de sorte que le spongioplasme, restant pur, forme une zone phériphérique plus résistante.

3° Le *noyau*, formé lui aussi exclusivement de substances protoplasmiques, est généralement sphérique ou ovoïde ; mais il peut aussi avoir des formes plus compliquées, et même se ramifier abondamment (fig. 1 A). C'est une vésicule, limitée par une membrane, et remplie d'un liquide, le *suc nucléaire* ou *nucléoplasme*. Dans ce suc nagent des filaments formant un réseau (fig. 1 C), ou, dans d'autres cas, un filament unique très pelotonné (E) formé d'une substance appelée *linine*. Les filaments de linine portent de distance en distance des renflements, qui absorbent plus spécialement les matières colorantes, et qui semblent par suite formés d'une substance spéciale, la *nucléine* ou *chromatine*. Cette chromatine se trouve généralement disséminée tout le long de la linine, sous forme de granules appelés *microsomes* (fig. 1 E, *m*) (1).

Enfin dans l'intérieur du noyau se trouvent un ou plusieurs globules appelés *nucléoles*. Ils semblent formés d'une substance spéciale (*pyrénine* ou *paranucléine*). Mais leur rôle et leur signification sont inconnus (2).

La présence du noyau ou tout au moins des substances nucléaires semble être générale dans les cellules. Les progrès des instruments d'optique en ont décelé presque partout où on n'avait pu en voir. Cependant quelques cellules (Levure de bière) n'ont jamais laissé voir de noyau, mais on a pu extraire de la nucléine de ces cellules ; cela semble montrer que la substance nucléaire y est éparse, au lieu de se rassembler dans une masse commune.

Dans le voisinage du noyau se voient une ou deux petites taches claires, présentant en leur centre un globule. Ce sont les *centrosomes* (fig. 2 A-C). Ils jouent, comme on va le voir, un rôle important dans la division des cellules.

Physiologie de la cellule. — La cellule étant formée de

(1) La nucléine peut affecter d'autres dispositions, dans les œufs, notamment, elle se condense en un globule sphérique, la *tache germinative*, que l'on a confondu, tout à fait à tort, avec un nucléole, on doit appeler de pareils globules des *corps nucléiniens* (fig. 1 D) Il peut y en avoir plusieurs dans un même œuf

(2) Quelques auteurs les considèrent comme le centre de formation de la nucléine d'autres n'y voient qu'un organe excréteur de la cellule, comparable aux vacuoles contractiles des Protozoaires.

protoplasme, c'est-à-dire de substance vivante, possède les propriétés qui nous ont servi a caractériser les êtres vivants : nutrition, motilité, évolution, reproduction.

I. *Nutrition.* — Nous désignons ainsi l'ensemble des phenomènes chimiques (*chimisme*) qui se passent dans la cellule.

a) La cellule absorbe certaines substances dites *aliments*, qu'elle puise dans le milieu où elle est plongée ; elle les incorpore à elle-même et les transforme de façon à les rendre identiques aux substances mêmes qui la constituent. De là le nom d'*assimilation* qui a été donné à ce phénomène.

L'assimilation suppose d'ailleurs : 1° une transformation chimique des aliments en substances assimilables ; 2° un phenomène d'osmose. La transformation a pour agent essentiel un produit fabriqué par le protoplasme, et appartenant à la classe des *ferments solubles* (1). On peut donner à cet acte preparatoire de l'assimilation le nom de *digestion*.

b) Les matières protoplasmiques une fois fabriquees sont à leur tour le siège d'un travail chimique important. Le point de départ de ce travail est une *absorption d'oxygène*, emprunté au milieu ambiant (air, oxygène dissous dans l'eau, oxygène produit par décomposition de substances oxygénées dans les fermentations). Cette oxydation est suivie d'une série de reactions chimiques, mal connues, mais dont le résultat definitif est la production d'acide carbonique et d'autres substances de déchet, qui sont désormais inutiles et doivent être éliminees. Cette destruction continuelle de la substance vivante, porte le nom de *désassimilation*. L'absorption d'oxygène et le rejet d'acide carbonique sont considérées comme les deux termes d'une même fonction, la *respiration*. Le rejet des autres substances de déchet constitue l'*excrétion*.

II. *Motilité.* — Le but de ces actions chimiques est de mettre en liberté une certaine somme d'énergie. Cette énergie se retrouve, modifiée de façons diverses, dans le corps protoplas-

(1) On designe sous le nom de *ferments* des liquides organiques capables d agir sur une quantite de matiere enorme par rapport a leur propre masse. Il ne faut pas confondre ces *ferments solubles*, simples substances chimiques, avec les *ferments figures*, microorganismes dont la nutrition a pour resultat une fermentation

mique. Elle est l'origine des phénomènes de chaleur, d'électricité, parfois même de lumière qui se manifestent chez les êtres vivants. Mais l'utilisation la plus importante de cette énergie se fait sous forme de travail mécanique et ce travail se manifeste par le *mouvement*.

III. *Évolution.* — Si l'assimilation est égale à la désassimilation, le corps protoplasmique ne perd rien et ne gagne rien, il reste stationnaire. Si la désassimilation l'emporte, il se réduit peu à peu et finirait par mourir si cet état de choses se prolongeait. Au contraire, si l'assimilation l'emporte sur la désassimilation, le corps protoplasmique s'accroît progressivement, par addition de nouvelles substances.

Ces trois phases se rencontrent régulièrement dans la vie de toute cellule, comme dans la vie de tout être, et chaque cellule traverse successivement une période d'accroissement, une période stationnaire, une période de depérissement suivie par la mort. C'est en cela que consiste l'*évolution* de la cellule.

IV. *Reproduction.* — Lorsque, par suite de son accroissement, l'élément anatomique a atteint une taille déterminée, il se divise en deux eléments égaux, dont la structure est identique a l'elément primitif; il y a donc deux cellules au lieu d'une. La cellule s'est *multipliée par division*.

Le point le plus important de cette multiplication est la bipartition du noyau. Dans les cas les plus simples, il s'étire, s'etrangle au milieu et se coupe finalement en deux. C'est le mode le plus anciennement connu: mais c'est le plus rare, et peut-être ne se rencontre-t-il que dans les cas d'altération morbide ou de dégénérescence sénile. Ce processus constitue la *division directe*.

Presque toujours les phénomènes sont plus compliqués, et leur ensemble constitue la *division indirecte* (*mitose*, *karyokinèse*).

Marche générale de la karyokinese. — Voici quelle est en géneral la marche de ce processus (fig. 2) :

1° La linine et la chromatine du noyau se condensent de façon à former un filament unique (*spirème*), qui se renfle bientôt en un cordon plus gros et plus court (A).

2° Ce cordon se segmente en 12 ou 24 segments (rarement

4 ou même 2 chez l'*Ascaris megalocephala*, bien davantage chez les plantes. Ces segments sont les *chromosomes*. Leur nombre peut varier suivant les espèces animales, mais il est *rigoureusement constant* pour toutes les cellules, dans tous les individus d'une même espèce (B, C).

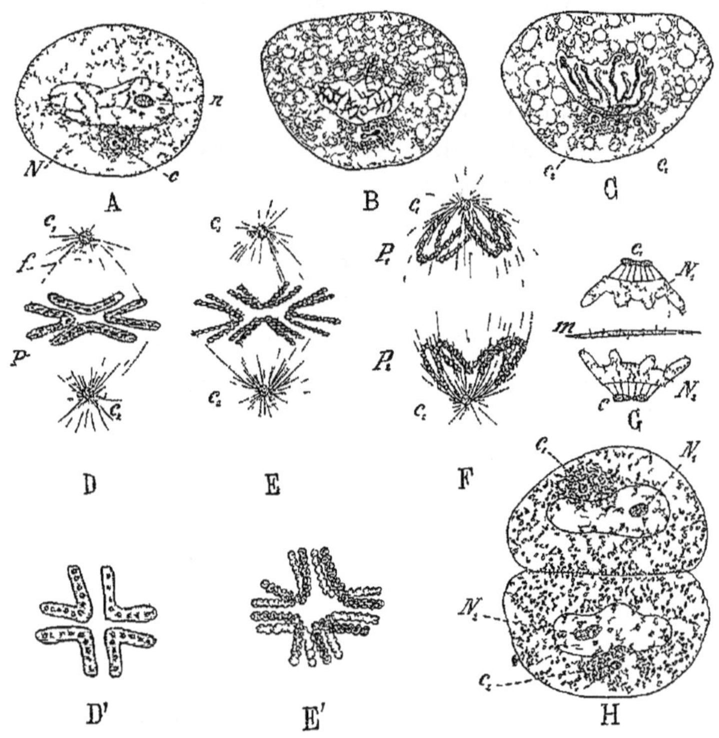

Fig. 2. — Division d'une cellule (Œuf d'*Ascaris megalocephala*). *N*, noyau; *n*, nucléoles; *c*, centrosome; *f*, filaments protoplasmiques du fuseau. — A, œuf au repos; — B, le centrosome se divise, le réseau de linine donne quatre chromosomes; — C, ces phénomènes sont accomplis; — D, les deux centrosomes se sont séparés, se sont entourés d'un aster, et sont réunis par les filaments protoplasmiques du fuseau. A l'équateur du fuseau, les quatre chromosomes sont groupés pour former la plaque nucléaire *P*, vue en D' par le pôle supérieur; — E, bipartition des chromosomes; — F, les chromosomes se sont séparés pour se rapprocher des deux centrosomes; — G, les deux noyaux se reconstituent, la membrane cellulaire, *m*, se forme; — H, la division est achevée.

3° Les deux centrosomes (1) se sont séparés lentement l'un de l'autre et sont venus se placer aux deux pôles opposés du noyau. En même temps le protoplasme se dispose de façon à

(1) S'il n'y a qu'un centrosome, il se divise d'abord en deux.

former autour de chacun d'eux de fines lignes rayonnantes, dont l'ensemble constitue l'*aster* (D)

4° La membrane nucléaire disparaît.

5° Les asters se complètent dans la place occupée tout à l'heure par le noyau ; et les deux centrosomes sont reliés par des lignes, dont l'ensemble forme une sorte de *fuseau*. Les chromosomes se disposent dans l'équateur de ce fuseau, mais ils restent à la périphérie, sans pénétrer à son intérieur, et leur ensemble, vu de profil, forme une plaque équatoriale appelée *plaque nucléaire* (fig. 2 D, *P*).

6° Les chromosomes se recourbent en anses, dont le sommet est dirigé vers l'intérieur du fuseau, tandis que les branches sont tournées en dehors.

7° Les chromosomes, qui depuis longtemps déjà se montrent comme divisés en deux par une petite fente longitudinale, se séparent définitivement en deux moitiés (E).

8° Les anses jumelles se séparent et suivent les filaments du fuseau, se rapprochant chacune de l'un des centrosomes (F).

9° Les fragments ainsi réunis près de chaque centrosome se soudent bout à bout et un noyau complet se reconstitue aux deux pôles du fuseau, en reproduisant en sens inverse les phases décrites plus haut (G).

10° Enfin il se constitue, entre les deux noyaux, une membrane intercellulaire : elle résulte tout simplement de la disparition de l'hyaloplasme suivant une ligne équatoriale ; cette membrane divise en deux moitiés le cytoplasme de la cellule ; la division cellulaire est achevée (H).

On voit que le noyau joue un rôle important dans ce phénomène et longtemps on ne s'est pas inquiété de lui chercher une autre fonction ; mais, même à l'état végétatif, il semble avoir une importance énorme dans la vie et la nutrition de la cellule. C'est un organe essentiel de l'élément anatomique.

Distinction des animaux et des végétaux. — Il n'existe pas de distinction absolue entre les animaux et les végétaux A leur limite inférieure, le règne animal et le règne végétal se rattachent l'un à l'autre par des formes qui ne sauraient être rangées sûrement dans l'un ou dans l'autre groupe.

On peut toutefois classer, *par convention*, parmi les végétaux, les êtres vivants dont les elements anatomiques s'entourent d'une membrane de cellulose, *au moins à un moment donne de leur existence.* Cette distinction n'a rien de fondamental; elle est purement conventionnelle : en effet, 1° la cellulose peut n'exister, autour de la cellule unique ou des cellules diverses qui composent l'organisme, que pendant un temps très court, et il faut suivre l'évolution complète de l'être pour en déceler l'existence et déterminer la nature végétale; 2° dans les organismes inferieurs, le protoplasme s'entoure parfois d'une membrane de nature très analogue à la cellulose, mais qu'il est difficile d'identifier avec elle avec une précision absolue.

Cette définition suffit, toutefois, dans la plupart des cas, surtout quand on est bien penétré de ce fait qu'il n'y a pas nécessité absolue à séparer les deux grands groupes d'êtres vivants.

D'ailleurs, d'autres caractères secondaires viennent séparer les animaux des végétaux :

1° Les animaux sont mobiles; les végétaux, dont le protoplasme est enfermé dans une membrane rigide de cellulose, ne manifestent aucun mouvement extérieur : toutefois, l'examen microscopique montre que, à l'interieur des cellules végétales, le protoplasme est animé de mouvements réels, qui deplacent les granulations; et d'autre part, si la membrane de cellulose vient à disparaître, le protoplasme végétal devient mobile au même titre que le protoplasme animal;

2° Les animaux sont doués, au moins le plus grand nombre, d'une sensibilité manifeste; les végétaux paraissent le plus souvent insensibles;

3° Enfin la nutrition se présente sous des conditions notablement différentes chez les végétaux et chez les animaux.

Les plantes, au moins dans le cas le plus général, n'empruntent guère au milieu extérieur que des composés simples, appartenant au domaine de la chimie inorganique : de l'eau, de l'anhydride carbonique, des azotates, des sels ammoniacaux. Grâce à la *chlorophylle*, le végétal absorbe l'anhydride carbonique de l'air; il emmagasine en outre l'*énergie actuelle* de la radiation solaire et la transforme en *energie potentielle.* Grâce a cette énergie ainsi emmagasinée, il peut transformer les substances simples qu'il a absorbées, en substances organiques complexes (albumines, graisses, sucres, fecules, etc.), en rejetant à l'extérieur une certaine quantité d'oxygène. Les phénomènes d'assimilation, chez les végetaux, se traduisent donc par des phénomènes de *réduction* et de *synthèse.*

Une partie des produits ainsi fabriques est emmagasinée et immobilisee dans le végétal pour former la cellulose, substance inerte. Le reste, considéré au seul point de vue de l'économie végétale, est mis en réserve pour les phénomènes de nutrition proprement dits, qui sont au contraire, comme chez les animaux, des phénomènes d'*oxydation* et d'*analyse* destinés à remettre en liberte l'énergie emmagasinee. L'ensemble de la nutrition chez les végétaux comprend donc deux séries de phénomènes : des phénomènes en quelque sorte preparatoires, fabriquant des substances complexes destinées à servir d'aliment au végétal; puis les phenomènes de nutrition proprement dits, communs à tous les êtres vivants.

Les animaux nous offrent une économie toute différente (1). Ils ne possèdent que cette dernière série de phénomènes de nutrition. Ils sont incapables d'emprunter au milieu inorganique les éléments qui leur sont indispensables; ils se nourrissent de substances organiques complexes, empruntées directement ou indirectement (2) au règne végetal. Ils les oxydent, et les ramènent à l'état d'eau, d'anhydride carbonique et de composés ammoniacaux (substances simples inorganiques). L'animal est incapable d'emmagasiner de l'énergie; il est reduit à utiliser la chaleur qui devient libre dans l'oxydation des aliments. Il profite de l'énergie accumulée par le végétal, il transforme de l'*énergie potentielle* en *énergie actuelle.* En un mot, l'animal n'est le siège que de *phenomènes d'oxydation et d'analyse.*

En résumé, les êtres vivants sont soumis aux lois qui régissent les corps bruts (Descartes), en particulier aux deux grandes lois de la conservation de la matière (Lavoisier) et de la conservation de l'énergie (Robert Mayer). L'être vivant ne

(1) Les plantes sans chlorophylle se trouvent dans le même cas.

(2) Les herbivores les empruntent directement; les carnivores, qui mangent des herbivores, indirectement.

peut ni créer ni détruire la matière, ni créer ni détruire la force. La matière circule sans cesse de l'empire inorganique à l'empire organique et inversement, en subissant des métamorphoses, les unes progressives (surtout chez le Végétal), les autres régressives (surtout chez l'Animal), mais sans jamais disparaître. De même, la force inherente à la matière se transforme de force vive en force de tension (surtout chez le Vegetal), et de force de tension en force vive (surtout chez l'Animal), sans jamais se detruire. Les phénomènes biologiques ne diffèrent des phénomènes physico-chimiques qu'en ce qu'ils se manifestent à l'aide d'instruments spéciaux. La vie n'est qu'une modalité des phenomènes generaux de la nature; elle n'engendre rien, elle emprunte ses forces au monde extérieur et ne fait qu'en varier les manifestations (Cl. Bernard).

CONSTITUTION GÉNÉRALE DES ÊTRES VIVANTS

On donne, d'une façon générale, le nom d'*individu* à un ensemble de parties vivantes ayant une origine commune et unies entre elles par continuite protoplasmique ou par juxtaposition

Dans les êtres unicellulaires (Protozoaires), l'individu est la cellule unique qui forme l'être; après la bipartition de cette cellule, quand les deux elements de formation nouvelle se sont separes, ils constituent deux individus.

Si, apres la bipartition, ils ne se separent pas, s'ils restent unis l'un à l'autre, exactement juxtaposes, on doit les considérer comme formant encore un seul individu bicellulaire. Nous verrons que, parmi les Protozoaires, chez les *Infusoires* par exemple, il n'est pas rare de rencontrer ainsi des ensembles formes par la bipartition d'un seul et même individu, mais ou les produits de cette bipartition sont restés unis ensemble. On doit, d'après notre definition, considérer un ensemble pareil comme un *individu*.

Toutefois, chacun des produits mène une existence distincte, sans aucune repercussion sur ses voisins ; il peut mourir sans que ses voisins s'en ressentent; si on le sépare d'eux, il continue sa vie sans que rien y soit changé. Il a donc une independance complète par rapport à ses congenères, il a ce qu'on appelle une *individualité propre*. On est ainsi conduit a admettre des individualités de divers ordres; on peut, dans cet ordre d'idées, considerer chacun des élements comme formant un *individu spécial*, tandis que la reunion de tous ces individus spéciaux constitue un *individu de second ordre*. On désigne souvent cet individu d'ordre plus élevé sous le nom de *colonie*. Exemple : une colonie de *Vorticelles*.

Arrivons à des Métazoaires simples, une Hydre d'eau douce, par exemple; nous avons affaire ici à un organisme pluricellulaire; mais les cellules qui constituent un tel organisme conservent encore, les unes par rapport aux autres, une certaine indépendance : lorsque l'Hydre est divisée en fragments, chaque fragment peut continuer a vivre isolément, à croître, à se développer et finit par reproduire une Hydre nouvelle. On peut donc ici même considérer chaque cellule comme un individu, et l'Hydre comme un individu de second ordre, comme une colonie. Toutefois les élements de cette colonie sont autrement solidaires que ceux de la colonie de Vorticelles. Chacun d'eux joue un rôle particulier a l'exclusion des autres; leur fonctionnement est utile aux autres cellules de la colonie, ils profitent aussi du travail de ces dernières; les éléments se disposent toujours dans un ordre déterminé. Cette colonie est hautement individualisée. Elle constitue ce qu'on nomme un *meride*.

Ce qui se passait tout à l'heure pour les plastides se reproduit identiquement pour les mérides. Si on prend une Hydre d'eau douce, elle peut donner des *bourgeons* qui s'accroissent peu à peu, acquièrent une bouche et des tentacules comme l'Hydre mère, et finissent par se détacher; il s'est formé alors deux individus identiques. Mais si l'Hydre est bien nourrie, ces bourgeons peuvent ne pas se détacher et rester unis avec l'Hydre mère. Chez les Hydraires marins, ce fait est une règle absolue; il se constitue ainsi des colonies d'Hydres. Ce sont à proprement parler déja des individus de troisième ordre, mais chaque méride y conserve une indépendance presque absolue. Le même phénomène se produit chez les Vers: il existe d'abord un simple meride; celui-ci bourgeonne à sa suite d'autres mérides, qui restent soudés ensemble, se plaçant les uns derrière les autres, de façon à former une chaîne ou ce que l'on appelle une *colonie linéaire*. Mais, dans ce dernier cas, la solidarité augmente entre les différents mérides (qu'on désigne en général ici sous le nom d'*anneaux*, *segments* ou *métamères*); ils perdent leur indépendance, et leur ensemble forme une individualité unique, un individu de troisième ordre, ce que l'on nomme un *zoïde*.

On voit ainsi se constituer des êtres de complication croissante.

1° des êtres unicellulaires ou *plastides*;

2° des colonies de plastides ;

3° des *mérides* ou colonies individualisées de plastides;

4° des colonies de mérides;

5° des *zoïdes* ou colonies individualisées de mérides ;

On trouve également :

6° des colonies de zoïdes;

7° des colonies individualisées de zoïdes, qu'on nomme souvent *dèmes*.

CHAPITRE II

ORIGINE ET DÉVELOPPEMENT DES ANIMAUX

Tout être vivant vient d'un être vivant préexistant (*Omne vivum ex vivo*) (1). C'est là un principe absolu basé sur des observations innombrables et que rien jusqu'à présent n'est venu infirmer. La continuité de la vie dans le temps et dans

(1) L'opinion contraire porte le nom de théorie de la *génération spontanée*. Elle a été très généralement répandue avant notre époque, et, de nos jours même, avant les découvertes de PASTEUR, elle a été énergiquement défendue par ROBIN, POUCHET, etc. Cette doctrine se présentait sous trois formes : 1° l'*agenésie* qui supposait que les êtres vivants pouvaient se former par l'organisation spontanée de la matière brute, sans le concours de parents. POUCHET l'admettait pour les Infusoires, — 2° la *nécrogénésie*, qui consistait à admettre la formation de nouveaux êtres aux dépens des débris d'individus morts, de cadavres, qui, ayant participé à la vie, conservent la propriété de former des êtres simples (BUFFON, CIENKOWSKI), — 3° la *xénogénésie*, qui admet que des êtres peuvent provenir d'êtres déjà vivants, mais tout à fait différents d'eux-mêmes. Ainsi les *Vers intestinaux* auraient été produits par l'être sur lequel ils vivent en parasite. Les Insectes des fruits y seraient nés spontanément. Aujourd'hui la théorie de la génération spontanée est totalement abandonnée. REDI a démontré en 1638 que les vers des cadavres ne naissent pas de la substance du cadavre, mais proviennent d'œufs déposés au préalable par des mouches. En 1700 VALLISNERI démontre que les insectes des fruits naissent d'un œuf déposé dans la fleur. STEENSTRUP, VAN BENEDEN (1850), KUCHENMEISTER (1853), LEUCKART, VON SIEBOLD et bien d'autres ont pu suivre l'évolution complète des Helminthes. Enfin PASTEUR a montré que les Infusoires, les Bactéries ne pouvaient se développer dans un milieu nutritif, tant qu'un germe, une spore n'avaient pas été apportés par l'air dans ce milieu.

Actuellement la théorie de la génération spontanée ne compte plus de partisans, tout au plus peut-on l'admettre à titre d'hypothèse cosmogonique, pour expliquer l'origine toute première de la vie à la surface de la terre. C'est ce qu'a fait Hæckel, en supposant que le protoplasme se serait formé et se formerait encore actuellement par l'union directe des éléments inorganiques. Dans cette hypothèse (*monisme*), auraient apparu d'abord des gelées vivantes, puis des Amibes et autres êtres inférieurs d'où seraient sortis d'une part les animaux, de l'autre les végétaux.

l'espace est l'une des découvertes essentielles de la science contemporaine (1).

Les animaux peuvent se reproduire suivant deux modes distincts :

1° par le mode de reproduction *asexuée*, où n'intervient jamais qu'un seul individu ;

2° par reproduction *asexuée*, nécessitant l'intervention de deux individus.

A. **Reproduction asexuée.** — La reproduction asexuée consiste en ce qu'une partie de l'individu primitif se détache de lui pour vivre isolément et constituer un nouvel être. Ce mode de reproduction existe seul chez les Protozoaires, qui, comme les cellules, se reproduisent par *bipartition*. Toutefois, après un certain nombre de divisions, les Infusoires subissent une dégénérescence, s'ils ne se conjuguent pas avec un autre individu. Dans cette *conjugaison*, il y a échange d'une partie de substance, et, à la suite, rajeunissement des deux conjugués, qui peuvent de nouveau se diviser par bipartition pendant un certain temps.

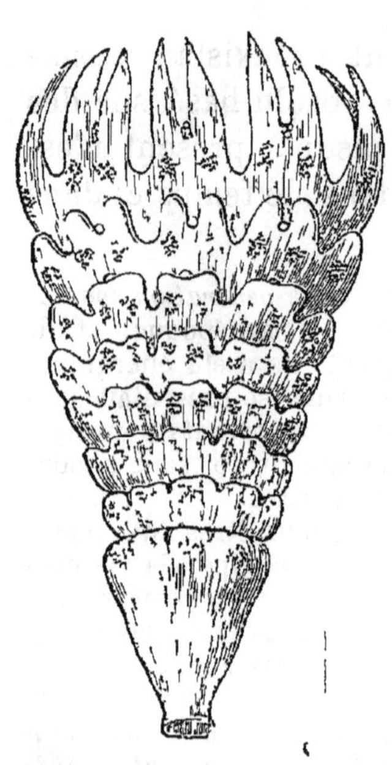

Fig 3 — Strobile divisé en disques successifs, qui, en se séparant, constitueront autant de petites méduses (*Ephyra*)

Chez les Métazoaires (êtres pluricellulaires), la reproduction asexuée peut présenter deux modes : 1° la *scissiparité* ou reproduction par division et 2° la *gemmiparité* ou reproduction par bourgeonnement.

1° scissiparité. — Elle consiste en ce que le corps s'étrangle en son milieu et donne deux fragments, dont chacun se complète, pour donner un nouvel individu semblable au premier. Ce

(1) On peut pousser plus loin la notion de cette continuité et dire · *Toute cellule vient d une cellule* et même *Tout noyau vient d un noyau préexistant*. On admettait autrefois que les cellules pouvaient prendre naissance spontanément au sein de liquides particuliers sans structure (*blastemes*). Cette notion, basée sur des observations insuffisantes, doit disparaître de la science, comme la croyance à la génération spontanée.

processus s'observe normalement chez les Cœlentérés [*Microhydra*, *Protohydra*, Strobile (fig. 3)] et chez beaucoup d'Annélides il se produit accidentellement dans beaucoup de cas, où une partie du corps, séparée du reste, arrive à reformer un nouvel individu, tandis que le corps se complète à nouveau. Ex. : Si on coupe un Lombric ou Ver de terre en deux parties, chacune des parties se complète et devient un nouveau Ver. Un bras d'Étoile de mer peut, dans certaines espèces, reproduire une Étoile entière (1).

2° gemmiparité. — Ici tout le nouvel individu est de formation nouvelle, le parent gardant en propre tous ses organes, le bourgeon a seulement pour origine un petit nombre de cellules initiales de l'organisme maternel. Le mode de reproduction par bourgeonnement est extrêmement repandu. On le rencontre chez les Spongiaires, les Cœlentérés, les Vers, les Bryozoaires, les Tuniciers.

Le bourgeonnement n'aboutit pas toujours a la formation de deux individus distincts ; souvent les bourgeons ne se separent pas, et le processus aboutit alors à la formation d'une colonie.

3° sporulation. — La sporulation consiste en ce qu'une cellule ou portion de cellule se detache de l'organisme maternel, et devient apte à former un nouvel individu. Elle diffère de la scissiparite, en ce sens que ce n'est qu'une tres petite portion de l'organisme maternel qui doit former de toutes pièces le nouvel être ; elle diffère du bourgeonnement parce que le developpement du nouvel individu n'a lieu qu'après la separation, de façon que l'individu parent ne joue aucun rôle nourricier par rapport à lui. La sporulation, frequente chez les plantes, ne se trouve parmi les animaux que chez les Sporozoaires et chez quelques Radiolaires.

B. **Reproduction sexuée.** — La reproduction sexuée se rencontre chez tous les Métazoaires. C'est très souvent le seul mode de reproduction; quelquefois il coexiste avec la reproduction asexuee (2) (*digénèse*).

(1) Il est même possible que ce mode de reproduction soit normal dans quelques especes d'Etoile de mer

(2) L'Hydre d'eau douce presente les deux modes de reproduction

La reproduction sexuée est caracterisée essentiellement par l'union intime, protoplasme à protoplasme, noyau à noyau, de deux éléments : un élément mâle, le *spermatozoïde*, un élément femelle, l'*ovule*. Le résultat de cette fusion est l'*œuf*.

Ces éléments ont évidemment chacun la valeur d'une cellule, mais d'une cellule très spécialisée, et, pour arriver à leur état definitif, ils doivent subir une serie de modifications préparatoires, dont l'ensemble constitue la *maturation* des eléments sexuels.

La plus importante de ces modifications est ce qu'on nomme la *division réductrice* (Weismann). On a vu que, au moment de la division, le noyau de toutes les cellules chez tous les individus d'une même espèce, se segmente en un nombre constant de chromosomes. Il est même probable que les chromosomes restent constamment distincts dans le noyau et simplement accolés bout à bout.

sexuée et asexuée Les œufs et les spermatozoïdes se produisent a la partie superieure. les bourgeons, au contraire, dans la region inferieure. C'est la *digenese* simple.

Dans beaucoup de cas, les individus sur lesquels sont portes les éléments sexuels mûrs sont notablement différents des individus bourgeonnants. Ainsi, chez beaucoup de Polypes hydraires, les polypes proprement dits produisent, par bourgeonnement, d'autres polypes semblables a eux qui restent associes en colonie Ils ne portent jamais d'elements sexuels Sur cette colonie naissent en outre des individus tout differents, les *Meduses*, qui se detachent de la colonie pour nager librement, et emportent avec eux des œufs ou des spermatozoïdes On a designe ce phenomene sous le nom d'*alternance de generations*, indiquant par là que le cycle evolutif des Hydraires, au lieu de comprendre une suite de generations identiques, se succèdant sans interruption, presente deux formes de generations alternant regulierement, la generation sexuee et la generation asexuee.

En realite l'interpretation doit être un peu differente les élements sexuels naissent parfaitement sur la colonie d'Hydraires, mais quelques-uns des individus de cette colonie se différencient et s adaptent specialement a la protection et a la dissemination des élements sexuels C'est un cas particulier de la division du travail Hydres et Méduses appartiennent a la meme generation et ne different que par leur forme, qui est en rapport avec leur rôle respectif

La même remarque doit s appliquer aux pretendus cas d'alternance de generations des Annelides et des Tuniciers (Salpes).

Il y a cependant de reelles alternances de generation C'est le cas de certains Nématodes (*Rhabdonema*, *Rhabditis*), des *Cynips* ou Insectes des Galles, des Daphnies et d'autres Crustaces, qui ont deux generations sexuees différentes de forme et alternant regulierement. L'une des generations peut être parthenogenetique. Tous ces cas sont reunis sous le nom d'*Hetérogonie*.

Comme l'œuf est formé par l'union de deux cellules, et que son noyau resulte aussi de l'union des noyaux mâle et femelle, il en résulterait que cet œuf possederait un nombre double de chromosomes ; ce nombre double se transmettrait aux diverses cellules du nouvel être donné par le développement de l'œuf ; par suite, le nombre des chromosomes doublerait à chaque genération. La *division réductrice* a pour but de réduire de moitié le nombre des chromosomes dans chacun des eléments sexuels. De la sorte, après la fécondation, le nombre normal est récupéré.

1° *Maturation du spermatozoïde.* — Les spermatozoïdes tirent leur origine des cellules initiales non différenciées (*spermatoblastes*). Celles-ci se divisent un très grand nombre de fois et chacune d'elles donne naissance à une petite masse (*morula spermatique*) de cellules, encore indifférenciées (*spermatocytes, cellules spermatiques*). Les cellules spermatiques, a leur tour. se divisent deux fois de suite, et les quatre cellules qui en résultent (*spermatides*), bien qu'ayant encore la forme des cellules ordinaires, n'ont plus que la moitié du nombre normal de chromosomes. La spermatide n'a plus qu'à changer de forme pour devenir un spermatozoïde.

La forme des spermatozoïdes peut varier beaucoup ; mais en général ils se composent : 1° d'une *tête* où sont réunis les chromosomes et qui représente le noyau ; 2° d'un *filament caudal*, animé de mouvements ondulatoires, représentant, au moins en partie, le cytoplasme ; 3° d'un *centrosome*, placé soit en avant de la tête, soit entre la tête et la queue (1).

2° *Maturation de l'ovule.* — Les phénomènes suivent une marche générale à peu près identique. Il existe des cellules indifférentes (*ovoblastes*) qui se divisent de façon à donner des *ovocytes*. Mais à partir de là, bien que le fond des choses reste le même, il y a des differences importantes avec ce qui a lieu pour les spermatocytes. L'ovocyte grossit considérablement par l'apport de substances nutritives ; puis, elle se

(1) Les auteurs ne sont pas d accord à cet égard. — Les spermatozoïdes des Nématodes et des Arthropodes s'ecartent notablement de ce schema. Ils n'ont pas de flagellum et sont animes de mouvements extrêmement faibles

divise, mais très inégalement : l'un des deux éléments conserve tout le cytoplasme de l'ovocyte, et reste relativement volumineux ; l'autre élément est presque réduit au noyau, c'est le *premier globule polaire*. Les noyaux ont encore le nombre normal de chromosomes (fig. 4 A-C).

Une seconde division a lieu dans la grosse cellule (quelque-

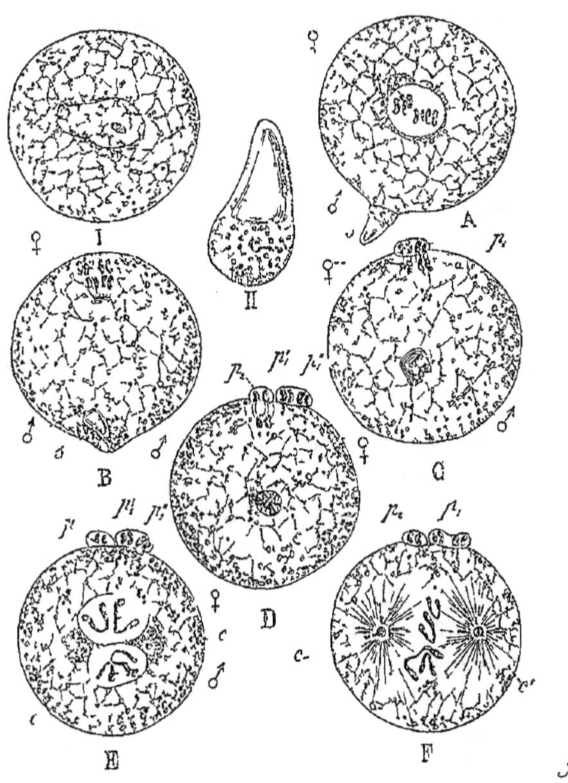

Fig. 4 — Maturation et fécondation de l'œuf de l'*Ascaris megalocephala*. — I, ovocyte, — II, spermatozoïde mûr, — A, le noyau de l'ovocyte (♀) commence à se diviser ; le spermatozoïde, s, s'est accolé à lui par la partie renfermant le noyau, ♂, — B, Pénétration du spermatozoïde, émission du premier globule polaire, — C, D, formation du second globule polaire, — E, Fusion des deux pronucléus ; c, c', les deux centrosomes, résultant de la bipartition du spermocentre, — F, l'œuf, fécondé, commence à se segmenter.

fois aussi, mais rarement, dans le premier globule polaire) et forme un *deuxième globule polaire* (fig. 4 D-F). Mais cette fois, chacun des deux éléments n'a plus que la moitié du nombre normal des chromosomes. Nous retrouvons ici les deux divisions successives observées dans les spermatocytes ; mais les quatre produits que donnent ces deux bipartitions, au lieu de devenir quatre ovules identiques, se différencient : un seul arrive à l'état définitif; les autres entrent en régression, et, s'ils représentent théoriquement des ovules égaux à l'ovule vrai, leur sort est tout différent, ils ne jouent aucun rôle reproducteur et sont destinés à périr (1).

Fécondation. — La fécondation est l'*union des deux éléments sexuels mûrs*. Les phases de cette union ont été observées dans tous leurs détails chez les Échinodermes et chez l'*Ascaris megalocephala* (2). Nous suivrons ici plus particulièrement les premiers de ces animaux (fig. 5).

Les ovules des Étoiles de Mer sont très petits, transparents. Ils sont entourés par une mince enveloppe molle, gélatineuse, que peuvent facilement traverser les spermatozoïdes; à maturité, ils sont pondus librement dans l'eau de mer, après avoir déjà formé leurs cellules polaires. C'est dans la mer, en dehors de l'organisme que se fait la fécondation.

Si on mélange ces produits sexuels dans de l'eau de mer, sur le porte-objet du microscope, on voit une foule de spermatozoïdes, attirés réellement par l'ovule, tournoyer autour de celui-ci à l'aide des mouvements de leur flagellum, puis se fixer sur l'enveloppe gélatineuse qui entoure l'ovule. Grâce aux mouvements de leur fouet, ils pénètrent cette enveloppe et l'un d'eux arrive au contact du protoplasme ovulaire, qui se soulève en un petit mamelon, allant à la rencontre du spermatozoïde (fig. 5 A); la tête de ce dernier finit par pénétrer dans l'ovule, tandis que sa queue reste dans l'enveloppe gélatineuse et finit par disparaître. En même temps, une fine membrane anhiste (*membrane vitelline*) se produit tout autour du proto-

(1) La division réductrice paraît jouer un rôle dans l'hérédité. Nous verrons tout à l'heure que le noyau joue à peu près le seul rôle dans la fécondation, et que tout porte à penser que c'est lui qui est chargé de transmettre les caractères du parent, c'est l'élément essentiel de l'hérédité. L'émission des globules polaires aurait pour effet d'éliminer la moitié des tendances héréditaires de la femelle, et la fécondation les remplacerait par une égale proportion de tendances héréditaires du côté mâle.

(2) Les Échinodermes se recommandent par la facilité de l'observation, mais l'*Ascaris* a permis d'aller plus avant encore dans le détail du phénomène : grâce au petit nombre des chromosomes que présente le noyau, le sort de ces petits organites est notablement plus facile à suivre.

plasme; celui-ci se condense, et il reste un espace entre lui et la membrane vitelline, espace qui se remplit de liquide (fig. 5 B). La pénétration d'un second spermatozoïde est ainsi rendue impossible.

La tête du spermatozoïde pénètre lentement dans le protoplasme, se gonfle et finit par se transformer en une vésicule pareille à un noyau (*pronucléus mâle*) (fig. 4 D). Le centrosome (*spermocentre*) devient visible sur son pourtour et s'entoure

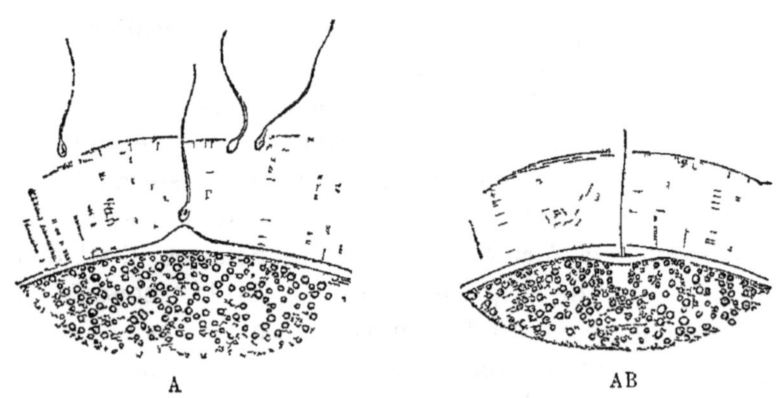

Fig 5 — Pénétration du spermatozoïde dans l'œuf d'une Étoile de mer

d'un aster, qui devient de plus en plus net en même temps qu'il prend de plus en plus d'extension.

Le pronucleus mâle s'avance vers le noyau de l'ovule (*pronucleus femelle*) dont le centrosome (*ovocentre*), s'il existe (1), s'entoure lui aussi d'un aster (fig. 6 A).

Les deux pronucléus finissent par se rencontrer au centre de l'œuf. Ils s'appliquent l'un contre l'autre, la zone de séparation devient de moins en moins nette, et la portion nucléaire mâle, après être restée longtemps encore distincte, se fond entièrement avec la portion nucléaire femelle (fig. 6 B-D).

Enfin, les deux centrosomes se divisent; chacune des deux moitiés, s'écartant de sa congénère, suit le bord du noyau pour se rapprocher de la moitié de l'autre centrosome avec laquelle elle se fusionne; on a donc alors deux nouveaux centrosomes, diamétralement opposés, mais placés à 90° de la position occu-

(1) Il n'existe pas d'ovocentre chez l'*Ascaris*.

pee par le spermocentre et l'ovocentre (*quadrille des centres* de Fol) (fig. 6).

La fécondation est terminée, l'œuf est formé et renferme un noyau résultant de la fusion de deux demi-noyaux, deux centrosomes résultant aussi chacun de la fusion de deux demi-centrosomes. Ces deux centrosomes, diamétralement opposes et entoures d'un aster, sont déjà prêts pour diriger la division cellulaire. L'œuf, en effet, va maintenant se diviser pour donner les cellules du nouvel être.

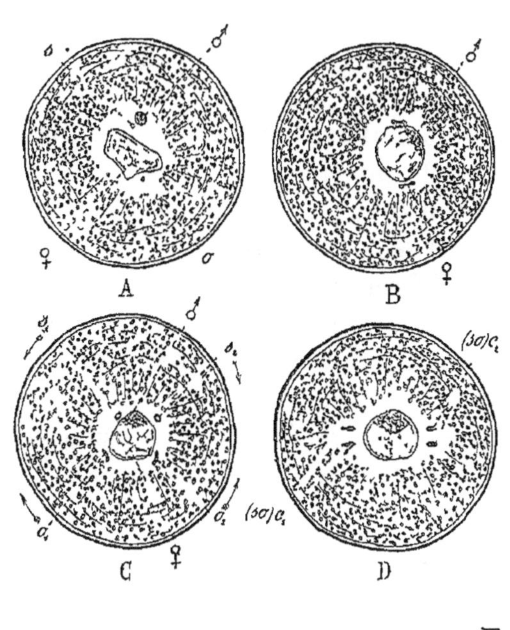

Fig 6 — Quadrille des centres — ♂, pronucléus mâle, ♀ pronucléus femelle, s, spermocentre et o, ovocentre, ils se divisent en deux s_1 s_2, o_1 o_2, et s'unissent deux à deux pour former les deux premiers centrosomes c_1 et c_2

Parthénogenèse. — Dans quelques cas exceptionnels, l'ovule peut se developper spontanement; il devient œuf sans fécondation préalable. C'est la *parthenogenese*. On a constaté plusieurs fois dans ce cas, que l'ovule n'emettait qu'un globule polaire; que le second se formait, mais que, au lieu de se detacher de l'ovule, il y pénétrait de nouveau et venait féconder le pronucleus femelle, comme le ferait un vrai pronucleus mâle. Malheureusement cette observation n'est pas générale.

La parthénogénèse ne semble absolue que chez quelques Rotifères et chez quelques Ostracodes ou les mâles paraissent ne pas exister. Mais dans beaucoup de formes (Pucerons, Crustacés, Phyllopodes [*Apus*, Daphnie]), la parthénogénèse s'ajoute à la reproduction sexuée. Chez les Pucerons, par exemple, il n'existe pendant tout l'été que des femelles, dont les œufs se developpent parthénogénétiquement et ne produisent encore que des femelles. Il peut ainsi se succéder neuf générations de femelles Mais à la fin de l'automne une dernière ponte donne des mâles et des femelles ; ces dernières fecondees, pondent les *œufs d'hiver*, plus gros, à coque plus épaisse, qui éclosent au printemps.

La femelle féconde (*reine*) des Abeilles, fécondée une fois pour toute son existence, conserve le sperme dans une poche copulatrice. Quand elle pond, elle ouvre ou non cette poche, et peut a sa volonté feconder ou non ses œufs ; les œufs fécondés donnent des femelles ou des ouvrières (femelles infécondes), les œufs non fécondes des mâles.

Enfin la parthénogenèse peut être *accidentelle* ou *occasionnelle* et n'exister dans une espèce qu'à titre exceptionnel (Ver à soie, Grenouille, Étoiles de mer) (1).

Constitution de l'œuf. — L'œuf est une cellule complète : il comprend une certaine quantite de protoplasme (*vitellus formatif*), un noyau plus ou moins volumineux (*vesicule germinative* ou de *Purkinje*), où la nucleine se rassemble en un petit corps nucleinien ovoide (*tache germinative* ou *de Wagner*), enfin deux centrosomes (2).

En outre, l'œuf renferme une plus ou moins grande quantite de matières nutritives (*vitellus nutritif* ou simplement *vitellus*), ces matières sont peu à peu assimilées par le protoplasme et serviront à la nutrition et a l'accroissement du jeune embryon Ce vitellus est logé dans des vacuoles plus ou moins nombreuses et plus ou moins volumineuses, limitées et separées les unes des autres par de minces couches protoplasmiques L'œuf peut ainsi acquérir un volume considerable (jaune de l'œuf de l'oiseau).

La présence de ce vitellus, quand il est abondant, est une

(1) Chez quelques Insectes, la parthenogenèse se manifeste chez des animaux non adultes, chez des larves. Il y a alors *pædogenese*

(2) L'œuf est entouré par la membrane vitelline, et par une couche protectrice (*chorion*) sécrétée par l'ovaire, il est quelquefois assez resistant pour former une veritable coque (œuf des Poissons osseux) le chorion est alors percé d'un petit orifice (*micropyle*), qui laisse passer l'element fécondateur Il ne faut pas confondre le chorion, qui a son origine dans l'ovaire, avec l'enveloppe dure qui recouvre certains œufs (Oiseaux, etc et qu'on nomme *coquille* celle-ci ne se developpe que plus tard, en dehors de l'ovaire.

gêne considérable pour la division cellulaire. Car le protoplasme seul joue un rôle actif dans cette division cellulaire. Le vitellus est au contraire une substance passive, dont l'inertie doit être vaincue par l'activite du protoplasme.

Les œufs riches en vitellus se développent donc plus lentement que les œufs qui en contiennent peu ; et, dans un même œuf, les parties ou se trouve localise le vitellus se divisent bien plus lentement que celles où le protoplasme est pur.

Segmentation. — La plus ou moins grande abondance du vitellus a donc une importante capitale sur la marche de la division de l'œuf, de la *segmentation.*

1° Si l'œuf renferme une quantité minime de vitellus, et est forme dans toutes ses parties de protoplasme à peu près pur (*œufs alécithes*), la segmentation est *totale* et *égale.*

2° Si le vitellus est plus abondant, mais pas assez cependant pour que le protoplasme ne puisse se répandre dans toute l'etendue de l'œuf, la segmentation est encore *totale*, mais *inégale*, car elle marche plus vite dans le voisinage du noyau, où le protoplasme est pur, que dans le reste de l'œuf, où il renferme une grande quantité de vitellus.

3° Si le vitellus est énormément developpé, et occupe la plus grande partie de l'œuf, le protoplasme se trouve localisé en une région de l'œuf, et lui seul arrive à se diviser : la segmentation est alors *partielle* ou *incomplète.*

I. Segmentation totale. — C'est le cas le plus simple, et le plus primitif; on le retrouve dans des types très divers (Éponges, Polypes, Échinodermes, quelques Vers, Amphioxus).

Soit l'œuf, avec ses globules polaires, recemment expulsés : 1° il se divise en deux, le noyau d'abord, le cytoplasme ensuite, de telle sorte que la membrane qui separe les deux nouvelles cellules passe par le point (*pôle*) où se trouvent les globules polaires ; — 2° nouvelle division, nouvelle cloison, passant aussi par le pôle, mais perpendiculaire à la precédente ; — 3° un sillon equatorial divise en deux chacun des quadrants primitivement découpés ; — 4° quatre nouveaux sillons meridiens passant par les plans bissecteurs des 4 sillons précédemment fermés, donnent 16 cellules, et le processus se continue, doublant constamment le nombre des cellules.

Finalement, il s'est constitué une petite masse de cellules, qui peuvent se disposer soit sous la forme d'une sphère pleine, ressemblant à une petite mûre (*morula*), soit suivant une seule assise, limitant une sphère creuse (*blastula*). La cavité interne porte le nom de *cavité de segmentation*.

Gastrulation. — Toutes ces cellules sont jusqu'ici absolument identiques. Elles vont se *differencier*, c'est-a-dire modifier leur forme, et prendre des aspects différents. Ce changement de forme est en correlation avec un changement dans la situation respective des cellules. Certaines d'entre elles continuent à occuper une situation superficielle, tandis que les autres vont émigrer dans la profondeur au-dessous des précédentes. Il va donc se constituer un embryon presentant deux couches de cellules, ou, comme on le dit, deux *feuillets*. La partie du développement qui aboutit à la formation de ces deux feuillets est la *gastrulation*.

La gastrulation peut se faire de façons diverses. Le mode le plus frequent, le plus simple à la fois, est la gastrulation par *embolie*. Il se retrouve dans les groupes les plus divers du règne animal, notamment dans les formes inférieures. Il constitue par consequent la forme la plus primitive et par suite la plus importante de gastrulation

L'un des hémisphères de la blastula s'aplatit, se creuse, et finalement se replie à l'interieur de l'autre, réduisant peu à peu la cavité de segmentation, qui finit par disparaître, quand les deux feuillets se sont accoles l'un à l'autre. L'embryon a alors la forme d'une coupe ou d'une urne, dont la paroi est formée de deux assises superposées (*feuillets*) de cellules déjà différenciées. Le feuillet externe (*exoderme*) est formé de cellules étroites et allongées; le feuillet interne (*endoderme*) de cellules grosses et arrondies.

La cavite intérieure du sac deviendra plus tard, chez l'adulte, la cavité digestive et l'endoderme donnera naissance à tout le revêtement du tube digestif. Certains embryons peuvent déjà à ce stade mener une vie indépendante, dans l'eau où ils se développent; les cellules de l'exoderme se couvrent de fouets mobiles, qui frappent l'eau constamment et permettent au petit organisme de se mouvoir. La cavité intérieure fonctionne déjà comme cavité digestive ; les cellules de ses parois digèrent les matières alimentaires qui y pénètrent.

Le caractère de cette forme embryonnaire est donc la présence d'une sorte d'estomac, ce qui lui a fait donner le nom de *gastrula*. La cavité intérieure est l'*intestin primitif* ou *archenteron*. Il paraîtrait rationnel de considérer l'orifice comme la bouche ; mais, en réalité, il ne devient pas toujours la bouche définitive, quelquefois même il devient l'anus ; d'autres fois il se ferme complètement, la bouche et l'anus se reformant en-

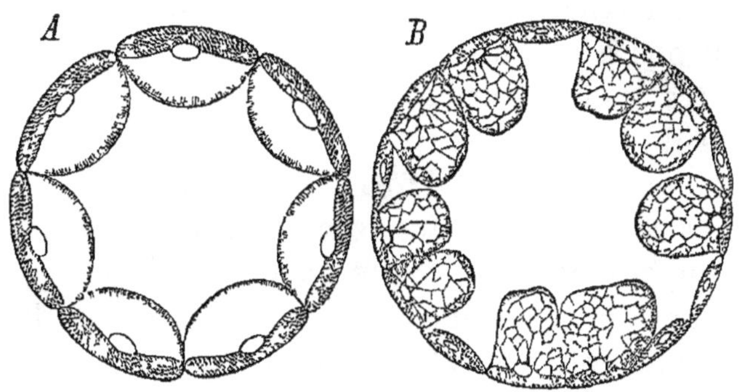

Fig 7 — Gastrula par delamination d une Méduse (*Geryonia*).

suite de toutes pièces en d'autres points de l'embryon. On peut appeler l'orifice de la gastrula la *bouche primitive* ou *blastopore*.

Les deux feuillets de la gastrula ne se produisent pas toujours par embolie : ils peuvent se produire encore par bipartition des cellules de la planula, suivant une cloison tangentielle (*gastrulation par delamination*) (fig. 7) ; puis un orifice se forme en un point et la forme gastrula est obtenue.

Enfin, quand la forme primitive est une morula, il peut se faire que les cellules internes se différencient des cellules superficielles, sans qu'il y ait besoin d'un déplacement quelconque des cellules. L'embryon ainsi formé est une *planula*. Si les cellules internes s'écartent de façon à laisser libre une cavité autour de laquelle elles se disposent, s'il se produit un orifice faisant communiquer cette cavité avec l'extérieur, la gastrula est constituée.

La gastrula peut se former par d'autres procédés encore, mais les cas que nous venons de décrire sont les plus typiques, les autres s'y ramèneront facilement.

Formation du mésoderme. — Après la formation des deux feuillets primitifs, la différenciation continue, et, sauf de rares exceptions qu'on ne rencontre guère d'une façon normale que dans le groupe des Polypes, on voit apparaître une troisième couche de cellules, un troisième feuillet, qui s'intercale entre les deux premiers : c'est le *mesoderme*. Son origine est variable suivant les groupes et même suivant les espèces.

Le plus souvent, il commence à apparaître sous la forme d'une rangee de cellules, qui se montrent sur les bords du blastopore, entre l'exoderme et l'endoderme ; ces cellules se divisent et donnent peu à peu un feuillet continu qui s'étend graduellement entre les deux premiers feuillets, dans toute l'etendue de la paroi de la gastrula.

Ailleurs, le mésoderme se forme simplement par l'émigration de certaines cellules de l'endoderme qui pénètrent au-dessous de leurs congenères et s'en differencient.

Quoiqu'il en soit, l'embryon devient un sac, dont la paroi est formée de trois couches cellulaires superposees.

Enfin le mesoderme, qui vient de se former, se creuse en son milieu d'une petite fente qui s'agrandit peu a peu et se transforme en une cavité close : la *cavité génerale* ou *cœlome* ; cette cavité divise le mesoderme en deux lames : l'une (*somatopleure*) appliquée contre l'exoderme, l'autre (*splanchnopleure*) contre l'endoderme. Par là, les parois du sac digestif se trouvent séparees de la couche superficielle du corps, des teguments

Cette cavite persiste, en general, chez l'adulte, c'est celle qui renferme tous les organes du corps.

Les cellules de l'embryon ainsi constitué n'ont plus qu'à se différencier les unes des autres en donnant les divers tissus, pour arriver à constituer l'animal complètement developpé.

II. Segmentation inégale. — Dans les œufs à segmentation inegale, le protoplasme est repandu dans toutes les parties de l'œuf, mais inegalement, il est à peu près pur dans le voisinage du noyau, qui est generalement place en un point de la surface de l'œuf, pres duquel se trouvent aussi les globules polaires. Partout ailleurs il est represonté seulement par de fines trabecules qui circonscrivent les sphères vitellines.

Le premier sillon passe, comme toujours, par le point ou sont sortis les globules polaires, il divise l'œuf en deux cellules tout à fait équivalentes, où le protoplasme, entourant le noyau, est localisé à l'extrémité supérieure, tandis que le reste est plus ou moins rempli de vitellus.

Au second stade, le noyau de chaque cellule se divise, mais la division cellulaire qui en résulte donne, de chaque côté, deux nouvelles cellules fort inégales : la supérieure est petite et contient presque uniquement du protoplasme, l'inférieure est très grosse, riche en vitellus.

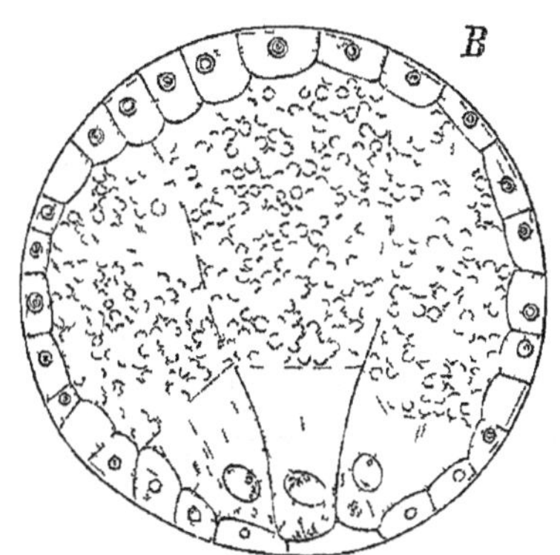

Fig 8 — Gastrula par épibolie d'une Bonellie

Les choses étant en cet état, il est clair que, la segmentation des deux grosses cellules étant gênée par le vitellus, les petites cellules se multiplient beaucoup plus vite. Elles finissent ainsi par s'étendre tout autour de la surface de l'œuf, recouvrant peu à peu les grosses cellules d'une calotte, qui gagne progressivement vers le pôle opposé ; elles ne laissent plus finalement qu'un petit orifice, qui représente le blastopore. Les grosses cellules finissent aussi par se diviser et constituent l'endoderme (fig. 8). Nous voilà arrivé au stade représentant la gastrula (*gastrulation épibolique*)

La mesoderme apparaît d'une façon variable entre les deux feuillets primaires, et l'embryon est formé.

III. Segmentation incomplète. — Ici l'œuf renferme une masse énorme de vitellus; le protoplasme forme une couche continue tout autour du vitellus (*œufs centrolécithes* des Arthropodes), ou bien il se confine à un des pôles de la cellule (*œufs télolécithes*), et le vitellus constitue tout le reste de l'œuf sans être pénétré de protoplasme. C'est ce qui a lieu chez les Poissons, les Reptiles et les Oiseaux (1).

Le protoplasme de l'œuf apparaît comme une petite tache

(1) Dans ce dernier cas, nous devons entendre sous le nom d'*œuf*, le jaune de l'œuf. Cette partie seule se forme dans l'ovaire, le blanc, comme la coquille, s'ajoute après la fécondation. Il est produit par la sécrétion du canal qui conduit l'œuf à l'extérieur (*oviducte*).

transparente (*cicatricule*), visible à la surface du jaune et presente en son centre le noyau ou *vésicule germinative*. Ce noyau se divise un grand nombre de fois, et chaque division est suivie d'une bipartition du protoplasme, amenant la formation d'autant de cellules. Toutefois certains des noyaux produits passent dans le vitellus, et, n'y trouvant pas une assez grande quantité de protoplasme, s'y divisent sans que cette bipartition soit suivie de la formation de cellules. On trouve donc dans le vitellus un certain nombre de noyaux isolés (*noyaux vitellins*). Au contraire, au pôle supérieur, existe un massif de cellules, formant le *disque germinatif* ou *blastoderme*.

Les cellules de ce disque, disposées sur plusieurs couches, se différencient et forment les deux feuillets primaires : l'ectoderme et l'endoderme. C'est le stade gastrula, mais remarquablement modifié. Le blastoderme s'étend peu à peu à la surface du vitellus et finit par le recouvrir et l'englober tout entier. Mais il reste notablement plus épais à l'endroit ou il a commence à se former. C'est la seulement en effet que se formera tout le corps de l'embryon ; le reste constituera les parois d'une vésicule attachée à la face ventrale de l'embryon (*vésicule ombilicale*). La cavite de cette vésicule renferme le vitellus, et la portion de cette cavité qui reste à l'interieur de l'embryon constituera l'archenteron. La vésicule ombilicale se sépare peu à peu de l'embryon, et finit par ne plus lui être rattachée que par un long cordon (*cordon ombilical*).

Le mésoderme se forme aux dépens de cellules de l'endoderme qui émigrent dans la profondeur ; il se creuse sur les côtés d'une cavité générale qui ne se forme pas dans la région dorsale. L'embryon est désormais constitué et ses cellules n'ont plus qu'a se différencier pour devenir les divers tissus de l'organisme.

En résumé, la marche constamment suivie dans le développement des animaux comporte les phases suivantes :

1° Segmentation ; 2° Formation d'une cavité digestive primitive et division des cellules en deux feuillets (gastrulation) ; 3° Apparition du mésoderme et sa division en deux lames par le cœlome ou cavité générale ; 4° Differenciation des cellules des divers feuillets, pour arriver à constituer les différents tissus.

CHAPITRE III

ÉTUDE DES TISSUS

Différenciation des éléments anatomiques. — Chaque cellule qui entre dans la composition d'un organisme multicellulaire conserve sa vie propre, respire, assimile et desassimile pour son propre compte Chacune naît, vit et meurt indépendamment de ses coassociées. Mais, comme dans toute association, du fait même de leur réunion, tous les éléments anatomiques contractent un ensemble de droits et de devoirs sociaux, qui les rend plus ou moins solidaires les uns des autres.

En effet, les eléments anatomiques tendent à se partager le travail physiologique qui doit s'accomplir dans l'organisme, et *un organisme est d'autant plus perfectionné que la division du travail y est poussée plus loin*. C'est le *principe de la division du travail physiologique* (Milne Edwards, 1827). Dans les organismes inférieurs, les divers éléments doivent accomplir au même degré la totalité des fonctions vitales; tous les éléments sont identiques et le corps de ces organismes est comparable « à un atelier, où chaque ouvrier doit exécuter à lui seul et complètement des objets semblables ». Dans un pareil ensemble, le nombre des ouvriers peut influer sur la somme de travail produite, mais non sur la nature de ce travail. Il n'y a pas solidarité entre les divers individus; ils peuvent se séparer sans compromettre leur travail. C'est aussi ce qui a lieu pour les organismes inférieurs; on peut détacher des fragments quelconques d'une Hydre, chaque morceau continue à vivre indépendamment. La même chose s'observe chez les Étoiles de mer, chez quelques Actinies, etc.

Au contraire, dans les organismes les plus élevés, chaque

élément a choisi pour son compte, dans le travail physiologique total, une fonction déterminée, dans laquelle il se cantonne exclusivement. Il s'y adapte pleinement et la remplit avec d'autant plus de perfection qu'aucun autre soin ne l'en detourne Le travail de l'organisme n'est plus la somme d'un nombre plus ou moins grand de travaux elementaires identiques, mais la résultante d'actes differents accomplis par des organes distincts. C'est ainsi que certains elements anatomiques s'adaptent a la digestion, d'autres conservent en propre l'irritabilite, la contractilite, etc.

Par contre, la division du travail fait naître une solidarite extrême entre les divers eléments; chacun est devenu indispensable, ou du moins utile à la vie de tous, et, d'autre part, l'ensemble des elements associes constitue un milieu dont chacun ne peut être separé sans être expose à mourir.

La specialisation entraîne fatalement des changements dans la forme et la structure des elements anatomiques, qui se *differencient* les uns des autres. Plus la division du travail est complète, plus cette différenciation est elle-même poussee loin. Le degre de perfectionnement d'un organisme peut donc egalement se mesurer au degre de la differenciation de ses éléments. *Differencie* et *perfectionné* sont donc en biologie des termes equivalents.

Rôle des trois feuillets embryonnaires dans la formation des tissus. — Cette differenciation ne se fait pas au hasard. Il est clair que la situation même des elements anatomiques dans le corps doit avoir une grande influence sur le rôle que doivent jouer ces elements. L'irritabilite sera evidemment l'apanage plus spécial des cellules peripheriques, tandis que la faculté digestive sera forcément dévolue aux cellules qui tapissent la cavité interieure, car les particules alimentaires qui ont penetre dans cette cavité y sont retenues longtemps au contact des cellules qui la bordent et peuvent dès lors être digérées.

Il est clair, d'après cela, que les trois feuillets embryogéniques donneront dans tous les groupes du Règne animal, des elements specialisés de façon à peu près identique :

1° L'*exoderme* donne le *revêtement extérieur du corps* (épiderme).

les *glandes* qui en dependent, les *élements sensoriels*, et à peu près toujours le *système nerveux*.

2° Le *mésoderme* produit le *sang*, les *muscles*, le *tissu conjonctif*, et prend, dans certains cas, une part importante à la formation des élements nerveux.

3° L'*endoderme* donne le *revêtement du tube digestif* et les *glandes* qui en dépendent.

Histologie : Définitions. — On appelle *histologie* la description des divers élements anatomiques, considérés en eux-mêmes et dans leurs associations.

La classification embryogenique que nous venons de donner rendrait difficile la description des diverses sortes d'eléments. Il est plus commode de les classer d'après leur rôle physiologique ; car de l'identite du rôle physiologique découle la ressemblance de forme et de structure.

On appelle *tissu* la reunion des éléments anatomiques differencies de la même façon, en vue de l'accomplissement d'une même fonction spéciale. On distingue six sortes de tissus :

1° Le *tissu epithélial*, comprenant le *tissu glandulaire*.

2° Le *tissu conjonctif*, comprenant les *tissus cartilagineux* et *osseux*.

3° Le *tissu sanguin*.

4° Le *tissu musculaire*.

5° Le *tissu nerveux*.

6° Le *tissu génital*.

I. **Tissu épithélial.** — Le tissu épithelial normal dérive de l'exoderme ou de l'endoderme. Il est forme de cellules juxtaposees sans substance interstitielle ; tout au plus une couche de *ciment* sépare-t-elle les cellules les unes des autres.

Les cellules sont disposees toujours au-dessus d'une *membrane basilaire* anhiste, qui est en realite une dependance du tissu conjonctif sous-jacent. Elles forment en général le revêtement de surfaces extérieures ou de cavités internes (1). Les

(1) L'epithelium (*epiderme*) qui recouvre la surface du corps, joint à une couche de tissu conjonctif sous-jacent (*derme*), forme la *peau*. L'épithelium qui tapisse le tube digestif et les cavites en communication avec l'exterieur, uni a une couche de tissu conjonctif sous-jacent (*chorion* ou *derme*) forme les *muqueuses*.

épithéliums ne renferment jamais de vaisseaux et n'ont que peu de fibres nerveuses. — Suivant qu'il existe une ou plusieurs assises de cellules, l'épithélium est *simple* ou *stratifié*.

A. Épithélium simple. — Si les cellules sont très aplaties, d'épaisseur très petite par rapport à leur largeur, l'épithelium est *pavimenteux* (alvéoles pulmonaires des Vertébrés) (fig. 9 A).

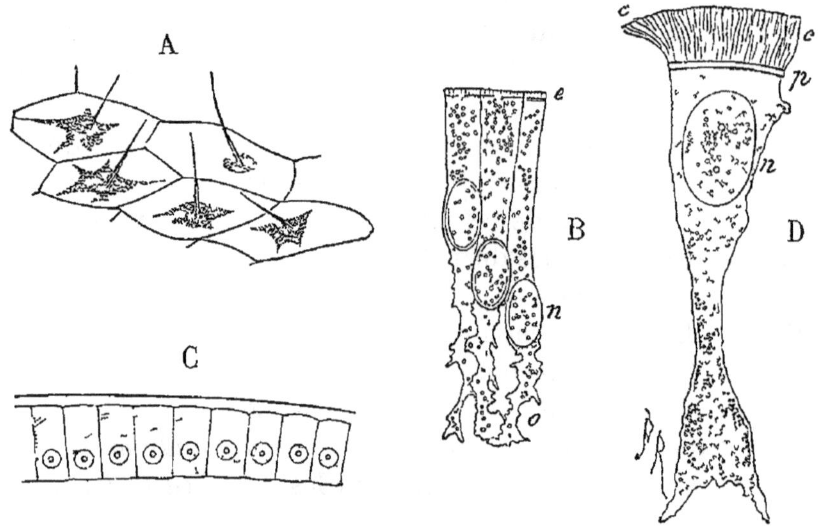

Fig 9 — Diverses sortes d'épithélium A, épithélium pavimenteux à cellules surmontées de poils rigides — B, épithélium cylindrique (intestin de la Grenouille) avec le plateau *e*, et la base déchiquetée, *o* — C, épithélium avec cuticule d'une larve d'Insecte (*Corethra*) — D, cellule cylindrique à cils vibratiles

Si, au contraire, les cellules sont hautes, l'épithélium est *cylindrique* (B).

Les cellules d'épithélium cylindrique s'insèrent sur la membrane basilaire par une base large ou plus ou moins déchiquetée; leur membrane superficielle est souvent épaissie et modifiée, elle se colore faiblement aux réactifs, et porte le nom de *plateau* (1) (hypoderme des Insectes, intestin des Vertébrés).

B. Épithélium stratifié. — Quand il existe plusieurs assises de cellules, leur forme varie suivant les différents niveaux où elles se trouvent placées. C'est ce que montre nettement une coupe de l'epiderme de la muqueuse buccale (fig. 10). Les cou-

(1) La zone extérieure de cette membrane se modifie parfois notablement, cesse d'être vivante, et constitue un revêtement continu protecteur (cuticule) (fig. 9 C).

ches profondes sont destinées à remplacer les assises superficielles, qui sont essentiellement temporaires et meurent après avoir servi quelque temps.

Il existe trois variétés importantes de tissu épithélial : le *tissu vibratile*, le *tissu sensoriel* et le *tissu glandulaire*.

TISSU VIBRATILE. — Le tissu vibratile est caracterisé par ce que ses cellules sont munies, sur leur paroi extérieure, de prolongements protoplasmiques très fins (*cils vibratiles*), animés de mouvements continuels. La forme de ces cellules est d'ailleurs variable, et l'épithélium vibratile peut appartenir a l'une quelconque des formes decrites ci-dessus.

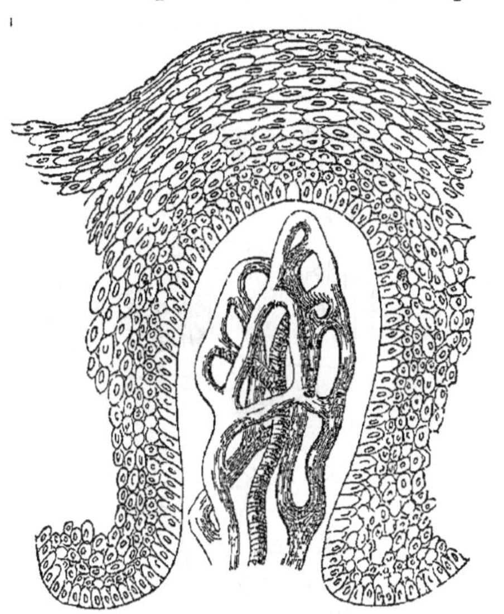

Fig 10 — Epithélium stratifie, avec une papille vasculaire (gencive d un enfant)

Il peut exister un seul cil puissant (*flagellum*), forme fréquente chez les Éponges et les Polypes, ou un nombre plus ou moins considerable de petits cils très fins (de 10 a 30 environ chez les Mammifères). C'est spécialement dans ce dernier cas, qu'on a affaire à des cellules vibratiles (fig. 9 D).

Dans les cellules cylindriques, on voit nettement les cils passant au travers du plateau et rejoignant le protoplasme cellulaire.

Le mouvement des cils vibratiles (1) a pour but de provoquer un mouvement de l'eau ambiante sur les organes ciliés (branchies), souvent aussi de produire la locomotion de l'animal (INFUSOIRES, larves, *Turbellariés*, *Rotifères*) ; d'autres fois enfin,

(1) Ces mouvements sont independants du système nerveux central; leur cause reside dans la vie du protoplasme cellulaire lui-même, ils persistent apres la mort de l'organisme et cessent seulement a la mort de la cellule. Le froid et les acides ralentissent ces mouvements, qui sont au contraire actives par la chaleur moderee et les alcalis. Ils disparaissent complètement au-dessus de 50°.

il déplace les mucosites qui se sont déposées au-dessus des cellules ciliées et les chasse en des points où elles ne peuvent gêner (trachee artère, tube digestif de beaucoup d'animaux).

Épithélium sensoriel. — L'épithelium renferme souvent des cellules sensorielles (*cellules neuro-épitheliales*); elles sont en général allongées en forme de *bâtonnets*, renflees seulement au point où se trouve leur noyau. La base de la cellule se continue par une fibre nerveuse, tandis que sa surface externe

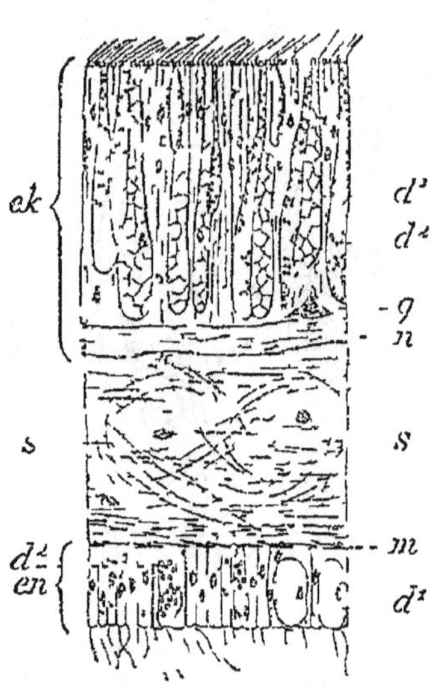

Fig. 11 — Coupe transversale du tube œsophagien d une Actinie — *ek*, ectoderme, *en*, endoderme, *s* mesoglée, d_1 d_2, cellules glandulaires, *g*, cellules nerveuses, *n*, fibres nerveuses, *m*, fibres musculaires

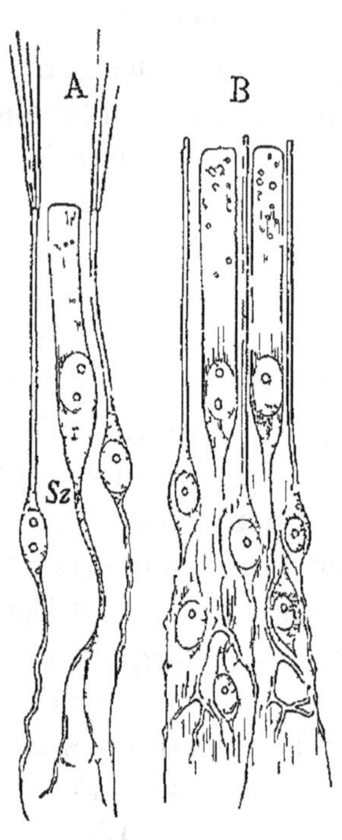

Fig 12 — Cellules olfactives de la Grenouille (A) et de l'Homme (B), avec cellules épithéliales de soutien (*Sz*)

porte des soies de nature cuticulaire, qui facilitent l'impression des cellules (fig. 12 A).

Les cellules sensorielles sont quelquefois éparses dans le tégument extérieur, c'est alors surtout qu'on leur donne le nom de cellules neuro épithéliales (sens inférieurs des Invertébrés, olfaction, goût). Ailleurs elles se modifient davantage, s'isolent du tégument, émigrent vers la profondeur et semblent n'avoir plus aucun rapport avec l'épithelium. C'est ce qui a lieu pour la *rétine* (bâtonnets optiques) et pour l'épithélium qui tapisse les cavites auditives. Dans tous les cas, les cellules sensorielles sont toujours séparées les unes des autres et soutenues par des cellules épitheliales indifférentes (cellules de soutien) (fig. 12).

Épithélium glandulaire. — L'une des formes les plus importantes d'épithelium est l'*epithelium glandulaire*.

Les cellules glandulaires sont chargées de fabriquer des liquides, qu'elles mettent ensuite en liberté. Ce fonctionnement des cellules glandulaires constitue la *secrétion*. Ces liquides sont parfois destinés a jouer un rôle important dans la digestion des matières alimentaires; d'autres fois ce sont des substances de desassimilation qui doivent être éliminées définitivement en dehors de l'organisme (*excrétion*). Mais, dans les deux cas, le fonctionnement est le même.

Mécanisme de la sécretion. — La cellule glandulaire jeune est formée de protoplasme pur. Lorsqu'elle se met à sécréter, les liquides produits apparaissent dans le protoplasme sous forme de gouttelettes minuscules, qui grossissent peu à peu et se fusionnent entre elles, de façon a former en définitive une seule grosse goutte.

La suite du processus peut se faire suivant deux types distincts : le plus souvent, la goutte d'excrétion cesse de grossir, puis est mise en liberté par suite de la disparition de la membrane protoplasmique qui la séparait de l'extérieur. La cellule se trouve ramenee à l'état d'une masse protoplasmique, portant l'empreinte de la gouttelette sur sa surface, qui reste creusée en coupe (*cellule caliciforme*) (fig. 13); elle est prête à fonctionner de nouveau comme précédemment. Ce mode de secretion, où une partie de la cellule seulement se detache pendant la sécrétion, caracterise les *cellules mérocrines*.

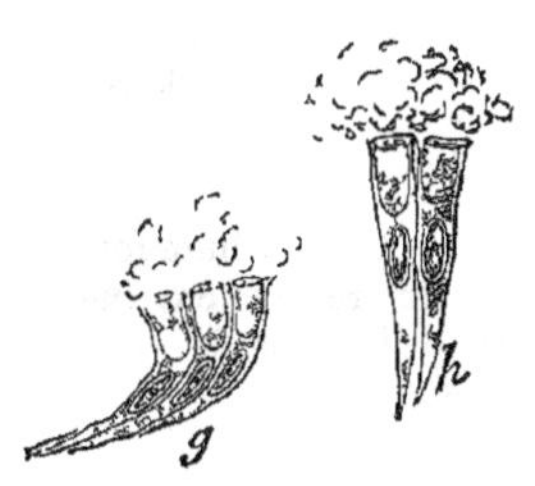

Fig 13. — Cellules caliciformes de l'intestin de la Grenouille, expulsant le liquide sécrété.

Ailleurs la goutte continue à grossir; elle envahit progressivement toute la cellule; le protoplasme et le noyau disparaissent peu à peu, et la cellule est transformée en une vésicule inerte, pleine de liquide, qui se détache ou se vide pour la sécrétion; la cellule ne fonctionne alors qu'une fois; elle meurt de son travail. Il y a *fonte de cellules*, les cellules sont dites *holocrines*.

Morphologie des glandes. — Dans le cas le plus simple, les cellules glandulaires sont éparses au milieu des autres cellules épithéliales ; il n'y a pas alors réellement de tissu glandulaire, mais des *glandes unicellulaires isolées* (fig. 11). Plus souvent, elles se réunissent de façon à tapisser toute une surface. Il se constitue ainsi des *surfaces glandulaires*. Enfin, pour augmenter le nombre des cellules sécrétrices sans augmenter la surface, il se produit dans l'épithélium des plissements, et les cellules

Fig. 14 — Endothélium formant le revêtement interne de la paroi des lymphatiques.

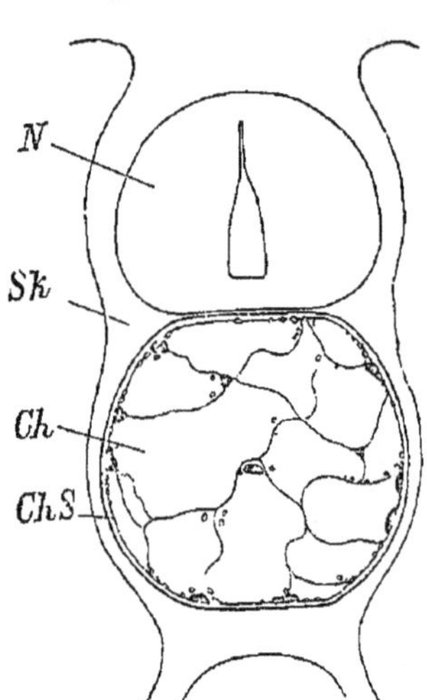

Fig 15 — Coupe de la corde dorsale d'un embryon de Vertébré (*Bombinator igneus*) — *Ch*, cellules de la corde dorsale, *ChS*, gaine de la corde, *Sk*, couche squelettogène, *N*, moelle épinière

sécrétrices émigrent vers la profondeur, en formant des groupes qu'on désigne plus spécialement sous le nom de *glandes*. Il existe des glandes en *tubes simples* (glandes intestinales), en *tubes pelotonnes* (glandes de la sueur), en *tubes ramifiés* (glandes gastriques) et des *glandes en grappe* (glandes salivaires) Ces dernières sont les plus spécialisées, les cellules glandulaires sont localisées en de petites masses arrondies (*acini*), comparables à des grains de raisins, et le liquide produit dans les divers acini est rejeté par des conduits excréteurs, qui se réunissent les uns aux autres jusqu'a un canal excréteur commun.

ENDOTHÉLIUM. — Enfin au tissu épithélial se rattachent les *endothéliums*. Ils sont formés de cellules généralement très aplaties, et exactement juxtaposées. Ces cellules revêtent les surfaces internes, la cavité générale, les vaisseaux sanguins et lymphatiques, les séreuses; la différence essentielle qui caractérise les endothéliums est qu'ils tirent leur origine du mésoderme (fig. 14).

II. **Tissu conjonctif.** — Il tire son origine du *mésoderme* C'est le plus répandu des tissus du corps; il est interpose entre les organes, qu'il relie et qu'il soutient; on le trouve entre les muscles, entre les acini des glandes, les alvéoles des poumons. Les organes épithéliaux reposent tous sur du tissu conjonctif; il constitue la charpente des vaisseaux sanguins et forme des gaines protectrices autour des éléments musculaires. Enfin, il peut se durcir ou s'incruster de calcaire,et les tissus du squelette ne sont qu'une des formes du tissu conjonctif.

Le tissu conjonctif est assez difficile à caractériser. La plupart de ses variétés se distinguent en ce que leurs cellules sont séparées par une substance interstitielle plus ou moins abondante. Comme c'est de la nature de cette substance que découlent surtout les propriétés du tissu conjonctif, on lui donne quelquefois le nom de *substance fondamentale*. Les cellules mériteraient cependant bien plutôt le nom d'eléments fondamentaux, puisque c'est elles qui sont chargées de la formation et de la nutrition de la substance interstitielle. Cette dernière est sécrétée par les cellules ou est le résultat d'une modification subie par leurs membranes.

Dans le *tissu conjonctif embryonnaire* et dans quelques organes de l'adulte (corde dorsale), les cellules sont cependant juxtaposées ou réunies par un simple ciment (fig. 15, *Ch*).

Dans le *tissu muqueux* ou *gélatineux*, la substance interstitielle est amorphe et de consistance gélatineuse (ombrelle des Méduses) ou plus ou moins durcie (mésoglée des Polypes).

Le plus souvent, cette substance gélatineuse renferme un réseau plus ou moins riche de fines fibres qui la rend résistante. Ces fibres paraissent en général naître dans la substance interstielle; mais quelques-unes sont probablement dues à des cellules modifiées et mortes.

On distingue (fig 16): 1° les *fibres elastiques*, solides, souvent anastomosees, résistant à l'action de la potasse à froid, et colorées en jaune par le picrocarminate d'ammoniaque; 2° les *fibres conjonctives*, formées par des faisceaux de fibrilles extrêmement fines; ces faisceaux sont entourés d'une gaine spéciale, soutenue de distance en distance par des spirales ou des anneaux résistants, et à laquelle se raccordent des cloisons internes. Les fibres conjonctives se colorent en rose par le picrocarmin et se dissolvent dans la potasse. Elles sont solubles dans l'eau bouillante et se transforment en une variete de gélatine (*géline*) qui se prend en masse par le refroidissement et par l'action de l'alcool et des acides.

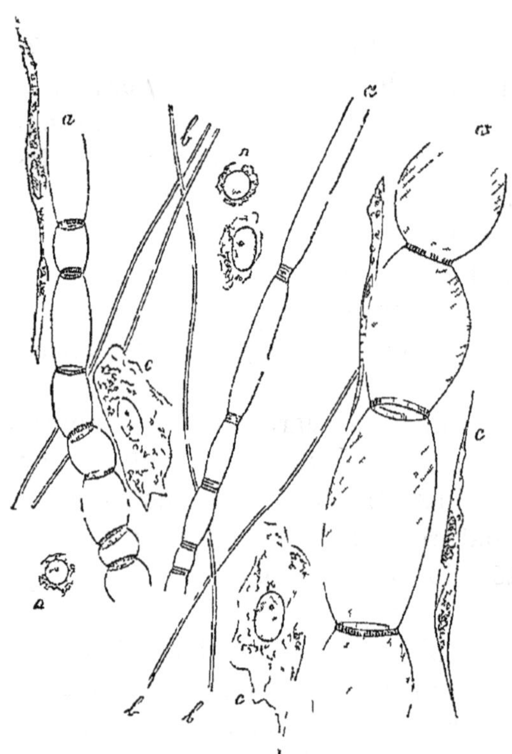

Fig 16 — Eléments du tissu conjonctif sous cutané — *a*, faisceau de fibres conjonctives avec anneaux de soutien *b*, fibres élastiques, *c*, *c'* cellules aplaties, *n*, cellules lymphatiques

Les variétés de tissu conjonctif sont très nombreuses; parmi les principales, il faut citer :

1° Le *tissu conjonctif lâche ou diffus*, le plus repandu dans l'organisme; ses fibres sont enchevêtrées dans tous les sens et forment des aréoles dont la cavité, presque virtuelle à l'état normal, peut facilement s'insuffler ou s'infiltrer de pus (œdème) ou de liquide. Il relie la peau aux muscles sous-jacents (tissus sous-cutanes), rattache les muscles entre eux; il s'interpose entre les divers organes, nerfs, vaisseaux, etc. C'est dans ses mailles que filtre le plasma du sang pour arriver aux éléments anatomiques; c'est là qu'il est repris par les lymphatiques; les areoles de ce tissu sont ainsi les vraies origines du système lymphatique.

2° Le *tissu fibreux*, formé de fibres résistantes, mais non extensibles Il a une coloration blanchâtre et un éclat satine. Il

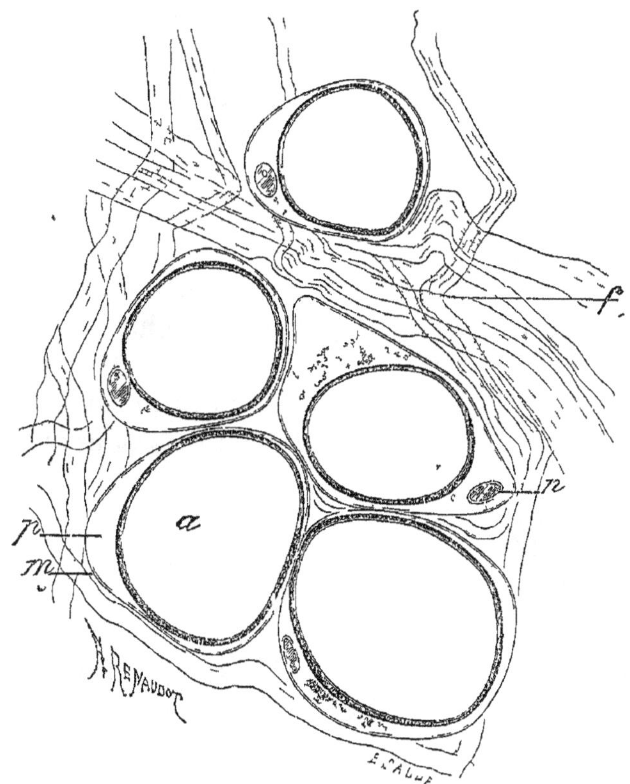

Fig 17 — Tissu adipeux du Chien — *a*, vésicule de graisse, *p*, protoplasme, *m*, membrane, *n*, noyau de la cellule, *f*, faisceau conjonctif

forme tantôt des cordons allongés, comme les *tendons* qui unissent les muscles aux os et les *ligaments* qui unissent deux os entre eux, tantôt des membranes résistantes, comme la sclérotique. la dure-mère, les aponevroses qui entourent les muscles, ou les lamelles du périmysium qui séparent les fibres musculaires les unes des autres.

3° Le *tissu élastique*, où dominent les fibres élastiques et qui diffère du précédent par sa facile extensibilité. Il forme aussi des cordons (ligaments jaunes des vertèbres, cordes vocales) ou des membranes, comme la tunique élastique des artères.

4° Le *tissu adipeux*, où les cellules, très volumineuses, fonctionnent comme les cellules glandulaires, mais produisent de la graisse ; cette graisse se constitue en petites gouttelettes, qui s'unissent en une grosse vésicule, le protoplasme et le noyau étant relégués a la périphérie (fig. 17). Mais, à la difference des cellules glandulaires, la graisse n'est pas rejetée à l'extérieur de la cellule ; elle est mise en réserve pour être utilisée plus tard.

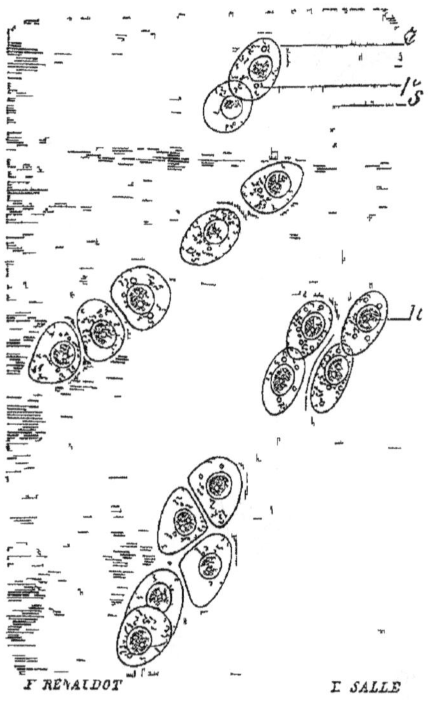

Fig 18 — Tissu cartilagineux (tete de fémur de veau) — *s*, substance interstitielle, *c*, capsule, *p*, protoplasme, *n*, noyau

5° Le *tissu calcifère* des Échinodermes, qui est du tissu conjonctif ordinaire dont la substance interstitielle est incrustée de carbonate de chaux

6° Le *tissu cartilagineux*, où les cellules sont separees les unes des autres par une substance interstitielle (*substance cartilagineuse*) presentant une rigidité et une élasticite caractéristiques Il forme les *cartilages*, qu'on rencontre exclusivement chez les VERTÉBRÉS et chez les CÉPHALOPODES Tout le squelette est cartilagineux chez les Poissons inférieurs ; chez les autres Vertébres, le squelette est d'abord aussi tout entier cartilagineux, mais peu à peu le cartilage est remplace par de l'os et il ne persiste que partout où il doit y avoir à la fois solidité et élasticite.

La substance cartilagineuse, traitée par l'eau bouillante, donne une varieté de gélatine (*chondrine*) isomère de la géline.

La cellule cartilagineuse (*chondroblaste*) est en général arrondie ou ovoide (fig. 18) ; chez les Céphalopodes et dans le cartilage embryonnaire, elle présente des prolongements ramifiés qui vont d'une cellule à l'autre (fig. 19). Autour des cellules, la substance cartilagineuse est légèrement modifiée et forme une sorte d'enveloppe (*capsule cartilagineuse*). L'ensemble de la cellule et de la capsule forme l'unité histologique du cartilage, et constitue un *chondroplaste*. Les cartilages ne sont pas pénetrés par les vaisseaux sanguins ; ceux-ci se localisent dans la gaine fibreuse qui les enveloppe, et la nutrition du cartilage se fait par imbibition (1).

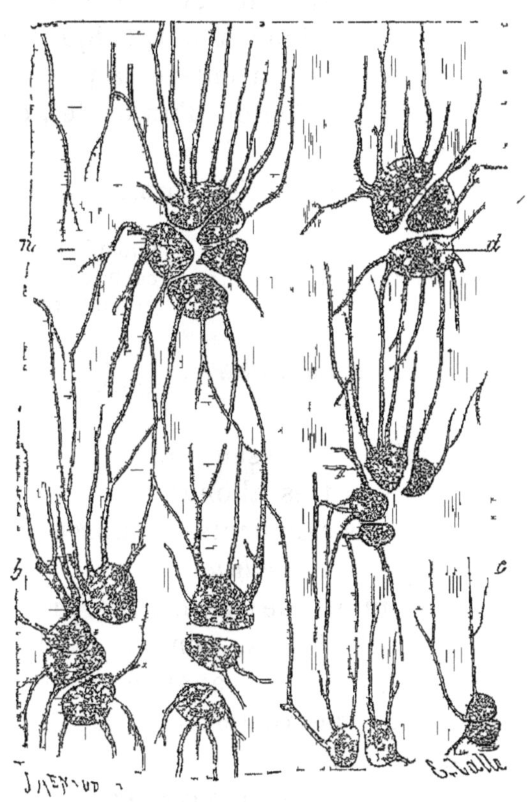

Fig. 19 — Cartilage céphalique du Calmar — *c*, substance interstitielle, *d*, cellules avec des ramifications anastomosées, *b*.

Le cartilage s'accroît directement : les cellules se divisent à l'intérieur de leur capsule, et les cellules-filles se séparent ensuite par la formation d'une lamelle de substance cartilagineuse. Toutefois le détail intime de ce processus n'est pas bien net.

On distingue trois variétés de cartilage :

a) Le *cartilage hyalin*, translucide, à substance amorphe et homogène (cartilages articulaires, cartilages des côtes et du larynx).

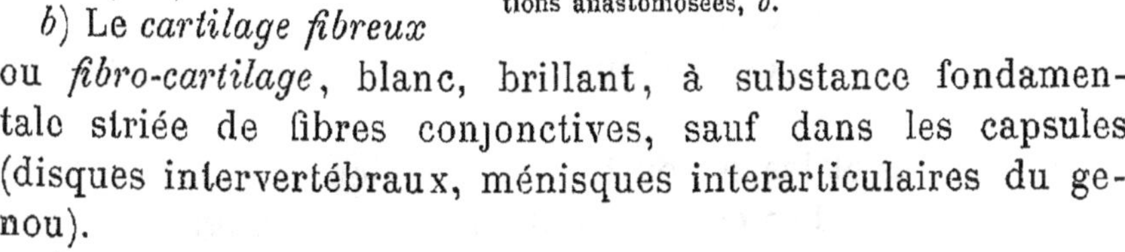

b) Le *cartilage fibreux* ou *fibro-cartilage*, blanc, brillant, à substance fondamentale striée de fibres conjonctives, sauf dans les capsules (disques intervertébraux, ménisques interarticulaires du genou).

c) Le *cartilage élastique*, jaunâtre, dont la substance fonda-

(1) Il y a exception pour les cartilages temporaires qui forment le squelette du fœtus ; ils renferment des vaisseaux sanguins et leurs cellules ne sont pas entourées d'une capsule.

mentale contient des réseaux de fibres élastiques anastomosés (épiglotte, cartilages de l'oreille).

7° Le tissu osseux. — Il est absolument spécial aux Vertébrés et est caractérisé par sa substance fondamentale incrustée de sels calcaires. Cette substance interstitielle est formée d'une matière organique, l'*osséine*, qui, dans l'eau bouillante, donne la gélatine ; cette substance est imprégnée de sels calcaires. Les portions organique et inorganique sont intimement mélangées, au point que, si on enlève la première (par calcination) ou la seconde (par l'action d'un acide), ce qui reste conserve exactement la forme de l'os.

Voici la constitution chimique de l'os :

Matières inorganiques 2/3 ..	phosphate de calcium.....	60	69	100
	carbonate de calcium....	8		
	phosphate de magnesium..	1		
Matières organiques 1/3 ...	osséine.	30	31	
	graisse....	1		

La substance osseuse est creusée de petites cavités en forme d'ellipsoïdes très allongés (*ostéoplastes*), communiquant entre elles par des canalicules nombreux. C'est dans ces cavités que sont logées les *cellules osseuses* ou *ostéoblastes*. Elles ont la forme d'un ovoïde très allongé, presque d'un fuseau, mais elles ne présentent pas, comme on l'a cru, des prolongements pénétrant dans les canalicules ; tout au moins la plupart des canalicules ne renferment pas de prolongements protoplasmiques (fig. 20).

Le tissu osseux est *compact* ou *spongieux ;* dans ce dernier cas, il est formé de travées osseuses, limitant des aréoles communiquant entre elles.

La surface des os est toujours limitée par une couche de tissu compact.

Les os plats et les os courts sont intérieurement formés de tissu spongieux. Les os longs ont leurs têtes spongieuses ; leur corps, constitué uniquement de tissu compact, est creusé d'une *cavité médullaire* qui s'étend dans toute la longueur.

L'os est parcouru par des vaisseaux sanguins et des nerfs, qui, partant de la périphérie, se dirigent vers les cellules intérieures. Ces organes sont logés à l'intérieur de canaux (*canaux de Havers*) dont la direction est à peu près parallèle à l'axe de l'os, mais qui s'anastomosent entre eux. C'est autour de ces canaux de Havers que se disposent les ostéoplastes (fig. 21); ils forment des couches concentriques (*lamelles osseuses*) dont l'ensemble constitue un *système de Havers* (1). Les canalicules font communiquer le canal avec les cellules les plus

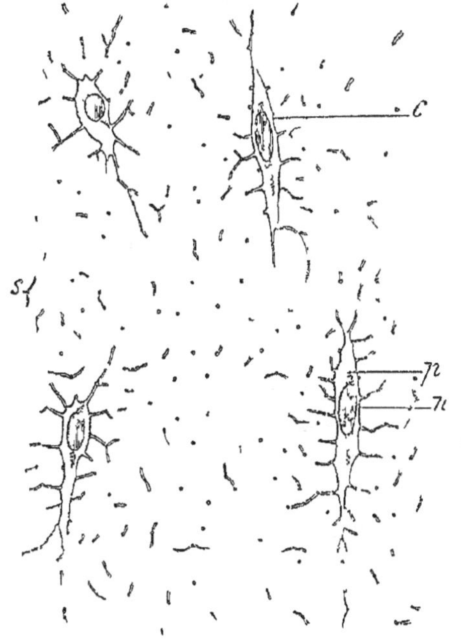

Fig. 20. — Cellules osseuses. — c, ostéoplaste, p, corps de l'ostéoblaste, n, son noyau, s, substance interstitielle, au milieu de laquelle s'aperçoivent les fragments de canalicules osseux intéressés par la coupe.

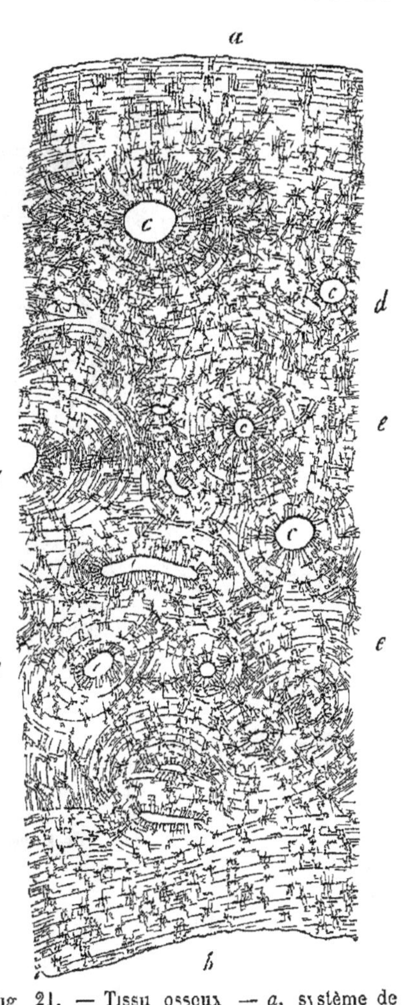

Fig. 21. — Tissu osseux. — a, système de lamelles périphérique, b, système périmédullaire, c, canaux de Havers entourés de leur système, d, systèmes intermédiaires, e, ostéoblastes.

rapprochées, puis ces dernières avec la seconde couche de cellules, et ainsi de suite de proche en proche. Il en résulte que la direction de ces canalicules est toujours radiale, et que

(1) Les os longs de la Grenouille sont formés d'un seul système de Havers.

les ostéoplastes ne présentent pas la forme étoilée irrégulièrement qu'on leur prête souvent, mais une forme relativement assez régulière.

D'autres lamelles osseuses se disposent autour de la cavité médullaire centrale (*système périmedullaire*), ou parallèlement à la surface externe (*système periphérique*) (1).

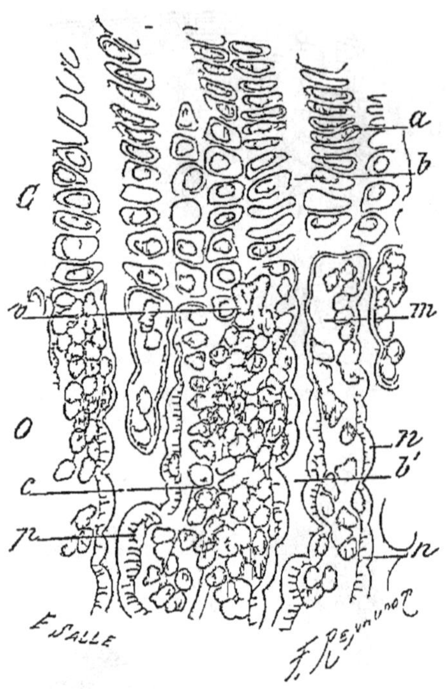

Fig 22. — Développement d'un os — *C*, cartilage sérié, *O*, os, *a*, cellule cartilagineuse, *b*, travée cartilagineuse séparant les séries, *m*, bourgeon de moelle osseuse, *n*, lamelle osseuse, *c*, cellule de la moelle, destinée à devenir un ostéoplaste *p*, *v*, vaisseau

Moelle. — On réunit sous ce nom les tissus mous qui remplissent les cavités intérieures de l'os (canal médullaire, canaux de Havers, vacuoles du tissu spongieux) et l'espace sous-périostique (*couche osteogène*). Mais ces divers tissus sont en réalité fort différents :

La moelle interne des os longs (*moelle jaune* ou *adipeuse*) paraît n'être qu'un tissu de désagrégation : on y rencontre de nombreuses cellules adipeuses, des cellules lymphatiques ou *medullocelles*, des grandes cellules a noyau ramifié et des *myeloplaxes* ou cellules a noyaux multiples.

La moelle du tissu spongieux est rouge, riche en vaisseaux et renferme surtout des *hematoblastes*, colorés par l'hémoglobine. La moelle rouge semble être le lieu de formation des globules rouges.

Enfin la moelle sous-périostique est la *couche osteogene ;* elle est formée de nombreuses cellules, destinées a devenir des ostéoblastes, qui sont plongées dans une substance interstitielle molle. Cette couche est très vasculaire ; elle a servi à la formation de l'os, au moment de son développement ; elle sert ensuite a augmenter son diamètre,

(1) Entre les divers systèmes se montrent des travees longitudinales calcifiees (*fibres de Sharpey*), restes de fibres émanees du perioste, elles existent seules dans certains os (tendons ossifiés).

et enfin, c'est elle qui, après une fracture, fabrique le nouveau tissu osseux, qui doit réunir les deux fragments (*cal*). Le *perioste* qui la surmonte est une membrane fibreuse, résistante et protectrice (1).

III. **Tissu sanguin.** — Formé de cellules (*globules*) nageant dans un liquide (*plasma*), qui forme la substance interstitielle du tissu.

Le tissu sanguin est variable dans la série animale. Son rôle est de mettre en relation les éléments anatomiques profonds avec le milieu extérieur, pour permettre la nutrition de ces éléments. Il n'existe par suite pas chez les PROTOZOAIRES, où il n'y a pas de cellules profondes, ni chez les SPONGIAIRES et les CŒLENTÉRÉS, dont le corps est pénétré par de continuels courants d'eau. C'est chez les ÉCHINODERMES qu'il commence à apparaître, mais il n'a pas encore le sens précis qu'il a dans les animaux plus élevés. En effet, chez ces Phytozoaires, les cavités internes sont en relation avec le milieu extérieur, et l'eau de mer peut y pénétrer. Le tissu sanguin est donc ici formé sur-

(1) *Développement des os.* — L'os est en général précédé par un cartilage de même forme (*os cartilagineux*). Il est entouré par une couche ostéogène, revêtue elle-même par le *périchondre* (le futur périoste). Cette couche ostéogène envoie des bourgeons vers l'intérieur, ces bourgeons se développent, en résorbant le tissu cartilagineux qu'ils trouvent sur leur passage. Comme les cellules cartilagineuses sont empilées les unes au-dessus des autres, en séries longitudinales par suite de leurs divisions multiples dans le sens transversal (*cartilage sérié*), les bourgeons suivent ces séries, et constituent ainsi des colonnes de moelle embryonnaire. Cette moelle devient de l'os par calcification de la substance interstitielle, et chacune de ces colonnes devient un système de Havers (fig. 22).

L'os s'accroît ensuite en épaisseur aux dépens de cette même couche ostéogène, mais en même temps les parties intérieures se résorbent en formant la cavité médullaire.

L'ossification commence sur certains points, appelés *centres d'ossification*. Un os long présente trois centres : un pour le corps, et un pour chacune des têtes. Les trois îlots osseux restent longtemps séparés les uns des autres par une région cartilagineuse (*cartilage épiphysaire*) et l'os long est formé de trois parties distinctes : une *diaphyse* et deux *épiphyses*. C'est au niveau du cartilage épiphysaire que se fait l'accroissement en longueur de l'os : le cartilage s'allonge, mais il est envahi progressivement par l'os. Quand les cartilages eux-mêmes se sont ossifiés, l'os cesse de s'allonger.

Quelques os (face, voûte du crâne) sont seulement précédés par une membrane, qui fonctionne absolument comme le périoste des os de cartilage.

Il y a ainsi deux espèces d'os, les *os de cartilage* et les *os de membrane*.

tout d'eau de mer, tenant en dissolution des substances albuminoides sécretées par l'organisme. Dans ce liquide, qui represente le plasma, nagent des cellules sans membrane, à mouvements amiboides, detachées des parois de la cavite generale, et représentant les globules. Ce liquide remplit la cavite génerale, les cavités ambulacraires et leurs cavites satellites, qui dépendent de la cavite génerale.

Chez les Artiozoaires, il n'y a plus aucune communication entre le milieu extérieur et les cavites internes du corps. Le sang est constitue à l'etat de tissu nettement distinct.

Dans les formes inferieures, le sang remplit toute la cavite générale, et est mis en mouvement soit par des cils vibratiles, soit par les mouvements des muscles généraux du corps. Peu à peu les organes remplissent tout le cœlome, le tissu conjonctif augmente, et le sang n'a plus à sa disposition que des *lacunes* plus ou moins fines, entourees de tissu conjonctif. Ces lacunes s'endiguent de plus en plus, forment des voies de plus en plus nettes, et lorsqu'il s'est constitue une tunique musculo-elastique, la lacune est devenue *vaisseau*. Finalement, le système des vaisseaux se complète, et l'appareil circulatoire est tout à fait clos. C'est ce qui a lieu chez les Vers. Toutefois, chez ces derniers, toute l'étendue des cavites internes ne se transforme pas en voies sanguines : à côte des vaisseaux sanguins, persiste une cavité generale plus ou moins vaste. Aussi, tandis que, chez la plupart des Invertébrés, il n'existe qu'un seul liquide sanguin, appele souvent *hémolymphe*, il existe chez les Vers deux liquides, le *sang* qui remplit l'appareil circulatoire, la *lymphe* qui remplit la cavité génerale.

Cette distinction persiste chez les Vertébrés; mais ici, la lymphe est elle-même endiguée et suit des canaux spéciaux (*vaisseaux lymphatiques*). La cavité générale est remplacée par un certain nombre de sacs (péritoine, péricarde, plèvre), dont la cavité est presque virtuelle ; le liquide qu'ils renferment porte le nom de *sérosité;* mais, comme il y a communication libre entre l'appareil lymphatique et les cavités des séreuses, il n'y a pas de distinction absolue entre la lymphe et la sérosité.

Les liquides sanguins sont charges, avons-nous dit, d'assurer les échanges nutritifs entre les cellules et le milieu extérieur ; ils doivent à cet effet mettre les éléments anatomiques en rapport avec les appareils digestif, respiratoire et excréteur. Ils doivent donc renfermer toutes les substances assimilables destinées aux tissus et toutes les substances de déchet produites par la nutrition de ceux-ci. La plupart de ces substances sont en dissolution ou à l'état de combinaison dans le plasma. Mais le mécanisme de l'absorption de l'oxygène est plus spécial : il existe dans le sang des substances souvent colorées et appelées pour cette raison *pigments respiratoires ;* elles absorbent l'oxygène et forment avec lui des combinaisons instables, qui se dissocient dans les tissus et abandonnent l'oxygène aux cellules.

Chez les VERTÉBRÉS, ce pigment est l'*hémoglobine*, qui est fixée sur les globules rouges. L'hémoglobine existe aussi chez quelques Invertébrés (Sangsue, Ver de terre, Arenicole), mais elle est dissoute dans le plasma. Le pigment peut aussi être vert (Hémochlorelle) ou incolore, se colorant en bleu par oxydation (*hémocyanine* des CÉPHALOPODES).

SANG DES VERTÉBRÉS. — Le sang des Vertébrés est caractérisé par la présence de globules colorés en rouge par l'hémoglobine (*hématies*).

L'hémoglobine est une substance riche en fer, contenant de l'azote, et susceptible de donner de beaux cristaux rouges, dont la forme n'est pas la même chez tous les Vertébrés (*hémato-cristalline*). Elle forme avec l'oxygène une combinaison instable (*oxyhémoglobine*), qui abandonne aux tissus qu'elle traverse pendant le trajet circulatoire l'oxygène qu'elle a absorbé (1).

Les globules rouges sont circulaires chez presque tous les Mammifères ; chez les Camélidés et les autres Vertébrés, ils ont la forme de disques elliptiques. Les globules des Mammifères sont dépourvus de noyaux à l'état adulte ; mais ils en possè-

(1) De là, la mort qui survient par hémorragie, car les tissus ne reçoivent plus une quantité suffisante d'oxygène. De même l'oxyde de carbone, qui est un poison du sang, est mortel, parce qu'il forme avec l'hémoglobine une combinaison stable, non susceptible d'oxydation (*hémoglobine oxycarbonée*)

dent dans l'embryon ; dans tous les autres Vertebrés, ils sont toujours nuclées.

A côté des globules rouges, le sang renferme des globules incolores (*globules blancs*), animés de mouvements amiboides, et toujours nucléés. Ils peuvent traverser les membranes des vaisseaux (*diapédèse*), pour s'épancher dans les mailles du tissu conjonctif. Ils peuvent absorber les débris désorganises ; les globules ainsi chargés de ces débris traversent la paroi des vaisseaux avec le plasma et se meuvent dans les lacunes interstitielles du tissu conjonctif ; les débris emportés se logent dans les mailles de ce tissu et y restent emmagasines (1).

Les globules blancs se laissent de même pénétrer par les Bacteries ; ils arrivent parfois à les digérer ; mais si les Bactéries sont trop nombreuses, elles infestent les globules qui, par diapédèse, émigrent en dehors des vaisseaux, et viennent se loger dans les interstices conjonctifs où se forment alors des depôts de pus (*œdème*, *abcès*).

Lymphe. — Le plasma et les globules blancs qui ont quitté les vaisseaux sont ramenes dans la circulation par les vaisseaux lymphatiques Ces vaisseaux renferment un liquide appelé la *lymphe*, dont la composition peut se déduire de ce que nous venons de dire : plasma avec globules blancs. Sur le trajet des vaisseaux lymphatiques, sont interposés des organes (*ganglions lymphatiques*), ou prennent naissance les globules blancs.

IV. **Tissu musculaire.** — Les éléments du tissu musculaire sont specialement adaptes a la contractilité, et constituent par suite essentiellement les organes du mouvement. Ils sont caractérisés par la differenciation du protoplasme en fibrilles parallèles constituées par une substance spéciale, la *musculine*.

Ces fibrilles sont éminemment *contractiles*, c'est-a-dire qu'*elles peuvent se raccourcir*, sous l'influence d'une excitation déterminée, pour revenir à leur longueur primitive, dès que l'excitation a cesse. L'acte musculaire en lui-même se nomme *contraction*.

(1) C'est ainsi que les poussieres introduites dans le poumon penetrent dans les interstices conjonctifs et communiquent aux poumons avec le temps une couleur ardoisee caracteristique.

Chez les CŒLENTÉRÉS, qui n'ont pas de mésoderme, les éléments contractiles sont situés dans la profondeur de l'épithelium ; partout ailleurs, ils sont d'origine mésodermique.

1° *Myoblastes.* — Les CŒLENTÉRÉS nous montrent des éléments contractiles incomplètement differencies (fig. 23) Ce sont des cellules épitheliales, dont le corps est formé de protoplasme ordinaire ; elles présentent un noyau et portent même généralement des cils vibratiles ou un flagellum. Mais leur base s'est différenciée en longues fibrilles, appliquees contre la membrane basilaire. Ces cellules sont des *myoblastes* et leur ensemble forme un *epithélium musculaire.*

Fig 23 — Myoblastes d une Méduse (*Aurelia*).

2° *Fibres lisses.* — Une forme plus specialisée de cellules contractiles montre le protoplasme indifférent de la cellule diminuant d'importance, tandis que la portion musculaire augmente.

Enfin, dans les *cellules musculaires* ou *fibres musculaires lisses*, la cellule tout entière est devenue contractile : c'est un element allonge, presentant un seul noyau (fig. 24); le cytoplasme superficiel est transformé tout entier en fibrilles contractiles, tandis que le protoplasme central, qui entoure le noyau, reste non différencie. Ces cellules musculaires se rencontrent dans toute la serie animale. Chez les POLYPES, ce sont des cellules épitheliales modifiées et logées dans la couche profonde de l'epithélium entre les bases des cellules épithéliales ordinaires. Partout ailleurs, elles sont d'origine mésodermique. Chez les ÉCHINODERMES, les VERS et les MOLLUSQUES, elles representent la totalité, ou à peu près, des elements contractiles ; chez les VERTÉBRÉS, elles constituent les éléments musculaires

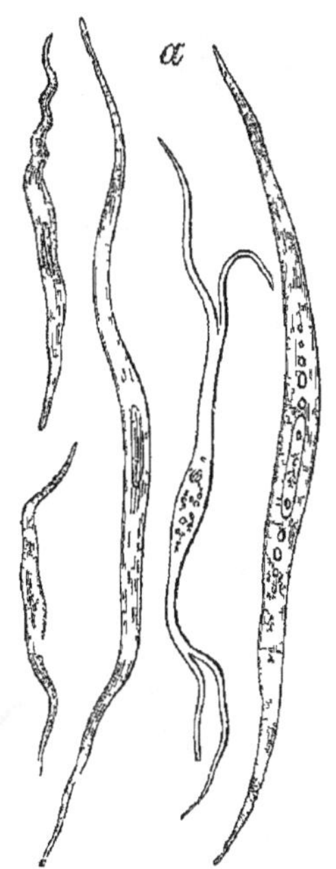

Fig 24 — Fibres musculaires lisses isolées.

des viscères de la nutrition, éléments indépendants de la volonte (tube digestif, vessie, parois des vaisseaux, etc.).

La contraction des fibres lisses est lente, mais de longue durée.

Les cellules contractiles qui forment la paroi du cœur chez les Vertébrés (fig. 25) ont la même structure que les cellules musculaires. mais elles sont striées transversalement comme les fibres musculaires striées et la contraction est d'autant plus rapide que la striation est plus apparente. Chez les Vertébrés à sang froid, les cellules du cœur sont fusiformes et à striation peu apparente; chez les Vertébrés à sang chaud, elles sont au contraire bifurquées à leurs extremites, qui s'unissent de façon a faire une sorte de réseau.

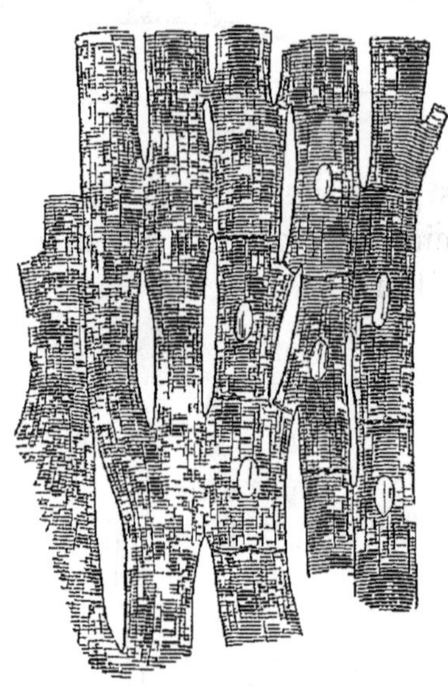

Fig. 25 — Cellules musculaires du cœur

3° *Fibres striées.* — La forme la plus spécialisee de l'element contractile est la *fibre striée.* On la rencontre dans les pédicellaires des ÉCHINODERMES, chez les ROTIFÈRES, dans le pharynx des GASTÉROPODES, les cœurs branchiaux des CÉPHALOPODES. Tout l'appareil musculaire des ARTHROPODES et tous les muscles volontaires des VERTEBRES sont formés de fibres striees. Ces fibres tirent leur origine de cellules mésodermiques ordinaires; ces cellules s'allongent, deviennent fusiformes, leur noyau se divise un plus ou moins grand nombre de fois, et, à partir du troisième mois, chez l'Homme, les fibrilles commencent à apparaître a la surface d'abord, puis au centre (fig. 26).

A son état de complet developpement, la fibre est un élément très mince, ayant toute la longueur du muscle dans les petits muscles, et en moyenne quatre centimètres dans les grands.

Elle est revêtue d'une membrane protoplasmique, le sarcolème; les noyaux, nombreux, sont placés immédiatement sous le sarcolème chez les Mammifères, à l'intérieur chez les Grenouilles; ils sont toujours entourés d'une petite masse de protoplasme non différencié; le reste de la fibre est converti en fibrilles parallèles, séparees encore par de petites portions de protoplasme indifférent.

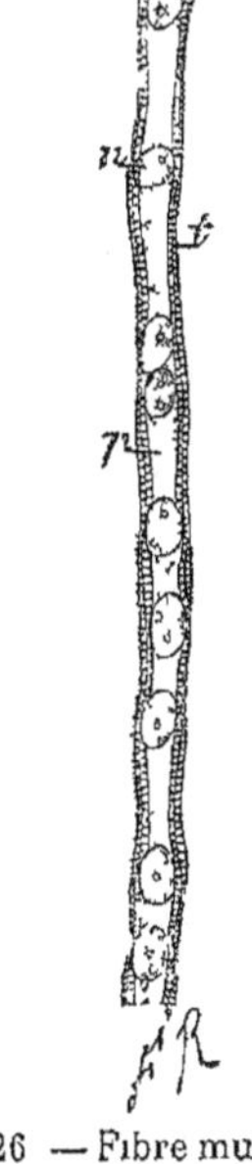

Fig 26. — Fibre musculaire en voie de développement (embryon humain de 3 mois 1/2) — *n*, noyaux, *p*, protoplasme non différencié, *t* portion périphérique se différenciant en fibrilles.

La fibrille a une structure compliquée (fig. 27). Elle est formée par la succession de disques (*disques de Bowmann*) alternativement clairs et obscurs. Les disques obscurs, épais et biréfringents (*O*), sont coupés en leur milieu par un mince disque transversal incolore (*strie de Hensen*) (*H*); de même les disques clairs, minces et uniréfringents (*C*), ont, sur leur milieu, une bande transversale obscure (*disque d'Amici*) (*A*). Comme ces fibrilles sont juxtaposées et que leurs disques sont exactement au même niveau, la fibre, vue au microscope, même à un faible grossissement, se montre comme coupée de stries transversales alternativement claires et obscures, formées par la juxtaposition des disques des diverses fibrilles.

Le disque obscur est le seul élément contractile; il tend, dans la contraction, à devenir sphérique : il se raccourcit donc. Les disques clairs servent à ramener la fibrille à l'état de repos, leur elasticité tendant constamment à rapprocher les disques obscurs, écartes de leur état d'equilibre.

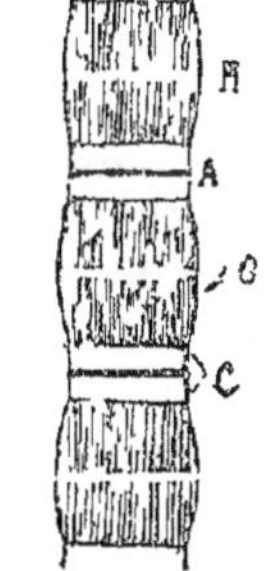

Fig 27. — Fibrille d'une fibre musculaire striée — *C*, disque clair, *A*, disque mince, *O*, disque obscur, *H*, strie de Hensen.

Muscles. — Les fibres musculaires striées s'associent pour former des organes plus ou moins volumineux, appeles *muscles*.

Elles y sont soutenues par des lamelles de tissu conjonctif, dont l'ensemble constitue le *périmysium*.

Le muscle tout entier est entouré d'une enveloppe fibreuse, le *périmysium externe;* il s'en détache des cloisons assez épaisses, qui divisent l'intérieur en un certain nombre de chambres ; d'autres cloisons plus minces decomposent ces chambres en loges plus petites. Chacune de ces loges contient un certain nombre de fibres accolees, qui constituent un *faisceau secondaire* (1). L'ensemble des faisceaux secondaires réunis dans une même chambre est un *faisceau tertiaire* (2)

Tendons. — Les muscles se terminent par des *tendons*. Ils ont la même structure que les muscles, et présentent un système de cloisons conjonctives, analogue au périmysium ; seulement les faisceaux de fibres musculaires sont remplaces par des faisceaux de fibres conjonctives. Les fibres musculaires s'accolent, par leurs extremités amincies, a l'extrémité creusee en cupule d'un faisceau tendineux. L'union du tendon avec l'os se fait par adhésion directe, tandis que la gaine du tendon, suite du périmysium externe, se continue avec le périoste.

V. **Tissu nerveux.** — Les éléments du tissu nerveux se sont plus spécialement adaptés à l'irritabilité, c'est-a-dire à la proprieté d'être impressionnes sous l'influence des agents extérieurs. Le plus souvent, cette influence impressionne une cellule déterminee, *cellule sensorielle*, et, par l'intermédiaire

(1) Cette expression vient de ce qu'on avait considere d'abord la fibrille comme l'élement primaire du tissu musculaire, la fibre, qui est un faisceau de fibrilles, portait ainsi le nom de *faisceau primitif*

(2) La contraction du muscle entraine en general la production d'un mouvement. Il depense alors une certaine quantite d'energie sous forme de *travail*, le travail s'evaluant en multipliant le poids déplace (poids souleve + poids des organes deplaces, etc) par la longueur du deplacement Cette énergie a pour origine l'ensemble des reactions chimiques qui se produisent dans les fibres musculaires Ces reactions mettent en liberte une certaine somme d'énergie (énergie actuelle), dont une partie est transformee en travail Mais ce n'est qu'une faible partie qui est ainsi appelee a produire un effet utile, le reste, qui est en realite de l'energie perdue, se manifeste surtout sous forme de chaleur. Le muscle est ainsi comparable a nos machines industrielles, mais son rendement, c'est-a-dire le rapport du travail a l'énergie totale, est bien superieur a celui des machines — Le muscle ne produit pas toujours un travail en se contractant. Un poids supporte a bras tendu est soutenu grâce a la contraction de nombreux muscles du corps. mais il n'y a pas travail, puisque le deplacement est nul. On dit qu'il y a alors *contraction statique*, tandis qu'il y a *contraction dynamique* dans le premier cas. S'il n'y a pas de travail, toute l'energie dynamique se manifeste sous forme de chaleur un muscle en contraction statique s'échauffe en effet plus qu'a l'etat de contraction dynamique.

d'éléments conducteurs, *fibres* et *cellules nerveuses*, cette impression entraîne l'excitation d'un élément anatomique capable de réagir, et qu'on appelle *élément excito-fonctionnel* (fibre musculaire, cellule glandulaire, etc.).

NEUROBLASTES. — Le phénomène n'est pas toujours aussi compliqué. Chez les POLYPES, où la division du travail physiologique est encore peu avancée, les diverses phases du phénomène se passent dans un seul et même élément anatomique. C'est ce qui a lieu pour les myoblastes précédemment étudiés, où l'impression ressentie par la surface libre de l'élément se transmet directement au faisceau basilaire des fibrilles ; de là le nom de *cellule neuro-musculaire*, donné quelquefois à ces éléments.

Chez ces mêmes POLYPES, il peut arriver que la cellule sensorielle donne par sa base une fibre conductrice, qu'on peut déjà appeler *fibre nerveuse*, qui impressionne directement la fibre musculaire (fig. 28).

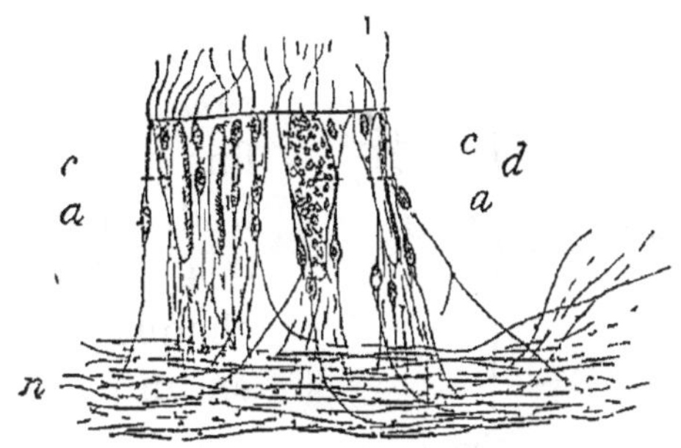

Fig 28 — Cellules neuro-épithéliales avec fibres nerveuses d'une Actinie (*Sagartia parasitica*)

Mais dans le cas général, le trajet complet du phénomène (*arc diastaltique*) comprend : 1° une cellule sensorielle ; 2° une fibre nerveuse centripète ; 3° une cellule nerveuse (*centre*) ; 4° une fibre centrifuge ; 5° l'organe excito-fonctionnel.

Nous n'avons à étudier ici que les cellules et les fibres nerveuses, ces dernières n'étant d'ailleurs qu'une dépendance des cellules nerveuses.

CELLULES NERVEUSES. — Les cellules nerveuses ont une forme caractéristique, grâce à la présence de prolongements plus ou moins nombreux, qui émergent de leur corps protoplasmique et leur ont fait donner le nom de *cellules multipolaires* (fig. 29). Leur protoplasme est granuleux, et présente en son centre un noyau volumineux. Chez les Vertébrés, où elles ont été plus spécialement étudiées, surtout ces dernières années (RANVIER, DEITERS, GERLACH, GOLGI, RAMON Y CAJAL), les expansions sont de deux espèces : les unes, nombreuses, épaisses, ramifiées plusieurs fois, sont formées d'un protoplasme analogue à celui de la cellule et portent le nom de *prolongements protoplasmiques* (fig. 29, *p*), tandis qu'une autre expansion plus fine, à contour plus net, se continuant par une fibre nerveuse, est appelée *cylindre-axe* ou *prolongement de Deiters* (*cy*).

Contrairement à ce qu'on croyait jusqu'à ces dernières années, ces cellules ne s'unissent jamais par des anastomoses. Les prolongements protoplasmiques se terminent par des extrémités libres, et chaque cellule constitue une unité parfaitement indépendante des voisines, avec lesquelles elle n'a que des rapports de contiguïté.

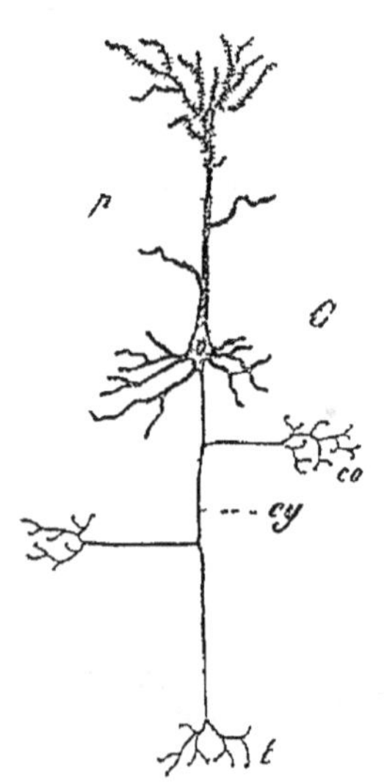

Fig 29 — Schéma d'une cellule nerveuse — *C*, corps de la cellule, *p*, prolongements protoplasmiques, *cy*, cylindre-axe, *co*, ramuscule collatéral, *t*, arborescence terminale.

Le cylindre-axe, de son côté, se prolonge plus ou moins loin, mais peut donner, sur son trajet, naissance à des *ramuscules collatéraux* nombreux et très fins (*co*) Les ramuscules, comme le cylindre-axe lui-même, se terminent par des arborisations délicates (*t*), dont chaque rameau se renfle à son extrémité en un petit bouton.

Les connexions des cellules nerveuses entre elles n'ont été élucidées que dans ces cinq dernières années : d'une manière générale, les expansions des cellules nerveuses servent toutes à la conduction nerveuse ; mais en général les expansions protoplasmiques sont *cellulipètes*, tandis que le cylindre-axe est *cellulifuge* (fig. 30).

Les ramuscules terminaux des cylindres-axes se mettent en rapport de contiguïté avec les prolongements protoplasmiques de la cellule voisine, et c'est par ces contacts que se fait la transmission. Si les prolongements protoplasmiques manquent, c'est contre le corps même de la cellule que vient s'appliquer l'arborescence terminale. Le corps participe ainsi à la propagation de l'influx nerveux.

Fibres nerveuses. — Les fibres nerveuses ne sont en définitive que les cylindres-axes des cellules nerveuses, qui se prolongent à des distances parfois considérables.

1° *Fibres pâles.* — Chez les Invertebres, dans l'embryon des Vertébrés, chez les Cyclostomes adultes, et enfin, dans les nerfs du système sympathique des Vertébrés adultes, les fibres sont exclusivement constituées par le cylindre-axe; de

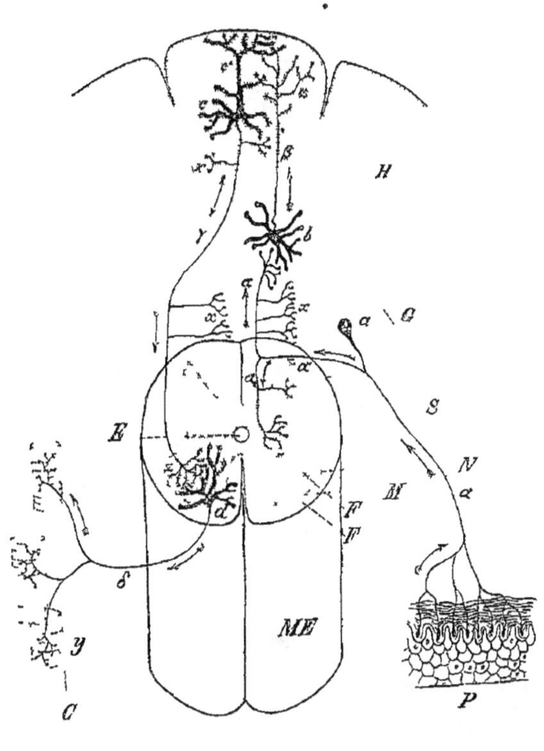

Fig. 30. — Schéma indiquant les connexions des éléments nerveux et le trajet de l'influx nerveux. — *P*, peau, *ME*, moelle épinière, *E*, canal de l'épendyme, *F*, substance grise, *F'*, substance blanche, *M*, racine motrice, *S*, racine sensitive, *N*, nerf mixte, *G*, ganglion spinal, *H*, écorce grise des hémisphères, *C*, muscle, *a*, *b*, *c*, *d*, cellules nerveuses, α, β, γ, δ, leurs cylindres-axes, *x* ramuscules collatéraux, *y*, plaque motrice, *z*, arborescence terminale.

petites cellules nucléées, pareilles à des cellules endothéliales, forment autour de lui une gaine extrêmement mince. Ce sont les *fibres pâles* ou *fibres de Remak*.

2° *Fibres à myeline.* — Les fibres nerveuses du système cérébro-spinal sont les *fibres à myeline*. Le cylindre-axe, qui occupe l'axe de la fibre, présente de distance en distance des renflements biconiques (fig. 31, *r*), qui le divisent en articles d'un millimètre environ de longueur (1). Chaque article est protégé par une enveloppe compliquée qui présente de dehors en dedans :

1° Une gaine protoplasmique (*gaine de Schwann*) avec un noyau, limitée par une membrane également de nature protoplasmique.

2° Un manchon de *myéline*, graisse phosphorée d'un blanc brillant, qui donne à la fibre une coloration caracteristique.

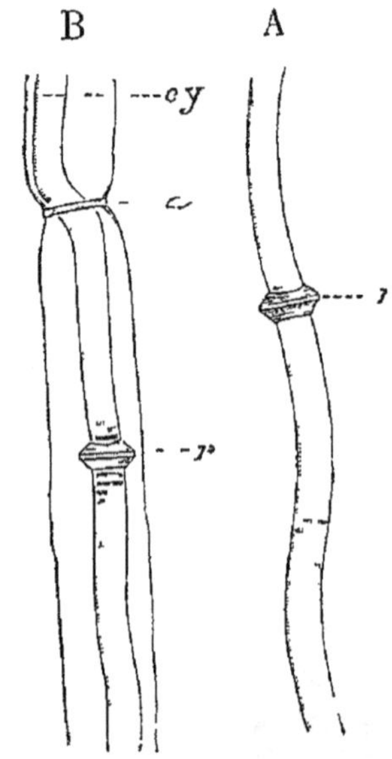

Fig 31 — A, cylindre-axe isolé avec renflement biconique, *r* — B, fibre nerveuse avec le cylindre-axe, *cy*, *a*, étranglement annulaire La myéline n'est pas représentée, le cylindre-axe est déplacé de sorte que le renflement biconique n'est plus en face de l'étranglement annulaire.

3° Une seconde gaine protoplasmique (*gaine de Mauthner*) appliquee directement sur le cylindre-axe.

L'ensemble de ces enveloppes doit être consideré comme une cellule conjonctive en forme de manchon, percee dans son axe d'un canal ou se loge le cylindre-axe. Le corps de la cellule est représenté par les deux gaines protoplasmiques, qui se rejoignent au niveau des etranglements, aux deux extrémités de chaque article. La myeline est analogue a la gouttelette de graisse des cellules adipeuses.

Cette myéline, qui sert de gaine protectrice, manque au niveau des renflements biconiques, où n'existent que les deux gaines protoplasmiques

A ce niveau, la fibre, consideree dans son ensemble, présente un étranglement (*a*), qui permet de distinguer les articles (*segments interannulaires*) par le seul examen de la forme extérieure de la fibre.

Groupement des éléments nerveux. — 1° *Nerfs*. — Les fibres nerveuses s'associent de façon à former des *nerfs*. Elles y sont

(1) 1mm,3 en moyenne chez les Vertebres, 7 millimètres chez la Raie Cette longueur est plus courte dans les fibres courtes, elle s'accroît d'ailleurs avec l'âge et passe de un tiers de millimètre a 1mm,3 chez le Chien

soutenues par un stroma conjonctif, semblable à celui qui existe dans les muscles, et dont l'ensemble porte le nom de *périnèvre*. L'enveloppe extérieure conjonctive du nerf est le *névrileme* (fig. 32).

Le perinèvre renferme les vaisseaux chargés de la nutrition des fibres nerveuses.

2° *Ganglions*. — Les cellules nerveuses se groupent de leur côte de façon à former de petites masses arrondies, appelées *ganglions*. Les centres nerveux des Invertebres sont toujours

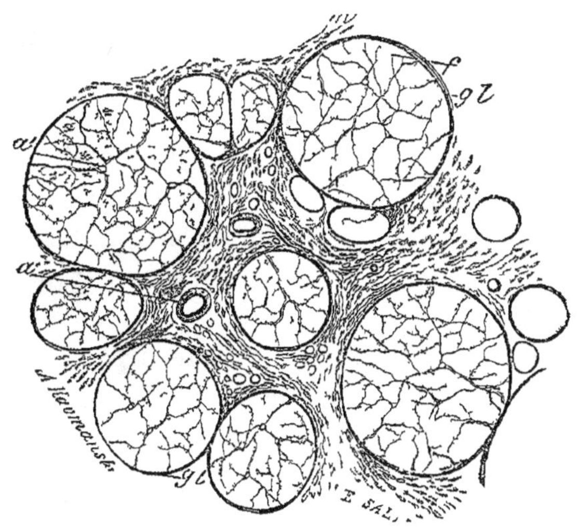

Fig. 32 — Coupe d'un nerf : — *f*, faisceau nerveux logé à l'intérieur du périnèvre, *gl*, gaine conjonctive (gaine de Henle), envoyant, à l'intérieur du faisceau, des cloisons conjonctives, *a*, *a'*, artérioles.

formés de ganglions. On retrouve de tels organes chez les Vertébres, sur le trajet des nerfs sympathiques, sur les racines postérieures des nerfs rachidiens, sur le trajet de quelques nerfs crâniens. Les cellules sont généralement disposées à la périphérie du ganglion; le centre est occupé par leurs prolongements protoplasmiques et par les terminaisons des cylindres-axes qui viennent les impressionner. Cet ensemble compliqué de filaments ramifiés forme ce qu'on appelait naguère la *substance ponctuee* ou *réticulée*.

Centres complexes. — La moelle épinière et le cerveau des Vertébrés sont constitués à la fois par des fibres et des cellules. Les premières, à cause de la myeline qui les colore en blanc, forment par leur ensemble la *substance blanche;* la réunion des cellules constitue la *substance grise.* Dans la moelle existent un axe gris et une écorce blanche; dans le cervelet et les hémisphères cerébraux, l'écorce est au contraire grise et la partie centrale blanche.

Névroglie. — La substance blanche, comme la substance grise, présente des cellules caracteristiques à corps petit, mais muni d'un très grand nombre de prolongements très fins, qui leur ont fait donner le nom de *cellules en araignée.* Ce sont les *cellules de la névroglie.* Ce sont des cellules de soutien, sans aucun rôle nerveux. Mais, comme les diverses parties de l'axe cérébro-spinal derivent de l'ectoderme, et sont au debut constituées par des cellules épithéliales, on doit considérer les cellules de nevroglie comme des cellules épitheliales modifiees (fig 33). Elles correspondent egalement aux cellules épitheliales de soutien qui separent les cellules sensorielles dans la rétine et dans l'organe auditif. C'est ce que montre leur développement. Elles sont d'abord allongees, en forme d'epithelium cylindrique, de la cavité centrale de la moelle jusqu'à sa peripherie (A), puis leur corps se réduit à la partie voisine du noyau (B), leurs prolongements internes et externes disparaissant successivement (C).

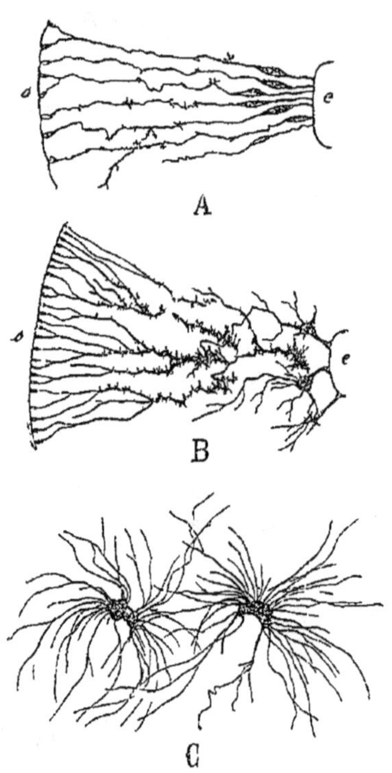

Fig 33 — Evolution des cellules de la névroglie de la moelle — *s*, surface externe, *e*, épendyme — A, les cellules ont la forme de cellules épithéliales, B, stade intermédiaire, C, cellules de la névroglie complètement développées

Terminaisons nerveuses. — Les *terminaisons des nerfs sensitifs* sont souvent formées par les cellules sensorielles, que nous avons déjà etudiées sous le nom de *cellules neuro-epitheliales.* Mais d'autres fois les fibrilles nerveuses se terminent librement par de petits renflements en forme de boutons ou de disques; c'est le cas des terminaisons tactiles : chez les Vertébrés, il existe de semblables terminaisons dans l'épiderme; mais en général, quand le toucher est un peu délicat, on voit se différencier des cellules épithéliales de soutien, qui n'ont qu'un rapport de contiguïté avec le bouton terminal (fig. 35), ou bien, si le nerf se termine dans le derme, il s'entoure à son extrémité d'une capsule conjonctive (*corpuscule tactile*) (fig. 36).

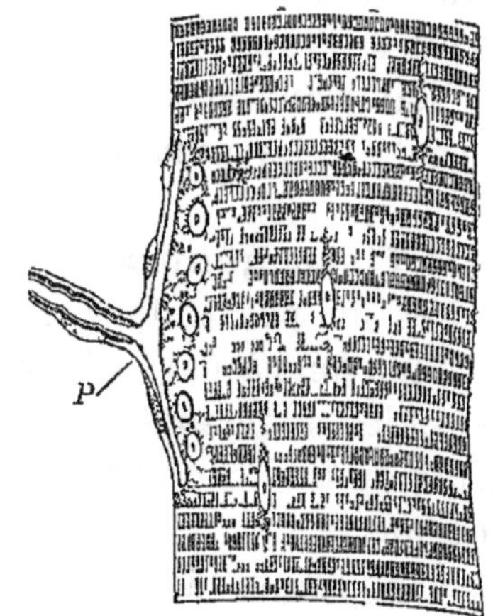

Fig 34. — Plaque motrice(P) terminant un nerf moteur sur une fibre musculaire

Les fibres nerveuses motrices, quand elles se rendent sur des fibres lisses, forment à leur terminaison des plexus avec cellules ganglionnaires, dont les derniers ramuscules viennent se terminer sur les fibres par un léger épaississement (*tache motrice*).

Les *terminaisons des nerfs* dans les muscles striés s'appellent *plaques mo-*

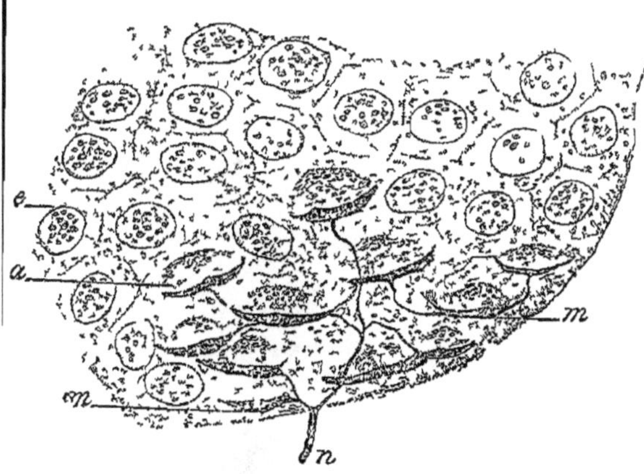

Fig 35. — Terminaisons tactiles du groin du Porc — n, nerf, m, ménisques tactiles, a, cellule épithéliale de soutien, e, cellules épidermiques ordinaires

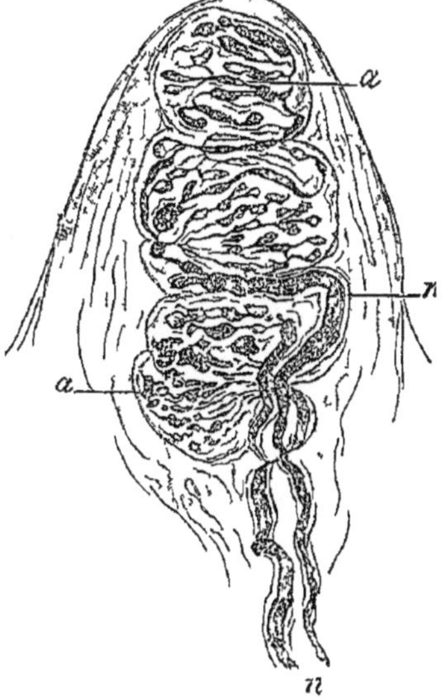

Fig. 36. — Corpuscule tactile de l'Homme — n, nerf, a, boutons terminaux

trices (fig. 34). La myéline disparaît au moment où la fibre nerveuse arrive à la fibre musculaire : la gaine protoplasmique forme sur la fibre striée une plaque épaisse parsemee de noyaux et se confondant avec le sarcolème. Le cylindre-axe se résout à l'intérieur de cette plaque en une arborescence semblable aux arborescences terminales ordinaires, chaque ramuscule se terminant par un petit renflement.

VI. **Tissu génital.** — Les éléments génitaux ont déjà été étudiés au point de vue de leur structure et de leur rôle. Nous n'avons à parler ici que de leur origine. Chez les Cœlentérés, les eléments génitaux tirent leur origine de l'endoderme ou de l'exoderme. Partout ailleurs ils viennent du mésoderme.

Au minimum de spécialisation, tout le revêtement interne de la cavité générale peut donner naissance a des produits génitaux. Mais, le plus souvent, la différenciation des eléments génitaux se localise en un point déterminé, où il se constitue une glande génitale. L'origine de cette glande est toujours une partie de l'endothélium qui tapisse le cœlome.

CHAPITRE IV

FONCTIONS ET APPAREILS CHEZ LES ANIMAUX

Fonctions organiques. — Les phenomènes qui ont leur siège dans les organismes vivants peuvent se ranger, suivant le but vers lequel ils tendent, en groupes distincts dont chacun constitue une *fonction*.

Parmi les fonctions, les unes (*fonctions de nutrition*) ont pour but de fournir à l'organisme les substances nécessaires à son accroissement, ou celles qui doivent, par leurs réactions, produire l'energie necessaire à l'accomplissement des actes vitaux. D'autres régissent les rapports de l'organisme avec le milieu exterieur Ce sont les *fonctions de relation* D'autres enfin assurent la *reproduction*

FONCTIONS DE NUTRITION. — Toute cellule, qu'elle vive isolée (PROTOZOAIRES) ou associée a d'autres cellules (MÉTAZOAIRES) est le siège de phénomènes nutritifs. Nous avons vu que la maniere d'être de ces phénomènes est différente dans les deux cas. Chez les PROTOZOAIRES, chaque cellule doit digérer, assimiler, respirer, désassimiler, excréter. Au contraire, par suite de la division du travail, chez les MÉTAZOAIRES, le travail nutritif se trouve, pour ainsi dire, préparé par certains éléments anatomiques, au profit des autres éléments. Dejà chez les CŒLENTÉRÉS et les SPONGIAIRES, où la différenciation est cependant encore à son minimum, la digestion est l'œuvre exclusive des cellules qui tapissent les cavités internes. Le travail digestif est donc épargné aux autres éléments, qui n'ont qu'à s'assimiler les substances ainsi préparées.

Chez les MÉTAZOAIRES plus elevés, les éléments anatomiques cessent d'être en rapport direct avec l'extérieur; ils vivent exclusivement dans le sang, et n'ont de rapport qu'avec lui.

Le sang constitue ainsi un *milieu intérieur*, où les cellules puisent les substances qu'elles doivent s'assimiler, l'oxygène nécessaire aux réactions, et où elles rejettent les substances de desassimilation. Mais il faut que le sang à son tour soit en rapport avec le milieu extérieur; il s'ensuit que chaque *fonction élementaire* suppose une fonction generale correspondante. La *digestion* introduit dans le sang les substances assimilables, que les cellules *assimilent*; la *respiration* règle les échanges gazeux entre le sang et l'extérieur, tandis que la *respiration élémentaire* régit les échanges entre le sang et les tissus; par l'*excrétion*, le sang rejette à l'extérieur les substances *desassimilees* par les cellules.

Chacune de ces fonctions nécessite un atelier special, un *appareil* où elle s'exerce exclusivement. Il existe un *appareil digestif*, un *appareil respiratoire*, un *appareil excréteur*. Enfin, comme le sang doit aller constamment de ces divers appareils aux cellules, ce mouvement nécessite une *nouvelle fonction*, la *circulation*; un nouvel appareil, l'*appareil circulatoire*.

Comme chaque fonction comprend plusieurs *actes* coordonnés dans un but final, de même l'appareil est forme de plusieurs *organes*.

Fonctions de relation. — Il y en a trois principales :

1° La *sensibilité*, qui recueille les impressions fournies par le milieu ambiant, et renseigne l'organisme sur l'etat et les modifications de ce milieu; elle se subdivise à son tour, suivant les données fournies, en un certain nombre de *sens*, qui s'exercent à l'aide d'organes distincts (*organes sensoriels*).

2° La *fonction nerveuse*, qui a pour but de transmettre les impressions recueillies par les organes des sens aux organes appelés à réagir sous leur influence. C'est l'apanage exclusif d'un seul tissu, le tissu nerveux, dont l'ensemble constitue le *système nerveux* (1).

3° La *locomotion*, qui comprend l'ensemble des mouvements effectués dans l'organisme. Ces mouvements ont pour siège exclusif le tissu musculaire, dont l'ensemble forme le *système musculaire*. Ils sont à peu près toujours déterminés par

(1) On appelle *systeme* l'ensemble forme par les diverses parties d'un même tissu dans tout l organisme (système osseux, systeme musculaire, etc), tandis qu'un appareil peut comprendre plusieurs tissus dans sa constitution

le système nerveux, et ne sont qu'un des modes de transformation de l'énergie fournie par les fonctions de nutrition.

Il est à remarquer que cette énumération des fonctions est incomplète. La fonction de locomotion se relie intimement à d'autres fonctions non moins importantes : les émissions de *lumière*, d'*electricité*, même de *chaleur*, sont des fonctions exactement de même nature que la locomotion; comme cette dernière, elles constituent des réactions de l'organisme, determinées par les excitations du système nerveux; elles consistent également en des transformations de l'énergie fournie par la nutrition.

Elles doivent donc être placees à côté de la locomotion, qui est beaucoup plus importante sans doute, mais ne doit pas les faire negliger.

Fonctions de reproduction. — Enfin ce troisième groupe de fonctions comprend à son tour la *reproduction asexuée* et la *reproduction sexuée*, que nous avons déjà étudiées.

Cette dernière seule nécessite souvent un appareil spécial, l'*appareil reproducteur*.

Si, à tous les appareils que nous venons d'énumérer, nous joignons un *appareil de revêtement*, formant une enveloppe continue à la surface du corps et protégeant les organes internes; un *appareil de soutien*, nécessaire pour maintenir dans leur position relative les diverses parties du corps, nous pouvons résumer dans le tableau suivant les appareils qu'on peut, au maximum de différenciation, trouver dans l'organisme des animaux :

	1° Appareil de revêtement.
	2° Appareil de soutien.
Appareils des fonctions de nutrition	3° Appareil digestif. 4° Appareil respiratoire. 5° Appareil excréteur. 6° Appareil circulatoire.
Appareils des fonctions de relation........	7° Organes des sens. 8° Système nerveux. 9° Système locomoteur.
	10° Appareils producteurs de lumière, d'électricité, de chaleur
Appareils des fonctions de reproduction. ..	11° Appareil reproducteur.

ARTICLE Ier. — APPAREIL DE REVÊTEMENT.

Cet appareil, appelé aussi *appareil tegumentaire*, n'existe pas, en tant qu'appareil ayant une individualité particulière, chez les Cœlentérés et les Spongiaires. Dans tous les autres embranchements, à partir des Échinodermes, il est constitue par deux couches : 1° une couche periphérique épithéliale, l'*épiderme ;* 2° une couche profonde conjonctive, le *derme*.

Cet ensemble porte le nom de *peau* chez les Vertébrés.

L'épiderme est forme d'une seule assise de hautes cellules chez tous les Invertebrés ; il est stratifié au contraire chez les Vertebrés. Comme c'est essentiellement le revêtement protecteur de l'organisme, il se modifie souvent, au moins à sa surface, pour rendre plus complet son rôle de protection. Chez les Vertébres aériens, ses cellules superficielles meurent, deviennent cornées et forment une couche cornee inerte, protectrice. Chez les Mollusques, il secrète une coquille calcaire ; chez les Polypes, un revêtement chitineux ou calcaire. Enfin chez les Vers Anneles, mais surtout chez les Nematodes et chez les Arthropodes, il produit à sa surface une zone cuticulaire, formée de chitine (1) (fig 9 C, p. 34).

Enfin c'est a l'epiderme qu'appartiennent les *glandes cutanees*, qui sont si nombreuses dans tous les groupes du règne animal, et qui tantôt restent incluses dans l'epiderme même (glandes unicellulaires des Vers et des Mollusques) (fig. 37), tantôt forment des glandes plus volumineuses et émigrent dans la profondeur du derme.

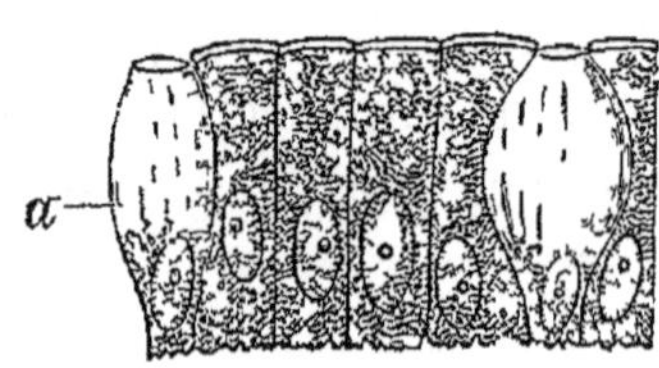

Fig 37 — Glandes unicellulaires

Le derme est principalement forme de tissu conjonctif. Il en est même exclusivement formé chez les Vertébres et les Arthropodes, et chez les Échinodermes, où le derme se calcifie. Chez les Vers et les Mollusques au contraire, le derme est formé de fibres conjonctives et de fibres musculaires intimement mélan-

(1) C'est pour cette raison que, dans ces formes, on lui donne quelquefois le nom inexact d'*hypoderme*.

gées ; il porte le nom de *couche musculo-cutanée*, et limite immédiatement la cavité générale.

ARTICLE II. — **APPAREIL DE SOUTIEN.**

L'appareil de soutien porte plus souvent le nom de *squelette*. Il sert principalement d'attache et de point d'appui aux muscles. Il est très variable, et comme origine, et comme structure, et comme nature, dans la série animale.

Parfois il se réduit aux parties dures produites par l'exoderme, et servant déjà à la protection de l'organisme. C'est ce qui a lieu pour le test des PROTOZOAIRES. De même, chez les POLYPES, le squelette (*polypier*), corné ou calcaire, est presque toujours une sécrétion exodermique.

A part quelques parties cartilagineuses internes, les MOLLUSQUES n'ont pas d'autre squelette que leur *coquille*.

Enfin, chez les ARTHROPODES, le squelette consiste exclusivement dans la cuticule chitineuse qui revêt tout le corps. Cette chitine se calcifie parfois au point de se transformer en une carapace rigide, qui ne reste molle qu'aux points d'articulation.

Ailleurs au contraire, le squelette est une formation spéciale d'origine mésodermique. Chez les SPONGIAIRES, il est formé de spicules calcaires ou siliceux ou de fibres cornées, qui tantôt restent isolés, tantôt s'unissent de façon à former un squelette réticulé.

Chez les ÉCHINODERMES, le squelette est le résultat de la calcification du derme. Il est formé de plaques calcaires qui, en général, restent mobiles les unes par rapport aux autres, mais qui se soudent en un squelette immobile chez les *Oursins*.

Enfin chez les VERTÉBRÉS, le squelette est formé d'*os* ou de *cartilages* articulés les uns aux autres, et sur lesquels viennent s'attacher les muscles. Ce squelette interne peut être complété par l'ossification du derme (*exosquelette*) ou par les formations protectrices de l'épiderme (écailles, ongles, sabots, etc.).

ARTICLE III. — **APPAREIL DIGESTIF.**

La *digestion* a pour objet de transformer les aliments en *substances assimilables*, capables d'être *absorbées*.

Cette fonction s'effectue directement chez les PROTOZOAIRES, où l'aliment pénètre dans le protoplasme et est digéré sur place.

Partout ailleurs, il se constitue une *cavité digestive*, où les aliments sont introduits pour y subir les transformations qui doivent les rendre assimilables.

La cavité est revêtue d'une couche continue d'épithélium, dérivée, à peu près tout entière, de l'endoderme.

Les cellules de cet épithélium sont chargées du double rôle de la *digestion* proprement dite et de l'*absorption* des substances devenues assimilables. Au bas de la série, toutes les cellules de l'endoderme cumulent ces deux rôles (1). Mais le progrès résulte, comme toujours, d'une division du travail physiologique ; certaines cellules deviennent *glandulaires* et secrètent les liquides destinés à opérer la digestion ; d'autres sont chargées exclusivement d'absorber les substances assimilables dues à l'action de ce liquide.

L'appareil digestif est celui qui se constitue le premier à l'état d'appareil distinct. Chez les SPONGIAIRES et les CŒLENTERÉS, la cavité digestive est la seule cavité qui soit creusée dans le corps. Il n'y a pas de cavité générale (*Acœlomates*), et le tube digestif n'est pas séparé des parois du corps (fig. 38 A).

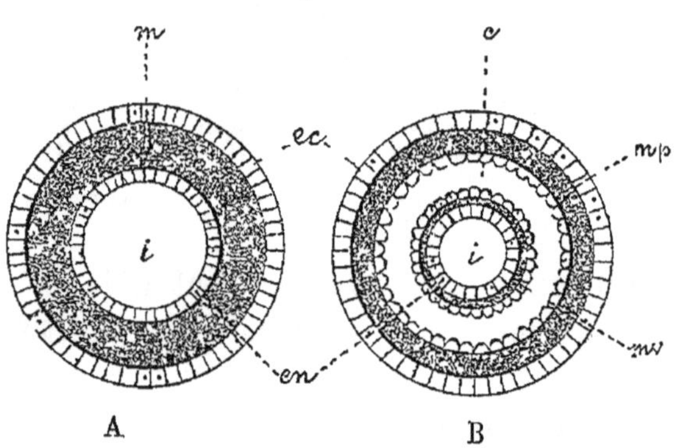

Fig 38 — Coupe schématique d'un Acœlomate (A) et d'un Cœlomate (B) — *i*, intestin, *c*, cœlome, *ec*, ectoderme, *en*, endoderme, *m*, mésoderme, *mv*, splanchnopleure, *mp*, somatopleure

Chez les SPONGIAIRES, le corps est creusé de canaux ciliés, généralement anastomosés d'une façon irrégulière et parcourus constamment par l'eau. Les cellules qui tapissent ces canaux sont chargées du travail digestif.

(1) La digestion ne diffère guère de ce qui a lieu chez les Protozoaires, les cellules endodermiques émettent des pseudopodes, englobent les substances nutritives et les digèrent.

Chez les Cœlentérés, le tube digestif est constitué par une cavité centrale se prolongeant par des canaux réguliers dans l'intérieur du corps (*cavité gastro-vasculaire*). Cette cavité communique avec l'extérieur par un seul orifice, la *bouche*.

A partir des Échinodermes, une cavité générale apparaît, qui sépare les parois de la cavité digestive des parois du corps (*Cœlomates*) (fig. 38 B). Les parois de l'appareil digestif comprennent alors : 1° l'épithélium ; 2° une couche de tissu conjonctif, semblable au derme de la peau, et formant, avec l'épithélium qui la surmonte, la *muqueuse digestive;* 3° une ou plusieurs couches musculaires.

L'appareil digestif a quelquefois (quelques Échinodermes, Vers plats) la forme d'une cavité close, ne communiquant avec l'extérieur que par la bouche. Mais presque toujours, il existe une bouche et un anus, et l'appareil prend la forme d'un tube droit ou plus ou moins contourné (*tube digestif*).

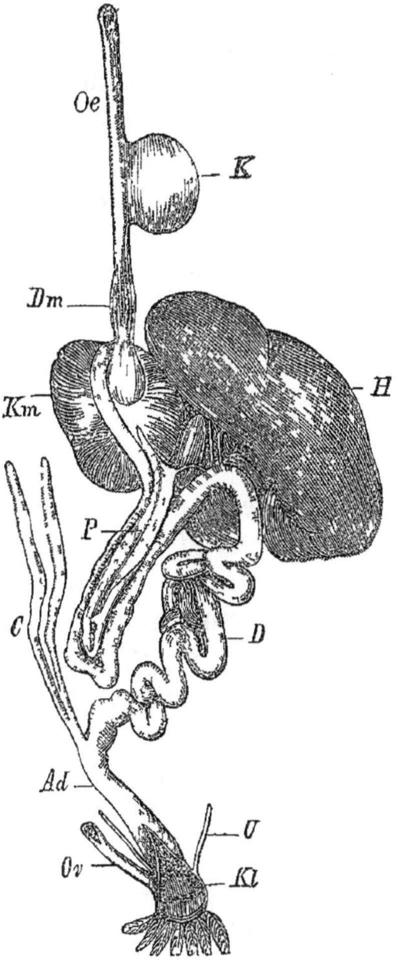

Fig 39 — Tube digestif d'une Poule — *Œ*, œsophage, *K* jabot, *Dm*, estomac, *Km*, gésier, *D*, intestin, *Ad*, rectum, *H*, foie *P*, pancréas, *C*, cæcums, *Kl*, cloaque, *U*, uretères, *Ov*, oviducte

Pour faciliter la digestion, il se constitue sur le trajet du tube une dilatation, l'*estomac*, où les aliments séjournent et peuvent se mélanger intimement aux sucs digestifs.

La partie qui précède l'estomac est l'*œsophage*, celle qui le suit est l'*intestin*.

Organes annexes. — 1° *Glandes.* — Les cellules glandulaires, isolées dans les types inférieurs, se réunissent par groupes de façon a former des *glandes*. Tantôt elles sont tres petites et restent incluses dans la muqueuse (*glandes gastriques* et *intestinales* des VERTEBRÉS). D'autres fois, elles sont plus volumineuses, et forment des organes indépendants, annexés au tube digestif, et s'y déversant par des canaux. Parmi ces dernières, les unes (*glandes salivaires*) arrivent dans la bouche ; les autres dans l'estomac ou dans l'intestin. Tels sont le *foie* et le *pancréas* des Vertébres ; telle est aussi la glande digestive de beaucoup d'Invertebrés, souvent appelée *foie*, mais réunissant en réalité les fonctions du foie et du pancréas : c'est un *hépato-pancreas*.

2° *Organes de trituration.* — Quand l'animal est petit, qu'il ne possède qu'une activité vitale restreinte, ou qu'il est fixe ou peu mobile, il peut ou doit se contenter de particules alimentaires ténues, qui peuvent être digérées telles quelles. Dans le cas contraire, les aliments, ingéres en grandes masses, doivent au préalable être divisés en fragments assez menus pour subir facilement l'imprégnation des sucs digestifs.

Cette division mecanique est en général effectuée par des organes durs, placés soit a l'entrée même du tube digestif (appareil masticateur des OURSINS, pièces buccales des ARTHROPODES, bec des OISEAUX), soit dans le voisinage de la bouche (mâchoires et radula des MOLLUSQUES, armature pharyngienne des VERS; dents des MAMMIFERES). Dans ce dernier cas, il se forme, en arrière de la bouche, une cavité (*cavité buccale*) ou s'opère la *mastication ;* c'est dans cette cavité que se déverse la *salive*, qui, en humectant les aliments, facilite leur division.

Dans d'autres types, l'appareil triturant est plus eloigné de la bouche, et se trouve logé dans une poche musculaire puissante, le *gésier*.

L'appareil digestif fait defaut chez quelques animaux a vie parasitaire (CESTODES) ou éphémère (*Phylloxeras* sexues). Les premiers se nourrissent, par absorption directe, des substances alimentaires au sein desquelles ils sont plonges ; les autres vivent aux depens des reserves que renferme leur corps.

ARTICLE IV — APPAREIL RESPIRATOIRE.

La respiration consiste essentiellement dans une absorption d'oxygène et une élimination correspondante d'anhydride carbonique. L'oxygène peut être puisé directement dans l'air (*respiration aérienne*), ou être absorbé à l'état de dissolution dans l'eau (*respiration aquatique*).

S'il n'existe pas de sang, la respiration s'effectue par un échange direct entre les cellules et le milieu ambiant (Spongiaires, Cœlentérés).

Mais quand il se constitue un milieu intérieur, la respiration se fait en deux temps : échange entre le sang et le milieu extérieur (*hematose*) ; échange entre le sang et les tissus (*respiration elémentaire*). Ce dernier échange s'effectue dans tous les éléments anatomiques de l'organisme ; le premier a son siège dans l'*appareil respiratoire*.

Quelle que soit la disposition de l'appareil respiratoire, il est toujours formé par une membrane perméable, et pour cela forcément humide, séparant le sang du milieu ambiant contenant l'oxygène. Les gaz sont obligés de traverser cette membrane pour s'échanger entre les deux milieux.

Ces milieux doivent se renouveler constamment, de part et d'autre de la membrane respiratoire. Le sang est renouvelé grâce à la circulation, le milieu extérieur par suite de mouvements variés (mouvements du corps, cils vibratiles, etc.).

A. **Respiration cutanée.** — Dans les formes inférieures, ou le tégument est mince et perméable, l'hematose peut se faire en un point quelconque du tégument ; il n'y a pas d'appareil respiratoire specialisé, il y a *respiration cutanée* (la plupart des Échinodermes ; *Copépodes;* Nemathelminthes, Plathelminthes, la plupart des *Lombriciens* et des *Hirudinees*). Même chez les animaux supérieurs à appareil respiratoire differencié, la respiration cutanée peut venir en aide aux organes spéciaux (*Batraciens*).

B. **Organes respiratoires spécialisés.** — Les organes respiratoires sont différents, suivant que la respiration a lieu dans l'eau ou dans l'air Dans le premier cas, ce sont des *branchies*, dans le second des *poumons* ou des *trachées*.

1° BRANCHIES. — Les *branchies* sont des expansions des téguments, en forme de lamelles élargies ou de filaments en général très ramifiés pour augmenter la surface respiratoire Ces lamelles ou ces filaments baignent librement étalés dans l'eau, tandis que le sang circule à l'intérieur (1).

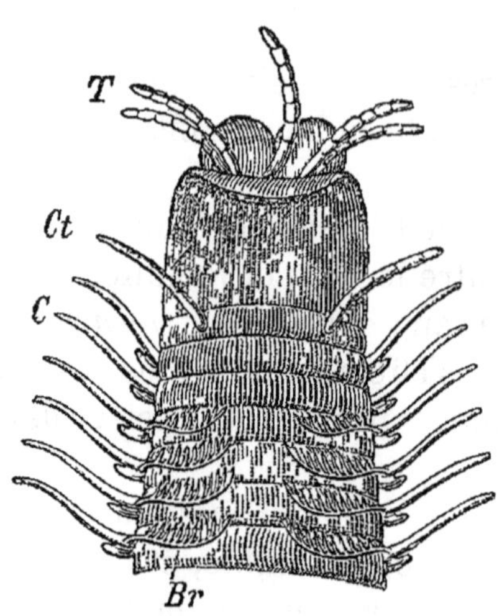

Fig. 40. — Branchies d'une Annélide *T*, tentacules, *C*, cirres, *Ct*, cirres tentaculaires

Chez les VERS ANNELES, les branchies, quand elles existent (fig. 40), sont des appendices tegumentaires places sur chaque anneau ou seulement sur la tête ; elles sont recouvertes de cils vibratiles. Chez les ARTHROPODES, où il n'existe pas de cils vibratiles, les branchies se localisent toujours sur les organes de locomotion, pour profiter du courant d'eau que produisent ces organes. Quelquefois, ce sont les pattes elles-mêmes ou une partie de ces pattes qui sont lamelleuses et servent de branchies ; ailleurs ce sont des appendices speciaux fixés à ces pattes

Comme les téguments qui recouvrent ces organes sont d'une extrême délicatesse, ils sont frequemment recouverts par un repli cutane, qui s'étend au-dessus d'eux, et les enferme dans une cavité qui ne garde qu'un simple orifice de communication avec l'extérieur. Ainsi, chez les *Crustaces Décapodes*, les branchies sont protégées par des replis latéraux de la carapace. Chez les MOLLUSQUES, elles sont le plus souvent logees dans une *cavité palléale* ou *branchiale*, formée par le *manteau*.

Chez les VERTÉBRES et les animaux voisins (CHORDES), les

(1) Les Animaux aquatiques meurent en general rapidement asphyxies dans l'air, bien qu'ils y trouvent plus d'oxygene Cela tient d'abord à la dessiccation rapide des branchies, dessiccation qui arrête l'osmose; et aussi a ce que les rameaux que forment les branchies s'appliquent l'un sur l'autre en une masse compacte, dont la surface externe seule reçoit le contact de l'air et a un developpement insuffisant pour subvenir aux besoins de la respiration

organes de respiration sont toujours des dependances de la region antérieure du tube digestif. En particulier les branchies sont des lamelles, placées au niveau de fentes (*fentes branchiales*), qui font communiquer la cavite buccale avec l'extérieur. Ces fentes sont percees de chaque côté du cou.

2° Poumons. — La morphologie des poumons est dominée par la nécessité de maintenir humide la membrane respiratoire. Les poumons ne peuvent plus dès lors être des appendices externes du tegument. Ce sont des poches à l'intérieur desquelles l'air penètre, tandis que le sang circule dans leurs parois. Chez les animaux à respiration branchiale, la cavité branchiale est toute disposee pour servir de poumon. C'est ce que nous voyons réalisé chez les *Pulmones*, parmi les *Mollusques*, chez quelques *Crustacés Décapodes*, etc. La cavité s'elargit seulement et peut se plisser en alvéoles ; de plus, l'orifice se retrecit de façon à arrêter autant que possible la dessiccation.

On rencontre des poumons chez quelques Arachnides (Scorpions, Araignees), chez les Mollusques (Pulmonés), chez les Vertébres aeriens (Batraciens, Reptiles, Oiseaux, Mammifères).

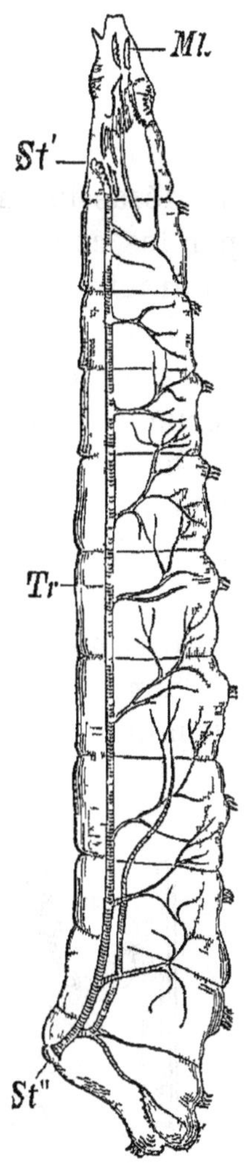

Fig 41 — Appareil trachéen d'une larve de Mouche — *St'*, *St''* stigmates, *Tr*, trachée, *Mh*, appareil masticateur

3° Trachées. — La *respiration trachéenne* est spéciale aux Arthropodes. Les *trachées* (fig. 41) sont des tubes intérieurs à parois rigides, dans lesquels l'air circule. Ils sont maintenus ouverts par un revêtement interne de chitine, renforcé par un épaississement spiralé. Ils communiquent avec l'extérieur par des orifices (*stigmates*) et se ramifient dans tout le corps, apportant l'air aux organes.

L'introduction de l'air dans les cavités de respiration aérienne se fait en géneral par des contractions et des relâchements rythmiques des muscles du corps. Ces mouvements dilatent et rétrécissent alternativement la cavité respiratoire, par un fonctionnement analogue au jeu d'un soufflet.

ARTICLE V. — **APPAREIL EXCRÉTEUR.**

L'*excrétion* a pour but de rejeter à l'extérieur les substances de désassimilation. Elle s'effectue déjà chez les Protozoaires par les contractions de la vacuole contractile, qui, à chaque contraction, rejette à l'extérieur une certaine quantité de liquide.

L'appareil excréteur n'est spécialisé chez aucun PHYTOZOAIRE ; il existe au contraire toujours chez les ARTIOZOAIRES.

Chez les ARTHROPODES, ce sont des glandes en long tube, qui débouchent dans la portion terminale du tube digestif (*tubes de Malpighi*), ou des glandes de forme variée, attachées à la base de divers appendices (*glandes antennaires*, *glandes coxales*, *glandes du test*).

Chez les VERS, ce sont des canaux, régulièrement disposés au nombre d'une paire dans chaque anneau, ce qui leur a fait

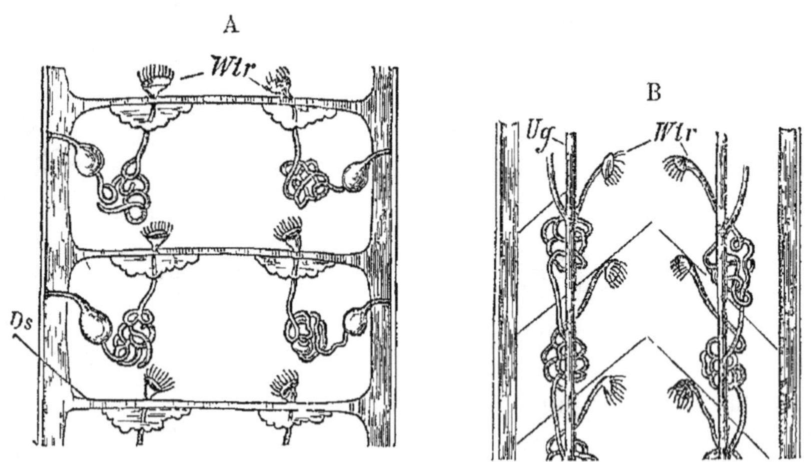

Fig 42 — Organes d'excrétion des Annélides (A) et des Vertébrés (B) — *Wtr*, entonnoirs vibratiles, *Ds* glandes, *Ug*, canal excréteur

donner le nom d'*organes segmentaires*. Par une de leurs extrémités, ils s'ouvrent au dehors ; à l'autre est un entonnoir cilie (*néphrostome*) qui s'ouvre dans la cavité générale (fig. 42 A, *Wtr*) ou dans les lacunes du parenchyme qui l'oblitere.

Ils semblent originairement destinés à rejeter au dehors les produits génitaux et les produits de désassimilation qui sont arrivés dans la cavité génerale. Mais fréquemment ils ont des parois glandulaires et fonctionnent vraiment comme organes excreteurs.

Cette forme se retrouve, mais très modifiee, chez les MOLLUSQUES et les VERTÉBRÉS. Chez les MOLLUSQUES, l'organe s'est renfle en une vaste poche couverte d'un parenchyme glandulaire developpe. Mais il communique encore avec la cavite generale ou avec le péricarde, qui la represente Il n'y en a plus qu'une paire, quelquefois même un seul, par suite de la disparition asymetrique de l'un d'eux.

Enfin chez les VERTEBRES (fig. 42 B), il y a primitivement dans chaque segment une paire d'organes segmentaires ; mais, tandis que les néphrostomes sont distincts, ils debouchent d'autre part dans deux canaux longitudinaux qui viennent s'ouvrir dans l'intestin terminal. A partir des Batraciens, les orifices internes se ferment, et l'excretion se fait dans des ampoules (fig. 43, *Mk*) où pénètrent des pelotons vasculaires (*glomérules de Malpighi*). L'appareil excréteur, appele *rein*, fonctionne maintenant comme une glande ordinaire ; mais les produits qu'elle secrète sont tout formés dans le sang ; c'est une sorte de simple filtration.

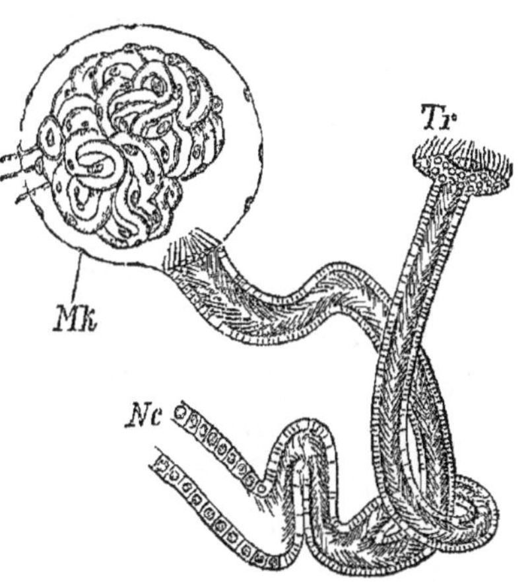

Fig 43 — Fragment d'un rein de Protée — *Mk*, corpuscule de Malpighi ; *Tr*, entonnoir cilié, *Nc*, canalicule urinaire

Organes excréteurs accessoires. — Outre les reins, d'autres organes peuvent remplir le rôle d'organes excreteurs. Les *cellules adipeuses*, qui emmagasinent la graisse et en debarrassent l'organisme, peuvent être déjà considérees comme des glandes excretrices unicellulaires. Les *glandes unicellulaires* du tégument de beaucoup d'ARTHROPODES, les *glandes à mucus* des MOLLUSQUES sont également des glandes excretrices. Enfin chez les VERTÉBRÉS, les *glandes sudoripares* jouent un rôle analogue au rein et rejettent avec la sueur une grande quantite de substances de déchet; le foie excrète aussi des substances en dissolution dans la bile: la cholestérine, les pigments biliaires, résultant de la désassimilation des globules rouges du sang.

ARTICLE VI — APPAREIL CIRCULATOIRE.

A propos du tissu sanguin, nous avons déja été amenés à parler de l'évolution de l'appareil circulatoire. Rappelons-en ici les stades principaux :

1° Le sang est contenu simplement dans la cavité générale.

2° Cette cavité se réduit par la formation plus abondante de tissu conjonctif, et le sang ne circule plus que dans des cavites tubulaires creusées dans ce tissu (*lacunes*).

3° Les lacunes, d'abord mal limitées, se precisent de plus en plus à l'état de cavités bien endiguées.

4° Les lacunes sont remplacées par des *vaisseaux*, avec tunique musculo-elastique et endothelium.

5° L'appareil vasculaire se complète, et le sang se meut à l'intérieur d'un ensemble de cavités closes, tandis que ce qui reste de la cavité génerale est rempli de *lymphe*.

6° L'appareil lymphatique se spécialise lui-même : la lymphe est alors contenue, dans la plus grande partie de son trajet, dans des *vaisseaux lymphatiques*.

Organes propulseurs du sang. — La marche du sang a l'interieur du corps est due simplement, dans les formes inferieures, aux mouvements des muscles du corps. Cette marche est alors fort irrégulière.

Mais, en général, il se constitue des organes propulseurs, destinés à assurer ce mouvement. Chez la plupart des Vers, il se forme, sur divers points de l'appareil circulatoire, des renflements musculaires contractiles (fig. 44, *H*). Quand ces renflements sont suffisamment localisés, on leur donne le nom de *cœurs* En général cependant, il existe un seul cœur, tantôt formant une poche courte et volumineuse, tantôt s'étendant sur une grande longueur. Ce dernier cas se presente dans le *vaisseau dorsal* des ANNELIDES et des INSECTES. Il est divisé en chambres successives, correspondant aux divers segments qu'il traverse.

Le cœur règle la marche du sang, et celui-ci circule régulièrement dans le corps, toujours dans le même sens (1), grâce à des valvules qui l'empêchent de rebrousser chemin.

Les vaisseaux qui partent du cœur s'appellent *artères*, ceux qui y ramènent le sang portent le nom de *veines*. A leur arrivée dans le cœur, les veines se reunissent dans un réservoir commun qui sert de vestibule à l'organe propulseur. Ce réservoir est l'*oreillette;* l'organe propulseur est le *ventricule;* ces deux parties réunies forment le cœur.

Les deux parties du cœur sont juxtaposées en général et communiquent par un orifice muni de valvules ; chez les ARTHROPODES, l'oreillette entoure le ventricule, aussi l'appelle-t-on souvent improprement *péricarde*.

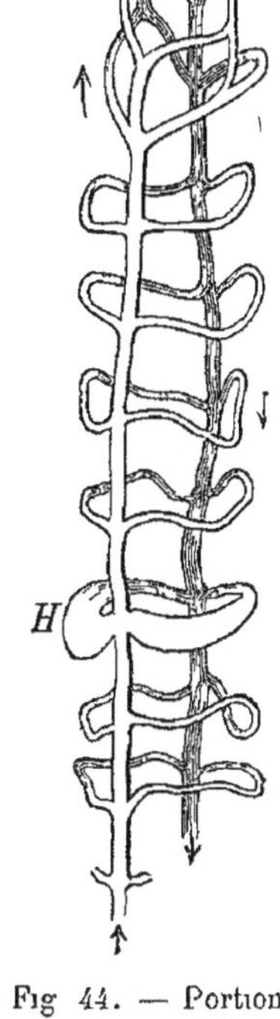

Fig 44. — Portion antérieure de l'appareil circulatoire d'un Ver — *H*, renflement contractile, cœur.

MARCHE DU SANG DANS LE CORPS. — Le sang, partant du cœur, passe dans les *artères ;* puis il arrive soit dans les lacunes, soit dans un système de vaisseaux extrêmement fins (*capillaires*) qui pénètrent tous les organes. C'est dans ce système que le sang est mis en rapport avec les tissus, leur fournit les substances nutritives et l'oxygène, et les debarrasse des substances de désassimilation.

De là le sang passe dans les *veines* et revient au cœur.

On peut dans tous les cas représenter l'appareil circulatoire par un trajet circulaire ; en un point de ce trajet se trouve le cœur ; au point diamétralement opposé, le système des capillaires.

(1) Les Tuniciers sont les seuls animaux qui échappent a cette règle le cœur peut battre dans les deux sens, et, apres quelques battements dans un sens, on voit le mouvement s'intervertir et le cœur battre en sens contraire

L'appareil respiratoire doit aussi être intercalé sur le trajet. Mais deux cas peuvent se présenter :

1° Il se trouve avant le cœur; celui-ci ne renferme alors que du sang oxygené (Mollusques, Arthropodes).

2° Il se trouve après, et le cœur ne renferme que du sang chargé d'anhydride carbonique (Poissons).

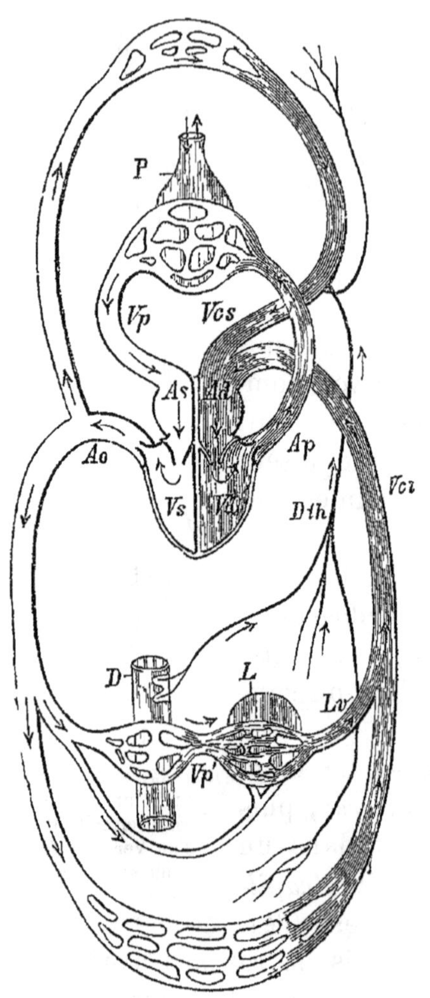

Fig 45 — Schéma de la circulation des Mammifères — *Ad*, oreillette droite, *As*, oreillette gauche, *Vd*, *Vs*, ventricules droit et gauche, *Ao*, aorte, *Vcs*, veine cave supérieure, *Vci*, veine cave inférieure, *Ap*, artère pulmonaire, *P*, poumon, *Vp*, veine pulmonaire, *Vp'*, veine porte, *L*, foie, *Lv*, veine sus hépatique, *D*, intestin, *Dth*, canal thoracique lymphatique.

Chez les Vertébrés aériens, la complication est plus grande, le cœur renferme à la fois du sang oxygéné et du sang carboné et il lance deux courants, l'un allant aux viscères, l'autre aux poumons. Le maximum de perfectionnement existe chez les Oiseaux et les Mammifères, où le cœur est divisé en deux parties séparées, en deux cœurs (fig. 45) : le cœur droit recevant le sang du corps et l'envoyant dans les poumons, le cœur gauche le recevant des poumons et l'envoyant dans tout le corps.

PÉRICARDE. — Le cœur est en général logé directement dans la cavité générale ; mais quand celle-ci se réduit, il reste toujours autour du cœur un espace libre, le *péricarde* (Mollusques, Vertébrés). Bien entendu, le péricarde n'a aucune communication avec le cœur. On donne souvent aussi le nom de *péricarde* à l'oreillette des Arthropodes, qui est placée en effet autour du ventricule. Mais c'est une expression à rejeter. On comprend qu'il n'y a aucun rapport entre cette cavité et le péricarde véritable que nous venons de décrire.

ARTICLE VII. — ORGANES DES SENS.

Les organes sensoriels font *percevoir* les différentes qualités des objets extérieurs.

On peut les diviser en deux groupes :

1° Ceux qui ne peuvent s'exercer qu'au contact direct des corps extérieurs, le *goût*, l'*odorat*, les diverses formes du *toucher*.

2° Ceux qui sont impressionnés à distance par la transmission des vibrations des corps extérieurs (*ouïe*, *vue*).

A. **Sens inférieurs.** — Les premiers ne se distinguent pas toujours aisément les uns des autres, surtout chez les Invertébrés, où il est difficile de discerner le rôle physiologique des organes. Ils ont été réunis sous le nom de *sens inférieurs*. Ils s'exercent par des *cellules neuro-épithéliales*, réparties en divers points des téguments (fig. 12, p. 36). Chez les Vertébrés seuls, le toucher peut s'exercer par des organes plus compliqués, les *corpuscules du tact* (fig. 35 et 36, p. 61).

B. **Ouïe.** — Le sens de l'ouïe est impressionné par les vibrations des corps sonores : il perçoit les sons et les bruits. Sous sa forme la plus simple (fig. 46), l'organe de l'ouïe est une vésicule pleine de liquide (*otocyste*), close ou en communication avec le milieu extérieur, et renfermant à son intérieur une ou plusieurs concrétions calcaires, ou même des grains de sable (*otolithes*). La paroi de l'otocyste renferme, au milieu de cellules de soutien, des *cellules auditives* (*c*), se continuant par des fibres nerveuses et portant des cils rigides (*soies auditives*). Les vibrations se transmettent jusqu'aux otolithes, et ceux-ci viennent frapper sur les soies auditives et impressionnent les cellules auditives.

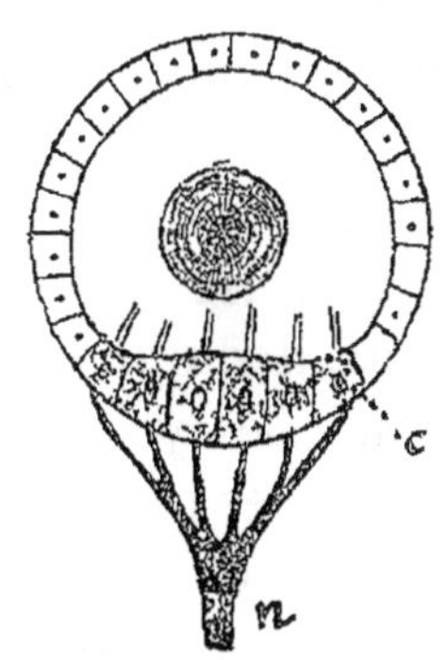

Fig 46. — Schema d'un otocyste — *n*, nerf auditif *c*, cellules auditives

L'organe auditif des Vertébrés (*oreille*) n'est qu'un otocyste plus compliqué, et accompagné d'organes de perfectionnement spéciaux, destinés à recueillir les sons, à les conduire ou à les renforcer.

C. **Vue.** — Le sens de la vue perçoit la lumière et les couleurs. Le tégument peut être sensible à la lumière, alors même qu'il n'existe pas d'organe visuel différencie.

Il y a alors *sensation dermatoptique.*

Mais la lumière n'est perçue qu'à l'aide d'organes spéciaux, d'ailleurs très variés.

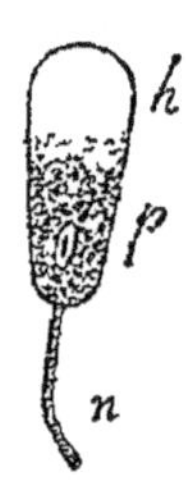

Fig. 47 — Cellule visuelle — *p*, pigment, *h*, organe refringent, *n*, filet nerveux.

L'organe visuel le plus simple (fig. 47) est constitué par une cellule spéciale, se continuant par un nerf, et renfermant du pigment rouge ou noir, ou entourée elle-même de cellules pigmentaires. Le pigment est impressionnable à la lumière, et ce sont les modifications chimiques qu'il subit sous son influence qui impressionnent la cellule visuelle.

Fréquemment la partie externe de la cellule présente une formation cuticulaire transparente, *cône*, *bâtonnet*, *lentille*, etc. (*h*).

En général les cellules visuelles et les cellules pigmentaires se reunissent pour former des *ocelles*. Enfin le perfectionnement progressif de ces organes amène à la formation d'*yeux;* ce perfectionnement consiste surtout dans la formation d'un système dioptrique de corps réfringents, permettant aux rayons extérieurs de se concentrer de façon à former une image reelle; les cellules visuelles se réunissent alors au foyer de cet appareil dioptrique et y constituent une plaque sensible, la *rétine.* Les yeux seuls sont capables de percevoir la forme des objets; les ocelles peuvent seulement percevoir la lumière, les couleurs et les déplacements des objets extérieurs.

L'élément essentiel de l'appareil dioptrique est une lentille biconvexe, le *cristallin*, qui, par un mécanisme spécial, l'*accommodation*, peut changer de courbure ou de situation, de façon à donner sur l'écran rétinien des images nettes, quelle que soit la distance des objets à l'œil.

ARTICLE VIII. — SYSTÈME NERVEUX.

En étudiant l'évolution du tissu nerveux, nous avons ébauché l'histoire de l'évolution du système nerveux.

Chez les SPONGIAIRES et les CŒLENTÉRÉS, le système nerveux est diffus, il se compose de fibres nerveuses et de cellules nerveuses, éparses au milieu des autres tissus, et constituant des plexus en relation avec les cellules sensitives et avec les éléments musculaires.

Chez les MÉDUSES, le développement des organes sensoriels entraîne la concentration du système nerveux, qui apparaît sous la forme d'un cordon circulaire ou de ganglions isolés sur le pourtour de l'ombrelle. C'est déjà un *type rayonné*. Il est réalisé complètement chez les ÉCHINODERMES (fig 48), où le système nerveux a pour partie centrale un cordon annulaire entourant la bouche, et donnant des branches rayonnantes dans chaque rayon. Toutefois, les éléments nerveux ne sont pas bien distincts des autres éléments ; ils sont inclus dans la zone profonde de l'épithélium et ne peuvent être décelés avec sûreté que par l'examen histologique.

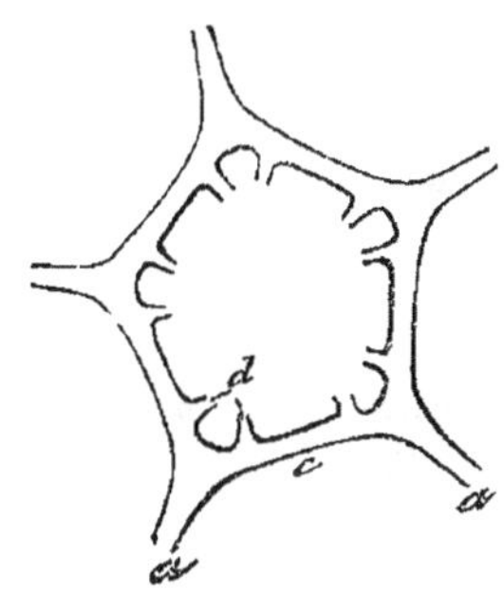

Fig 48 — Système nerveux rayonné d'un Echinoderme — *c*, anneau nerveux, *a*, nerfs radiaux, *d*, nerfs buccaux

Ce n'est donc que chez les ARTIOZOAIRES que le système nerveux est bien nettement spécialisé. Chez les Artiozoaires invertébrés, il est constitué par des *ganglions* réunis par des cordons nerveux ; ces derniers portent le nom de *commissures*, s'ils unissent deux ganglions symétriques ; de *connectifs*, dans le cas contraire.

Les VERS et les ARTHROPODES ont le système nerveux construit sur le même plan (fig. 49) :

1° Un certain nombre de ganglions, plus ou moins soudés en une masse impaire ou en deux masses symétriques unies par une commissure, forment les *ganglions cérébroïdes* ou *cerveau*. Ils innervent les yeux, les antennes, les organes buccaux.

2° Ils sont reliés par une paire de connectifs à une autre masse ganglionnaire placée au-dessous du tube digestif, le *ganglion sous-œsophagien*. L'ensemble de toutes ces parties nerveuses forme autour de l'œsophage un anneau, appelé *collier œsophagien*.

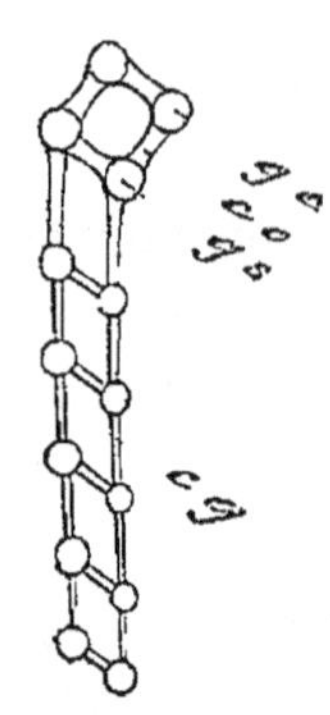

Fig. 49. — Système nerveux des Vers et des Arthropodes — *g c*, ganglions cérébroïdes, *c o*, collier œsophagien, *g s*, ganglions sous-œsophagiens, *c g*, chaîne ganglionnaire.

3° La masse sous-œsophagienne est le commencement d'une chaîne ganglionnaire, formée de ganglions (une paire par segments) réunis par des commissures et des connectifs, donnant à l'ensemble la forme d'une échelle.

Les ganglions de cette chaîne peuvent d'ailleurs se concentrer plus ou moins jusqu'à ne plus former qu'une seule masse; cette condensation est en général sous la dépendance de la concentration des segments du corps.

Dans les formes inférieures (*Rotifères*) ou dégradées (*Trématodes*), les centres nerveux peuvent se réduire à une masse ganglionnaire cérébroïde.

Chez les MOLLUSQUES, il y a non plus un seul, mais deux, ou même trois colliers œsophagiens (fig. 50) Au-dessus de l'œsophage, il n'y a que la masse cérébroïde. C'est d'elle que partent les deux colliers : le premier porte sur son trajet les *ganglions pedieux* (*Pg*); le second, qui peut être très étendu, est formé par la commissure viscérale. Celle-ci porte sur son trajet : les deux *ganglions palleaux* (*Plg*) ce sont les plus rapprochés du cerveau, de part et d'autre de

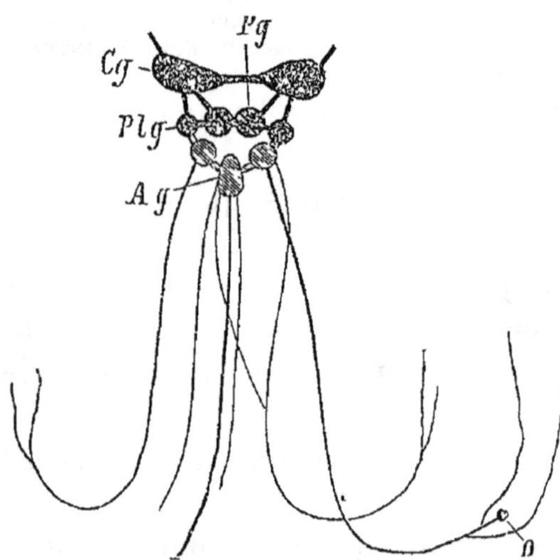

Fig 50 — Système nerveux des Mollusques — Cg, ganglions cérébroïdes, Pg, ganglions pédieux, Plg, ganglion palléal, Ag, ganglions viscéraux

celui-ci, aux deux extrémités de la commissure), et, en nombre variable, des *ganglions viscéraux*. Le ganglion palléal est relié par un connectif au ganglion pédieux correspondant; il se forme ainsi, sur chaque côte de l'œsophage, un triangle nerveux caractéristique, le *triangle latéral*.

Enfin, chez les VERTÉBRÉS, le système nerveux central est tout entier dorsal (fig. 51). Il est formé par la *moelle épinière*, qui se renfle en avant pour former le *cerveau*. L'ensemble forme le *névraxe*, ou *axe cérébro-spinal* ou *encéphalo-rachidien*.

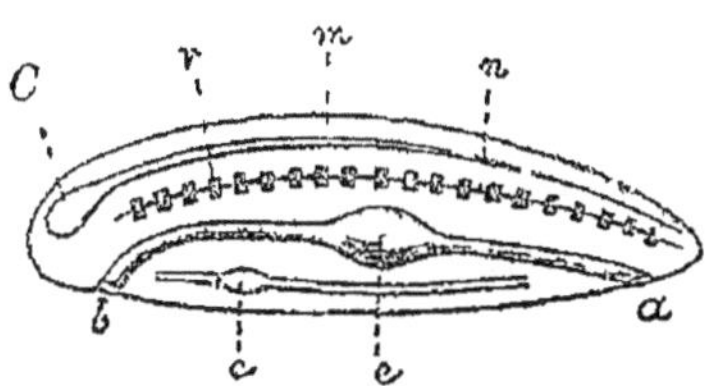

Fig. 51 — Schéma de l'organisation d'un Vertébré — *m*, moelle épinière, *C*, cerveau, *n*, corde dorsale avec les vertèbres, *v*, *c*, cœur, *b*, bouche, *e*, estomac, *a*, anus

Ce schéma se retrouve chez tous les CHORDÉS.

Chez les TUNICIERS, au moins à l'état de larve, le névraxe est représenté par un cordon présentant de distance en distance des renflements ganglionnaires. Ce système se réduit en général chez l'adulte à un simple ganglion, représentant le cerveau.

ARTICLE IX. — APPAREIL LOCOMOTEUR.

Chez les Protozoaires les plus inférieurs, la locomotion est produite par des contractions de la masse protoplasmique; on voit apparaître des expansions périphériques (*pseudopodes*), qui s'appliquent à la surface des corps sur lesquels rampe l'animal et disparaissent ensuite, pour être remplacées par d'autres, également temporaires. Chez les Protozoaires munis d'une membrane, la locomotion est due aux mouvements d'appendices qui se ramènent à deux formes : des *fouets* ou *flagellums*, généralement longs et peu nombreux; des *cils vibratiles*, qui forment un revêtement plus ou moins continu à la surface de l'animal.

Ce mode de locomotion à l'aide de cils vibratiles se retrouve parmi les Métazoaires, mais il ne peut être réalisé que pour des organismes aquatiques de petite taille. Ainsi, à part les ROTIFÈRES, ce ne sont guère que des larves qui se meuvent à l'aide de cils : chez les SPONGIAIRES et les CŒLENTÉRÉS, la larve tout entière est ciliée; chez les ÉCHINODERMES, les ANNÉLIDES, les MOL-

LUSQUES, les cils se localisent de façon a former des couronnes ou des lignes de forme variee.

Chez les TURBELLARIÉS, le corps tout entier est couvert de cils vibratiles, et glisse sans mouvements apparents le long des surfaces; mais il presente aussi des muscles nombreux, qui produisent des ondulations du corps et activent la locomotion.

Partout ailleurs, chez les MÉTAZOAIRES, la locomotion se fait exclusivement à l'aide de *muscles*.

Ces muscles peuvent s'attacher et s'unir intimement au système tegumentaire (*couche musculo-cutanée*) ; le plus souvent, ils se fixent au squelette, que celui-ci soit interne ou externe. Chez les ARTHROPODES et les VERTEBRES, où le squelette est le mieux développé, ses différentes pièces forment des leviers qui realisent les divers modes de leviers etablis en mecanique. Dans les deux grou pes, la locomotion est plus spécialement devolue à des *appendices*, à des *membres*, tantôt pairs, tantôt impairs, où les leviers sont particulièrement mobiles, les muscles puissants.

Le genre de locomotion est très variable dans la serie animale. On distingue d'abord trois modes de locomotion, suivant le milieu où celle ci s'effectue : *locomotion terrestre*, *locomotion aquatique*, *locomotion aerienne;* mais chacun de ces modes peut comprendre à son tour plusieurs types ; un animal terrestre peut marcher, courir, sauter, ramper, marcher à l'aide de ventouses, à l'aide des ondulations du corps, etc. Ces divers modes seront etudies avec plus de fruit dans la zoologie speciale

ARTICLE X. — PRODUCTION DE CHALEUR, D'ÉLECTRICITE ET DE LUMIÈRE.

Nous avons vu que les réactions chimiques de la nutrition mettent en liberte une certaine somme d'énergie. Une partie se manifeste sous la forme de travail mécanique, une autre sous la forme de travail nerveux Le reste de l energie apparaît sous forme de *lumiere*, d'*électricité*, de *chaleur*.

A. Organes lumineux. — On trouve des animaux lumineux dans les groupes zoologiques les plus divers : Noctiluque, Pelagie, Pennatule, de nombreux Crustacés des grandes profondeurs, plusieurs Insectes (Lampyre, Pyrophore, Élaterides), Chetoptère, Pholades, Salpes et Pyrosomes, plusieurs Poissons de mer.

La lumière produite est quelquefois due a la présence de Bacteries photogènes. C'est ce qui a lieu quand la lumière n'apparaît que dans les animaux morts (Crevettes, Homards, Poulpes, Poissons de mer) ou dans le mucus qu'ils secretent On a pu isoler la Bacterie, et la communiquer à de la viande de boucherie, même à du blanc d'œuf.

Dans quelques cas, la luminosité est l'indice d'une maladie, c'est ce qui a lieu chez les Talitres (Giard), elle est egalement causee par une Bactérie qui s'attaque plus particulièrement aux muscles de l'animal et les détruit peu a peu. On peut l'inoculer à d'autres Crustacés.

Enfin, même dans les cas ou la luminosité est normale, elle peut être due a une Bacterie; c'est le cas des Pelagies, des Salpes, des Ctenophores, des siphons des Pholades Mais dans tous ces cas, la luminosité est diffuse. Lorsque au contraire elle se localise dans des organes bien determines, elle est manifestement le résultat de l'activite même de ces organes.

Les parties photogènes sont très variables comme forme et comme structure; la lumière varie elle-même beaucoup comme couleur et comme intensite.

On a cru longtemps que la lumière physiologique était due à une oxydation comme la phosphorescence. Il n'en est rien : les cellules photogènes secrètent une substance phosphoree spéciale, la *luciferine*, qui, avec un ferment spécial (*luciférase*), produit des réactions chimiques accompagnées d'un degagement de lumière. La luciférine semble produite par les globules du sang.

B. **Production d'électricité.** — Dans presque tous les organes (glandes, muscles, nerfs), une partie de l'energie produite par les phenomènes nutritifs est transformee en electricite sensible à l'electrometre. Mais ce n'est que chez quelques Poissons que la proportion d'energie transformee en electricite prend une intensite suffisante pour être sensible à un organisme et servir de moyen d'attaque ou de defense.

Organes électriques des Poissons. — Les principaux Poissons électriques, la Torpille, le Gymnote et le Malaptérure, sont de véritables piles vivantes. Nous reviendrons plus loin sur la disposition de leurs organes électriques; mais ils sont toujours composés d'une matière de consistance gélatineuse (*tissu electrogene*), divisée par une charpente fibreuse en compartiments réguliers de forme variable et différemment orientés suivant les genres. Ils sont innervés par le cerveau chez la Torpille, par la moelle chez le Gymnote et le Malaptérure. L'animal donne à volonté des décharges électriques. Il cesse d'en produire, si l'on détruit les centres nerveux ou les nerfs qui se rendent à l'organe électrique; mais si l'on irrite les centres, les nerfs ou l'organe lui-même, on amène de nouvelles commotions (Matteucci). L'organe électrique possède à la fois les propriétés des machines statiques et des appareils d'induction. La décharge, qui paraît unique, résulte de la fusion d'une série de secousses successives et présente avec l'acte musculaire de frappantes analogies (Marey). Cela est tout a fait rationnel, car le tissu électrogène n'est qu'une modification du tissu musculaire strié. Les décharges de la Torpille sont moins violentes que celles du Gymnote, mais plus fortes que celles du Malaptérure; elles donnent la sensation d'une secousse avec ébranlement des articulations et engourdissement consécutif.

C. **Production de chaleur.** — La plus grande partie de l'énergie se manifeste sous forme de chaleur. Tous les organes à l'état d'activité produisent de la chaleur ; mais les muscles, en raison de leur masse considérable et du travail enorme qu'ils sont appelés à produire, doivent être considérés comme le principal foyer de la chaleur animale; puis viennent les glandes et le système nerveux.

La chaleur ainsi produite est au fur et a mesure éliminée par rayonnement, conductibilité ou évaporation. La température du corps est la résultante des deux phénomènes.

A cet égard, les animaux se divisent en deux grandes categories : les uns (tous moins les Oiseaux et les Mammifères) ont une température en genéral peu élevée, mais variant toujours avec la température du milieu exterieur, tout en restant un peu plus élevée que celle-ci. Ce sont les *animaux à température variable*, ou *Pœcilothermes*, ou *Héterothermes*. Ils sont souvent appelés *animaux à sang froid*, mais à tort; en effet dans certains cas, notamment chez les Insectes, le dégagement de chaleur est considérable ; la température s'élève notablement, seulement elle diminue avec rapidité, à cause de la surface qui est considérable relativement à la taille. Dans les essaims d'Abeilles, où cette surface est réduite relativement au volume, la température dépasse 40°.

Au contraire les Mammifères et les Oiseaux ont une température constante, relativement élevée par rapport à la température ambiante. Ils sont *Homœothermes*. Leur température oscille entre 36° et 44° (Homme 37°,5 (1), Lapin 40°, Poule 43°, Moineau 44°).

D'une part, les combustions intraorganiques sont plus actives que chez les Hetérothermes ; de l'autre, le corps est protégé par un revêtement de plumes ou de poils et par une couche adipeuse, qui empêchent la déperdition calorifique.

Enfin le système nerveux joue le rôle d'appareil régulateur thermique. Si l'organisme se refroidit, grâce aux nerfs *vaso-constricteurs*, les vaisseaux superficiels se contractent, empêchent le sang d'aller à la périphérie rayonner de la chaleur ; la respiration s'accelère ; la combustion interne augmente.

Si au contraire il y a échauffement excessif de l'organisme, le système nerveux produit l'effet inverse : les nerfs vaso-moteurs dilatent les vaisseaux péripheriques et augmentent la nappe sanguine superficielle, capable de rayonner de la chaleur; de plus, chez les Mammifères, grâce à un phénomène reflexe, la sécrétion de la sueur s'exagère, et, si le milieu est suffisamment sec, l'évaporation de celle-ci amène un refroidissement considerable. Enfin, la ventilation pulmonaire peut, comme cela a lieu chez le Chien et chez les animaux où la sécrétion de la sueur est rudimentaire ou nulle, amener un rafraîchissement du corps.

ANIMAUX HIBERNANTS. — On appelle ainsi quelques Mammifères (Herisson, Marmotte, Chauve-Souris, Blaireau, etc.) où la temperature ne reste constante que si celle du milieu ne descend pas au-dessous d'une certaine limite. Au moment des froids, ils ne prennent plus de nourriture, s'endorment; leur

(1) Elle ne peut sortir des limites 30°-44° sans que la mort s'ensuive Elle est, chez l'enfant, plus élevee de quelques dixièmes de degre.

température s'abaisse et varie comme celle du milieu ambiant. Ils passent l'hiver plongés dans un profond sommeil (*sommeil hibernal*) et ne sortent de leur léthargie qu'au printemps.

Pendant la belle saison, les animaux hibernants accumulent dans leurs tissus une grande quantité de graisse, qui, consommée lentement pendant l'hiver, suffit à fournir la quantité d'énergie nécessaire à l'exercice de cette vie ralentie.

ARTICLE XI. — APPAREIL REPRODUCTEUR

Nous avons déjà défini la *reproduction* et étudié son mécanisme. Elle se ramène essentiellement à la *fécondation*, c'est-à-dire à l'union d'un élément mâle, le *spermatozoïde*, et d'un élément femelle, l'*ovule* (Voy. p. 18).

L'appareil reproducteur comprend : 1° les organes, improprement appelés *glandes génitales*, qui produisent les éléments sexuels ; 2° les *conduits vecteurs*, chargés de les évacuer hors de l'organisme ; 3° les organes destinés à favoriser l'union des deux éléments (*organes d'accouplement* ou *copulateurs*) ; 4° enfin les organes chargés de protéger les premiers développements de l'embryon (*organes d'incubation*).

Les ovules et les spermatozoïdes peuvent être produits par le même individu : il est alors *hermaphrodite* ou *monoïque*. Mais, plus souvent, ils naissent sur deux individus différents : l'un, le *mâle*, produit des spermatozoïdes ; l'autre, la *femelle*, des ovules (1).

Il peut arriver que, dans le cas des animaux hermaphrodites, la fécondation ait lieu entre éléments nés sur le même individu (*autofécondation*). Mais ce fait est en réalité l'exception. On ne le rencontre guère que dans les formes parasites (*Trématodes*, *Cestodes*) et dans quelques autres cas, à titre exceptionnel. Le plus souvent, il y a croisement entre les produits de deux individus. Dans la plupart des cas, d'ailleurs,

(1) Chez quelques Insectes, un certain nombre d'individus ne sont pas aptes à la reproduction. Ce sont des *neutres*. Chez les Abeilles, les ouvrières sont des femelles inféconces, qui, dans le cas de mort de la reine, seule femelle féconde, deviennent fécondes, et donnent, par parthénogenèse, des œufs destinés à devenir des mâles. Chez les Termites, il existe à la fois des femelles (*Ouvrières*) et des mâles (*Soldats*) inféconds.

l'autofecondation est impossible ; il arrive souvent en effet que la maturité des éléments sexuels n'a pas lieu en même temps pour les produits mâles et pour les produits femelles. L'individu est successivement mâle et femelle. Il y a *hermaphrodisme protandrique* si l'animal est d'abord mâle, *protogynique* dans le cas contraire. Il peut aussi se faire que ce soit simplement la structure des organes génitaux qui s'oppose à l'autofecondation Il y a alors en général accouplement reciproque.

1° Glandes genitales. — Dans les formes inférieures, il n'existe pas de glande génitale specialisée. Chez les Polypes Hydraires, une cellule quelconque de l'endoderme peut devenir un œuf ou un spermatoblaste. Chez les Annelides, les cellules génitales sont formées par une quelconque des cellules de l'endothelium qui tapisse la cavite générale (fig. 52). Mais le plus souvent un massif determiné de cellules, appartenant

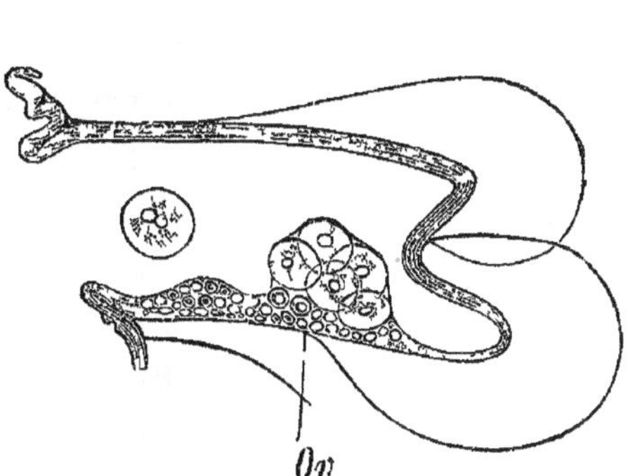

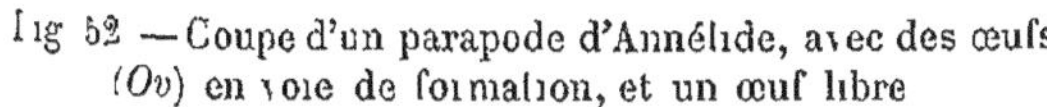
Fig 52 — Coupe d'un parapode d'Annélide, avec des œufs (*Ov*) en voie de formation, et un œuf libre

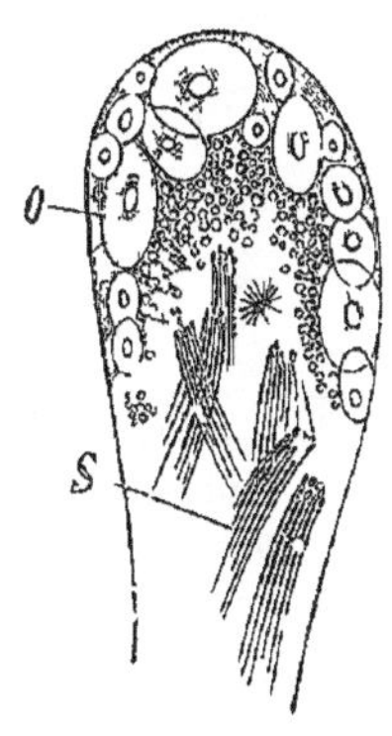

Fig 53 — Un acinus de la glande hermaphrodite d un Escargot — *O*, œuf, *S*, spermatozoides

au mésoderme, se spécialise et donne, à lui seul, les œufs ou les spermatozoides Ce massif constitue la *glande genitale*. Chez les animaux hermaphrodites, cette glande peut donner en tous ses points des élements mâles et des elements femelles : la glande elle-même est *hermaphrodite* (fig 53) Ailleurs, les diverses parties de la glande se differencient : les unes donnent des œufs, les autres des spermatozoides ; il existe des follicules mâles et des follicules femelles. Ailleurs enfin (Sangsue), il existe reellement deux glandes génitales : une glande mâle ou *testicule ;* une glande femelle ou *ovaire* (fig. 54).

Chez les animaux dioïques, il n'existe qu'une seule espèce de glandes : des testicules chez le mâle, des ovaires chez la femelle.

Les glandes ont très fréquemment la même disposition dans les deux sexes ; mais ce n'est cependant pas une règle générale.

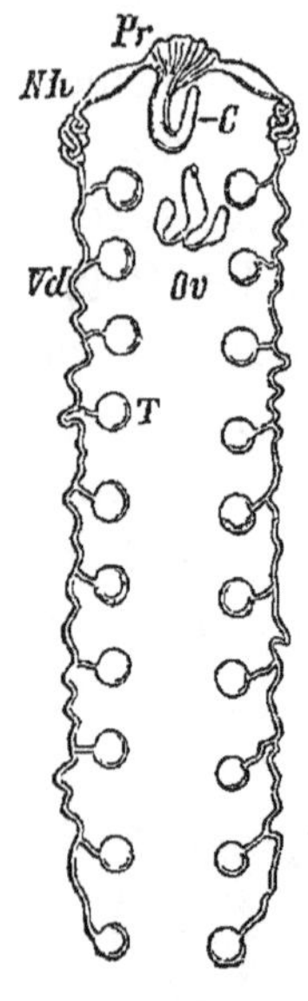

Fig. 54. — Appareil génital hermaphrodite d'une Sangsue. — *T*, testicule, *Vd*, canal déférent, *Nh*, épididyme, *Pr*, prostate, *C*, cirre, *Ov*, ovaire et oviducte.

2° Conduits vecteurs. — Les produits génitaux sont rejetés au dehors par des procédés très variables. C'est quelquefois une simple déhiscence de la paroi de la glande voisine de l'extérieur. Plus souvent ce sont des conduits spéciaux, l'*oviducte* chez la femelle, le *spermiducte* ou *canal déférent* chez le mâle. Dans toute la série des Néphridies (Vers, Mollusques, Vertébrés), les conduits génitaux sont fréquemment empruntés à l'appareil excréteur Chez les Annélides, ce sont simplement les organes segmentaires (fig. 42, A) qui servent de passage aux produits sexuels. De même, chez beaucoup de Mollusques, ils s'échappent par les reins. Enfin chez les Vertebrés, les conduits génitaux sont également des canaux qui appartenaient primitivement a l'appareil excreteur, mais qui le plus souvent ont perdu tout à fait cette fonction pour s'adapter au rôle nouveau de conduits vecteurs.

Les conduits génitaux présentent en général des différenciations accessoires, destinées à faciliter le transport ou l'union des éléments sexuels. Ce sont, chez le mâle : des *glandes* annexes secrétant un liquide chargé de diluer les spermatozoïdes ou de les unir par masses dans des enveloppes protectrices (*spermatophores*) ; — des *vésicules seminales*, dilatations servant de reservoir, où viennent se rassembler les spermatozoïdes, au fur et à mesure de leur production.

Chez la femelle, ce sont des *glandes* fournissant les parties accessoires de l'œuf (glandes à albumine, glandes coquillières, glandes nidamentaires, etc.), et surtout des parties destinées à faciliter la fecondation et le developpement.

3° Organes d'accouplement. — Chez tous les Phytozoaires et chez beaucoup d'Artiozoaires, la fecondation est livrée au hasard, les produits sexuels étant simplement versés dans l'eau.

Mais chez la plupart des Artiozoaires, surtout chez les animaux aériens, où le milieu extérieur ne peut permettre le transport direct du spermatozoide à l'œuf, la fécondation est assuree par un acte particulier, l'*accouplement*, ou *copulation*, qui a pour but d'introduire les spermatozoides dans l'organisme femelle à portée des œufs.

Chez le mâle, l'organe d'accouplement est un organe protractile ou érectile, la *verge* ou *pénis*; ce n'est en général que l'extrémite du canal déferent, saillante à l'extérieur et munie de muscles ou de tissus érectiles destinés à assurer sa rigidité.

De même la femelle présente un canal, le *vagin* (1), s'ouvrant à l'extérieur par un orifice, la *vulve*. Le pénis étant introduit dans le vagin, le sperme est lancé avec force par la contraction energique de muscles speciaux qui entourent l'extrémité du canal deférent (*canal éjaculateur*).

Les spermatozoides vont ainsi directement dans l'oviducte, ou bien ils sont emmagasinés dans des poches spéciales (*poches copulatrices*), où ils attendent la maturité et la chute des œufs.

4° Organes d'incubation. — Les œufs une fois fécondes, leur sort peut être variable, par le plus ou moins grand degré de protection qui entoure leurs premiers développements. On doit tout d'abord distinguer trois cas:

1° Les œufs sont pondus par la mère et achèvent leur developpement en dehors de l'organisme maternel (*Animaux ovipares*). C'est de beaucoup le cas le plus fréquent. Très souvent alors ils sont livres à eux-mêmes et se développent librement, tout au plus protegés par une coque plus ou moins épaisse. Mais d'autres fois les œufs ne sont pas ainsi abandonnés, et l'un des parents, généralement la mère, en prend soin pendant un temps plus ou moins long. Parfois elle se contente de les garder auprès d'elle et de les protéger, dans la mesure de ses

(1) Le vagin, comme le penis, est en general l'extremite du conduit genital, mais il peut egalement en être independant, et doit être mis alors en communication avec les organes genitaux

moyens, contre les dangers extérieurs (Échinodermes, Écrevisses tenant leurs œufs attachés a leurs pattes abdominales; Araignees traînant leurs œufs dans un cocon, etc.). D'autres fois, comme chez les Oiseaux, elle les place dans des nids, et les couve, leur fournissant la chaleur nécessaire à leur développement; d'autres fois encore, il se forme sur le corps de la mère des poches où les œufs vont se loger et se développent à l'abri; ce sont des *cavités incubatrices.*

Dans quelques cas le mâle participe à l'incubation, ou même s'en acquitte seul. Ce dernier cas est le plus souvent representé chez les Poissons (*Epinoche* couvant les œufs dans son nid; *Lophobranches*, portant une poche incubatrice ventrale, *Arius*, *Chromis*, couvant leurs œufs dans leur bouche); parmi les Batraciens, le mâle de l'*Alytes* porte ses œufs attaches à ses pattes postérieures, celui du *Rhinoderma* les couve dans ses sacs pharyngiens.

2° L'extrémite de l'oviducte est une cavité incubatrice toute prête Dans beaucoup de cas, il se constitue à l'extrémite de l'oviducte une dilatation appelée *utérus* ou *matrice;* les œufs s'y développent, mais n'y trouvent qu'un abri. Toutefois la femelle ne donne que des petits tout éclos; elle est *vivipare;* on dit quelquefois *ovovivipare*, pour distinguer ce cas de celui des Mammifères, auxquels on réserve alors le nom de *vivipares* proprement dits.

3° Chez les Mammifères, sauf les Monotrèmes et les Marsupiaux, la protection du jeune embryon arrive à son maximum de perfectionnement. L'œuf se développe dans un *utérus;* de plus, l'embryon se met en rapport avec les parois de cette poche, sur toute l'étendue d'une zone, appelée le *placenta* Des vaisseaux sanguins appartenant au fœtus viennent se ramifier dans le placenta, côte à côte avec d'autres vaisseaux appartenant à l'organisme maternel. Entre les deux sangs, s'etablit alors un echange nutritif continuel, permettant la nutrition et la respiration de l'embryon aux dépens de la mère.

Après sa naissance, le jeune est encore l'objet des soins maternels : il est nourri de *lait*, secrété par des glandes speciales (*mamelles*), qui se developpent sur la face ventrale de la mère, aux dépens des glandes cutanées.

CHAPITRE V

L'ESPECE ET LE TRANSFORMISME

Héredité. — C'est un fait de notoriété génerale que *les êtres vivants transmettent a leurs descendants la plupart de leurs propres caracteres.* On désigne sous le nom d'*hérédite* la cause inconnue de cette transmission. En vertu de l'hérédité, comme le demontre l'observation de chaque jour, tous les individus appartenant à une même lignee, dans les générations successives, sont à peu près exactement semblables. Les différences qu'on observe entre eux sont de la même nature que celles qui distinguent des frères. On leur donne le nom de *différences individuelles* ou de *caractères individuels.*

Definition de l'espèce. — En dehors de la lignée considérée, il existe un grand nombre d'autres individus, dont la parenté généalogique avec les précédents ne peut être sûrement demontrée, mais qui leur ressemblent au point que les différences qui les distinguent sont de même ordre que les différences individuelles que nous venons de definir. On est conduit par induction à admettre que ces individus ont avec la lignée précédente une véritable parenté généalogique et qu'ils dérivent d'un ancêtre commun, dont l'existence peut, a la verité, être reportée à une époque très reculée.

Tous ces individus sont réunis dans un même groupe, qu'on appelle une *espece*, et qui est defini par les seuls caractères communs à tous les individus, les *caractères spécifiques*.

On peut dès lors definir l'espèce, avec Cuvier, « la collection des individus nés de parents communs, et de tous ceux qui leur ressemblent autant qu'ils se ressemblent entre eux ».

La fécondation, principe fixateur de l'espece. — En vertu de l'héredité, un individu transmet à ses descendants non seulement ses *caracteres spécifiques*, mais encore, et au même titre, ses *caractères individuels*. Dès lors, ces derniers doivent se superposer de plus en plus aux caractères spécifiques ; ils devraient finir par les masquer, et, au bout d'un certain nombre de générations, les divers individus issus des mêmes parents devraient présenter entre eux des différences considerables.

Si cette conclusion est contraire à la réalite des faits, c'est qu'il intervient un autre facteur, qui elimine constamment les caractères individuels et fixe au contraire les caractères spécifiques. Ce facteur, c'est la *fecondation*. Quand l'union des individus se fait au hasard, comme cela a généralement lieu dans l'état de nature, les caractères individuels differents dans les deux progéniteurs se neutralisent les uns par les autres, tandis que les caractères specifiques, qui leur sont communs, s'accentuent au contraire et prennent la predominance. Cette consequence montre l'importance de la reproduction sexuée ; aussi la retrouve-t-on presque toujours, même dans les espèces qui peuvent se reproduire aussi par parthenogenèse ou par reproduction asexuée. Chez les Protozoaires inférieurs seuls (Foraminifères et Radiolaires), on n'a jamais observé de conjugaison : ils ne se reproduisent que par scissiparité. Ces êtres doivent donc se transmettre à la fois leurs caractères specifiques et leurs caractères individuels. Aussi se font-ils remarquer par la variéte infinie de leurs formes, se rattachant les unes aux autres par des transitions insensibles : il n'y a plus de caractère spécifique précis : il n'y a plus d'espèces, mais des series interrompues de formes.

La fécondation, *effectuée au hasard des rencontres*, est donc le principe qui fixe les caractères spécifiques. Nous verrons plus tard que, dirigée par l'homme d'une façon determinée, la fécondation peut avoir une influence tout à fait différente.

Impossibilité de la fécondation entre animaux d'espèces différentes. — L'étude de la fécondation a encore une autre importance. Elle fournit un nouveau critérium pour la definition de l'espèce : *la fécondation ne peut s'opérer qu'entre animaux de la même espèce*. En négligeant dans un premier aperçu les exceptions, sauf à y revenir plus tard, on peut poser en principe que deux individus dont le croisement est fécond appartiennent a la même espèce, et que deux animaux d'espèces différentes, ou bien ne s'accouplent pas, ou bien ne donnent par leur accouplement aucun produit.

En résumé, la notion de l'espèce repose sur trois criteriums : une parenté généalogique, une ressemblance plus ou moins complète, des croisements féconds.

Théorie de la fixité des espèces. — Ainsi présentee, la notion de l'espèce paraît tout à fait rigoureuse. L'espèce semble une unité primordiale, restant absolument fixe, à travers les âges et les genérations. Cette croyance à la *fixité de l'espèce* a dominé toute l'histoire naturelle jusqu'a DARWIN, malgré les efforts d'hommes de génie comme LAMARCK et GEOFFROY SAINT-HILAIRE. Elle trouve sa formule précise dans cette phrase de LINNE (1) : *Nous comptons autant d'espèces que l'Être infini créa a l'origine de couples différents.*

Avec une semblable doctrine, le rôle du naturaliste se réduit a peu de choses : *nommer* et *décrire* les espèces, sans qu'il y ait à chercher le moindre lien entre elles ; *en dresser un catalogue* pratique, qui permette de retrouver facilement son nom. Par suite, peu importe la nature des caractères qui définissent les divers groupes ; l'essentiel est que ces caractères soient bien nets, facilement reconnaissables (2).

Mais l'étude plus approfondie du règne animal révèle rapidement aux zoologistes qu'ils ont un autre rôle a remplir : les espèces, etablies d'abord comme des entités absolument independantes les unes des autres, apparaissent bientôt à Linné lui-même comme moins isolées : *Natura non facit saltus*, dit-il ; et ailleurs : *Toute espèce est intermédiaire entre deux autres.*

(1) Charles DE LINNE, ne a Rashalt, en Smaland, en 1707, devint en 1741 professeur de botanique a Upsal, fut annobli en 1762 et se retira en 1764 dans son domaine de Hammarby ou il mourut en 1778. Son principal ouvrage est le *Systema naturæ* (1753), qui eut treize editions, et ou furent exposes pour la premiere fois les principes de notre classification et de la nomenclature binaire

(2) Linne prend un organe quelconque et repartit les êtres en groupes, suivant les particularites que présente cet organe dans chacun d'eux. Il classe les plantes par le nombre de leurs étamines, les animaux par la conformation du cœur, des organes respiratoires, le mode de reproduction, etc.

Cuvier (1) reste partisan convaincu de la fixité des espèces, elles ont été créées isolément, mais, pour lui, la volonte créatrice n'a pas été au hasard, elle a suivi dans ses œuvres successives un plan détermine, et le naturaliste doit avant tout retrouver ce plan. A cet effet, il faut comparer les resultats acquis par l'etude anatomique des divers animaux et Cuvier fonde l'Anatomie comparée

Il constate que, parmi les caractères que peut présenter l'organisation d'un animal, il y a une sorte de gradation : les uns sont importants, ce sont en même temps les plus constants; Cuvier (2) les appelle les *caractères dominateurs*. Les autres sont de moindre valeur, ils peuvent varier dans de grandes proportions ; ce sont des *caracteres subordonnés*. Les premiers doivent tout naturellement servir à la definition des grands groupes, les autres à leur subdivision.

Ce principe de la *subordination des caractères* indique que les caractères destinés à la classification ne doivent pas être pris au hasard Les systèmes construits comme celui de Linne sont des *systemes artificiels :* ils doivent disparaître. Il existe un arrangement particulier qui rend plus nettement compte des ressemblances des espèces et qui est l'expression exacte et complète de la nature. Cet arrangement est la *methode naturelle*. Et Cuvier, considérant que le système nerveux est le caractère dominateur par excellence, s'en sert pour diviser le règne animal en *quatre embranchements :* les Vertébrés, les Mollusques, les Anneles, les Zoophytes, division qui a domine jusqu'a nos jours la classification zoologique, bien que les progrès de la science l'aient montree insuffisante.

En résume, le rôle de Cuvier a été de rattacher les espèces les unes aux autres dans un arrangement naturel, ou elles se disposent comme les chaînons d'une chaîne continue, telle que les deux extrêmes soient réunis par une foule d'intermédiaires

(1) Georges, baron de Cuvier, ne à Montbeliard en 1769, fut nomme en 1818 professeur d'anatomie comparee au Museum d'histoire naturelle de France, et mourut en 1832 Ses principaux ouvrages sont ses *Leçons d'anatomie comparee*, ou furent exposees ses nombreuses decouvertes (1805), et *le Regne animal*, qui contient la reforme de la classification.

(2) Cuvier *Principes de la subordination des caracteres; methode naturelle*

Doctrine transformiste. — Lorsque les études s'approfondissent, cette conception devient elle-même insuffisante. A mesure que s'accroît le nombre des espèces étudiées, de nouvelles espèces viennent s'intercaler entre les anciennes, diminuant de plus en plus les barrières qui les séparaient et qui semblaient naguère insurmontables.

Les transitions deviennent si subtiles, qu'on ne sait plus apercevoir le point de séparation de deux espèces voisines.

Aussi, tandis que certains naturalistes multiplient indéfiniment le nombre des espèces, et les fondent sur des caractères d'une extrême ténuité, d'autres réunissent, sous un même nom spécifique, des formes assez différentes, mais reliées par tous les intermédiaires possibles.

On se demande, d'autre part, la raison d'être de ces transitions si ménagées, de ce plan déjà apparu à Cuvier. Peu à peu se formule une nouvelle doctrine explicative du règne animal :

Les espèces ne sont plus des entités isolées, immuables, sorties telles quelles des mains du Créateur : elles sont au contraire essentiellement variables, et, par leur variation, elles donnent naissance à de nouvelles espèces.

Dès lors, il n'est pas étonnant qu'elles soient reliées entre elles par toutes les transitions possibles. Il ne doit pas exister d'espèces nettement délimitées, mais de longues séries continues, ou les formes extrêmes, bien que très différentes, sont reliées par les transitions les plus ménagées.

C'est le principe fondamental de la *doctrine transformiste*, appelée aussi *théorie de la descendance*, pour exprimer qu'elle considère les espèces comme descendant les unes des autres, ou encore *théorie de l'évolution*, parce qu'elle nous montre les diverses espèces comme se modifiant par une évolution progressive pour donner de nouvelles espèces.

BUFFON (1) est le premier qui ait tenté d'établir sur des

(1) Georges-Louis LECLERC, comte DE BUFFON, né à Montbard en Bourgogne en 1707, nommé en 1739 Intendant du Jardin du Roi (Jardin des Plantes) à Paris, mort à Paris en 1788. Son œuvre capitale est l'*Histoire Naturelle*, commencée en 1749 et qui est restée inachevée ; il n'a pu traiter en zoologie que l'histoire des Mammifères et des Oiseaux.

bases un peu scientifiques, une doctrine de la variation des espèces.

Mais LAMARCK (1) et GEOFFROY SAINT-HILAIRE (2) sont les véritables fondateurs du transformisme, qui n'a réellement pris sa place définitive dans la science qu'à la suite de la publication de l'*Origine des especes* de DARWIN (3).

Critique de la définition de l'espece. — Le premier point à etablir avant d'exposer la théorie transformiste est de montrer que la notion de l'espèce n'est pas aussi rigoureuse que le montre un premier examen.

1° Les groupes specifiques peuvent se présenter sous deux modalites differentes : certaines espèces sont des collections d'individus presque rigoureusement identiques, présentant de très faibles variations individuelles. Ce sont celles-la, fort nombreuses, qui ont servi à établir la definition donnée plus haut.

Dans d'autres formes, au contraire, où l'espèce est beaucoup moins homogène, les variations individuelles sont plus ou moins nombreuses. Si quelques-unes de ces variations présentent une constance plus grande, se reproduisent plus fréquemment dans certaines conditions ou dans certains endroits, on reunit les individus qui présentent ces particularités en une même *variété*.

(1) J.-B.-Pierre Antoine DE MONNET, chevalier DE LAMARCK, ne a Barentin en Picardie en 1744, devint en 1792 professeur de Zoologie pour les animaux inferieurs au Museum d'Histoire Naturelle, et mourut en 1829 ; il etait aveugle depuis dix-sept ans. Ses œuvres les plus importantes sont la *Philosophie Zoologique* (1809) et l'*Histoire naturelle des Animaux sans vertebres* (1815).

(2) Etienne GEOFFROY SAINT-HILAIRE, ne a Étampes en 1772, fut nomme en 1793 professeur de Zoologie au Museum d'Histoire Naturelle, prit part en 1798 a l'expédition d'Egypte (mission scientifique), devint en 1807 membre de l'Institut, et en 1809 professeur a l'Ecole de Medecine, il mourut en 1844, aveugle depuis quatre ans. Son fils Isidore lui avait succede au Museum en 1841 Principal ouvrage · *Anatomie philosophique* (1818).

(3) DARWIN (Charles-Robert), ne a Shrewsbury en 1809, s embarqua sur le *Beagle* et fit de 1831 a 1836 un voyage dans les mers du Sud Apres avoir publie, dans son *Voyage d'un Naturaliste* (1840), les nombreuses observations qu'il y avait faites, il s'adonna a la recherche des lois de la variation des espèces et reunit le premier le transformisme en un corps de doctrine Il publia successivement : l'*Origine des Especes* (1859) ; la *Variation des animaux et des plantes sous l'action de la domestication* (1868); *la Descendance de l'homme et la sélection sexuelle* (1871), etc., et mourut en 1882 dans sa propriete de Down (comte de Kent) ou il s etait retire depuis 1842.

Les croisements peuvent rendre héréditaires les caractères spéciaux à cette variété, qui devient alors une *race*. Les races peuvent d'ailleurs se former spontanément, sous des causes climatériques ou autres, ou indirectement par l'intervention de l'homme dans le choix des reproducteurs. Il existe en un mot des *races naturelles* et des *races artificielles*.

Le critérium tiré de la ressemblance des animaux d'une même espèce est donc en défaut. Les caractères qui distinguent des espèces voisines sont du même ordre que ceux qui distinguent deux variétés de la même espèce, et, en présence de deux collections d'individus qui ne diffèrent que par des caractères peu marqués, rien ne nous indique, à la seule inspection des caractères, si elles constituent deux espèces voisines ou deux variétés d'une même espèce.

2° Le critérium tiré des croisements est plus stable. En général, tandis que des animaux appartenant à deux espèces, même voisines, ne se croisent pas, deux races de la même espèce peuvent être croisées : les produits portent le nom de *métis*, et, en croisant ces métis, on peut créer des *races* métisses, qui, par un choix raisonné des animaux reproducteurs, peuvent se maintenir longtemps.

Mais ce critérium lui-même n'a rien d'absolu :

A. Le croisement de deux espèces voisines n'est pas toujours sans résultat. Il constitue l'*hybridation*, et on nomme *hybrides* les produits résultant du croisement d'espèces différentes.

$$\frac{\text{Ane}}{\text{Jument}} \rightarrow \text{Mulet}, \qquad \frac{\text{Cheval}}{\text{Anesse}} \rightarrow \text{Bardot}$$

$$\frac{\text{Lapin}}{\text{Hase}} \text{ ou } \frac{\text{Lièvre}}{\text{Lapine}} \rightarrow \text{Léporide}$$

L'hybridation peut se produire même à l'état sauvage (diverses espèces de Faisans, Tetras et Coqs de bruyère). Notre Bœuf domestique est représenté à l'époque quaternaire par quatre types distincts qui méritent le nom d'espèces, et dont les croisements ont donné nos diverses races de Bœufs. Il en est de même pour nos chevaux et nos chiens.

Relativement aux produits de l'hybridation, plusieurs cas peuvent se réaliser :

a). En général, ces hybrides sont tout à fait inféconds (Mulet, Bardot).

b). La fecondité est exceptionnelle;

c). Il se produit un petit nombre de générations fécondes, puis la fécondité cesse ;

d). Enfin, il peut même arriver que la fécondité se continue indéfiniment (Léporides, produits du Chien et de la Louve, du Loup et de la Chienne, du Chacal et du Chien).

Il y a donc tous les degres possibles au point de vue de la fécondité des hybrides.

B. La même gradation s'observe au point de vue des croisements entre les races d'une même espèce. En général, les métis peuvent se reproduire indefiniment entre eux ou par union avec un des types dont ils dérivent. Mais certains ont une fécondité plus ou moins limitée ; d'autres sont steriles; enfin des races peuvent ne plus s'accoupler : le Chat du Paraguay ne donne plus de produit avec notre Chat dont il dérive; le Cochon d'Inde ne se croise plus avec le Cobaye du Brésil, son ancêtre; de même les Lapins de Porto-Santo ne se croisent plus avec nos Lapins. Enfin, dans l'espèce humaine elle-même, la fécondité semble avoir disparu entre les femmes fellahs et les Européens.

3° On a cherché un dernier critérium dans ce qu'on nomme le *phénomène de retour* au type primitif; il consiste en ce fait que, dans les hybrides même indéfiniment féconds, les produits finissent, après un certain nombre de générations, à ressembler à l'une des deux espèces parentes.

Ce critérium perd de sa valeur par le fait que le phenomène de retour existe aussi bien pour les races métisses : si on croise les métis entre eux, mais sans aucun choix raisonne, les produits finissent par revenir aux races pures.

On peut conclure qu'aucun criterium ne distingue la difference qui existe entre deux espèces voisines de celle qui sépare deux races de la même espèce. La notion de race et celle d'espèce se confondent; nous n'avons pas jusqu'ici demontré que l'espèce varie; mais on peut dire que rien ne s'oppose à considérer les espèces comme des races qui se sont progressivement spécialisees.

Lois de la variation des animaux. — Puisque rien ne

s'oppose à ce que nous admettions la variabilité des espèces, admettons-la reellement a titre d'hypothèse, sauf à en donner des preuves plus tard, et voyons si tous les faits que révèle l'étude du règne animal peuvent concorder avec cette hypothèse.

Concurrence vitale; survivance du plus apte. — Et d'abord; comment dans la nature, en dehors de la volonté directrice de l'eleveur, peuvent se produire les variations capables de donner naissance aux diverses espèces ?

C'est ici qu'intervient pour la première fois ce grand fait de la *concurrence vitale* mis en évidence par DARWIN. Considérons un certain nombre d'individus, ou, pour plus de simplicité, un couple, cantonné dans une région déterminée ; par la reproduction, ce couple donnera de nouveaux individus, qui en produiront d'autres à leur tour, de façon que le nombre des individus va augmenter en progression géométrique. Il en résulte qu'à un moment donné, les moyens de subsistance deviendront insuffisants pour cette population animale toujours croissante. Alors va commencer pour chacun une concurrence de tous les instants pour accaparer la nourriture aux dépens des individus voisins. C'est cette concurrence, cette lutte, que Darwin a nommee la *concurrence vitale* ou la *lutte pour la vie* (*struggle for life*). Or tous les individus ne sont pas identiques ; ils ont des caractères spécifiques communs, mais aussi des caractères individuels différents. Par suite, toutes les variations individuelles qui constituent une superiorité quelconque faciliteront la victoire à celui qui les possédera ; les faibles, les individus mal pourvus pour la recherche de leurs moyens d'existence ou pour la résistance aux causes de destruction sont appelés à disparaître; ceux-là seuls persisteront qui seront plus forts ou plus aptes. C'est ce choix, qui se produit spontanément dans la nature sous l'influence de la lutte pour la vie, qu'on appelle la *sélection naturelle* (1).

(1) Le mot *selection* est emprunte au langage zootechnique. On designe ainsi le choix des animaux reproducteurs fait par l'éleveur La selection est *inconsciente*, quand l'eleveur se contente de conserver une race deja existante, elle est *methodique*, s'il cherche a la modifier dans un sens determine.

Les êtres qui ont résisté à la concurrence vitale ont seuls une postérité, et transmettent à leurs descendants leurs caractères utiles.

Comme cette concurrence vitale continue à se manifester dans les générations successives, les qualités utiles se transmettent en se perfectionnant sans cesse, la forme considérée s'adapte de plus en plus au milieu où elle vit, au régime qui lui est propre (1).

La concurrence vitale, cause de variation. — La concurrence vitale ne fait pas qu'adapter progressivement les espèces à des conditions données d'existence. Elle explique également la raison d'être de la variation des espèces.

Et d'abord les caractères individuels chargés d'assurer la victoire peuvent être variés. Si, parmi les individus rivaux, les uns sont plus agiles, d'autres plus forts, ces deux qualités différentes peuvent également être favorables dans la lutte pour la vie, et, en se fixant et en se développant de plus en plus, elles peuvent entraîner la formation de deux races, puis de deux espèces de plus en plus différentes.

D'autre part les individus les moins favorisés, les moins armés dans la lutte pour la vie ne disparaissent pas forcément : ils peuvent émigrer dans un autre district (2); ils peuvent changer de régime, et s'adapter à d'autres modes d'alimentation; dans ce nouvel ordre d'idées, le même processus va se continuer; le plus apte au nouveau régime persistera seul, les autres disparaîtront, et la nouvelle lignée s'adaptera de plus en plus à son nouveau genre de vie. Ils peuvent enfin changer

(1) On dirait qu'elle a été créée expressément pour les conditions auxquelles elle est liée ; c'est ce qui a donné lieu à la théorie *finaliste* ou *théorie des causes finales*, d'après laquelle toutes choses auraient été créées dans un but déterminé par une Providence toute-puissante. La théorie de la concurrence vitale donne de tous ces faits une explication des plus naturelles et des plus simples.

(2) Ces variétés émigrées, dès lors isolées de la souche primitive, ne pourront plus se croiser avec elle et garderont leurs caractères individuels. Cette *ségrégation* joue un rôle important dans la modification des espèces (MORITZ WAGNER). Elle explique pourquoi les ruisseaux de l'un des versants d'une chaîne de montagnes sont presque toujours peuplés de variétés différentes de celles qui habitent les ruisseaux de l'autre versant, cette différence est d'ailleurs indépendante de l'orientation de la chaîne, ce qui empêche de pouvoir en attribuer l'origine au climat.

de milieu, et, de terrestres par exemple qu'ils etaient, devenir aquatiques ou aeriens.

En resumé, par la seule action de la concurrence vitale, on peut concevoir la transformation et l'adaptation progressive des espèces. Peu à peu les organismes issus les uns des autres arrivent a se répandre dans les milieux les plus variés, et dans chaque milieu ils se partagent les rôles les plus différents, s'adaptent aux regimes les plus divers (1).

Influence du milieu et du régime. — La selection naturelle ne peut cependant suffire, comme l'avait cru DARWIN, à expliquer la variation des espèces.

Pour qu'une variation puisse avoir une importance dans la lutte pour la vie, il faut que cette variation se soit déja fait sentir a un degre assez considérable. On ne voit pas bien en quoi le développement entre les doigts d'une membrane de 1 millimètre peut donner a un animal se mouvant dans l'eau un avantage sur celui qui n'a pas du tout de membrane.

Il faut en outre tenir compte de l'*influence* bien évidente *du milieu* (GEOFFROY SAINT-HILAIRE) : la chaleur, la lumière, la nutrition impriment aux organes des variations plus ou moins considerables. Des êtres provenant de la même souche, transportes dans des régions éloignées, s'ecartent tellement les uns des autres,

(1) Prenons par exemple les Mammiferes Les premiers Mammiferes qui ont apparu a la surface de la terre etaient des formes terrestres a regime omnivore, peut-être appartenaient-ils a ce groupe des Marsupiaux, localise aujourd'hui dans l'Australie et un peu dans l'Amerique du Sud. L'embryon des Marsupiaux eclôt a peine forme et achève son developpement dans la poche que porte la mere. Il est clair que si l'embryon achevait son developpement dans l'organisme maternel, il serait mieux protege, mieux arme pour survivre. Aussi les Marsupiaux ont-ils disparu de la plupart des regions du globe, et n'ont guere survécu que dans les regions, comme l'Australie, ou n'existent pas les Mammiferes placentaires.

La lutte se localise des lors entre ces derniers : quelques-uns disparaissent sans laisser de trace, les autres s'adaptent a des regimes varies, se perfectionnent dans le regime omnivore primitif ou se specialisent dans un regime particulier (carnivore, insectivore, herbivore, etc). Enfin quelques Mammiferes sont chasses de la terre ferme Les Chauves-Souris s'adaptent au vol, tandis que d'autres deviennent des animaux formellement marins. Les Loutres, les Phoques, les Baleines nous montrent les etapes successives qui conduisent du regime terrestre au regime purement aquatique.

qu'ils ont été pris souvent pour espèces distinctes (1).

L'*influence du genre de vie*, mise en lumière par LAMARCK, est bien plus considérable encore. En effet les changements de regime entraînent chez les animaux des *besoins* nouveaux. Ces besoins à leur tour développent des *habitudes* nouvelles, c'est-à-dire que les animaux accomplissent plus fréquemment certaines actions, que par suite certains organes sont plus fréquemment employés, tandis qu'au contraire d'autres ne le sont plus autant. Or :

1° *L'emploi fréquent et soutenu d'un organe le fortifie et le développe ;*

2° *Le défaut d'usage d'un organe l'affaiblit et finit par le faire disparaître.*

Ces transformations sont dues aux modifications que subit la nutrition des organes, suivant l'usage ou la désuétude (2).

Les *besoins* ressentis par l'animal, et par suite sa *volonte* qui le porte à satisfaire ces besoins, sont ainsi des agents modificateurs par excellence.

D'ailleurs les modifications ne se font pas en général isolement : plusieurs organes se modifient simultanément et presentent des *variations corrélatives.*

Une modification dans le régime ou le genre de vie necessite en effet les transformations d'un nombre plus ou moins considérable d'organes, qui varient simultanement (3).

(1) Un couple de nos Lapins domestiques, depose en 1419 dans l'île de Porto-Santo, près de Madere, a fait souche d'individus qui sont devenus sauvages, ont pris des caracteres speciaux se rapprochant de ceux des Rats et ne donnent plus aujourd'hui de produits avec nos Lapins europeens.

(2) Chez le Canard domestique, les muscles et les os des ailes sont moins developpes que chez le Canard sauvage, tandis que c'est l'inverse pour les muscles et les os des pattes : la raison en est que le premier se sert moins de ses ailes et plus de ses pattes que le second.

(3) Quand l'adaptation est complete, les divers organes sont dans une dependance telle qu'ils forment un ensemble d'une harmonie parfaite, au point que l'on peut souvent, par la consideration d'un seul organe, reconstituer plus ou moins exactement, le reste de l'organisme. C'est là le principe de la *correlation des formes* de CUVIER. Ainsi un Ongule est forcement herbivore, car il lui serait impossible de saisir et de maintenir sa proie, sa bouche n'a pas à s'ouvrir largement; comme l'herbe doit être soigneusement mâchée et qu'elle renferme une grande quantite de materiaux non nutritifs, les molaires doivent être larges et plates, et l'estomac volumineux. Voila donc un certain nombre de traits en correlation avec la presence des

Inversement, le développement d'un organe s'accompagne fréquemment de la régression d'un autre organe ayant avec lui des rapports physiologiques, le premier détournant à son profit l'apport de nourriture destiné au second. C'est le *principe du balancement des organes* énoncé par GŒTHE (1) et GEOFFROY SAINT-HILAIRE (2).

Persistance d'organes rudimentaires. — Ainsi les organes peuvent se modifier peu à peu dans les générations successives; tantôt ils prennent un développement considérable, tantôt ils tendent à disparaître (*régression*).

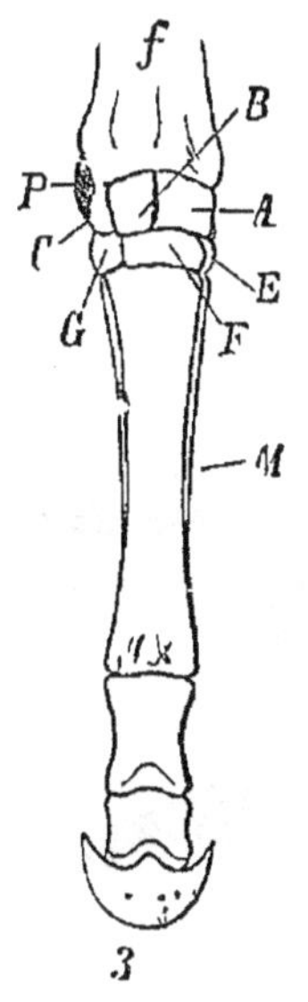

Fig. 55 — Squelette de la patte du Cheval, montrant les deux métacarpiens latéraux rudimentaires *M*.

Cette régression ne se fait d'ailleurs pas tout d'un coup; elle se répartit sur un très grand nombre de générations. Avant de disparaître complètement, les organes se réduisent peu à peu, deviennent de simples rudiments, ne servent plus à rien à l'animal; les formes intermédiaires doivent donc nous présenter de ces organes rudimentaires absolument inutiles à l'organisme. Ces organes sont en effet très fréquents dans le règne animal; voici les plus connus :

Le Porc possède quatre doigts, mais deux seulement portent sur le sol; les deux latéraux, plus petits, ne l'atteignent pas, et ne servent à rien. Ils sont cependant complets. Ils tendent à disparaître, et, si on suit la série des Ruminants, on trouve tous les stades de cette régression jusqu'à disparition complète.

De même le Cheval, qui n'a plus qu'un doigt à chaque pied,

sabots. Il ne faut pas cependant exagérer la portée du principe de la corrélation; il n'est vrai que pour les formes complètement adaptées et conduirait à de singuliers mécomptes si on le généralisait.

(1) GŒTHE, le célèbre poète allemand, s'occupa beaucoup de sciences naturelles, il conçut le premier la théorie vertébrale du crâne, et la théorie de la constitution foliaire des fleurs. Principaux ouvrages d'histoire naturelle : *Essais sur la métamorphose des plantes* (1790), *Sur l'histoire naturelle en général, et en particulier sur la morphologie* (1817-1824).

(2) Chez les Têtards, quand les branchies s'atrophient, les poumons se développent, quand les pattes apparaissent, la queue diminue. Chez le Kanguroo, les membres postérieurs sont démesurément longs, mais les membres antérieurs sont très réduits.

derive d'un ancêtre à cinq doigts; les intermédiaires portent les quatre autres doigts à un état plus ou moins rudimentaire. Chez le Cheval actuel, il ne reste plus que deux stylets, placés en arrière du métacarpien du doigt restant, et représentant eux-mêmes les métacarpiens de deux doigts disparus (fig. 55).

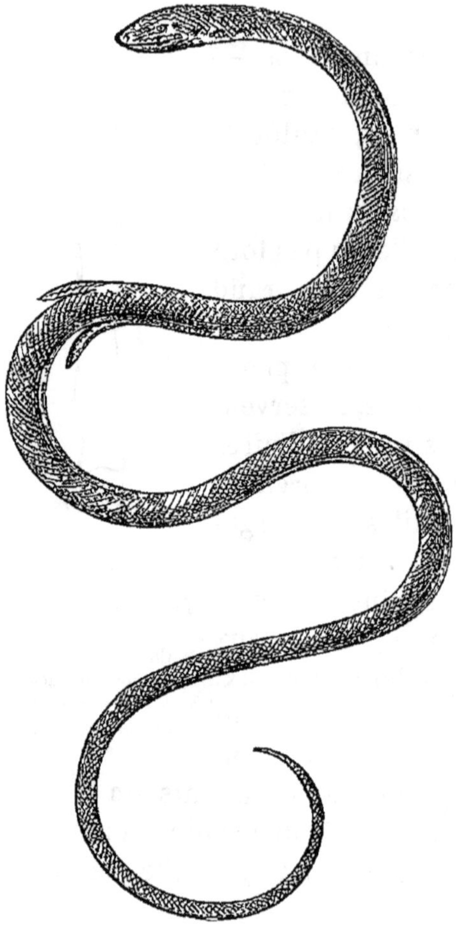

De même encore, les Baleines et les Boas, dépourvus de membres postérieurs, possèdent des os rudimentaires caches dans leur corps et représentant le fémur dans les premiers, le reste de la ceinture pelvienne dans les seconds

Enfin certains Lézards possèdent des pattes rudimentaires (fig. 56), sans aucune utilité et appelées à disparaître, comme cela a eu lieu chez les Orvets et les Serpents.

Fig 56. — *Pygopus lepidopus*, Lézard à pattes rudimentaires.

La presence de ces organes rudimentaires est l'une des preuves les plus convaincantes de la doctrine transformiste ; sans elle, il est impossible d'en donner l'ombre d'une explication.

Changements de fonction des organes. — Les modifications d'un organe ne se ramènent pas uniquement à un accroissement ou à une diminution; il peut aussi se faire qu'un organe destiné à remplir une fonction déterminee se modifie en vue d'une autre fonction plus ou moins différente, quelquefois même sans aucun rapport avec la première. C'est ainsi que le membre des Vertebrés, organe de marche en général, peut devenir organe de préhension (Rongeurs, Primates), de vol

(Chauves-Souris, Oiseaux), de natation (Baleines, Manchots, etc.). Le squelette des branchies des Poissons persiste chez les Mammifères, mais son rôle change du tout au tout : une partie s'adapte à l'audition et forme la chaîne des osselets, l'autre forme le squelette de la langue (*hyoïde*)

De là le principe de Geoffroy Saint-Hilaire : *La fonction est indépendante de l'organe*, ce qui signifie simplement qu'un même organe est capable de remplir des fonctions très différentes. Comme d'ailleurs, suivant les principes établis par LAMARCK, ce n'est qu'à la suite de nouveaux besoins qu'un organe se modifie pour les satisfaire, les modifications de la fonction déterminent les modifications de l'organe, et on peut dire que *la fonction fait l'organe* (J. GUÉRIN).

Quelles que soient les modifications subies par un organe, il reste d'ailleurs toujours construit sur le même plan et composé des mêmes parties ; celles-ci subissent des modifications, arrivent même à disparaître, mais sans que pour cela change la disposition générale de l'ensemble. L'aile des Oiseaux, la patte des Mammifères et des Reptiles, la nageoire des Phoques et des Cétacés, malgré les profondes différences qu'elles présentent au premier aspect, sont toujours formées des mêmes parties. Ce sont des organes *homologues* (1).

Cette conservation du plan général est également vraie quand il s'agit de l'organisme en général. Les organes conservent toujours les mêmes rapports de position, les mêmes *connexions* avec les organes voisins.

C'est le *principe des connexions*, énoncé par GEOFFROY SAINT-HILAIRE : *Un organe est plutôt altéré, atrophié, anéanti que transposé.*

Aussi, dans l'intérieur d'un même groupe, retrouve-t-on un plan uniforme, qui avait frappé GEOFFROY SAINT-HILAIRE, et cette constatation avait servi de base à la *théorie de l'unité de plan de composition* Mais GEOFFROY avait eu le tort de l'étendre à

(1) On appelle *organes homologues* des organes constitués de la même manière, formés des mêmes parties et ayant avec les autres organes les mêmes rapports, quelque différente que soit d'ailleurs leur fonction — Au contraire on appelle *organes analogues* des organes ayant la même fonction physiologique, mais n'ayant ni la même structure, ni le même mode de développement, ni les mêmes rapports.

toute la série animale; elle ne s'applique en réalité que dans l'étendue d'un groupe donné, et se ramène au principe des connexions.

La doctrine transformiste donne une explication parfaite de ce principe.

La conformité de structure des organes homologues est la conséquence évidente de la communauté d'origine : ce sont des

Fig. 5[illegible]. — *Cincinnurus regius*, mâle et femelle, exemple de dimorphisme sexuel.

parties identiques, transmises par hérédité, qui se sont deformées plus ou moins en vue d'une fonction a accomplir (1).

Sélection sexuelle. — D'autres modifications semblent

(1) Les organes analogues s'expliquent de même, en considérant que des parties primitivement differentes peuvent devenir semblables, par suite de l'adaptation aux mêmes usages. Ainsi les Cetaces ont l'apparence generale des Poissons par suite de leur adaptation à la vie aquatique, et malgre qu'ils appartiennent à la classe des Mammiferes. De pareilles ressemblances analogiques peuvent induire en erreur dans l'appreciation des rapports zoologiques. Ce sont des *phénomenes de convergence.*

avoir une cause toute différente. De même que chaque individu recherche la nourriture qui lui est indispensable, de même il cherche à se reproduire et à assurer sa descendance. Les mâles luttent les uns contre les autres pour la possession des femelles ; de même celles-ci ne se donnent qu'au mâle de leur choix. Ce sont là les deux formes de ce qu'on nomme la *sélection sexuelle*.

La sélection sexuelle expliquerait ainsi la présence des armes défensives et offensives, du moins quand elles n'existent que dans l'un des sexes (ergots des Coqs, bois des Cerfs, défenses des Chevrotains, mandibules des Lucanes). Elle explique aussi la richesse de plumage de certains mâles d'Oiseaux, le ramage et une foule d'autres caractères qui, mettant les animaux qui les portent en évidence, les signalent à leurs ennemis ou à leurs proies, sont par suite nuisibles à leur existence et sont manifestement *en opposition* avec les conditions de succès dans la lutte pour la vie. La plupart de ces caractères, dus à la sélection sexuelle, sont spéciaux à l'un des sexes et sans relation apparente avec les organes génitaux : on les appelle *caractères sexuels secondaires*. Ils sont quelquefois si développés, que les deux sexes peuvent différer du tout au tout. L'espèce présente alors un *dimorphisme sexuel* (fig. 57).

Disparition des formes intermédiaires. — Si la formation de nouvelles espèces est le résultat de la transformation graduelle d'espèces préexistantes, il y a lieu de se demander comment les diverses formes sont aussi nettement séparées les unes des autres et comment il n'existe pas de formes intermédiaires les rattachant entre elles. La sélection naturelle répond à cette question, car les formes intermédiaires étant moins adaptées que les formes terminales ont toutes les chances possibles pour disparaître. L'*Archæopteryx*, moitié Oiseau par ses plumes et ses ailes, moitié Reptile par ses pattes et sa longue queue (fig. 58), n'a pu se maintenir en présence des Oiseaux et des Reptiles, mieux adaptés chacun à leur genre de vie.

Il peut se faire que toutes les formes intermédiaires disparaissent si la lutte a été vive, et alors les formes terminales apparaissent comme très homogènes et complètement isolées ; mais il peut se faire aussi qu'il reste un plus ou moins grand nombre de ces formes intermédiaires, et on peut alors restituer la chaîne continue primitive qui relie les formes initiales aux formes terminales, et reconstituer l'arbre généalogique de ces dernières.

Données de la Paléontologie : Formes intermédiaires disparues. — Ces formes ne sont pas toujours perdues sans

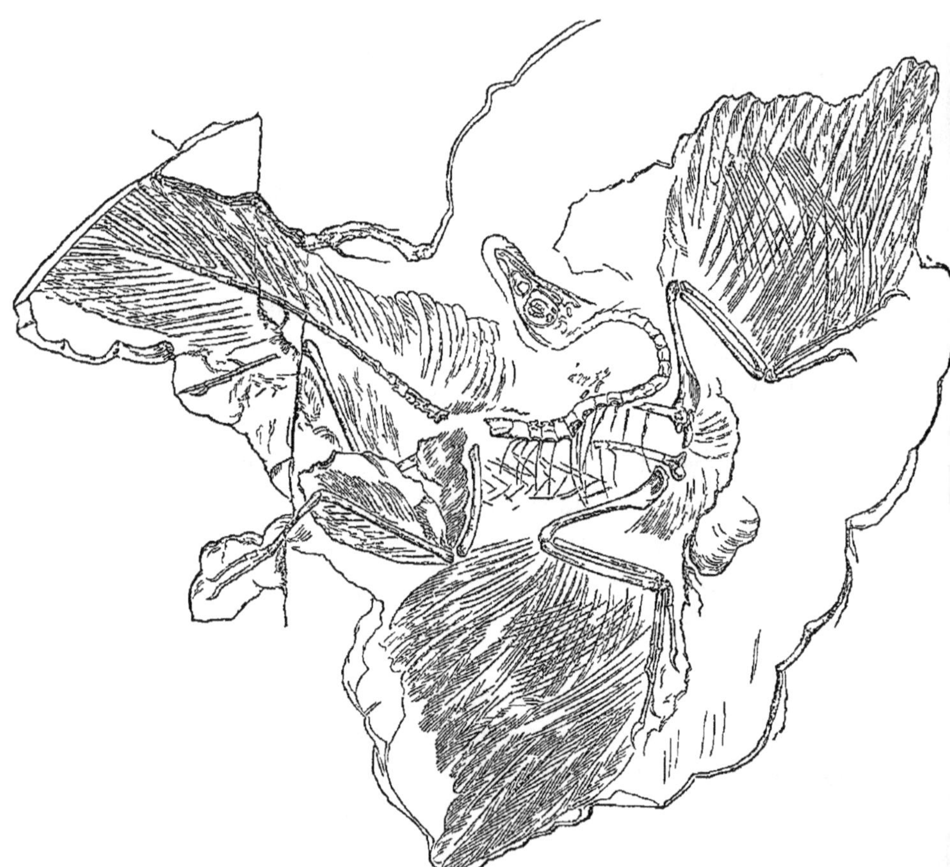

Fig 58 — *Archæopteryx lithographica*

retour pour l'etude. Lorsqu'elles possédaient un squelette notamment, ce dernier peut être conserve par la fossilisation, et on le retrouvera enfoui dans les couches terrestres. L'examen des fossiles des couches successives doit donc donner des series de formes intermédiaires. C'est ce qui a lieu en effet.

L'observation la plus remarquable faite à cet égard est relative aux Planorbes trouves aux divers niveaux dans les dépôts lacustres de Steinheim (Wurtemberg). Dans les couches inférieures, on trouve des formes assez variées ; la variation augmente au fur et à mesure qu'on s'élève ; mais dans les couches supérieures, il ne persiste plus qu'un certain nombre de formes, les mieux adaptées, qui ont fait disparaître toutes les autres. On peut suivre la variation pour ainsi dire individu par individu.

On a pu de même établir la généalogie du Cheval et l'histoire de son développement. — Toutes les étapes de son évolution

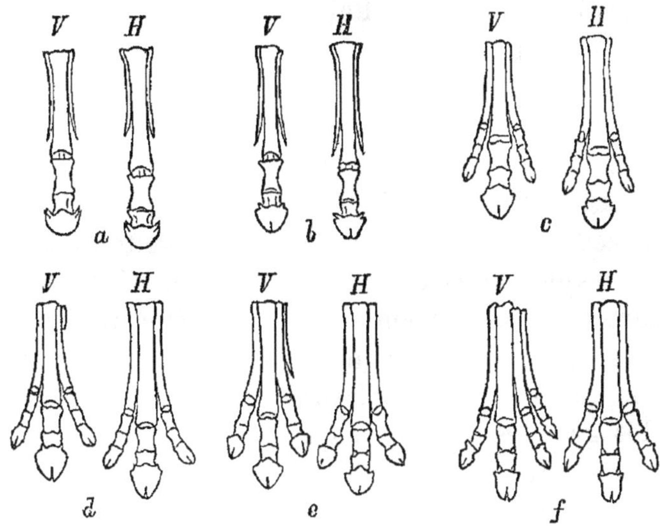

Fig. 59. — Extrémités antérieure (*V*) et postérieure (*H*) des Équidés — *a*, *Equus*, *b*, *Pliohippus*, *c*, *Protohippus* (*Hipparion*), *d*, *Miohippus* (*Anchitherium*), *e*, *Mesohippus*, *f*, *Orohippus*.

(fig. 59) ont été suivies dans les couches tertiaires de l'Amérique du Nord, qui est la véritable patrie du Cheval. La Paléontologie a pu en outre montrer qu'à différentes époques des migrations parties de l'Amérique ont peuplé l'Ancien Continent. Aussi trouve-t-on en Europe des formes intermédiaires entre l'ancêtre pentadactyle et le Cheval. Mais ces formes n'ont pas évolué en Europe, elles se sont éteintes sans descendance, remplacées par les formes nouvelles mieux adaptées, émigrées elles aussi d'Amérique, jusqu'à ce que le Cheval lui-même, né en Amérique, émigrât à son tour dans l'Ancien Continent.

Lui seul aujourd'hui persiste ; c'est une forme complètement isolée à l'époque actuelle, mais dont la Paléontologie, venant à l'appui des doctrines transformistes, nous révèle toute l'histoire.

Sans rechercher des series aussi complètes, le nombre est considerable des formes intermediaires connues à l'etat fossile : l'*Archæopteryx*, intermédiaire entre les Oiseaux et les Reptiles, les *Thériodontes* entre les Reptiles et les Mammifères, etc.

Disparition des formes terminales. — Les formes terminales elles-mêmes, celles qui occupent les sommets des branches de l'arbre généalogique, qui, mieux adaptées, paraissent assurees d'une persistance plus grande, ne sont cependant pas toujours conservées. La Paleontologie nous offre une multitude de formes disparues sans laisser aucune descendance.

Cette disparition peut être le résultat d'une sélection produite par la concurrence vitale avec des formes animales relativement très eloignees. Ex. : les grands Reptiles herbivores détruits par les Mammifères.

Les espèces peuvent aussi s'éteindre par suite de la persécution d'espèces ennemies, qui en font leur nourriture ou qu'elles gênent dans leur développement. On peut citer de ce chef toutes les espèces détruites par la main de l'homme, ou en voie de disparition rapide : grands Carnassiers, Baleine, etc.

Enfin les grandes espèces disparaissent toujours assez rapidement, par suite de la difficulté qu'elles ont à trouver une nourriture suffisante pour leur corps colossal.

Inversement certaines formes primitives se sont conservees depuis les temps primitifs jusqu'a l'époque actuelle. Tels sont les Protozoaires, les Étoiles de Mer, les Nautiles. Elles ont toujours trouvé des conditions leur permettant de se soustraire à la lutte pour la vie ou d'y être victorieuses.

Ce sont là d'ailleurs des exceptions, et la Paléontologie nous montre qu'au contraire les formes primitives ont le plus souvent disparu, pour faire place a des formes plus perfectionnées, mieux adaptees. Il y donc eu *perfectionnement progressif* de la faune a travers les âges (1).

(1) C'est ainsi que, pour les Vertebres, les Poissons apparaissent au milieu de la periode primaire, les Batraciens et les Beptiles a la fin de la même periode, les Oiseaux dans le Jurassique ; les Mammiferes ont apparu au commencement de la serie secondaire, mais ont atteint leur apogee seulement au Tertiaire.

Mimétisme. — Un des moyens curieux de préservation des espèces faibles mérite d'être signalé. Il a reçu le nom de mimétisme (*mimicry*, WALLACE). Il consiste en ce que beaucoup d'animaux prennent un aspect ou une coloration qui les rend invisibles à leur proie, ou qui écarte ou trompe leurs ennemis.

1° La forme de mimétisme la plus simple est l'*homochromie* : l'animal prend la couleur du milieu où il vit. Ainsi beaucoup d'animaux pélagiques sont transpa-

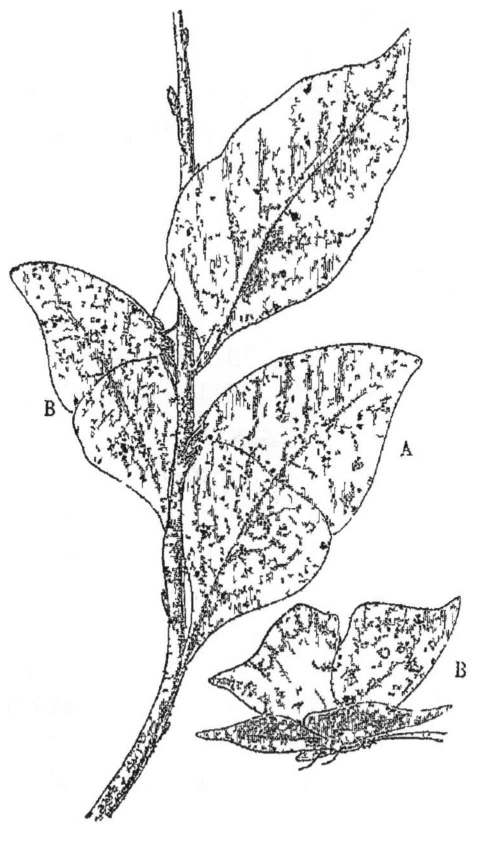

Fig 60 — A, *Kallima paralecta*, B, *Siderone strigosus*

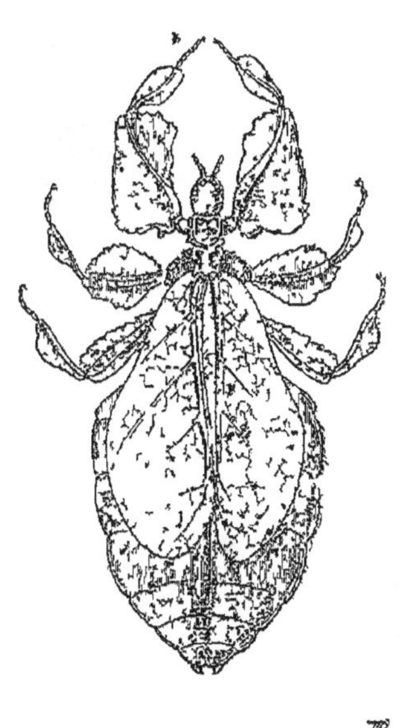

Fig 61 — Phyllie feuille-seche (*Phyllium siccifolium*).

rents; les animaux qui vivent sur les neiges sont souvent blancs; les Pleuronectes ont la couleur du sable; la Mante religieuse, la Sauterelle verte, la Rainette, celle de l'herbe ou des feuilles; les Lichénées et beaucoup de Noctuelles ne peuvent se distinguer sur l'écorce des arbres, où elles restent immobiles pendant le jour.

Quelquefois même la coloration d'un même animal peut

changer quand lui-même change de milieu. Le cas du Cameleon est bien connu. Les Syngnathes, noirs avec des taches grises ou brunes sur un fond de rochers couverts d'algues, deviennent gris sur un fond de sable.

2° Le mimetisme proprement dit porte non seulement sur la couleur, mais sur la forme même de l'animal, qui prend l'aspect d'objets extérieurs. Les Chenilles Arpenteuses, au repos, ressemblent à des fragments de tiges mortes et dénudées ; il en est de même de certains Orthoptères, les Bacilles. Beaucoup d'Insectes miment des feuilles mortes : tels sont le Bombyx feuille-de-chêne (*Gastropacha quercifolia*), le *Phyllium siccifolium* (fig. 61) et surtout les remarquables *Kallima* (fig. 60), revêtus en dessus de couleurs brillantes, tandis que, au repos, les ailes relevées simulent exactement une feuille desséchée, attachée à l'arbre où est posé le Papillon, avec ses nervures médianes et latérales, avec les Sphéries qui forment des taches sur le limbe, avec les cicatrices même que font les Insectes phytophages quand, ne laissant que l'épiderme, ils dessinent sur la feuille de petites plages translucides. Ces dernières sont simulées par des taches nacrées correspondant à celles qui ornent le dessus de l'aile du Papillon.

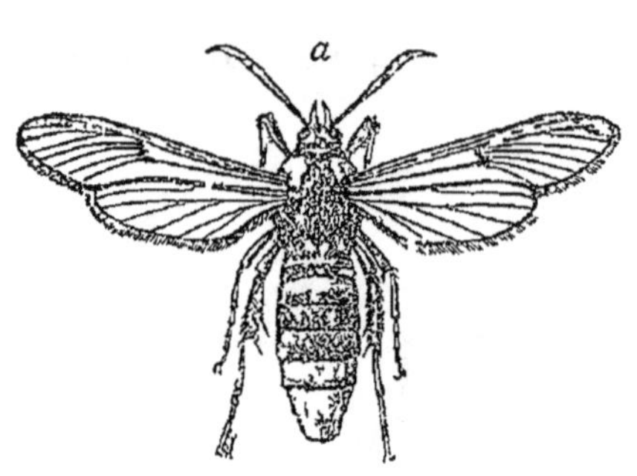

Fig 62 — Sésie (*Trochilium apiforme*), mimant une Guêpe

3° Une dernière forme du mimétisme consiste en ce que l'animal prend une ressemblance extrême avec d'autres animaux dangereux ou repoussants. Un Papillon, la *Sésie*, mime une Guêpe (fig. 62) ; beaucoup de Serpents inoffensifs prennent la couleur, les taches et jusqu'aux mouvements des Serpents venimeux.

Certains Papillons, fort recherchés par les Oiseaux, ressemblent à s'y méprendre à d'autres Papillons, dont le goût est désagréable aux Oiseaux et qui sont par suite négligés par eux. C'est ainsi que certains Pierides et Papilionides miment les Héliconides, que les Oiseaux ne mangent pas (fig. 63).

4° C'est encore au mimétisme qu'il faut rattacher les cas ou l'animal se recouvre d'objets de diverses natures, de façon à se cacher ou à paraître inoffensif : Le Pagure ou Bernard l'Hermite se loge dans une coquille de Mollusque ; la larve du Réduve se couvre de poussière; celle du Criocère du Lis se cache sous ses excréments, qu'elle attache à deux soies caudales et rabat au-dessus d'elle. Certains Crabes se laissent recouvrir par les Spongiaires, les Hydraires ou les Algues, et, à l'abri de ce rideau, peuvent s'approcher inaperçus de leur proie. Quelques-uns d'entre eux plantent eux-mêmes sur leur dos des Algues en harmonie avec celles au milieu desquelles ils vivent, et, si on vient à les transporter au milieu d'Algues d'une autre couleur, ils se débarrassent de celles qu'ils portent et en plantent de nouvelles.

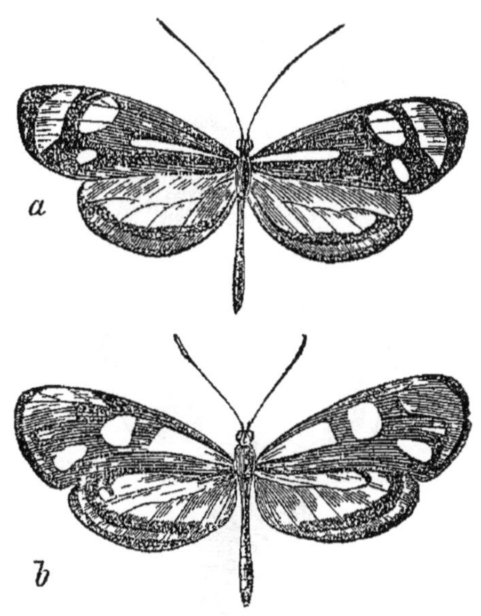

Fig 63. — Piéride (*a*) (*Leptalis Theonoe*, var *Leuconoe*) mimant un Héliconide (*b*) (*Ithomia Ilerdina*), dont l'odeur est désagréable aux Oiseaux

Données de l'embryogénie. — L'embryogénie, à son tour, apporte les preuves les plus puissantes à la doctrine transformiste. Nous savons que tout être vivant a pour origine un œuf; mais, pour arriver de cet œuf a la forme adulte, l'être doit subir une serie enorme de transformations (*métamorphoses*), dont l'histoire constitue l'*embryogénie* ou le *développement* (on dit encore l'*évolution* ou l'*ontogenie*) de l'individu. Il passe successivement par une serie de *formes embryonnaires* qui l'approchent de plus en plus de la forme adulte. Dans l'hypothèse fixiste, le developpement n'a d'autre but que la formation de l'individu; il doit nous montrer par suite uniquement l'apparition successive des organes, et chaque forme doit se rapprocher, sans aucun écart, de l'adulte.

Il en est souvent ainsi, le développement est alors *progressif*. Mais souvent aussi il n'en est rien; on voit apparaître des organes qui ne sont nullement représentés chez l'adulte, qui peuvent même disparaître sans avoir jamais servi. Parfois le développement est progressif jusqu'à une forme larvaire déterminée, puis tout l'organisme se défait, et on aboutit à une forme adulte inférieure en organisation à la forme larvaire, souvent même sans aucun rapport apparent avec elle.

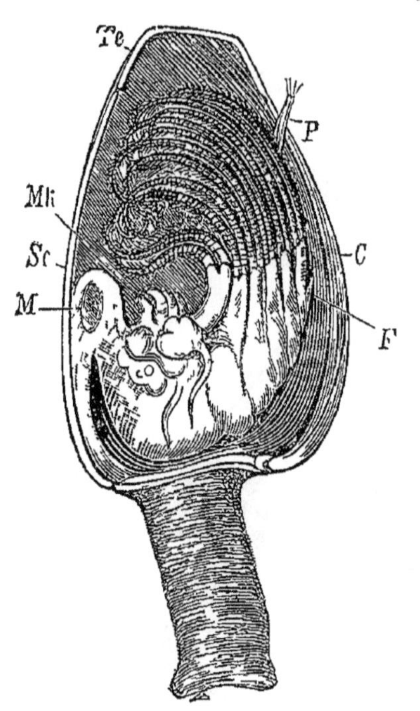

Fig 64 — Cirripède (*Anatife*) adulte, dont la valve droite a été enlevée

Il y a alors *métamorphose regressive*. Ex. : les Tuniciers, les Cirripèdes.

La théorie fixiste est alors tout à fait en défaut ; au contraire la theorie transformiste explique à merveille ces faits remarquables.

Considerons d'une part la serie des formes embryonnaires d'un animal déterminé. Classons d'autre part, par ordre de complication et de différenciation croissantes, les formes animales adultes parentes de l'individu considéré. Nous constaterons ainsi que les formes embryonnaires successives rappellent fréquemment certaines des formes de la série morphologique. On peut donc former une série morphologique parallèle à la serie embryogénique.

Or nous avons vu que, d'après la théorie transformiste, l'anatomie comparée nous montrait les diverses phases de l'évolution de l'espèce. Il faut donc en conclure que le développement de l'individu reproduit dans ses traits généraux l'évolution qu'a subie son espèce. D'ou la loi de Fritz Muller : *Dans son développement embryogénique, chaque individu revêt successivement les diverses formes par lesquelles a passé son espèce pour arriver à son état définitif* ; ou, plus brièvement : *L'ontogénie est parallèle à la phylogénie.*

Citons quelques exemples :

Les Ascidies sont des animaux fixés, d'organisation très

simple, et dont le corps, revêtu d'une tunique résistante, présente assez la disposition de celui des Lamellibranches, pour qu'on les ait longtemps rattachés à ce groupe de Mollusques. Or l'œuf donne naissance à une larve libre, dont l'organisation se rattache au contraire à celle des Vertébrés; il existe une branchie pharyngienne analogue à celle de l'Amphioxus, une

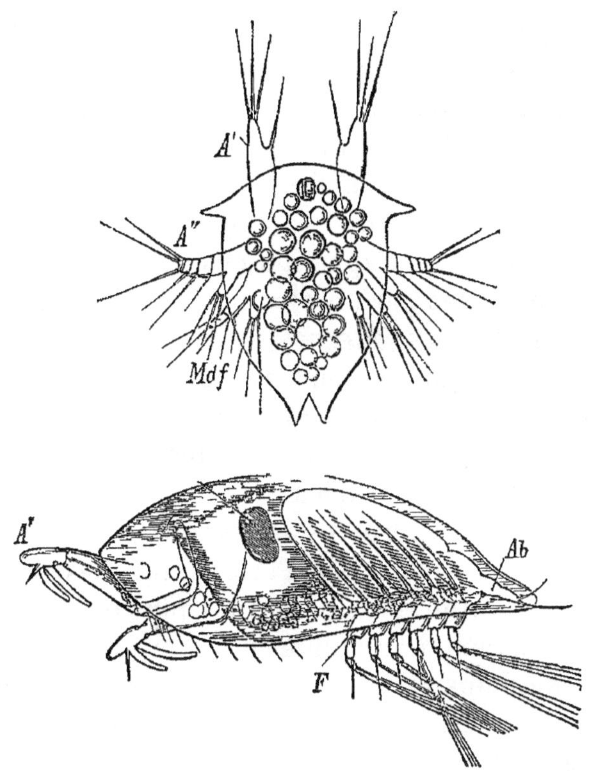

Fig. 65. — *Nauplius* et larve *Cypris* d'un Cirripède

corde dorsale, un système nerveux dorsal formé d'un cerveau et d'une moelle épinière, la locomotion se fait grâce à une longue queue munie de muscles métamérisés. La larve (*Têtard*) de l'Ascidie est donc réellement un Vertébré ; mais quand elle se fixe, tout le corps se désorganise et l'Ascidie se forme par métamorphose regressive.

Conclusion : Les Ascidies sont des Vertébrés dégénérés par la fixation.

Les Cirripèdes (fig. 64) ont été aussi longtemps rangés parmi les Mollusques, parce que leur corps est enveloppé par un repli incrusté de calcaire. Mais l'œuf donne naissance à un nauplius (fig. 65 A) semblable à celui de tous les Crustacés, puis a une larve dont le corps est entoure par une carapace bivalve semblable à celle des Ostracodes (B).

Conclusion : Les Cirripèdes sont des Crustacés Ostracodes dégénérés aussi par la fixation.

Le développement de la Grenouille (fig. 66) nous montre également des métamorphoses, progressives celles-la, qui s'accordent aussi remarquablement avec les données de l'anatomie comparée : le Têtard qui sort de l'œuf est un veritable Poisson ; il possède des branchies en forme de longs filaments ramifiés (branchies externes), une longue queue ; son cœur est à deux cavités. Plus tard apparaissent les poumons ; les branchies sont recouvertes par un opercule cutané et sont remplacées par des branchies internes disposées sur les parois des fentes branchiales qui mettent la bouche en communication avec l'extérieur. Plus tard encore les branchies disparaissent complètement, la respiration est exclusivement pulmonaire ; enfin la queue elle-même disparaît.

Or les Batraciens renferment des types qui realisent à l'etat adulte tous ces stades : des Perennibranches à branchies externes ; des Cryptobranches n'ayant plus que des branchies internes, des Salamandres munies de queue, mais à respiration uniquement pulmonaire. La Grenouille a donc eu pour ancêtres des formes présentant successivement ces diverses particularités, et qui, si elles vivaient actuellement, seraient aujourd'hui rangées dans les divers groupes que nous venons d'énumérer.

A la vérité on pourrait peut-être expliquer ces transformations par les changements de regime que la Grenouille éprouve dans le cours de son développement (1).

(1) D'autant plus qu'on peut retarder ou même empêcher la metamorphose en empêchant le changement de regime. L'Axolotl est une Salamandre du Mexique, qui chez nous ne sort jamais de l'eau et arrive a pondre (*état adulte*) en gardant ses branchies ; c'est donc chez nous un Perennibranche, mais si on diminue la quantite d'eau mise a sa disposition, on peut lui faire subir sa métamorphose derniere et la ramener a l'etat de Salamandrine. Inversement, en empêchant un Triton de sortir de l eau, on peut arriver a le faire pondre sans qu'il ait perdu ses branchies

Mais la Salamandre terrestre ne va pas toujours à l'eau : les œufs se développent dans son corps; les embryons cependant

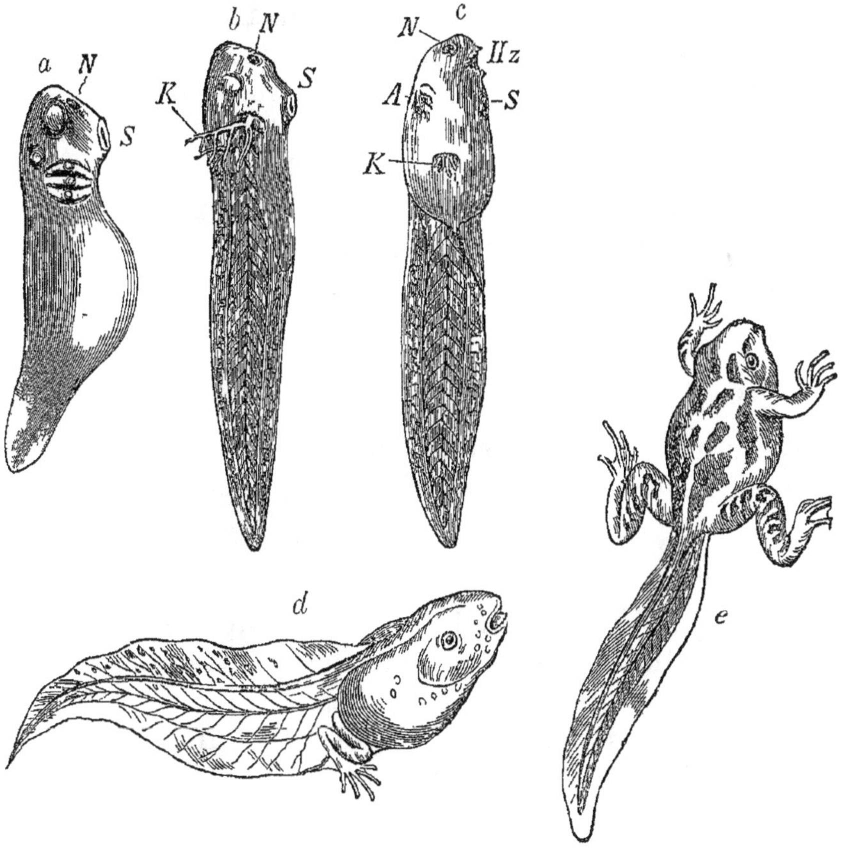

Fig 66 — Développement du Crapaud — *a*, embryon avant l'éclosion, avec les fentes branchiales et les bourgeons des branchies externes, *b*, têtard avec branchies externes, *c*, un opercule a recouvert les branchies, *d*, il n'existe plus que des branchies internes, la paire de pattes postérieures a apparu, *e*, apparition des pattes antérieures, la respiration est purement pulmonaire, *f*, Crapaud adulte — *A*, œil, *N*, narine, *Hz*, bouche, *K*, branchies externes, *S*, ventouse

possèdent des branchies externes et peuvent vivre dans l'eau quand on les retire du corps de la mère : les branchies ne servent ici qu'occasionnellement et la metamorphose n'est pas en général la consequence d'un changement de régime.

Certaines Rainettes ne vont même jamais dans l'eau Leurs branchies ne peuvent donc être interprétees que comme rappelant une disposition realisee chez les ancêtres.

La même conclusion s'impose pour les Vertébres aériens (Reptiles, Oiseaux, Mammifères), qui, bien que n'ayant jamais une existence aquatique, présentent a l'etat embryonnaire des fentes branchiales, qui se ferment plus tard sans avoir jamais servi (1).

Conclusion. — En résumé, les faits qu'on peut considérer comme des preuves du transformisme sont de trois ordres :

I. Preuves morphologiques.

1° Les formes animales d'un même groupe sont construites sur un plan analogue. Elles sont reliées souvent les unes aux autres par des formes intermediaires.

2° Ces formes intermédiaires présentent fréquemment des organes rudimentaires sans fonction, qui ne peuvent s'expliquer que par l'héredité.

II. Preuves paleontologiques.

3° Beaucoup d'espèces ont disparu et se retrouvent à l'état fossile, dont plusieurs servaient d'intermediaires entre les formes initiales et les formes terminales.

4° On constate dans les diverses périodes géologiques l'appa-

(1) Il peut arriver que, chez un individu isole, l'evolution d'un organe ne se poursuive pas jusqu'au point ou elle aboutit d'ordinaire dans son espece. L'organe subit un arrêt de developpement et reste à un etat ancestral. La *teratologie*, par l'etude des *faits anormaux*, peut donc donner des indications précieuses, au même titre que l'embryogenie, sur l'origine d'une même espèce C'est ainsi que la naissance de Chevaux a trois doigts, dont deux lateraux plus petits (Bucephale, le Cheval d'Alexandre), est l'indice de la presence, parmi les ancêtres du Cheval, d'un animal ayant trois doigts a chaque pied (Hipparion).

rition continuelle de nouvelles formes, et en général les formes les plus recemment apparues sont mieux organisees et mieux armées que les anciennes.

III. Preuves embryogeniques.

Le developpement embryogenique ne peut s'expliquer qu'a la condition d'admettre qu'il reproduit le developpement phylogenique.

IV. Preuves geographiques.

Elles sont tirées de la distribution des espèces et feront l'objet d'un chapitre spécial.

CHAPITRE VI

CLASSIFICATION

Sens de la classification. — La classification, comme on l'a vu au chapitre précédent, n'a été d'abord qu'un groupement artificiel des espèces, permettant de retrouver facilement leur nom. A ces *systemes artificiels*, Cuvier substitua la *methode naturelle*, qui avait en outre pour objet de grouper les espèces dans un ordre déterminé, mettant en évidence leurs ressemblances et leurs differences, suivant leurs *affinites zoologiques*.

La doctrine transformiste donne à cette methode naturelle un sens particulièrement précis. La classification est destinée à mettre en évidence les rapports de parenté des êtres vivants. C'est purement la *généalogie du règne animal*. On devrait, par suite, lui donner la forme d'un arbre généalogique, mais, pour la commodité de l'exposition et de l'etude, on conserve la disposition en tableau, sauf à la compléter par une esquisse généalogique.

Méthodes permettant d'arriver à la classification naturelle. — 1° Méthode morphologique — Pour établir la classification d'un groupe, sa phylogénie, il est naturel de comparer les formes adultes qu'il renferme, d'en faire la morphologie comparée. C'est la méthode de Cuvier, celle aussi qui est le plus fréquemment employée, souvent même la seule qui soit applicable. Malheureusement, elle ne fournit aucun renseignement quand on a affaire à des formes isolées. Souvent, même quand il existe des espèces intermédiaires, surtout quand elles sont peu nombreuses, il est difficile d'apprécier les connexions, de déterminer les homologies. Les données de la morphologie doivent toujours être contrôlées.

2° Méthode embryogénique. — Si la loi de Fritz Muller était

rigoureuse, l'embryogénie nous donnerait un moyen facile de déterminer l'évolution subie par une espèce, et par suite de connaître sa généalogie. C'est ce qui a lieu dans les types à *embryogénie normale*, dont les stades embryogéniques reproduisent les diverses phases de la généalogie. Nous avons vu comment l'embryogénie avait permis de définir les affinités des Ascidies et des Anatifes.

Mais, en général, plusieurs phénomènes viennent modifier cette embryogénie normale :

1. Il peut se produire des *modifications adaptatives* dans les embryons, c'est-à-dire des organes spéciaux de locomotion ou de protection, qui dénaturent la forme normale de l'embryon. Ainsi, parmi les Échinodermes, quelques-uns se développent sur place, souvent même sur l'organisme maternel ; ils ont une embryogénie normale, et exclusivement progressive ; d'autres, au contraire, présentent des formes larvaires nageuses, munies de bandelettes ciliées, qui leur donnent une forme très spéciale (fig. 67). Une partie seulement de la larve fournira l'adulte, le reste disparaîtra par régression. L'examen des formes adultes montre cependant jusqu'à l'évidence que tous ces êtres ont d'étroits liens de parenté ; il faut donc ne pas tenir compte des formes larvaires nageuses : le développement de leur corps et la présence des bandelettes ciliées s'explique par une adaptation plus complète à la nage.

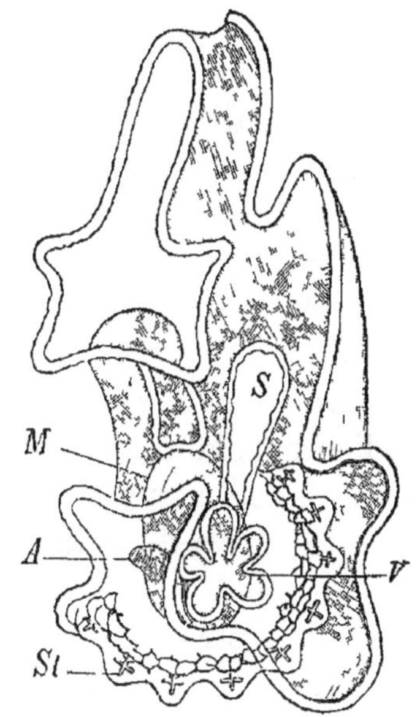

Fig. 67 — Larve adaptative (Bipinnaire) d'Étoile de Mer, avec l'Étoile de Mer (*St*) en voie de développement.

Il peut même arriver que ces modifications purement adaptatives se retrouvent dans d'autres larves, également adaptées à la vie pélagique ; la comparaison de ces larves pourrait amener à établir entre elles des liens de parenté. Mais l'étude de la suite du développement et de l'organisation de l'adulte montre bien que ces formes sont au contraire très éloignées, et que ces ressemblances superficielles ne sont que des phenomènes de convergence.

2. Dans les formes où l'embryon a une *éclosion tardive*, circonstance favorable a la conservation de l'individu et de nature à être fixee par la selection naturelle, interviennent d'autres causes qui troublent l'embryogénie Ce retard suppose, en effet, dans l'œuf une quantite de vitellus nutritif suffisante pour subvenir aux besoins de l'embryon jusqu'à son éclosion. De là, des modifications corrélatives pouvant masquer plus ou moins la forme normale de l'embryon, qui dès lors ne ressemble plus guère aux ancêtres. Un simple fait montre bien d'ailleurs que l'embryon n'est pas identique aux formes ancestrales, c'est que, si on l'extrait de l'œuf, il est incapable de mener une vie indépendante.

3. Un troisième facteur, qui vient encore fausser les donnees de l'embryogénie, a reçu le nom d'*accéleration embryogénique.* D'une façon génerale, les embryons sont moins proteges que l'adulte ; il y a donc interêt, pour la conservation de l'individu, à ce que le développement dure le moins longtemps possible, à ce que l'être soit realise dans le plus bref laps de temps. Il y aura alors acceleration des phénomènes embryogeniques ; des stades peuvent passer inaperçus, être même complètement sautes, et par suite l'embryogénie devient insuffisante à nous renseigner sur la genealogie de l'être.

Remarquons d'ailleurs que tout cela n'infirme en rien le transformisme et la loi de Fritz Muller, ces exceptions s'expliquent au contraire très bien par la selection naturelle. Mais il n'en reste pas moins acquis que l'embryogenie n'est pas, comme on aurait pu s'y attendre, un guide absolument sûr dans la détermination de la phylogenie des êtres.

3° Methode paleontologique. — Enfin la Paléontologie fournit également des données précieuses a la phylogénie ; car elle révèle des formes intermediaires entre les divers groupes (*Archæopteryx*, montrant le passage des Reptiles aux Oiseaux, Oiseaux fossiles munis de dents comme des Reptiles) et nous renseigne sur l'époque d'apparition des divers groupes.

En un mot la Paleontologie nous montre l'évolution *dans le temps* des formes vivantes. Elle contrôle l'embryogénie.

Malheureusement, les données paléontologiques sont trop imparfaites. Les formes ne peuvent être conservées que s'il y a un squelette, et encore la fossilisation de ce squelette exige-t-elle des conditions qui ne sont pas toujours réalisées. Par exemple, les Mammifères, déjà existant à l'epoque triasique, si abondamment et si diversement représentés dans les terrains Tertiaires, n'étaient pas jusqu'à ces derniers temps connus dans les terrains Crétacés : ils avaient évidemment existe pendant le Crétacé, mais les conditions n'avaient pas permis leur conservation. On a d'ailleurs depuis trouvé, dans le Crétace d'Amérique, de nombreuses dents de Mammifères, montrant l'existence d'une riche faune de Mammifères Crétacés.

De même encore, la faune Cambrienne se fait déjà remarquer par une variété et une richesse de formes extraordinaires. Cela ne peut guère s'expliquer qu'à la condition d'admettre une faune précambrienne; malheureusement, cette faune est inconnue: les bouleversements subis par les terrains précambriens, le métamorphisme dû aux passages d'émissions internes de température énorme ont dû faire disparaître tous les restes de cette faune primordiale.

En résumé, aucune des trois méthodes que nous venons d'indiquer ne donne à elle seule de resultat absolument précis; elles donnent simplement des indications, qui doivent se contrôler mutuellement.

Parfois il y aura une concordance qui entraînera la conviction; ailleurs, au contraire, se montrent des divergences qui peuvent laisser quelque incertitude sur les conclusions a porter : mais de telles incertitudes sont fatalement appelées à disparaître à la suite de nouvelles recherches.

Nomenclature. — Nous savons que l'unité zoologique est l'*espèce*.

Deux ou plusieurs espèces assez voisines sont réunies dans un même groupe, qu'on appelle un *genre*.

L'espèce est toujours désignée par deux noms latins: le premier est le nom de genre, commun a toutes les espèces du même genre ; le second est special à l'espèce considérée.

Cette *nomenclature binaire*, due à LINNÉ, est calquée sur la nomenclature civile : le nom de genre représente le nom de famille, commun à tous les membres de la famille, le nom d'espèce, notre prénom.

Ainsi l'*Ours brun* est appelé *Ursus arctos*; l'*Ours blanc*, *Ursus maritimus*. Ces deux espèces et les autres Ours forment le genre *Ursus*.

De même qu'un certain nombres d'espèces forment un genre, de même on réunit les genres voisins en une ***famille*** (***Ursidés***), les familles voisines en un **ordre** (**Carnivores**). Plusieurs ordres forment une **CLASSE** (**MAMMIFÈRES**), plusieurs classes un **EMBRANCHEMENT** (**VERTÉBRÉS**).

Lorsque ces expressions ne suffisent pas à désigner tous les degrés de subdivision, on a recours aux *sous-embranchements*, *sous-classes*, *sous-ordres*, *tribus* (sous-familles), *sous-genres*, *variétés* (sous-espèces). On peut même employer d'autres termes, *section*, *division*, *légion*, etc. Mais on réserve le mot *groupe* pour lui laisser un sens moins précis ; il sert à désigner indifféremment une espèce, une famille, une classe, etc.

Grandes divisions du règne animal. — Le règne animal présente deux divisions primordiales, deux **SOUS-RÈGNES** correspondant à deux degrés de complication organique :

1° Les **PROTOZOAIRES**, dont le corps est en général formé d'un seul élément anatomique; il peut se faire que les Protozoaires soient formés de plusieurs cellules, mais ces cellules sont identiques entre elles ; on dit que ce sont des Protozoaires unis en colonie ;

2° Les **MÉTAZOAIRES**, formés d'un très grand nombre d'éléments anatomiques, différenciés en *tissus* et répartis dès l'origine en deux feuillets au moins, l'*endoderme* et l'*exoderme*, auxquels vient en général s'adjoindre un troisième, le *mésoderme*.

Les Protozoaires peuvent être considérés comme formant un seul embranchement ; les Métazoaires, au contraire, qui présentent une variété de formes considérables, doivent être largement subdivisés.

Division des Métazoaires en deux types de structure. — D'après la loi de Fritz Muller, les larves normales de la plupart des Métazoaires nous permettent de concevoir que les premiers Métazoaires étaient des formes simples, analogues d'abord a une blastula, puis à une gastrula et nageaient dans la mer. Ces organismes avaient une forme sphérique ou une forme avoisinante.

Plus tard, l'évolution a pu se continuer de deux façons differentes, correspondant à deux genres de vie entièrement dissemblables : l'être *se fixe* au fond de la mer, ou bien il reste *libre*.

A. **Phytozoaires**. — Dans le premier cas, si l'être se fixe, toute la surface des parois laterales du corps se trouve avec le milieu extérieur dans des conditions identiques, quel que soit l'azimut consideré.

Il n'y a pas en géneral de raison pour que l'accroissement se fasse plus en un point qu'à un autre. Il n'y a donc pas de partie anterieure ni de partie postérieure. Il peut ne pas y avoir de symetrie du tout ; ou bien il y a symétrie par rapport à un axe ; ou encore, dans le cas d'une inegalité dans le développement des parties, aboutissant à la formation d'organes particuliers, ces organes se répètent suivant un certain nombre de rayons, disposes régulièrement autour de l'axe. Il y a une *symétrie rayonnée* (fig. 68).

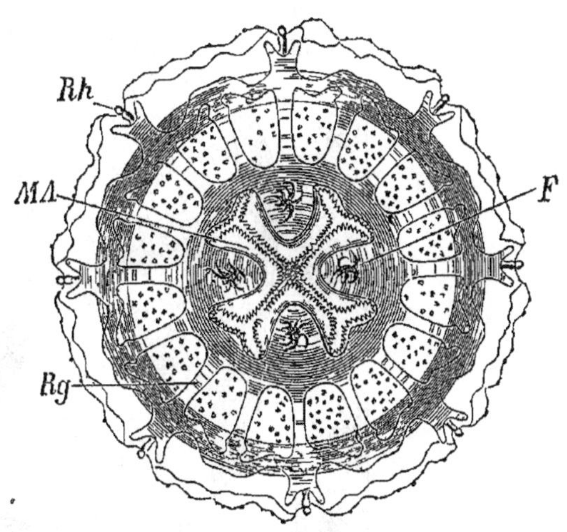

Fig. 68 — Larve de Méduse, comme exemple de symétrie rayonnee

Si ce premier individu se met à bourgeonner. les bourgeons se produiront n'importe ou : la colonie peut s'étaler sur le sol en un reseau ou en une plaque, d'où emergent les divers individus (comme cela a lieu chez les Mousses); ou bien elle peut s'elever en hauteur et se ramifier en tout sens à la manière d'un arbre ; elle peut enfin se régulariser et prendre, elle aussi, la symétrie rayonnée.

Il est remarquable que ces diverses dispositions se retrouvent chez les Végétaux, et que leur présence est due, dans les deux cas, à la même cause, la fixation. C'est cette assimilation intéressante que rappelle le nom de PHYTOZOAIRES (φυτόν, plante, ζῶον, animal), donné à ce premier type de structure.

B. **Artiozoaires.** — Si l'être reste libre, il se meut soit en nageant dans la mer, soit en rampant sur le sol. La partie dans le sens de laquelle se fait le mouvement se différencie et constitue une region *antérieure* ou *céphalique*, qui porte le

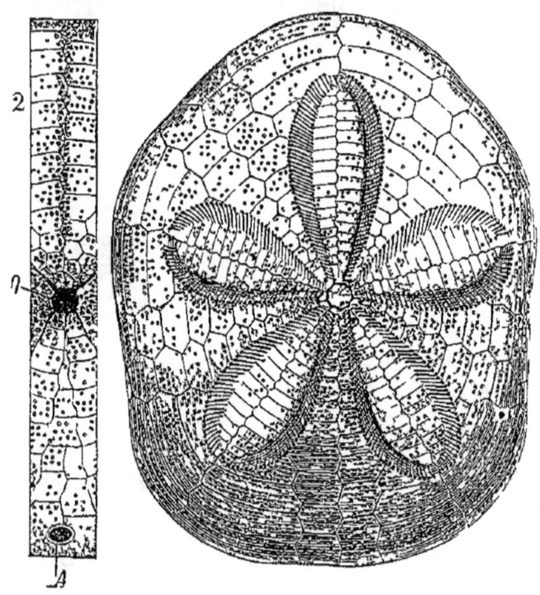

Fig 69 — Oursin irrégulier (Clypéastre) montrant la superposition de la symétrie bilatérale a la symétrie rayonnée.

nom de *tête*, quand elle se distingue nettement du reste du corps. C'est là que se trouve la bouche et que se concentrent les organes des sens.

L'extrémité postérieure, par une sorte de balancement organique, présente une vitalité moindre, les organes l'abandonnent pour se porter en avant (*céphalisation*), et il se constitue souvent une région appendiculaire, la *queue*.

De plus, la locomotion se fait toujours de telle sorte que l'animal a toujours la même région tournée vers le bas, et appliquée sur le sol, dans le cas d'une reptation. Cette region constitue la *face ventrale;* la region opposée, la *face dorsale.*

Quant aux deux côtés, ils sont dans les mêmes conditions

par rapport au milieu extérieur : ils sont semblables. Il y a *symétrie bilatérale*. C'est ce qu'exprime le mot ARTIOZOAIRES (ἄρτιος, pair, ζῶον, animal).

S'il y a bourgeonnement, les bourgeons nouveaux, pour ne pas gêner le mouvement, se placent les uns derrière les autres, et ils constituent finalement une chaîne ou *série linéaire*, dont les diverses parties portent le nom de *segments*, de *zoonites* ou de *métamères*.

REMARQUE. — Pour que la conception des types de structure soit complète, il faut signaler quelques exceptions intéressantes. Il peut se faire qu'après une certaine période, caractérisée par un genre de vie déterminé, la fixation par exemple, l'évolution amène un changement dans le genre de vie, et que l'animal, d'abord fixé, devienne libre. Cette complication a son retentissement sur l'organisation de l'animal : les deux adaptations se superposent.

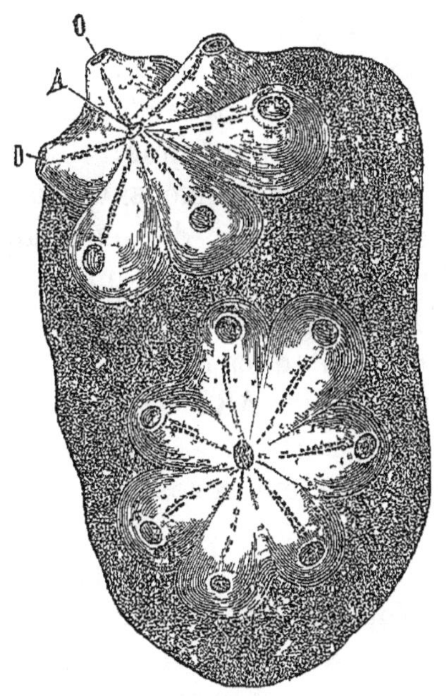

Fig. 70. — Colonie de Botrylle, Artiozoaires réunis en colonie rayonnée. — *O*, orifices d'entrée individuels ; *A*, orifice de sortie commun.

C'est ainsi que, parmi les Phytozoaires, les Echinodermes nous montrent des animaux primitivement fixés (*Cystides*, *Crinoïdes*) et qui ont quitté plus tard cette vie sédentaire pour vivre libres : mais leurs mouvements sont toujours très lents ; si la progression a lieu dans n'importe quel sens, la symétrie reste rayonnée, la face inférieure, sur laquelle repose le corps, se différencie seulement de la face supérieure (*Etoiles de mer*, *Ophiures*, *Oursins réguliers*). Si, au contraire, le mouvement se produit toujours dans le même sens, il se constitue une symétrie bilatérale, le plan de symétrie suivant l'axe de déplacement du corps (beaucoup d'*Holothuries*, *Oursins irréguliers*). Mais cette symétrie ne fait pas disparaître totalement la symétrie rayonnée ; elle se superpose à elle, de façon que les deux genres de vie laissent leur empreinte à l'organisme (fig. 69).

De même, certains Artiozoaires, primitivement libres, se fixent secondairement: ils forment alors des colonies arborescentes ou encroûtantes (Bryozoaires), ou des colonies rayonnees (Botrylle) (fig. 70).

Subdivision des types de structure. — Les **PHYTOZOAIRES** (les anciens Zoophytes de Cuvier) comprennent trois embranchements :

Les Spongiaires, dont le corps est parcouru par un courant d'eau continuel, l'eau entrant par de petits *pores inhalants* et sortant par des orifices plus grands, les *oscules*. Les trois feuillets sont bien representes, il n'y a pas de cavite générale

Les Cœlentérés ou Polypes n'ont pas non plus de cavite générale ; mais chaque Polype ne présente qu'un orifice (bouche), servant à l'entrée et à la sortie de l'eau. Le mésoderme est nul ou peu développé.

Enfin les Échinodermes ont une *cavité générale*. Ils se meuvent au moyen de pieds ambulacraires. Ils ont un appareil circulatoire distinct, mais en général en communication avec l'extérieur. Enfin leurs téguments sont presque toujours calcifiés en plaques mobiles ou soudées entre elles.

Parmi les **ARTIOZOAIRES**, il faut mettre à part les Arthropodes, nettement caractérisés par le revêtement chitineux qui recouvre leur corps et nécessite l'articulation des anneaux, la présence d'appendices locomoteurs articulés, la suppression totale des cils vibratiles.

Tous les autres Artiozoaires présentent des cils vibratiles, au moins à un moment donné de leur existence. Leur appareil excreteur est formé, au moins primitivement, de tubes (*organes segmentaires*) mettant en communication la cavité générale avec l'extérieur, servant aussi à l'expulsion des produits génitaux. Un pareil organe porte le nom de *nephridies*, de là le nom de Néphridiés donné à l'ensemble de ces animaux.

Les Nephridiés comprennnent trois groupes : les Vers, à segmentation en général nette, et de forme généralement allongée, plus ou moins cylindrique. Ce premier groupe est un groupe absolument hetérogène, ou viennent se ranger tous les types qui ne trouvent pas place dans les autres embranchements. Dans la classification vraiment naturelle, il devrait former à lui seul plusieurs embranchements. Nous le conservons toutefois ici pour ne pas trop compliquer l'exposé.

Les Mollusques ont le corps non segmenté, généralement recouvert par une coquille, les téguments mous ; ils n'ont, en fait d'appareil de locomotion, qu'un organe musculeux plus ou moins autonome, le *pied*. Le système nerveux présente *deux colliers œsophagiens* au moins.

Enfin les Chordes (Chordata) sont principalement caractérisés par leur système nerveux entièrement dorsal, et par leur squelette interne, formé essentiellement par une tige dorsale, située au-dessous du système nerveux, entre lui et le tube digestif, la *corde dorsale* ou *notochorde*. Elle peut disparaître dans la suite du développement. Les Chordes, à leur tour, comprennent les Protochordes (*Amphioxus* et *Tuniciers*) et les Vertébrés. Les premiers n'ont d'autre squelette que la corde dorsale qui persiste toute la vie chez l'*Amphioxus*, mais disparaît chez la plupart des *Tuniciers* adultes. Chez les Vertébrés, au contraire, le squelette est toujours complété au moins par une partie céphalique (*crâne*) destinée à protéger et à supporter le cerveau. De plus, sauf dans les formes les plus inférieures, autour de la corde se développe un *rachis* (*colonne vertébrale*), formé de pièces articulées (*vertèbres*), qui en général fait disparaître et remplace la corde. Au rachis s'ajoutent encore d'autres pièces squelettiques destinées à soutenir les parois du corps ou les membres.

La classification du règne animal peut être résumée dans le tableau suivant :

				Embranchements
SOUS-RÈGNE I PROTOZOAIRES				Protozoaires
SOUS-RÈGNE II MÉTAZOAIRES.	1er Type de structure PHYTOZOAIRES.			Spongiaires.
				Cœlentérés.
				Échinodermes.
	2e Type de structure ARTIOZOAIRES.			Arthropodes.
		Néphridiés		Vers.
				Mollusques.
			Chordés	Protochordes.
				Vertébrés.

ZOOLOGIE SPÉCIALE

EMBRANCHEMENT I — VERTÉBRÉS

Caractères généraux. — Artiozoaires pourvus d'un squelette intérieur, dont l'axe est constitué à l'origine par une corde dorsale, autour de laquelle se développent des vertèbres (*colonne vertébrale*). — Jamais plus de deux paires de membres. Un crâne. — Système nerveux central (*axe cérébro spinal* ou *névraxe*) protégé par des dépendances de la colonne vertébrale et situé dorsalement par rapport à la cavité générale, qui renferme les viscères (fig. 71). — Un cœur Sang rouge. — Les uns à respiration toujours pulmonaire (*Pulmonés*), les autres à respiration branchiale, transitoire ou permanente (*Branchifères*). On peut les subdiviser en cinq classes, comme l'indique le tableau suivant :

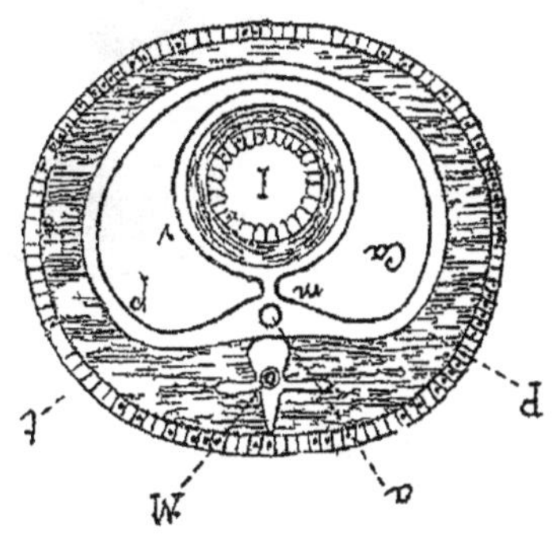

Fig 71 — Coupe transversale schématique du corps d'un Vertébré — *a*, aorte, *ca*, cavité générale avec son feuillet pariétal, *p*, et son feuillet visceral, *v*, I, intestin, M, moelle épinière, *m*, mesentère, P paroi du corps, *t*, tégument

Embryon avec amnios et allantoïde (**Amniens** ou **Allantoïdiens**) Respiration aérienne dès la naissance (**Pulmonés**)	Température constante . .	Des mamelles, des poils	MAMMIFÈRES.
		Ovipares, pas de mamelles, des plumes. . .	OISEAUX
	Température variable, ni poils, ni plumes		REPTILES.
Embryon sans amnios ni allantoïde (**Anamniens** ou **Anallantoïdiens**) Des branchies, au moins chez le jeune (**Branchifères**)	Branchies transitoires remplacées chez l'adulte par des poumons, des pattes		BATRACIENS
	Branchies permanentes, des nageoires		POISSONS.

Chez les Pulmonés, l'embryon (fig. 72) est toujours enveloppe d'un sac (*amnios*) rempli de liquide et présente une vesicule nutritive (*allantoide*) en communication avec l'intestin. Chez les Branchifères, il n'y a jamais d'amnios, ni d'allantoide. Les Pulmones sont donc des *Amniens* et des *Allantoidiens* ; les Branchifères sont, au contraire, des *Anamniens* et des *Anallantoidiens*. — Les Mammifères ont le crâne articulé à la colonne vertebrale par deux tubercules osseux (*condyles occipitaux*) ; leur cœlome est divisé par une cloison musculaire complète (*diaphragme*) en deux cavites secondaires, l'une antérieure (*thorax*), l'autre postérieure (*abdomen*).

Les Oiseaux et les Reptiles n'ont qu'un seul condyle occipital et ne possèdent pas de diaphragme complet ces caracteres communs et d'autres les ont fait grouper sous la dénomination génerale de SAUROPSIDÉS.

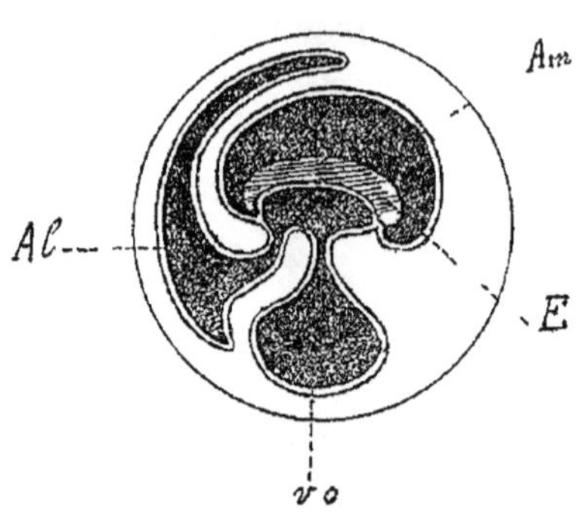

Fig. 72 — Un œuf d'*Amnien*, montrant l'embryon *E* muni de l'amnios *Am*, de la vesicule allantoide *Al* et de la vésicule ombilicale *v o*

Fig 73 — Un œuf d'*Anamnien*, montrant l'embryon dépourvu d'amnios et de vésicule allantoide

La présence, chez les Batraciens et les Poissons, de branchies transitoires ou permanentes, ainsi que la persistance des reins primitifs de l'embryon (*corps de Wolff*) les ont fait parfois réunir sous l'appellation d'ICHTHYOPSIDÉS.

On peut séparer les Mammifères et les Oiseaux, qui sont des animaux *a sang chaud*, des autres Vertebrés qui sont tous *a sang froid*. — Les Poissons, seuls Vertebrés pourvus de nageoires a rayons, pourraient aussi être separes de tous les autres Vertebres qui sont munis de pattes terminees par des doigts. Enfin l'absence de *mâchoires*, chez les CYCLOSTOMES (Lamproie, etc.), a fait separer ces Poissons de tous les autres Vertebrés, qu'on a réunis sous la denomination de GNATHOSTOMES.

ARTICLE Ier. — TÉGUMENTS (1).

Peau. — La peau des Vertebres comprend une couche

(1) On trouvera, dans l'expose relatif aux Mammiferes, des complements a ces generalites.

epithéliale (*épiderme*) et une couche de tissu conjonctif sous-jacent (*derme*).

L'*epiderme*, d'origine ectodermique, est formé de plusieurs assises de cellules ; ces cellules prennent naissance dans la partie profonde voisine du derme (*couche de Malpighi*), et repoussent devant elle les assises déjà formées. Au fur et à mesure que se forment de nouvelles assises, les assises les plus anciennes situées à la périphérie meurent et se détachent. Chez les Vertébres aériens, les assises superficielles constituent la *couche cornee*. De l'épiderme dépendent les *glandes cutanées* et les *phanères* (*écailles*, *poils*, *ongles*).

Le *derme*, d'origine mésodermique, est surtout formé de fibres conjonctives et élastiques. Il s'ossifie parfois en plaques osseuses (*exosquelette*). Ces plaques sont en géneral recouvertes d'autres plaques dures (*corne* ou *émail*) formées aux depens de l'epiderme. Exemple : cuirasse du Tatou, carapace des Tortues et des Crocodiles, écailles des Poissons.

ARTICLE II. — APPAREIL DIGESTIF.

L'appareil digestif présente à étudier le *tube digestif* et ses *annexes*.

Tube digestif. — Il comprend la *cavité buccale*, le *pharynx*, l'*œsophage*, l'*estomac* et l'*intestin* qui se termine par l'anus.

Ses parois sont formées essentiellement de deux tuniques. La tunique interne ou *muqueuse* donne naissance à de nombreuses glandes; l'externe ou *musculaire* présente deux couches de fibres lisses, les unes circulaires à l'interieur, les autres longitudinales à l'extérieur. Une enveloppe séreuse (*péritoine*) tapisse la cavité generale par son feuillet pariétal, tandis que son feuillet visceral se refléchit sur les organes qu'elle renferme (1). Sauf aux deux extre-

(1) Le *cœlome* est une cavite primitivement unique, qui, chez les POISSONS, est divisee en deux cavites secondaires : l'une anterieure (*cavité pericardique*) qui loge le cœur, l'autre posterieure (*cavité péritonéale*) qui entoure les autres visceres Chez les SAUROPSIDES, la cavite posterieure presente deux prolongements antérieurs pour les poumons (*cavite pleuro-péritoneale*) Chez les MAMMIFERES, par suite de la formation du diaphragme, la cavite pleuro-peritoneale se subdivise en trois cavites distinctes, deux pour les poumons (*cavites pleurales*), l'autre pour les visceres abdominaux (*cavite*

mités, où l'épithélium ressemble à l'épiderme et est pavimenteux, le tube digestif est tapissé d'un épithélium cylindrique. Celui-ci est vibratile chez quelques Anamniens.

A. CAVITÉ BUCCALE. — La cavité buccale est située immédiatement en arrière de l'orifice buccal. Chez les Vertébrés inférieurs, elle sert à la fois au passage des aliments et des gaz de la respiration. Chez les Vertébrés branchifères, des fentes latérales (*fentes branchiales*) la font communiquer avec le milieu ambiant et servent de passage à l'eau de la respiration. Chez les Pulmonés, les fosses nasales, par où l'air entre dans l'appareil respiratoire, arrivent dans la bouche, que l'air suit jusqu'à la glotte. Mais chez les Vertébrés supérieurs, les arrière-narines sont reportées de plus en plus loin dans la cavité buccale, et finalement les fosses nasales se trouvent entièrement séparées de la bouche par une cloison horizontale (*voûte palatine*); les deux conduits débouchent dans un carrefour commun (*pharynx*), pour se séparer ensuite de nouveau.

La cavité buccale est quelquefois (MAMMIFÈRES, *Crocodiliens*) isolée en partie du pharynx par un repli musculo-membraneux (*voile du palais*); elle renferme un organe charnu (*langue*) qui occupe son plancher. A part les CYCLOSTOMES, dont la bouche est disposée pour la succion, tous les Vertébrés sont pourvus de deux *mâchoires* (GNATHOSTOMES) : l'une supérieure, généralement fixe, l'autre inférieure, toujours mobile. — La muqueuse de la cavité buccale donne naissance à des annexes : ce sont 1° des organes masticateurs, tantôt calcaires (*dents*), tantôt cornés (*odontoïdes, fanons*); 2° des glandes qui secrètent la *salive*.

La *langue* est couverte de petites éminences (*papilles*) riches en terminaisons nerveuses (*corpuscules du goût*); mais elle peut jouer un rôle dans la préhension des aliments et dans l'articulation des sons. La forme et la mobilité de la langue varient, de même que son mode de fixation à une charpente que nous étudierons plus loin sous le nom de *système hyoïdien*. La langue est tantôt adhérente au plancher buccal, tantôt plus ou moins libre. Dans le second cas, elle a des muscles propres et peut faire saillie hors de la cavité buccale (*langue protractile*). La langue est molle chez les ICHTHYOPSIDÉS, plus ou moins cornée chez les SAUROPSIDÉS, épaisse et musculeuse chez

péritonéale). Le cœlome est complètement clos, ou au contraire communique avec l'extérieur, soit par des orifices (*pores abdominaux*) situés dans le voisinage de l'anus, soit par les orifices urinaires (*néphrostomes*), soit par les orifices génitaux.

les MAMMIFÈRES, où elle atteint son plus haut degré de développement.

B. PHARYNX et ŒSOPHAGE. — Il n'y a lieu de distinguer ces parties que chez les Pulmonés ; le pharynx est la portion, située en arrière de la bouche, qui est commune au canal aérien et au canal digestif ; l'œsophage commence donc tout de suite en arrière de la glotte. Chez les OISEAUX, l'œsophage porte souvent une dilatation (*jabot*) dans laquelle s'emmagasinent les aliments.

C. ESTOMAC. — Poche de forme variable, dans laquelle débouche l'œsophage et qui elle-même s'ouvre dans l'intestin.

L'ouverture œsophagienne a reçu le nom de *cardia* et l'ouverture intestinale celui de *pylore*. L'estomac accumule les aliments dans sa cavité et leur fait subir l'action du *suc gastrique*. Entre l'estomac et l'intestin existe, en général, un épaississement de la paroi (*valvule pylorique*), qui empêche le reflux des aliments. — Fusiforme et longitudinal chez la plupart des ICHTHYOPSIDÉS, l'estomac devient sacciforme et plus ou moins transversal chez les SAUROPSIDES ainsi que chez les MAMMIFÈRES. Il s'adapte à la forme de l'abdomen, reste simple le plus souvent, mais se complique de diverticules chez la plupart des OISEAUX et quelques MAMMIFÈRES. L'estomac est plus volumineux chez les Herbivores que chez les Carnivores.

D. INTESTIN. — Long tube qui va de l'estomac à l'anus.

Plus long chez les Herbivores que chez les Carnivores, il se décompose en *intestin grêle* et *gros intestin*, séparés l'un de l'autre par un épaississement de la paroi (*valvule iléo-cæcale*).

A. *Intestin grêle.* — Relativement court chez les Poissons cartilagineux, il présente, à son intérieur, une lame hélicoïdale (*valvule spirale*) qui augmente sa surface. Chez les autres Vertébrés, cette valvule disparaît et l'intestin se recourbe en replis plus ou moins nombreux (*circonvolutions intestinales*). En outre, chez les Vertébrés supérieurs, des replis transversaux (*valvules conniventes*) et des prolongements filamentaux (*villosités*) se montrent à la surface de la muqueuse. L'intestin grêle sécrète le *suc intestinal ;* il sert à la fois à la digestion et à l'absorption.

B. *Gros intestin.* — Très réduit et rectiligne chez les ICHTHYOPSIDÉS, il est plus long chez les autres Vertébrés, où il présente habituellement, sur sa partie initiale, un diverticule (*cæcum*) tantôt simple (REPTILES, MAMMIFÈRES), tantôt double (OISEAUX). Chez les MAMMIFÈRES, le cæcum est suivi d'un segment curviligne (*côlon*) qui vient deboucher dans la partie terminale (*rectum*) toujours rectiligne. Chez beaucoup de Vertebres (la plupart des Poissons cartilagineux, Batraciens, Sauropsides, Monotrèmes), les conduits génitaux et urinaires s'ouvrent a l'extremite du rectum, dont la terminaison dilatee prend le nom de *cloaque*. Le gros intestin constitue surtout un organe d'expulsion.

Organes annexes du tube digestif. — Ils dérivent de la muqueuse et constituent d'une part les organes masticateurs (*dents*, *odontoïdes*, *fanons*), et d'autre part des *glandes*.

A. DENTS. ODONTOÏDES. FANONS. — Tous ces organes sont des annexes de la cavité buccale.

Les *odontoïdes* et les *fanons* sont cornés, exclusivement épitheliaux et ne s'observent que chez un petit nombre de Vertebrés. Les *odontoïdes* ont la forme tantôt de dents pointues (Lamproie), tantôt de plaques élargies (Ornithorhynque). Les *fanons* sont des lames falciformes, qui descendent de la voûte palatine des Cétacés mysticetes.

Les *dents* sont des organes calcaires qui proviennent à la fois de l'épithélium et du derme. Morphologiquement, elles sont comparables aux écailles des Poissons, dont l'origine est à la fois dermique et épidermique. Chez les Poissons cartilagineux, cette homologie est particulièrement nette, et, dans quelques types, les écailles de la région péribuccale passent insensiblement aux dents. — D'abord fixées seulement dans la muqueuse, les dents ne tardent pas à se mettre en rapport avec les os de la cavité buccale, principalement avec les maxillaires. Chez les REPTILES, ceux-ci se creusent d'une gouttière, à leur bord interne ou à leur bord libre, et les dents s'implantent dans cette gouttiere, en dedans (*Pleurodontes*) ou sur la crête (*Acrodontes*) de l'os. Chez les *Crocodiliens*, le maxillaire se creuse de depressions separées (*alveoles*), dans lesquelles les dents s'enfoncent comme des chevilles. C'est ce qui a lieu aussi chez les MAMMIFÈRES. Chez les Animaux à maxillaires alvéolés (*Thecodontes*), les dents présentent une partie superficielle (*couronne*) et une partie profonde (*racine*), creusees d'une cavite centrale (*cavite dentaire*) qui renferme une substance nourriciere (*pulpe dentaire*). — La majeure partie de la dent est formee d'*ivoire*; sur la racine et quelquefois aussi sur la couronne se developpe une couche externe de *cement*, variété de tissu osseux. A toutes ces parties provenant du derme s'ajoute, le plus souvent, une couche spéciale (*émail*), qui recouvre la couronne et provient de l'épithélium. — Chez les Vertébrés inférieurs, les dents sont munies, à leur base, de plusieurs petites dents destinées à les remplacer ; le remplacement s'effectue pendant toute la vie. Chez les MAMMIFÈRES, une *seconde dentition*, ou *dentition permanente*, vient simplement succéder à la *première dentition* ou *dentition de lait*.

B. GLANDES. — Les unes sont cachées dans la paroi même du tube digestif (*intra-pariétales*), les autres font saillie au dehors (*extra-pariétales*).

A. *Glandes intra-pariétales.* — Très petites et nombreuses : les unes en grappe (*glandes muqueuses*), répandues dans toute la longueur du tube digestif ; les autres tubuleuses, limitées à l'estomac (*glandes gastriques*, sécrétant le suc gastrique) et à l'intestin (*glandes intestinales* ou *de Lieberkühn*, sécrétant le suc intestinal).

B *Glandes extra-pariétales.* — Peu nombreuses et plus ou moins volumineuses (*glandes salivaires*, *foie*, *pancréas*).

a *Glandes salivaires.* — On n'observe ces annexes de la cavité buccale que chez les Vertébrés terrestres, où ce sont tantôt des glandes tubuleuses (Vertébrés inférieurs) tantôt des glandes en grappe (Vertébrés supérieurs). — Les glandes salivaires sont quelquefois (Serpents venimeux) détournées de leur rôle digestif, pour devenir des organes venimeux. — Chez les BATRACIENS, on n'observe que des *glandes palatines*. Chez les REPTILES, il y a, en outre, des glandes *sublinguales* et *labiales*. Chez les OISEAUX, les sublinguales sont seules bien développées. Chez les MAMMIFÈRES, on distingue trois sortes de glandes : 1° les *parotides*, qui correspondent aux labiales des Serpents ; 2° les *sous-maxillaires* et 3° les *sublinguales*, qui, toutes deux, correspondent aux sublinguales des Vertébrés inférieurs. Ces trois sortes de glandes débouchent dans la cavité buccale, par des conduits vecteurs spéciaux.

b. *Foie.* — Cette annexe de la partie moyenne de l'intestin existe chez tous les Vertébrés et constitue la plus grosse glande du corps. Relativement plus volumineux chez les Anamniens que chez les Amniens, chez les Carnivores que chez les Herbivores, le foie est toujours fixé à la paroi du corps par un repli péritonéal et recouvre une portion variable du tube digestif. Bilobé ou multilobé, il communique avec l'intestin par un canal excréteur (*canal cholédoque*) auquel est souvent annexé un réservoir vésiculeux (*vésicule biliaire*).

Le point où le canal choledoque traverse la paroi digestive est toujours situé près de l'origine de l'intestin grêle. Le foie sécrète la *bile*

Il a une autre fonction : celle de regler la quantité de glucose qui est fournie à l'organisme ; ses cellules peuvent en effet sécreter une sorte d'amidon (*glycogene*), qui, sous l'influence d'un ferment special également produit par le foie, se transforme en glucose, et passe dans le sang lorsque la digestion ne donne pas une quantite suffisante de sucre. Si au contraire la digestion fournit trop de glucose, celui-ci s'emmaganise dans le foie sous forme de glycogène (*reserve glycogenique*) et est retransforme en glucose pour être verse dans le torrent circulatoire, au fur et à mesure des besoins.

c. *Pancreas.* — De forme tres variable, il se developpe, comme le foie, sur la partie initiale de l'intestin et ne fait défaut que chez quelques Poissons (Cyclostomes, Dipneustes). Sa sécrétion (*suc pancreatique*) joue un rôle digestif considerable ; elle se deverse dans l'intestin par un canal (*canal pancreatique* ou *de Wirsung*) qui se réunit souvent au canal cholédoque, ou par plusieurs conduits isoles.

Glandes lymphoides. — A l'appareil digestif, se rattachent des organes qui sont primitivement en connexion avec lui, mais qui cependant n'ont aucun rapport avec la digestion : ce sont le *corps thyroide* et le *thymus*.

a. *Glande* ou *corps thyroide.* — C'est primitivement un appendice impair de la cavité buccale, qui paraît avoir subi un changement de fonction dans le développement phylogenique (1). Chez l'Ammocete (larve de la Lamproie), la glande thyroide, composée de tubes a épithélium vibratile, est en communication avec la cavite buccale. Chez l'embryon des autres Vertébrés, elle communique encore avec la bouche par un canal dont l'orifice devient le *trou borgne* de la langue. Mais chez l'adulte, c'est un organe d'aspect glandulaire, composé d'un grand nombre de vesicules closes juxtaposées, qui se sépare complètement de l'œsophage et s'étend sur la face ventrale du larynx ou de la trachée.

b. *Thymus.* — C'est un corps d'apparence glandulaire, primitivement pair, situe au-dessous de la glande thyroide. Essentiellement

(1) A la partie ventrale de la cavite branchiale des Tuniciers, une gouttiere ciliée (*gouttiere hypobranchiale*) joue un rôle important dans la prehension des aliments. Un organe identique, avec des fonctions atténuees, existe chez l'Amphioxus et est homologue de la glande thyroide Chez les Vertebres, son rôle est de verser dans le sang un produit de secretion, inconnu d'ailleurs, qui semble accroitre l'activite des elements nerveux, probablement en detruisant certaines leucomaines produites par l'organisme lui-même et qui lui sont nuisibles.

formé d'un tissu conjonctif bourré de cellules lymphatiques, le thymus est surtout développé pendant la vie embryonnaire ; il disparaît ensuite plus ou moins complètement. Situé dans la cavité branchiale chez les Poissons, il forme, chez les Pulmonés, un organe qui s'étend le long du cou et pénètre même dans le thorax chez les Mammifères. — Rôle inconnu.

ARTICLE III. — APPAREIL CIRCULATOIRE.

L'*appareil circulatoire* se compose toujours d'un *système sanguin* et d'un *système lymphatique*.

Système sanguin. *A.* Cœur. — Organe musculeux creusé

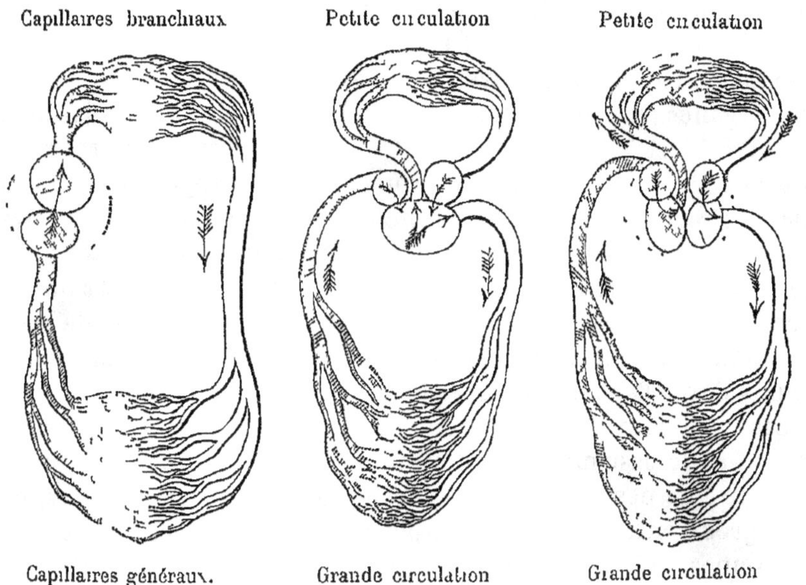

Fig. 74, 75 et 76. — Schémas de l'appareil circulatoire chez les Vertébrés à cœur biloculaire, triloculaire et quadriloculaire.

de cavités et muni intérieurement de replis membraneux (*valvules*), qui dirigent le cours du sang.

Le cœur est entouré d'une enveloppe sacciforme (*péricarde*) ; il est situé en avant de l'œsophage. Chez les Poissons, à respiration uniquement branchiale, le cœur est veineux et composé de deux cavités, l'une dorsale (*oreillette*), l'autre ventrale (*ventricule*). Chez les autres Vertébrés, il s'est compliqué plus ou moins et se compose de deux oreillettes, l'une veineuse, l'autre artérielle, situées en avant ou au-dessus d'un ventricule tantôt simple (*Dipneustes*, BATRACIENS, *Ophidiens*, *Sauriens*, *Cheloniens*), tantôt double (*Crocodiliens*, OISEAUX, MAMMIFÈRES). Dans ce dernier cas, l'une des moitiés du cœur est veineuse (*cœur veineux*), l'autre artérielle (*cœur arteriel*).

B. VAISSEAUX SANGUINS. — Ils comprennent un *système artériel*, un *systeme veineux* et un *système capillaire*.

Chez les POISSONS, à respiration uniquement branchiale, un seul système artériel (*systeme branchial*) naît du ventricule et un seul système veineux, venant des organes, aboutit a l'oreillette (*circulation simple*) (fig. 74). Chez les autres Vertébrés, deux systemes artériels sortent du ventricule simple ou double : l'un pour l'appareil respiratoire, l'autre pour les organes. De même, deux systemes veineux debouchent dans les oreillettes : l'un à sang artériel, venant de l'appareil respiratoire ; l'autre à sang veineux, provenant des organes (*circulation double*). Chez les Vertebrés à circulation double (fig. 74 et 75), il y a donc : 1° un appareil circulatoire qui part du cœur et y revient, apres avoir traversé l'appareil respiratoire (*petite circulation* ou *circulation pulmonaire*) ; 2° un appareil circulatoire qui part du cœur et y revient, après avoir traversé tous les organes à l'exception de ceux de la respiration (*grande circulation* ou *circulation generale*). Chacun des appareils de la grande et de la petite circulation renferme un système arteriel et un système veineux, réunis l'un à l'autre par un système capillaire.

Les vaisseaux sanguins ont une tunique formee de tissu conjonctif et de tissu musculaire et limitée intérieurement par un endothelium ; ils possèdent des nerfs spéciaux (*nerfs vaso-moteurs*) et les plus gros d'entre eux ont même des vaisseaux propres (*vasa vasorum*). Les veines présentent souvent, dans leur intérieur, des replis (*valvules*) qu'on n'observe jamais dans les artères et qui sont disposes de maniere à empêcher le reflux du sang.

A. *Systeme arteriel*. — Les deux principaux vaisseaux du système artériel sont l'*artere pulmonaire*, pour l'organe respiratoire ; l'*artere aorte*, pour les autres organes. L'aorte, située au-dessous de la colonne vertébrale, donne les *carotides* pour la tête, les *sous-clavieres* pour les membres antérieurs, les *iliaques externes* pour les membres postérieurs; elle fournit également toutes les artères du tronc et des viscères.

B. *Systeme veineux*. — Chez les POISSONS, deux grosses maîtresses veines longitudinales *veines cardinales*), les unes *anterieures*, les autres *postérieures*, debouchent dans deux vaisseaux transversaux (*canaux de Cuvier*), qui se réunissent pour porter à l'oreillette le sang du corps. Les cardinales antérieures charrient le sang de la tête ; les cardinales posterieures, celui du tronc.

Chez la plupart des autres Vertebrés, les canaux de Cuvier, presents chez l'embryon, sont remplacés par une grosse veine (*veine cave superieure*), qui reçoit le sang de la tête et des membres supérieurs. D'un autre côté, les cardinales postérieures forment un gros tronc independant (*veine cave inférieure*), qui ramène le sang veineux du tronc et des membres inférieurs.

Systemes-portes. — On appelle ainsi des systèmes de circulations particulières, composés d'un vaisseau (*tronc*) intermédiaire entre deux réseaux capillaires. Le sang marche de l'un de ces réseaux (*racines*) vers l'autre (*branches*).

Deux systèmes-portes peuvent se rencontrer dans la partie veineuse de l'appareil circulatoire des Vertebrés, l'un (*systeme porte hepatique*) chez tous les Vertebrés, l'autre (*systeme porte rénal*) chez les Vertebrés ovipares.

Le *systeme porte hepatique* a ses racines dans les parois de l'intestin, tandis que les branches se ramifient dans le foie. Le sang arrive au foie par la *veine porte* et en sort par les *veines sus-hépatiques*, qui emportent le sang dans le *canal de Cuvier* chez les Poissons, dans la *veine cave inferieure*, chez les autres Vertebrés.

La *veine porte renale* n'existe qu'à l'état de traces chez les Mammiferes : elle est rudimentaire chez les Oiseaux, mais très developpee chez les Vertébrés à sang froid. Chez les Poissons, une partie ou la totalite du sang veineux de la région caudale traverse le rein, où elle arrive par des ramifications de la veine caudale (*veines renales afferentes*). D'autres veines (*veines renales efférentes*) s'en échappent et vont se jeter dans les veines cardinales.

C. *Systemes capillaires* — Ils sont formés par des réseaux microscopiques qui irriguent tous les organes, tant l'appareil respiratoire (*capillaires branchiaux* ou *pulmonaires*) que les autres organes (*capillaires generaux*).

Quand le réseau capillaire est formé tout entier par un vaisseau arteriel ou veineux qui se divise immédiatement en un grand nombre de petites branches, on l'appelle *reseau admirable* ou *rete mirabile*. Un réseau admirable peut être terminal (*reseau unipolaire*) ou formé par un vaisseau qui se reconstitue après s'être divise (*reseau bipolaire*) ; dans les deux cas, il y a ralentissement de la circulation. On rencontre, dans les reins des Vertébrés, des réseaux bipolaires arteriels constituant des renflements globuleux (*glomerules de Malpighi*).

Système lymphatique. — Chez tous les Vertébrés, il existe un *système lymphatique*, renfermant un liquide que nous connaissons déjà sous le nom de *lymphe* (p. 48).

A. Vertebres a sang froid. — Leur système lymphatique constitue un ensemble de cavités qui entourent les vaisseaux sanguins et se continuent avec des lacunes sous-cutanées. On rencontre, sur certains points, des réservoirs pulsatiles (*cœurs lymphatiques*) qui paraissent chargés d'assurer une circulation régulière de la lymphe (1).

B. Vertébrés a sang chaud. — Il existe, chez eux, des *vaisseaux lymphatiques* naissant dans les interstices ou dans la profondeur des organes et aboutissant à deux *troncs* qui debouchent dans le système veineux, au voisinage du cœur. L'un ramène la lymphe de la tête et des bras, l'autre, plus volumineux (*canal thoracique*), ramène la lymphe de tout le reste du corps. Les vaisseaux lymphatiques sont, comme les veines, munis de *valvules* disposées de manière à diriger le cours de la lymphe et à en empêcher le reflux. Ils présentent sur leur trajet des corps glandulaires (*ganglions lymphatiques*) surtout développés et répandus chez les Mammifères. Les ganglions sont les organes où s'élaborent les globules blancs, et où s'arrêtent les particules solides entraînees par la lymphe (Voy. p. 185).

Rate. — C'est un organe spécial aux Vertébrés. Située dans le voisinage de l'estomac, elle présente la structure des ganglions lymphatiques, mais est en rapport avec l'appareil sanguin (Voy. p. 186). Elle est remplie par un tissu mou d'un rouge fonce (*pulpe splenique*). Elle paraît manquer chez les Cyclostomes.

ARTICLE IV. — APPAREIL RESPIRATOIRE.

Les Vertébrés respirent par des poumons (Mammiferes, Oiseaux, Reptiles, Batraciens adultes) ou par des branchies (larves de Batraciens, Poissons), quelquefois par des poumons et des branchies (certains Batraciens, Dipneustes) (2).

La plupart des Poissons possèdent une poche pleine d'air (*vessie aerienne*), qui offre le même mode de developpement que le poumon;

(1) Les cœurs lymphatiques ont leur paroi formee de fibres musculaires lisses, ils presentent en un mot la structure du cœur des Invertebres

(2) Le degre de complication de l'appareil circulatoire est en correlation avec celui de l'appareil respiratoire. Quand la respiration est uniquement branchiale, le cœur n'a que deux cavites. Les poumons determinent l'apparition d'un cœur triloculaire ou quadriloculaire.

mais généralement elle dérive de la face dorsale du tube digestif et ne reçoit que du sang artériel, tandis que le poumon, organe ventral, ne reçoit que du sang veineux. Enfin, chez tous les Vertébrés qui vivent dans l'eau, on observe une respiration cutanée qui atteint son maximum de développement chez les BATRACIENS.

Vertébrés branchifères. — Les *branchies*, en nombre variable, sont situées symétriquement, les unes à la suite des autres, sur les *arcs branchiaux*.

Entre les arcs branchiaux existent des fentes (*fentes branchiales*), faisant communiquer le pharynx avec le dehors. Elles s'élargissent pour former des poches chez les *Cyclostomes* et les *Sélaciens*. C'est sur les parois de ces fentes qui se développent les branchies. Chez les *Téléostéens* et les *Ganoïdes*, elles sont recouvertes d'un repli mobile (*opercule*) qui les enferme dans une cavité commune (*chambre branchiale*). L'eau entre par la bouche, baigne les branchies et sort par les orifices branchiaux ou par les ouïes. — Chez les Batraciens, les branchies de la larve persistent ou disparaissent à l'âge adulte, mais la respiration pulmonaire s'établit toujours tôt ou tard.

Vertébrés pulmonés. — Les *poumons* sont toujours au nombre de deux, l'un droit, l'autre gauche.

Ils commencent par un cæcum pharyngien impair.

Ce cæcum grandit, se bifurque et reste en communication avec le pharynx par un conduit (*trachée*), dont les deux bifurcations (*bronches*) correspondent chacune à un poumon. La trachée, rudimentaire ou nulle chez les Ichtyopsides, est soutenue, chez les autres Vertébrés, par des cerceaux cartilagineux. Ceux-ci s'étendent au système bronchique, qui devient de plus en plus arborescent à mesure qu'on s'élève dans la série. Les poumons, en partie fusionnés chez les Dipneustes, s'isolent chez les BATRACIENS et s'accroissent chez les REPTILES, présentant même, chez le Caméléon, de nombreux appendices vésiculeux. Les poumons des OISEAUX offrent des *sacs aériens*, qui sont une exagération des appendices pulmonaires du Caméléon. Ces sacs aériens communiquent avec des cavités creusées dans les os du squelette, ce qui n'a pas lieu chez le Caméléon. Les poumons des MAMMIFÈRES se compliquent par leur division en lobes; de plus, chacun d'eux s'entoure d'une séreuse (*plèvre*) délimitant une *cavité pleurale* qui devient distincte de la *cavité péritonéale*.

ARTICLE V. — APPAREIL EXCRÉTEUR

Toujours formé de deux parties symétriques, l'appareil urinaire présente deux (Anamniens) ou trois (Amniens) formes successives.

Pronéphros. — Le *pronéphros*, *rein precurseur* ou *cephalique*, est le premier organe urinaire.

Il provient de l'endothelium qui tapisse le cœlome et est forme par un petit nombre de canalicules. Ceux-ci s'ouvrent d'un côte dans le cœlome, par des pavillons vibratiles (*nephrostomes*), de l'autre côte dans un conduit (*canal excreteur du pronephros*) qui arrive au cloaque. Le pronephros fait ainsi communiquer le cœlome avec l'exterieur; son conduit persiste seul et devient le canal excréteur du mesonephros.

Mésonéphros. — Le *mésonéphros*, *rein primitif* ou *corps de Wolff*, organe analogue au pronéphros, mais plus volumineux, se developpe peu à peu, à mesure que celui-ci disparaît.

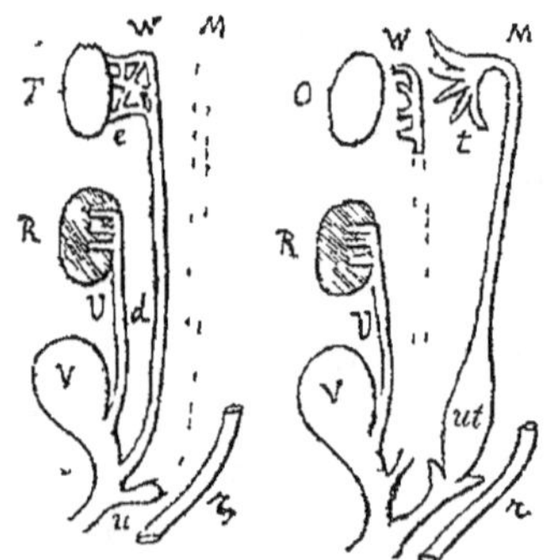

Fig 77 — Schéma des rapports des organes génitaux et urinaires dans les deux sexes, chez les Amniens — *d*, canal déférent, *e*, epidydime, *M*, canal de Muller, *O*, ovaire, *R*, rein, *r*, rectum, *T*, testicule, *t*, trompe de Fallope, *U*, uretere, *u*, utricule prostatique, *ut*, uterus, *V*, vessie, *W*, canal de Wolff

Il persiste toute la vie chez les Anamniens, mais, chez les Amniens, il est remplace par le metanephros. Chaque canalicule du mesonéphros presente un néphrostome et une ampoule à double paroi (*capsule de Bowman*), qui recouvre un peloton arteriel (*glomerule de Malpighi*). Le mésonéphros fait donc aussi communiquer la cavite génerale avec le dehors. Son conduit vecteur se divise en deux canaux parallèles : l'un (*canal de Wolff*), excreteur de l'urine, conduit aussi le sperme chez les Sélaciens et les Batraciens; il deviendra le conduit sexuel mâle chez les Amniens; l'autre (*canal de Muller*), rudimentaire chez le mâle, forme le conduit sexuel femelle. Chez la plupart des Poissons, le canal de Wolff se subdivise en deux conduits, l'un urinaire, l'autre spermatique (fig. 77)

Métanéphros. — C'est le *rein définitif* ou *proprement dit.*

Spécial aux Amniens, il apparaît sous la forme d'un amas de cellules dans lequel vient plonger un diverticule (*uretere*) du canal de Wolff. L'uretère forme, à son extrémité supérieure, une série de bourgeons creux, qui se comportent comme ceux du mésonéphros et forment les *canalicules urinaires*, tandis qu'il devient le canal excreteur du rein. Les uretères s'ouvrent quelquefois dans le rectum, mais le plus souvent, ils aboutissent à un réservoir spécial (*vessie urinaire*).

Pendant que les canaux de Wolff deviennent les conduits sexuels du mâle (*canaux déferents*), les canaux de Muller, qui restent séparés chez les Sauropsides et les Mammifères Implacentaires, se soudent chez les Placentaires, dans une étendue plus ou moins considérable, pour former la partie impaire du conduit sexuel femelle (*trompe, uterus, vagin*).

Capsules surrénales.— Glandes vasculaires sanguines situées sur les reins ou dans leur voisinage. (Voy. p. 193.)

ARTICLE VI — APPAREIL REPRODUCTEUR.

A part quelques Poissons et quelques Batraciens, à hermaphrodisme constant ou inconstant, les Vertébrés ont les sexes separés. Chez la plupart des Oiseaux, des Batraciens et des Poissons, il n'y a pas d'organes d'accouplement. Les Batraciens et quelques Poissons subissent seuls des métamorphoses.

Les glandes sexuelles sont logées dans la cavité viscérale ou ses dependances; elles se developpent toujours aux depens de l'épithélium péritonéal. Excepté chez les Cyclostomes, elles constituent des organes pairs et pourvus de canaux vecteurs. Ces derniers peuvent se réunir en un conduit commun qui débouche au dehors, ou s'ouvrir dans un cloaque.

Testicules. — Composés de nombreux canaux (*canalicules séminiferes*) dans lesquels naissent les spermatozoides, les testicules acquièrent comme conduits vecteurs (*canaux deferents*) les canaux de Wolff, qui déversent leurs produits directement ou indirectement au dehors.

Ovaires. — Masses cellulaires dans lesquelles se developpent les ovules. Ceux-ci tombent dans la cavité génerale, d'où ils passent dans des conduits vecteurs (*oviductes*) provenant des canaux de Muller. Ces derniers, d'abord distincts dans toute leur étendue, se fusionnent à leur extrémité terminale, chez les Mammifères Placentaires, pour constituer le *vagin*, au-dessus duquel existent, suivant le degré de soudure, un ou deux *utérus* et deux *trompes de Fallope*.

ARTICLE VII. — APPAREIL LOCOMOTEUR.

L'*appareil locomoteur* présente une segmentation facile à reconnaître sur le squelette et sur les muscles du tronc (1).

ARTICLE VIII. — SQUELETTE.

Le squelette est constitué par les os et les cartilages. A ce squelette intérieur (*endosquelette*) s'ajoutent parfois des plaques osseuses, qui se développent dans le derme (*exosquelette*).

L'*endosquelette* peut être osseux ou cartilagineux. Chez tous les Vertébrés, une série d'organes solides (*vertèbres*) se développent autour de la corde dorsale et constituent le *rachis* ou *colonne vertébrale*. Les vertèbres portent un anneau dorsal dans lequel passe la moelle épinière ; quelques-unes portent aussi latéralement des arcs (*côtes*), qui se dirigent du côté ventral et s'unissent parfois à une pièce médiane (*sternum*). La colonne vertébrale forme avec les côtes le *squelette du tronc*. — Le *squelette de la tête* entoure l'encéphale qui est en continuité avec la moelle épinière. Il présente aussi à sa face inférieure des arcs entourant la bouche et portant les branchies. — Les *membres*, généralement au nombre de deux paires (*membres supérieurs* ou *antérieurs*, *membres inférieurs* ou *postérieurs*), ont leur squelette réuni à celui du tronc par des pièces formant deux *ceintures* : l'une pour les membres antérieurs (*ceinture scapulaire* ou *thoracique : épaule*), l'autre pour les postérieurs (*ceinture pelvienne* ou *abdominale : bassin*).

Colonne vertébrale. — Autour de la corde dorsale se forment des cylindres cartilagineux (fig. 78 A), qui deviendront la partie centrale (*corps*) des vertèbres et s'uniront ensuite avec les

(1) Chez les Poissons, les deux côtes du corps montrent une série de masses musculaires (*myotomes* ou *myomères*), en même nombre que les espaces intervertébraux où elles sont logées. Chez les Vertébrés plus élevés, cette disposition est masquée par le grand développement que prennent les muscles moteurs du premier article des membres

autres pièces constituantes de la vertèbre. Entre les corps de deux vertèbres consécutives s'édifie un fibro-cartilage (*disque intervertebral*) qui donne au rachis une certaine mobilite (1).

Une vertèbre présente typiquement (fig. 78 B et C) un *corps* ou *centrum* (*K*), muni d'un arc superieur (*arc neural*) (*Ob*) et d'un arc inférieur (*arc hemal*) (*Ub*). Le corps, avec l'arc neural, delimite un trou (*trou vertebral*) et, avec l'arc hémal, un second trou (*trou hemal*) opposé au premier (2).

L'arc neural, qui entoure la moelle épinière, se compose de deux parties laterales (*neurapophyses*) et d'une pointe mediane (*apophyse epineuse* ou *neurépine*) (*D*). L'arc hemal, qui embrasse l'aorte dorsale, comprend de même deux *hemapophyses* et une *hemepine* (*D*'). Cet arc est en general peu developpé, et ses rudiments se soudent au centrum sans laisser de traces.

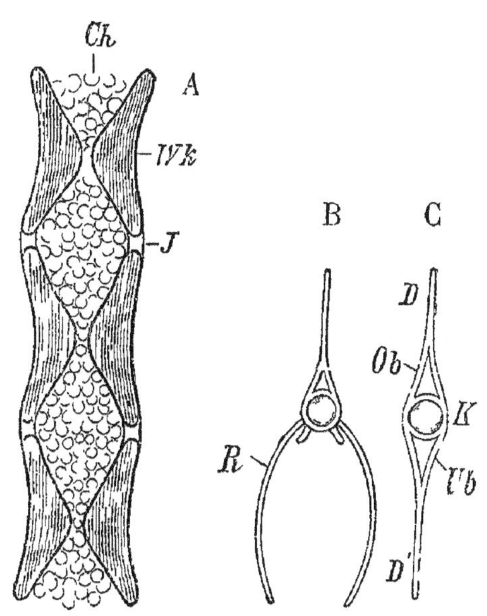

Fig 78 — A, Schema de la colonne vertébrale d'un Téleostéen *Ch*, corde, renflée entre les vertèbres (*J*) et etranglee au niveau des corps vertébraux (*WK*) — B,C, Vertebres de Poissons *K*, centrum, *Ob*, neurapophyses de l'arc neural *D*, neurepine, *Ub*, hémapophyses de l arc hémal, *D'*, hémépine, *R*, cotes, à leur base, les hémapophyses.

Aux neurapophyses se rattachent une paire de longues apophyses (*diapophyses* ou *apophyses transverses*), servant à l'insertion des côtes et, souvent aussi, deux paires de courtes apophyses (*zygapophyses* ou *apophyses articulaires*) servant à l'articulation des vertèbres voisines. Ces dernieres ne se developpent

(1) Une portion de la corde dorsale reste dans le corps des vertèbres chez les Poissons, les Batraciens et quelques Reptiles (fig. 76 A, *Ch*), mais disparait chez les autres Vertebres Dans les espaces intervertebraux, au contraire, la corde dorsale s accroit, pour donner naissance a une masse molle (*noyau gélatineux*) qui occupe le centre du disque intervertebral

(2) Les deux faces du corps de la vertèbre peuvent être toutes deux concaves (*vertebres amphicœliques*, Poissons), ou l'anterieure concave et la posterieure convexe (*vertebres procœliques*, Grenouille), ou l'anterieure convexe et la posterieure concave (*vertebres opisthocœliques*, Pipa) Exceptionnellement, elles sont toutes deux planes (vertebres dorsales de l'Homme) ou toutes deux convexes (quelques vertebres du cou de la Tortue)

que quand les vertèbres sont suffisamment mobiles (fig. 103, p. 208). — Enfin, la succession des trous vertébraux forme un canal incomplet (*canal vertébral* ou *rachidien*) contenant la moelle épinière et communiquant avec l'extérieur par des *trous de conjugaison* ménagés entre deux vertèbres successives.

Chez les Vertébrés munis de membres postérieurs bien développés, un certain nombre de vertèbres se fusionnent pour former, à la partie postérieure du tronc, une pièce appelée *sacrum* qui porte le bassin : ce sont les *vertèbres sacrées*. Les vertèbres situées en avant du sacrum peuvent se diviser en trois groupes : les *cervicales* ou vertèbres du cou, les *dorsales*, et les *lombaires* ou vertèbres des reins. Les vertèbres *dorsales* portent des côtes, reliées ou non au sternum. En avant des dorsales, se trouvent les *cervicales*, sans côtes distinctes, en arrière des dorsales sont les *lombaires*, toujours dépourvues de côtes. Enfin on appelle vertèbres *caudales* ou *coccygiennes* tous les éléments vertébraux situés en arrière du sacrum et constituant l'axe solide de la *queue*. Chez les Vertébrés dépourvus de membres, il n'y a plus de régions nettement distinctes et les vertèbres sont plus ou moins semblables les unes aux autres.

Côtes et sternum. — Les côtes sont des arcs fixés à la colonne vertébrale et dirigés vers la face ventrale.

Elles se réunissent souvent par leur extrémité ventrale à une pièce médiane appelée *sternum*.

On désigne sous le nom de *cage thoracique* la partie du squelette formée par les côtes, le sternum et la région dorsale de la colonne vertébrale.

Tête. — La tête loge l'encéphale et les plus importants des organes des sens, ainsi que la partie buccale du tube digestif. Chez les Cyclostomes, elle est réduite à une capsule cartilagineuse (*crâne*) et ne présente aucune trace de mâchoires. Ces organes, qui existent chez tous les autres Vertébrés (*Gnathostomes*), contribuent à former, avec le *squelette branchial*, une seconde partie (*face*) située au-dessous du crâne et délimitant la cavité buccale.

Le *crâne* protège l'encéphale et renferme l'organe de l'ouïe. Immobile chez les Vertébrés inférieurs, il devient mobile chez les Vertébrés supérieurs et s'articule avec le rachis par deux condyles (Batraciens, Mammifères) ou par un seul (Sauprosidés) (1). On considère au crâne une *base* formée d'os d'origine cartilagineuse (occipital, sphénoïde, temporal, etc.) et une *voûte* constituée par des os de membrane (pariétal, frontal, etc.).

La *face* renferme les organes de l'odorat, du goût et de la vue. Elle est composée d'os qui sont, les uns d'origine cartilagineuse, les autres d'origine membraneuse. Nous la diviserons en deux régions : 1° une *région nasale* (ethmoïde, lacrymal, nasal, vomer) formant la paroi des fosses nasales, ainsi que la charpente du nez ; 2° une *région buccale* (maxillaire supérieur, palatin, jugal, maxillaire inférieur, hyoïde) qui constitue le squelette de la cavité buccale et, dans certains cas, la sépare des fosses nasales.

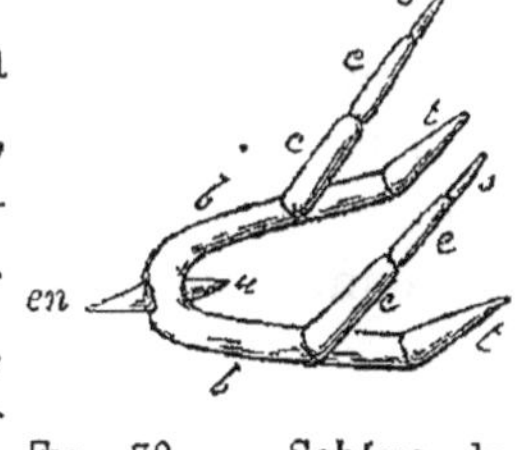

Fig. 79. — Schéma du système hyoïdien des Vertébrés aériens : — *b*, basihyal, *c*, cératohyal, *e*, épihyal, *s*, stylohyal, *t*, rudiment du premier arc branchial, *en*, entohyal, *u*, urohyal.

Chez les Poissons, on observe, sur les côtés du cou, une série d'arcs (*arcs viscéraux* ou *branchiaux*) séparés par des fentes (*fentes branchiales*), qui font communiquer la cavité du

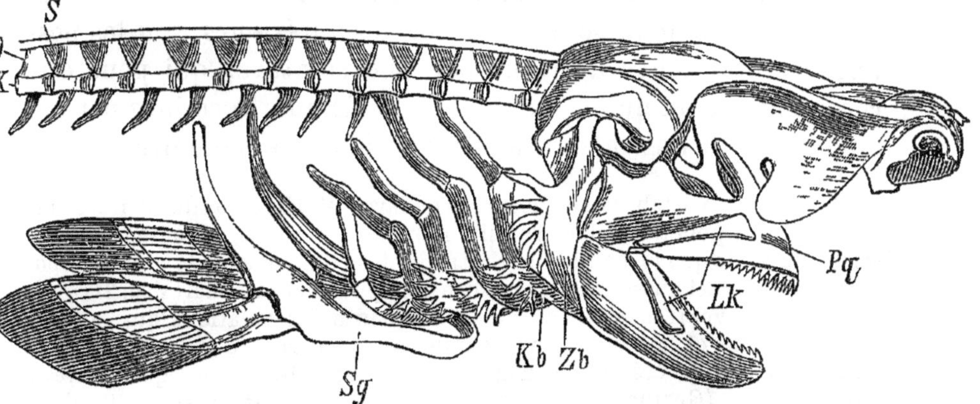

Fig. 80. — Partie antérieure du squelette d'un Requin. — *K*, corps des vertèbres, *O*, arcs neuraux, *S*, pièces intercalaires, *Pq*, palatocarré, *Lk*, cartilages labiaux, *H*, hyomandibulaire, *Zb*, arc hyoïdien, *Kb*, arcs branchiaux, *Sg*, ceinture scapulaire.

pharynx avec l'extérieur. Ces fentes existent également dans l'embryon des autres Vertébrés ; mais elles disparaissent de très bonne heure, à l'exception de la première qui contribue à la constitution de l'oreille moyenne.

(1) Chez les Vertébrés inférieurs, la tête reste toujours cartilagineuse et le crâne se compose : 1° d'une *plaque basilaire* pour sa partie postérieure, 2° de deux *plaques trabiculaires* pour ses parties moyenne et antérieure ; 3° de *capsules sensorielles*, pour les organes olfactif, visuel et auditif.

Le premier arc (*arc mandibulaire*) forme le squelette de la bouche ; il se divise en deux segments (fig. 80). Le supérieur (*palatocarré* des Poissons (*Pq*), *os carré* des Sauropsidés) limite la bouche en haut ; l'autre, inférieur, contribue à former le maxillaire inférieur ou *mandibule* (*cartilage de Meckel*). — Le deuxième arc (*arc hyoïdien*) se divise comme le premier (*Zb*). Son segment supérieur (*hyomandibulaire*) unit le crâne à l'os carré, pour soutenir la mandibule (1), son segment inférieur va rejoindre son congenère et se développe en cinq pièces distinctes (*stylohyal, epihyal, cératohyal, hypohyal, basihyal*). Les autres paires d'arcs viscéraux portent des branchies : ce sont les *arcs branchiaux* (*Kb*). — Chez les Pulmonés, ces arcs disparaissent en partie. Presque tout ce qui en reste entre dans la constitution de l'os *hyoïde* (fig. 79), dont le corps est le résultat de la soudure des pièces basilaires des arcs ; les cornes antérieures, le reste de l'hypohyal, les postérieures, le reste du premier arc branchial (2).

Membres. — Il y a lieu de distinguer les *membres pairs* et les *membres impairs*.

A. Membres pairs. — Quatre au plus, pouvant manquer tous les quatre, ou deux seulement, soit les antérieurs, soit les postérieurs. Rattachés au tronc par une ceinture, qui peut être rudimentaire ou nulle, quand ils font défaut. Terminés par des doigts ou par des rayons faisant partie d'une nageoire.

(1) Chez les Vertébrés supérieurs, l'os carré et l'hyomandibulaire se réduisent, puis pénètrent dans l'oreille moyenne, dont ils deviennent les osselets, de sorte que la mandibule s'articule directement avec le crâne. L'apophyse styloïde est aussi une dépendance de l'appareil branchial (V. p. 217).

(2) Théorie vertébrale du crâne. — Par suite des relations qui existent entre le crâne et la colonne vertébrale, on a cherché à retrouver l'existence, soit dans le crâne, soit dans la tête entière, de parties équivalentes à des vertèbres (Goethe, Oken, etc.) ; mais on n'a jamais pu se mettre d'accord sur le nombre des vertèbres qui entreraient dans la composition du crâne ou de la tête. Au lieu de se montrer composé de vertèbres distinctes, le crâne cartilagineux est continu. D'autre part, les vertèbres proviennent tout entières d'un cartilage préexistant, tandis que la voûte du crâne est formée d'os de membrane. Enfin, c'est autour de la corde dorsale que se développent les vertèbres ; or, dans le crâne, elle n'arrive pas même jusqu'à l'extrémité antérieure du sphénoïde : on ne peut donc assimiler à des segments vertébraux que la portion postérieure ou *chordale* du crâne. La théorie vertébrale du crâne n'est donc pas acceptable. Toutefois, il est incontestable que la tête est formée par la coalescence de plusieurs segments du corps, et que par suite, le crâne renferme les éléments des vertèbres correspondantes. Mais cela n'est vrai qu'au point de vue théorique, et on ne saurait retrouver individuellement des parties de vertèbres dans les os du crâne complètement développé.

A. *Ceinture scapulaire.* — Chez les Sélaciens, c'est simplement un arc cartilagineux, fermé du côté ventral (fig. 80, *Sg*) et quelquefois fixé à la colonne vertebrale. Chez les Poissons osseux, elle se separe en plusieurs pièces et forme un appareil plus complexe, habituellement en rapport avec le crâne. Chez les Vertébrés digités, la ceinture thoracique contracte des connexions avec le sternum, mais ne se soude jamais avec le rachis ou le crâne ; il en résulte une plus grande mobilite de sa portion dorsale. Une cavité articulaire (*cavite glenoide*), qui reçoit la partie proximale du membre antérieur, divise la ceinture en deux parties, l'une dorsale (*omoplate*) qui reste toujours simple, l'autre ventrale qui se subdivise en une pièce antérieure (*clavicule*) et une postérieure (*coracoide*).

B. *Ceinture pelvienne.* — Constituée, chez les Sélaciens, par une seule pièce cartilagineuse, elle se divise en deux chez les Poissons osseux. Chez les Vertebres digites, elle comprend trois os (*ilion*, *pubis*, *ischion*) correspondant à ceux de la ceinture scapulaire et reunis autour d'une cavite articulaire (*cavite cotyloide*), homologue de la cavité glenoide. Ces trois os, distincts dans les groupes inférieurs, sont plus ou moins soudes dans les superieurs.

C. *Nageoires.* — Le squelette des nageoires est constitué par un grand nombre de petites pièces formant des rayons.

D. *Membres digites.* — Ils se composent d'un os basilaire (*humerus* ou os du bras; *femur* ou os de la cuisse), suivi de deux os placés côte a côte (*radius* et *cubitus* ou os de l'avant-bras; *tibia* et *perone* ou os de la jambe); ces derniers soutiennent une rangee d'os courts (*carpe* pour le membre antérieur; *tarse*, pour le membre postérieur), supportant eux-mêmes des os plus ou moins allonges (*metacarpiens* ou *metatarsiens*, *doigts*). Les membres digités forment des mains, des pattes, des ailes ou des nageoires. Le nombre des doigts, dans chaque membre, peut varier de cinq à un.

B. Membres impairs. — On ne les observe que chez les Vertébres à sang froid et chez quelques Cétaces. Ils forment des *nageoires médianes*, *verticales*, qui peuvent être dorsales, ventrales ou caudales. Ces nageoires, pourvues de rayons chez les Poissons, sont entièrement depourvues de squelette dans les autres groupes.

ARTICLE IX — **APPAREIL PHONATEUR**

Chez les Vertebrés pulmones, la partie anterieure de la trachee se modifie en un appareil (*larynx*) constitué essentiellement par un cadre cartilagineux ; sur ce cadre sont tendues des membranes vibrantes (*lèvres vocales*), comprenant entre elles une fente plus ou moins étroite (*glotte*). Le larynx ne sert pas toujours à la phonation.

Le larynx des Dipneustes ne possède que deux cartilages. Celui des Batraciens se complique d'un cartilage impair (*cricoïde*) et d'organes resonnateurs (*poches vocales*). Chez les Oiseaux, il y a un *larynx supérieur*, non phonateur, et un *larynx inférieur* ou *syrinx*, qui constitue l'organe vocal. Enfin le larynx des Mammifères se distingue par la présence de deux cartilages protecteurs (*cartilage thyroïde*, *epiglotte*).

ARTICLE X. — SYSTÈME NERVEUX.

Le systeme nerveux se laisse diviser en deux parties : 1° le *système cerebro-spinal*, ou *encéphalo-rachidien*, en rapport avec les organes de relation et soumis à l'influence de la volonte ; 2° le *système viscéral* ou *du grand sympathique*, innervant les autres organes et indépendant de la volonté.

Système cérébro-spinal. — L'*axe cerebro-spinal*, *encephalo-rachidien* ou *névraxe*, se compose d'un renflement (*encéphale*) renfermé dans le crâne et d'une tige (*moelle épinière*) qui s'avance plus ou moins loin dans le canal vertebral. En outre, il existe des *centres nerveux latéraux* constitués par des *ganglions cérebraux* et des *ganglions spinaux*. — Les *nerfs* sont disposés par paires et se détachent, les uns de l'encephale (*nerfs crâniens*) pour sortir par les trous de la base du crâne, les autres de la moelle épinière (*nerfs rachidiens*) pour s'échapper par les trous de conjugaison. Le point d'émergence des nerfs est leur *origine apparente ;* leur *origine réelle* est aux points (*noyaux*) où les cellules donnent naissance aux fibres nerveuses

A. Névraxe. — L'encephale est tres variable et creusé de cavites (*ventricules*). La moelle épinière presente deux *renflements* à l'origine des nerfs des membres ; elle est creusée d'un *canal central* (*ependyme*) qui communique avec les ventricules de l'encéphale. Toutes ces cavites sont remplies d'un liquide special (*liquide cephalo-rachidien*).

B. Nerfs rachidiens. — Ils naissent par deux *racines*, l'une *ventrale* motrice, l'autre *dorsale* sensitive et munie d'un ganglion (*ganglion spinal*). Les deux racines se fusionnent en un nerf mixte, dont les filets moteurs ou sensitifs ne se séparent qu'à leur terminaison dans les organes. Elles restent isolées dans la Lamproie.

C. Nerfs crâniens. — Au nombre de douze paires. Les deux dernières ne sont pas bien différenciées chez les Anamniens. Un rameau (*nerf latéral*) de la dixième paire s'étend le long des flancs, chez les Poissons et les têtards de Batraciens, il innerve des organes spéciaux (*organes de la ligne latérale*) paraissant fournir des renseignements sur les qualités de l'eau.

D. Méninges. — On donne ce nom à trois membranes qui enveloppent l'axe cérébro-spinal. L'interne (*pie-mère*) est une membrane conjonctive très vasculaire, qui adhère à la surface du névraxe et pénètre dans ses anfractuosités. L'externe (*dure-mère*) est fibreuse et tapisse l'intérieur du crâne et du canal vertébral ; elle présente, chez les Vertébrés à sang chaud, des replis constituant de véritables cloisons entre les hémisphères du cerveau (*faux du cerveau*) ou entre le cerveau et le cervelet (*tente du cervelet*). Entre la pie-mère et la dure-mère, on observe, chez les Mammifères, une membrane séreuse (*arachnoïde*) pourvue de deux feuillets : l'un est accolé à la dure-mère ; l'autre regarde la pie-mère, mais il en est séparé, sur un grand nombre de points, par un espace rempli de liquide (1). L'arachnoïde sécrète, entre ses deux feuillets, une sérosité peu abondante (*liquide arachnoïdien*) qu'il ne faut pas confondre avec le liquide sous-arachnoïdien; elle est rudimentaire chez les Oiseaux et remplacée, chez les Poissons, par du tissu adipeux.

Système viscéral. — Il comprend des centres nerveux latéraux (*ganglions sympathiques*) et des nerfs (*nerfs viscéraux* ou *sympathiques*). Le système viscéral ne constitue pas un système indépendant : c'est une portion spécialisée du système cérébro-spinal.

ARTICLE XI — ORGANES DES SENS

Le *sens du toucher* est le seul qui ait une distribution généralisée ; ses organes sont répandus sur toute l'étendue du tégument. Les autres sens sont toujours localisés dans des cavités spéciales du crâne (*capsules sensorielles*).

Toucher. — Il s'exerce par des organes tégumentaires (*corpuscules tactiles*) de formes très variées, placés tantôt dans l'épiderme, tantôt dans le derme.

(1) Ce liquide est le même que le liquide céphalo-rachidien (Voy. p. 243).

Goût. — Il a pour siège la muqueuse de la langue, où se trouvent des corpuscules spéciaux (*corpuscules du goût*) presentant des *cellules gustatives.*

Les impressions gustatives sont transmises par un ou deux nerfs crâniens. Quelques Poissons presentent en outre, sur la peau, des organes (*organes cyathiformes*) comparables à ceux du goût et rappelant les *organes lateraux* des Vertebrés aquatiques.

Odorat. — L'organe de l'odorat est logé dans deux cavités (*fosses nasales*) situees au-dessus de la bouche et tapissees par une muqueuse munie de *cellules olfactives.*

Rarement réduites à une seule (Cyclostomes), les fosses nasales sont géneralement terminees en cul-de-sac chez les Poissons. Chez les autres Vertébrés, elles communiquent avec la cavite buccale et livrent passage à l'air. Quelques Vertebrés (Sauriens, Ophidiens, quelques Mammifères) presentent deux cavites nasales accessoires (*organes de Jacobson*).

Ouïe. — L'organe de l'ouie est pair. Il se développe à la région postérieure de la tête, sous la forme d'une fossette ectodermique (*fossette auditive*) qui pénètre dans l'ébauche cartilagineuse du crâne et devient bientôt (sauf chez les Requins) une cavité close (*vésicule auditive*), remplie de liquide (*endolymphe*) et présentant des *cellules auditives.*

Cette vesicule ne tarde pas à constituer un ensemble (*labyrinthe membraneux*), qui se loge dans une cavité de même forme creusee dans l'os (*labyrinthe osseux*). Le labyrinthe membraneux est rempli d'un liquide (*endolymphe*), tandis qu'un autre liquide (*périlymphe*) remplit l'espace situé entre le labyrinthe membraneux et les parois osseuses. Cet ensemble forme l'*oreille interne.* Le labyrinthe existe seul chez les Poissons ; mais, chez les Pulmonés, il est précédé d'une cavite (*caisse du tympan*) qui constitue l'*oreille moyenne.* Celle-ci est en communication avec le pharynx par un canal interne (*trompe d'Eustache*); elle est séparée de l'oreille interne par deux membranes tendues sur deux orifices (*fenêtre ovale* et *fenêtre ronde*) ; elle est limitée du côté de l'exterieur par une cloison membraneuse (*membrane du tympan*) à fleur de peau chez les Sauropsidés, mais située, chez les Mammifères, au fond d'un canal (*conduit auditif externe*) appartenant à l'*oreille externe.*

Vue. — Les yeux sont pairs. Ils se développent aux dépens de deux diverticules du cerveau (*vésicules optiques*) qui peu à peu se rapprochent du tégument

Arrivée au contact de l'épiderme, la vésicule optique, par l'invagination de sa paroi antérieure, prend la forme d'une coupe qui se remplit, par prolifération de l'épiderme, d'une lentille transparente (*cristallin*); derrière elle se forme un autre tissu transparent (*corps vitré*). Les deux parois de la coupe optique se soudent ensuite pour devenir : l'antérieure, l'épithélium sensoriel (*rétine*) avec ses éléments sensoriels (*cônes et bâtonnets*); la postérieure, l'épithélium pigmentaire (*couche pigmentaire*). Une membrane fibreuse et épaisse (*sclérotique*), transparente en avant (*cornée*), protège extérieurement le globe de l'œil; enfin une membrane moyenne (*choroïde*) renferme un pigment noir, destiné à empêcher les réflexions intra-oculaires, et de nombreux vaisseaux, qui assurent la nutrition de la rétine. La choroïde forme, en avant du cristallin, un diaphragme (*iris*) percé d'un trou central (*pupille*) qui règle la quantité de lumière. Enfin le pédoncule des vésicules optiques se transforme en un cordon plein (*nerf optique*).

Un troisième œil (*œil pinéal*), bien développé au sommet de la tête, chez les Ichthyopsidés primitifs, encore visible, bien que rudimentaire, chez quelques rares Reptiles, est devenu un organe dégénéré (*glande pinéale*).

ARTICLE XII. — DÉVELOPPEMENT.

Nous avons vu comment se forme le blastoderme (p. 30); jetons maintenant un coup d'œil sur le développement de l'embryon.

La partie du blastoderme sur laquelle doit se former le nouvel être se distingue par un épaississement cellulaire (*disque embryonnaire*); ce disque prend bientôt une forme allongée, et l'on peut déjà y distinguer une partie céphalique et une partie caudale Sur la dorsale du disque embryonnaire, apparaît un épaississement longitudinal (*ligne primitive*) qui marque l'axe de l'embryon. En avant de la ligne primitive, se creuse un sillon (*gouttière médullaire*) formé par l'ectoderme et dont les bords (*crêtes médullaires*) se rejoignent pour former un *canal encéphalo-médullaire;* de là dériveront toutes les parties du système nerveux central. Du côté céphalique, ce canal se renfle en trois vésicules (*vésicules cérébrales*) qui formeront les diverses parties de l'encéphale (1).

(1) La première vésicule (*vésicule cérébrale antérieure* ou *protencéphale*) donne en avant deux bourgeons latéraux qui constituent le *cerveau antérieur* et formeront, chez l'adulte, les *hémisphères cérébraux* avec les *lobes*

Le developpement des organes des sens a ete étudié plus haut. Les organes de l'ouie et de la vue apparaissent de bonne heure; ceux de l'odorat et du goût ne se forment que plus tard.

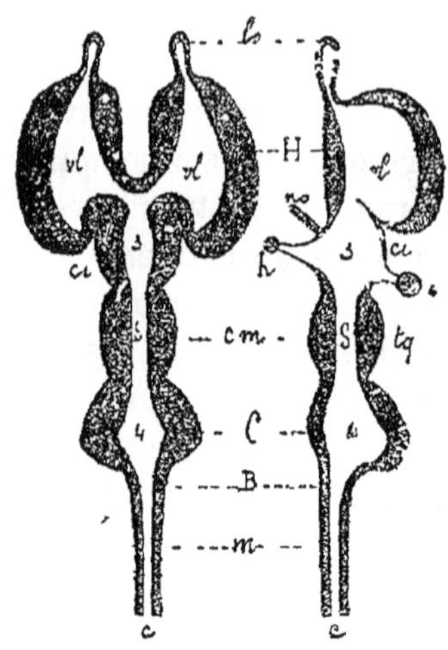

Fig 81 — Coupes longitudinales (horizontale et verticale) de l'encéphale d un Vertébré —*B*, bulbe rachidien, *C*, cervelet et protubérance annulaire, *c*, canal central de la moelle épinière, *m*, *ci*, cerveau intermédiaire, *cm*, cerveau moyen, *e*, épiphyse (glande pinéale), *h*, hypophyse (glande pituitaire), *H*, hémisphères cerebraux, *lo*, lobes olfactifs, *no*, nerf optique, S, aqueduc de Sylvius, *tq*, tubercules quadrijumeaux, *vl*, ventricules lateraux, 3, troisième ventricule, 4, quatrieme ventricule.

La première trace du système osseux, la notochorde, s'édifie aux depens de l'endoderme; autour d'elle, les vertèbres se developpent d'avant en arrière aux depens du mésoderme.

De chaque côte du cou, une serie de fentes mettent en communication le pharynx avec l'extérieur. Ces fentes sont séparées par des arcs osseux, dont le premier (*arc maxillaire*) et le second (*arc hyoidien*) forment le squelette de la fente buccale, tandis que les autres, en nombre variable (*arcs branchiaux*), portent les branchies chez les Branchifères. La premiere fente (*fente hyomandibulaire*) forme le conduit auditif externe, la caisse du tympan et la trompe d'Eustache; les autres fentes (*fentes branchiales*) correspondent aux fentes branchiales des Poissons et disparaissent de bonne heure chez les Vertébres aériens.

Les membres apparaissent tardivement et ce n'est qu'au bout d'un certain temps qu'on peut distinguer leur conformation.

---

olfactifs et les *corps striés.* — La partie restante represente le *cerveau intermediaire*, qui formera le troisième ventricule avec les *couches optiques*. Les cavites du cerveau anterieur (*ventricules latéraux*) communiquent avec la cavite du cerveau intermediaire (*troisième ventricule*) par deux trous lateraux (*trous de Monro*)

La deuxième vésicule (*vésicule cerebrale moyenne* ou *mésencephale*) reste indivise et forme le *cerveau moyen*. Celui-ci represente chez l'adulte par la region des lobes optiques (*tubercules quadrijumeaux*), est creuse d'un canal (*aqueduc de Sylvius*) qui communique en avant avec le troisième ventricule

La troisième vesicule (*vesicule cerébrale posterieure* ou *metencéphale*) se subdivise en deux parties L'une, anterieure, constitue le *cerveau postérieur*, dont font partie chez l'adulte la *protubérance annulaire* et le *cervelet* l'autre, posterieure, forme *l'arrière-cerveau* ou *bulbe rachidien*. La cavite de cette vesicule (*quatrieme ventricule*) communique en avant avec l'aqueduc de Sylvius et en arriere avec le canal central de la moelle épiniere

Le canal digestif représente d'abord un tube fermé aux deux extrémités et communiquant, à sa partie moyenne, avec la vésicule blastodermique par un orifice, l'*ombilic*. Cet orifice se rétrécit de plus en plus et sépare de plus en plus nettement la *vesicule ombilicale* de la cavité intestinale de l'embryon. Le cul-de-sac antérieur de cette dernière cavité formera plus tard l'œsophage, tandis que son cul-de-sac posterieur constituera le rectum ; la portion intermédiaire donnera naissance à l'estomac, à l'intestin grêle et au gros intestin, jusqu'au milieu du rectum. La cavité buccale d'une part, la cavite ano-rectale d'autre part, résulteront de depressions de l'ectoderme (*stomodæum*, *proctodæum*), qui se mettront en communication avec les culs-de-sac antérieur et postérieur de l'intestin primitif.

Les poumons se developpent en arrière des fentes branchiales, aux dépens du tube digestif. Ils ne fonctionnent qu'apres la naissance. Le larynx ne se développe que postérieurement au poumon, à la partie superieure de la trachée.

Le cœur est d'abord un tube pulsatile. Il ne parvient pas au même terme dans les diverses classes des Vertebrés, mais presente toujours, à sa partie antérieure, un tronc (*bulbe arteriel*) d'où partent deux series de vaisseaux (*arcs aortiques*) ; ces arcs aortiques longent les arcs branchiaux, se recourbent vers la colonne vertébrale et deversent le sang dans un tronc longitudinal (*aorte*) au-dessus du tube digestif. Chez les POISSONS, ce systeme se modifie peu ; mais chez les autres Vertébrés à sang froid, certaines portions s'atrophient, de manière qu'il ne reste, en général, que deux *arcs* ou *crosses aortiques*. Chez les Vertébrés à sang chaud, une seule de ces crosses persiste, celle de droite pour les OISEAUX, celle de gauche pour les MAMMIFERES.

Tous les embryons possèdent des organes excréteurs rappelant ceux des Vers, disposition qui, rapprochee de la segmentation du squelette et des muscles du tronc, permet de considerer les Vertebrés comme ayant les Vers parmi leurs ancêtres. Deux ou trois formes de reins se développent successivement (p. 146).

Les produits sexuels tirent leur origine d'un épaississement de l'epithélium du cœlome, dans le voisinage du rein. Apres une periode d'indifférence, les glandes sexuelles deviennent mâles ou femelles ; rarement elles restent hermaphrodites.

L'embryon des Pulmones, recourbé en arc, possède seul un amnios et une allantoide (fig. 72). La poche amniotique est remplie de liquide (*liquide amniotique*) et l'amnios est depourvu de vaisseaux ; il est constitué par une expansion de la somatopleure qui vient se fermer en voûte au-dessus de l'embryon, laissant en dehors d'elle la vésicule ombilicale et l'allantoïde. Celle-ci provient d'une evagination de l'intestin, en arrière du point d'implantation de la vésicule ombilicale; elle est très vasculaire et prend une part importante a la nu trition ainsi qu'à la respiration de l'embryon. Chez les Mammifères dits *Placentaires*, l'allantoïde se spécialise sur certains points de la paroi de l'utérus, pour constituer un organe special (*placenta*). Chez les Oiseaux, il existe un organe placentoïde qui plonge dans l'albumine et établit ainsi le passage entre les Sauropsides et les Mammifères (Mathias Duval).

CLASSIFICATION DES VERTÉBRÉS

CLASSE I. — MAMMIFÈRES.

Vertébres Allantoïdiens à sang chaud, géneralement couverts de poils (Pilifères). *Respiration pulmonaire. Deux condyles occipitaux. Vivipares, à l'exception des* Monotrèmes.

- MAMMIFÈRES
  - Placentaires.
    - Dents différenciées en i c et m, subissant un remplacement
      - Pouce opposable aux autres doigts, au moins aux membres antérieurs.. .... Primates.
      - Pouce non opposable.
        - Dentition insectivore..
          - Des pattes. .. Insectivores.
          - Des ailes. . . Chéiroptères.
        - Dentition carnivore..
          - Des pattes. .. Carnivores
          - Des nageoires Pinnipèdes.
        - Dentition de rongeur . . Rongeurs.
        - Dentition omnivore ou herbivore; doigts terminés par des sabots (Ongulés) . . . . .
          - Une trompe... Proboscidiens.
          - Un nombre impair de doigts. Périssodactyles
          - Un nombre pair de doigts ... Artiodactyles.
      - Régime herbivore, des nageoires . Siréniens.
    - Dents nulles ou toutes semblables, ne subissant pas de remplacement ......
      - Animaux terrestres. Edentés.
      - Animaux aquatiques. Cétacés.
  - Implacentaires.
    - Vivipares, pas de cloaque . . Marsupiaux.
    - Ovipares; un cloaque. ... Monotrèmes.

Comme le montre le tableau précédent, les Mammifères se divisent en deux sous-classes :

1° Les Placentaires, pourvus d'un placenta et vivipares;

2° Les Implacentaires, depourvus de placenta, vivipares ou ovipares.

ARTICLE Ier — MORPHOLOGIE.

Le corps est formé de trois parties : la *tête*, le *tronc* et les *membres*.

A. La *tête* renferme le *cerveau* dans sa région supérieure (*crâne*); les organes des sens, la bouche et la partie superieure du pharynx dans sa partie inferieure (*face*).

La tête est reliée au tronc par un *cou*, en genéral distinct, ou se logent le larynx et le commencement de l'œsophage.

B. Le *tronc* est divisé interieurement par une cloison musculaire horizontale (*diaphragme*) en deux chambres superposees : le *thorax*, en haut, renfermant le cœur, les poumons, l'œsophage; l'*abdomen*, en bas, renfermant l'estomac et l'intestin, le foie, les reins, les organes génitaux.

Les parois thoraciques sont soutenues par les *côtes*, formant la *cage thoracique* et rattachees a la colonne vertebrale en arrière, au sternum en avant.

Les viscères de l'abdomen sont supportés par deux os, formant une sorte de cuvette (*bassin*), rattachés à la colonne vertebrale et supportant les membres posterieurs.

C. Les *membres* sont au nombre de deux paires, très diversement conformes; ils peuvent s'adapter à la prehension, au vol, à la natation; dans ce dernier cas, les postérieurs peuvent disparaître.

ARTICLE II. — TÉGUMENTS.

La peau comprend l'*epiderme* et le *derme* (fig. 82).

A. Épiderme. — Épithélium stratifié comprenant, dans la partie profonde (*couche de Malpighi*), des cellules jeunes, avec un noyau et un protoplasme abondant, et dans la partie superficielle (*couche cornée*) des cellules mortes, sèches, sans protoplasme ni noyau.

B. Derme. — Couche conjonctive dense, renfermant des vaisseaux, des nerfs, et les fibres musculaires des muscles peauciers et des muscles pileux. Sa surface est hérissée de *papilles* qui pénètrent dans l'épiderme, et qui renferment tantôt des anses vasculaires (*papilles vasculaires*), tantôt des corpuscules nerveux (*papilles nerveuses*).

Le derme est relié aux muscles sous-jacents par une couche de tissu conjonctif lâche (*tissu sous-cutané*) qui permet à la peau de glisser sur les muscles. Il s'y dépose des amas graisseux (*pannicule adipeux*) qui jouent un grand rôle dans la conservation de la température constante.

Appendices tégumentaires. — Ils comprennent d'une part les *poils*, les *ongles*, les *griffes*, les *sabots*, les *cornes*, et d'autre part les *glandes sudoripares*.

A. Poils. — Filaments droits ou frisés, constitués par des cellules épithéliales cornées. Ils s'implantent dans des dépressions de la peau (*follicules pileux*), dont le fond est soulevé en forme de bouton (*papille du poil*). Les cheveux sont des poils longs et fins (1).

Le poil (fig. 82) présente deux parties : l'une intérieure (*racine*) renflée à son extrémité (*bulbe pileux*), qui surmonte la papille ; l'autre

(1) On observe généralement, chez les Mammifères, deux sortes de poils les uns plus ou moins longs et raides (*jarres*), les autres courts et fins (*duvet* ou *bourre*). Le développement relatif de ces deux sortes de poils, qu'il est facile d'observer chez le Lapin, varie beaucoup avec la température. Les jarres prédominent sur le duvet dans les pays chauds ; c'est le contraire dans les pays froids. Dans les pays tempérés, le pelage change avec les saisons ; il ne devient riche en duvet que pendant l'hiver, époque à laquelle la dépouille des animaux à fourrure est surtout recherchée. C'est dans le groupe des jarres qu'il faut ranger les soies du Porc, les crins du Cheval, les épines du Hérisson, les piquants du Porc-Épic, etc. Au contraire, la laine du Mouton et celle du Chameau constituent une variété de duvet à poils longs et ondulés.

La couleur des poils est d'autant plus vive que les Animaux habitent des régions plus chaudes. Les pelages blancs s'observent surtout dans les régions circumpolaires. Dans les régions tempérées, la teinte du pelage varie avec les saisons : elle devient souvent blanche en hiver, à l'exception toutefois des parties noires, qui restent toujours noires. L'Écureuil, qui est roux en été, devient gris en hiver, dans les pays froids ; sa fourrure est alors connue sous le nom de *petit-gris*. L'Hermine, en été, a le pelage roux et l'extrémité de la queue noire ; elle devient entièrement blanche en hiver, à l'exception du bout de la queue, qui reste noir.

On désigne sous le nom d'*albinos* des individus (Hommes ou Animaux) chez lesquels la matière pigmentaire fait défaut dans les organes qui en contiennent normalement et notamment dans les poils. Cette anomalie peut être totale ou partielle.

extérieure (*tige*), droite ou frisée, suivant que le poil est cylindrique ou prismatique. C'est par la racine que le poil se nourrit et croît ; c'est par la pointe qu'il s'use et blanchit. Le blanchissement, à la suite des progrès de l'âge, est dû à l'apparition de l'air à l'intérieur du poil. — Au point de vue de la structure, le poil offre à considérer, de dehors en dedans : 1° la *cuticule*, formée par des cellules imbriquées, losangiques (elle figure des cornets emboîtés chez les Chéiroptères) ; 2° l'*écorce*, à cellules fusiformes et pigmentaires (elle manque chez le Porte-Musc) ; 3° la *moelle*, constituée par des cellules polyédriques à granulations graisseuses (elle fait défaut chez le Porc).

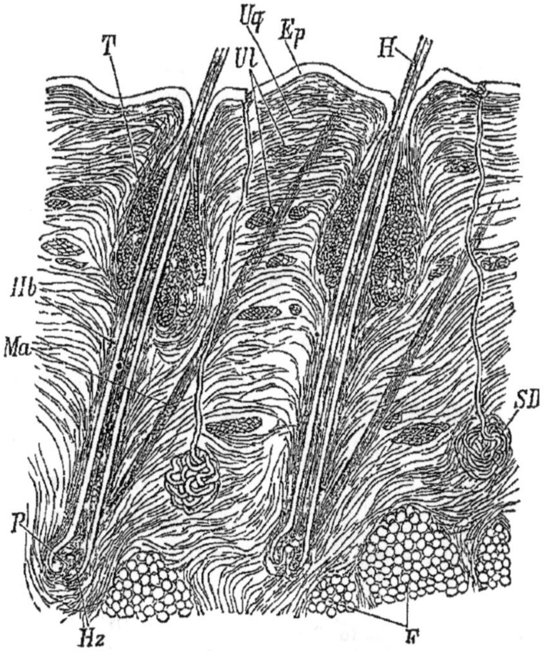

Fig 82 — Coupe du cuir chevelu de l'Homme — *Ep*, épiderme, *Uq*, faisceaux transversaux du tissu conjonctif ou derme, *Ul*, faisceaux longitudinaux, *H*, tige, *P*, bulbe pileux, *Hz*, papille du poil, *Hb*, follicule, *Ma*, muscle redresseur du poil, *T*, glandes sébacées, *SD*, glandes sudoripares, *F*, cellules adipeuses

Aux poils sont liées les *glandes sebacées* (*T*), glandes en grappe sécrétant une matière huileuse (*sebum*, suint des Moutons) et s'ouvrant dans le follicule. Leur sécrétion recouvre le poil d'un enduit huileux protecteur (1).

Enfin les poils sont munis de muscles à fibres lisses (*Ma*), qui vont obliquement du derme aux follicules pileux. Ce sont les muscles *horripilateurs*. Leur contraction amène le redressement du poil et le fait saillir à la surface de la peau (chair de poule) (2).

(1) Ce sont des glandes sebacées qu'on observe au-dessus de la fente interdigitale des Ruminants, sur le cou des Chauves-Souris, sur les côtes de la tête de l'Éléphant, etc. Les mamelles sont également rattachées aux glandes sebacées. Enfin les *larmiers* du Cerf sont aussi des organes glandulaires cutanés, sécrétant un liquide onctueux, sans rapport avec les larmes

(2) Poils tactiles — Ce sont des poils qui ne sont que peu développés chez l'Homme Chez les autres Mammifères, ils sont tantôt longs (mous-

B. Ongles. — Plaques cornées qui recouvrent la face supérieure de la dernière phalange des doigts ou des orteils (*phalangette* ou *phalange unguéale*). Ils sont constitués par des cellules plates provenant de l'épiderme. On ne les observe guère que chez les Primates (1).

C. Griffes. — Ce sont des ongles recourbés et terminés en pointe, qui emboîtent un peu l'extrémité de la dernière phalange. Les griffes sont souvent creusées d'une gouttière à leur face inférieure. Chez certains *Carnivores* (Chat, etc.), elles sont rétractiles : un ligament élastique, qui va de la phalange unguéale à la phalange précédente, relève la dernière phalange et en même temps la griffe; un muscle l'abaisse et fait sortir la griffe de la fourrure à la volonté de l'animal (2).

D. Sabots. — Organes cornés qui enveloppent complètement la dernière phalange des ***Ongulés***.

Le sabot du Cheval (fig. 83) présente quatre parties : la *muraille*, la *sole*, la *fourchette* et le *périople*. La *muraille* ou *paroi*, seule partie apparente quand le pied pose sur le sol, se recourbe en arrière et forme un V dont les deux branches (*barres*) sont séparées par un enfoncement triangulaire (*vide*) (3). A sa face interne, la paroi présente des feuillets cornés parallèles (*tissu kéraphylleux*); en haut, elle est couronnée d'une gouttière (*biseau* ou *cavité cutigérale*) La *sole* est une plaque semi-lunaire occupant la face inférieure du sabot. A sa face interne, elle est criblée de porosités. La *fourchette* est une pyramide triangulaire engagée entre les barres. Elle présente extérieurement une *lacune médiane* et intérieurement une

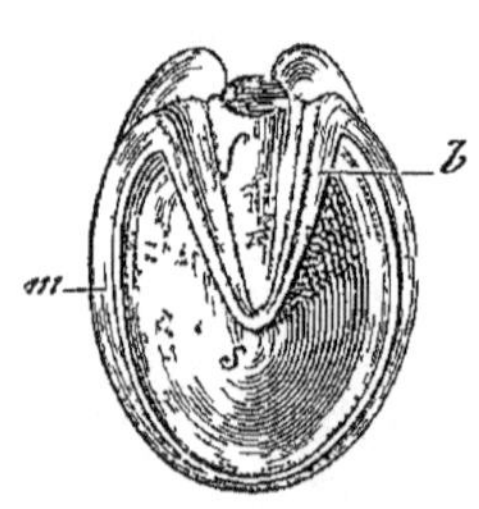

Fig 83 — Sabot du Cheval — *b*, barres, *f*, fourchette, *m*, muraille, *s*, sole

taches du Chat), tantôt courts (poils du groin du Porc). La surface inférieure de la membrane alaire des Chauves-Souris est garnie de poils tactiles à peine visibles, grâce auxquels ces Animaux peuvent se guider dans les cavernes obscures, sans se heurter, même après avoir perdu la vue Ces poils sont, en effet, différemment impressionnés, suivant que l'air, déplacé par l'aile, rencontre un obstacle plus ou moins rapproché

(1) L'ongle humain est reçu, par sa racine, dans un repli de la peau (*repli sus-unguéal*). Il repose sur une portion dermique (*lit de l'ongle*). dont la partie proximale (*matrice de l'ongle*) produit l'organe La matrice est marquée extérieurement par une tache blanche (*lunule*). Au-dessous du repli sus-unguéal, l'ongle porte un liseré (*périonyx*), reste d'une membrane qui recouvre tout l'organe chez l'embryon

(2) La pointe cornée qui se trouve au bout de la queue du Lion, les écailles du Pangolin sont des productions analogues aux ongles ou aux griffes

(3) La portion médiane de la muraille est la *pince*, de chaque côté de laquelle sont les *mamelles*, puis les *quartiers*, enfin les *talons* en arrière

crete mediane. Le *periople* est une bande mince de corne molle qui couronne le sabot et se soude avec la fourchette, en formant deux éminences arrondies (*glomes*). Il descend sur la paroi comme un vernis brillant qui la protège contre la secheresse et l'humidite (1).

Chez les ***Artiodactyles***, il y a quatre doigts (***Porcins***) ou deux seulement (***Ruminants***), termines par des sabots qui ne présentent pas de fourchette (*onglons*).

E. Cornes. — Organes pleins ou creux, de forme variable, osteodermiques (*bois* des Cervides) ou épidermiques (*cornes* des Ruminants; *cornes* des Rhinocéros). Leur étude sera faite plus loin.

F. Glandes sudoripares. — Glandes en tube, secrétant la sueur (fig. 82, *SD*), enroulees plusieurs fois sur elles-mêmes à leur extrémite close (*glomerules*). Leur portion secrétante, logée dans le tissu conjonctif sous-cutané, est tapissée intérieurement d'une seule couche de cellules cylindriques. Leur canal excréteur s'ouvre à la surface de la peau : il est rectiligne dans sa partie dermique et contourne en vrille dans sa partie épidermique. Les glandes sudoripares sont speciales aux Mammifères : elles peuvent être rudimentaires (Chien) ou même manquer complètement (Cétaces, Taupe).

La sueur est un liquide acide au moment de son émission. Elle contient une petite quantite d'urée et des acides gras odorants; son evaporation concourt à abaisser la temperature du corps.

APPAREILS ET FONCTIONS DE NUTRITION

ARTICLE III. — APPAREIL DIGESTIF.

L'appareil digestif se compose du tube digestif (*cavite buc-*

(1) Le sabot est l'*enveloppe cornee* du pied et correspond a la couche cornee de l'épiderme Le derme est represente par une *membrane* dite *kératogene* Celle-ci est appliquée sur le pied osseux comme un bas, tandis que le sabot la recouvre a la maniere d'une chaussure La membrane keratogene comprend trois parties . 1° Le *bourrelet* ou *cutidure*, loge dans la cavite cutigerale, produit la paroi et correspond a la matrice de l'ongle 2° Le *tissu podophylleux* ou *feuillete* presente des feuillets longitudinaux qui s'engrenent avec ceux du tissu kéraphylleux; il sert de support a la paroi et répond au lit de l'ongle 3° Le *tissu veloute*, situé sous le pied, offre des villosites qui penetrent dans les porosites de la sole et de la fourchette qu'il engendre l'une et l'autre

Les *parties interieures* du pied sont constituees par des os et des fibro-cartilages, auxquels s'ajoutent des ligaments, des tendons, des vaisseaux et des nerfs. La troisieme phalange (*os du pied*) et la deuxieme (*os de la couronne*) presentent entre elles, a la face posterieure, un petit os (*petit sesamoide*) qui complète leur articulation Deux fibro-cartilages lateraux et un *coussinet plantaire* amortissent les chocs et conservent au pied l'élasticite necessaire.

cale, *pharynx*, *œsophage*, *estomac*, *intestin grêle*, *gros intestin*) et de ses annexes (*dents*, *glandes salivaires*, *foie*, *pancréas*) (fig. 84).

Tous les segments du tube digestif sont formés d'une muqueuse doublée d'une couche musculaire extérieure ; de plus, ceux qui sont logés dans l'abdomen sont entourés par une membrane séreuse (*péritoine*).

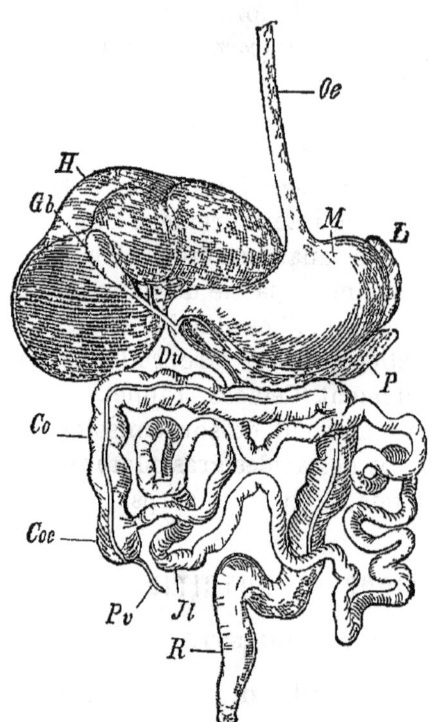

Fig 84 — Tube digestif de l'Homme — *Oe*, œsophage *M*, estomac, *L*, rate, *H*, foie, *Gb*, vésicule biliaire, *P*, pancréas, *Du*, duodénum, dans lequel se déversent le canal cholédoque et le canal pancréatique, *Jl*, iléon, *Co*, côlon, *Coe*, cæcum avec l'appendice vermiculaire, *Pv*, *R*, rectum.

Cavité buccale. — Cavité de réception des aliments. Constituée par un squelette osseux (*os des mâchoires*) et par des parties molles (*lèvres* en avant, *joues* sur les côtés, *langue* en bas, *palais* en haut), elle présente un orifice antérieur (*orifice buccal*) et un orifice postérieur (*isthme du gosier*). Entre les mâchoires, les joues et les lèvres, existe un espace (*vestibule de la bouche*) plus ou moins développé.

A. Os des mâchoires. — La mâchoire supérieure, toujours fixe, comprend, de chaque côté, un *intermaxillaire*, un *maxillaire* et un *palatin*. Les deux premiers se fusionnent de bonne heure, chez l'Homme, pour former, de chaque côté, un seul *os maxillaire supérieur*. La mâchoire inférieure est composée de deux os qui souvent se soudent ensemble pour constituer le *maxillaire inférieur*. Les os maxillaires portent deux rebords saillants curvilignes (*arcades dentaires*) revêtus par un épaississement de la muqueuse (*gencives*) et portant les dents, enchâssées dans des cavités spéciales (*alvéoles*).

B. Lèvres. — Ce sont deux replis musculo-cutanés, l'un supérieur, l'autre inférieur, qui circonscrivent l'orifice buccal.

Les levres sont charnues et mobiles; quelquefois la lèvre supérieure est divisée par une fente médiane (Lievres, Chat, etc.). Chez l'Homme, les lèvres concourent à la production du langage articulé; chez les ***Monotrèmes***, elles sont remplacées par un bec.

C. Joues. — Parois latérales de la cavité buccale.

Chez quelques Singes, Chéiroptères et Rongeurs, les joues se developpent de façon à laisser entre elles et les mâchoires des poches, qui constituent de véritables réservoirs alimentaires (*abajoues*).

D. Langue. — Organe charnu servant à la gustation, à la phonation et à la déglutition.

La langue présente une musculature complexe ; son extrémité antérieure (*pointe*) est libre, mais son extrémité postérieure (*base*) est fixée au système hyoidien et au maxillaire inférieur. La surface dorsale de la langue presente un grand nombre d'éminences (*papilles*), dont les unes sont gustatives, les autres tactiles. Celles-ci sont quelquefois cornées (Chat, Lion) et servent à detacher les chairs adherentes aux os.

E. Palais. — Plafond de la cavité buccale.

Il comprend deux parties : l'une antérieure (*voûte palatine*) munie d'une charpente osseuse, l'autre postérieure (*voile du palais*) exclusivement molle et musculeuse, un peu mobile. Le voile du palais offre, chez l'Homme et quelques Singes, un prolongement médian (*luette*). Il se continue, de chaque côté, par deux *piliers*, l'un antérieur, l'autre posterieur, entre lesquels se trouve logé un organe d'apparence glandulaire (*amygdale*). Les piliers antérieurs se perdent sur la langue et circonscrivent l'*isthme du gosier*, qui sépare la bouche du pharynx; les piliers postérieurs se terminent sur le pharynx et limitent l'*isthme naso pharyngien*, qui fait communiquer le pharynx avec l'arriere-cavité des fosses nasales.

F. Muqueuse de la cavité buccale. — Elle commence au bord des lèvres et se replie sur les maxillaires pour constituer les *gencives*.

Sur la ligne médiane, elle forme deux replis labiaux (*freins des levres*), un repli lingual (*frein lingual*) et une saillie palatine (*raphe palatin*) de chaque côté de laquelle s'observent des crêtes transversales (*crêtes palatines*) quelquefois très développées (***Rongeurs***) (1)

La muqueuse buccale donne naissance aux dents et à des glandes acineuses dont le produit de sécrétion constitue la salive. Quelques unes de ces glandes sont renfermées dans la muqueuse buccale (*glandes labiales, genales, palatines, linguales*), les autres (*glandes salivaires*) sont extra-pariétales.

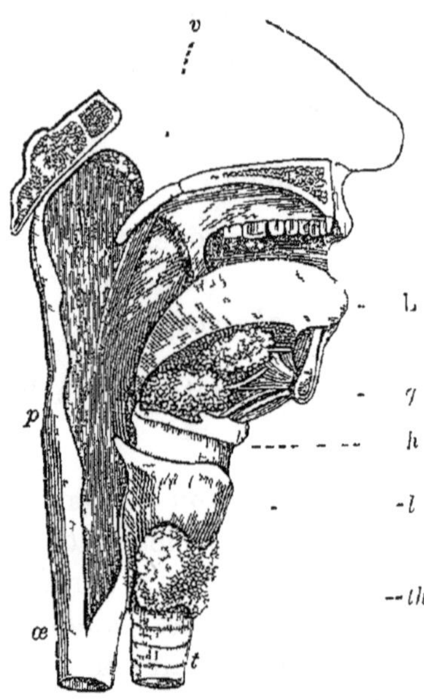

Fig 85 — Coupe verticale de la bouche et du pharynx de l Homme — *g*, glandes sous-maxillaire et sublinguale, *h*, os hyoide, L, langue, *l*, larynx, *œ*, œsophage, *p*, pharynx, *t*, trachée, *th*, corps thyroide *v*, voile du palais.

Pharynx. — Entonnoir situé derrière les fosses nasales et la bouche (fig. 85).

Carrefour commun aux voies digestive et respiratoire, il communique en avant avec la bouche (*isthme du gosier*), en haut avec les fosses nasales (*arrière-narine, choanes*), en bas avec l'œsophage (*orifice œsophagien*) et le larynx (*glotte*), sur les côtes avec l'oreille moyenne (*orifice de la trompe d'Eustache*) (2).

Œsophage. — Canal allant du pharynx à l'estomac.

Situé entre la trachee et la colonne vertébrale, l'œsophage traverse le diaphragme pour aller déboucher dans l'estomac. Aplati dans l'état de vacuité, il se dilate par l'effet du passage des aliments (3).

(1) A la partie antérieure du raphe palatin, on trouve, chez la plupart des Mammiferes, l'orifice d'un court canal (*canal incisif* ou *naso-palatin*) qui traverse la voûte palatine Ce canal (nul ou termine en cul-de-sac chez l'Homme) a deux branches de bifurcation (*canaux de Stenson*), qui s'ouvrent dans les fosses nasales et se trouvent en rapport avec un organe sensoriel (*organe de Jacobson*).

(2) La musculature du pharynx est striee, elle comprend trois muscles transversaux, ou *constricteurs*, et deux longitudinaux, ou *releveurs* Sa muqueuse, pourvue de *glandes en grappe*, presente, dans sa partie superieure seulement (*arriere-cavite des fosses nasales*), un épithelium vibratile

(3) La musculature de l'œsophage est striée en haut et lisse en bas Sa muqueuse est tapissee par un épithelium stratifie, elle renferme quelques rares glandes a mucus

Estomac. — Situé au-dessous du diaphragme.

Les aliments y séjournent un certain temps et y subissent l'action du *suc gastrique.* Il présente une ouverture d'entrée (*cardia*) communiquant avec l'œsophage, et une ouverture de sortie (*pylore*) se continuant avec l'intestin. Celle-ci est munie d'un anneau musculaire (*valvule pylorique*) qui peut, suivant son état de resserrement ou de relâchement, arrêter les aliments ou leur livrer passage. Le plus souvent simple ou uniloculaire, l'estomac est quelquefois composé ou pluriloculaire (***Ruminants, Cétacés***, etc.), mais, dans ce dernier cas, un seul des compartiments sécrète le suc gastrique. Chez l'Homme, l'estomac offre deux bords, l'un supérieur (*petite courbure*), l'autre inférieur (*grande courbure*), et deux *tubérosités*, l'une (*grand cul de sac*) près du cardia, l'autre (*petit cul-de-sac*) près du pylore (1).

Intestin grêle. — Fait suite immédiatement à l'estomac.

Entièrement logé dans l'abdomen, l'intestin grêle est long (8 mètres chez l'Homme) et son calibre décroît progressivement de l'estomac au gros intestin. Il joue un rôle considérable au double point de vue de la digestion et de l'absorption. Composé de deux portions : La première (*duodenum*), en forme de fer à cheval, est recouverte par le péritoine sur sa face antérieure seulement; la seconde (*intestin moyen* ou *jejuno-iléon*) décrit de nombreuses sinuosités (*circonvolutions intestinales*) et est enveloppée complètement par le péritoine qui la rattache aux parois abdominales (*mésentère*) (2). — La surface libre de la muqueuse offre des replis transversaux en forme de croissants (*valvules conniventes*), et des filaments (*villosités*), dont l'axe est occupé par un cul-de-sac lymphatique (*chylifère central*), entouré d'un réseau capillaire sanguin. Ces parties saillantes ont pour effet d'augmenter la surface intestinale et, par suite, la puissance de l'absorption.

(1) La musculature de l'estomac est lisse et se compose de trois plans de fibres les superficielles longitudinales, les moyennes circulaires, les profondes obliques. La muqueuse est tapissée par un épithélium cylindrique à *cellules* dites *caliciformes ;* elle contient des glandes en tubes simples ou ramifiés. Les unes (*glandes à pepsine* ou *à suc gastrique*), renfermant des cellules sphéroïdales, sont répandues sur toute la surface de l'estomac, les autres (*glandes à mucus*), plus abondantes près du pylore, sont tapissées par une seule couche de cellules cylindriques

(2) La musculature de l'intestin est lisse et comprend deux sortes de fibres, les externes longitudinales, les internes circulaires. Sa muqueuse est tapissée par un épithélium cylindrique, dont les cellules présentent, pour la plupart, un plateau muni de stries dont la signification n'est pas connue Cette muqueuse renferme deux sortes de glandes. Les unes (*glandes de*

Gros intestin. — Partie du conduit intestinal qui s'étend de l'intestin grêle à l'anus.

Logé dans l'abdomen et le bassin, le gros intestin se distingue de l'intestin grêle par son ampleur ; il reçoit les matériaux de rebut de la digestion (*matières fécales*). Séparé de l'intestin grêle par un repli valvulaire (*valvule iléo-cæcale* ou *de Bauhin*), il se divise en trois parties (*cæcum, côlon, rectum*) dont l'ensemble constitue une anse très développée. La valvule iléo-cæcale consiste en deux lèvres saillantes dans le cæcum et permet le passage des matières de l'intestin grêle dans le gros intestin, mais s'oppose à leur reflux (1). Au niveau de l'anus, la paroi du rectum est unie à deux muscles striés, l'un annulaire (*sphincter de l'anus*), l'autre cupuliforme (*releveur de l'anus*), qui font partie des *muscles du périnée*. Chez les ***Monotrèmes*** seulement, il existe un véritable cloaque.

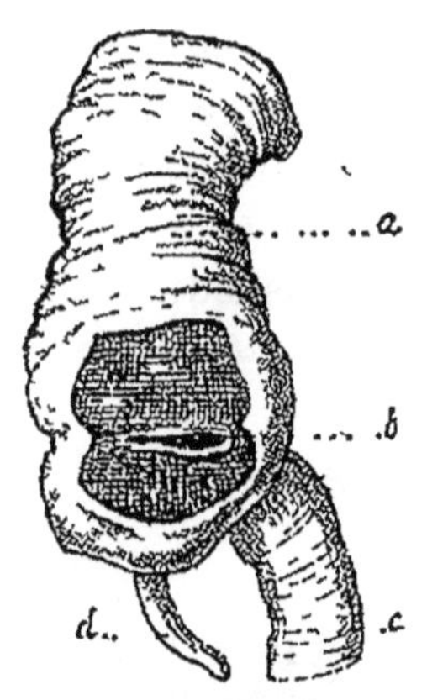

Fig. 86. — Région iléo-cæcale. — *a*, côlon ascendant ; *b*, valvule de Bauhin ; *c*, intestin grêle ; *d*, appendice vermiculaire.

Dents. — Organes durs implantés dans les bords alvéolaires des mâchoires.

A. Caractères généraux. — Les dents servent à la mastication : elles manquent rarement (Pangolin, Fourmilier, Echidne). La *dentition* ou l'ensemble des dents varie avec le régime.

A. *Dentition permanente et dentition temporaire.* — Les dents peuvent être permanentes ou subir un remplacement. Dans le premier cas (***Monophyodontes***), elles naissent telles qu'elles seront pendant toute la vie. Dans le second cas (***Diphyodontes***), les premières dents (*dents de lait* ou *de première dentition*) tombent et sont rempla-

Brunner) sont des glandes en grappe, spéciales au duodénum, et sécrètent un ferment spécial (*ferment inversif*) ; les autres (*glandes de Lieberkuhn*) sont des tubes simples, elles occupent toute la longueur de l'intestin et sécrètent un suc alcalin (*mucus intestinal*). Enfin on trouve, dans la charpente conjonctive de la muqueuse, des organes lymphoïdes, les uns isolés (*follicules clos*), les autres réunis en groupes plus ou moins allongés (*follicules agminés* ou *plaques de Peyer*).

(1) Très développé chez les Herbivores, le cæcum est rudimentaire ou nul chez les Carnivores et les Insectivores. Dans beaucoup de cas (Homme, la plupart des Singes et des Rongeurs), une partie du cæcum s'atrophie et constitue un prolongement grêle (*appendice vermiculaire*), plus ou moins vermiforme.

cees par d'autres plus volumineuses et plus nombreuses (*dents de remplacement* ou *de deuxieme dentition*) (1). Les Mammifères à une seule dentition ont des dents d'une seule sorte, généralement nombreuses, et sont dits ***Homodontes***. Les *Diphyodontes* ont deux ou trois sortes de dents et sont appelés ***Hétérodontes***.

B. *Groupement des dents d'apres leur insertion.* — On appelle *incisives* les dents implantées dans les os intermaxillaires et celles qui leur correspondent, à la mâchoire inférieure; elles atteignent leur maximum de développement chez l'Eléphant (*defenses*) et chez les ***Rongeurs***, mais manquent chez les ***Édentés***. Leur couronne est generalement taillee en biseau. — Les *canines* constituent la paire de dents occupant l'extrémité antérieure des os maxillaires supérieurs et la paire correspondante, à la mâchoire inférieure; elles offrent leur maximum de développement chez les ***Carnivores*** et font defaut chez les ***Rongeurs***. — Enfin, on nomme *molaires* toutes les autres dents : *premolaires* ou *petites molaires*, celles qui succèdent à des dents de lait; *vraies molaires* ou *grosses molaires*, celles qui ne subissent aucun renouvellement. Les molaires présentent leur developpement maximum chez les grands Herbivores.

C. *Formules dentaires.* — On donne ce nom à une expression symbolique qui indique le nombre et la répartition des dents. Les exemples suivants feront comprendre l'utilité de ces formules :

$$\text{Homme} : \frac{2}{2}\,i,\ \frac{1}{1}\,c,\ \frac{5}{5}\,m\left(\frac{2}{2},\frac{3}{3}\right) = 32, \text{ ou } \frac{2.1.2.3}{2.1.2.3} = 32.$$

$$\text{Rat} : \frac{1}{1}\,i,\ \frac{0}{0}\,c,\ \frac{3}{3}\,m = 16, \text{ ou } \frac{1.0.3}{1.0.3} = 16.$$

Ce qui veut dire : De chaque côte et à chaque mâchoire, 1° l'Homme a 2 incisives, 1 canine et 5 molaires, dont deux premolaires et 3 vraies molaires, en tout 32 dents; 2° le Rat possède 1 incisive, zéro canine et 3 molaires, en tout 16 dents.

On formule les dentitions de lait, en se servant du signe (').

$\frac{2}{2}\,i', \frac{1}{1}\,c', \frac{2}{2}\,m' = 20$ représente la dentition de lait de l'Homme.

(1) La suppression de la seconde dentition est un fait de régression, chez tous les Mammiferes, il se forme dans l'embryon deux series de germes dentaires; mais, tandis que, chez les Diphyodontes, les deux series arrivent successivement au developpement complet, chez les Monophyodontes, l'une des series, soit l'une, soit l'autre, avorte sans donner de dents.

B. Conformation générale des dents — Chaque dent présente une portion libre (*couronne*) et une portion enchâssée dans l'alvéole (*racine*), habituellement séparées l'une de l'autre par un rétrécissement (*collet*) auquel adhère la gencive. Au centre de la dent, une cavité (*cavité dentaire*) loge une papille vasculo-nerveuse (*pulpe dentaire*) qui sert à la nutrition de l'organe. Les dents sont constituées essentiellement (fig. 87, A) par une matière dure (*ivoire* ou *dentine*); elles ont la couronne recouverte d'une substance plus dure

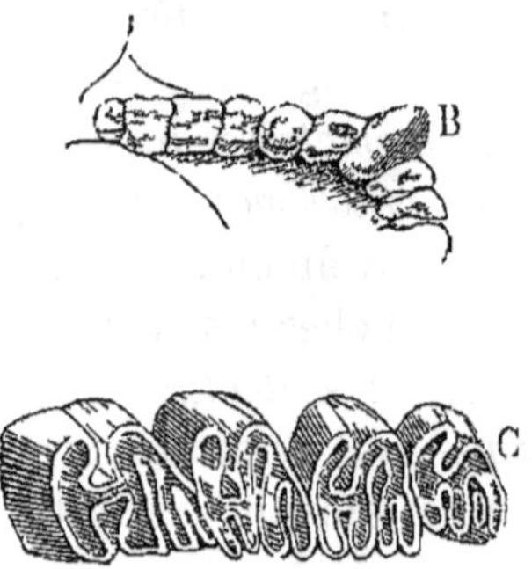

Fig. 87 — A Coupe longitudinale d'une molaire de l'Homme — *a*, émail, *b*, cavité dentaire, *c*, cément, *d*, ivoire — B Dents tuberculeuses — C Dents prismatiques, où la couronne est remplacée par une surface d'usure

encore (*email*) et la racine revêtue d'un veritable tissu osseux (*cement*). Le cément peut dans quelques cas exister aussi sur la couronne (1).

La cavité dentaire s'ouvre à l'extremité de la racine par un orifice large ou étroit, suivant que la croissance de la dent a lieu pendant toute la vie ou seulement pendant un temps limite (2).

(1) L'ivoire est creuse d'un grand nombre de canalicules microscopiques (*canalicules dentaires*) qui partent de la cavite dentaire, pour aller se terminer sous l'email et le cement Ces canalicules renferment des prolongements protoplasmiques (*fibres de Tomes*) qui naissent des cellules superficielles (*odontoblastes*) de la pulpe dentaire L'émail, la substance la plus dure de l'organisme, est constitue par des prismes hexagonaux et recouvert par une couche amorphe tres mince (*cuticule de l'email*). Le cement est relié à la surface interne de l'alveole par un tissu fibreux tres dense (*perioste alveolo-dentaire*)

(2) Developpement des dents (fig 88). — Les dents se developpent aux depens des feuillets moyen et externe du blastoderme, tandis que les os proviennent entierement du feuillet moyen Le derme de la muqueuse buccale pro-

Glandes salivaires. — Glandes en grappe composée sécrétant la *salive*. Trois paires principales.

A. Glande parotide. — Située au-dessous du conduit auditif externe. Son conduit vecteur (*canal de Sténon*) debouche à la face interne de la joue. Surtout developpee chez les Herbivores ; rudimentaire chez les Edentés et les Mammiferes aquatiques.

B Glande sous-maxillaire. — Située a la partie antérieure et superieure du cou, en dedans du maxillaire inférieur. Son conduit vecteur (*canal de Wharton*) s'ouvre sur un tubercule (*caroncule sublinguale*), à côté du frein de la langue. Très developpee chez les Edentés.

C. Glande sublinguale. — Située dans l'épaisseur du plancher buccal, au-dessous de la partie anterieure de la langue. Elle debouche par un conduit vecteur simple (*canal de Bartholin*) ou multiple (*canaux de Rivinus*) sur la caroncule sublinguale.

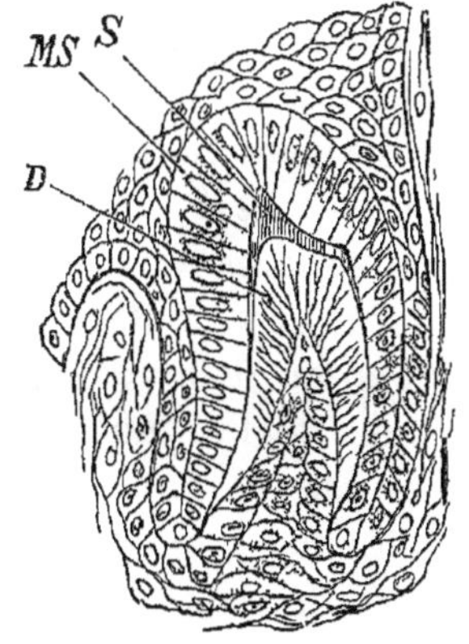

Fig 88 — Développement d une dent de Triton. — *D*, ivoire, coiffant le germe de l'ivoire, *S*, émail, *MS*, organe adamantin, au-dessus, l'épithelium de la muqueuse.

duit un bourgeon (*germe de l'ivoire*) que vient coiffer une sorte de capuchon (*organe adamantin*) produit par l'epithelium. Le germe de l'ivoire forme la pulpe, les cellules superficielles (*odontoblastes*) secretent l'ivoire, et l'organe adamantin produit l'émail, le cement est dû a l'organisation du mesoderme qui entoure le germe de la dent

A un moment donne, la dent soulève la muqueuse des gencives (*eruption*) et fait saillie en dehors ; si elle doit tomber ensuite, la chute a lieu par une veritable resorption de la racine.

La premiere dentition commence vers l'âge de six mois (ce n'est que tres exceptionnellement que l'enfant nait avec des dents) et les vingt dents qui la composent sont ordinairement sorties a deux ans La seconde dentition, composee de trente-deux dents, commence a l'âge de sept ans, mais la sortie des dernieres molaires (*dents de sagesse*) n'a lieu que vers la vingtieme annee, ou même quelquefois ne se produit pas.

Les Carnivores et la plupart des Omnivores ont des dents a croissance limitee, elles s usent peu, et presentent un certain nombre de tubercules de forme variable, mais toujours peu eleves et recouverts d'email (fig. 87 A). Chez les Herbivores au contraire, les tubercules s'allongent enormement et deviennent de veritables colonnes s'élevant sur la couronne de la dent, mais l'espace qui separe ces colonnes est comble par du cement. Sous l'influence de la mastication continue, ces dents s usent, de façon que la couronne primitive est remplacee par une surface d'usure, ou les tubercules sont representes par leur section, c'est-a-dire par des îlots d'ivoire entoures d'émail, et separes par des traînees de cement Ce sont des dents a croissance continue. On les appelle des *dents prismatiques* (fig. 87, C).

Foie. — Glande qui sécrète la *bile* et fabrique du *glucose*.

D'un brun rougeâtre, le foie est la glande la plus volumineuse de l'organisme. Il dérive primitivement du duodénum auquel il ne reste attaché plus tard que par son conduit vecteur (*canal cholédoque*) (1).

Le foie est situé immédiatement au-dessous du diaphragme. Sa forme est celle d'un segment d'ovoïde présentant une face supérieure convexe et une face inférieure concave. Celle-ci est parcourue par trois sillons en H, un transverse (*hile*) et deux longitudinaux, qui la divisent en quatre *lobes* (*droit*, *gauche*, *antérieur* ou *carré*, *postérieur* ou *lobe de Spiegel*). C'est par le hile qu'entrent les vaisseaux afférents (*veine porte*, *artère hépatique*) et que sort le canal cholédoque. Quant aux vaisseaux efférents (*veines hépatiques* ou *sus-hépatiques*), ils viennent déboucher dans la veine cave inférieure, sur le bord postérieur de l'organe. Le canal cholédoque est formé par la réunion des *canaux biliaires*. Il débouche dans le duodénum et porte habituellement un conduit (*canal cystique*) se rendant à un réservoir (*vésicule biliaire*) ; ce dernier manque quelquefois (Cheval, Éléphant, Cerf, Cétacés).

Le foie est enveloppé par le péritoine et par une membrane fibreuse (*capsule de Glisson*) qui, à l'intérieur de l'organe, fournit des gaines aux vaisseaux afférents et aux canaux biliaires. Il est constitué par des cellules (*cellules hépatiques*) groupées en grains (*lobules hépatiques*) qu'entoure une fine dépendance de la capsule de Glisson (2). Chaque cellule hépatique renferme des granulations biliaires et des granulations de glycogène ; elle sécrète à la fois de la bile et du glucose. La bile se déverse dans l'intestin ; le glucose, dans la veine cave inférieure. Le glucose provient de la transformation du glycogène (p. 140) sous l'influence d'un ferment spécial (Cl. Bernard) (3).

(1) Le foie se présente comme une glande tubuleuse dont les ramifications s'unissent en réseau, au lieu de se terminer en culs-de-sac. Les vaisseaux sanguins situés dans les mailles de ce réseau ne tardent pas à pénétrer l'épithélium sécréteur et ainsi se constitue une glande complexe. Le foie ne conserve une forme tubuleuse que chez les Vertébrés inférieurs.

(2) Un lobule hépatique a environ 1 millim. de diamètre. Il présente 1° à son centre, une veine efférente béante (*veine intralobulaire*), 2° à sa périphérie, des ramifications de la veine porte (*veines interlobulaires*) et de l'artère hépatique, 3° un réseau capillaire (*réseau intralobulaire*) allant des vaisseaux périphériques au vaisseau central ; 4° des cellules polyédriques (*cellules hépatiques*) disposées dans les mailles du réseau. 5° des *canalicules biliaires*, les uns interlobulaires, les autres intralobulaires. Ceux-ci perdent leur paroi propre vers le centre des lobules.

(3) Les cellules hépatiques élaborent le glycogène aux dépens des produits de la digestion introduits dans le foie par la veine porte. La quantité

Pancréas. — Glande qui sécrète le *suc pancréatique* (fig. 84, *P*).

Le pancréas est une glande grisâtre, située transversalement entre l'estomac et la colonne lombaire, dans la concavité du duodenum, en arriere du péritoine qui recouvre sa face antérieure. Outre le conduit vecteur principal (*canal de Wirsung*), il peut exister un ou plusieurs canaux accessoires. Le canal de Wirsung s'unit fréquemment au canal choledoque, et debouche dans le duodenum côte à côte avec lui.

Péritoine. — Séreuse qui tapisse les parois de la cavité abdominale (*peritoine parietal*) et enveloppe la plupart des viscères de cette cavité (*péritoine visceral*).

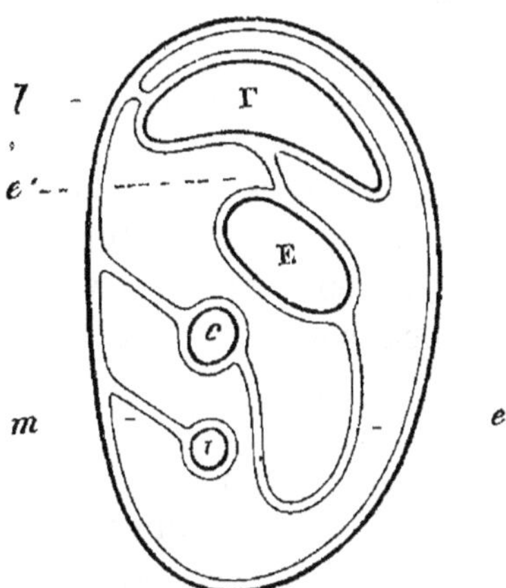

Fig 89 — Schéma du péritoine (coupe longitudinale de l'abdomen) — *c*, colon, *E*, estomac, *e*, grand épiploon, *e*, petit épiploon, *F*, foie ; *i*, intestin grêle, *l*, ligament coronaire du foie, *m*, mésentere.

Le peritoine facilite le glissement des viscères et, en même temps, les assujettit au moyen de trois sortes de *replis* : 1° Les *ligaments* se rendent de la paroi abdominale aux viscères. Ex. : le ligament coronaire du foie. 2° Le *mésentere* (vulgairement *fraise* chez le Veau) fixe les diverses parties de l'intestin à la paroi abdominale. 3° Les *épiploons* s'étendent entre deux viscères. Ex. : le grand épiploon, qui va de l'estomac au côlon ; le petit épiploon, qui va du foie à l'estomac (fig. 89).

PHYSIOLOGIE DE LA DIGESTION.

La digestion a été définie plus haut (p. 67). Elle comprend deux sortes de phénomènes : les uns accessoires (*phénomènes mecaniques*), les autres fondamentaux (*phénomenes chimiques*).

de glucose dans le sang est sensiblement constante pour un même animal. Elle est peu importante a l'état normal, car le foie ne livre a l'organisme que le glucose necessaire a la nutrition ; mais, quand le foie fonctionne mal, le glucose peut devenir plus abondant (*diabete sucre*) et l'exces est alors rejete par les reins. La plupart des élements anatomiques renferment aussi du glycogene qu'ils convertissent en glucose Celui des muscles constitue surtout une provision locale, celui du foie est une reserve assurant et regularisant la production du glucose

Phénomènes mécaniques. — Ils ont pour but de saisir les aliments (*préhension des aliments*), de les diviser au moyen des dents (*mastication*), de les faire passer de la bouche dans l'estomac (*déglutition*), de les faire progresser dans l'estomac et l'intestin (*mouvements de l'estomac et de l'intestin*), enfin d'expulser leurs résidus (*défecation*).

A. Préhension des aliments. — Elle s'effectue sur les aliments solides et sur les liquides.

A. *Prehension des solides.* — Les membres antérieurs atteignent, chez l'Homme, leur plus haut degré de perfection comme instruments de prehension ; ils servent aussi aux mêmes usages chez les Singes et beaucoup de Rongeurs claviculés. Les mâchoires constituent, pour la plupart des Mammifères, l'unique instrument de préhension. Les incisives, aussi bien par leur situation antérieure que par leur forme tranchante, sont les seules dents vraiment préhensiles. Le Cheval saisit les aliments avec ses lèvres, l'Elephant avec sa trompe, le Fourmilier avec sa langue.

B. *Prehension des liquides.* — Elle s'effectue suivant trois modes principaux :

1° La *succion*, où la langue effectue des mouvements de va-et-vient, attirant le liquide, à la façon d'un piston qui se meut dans un corps de pompe, représente ici par la bouche. C'est par ce procéde que l'enfant tette sa mère. Pendant la succion, la respiration continue à s'effectuer. Celle-ci n'est suspendue qu'au moment de la deglutition.

2° L'*aspiration*, où l'inspiration thoracique attire le liquide dans la cavité buccale. L'Elephant se sert de sa trompe pour aspirer l'eau qu'il rejette ensuite dans sa bouche, par un mouvement d'expiration.

3° Le *lapement*, où la langue, dardee dans le liquide par sa pointe ramenee en arriere, lance celui-ci dans la cavite buccale. Cette façon de boire, la plus lente de toutes, s'observe chez les Carnivores et leur suffit, car ils boivent peu. Elle est en corrélation avec la disposition de la gueule qui, largement fendue, ne pourrait plonger complètement dans l'eau, sans immerger les narines.

B. Mastication. — Elle s'effectue par les mouvements de la mâchoire inférieure et rend les substances solides plus aptes à être attaquées par les sucs digestifs. Les molaires sont les vraies dents de la mastication, tantôt coupantes et agissant comme une paire de ciseaux (*Carnivores*), tantôt plates, sillonnées de replis d'émail à la façon d'une râpe (Herbivores), tantôt enfin arrondies et agissant surtout par écrasement (Omnivores). Dans le premier cas, la mâchoire inférieure n'a que des mouvements verticaux. Dans le deuxième, il y a, en outre, des mouvements horizontaux, soit longitudinaux, soit transversaux, suivant que les bandes d'émail sont transversales (*Rongeurs*) ou longitudinales (*Ruminants*). Dans le troisième cas, les trois sortes de mouvements existent et le régime est mixte. Quand les aliments ont été divisés par la mastication et réduits en bouillie par leur mélange avec la salive (*insalivation*), ils prennent la forme d'une masse arrondie (*bol alimentaire*).

C. Déglutition. — Acte par lequel s'effectue le transport du bol alimentaire et des liquides de la bouche dans l'estomac. Dans un premier temps, la langue fait, pour ainsi dire, le gros dos et comprime, contre la voûte palatine, le bol alimentaire qu'elle pousse vers le pharynx. Dans un deuxième temps, le pharynx se soulève et le larynx se porte en avant. L'épiglotte vient alors buter contre le base de la langue et se renverse sur l'ouverture supérieure du larynx, en même temps que la glotte se ferme. Mais déjà le voile du palais s'est soulevé horizontalement, jusqu'a rencontrer la paroi postérieure du pharynx, et oblitere l'isthme naso-pharyngien, comme la base de la langue oblitère elle-même l'isthme du gosier. Alors le bol alimentaire traverse le pharynx et se précipite vers l'œsophage, sous l'influence d'une véritable aspiration produite par la dilatation antéro-postérieure du pharynx (Maissiat), le soulèvement actif du voile du palais (Carlet) et l'ampliation de l'entrée de l'œsophage, par suite d'une dépression thoracique due surtout à la contraction du diaphragme (Arloing). Dans un troisième temps, le bol alimentaire est chassé vers l'estomac par les contractions peristaltiques de l'œsophage. La déglutition des liquides ne diffère pas sensiblement de celle des aliments solides.

D. Mouvements de l'estomac et de l'intestin. — Ils sont lents et faibles, mais continuent l'œuvre de la mastication, en présentant les diverses parties de la masse alimentaire à l'action des sucs digestifs. Les contractions se font tantôt d'avant en arrière (*contractions péristaltiques*), tantôt d'arrière en avant (*contractions antiperistaltiques*). Les premières sont prépondérantes et amènent finalement la progression des matières alimentaires.

E. Défécation. — Elle s'effectue sous l'influence de la contraction des muscles abdominaux, aidés par un muscle du bassin (*releveur de l'anus*); ces contractions forcent la barrière opposée par la tension du sphincter de l'anus.

Phénomenes chimiques. — Ils modifient les aliments par l'action d'agents albuminoides speciaux (*ferments*) qui sont en dissolution dans les divers sucs digestifs.

Le tableau suivant résume la classification des matières organiques qui entrent dans la composition des aliments :

Azotés ou *Albuminoïdes*		Albumine ; fibrine ; caseine, gelatine : gluten ; etc.
Hydrates de carbone	Féculents	Amidon ; dextrine, etc.
	Sucres	Sucre de canne ; glucose, etc
Corps gras		Huiles ; graisses ; beurre, etc.

A. Action de la salive. — La salive a normalement une réaction neutre ou alcaline, mais elle est souvent acide entre les repas par suite d'une fermentation microbienne ; elle contient un ferment soluble (*ptyaline*) qui transforme la fécule cuite en dextrine et en glucose (Leuchs). La salive facilite la mastication (surtout la *salive parotidienne*, aqueuse), la déglutition (surtout la *salive sublinguale*, visqueuse) et la gustation (surtout la *salive sous-maxillaire*, filante) (Cl. Bernard).

B. Action du suc gastrique. — Le suc gastrique contient un acide (*acide chlorhydrique*) et un ferment soluble, la *pepsine*, qui, en presence de l'acide, transforme les albuminoïdes en *peptones* ou *albuminoses* (1). Les peptones diffèrent des albuminoïdes en ce qu'elles sont solubles dans l'eau et dialysables. Le suc gastrique ne paraît pas avoir d'action sur les aliments non azotés.

C. Action de la bile. — La bile ne contient pas de ferments digestifs ; elle renferme des sels speciaux (*sels biliaires*), des substances colorantes et une substance spéciale de désassimilation (*cholesterine*). Faiblement émulsive, elle facilite l'absorption de la graisse ; enfin elle est un excitant énergique pour les fibres musculaires de l'intestin.

D. Action du suc pancréatique. — Le suc pancréatique est alcalin et constitue le plus important des sucs digestifs. Il contient trois ferments solubles : un saccharifiant (*diastase pancreatique*), un peptonisant (*trypsine*), un saponifiant (*ferment saponifiant*). A l'aide de ces trois ferments, le suc pancréatique saccharifie les féculents, même quand ils sont crus (Valentin), peptonise les albuminoïdes (Corvisart), émulsionne les graisses et les saponifie, c'est-à-dire les dédouble en glycérine et acides gras (Cl. Bernard) ; ceux-ci s'unissent à l'alcali, pour former des savons. Le suc pancréatique est ainsi le plus important des sucs digestifs.

(1) Chez le jeune, pendant l'allaitement, la pepsine est remplacee par un autre ferment, la *présure*, qui coagule et transforme le lait, même en milieu neutre ou alcalin.

E. Action du suc intestinal. — Le suc intestinal contient un ferment soluble (*ferment inversif*), qui transforme le sucre de canne, non assimilable, en un mélange de glucose et de lévulose (*sucre interverti*), directement utilisable par l'économie (Cl. Bernard). Il possède aussi, mais a un faible degré, un triple pouvoir saccharifiant, peptonisant et émulsif — Dans le gros intestin, les aliments ne subissent pas de modification appréciable.

ABSORPTION INTESTINALE.

L'*absorption digestive* est l'acte par lequel les substances assimilables, fabriquées dans le tube digestif, passent dans le sang pour servir à la nutrition des organes.

Les veines et les lymphatiques sont les principales voies de transport des substances absorbées (*voies de l'absorption*).

L'absorption digestive se fait surtout dans l'intestin grêle, où la surface absorbante est rendue énorme par la présence des valvules conniventes et des villosités. Celles-ci, avec leur réseau sanguin périphérique et leur axe occupé par un capillaire lymphatique, sont admirablement disposées pour l'absorption, tant à cause de leur richesse vasculaire, que parce qu'elles baignent dans la bouillie intestinale.

Le glucose et les peptones sont absorbés, presque en totalité, par les capillaires sanguins et amenés, par la veine porte, au foie qui retient l'exces de glucose. Les graisses passent uniquement par les lymphatiques de l'intestin (*chylifères*), auxquels elles donnent pendant l'absorption un aspect lactescent. Finalement, tous les produits dissous de la digestion se rendent dans le système veineux.

ARTICLE IV. — APPAREIL CIRCULATOIRE.

L'appareil circulatoire se compose d'un organe central (*cœur*), renfermé dans le thorax, et de vaisseaux périphériques charriant, les uns du sang (*vaisseaux sanguins*), les autres de la lymphe (*vaisseaux lymphatiques*). Les vaisseaux sanguins se divisent en *artères*, *veines* et *capillaires*; les vaisseaux lymphatiques constituent le *système lymphatique*.

Cœur. — Ovoïde musculeux quadriloculaire, rejetant par les artères le sang qu'il reçoit par les veines (fig. 90).

Une cloison longitudinale partage le cœur en deux moitiés indépendantes, l'une gauche, l'autre droite. La première est remplie de sang artériel (*cœur gauche* ou *artériel*) et la seconde de sang veineux (*cœur droit* ou *veineux*). Chacun de ces cœurs (ils ont leurs sommets distincts extérieurement, chez le Dugong) est subdivisé transversalement, par une cloison horizontale, en deux loges dont la supérieure est globuleuse (*oreillette*) et l'inférieure conique (*ventricule*). Cette cloison est percée d'une ouverture (*orifice auriculo-ventriculaire*), munie d'une valvule (*valvule auriculo ventriculaire*) qui laisse passer le sang de l'oreillette dans le ventricule, mais s'oppose à son reflux. Ces valvules sont formées de lames membraneuses (*l*) terminées par des cordages tendineux (*) qui les rattachent à des colonnes charnues (*k*) (*piliers*) nées des parois ventriculaires. La valvule gauche (*v. mitrale*) est formée de deux lames ; la valvule droite (*v. tricuspide*) en offre trois.

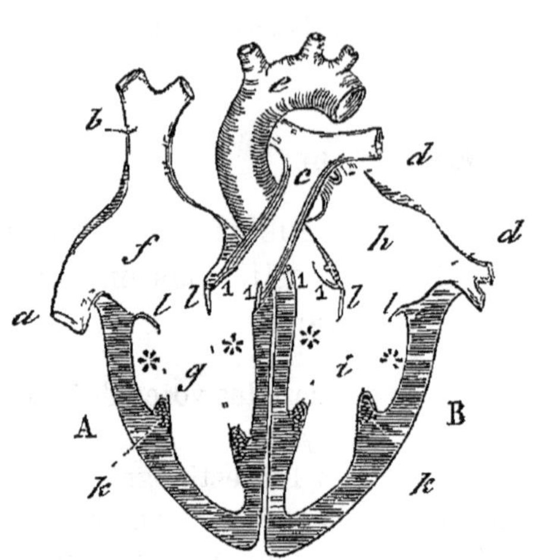

Fig 90. — Schéma du cœur. — A, moitié droite, B, moitié gauche, *a*, veine cave inférieure, *b*, veine cave supérieure, *c*, artère pulmonaire, *d*, veines pulmonaires, *e*, aorte, *f*, oreillette droite, *g*, ventricule droit, *h*, oreillette gauche, *i*, ventricule gauche, *k*, piliers, avec les cordages tendineux marqués d'un astérisque, *l*, valvules auriculo-ventriculaires, *1*, valvules sigmoïdes.

De chaque ventricule part une artère : l'*artère pulmonaire* (*c*), du ventricule droit et l'*artère aorte* (*e*) du ventricule gauche. Chacune de ces artères est munie de trois replis en forme de nids de pigeons (*1*) (*valvules sigmoïdes*), dont le bord libre présente en son milieu un petit tubercule (*nodule d'Arantius*) de consistance cartilagineuse Les valvules sigmoïdes permettent le passage du sang du ventricule dans le tronc artériel, mais s'opposent à son retour (1).

(1) La paroi musculaire du cœur (*myocarde*) est plus mince dans les oreillettes que dans les ventricules et plus mince dans le ventricule droit que dans le gauche, l'épaisseur étant proportionnelle à l'activité de ces

Les oreillettes reçoivent les veines.

A. *Oreillette droite.* — Elle reçoit les deux *veines caves* (*a,b*) et la *grande veine coronaire* qui lui apportent respectivement le sang veineux du corps et du cœur. L'orifice de la veine cave supérieure est dépourvu de valvule; celui de la veine cave inférieure en présente une (*valvule d'Eustachi*), plus développée chez le fœtus que chez l'adulte; celui de la veine coronaire est aussi délimité en bas par une mince valvule (*valvule de Thebesius*). — Sur la cloison interauriculaire se trouve une dépression elliptique (*fosse ovale*), à l'endroit où, chez le fœtus, existait une ouverture (*trou de Botal*) faisant communiquer les deux oreillettes.

B. *Oreillette gauche.* — Elle reçoit les quatre *veines pulmonaires* (*d*) qui y deversent, par autant d'orifices dépourvus de valvules, le sang venant des poumons.

Les cavités du cœur sont tapissées par une membrane conjonctive (*endocarde*), dont les valvules ne sont que des duplicatures. Enfin le cœur est entouré d'un sac séreux (*pericarde*) qui facilite ses mouvements. Il occupe dans la poitrine une cavité médiane (*mediastin*), située entre les deux séreuses des poumons (*plèvres*).

Système artériel. — Toutes les artères de l'organisme proviennent des ramifications de l'*artere pulmonaire* et de l'*artère aorte*. La première conduit le sang veineux aux poumons; la seconde porte le sang artériel aux diverses parties du corps (1).

Les artères sont constituées par trois tuniques : une *externe*, de tissu conjonctif, à éléments longitudinaux: une *moyenne*, formée d'un réseau de fibres élastiques dans les mailles duquel sont logées des fibres musculaires transversales; une *interne*, représentée par

diverses parties Les élements musculaires des oreillettes sont complètement séparés de ceux des ventricules ; de plus, chacune des cavites du cœur possede une couche musculaire propre, en même temps qu'il existe une couche superficielle commune aux deux cavites de même nom. Toute cette musculature est striée et s'insere sur des anneaux fibreux qui entourent les orifices auriculo-ventriculaires Dans l angle anterieur forme par l adossement de ceux-ci on observe un noyau calcaire (*os du cœur*) rare chez l'Homme, presque constant chez les grands Herbivores

(1) Habituellement les arteres occupent une situation profonde et arrivent, par le chemin le plus court, aux parties dans lesquelles elles se distribuent. La cavite des artères ne renferme généralement pas de sang apres la mort, a cause du refoulement de ce liquide dans le systeme veineux, par la derniere pulsation arterielle. C'est seulement par la *vivisection* qu'on a pu voir (GALIEN) que les arteres ne sont pas des vaisseaux aérifères, comme on l'avait cru d'abord.

une membrane élastique perforée de distance en distance (*membrane fenêtrée*) et tapissée d'un endothélium à cellules fusiformes. — La tunique moyenne est la plus importante : grâce à son élasticité, les artères restent béantes, lorsqu'elles sont vides ; grâce à ses fibres musculaires, elles peuvent, sur le vivant, diminuer leur calibre. Les plus petites artères (*artérioles*) ne renferment pas de fibres élastiques ; celles-ci sont d'autant plus abondantes que les artères sont plus grosses. Les parois des plus grosses artères sont exclusivement élastiques. — Les artères présentent quelquefois des dilatations anormales (*anévrysmes*); elles subissent souvent une dégénérescence graisseuse ou crétacée (*athérome*).

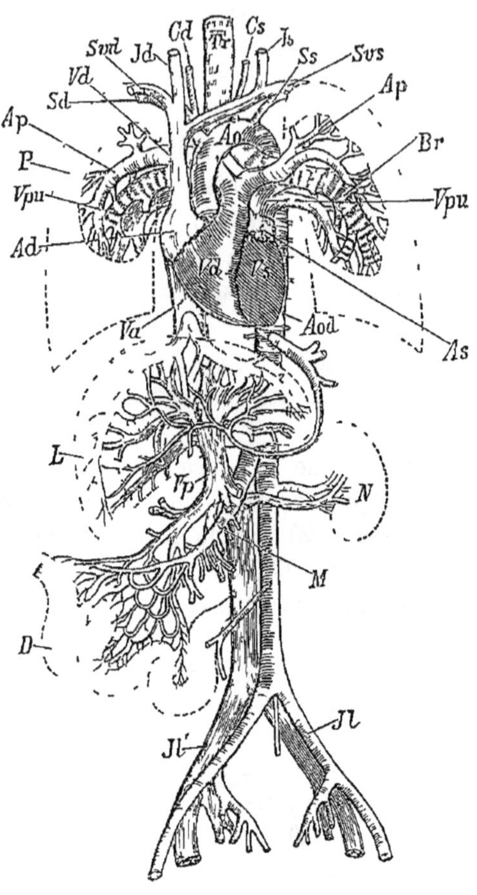

Fig. 91. — Appareil circulatoire de l'homme. — *Vd*, ventricule droit ; *Vs*, ventricule gauche ; *Ad*, oreillette droite ; *As*, oreillette gauche ; — *Ao*, crosse de l'aorte ; *Aod*, aorte descendante ; *Cd*, carotide droite ; *Cs*, carotide gauche ; *Sd*, artère sous-clavière droite ; *Ss*, artère sous-clavière gauche ; *M*, artère mésentérique supérieure ; *Jl*, artère iliaque primitive ; — *Va*, veine cave inférieure ; *Vd*, cave supérieure ; *Jl'*, veine iliaque ; *Vp*, veine porte ; *Jd*, veine jugulaire droite ; *Js*, jugulaire gauche ; *Svd*, veine sous-clavière droite ; *Svs*, veine sous-clavière gauche ; — *Ap*, artère pulmonaire ; *Vpu*, veine pulmonaire. — *Tr*, trachée ; *Br*, bronches ; *P*, poumon ; *L*, foie ; *N*, rein ; *D*, intestin.

A. Artère pulmonaire. — Elle part du ventricule droit et se divise, au-dessous de la crosse de l'aorte, en deux branches qui se rendent dans chacun des poumons, et s'y ramifient dichotomiquement en s'accolant aux ramifications des bronches (fig. 91, *Ap*).

B. Artère aorte (*Ao*) — Elle sort du ventricule gauche, fournit deux artères pour le cœur (*artères cardiaques* ou *coronaires*), monte dans la région du cou (*aorte ascendante*), se recourbe derrière le cœur (*crosse de l'aorte*), puis redescend (*aorte descendante*), et traverse le thorax (*aorte thoracique*) et l'abdomen (*aorte abdominale*). Arrivee au bassin, elle se termine par trois branches : une médiane (*sacrée moyenne*) qui longe le sacrum, et deux laterales (*Jl*) (*iliaques primitives*).

De chaque côté de la crosse de l'aorte, se détachent la *carotide primitive* et la *sous-clavière*, pour la tête et les membres supérieurs.

L'aorte thoracique donne des branches à l'œsophage, aux bronches et aux espaces intercostaux.

L'aorte abdominale fournit les artères des parois et des viscères de l'abdomen (1).

Les iliaques primitives se divisent, de chaque côté, en deux branches : l'une (*iliaque interne* ou *hypogastrique*), pour le bassin et ses organes ; l'autre (*iliaque externe*), pour le membre inférieur.

Systeme veineux. — Toutes les veines de l'organisme ont pour aboutissant les *veines pulmonaires*, la *grande veine coronaire*, la *veine cave superieure* ou la *veine cave inférieure*. Les unes accompagnent les artères (*veines satellites des artères*), les autres offrent une disposition irrégulière. Elles sont superficielles ou profondes, mais en général situées moins profondément que les artères correspondantes. Le nombre des veines est plus considérable que celui des artères ; en général, chaque petite artère est accompagnée de deux veines satellites. Les veines presentent souvent, dans leur interieur, des replis membraneux (*valvules*) en forme de poches ouvertes du côté du cœur (fig. 92). Ces valvules, sont disposées géneralement par paires ; elles empêchent le cours rétrograde du sang, et font par suite defaut dans les veines où le sang va de haut en bas (veines pulmonaires, veine cave supérieure, etc.).

(1) L'une des arteres viscerales (*tronc cœliaque*) se trifurque, pour se rendre a l'estomac (*coronaire stomachique*), au foie (*hepatique*) et a la rate (*splénique*) ; deux autres vont aux intestins (*mésenteriques*). deux autres encore aux reins (*rénales*) ; deux autres enfin aux organes genitaux (*spermatiques* ou *utéro-ovariennes*), Les deux arteres mésenteriques, l'une *superieure*, l'autre *inférieure*, s'anastomosent entre elles, en formant la plus grande arcade anastomotique de l'organisme (*arcade de Riolan*).

Les veines sont composées des mêmes tuniques que les artères, mais leur tunique moyenne a peu d'épaisseur ; aussi s'affaissent-elles sur elles-mêmes, lorsqu'elles sont vides. Les valvules sont constituées aux dépens de la tunique interne. — Les veines présentent quelquefois des dilatations permanentes (*varices*).

A. VEINES PULMONAIRES. — Au nombre de quatre, deux pour chacun des poumons, elles amènent le sang de ces organes dans l'oreillette gauche, par quatre orifices distincts.

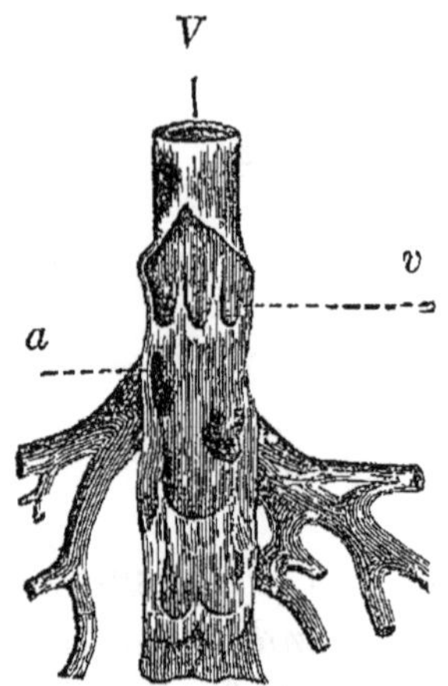

Fig. 92 — Veine ouverte, montrant les valvules *v* et l'ouverture *a* d'une branche veineuse dans le tronc *V*

B. GRANDE VEINE CORONAIRE. — Elle débouche dans l'oreillette droite et rapporte le sang du cœur.

C. VEINE CAVE SUPÉRIEURE. — Tronc commun de toutes les veines de la moitié supérieure du corps (*partie sus-diaphragmatique*). Résulte de la fusion des deux *troncs veineux brachio-céphaliques*, formés eux-mêmes par la réunion de la *veine jugulaire interne* et de la *veine sous-clavière*, qui correspondent aux artères carotide primitive et sous-clavière.

D. VEINE CAVE INFÉRIEURE. — Tronc commun de toutes les veines de la moitié inférieure du corps (*partie sous-diaphragmatique*). Résulte de la réunion des deux *veines iliaques primitives* qui correspondent aux artères du même nom. Située à droite de l'aorte, la veine cave inférieure arrive dans l'oreillette droite, où elle présente, à son embouchure, une valvule rudimentaire (*valvule d'Eustachi*) (1).

Veine porte (fig. 91, *Vp*). — Dépendance de la veine cave inférieure, formée par l'ensemble des veines des viscères abdominaux, moins les organes génito-urinaires. Après leur sortie des viscères, ces veines se réunissent en un tronc (*veine porte*) qui se ramifie dans le foie en même temps que l'artère hépatique. Après avoir traversé les capillaires du foie, le sang revient par les *veines sus-hépatiques* dans la veine cave inférieure.

(1) Les deux veines caves communiquent entre elles : 1° par une veine impaire (*veine azygos*) située sur le côté droit de la portion thoracique de la colonne vertébrale, 2° par les veines du rachis

Systeme capillaire. — Il est constitué par des vaisseaux d'une très grande finesse (*capillaires sanguins*) établissant la continuité entre les artères et les veines (1). C'est a travers la paroi des capillaires qu'ont lieu les échanges avec les organes (*capillaires généraux*) ou avec l'air (*capillaires pulmonaires*) (2).

Les capillaires forment des réseaux variés qui penètrent entre les élements anatomiques. C'est un reseau de capillaires énormement dilatés qui constitue les *tissus* dits *érectiles*. Le sang s'accumule dans ces tissus, sous la double influence de la dilatation des vaisseaux afférents et du resserrement ou de la compression des vaisseaux efférents ; d'où résulte une turgescence (*érection*), qui cesse quand se rétablit le cours normal du sang.

Système lymphatique. — Il offre à étudier les *vaisseaux lymphatiques en général*, le *canal thoracique*, la *grande veine lymphatique* et les *organes lymphoides*.

A. VAISSEAUX LYMPHATIQUES EN GÉNÉRAL. — Ils charrient la lymphe (*vaisseaux lymphatiques proprement dits*) ou le chyle (*vaisseaux chylifères*) de la péripherie vers le centre. Tous aboutissent soit au canal thoracique, à gauche, soit à la grande veine lympathique, a droite.

Fig 93 — Vaisseau lymphatique ouvert, montrant ses valvules

Ils naissent dans l'intimité des tissus, par un reseau de capillaires dont la paroi est formee par un endothélium à cellules crénelees. On ignore encore si ce réseau est fermé ou bien ouvert dans les mailles du tissu conjonctif ainsi que dans les cavités séreuses. Les vaisseaux lymphatiques offrent des valvules disposées par paires (fig. 93) ; ils sont entourés d'un manchon plus ou moins épais de tissu conjonctif, avec des fibres musculaires lisses allant dans toutes les directions (3).

(1) Les capillaires ne sont visibles qu'au microscope ; leur calibre varie de 4 a 20 μ. Ils sont formes par un endothelium en continuite avec celui des arteres et des veines, qui repose sur une membrane basilaire d'une extrême tenuite

(2) Les globules blancs peuvent aussi traverser la paroi des capillaires (*diapedèse*) par des orifices qu'ils pratiquent eux-mêmes et qui se ferment aussitôt apres leur passage

(3) On voit, dans certains organes (cerveau, rate, mesentere), les lympha-

Sur le trajet des vaisseaux lymphatiques, sont placés des renflements ovoïdes (*ganglions lymphatiques*) que la lymphe traverse et qui sont le lieu de formation et de nutrition des globules blancs (1).

B. Canal thoracique. — Gros tronc charriant la lymphe et le chyle des parties sous-diaphragmatiques du corps et de la moitié sus-diaphragmatique du côté gauche. Né d'une ampoule (*réservoir de Pecquet*) située au-dessous du diaphragme, il longe la colonne vertébrale et va se jeter dans la veine sous-clavière gauche.

C. Veine lymphatique. — Tronc très court, recevant les vaisseaux lymphatiques de la moitié droite de la portion sus-diaphragmatique du corps. S'ouvre dans la veine sous-clavière droite.

D. Organes lymphoïdes ou adénoïdes. — Au système lymphatique se rattachent des organes (*follicules clos*, *amygdales*) dont la structure est comparable à celle des ganglions lymphatiques.

Les *follicules clos* sont de petits corps sphéroïdaux, logés dans le derme de l'intestin, tantôt isolés, tantôt réunis en amas (*plaques de Peyer*). — Les *amygdales* sont de volumineux organes lymphoïdes logés entre les deux piliers du voile du palais.

Rate. — La *rate* est une glande vasculaire sanguine, placée dans le voisinage de l'estomac, et qui paraît jouer un rôle important dans la formation des globules du sang (2).

PHYSIOLOGIE DE LA CIRCULATION.

Trajet du sang dans l'organisme (Harvey, 1619). — Le sang qui sort du ventricule gauche parcourt successivement les artères, les capillaires et les veines de tout le corps, puis rentre dans l'oreillette droite, ayant ainsi accompli la *grande*

tiques s'appliquer contre des capillaires sanguins qu'ils entourent d'une gaine (*gaine lymphatique*) dans laquelle coule la lymphe.

(1) Les ganglions peuvent être atteints d'inflammation (*adénite*) et retenir les microbes que la lymphe charrie.

(2) La rate se montre composée : 1° de corpuscules (*corpuscules de Malpighi*) disposés sur le trajet des artérioles ; 2° d'un parenchyme dont la structure est assez mal connue (*pulpe splénique*). Si le sang qui traverse la rate renferme des microbes, ces derniers s'y accumulent généralement (charbon, malaria).

circulation ou *circulation générale ;* il ressort ensuite du cœur, par le ventricule droit, puis traverse les artères, les capillaires et les veines pulmonaires, pour revenir, par l'oreillette gauche, à son point de départ, après avoir effectué la *petite circulation* ou *circulation pulmonaire* (fig. 76, p. 141).

Cette double circulation se fait sous l'influence des mouvements du cœur, dont les cavités se resserrent (*systole*) (1) ou se relâchent (*diastole*). Les valvules déterminent le sens dans lequel se fait le cours du sang. On peut donc comparer le cœur à une double pompe (cœur gauche, cœur droit) qui lance dans les artères le sang qui lui arrive par les veines. Le sang carboné, que le cœur droit envoie aux poumons, s'y débarrasse de son excès d'anhydride carbonique ; en même temps il se charge d'une nouvelle provision d'oxygène le transformant en sang oxygéné (*hématose*). Celui-ci passe dans le cœur gauche, puis dans les capillaires généraux, où, au contact des tissus, il redevient sang carboné en perdant une partie de son oxygène et se chargeant d'anhydride carbonique. Ainsi : 1° les artères et les veines de la grande circulation renferment respectivement du sang oxygéné et du sang carboné, tandis que c'est l'inverse pour les vaisseaux de la petite circulation ; 2° l'ensemble de la circulation peut être figuré par un 8 dont le centre serait le cœur, tandis que les deux boucles représenteraient la grande et la petite circulation, la moitié droite du 8 étant la partie veineuse et la moitié gauche la partie artérielle du cycle circulatoire (fig. 76).

A. Physiologie du cœur. — On appelle *révolution cardiaque* la succession des trois phases suivantes : 1° *systole des oreillettes ;* 2° *systole des ventricules ;* 3° *pause* ou *repos du cœur*. Les deux oreillettes se contractent simultanément et lancent le sang dans les ventricules relâchés à cet instant. A leur tour, les deux ventricules se resserrent et leur durcissement, en même temps que leur gonflement, produit le battement du cœur contre la paroi de la poitrine (*choc du cœur* ou *pulsation cardiaque*). A ce moment, les oreillettes sont relâchées, mais le sang des ventricules ne peut y refluer, à cause de l'obstacle des valvules auriculo-ventriculaires qui se redressent en tendant leurs cordages ; il soulève alors les valvules sigmoïdes et

(1) La systole du cœur présente la forme et les caractères d'une *secousse*, elle n'est donc pas une véritable contraction (Marey).

s'élance dans les troncs artériels. Après leur systole, les ventricules se relâchent et le cœur tout entier est au repos. Le sang projeté dans le système artériel tend alors à refluer dans les ventricules, mais il développe, dans son mouvement de retour, les valvules sigmoïdes qui s'adossent par leur face convexe et lui barrent le passage. Pendant ce temps, l'oreillette se remplit graduellement et une nouvelle systole auriculaire recommence une autre révolution du cœur. Au moyen d'appareils spéciaux (*cardiographes*), on a pu faire tracer au cœur des courbes qui représentent les diverses phases de ses mouvements (CHAUVEAU et MAREY).

Bruits du cœur. — L'oreille appliquée sur la poitrine, au niveau du cœur, perçoit deux bruits, à chaque révolution cardiaque. Le *premier bruit* coïncide avec la systole ventriculaire et le choc du cœur : il est sourd et est produit par la contraction même des ventricules ; le *second bruit* coïncide avec la diastole ventriculaire : il est clair et est dû au claquement des valvules sigmoïdes sous l'influence du reflux du sang vers le ventricule, reflux empêché par la tension brusque des valvules (ROUANET). A ces deux bruits, séparés par un silence très court (*petit silence*), succède un silence plus long (*grand silence*), qui correspond au repos du cœur et à la systole des oreillettes.

B. CIRCULATION ARTÉRIELLE. — Elle se fait sous l'influence des mouvements du cœur.

Si l'on ouvre une artère, sur un animal vivant, il s'écoule un jet de sang, qui est projeté d'autant plus loin et qui est d'autant plus saccadé, que l'artère est plus rapprochée du cœur. L'élasticité artérielle diminue l'intermittence due aux mouvements du cœur ; la paroi des artères se dilate sous l'ondée cardiaque, puis revient sur elle-même et pousse le sang en avant, continuant l'action du cœur (MAREY). Comme elle est sous la dépendance du système nerveux, la contractilité des petites artères permet de régler la circulation dans les organes.

C. CIRCULATION CAPILLAIRE. — Elle est due, comme la précédente, à la force impulsive du cœur.

Le cours du sang dans les capillaires est uniforme et lent, ainsi qu'on peut l'observer au microscope, sur les parties transparentes des animaux vivants (membrane interdigitale, langue, poumon de la Grenouille, etc.). La nappe de sang contenue dans les capillaires est comparable à un lac que traverserait le fleuve sanguin.

D. CIRCULATION VEINEUSE. — C'est encore l'impulsion cardiaque qui est la force motrice principale. Mais plusieurs causes accessoires favorisent la circulation de retour, soit par aspiration du sang (diastole cardiaque, inspiration thoracique), soit par compression des veines (contraction des muscles en rapport avec elles).

ARTICLE V. — APPAREIL RESPIRATOIRE.

L'appareil respiratoire comprend les *poumons* et les *voies respiratoires* (*cavités nasales*, *pharynx*, *larynx*, *trachée*, *bronches*).

Cavités nasales. — Elles sont au nombre de deux et présentent : 1° un vestibule plus ou moins dilatable (*narines* ou *naseaux*); 2° des *fosses nasales* à parois fixes, communiquant avec des anfractuosites (*sinus*) creusees dans les os de la tête.

Les *narines* sont les orifices d'entrée de l'air. La bouche sert aussi à cet usage, sauf dans les cas (***Jumentés, Proboscidiens, Cétacés***) ou le larynx est situé au-dessus du voile du palais. Les *fosses nasales* presentent sur leur paroi latérale des replis (*cornets*) séparés par des excavations (*meats*). Elles sont tapissees par une muqueuse (*membrane pituitaire*) couverte de cils vibratiles.

Pharynx. — Il sert au passage de l'air et des aliments. Toujours beant, il ne cesse de fonctionner, comme canal aérifère, que pendant les très courts instants de la deglutition.

Larynx. — Partie antérieure de la trachée artère, servant surtout a la phonation. (Voir p. 236.)

Situé à la partie antérieure et inférieure du pharynx, dans lequel il debouche par une étroite ouverture (*glotte*) qui peut se rétrecir sous l'action de muscles spéciaux. Sa cavite est tapissee d'un epithelium vibratile.

Trachée. — Tube soutenu par des arceaux cartilagineux.

Situee en avant de l'œsophage, la trachée a la forme d'un cylindre tronqué en arrière. Elle présente, dans sa paroi, une serie d'arceaux cartilagineux ouverts en arrière, la paroi posterieure etant soutenue seulement par du tissu fibreux elastique, doublé par une couche de fibres musculaires lisses. Sa muqueuse est analogue a celle du larynx.

Bronches. — Branches de bifurcation de la trachée.

Au nombre de deux, plus rarement de trois (***Rumiuants***, etc.), les bronches figurent chacune un arbre aérien qui, après avoir pénétré dans le poumon, se divise en une multitude de rameaux de plus en plus petits. Elles sont munies de fibres lisses, tapissées intérieurement de cils vibratiles et pourvues d'anneaux cartilagineux complets, qui ne tardent pas à dégénérer en petits noyaux, puis à disparaître (*bronches capillaires*).

Poumons. — Organes spongieux qui occupent les parties latérales de la cage thoracique.

Au nombre de deux, l'un *droit*, l'autre *gauche*, les poumons sont les organes essentiels de la respiration. Chacun d'eux est rattaché à une bronche, au point (*hile*) où elle commence à se diviser. Ils sont enveloppés chacun, à partir du hile, par un sac séreux (*plèvre*) et séparés l'un de l'autre par le médiastin.

Le sang qui arrive au poumon renferme de l'anhydride carbonique dissous dans le sérum ou combiné aux sels du sérum (bicarbonate et phosphocarbonate de sodium). Dans le poumon, ces sels se dissocient et l'anhydride carbonique qu'ils laissent échapper s'en va avec le courant d'expiration Par contre l'oxygène de l'air, qui a été amené par le courant d'inspiration, pénètre dans le sang et va se fixer sur l'hémoglobine des globules.

Chaque lobe du poumon est constitué par des ampoules pyramidales (*lobules*), se décomposant elles-mêmes en cæcums, auxquels aboutissent les dernières divisions bronchiques. Chaque cavité présente, sur ses parois, des boursouflures en cul-de-sac (*alvéoles pulmonaires*) qui augmentent notablement la surface respiratoire (1).

Chaque plèvre possède deux feuillets dont l'un (*plèvre viscérale*) revêt le poumon, tandis que l'autre (*plèvre pariétale*) tapisse une moitié de la cavité thoracique. Ces deux feuillets glissent l'un sur l'autre et comprennent entre eux une cavité vide d'air (*cavité pleurale*).

PHYSIOLOGIE DE LA RESPIRATION.

La *respiration* a été définie plus haut (p. 71). Elle comprend des *phénomènes mécaniques* et des *phénomènes chimiques*.

(1) La paroi des alvéoles pulmonaires est constituée par un simple endothelium, reposant directement sur un très riche réseau capillaire à travers lequel se fait l'hématose.

Phénomènes mécaniques. — Ils ont pour but l'entrée (*inspiration*) et la sortie (*expiration*) de l'air.

A. Inspiration. — L'introduction de l'air dans l'appareil respiratoire se fait par suite du vide relatif qui résulte de la contraction simultanée du diaphragme et des muscles élévateurs des côtes. Le *diaphragme* est un dôme musculo-membraneux, convexe du côté du thorax (fig. 94, *D*); quand il se contracte, sa courbure diminue et la cage thoracique se trouve agrandie, dans son diamètre longitudinal. Les *élevateurs des côtes* projettent celles-ci en dehors, ce qui amène à la fois l'agrandissement des deux autres diametres du thorax. Le poumon, doué d'une grande élasticité, suit les parois thoraciques dont il est séparé par le sac vide de la plèvre. Alors l'air extérieur se precipite dans la cavité pulmonaire agrandie et tend à rétablir la pression atmospherique à l'intérieur du poumon.

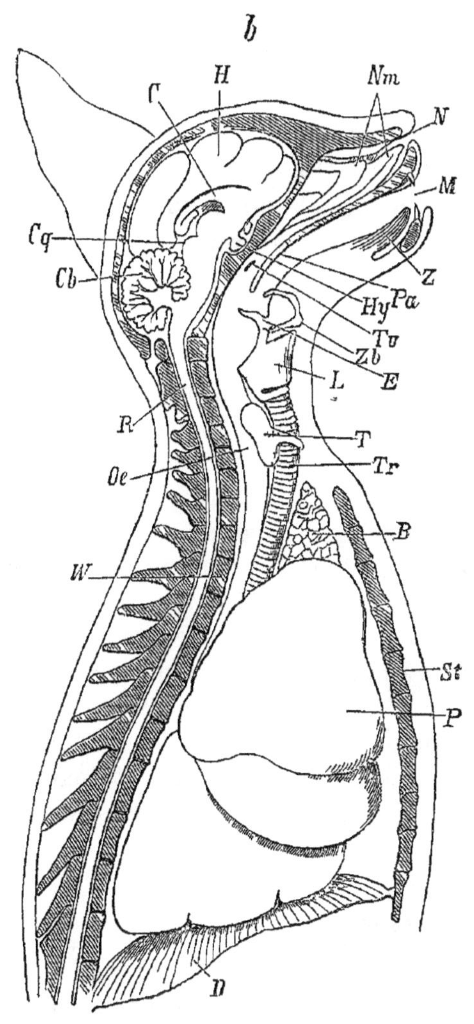

Fig 94 — Portion initiale de l'appareil digestif et organes respiratoires du Chat Les organes respiratoires sont vus de côté — *N*, narine, *Nm*, cornets *M*, orifice buccal, *Z*, langue, *Pa*, voile du palais, *Oe*, œsophage, *L*, larynx, *E*, epiglotte, *Zb*, os hyoide, *Tr*, trachée, *P*, poumon, *D*, diaphragme, *T*, glande thyroide, *B*, thymus, *Tu*, orifice de la trompe d'Eustache, *H*, hémisphere cérébral, *C*, corps calleux, *Cq*, tubercules quadrijumeaux, *Cb*, cervelet, *R*, moelle épinière, *Hy*, hypophyse, *W*, colonne vertébrale, *St*, sternum

B. Expiration. — L'expulsion de l'air intra-pulmonaire se fait surtout, au moins dans l'expiration normale, par le retour au repos des muscles de la cage thoracique et du diaphragme. Les côtes reprennent leur etat initial, ainsi que les poumons. L'air intra-pulmonaire est alors expulsé en partie.

Phénomènes chimiques. — On doit distinguer ceux qui se passent au niveau des poumons entre le sang et l'air et ceux qui président aux échanges gazeux entre le sang et les tissus (*respiration élémentaire*).

La respiration est, au point de vue chimique, une combustion lente (Lavoisier), qui se passe dans les tissus (W. Edwards) et non dans le poumon, car le sang qui sort de cet organe a une température moins elevée que celui qui y entre (Cl. Bernard). Le poumon ne sert qu'à mettre en présence le sang et l'air du milieu extérieur.

Le sang qui arrive aux poumons est peu oxygéné et son hémoglobine s'empare de l'oxygène de l'air; mais cette combinaison n'est pas très stable et les tissus la détruisent, pour prendre l'oxygène dont ils ont besoin. L'anhydride carbonique produit dans les tissus passe ensuite dans les capillaires, où il se combine avec les sels du sérum; sa sortie dans le poumon est un phénomène de dissociation.

Chez l'Homme, il y a, par heure, environ 20 litres d'oxygène absorbé et 16 litres d'anhydride carbonique exhalé. L'oxygène ainsi introduit en excès brûle l'hydrogène des éléments organiques, pour former une petite quantité d'eau, ou sert à l'oxydation des albuminoïdes et donne de l'urée et de l'acide urique. L'air expiré contient toujours un alcaloïde volatil, qui est toxique et vicie rapidement l'atmosphère, quand on respire dans un air confiné (1).

(1) Influence de la pression barométrique — 1° Si la pression diminue, le sang s'appauvrit en oxygène et en anhydride carbonique, mais il perd relativement plus d'oxygène que d'anhydride carbonique (Bert). 2° Si la pression augmente, le sang devient de plus en plus riche en oxygène; mais la quantité d'anhydride carbonique qu'il contient varie peu (Bert). Quant à l'azote, la quantité de ce gaz contenue dans le sang augmente proportionnellement à la pression. La diminution de l'oxygène avec la pression explique les effets que ressentent les aéronautes, les voyageurs en montagne (*mal des montagnes*) et les habitants des lieux élevés. L'augmentation de l'oxygène avec la pression enraye les oxydations organiques, quand la tension de ce gaz est trop forte, et peut même exercer une véritable *action toxique* (Bert). Ainsi s'explique l'état maladif des ouvriers qui travaillent dans l'air comprimé. Enfin le dégagement de bulles de gaz dans le sang, au moment d'une décompression brusque, interrompt la circulation pulmonaire et peut amener la mort subite.

Asphyxie — C'est la suspension des phénomènes de la respiration. Elle se produit, soit par diminution de l'absorption d'oxygène, soit par diminution de l'exhalation d'anhydride carbonique. Elle a lieu, tantôt par cause mécanique (submersion, strangulation), tantôt par viciation de l'air.

ARTICLE VI. — APPAREIL URINAIRE

L'appareil urinaire comprend les *reins* et les *voies urinaires.*

Reins. — Organes élaborateurs de l'urine.

Toujours au nombre de deux. Situes de chaque côté de la colonne lombaire, en arrière du peritoine. Ils séparent du sang les materiaux de l'urine.

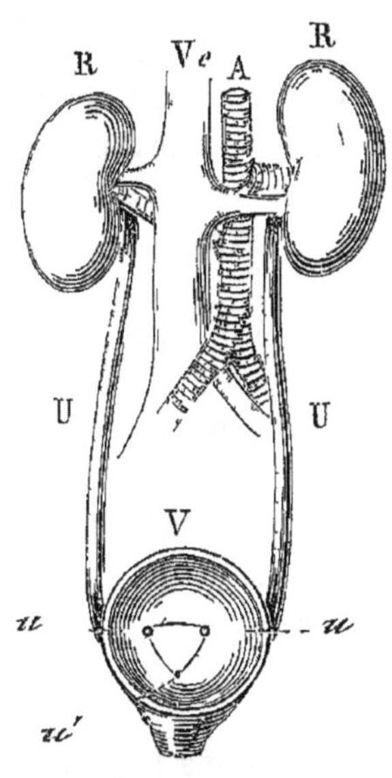

Fig 95 —Appareil urinaire —*A*, aorte, *R*, reins, *U*, uretères montrant leurs orifices, *u*, dans la vessie sectionnée, *V*, *u*, orifice de l'urèthre, *V. c*, veine cave inférieure.

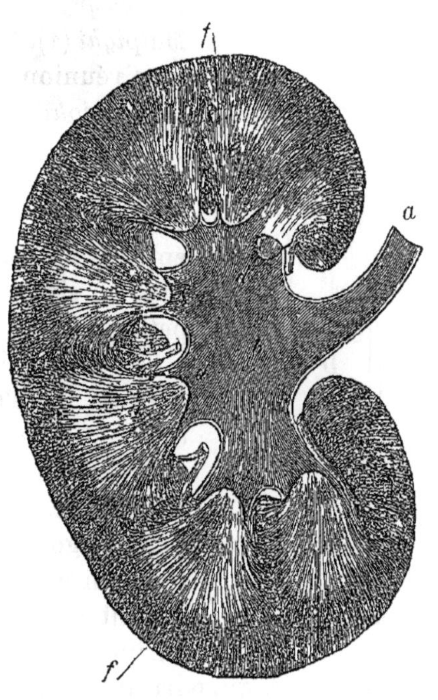

Fig 96. — Coupe longitudinale du rein — *a*, uretere, *b*, bassinet, *c*, calices, *d*, papilles, *f*, pyramides de Malpighi

A. Conformation extérieure. — La forme du rein est celle d'un haricot avec une échancrure interne (*hile*) ; a l'interieur est une poche membraneuse en entonnoir (*bassinet*). Le hile livre passage aux vaisseaux et aux nerfs. — Les reins sont entourés de deux enveloppes : l'une externe, cellulo-adipeuse (*capsule adipeuse*), l'autre interne, fibreuse (*capsule de Malpighi*).

Chaque rein est surmonte d'un organe glandulaire (*capsule surrenale*) qui n'a avec lui que des rapports de contiguite. C'est une glande vasculaire sanguine, qui deverse dans le sang une substance capable de detruire une leucomaine que produit l'organisme lui-même et qui determinerait sans cela des effets analogues à ceux du curare.

B. Conformation intérieure et structure (fig. 96). — Le rein se compose essentiellement de petits tubes (*canalicules urinifères*) qui constituent son unité histologique (fig. 97). Les canalicules urinifères sont rectilignes à leur partie interne (*tubes de Bellini*), en anse à leur partie moyenne (*tubes de Henle*) et flexueux à leur partie externe (*tubes contournés*). Celle-ci se termine par une dilatation cupuliforme (*capsule de Bowman*), qui enveloppe un petit peloton artériel (*glomerule de Malpighi*); cet ensemble est un *corpuscule de Malpighi* (1). Les tubes de Bellini constituent, par leur réunion, des lobes pyramidaux (*pyramides de Malpighi*) (2), dont les sommets (*papilles*) sont entourés de petits cônes membraneux (*calices*) qui s'ouvrent dans le bassinet. Le canalicule urinifere se compose d'une membrane hyaline tapissée d'un épithélium, qui varie dans les divers segments du tube; il s'ouvre au sommet des pyramides par un petit orifice (*orifice papillaire*).

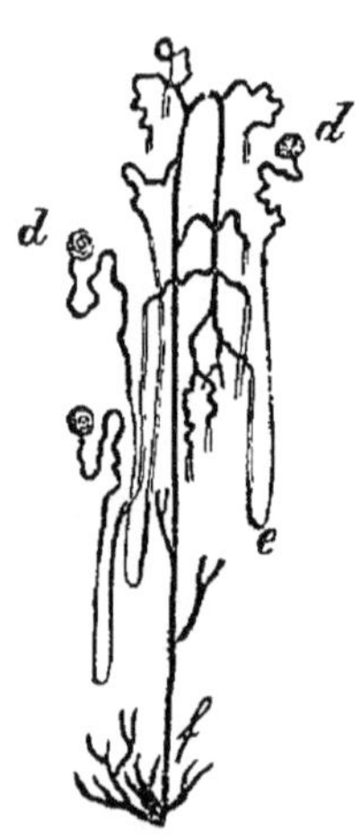

Fig. 97. — Canalicules urinifères — *d*, corpuscules de Malpighi, *e*, tube de Henle, *f*, tube de Bellini.

Les voies urinaires comprennent (fig. 95): 1° les *ureteres*, qui s'échappent directement du bassinet et aboutissent à la vessie dont ils traversent très obliquement les parois.

2° La *vessie*, où s'accumule l'urine qui arrive goutte à goutte par les uretères. Sa muqueuse présente un épithélium imperméable qui sert de revêtement protecteur contre l'action corrosive de l'urine.

3° L'*urethre*, qui part de la vessie et conduit l'urine à l'extérieur. Il présente deux muscles annulaires (sphincters) servant à la rétention de l'urine : l'un à l'origine même (*sphincter vésical*), l'autre un peu plus loin (*sphincter urethral*); ce dernier est formé, au moins en partie, de fibres musculaires striées volontaires.

Secretion urinaire. — On explique généralement la formation de l'urine par la filtration de l'eau et des sels au niveau des glomerules, tandis que les éléments organiques (urée, etc.) seraient soustraits au sang par l'épithelium des tubes contournes (Bowman). L'urine, définitivement formée lorsqu'elle arrive aux tubes droits, s'écoule d'une maniere continue dans la vessie et s'y accumule.

(1) Le glomérule de Malpighi est constitué par des capillaires interposés à deux petits vaisseaux qui entrent (*artère afférente*) et sortent (*veine efferente*) par un même point, diametralement opposé a celui d'ou part le tube urinifere.

(2) Le rein du Bœuf a ses lobes en partie separes (*rein lobé*) : celui des Cetaces a ses lobes independants (*rein en grappe*).

Elle ne peut rétrograder par les uretères, car ces conduits font valvule sous la pression du liquide, par suite de leur pénétration oblique dans le réservoir urinaire. L'expulsion de l'urine (*miction*) se fait sous l'action des fibres musculaires vésicales, qui, avec l'aide des muscles abdominaux, triomphent de la tension du sphincter uréthral.

L'urine contient : 1° de l'*urée*, provenant de l'oxydation des aliments azotés et aussi de l'usure des tissus ; 2° de l'*acide urique*, autre substance azotée moins abondante ; 3° de l'*acide hippurique*, peu azoté, mais riche en carbone (se formant en très petite quantité dans l'urine de l'Homme, à la suite d'une nourriture végétale) ; 4° de la *creatine*, alcaloide animal résultant de la désassimilation du tissu musculaire ; 5° des *leucomaines* qui rendent l'urine normale toxique, quand on l'injecte dans le sang ; 6° des *sels* (chlorures de sodium et de potassium, phosphates de calcium et de magnésium, sulfates de sodium et de potassium, etc.). La mauvaise odeur qu'exhale l'urine, au contact de l'air, provient de la transformation de l'urée en carbonate d'ammoniaque. — Toutes les parties constituantes de l'urine sont contenues dans le sang : aucune ne se forme dans le rein. On peut considerer l'urine comme du sang privé de ses globules, de sa fibrine et de son albumine ; mais elle contient plus de phosphates et de sulfates que le sang. Le rein agit donc à la manière d'un *filtre sélecteur*.

ARTICLE VII. — NUTRITION GÉNÉRALE.

La *nutrition générale* est l'ensemble des travaux chimiques accomplis par les eléments anatomiques (*nutrition cellulaire*) et les appareils de nutrition (*fonctions de nutrition*) ; c'est par elle que l'organisme vivant produit l'énergie necessaire, qu'il répare ses pertes incessantes, se reconstituant sans cesse, à mesure qu'il se détruit.

Les aliments de l'animal (albuminoides, féculents, sucres, graisses) sont des substances complexes peu oxygénées ; ses dechets sont au contraire des substances relativement simples et riches en oxygène (eau, acide carbonique, urée, composes salins). Des oxydations se produisent donc, à l'intérieur du corps ; elles sont la source de la *force*.

Budget de l'organisme. — Un organisme vivant possède, en quelque sorte, un *budget* avec ses *recettes* ou *entrées* et ses *depenses* ou *sorties*

S'il y a, chez un animal, égalité entre ces deux facteurs, on dit qu'il est soumis à la *ration d'entretien*.

Un Homme de poids moyen (65 kilos) et soumis à la ration d'entretien, perd par vingt-quatre heures environ 3000 grammes d'eau (urine, excréments, sueur, évaporation pulmonaire), 30 grammes de sels inorganiques (urine, excréments, sueur), 300 grammes de carbone (acide carbonique de l'air expiré, excréments, urée, etc.), enfin 20 grammes d'azote (urée, acide urique, etc.).

Pour trouver les 300 grammes de carbone et les 20 grammes d'azote nécessaires à la ration physiologique de l'Homme, il faut recourir à un *régime mixte*. En effet, si l'on ne vivait que de pain (1), il en faudrait 2 kilogrammes par jour, pour trouver les 20 grammes d'azote indispensables; or une semblable masse serait difficile à digérer et fournirait 600 grammes de carbone, qui constituent un excès nuisible de combustible. Si l'on s'en tenait à la viande seule (2), il faudrait 3 kilogrammes de cette substance, pour obtenir 300 grammes de carbone; mais alors on aurait 90 grammes d'azote, excès plus dangereux encore que celui de carbone, surtout à cause de la production d'acide urique, lequel s'accumulerait dans l'organisme et y causerait de graves désordres. Avec le régime mixte, il suffit de 1 kilogramme de pain et 300 grammes de viande, pour obtenir 330 grammes de carbone et 19 grammes d'azote, nombres qui, dans la recette, correspondent presque à ceux de la perte (3).

APPAREILS ET FONCTIONS DE REPRODUCTION

ARTICLE VIII. — APPAREIL REPRODUCTEUR.

L'appareil reproducteur comprend les *organes mâles* et les *organes femelles*; il est logé dans la région inférieure du bassin. Excepté chez les ***Monotrèmes***, les orifices sexuels sont distincts de l'anus.

(1) 100 grammes de pain renferment 30 grammes de carbone et 1 gramme d'azote.

(2) 100 grammes de viande contiennent 10 grammes de carbone et 3 grammes d azote

(3) INANITION. — L'Homme peut résister à la privation d aliments pendant huit ou dix jours, et plus longtemps encore, s'il peut boire de l eau. La perte de poids porte surtout sur la graisse et les muscles, la composition du sang restant sensiblement la même jusqu'aux jours qui précèdent la mort Celle-ci arrive quand le corps a perdu près de la moitié de son poids. La température interne n'est alors que de 25° à 30°.

§ I. — Organes mâles.

Les organes mâles comprennent : 1° les *testicules*; 2° les *conduits vecteurs du sperme* ; 3° le *pénis*.

Testicules. — Organes producteurs du sperme.

Au nombre de deux, ils se composent d'une grande quantité de tubes flexueux (*canalicules séminifères*), sur les parois desquels se forment les spermatozoïdes.

Le testicule se développe dans l'abdomen, sur le bord interne du corps de Wolff, dont les canalicules ne tardent pas à le pénetrer, pour donner naissance aux canalicules séminifères. Rarement (***Cétacés, Monotrèmes***) les testicules restent dans l'abdomen ; le plus souvent, ils descendent dans un canal situé au pli de l'aine (*canal inguinal*), y demeurent quelquefois (***Rongeurs***), mais, le plus souvent, se logent dans une bourse musculo-cutanée (*scrotum*), située en arrière du pénis (en avant chez les ***Marsupiaux***). — Le testicule se compose d'une membrane fibreuse extérieure (*albuginee*) et d'un *tissu propre* conjonctivo-vasculaire qui renferme les tubes séminifères. L'albuginee offre, en un point (*hile* du testicule), un renflement (*corps d'Highmore*) d'où partent les prolongements qui divisent la glande en plusieurs lobules. Les canalicules séminifères forment des pelotons ; ils se terminent en cul-de-sac à leur extrémité périphérique et se réunissent au centre du testicule sous la forme de *tubes droits*. Ceux-ci gagnent le corps d'Highmore pour s'y anastomoser en formant le *reseau de Haller*, puis ils émergent de l'organe sous le nom de *canaux efférents* (1).

Canaux vecteurs du sperme. — Ils sont complètement distincts jusqu'à leur arrivée dans l'urèthre, et comprennent plusieurs parties (*épididyme*, *canal déférent*, *conduit éjaculateur*).

A. ÉPIDIDYME. — Organe oblong formé par la réunion des canaux efférents du testicule. Il forme une espèce de crête qui adhère au testicule par sa partie antérieure (*tête*), tandis que sa partie postérieure (*queue*) se continue avec le canal déférent (fig. 98, *N*).

(1) Une séreuse (*tunique vaginale*) dependant du péritoine, forme la tunique interne des enveloppes du testicule dont la plus exterieure est le scrotum. Entre ces deux tuniques, on en trouve trois autres : une *fibreuse* et deux *musculeuses*, l'une (*dartos*) à fibres lisses, l'autre (*érythroïde*) à fibres striées.

B. Canal déférent (*Vd*). — Conduit qui fait suite à l'épididyme. Il présente, près de sa terminaison, un réservoir musculo-membraneux (*vesicule séminale*) (*Vs*) qui lui est réuni par un canal très court et qui manque quelquefois (***Carnivores, Cétacés, Monotrèmes***).

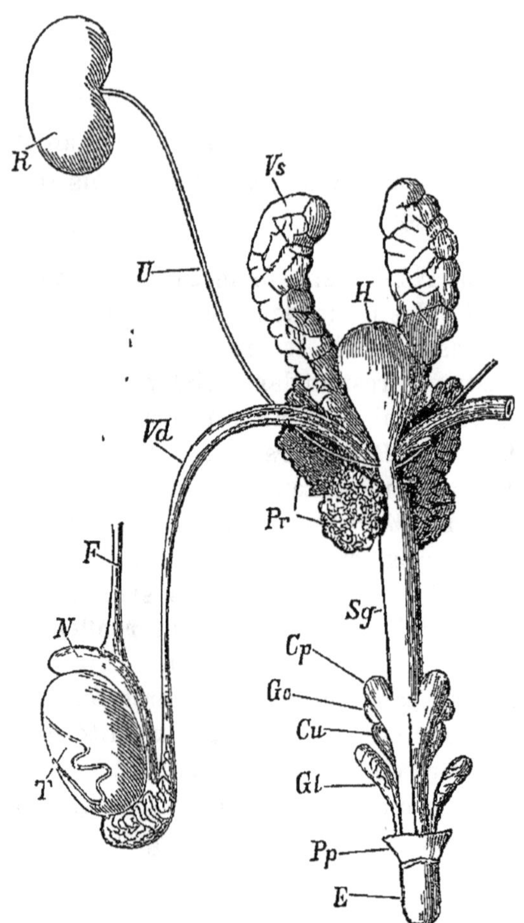

Fig. 98 — Organes génito urinaires du Hamster (*Cricetus vulgaris*) — *R*, rein, *U* uretère *H*, vessie urinaire, *T*, testicule, *F*, cordon spermatique, *N*, épididyme, *Vd*, canal déférent, *Vs*, vésicule séminale, *Pr*, prostate, *Sg*, sinus uro-génital (urethre), *Gc*, glandes de Cowper, *Gt*, glandes de Tyson, *Cp*, corps caverneux du penis, *Cu*, corps caverneux de l'urèthre, *E*, gland, *Pp*, prépuce

C. Canal ejaculateur. — Formé par la réunion du canal déférent et du conduit de la vésicule séminale correspondante. Les canaux éjaculateurs viennent déboucher dans l'urethre, de chaque côté d'une saillie mediane (*crête uréthrale* ou *verumontanum*). Au centre de celle-ci se trouve l'orifice d'un cul-de-sac (*utricule prostatique*), homologue atrophié de l'utérus (fig. 77, *u*).

D. Urèthre. — Canal qui s'étend du col de la vessie à l'extrémite du penis. Il se decompose en deux portions distinctes, l'une renfermee dans le bassin (*portion membraneuse*), l'autre extra-pelvienne (*portion spongieuse*). Celle-ci est entourée d'un tissu érectile (*corps spongieux*), qui existe chez tous les Mammifères, excepte les *Monotrèmes*. Le corps spongieux se termine par deux renflements plus ou moins accentués, l'un posterieur (*bulbe*), l'autre antérieur (*gland*).

Pénis. — On désigne sous ce nom ou sous celui de *verge* l'organe copulateur du mâle.

Le pénis résulte de l'accolement de l'urèthre et d'une tige érectile simple ou double (*corps caverneux*) qui lui sert de soutien ; il est reduit, chez les Monotrèmes, aux deux corps caverneux. Le *gland*, qui le termine, est tantôt arrondi (Homme, Cheval), tantôt pointu (Taureau, Porc, Chien), exceptionnellement bifide (Marsupiaux) (1).

§ II. — Organes femelles.

Les organes femelles comprennent : 1° les *ovaires* ; 2° les *oviductes* ; 3° l'*utérus* ; 4° le *vagin* ; 5° la *vulve*.

Ovaires. — Organes producteurs des ovules.

Au nombre de deux et toujours intérieurs, ils présentent une grande quantité de vésicules closes (*ovisacs* ou *vésicules de Graaff*), à l'intérieur desquelles se forment les ovules (2).

L'ovaire se developpe au même endroit que le testicule, dont il ne diffère pas au debut. Bientôt l'épithélium péritonéal envoie, dans la profondeur de l'ovaire, des prolongements en culs-de-sac qui ne tardent pas à s'oblitérer pour former les ovisacs. L'ovaire se compose d'une tunique fibreuse extérieure (*albuginee*) et d'un *tissu propre* conjonctivo-vasculaire. Celui-ci se différencie en une *couche corticale*, dans laquelle les ovisacs sont disséminés par milliers, et une *couche medullaire* qui n'en renferme jamais.

Oviductes. — Appelés encore *trompes de Fallope*, ils constituent une paire de canaux musculo-membraneux tapissés intérieurement de cils vibratiles. Leur extrémité supérieure est flottante, évasée (*pavillon*) et débouche près de l'ovaire, dans la cavité péritoneale :

(1) Un repli cutane (*fourreau*) enveloppe la verge et constitue une véritable couronne (*prepuce*) autour du gland. Rarement le fourreau est libre et la verge pendante (Primates, Cheiropteres), le plus souvent, le fourreau est adherent et la verge portee dans une gaine qui peut s'ouvrir du côte de l'ombilic (Ongules) ou de l'anus (Rongeurs, Un certain nombre de Mammiferes (Simiens, Cheiropteres, Carnivores, Rongeurs, Pinnipèdes, la plupart des Cetaces) possèdent a l'interieur de la verge, un axe cartilagineux ou osseux (*os penien*).

(2) Un ovisac se compose d'une coque conjonctive, tapissee d'une couche épitheliale (*membrane granuleuse*), formant, sur un point, un amas (*cumulus proliger*) au centre duquel se trouve l'ovule. L'interieur de l'ovisac est occupe par un liquide qui, à certains moments, fait eclater la coque, de façon a mettre l'ovule en liberte Apres sa rupture, l'ovisac laisse une cicatrice jaunâtre (*corps jaune*).

leur extrémité inférieure s'ouvre à l'angle supérieur de l'utérus. L'oviducte est très large chez les Monotrèmes.

Utérus ou matrice. — L'utérus présente une partie élargie (*corps*) et une partie rétrécie (*col*), dont une portion (*museau de tanche*) fait saillie dans le vagin ; sa paroi offre trois plans de fibres musculaires lisses. Maintenu par trois paires de ligaments (*ligaments larges, utero-sacrés, ronds*), il peut être *simple* (Primates), *bicorne* (Carnivores, Insectivores, Ongulés, Cétacés), *bifide* (la plupart des Rongeurs), *double* (Léporidés, Marsupiaux), ou *nul* (Monotrèmes).

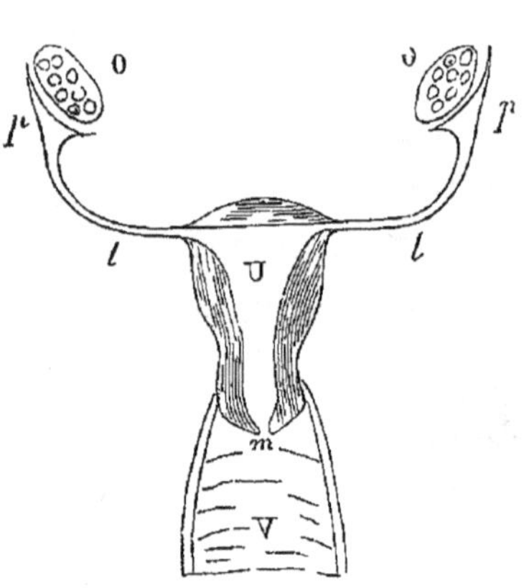

Fig. 99 — Appareil génital de la Femme (schéma) : — *m*, museau de tanche, O, ovaires, *p*, pavillons des trompes *t*, U, utérus, V, vagin

Vagin. — Conduit musculo-membraneux étendu du col de l'utérus à la vulve. Canal excréteur et copulateur.

L'entrée du vagin présente, chez les Femmes vierges, un repli de la muqueuse (*hymen*) formant une cloison incomplète qui limite une petite cavité (*vestibule du vagin*) entre le vagin et la vulve (1). Le vagin peut être *simple* (Placentaires), *double* (Marsupiaux) ou *nul* (Monotrèmes).

Vulve. — Ensemble des organes génitaux externes.

La vulve a la forme d'une fente longitudinale terminée par deux commissures et limitée par deux replis cutanés (*grandes lèvres*) en dedans desquels se trouvent, le plus souvent, deux replis muqueux plus petits (*petites lèvres* ou *nymphes*).

La commissure la plus éloignée de l'anus loge un petit organe érectile (*clitoris*) correspondant au pénis. Généralement simple et imperforé, le clitoris peut être traversé par l'urèthre (Lémuriens, Rongeurs), ou se bifurquer (Marsupiaux). Il est quelquefois muni d'un *os clitoridien* (espèces à *os pénien*). Les petites lèvres partent de la commissure anale (*fourchette*) et s'unissent sur le clitoris auquel elles forment un prépuce. Entre le clitoris et la commissure anale se trouvent le *méat urinaire* et l'*orifice du vagin*.

(1) Chez beaucoup de Singes, il existe des replis homologues de l'hymen.

PHYSIOLOGIE DE LA REPRODUCTION

La reproduction chez les Mammifères nécessite toujours l'accouplement.

1° Phénomenes présentés par le mâle.

A. SECRETION DU SPERME. — Le sperme, dont l'étude a été faite plus haut (p. 19), se forme (*spermatogenese*) dans les cellules épithéliales des canalicules séminiferes. Il constitue d'abord une masse crémeuse, composee presque exclusivement de spermatozoides; mais il se mélange, dans les canaux excreteurs, avec les liquides provenant de la secrétion des glandes annexes.

B. ERECTION. — Etat de turgescence et de rigidite du penis. Cet état momentané est dû à l'accumulation du sang dans le tissu érectile ; il a pour point de depart les impressions fournies soit par les organes des sens, soit par les organes génitaux.

C. EJACULATION. — Acte par lequel le sperme est lance hors des voies génitales, à la suite de l'érection et du coit. L'éjaculation est due a la contraction simultanee des vésicules seminales, de la trame musculeuse de la prostate et des muscles du périnee. Généralement rapide, elle se fait lentement chez les Carnivores, où les vésicules seminales font défaut.

2° Phénomenes présentés par la femelle. — Ils se reduisent presque exclusivement à l'*ovulation*.

OVULATION. — Ensemble des phénomènes qui amènent la formation de l'ovule et sa sortie de l'ovaire. L'ovule, dont l'étude a ete faite plus haut (p 19), est produit par l'épithelium des vesicules de Graaff. A l'époque de la puberté, un ou plusieurs ovisacs s'hypertrophient et laissent échapper l'ovule qu'ils contiennent. Celui-ci est reçu par le pavillon de la trompe et progresse dans l'oviducte, au moyen des cils vibratiles qui en tapissent l'intérieur.

3° Fécondation. — La rencontre de l'ovule et des spermatozoides paraît se faire dans la partie elargie de l'oviducte. Nous avons etudie ailleurs (p. 21 et suiv.) les phénomènes intimes de la fecondation et ceux qui leur font suite.

Gestation. — État de la femelle dans l'utérus de laquelle se développent un ou plusieurs embryons (*utérus gravide*).

Après la fécondation, l'uterus augmente à la fois de volume et d'épaisseur, le ventre se gonfle. La durée de la gestation est fixe pour chaque espèce, mais très variable suivant les espèces. Elle est plus ou moins en rapport avec la taille de l'animal (24 mois pour l'Eléphant, 12 pour la Chamelle, 11 pour la Jument, 9 pour la Femme et la Vache, 5 pour la Chèvre et la Brebis, 4 pour la Truie ; 9 semaines pour la Chienne, 8 pour la Chatte, 4 pour la Lapine et la Souris). Chez les Marsupiaux, les petits sont mis au monde prématurément et introduits par la mère dans la poche marsupiale, où ils subissent une nouvelle gestation.

Lactation. — On désigne, sous ce nom, la sécrétion du lait. L'action de nourrir avec du lait ou d'*allaiter* est appelée plus spécialement *allaitement.*

C'est une caractéristique des Mammifères ; la lactation sert à la nutrition des jeunes, incapables de manger et de digérer les aliments dont les adultes font usage. La sécrétion du lait ne se manifeste que chez la femelle et après l'accouchement ; sa durée est subordonnee à celle de l'allaitement. L'évacuation du lait s'opère sous l'influence d'une action extérieure (pression ou succion).

Mamelles. — Organes sécréteurs du lait. Ce sont des glandes sébacées modifiées.

Les mamelles ont la forme de grappes, rarement celle de tubes simples (***Monotrèmes***) ou composés (***Cétacés***). Elles existent dans les deux sexes, mais restent rudimentaires chez le mâle. Leur developpement, chez la femelle, n'a lieu qu'a l'époque de la puberte ; elles ne deviennent même très apparentes qu'au moment de la lactation. Excepté chez les ***Monotrèmes***, les mamelles sont pourvues d'un prolongement (*mamelon*), que le nouveau-ne saisit avec ses levres, pour téter. Les canaux vecteurs du lait (*conduits galactophores*) s'ouvrent directement sur le mamelon (Femme) ou bien déversent le lait dans un réservoir commun (*sinus galactophore*) d'ou il sort ensuite par un ou plusieurs *trayons* (***Ruminants***).

Les mamelles sont placees superficiellement, entre la peau et les muscles sous-jacents. Elles sont disposées symétriquement et leur nombre est en rapport avec celui des petits de chaque portée. Situées à la face ventrale du corps, elles peuvent être *pectorales* (***Primates***), *abdominales* (***Carnivores***), *inguinales* (***Équidés***) ou même occuper à la fois la poitrine, l'abdomen et les aines (***Hyracidés***). Chez les ***Marsupiaux***, les mamelles, situées au fond de la poche marsupiale, ont de longs mamelons (*tetines*) auxquels les nouveau-nés restent attachés, pendant un temps plus ou moins long.

Lait. — Liquide blanc, opaque, alcalin, à saveur légèrement sucrée. Il renferme des globules graisseux (*globules du lait*) en suspension dans un liquide albumineux, tenant lui-même en dissolution une matiere azotée (*caseine*) coagulable par les acides et non par la chaleur, du sucre de lait (*lactose*) et divers sels mineraux (dont les phosphates forment la moitié) (1). La composition du lait varie suivant les espèces et, dans une même espèce, selon diverses circonstances (régime, etc.); mais, d'une manière générale, pour 100 grammes de lait, elle oscille autour de la formule suivante :

LAIT	Eau		90		100
	Substances sèches..	Graisse........	3	10	
		Caseine	3		
		Sucre de lait.....	3		
		Albumine et sels.	1		

Le lait d'Anesse est pauvre en graisse et en caseine, mais riche en sucre; celui de Vache est au contraire riche en graisse et en caséine, mais pauvre en sucre. Le lait de Chèvre, qui ressemble à celui de Vache par sa richesse en caséine, présente des proportions moyennes de graisse et de sucre. Le lait de Femme se rapproche du lait d'Anesse par sa pauvrete en caséine et de celui de Chèvre par les proportions des autres matières (2).

ARTICLE IX. — DEVELOPPEMENT.

Nous avons étudié (p. 157 et suiv.) les principaux phénomènes du développement des Vertébrés ; nous nous occuperons ici du placenta et de la circulation chez l'embryon.

Placenta. — Organe intermédiaire entre la mère et l'em-

(1) Les globules du lait (de 1 à 2 μ de diametre) donnent de la crème par le repos et du beurre par le battage (*barattage*). Les acides, la presure, etc., en coagulant la caseine, produisent un *fromage blanc*, qui est dit *maigre*, si le lait est ecreme, *gras* dans le cas contraire. Quand le lait est abandonne à lui-même, son sucre se transforme en acide lactique qui amene la coagulation de la caseine et donne au liquide (*petit-lait*) qui baigne le caillot, une acidite caracteristique.

(2) Dans les premiers jours qui suivent la parturition, le lait est tres sereux (*colostrum*) et presente, au milieu des glolules du lait, des globules plus gros (*globules du colostrum*) ; il possède des proprietes purgatives, grâce auxquelles sont évacues les produits (*méconium*) renfermes dans l'intestin du fœtus

bryon. Il sert à la nutrition et à la respiration du produit. Les ***Monotrèmes*** et les ***Marsupiaux*** sont les seuls Mammifères dépourvus de placenta; on les désigne, à cause de cela, sous le

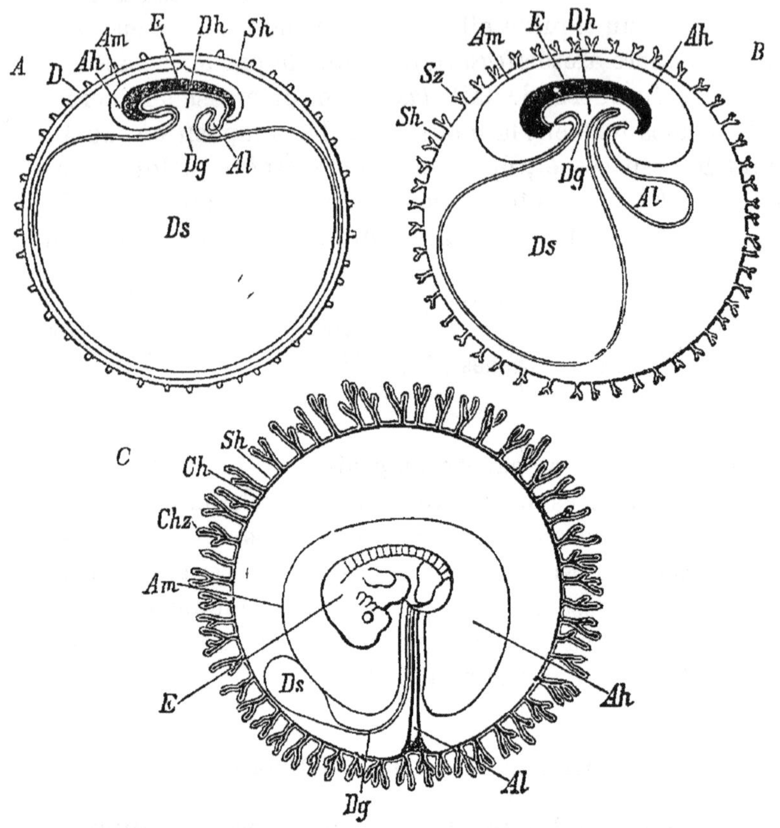

Fig. 100. — Trois stades du développement d'un Mammifère. — A, œuf au moment de la fermeture de l'amnios et de la formation de l'allantoïde. — B, embryon entouré de la membrane séreuse, — C, le feuillet externe de l'allantoïde s'est appliqué contre la membrane séreuse, l'amnios tend lui aussi à s'appliquer contre ces membranes. — *E*, embryon, *Dh*, cavité digestive, *Dg*, canal ombilical, *Ds*, sac vitellin ou vésicule ombilicale, *Am*, amnios, *Sh*, membrane séreuse, *Sr*, ses villosités, *Ah*, cavité amniotique, devenant la poche des eaux. *Al*, allantoïde, *D*, membrane vitelline, *Ch*, chorion, feuillet vasculaire de l'allantoïde, *Chz*, villosités placentaires.

nom d'Implacentaires, par opposition à tous les autres, qui sont dits Placentaires.

Chez les Implacentaires, l'enveloppe extérieure qui protège l'embryon reste lisse ; chez les Placentaires, elle se garnit de villosités dans lesquelles pénètrent des ramifications de l'allantoïde. Ces villosités, en s'introduisant dans la muqueuse utérine, forment le placenta. L'amnios vient s'appliquer sur le pédicule de l'allantoïde et il se constitue ainsi un cordon (*cordon ombilical*) qui relie l'embryon au placenta (fig. 100 C). Tantôt les villosités placentaires sont unies si intimement à l'utérus, qu'une partie de la muqueuse utérine (*caduque*) est expulsée avec le produit (*Mammifères Décidués* ou *à caduque*). Tantôt, au contraire, les villosités placentaires sont si peu adhérentes à la muqueuse utérine, qu'elles se détachent entièrement, sans qu'il y ait élimination d'aucune partie de muqueuse (*Mammifères Adécidues* ou *sans caduque*).

A. Mammifères Adécidues — On observe, chez eux, deux sortes de placentas : 1° le *placenta diffus*, à villosités courtes, simples et répandues sur toute la surface de l'œuf (**Porcins**. **Jumentés**, etc.) ; 2° le *placenta cotylédonaire*, à villosités longues, ramifiées, n'occupant que des places isolées (*cotylédons*) à la surface de l'œuf (la plupart des **Ruminants**) (fig. 112, *4*).

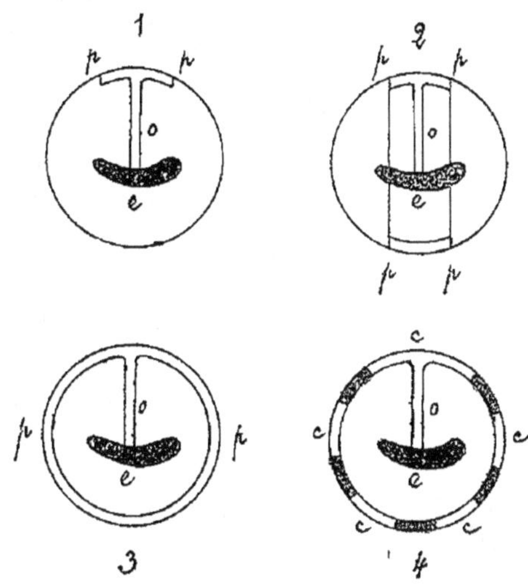

Fig. 101. — Schéma des diverses sortes de placentas. *e*, embryon, *o*, cordon ombilical, *pp*, placenta — *1* discoïde, *2* zonaire, *3* diffus, *4* cotylédonaire à cotylédons *c*.

B. Mammifères décidués. — Ils présentent aussi deux sortes de placentas : 1° le *placenta zonaire* (2) qui forme une ceinture autour de la région équatoriale de l'œuf, les pôles étant lisses (**Carnivores**), etc. ou villeux (**Proboscidiens**) ; 2° le *placenta discoïde* (*1*) en forme de disque simple ou lobé (**Primates**, **Chéiroptères**, etc.).

Circulation chez l'embryon. — Chez l'Homme, vers le quinzième jour, s'établit une *première circulation*, subordonnée à l'existence de la vésicule ombilicale. Vers la cinquième semaine, une *deuxième circulation* se montre en rapport avec le développement de l'allantoïde. Enfin une *troisième circulation* s'établit aussitôt après la naissance.

Dans la *première circulation*, le cœur, d'abord tubuleux, se complique de trois dilatations (*oreillette*, *ventricule*, *bulbe aortique*) dont les cavités se font suite. Le sang, chassé par les contractions du cœur, circule dans les parois de la vésicule ombilicale.

Dans la *deuxième circulation*, appelée aussi *allantoïdienne* ou *pla-*

centaire (fig. 102), les vaisseaux de la vésicule ombilicale s'atrophient et ceux de la vésicule allantoïde se développent de plus en plus, pour irriguer le placenta. A ce moment, la cavité ventriculaire est divisee en deux ventricules distincts; mais la cavité auriculaire présente une cloison percée d'un trou (*trou de Botal*), par lequel les deux oreillettes communiquent entre elles. Le sang qui va au placenta est veineux. Le sang qui revient du placenta est chargé d'oxygène et de matériaux nutritifs provenant du sang de la mere; il arrive dans l'oreillette droite par la veine cave inférieure, est dirigé par la *valvule d'Eustachi* vers le trou de Botal, passe dans l'oreillette gauche, le ventricule gauche et l'aorte. Le sang veineux qui arrive dans l'oreillette droite par la veine cave supérieure, passe dans le ventricule droit et l'artère pulmonaire. Celle-ci transporte une quantité insignifiante de ce sang dans les poumons à peine perméables; le reste passe dans l'aorte, au moyen d'un canal de communication entre l'artère pulmonaire et l'aorte (*canal artériel*), puis retourne en partie au placenta, avec une portion du sang sorti du ventricule gauche. La communication des oreillettes entre elles et le mélange des deux sortes de sang caractérisent la deuxième circulation, pendant laquelle l'embryon devient le *fœtus*.

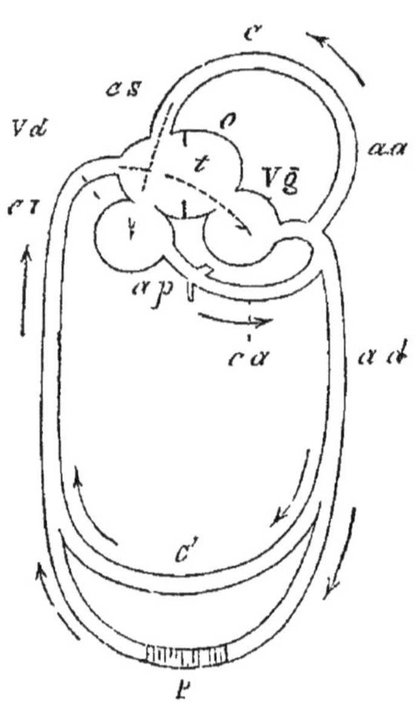

Fig 102 — Schéma de la deuxieme circulation — *o*, oreillettes, *t*, trou de Botal, *Vd*, ventricule droit, *Vg*, ventricule gauche, *aa*, aorte ascendante, *ad*, aorte descendante, *ap*, artere pulmonaire, *c*, *c'*, capillaires des extrémités supérieure et inférieure, *ca*, canal artériel, *ci* veine cave inférieure, *cs*, veine cave supérieure, *P*, placenta.

Apres la naissance, la circulation placentaire est terminée. Le nouveau-né respire; le poumon se developpe sous l'influence de l'afflux sanguin; la petite circulation s'établit. Alors commence la *troisieme circulation* ou *circulation definitive*, pendant laquelle le trou de Botal et le canal artériel s'oblitèrent plus ou moins rapidement.

APPAREILS ET FONCTIONS DE RELATION

ARTICLE X. — OSTÉOLOGIE.

Le squelette comprend : la *colonne vertébrale*, les *côtes*, le *sternum*, la *tête* (*crâne* et *face*), les *ceintures* et les *membres* (*antérieurs* et *postérieurs*).

Colonne vertébrale. — Elle se compose de cinq régions distinctes (*cervicale*, *dorsale*, *lombaire*, *sacrée*, *coccygienne* ou *caudale*). Les vertèbres des trois premières régions sont indépendantes, celles de la région sacrée sont soudées en un seul os (*sacrum*), quelquefois aussi les suivantes (*coccyx*), quand la queue est rudimentaire. A l'interieur du rachis, le *canal vertébral* suit toutes les inflexions de la colonne (1).

Une vertèbre de Mammifere (fig. 103) presente un disque (*corps*), auquel est lié en arrière un arc osseux (*arc neural*). Le trou limité par l'arc neural est le *trou vertebral*. L'arc neural est relié au corps par deux parties amincies (*pedicules*), offrant chacune deux *echancrures* qui concourent à former les *trous de conjugaison* entre deux vertèbres voisines. Il presente trois sortes d'apophyses : 1° une *apophyse epineuse* impaire et dorsale; 2° une paire d'*apophyses transverses* ou *diapophyses*, dirigées en dehors et servant à des insertions musculaires ; 3° deux paires d'*apophyses articulaires* ou *zygapophyses* (deux antérieures et deux postérieures) servant aux articulations des vertèbres entre elles (Voy. p. 149).

A. Region cervicale. — Concave au côté dorsal. A l'exception du Lamantin, qui a six vertèbres au cou, et des Bradypes, qui en ont huit ou neuf, tous les Mammifères ont *sept vertebres cervicales*. Ces vertebres présentent de chaque côté une apophyse représentant morphologiquement une côte soudée à l'apophyse transverse; mais un trou (*trou transversaire*), servant au passage de l'artère vertébrale, persiste entre ces deux pièces (2). Les apophyses épineuses, en général peu developpées, quelquefois nulles, sont bifurquées au sommet chez l'Homme et quelques Anthropoides, simples chez les Quadrupèdes. — La première vertèbre cervicale (*atlas*) s'articule

(1) Chez l'Homme, les trois premieres regions de la colonne vertebrale forment trois courbures alternant en rapport avec l'attitude bipède. Chez les autres Mammiferes, ces courbures se reduisent a deux : l'une *cervicale*, l'autre *dorso-lombaire*. A la naissance, la colonne vertebrale est sensiblement rectiligne ; ses courbures sont donc acquises et non primitives.

(2) On decrit en general l'apophyse transverse des vertèbres cervicales comme naissant par deux racines, laissant entre elles un trou transversaire. C'est une mauvaise interpretation, les deux baguettes osseuses qui limitent le trou représentent respectivement l'apophyse transverse et la côte soudees a leur extremite. Le trou transversaire est l'homologue du *trou costo-transversaire* que la côte, quand elle est bien developpee, delimite avec l'apophyse transverse.

avec les condyles de l'occipital et supporte le crâne. La deuxieme (*axis*) est munie, sauf chez les Cétacés, d'une apophyse (*apophyse odontoïde*) faisant originairement partie de l'atlas, autour de laquelle s'effectue la rotation de l'atlas. Enfin la septième (*proéminente*) a une longue apophyse épineuse.

B. Région dorsale. — Convexe du côté dorsal. Le nombre des vertèbres dorsales est, le plus souvent, de douze ou treize (douze chez l'Homme). Corps à deux paires de facettes articulaires, l'une antérieure, l'autre posterieure; ces facettes forment, avec la facette adjacente de la vertèbre voisine, une excavation qui reçoit la tête d'une côte. Celle-ci s'articule, par sa tubérosite, avec une facette articulaire de l'apophyse transverse. Apophyses épineuses longues (rudimentaires ou nulles chez les Chéiropteres), dirigées en arrière.

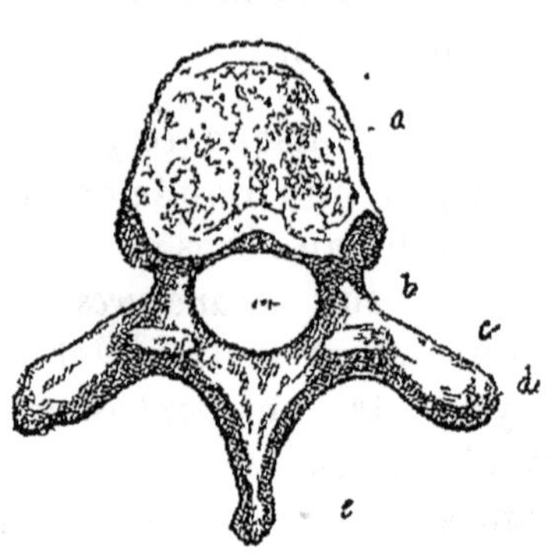

Fig 103 — Vertèbre vue par sa face antérieure — *a*, corps, *b*, trou vertébral, *c*, apophyse articulaire, *d*, apophyse transverse, *e*, apophyse épineuse

C. Région lombaire. — Elle offre une courbure qui, chez l'Homme, alterne avec celle de la region dorsale, mais est de même sens chez les autres Mammiferes. Composée ordinairement de cinq à sept vertèbres (cinq chez l'Homme). Les apophyses costiformes ou *parapophyses*, à direction horizontale chez l'Homme et les Anthropoides, augmentent de longueur d'avant en arrière chez les Quadrupèdes et se dirigent en avant (*antéversion*). Les apophyses transverses sont réduites à un simple mamelon (*apophyse mamillaire*), qui se confond avec l'apophyse costiforme. Enfin les apophyses épineuses, généralement courtes, sont horizontales chez l'Homme et les Anthropoides, tandis qu'elles se dirigent en avant, comme les costiformes, chez les Quadrupèdes. Ceux-ci ont donc le rachis divisé en deux trains, l'un antérieur où les apophyses épineuses sont dirigées en arrière, l'autre posterieur où elles sont dirigées en avant.

D. Région sacrée. — Elle se compose de trois à cinq vertèbres (cinq chez l'Homme), soudees entre elles pour servir de point d'appui aux membres postérieurs, et formant le *sacrum*. Cette région n'est pas distincte chez les Cétaces, par suite de l'absence des membres postérieurs. La largeur du sacrum atteint son maximum dans l'espèce humaine, en raison de l'attitude bipède. Le sacrum presente, sur ses faces anterieure et postérieure, des *trous sacres* correspondant aux trous de conjugaison et communiquant avec un *canal sacre*, qui fait suite au canal rachidien.

E. Région caudale. — La plus variable des régions du rachis. Elle se réduit, chez l'Homme et les Anthropoïdes, à quelques vertèbres rudimentaires, pour constituer le *coccyx* (composé de quatre ou cinq vertèbres chez l'Homme, de huit ou neuf chez l'embryon). Quelques espèces à longue queue possèdent jusqu'à quarante vertèbres caudales, les antérieures seules ayant un trou central.

Côtes. — Les unes rejoignent le sternum (*vraies côtes*) ; les autres ne sont pas en rapport avec lui (*fausses côtes*).

Chez l'Homme, il y a douze paires de côtes : sept vraies, les sept premières, et cinq fausses, dont trois reliées aux précédentes par leurs cartilages et deux completement libres (*côtes flottantes*). Leur nombre varie, chez les divers Mammifères, comme celui des vertèbres dorsales; elles sont surtout nombreuses chez les Jumentés.

Les vraies côtes sont composées de deux segments : l'un en rapport avec les vertèbres (*côte vertébrale*), l'autre attache au sternum (*côte sternale*). Le premier, ou *côte proprement dite*, s'articule par son extrémité proximale (*tête*) avec les corps vertébraux; après cette tête, elle présente une partie rétrécie (*col*), puis un renflement (*tubérosité*), au moyen duquel elle s'articule avec l'apophyse transverse de la vertèbre correspondante. La côte sternale est généralement cartilagineuse (*cartilage costal*).

Sternum. — Il se compose ordinairement d'une série de segments (*sternèbres*), dont le nombre correspond à celui des côtes (1). Les sternèbres se fusionnent généralement entre elles; rarement elles restent distinctes (**Édentés**).

La partie antérieure ou superieure du sternum (*manubrium* ou *manche*) est large chez les Mammifères claviculés et présente généralement une échancrure médiane (*fourchette*); elle est, au contraire, étroite chez les non-claviculés et offre souvent un prolongement plus ou moins accusé (*prolongement trachelien*). La partie moyenne (*corps*), géneralement deprimee, rarement comprimée (**Jumentés**), presente sur le devant une *crête mediane* chez les Mammifères fouisseurs ou volants (Taupe, **Chauves-souris**), dont les muscles pectoraux sont très

(1) Morphologiquement, le sternum doit être considere comme forme par la fusion sur la ligne mediane des extremites distales des côtes

développés. Enfin la partie postérieure se termine par une pointe (*appendice xiphoïde*) qui reste le plus souvent cartilagineuse, mais peut devenir un os important (*Édentés.*).

Crâne. — Il se compose de sept os chez l'Homme ; mais, chez les autres Mammifères, ce nombre peut varier, en plus, par la division de quelques os, ou en moins, par leur soudure. On lui considère deux régions : l'une (*base*) qui provient de

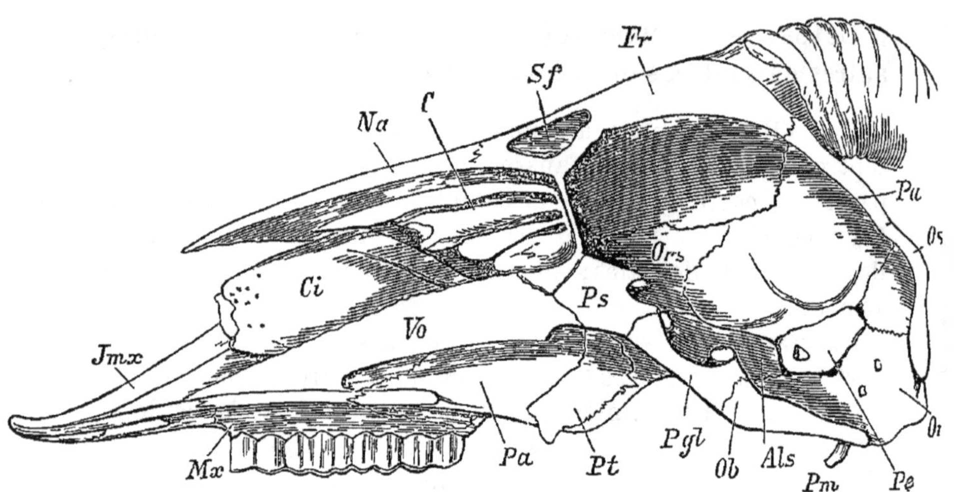

Fig. 104 — Coupe verticale d'un crâne de Mouton. — *Ob*, occipital basilaire, *Ol*, occipital latéral, *Os*, occipital supérieur, *Pe*, pétreux, *Pgl*, post-sphénoïde, *Ps*, présphénoïde, *Als*, alisphénoïde, *Ors*, orbitosphénoïde, *Pa*, pariétal, *Fr*, frontal, *Sf*, sinus frontal, *Eth*, ethmoïde, *Na*, nasal, *C*, cornets ethmoïdaux, *Ci*, cornet inférieur (os turbiné), *Pt*, ptérygoïde, *Pa*, palatin, *Vo*, vomer, *Mx*, maxillaire, *Jmx*, intermaxillaire, *Pm*, apophyse paramastoïde (apophyse jugulaire)

l'ossification d'un cartilage primordial ; l'autre (*voûte*) qui dérive d'une ébauche conjonctive (fig. 104 et 105).

A. Os DE LA BASE DU CRANE. — Au nombre de quatre chez l'Homme : deux impairs, l'*occipital* et le *sphénoïde ;* deux pairs, les *temporaux*.

L'*occipital* se compose de deux parties qui se soudent de bonne heure, mais restent distinctes chez les Marsupiaux. L'une de ces parties (*portion écailleuse* ou *écaille de l'occipital*) appartient a la voûte du crâne, dont il forme la région postérieure (*occiput*) et est d'origine membraneuse. L'autre partie (*portion basilaire* ou *basioccipital*) consiste en une pièce médiane d'origine cartilagineuse. Elle est séparée de l'écaille par un grand trou (*trou occipital*), que traversent la moelle épinière, les artères vertébrales et le nerf spinal. Sur les côtés de ce trou, deux éminences (*condyles occipitaux*) s'articulent avec l'atlas.

Le *sphenoïde* est situé au milieu de la base du crâne, enfoncé comme un coin (d'où son nom) entre l'occipital, le frontal et les deux temporaux. Il se compose de deux pièces (*sphenoïde anterieur* et *sphenoïde postérieur*) dont les parties médianes se soudent, chez l'Homme, pour constituer un corps (*basi-sphenoïde*), creusé d'une cavité (*sinus sphénoïdal*), et présentant une excavation supérieure (*selle turcique*), qui reçoit le corps pituitaire. — Le sphénoïde anté-

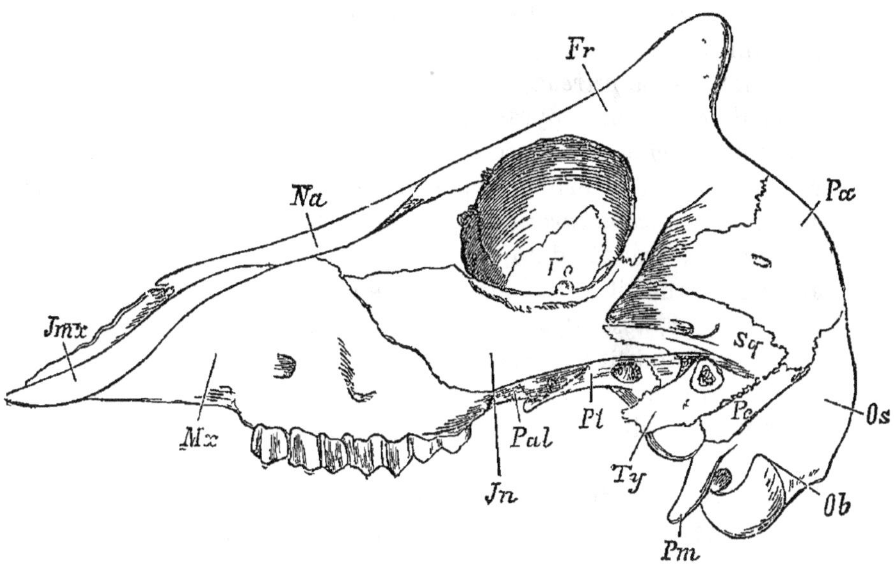

Fig 105. — Crâne de Chèvre — *Ob*, occipital basilaire, *Pm*, apophyse paramastoïde (apophyse jugulaire), *Os*, occipital superieur, *Sq*, squamosal, *Ty*, tympanique *Pe*, pétreux, *Pa*, pariétal, *Fr* frontal, *La*, lacrymal, *Na*, nasal, *Fo*, trou optique, *Mx*, maxillaire, *Jmx*, intermaxillaire, *Jn*, jugal, *Pal*, palatin, *Pt*, ptérygoïde

rieur porte deux expansions latérales (*petites ailes* ou *orbito-sphénoïdes*) dont chacune est percée à sa base d'un trou (*trou optique*) pour le passage du nerf optique et de l'artère ophtalmique. — Le sphenoïde postérieur porte aussi deux ailes (*grandes ailes* ou *alisphenoïdes*); elles sont séparées des petites ailes par une fente (*fente sphénoïdale*) qui livre passage aux nerfs oculo-moteurs commun et externe.

Les *temporaux* remplissent l'espace qui existe entre l'occipital et le sphenoïde. Ils se composent primitivement de quatre parties, dont deux, une supérieure (*squamosal*), une inférieure (*tympanique*) correspondent à des os de membrane, tandis que les deux autres, une interne (*pétreux*), une postérieure (*mastoïdien*), sont précédées d'un cartilage. — Le *squamosal* ou *écaille du temporal* forme la tempe et entre dans la voûte du crâne. Il porte une apophyse (*apophyse zygomatique*) qui s'unit au jugal pour former l'*arcade zygomatique*. Au-dessous de cette apophyse, une dépression (*cavité glénoïde*) sert à l'articulation de la mâchoire inférieure. — Le *tympanique* est la portion la plus petite du temporal; c'est une gouttière osseuse à concavité supérieure, qui constitue la majeure partie du *conduit auditif externe* et de la *caisse du tympan*. Le conduit auditif externe s'ouvre par un large orifice (*méat auditif*) en arrière de la cavité glénoïde. La caisse du tympan présente à sa partie inférieure, chez beaucoup de Mammifères (**Carnivores, Lémuriens, Rongeurs**, etc.), un renflement arrondi (*bulle tympanique* ou *auditive*) qui ne se développe pas chez l'Homme. — Le *pétreux* ou *rocher* est la partie la plus dure du squelette. Il forme une pyramide triangulaire à base extérieure et à sommet intérieur. La base du rocher complète en haut le méat et le conduit auditif externes; le sommet est tronqué et présente l'orifice supérieur du *canal carotidien* qui loge la carotide interne. La face postérieure est creusée d'un trou (*trou auditif interne*), qui livre passage aux nerfs auditif et facial. La face extérieure présente une épine osseuse (*apophyse styloïde*) (1). — Le *mastoïdien* est situé en arrière du conduit auditif externe; il présente une saillie (*apophyse mastoïde*) qui, à l'inverse de la bulle tympanique est très développée chez l'Homme et plus ou moins rudimentaire chez les autres Mammifères.

La base du crâne est creusée intérieurement de trois *fosses* (antérieure, moyenne, postérieure), surtout distinctes chez l'Homme.

B. Os DE LA VOUTE DU CRANE. — Au nombre de trois chez l'Homme : un impair, le *frontal;* deux pairs, les *pariétaux*.

Le *frontal* ou *coronal* ferme en avant la cavité crânienne et va rejoindre en arrière le sommet de la tête (*sinciput* ou *vertex*); en bas, il arrive jusqu'à la racine du nez et forme la voûte des deux cavités orbitaires, limitées en avant par les *arcades orbitaires*. A sa région inférieure, le frontal est creusé de cavités (*sinus frontaux*) quelquefois très développées (**Proboscidiens**). Chez les **Ruminants** pourvus

(1) L'apophyse styloïde appartient en réalité au système hyoïdien Chez l'Homme, elle se soude au temporal; mais, chez beaucoup de Mammifères, elle reste distincte du crâne (*os styloïdien*). En avant de l'apophyse styloïde, se voit l'orifice inférieur du canal carotidien, et en arrière, le trou de sortie (*trou stylo-mastoïdien*) du nerf facial. Le rocher se développe par deux points d'ossification, l'un antérieur (*prootique*), l'autre postérieur (*opisthotique*), qui forment deux os distincts chez les Vertébrés ovipares

de cornes, il présente des prolongements qui forment les supports de ces organes. Le frontal est toujours double à l'origine; mais ses deux moitiés se soudent (**Primates, Lémuriens, Chéiroptères, Insectivores, Proboscidiens**) ou restent séparées par une suture (*suture metopique*). Celle-ci s'observe toujours chez le fœtus humain.

Le *pariétal*, ainsi appelé parce qu'il forme la plus grande partie des parois du crâne, est situé à la partie latéro-supérieure de la tête, au-dessus du temporal et du sphenoide, en arriere du frontal et en avant de l'occipital. Sa face externe, convexe, offre une crête (*crête temporale*) d'autant plus saillante que le muscle temporal qui s'y insere est lui-même plus puissant. Sa face interne, concave, est sillonnée de gouttières vasculaires formant chez l'Homme un ensemble ramifié (*feuille de figuier*). Chez la plupart des Mammiferes, les pariétaux restent distincts; quelquefois (**Jumentés, Ruminants,** etc.) ils sont soudés en un seul os.

A l'origine, les os de la voûte du crâne sont séparés les uns des autres par des espaces membraneux (*fontanelles*) (1).

Face. — Elle se compose de quatorze os chez l'Homme : mais, comme pour les os du crâne, ce nombre peut varier, en plus ou en moins, chez les divers Mammifères. Elle comprend deux régions; l'une (*région nasale*) forme les parois des fosses nasales; l'autre (*region buccale*) forme le squelette de la cavité buccale.

A. Os DE LA RÉGION NASALE. — Au nombre de six chez l'Homme : deux impairs, l'*ethmoide* (avec les trois cornets) et le *vomer;* deux pairs, les *nasaux* et les *lacrymaux*. Chez la plupart des Mammifères, on observe en outre deux *os pterygoidiens* qui, chez l'Homme, se soudent avec le sphénoïde pour former,

(1) Les fontanelles du nouveau-né sont normalement au nombre de six : deux medianes et quatre laterales. Les fontanelles medianes sont l'une anterieure (*fontanelle bregmatique* ou *grande fontanelle*), au point de rencontre (*bregma*) des pariétaux et du frontal; l'autre posterieure (*fontanelle lambdatique*), au point de rencontre (*lambda*) des parietaux et de l'occipital. Les fontanelles laterales sont: l'une antérieure (*fontanelle ptérique*), au point (*pterion*) ou se rencontrent le frontal, les pariétaux, les temporaux et le sphenoide; l'autre posterieure (*fontanelle astérique*), en arriere du temporal. A la naissance, les quatre sutures principales de la voûte du crâne sont encore ouvertes ; leur obliteration (*synostose*) arrive plus tôt dans la race negre que dans les autres races. Chez ces dernieres, les sutures restent plus longtemps ouvertes dans la region antérieure du crâne que dans la posterieure; c'est l'inverse pour la race nègre et les Anthropoides.

de chaque côté, l'aile interne de l'apophyse ptéryroïde. Quelquefois il existe des os supplémentaires (*os prenasal* des Paresseux; *os du boutoir* du Porc et de la Taupe).

L'*ethmoïde,* dans la composition duquel rentrent les cornets inférieurs (GEGENBAUR), est situé en avant du sphénoïde : il comprend une lame médiane (*lame perpendiculaire* ou *mésethmoïde*) et des *masses latérales* creusées d'anfractuosités. Le bord supérieur de la lame perpendiculaire fait, chez l'Homme, saillie dans la boîte crânienne (*apophyse crista-galli*) et donne attache à la faux du cerveau. Son bord inférieur s'articule avec le vomer et se continue avec la lame cartilagineuse (*cartilage de la cloison*) qui sépare les deux fosses nasales. Les masses latérales font partie de l'orbite par leur face externe (*lame papyracée*); mais, à l'intérieur, elles présentent des volutes osseuses (*cornets*) limitant, en dessous, autant d'espaces vides (*méats*). Il y a trois cornets superposés (*supérieur, moyen, inférieur*) (fig. 104, *C*), séparant trois méats (*supérieur, moyen, inférieur*) où s'ouvrent les divers sinus (frontaux, sphénoïdal, maxillaires). Les cornets inférieurs, généralement distincts de l'ethmoïde, se développent cependant aux dépens du même cartilage. A leur sommet, les masses latérales se rattachent à la lame perpendiculaire par une cloison (*lame criblée*) perforée de petits orifices livrant passage aux filets du nerf olfactif (1).

Le *vomer* (os en soc de charrue) forme la partie postérieure de la cloison des fosses nasales. C'est une lame verticale primitivement double, appliquée en haut contre le sphénoïde et en bas contre le plancher des fosses nasales (*Vo*). Le bord antérieur se continue avec la lame perpendiculaire de l'ethmoïde et le cartilage de la cloison du nez; le bord postérieur sépare les deux orifices postérieurs des fosses nasales, limités eux-mêmes latéralement par l'aile interne de l'apophyse ptérygoïde (*os ptérygoïdien*).

Les *nasaux* ou *os propres du nez* forment la charpente osseuse du nez. Ils s'articulent avec le frontal, l'ethmoïde et le maxillaire supérieur. Soudés le plus souvent entre eux chez les Singes et souvent dans la race nègre, ils sont simplement juxtaposés dans les autres races humaines et chez la plupart des Mammifères. Les naseaux sont quelquefois très développés (Tatous) (fig. 104 et 105, *Na*).

Les *lacrymaux* ou *unguis* sont les plus petits et les plus minces des os de la face. Situés entre le maxillaire supérieur, le frontal et

(1) La lame criblée ne s'observe que chez les Mammifères vivipares; elle fait défaut chez les Monotrèmes, comme chez les Sauropsides

l'ethmoïde, ils séparent les orbites des fosses nasales. Le lacrymal a sa face externe percée d'un trou intra-orbitaire (*orifice du conduit lacrymal*) et munie, chez les Primates, d'une crête verticale. Très developpés chez certains Ruminants (Cervides), où ils présentent exterieurement une depression profonde (*fosse larmière*), les os lacrymaux manquent chez les Mammifères aquatiques, dépourvus de glandes et de voies lacrymales.

B. Os DE LA REGION BUCCALE. — Au nombre de huit chez l'Homme : trois pairs et superieurs, les *maxillaires supérieurs*, les *palatins* et les *jugaux ;* deux impairs et inférieurs, le *maxillaire inférieur* et l'*hyoïde*. Ils constituent les parties inferieures et externes de la face.

Les *maxillaires superieurs* forment la presque totalité de la mâchoire superieure. Chacun d'eux comprend primitivement deux pièces osseuses : 1° le *prémaxillaire, intermaxillaire* ou *os incisif* (1) ; 2° le *maxillaire proprement dit*. Tantôt ces deux os se fusionnent avant (Homme) ou après (Singes) la naissance, tantôt ils restent distincts (autres Mammifères). Aux depens des prémaxillaires se forment les parties qui portent les incisives et delimitent extérieurement l'orifice nasal. Le corps du maxillaire forme, en haut, le plancher de l'orbite et, en bas, le bord alvéolaire, il est creusé d'une cavité (*sinus maxillaire*) communiquant avec les fosses nasales.

Les *palatins* sont situés en arrière des maxillaires superieurs. Ils sont formes d'une *lame verticale* faisant partie de la paroi externe des fosses nasales et d'une *lame horizontale* constituant la portion postérieure de la voûte palatine.

Les *os malaires, jugaux* ou *zygomatiques* sont situés à la partie externe de la face. Par son union avec le maxillaire superieur et le temporal, le malaire forme l'*arcade zygomatique* qui, de chaque côté, reunit le crâne à la face (2). Chez les Primates, le jugal s'articule en

(1) L'independance des os incisifs se manifeste, même dans l'espece humaine, par la monstruosite qui entraîne la division congenitale des lèvres (*bec-de-lievre*) ; leur absence produit une difformite plus considerable (*gueule-de-loup*)

(2) L'arcade zygomatique est tres developpee chez le Paca où elle forme un bouclier creuse d'une cavite en communication avec la bouche. Elle est tres saillante chez les Carnivores, mais manque chez un certain nombre d'Insectivores (Musaraigne, Tenrec) et d'Edentes (Fourmilier). Dans les races humaines, quand on examine le crane d'en haut (*norma verticalis*), les arcades zygomatiques sont tantôt visibles (*arcades phénozyges*) et

outre avec le frontal et le sphénoïde. Chez certains Edentés (Bradypodidés), le jugal présente une apophyse descendante caracteristique (*apophyse masseterine*).

Le *maxillaire inferieur*, l'os de la mâchoire inférieure (*mandibule*), est le plus grand des os de la face, le plus précoce des os de la tête et le seul qui soit mobile. Constitué d'abord par deux moitiés separées, qui tantôt (Homme, Singes, etc.) se soudent sur la ligne médiane (*symphyse du menton*), tantôt (Lémuriens, Carnivores, etc.) restent distinctes, il se compose d'un *corps* horizontal et de deux *branches montantes* formant avec ce dernier l'*angle de la mâchoire*. Le corps, arqué en arrière, présente en haut une partie alvéolaire, qui reçoit les dents inférieures. Les branches, comprimées, se terminent par deux apophyses, l'une antérieure et pointue (*apophyse coronoïde*), l'autre postérieure et arrondie (*condyle*), séparées l'une de l'autre par l'*echancrure sigmoïde* (1). Au-dessous de celle-ci, à la face interne de l'os, un trou (*trou dentaire*) est l'origine d'un *canal dentaire* qui court au-dessous des alveoles et s'ouvre à la face externe par un *trou* dit *mentonnier*. Les branches sont longues chez les Herbivores, très courtes chez les **Carnivores** et les **Insectivores**, nulles chez les **Cétacés** et les **Monotrèmes** (2). Le condyle s'articule avec la cavité glénoïde du temporal, disposition spéciale aux Mammifères.

Considéré dans son ensemble, la face présente : 1° une paire d'*orbites*, qui logent les organes de la vue ; 2° une paire de *fosses nasales*, affectées au sens de l'odorat.

L'*orbite* n'est fermée et dirigée en avant que chez les Primates ; chez tous les autres Mammifères, elle affecte une direction latérale et communique largement avec une fosse située en dedans de l'arcade zygomatique (*fosse temporo-zygomatique*). Au fond de l'orbite, se voient le *trou optique* et la fente sphénoïdale, déjà signalés. Sur sa paroi interne, l'orbite presente une *gouttière lacrymale*, origine d'un canal

tantôt invisibles (*arcades cryptozyges*), suivant la voussure que presente la region pariétale.

(1) L'apophyse coronoïde, tres longue chez les Carnivores, tres courte chez les Rongeurs, est en correlation avec la force du muscle temporal qui s'y insere. La forme et la direction du condyle varient suivant la disposition des dents, en rapport elle-même avec le regime. Chez l'Homme et les grands Mammiferes, le condyle est oblong et oblique en arriere ; chez les Carnivores et les Insectivores, il est ovoïde et transversal ; chez les Rongeurs, il est étroit et longitudinal. Le mouvement de la mandibule est surtout transversal dans les deux premiers cas, uniquement vertical dans le troisième et longitudinal dans le quatrieme (p. 177).

(2) Cette disposition est en rapport avec la longueur des muscles pterygoïdiens, agents des mouvements de lateralité de la mandibule.

(*canal nasal*) qui conduit les larmes dans le méat inférieur des fosses nasales.

Les *fosses nasales*, situées entre les orbites et la bouche, sont ouvertes en avant et en arriere. Elles offrent, sur la ligne médiane, le vomer et la lame perpendiculaire de l'ethmoïde. Leur plancher est la voûte palatine ; leur plafond est constitué par les os nasaux, la lame criblée de l'ethmoïde et le corps du sphénoïde. Le côté externe de chaque fosse nasale présente les trois cornets avec les meats correspondants. Les fosses nasales ont, chez les Cétacés, une direction presque verticale.

Hyoïde. — L'hyoïde de l'homme est un os impair, en forme d'U, qui sert de squelette à la langue et de support au larynx : c'est le seul os qui ne soit pas rattache au reste du squelette (fig. 79). Il se compose d'un *corps* et de deux paires de *cornes*, qui, d'abord indépendantes, se soudent ensuite avec le corps. Les cornes antérieures (*petites cornes*) se dirigent en haut et s'unissent par le *ligament stylo-hyoïdien* à l'apophyse styloïde du temporal. Les cornes postérieures (*grandes cornes*) se dirigent en arriere : elles se rattachent au larynx par le *ligament thyro-hyoïdien* (1).

Ceinture scapulaire. — Connue encore sous le nom d'*épaule*, elle est constituée, de chaque côté, par l'*omoplate* et la *clavicule*, auxquelles s'ajoute un *os coracoïde*, chez les Monotrèmes.

A. Omoplate. — L'*omoplate* ou *scapulum* est un os plat ou triangulaire appliqué contre les côtes superieures, en arrière chez les Bipedes, de chaque côte chez les Quadrupèdes. L'angle externe porte la cavité articulaire de l'humérus (*cavite glenoïde*) surmontée d'une apophyse crochue (*apophyse coracoïde*). Sa face externe est divisée par une forte crête (*epine*) en deux régions, l'une supérieure (*fosse sus-epineuse*), l'autre inférieure (*fosse sous-epineuse*) ; sa face interne (*fosse sous-scapulaire*) est excavée. Chez les Mammifères fortement claviculés, l'épine de l'omoplate se termine par une apophyse (*acromion*)

(1) L'hyoïde est le reste de l'appareil branchial des Poissons le corps represente la soudure du *basihyal* et de tous les *basibranchiaux ;* les grandes cornes representent le *premier hypobranchial ;* les petites l'*hypohyal* Le ligament stylo-hyoïdien representent la reste de l'arc hyoïdien, il presente chez beaucoup de Mammifeies, un certain nombre de pièces osseuses (*epihyal*, etc). L'apophyse styloïde du temporal représente ellemême le *styl-hyal.*

qui s'articule avec la clavicule. L'omoplate est plus longue et moins large chez l'Europeen que chez le Nègre.

B. Clavicule. — Os long qui rattache le sternum à l'omoplate La clavicule n'atteint son complet developpement que quand les membres anterieurs sont doués de mouvements étendus (***Primates***, ***Chéiroptères***, une partie des ***Insectivores*** et des ***Rongeurs***). Elle est rudimentaire chez les ***Carnivores*** et quelques ***Rongeurs***, nulle chez les ***Ongulés*** et les ***Cétacés***, dont les membres ne possèdent que des mouvements d'extension et de flexion. La clavicule est plus courte chez l'Européen que chez le Nègre, chez l'Homme que chez la Femme. Elle ouvre la periode d'ossification du squelette primitif, c'est le premier os du fœtus (1).

C. Os coracoide. — N'existe que chez les ***Monotrèmes*** Le coracoide s'articule avec le sternum et l'omoplate. Il est représente, chez les autres Mammiferes, par l'apophyse coracoide, qui a un noyau d'ossification spécial, mais se soude plus tard a l'omoplate.

Membre antérieur ou supérieur. — Il se divise en cinq parties (*bras*, *avant-bras*, *carpe*, *métacarpe*, *doigts*), d'autant plus complexes qu'elles sont plus distales. Les trois derniers segments forment la *main*.

A. Bras. — Constitué par un seul os, l'*humerus*, qui comprend un *corps* et deux *extremites*. Le *corps* peut être grêle (Mammifères grimpeurs et volants), large (Mammifères aquatiques ou fouisseurs) ou prismatique (la plupart des Mammifères). Une éminence rugueuse (*empreinte deltoidienne*) s'observe au-dessus du milieu de la face externe. L'*extremite superieure* porte une *tête* arrondie qui s'articule avec la cavite glénoide et est munie de deux *tuberosites*, (*trochiter* et *trochin*), entre lesquelles se trouve une coulisse (*coulisse bicipitale*) pour le glissement d'un des tendons du muscle biceps. L'*extrémite inferieure* porte deux tuberculos, l'un externe (*épicondyle*), l'autre interne (*epitrochlee*) ; ils surmontent deux surfaces articulaires, l'une arrondie (*condyle*), l'autre en forme de poulie (*trochlee*) (2).

(1) Chez beaucoup de Mammiferes, on trouve un os (*episternum*) impair (Monotremes, Marsupiaux) ou pair (certains Insectivores, Rongeurs et Edentés) qui unit la clavicule au sternum. Les pièces episternales deviennent, chez les Primates, des disques cartilagineux qui constituent le menisque interarticulaire de l'articulation sterno-claviculaire.

(2) Deux cavites sont creusees au-dessus de la trochlee, l'une en avant (*fossette coronoide*), l'autre en arriere (*fossette olecranienne*). La lame osseuse qui separe ces deux fossettes est rarement chez l'Homme, souvent chez les Anthropoides, percee d'un trou (*perforation olécranienne*) Cette perforation etait frequente chez les races neolithiques.

B. Avant-bras. — Composé de deux os : le *cubitus* et le *radius*. Le cubitus se réduit généralement et se soude au radius, dans les membres ne servant qu'à l'appui (*Jumentés*, *Ruminants*). Quand ceux-ci ont d'autres usages, le radius et le cubitus sont unis à chacune de leurs extrémités par une articulation mobile. Chez les *Primates*, l'extrémité inférieure du radius peut effectuer, autour du cubitus, un mouvement de rotation de 180°, soit de dehors en dedans (*mouvement de pronation*), soit de dedans en dehors (*mouvement de supination*) ; en outre, l'avant-bras se termine par une véritable *main*, c'est-à-dire par un organe préhensile, habituellement muni d'un pouce opposable aux autres doigts.

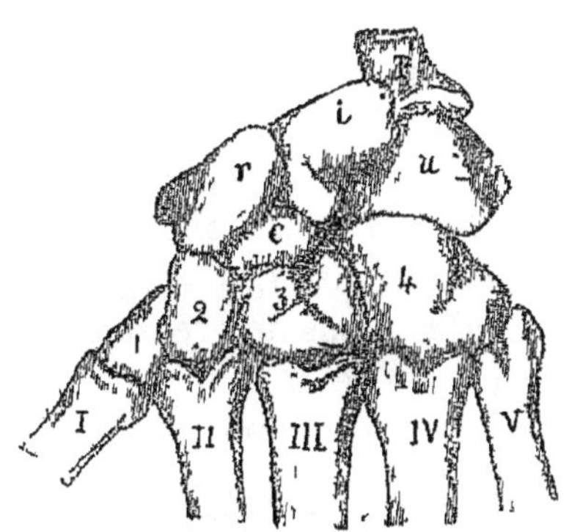

Fig. 106. — Carpe d'un Babouin. — *c*, os central, *i*, intermédiaire, *p*, pisiforme, *r*, radial, *u*, cubital, 1, trapèze, 2, trapézoïde, 3, grand os, 4, os crochu, I, II, III, IV, V, métacarpiens.

C. Carpe. — Le *carpe* ou massif du *poignet* est articulé au radius. Il forme la partie proximale de la main et est constitué par un ensemble d'os courts, de formes diverses. Il se compose de deux rangées de pièces osseuses : l'une proximale, l'autre distale; de plus, il existe, entre les deux rangées, un os (*os central*) dont l'ébauche cartilagineuse apparaît encore chez l'embryon humain (1).

La rangée proximale comprend trois os, qui sont, en allant du bord radial au bord cubital : le *radial* ou *scaphoïde* (le plus volumineux de la rangée), l'*intermédiaire* ou *semi-lunaire*, le *cubital* ou *pyramidal* (2). Il s'y ajoute, au bord cubital, un quatrième os, le *pisiforme*, qu'on considère comme un os sésamoïde ou comme le résidu d'un sixième doigt disparu.

La rangée distale est constituée par quatre os, qui sont, en allant du bord radial au cubital : le *premier carpien* ou *trapèze*, le *deuxième carpien* ou *trapézoïde*, le *troisième carpien* ou *grand os* (le plus grand os du carpe), les *quatrième* et *cinquième carpiens*, réunis pour former l'*os crochu*.

D. Métacarpe. — Il est formé d'os longs (*métacarpiens*), générale-

(1) L'os central existe chez un certain nombre de Mammifères (Orang, Gibbon, Singes quadrupèdes, Insectivores, etc.). Chez l'Homme, il se soude avec le scaphoïde. Chez les Ongulés, la région carpienne est désignée improprement sous le nom de *genou*.

(2) Chez les Chéiroptères, cette première rangée est souvent fusionnée en un seul os.

ment au nombre de cinq. Les métacarpiens se comptent sous les noms de 1er, 2e, 3e, 4e et 5e, en allant du bord radial au cubital. Le métacarpe peut se réduire à quatre os (**Porcins**) par la disparition du 1er métacarpien, à trois (**Périssodactyles**) par la disparition des 1er et 5e, à deux (*Hyæmoschus*) par la disparition des 1er, 5e et 2e, enfin à un seul os (*canon*), par la fusion des 3e et 4e métacarpiens (Ruminants). Il constitue le squelette de cette partie de la main dont la face dorsale est désignée sous le nom de *dos* et la face palmaire sous celui de *paume*.

E. Doigts. — Les *doigts* sont des appendices formés généralement de trois os longs (*phalanges*). Ces os sont articulés entre eux et d'autant plus courts qu'ils sont plus rapprochés de l'extrémité. Ils sont désignés sous les noms de première, deuxième (*phalangine*) et troisième (*phalangette*) phalange, en partant du métacarpe. La phalangette est encore appelée *phalange unguéale*, parce qu'elle porte l'ongle. Les doigts sont désignés, du bord radial au cubital, sous les noms de premier, deuxième, etc., cinquième (1). — Le pouce n'a que deux phalanges; on admet généralement que c'est la deuxième qui manque.

Le nombre typique des doigts est de cinq (2). Il peut se réduire à quatre, par la disparition du pouce (**Porcins**); à trois, par la disparition des 1er et 5e doigts (Rhinocérides); à deux, par la disparition des 1er, 5e et 2e doigts (**Ruminants**); à un seul, le médian, par la disparition des autres doigts (Equidés). L'ordre de disparition est donc 1, 5, 2, 4. Il y a, chez les **Chéiroptères**, un allongement considérable des phalanges et, chez les **Cétacés**, une augmentation du nombre de celles-ci, dans les doigts du milieu.

Ceinture pelvienne. — Elle est formée, de chaque côté, par un os (*os coxal* ou *iliaque*) qui s'unit en arrière avec le sacrum, et

(1) La longueur des doigts va en augmentant, du pouce et de l'auriculaire vers le médius. Chez les Anthropoïdes, l'index est toujours beaucoup plus court que l'annulaire, chez l'Homme, il s'en rapproche souvent, chez la Femme, il est plus long, ce qui donne à la main de celle-ci une forme plus élégante. Chez les Phoques, les doigts diminuent de longueur, du pouce au doigt externe; au membre postérieur, l'orteil le plus court est celui du milieu à partir duquel les autres orteils croissent en longueur jusqu'aux deux extrêmes.

Chez le Cheval et les autres Ongulés, la première phalange est désignée sous le nom d'*os du paturon*, la deuxième sous celui d'*os de la couronne*, la troisième enfin ou phalange unguéale est quelquefois appelée *os du pied*.

(2) On observe quelquefois des doigts surnuméraires (*polydactylie*).

en avant avec son opposé, par une articulation médiane (*symphyse du pubis*). Ces trois os constituent une large cavité infundibuliforme (*bassin*) (1). Chez les ***Marsupiaux*** et les ***Monotrèmes***, on observe deux *os* dits *marsupiaux*, sur la partie antérieure des os coxaux.

A. Os COXAL OU ILIAQUE. — C'est l'os de la hanche et le plus large des os. Il est formé, dans le jeune âge, par trois os, l'un dorsal (*ilion*), l'autre postérieur et ventral (*ischion*), le troisième antérieur

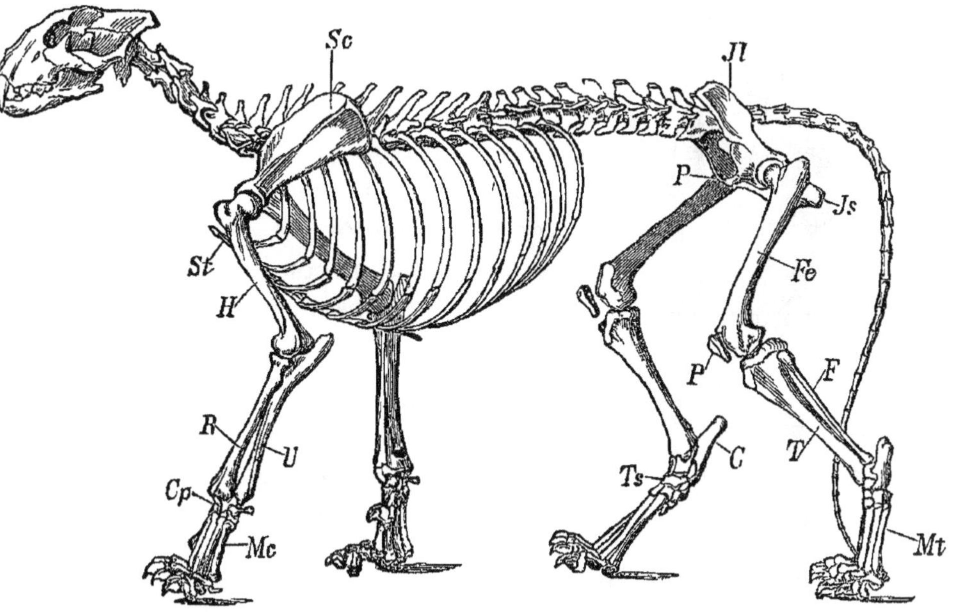

Fig 107. — Squelette du Lion — *St*, sternum, *Sc*, omoplate, *H*, humérus, *R*, radius, *U*, cubitus, *Cp*, carpe, *Mc*, métacarpe, *Jl*, ilion, *P*, pubis, *Js*, ischion, *Fe*, femur, *T*, tibia, *F*, péroné, *P*, rotule, *Ts*, tarse, *Mt*, métatarse, *C*, calcaneum.

et ventral (*pubis*), qui restent séparés toute la vie chez certains Vertebrés. Ces os se soudent au niveau d'une cavite (*cavite cotyloïde*), qui sert à l'articulation de la hanche. Le fond de celle-ci est perforé chez l'Echidné, comme chez les Oiseaux.

L'*ilion* est la partie la plus large de l'os coxal. L'*ischion* est sa partie la plus massive, et c'est sur son extrémite postérieure (*tuberosité de l'ischion*) que l'Homme repose, dans la station assise.

(1) Le bassin reste ouvert en bas chez quelques Insectivores, Cheiropteres, et Rongeurs. Chez les Cétaces il est represente par deux os rudimentaires, separes l'un de l'autre ainsi que de la colonne vertebrale.

Le *pubis* offre un tubercule antérieur (*épine du pubis*) considéré par quelques auteurs comme un vestige de l'os marsupial. Il s'articule avec celui du côté opposé, puis forme avec lui, au-dessous de la symphyse, un angle ouvert en bas et en arrière (*arcade pubienne*). Enfin il circonscrit, avec l'ischion, un large orifice (*trou sous-pubien*) qui, sur le vivant, est presque complètement fermé par une membrane (*membrane obturatrice*).

B. Os marsurpiaux. — Chez les Mammifères Implacentaires seulement (***Marsupiaux*** et ***Monotrèmes***), on observe deux os (*os marsupiaux*) implantés sur les pubis. Ces os, que possèdent les deux sexes, se développent dans les tendons des muscles grands obliques (fig. 108).

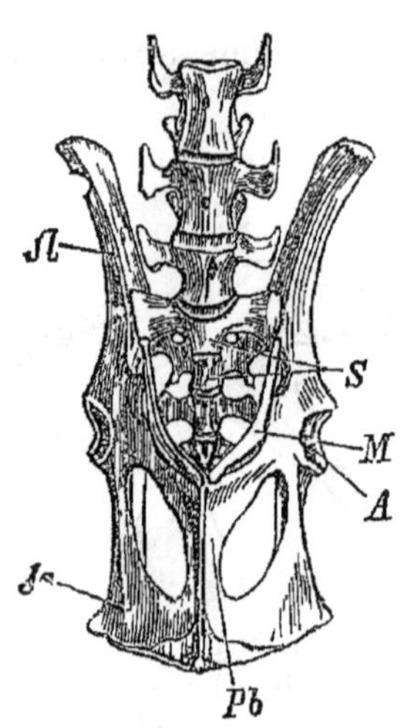

Fig 108 — Bassin de Kangu-roo — *A* cavité cotyloïde *M*, os marsupiaux, *S*, sacrum, *Il*, ilion, *Pb*, pubis, *Is*, ischion

Membre postérieur ou inférieur. — Il se compose de cinq parties (*cuisse, jambe, tarse, métatarse, orteils*) respectivement homologues des parties correspondantes du membre antérieur. Les trois derniers segments constituent le *pied*.

Chez l'Homme, le membre inférieur est beaucoup plus long que le membre supérieur et le pied se distingue de la main tant par le développement du tarse que par l'atrophie des phalanges. Ces dispositions sont en rapport avec le rôle que joue le membre inférieur dans la sustentation et la locomotion. Contrairement au membre antérieur, qui ne manque jamais, le membre postérieur fait défaut chez les ***Siréniens*** et les ***Cétacés*** (1).

A. Cuisse. — L'os de la cuisse ou *fémur* est le plus volumineux des os du squelette Son *corps* ne présente pas la disposition tordue de celui de l'humérus. Chez l'Homme, il offre, le long de sa face postérieure, une ligne saillante (*ligne âpre*) bifurquée en haut et en bas. L'*extrémité supérieure* porte une *tête* arrondie, reçue dans la cavité cotyloïde et supportée par un *col* qui fait un angle avec le corps de l'os (2). Une grosse tubérosité externe (*grand trochanter*) et une

(1) Chez l'embryon, le membre antérieur apparaît après le postérieur.

(2) Chez les Chéiroptères, la tête du fémur est dans le prolongement du corps de l'os, disposition unique chez les Mammifères.

petite tubérosité interne (*petit trochanter*) se trouvent à la base du col. Au-dessous du grand trochanter, on observe, chez les ***Jumentés***, les ***Insectivores*** et quelques ***Rongeurs***, une éminence rugueuse (*troisieme trochanter*) qui correspond à la branche externe de la ligne âpre. L'*extremite inférieure* se dilate en deux masses latérales (*condyles du fémur*) séparées en arriere par une échancrure profonde (*echancrure condylienne*) et réunies en avant par une large poulie (*trochlée fémorale*) sur laquelle glisse la *rotule*. On appelle de ce dernier nom un *os sesamoide* (1) développé dans le tendon du muscle triceps fémoral, au-devant de l'articulation du genou. La rotule fait quelquefois defaut (Chéiroptères, quelques Marsupiaux).

B. Jambe. — Formée par deux os longs, le *tibia* en dedans, le *péroné* en dehors, qui correspondent au radius et au cubitus.

Le *tibia* seul entre en rapport avec le fémur (2). Le *peroné*, plus grêle, s'articule par ses deux extrémités avec le tibia.

C. Tarse. — Il comprend deux rangees d'os, l'une proximale, l'autre distale entre lesquelles un os (*scaphoide*) correspond à l'os central du carpe. Chez l'Homme, la région tarsienne a la forme d'une voûte; elle comprend sept os et constitue le *cou-de-pied*. Beaucoup de Mammifères ont le tarse composé d'un nombre moindre d'os, par suite de la soudure ou de l'atrophie de quelques pièces (3).

a) La première rangée se compose des deux os les plus grands du tarse : l'*astragale* et le *calcaneum*, respectivement homologues du radial et du cubital (4). L'*astragale* ou *tibial*, le seul os du tarse qui s'articule avec le tibia, a son extrémité proximale en forme de poulie; son extrémité distale, le plus souvent tronquée, est quelquefois en trochlee (***Artiodactyles***). Le *calcaneum* ou *peronéal* est l'os du talon et l'os le plus volumineux du tarse.

b) La rangée distale est constituée du bord tibial au bord peronéal, par les trois *cuneiformes* ou *tarsiens* et le *cuboide*, ce dernier pouvant être considéré comme formé par la réunion de deux os (quatrième et cinquième tarsiens). Ces diverses pièces sont respectivement homologues des trois premiers carpiens et de l'os crochu.

(1) On designe sous le nom de *sésamoides* des os courts qui se developpent dans l'epaisseur des tendons, au voisinage de certaines articulations. La rotule est le plus volumineux des sesamoides.

(2) Le tibia etait aplati en lame de sabre (*tibia platycnemique*) chez certaines races néolithiques c'est un caractere simien — Chez quelques Marsupiaux, le tibia est mobile autour du perone.

(3) Chez le Cheval, le tarse est appele *jarret*.

(4) L'intermédiaire se soude de bonne heure au tibial pour former l'astragale

D. Métatarse et orteils. — La disposition de ces organes et les modifications qu'ils subissent, dans les divers groupes, sont analogues à celles du métacarpe et des doigts (1).

ÉTUDE DES ARTICULATIONS OU ARTHROLOGIE

Les os s'unissent (*articulations*) de trois manières principales : 1° par *synarthrose*, 2° par *amphiarthrose*, 3° par *diarthrose.*

Dans toute articulation, on doit considérer : les surfaces de contact des os (*surfaces articulaires*) ; les moyens d'union (*ligaments*) ; les mouvements de l'articulation.

Synarthroses. — Appelées encore *sutures.* Elles ne presentent point de mouvements (*articulations immobiles*). Les os qui les composent sont mis en continuité par un tissu intermédiaire qui peut persister ou devenir osseux. Le périoste se continue d'un os à l'autre.

A. Syndesmoses. — Les deux os sont réunis par un tissu fibreux. Ces articulations persistent géneralement pendant une grande partie de la vie. Ex : articulations des os de la voûte du crâne.

B. Synchondroses. — Les os sont réunis par un cartilage. Ces articulations disparaissent en général dès le debut de l'âge adulte. Ex. : articulations du sphénoide avec l'occipital.

Amphiarthroses. — Appelées encore *symphyses.* Articulations de transition entre les synarthroses et les diarthroses, elles offrent des mouvements peu étendus de balancement (*articulations semi-mobiles*). Les surfaces articulaires, encroûtées de cartilage, sont reliées par une masse fibreuse et maintenues par les ligaments périphériques.

Ex. : Les articulations des corps vertebraux, séparés les uns des autres par les *disques invertebraux ;* l'articulation des os coxaux entre eux (*symphyse pubienne*).

Diarthroses. — Ce sont les articulations les plus compli-

(1) Chez les Singes, le premier metatarsien, au lieu de s'articuler avec la face anterieure du premier cuneiforme, comme chez l'Homme, s'articule obliquement sur le côte tibial de cet os, ce qui rend les mouvements du gros orteil plus étendus chez les Singes que chez l'Homme.

quées (*articulations mobiles*) (fig. 109). Les surfaces articulaires sont recouvertes d'un *cartilage articulaire* (*b*), à la limite duquel s'arrête le périoste; sur le bord de cette plaque cartilagineuse s'insère une membrane sereuse (*synoviale*). Celle-ci va, comme un manchon, d'un os à l'autre (*e*); elle sécrète un liquide onctueux et filant (*synovie*) qui facilite les mouvements. Des *ligaments périphériques* protègent ou renforcent ces articulations, et la pression atmosphérique maintient les surfaces articulaires en contact. Quelquefois encore des ligaments intra-articulaires (*ligaments interosseux*) réunissent les os, ou bien ceux-ci sont séparés par un fibro-cartilage (*ménisque*) adhérent aux ligaments periphériques. Le menisque est perfore (articulation femoro-tibiale) ou non (articulation temporo-maxillaire); s'il est plein, chacune des deux cavités secondaires est pourvue d'une synoviale (*diarthroses doubles*).

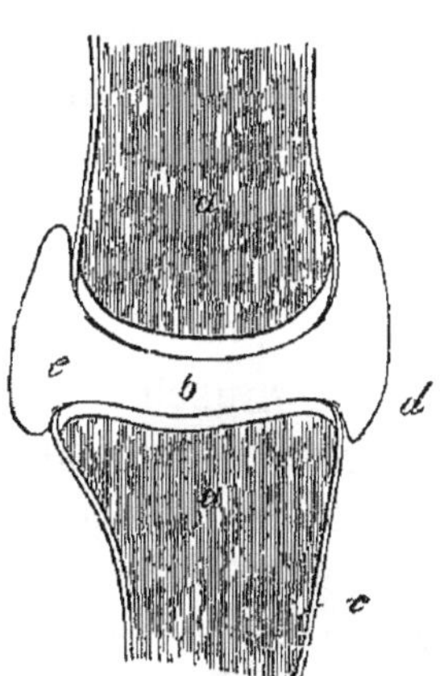

Fig 109 — Schéma d une diarthrose — *a*, os, *b*, cartilages articulaires, *c*, périoste, *d*, ligaments péripheriques, *e*, synoviale

La forme des surfaces articulaires a servi de base à la classification des diarthroses : elles derivent du plan, du cylindre ou de la sphere.

A. Arthrodies. — Surfaces articulaires planes ou presque planes. Mouvements de glissement. Ex. : articulations des os du carpe.

B. Trochoides. — L'une des surfaces est un cylindre qui tourne dans un anneau ostéo-fibreux. Mouvement de rotation. Ex. : articulations de l'atlas avec l'axis, du radius et du cubitus.

C. Trochleennes. — Une des surfaces articulaires est en forme de poulie ; l'autre affecte la disposition inverse. Deux mouvements opposes : flexion et extension. Ex. : articulations du coude (sans menisque interarticulaire) et du genou (avec ménisque interarticulaire).

D. Articulations par emboitement réciproque. — Appelees encore *articulations en selle*, parce qu'elles rappellent la disposition d'un cavalier sur sa selle. Surfaces articulaires concaves dans un sens et convexes dans le sens perpendiculaire au premier, la concavite de l'une correspondant a la convexité de l'autre. Tous les mouvements possibles, sauf la rotation. Ex. : articulation du trapèze avec le premier métacarpien (sans ménisque interarticulaire); articulation sterno-claviculaire (avec ménisque interarticulaire).

E. Condyliennes. — Une tête osseuse non sphérique (*condyle*) reçue dans une cavité de même forme qu'elle. Tous les mouvements, moins la rotation. Ex. : articulation radio-carpienne (sans ligament interarticulaire); articulation temporo-maxillaire (avec ménisque).

F. Enarthroses. — Tête osseuse sphérique reçue dans une cavité de même forme, souvent agrandie par un bourrelet marginal. Une capsule fibreuse. Tous les mouvements (flexion, extension, abduction, adduction, circumduction, rotation). Ex. : articulation de l'épaule (sans ligament interosseux); articulation de la hanche (avec ligament interosseux).

ARTICLE XI. — MYOLOGIE.

Les muscles sont presque toujours pairs et disposés à peu près de même chez tous les Mammifères; ceux des membres presentent le plus de variations. Les muscles etant très nombreux (500 environ chez l'Homme), nous ne pouvons étudier que les principaux.

Muscles de la tête. — Ils peuvent se diviser en *muscles de l'expression* et *muscles de la mastication*.

A. Muscles de l'expression. — Ce sont les muscles *pauciers du crâne et de la face*, qu'on peut appeler aussi *muscles de la physionomie*. Attachés d'une part aux os et d'autre part à la peau, ils determinent, par leur contraction, des plis de la peau perpendiculaires à la direction de leurs fibres (Camper).

B. Muscles de la mastication. — Ce sont les muscles moteurs de la mâchoire inférieure ou mandibule.

On peut les étudier en les classant d'après leur mode d'action.

a. *Muscles élevateurs*. — 1° Le *masséter* est un muscle quadrilatère qui va de l'arcade zygomatique à la face externe de la branche maxillaire. Très developpe chez les Herbivores. — 2° Le *temporal* est un muscle en éventail qui naît de la fosse et de l'aponevrose temporales, passe en dedans de l'arcade zygomatique et se fixe sur l'apophyse coronoïde du maxillaire inférieur. Tres developpé chez les Carnivores.

b. *Muscles de lateralite*. — 1° Le *pterygoïdien externe* va de l'aile externe de l'apophyse ptérygoïde au col du maxillaire inférieur. Il tire le maxillaire inférieur en avant (propulseur) quand il se contracte avec son congenere, de côté (diducteur) quand il se contracte seul ; le mouvement de trituration a lieu par l'action alternative des deux muscles. — 2° Le *pterygoïdien interne* ou *masseter interne* va de la fosse pterygoïde à l'angle de la mâchoire, vis-à-vis du masséter. Elevateur et triturateur.

c. *Muscles abaisseurs*. — Intermédiaires entre la tête et le cou, ils doivent être rattaches aux muscles de la tête, car ils sont en relation, soit avec le crâne, soit avec le maxillaire inférieur dont ils determinent l'abaissement; de plus, leurs nerfs proviennent des nerfs crâniens. Ils forment deux couches.

α. *Muscles superficiels*. — 1° Le *digastrique* a deux ventres séparés par une partie moyenne tendineuse. Il s'insère (ventre posterieur) en dedans de l'apophyse mastoïde, decrit un arc à concavite superieure, qui embrasse la glande sous-maxillaire, puis, après s'être refléchi sur l'os hyoïde ou il s'engage sous une arcade fibreuse, il va se fixer (ventre anterieur) pres de la symphyse du menton. Il abaisse la mâchoire inférieure, pendant que l'os hyoïde est fixé par d'autres muscles. — 2° Le *stylo-hyoïdien* est un muscle grêle qui va de l'apophyse styloïde a l'os hyoïde, où il s'insère par deux faisceaux entre lesquels passe le tendon du digastrique. Il tire l'hyoïde en haut et en arrière.

β. *Muscles profonds*. — 1° Le *mylo-hyoïdien* forme le plancher de la cavite buccale. Il s'étend de la ligne myloïdienne du maxillaire inférieur au corps de l'hyoïde. Elévateur de l'hyoïde et abaisseur de la mandibule. — 2° Le *genio-hyoïdien*, situé au-dessus du précedent, contre la langue, va de l'apophyse géni inférieure au corps de l'hyoïde et a la même action que le mylo-hyoïdien.

Muscles du cou. — Ils sont tous sous-aponevrotiques, sauf le peaucier, et peuvent être divisés en trois regions :

A. Région anterieure. — 1° Le *peaucier du cou* est le représentant, chez l'Homme, du *pannicule charnu* des Mammifères. — 2° Au-dessous des peauciers, les deux *sterno-cleido-mastoïdiens* vont des apophyses mastoïdes à la clavicule et au sternum ; ils delimitent, au-dessus de ce dernier, une depression sus-sternale (*fosse jugulaire*). S'ils se contractent ensemble, ils produisent la flexion de la tête ; si un seul se contracte, il abaisse la tête obliquement de ce côté. En prenant point d'appui sur la tête, ils soulèvent le sternum et fonctionnent comme muscles inspirateurs. — 3° Au milieu du triangle forme par les deux sterno-mastoïdiens, on voit l'os hyoïde, où aboutissent les *sus-hyoïdiens* et d'autres muscles (*sous-hyoïdiens*), qui, partis du thorax, servent a l'abaissement de l'hyoïde. — 4° Contre la colonne vertebrale, on trouve des muscles (*muscles prevertebraux*) chargés surtout de la flexion de la tête.

B. Region latérale. — Deux muscles (*scalene anterieur*, *scalene posterieur*) vont des apophyses transverses des vertèbres cervicales aux deux premières côtes. Suivant le point d'insertion qui reste fixe, ils soulèvent les côtes, ou inclinent lateralement le cou. Ils sont aides dans ce dernier mouvement par des muscles plus profonds (*muscles intertransversaires*) étendus entre les apophyses transverses ; enfin un muscle (*droit latéral de la tête*), étendu de l'occipital a l'atlas, incline la tête de son côte.

C. Région postérieure. — Cette région (*nuque*) est recouverte par le muscle trapèze, qui sera étudié avec les muscles du tronc. Sous le trapèze, se trouvent, de chaque côte, des muscles (*splenius*, *complexus*) qui relient l'occipital aux vertebres cervicales et maintiennent la tête, ou la font mouvoir (extension, rotation). Plus profondement, au-dessous de la tête, de chaque côté, quatre petits muscles, deux *droits* et deux *obliques*, produisent aussi des mouvements d'extension ou de rotation de la tête (1).

Muscles du tronc. — Ce sont, en général, des muscles quadrilatères, lorsqu'ils vont d'une partie du tronc à une autre, triangulaires, lorsqu'ils sont étendus du tronc aux membres.

A. Muscles extérieurs. — Appeles aussi *muscles des parois du tronc*

a. *Muscles anterieurs du thorax.* — 1° Le *grand pectoral* fait, sur la poitrine, une forte saillie. Triangulaire, attaché d'une part au sternum et à la clavicule, d'autre part a l'humérus ; sur la lèvre externe de la coulisse bicipitale, il porte le bras en avant, en bas et en dedans. — 2° Le *petit pectoral* et le *sous-clavier*, moins importants, sont sous-jacents.

b. *Muscles lateraux du thorax.* — 1° Le *grand dentele*, large quadrilatère musculaire, s'attache par des dentelures laterales aux dix premières côtes et passe sous l'omoplate, pour s'inserer à son bord interne. Chez les Quadrupedes, il supporte, comme une sangle, le poids du corps entre les pattes de devant. — 2° Les *intercostaux* remplissent, les uns exterieurement (*intercostaux externes*), les autres intérieurement (*intercostaux internes*) les intervalles entre les côtes Les premiers sont inspirateurs ; les seconds expirateurs.

c. *Muscles antero-lateraux de l'abdomen.* — Les uns sont longs et parallèles à l'axe du corps ; les autres sont larges et disposes obliquement ou transversalement. Ces derniers unissent leurs aponevroses sur la ligne mediane, où elles forment un cordon tendineux

(1) Chez la plupart des Quadrupèdes, un fort *ligament cervical* allant des apophyses épineuses du dos et du cou a l'occipital, soutient la tête Celui du Bœuf ou du Cheval sert a la confection des « nerfs de bœuf »

(*ligne blanche*), sur lequel se trouve l'ombilic.— 1° Le *grand droit* forme une large bande à fibres longitudinales interrompues par des intersections tendineuses transversales, traces d'une métamérisation primitive. Il longe la ligne blanche en dehors et s'étend des trois derniers cartilages costo-sternaux au pubis, où il s'insère près de la symphyse. Il fléchit le tronc en avant (1). — 2° Le *grand oblique* ou *oblique externe* est une large nappe, charnue en dehors, aponévrotique en dedans, étendue entre les côtes et le bassin. Il part des dernières côtes, pour s'insérer à la ligne blanche, à l'os iliaque et à une bandelette fibreuse (*arcade fémorale*) du pli de l'aine. Il fléchit le tronc, en lui imprimant un mouvement de rotation. — 3° Le *petit oblique* ou *oblique interne* est en-dessous du grand oblique que ses fibres croisent en sautoir ; il est étendu, comme lui, entre les côtes et le bassin ; il recouvre lui-même le *transverse*. Ces trois muscles constituent les parois de l'abdomen.

D. *Muscles postérieurs du tronc.* — 1° Le *trapèze* recouvre la nuque et la partie supérieure du dos. Etendu de la clavicule et de l'épine de l'omoplate à l'occipital et aux apophyses épineuses des vertèbres dorsales, il forme, avec celui du côté opposé, une sorte de fichu dorsal. Son action principale est de rapprocher les épaules. — 2° Le *grand dorsal* va de la partie inférieure du rachis et de la partie postérieure de l'os iliaque au fond de la gouttière bicipitale de l'humérus. Il rappelle un châle porté à la traîne, qui serait recouvert en haut par la pointe du trapèze; il abaisse les bras en les portant en arrière. Il forme la paroi postérieure du creux de l'aisselle, dont la paroi antérieure est constituée par le grand pectoral et qui est limité en dedans par le grand dentelé.— 3° Sous le grand dorsal, dans la région sacro-lombaire, se trouve la masse charnue (*masse commune*), qui constitue, chez les animaux, le râble, faux filet ou aloyau. Cette masse, très développée chez l'Homme en raison de l'attitude bipède, se divise, dans la région dorsale, en trois muscles superposés (*sacro-lombaire, long dorsal, transversaire épineux*). Ces trois *muscles spinaux* ou *des gouttières vertébrales* contribuent, avec des ligaments élastiques (*ligaments jaunes*) qui unissent les lames vertébrales, à maintenir le tronc droit.

E. *Muscles du périnée.* — On appelle *périnée* l'ensemble des parties molles qui forment le plancher du bassin. Il est traversé en avant

(1) A la partie inférieure du grand droit, un muscle rudimentaire ou nul, le *pyramidal*, va obliquement du pubis à la ligne blanche. Il est très développé chez les Marsupiaux et les Monotrèmes où il constitue un muscle de l'os marsupial.

par la partie inférieure des conduits génito-urinaires et en arrière par celle du tube digestif. Quelques-uns des muscles du périnée diffèrent, suivant qu'on les considère chez l'Homme ou chez la Femme. Les uns (*releveur de l'anus, sphincter*) sont en rapport avec l'orifice anal ; les autres avec les organes génito-urinaires.

B. Muscles intérieurs. — 1° Le *diaphragme* est une cloison musculaire, en forme de voûte à concavité inférieure. Il sépare le thorax de l'abdomen et représente, à sa partie moyenne, une région fibreuse en forme de trèfle (*centre phrénique* ou *trèfle aponévrotique*). Il s'insère, d'une part, à la colonne lombaire par deux *piliers* charnus; d'autre part, à la face interne des six dernières côtes, au sternum et à deux arcades fibreuses en rapport avec la première vertèbre lombaire. Les deux piliers limitent une ogive, percée d'un orifice (*orifice aortique*) pour le passage de l'aorte et du canal thoracique ; au-dessus de cette ogive, une fente elliptique (*orifice œsophagien*) donne passage à l'œsophage; entre les folioles droite et moyenne du trèfle phrénique, un orifice quadrangulaire (*orifice de la veine cave inférieure*) laisse passer la veine cave ascendante. Les deux parties charnues du diaphragme (voûte et piliers) se contractent ou se relâchent simultanément (Carlet). Ce muscle dilate la cage thoracique et est l'agent principal de l'inspiration. — 2° Le *psoas iliaque* correspond au « filet » des animaux de boucherie. Étendu de la colonne lombaire et de la fosse iliaque interne au petit trochanter du fémur, il fléchit la cuisse sur le bassin.

Muscles du membre supérieur. — Ils sont triangulaires à l'épaule, longs au bras et à l'avant-bras, courts à la main. Les fléchisseurs sont plus longs que les extenseurs.

A. Muscles de l'épaule. — Au nombre de six, ils ne présentent qu'un seul muscle superficiel, le *deltoïde*, qui recouvre le moignon de l'épaule, à la façon d'une épaulette triangulaire. Le deltoïde s'insère en haut sur la clavicule et l'épine de l'omoplate, en bas sur l'empreinte deltoïdienne de l'humérus. Il élève le bras qu'il porte en dehors, en avant ou en arrière, suivant qu'il se contracte par ses fibres moyennes, antérieures ou postérieures (1).

B. Muscles du bras. — Au nombre de quatre: 1° Le *biceps* présente deux tendons supérieurs qui partent l'un du sommet de la cavité glénoïde, l'autre du sommet de l'apophyse coracoïde, pour se réunir en un ventre charnu, qui aboutit, par un tendon terminal, à la tubérosité bicipitale du radius. Il fléchit l'avant-bras sur le bras. — 2° Le

(1) Les autres muscles s'insèrent, pour la plupart, aux trochanters de l'humérus et sont surtout rotateurs du bras.

brachial antérieur est congénère du précédent ; il se porte de la face antérieure et inférieure de l'humérus à l'apophyse coronoïde du cubitus. — 3° Le *coraco-brachial* va du sommet de l'apophyse coracoïde au milieu de la face interne de l'humérus ; il est adducteur du bras en avant. — 4° Le *triceps* est le muscle extenseur de l'avant-bras. Situé à la face postérieure du bras, il se compose de trois portions partant, la médiane de l'omoplate, au-dessous de la cavité glenoïde ; les deux laterales, de la face posterieure de l'humérus, pour constituer un tendon terminal qui va s'insérer à l'olécrâne.

C. Muscles de l'avant-bras. — Au nombre de vingt, pour la plupart moteurs de la main et des doigts. Les plus superficiels sont les plus longs : leurs corps charnus sont en haut et leurs tendons en bas, d'où l'amincissement de l'avant-bras à son extrémité inférieure. Les muscles de l'avant-bras ont leurs origines à l'humérus et aux os de l'avant-bras, surtout au cubitus, à cause de la rotation du radius.

D. Muscles de la main. — Au nombre de dix-neuf, ils ne comprennent que des *flechisseurs* et les muscles qui produisent les mouvements de rapprochement (*adducteurs*) ou d'écartement (*abducteurs*) des doigts. Ce sont les deux doigts extrêmes qui sont les plus mobiles et ont la musculature la plus developpée. Celle-ci est representee par deux saillies, l'une du côte du pouce (*eminence thenar*), l'autre du côté du petit doigt (*eminence hypothenar*), séparées par une depression (*creux de la main*).

Muscles du membre inferieur. — Nous ferons, à leur sujet, les mêmes remarques que pour les membres superieurs.

A. Muscles du bassin. — Ils occupent deux régions, une posterieure (*fessiers*) et une inférieure (*pelvi-trochanteriens*). — Les muscles fessiers sont au nombre de trois. Le *grand fessier* forme la saillie de la fesse et delimite supérieurement le pli fessier ; c'est le plus volumineux des muscles du corps humain (volume en rapport avec l'attitude bipède caractéristique de l'espèce humaine). Il va de l'os iliaque à la branche externe de bifurcation de la ligne âpre. Extenseur de la cuisse sur le bassin et réciproquement. Le *moyen fessier* et le *petit fessier* vont de l'os iliaque au grand trochanter. Ils sont abducteurs de la cuisse, et rotateurs de celle-ci en dedans. — Les muscles pelvi-trochantériens naissent de la partie inférieure du bassin et aboutissent au grand trochanter. Ils sont rotateurs de la cuisse en dehors.

B. Muscles de la cuisse. — Tous partent du bassin. Ils font mouvoir la jambe sur la cuisse et celle-ci sur le bassin.

a. *Region anterieure.* — 1° Le *couturier*, le plus long muscle du corps, traverse la cuisse en diagonale et va de l'os iliaque au bord interne de la tuberosité antérieure du tibia. Il doit son nom à ce qu'il donne au membre inférieur de l'Homme la position que réalisent les tailleurs accroupis. — 2° Le *triceps femoral* est compose de trois chefs partant le median (*droit anterieur*) du bassin, les deux autres (*vaste interne*, *vaste externe*) du fémur. Ces trois chefs se réunissent en un gros tendon (*ligament rotulien*), qui renferme la rotule et va s'insérer à la tubérosite antérieure du tibia.

B. *Region interne.* — Composee de cinq muscles (*droit interne*, *pectine*, *premier*, *deuxieme* et *troisieme adducteurs*) qui sont adducteurs.

C. *Region postérieure.* — Constituée par trois muscles (*biceps fémoral*, *demi-tendineux*, *demi-membraneux*) qui partent de l'ischion et se partagent en deux faisceaux. L'un interne (demi-membraneux et demi-tendineux) va s'inserer au tibia; l'autre externe (forme par le biceps, dont le second chef vient du fémur) s'attache à la tête du perone. Ces deux faisceaux musculaires circonscrivent le creux du jarret (*creux poplite*).

D. *Region externe.* — Elle offre un seul petit muscle (*tenseur du fascia lata*) situé à la partie supérieure de la cuisse, dans un dedoublement de l'aponevrose fémorale dont il est le tenseur.

C. Muscles de la jambe. — Ils presentent, comme les muscles de l'avant-bras, leur partie charnue en haut, ce qui determine l'amincissement de la jambe, au bas. Surtout développes à la face posterieure de la jambe, ils y forment une saillie (*mollet*) volumineuse chez l'Homme. Moins nombreux que les muscles de l'avant-bras, ce qui est en rapport avec la moins grande diversité des mouvements du pied. La face interne de la jambe est occupee par le tibia à la partie superieure duquel viennent se réunir les trois tendons du couturier, du droit interne et du demi-tendineux. Ceux-ci forment un entrelacement (*patte d'oie*) qui, chez les Singes, descend jusqu'au milieu de la jambe et s'oppose ainsi à son redressement complet (1).

D. Muscles du pied. — Dans ses traits essentiels, la myologie du pied présente les plus grandes analogies avec celle de la main. Les différences tiennent à la mobilité moins considérable du pied et à la simplification de sa valeur fonctionnelle. Le pied des Primates comprend vingt muscles; mais, chez les Singes, où les usages du pied sont à peu près les mêmes que ceux de la main, il y a une analogie

(1) Le plus volumineux des muscles de la jambe (*triceps sural* ou *muscle du mollet*) atteint son maximum de developpement chez l'Homme ou il forme un extenseur énergique, en rapport avec l'attitude bipede et servant a la marche. Il se compose de deux chefs superficiels (*jumeaux* ou *gastrocnemiens*) descendant du femur et d'un chef profond (*soleaire*) partant des os de la jambe. Ces trois chefs se rendent a un fort tendon (*tendon d'Achille*) qui s'attache au calcaneum

plus complete entre les muscles du pied et du ceux de la main. Contrairement à ce qui existe à la main, plusieurs extenseurs ou fléchisseurs des orteils font partie des muscles du pied. A l'inverse de la main, le pied possède un muscle (*pedieux*) sur sa face dorsale (1).

LOCOMOTION.

La *locomotion* a eté definie plus haut (p. 74).

Locomotion terrestre. — *A.* **Marche.** — Acte par lequel le corps progresse, sans jamais quitter le sol.

A. Bipedes. — On distingue deux phases (Carlet) : 1° celle de l'*appui bilatéral*, où les deux pieds sont en contact avec le sol ; 2° celle de l'*appui unilatéral*, où l'un des pieds est posé sur le sol et l'autre suspendu. Au milieu du temps de l'appui bilateral, le tronc est à sa position la plus basse et le pubis est situé directement au-dessus de l'axe du chemin parcouru. Au contraire, au milieu du temps de l'appui unilateral, le tronc est à sa situation la plus élevee, en même temps qu'il est a son maximum d'écart de l'axe du chemin, du côté du pied à l'appui. Le tronc subit donc des oscillations, les unes verticales, les autres horizontales ; sous leur influence, le pubis decrit des meandres réguliers, a festons releves, qu'on peut considerer comme inscrits dans une gouttière à concavité superieure, au fond de laquelle se trouvent les minima et, aux bords de laquelle sont tangents les maxima (Carlet). En même temps que le tronc s'élève et se porte latéralement sur la jambe à l'appui, il s'incline en avant et en dehors. Les bras oscillent en sens inverse des jambes et luttent ainsi contre le mouvement de rotation contraire du bassin, de sorte que le tronc, animé d'un mouvement de torsion, fait constamment face au chemin qu'il doit parcourir. Les diverses articulations des membres se fléchissent et s'étendent tour à tour ; aucun des mouvements de la marche ne s'effectue sans l'intervention musculaire.

B. Quadrupedes. — Au point de vue de la locomotion, les Quadrupèdes peuvent être consideres comme formes par la réunion de deux Bipedes. Leur marche comprend le *pas* et l'*amble* (2).

(1) Le pédieux va de la face superieure du calcanéum aux quatre premiers orteils qu'il contribue a étendre, avec le long extenseur commun des orteils.

(2) Chez les Quadrupedes, on designe sous le nom de *bipède* un ensemble de deux membres. Ceux-ci peuvent être anterieurs (*bipede anterieur*), pos-

a. *Pas.* — Allure habituelle à quatre temps (1).

b. *Amble.* — Allure à deux temps, naturelle pour quelques animaux (Girafe, Chameau), artificielle pour le Cheval (2).

B. **Course.** — Acte par lequel le corps progresse en se detachant complètement du sol, a certains moments, par des impulsions alternatives des membres opposés.

A. Bipedes. — Dans un premier temps, le corps est soutenu par une jambe à l'appui ; dans un deuxième, il est suspendu en l'air ; dans un troisième, il est à l'appui sur l'autre jambe. Quand le corps est soutenu, il est à son minimum d'élevation, mais à son maximum d'inclinaison et d'écart de l'axe du chemin. Il est au contraire à son maximum d'élevation, mais à son minimum d'inclinaison et verticalement au-dessus de l'axe du chemin, au milieu du temps de la suspension. On peut considerer la courbe decrite par le pubis, pendant la course, comme inscrite dans une gouttiere à convexite superieure, au faîte de laquelle se trouvent les maxima et aux bords de laquelle sont tangents les minima.

B. Quadrupedes. — Deux allures : le *trot* et le *galop*.

a. *Trot.* — Allure à trois temps distincts et à deux battues (3).

terieurs (*bipède posterieur*), lateraux du même côte (*bipède latéral droit*, *bipede latéral gauche*) ou en diagonale constituée soit par le membre anterieur droit et le posterieur gauche (*bipede diagonal droit*), soit par le membre antérieur gauche et le posterieur droit (*bipede diagonal gauche*)

(1) Dans le *pas*, les mouvements des membres se font par bipedes diagonaux, Les pieds se levent, puis se posent les uns apres les autres, de sorte qu'il y a quatre battues, mais le corps appuie sur le sol par deux pieds seulement qui appartiennent alternativement a un bipède lateral et a un bipede diagonal. Le pas est l'allure que l'animal peut conserver le plus longtemps sans fatigue. La vitesse moyenne d'un Cheval au pas est d'un kilomètre en 10 minutes Dans le pas, tantôt le pied posterieur vient se poser sur l'empreinte du pied anterieur du même côte (*pas ordinaire*), tantôt il n'atteint pas cette empreinte (*pas raccourci*) ; tantôt enfin il la depasse (*pas allonge*)

(2) Dans l'*amble*, un bipede lateral est a l'appui, pendant que l'autre est soulevé. Les deux membres du même côte frappent le sol en même temps, et il n'y a que deux battues.

(3) Dans le *trot*, le corps est d'abord supporté par un bipède diagonal, puis il quitte le sol et retombe sur l'autre bipede diagonal Il y a deux battues se succedant a intervalles egaux, comme dans l'amble , mais, dans le trot, c'est toujours un bipede diagonal qui produit le bruit Le trot permet a l'animal de faire beaucoup de chemin sans trop s'essouffler La vitesse moyenne d'un Cheval de selle au trot est d'un kilometre en 4 minutes. Pour nager, le Cheval effectue les mouvements du trot.

b. *Galop.* — Allure à trois ou quatre temps et à autant de battues (1).

C. **Saut.** — Acte par lequel le corps se détache complètement du sol, sous les impulsions simultanées des deux membres postérieurs qui s'étendent ensemble.

Le corps, projeté par la détente subite des deux membres inférieurs (Bipèdes) ou postérieurs (Quadrupèdes), s'élève verticalement ou d'arrière en avant, quitte le sol et y retombe rapidement (2).

Locomotion aquatique. — La *natation* peut s'observer chez la plupart des Mammifères, mais elle n'est le mode normal de progression que chez ceux qui sont pourvus soit de *pattes palmées* soit de *nageoires*.

Les pattes palmees sont constituées par les doigts réunis entre eux, au moyen d'une membrane peu developpée (Loutre, Castor). Les nageoires sont formees, soit par une membrane qui englobe et masque les doigts (*nageoires paires*), soit par un simple lobe cutane renforce de tissu élastique (*nageoires impaires*). Chez les ***Pinnipèdes***, les quatre

(1) Le *galop* presente plusieurs formes qui se distinguent par le nombre des battues et n'ont pu être étudiees convenablement que par la methode graphique (Marey) et la methode photographique (Muybridge, Marey) Les diverses formes de galop ne sont pas symetriques. chaque membre, soit droit (*galop a droite*), soit gauche (*galop a gauche*), est constamment plus avance que son correspondant de l'autre côte. Le *galop ordinaire* ou *normal* est dit aussi *galop a trois temps*, parce que l'on entend trois battues se succédant a intervalles égaux. En supposant que le Cheval galope a droite et soit considere au moment ou le corps est suspendu en l'air, il tombe successivement : 1° sur le pied posterieur gauche (1re battue) ; 2° sur le bipede diagonal gauche (2e battue) ; 3° sur le pied anterieur droit (3e battue) ; apres quoi il se retrouve en l'air, puis retombe de nouveau sur les mêmes appuis que precedemment La vitesse moyenne du galop ordinaire est de 7 metres par seconde Le *galop a quatre temps*, ou *galop de manege*, diffère du précedent en ce que les battues du bipede diagonal se desunissent et donnent deux battues distinctes Le *galop de course* est un galop a quatre temps dont les battues se suivent de si pres que l'oreille n'en saisit habituellement que deux ou trois. Sa vitesse peut atteindre jusqu'a 15 metres par seconde.

(2) Le *cabrer* est l'acte par lequel les Quadrupèdes elevent les membres anterieurs, en se maintenant debout sur les posterieurs.

La *ruade* est l'acte par lequel, le corps étant appuyé sur les membres antérieurs, le Quadrupede projette brusquement les posterieurs en arriere

Le *bond* est une combinaison du cabrer et de la ruade qui se produisent presque simultanement.

membres sont des nageoires et il n'y a pas de nageoire impaire. Chez les *Siréniens* et les *Cétacés*, les membres postérieurs font défaut et les antérieurs sont transformés en nageoires pectorales ; il y a toujours une nageoire caudale et, chez quelques *Cétacés*, une nageoire dorsale.

Les mouvements natatoires de l'Homme résultent d'une éducation plus ou moins longue et ressemblent à ceux de la Grenouille. Les Quadrupèdes nagent au moyen des mouvements qu'ils accomplissent dans la locomotion terrestre ; la natation des Cétacés rappelle celle des Poissons.

Locomotion aérienne. — Le *vol* ne s'observe parmi les Mammifères que chez les Chauves-Souris ou Cheiroptères.

Les membres antérieurs des Chauves-Souris sont transformés en ailes, par un repli cutané qui embrasse les doigts. Ceux-ci sont excessivement allongés, à l'exception du pouce qui reste court. L'aile des Chauves-Souris, mise en mouvement par les muscles des membres thoraciques, bat l'air avec force, de façon à imprimer au corps une série d'impulsions.

ARTICLE XII. — APPAREIL PHONATEUR ET PHONATION.

L'appareil phonateur a pour organe essentiel le *larynx;* mais les cavités sus-laryngiennes (pharynx, cavité buccale, cavité nasale) se rattachent accessoirement à cet appareil.

Larynx. — Conduit à squelette cartilagineux, suspendu à l'os hyoïde et continuant la trachée.

Le larynx a la forme d'un prisme triangulaire à arête antérieure : on peut le considérer comme la partie supérieure de la trachée, modifiée dans sa forme et dans sa structure. Il est constitué par quatre cartilages hyalins, deux impairs (*cartilages thyroïde* et *cricoïde*) et deux pairs (*cartilages aryténoïdes*), auxquels s'ajoute un cartilage élastique impair (*épiglotte*), sorte de couvercle mobile qui surmonte l'entrée du larynx et l'obture au moment de la déglutition. Ces divers cartilages s'articulent entre eux (1) et sont rattachés les uns aux autres par des ligaments ; mais ils peuvent se mouvoir sous l'action de muscles spéciaux (2). La cavité du larynx présente, de

(1) Les articulations du larynx sont au nombre de trois : l'*articulation crico-thyroïdienne* et les *articulations crico-aryténoïdiennes*.

(2) Les muscles du larynx sont au nombre de neuf : quatre pairs (*crico-thyroïdiens* et *thyro-aryténoïdiens*, tenseurs des lèvres vocales ; *crico-aryté-*

chaque côté, deux saillies horizontales dirigées d'avant en arrière, l'une supérieure (*corde vocale supérieure*) formée d'un ligament qui soulève la muqueuse ; l'autre inférieure (*lèvre vocale*) constituée par un ligament élastique (*corde vocale inférieure*) et un muscle (*thyro-aryténoïdien*) qui double le ligament en dehors. Les lèvres vocales délimitent la *glotte*, partie la plus étroite du larynx, par laquelle se fait la communication entre le larynx et la trachée.

A. Cartilage thyroïde. — Sous la forme d'un bouclier ou plutôt d'un dièdre à arête antérieure, il constitue la pièce la plus volumineuse du larynx. Chez l'Homme, il forme en haut une saillie, « pomme d'Adam », à la région antérieure du cou. Il présente quatre apophyses : deux supérieures (*grandes cornes*), réunies à l'os hyoïde par des ligaments, et deux inférieures (*petites cornes*), qui s'articulent avec le cartilage cricoïde.

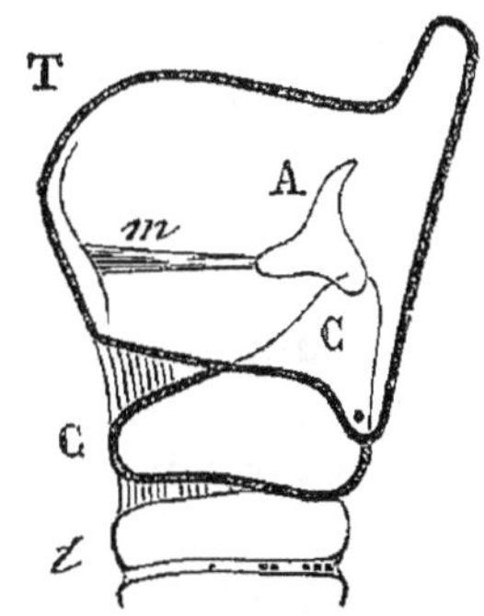

Fig 110 — Schéma du larynx — Cartilages *A* aryténoïde *C*, cricoïde, *T*, thyroïde, *m*, muscle thyro aryténoïdien, *t*, trachée. Le cartilage thyroïde, supposé transparent, laisse voir les parties qu'il recouvre

B. Cartilage cricoïde. — Il a la forme d'une bague étroite en avant (*arc cricoïdien*) et large en arrière (*chaton cricoïdien*). Support commun des diverses pièces du larynx, il repose lui-même sur le premier anneau de la trachée.

C. Cartilages aryténoïdes. — Petites pyramides triangulaires articulées, par leur base, avec le bord supérieur du chaton cricoïdien et mobiles, dans tous les sens, autour de cette articulation. Chacun de ces cartilages, par une saillie antérieure (*apophyse vocale*) de sa base, donne insertion au muscle thyro-aryténoïdien et à la corde vocale inférieure qui se portent ensemble jusqu'à l'angle rentrant du cartilage thyroïde pour constituer les lèvres vocales.

D. Cavité du larynx. — Elle présente deux excavations latérales (*ventricules du larynx*) situées entre les cordes vocales supérieures et les lèvres vocales. L'épithélium qui tapisse l'intérieur du larynx est vibratile, sauf sur l'épiglotte et le bord libre des lèvres vocales.

Phonation. — Fonction qui donne lieu à la production de la voix et de la parole.

Les animaux n'ont que la *voix brute* ; l'Homme possède la *voix articulée* ou *parole*.

noïdiens postérieurs, dilatateurs de la glotte ; *crico-aryténoïdiens latéraux*, constricteurs de la glotte) et un impair (*aryténoïdien*, constricteur de la glotte).

A. MÉCANISME DE LA PHONATION. — Les expériences sur l'Homme et les animaux ont montré que la phonation résulte : 1° des vibrations des lèvres vocales tendues, gonflées et rapprochées par la contraction des muscles qui les gouvernent, en même temps qu'ébranlées par le courant expiratoire; 2° de la modification des sons ainsi produits (*sons glottiques*) par les cavités sus-laryngiennes. Les cordes vocales supérieures n'effectuent aucune vibration.

B. CARACTÈRES DE LA VOIX. — L'*intensité* ou la force de la voix dépend de l'amplitude des vibrations des lèvres vocales, par conséquent de la force d'impulsion du courant d'air expiré. Elle est en raison directe du volume du poumon et réglée par les muscles expirateurs.

La *hauteur* ou l'acuité de la voix dépend du nombre de vibrations effectuées par les lèvres vocales dans l'unité de temps. Le son vocal est d'autant plus aigu que ce nombre est plus considérable, c'est-à-dire que les lèvres vocales sont plus tendues, plus épaisses, plus courtes et plus rapprochées (1). Il est d'autant plus grave que les conditions inverses sont plus accentuées Le larynx s'élève pendant l'émission des sons aigus et s'abaisse pendant celle des sons graves.

Le *timbre* ou coloris de la voix résulte de la superposition au son fondamental d'un certain nombre d'harmoniques, qui sont différemment renforcées par les cavités sus-glottiques.

C. PAROLE. — Elle résulte des modifications que font subir au son glottique les cavités sus-glottiques. Les cavités nasales, à parois fixes, servent surtout au renforcement des sons : le jeu des parties mobiles (langue, lèvres, isthme du gosier) produit l'articulation des sons, par les changements de forme qu'elles éprouvent. Les deux éléments de la parole sont les *voyelles* et les *consonnes* (2).

Les modifications de la voix, chez les divers animaux, tiennent

(1) Ces conditions sont surtout assurées par la contraction des thyro-aryténoïdiens, véritables muscles accommodateurs de la voix.

(2) Les *voyelles* sont de véritables sons musicaux produits au niveau de la glotte et ne différant les uns des autres que par la valeur des harmoniques qui se superposent au son fondamental. Ceux-ci sont renforcés surtout par la cavité buccale, qui change de forme suivant les voyelles à émettre.

Les *consonnes* sont le résultat d'obstacles opposés à la sortie du son et vaincus de façons variées. Elles n'ont, par elles-mêmes, aucune sonorité et ne peuvent être prononcées sans l'association d'une voyelle qui les précède ou les suit, d'où leur nom de *consonnes*. Suivant leur lieu de production, les consonnes sont dites gutturales (*k*, *g*, etc.), linguales (*t*, *d*, etc.), labiales (*b*, *p*, etc.), etc.

Le *chant* diffère de la parole en ce que l'émission des sons se fait avec de grandes variations de hauteur.

à la conformation particulière du larynx et de l'appareil de renforcement qui le surmonte. Les cordes vocales supérieures manquent souvent ; les levres vocales elles-mêmes font parfois défaut (Cétacés). Enfin le larynx peut présenter des diverticules qui constituent tantôt des réservoirs d'air (Baleine), tantôt des appareils de renforcement (*sacs laryngiens*) pairs (Anthropoides) ou impairs (Singes hurleurs).

ARTICLE XIII. — SYSTÈME NERVEUX ET INNERVATION

Le système nerveux et ses annexes sont connus dans leurs traits généraux. Dans les descriptions de détail qui vont suivre, nous supposerons le corps situé verticalement.

Moelle épinière. — La moelle épinière a la forme d'un gros cordon blanc s'amincissant à l'extrémité inférieure (*cône terminal*) et pourvu de deux *renflements*, l'un *cervical*, l'autre *lombaire*, correspondant respectivement à l'origine des nerfs des membres ; elle présente une partie périphérique blanche (*écorce*), et, à son intérieur, une colonne centrale grise (*axe*). Celle-ci est creusée d'un *canal central* qui se continue avec un filament creux (*filum terminale*) entoure d'un prolongement de la dure-mère (*ligament coccygien*). Cet organe filiforme, situe au milieu du paquet des derniers nerfs rachidiens (*queue de cheval*), va se fixer a la base du coccyx.

L'écorce blanche de la moelle épinière presente deux *sillons medians*, l'un *anterieur* ou *ventral*, l'autre *posterieur* ou *dorsal* et, de chaque côté, deux légers *sillons collateraux*, a peine indiqués : l'un *anterieur*, d'ou émergent les racines antérieures des nerfs rachidiens, l'autre *postérieur*, d'où sortent les racines postérieures des mêmes nerfs. La substance blanche se trouve ainsi divisée en trois *cordons* de chaque côté : un *antérieur*, entre le sillon médian antérieur et le sillon collatéral anterieur ; un *lateral*, entre les deux sillons collateraux; un *posterieur*, entre le sillon collatéral posterieur et le sillon median posterieur. Les fibres des cordons sont en général des fibres nerveuses de direction longitudinale, séparées par des expansions des cellules névrogliques. Ces fibres sont toujours des cylindres-axes, émanés des cellules de l'axe gris, ou des cellules nerveuses des ganglions spinaux. Elles ont d'abord un court trajet horizontal, puis deviennent verticales pour pénétrer de nouveau dans l'axe gris et se mettre en contact par leur arborisation terminale avec une autre cellule nerveuse. Elles présentent en outre des collatérales plus ou moins nombreuses, pénétrant aussi dans l'axe gris à divers niveaux (fig. 30 p. 57). Les fibres de la substance blanche sont donc des commissures longitudinales, tendues entre deux ou plusieurs étages de la moelle. Les unes ne dépassent pas la moelle, les autres vont jusqu'à la substance grise de l'encéphale.

A l'intérieur, la substance grise affecte, sur une coupe transversale, la forme d'un X, ou de deux croissants juxtaposés, à concavité extérieure (fig. 111). Chaque croissant a une *corne antérieure* et une *corne postérieure* d'où partent respectivement les racines antérieures et les racines postérieures des nerfs rachidiens. Les deux croissants sont réunis par une *commissure grise*, qu'on voit directement au fond du sillon médian postérieur. Au centre de cette commissure, se voit la section du canal central tapissé par un épithélium cylindrique vibratile (*ependyme*). En avant de la commissure grise, se trouve la *commissure blanche* qu'on aperçoit au fond du sillon médian antérieur. La substance grise est formée de cellules nerveuses, dont les prolongements protoplasmiques se mettent en rapport de contiguïté avec les *arborescences terminales* des cylindres-axes, tandis que leurs cylindres-axes vont pénétrer eux aussi dans la substance blanche.

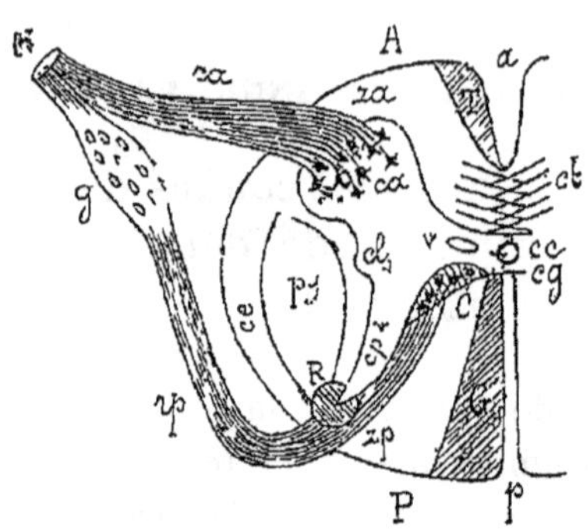

Fig. 111. — Section transversale d'une moitié de la moelle épinière. — *A*, cordon antérieur, *a*, sillon médian antérieur, *C*, cordon de Clarke, *ca*, corne antérieure *cb*, commissure blanche, *cc*, canal central, *ce*, faisceau cérébelleux direct, *cg*, commissure grise, *cp*, corne postérieure, *g*, ganglion spinal, *N*, nerf spinal, *P*, cordon postérieur, *p*, sillon médian postérieur, *py*, faisceau pyramidal croisé, *R*, substance gelatineuse de Rolando, *ra*, racine antérieure, *rp*, racine postérieure, *v*, veine, *za*, zone radiculaire antérieure, *zp*, zone radiculaire postérieure

La moelle est à la fois un *centre nerveux* pour les nerfs rachidiens et un *conducteur* allant de ces nerfs à l'encéphale.

Comme centre nerveux, la moelle est, par excellence, l'organe de l'*action reflexe*, c'est-à-dire de la transformation des excitations centripètes en impulsions centrifuges et involontaires, se manifestant généralement par des *mouvements reflexes*. Si l'on pince la patte d'une Grenouille décapitée, on obtient le mouvement de retrait de cette patte (1). On est parvenu à localiser dans la moelle un

(1) La propriété que possède la moelle de produire des mouvements reflexes (*pouvoir reflexe*) a son siège dans les cellules de la substance grise. En détruisant celle-ci, on abolit tout mouvement reflexe, bien que les muscles restent contractiles par excitation de leurs nerfs moteurs.

Les reflexes peuvent se produire dans la sphère de la vie animale (pince-

certain nombre de centres reflexes, en particulier ceux qui président a la défécation (*centre ano-spinal*), a la miction (*centre vesico-spinal*), a l'ejaculation (*centre genito-spinal*), tous situés dans la moelle lombaire. La moelle n'a d'ailleurs pas la specialité des réflexes; on trouve également des centres de réflexe (éternuement, etc.), dans les regions situées au-dessus d'elle (bulbe rachidien, mésencéphale), ainsi que nous le verrons plus loin.

Comme organe de conduction nerveuse, la moelle porte au cerveau les impressions recueillies à la peripherie et conduit aux organes periphériques l'incitation émanée du cerveau. Les cordons anterieurs et latéraux (*cordons antero-lateraux*) servent surtout à transmettre les ordres de la volonté; mais ils subissent, au niveau du bulbe rachidien (cordons latéraux) et dans la commissure blanche de la moelle (cordons antérieurs), un entre-croisement qui fait que l'hémisphère cerébral d'un côté commande les mouvements du corps de l'autre côte (1).

Nerfs rachidiens ou spinaux. — Nerfs qui partent de la moelle épinière et sortent par les trous de conjugaison.

Il y a, chez l'Homme, trente et une paires de nerfs rachidiens : huit cervicales, douze dorsales, cinq lombaires, six sacrées. Chaque nerf spinal naît par deux *racines* : l'une *anterieure*, l'autre *poste-*

ment de la patte d'une Grenouille decapitee, suivi du retrait de cette patte) ou dans celle de la vie vegetative (excitation de la muqueuse intestinale, suivie des contractions de l'intestin) Ils sont d'ailleurs soumis a un certain nombre de lois Si, sur une Grenouille decapitee, on pince une patte posterieure 1° moderement, il y a retrait de cette patte (*loi de l'unilateralite*); 2° fortement, il y a retrait des deux pattes posterieures (*loi de la symétrie*); 3° plus fortement, il y a mouvement des quatre pattes (*loi de l'irradiation*) pouvant aller jusqu'a la locomotion (*loi de la coordination*) et même donner lieu a de veritables convulsions (*loi de la généralisation*). La section de la moelle epiniere, sa compression et certains agents (strychnine, cafeine, opium, curare, etc) augmentent son pouvoir reflexe. Celui-ci est au contraire diminué par les commotions cerebrales, l'excitation des nerfs sensitifs et certaines substances (anesthesiques, bromure de potassium, aconitine, belladone, digitale, etc).

(1) Une section transversale de la moelle epiniere produit la paralysie et l'anesthesie des parties situées au-dessous. Si elle est faite au milieu du dos, les membres inferieurs sont paralyses (*paraplégie*), si elle a lieu au milieu du cou les membres superieurs sont aussi affectes Si la partie de l'encephale qui commande aux mouvements des membres subit une lesion grave (blessure, hemorragie), on observe la paralysie de la moitié du corps opposee au côté où s'est produite la lesion (*hemiplégie*), l'autre moitié restant intacte. La lesion de l'encephale entraine au contraire la paralysie et l'anesthesie de la moitié correspondante de la face.

rieure. Celle-ci présente un *ganglion* dit *spinal*, près de la réunion des deux racines constitutives du nerf. A leur sortie du trou de conjugaison, les nerfs spinaux se divisent en trois branches, l'une *postérieure* ou *dorsale*, l'autre *antérieure* ou *ventrale*, la troisième *ganglionnaire* ou *viscérale* qui se rend aux ganglions du grand sympathique Les branches postérieures innervent les régions postérieures de la tête, de la nuque et du tronc ; les branches antérieures tantôt restent isolées (*nerfs intercostaux*), tantôt s'anastomosent et constituent de grands plexus (*plexus cervical*, *plexus brachial*, *plexus lombaire*, *plexus sacré*), d'où partent des branches terminales pour le tronc et les membres.

Chez tous les Vertébrés, les nerfs spinaux sont *mixtes*, mais les deux sortes de fibres sont isolées dans leurs racines.

1° Si l'on coupe, sur un animal vivant, une racine rachidienne antérieure : d'une part, on observe la perte du mouvement et le maintien de la sensibilité dans les parties innervées par le nerf correspondant ; d'autre part, l'excitation du bout central (attenant à la moelle) ne produit rien, mais celle du bout périphérique amène des contractions. Donc les racines *antérieures* sont *motrices* ou *centrifuges* (MAGENDIE). 2° Si l'on coupe une racine rachidienne postérieure d'une part, la sensibilité est abolie, mais la motilité persiste ; d'autre part, l'excitation du bout périphérique ne produit rien, mais celle du bout central amène une réaction de l'animal, avec manifestation de douleur. Donc les racines *postérieures* sont *centripètes* ou *sensitives* (MAGENDIE). 3° Si l'on sectionne, à la fois, les racines antérieure et postérieure, le mouvement et la sensibilité disparaissent en même temps (1).

Encéphale. — L'encéphale se compose de trois parties une inférieure (*bulbe rachidien*), une postérieure (*cervelet*), une supérieure (*cerveau*).

(1) Chez les Mammifères seulement, les racines antérieures jouissent d'une *sensibilité* dite *récurrente* ; elles la doivent à des fibres sensitives qu'elles reçoivent par leur bout périphérique, des racines postérieures, et non de la moelle ; en effet, si l'on coupe une racine antérieure, c'est seulement en excitant le bout périphérique qu'on fait crier l'animal et toute sensibilité disparaît, aussitôt que l'on a sectionné la racine postérieure correspondante Enfin des filets récurrents associent, à la périphérie, non seulement les nerfs sensitifs aux nerfs moteurs, mais encore les nerfs sensitifs entre eux (ARLOING et TRIPIER). C'est en raison de cette dernière association que la sensibilité persiste dans le territoire d'un nerf centripète sectionné et que les nerfs de la peau constituent un réseau ininterrompu.

A. Bulbe rachidien ou moelle allongée. — Portion de l'encéphale, intermédiaire entre la moelle et le cerveau.

Le bulbe, à sa partie inférieure (*collet*), ne diffère pas de la moelle; mais il s'élargit à sa partie supérieure. Le canal central s'évase pour former le *quatrième ventricule* ou *ventricule bulbaire*. Celui-ci est borné, sur les côtés, par deux cordons blancs (*corps restiformes*) qui se rapprochent en bas et atteignent la ligne médiane (*calamus scriptorius*). A sa partie antérieure, le bulbe est formé de substance blanche. Il présente un sillon médian (*sillon antérieur*) séparant deux saillies longitudinales (*pyramides*) formées par les cordons latéraux de la moelle, qui s'entre-croisent au fond du sillon antérieur (*entre-croisement* ou *décussation des pyramides*). Sur les côtés, une saillie olivaire (*olive*) est séparée des corps restiformes par un sillon (*sillon latéral du bulbe*). Sur la face postérieure, les cordons postérieurs se sont écartés l'un de l'autre, pour laisser la place au quatrième ventricule; il ne reste plus au-dessus de cette cavité qu'une mince lamelle épithéliale, qui forme le plafond du quatrième ventricule, et qui a longtemps passé inaperçue (*lamelle recouvrante du quatrième ventricule*). Cette lamelle est doublée par un épaississement vasculaire de la pie-mère (*toile choroïdienne*). La lamelle recouvrante, comme la toile choroïdienne, est percée d'un trou (*trou de Magendie*), qui fait communiquer la cavité ventriculaire avec l'espace sous-arachnoïdien. De là l'identité du liquide céphalo-rachidien avec le liquide sous-arachnoïdien (p. 155). Dans les dissections, la lamelle recouvrante s'en va avec la toile choroïdienne et le plancher du quatrième ventricule est mis à découvert.

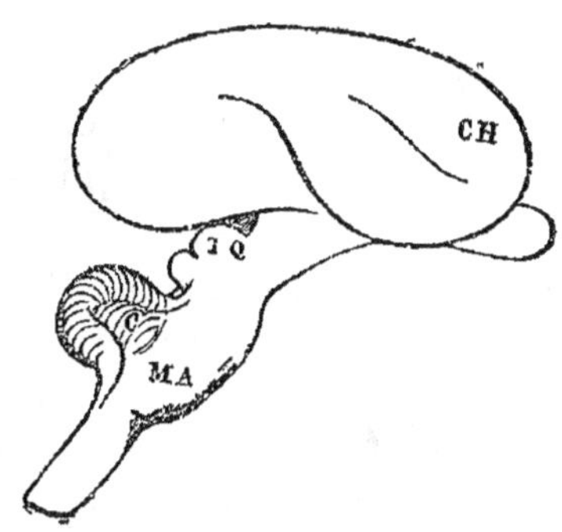

Fig. 112. — Parties essentielles de l'encéphale. — C, cervelet, CH, hémisphères cérébraux, MA, moelle allongée, TQ, tubercules quadrijumeaux.

Le bulbe agit à la fois comme conducteur et comme centre nerveux (1).

(1) En tant que conducteur, le bulbe transmet les impressions périphériques au cerveau et les impulsions motrices du cerveau à la périphérie. L'hémisection du bulbe amène la paralysie et l'anesthésie partielles du côté opposé, par suite de l'entre-croisement des fibres motrices et sensitives. En tant que centre nerveux, le bulbe est le centre de nombreux réflexes et joue un rôle considérable comme source d'innervation. On y a localisé les centres de la mastication, de la déglutition, de la phonation, etc. A la

B. Cervelet. — Portion de l'encéphale, qui surplombe le bulbe rachidien, en arrière.

Le cervelet se compose de deux lobes latéraux (*hemispheres cerebelleux*), réunis par un lobe moyen plus petit (*vermis*). Il est formé d'une écorce grise groupée autour d'un noyau blanc qui offre, sur des coupes verticales, un aspect arborescent (*arbre de vie*), parce qu'il est pénétré par les circonvolutions de l'écorce grise. Trois paires de pedoncules partent de la substance blanche du cervelet : 1° les *pedoncules cerebelleux inferieurs*, qui forment les corps restiformes et unissent le cervelet au bulbe rachidien ; 2° les *pedoncules cerébelleux supérieurs*, qui rattachent le cervelet au cerveau ; 3° les *pédoncules cérébelleux moyens*, qui réunissent les deux lobes latéraux du cervelet en passant au-dessous du prolongement du bulbe rachidien, et forment le *pont de Varole* ou *protuberance annulaire*; le pont de Varole n'est bien développé que chez les Mammifères (1).

C. Cerveau. — Portion de l'encéphale, qui surmonte l'axe cérébro-spinal.

Le cerveau peut se décomposer en deux étages, l'un inférieur (*mesocephale*), l'autre supérieur (*hémispheres cérébraux*).

A. *Mesocéphale*. — Ensemble des parties centrales intermédiaires entre le bulbe, le cervelet et les hémisphères cérébraux.

Au-dessus de la protubérance, les fibres longitudinales venues du bulbe continuent leur trajet sous la forme de deux faisceaux blancs divergents (*pedoncules cerebraux*). Chaque pédoncule va se jeter sur un

partie inferieure du plancher du quatrieme ventricule (*bec du calamus*) siège le *nœud vital* ou centre des mouvements respiratoires Une simple piqûre de ce point suffit pour arrêter immédiatement la respiration et amener la mort, chez les animaux a sang chaud (Flourens). Un peu plus haut que le nœud vital, la piqûre du plancher produit le diabete, un peu plus haut encore, l'albuminurie (Cl. Bernard). Enfin le bulbe paraît tenir sous sa dépendance tous les centres vaso-moteurs.

(1) Le cervelet contribue, avec le bulbe, la protubérance annulaire et les canaux semi-circulaires de l'oreille interne, à coordonner les mouvements de la locomotion. Les lesions des pedoncules cerebelleux produisent des mouvements de rotation du corps.

La protuberance est, à la fois, un *centre moteur* pour la locomotion et un *centre* de réception des impressions sensorielles, mais sans perception C'est le centre de coordination des mouvements provoques par les impressions *brutes*, c'est-a-dire qui ne donnent pas lieu a une élaboration intellectuelle Un animal auquel on a extirpe les parties de l'encephale situees au-dessus de la protuberance et qui ne manifeste aucune douleur, quand on lui ecrase la patte, pousse des cris quand on excite la protuberance

gros noyau (*corps opto-strié*) que recouvre l'hémisphère cérébral correspondant. Au-dessus des pédoncules, sont quatre mamelons de substance grise (*tubercules quadrijumeaux* ou *lobes optiques*), deux *supérieurs* et deux *inférieurs* (1).

Le corps opto-strié se compose de deux gros ganglions, l'un postérieur (*couche optique*), l'autre antérieur (*corps strié*), intimement unis l'un à l'autre.

Entre les deux couches optiques existe le *troisième ventricule* ou *ventricule moyen*, qui communique avec le quatrième par un canal (*aqueduc de Sylvius*) creusé sous les tubercules quadrijumeaux. Le plancher du troisième ventricule est une sorte d'entonnoir (*infundibulum*), qui aboutit à un corps particulier (*hypophyse* ou *corps pituitaire*) situé dans la selle turcique , son plafond est constitué par une lamelle épithéliale extrêmement mince (*lamelle recouvrante*), analogue à celle du quatrième ventricule, et doublée comme elle par une membrane vasculaire (*toile choroïdienne*), dépendant de la pie mère.

En arrière du troisième ventricule, au-dessus des tubercules quadrijumeaux, un organe épithélial, l'*épiphyse* ou *glande pinéale*, est le rudiment d'un œil impair (*œil pinéal* ou *pariétal*), qui existe encore chez quelques Reptiles, dans la région du crâne (2).

B. *Hémisphères cérébraux.* — Masses nerveuses dont l'ensemble, à la façon d'un dôme, termine l'encéphale.

Les hémisphères cérébraux constituent deux masses latérales (*hémisphère droit* et *hémisphère gauche*). Séparés en haut par une fente longitudinale (*scissure interhémisphérique*), ils sont réunis en bas par deux grandes commissures blanches spéciales aux Mammifères. La commissure supérieure est le *corps calleux*, l'inférieure est le *trigone cérébral* ou *voûte à trois piliers.* Chaque hémisphère est composé de substance grise à la périphérie et de substance blanche au centre. Celle-ci est formée par des expansions du pédoncule cérébral qui s'irradient jusqu'à l'écorce grise (*couronne rayonnante de Reil*), par des fibres du corps calleux et par d'autres unissant entre elles les diverses parties de l'écorce grise.

Chaque hémisphère peut se décomposer en quatre *lobes* (frontal, pariétal, temporal, occipital), séparés par des dépressions plus ou moins profondes (*sillon de Rolando*, entre les lobes frontal et pariè-

(1) Les tubercules supérieurs sont les centres de la vision; les inférieurs paraissent en rapport avec les mouvements expressifs

(2) La glande pinéale, relativement plus développée chez les Vertébrés inférieurs que chez les Mammifères, ne répond guère à l'hypothèse de Descartes qui y plaçait le siège de l'âme

tal ; *scissure de Sylvius* entre les lobes frontal, pariétal et temporal ; *scissure perpendiculaire externe*, entre les lobes pariétal et occipital). Chacun de ces lobes présente des reliefs ou plis contournés (*circonvolutions cérébrales*), surtout développés chez l'Homme, mais existant

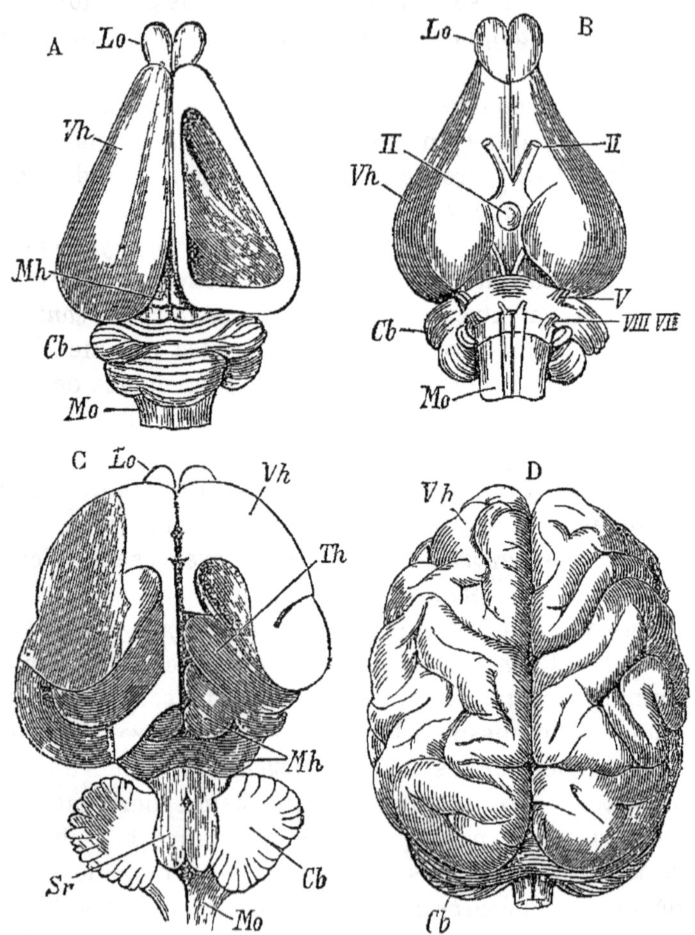

Fig. 113 — Cerveau de Mammifères. — A, cerveau lissencéphale du Lapin (l'hémisphère droit a été enlevé, pour montrer le ventricule latéral) — B, le même, vu par la face inférieure. — C, cerveau de Chat, dont on a enlevé en partie les hémisphères, ainsi que la partie supérieure du cervelet. — D, hémisphères gyrencéphales d'Orang Outang — *Vh*, hémisphères cérébraux, *Mh*, tubercules quadrijumeaux, *Cb*, cervelet, *Mo*, bulbe, *Lo* lobe olfactif, *H*, hypophyse, *Th*, couches optiques, *Sr*, sinus rhomboïdal, *II*, nerf optique, *V*, trijumeau, *VII*, facial, *VIII*, auditif

aussi chez un certain nombre de Mammifères ***(Primates, Carnivores, Ongulés, Cétacés)***. Chez les autres, le cerveau est lisse ou à peine creusé de quelques sillons superficiels (1).

(1) Les Mammifères à cerveau lisse sont appelés *lissencéphales* par opposition aux autres dits *gyrencéphales*. La prédominance du lobe frontal

Le centre de chaque hémisphère est occupé par un grand ventricule (*ventricule lateral*) dont le plancher est formé par le corps optostrié et le trigone, et le plafond par le corps calleux. Les deux ventricules latéraux sont séparés l'un de l'autre, sur la ligne médiane, par une lame nerveuse (*cloison transparente*), tendue entre le corps calleux et le trigone cérébral (1); ils communiquent, par un orifice spécial (*trou de Monro*), avec le ventricule moyen.

Les hémisphères cérébraux sont le siege de la perception, des mouvements volontaires et des actes psychiques (intelligence, instinct, volonté, mémoire, etc.). L'hémisphère d'un côté commande les mouvements de l'autre côté du corps, par suite du croisement des fibres dans le bulbe. On a pu établir, dans cet organe, diverses localisations motrices ou sensitives; mais on n'a encore, a cet égard, qu'un petit nombre de données précises (2).

constitue le caractere fondamental du cerveau des Primates. Chez les autres Mammiferes, le lobe frontal est manifestement prime par le lobe parietal Le *lobe frontal* de l'Homme presente exterieurement quatre circonvolutions. une transversale (*frontale ascendante*) formant la levre antérieure du sillon de Rolando; trois longitudinales, la premiere ou superieure, la deuxieme ou moyenne, la troisieme ou inferieure (*circonvolution de Broca*, qui recouvre en avant la scissure de Sylvius). Le *lobe pariétal* offre trois circonvolutions une transversale (*parietale ascendante*) formant la lèvre posterieure du sillon de Rolando, deux longitudinales, la superieure et l inferieure (*lobule du pli courbe*) separees par la scissure interparietale. Le *lobe temporal* ou *sphénoidal* présente exterieurement trois *circonvolutions temporales* paralleles entre elles, la premiere et la deuxième étant separees par la *scissure parallele*. Le *lobe occipital* offre aussi trois *circonvolutions occipitales* exterieures Excepte chez les Primates, ces deux derniers lobes sont confondus avec le lobe pariétal. Le developpement des circonvolutions varie, d'une maniere generale, mais non absolue, avec l'intelligence de l'animal

(1) La cloison transparente est en realite formee de deux lames laissant entre elles un petit espace (*cinquième ventricule* ou *ventricule de la cloison*). Primitivement, les deux hemipheres sont simplement juxtaposés et separes par la scissure interhemisphérique Les deux commissures ne se developpent que secondairement. Les deux lames de la cloison transparente correspondent à la portion des deux parois juxtaposees des hemispheres, qui sont comprises entre les deux commissures. Ces lames restent extrêmement minces. Le ventricule est ainsi la partie de la scissure interhémispherique emprisonnee entre les deux commissures.

(2) On designe sous le nom d'*aphémie* ou d'*aphasie*, le trouble de la coordination des mouvements phonateurs (le malade ne peut plus parler regulierement) Cette affection a pour cause une lesion de la troisieme circonvolution frontale gauche que est ainsi le siège de la *mémoire motrice verbale* (Broca). L'*agraphie* ou trouble de la coordination des mouvements de l'ecriture (le malade ne peut plus écrire) parait tenir a une lesion de la deuxième circonvolution frontale gauche, qui serait ainsi le siege de la *memoire mo-*

Résumé général de la constitution du névraxe. — En résumé : 1° la *substance grise* forme une colonne centrale à l'intérieur de la moelle ; des noyaux (tubercules quadrijumeaux, corps opto-striés, etc.) à l'intérieur de l'encéphale, l'écorce du cerveau et du cervelet ; — 2° la *substance blanche* comprend des fibres longitudinales (cordons de la moelle et leurs prolongements dans l'encéphale), qui aboutissent, après entre-croisement, aux noyaux gris de l'encéphale et à l'écorce cérébrale ; des fibres commissurales qui réunissent entre elles les diverses parties de l'axe cérébro-spinal (commissures blanches, corps calleux, etc.).

Nerfs crâniens. — Il y a douze paires de nerfs crâniens qui sont, d'avant en arrière : 1° l'*olfactif* ; 2° l'*optique* ; 3° l'*oculo-moteur commun* ; 4° le *pathétique* ; 5° le *trijumeau* ; 6° l'*oculo-moteur externe* ; 7° le *facial* ; 8° l'*auditif* ; 9° le *glosso-pharyngien* ; 10° le *pneumogastrique* ; 11° le *spinal* ; 12° le *grand hypoglosse*.

Ces nerfs naissent, à l'intérieur de l'encéphale (*origine réelle*), de noyaux gris, dont la connaissance a été difficile à acquérir ; mais leurs points d'émergence (*origine apparente*), faciles à déterminer, ont servi à leur assigner un numéro d'ordre. Ils peuvent être mixtes, moteurs, sensitifs, ces derniers étant de sensibilité spéciale (*nerfs sensoriels*) ou de sensibilité générale.

I. Nerf olfactif. — Le *lobe* ou *bulbe olfactif* est plutôt une portion du cerveau ; rudimentaire chez les Primates, presque nul chez les Pinnipèdes et les Cetacés, il est au contraire très développé chez les autres Mammifères, où il présente une cavité en communication avec les

trice graphique La *surdité verbale*, ou trouble de la mémoire des sons de la parole (le malade ne comprend plus le langage), aurait pour cause une lésion de la première circonvolution temporale gauche, qui serait ainsi le siège de la *mémoire auditive verbale*. La *cécité verbale*, *alexie*, ou trouble de la mémoire des signes de l'écriture (le malade ne peut plus lire l'écriture), correspondrait à une lésion de la deuxième circonvolution pariétale gauche, où résiderait la *mémoire visuelle verbale*

Les animaux auxquels on a enlevé les hémisphères cérébraux sont assoupis, sans volonté, sans mémoire, ils n'effectuent plus que des mouvements automatiques se faisant sous l'influence d'excitations extérieures Un Pigeon, privé de ses lobes cérébraux, ne pourra se mouvoir de lui-même mais, projeté en l'air, il volera jusqu'à la rencontre d'un obstacle qu'il ne saura pas éviter Il mangera si l'on introduit des aliments dans son bec, mais il ne pourra de lui-même prendre sa nourriture

ventricules latéraux (1). Il naît par trois racines de la partie postéro-inférieure du lobe frontal (*espace perforé antérieur*). Les filets qui émergent de la face inférieure du bulbe olfactif sont les véritables *nerfs olfactifs;* ils traversent la lame criblée de l'ethmoïde et se distribuent dans la membrane pituitaire, à la région supérieure des fosses nasales. — Nerf de l'odorat.

II. Nerf optique. — Naît par trois racines : deux blanches qui semblent venir de la partie postérieure de la couche optique (*corps genouillés*) et proviennent en réalité des tubercules quadrijumeaux, une grise qui vient de la partie antérieure du troisième ventricule. Les racines blanches réunies forment la *bandelette optique*, qui contourne le pedoncule cérébral et s'entre-croise avec l'autre bandelette, pour former une commissure (*chiasma*) à la partie inférieure de laquelle aboutit la racine grise. Sort du crâne par le trou optique et s'épanouit pour former la rétine. — Nerf de la vision.

III. Nerf oculo-moteur commun. — Emerge de la face interne du pedoncule cérebral. Sort par la fente sphénoïdale. — Moteur de tous les muscles de l'œil, à l'exception du grand oblique et du droit externe. Sa section amène la chute de la paupière supérieure, la déviation de l'œil en dehors (*strabisme externe*), la dilatation de la pupille (dont il innerve le sphincter) et l'abolition de l'accommodation, par suite de la paralysie du nerf ciliaire.

IV. Nerf pathétique. — Naît en arrière des tubercules quadrijumeaux. — Moteur du muscle grand oblique de l'œil.

V. Nerf trijumeau. — Naît sur le côté de la protuberance annulaire par deux racines : l'une petite, motrice (*nerf masticateur*) ; l'autre grosse, sensitive. Celle-ci presente le *ganglion de Gasser*, d'où partent : 1° l'*ophthalmique*, innervant la region de l'œil, le front et la plus grande partie du nez ; 2° le *maxillaire superieur*, innervant la joue et la lèvre supérieure ; 3° le *maxillaire inférieur*, innervant la région temporale et celle du maxillaire inférieur. — Nerf mixte : moteur pour les muscles de la mastication; de sensibilité generale pour toute la face ; de sensibilité générale et spéciale (gustation) pour la pointe de la langue, par le nerf lingual ou *petit hypoglosse* (branche terminale du nerf maxillaire inférieur). Sa section amène la perte de la mastication et l'anesthésie de la face, du même côté.

VI. Nerf oculo-moteur externe. — Naît près de la ligne médiane, dans le sillon qui sépare la protubérance du bulbe. Sort par la fente

(1) Chez les Cetaces et les Pinnipèdes, l'atrophie des lobes olfactifs est en correlation avec le milieu aquatique, qui rend presque inutile l'exercice de l'odorat

sphénoïdale. — Moteur du muscle droit externe de l'œil. Sa section amène la déviation de l'œil en dedans (*strabisme interne*).

VII. NERF FACIAL. — Moteur des muscles mimiques de la face. Naît sur les côtés du bulbe, immédiatement au-dessous de la protubérance; pénètre dans le conduit auditif interne. Sort par le trou stylo-mastoïdien. Une de ses branches, la *corde du tympan*, passe à l'intérieur du tympan et va s'unir à la branche maxillaire inférieure du trijumeau. Elle joue un grand rôle dans la sécrétion salivaire, et même dans l'exercice du goût.

VIII. NERF AUDITIF. — Naît à côté et en dehors du facial, qu'il accompagne au fond du conduit auditif interne, puis s'en sépare, pour pénétrer dans l'oreille interne. — Nerf de l'audition, et du sens de l'équilibre.

IX. NERF GLOSSO-PHARYNGIEN. — Émerge de la partie supérieure du sillon latéral du bulbe. De sensibilité générale pour la base de la langue, l'isthme du gosier, la partie supérieure du pharynx et l'oreille moyenne. — Nerf principal du goût.

X. NERF PNEUMOGASTRIQUE. — Naît dans le sillon latéral du bulbe par une série de racines intermédiaires à celles du glosso-pharyngien et du spinal. Sort par le trou déchiré postérieur, où il présente un ganglion (*ganglion jugulaire*). Descend le long du cou, dans la poitrine et l'abdomen; d'où le nom de *vague* (errant) qu'on lui donne quelquefois. — Nerf mixte pour l'appareil respiratoire, le cœur, le pharynx, l'œsophage, l'estomac et le foie. C'est le nerf d'arrêt du cœur: après sa section, le cœur bat plus vite. Si l'on excite le bout périphérique, le cœur cesse de battre; si l'on excite, au contraire, le bout central, la respiration s'arrête. La section de l'un des pneumogastriques ne produit pas d'accidents graves, la section des deux nerfs amène assez rapidement la mort, par suite de la paralysie du pharynx, et surtout parce que le cœur, accélérant ses mouvements, par suite de l'action non contrebalancée du sympathique, nerf accélerateur, finit par s'arrêter à l'état de systole.

XI. NERF SPINAL. — Naît par deux ordres de racines: les unes *bulbaires*, au dessous de l'origine du pneumogastrique; les autres *médullaires*, entre les racines des six premiers nerfs rachidiens. Sort par le trou déchiré postérieur. — Moteur pour divers muscles, surtout pour ceux du larynx (*nerf vocal*); préside aux mouvements de la glotte qu'il rétrécit, en tendant les lèvres vocales et règle le courant d'air respiratoire.

XII. NERF GRAND HYPOGLOSSE. — Émerge de la face antérieure du bulbe, dans un sillon qui sépare la pyramide de l'olive. Sort du crâne par le trou condylien antérieur. — Nerf moteur de la langue.

Grand sympathique. — Formé par deux nerfs longitudinaux situés de part et d'autre de la colonne vertébrale et allant de la base du crâne au coccyx. Ils présentent une série de ganglions symétriques deux à deux (*ganglions sympathiques*), les uns crâniens, les autres rachidiens D'une part, les ganglions sympathiques reçoivent des *racines*, venant les unes des nerfs crâniens (*racines bulbaires*), les autres des nerfs rachidiens (*racines médullaires* ou *rami communicantes*). D'autre part, ces ganglions émettent des *branches* qui se rendent aux viscères et aux vaisseaux. Le grand sympathique n'est qu'une dépendance du système cerébro-spinal (1).

Le système du grand sympathique préside a tous les actes involontaires des fonctions de nutrition. A part quelques exceptions, dont le pneumogastrique constitue la plus importante, le système cerébro-spinal n'innerve pas directement les viscères ; ce rôle est devolu au grand sympathique, qui est aussi chargé de l'innervation des vaisseaux. Les nerfs sympathiques renferment des fibres centripètes ou sensitives et des fibres centrifuges, les unes motrices, les autres sécrétoires ; ils donnent lieu a une sensi-

(1) Le tronc du grand sympathique comporte generalement deux ou trois paires de ganglions cervicaux et un nombre de ganglions thoraciques, abdominaux et sacres, en rapport avec celui des vertebres correspondantes. Les deux chapelets ganglionnaires s'anastomosent dans le crâne et au niveau du coccyx Les branches efferentes s'anastomosent, sur certains points, pour constituer des *plexus*, auxquels viennent se joindre des filets du système cerebro-spinal. Ces plexus presentent des ganglions plus ou moins petits et fournissent des filets terminaux qui vont former, dans l'intimite des organes, d'autres plexus avec des ganglions microscopiques. Les ramuscules charges de l'innervation des vaisseaux entourent ceux-ci a la maniere d'un filet.

Les principaux plexus sont le *plexus cardiaque*, le *plexus solaire* et le *plexus hypogastrique* — 1° Le plexus cardiaque, situé au-dessous de la crosse de l'aorte, est forme par les *nerfs cardiaques* provenant des ganglions cervicaux et du pneumogastrique. Il presente, en son centre, un ganglion (*ganglion de Wrisberg*) et donne naissance aux filets visceraux du cœur. — 2° Le plexus solaire (*cerveau abdominal*), situe autour du tronc cœliaque, reçoit les *nerfs splanchniques* provenant des derniers ganglions thoraciques et traversant deux gros *ganglions semi-lunaires* places au-devant des piliers du diaphragme. Parsemé de petits ganglions (*ganglions solaires*), il fournit une infinite de filets aux divisions de l'aorte. — 3° Le plexus hypogastrique, situé sur les côtes du rectum et de la vessie, innerve les visceres du bassin. Il reçoit des filets des ganglions abdominaux et des ganglions pelviens, en même temps que des branches des nerfs sacres.

bilité obtuse et a des mouvements lents, et toujours involontaires (1).

ARTICLE XIV — ORGANES DES SENS.

§ 1. Toucher.

Nous savons déjà qu'on réunit sous ce nom plusieurs sens qui renseignent sur la forme des corps, leur temperature et leur poids. On peut en effet distinguer : 1° le *toucher actif* ou *tact;* 2° le *toucher thermometrique;* 3° le *toucher dynamométrique*

Appareil du toucher. — Constitue par des terminaisons nerveuses tactiles, en général logées dans la peau. Les unes sont placées dans l'épiderme même (*boutons* et *corpuscules étoilés de Langerhans*) et peuvent y former de veritables corpuscules (Groin du Porc (fig. 35, p. 61), de la Taupe, du Herisson, etc.). Les autres sont localisées dans les papilles du derme (*corpuscules de Meissner* et de *Krause*), les autres enfin se trouvent dans les profondeurs du derme ou même dans les muscles (*corpuscules de Pacini* ou *de Vater*) (fig. 36).

Sensations données par le toucher. — Elles correspondent aux trois sens réunis sous le nom de toucher.

A. Sensations tactiles. — Elles sont fournies par les corpuscules tactiles. Chez les animaux pourvus de mains (Primates, Lemuriens), c'est-a-dire d'extrémités qui servent principalement a la préhension, la sensibilité tactile est surtout développée a l'extrémité palmaire des doigts, où les corpuscules du tact sont en nombre considérable Chez l'Homme, la main ne sert pas a la locomotion et atteint toute sa perfection en tant qu'organe du toucher. La longueur, la flexibi-

(1) Les fibres centripetes penetrent dans la moelle par les racines posterieures ; les fibres centrifuges en sortent par les racines anterieures la loi de Magendie s'applique donc aussi aux nerfs sympathiques (Dastre et Morat). Les nerfs centrifuges les plus importants sont les vaso-moteurs qui tiennent les vaisseaux sous leur dependance, soit pour les resserrer (*vaso-constricteurs*), soit pour les dilater (*vaso-dilatateurs*). Ces deux sortes de vaso-moteurs president a la regulation de la nutrition et, par suite, de l'activite des viscères, ils rendent la circulation locale des organes plus ou moins independante de la circulation generale ; enfin ils president a la regulation de la chaleur animale. Les ganglions sympathiques peuvent avoir une action excitatrice, moderatrice, ou suspensive ; ils sont, de plus, le siege de phenomènes reflexes importants. Les nerfs sympathiques sont excitables par les mêmes agents que les nerfs cerébro-spinaux, sauf par la volonte.

lité des doigts, l'aptitude qu'a le pouce d'être opposable, font de la main l'instrument de la palpation ou du *toucher actif*. Les autres parties de l'enveloppe cutanée ne sont douées que du *toucher passif*. Dans la palpation, le cerveau relie les diverses impressions tactiles en un ensemble, d'où résulte la notion de forme des corps; mais par suite de l'éducation de l'œil, qui coordonne ses données a celles du toucher, la notion de forme est habituellement fournie par l'œil qui renseigne plus vite que le toucher et qui peut fournir des données, même sur les objets éloignés. On peut, avec un compas, mesurer le degré de sensibilité tactile, en cherchant le minimum d'écart qu'il faut donner aux branches pour que la sensation reste double.

B. Sensations de température. — On les croit fournies par les terminaisons intraépidermiques. La peau ne peut apprécier convenablement que les différences entre la température des objets extérieurs et la sienne propre.

C. Sensations de pression. — On les rapporte surtout aux corpuscules de Pacini. Elles sont assez complexes, car, en outre de la pression sur la peau, il y a, le plus souvent, un effort musculaire (*sens musculaire*), dont la mesure permet d'apprécier le poids de l'objet qu'on soupese.

§ 2. Goût ou gustation.

Appareil de la gustation. — Le sens du *goût* fait percevoir les *saveurs* ou impressions spéciales produites par les *corps sapides*. Il a pour siège principal la face dorsale de la langue (base, pointe et bords).

La *langue* est un organe musculeux soutenu par une charpente ostéo-fibreuse et revêtu d'une muqueuse couverte de papilles. Les unes (*papilles coniques*) ont la forme d'un cône, a sommet plus ou moins dechiqueté; elles renferment des corpuscules de Krause, sont *tactiles* et répandues sur toute la surface de la langue. Les autres, *gustatives*, contiennent des corpuscules speciaux en forme d'olive (*corpuscules du goût*), elles figurent des mamelons tantôt pédonculés (*papilles fongiformes*), tantôt sessiles et entourés par un rebord circulaire de la muqueuse (*papilles caliciformes*) (fig. 114 A). Les papilles fongiformes occupent les côtés et la pointe de la langue ; les papilles caliciformes, au nombre de quinze à vingt, sont alignées sur la base de cet organe, de façon a figurer un V (*V lingual*), dont la pointe, située en arriere, présente souvent une dépression conique (*trou borgne*). Les corpuscules du goût sont constitués (fig. 114 B) par deux ordres de cellules · les unes périphériques (*cellules de soutènement*), en côtes de melon (fig 114 C, *Dz*), les autres centrales et fusiformes (Sz) (*cellules gustatives*). L'extrémité profonde de celles-ci se continue avec le cylindre-axe d'une fibre nerveuse ; son extrémite superficielle fait saillie a travers un orifice (*pore gustatif*) de l'epithélium papillaire.

Sensations gustatives. — Les *corps sapides* deposés sur la langue donnent naissance à cinq sortes de saveurs princi-

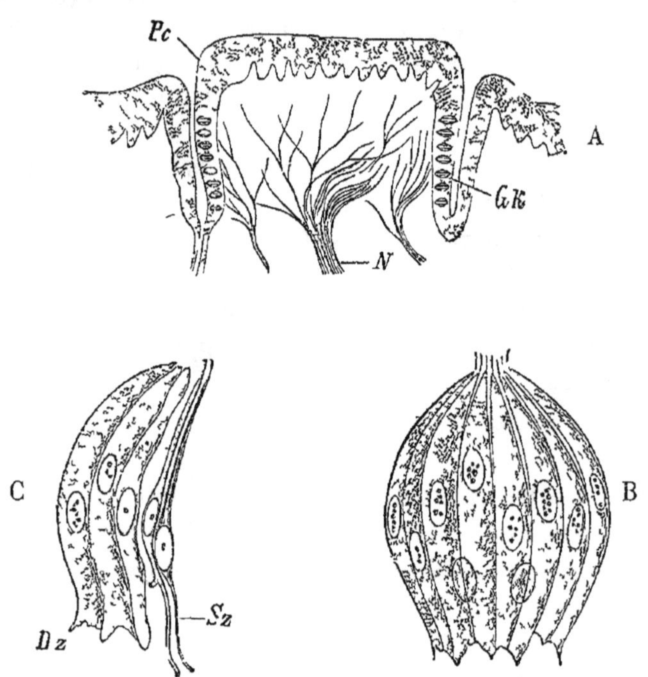

Fig 114 — Corpuscules du goût — A, coupe d une papille caliciforme *N*, nerf, *Gk*, bourgeons gustatifs — B, bourgeon gustatif. — C, cellules gustatives, *Sz*, avec les cellules de soutien, *Dz*

pales : *sucrées*, *salées*, *acides*, *alcalines*, *amères*. Ils n'exercent leur action spéciale que s'ils sont dissous par la salive.

Les saveurs sucrées et les saveurs amères paraissent être les seules vraies ; les autres ne seraient que des sensations tactiles modifiées ; d'autres sensations dites gustatives, sont en réalité des sensations olfactives (goût de la viande, bouquet des vins). D'après la plupart des physiologistes, la base de la langue (innervée par le glosso-pharyngien) serait la région gustative pour les saveurs amères, tandis que la pointe (innervée par le lingual) serait plutôt impressionnée par les autres saveurs. Le sulfate de soude paraît salé, quand on le goûte du bout de la langue, amer quand on l'avale

§ 3. Odorat ou olfaction.

Appareil de l'olfaction. — Le sens de l'*odorat* fait percevoir les *odeurs*, impressions spéciales produites par les *corps odorants*. Il a pour siège la muqueuse des fosses nasales (*membrane pituitaire*).

C'est seulement dans la région supérieure de la pituitaire (*région olfactive*) que pénètrent les rameaux du nerf olfactif et que l'on trouve des *cellules olfactives*. Celles-ci (fig. 12, p. 36) présentent un corps sphérique muni d'un gros noyau et deux prolongements grêles dont l'un se continue avec une fibre nerveuse, tandis que l'autre se termine par des cils qui dépassent le niveau de l'épithélium mais sont très caducs, et disparaissent de bonne heure chez l'Homme. La région olfactive est dépourvue de cils vibratiles, contrairement au reste de la membrane.

Chez l'Homme, les fosses nasales sont protégées par le *nez*, sorte de pyramide triangulaire dont la charpente ostéo-cartilagineuse est recouverte par la peau et dont la base présente les deux *narines* toujours béantes. Chez les autres Mammifères, le nez se transforme en un *museau* qui peut se terminer par un *mufle* (Bœuf), un *groin* (Porc), un *boutoir* (Sanglier), une *trompe* (Eléphant). Les narines (*naseaux* chez les Animaux) s'ouvrent à l'extrémité de ces divers organes; elles sont mobiles et présentent, chez quelques Chéiroptères, des replis cutanés plus ou moins compliqués (*feuilles nasales*). Chez les Cétacés, elles s'ouvrent au sommet du crâne (*évents*) (1)

Sensations olfactives. — Les *corps odorants* donnent naissance à des odeurs qu'il est impossible de classer d'une façon satisfaisante.

(1) Organe de Jacobson — On rattache, sous ce nom, à l'appareil olfactif une cavité glandulaire annexée aux fosses nasales. Cet organe, rudimentaire chez l'Homme, atteint son maximum de développement chez les Rongeurs. C'est un tube glandulaire entouré d'une gaine cartilagineuse et situé dans l'angle que forme la cloison médiane des fosses nasales avec leur plancher. Clos en arrière, il s'ouvre en avant dans le canal incisif et communique avec la cavité buccale. Il est innervé par des filets du trijumeau et du nerf olfactif, son rôle est inconnu

Les corps ne peuvent être odorants qu'à la condition d'être volatils. On admet que les odeurs sont dues aux vapeurs émanées des corps odorants. Pour que ces particules, amenées par l'air dans les fosses nasales, produisent une sensation, il faut que cet air soit mis en mouvement par le courant inspiratoire. De là vient l'action de *flairer* les aliments dont l'état de fraîcheur ou de conservation paraît suspect. Le goût se trouve ainsi subordonné à l'odorat, qui est une sorte de « goût à distance ».

Il ne s'exerce convenablement que si la membrane pituitaire se trouve dans des conditions moyennes d'humidité.

Le nerf olfactif est le seul nerf de l'odorat : cependant l'influence exercée par le trijumeau, sur la nutrition de la pituitaire, paraît nécessaire à la conservation de la sensibilité olfactive.

§ 4. Ouïe ou audition.

Appareil de l'audition. — Le sens de l'*ouïe* fait percevoir les *sons* ou impressions spéciales produites par les vibrations sonores des corps extérieurs. Son appareil est constitué par les deux *oreilles*. Chacune de celles-ci se décompose en trois cavités : 1° l'*oreille externe*, s'ouvrant au dehors par le *méat auditif;* 2° l'*oreille moyenne*, en communication avec le pharynx par la *trompe d'Eustache;* 3° l'*oreille interne*, cavité close de toutes parts. Les deux premières cavités sont des organes de transmission des ondes sonores ; la troisième, véritable organe de l'ouïe, reçoit les fibres terminales du *nerf auditif*, qui lui arrivent par le *conduit auditif interne* (fig. 115).

A. Oreille externe. — Elle comprend le *pavillon* et le *conduit auditif externe.*

A. *Pavillon.* — Expansion plus ou moins évasée, qui fait saillie au dehors du méat auditif. Soutenu par une (Homme) ou plusieurs (Cheval, etc.) pièces cartilagineuses recouvertes de peau, le pavillon est pourvu de muscles rudimentaires chez l'Homme, mais développés chez le Cheval, etc. Chez l'Homme, il présente des saillies et des dépressions qui ont reçu des noms particuliers. En avant de l'*hélix*, ou bourrelet de l'oreille, une saillie concentrique (*anthélix*) entoure une excavation (*conque*), au fond de laquelle s'ouvre le méat auditif. De chaque côté de la conque, deux petites saillies se font face (le *tragus* en avant, l'*antitragus* en arrière). Au bas du cartilage, pend une petite masse adipo-cutanée (*lobule de l'oreille*) spéciale à l'Homme. Le pavillon manque chez un certain nombre de Mammifères fouisseurs (Taupes) ou aquatiques (Cétacés).

B. *Conduit auditif externe.* — Canal ostéo-cartilagineux, étendu du méat auditif à une membrane (*membrane du tympan*) qui sépare l'oreille externe de l'oreille moyenne. Il est tapissé par la peau enduite d'une matière grasse et jaunâtre (*cerumen*) sécrétée par des glandes spéciales (*glandes cérumineuses*).

B. Oreille moyenne (*T*). — Constituée essentiellement par une cavité (*caisse du tympan*) creusée dans le rocher, au-dessus de la cavité glénoïde. Elle est tapissée d'une muqueuse et communique avec les arrière-narines par un conduit ostéo-cartilagineux (*E*)(*trompe d'Eustache*). Sa paroi externe est formée par la membrane du tympan et la portion de l'os dans laquelle elle est enchâssée. Sa paroi interne est percée de deux ouvertures (*o*, *r*) : l'une supérieure et ovale (*fenêtre ovale*), l'autre inférieure et circulaire (*fenêtre ronde*), fermées chacune par une cloison membraneuse. Chez l'Homme, la caisse du tympan communique en arrière avec la portion mastoïdienne du temporal creusée de cellules (*cellules mastoïdiennes*). De la membrane du tympan à celle de la fenêtre ovale, la caisse est traversée par une chaîne de trois osselets (*marteau, enclume, etrier*). Le marteau a son manche dans l'épaisseur de la membrane du tympan ; l'étrier est fixé, par sa base, à la membrane de la fenêtre ovale. Deux *muscles*, l'un *du marteau*, l'autre *de l'étrier*, servent respectivement à tendre ou à relâcher la membrane du tympan.

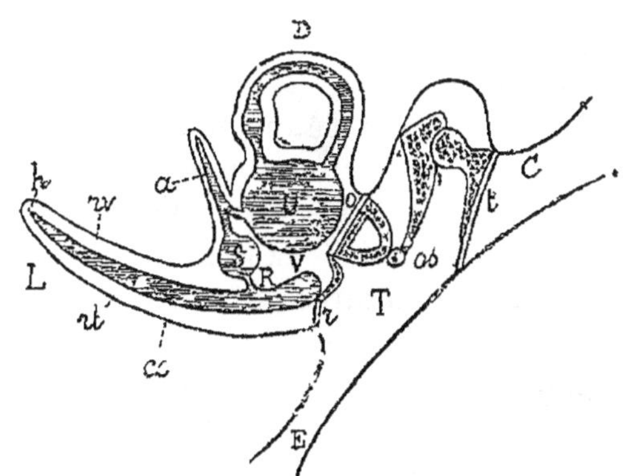

Fig. 115. — Schéma de l'oreille. — *C*, conduit auditif externe, *t*, membrane du tympan, *T*, caisse du tympan, *E*, trompe d'Eustache, *os*, osselets de l'oreille moyenne, *o*, fenêtre ovale, *r*, fenêtre ronde, *V*, vestibule, *U*, utricule, *S*, saccule, *a*, aqueduc du vestibule aboutissant au canal utriculo sacculaire en Y, *L*, limaçon, *R*, canal de Reichert, *co*, canal cochléaire, *rt*, rampe tympanique, *rv*, rampe vestibulaire, *h*, hélicotrème, *D*, canaux semi-circulaires.

C. Oreille interne. — Appelée encore *labyrinthe*. Elle est entièrement close et comprend un sac membraneux de forme complexe (*labyrinthe membraneux*), logé dans une cavité creusée dans le rocher (*labyrinthe osseux*). Un liquide (*endolymphe*) remplit le labyrinthe membraneux qui, à son tour, est séparé du labyrinthe osseux par un liquide de même nature (*périlymphe*). Il n'y a pas de communication entre l'endolymphe et la périlymphe.

Le labyrinthe osseux se compose de trois parties, qui communiquent ensemble : une antérieure (*limaçon*), une moyenne (*vestibule*), une postérieure (*canaux semi-circulaires*). — Le *vestibule* occupe le centre du rocher. Il contient deux vésicules faisant partie du labyrinthe membraneux : l'une supérieure (*utricule*) située contre la fenêtre ovale, l'autre inférieure (*saccule*) communiquant avec la supérieure par un canal en Y renfermé dans un canal osseux (*aqueduc du vestibule*). L'utricule et le saccule présentent des épaississements en forme de taches (*taches auditives*), formés de cellules longues munies d'un long bâtonnet que termine un faisceau de filaments (*cellules auditives*). Des fibres du nerf auditif viennent se terminer dans ces cellules au-dessus desquelles flottent de petits cristaux calcaires (*otolithes*). — Les *canaux semi-circulaires* sont au nombre de trois, perpendiculaires entre eux : l'un est horizontal, les deux autres verticaux ; chacun d'eux présente une petite dilatation (*ampoule*) et débouche dans le vestibule par ses deux extrémités. Ils renferment, a leur intérieur, trois canaux semi-circulaires membraneux de même forme qu'eux et s'ouvrant dans l'utricule. Les ampoules des canaux semi-circulaires membraneux présentent des épaississements en forme de crêtes (*crêtes auditives*) formés de cellules auditives semblables a celles de l'utricule et du saccule. — Le *limacon* peut être considéré comme formé par l'enroulement en hélice d'un tube conique fermé a son sommet et contenant lui-même un tube membraneux (*canal cochléaire*). Son axe (*columelle*) est percé de petits trous par lesquels passent des fibres du nerf auditif. Le canal cochléaire communique avec le saccule par un étroit canal (*canal de Reichert*). Le canal cochléaire s'attache suivant ses deux bords aux parois du tube osseux, mais ne va pas jusqu'au sommet du limaçon osseux ; celui-ci se trouve ainsi divisé en deux rampes, qui communiquent entre elles au sommet (*hélicotreme*). Elles sont remplies de périlymphe et comprennent entre elles le canal cochléaire plein d'endolymphe. L'une des rampes (*r. vestibulaire*) débouche dans le vestibule ; l'autre (*r. tympanique*) aboutit a la fenêtre ronde. Le canal cochléaire, de section triangulaire, est fixé, a son bord interne, sur une lame osseuse (*lame spirale*) ; il est sépare de la rampe vestibulaire par la *membrane de Reissner* et de la rampe tympanique par la *membrane basilaire*. Celle-ci est constituée essentiellement par des fibres paralleles, analogues aux cordes tendues d'une harpe, dont la longueur croît de la base au sommet du limaçon. Sur ces cordes est disposé un ensemble (*organe de Corti*) forme par une longue série d'arcs (*arcs de Corti*) composés chacun de deux piliers (*piliers de Corti*), l'un externe, l'autre interne, qui ne sont que des productions cuticulaires de cellules épithéliales transformées. Au-dessous des arcs de Corti règne un véritable tunnel (*tunnel de Corti*), de chaque côté duquel se trouvent deux sortes de cellules ciliées (*cellules auditives internes, cellules auditives externes*) ; ce sont autant de cellules auditives analogues à celles du vestibule et des canaux semi-circulaires. Ces cellules sont en rapport, à leur base, avec les terminaisons des fibres nerveuses qui penetrent dans le limaçon. Ces fibres, avant leur terminaison, traversent un ganglion spécial (*ganglion de Rosenthal*) loge à la base de la lame spirale.

Théorie de l'audition. — L'oreille est un instrument dans lequel des cellules munies de soies reçoivent les vibrations par l'intermédiaire d'un liquide.

Le pavillon de l'oreille renforce les sons et renseigne sur leur direction, mais cette derniere notion est due surtout a la présence de deux oreilles (*audition biauriculaire*). La perte du pavillon n'entraîne qu'un léger affaiblissement de l'ouïe. Le conduit auditif externe transmet les ondes sonores à la membrane du tympan. — Celle-ci, fortement tendue dans les sons aigus, faiblement tendue dans les sons graves, grâce a l'accommodation due aux muscles de la chaîne des osselets, est susceptible de vibrer à l'unisson de tous les sons compris dans l'échelle de 33 a 76 000 vibrations par seconde ; sa perte rend seulement l'oreille dure, sans amener une surdité complète. Les vibrations de la membrane du tympan sont transmises à la membrane de la fenêtre ovale par la chaîne des osselets qui se deplace dans son ensemble. — La trompe d'Eustache, habituellement fermée, s'ouvre à chaque mouvement de déglutition. Elle maintient l'equilibre entre la pression de l'air exterieur et de celui de la caisse ; en même temps, elle s'oppose a la dessiccation des membranes de cette cavité, par suite aux modifications de leurs propriétes acoustiques. L'occlusion de la trompe d'Eustache peut être une cause de surdité. — Quand les vibrations sonores sont arrivees a la membrane de la fenêtre ovale, par la base de l'étrier, cette membrane agit sur la perilymphe ; les ondes sonores se propagent ainsi dans l'oreille interne ; la membrane de la fenêtre ronde permet au liquide d'entrer lui-même en vibration ; elle agit en même temps a la manière d'une soupape de sûreté, en empêchant une compression trop forte des parties si delicates de l'oreille interne. — On admet que chacune des fibres de la membrane basilaire est accordee pour un son différent. Comme il y en a au moins six mille, ce nombre est plus que suffisant pour que le clavier basilaire réponde, par une corde speciale, a chacun des sons de l'échelle musicale (HELMHOLTZ). Quoi qu'il en soit, ce sont les cellules ciliées qui finalement sont impressionnées. L'*intensite* du son dépend de l'énergie avec laquelle la fibre est ébranlée ; sa *hauteur*, du rang occupé par la fibre ; son *timbre*, du nombre des fibres ébranlées. On suppose que le vestibule et les canaux semi-circulaires, qui ne renferment que des otolithes, ne recueillent que des *bruits* ; le limaçon avec ses cordes serait réserve pour les sons musicaux. La perte du liquide de l'oreille interne entraîne une surdité complete.

§ 5. Vue ou vision.

Appareil de la vision. — Le sens de la *vue* fait percevoir la lumière et les couleurs. Il a pour organes essentiels les deux *yeux* auxquels s'ajoutent des organes accessoires (*sourcils*, *paupières*, *glandes* et *voies lacrymales*, *muscles moteurs de l'œil*).

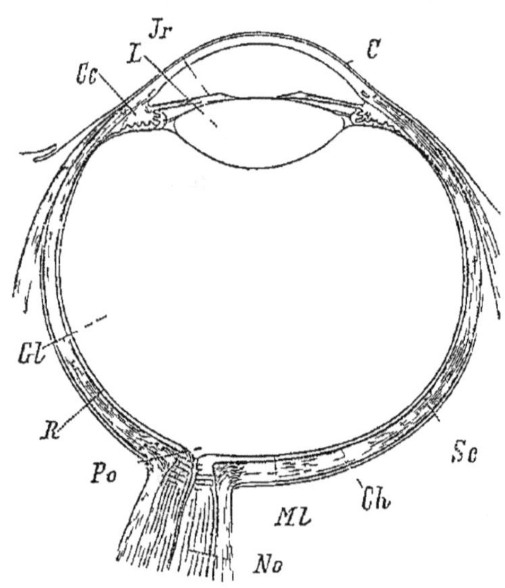

Fig 116 — Coupe du globe oculaire. — *C*, cornee, *L*, cristallin, *Jr*, iris avec la pupille, *Cc*, corps ciliaire, *Gl*, corps vitré, *R*, rétine *Sc*, sclérotique, *Ch*, choroïde, *Ml*, tache jaune, *Po*, papille du nerf optique, *No*, nerf optique.

A. ŒIL. — Sphéroïde (*globe oculaire*) logé dans l'orbite, il est séparé du fond de cette cavité par un coussinet graisseux. On lui considère un *equateur* et deux *pôles*, l'un anterieur, l'autre posterieur (fig. 116).

I. MEMBRANES DU GLOBE DE L'ŒIL. — Le globe de l'œil est limité par trois tuniques : l'*externe*, la *moyenne* et l'*interne*.

A. *Membrane externe*. — Elle est fibreuse et se compose de deux parties l'une postérieure (*sclérotique*), opaque, blanchâtre, laissant passer le nerf optique ; l'autre antérieure (*cornee*), transparente, plus bombée que la sclérotique. A la réunion de ces parties se trouve un canal veineux circulaire (*canal de Schlemm* ou *de Fontana*) (fig 117, 9).

B. *Membrane moyenne.* — Tunique vasculo-pigmentaire, se divisant en deux parties : l'une postérieure (*choroïde*), tapissant la sclérotique ; l'autre antérieure (*iris*), tendue en arrière de la cornée. La *choroïde* présente de nombreux vaisseaux destinés à la nutrition de la rétine, et des cellules pigmentaires qui quelquefois manquent, soit complètement (*albinos*), soit seulement sur une partie qui prend alors un aspect brillant et nacré (*tapis* ou *miroir* des **Carnivores** et des **Ruminants**). A la partie antérieure, la choroïde s'épaissit pour former une couronne de plis rayonnés formés d'un peloton vasculaire (*procès ciliaires*) qui entourent le cristallin a la façon des griffes du chaton d'une bague (*d*). En avant des procès ciliaires, entre eux et le bord de la cornée transparente, existe un muscle annulaire (*muscle ciliaire*) formé de fibres lisses affectant deux directions différentes. Les fibres extérieures, longitudinales, vont de la cornée a la choroïde (*a*); les fibres profondes, circulaires, constituent un anneau (*muscle de Muller*) autour du cristallin (*b*).

L'*iris* est un véritable diaphragme. Adhérent à son pourtour, libre sur ses deux faces, il est percé en son centre d'un trou (*pupille*), qui peut se rétrécir ou s'agrandir, par l'action de fibres musculaires, les unes circulaires, les autres radiées. La pupille est tantôt circulaire (Primates), tantôt elliptique, avec le grand axe vertical (Carnivores) ou horizontal (Ruminants). La face postérieure de l'iris est revêtue du même pigment que la choroïde ; sa face antérieure peut être dépourvue de pigment (yeux bleus) ou parsemée de taches pigmentaires (yeux gris, noirs).

C. *Membrane interne* ou *rétine.* — C'est la membrane sensible de l'œil. Formée par l'épanouissement du nerf optique, elle se termine a l'équateur de l'œil, en tant que membrane nerveuse; en avant, elle est tout a fait dépourvue de sensibilité. A leur entrée dans l'œil, les fibres du nerf optique forment une sorte de cupule appelée improprement *papille* (fig. 116, *Po*) ; après s'être séparées pour rayonner dans tous les sens, elles courent tout le long de la rétine ; puis, au point où elles doivent se terminer, elles se recourbent brusquement en dehors, pour se terminer dans deux sortes d'organes : les *bâtonnets* et les *cônes*; ces derniers n'existent pas dans la papille (1). Au pôle pos-

(1) La rétine se compose de neuf couches successives et est traversée dans son épaisseur par des cellules de soutènement très allongées (*fibres de Muller*) qui sont des cellules épithéliales modifiées, analogues aux cellules de névroglie. La couche la plus externe (*couche des bâtonnets et des cônes*) est la couche sensible et les bâtonnets sont coiffés par des cellules *calices pigmentaires*) chargées de sécréter le pourpre rétinien, et accolées à la choroïde

térieur de l'œil, un peu en dehors de la papille. on observe, chez les Primates, une *fossette centrale*, que distingue une *tache jaune* due à ce que la choroïde y est dépourvue de pigment. A cet endroit, il n'existe que des cônes; les bâtonnets prédominent, au contraire, dans le reste de la rétine. Les cônes font complètement défaut chez les animaux vivants dans l'obscurité souterraine (Taupe, etc.).

II. Milieux réfringents. — Indépendamment de la cornée transparente, ils sont au nombre de trois : l'*humeur aqueuse*, le *cristallin* et le *corps vitré*.

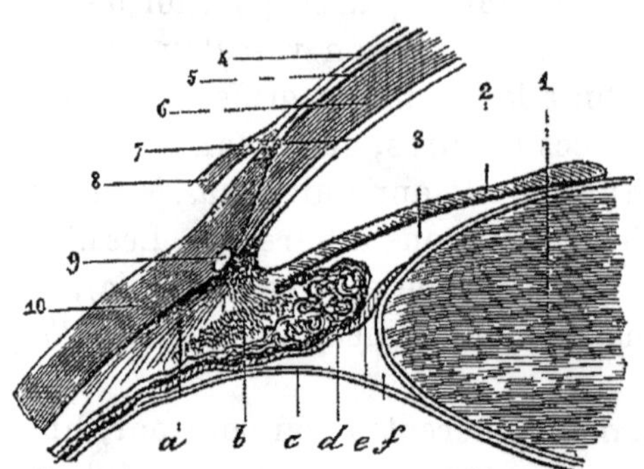

Fig 117. — Muscle ciliaire et ses rapports — 1, cristallin, 2, iris, 3, chambre postérieure, 4, conjonctive cornéenne, 5, 6. 7, cornée, 8, conjonctive, 9, canal de Schlemm, 10, sclérotique, *a*, partie superficielle du muscle ciliaire, *b*, partie profonde du même à fibres circulaires (muscle de Muller), *c*, membrane hyaloïde, *d*, un procès ciliaire, *e*, zone de Zinn.

A. *Humeur aqueuse.* — Liquide incolore, qui remplit tout l'espace entre la cornée et le cristallin.

B. *Cristallin.* — Lentille biconvexe située en arrière de la pupille. Il est renfermé dans une capsule transparente (*cristalloïde*); sa face postérieure est plus bombée que l'antérieure.

C. *Corps vitré.* — Masse transparente placée entre le cristallin et la rétine. Le corps vitré se compose d'une substance demi-fluide (*humeur vitrée*), renfermée dans une membrane transparente (*membrane hyaloïde*). Celle-ci va se fixer sur le pourtour de la capsule du cristallin.

B. Organes accessoires de l'appareil visuel. — On peut les différencier en organes protecteurs (*sourcils*, *paupières*), organes sécréteurs (*organes lacrymaux*) et organes moteurs (*muscles du globe de l'œil*).

I. Sourcils. — Arcades situées au-dessus des orbites, recouvertes de poils obliques; ils ombragent les yeux contre une lumière trop vive et détournent d'eux la sueur qui vient du front.

II. Paupières. — Voiles musculo-membraneux situés en avant du globe de l'œil. Au nombre de deux, bornées, la supérieure, par le sourcil ; l'inférieure, par un sillon qui la sépare de la joue. Elles se meuvent en avant du globe oculaire et le recouvrent en se rapprochant l'une de l'autre par leur bord libre garni de poils raides (*cils*). Lorsqu'elles sont fermées, les paupières délimitent une fente (*fente palpebrale*), et, lorsqu'elles sont ouvertes, un contour elliptique présentant deux angles aux extrémités de son grand axe. L'angle interne de l'œil contient un petit corps glanduleux (*caroncule lacrymale*) et un repli de la conjonctive (*repli semi-lunaire*). Celui-ci, rudimentaire chez l'Homme, constitue, chez quelques Mammifères (Ongulés, Edentés), une troisième paupière interne (*membrane clignotante*), qui ne peut cependant recouvrir complètement le devant de l'œil, comme elle le fait chez les Oiseaux. A la paupière interne se rattache une glande en grappe (*glande de Harder*) qui occupe l'angle interne de l'œil et sécrète une substance sébacée. La face postérieure des deux paupières est tapissée par une membrane muqueuse (*conjonctive*) qui se réfléchit au-devant du globe de l'œil, après avoir formé deux culs-de-sac, l'un supérieur, l'autre inférieur. Les paupières renferment, dans leur épaisseur, un cartilage (*cartilage tarse*) s'opposant à leur froncement. Des glandes (*glandes de Meibomius*), renfermées dans l'épaisseur des cartilages tarses, s'ouvrent sur le bord libre des paupières. Elles sécrètent une matière grasse qui forme une barrière à l'écoulement des larmes sur les joues.

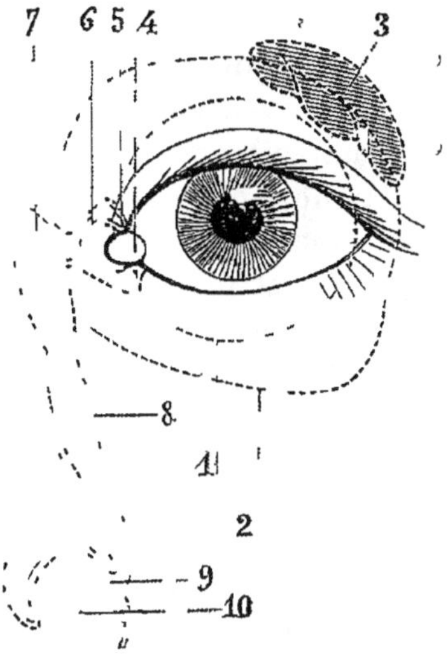

Fig. 118. — Appareil lacrymal — 1, globe oculaire, 2, orbite, 3, glande lacrymale, 4, caroncule lacrymale, 5, point lacrymal supérieur, 6, conduit lacrymal supérieur, 7, sac lacrymal, 8, canal nasal, 9, son orifice inférieur, 10, méat inférieur des fosses nasales.

III. Organes lacrymaux. — Ils comprennent la *glande* et les *voies lacrymales* (fig. 118).

A. *Glande lacrymale.* — Glande en grappe située à la partie externe et supérieure de l'orbite. Elle s'ouvre, par plusieurs conduits excréteurs, dans le cul-de-sac conjonctival supérieur.

B. *Voies lacrymales.* — Elles commencent aux deux *points lacrymaux*, petits orifices situés à la partie interne du bord libre des paupières, au sommet de deux *tubercules lacrymaux*. Deux *conduits lacrymaux* vont des points lacrymaux à un *sac lacrymal* situé à l'angle interne de l'orbite.

Ce sac se continue avec le *canal nasal*, qui s'ouvre dans le méat inférieur des fosses nasales.

IV. Muscles de l'œil. — Chez les Primates, ils sont au nombre de sept : les quatre *muscles droits* (supérieur, inférieur, externe, interne), le *grand oblique* et le *petit oblique*, enfin le *releveur de la paupière supérieure* (1).

Théorie de la vision. — L'œil est une chambre noire qui a pour écran la rétine et pour appareil de refraction les milieux transparents.

A. Phénomènes physiques. — L'effet total des milieux transparents de l'œil peut se ramener a celui d'une lentille (*lentille oculaire*) convergente, aplanétique et achromatique, donnant au repos, sur la rétine, des images des objets éloignés. Ces images sont concaves (de même concavité que la rétine), renversées, nettes, non irisées. Le pigment choroidien, comme la couleur noire de l'intérieur des instruments d'optique, absorbe les rayons lumineux dont la réflexion rendrait la vision confuse. La pupille se rétrécit ou s'élargit, suivant que la lumière est plus ou moins vive, réglant elle-même la quantité de lumière nécessaire et suffisante pour la vision.

L'œil peut voir nettement les objets a des distances variables (*accommodation*), a cause du muscle ciliaire qui, relâché dans la vision lointaine, se contracte dans la vision rapprochée et augmente la convexité du cristallin, surtout a sa face antérieure (2).

(1) Tous ces muscles, a l'exception du petit oblique, partent du pourtour du trou optique. Les quatre droits s'insèrent a la partie antérieure de la sclerotique : le supérieur est elevateur de la pupille (*superbus*) ; l'inférieur est abaisseur (*humilis*), l'externe, abducteur (*indignatorius*); l'interne, adducteur (*amatorius*). Les deux muscles obliques s'insèrent a la partie posterieure de la sclerotique Le grand oblique, arrive a la partie antéro-superieure de l'orbite, se refléchit sur un anneau fibreux, pour se diriger en arrière . il porte la pupille en bas et en dehors (*contemptorius*). Le petit oblique part du plancher de l'orbite et contourne en dehors le globe de l'œil, pour aller rejoindre l'insertion du grand oblique qu'il semble continuer il porte la pupille en haut et en dehors (*patheticus*). Le releveur de la paupière superieure s insère au bord superieur du cartilage tarse de cette paupière superieure dont il est élevateur. Chez les Quadrupedes, un muscle particulier (*muscle conoide*) part du fond de l'orbite, embrasse le globe de l'œil et constitue une espèce d'entonnoir entre les quatre muscles droits

(2) L'accommodation devient de plus en plus difficile par les progres de l'âge (*presbytie*) et necessite l'emploi de lunettes a verres convexes ou convergents, pour la vision des objets rapproches. — L'œil *normal* ou *emmetrope* est presque regulierement spherique, il n'a pas besoin de lunettes pour voir nettement de près ou de loin L'œil *myope* ou *brachymetrope* est trop long. C'est un ovoide allonge L'image qu'il donne des objets eloignes se fait en avant de la retine et ne peut arriver sur cette membrane que par l'intermediaire d'une lentille concave ou divergente L'œil *hypermétrope* est au contraire un ellipsoide aplati. Les images qu'il donne sont toujours confuses, car la retine est trop rapprochee et c'est derrière cet

B. Phénomènes physiologiques. — La lumière est l'excitant ordinaire de la rétine, mais des sensations lumineuses peuvent se produire sous l'influence d'excitations mécaniques (figures lumineuses, appelées *phosphènes*, résultant d'une pression latérale sur le globe de l'œil). La papille (*punctum cæcum*) est insensible à la lumière. La *tache jaune* est le point le plus sensible de la rétine, le véritable centre physiologique de l'œil; c'est en fixant avec la tache jaune qu'on lit et qu'on écrit. Ce sont les bâtonnets et les cônes qui sont les agents actifs de l'impression. Le pourpre rétinien est décomposé par la lumière qui le décolore. Il se produit donc une action chimique analogue à celle des plaques photographiques, et c'est à cette action qu'est due l'impression des bâtonnets. Quant à celle des cônes, qui ne sont pas en contact avec le pourpre rétinien et qui existent seuls dans la tache jaune, son mécanisme n'est pas connu. L'impression de la lumière sur la rétine met un certain temps à se propager jusqu'au cerveau et la perception lumineuse a aussi une certaine durée. Si deux impressions sont séparées par un intervalle assez court pour que la perception de la seconde se produise avant que la première ait cessé d'être perçue, les deux sensations se confondent (illusions de l'étoile filante, du kinétoscope, etc.).

CLASSIFICATION DES MAMMIFÈRES

Voir page 160, le tableau de la division des Mammifères en ordres.

SOUS-CLASSE I. — PLACENTAIRES.

ORDRE I. — Primates (*primates*, les premiers citoyens) — *Mammifères pourvus de mains, ayant les molaires tuberculeuses, rarement pointues.*

Dentition complète. Maxillaire inférieur d'une seule pièce. Au

écran qu'elles viendraient se peindre nettement, elles peuvent devenir distinctes, soit par la contraction du muscle ciliaire, soit par l'emploi de lunettes convergentes qui ramènent l'image se faire sur la rétine. En résumé, l'œil normal voit les images des objets situés entre l'infini et une distance minimum (*minimum de la vision distincte*), déterminée par le maximum de contraction du muscle ciliaire; l'œil myope voit les objets situés entre deux distances, maximum et minimum, enfin, pour l'œil hypermétrope, aucun objet n'est visible au repos même pour les objets situés à l'infini, une accommodation est nécessaire

La vision avec les deux yeux (*vision binoculaire*) augmente le champ visuel et donne la notion du relief; elle fait apprécier les distances avec plus de certitude que la vision au moyen d'un seul œil.

moins une paire de mamelles pectorales. Utérus simple, piriforme. Placenta discoïde. Orbites généralement complètes. Membres supérieurs ou antérieurs terminés par une main. Membres postérieurs ou inférieurs terminés par un pied, préhensile ou non. Cerveau recouvrant le cervelet.

1er Sous-ordre. — Hommes. — *Primates à attitude verticale et à pieds non préhensiles.*

Dentition sans intervalles pour les canines ; celles-ci non saillantes. Arcades dentaires paraboliques (en forme d'U chez les races inférieures). Menton saillant. Voûte du crâne sans crêtes fortement accentuées. Trou occipital inférieur. Membre supérieur terminé par une main à cinq doigts flexibles (dont un pouce opposable aux autres doigts) servant d'instruments de préhension et de tact. Bassin large. Membre inférieur plus gros et plus long que le supérieur, terminé par un pied horizontal, à plante large et orteils courts. Le pied sert uniquement à la locomotion et fait de l'Homme un être essentiellement marcheur. Peau de couleur variable. Système pileux rudimentaire, sauf en certaines régions, moins abondant sur la face dorsale du tronc que sur la face ventrale, nul sur certains points. Pas d'os pénien (1). Placenta formé d'un seul disque. Au point de vue anatomique, il n'y a pas, chez l'Homme, un seul organe qui lui soit absolument spécial ; il y a même moins de différence entre lui et les Singes anthropoïdes, qu'entre ceux-ci et les Singes inférieurs. Au point de vue physiologique, l'Homme, doué de la parole, de l'écriture et de la faculté de l'abstraction, est très supérieur au Singe le plus élevé. Il est le premier des Primates. Cependant les animaux possèdent une intelligence comparable à celle de l'Homme, bien que moins développée.

L'Anthropologie est la partie de la Zoologie qui étudie le groupe humain dans le temps et dans l'espace. Elle comprend trois branches principales ayant pour but : la mensuration des diverses parties du corps humain (*anthropométrie*), la description des divers types humains (*ethnographie*), l'étude de l'Homme dans les temps préhistoriques (*paléoethnologie*).

A. Anthropométrie. — Elle emploie un grand nombre d'instruments dont les plus importants ont pour but la mensuration du crâne (*crâniométrie*).

a. *Indices céphaliques.* — En prenant pour unité le diamètre antéro-

(1) Chez le Nègre, il existe souvent un noyau cartilagineux dans le gland.

postérieur de la tête supposé égal a 100, le diamètre transverse maximum donnera l'*indice horizontal* et le diamètre vertical l'*indice vertical* (1). Ces indices ne sauraient être pris comme un caractère de supériorité ou d'infériorité. — 1° L'*indice horizontal* permet de diviser les crânes en *dolichocephales*, a indice horizontal de 78 et au-dessous (Nègres, Espagnols, etc.) ; *brachycephales*, de 80 et au-dessus (Lapons, Auvergnats, Savoyards,etc.); *mesaticéphales*, entre 78 et 80 (Américains, Parisiens, etc.) (2). — 2° L'*indice vertical* permet de diviser les crânes en *hypsocéphales*. a indice vertical de 75 ou plus (Chinois); *platycephales*, de 71 ou moins (Corses) ; *orthocephales* entre 71 et 75 (Parisiens).

b. *Angles cephaliques*. — Les deux plus connus sont l'*angle facial* et l'*angle maxillaire*. Ils se mesurent à l'aide d'un instrument spécial (*goniometre*) (3).

c. *Volume de la cavite crânienne*. — Pour cuber le crâne, on le remplit de grenaille de plomb et l'on verse ensuite celle-ci dans une éprouvette graduée en centimètres cubes (4).

B. Ethnographie. — Les anthropologistes sont divisés sur la question de savoir si les différents types humains dérivent d'une seule « espèce humaine » dont ils seraient des varietés (*monogenisme*), ou si, au contraire, il y a plusieurs espèces dans le « genre humain » (*polygenisme*) (5). Nous admettrons quatre races principales : 1° la *race blan-*

(1) C'est-a-dire qu'on prend les rapports du diamètre transverse maximum et du diametre vertical au diametre antero-posterieur, et qu'on multiplie ce rapport par 100 pour avoir des nombres entiers.

(2) La face peut être allongee ou *dolichopse* (Chinois), raccourcie ou *brachyopse* (Lapons), moyenne ou *mésiopse* (Europeen).

(3) *Angle facial*. — L'angle facial dit *de Camper* est determine par deux lignes dont l'une (*ligne auriculaire*) passe par le trou auditif et le bord inferieur des narines, tandis que l'autre (*ligne faciale*) est tangente a la face anterieure des incisives et a la partie la plus saillante du frontal Cet angle est en moyenne de 80° chez l'Europeen, de 75° chez le Mongol, de 70° seulement chez le Negre. Son accroissement semble constituer un caractere de superiorite.

Angle maxillaire — Il est forme par la rencontre de la ligne faciale avec une ligne qui, partie du point mentonnier, rase le bord inferieur des incisives anterieures et superieures Cet angle est en moyenne de 160° chez l'Europeen, de 154° chez le Mongol, de 145° seulement chez le Nègre. Dans le premier cas, la region maxillaire antérieure est presque verticale (*orthognathisme*) , dans le deuxieme, les mâchoires sont un peu saillantes (*mesognathisme*) , dans le troisieme enfin, elles sont proeminentes (*prognathisme*).

(4) La moyenne de la capacite crânienne est de 1500 centimetres cubes chez l'Europeen et de 1200 seulement chez l'Australien. Elle est plus grande chez l'Homme que chez la Femme.

(5) Les monogenistes invoquent les croisements féconds, en faveur de l'unite de l'espece humaine Les polygenistes, se basant sur l'existence d'hybrides feconds chez les animaux, n'admettent pas que la fécondite

che, en Europe; 2° la *race rouge*, en Amérique; 3° la *race jaune*, en Asie; 4° la *race noire*, en Afrique et en Océanie (1).

a. **Race blanche** ou **caucasique**. — Peau blanche (Europe septentrionale), foncée (Europe méridionale) ou brune (Abyssinie, Inde). Cheveux fins, droits ou bouclés, à coupe ovale, variant du blond au noir et permettant de distinguer des *roux*, des *blonds*, des *châtains*, des *bruns*. Barbe abondante. Visage ovale, avec le gros bout en haut. Orthognathes. Yeux à fente transversale. Pommettes peu accentuées. Nez mince et saillant (*Leptorhiniens*). Lèvres minces. Avant-bras et talons courts. Europe; nord de l'Afrique; Asie occidentale.

b. **Race rouge** ou **américaine**. — Peau rougeâtre, cuivrée. Cheveux longs, noirs, raides comme des crins, à coupe circulaire. Barbe rare. Visage elliptique. Mésognathes. Yeux un peu obliques. Pommettes un peu accentués. Nez saillant, aquilin, de largeur moyenne (*Mesorhiniens*). Lèvres minces. Amérique du Nord (Mexicains, Peaux-Rouges, Comanches, etc.); Amérique du Sud (Araucans, Péruviens, Patagons, Botocudos, etc.). Les Patagons présentent le maximum de taille dans l'espèce humaine (1m,80 en moyenne). Les Botocudos ont l'étrange habitude de s'introduire une sorte de bouton (*botoque*) dans la lèvre inférieure et dans le lobule de l'oreille.

c. **Race jaune**. — Peau jaunâtre. Cheveux forts, noirs et droits, à section circulaire, plus développés sur le sommet de la tête. Barbe rare. Visage en losange. Mesognathes. Pommettes très saillantes et écartées. Nez généralement aplati, de largeur moyenne (*Mesorhiniens*). Lèvres épaisses. 1° *Mongols*. Peau jaune; cheveux paraissant collés sur la tête; yeux obliques, relevés à l'angle externe; seins hémisphériques chez la Femme. Chine, Japon, Turquie, Sibérie. — 2° *Malais*. Peau de couleur cannelle; yeux petits, à fente horizontale; seins piriformes. Malaisie. — 3° *Polynésiens*. Peau olivâtre, bistrée; yeux grands, fendus horizontalement; seins globuleux. Polynésie.

d. **Race noire**. — Peau noire. Cheveux noirs, généralement crépus, à coupe plus ou moins elliptique. Visage ovale avec le gros bout en bas. Prognathes. Nez large et plat (*Platyrhiniens*). Lèvres épaisses, retroussées. Menton peu accentué. Avant bras long. Talon saillant 1° *Nègres*. Peau variant du noir d'ébène au noir bleuté, plus claire à

soit le critérium de l'espèce; d'ailleurs les métis du Nègre et de l'Européen sont généralement peu féconds, comme l'exprime leur nom de *mulâtre*, rappelant la stérilité du Mulet

(1) POPULATION HUMAINE DU GLOBE. — On l'estime à 1450 millions d'individus, parmi lesquels 160 millions seulement ont la chevelure laineuse Les deux races qui tiennent le premier rang sont la blanche et la jaune, représentées chacune par 500 millions d'individus.

la paume des mains et à la plante des pieds, exceptionnellement rouge (Peuls); cheveux courts, crépus et laineux, exceptionnellement lisses (Peuls); barbe rare, tardive. Parties centrales de l'Afrique. — 2° *Boschimans*. Peau d'un noir jaunâtre; cheveux crépus ; taille la plus petite de l'espèce humaine (1m,40 en moyenne); les Femmes présentent un amas graisseux considérable à la région fessière (*stéatopygie*). Sud de l'Afrique — 3° *Melanésiens*. Peau d'un noir de jais; cheveux crépus et ébouriffés, formant souvent un volume énorme; barbe peu fournie. Mélanésie. — 4° *Australiens*. Peau de couleur chocolat; cheveux longs, roides et lisses; barbe abondante ; corps velu ; nez gros, assez saillant. Australie.

C. Paléoethnologie. — On désigne sous ce nom ou sous ceux de *préhistoire* et *préhistorique* l'étude de l'Homme avant les documents écrits ou même les traditions.

On a divisé les temps préhistoriques en trois grands *âges* caractérisés par la matière principale qui servait à fabriquer les armes et ustensiles usuels : 1° l'*âge de la pierre*, pendant lequel l'emploi des métaux était inconnu; 2° l'*âge du bronze* ; 3° l'*âge du fer*, qui s'est continué jusqu'à nous (1). L'âge de la pierre a même été précédé d'un *âge des instruments bruts*, pendant lequel on ignorait encore le feu et le travail manuel de la pierre (2).

(1) En Amérique et en Océanie, quelques tribus en sont encore à l'âge de la pierre

(2) *A*. Age de la pierre — A *Période éolithique* ou *de la pierre éclatée*. On n'a pas encore de preuve bien nette de l'existence de l'homme à l'époque tertiaire, mais tout porte à croire qu'il existait déjà, c'est à ce précurseur qu'on devrait rapporter des outils faits de silex éclatés par la chaleur, puis retaillés à la main. — B. *Période paléolithique* ou *de la pierre taillée* Elle correspond au début des temps quaternaires. Son premier outil est un silex grossièrement taillé sur ses deux faces, arrondi d'un côté et pointu de l'autre, sorte de « coup-de-poing » L'Homme de cette époque (squelette de Neanderthal, crâne de Canstadt, mâchoire de la Naulette) est dolichocéphale, à front et à menton fuyants L'absence d'apophyses géni permet de supposer que le langage articulé n'est pas encore acquis Contemporain de l'*Elephas antiquus*, l'Homme campe à l'air libre. Ensuite, il taille des silex moins volumineux, en forme d'amande, casse les os pour en extraire la moelle et se retire dans les cavernes C'est l'époque du grand Ours (*Ursus spelæus*). Plus tard, les silex, taillés à petits éclats, affectent la forme d'une feuille, souvent munis d'un pédoncule, ils peuvent s'emmancher pour constituer des lances ou des flèches L'Homme est alors contemporain du Renne. Bientôt apparaissent des instruments en os (poinçons, aiguilles, harpons, flèches, bois de Renne percés d'un ou de plusieurs trous *bâtons de commandement*) Le sentiment artistique se développe, on dessine sur l'os, l'ivoire ou la corne, les animaux avec lesquels on est en contact (Mammouths, Ours, Rennes, Reptiles, Poissons), plus rarement des silhouettes humaines (toujours velues), plus rarement encore des Végétaux. L'Homme est chasseur, pêcheur, sait

D. Ancienneté de l'homme. — On évalue à 5000 ans avant notre ère les plus anciens événements auxquels nous font remonter les inscriptions des monuments égyptiens; mais l'époque préhistorique est bien autrement longue et rien ne peut nous donner une idée, même approchée, de sa durée. Quant à l'origine de l'humanité, la théorie de la descendance regarde comme probable que l'Homme ne provient

se vêtir; mais il ne pratique ni l'inhumation, ni l'incinération des morts et n'a pas encore d'animaux domestiques. La race (race de Cro-Magnon) reste dolichocéphale, mais présente un menton proéminent — C. *Période néolithique* ou *de la pierre polie* Elle coïncide avec la fin des temps quaternaires et le début des temps actuels. Les instruments de pierre sont en partie polis et la hache apparaît pour la première fois : quelques Animaux sont déjà domestiques (Chien, Bœuf, Mouton, Chèvre, Cochon et peut-être le Cheval) A partir de cette période, on rencontre des crânes brachycéphales. Le Mammouth n'existe plus ; le Renne a émigré dans le Nord Alors on construit des habitations terrestres, ou on a pu retrouver des débris de cuisine (*kjœkkenmœddings*), puis des habitations lacustres (*palafittes*) bâties sur pilotis La vie pastorale s'est établie ; la famille est constituée. On fabrique des meubles, on façonne et on cuit l'argile pour en faire des cuillers, des vases, des lampes, etc. On cultive le froment et l'orge, aussi le lin dont on fait des étoffes qu'on associe aux peaux. Les cavernes sont maintenant affectées à la sépulture des morts. Quand elles manquent, on creuse des caves sépulcrales que l'on recouvre d'un amas de terre (*tumulus*) ou bien l'on édifie, avec d'énormes pierres, des grottes funéraires artificielles (*dolmens*, *allées couvertes*) qu'on recouvre ensuite d'un tumulus Les pierres levées (*menhirs*), les pierres alignées (*alignements*), les pierres rangées en cercles (*cromlechs*) sont des *monuments mégalithiques* qui semblent avoir été édifiés dans un but commémoratif, par les architectes préhistoriques On porte des amulettes et même des rondelles de crâne humain, enlevées pendant la vie, au moyen d'une opération (*trépanation*) qui avait probablement un caractère religieux Le culte s'adresse plus spécialement à des dieux et déesses de figure humaine. Le premier métal connu, l'or, sert à confectionner des bijoux

B. Age du bronze — Les temps protohistoriques commencent avec le bronze ou airain, alliage de cuivre qui nous est venu de l'Orient On traite d'abord ce métal par la fonte dans des moules de pierre, puis on arrive à le forger. Les instruments les plus répandus sont des haches à bords droits, à talons, à ailerons, à douilles, enfin des haches ayant la forme actuelle On voit aussi apparaître des épées, des faucilles, des lances, des colliers de bronze (*torques*), des agrafes (*fibules*) et même des rasoirs en forme de disque ou de croissant Le type humain qui prédomine (*type celtique*) est brachycéphale et de taille moyenne. A la race autochtone, dolichocéphale et de grande taille, ont succédé les résultats de nombreux croisements

C. Age du fer. — Le fer nous est probablement venu d'Afrique où l'on trouve le premier emploi de ce métal. Dès son apparition, il amène une véritable révolution dans les affaires du monde. Les armes prennent une grande extension ; les cités lacustres deviennent rares ; on tisse la laine des Moutons, le commerce et la navigation permettent d'établir des relations entre les peuples. Les objets de l'âge du fer relèvent plutôt de l'archéologie que de la préhistoire

pas d'une espèce de Singe vivant actuellement (1) ; les Singes et l'Homme descendraient d'un ancêtre commun et seraient par conséquent des cousins (2).

2e **Sous-ordre. — Singes ou Simiens** (*simius*, singe). — *Primates à attitude oblique ou horizontale et à pieds préhensiles.*

Canines robustes, saillantes, reçues dans un intervalle (*diasteme*) ménagé entre les dents de l'autre mâchoire. Arcades dentaires elliptiques. Menton fuyant. Voûte du crâne a crêtes souvent très accentuées chez les mâles adultes. Trou occipital postérieur ou postéro-

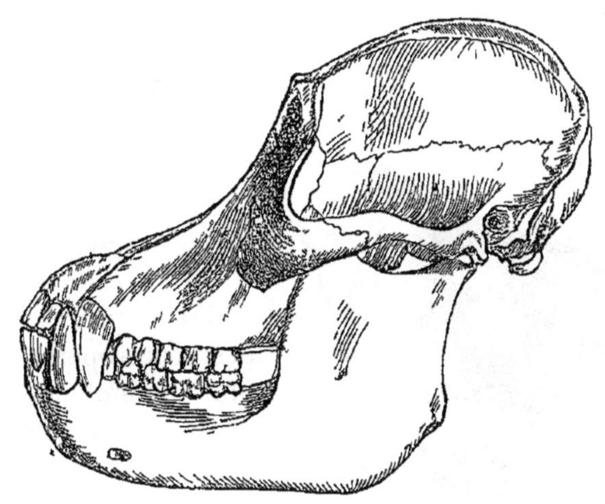

Fig. 119 — Crane d'Orang.

inférieur. Quatre membres servant à la fois à la préhension et à la locomotion. Membre antérieur terminé par une main à pouce plus court que chez l'Homme, opposable ou non, quelquefois nul ; à index plus court par rapport au quatrième doigt que chez l'Homme. Bassin étroit. Membre postérieur moins long que l'antérieur (Anthropoïdes) ou de même longueur (autres Singes) ; pied ne touchant terre que par le bord externe (Anthropoïdes) ou s'appliquant par toute la plante (autres Singes) ; gros orteil opposable et muni d'un ongle plat (qui n'existe pas chez l'Orang). Mollets nuls. Cerveau moins développé chez les Anthropoïdes supérieurs que chez le nouveau-né humain. Corps couvert de poils, à l'exception de la paume de la main, de la plante des pieds, quelquefois de la face et des fesses (*callosités fes-*

(1) Le jeune Anthropoïde se rapproche plus de l'enfant humain que le Singe adulte ne se rapproche de l'Homme. Plus le Singe grandit, plus il s'éloigne de l'Homme (Vogt)

sières). Système pileux plus abondant sur la face dorsale que sur la face ventrale. Un os pénien. Placenta simple ou double. — Animaux essentiellement grimpeurs et sauteurs; arboricoles ou terricoles; principalement granivores ou frugivores, mais se nourrissant souvent aussi d'Insectes, d'œufs et même de petits Vertébrés; rusés, gloutons, malfaisants; traduisant les différentes émotions de l'Homme par le jeu des mêmes muscles; sujets à un certain nombre de maladies de l'espèce humaine (catarrhes, phtisie, apoplexie, cataracte, etc.).

I. ANTHROPOÏDES (ἄνθρωπος, homme; εἶδος, ressemblance). — *Attitude oblique. Bipèdes imparfaits. Des ongles plats à tous les doigts. Cloison nasale mince; narines rapprochées.*

32 dents ($\frac{2\ 1\ 2\ 3}{2\ 1\ 2\ 3}$). Singes de l'ancien continent. Prennent, pendant la marche, un point d'appui sur la face dorsale des doigts. Pas de callosités (excepté chez les Gibbons), ni de queue, ni d'abajoues. Placenta simple (double chez quelques Gibbons).

Fig. 120 — Chimpanzé

A. ***Dasypyges*** (δασύς, velu; πυγή, fesse). — *Pas de callosités fessières.*

Gorille (*Gorilla*). Noir; le géant des Anthropoïdes; taille $1^m,60$, bras descendant au genou. Gabon. — Chimpanzé (*Troglodytes*). Noir; taille $1^m,50$; bras descendant au-dessous du genou. Guinée. — Orang (*Satyrus*). Roux, $1^m,40$, bras atteignant les chevilles. Iles de la Sonde.

B. ***Tylopyges*** (τύλος, callosité). — *Des callosités fessières.*

Gibbons (*Hylobates*). Anthropoïdes nains (1 mètre au plus); bras démesurément longs, touchant le sol. Inde et îles de la Sonde.

II. CATARHINIENS (κατά, en bas, ῥίς, nez). — *Attitude quadrupède. Des ongles plats à tous les doigts. Cloison nasale mince; narines rapprochées.*

32 dents ($\frac{2\ 1\ 2\ 3}{2\ 1\ 2\ 3}$). Singes de l'Ancien Continent à allure quadrupède. Une queue de longueur variable, jamais préhensile. Toujours des callosités fessières. Le plus souvent des abajoues. Placenta double (simple chez le Mandrill), à disques égaux ou inégaux.

A. ***Polygastriques*** (πολύς, nombreux; γαστήρ, estomac). — *Estomac complexe.*

Semnopithèques (*Semnopithecus*). Pouces bien développés ; queue longue ; Singes arboricoles. Inde. *S. nasica*, de Bornéo, est muni d'un nez très accentué. — Colobes (*Colobus*). Pouces rudimentaires ou nuls ; queue longue ; Singes arboricoles. Afrique.

B. ***Monogastriques*** (μόνος, un seul). — *Estomac simple.*

Guenons (*Cercopithecus*). Pouce gros ; queue longue. Afrique. — Macaques (*Macacus*). Museau proéminent ; queue longue ou moyenne. Asie. — Magots (*Inuus*). Queue très courte. Algérie ; Gibraltar. — Cynocéphales (*Cynocephalus*). Museau de Chien ; callosités grandes, colorées de teintes vives ; Singes des rochers ; queue développee (Babouin, Papion) ou courte (Drill, Mandrill). Afrique.

III. Platyrhiniens (πλατύς, large ; ῥίς, nez). — *Attitude quadrupede. Des ongles plats a tous les doigts. Cloison nasale large ; narines ecartées.*

36 dents $\left(\frac{2}{2}\,\frac{1}{1}\,\frac{3}{3}\,\frac{3}{3}\right)$. Singes du Nouveau Continent, surtout répandus dans l'Amerique méridionale. Toujours une queue. Pas d'abajoues ni de callosités. Placenta simple.

A. ***Mycétidés*** (μυκητής, mugissant). — *Queue longue, prenante, denudee a l'extremite de sa face inferieure.*

Alouates ou Hurleurs (*Mycetes*). Voix retentissante, renforcée par des sacs hyoidiens très developpés. — Atèles ou « Singes araignées » (*Ateles*). Membres grêles, allongés ; pouces rudimentaires.

B. ***Cébidés*** (κῆβος, singe). — *Queue longue, enroulante, poilue partout.*

Sajous ou Sapajous (*Cebus*). Tete arrondie ; angle facial de 60°.

Fig 121 — Sajou

C. ***Pithécidés*** (πίθηκος, singe). — *Queue de longueur variable, non préhensile, poilue partout.*

Sakis (*Pithecia*). *P. satanas* a une barbe très touffue. — Sagouins (*Callithrix*). — Saïmiris (*Chrysothrix*). — Nyctipithèques (*Nyctipithecus*, Les seuls Singes nocturnes que l'on connaisse.

IV. Arctopithéciens (ἄρκτος, ours ; πίθηκος, singe). — *Attitude quadrupede. Des griffes, excepte au gros orteil qui porte un ongle plat. Cloison nasale large ; narines écartees.*

32 dents $\left(\frac{2}{2}\,\frac{1}{1}\,\frac{3}{3}\,\frac{2}{2}\right)$. Singes de l'Amerique méridionale, a pouce non opposable. Pas d'abajoues ni de callosités. Queue longue et touffue, non préhensile.

Ouistitis ou Marmosets (*Hapale*). Incisives inférieures verticales ; oreilles médiocres. — Tamarins (*Midas*). Incisives inférieures proclives ; oreilles très grandes.

3e Sous-ordre. — Lémuriens (*lemures*, spectres ; allusion a leur vie nocturne). — *Primates à molaires garnies de pointes et à orbites incomplètes*.

Incisives inférieures très inclinées en avant ; molaires à tubercules aigus. Maxillaire inférieur formé de deux moitiés distinctes. Aux mamelles pectorales, s'ajoutent quelquefois des mamelles ventrales ou inguinales. Utérus bicorne. Placenta discoide, mais très étendu (*placenta en cloche*). Face velue, a narines terminales sinueuses. Membres anté-

Fig. 122. — Aye-aye (*Cheiromys madagascariensis*).

Fig. 123 — Galago (*Otolicnus galagos*)

rieurs plus courts que les postérieurs. Deux mains et deux pieds prehensiles. Pouces généralement munis d'ongles plats, autres doigts souvent armes de griffes. Queue non préhensile. Cerveau ne recouvrant pas le cervelet. — Animaux des tropiques, a pelage laineux nocturnes ; grimpeurs ; se nourrissant de fruits, d'Insectes et même de petits Vertébrés.

A. Lémuriens de Madagascar. — Makis (*Lemur*). De petite taille, museau allongé. — Indris (*Lichanotus*). Les géants de l'ordre ; taille de 1 mètre ; museau court. — Aye-Aye (*Cheiromys*). Aspect d'un gros Ecureuil à doigts longs et grêles, n'ayant de canines qu'a la dentition de lait (fig. 122).

B. Lémuriens d'Afrique. — Pottos (*Perodictitus*). Oreilles et queue courtes. — Galagos (*Otolicnus*). Oreilles et queue longues (fig. 123).

C. Lemuriens des Indes. — Loris (*Stenops*). Membres égaux. Queue rudimentaire. — Tarsiers (*Tarsius*). Bras courts; jambes et queue longues. — Galéopithèques ou « Singes volants » (*Galeopithecus*). Incisives inférieures pectinées. Ressemblent à des Chauves-Souris de la taille d'un Chat et se suspendent, comme elles, par les pattes de derriere. Sur les côtés du corps, une expansion cutanée poilue sur ses deux faces, s'étend entre les membres et comprend aussi la queue; elle sert de parachute mais ne permet pas le vol. Doigts tous armes de griffes; pouces et gros orteil peu ou pas opposables. Chair estimée des indigènes.

ORDRE II. **Insectivores.** — *Placentaires onguiculés, a canines ordinaires, à molaires hérissées de pointes.*

Trois sortes de dents, variant de nombre, de position et de forme; incisives grosses; canines petites; molaires a pointes coniques (fig. 124). Mamelles ventrales. Placenta discoide. Tête petite, souvent prolongée par une sorte de trompe. Boîte crânienne souvent depourvue d'arcades zygomatiques. Clavicules bien constituées. Pattes plantigrades, habituellement pentadactyles. Odorat très développé. Œil médiocre, quelquefois rudimentaire ou nul. — Animaux de petite taille, très féconds, utiles à l'Homme en détruisant beaucoup d'Insectes et de Vers; généralement nocturnes. Passent, le plus souvent l'hiver en léthargie, dans nos contrées; manquent dans l'Australie et l'Amérique du Sud.

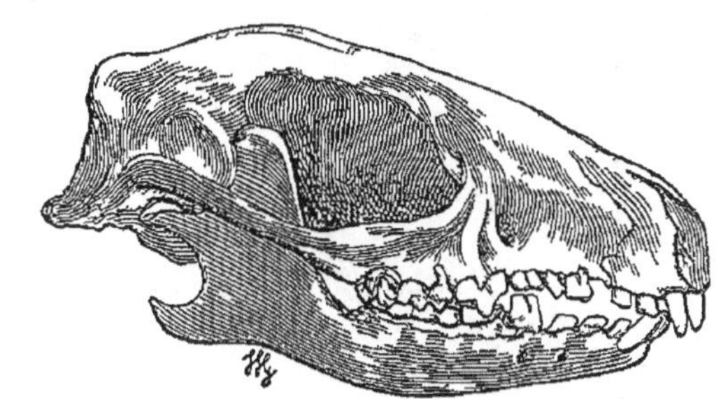

Fig. 124. — Crane de Hérisson

A. ***Érinacéidés.*** — *Insectivores a molaires quadrangulaires, munies de pointes disposees en* W.

Habitent l'hémisphère boréal.

Herissons (*Erinaceus*). Couverts de piquants sur le dos et les flancs; se roulent en boule; détruisent les Insectes, les Souris et même les Vipères, dont ils ne redoutent pas les morsures; peuvent avaler des Cantharides, sans en être incommodés. Europe. — Musaraignes (*Sorex*). Ont l'aspect de Souris, mais se distinguent de celles-ci par leur petit museau pointu, leurs dents aigues et serrées, leur queue courte, presque nue; ont, sur les flancs, deux glandes a sécrétion musquée. La Musaraigne de Toscane (*S. etruscus*), qu'on trouve aussi dans le midi de la France, est le plus petit des Mammifères. Les deux especes les plus connues sont la Musette (*S. vulgaris*), a dents blanches, et la Musaraigne d'eau (*S. fodiens*), à dents rougeâtres, a pattes bordées de poils raides qui aident a la natation. — Macroscélides (*Macroscelides*). Appeles encore « Souris-Eléphants » à cause de leur petite taille et de leur longue trompe; pattes postérieures très longues servant au saut. Afrique centrale. — Cladobates (*Cladobates*). Arboricoles; ressemblent a des Ecureuils a museau pointu. Indes — Desmans (*Myogale*). Animaux aquatiques; pieds palmés; trompe longue; queue comprimée, munie, sous sa racine, de glandes musquées, dont la sécrétion, employée autrefois en medecine, ne sert plus qu'a la parfumerie. Deux especes l'une de la grosseur d'un Herisson, des fleuves de Russie (*M. moscovita*) (fig. 125); l'autre de la taille d'une Taupe, des ruisseaux des Pyrénees (*M. pyrenaica*). — Taupes (*Talpa*) Animaux souterrains; yeux rudimentaires ou nuls; pattes antérieures fouisseuses, munies d'ongles forts et tranchants; creusent des galeries dans le sol, pour aller a la recherche des larves d'Insectes. La Taupe commune (*T. europæa*) a ses galeries reliees à une habitation centrale. Elle est plus utile en détruisant des larves que nuisible en rejetant de la terre, sous forme de taupinière, a la surface du sol.

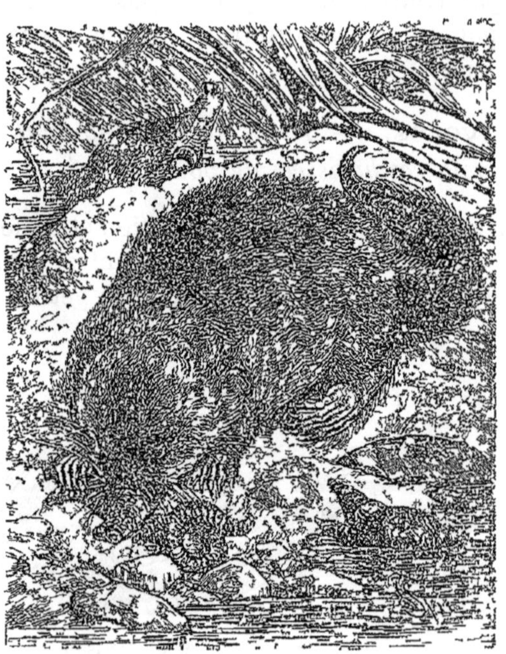

Fig 125 — Desman de Russie

B. **Centétidés** (κεντεῖν, piquer). — *Insectivores a molaires triangulaires munies de pointes disposees en* V.

Habitent le sud de l'Afrique et Madagascar.

Tenrecs (*Centetes*). Ressemblent aux Hérissons, mais ne se roulent pas en boule. Madagascar. — Potamogales (*Potamogale*). Vivent comme des Loutres dans les fleuves de l'Afrique australe; les geants de l'ordre. — Chrysochlores ou « Taupes dorees » (*Chrysochloris*). Membres antérieurs tridactyles; pelage irisé; sans queue. Le Cap.

ORDRE III. **Chéiropteres** (χείρ, main; πτερόν, aile). — *Mammiferes volants, a membres antérieurs aliformes.*

Dentition complète. Vergé pendante. Utérus bicorne. Placenta discoide. Deux mamelles pectorales. Sternum muni d'une crête saillante ou s'insèrent les muscles abaisseurs de l'aile. Clavicules tres développées. Humérus et radius longs; cubitus rudimentaire; carpe court; métacarpiens longs, excepté celui du pouce; doigts dépourvus d'ongles et formés, en géneral, de deux phalanges extrêmement allongees; pouces courts, libres, munis d'une grosse griffe falciforme. Orteils courts, libres, munis de griffes. Une membrane (*membrane alaire*) part du cou, enveloppe les bras et les doigts, sauf les pouces, se continue sur les flancs et les membres posterieurs en laissant les pieds libres, puis s'etend vers la queue, qu'elle enveloppe le plus souvent. Celle-ci manque quelquefois (Roussettès). La partie comprise entre les doigts (aile proprement dite) peut être étendue ou plissee par l'écartement ou le rapprochement de ceux-ci; la partie intermediaire aux membres postérieurs est souvent soutenue par un os surnuméraire long et mince (*eperon*) partant du tarse et se dirigeant vers la queue. La face externe de la membrane alaire est imprégnée d'un liquide huileux à odeur pénetrante; sa face interne est couverte de poils tactiles d'une exquise sensibilité. Ces poils suppléent à l'imperfection des yeux qui sont petits et impropres à diriger les Chauves-Souris dans l'obscurité. Le sens de l'odorat est presque nul; les appendices cutanés plus ou moins développés qu'on observe sur le nez sont des organes tactiles. L'ouie semble tres fine. — Animaux nocturnes ou crépusculaires. Volent presque toute la nuit; passent le jour dans des endroits obscurs; se suspendent par les griffes de derrière, la tête en bas, les ailes repliées et enveloppant le corps a la façon d'un manteau. Se meuvent difficilement par terre, en s appuyant sur les griffes des pouces et se poussant avec les pieds ramenés sous le corps. Manquent dans les pays tres froids; hiver-

Fig 126. — Crâne de Vampire

nent dans les pays tempérés; conservent leur activité pendant toute

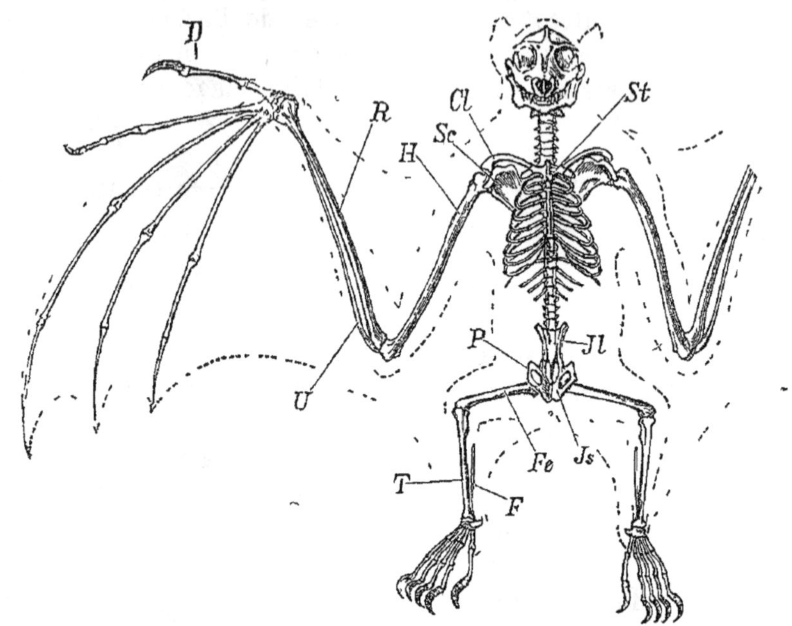

Fig. 127. — Squelette de Roussette (*Pteropus edulis*) *St*, sternum, *Cl*, clavicule; *Sc*, omoplate, *H*, humérus; *R*, radius, *U*, cubitus, *D*, pouce, *Il*, ilion, *Is*, ischion, *Fe*, fémur, *T*, tibia, *F*, pérone.

l'année sous les tropiques. Nos espèces indigènes sont toutes insectivores et utiles.

I. Microchéiroptères (μικρός, petit). — *Molaires herissees de pointes* (fig. 126); *sillons transversaux*. *Chauves-Souris insectivores.*

Fig. 128 — Tete de Vampire

Chauves-Souris de petite taille. Pas de griffe a l'index. Régions tropicales et tempérees des deux hémispheres.

A. ***Gymnorhiniens*** (γυμνος, nu; ῥίς, nez). — *Nez lisse.*

Oreillards (*Plecotus*). — Barbastelles (*Synotus*). — Vespertilions (*Vespertilio*). — Noctules (*Vesperugo*).

B. ***Phyllorhiniens*** (φύλλον, feuille) — *Nez muni d'appendices cutanés* (fig. 128).

Rhinolophes (*Rhinolophus*). — Vampire (*Phyllostoma*). V. spectre (*P. spectrum*). Malgré sa réputation, se nourrit surtout de fruits. Amérique du Sud.

II. Mégacheiroptères (μέγας, grand). — *Molaires a couronne lisse, marquées d'un sillon longitudinal. Chauves-Souris frugivores.*

Roussettes (*Pteropus*). Chauves-Souris de grande taille. La plupart avec l'index terminé par une griffe. « Kalong » (*P. edulis*). Le géant de l'ordre; recherché pour sa chair savoureuse. Archipel indien.

ORDRE IV. **Carnivores.** — *Placentaires onguiculés, à canines fortes, à molaires tranchantes et à pattes ambulatoires.*

Gueule largement fendue. $\frac{3}{3}$ incisives; $\frac{1}{1}$ canines, le plus souvent en forme de crocs; prémolaires tranchantes; molaires mousses (*tuberculeuses*). Entre les prémolaires et les molaires, une dent (*carnassière*) plus forte et plus saillante que les autres, ornée de deux ou trois tubercules; c'est la dernière prémolaire à la mâchoire supérieure et la première molaire à la mâchoire inférieure. Maxillaire inférieur à branches courtes, à condyle transversal et cylindrique s'emboîtant dans une cavité glénoïde en forme de gouttière, qui empêche tout déplacement latéral des mâchoires. Crâne à crêtes pariétales d'autant plus saillantes, à arcades zygomatiques d'autant plus fortes et écartées, que les muscles élévateurs de la mâchoire sont plus puissants. Clavicules rudimentaires ou nulles. Membres de longueur moyenne, terminés par quatre ou cinq doigts habituellement libres et munis de fortes griffes. Pendant la marche, l'animal appuie sur le sol soit la plante tout entière (*plantigrades*), soit seulement les doigts (*digitigrades*). Dans ce dernier cas, les griffes peuvent se replier (*griffes rétractiles*) dans des gaines cutanées, sur la face dorsale des pattes, au moyen d'un ligament élastique qui relève la dernière phalange. Elles sont ainsi garanties de l'usure pendant la marche et peuvent se dégainer par la contraction de muscles puissants. Organes des sens généralement très développés :

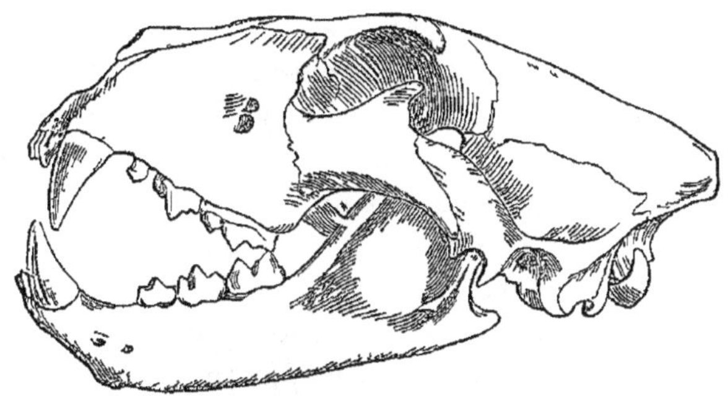

Fig 129 — Crâne de Lion.

odorat et ouïe d'une finesse extrême; yeux grands, munis d'un tapis, quelquefois aptes à voir pendant la nuit. — Animaux d'une taille moyenne, variant de celle du Lion à celle de la Belette; répandant une odeur désagréable (*odeur de fauve*) due à la sécrétion de glandes cutanées ou anales. Répandus sur toute la surface du globe.

A. **Canidés**. — *Carnivores digitigrades coureurs, ayant cinq doigts aux pieds de devant et quatre aux pieds de derrière, à ongles non rétractiles.* $\frac{4\ \ 2}{4\ \ 3}$ *molaires, dont* $\frac{2}{2}$ *tuberculeuses* (fig. 130).

A. Chiens (*Canis*). — *Canidés à pupille circulaire, à queue en général moyenne, peu touffue, souvent relevée et recourbée à gauche.*

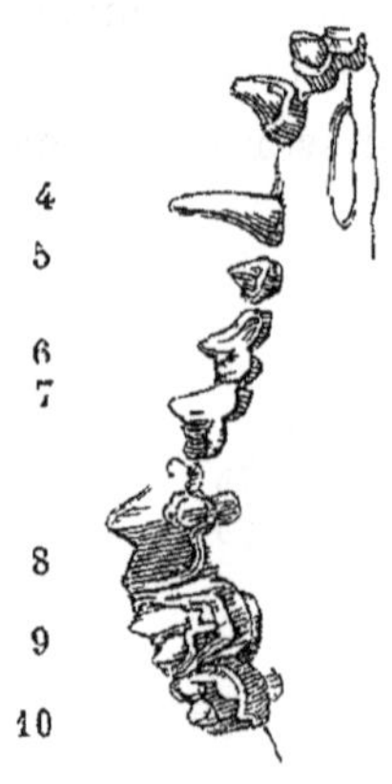

Fig 130. — Dents de la mâchoire supérieure du Chien — 1, 2, 3, incisives, 4, canine, 5, 6 7, prémolaires, 8, carnassière, 9, 10, tuberculeuses

a. *Chiens sauvages.* — Poussent des hurlements, mais n'aboient pas; chassent le plus souvent en bandes. Oreilles droites et pointues. Asie (Buansu, etc.), Afrique (Cabéru, etc.), Amérique (Aguara, etc.), Australie (Dingo). Quelques-uns (*Chiens marrons* ou *demi-sauvages*) vivent dans le voisinage de l'Homme, pour se nourrir plus commodément. Les plus connus, ceux de Constantinople, sont d'un jaune sale et ne contractent pas la rage

b. *Chiens domestiques.* — Dans presque tous les pays, le Chien a été domestiqué par l'Homme. Cette domestication paraît avoir été déjà réalisée à l'époque de la pierre polie (*Chien des tourbières*) Chez les Egyptiens, il servait à la garde des troupeaux; les Grecs l'utilisaient en outre pour la chasse (1). Le Chien, par son croisement avec

(1) On peut diviser les Chiens domestiques en deux grandes catégories . les *Chiens de chasse* et les *Chiens de garde*

A. CHIENS DE CHASSE —Les uns chassent à vue, les autres au nez —A *Lévriers* Tête effilée; museau allongé, oreilles demi-dressées, ventre relevé caractéristique; jambes longues, minces; formes sveltes , les uns à poil ras, grands (Lévriers d'Afrique) ou petits (Lévriers d'Italie); les autres à longs poils (Lévriers de Russie) Chassent à vue et tuent le gibier , peu intelligents, peu attachés à leur maître. — B *Chiens courants* Tête longue, grosse; oreilles pendantes , pattes robustes , poils ras ou longs, chassent au nez, mais pour eux et tuent le gibier, intelligents Les *Bassets* ont les jambes très courtes, droites ou torses , ils offrent une variété de petite taille (*Terriers*) — C *Chiens d'arrêt* Anciens *Chiens couchants*, oreilles pendantes; pattes moyennes; chassent au nez, pour leur maître . arrêtent le gibier, mais ne le tuent pas, les plus intelligents et les plus fidèles de tous les Chiens; les uns à poils ras (*Braques*), les autres à poils longs, tantôt soyeux (*Epagneuls*), tantôt rudes (*Griffons*), tantôt laineux (*Barbets*

le Loup, le Chacal et le Renard, peut donner des produits féconds.

B. Loups (*Lupus*). — *Canides à yeux obliques et à pupille ronde ; à queue touffue et pendante.*

Loup commun (*L. Vulgaris*). Ressemble à un grand Chien maigre. Europe, Asie. Le Chacal est un Loup qui se rapproche des Renards par sa petite taille, son museau pointu, sa queue longue et bien fournie. Afrique, Inde, Amérique.

C. Renards (*Vulpes*). — *Canides à pupilles ovales ou en fente verticale, à museau pointu, à jambes basses, à queue longue et très touffue.*

Renard commun (*V. Vulgaris*). Habite la plus grande partie de l'hémisphère septentrional. — R. bleu ou Isatis (*V. lagopus*). Possède en hiver une fourrure bleuâtre estimée. Régions polaires.

B. ***Hyénidés*** (ὕαινα, hyène). — *Carnivores digitigrades, tetradactyles, à ongles non rétractiles.* $\frac{0}{1}$ *tuberculeuses. Langue rude.*

Hyènes (*Hyæna*). Corps robuste et déclive ; une paire de glandes anales. Animaux nocturnes, lâches, puants, presque inoffensifs pour l'Homme : se nourrissant principalement de charognes ; se laissant facilement apprivoiser, lorsqu'ils sont jeunes. Trois espèces : une rayée (*H. striata*) ; une tachetée (*H. crocuta*) ; une à pelage uniforme (*H. brunnea*). Afrique.

C. ***Félidés.*** — *Carnivores digitigrades à pattes munies de cinq doigts en avant et de quatre en arrière, à ongles ordinairement retractiles.* $\frac{3\ 1}{2\ 1}$ *molaires, c'est-à-dire* $\frac{0}{1}$ *tuberculeuses* (fig. 129). *Langue rude.*

ou *Caniches*). On peut rapprocher de ces Chiens, essentiellement français, les Chiens d'arrêt anglais, les uns à poils ras (*Pointers* ou Braques anglais), les autres à longs poils (*Setters* ou Epagneuls anglais).

B. Chiens de garde. — Ils n'ont que peu de penchant pour la chasse — A. *Chiens de berger.* Employés à la garde des troupeaux, les uns à poils ras, les autres à longs poils, paraissent les descendants directs du Chien des tourbières — B. *Chiens gardiens.* Servent à la défense de l'Homme ou de ses propriétés ; tantôt à tête allongée, aplatie (*Mâtins*, *Danois*), tantôt à tête raccourcie, plus ou moins globuleuse (*Dogues*) Le Dogue du Tibet, le géant des Chiens, atteint presque la taille d'un petit Ane Le Dogue commun (*Molosse*) présente des variétés de petite taille (*Doguin*, *Bouledogue*) et des produits dégénérés (*Roquet*, *Carlin*, ou *Mopse*). — C *Chiens sauveteurs.* Les uns (*Chiens du Saint-Bernard*) sont employés à la recherche des voyageurs égarés, les autres (*Chiens de Terre-Neuve*) aiment l'eau et vont au secours des gens qui se noient. — D *Chiens de trait.* Ils rendent d'immenses services aux habitants des régions glacées en traînant leurs véhicules (*Chiens des Esquimaux*, *du Kamtchatka*, *de Sibérie*) — E. *Chiens d'appartement.* Chiens de luxe, de formes diverses (*Bichons*, *King Charles*, etc).

A. *Guepards (Cynailurus).* — 30 *dents. Pattes longues, a ongles non retractiles. Queue longue.*

Intermédiaires entre les Chiens et les Chats. Caractérisés par une tête de Chat a pupilles rondes, sur un corps de Chien tacheté. Ronronnent et grognent comme les Chats; se laissent dresser pour la chasse. Deux espèces : l'une d'Afrique; l'autre d'Asie.

B. *Félins (Felis).* — 30 *dents. Pattes courtes, à griffes rétractiles. Queue longue.*

a. *Felins de l'Ancien Monde.* — Lions (*F. leo*). Nez aplati; une crinière sur le cou et sur les épaules du mâle; pelage uniforme, jaunâtre ; le seul Félin qui ne grimpe jamais sur les arbres. Afrique et Asie. — Tigre (*F. tigris*). Nez busque; pas de crinière; robe jaunatre, rayée de bandes transversales d'un brun fonce. Asie. — Panthères (*F. pardus*). Robe parsemée de taches arrondies, pleines ou annulaires. La forme africaine est connue sous le nom de « Leopard », l'Asiatique sous celui de « Panthère ». — Serval (*F. serval*). Robe tachetee, se rapprochent des Lynx par les pattes plus longues et la queue plus courte que chez les autres Felins. Afrique. — Chats (*F. catus*). Pupille en fente verticale. Comprennent, outre notre Chat domestique, un petit nombre d'especes sauvages. Les individus a pelage de trois couleurs sont toujours des chattes.

b. *Felins du Nouveau Monde.* — Couguar ou Puma (*F. concolor*). Sorte de petit Lion sans criniere, a robe uniforme; nez busque. Jaguar (*F. onca*). Robe tachetee, sur le dos et les flancs, de taches annulaires a centre noir « taches en œil » ; taille du Tigre. — Ocelot (*F. pardalis*). Sorte de Panthere a fourrure tres appréciée.

C. *Lynx (Lynx).* — 28 *dents. Pattes moyennes. Ongles rétractiles. Queue courte. Un pinceau de poils, a l'extremité des oreilles.*

Habitent l'Ancien Monde et l'Amérique du Nord. Les deux especes les plus connues sont le Lynx du Nord (*L. lynx*), qui, en dehors de l'Europe Arctique, n'existe plus que dans les Alpes et les Carpathes, le Caracal (*L. caracal*), d'Afrique et d Asie.

D. **Viverridés.** — *Carnivores digitigrades ou subplantigrades, pentadactyles ou tetradactyles.* $\frac{2}{1}$ *tuberculeuses. Langue rude.*

Bas sur jambes; repandant une forte odeur de musc, due à la sécrétion de glandes anales. Régions chaudes de l'Ancien Monde.

1° ***Ailuropodes*** (αἴλουρος, chat). — *Viverridés digitigrades, a ongles retractiles.*

Civettes (*Viverra*). Une poche profonde, située, dans les deux sexes, entre l'anus et les organes génitaux, contient une substance (*zibeth* ou *viverréum*) à odeur de musc. Cette substance, onctueuse et jaunâtre quand elle est fraîche, brunit et devient épaisse en vieillissant. On l'employait autrefois en médecine comme antispasmodique, mais on la remplace de plus en plus par le musc et elle ne sert plus qu'à la parfumerie. La poche odorifère s'ouvre extérieurement, par

Fig. 131. — Civette d'Afrique (*Viverra civetta*)

une fente longitudinale, entre l'anus et l'ouverture sexuelle ; intérieurement, elle communique avec deux cavités (fig. 132), de la grosseur d'une amande, dont les parois renferment des glandes en cæcum qui sécrètent la matière odorante. Les deux espèces les plus connues sont la Civette d'Afrique (*V. civetta*) de la taille d'un Renard, à robe tachetée (fig. 131), et la Civette d'Asie (*V. zibetha*), plus petite, à robe rayée. Ces deux espèces ont, sur le dos, une sorte de crinière : elles s'élèvent en captivité et peuvent être dressées à présenter la poche aux barreaux de leur cage. On vide cet organe, toutes les semaines, avec une cuiller, et l'on renferme le zibeth pétri avec de l'huile dans de petites boîtes en fer-blanc. — Genettes (*Genetta*) Poche réduite à un simple enfoncement. G. commune (*G. vulgaris*) ; seul représentant, en Europe, du groupe des Viverridés. Midi de la France, Espagne, Algérie.

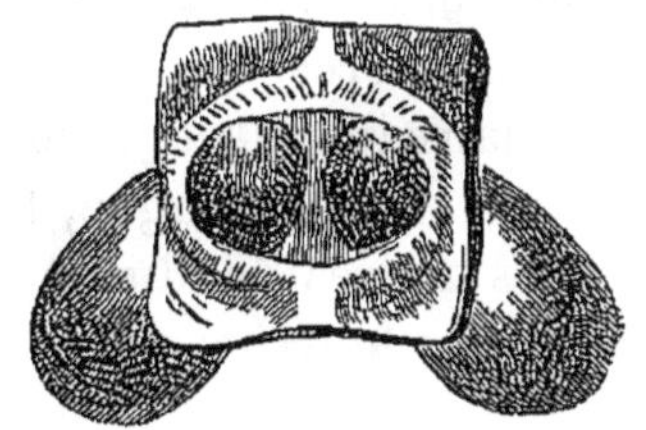

Fig. 132. — Poche à viverréum.

2° ***Cynopodes*** (κύων, chien). — *Viverrides subdigitigrades à griffes non rétractiles.*

Ichneumons (*Herpestes*). Étaient vénérés des Égyptiens, comme destructeurs de Reptiles. Afrique.

E. ***Mustélidés.*** — *Carnivores digitigrades, subdigitigrades ou plantigrades, à griffes généralement non rétractiles.* $\frac{1}{1}$ *tuberculeuses.*

Animaux à fourrures riches et fines, à glandes anales puantes.

1° **Lutrides.** — *Mustelides aquatiques, à membres très courts et à pieds palmés.*

Loutre commune (*Lutra vulgaris*). Peut s'apprivoiser; fourrure estimée; chair médiocre. Europe; Asie. — Loutre marine (*Enhydris marina*). Fourrure superbe. Mer de Behring.

2° **Martides.** — *Mustelides à corps allongé, vermiforme, à pieds ordinairement digitigrades, souvent munis de griffes rétractiles.*

Putois (*Putorius*). 34 dents. Comprennent : le Putois commun (*P fœtidus*), à ventre plus foncé que le dos, dont une variete albinos, apprivoisée sous le nom de Furet (*P. furo*), est employée pour chasser le Lapin; la Belette (*P. vulgaris*), à dos plus foncé que le ventre; l'Hermine (*P. erminea*) des pays du Nord, dont le pelage d'hiver est d'un blanc éclatant; le Vison (*P. lutreola*), à pelage uniformément brun, du Nord et des régions polaires. — Martes (*Mustela*) 38 dents. Représentees dans nos pays par la Marte ordinaire (*M martes*), à gorge orangée, et la Fouine (*M. foina*), à gorge blanche, en Sibérie, par la Zibeline (*M. zibellina*), à gorge jaunâtre. — Gloutons (*Gulo*). Le plus lourd des Mustélides ; taille d'un Chien, port et mœurs des Ours. Régions circompolaires des deux hemisphères.

3° **Mélides.** — *Mustélides à corps trapu et lourd; à pieds courts, plantigrades, armés de fortes griffes.*

Omnivores. Creusent des terriers.

Blaireaux (*Meles*). Queue courte. Europe, Asie. — Moufettes (*Mephitis*). Queue longue, très touffue; se défendent en lançant, à quelques mètres de distance, un liquide infect sécrété par les glandes anales ; fourrure « Skunk » appréciée. Amérique.

F. **Ursidés.** — *Carnivores plantigrades, pentadactyles, à griffes non rétractiles. $\frac{2}{2}$ tuberculeuses.*

Animaux omnivores, grimpeurs, pouvant se tenir debout sur les pattes postérieures. Habitent les deux hémisphères.

1° **Ursins.** — 42 *dents. Queue courte.*

Ours (*Ursus*). — O. blanc (*U. maritimus*), seule espèce exclusivement carnivore. O. gris « grizzly » (*U. ferox*), Amérique O. noir (*U. americanus*), Amérique. O. brun (*U. arctos*); mers polaires d'Europe et Asie. O. malais (*U. malayanus*), à collier blanc. O. jongleur (*U. labiatus*). Nez prolongé en une sorte de trompe, Indes.

2° **Subursins.** — 40 *dents au plus. Queue longue.*

Ratons (*Procyon*). Amérique. — Coatis (*Nasua*). Amérique. — Kinkajous (*Cercoleptes*). Amérique. — Pandas (*Ailurus*). Asie.

ORDRE V. **Pinnipedes** (*pinna*, nageoire; *pes*, pied). — *Carnassiers marins, à pattes transformées en nageoires, mais dépourvus de nageoire caudale.*

Carnivores adaptés a la vie aquatique.

Dentition complète rappelant celle des Carnivores, mais en différant par le nombre moindre des incisives et l'absence de dent carnassiere. 2 ou 4 mamelles ventrales. Utérus bicorne. Placenta zonaire. Pas de clavicules. Membres pentadactyles, transformés en nageoires par une membrane interdigitale, les antérieurs obliques, les postérieurs dirigés en arriere. Cerveau pourvu de nombreuses circonvolutions. Narines et orifices auditifs fermés par des cartilages. élastiques, s'ouvrant par l'action de muscles speciaux. Corps fusiforme, couvert de poils courts, terminé par une queue courte, conique, située entre les membres postérieurs. Vivent dans toutes les mers, surtout au voisinage des pôles ; quelques-uns dans les eaux douces du lac Baikal. Se nourrissent de Poissons, de Mollusques et de Crustacés. Agiles dans l'eau ; lents et maladroits sur terre, où ils viennent se reposer, se reproduire et allaiter leurs petits. Très recherches des Esquimaux, pour leur chair, leur graisse et leur peau.

A. ***Phocidés*** (φώκη, phoque). — *Pinnipedes a canines non saillantes.*

Otaries (*Otaria*). Oreilles munies d'un pavillon. — Phoques ou « Chiens de mer » (*Phoca*). Pas d'oreilles externes. — L'Elephant de mer (*Cystophora proboscidea*), dont le male a une courte trompe, est le geant des Pinnipedes (8 mètres de long). Mers antarctiques.

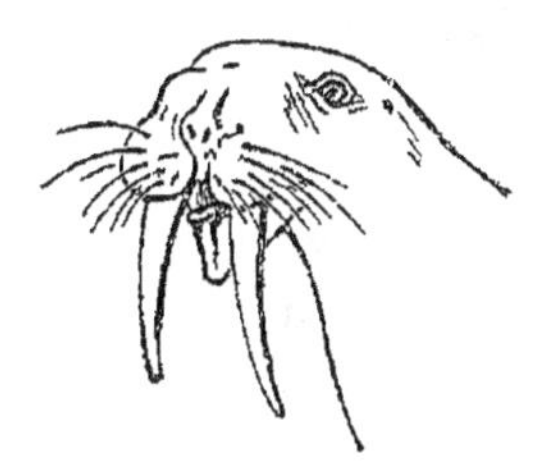
Fig 133 — Tete de Morse.

B. ***Trichéchidés*** (θρίξ, poils ; ἔχειν, avoir). — *Pinnipedes a canines superieures saillantes et servant de defenses.* Morse ou Vache marine (*Trichechus rosmarus*). Défenses redoutables, dont on retire de l'ivoire ; mers polaires.

ORDRE VI. **Rongeurs**. — *Mammiferes placentaires dépourvus de canines et présentant* $\frac{1 \text{ ou } 2}{1}$ *incisives arquées, a croissance continue.*

Ouverture buccale étroite, souvent agrandie par une fente de la lèvre supérieure. Quatre grandes incisives arquées en arriere, a croissance continue, recouvertes en avant d'une couche d'émail (colorée quelquefois en jaune ou en rouge), privées d'émail en arriere et s'usant dans cette region, de sorte qu'elles sont taillées en biseau a l'extrémité (fig. 134). Canines nulles, laissant un vide (*barre*). Molaires variant de $\frac{2}{2}$ à $\frac{6}{6}$ avec (Rats) ou sans racines (Cabiais), rarement simples ou tuberculeuses, le plus souvent plissées ou même décomposées en lamelles transversales de façon à fonctionner comme de véritables râpes. Cavités glénoïdes et condyles de la mâchoire inférieure dirigés longitudinalement, permettant à celle-ci des mouvements d'avant en arrière (action de ronger). Utérus ordinairement double. Placenta discoïde. Ordinairement un os interpariétal. Os incisifs volumineux. Os jugal suspendu au milieu de l'arcade zygomatique. Clavicules fortes ou faibles, nulles chez les espèces dont les membres antérieurs ne servent qu'à la course. Membres plantigrades (les antérieurs souvent réduits), habituellement pentadactyles, à doigts presque toujours libres et onguiculés, quelquefois subongulés. — Animaux généralement petits et d'allures vives, adaptés à tous les genres de vie, luttant par une énorme fécondité contre leur destruction par les carnassiers. Répandus sur toute la terre ; rares à Madagascar et en Australie.

A. **Sciuridés** (σκιά, ombre ; οὐρα, queue). — *Rongeurs à $\frac{5}{4}$ molaires, fortement claviculés.*

Habitent surtout l'hémisphère boréal.

a. Queue longue et touffue.

Écureuils (*Sciurus*). Oreilles munies d'un pinceau de poils. — Polatouches ou « Écureuils volants » (*Pteromys*). Parachute cutané entre les membres ; nocturnes. Hémisphère Nord.

b. Queue courte poilue.

Spermophiles (*Spermophilus*). Grandes abajoues ; hibernants ; creusent des terriers ; font des provisions considérables de graines. Nord des deux continents. — Marmottes (*Arctomys*). Sans abajoues ; hivernent dans des terriers ; chair appréciée des montagnards ; fourrure estimée ; sommets des hautes montagnes. Europe, Asie, Amérique.

B. **Castoridés** (κάστωρ, castor). — *Rongeurs à $\frac{4}{4}$ molaires ; queue écailleuse, déprimée en forme de palette.*

Castor ou Bièvre (*Castor fiber*). Grand Rongeur aquatique (1 mètre de long, y compris la queue). Pattes pentadactyles ; les postérieures palmées. Bords des eaux, en Europe (Allemagne, Russie), en Sibérie et au Canada ; existait autrefois près de Paris, sur les bords de la petite rivière de Bièvre, qui leur doit son nom ; se trouve, mais très rarement, sur le cours inférieur du Rhône. Seuls, les Castors du Canada se livrent aux travaux de construction qui ont contribué à rendre célèbres ces animaux. Pendant l'été, ils vivent solitaires dans des terriers ; mais, à l'approche de l'hiver, ils édifient, avec de la terre et des branches, des huttes qui ont presque deux mètres de hauteur. Celles-ci ont un étage supérieur à sec, destiné à l'habitation; au-dessous de lui, sous l'eau, se trouve un magasin pour les écorces, qui constituent la provision alimentaire. — Les Castors sont recherchés pour leur fourrure et une substance odorante (*castoreum*) que sécrètent deux poches glandulaires spéciales. Ces poches, surtout développées chez le mâle, débouchent dans le fourreau préputial; elles ont environ 10 centimetres de long et présentent, à leur intérieur, un grand nombre de replis membraneux. On trouve dans le commerce, deux especes de castoréums : l'un d'*Amerique* ou du *Canada*, seul employé en France; l'autre de *Russie* ou de *Sibérie*. Ces deux sortes de produits se vendent renfermées dans leurs poches naturelles, qui ont l'apparence de testicules. Le castoreum du Canada a une odeur de térébenthine et celui de Russie une odeur de cuir russe, ce qui tient, paraît-il, à ce que les Castors du Canada se nourrissent d'écorces de Pins, tandis que ceux de Russie mangent des ecorces de Bouleau. A l'état frais, le castoréum est onctueux et presque fluide; plus tard, il forme une masse résineuse et compacte. Le castoréum, employé autrefois comme antispasmodique, est aujourd'hui presque completement abandonné.

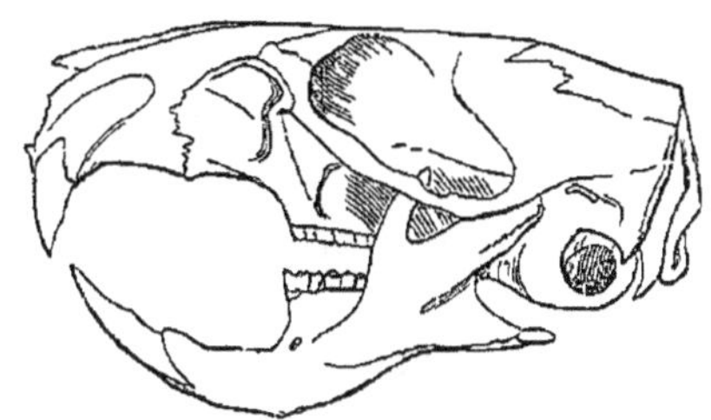

Fig 134. — Crâne de Rongeur (*Cricetus vulgaris*)

C. ***Myoxidés*** (μυξός, loir). — *Rongeurs à $\frac{4}{4}$ molaires; queue ronde, avec de longs poils.*

Loirs (*Myoxus*). $\frac{4}{4}$ molaires, ressemblent aux Écureuils; se rapprochent des Marmottes par leur sommeil hibernal et des Rats par leur crâne allongé. Europe meridionale et tempérée. Le Loir commun (*M. glis*), de la taille d'un Rat, a la queue tres touffue. Le Lerot (*Eliomys nitela*), un peu plus petit, n'a la queue touffue qu'à l'extrémité. Le Muscardin (*Muscardinus avellanarius*), de la taille d'une Souris, a la queue couverte de poils courts.

D. ***Muridés.*** — *Rongeurs avec $\frac{3}{3}$, quelquefois $\frac{2}{2}$ ou $\frac{4}{3}$, molaires, à queue longue, nue ou couverte de poils courts.*

Répandus sur toute la terre. La plupart vivent dans des trous souterrains.

Rats (*Mus*). Museau pointu; oreilles saillantes; queue écailleuse. Comprennent les *Rats* proprement dits, à plis de la voûte palatine ininterrompus, et les *Souris* à plis palatins séparés au milieu. Rat noir (*M. rattus*) et Rat gris ou Surmulot (*M. decumanus*), importés d'Orient. Souris domestique (*M. musculus*). S. des bois ou Mulot

M. Sylvaticus). S. striée d'Algerie (*M. barbarus*). — Hamsters (*Cricetus*). Se rapprochent des Rats par le nombre et la forme des dents, mais s'en eloignent par leur queue courte et leurs abajoues énormes. Creusent des terriers où ils amassent des graines ; tres nuisibles. Europe, entre les Vosges et l'Oural. — Rats-Taupes (*Spalax*). Ressemblent aux Taupes par leur forme, leur vie souterraine ; tête de Rongeur avec des yeux très petits ou même cachés sous la peau. Europe septentrionale.

E. **Arvicolidés** (*arvum*, champ; *colere*, habiter). — *Rongeurs à $\frac{3}{3}$ molaires, en général prismatiques, avec des lignes d'email triangulaires ; queue velue.*

Habitant les contrées chaudes et temperées ; tous ont une existence souterraine.

Campagnols (*Arvicola*). Museau tronqué; oreilles courtes; queue velue ; ne vivent jamais dans les maisons. Rat des champs (*A. arvalis*). Taille d'une Souris. Rat d'eau (*A. amphibius*). Taille et couleur du Rat noir. — Lemmings (*Myodes*). Queue plus courte que les précédents; celèbres par leurs migrations. Nord de l'Europe. — Gerboises (*Dipus*). Pattes anterieures courtes; pattes postérieures très longues, propres au saut. Steppes de l'Ancien et du Nouveau Monde. — Ondatra (*Fiber zibethicus*). Sorte de gros Rat à pattes postérieures palmées : doigts bordes de soies raides. Une glande de la grosseur d'une noix, situee pres de l'anus, secrète une substance a odeur de zibeth. Construit, a la façon du Castor, de petites cabanes sur le bord des lacs et des rivières du Canada.

F. **Hystricidés**. — *Rongeurs a $\frac{4}{4}$ molaires habituellement festonnées. Dos couvert de piquants. Clavicules rudimentaires.*

a. *Hystricidés de l'Ancien Continent.* — Terrestres, non grimpeurs. — Porcs-Epics (*Hystrix*). Queue courte, armée de piquants comme le dos. Région mediterranéenne. — Athérures (*Atherura*). Queue longue, terminée par un pinceau de lanieres cornees. Afrique.

b. *Hystricidés du Nouveau Continent.* — Grimpeurs a queue préhensile (Amérique du Sud) ou non (Amérique du Nord.) — Ursons (*Erethizon*). Amérique du Nord. — Cercolabes (*Cercolabes*). Arboricoles. Amérique du Sud. — Coypous (*Myopotamus*). Aquatiques. Amérique du Sud.

G. **Lagostomidés** (λαγώς, lièvre ; στομα, bouche). — *Molaires comme ci-dessus. Fourrure fine, laineuse. Clavicules bien constituees.*

Chinchillas (*Eriomys*). Grandes oreilles; queue longue; fourrure très appreciée; chair comestible; forme et taille de l'Ecureuil. Hauts sommets des Cordilleres. — Viscaches (*Lagostomus*). Aspect d'un Lapin a oreilles courtes; queue moyenne. Pampas de l'Amérique du Sud.

H. **Subongulés** (*subungulatus*, presque ongulé). — *Rongeurs à $\frac{4}{4}$ molaires; sans clavicules; à doigts munis de griffes engainantes.* Pelage rude. Queue rudimentaire. Amérique du Sud.

a. *Molaires plissées.*

Agoutis (*Dasyprocta*) ou « Lièvres dorés ». Pieds antérieurs tétra-

Fig. 135. — *Cœlogenys Paca.*

dactyles; pieds postérieurs tridactyles. — Pacas (*Cœlogenys*) (fig. 135). Pentadactyles; gibier le plus estimé du Brésil.

b. *Molaires présentant des lamelles transversales séparées par du cement.*

Apéréa (*Cavia Aperea*). Souche du Cobaye (*C. Cobaya*), appelé improprement « Cochon d'Inde ». — Cabiais (*Hydrochærus*). Taille d'un Cochon d'un an; vivent dans les endroits marécageux.

I. **Léporidés**. — *Rongeurs à 2 petites incisives derrière les deux grandes d'en haut* (fig. 136), $\frac{5}{5}$ *ou* $\frac{6}{5}$ *molaires. Clavicules imparfaites.*

Appelés encore *Duplicidentés*. Molaires dépourvues de racines.

Lagomys (*Lagomys*). Oreilles courtes; queue nulle; taille et poil du Cochon d'Inde; mœurs de la Marmotte. Asie. — Lièvres (*Lepus*). Oreilles plus longues que la tête; queue courte. Naissent velus et les yeux ouverts; vivent solitaires. L. commun (*L. timidus*) [vieux mâle = *bouquin*, femelle = *hase*, jeune = *levraut*]. L. changeant (*L. alpinus*); des Alpes et des pays polaires; devenant blanc l'hiver, mais conservant la pointe des oreilles noire. Lapin (*Lepus cuniculus*). Oreilles longues, mais plus courtes que la tête; queue courte. Naissent sans poils et les yeux fermés; vivent en troupe dans des terriers. Le Lapin de garenne est la souche des Lapins domestiques ou de clapier [femelle = *lapine*,

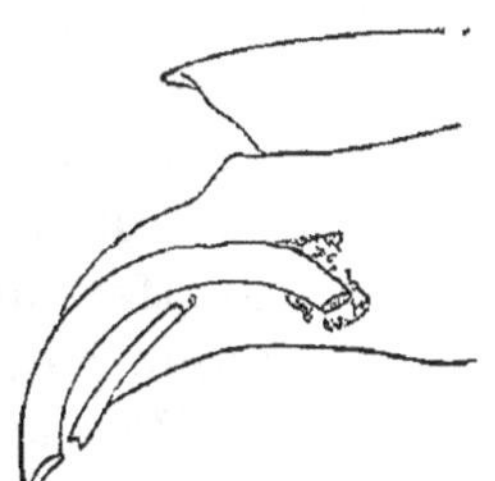

Fig. 136. — Incisives supérieures du Lapin.

jeune = *lapereau*]. Le croisement du Lièvre et du Lapin donne des hybrides féconds (*Leporides*).

ORDRE VII. **Proboscidiens** (προβοσκίς, trompe). — *Mammifères ongulés, a trompe préhensile, à molaires énormes, sans canines, à incisives prolongées en défenses.*

Deux incisives supérieures (*defenses*) énormes, arquées en avant, sans racines, non recouvertes d'émail, fournissant la plus grande partie de l'ivoire de l'industrie. Pas d'incisives inférieures. Pas de canines. Molaires volumineuses avec une surface d'usure présentant de nombreux îlots transverses d'ivoire, entourés d'émail et soudes par du cément (fig. 137) ; au nombre de deux a chaque mâchoire ; se remplaçant d'arrière en avant (1). Une longue trompe formée par le nez confondu avec la levre supérieure, terminée par un appendice préhensile en forme de doigt, constitue a la fois une arme puissante et un organe de préhension pour les aliments ou la boisson, mais elle ne sert pas a

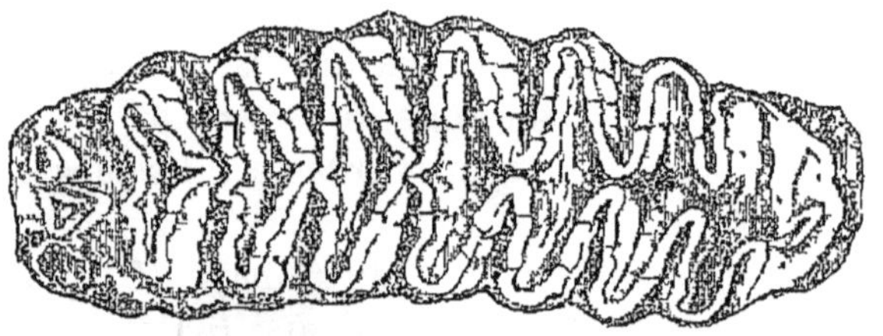

Fig 137. — Molaire d Eléphant d'Afrique

téter. Deux mamelles pectorales. Uterus bicorne. Placenta zonaire. Os incisifs énormes. Os jugal suspendu au milieu de l'arcade zygomatique. Pas de clavicules. Membres énormes, termines par cinq doigts empatés dans la peau jusqu'à un petit sabot arrondi qui en coiffe l'extrémité; onguligrades. Cerveau plus volumineux que chez aucun autre animal, a circonvolutions nombreuses et compliquées. Œil petit. Pavillon de l'oreille grand et pendant. — Herbivores. Les plus gros des Mammiferes terrestres. Vivent en troupes; intelligents, déja domestiqués du temps des Romains.

Eléphants (*Elephas*). É. d'Afrique (*E. africanus*); molaires présentant des losanges d'émail (fig. 137); front plat; oreilles énormes, couvrant le cou et les épaules. E. des Indes (*E. indicus*) ; moins grand que le

(1) Ce mode de développement rentre dans le cas general. Il existe en effet $\frac{6}{6}$ prémolaires ou molaires. Mais leur evolution est tres lente, et chacune n arrive a son complet developpement que quand celle qui la precede est usée. de la sorte elle lui succède physiologiquement.

precédent ; molaires a lignes d'émail de forme elliptique ; front concave ; oreilles relativement petites (1).

ORDRE VIII. **Périssodactyles** (περισσός, impair; δακτυλος, doigt). — *Mammifères ongulés, à doigts en nombre impair et inférieur à cinq.*

Incisives en nombre variable ; canines faibles ou nulles ; molaires à replis d'émail, séparées des dents antérieures par un intervalle (*barre*)(fig.138). Estomac simple; cæcum tres développe. Genéralement, deux mamelles inguinales; utérus bicorne. Placenta diffus. Pas de clavicules. Femur muni d'un troisième trochanter sur son bord externe. Astragale tronquée à sa face inférieure, en poulie a sa face supérieure. Granivores et herbivores, de grande taille; revêtus d'un tégument tantôt épais et presque nu, tantôt souple et garni de poils abondants.

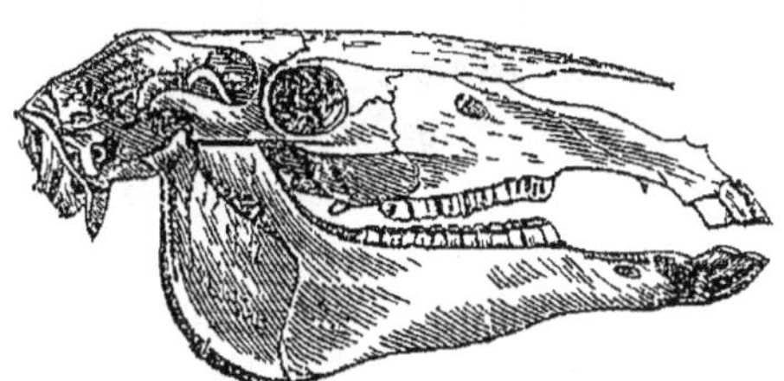

Fig. 138 — Crâne de Cheval

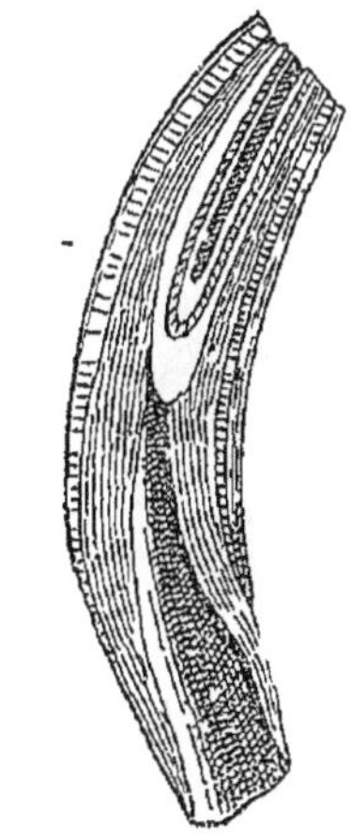

Fig 139. — Incisive de Cheval (couronne et racine)

A. *Tapiridés.* — *Pieds antérieurs tétradactyles. Pieds postérieurs tridactyles.*

$\frac{3}{3}$ incisives ; $\frac{1}{1}$ canines. Nez allongé en une petite trompe non préhensile. Peau a poils clair semes. Taille d'un petit Ane ; port général d'un Cochon.

Tapirs (*Tapirus*). T. du Bresil (*T. Americanus*), le plus gros Quadrupede de l'Amerique du Sud. T. de l'Inde (*T. indicus*).

B. *Rhinocéridés* (ριν, nez ; κερας, corne). — *Pieds tridactyles.*

Incisives persistantes ou caduques ; pas de canines ; $\frac{7}{7}$ molaires.

(1) Ici se place le Daman (*Hyrax*), qui doit former un ordre a part, l'ordre des ***Hyracoïdes*** : petits Ongules a dentition de Rongeur, $\frac{1}{2}\frac{0}{0}\frac{7}{7}$, et interessants par la constitution de leur carpe, qui est muni d'un os central et rappelle les types primitifs Placenta zonaire — Daman du Cap (*H. capensis*), D d'Abyssinie (*H abyssinicus*). D de Syrie (*H. Syriacus*). Grimpeurs, vivent dans les fentes des rochers

Une ou deux cornes de nature épidermique, au-dessus des os du nez. Peau presque nue.

Rhinocéros (*Rhinoceros*). R. des Indes (*R. indicus*) ; unicorne, à peau divisée en boucliers. R. d'Afrique (*R. bicornis*) ; bicorne, à peau unie.

C. ***Équidés.*** — *Pieds monodactyles.*

$\frac{3}{3}$ incisives creusées, sur leur surface de frottement, d'une fossette (*cornet externe*) qui diminue à mesure que la dent s'use (fig. 139), désignées, de dedans en dehors, sous les noms de *pinces*, *mitoyennes*, *coins*, $\frac{1}{1}$ canines (*crochets*) chez les mâles, souvent caduques chez les femelles. $\frac{7}{7}$ molaires (dont $\frac{3}{3}$ prémolaires) à couronne carrée marquee de quatre croissants d'email. Cubitus et péroné atrophiés. Un seul os (*canon*) à chaque métacarpe Un seul doigt (le 3e) à chaque membre (le 2e et le 4e reduits à leur métacarpien ou métatarsien et constituant de simples stylets) ; d'où les noms de *Solipedes* et de *Monodactyles*. Une crinière sur le cou.

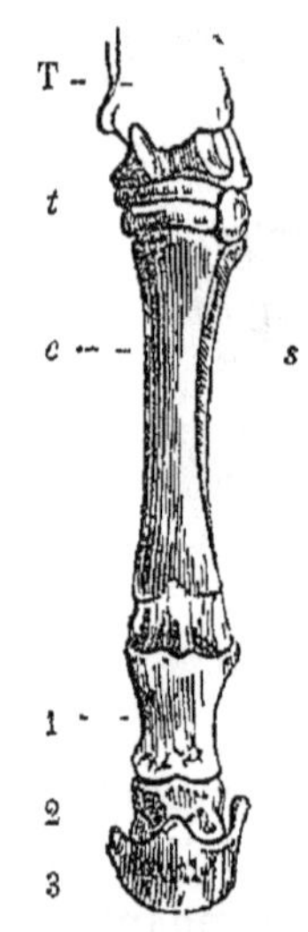

Fig. 140. — Pied postérieur du Cheval.— *c*, canon (métacarpien principal), *s*, stylet (métacarpien rudimentaire), T, tibia, *t*, tarse (on voit la poulie supérieure de l'astragale), 1, 2, 3, phalanges (os du paturon, de la couronne et du sabot)

A *Chevaux* (*Equus*). — *Robe sans trace de bande ni de raies. Crinière longue et flottante. Queue garnie de crins jusqu'à la base. Une saillie cornée* (châtaigne) *à la face interne des quatre membres* (1). *Oreilles courtes.*

a. *Chevaux sauvages.* — On désigne ainsi les Chevaux qui vivent en troupes dans les grandes plaines ; mais il est probable que ce sont des animaux *marrons*, c'est-à-dire redevenus sauvages. On les trouve en Asie (Tarpan, etc.), en Afrique (Kumrah, etc.), en Amérique (Mustang, etc.), en Autralie et en Europe. Ceux d'Europe, appartiennent à la Russie, aux Iles-Britaniques, à la Norvège et même à la France (Chevaux de la Camargue, Chevaux des dunes de la Gascogne).

b. *Chevaux domestiques.* — Le Cheval fut d'abord domestiqué en Asie et amené en Occident par les Aryens [Mâle = *etalon* ou *entier* ; femelle = *jument* ou *cavale* ; jeune male = *poulain* ; jeune femelle = *pouliche* ; individu émasculé = *hongre* ou simplement *Cheval*] (2).

(1) Au membre antérieur, la châtaigne est située au-dessus du genou ; au membre postérieur, elle se trouve au-dessous du jarret.

(2) Pelage (*robe*) tantôt simple, uniforme ou unicolore · *blanc*, *noir*, *alezan*

Le Cheval est le plus important de nos Animaux producteurs de force. Compagnon de l'Homme à la chasse, à la guerre, dans les travaux de l'agriculture, du commerce et de l'industrie, il est aussi constamment employé pour le luxe et les commodités de la vie (1).

La jument porte onze mois et met bas un seul petit, qui naît avec les yeux ouverts, revêtu de poils et assez fort pour suivre immédiatement sa mère. La durée de la vie ne dépasse guère trente ans. On reconnaît l'âge du Cheval à l'usure de ses dents incisives (2).

On nomme *extérieur du Cheval* l'étude de sa conformation extérieure (3).

(rougeâtre ou jaunâtre); tantôt composé : — 1° Pelage de deux couleurs : *gris*, *aubert* (mélange uniforme de blanc et de rouge), *bai* (corps rouge avec membres et crins noirs), *isabelle* (teinte jaunâtre avec une raie brune, *raie de mulet*, sur le dos). — 2° Pelage de trois couleurs : *rouan* (mélange de poils blancs, rouges et noirs), *pie* (de grandes taches blanches sur un fond noir, jaune ou rouge).

(1) L'histoire du Cheval est partout liée à celle de la civilisation. Ses aptitudes peuvent se ramener à deux principales : porter et traîner des fardeaux. Le *Cheval de selle* porte un cavalier; le *Cheval d'attelage* traîne un véhicule. Le Cheval de selle et d'attelage à la fois est dit *Cheval à deux fins*. — L'usage de la viande de Cheval (*hippophagie*) tend à se répandre de plus en plus chez les classes pauvres. Cette viande, d'un prix modique, n'entraîne aucun inconvénient pour la santé. — La peau du Cheval sert à faire du cuir, ses os, dont on retire le noir animal, sont employés à fabriquer des outils et des objets de toilette; on utilise aussi son sang, sa graisse, ses sabots, ses crins, son fumier. En Orient, le petit-lait de Jument, aigri et fermenté, fournit une boisson rafraîchissante (*Koumiss*) très appréciée.

(2) Nous savons déjà que les incisives du Cheval portent, à leur sommet une cavité (*cornet dentaire externe*) (fig. 139). Celle-ci, comblée en partie par du cément, est tapissée d'une couche d'émail (*émail central*), qui se continue avec l'émail extérieur en formant aux dents vierges une crête tranchante sur les bords du cornet. Quand les dents s'usent par le frottement, cette crête s'émousse et disparaît, en laissant l'ivoire à découvert. Il en résulte une surface (*table dentaire*) offrant deux courbes concentriques d'émail, l'une extérieure enveloppe l'ivoire, l'autre intérieure entoure une tache noire (*fève*) de cément. En même temps, le cornet interne devient de moins en moins profond et sa disparition graduelle (*rasement*) amène son fond au niveau de la surface frottante : la fève disparaît alors et l'on dit que l'incisive est *rasée*. Un Cheval de deux ans a toutes ses incisives rasées. A partir de neuf ans apparaît, comme un petit cercle brun (*étoile dentaire*), le *cornet dentaire interne*, dont l'ouverture est tournée vers la racine de la dent et qui n'est que la cavité pulpaire. A douze ans, l'étoile dentaire se montre sur toutes les incisives. Celles-ci se déchaussent alors et deviennent ensuite de plus en plus obliques, avec l'âge.

(3) Le corps du Cheval se divise en 3 parties : 1° l'*avant-main* ou train de devant, comprenant la tête, le cou (*encolure*), le *garrot* (éminence située au bas de la crinière), les épaules, les membres antérieurs; 2° le

B. Anes (Asinus). — Pelage présentant une bande dorsale foncée sur le dos et souvent une bande transversale moins foncée sur les épaules. Crinière courte et droite. Queue garnie de crins à l'extrémité seulement. Deux châtaignes, une à chaque pied de devant. Oreilles longues.

Hémione (*A. hemionus*). Une bande dorsale, sans bande verticale, intermédiaire entre le Cheval et l'Ane. Intérieur de l'Asie. — Onagre (*A. onager*). Une croix brune bordée de blanc. Arabie, Perse, où il est l'objet de chasses royales. — Ane d'Afrique (*A. tæniopus*). Une croix noire ; bas des jambes annelé ; intermédiaire entre les Anes d'Asie et les Zèbres ; à l'Est du Nil. — Ane domestique (*A. vulgaris*) [mâle = *baudet* ; femelle = *ânesse* ; jeune = *ânon*. Provient de l'Onagre et de l'Ane d'Afrique] (1).

C. Zèbres (Hippotigris). — Pelage rayé, avec bande rachidienne. Crinière courte et droite. Pas de châtaignes aux membres postérieurs. Oreilles de moyenne grandeur.

Tous d'Afrique. — Couagga (*H. quagga*). Robe peu rayée ; queue

corps comprenant : le dos, les reins, les côtes, les flancs, les *ars* (plis des aisselles), le *passage des sangles*, le ventre, 3° l'*arrière-main* ou train de derrière, comprenant : la *croupe*, qui s'étend des reins à l'origine de la queue, les *hanches* de chaque côté de la croupe, les membres postérieurs Au-dessous du canon se trouve, dans chaque membre, une partie arrondie (*boulet*), qui surmonte elle-même la première phalange (*paturon*), la deuxième phalange (*couronne*) et le *sabot*. Par la *ferrure* ou application d'une semelle de fer sous le sabot, le Cheval peut suffire longtemps aux travaux qu'on exige de lui, sur le pavé des rues ou sur les routes.

(1) L'Ane est surtout utilisé comme animal de bât; il est sobre et facile à nourrir. sa chair, excellente, est supérieure à celle du Cheval sa peau, dure et élastique, est très recherchée des mégissiers, son fumier est plus apprécié que celui du Cheval; enfin le lait d'Anesse est recommandé dans le traitement des affections de poitrine L'Ane ne vit que difficilement dans les contrées septentrionales. En France, on trouve deux races asines: celle de Gasgogne ou de Catalogne, de grande taille et à poils ras · celle du Poitou, plus petite que la précédente, à poils longs, frisés à la tête — Le Mulet, produit de l'Ane et de la Jument, tient du père ses longues oreilles et de la mère sa haute taille ; il a ordinairement deux châtaignes comme l'Ane, plus rarement trois ou quatre, sa voix est une sorte de braiement rappelant celui de l'Ane. Très estimé comme bête de somme, à cause de sa longévité, de sa sobriété et de la sûreté de son pied. L'accouplement de l'Ane et de la Jument ne se fait jamais volontairement ; il faut user de subterfuges pour obtenir des Mulets (*industrie mulassière*). — Le Bardot, produit du Cheval et de l'Anesse, est plus petit que le Mulet · il est commun seulement en Sicile ; sa voix se rapproche un peu du hennissement du Cheval Beaucoup de prétendus Bardots sont des Mulets résultant de l'accouplement de petits Anes et de petites Juments. Les hybrides des Equidés caballins et asiniens sont généralement stériles. Les Mulets mâles n'ont pas de spermatozoïdes, mais on connaît quelques exemples de Mules fécondées par des Chevaux.

garnie de crins jusqu'à la base. — Dauw (*H. Burchellii*). Robe très rayée ; queue garnie de crins, presque jusqu'à la base ; pas de raies sur les jambes. — Zèbre commun (*H. zebra*). Entièrement rayé ; jambes annelées ; queue garnie de crins a l'extrémité seulement.

ORDRE IX. **Artiodactyles** (ἄρτιος, pair ; δάκτυλος, doigt). — *Mammifères ongulés, ayant un nombre pair de doigts.*

Pieds fourchus (*Bisulques*) ; les doigts du milieu, existant seuls, ou du moins plus grands que les latéraux, sont appliqués l'un contre l'autre par les faces qui se regardent. L'astragale a ses deux facettes articulaires en forme de poulie (les osselets des joueurs sont habituellement des astragales de Mouton). — Les Bisulques sont presque tous grégaires ; on les trouve a l'état sauvage dans toutes les parties du monde, excepté en Australie.

Deux sous-ordres : les **Porcins** et les **Ruminants**.

1er **Sous-ordre. — Porcins.** — *Artiodactyles à quatre doigts, a dentition complète, ne ruminant pas.*

Dentition complete. Incisives supérieures variant de deux à six ;

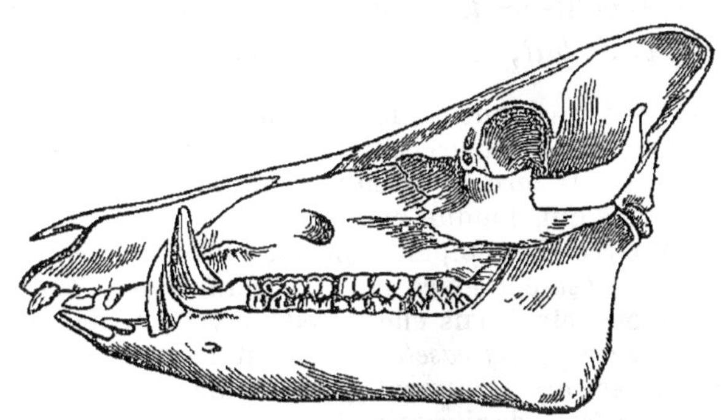

Fig 141. — Tete de Sanglier.

les inférieures au nombre de quatre (***Hippopotamidés***) ou de six (***Suidés***) et a direction presque horizontale. Canines fortes, à croissance continue. Estomac simple ou complexe, impropre a la rumination. Placenta diffus. Pas de clavicule. Fémur dépourvu de troisième trochanter. Péroné complet. Astragale en forme d'osselet. Métacarpe et metatarse a quatre os séparés. Pieds fourchus, à quatre doigts terminés chacun par un sabot.

A. ***Hippopotamidés*** (ἵππος, cheval ; ποταμός, fleuve). — *Peau nue. Mamelles inguinales. Pieds touchant le sol par les quatre doigts.*

Hippopotames (*Hippopotamus*). Herbivores et aquatiques. Afrique.

H. commun (*H. Amphibius*). Le « Béhémoth » de la Bible ; corps énorme, d'un poids de 3000 kilos ; cuir très épais ; dents fournissant de l'ivoire : incisives cylindriques et développées en defenses ; chair assez succulente.

B. **Suidés** (*sus*, porc). — *Peau couverte de soies. Mamelles abdominales. Pieds touchant le sol seulement par les deux doigts du milieu* (fig. 142 et 143).

Canines supérieures recourbées en haut (excepté chez les Pécaris), formant une defense avec les inférieures. Omnivores ; nocturnes, passent les journées dans une retraite sombre et humide (*bauge*), recherchent l'eau et aiment a se vautrer dans la fange.

A. Suides d'Europe et d'Asie. — Sanglier commun (*Sus scrofa*). Canines inférieures longues, recourbées (*défenses*) ; les supérieures (*gres*) plus courtes et paraissant servir d'aiguisoir aux premieres [Vieux mâle = *solitaire* ; femelle = *laie* ; jeunes = *marcassins*, a robe rayée ; a 6 mois, *bête rousse* ; a 1 an, *bête noire* ou *de compagnie* ; a 2 ans, *ragot* ; a 3 ans, *tiers-an* ; à 4 ans, *quart-an* ou *quartenier*]. Tres nuisibles a l'agriculture ; chair bonne, meilleure chez les marcassins, tete (*hure*) surtout estimée ; n'existe pas en Angleterre. — Cochons domestiques ou Porcs (*Sus domesticus*) [mâle = *verrat*, châtré = *cochon* ou *pourceau* ; femelle = *truie* ou *porche*, châtrée = *coche* ou *porcelle*, jeunes *cochons de lait*, *cochonnets*, *porcelets*] (1).

(1) Les Cochons descendent des Sangliers et varient beaucoup pour la taille, la couleur, etc. ; on les consomme en totalite Ils fournissent deux sortes de graisse le *lard* (sous-cutane) et la *panne* (autour des intestins et des reins), qui, fondue et purifiee, constitue l'*axonge* ou le *saindoux* du commerce Les epiploons portent les noms de *crepine*, *coiffe* ou *toilette*. L'axonge est employée pour la confection d'emplâtres, de pommades, de savons, etc , mais elle rancit, devient acide et est aujourd'hui souvent remplacee par la *vaseline*, qui est neutre, inalterable a l'air et inodore Les soies, ordinairement de la couleur de la peau (blanches ou noires) servent a faire des brosses et des pinceaux Les Porcs ne rendent aucun service de leur vivant, aussi les tue-t-on vers l'âge de trois ans, quand ils ont cesse d'augmenter de poids. Dans la recherche des truffes, on les remplace avantageusement par les Chiens. Duree de la gestation trois mois, trois semaines, trois jours. On mange les cochons de lait vers l âge de trois semaines On châtre les individus des deux sexes pour faciliter leur engraissement Domestiques dès l'âge de la pierre polie Consideres comme immondes par les Egyptiens et les Juifs, ils etaient, au contraire, apprecies par les Grecs, les Romains et les Gaulois Le Porc est le seul des Animaux domestiques qui ne souille pas sa litiere de ses ordures —La chair du Cochon renferme souvent des parasites (Tenia, Trichine) transmissibles à l'Homme La Trichine s'y trouve a l'état adulte , les Tenias sous forme de larves (Cysticerques), dont la presence constitue le signe de la *ladrerie* — En fait de grosses pieces, on ne sert sur la table que le jambon et la tête Avec le sang et les petits boyaux, on fait des boudins, les gros boyaux ser-

Trois principales races naturelles : 1° *Race asiatique*. Oreilles courtes et dressées ; dos enfoncé (Porc chinois, etc,) ; 2° *Race celtique*. Oreilles larges, tombantes ; dos convexe (Porc normand, etc.). 3° *Race ibérique*. Oreilles étroites, obliques en avant ; échine droite (Porcs de l'Europe méridionale). Races artificielles nombreuses.

B. Suidés d'Afrique. — Des boursouflures sur les côtés de la face, entre l'œil et le groin. — Potamochères (*Potamochœrus*). Oreilles terminées par un long pinceau de soies « Porcs à pinceaux ». — Phacochères (*Phacochœrus*). Boursouflures faciales et canines énormes ; tête hideuse.

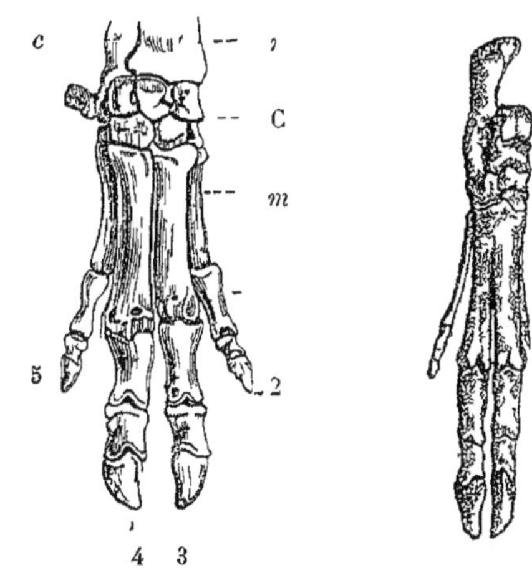

Fig 142 — Pied de Porc — *C*, carpe, *c*, cubitus, *m*, métacarpiens, *r*, radius, 2, 3, 4, 5, doigts

Fig 143 — Pied postérieur de Pécari

C. Suidés d'Océanie. — Babiroussa (*Babirussa*). Canines supérieures perçant la peau et se recourbant vers le front. Iles Célèbes.

D. Suides d'Amérique. — Pécaris (*Dicotyles*). Canines supérieures ne se recourbant pas ; estomac à trois compartiments ; metarcapiens et métatarsiens présentant une soudure partielle ; pieds postérieurs tridactyles par suite de l'atrophie du doigt extérieur ; se rapprochent des Ruminants.

2e Sous-ordre. — Ruminants. — *Mammifères ongulés didactyles, dépourvus en général d'incisives supérieures et de canines, à molaires présentant sur leur surface d'usure, des lignes d'émail en forme de croissant.*

Mâchoire supérieure dépourvue d'incisives (excepté chez les Camé-

vent à la préparation des andouilles On fait encore, avec la chair du Porc, des saucissons, des mortadelles, des saucisses, des cervelas, des rillettes, etc La tête sert à faire le *fromage de cochon* ; la partie supérieure de la poitrine fournit le *petit salé*. En salant la viande de Porc, on lui conserve, pendant plusieurs mois, ses propriétés alimentaires, on peut aussi, dans ce but, lui faire subir l'action d'une fumée presque froide et d'une faible intensité (*boucanage* ou *fumage*). Le Porc est une des principales ressources à la campagne. sa chair est d'un prix peu élevé, sa graisse fondue remplace avec économie le beurre, pour la cuisson des mets

lidés) et portant à leur place un revêtement calleux. Mâchoire inférieure munie de quatre paires de dents à forme d'incisives, formees en réalité par les 3 incisives et la canine. Canines souvent absentes, surtout développees chez les especes sans cornes ; $\frac{6}{6}$ molaires ($\frac{5}{4}$ chez les Camélidés) à replis d'émail formant deux doubles croissants (*Selenodontes*), dont la concavité est extérieure sur les molaires supérieures, intérieure sur les molaires inférieures. Tête munie de cornes (excepté chez les Camelidés, Tragulidés et Moschidés), tantôt permanentes, creuses et purement cornées, recouvrant une cheville osseuse; tantôt pleines, ostéo-dermiques et caduques (*bois*) (Cervidés), tantôt osseuses et permanentes, cachées sous la peau (Girafides). Estomac a quatre poches (fig. 145) (trois chez les Tragulidés). Pas de clavicules.

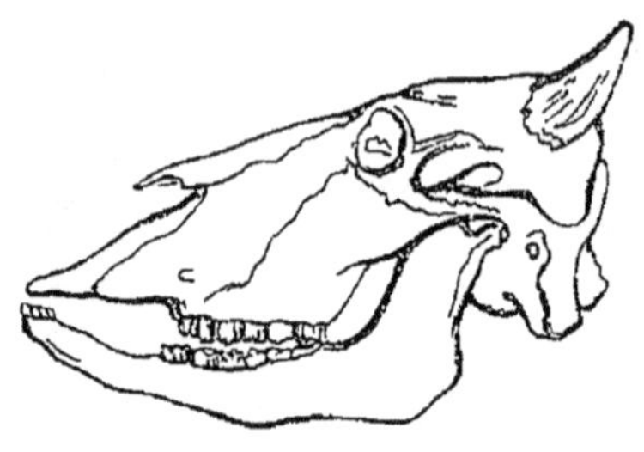

Fig. 144 — Crâne de Bœuf.

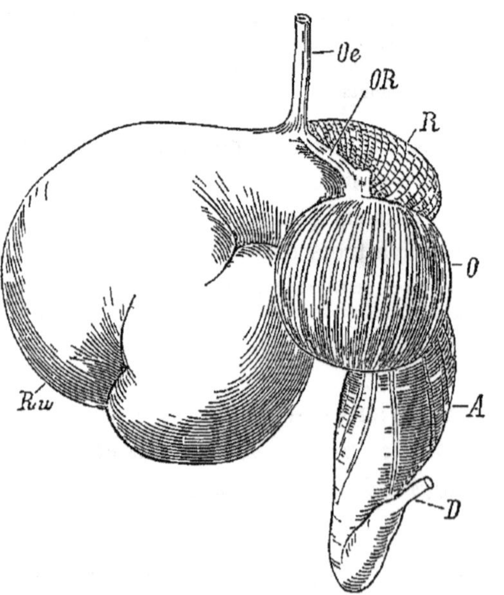

Fig 145. — Estomac de Ruminant —*Oe*, œsophage, *OR*, gouttière œsophagienne, *Ru*, panse, *R*, bonnet, *O*, feuillet, *A*, caillette, *D* intestin

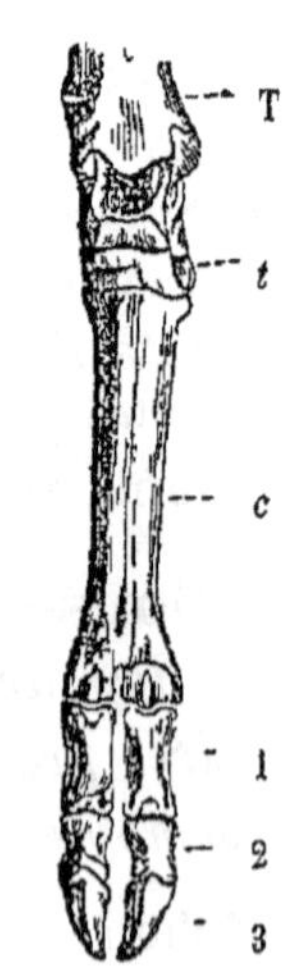

Fig 146 — Pied de Cerf — *c*, canon, *t*, tarse; *T*, tibia, 1, 2, 3, phalanges

Péroné rudimentaire (*apophyse styloïde*) ou nul. Tibia muni, a la face externe de son extrémite inférieure, d'un os (*os de la malléole*) qui s'articule avec l'astragale et le calcanéum. Astragale en osselet. Métacarpe et métatarse a os fusionnés en un seul (*canon*) (fig. 146) excepté chez les Tragulidés (fig. 147). Pieds fourchus

(*Bisulques*), à deux grands doigts terminés par des sabots symétriques, foulant le sol soit seulement par l'extrémité des doigts (*Ruminants onguligrades*), soit, plus rarement, par la face inférieure des phalanges (*Ruminants phalangigrades*). En outre des deux grands doigts, il y a, chez les Tragulides et les Moschides, deux petits doigts latéraux, qui, réduits a une paire d'ergots chez les Cervidés et les Cavicornes, disparaissent completement chez les Girafidés et les Camélides. Cerveau pourvu de circonvolutions assez nombreuses. Placenta tantôt diffus (Camelidés, Tragulidés), tantôt cotylédonaire, a cotyledons rares (Moschides, Cervidés) ou très nombreux (Girafidés, Cavicornes). Mamelles inguinales. Petits (deux au plus) habituellement capables de suivre leur mère quelques heures après la naissance. — Animaux géneralement de grande taille et grégaires, tous comestibles. Animaux de boucherie ou Bêtes de somme. Outre la viande, on tire des Ruminants du lait, de la graisse (*suif*), de la laine et des matieres cornées, leur peau fournit du cuir, après avoir été rendue imputrescible par le tannage. Tous *ruminent*, c'est-a-dire ramènent a la bouche les aliments dejà déglutis pour les y soumettre a une nouvelle mastication (1).

(1) Estomac des Ruminants (fig. 145). — Il se compose generalement de quatre poches successives la *panse*, le *bonnet*, le *feuillet* et la *caillette*. La panse est la poche la plus volumineuse, elle occupe le flanc gauche et communique lateralement avec le bonnet situe du côte droit Ces deux poches, suspendues au-dessous de l'œsophage, sont elles-mêmes en communication avec lui par le moyen d'une boutonniere qui transforme sa partie inférieure en chenal (*gouttiere œsophagienne*). Quand cette boutonniere est fermee, l'œsophage se continue avec le feuillet, puis, par celui-ci, avec la caillette, poche ou s'accomplit la digestion stomacale C'est de cette derniere poche qu'on retire la *pepsine du commerce*, ferment employe en medecine pour operer la digestion des matieres albuminoides.

Rumination. — Les aliments grossierement divises tombent dans la panse et le bonnet, apres avoir écarte les deux lèvres de la gouttiere œsophagienne ; ceux qui sont tres divises peuvent, ainsi que les liquides, se rendre indistinctement dans l'une des quatre poches stomacales (Flourens). Au moment de la rejection, la glotte se ferme, le diaphragme se contracte et, sous l'influence du vide ainsi produit dans le thorax, une certaine quantite des matieres qui avoisinent la gouttiere sont regurgitees dans l'œsophage (Chauveau et Toussaint) Celles-ci remontent alors dans la cavite buccale, grâce aux contractions antiperistaltiques de l'œsophage. Soumis a une nouvelle mastication et degluti de nouveau, le bol, reduit en bouillie, arrive ensuite directement dans la caillette. La panse et le bonnet, dont les contractions sont lentes, ne prennent aucune part a la rejection qui est un phenomene brusque

On designe sous le nom d'*égagropiles* des masses feutrees qui se rencontrent dans l'estomac de certains Ruminants. Composes de poils avales par les animaux, quand ils se lechent, les egagropiles ont un volume qui

A. **Camélidés.** — *Ruminants sans cornes, munis de canines et d'incisives supérieures, à placenta diffus.*

A l'âge adulte, $\frac{1}{3}$ incisives rendant les morsures dangereuses. Lèvre supérieure fendue. Seuls Mammifères à globules rouges de forme elliptique. Cou long; queue courte. Pieds présentant non pas des sabots, mais une plante calleuse; d'où le nom de *Tylopodes*.

Chameaux (*Camelus*). Une (Dromadaire, *C. dromedarius*; d'Afrique) ou deux (Chameau, *C. Bactrianus*; d'Asie) loupes graisseuses (*bosses*) sur le dos. Panse subdivisée en un grand nombre de compartiments remplis d'eau; feuillet rudimentaire. Bêtes de somme portant ordinairement deux cents kilos; pouvant rester plus d'une semaine sans boire ni manger. — Lamas (*Auchenia*). Pas de bosses; lancent leur salive contre leurs ennemis, par une sorte de crachement; s'emploient comme Bêtes de somme; appréciés pour leur lait, leur chair et leur laine; représentent les Chameaux dans le Nouveau Monde (Amérique méridionale) Le Guanaco (*A. Huanaco*), de la taille d'un Cerf, et la Vigogne (*A. Vicunna*), beaucoup plus petite, se rencontrent encore à l'état sauvage. Cette dernière est d'un jaune roux particulier (*couleur vigogne*). Le Lama (*A. Lama*), un peu plus grand que le Guanaco, était domestiqué lors de la découverte de l'Amérique. L'Alpaca (*A. Pacos*) est le plus petit des Lamas, domestiqué comme le précédent; sa laine sert à faire des couvertures.

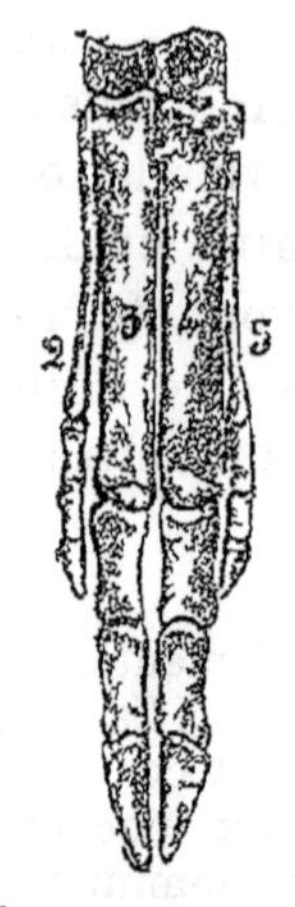

Fig 147 — Patte d *Hyæmoschus*

B. **Tragulidés** (-ραγος, bouc). — *Ruminants sans cornes, mais avec des canines supérieures saillantes, chez les mâles; onguligrades, à placenta diffus.*

Pas de feuillet.

Tragules (*Tragulus*). Métacarpe et métatarse à trois os distincts. Les plus petits des Ruminants : l'un d'eux (*T. pigmæus*), de la taille d'un Lièvre. Indes. — Biches-Cochons (*Hyæmoschus*), Métacarpe et métatarse à quatre os distincts (fig. 147); de la taille d'un Cabri. Gabon.

C. **Moschidés** (μόσχος, musc). — *Ruminants sans cornes, onguligrades, à canines supérieures saillantes; en défenses chez le mâle* (fig. 150), *à placenta cotylédonaire à poche moschifère.*

ne dépasse pas celui d'un œuf de Poule. Ils ne doivent pas être confondus avec les *bézoards*, concrétions pierreuses qui se forment quelquefois dans les voies digestives des Ruminants. Employés autrefois en médecine, les égagropiles et les bézoards sont aujourd'hui tout à fait abandonnés

Une seule espece : Porte-Musc (*Moschus moschiferus*). Taille et pelage du Chevreuil; grimpe comme un Chamois ; montagnes de l'Asie centrale. Le mâle porte, sous le ventre, une poche de la grosseur d'un poing d'enfant (fig. 151), produisant le musc et pesant une soixantaine de grammes. La partie supérieure de cette poche est aplatie et

Fig 148 — Porte musc (mâle et femelle).

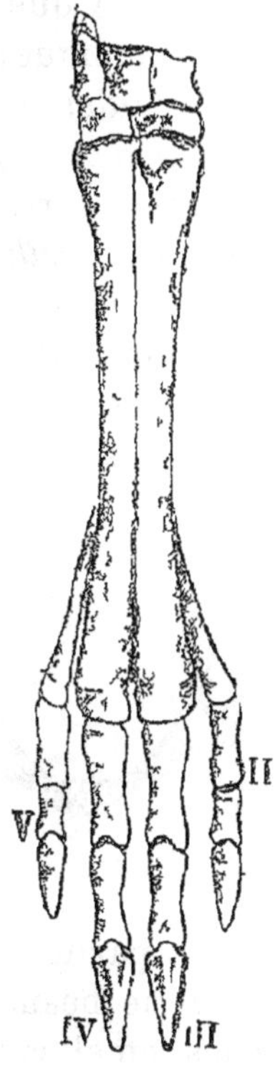

Fig 149 — Patte antérieure de Porte-musc

glabre ; sa partie inférieure est bombée, poilue et percée a son centre d'un trou qui s'ouvre en avant du fourreau de la verge. Onctueux et roux

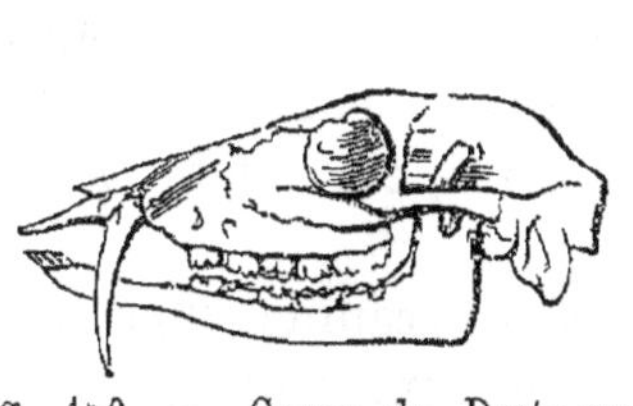

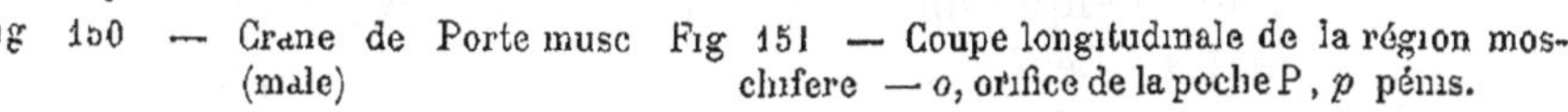

Fig 150 — Crane de Porte musc (male)

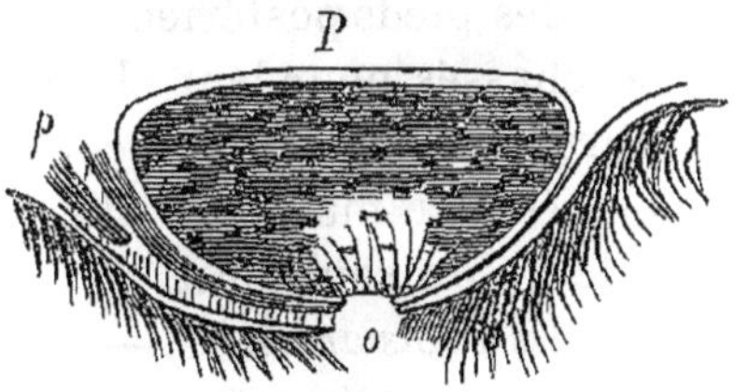

Fig 151 — Coupe longitudinale de la région moschifere — *o*, orifice de la poche P, *p* pénis.

a l'état frais, le musc est solide et brun a l'état sec. Le commerce livre le *musc* « en vessie » dans la poche moschifère et « hors vessie » ou débarrassé de sa poche. Les poils de la vessie convergent vers le trou median, ce qui permet souvent de distinguer les poches naturelles des artificielles. L'odeur du musc, très persistante, disparaît par le mélange de cette substance avec une emulsion d'amandes amères. Le musc de Chine (*musc Tonkin*), qui vient de Nankin, est plus estimé que celui de Sibérie. On emploie le musc comme antispasmodique; mais il sert surtout en parfumerie.

D. **Cervidés** (*cervus*, cerf). — *Ruminants onguligrades, à cornes frontales caduques et pleines, à placenta cotylédonaire.*

Le crâne porte deux apophyses frontales (*pivots*) terminées par un plateau (*meule*), sur lequel s'attachent des cornes pleines (*bois*). Les bois se renouvellent tous les ans (sauf cependant chez le Renne), on dit alors que les Cervides « refont leur tête », et ces bois sont de plus en plus compliques (1). Quand ils recommencent a pousser, ils sont entièrement recouverts d'une peau velue qui se dessèche, puis tombe, laissant le bois a nu (on dit alors que les bois « perlent »). Le bois est generalement entoure, a sa base, d'un cercle de perles osseuses (*pierrures*). Primitivement simple (*dague*), il presente ensuite, sur la tige principale (*merrain*), des branches de plus en plus nombreuses (*andouillers*), qui, a l'extremite, sont souvent reunies par une partie élargie (*empaumure*). L'ensemble ainsi forme (*ramure*) varie beaucoup. Sauf pour le Renne, la ramure n'existe pas chez les femelles (*biches*). Oreilles grandes. Yeux saillants, portant presque toujours, en dessous, des fossettes lacrymales (*larmiers*) qui sécretent une matière huileuse. Les larmiers tapissent une excavation profonde de l'os lacrymal, qui est très developpe. Queue tres courte. Souvent une houppe de poils raides (*brosse*), en arrière, entre les sabots des pieds postérieurs. — Repandus dans les forêts du monde entier et chassés pour leur chair; leur peau forme des cuirs appréciés; leurs bois servent a la confection de divers instruments ou objets d'art. Quatre mamelles chez la femelle, qui, cependant, ne met au monde qu'un seul petit.

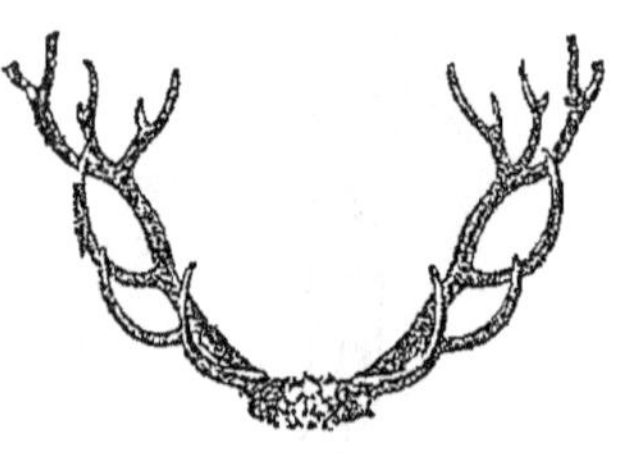

Fig 152 — Bois de Cerf.

A. Cervides a bois arrondis. — Cerfs (*Cervus*). Les canines superieures se développent quelquefois et peuvent devenir proeminentes chez les vieux mâles. Cerf commun (*C. Elaphus*) : jeune, sans bois, a robe d'abord tachetée (*faon*), puis uniforme (*hère*); ensuite (*daguet*) avec des dagues, qui tombent au printemps de la troisieme année.

(1) C'est lorsque le nouveau bois est formé que commence le rut, en ete Un Cerf châtre ne fait plus de nouveaux bois ou garde les siens.

Aux dagues succèdent des bois fourchus (*jeune cerf*), enfin des bois presentant, chaque année, un andouiller de plus; *dix-cors*, a partir de six ans. Objet principal de la chasse à courre, malgre sa chair assez grossière. Europe; Asie. En Asie, nombreuses especes, ainsi qu'en Amérique : Cerf wapiti (*Cervus canadensis*) du Canada. Cerf des Pampas (*C. campestris*). — Chevreuils (*C. Capreolus*). Bois terminés par des andouillers en fourchette; queue rudimentaire; une tache blanche (*miroir*) autour de l'anus. Europe. — Daguets (*C. rufus*). Bois toujours sans andouillers. Amérique du Sud.

B. Cervides a bois palmes. — Daim (*Dama vulgaris*). Bois a un ou deux andouillers pointus ; empaumure allongée. Pelage moucheté. Chair delicate ; gibier favori des dames, d'où le nom de *Daim*. — Renne (*Tarandus rangifer*). Bois persistants, avec un andouiller basilaire (*andouiller d'œil*) et un andouiller du milieu (*andouiller de fer*) ; empaumure découpée. La femelle, la seule biche qui porte des bois, a ceux-ci moins développes que le mâle. Régions polaires des deux hémispheres, où il est domestiqué. Le plus utile des Cervidés ; bête de somme ; court sur la glace, attelé à un traîneau. Chair bonne ; peau servant de fourrure et donnant un cuir tres souple ; lait fournissant du beurre et du fromage. Remplace, pour les Lapons, le Cheval, le Bœuf, le Mouton et le Porc. Se nourrit d'herbes et de lichens qu'il va chercher sous la neige, en écartant celle-ci avec ses sabots. — Elan (*Alces*). Bois en forme de pelle, a dentelures nombreuses (fig. 153). Le géant des Cervides ; chair comestible ; on utilise sa peau, ses bois, ses os qui sont d'une blancheur eclatante. Se nourrit de feuilles, de jeunes pousses et d'écorces, ce qui le rend tres nuisible aux forêts ; n'a pu encore être domestique. Nord de l'Europe et de l'Asie.

Fig. 153 — Tête d Elan.

E. ***Girafidés*** (de l'arabe *zorafeh*). — *Ruminants a cornes fronto-parietales, persistantes, pleines et revêtues d'une peau velue, a placenta cotyledonaire.*

Les cornes se développent par un point d'ossification spécial, au niveau de la suture fronto-parietale, et ne se soudent que tardivement au crâne (*cornes epiphysaires*) (fig. 154). En outre de ces cornes, communes aux deux sexes, le mâle porte un tubercule de même nature, au milieu du *chanfrein*. On désigne sous ce dernier nom, chez les animaux, la partie antérieure de la tête, entre les yeux et les naseaux. Cou tres long. Pas de larmiers ni de glandes interdigitales. Ligne du dos très inclinée du garrot à la croupe ; d'où le nom de *Déclives* (*Devexa*), la déclivité étant déterminée par la longueur décroissante des apophyses épineuses, non par les jambes qui sont d'égale longueur.

Fig. 154 — Tête de Girafe

Girafe (*Camelopardalis Giraffa*). Le plus haut des Mammifères terrestres (6 m.) ; se nourrit de feuillages et d'herbes, mais ne peut brouter celles-ci qu'en écartant les jambes de devant, marche l'amble, ne trotte pas, mais galope très bien. Intérieur de l'Afrique.

F. ***Cavicornes*** (*cavus*, creux ; *cornu*, corne). — *Ruminants à cornes frontales cornées, persistantes et creuses, à placenta cotylédonaire.*

Les cornes se développent autour d'une apophyse de l'os frontal, tantôt pleine (Antilopiens), tantôt creuse à la base ou sur toute la longueur (autres Cavicornes), recouverte par une couche cutanée qui sécrète l'étui corné. Celui-ci est permanent et croît, pendant toute la vie, par l'apposition de nouvelles couches à l'intérieur. Chez les mâles, les cornes sont constantes et plus développées que chez les femelles, qui en manquent souvent. La castration peut (Mouton) ou non (Bœuf) arrêter le développement des cornes.

1° ***Antilopiens***. — *Cornes verticales ou peu divergentes, droites ou courbes. Deux ou quatre mamelles.*

Groupe de formes très variées. Quelquefois des larmiers et des glandes inguinales. Des cornes dans les deux sexes ou seulement chez les mâles. En général, pelage ras et pas de barbe au menton. Animaux très rapides à la course. Pas d'espèces domestiquées. Chair appréciée.

Fig. 155. — Tête de Gazelle

a. *Antilopiens d'Amérique.* — Deux espèces seulement : la plus connue est l'Antilope à fourches (*Antilocapra americana*), la seule Antilope dont les étuis cornés se renouvellent et portent un andouiller. Montagnes Rocheuses.

b. *Antilopiens d'Europe.* — Deux espèces seulement : 1° Chamois (*Rupicapra rupicapra*). Aspect d'une Chèvre à cornes en crochets ; appelé *Izard* dans les Pyrénées, *Atschi* dans le Caucase ; chair des jeunes surtout appréciée. — 2° Saiga (*Colus tartaricus*). Cornes courtes, en lyres ; nez boursouflé, grotesque ; taille d'un Daim. Russie.

c. *Antilopiens d'Asie.* — Tetracère (*Tetraceros quadricornis*). Mâle pourvu de deux paires de cornes, l'une au-dessus des yeux, l'autre entre les oreilles; femelle sans cornes. Bengale. — Sassi (*Antilope cervicapra*). Longues cornes droites, annelées en spirale, manquant chez la femelle ; vénéré des Indous. Bengale. — Nilgau (*Portax pictus*). Cornes courtes et droites ; taille d'un Cerf ; coloration gris bleu « Bœuf bleu ». Indes.

d. *Antilopiens d'Afrique.* — Espèces très nombreuses. — Gazelle (*Antilope dorcas*). Cornes en lyre; jambes fines. Ses excréments contiennent une résine aromatique dont l'odeur rappelle celle du musc. — Antilope a sabre (*Hippotragus leucoryx*). Grandes cornes droites ; ont donné lieu a la fable des Licornes. — Canna (*Oreas canna*). La plus grande Antilope. Aspect d'un Bœuf a cornes droites et munies d'une carène, qui les contourne en hélice. — Gnou (*Catoblepas gnu*). Tête de Buffle ; crinière et queue de Cheval ; pieds de Cerf.

2° ***Boviens.*** — *Cornes arquées en dedans, le plus souvent lisses, arrondies, a chevilles creuses. Chanfrein plat. Museau tronque, généralement nu, a narines écartees* (mufle). *Un repli cutané* (fanon) *sous le cou. Queue plus ou moins longue, ordinairement terminee par une touffe de poils. Quatre mamelles, dans la majorite des cas.*

Pas de larmiers ni de glandes interdigitales. Animaux à formes lourdes et trapues. Vivent en troupe dans les plaines et les pays marecageux de la plupart des contrees, excepte en Australie et dans l'Amérique du Sud.

Probubales (*Probubalus*). Cornes courtes, droites. L'Anoa (*P. depressicornis*) des Celèbes, de la taille d'une Génisse, se rapproche des Antilopes (Antilope des Célebes). — Buffles (*Bubalus*). Pelage noir, tres clairsemé ; front court et bombé, armé de cornes noires ; habitent les parties marécageuses des régions chaudes de l'ancien continent. Les uns à cornes rondes et rapprochées a la base : *B. caffer*, de l'Afrique centrale. Les autres a cornes comprimées et distantes a la base : Buffle ordinaire (*B. buffelus*) ; peau presque nue ; domestiqué depuis les Indes où il vit a l'etat sauvage (*Arni*) jusqu'en Italie où il est tres utile a l'agriculture ; le seul des Animaux domestiques résistant bien aux actions paludéennes. — Bisons (*Bison*). Toison épaisse ; cornes courtes, partant de la base d'un front large et bombé, couvert de poils crépus ; garrot très élevé. Deux espèces : l'une d'Europe (*B. europæus*), dans le Caucase ; l'autre, de l'Amérique du Nord (*B. americanus*), le plus grand Mammifère d'Amérique, chassé pour sa chair, sa toison et son cuir. — Yacks (*Poephagus*). Animaux a front de Bison, cornes de Bœuf (pouvant manquer) et queue de Cheval (fig. 156). Mufle velu ; une saillie au garrot. Asie centrale. *P. grunniens*, vulgairement « Bœuf grognant » a cause de sa voix ; queue à longs poils, dont on fait des chasse-mouches, des ornements ou des emblemes de guerre (queues des pachas et des beys). Le géant des Boviens; couvert d'une toison laineuse ; pelage noir chez l'Animal sauvage, de couleur variable chez l'Animal domestiqué. Celui-ci rend de grands services sur les hauts plateaux du Tibet, comme bête de somme; on utilise aussi sa chair, son lait, sa laine, dont on confectionne des etoffes de drap.

Fig. 156. — Yack.

Bœufs (*Bos*). Cornes en croissant, au-dessus d'un front long et plat, pelage grossier et ras.

A. *Bœufs sauvages.* — Garrot relevé, sans bosse, cornes courtes. — Aurochs (*Bos primigenius*), disparu au XVIIe siecle. — Gayal (*B. frontalis*). Indes. — Gaure (*B. Gaurus*), Indes. — Banteng (*B. sondaicus*). Iles de la Sonde.

B. *Bœufs errants* ou *redevenus sauvages.* — Garrot peu accentue, sans bosse. — Bœuf des steppes (*B. desertorum*). Cornes tres longues et tres écartées. Asie centrale ; Hongrie ; Italie. Les Taureaux de la Camargue (à cornes presque droites) et ceux de l'Andalousie (a cornes recourbées en dehors) fournissent des animaux de combat, dans le midi de la France et en Espagne.

C. *Bœufs domestiques.* 1° *Bœufs ordinaires.* — Pas de bosse au garrot. Bœuf domestique (*Bos taurus*) [Mâle = *taureau*, châtré = *bœuf*; jeune = *veau*, devenant *taurillon*, s'il reste entier ; *bouvillon*, s'il a été emasculé. Femelle = *vache*; jeune = *véle*, puis *genisse* depuis l'âge d'un an jusqu'a ce qu'elle ait fait son premier veau]. Gestation : neuf mois. La Vache fait quelquefois deux petits. Durée de la vie : quinze a dix-huit ans. La fonction économique la plus essentielle des Bœufs domestiques est la production de la viande (1) ; mais celle-ci peut nous

(1) Le Bœuf est le premier des Animaux de boucherie. Sa chair est d'un rouge vif veine de blanc et meilleure en hiver, parce qu'on peut la laisser mortifier. Le *filet* de Bœuf (psoas) est le morceau de beaucoup le plus estime L'*aloyau* (*longe* chez le Veau) a droite et a gauche de l'échine, au-dessus du filet, sert a faire le « roastbeef ». Les côtes (*carré* chez le Veau et le Mouton) font suite à l'aloyau, en remontant vers le cou, c'est d'elles qu'on tire les entrecôtes. La *culotte* (*quasi* chez le Veau), qui va de l'aloyau a la queue, sert a faire les rumsteaks en Angleterre Le *gîte à la noix*, situé derriere l articulation de la hanche, la *tranche grasse* ou partie externe de la cuisse et le *paleron*, portion a laquelle adhere l'omoplate (*palette*), servent surtout a faire le bouillon, qui est d'autant meilleur que la viande est plus fraîche.

transmettre le Ténia inerme, ainsi que les Bacilles de la tuberculose et du charbon. Le lait (qui peut aussi nous transmettre le Bacille de la tuberculose, quand il n'a pas bouilli) est utilisé, soit en nature, soit sous forme de beurre ou de fromage. Enfin les Bœufs produisent de la force motrice et sont utilisés comme animaux de travail. De là, trois races bovines : les *races de boucherie*, les *races laitieres*, les *races travailleuses*, ayant chacune des qualités différentes, correspondant aux trois facteurs : *viande, travail, lait.* — Les Bœufs fournissent encore du *suif* (nom qu'on donne aussi a la graisse du Mouton et de la Chèvre), utilisé pour la fabrication des bougies et du savon; du cuir servant a confectionner des chaussures; des poils employés, sous le nom de *bourre*, a faire des tissus grossiers; des cornes et des os avec lesquels on fabrique divers objets, une *huile de pied de bœuf* employée dans l'industrie. Le sang sert a clarifier les liquides; enfin la fiente (*bouse*), excellent engrais, peut être brûlée, dans certains pays pauvres. Le Bœuf est le plus utile des Cavicornes et l'Animal domestique du plus grand rapport (1).

Le *gras-double* est fourni par les diverses parties de l'estomac Le sang de Bœuf est inferieur à celui du Porc, au point de vue culinaire Comme les charcutiers des villes melangent ces deux sortes de sang dans la confection des boudins, il en resulte que leurs produits sont loin de valoir ceux qu'on prepare uniquement au sang de Porc, dans les menages. La viande de Veau est une viande blanche appreciée pour sa delicatesse. La bonne viande de Veau devient blanche en cuisant. Les principales parties du Veau sont la *longe*, les *carres*, le *cuissot* (rouelle), la *tête* et le *ris* (nom donné au thymus, a cause des grains glanduleux de l'organe). On mange aussi la poitrine, l'épaule, les rognons, la cervelle (meilleure que celle du Mouton et surtout que celle du Bœuf), les pieds, la langue, la *fraise* (mesentere), le foie et même le *mou* (poumon).

(1) Jusqu'a quatre ans, on connaît l'âge des Bœufs au renouvellement de leurs incisives. A partir de trois ans, un nouvel étui de matiere cornee s'ajoute, chaque annee, a l'interieur de la corne qu'il pousse devant lui, en developpant a sa base un bourrelet circulaire. On a donc l'âge d'un Bœuf en ajoutant le nombre trois a celui des cercles de la base des cornes.

Le Bœuf ne convient pas autant que le Cheval pour porter des fardeaux, mais il est plus robuste et moins sujet aux maladies. Dans la plus grande partie de la France, les travaux de la culture sont exécutes par le Bœuf, dont le travail est toujours moins coûteux que celui du Cheval. Le Bœuf n'a pas d'emploi comme moteur, en dehors des travaux de l'agriculture, il semble avoir ete fait expres pour la charrue, genre de travail pour lequel il faut plus de masse que de vitesse et plus de constance que d'ardeur. — Les races laitieres ne prosperent pas dans le midi de la France, ou, par suite, le beurre est rare, ainsi que le lait. La Vache normande peut donner jusqu'a 20 litres de lait par jour Certaines Vaches donnent le lait bon toute l'annee, a l'exception des quinze jours qui precedent et suivent le vêlage: d'autres tarissent des le septieme mois de la gestation. — La domestication du Bœuf remonte a l'âge de la pierre polie, elle a debute en

2° *Bœufs à bosse* ou *Zebus*. — Une loupe graisseuse (*bosse*) sur le garrot. Zébu (*Bos indicus*). Une bosse, quelquefois deux bosses l'une derrière l'autre : cornes variables ; fanon très développé (fig. 157) ; sauvages ou domestiqués ; trottent et galopent comme les Chevaux ; servent de montures, de bêtes de somme et de trait, grognent comme le Yack, au lieu de mugir comme nos Bœufs. Indes et Afrique. Au Tibet, le produit (*Dzo*) de l'accouplement du Zébu mâle et de l'Yack femelle tient le premier rang parmi les bêtes de somme ; il jouit d'une fécondité indéfinie.

Fig 157 — Zébu

Ovibos (*Ovibos*). Cornes rapprochées l'une de l'autre, sur le sommet de la tête, et descendant en avant pour se recourber en hameçon (fig. 158). Chanfrein busqué. Pas de mufle ni de barbe au menton. Queue très courte. Le « Bœuf musqué » (*O. moschatus*), a l'aspect d'un Mouton et la taille d'une Genisse ; pas de larmiers ; corps couvert de poils longs, très touffus, d'un brun noirâtre. Vit par troupes sur les montagnes du Groenland ; chair à goût musqué.

Fig 158. — Tête d'Ovibos

3° ***Oviens***. — *Cornes enroulées en hélice. Front plat. Chanfrein plus ou moins busqué. Menton imberbe. Queue ordinairement longue et pendante, velue partout. Deux mamelles plus ou moins globuleuses, à mamelons divergents.*

Des fossettes lacrymales. Au-dessus de la fourche, des *glandes interdigitales* constituent un *canal biflexe* en forme de poche repliée sur elle-même, dont l'ouverture est située près de la division des phalanges. Ce canal sécrète une humeur à odeur forte. Pelage formé d'un mélange de laine et de poils courts. Chair estimée. Les deux sexes sont pourvus de cornes, mais celles de la femelle sont toujours plus petites et moins tordues.

Orient Les monuments de l'Assyrie et de l'ancienne Égypte représentent à la fois le Bœuf et le Zébu déjà domestiqués Les Égyptiens adoraient le dieu Apis, sous la forme d'un Bœuf. La déesse Isis était représentée avec des cornes de Vache sur la tête.

A. *Moutons sauvages* ou *Mouflons* (*Musimon*). — Queue courte. Pelage rude et épais. Cornes peu enroulées. — Mouflon a manchettes (*M. tragelaphus*). Pas de larmiers ; cornes énormes (avec lesquelles on représente Jupiter Ammon). Chaîne de l'Atlas. — Argali (*M. Argali*). La plus grande espèce de Mouton; taille d'un Cerf. Asie Centrale. — Mouflon d'Europe (*M. musimon*). Taille d'un fort Mouton ; chassé pour sa chair. Corse et Sardaigne.

B. *Moutons domestiques* (*Ovis*). — Queue longue. Pelage laineux. Cornes plus enroulées que celles des Mouflons [Mâle = *belier*; mâle châtré = *mouton* ; femelle = *brebis*, jeunes = *agneaux* ou *agnelles*, la premiere année]. Gestation : cinq mois. Dans nos pays, les Brebis ne produisent qu'une fois par an et ne font guère qu'un petit par portee. Durée de la vie. douze à quinze ans. La fonction economique du Mouton est de fournir a la fois de la viande (1) et de la laine (2) ; mais on se passerait plus facilement de sa chair que de sa laine. Sa peau est utilisée ; son lait, consommé dans certaines localités du Midi, sert à la fabrication du fromage de Roquefort (3) et de quelques autres fromages ; son fumier est riche.

4° ***Capréens.*** — *Cornes arquées en arriere. Front deprime. Chanfrein*

(1) La viande de Mouton ne contient pas de parasites transmissibles a l'Homme, elle est surtout bonne dans les pays a pâturages riches en plantes aromatiques et aussi sur les bords de la mer (*Moutons de pres salés*). Toutes les parties du Mouton sont utilisables. les plus delicates sont le gigot, le râble, les côtelettes, puis viennent les epaules et la poitrine. Les boyaux servent d'enveloppes pour les saucissons. La viande d'Agneau se mange aux environs de Pâques.

(2) Dans la toison, on distingue des poils droits et raides (*jarres*), d'autres souples, ondules, frises ou vrilles (*laine*). La laine est impregnee d'une matiere grasse (*suint*) secretee par des glandes cutanees ; la plus appréciee se trouve sur les parties laterales des epaules et des hanches (*mere laine*). Un lavage energique est necessaire pour enlever le suint On lave le Mouton avant de le tondre (*lavage à dos*), on peut aussi, apres avoir tondu le Mouton, laver la *laine en suint*, de maniere a l'obtenir semblable (*laine desuintée*) à celle du Mouton lave. La tonte s'opere au moyen de longs et larges ciseaux designes sous le nom de « forces » La couleur du Mouton est le blanc, le brun et le noir. La laine blanche est la plus estimee; celle qu'on reserve pour les fines étoffes provient des *Moutons merinos*, principalement elevés en Espagne La laine est, par excellence, la matiere premiere du vêtement, c'est avec elle qu'on fabrique le drap, la flanelle et toutes les etoffes les plus propres a nous defendre du froid

(3) Le fromage de Roquefort (Aveyron) est fabrique avec un melange de lait de Brebis et de lait de Chevre On le saupoudre de pain moisi qui amène la formation de veines bleuâtres dues au developpement des sporos du *Penicillium glaucum* Le lait de Brebis entre aussi dans la composition des fromages de Sassenage (Isere) et de Septmoncel (Jura).

plat. Menton barbu. Queue courte, relevee, nue en dessous. Deux mamelles pendantes, a longs mamelons, separees par un raphe velu. Mâles (boucs) *a odeur desagréable.*

Pas de larmiers ni de canal biflexe. Pas de véritable laine. Chair peu estimée, conservant une odeur de bouc due à l'acide hircique. Les espèces sauvages habitent les hautes montagnes. Animaux grimpeurs et sauteurs; femelles à cornes toujours plus petites que celles des mâles, quelquefois nulles.

Haplocères (*Haplocerus*). Cornes arrondies, rappelant celles des Chamois. Intermédiaires entre les Antilopes et les Chèvres. La Chèvre des Montagnes Rocheuses (*H. americanus*), est recherchée des chasseurs. — Bouquetins (*Ibex*). Cornes énormes, triangulaires ou quadrangulaires, à face antérieure large, munie de fortes tubérosités. Barbiche rudimentaire ou nulle. Animaux des plus hautes régions de l'Europe et de l'Asie. Le Bouquetin des Alpes (*I. alpinus*) est devenu tres rare.

Fig 159. — Tête de Bouc.

Chèvres (*Capra*). Cornes carenées en avant; une barbiche au menton, quelquefois deux appendices cutanés au-dessous du cou. Cornes et barbiche plus développées chez les mâles (fig. 159), manquant chez un petit nombre de femelles.

A. *Chevres sauvages.* — *C. Falconeri.* Tibet. *C. ægagrus.* Perse, Asie Mineure, Grèce.

B. *Chevres domestiques* (*C. hircus*). — Paraissent descendre des Chèvres précédentes et varient beaucoup [Mâle = *bouc*; femelle = *chèvres*; jeunes = *chevreaux*, *cabris* ou *biquets* pour les mâles : *chevrettes*, *cabres* ou *biques* pour les femelles]. Gestation : cinq mois. La Chevre fait généralement deux petits et vit de douze a quinze ans. Sa chair ne se vend pas comme viande de boucherie; celle des jeunes est seule livrée a la consommation aux environs de Pâques. Animal utile par son lait, employé à l'état naturel et pour la fabrication des fromages, mais rarement utilisé pour faire du beurre, a cause de sa pauvreté en graisse ; nuisible a la culture forestiere, par la destruction qu'il fait des plants et des jeunes pousses. La peau de la Chèvre sert a faire des chaussures et celle du Chevreau à fabriquer des gants (1).

(1) *Chèvres d'Europe.* Chevilles osseuses verticales; poils longs et

ORDRE X. **Siréniens** (*siren*, sirène). — *Mammifères marins munis d'une nageoire caudale, couverts de soies peu nombreuses.*

Dentition surtout composée de molaires tuberculeuses. Pas de canines. Utérus bicorne. Placenta diffus. Deux mamelles pectorales. Tête distincte du tronc, dépourvue d'oreilles externes, avec les narines au bout du museau. Gros animaux pisciformes, couverts de poils clairsemés, pourvus de membres antérieurs ou nageoires pectorales mobiles à l'épaule et au coude, dépourvus de nageoires abdominales et dorsales. Corps terminé par une nageoire caudale formée d'un feutrage de fibres cornées. Herbivores, marins ou fluviatiles, ne sortant de l'eau que très rarement.

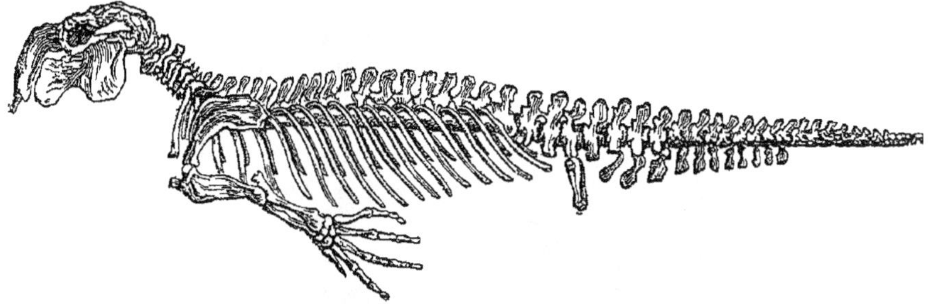

Fig 160. — Squelette de Dugong

Dugongs (*Halicore*). Deux incisives supérieures en forme de défenses; pas d'ongles ; nageoire caudale horizontale, en croissant. Océan Indien et ses dépendances. — Lamantins (*Manatus*). Pas d'incisives ; des ongles; nageoire caudale verticale et ovale ; chair savoureuse. Sénégal ; fleuve des Amazones.

ORDRE XI. **Édentés** (*e* priv. ; *dens*, dent). — *Placentaires terrestres. Dentition homodonte et monophyodonte.*

grossiers, non mélangés de duvet Le lait de la *Chèvre des Alpes* sert à la fabrication des fromages de Saint-Marcellin et de Sassenage dans l'Isère. La *Chèvre du Poitou* n'a généralement pas de cornes, même chez les mâles, elle présente une variété blanche. — *Chèvres d'Asie* Chevilles osseuses inclinées en arrière Poils longs, en mèches ondulées ou vrillées, sous lesquelles existe un duvet fin et soyeux (*cachemire*). La *variété de Cachemire* n'a jamais de cornes et est couverte de longs poils à peine flexueux, qui servent à fabriquer les cachemires ou châles de l'Inde. — *Chèvres d'Afrique*. Pas de barbiche, chevilles osseuses courtes ou nulles, oreilles longues et pendantes ; poils ras, mamelles globuleuses, à mamelons courts. La *Chèvre d'Egypte* ou de *Nubie* sert de transition entre les Chèvres et les Moutons. Elle rend de grands services en Algérie, où il est difficile d'avoir du lait de Vache.

Dentition incomplète ou nulle ; dents sans racines ni émail. Pas d'incisives (excepté chez le Tatou à six bandes) ni de canines (excepté

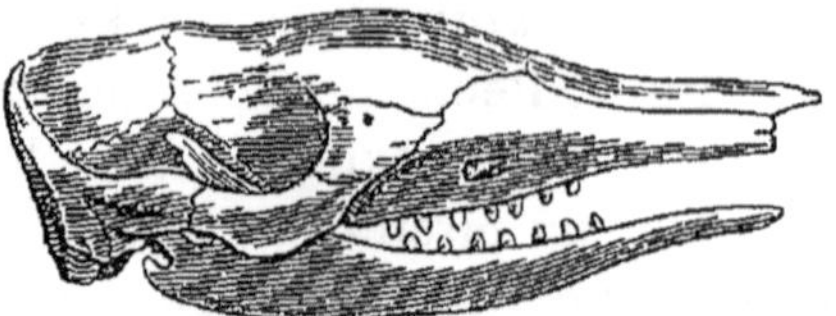

Fig. 161. — Crâne de Tatou.

Fig 162. — Crâne de Fourmilier

chez l'Unau). Molaires quelquefois très nombreuses (une centaine chez le Tatou géant, le plus endenté des Mammifères terrestres). Clavicules. Membres subongulés, à griffes falciformes. Nocturnes. N'existent pas en Europe.

Fig 163. — Aï.

A. **Bradypopidés** (βραδύς, lent ; πούς, pied). — *Édentes a tete globuleuse. Queue courte ou nulle.*

Estomac multiple. Placenta discoïde. Mamelles pectorales. Os jugaux munis d'une apophyse descendante caractéristique (*apophyse massétérine*). Pelage long et grossier. Animaux arboricoles, ressemblant à des singes ; mouvements lents Appuient sur le sol le bord externe du pied. Phytophages. Amérique du Sud.

Paresseux (*Bradypus*). Aï (*B. tridactylus*) ; tridactyle. Unau (*B. didactylus*) ; membres antérieurs didactyles ; les postérieurs tridactyles.

B. **Dasypodidés** (δασύς, vigoureux). — *Édentés a tête allongee. Langue courte. Queue longue.*

Placenta discoïde. Mamelles pectorales. Un revêtement composé de petites plaques dermiques ossifiées, flexible pendant la vie, formant le plus souvent trois cuirasses continue pour la tête, les épaules, le bassin. Animaux fouisseurs, plantigrades, omnivores, surtout insectivores. Amérique du Sud.

Tatous (*Dasypus*). Corps non tronqué en arriere. Chair grasse, à odeur et à saveur mauvaises, mangée néanmoins par les naturels de l'Amérique du Sud. Tatou géant (*Prionodon gigas*) ; du Paraguay. — Chlamydophores (*Chlamydophorus*). Corps tronqué en arrière ; le plus petit des Dasypodides.

C. **Vermilingues** (*vermis*, ver ; *lingua*, langue). — *Édentés a tête allongee. Langue tres longue, vermiforme. Queue longue.*

Placenta diffus (zonaire chez les Oryctéropes). Mamelles pectorales

Fig 164 — Oryctérope.

avec ou sans ventrales. Vivent de Fourmis qu'ils prennent en introduisant leur langue dans les fourmilières.

Orycteropes (*Orycteropus*). Des molaires ; corps à poils ras, long de deux mètres ; un groin rappelant celui du Cochon et une queue analogue a celle du Kangourou (fig. 164) ; chair estimée. Le Cap ; le Senégal.— Fourmiliers (*Myrmecophaga*). Pas de dents (fig. 162) ; corps velu. Amérique du Sud. Le Tamanoir (*M. jubata*) est le plus grand des Fourmiliers. — Pangolins (*Manis*). Pas de dents ; corps couvert d'ecailles imbriquées. Afrique et Indes.

ORDRE XII. **Cétacés** (κῆτος, baleine). — *Placentaires pisciformes a corps glabre et a nageoire caudale. Dentition homodonte et monophyodonte, quelquefois nulle.*

Dentition composée tantôt de dents coniques, simples et d'une seule sorte, aux deux mâchoires ou a l'une d'elles seulement (Denticètes), tantôt de lames cornees en forme de faux (*fanons*) descendant de la machoire supérieure et de la voûte palatine (Mysticetes). Isthme du gosier étroit. Estomac généralement composé de trois compartiments. Utérus bicorne. Placenta diffus. Deux mamelles abdominales sur les côtés de la vulv dans une depression de la peau en forme de fente

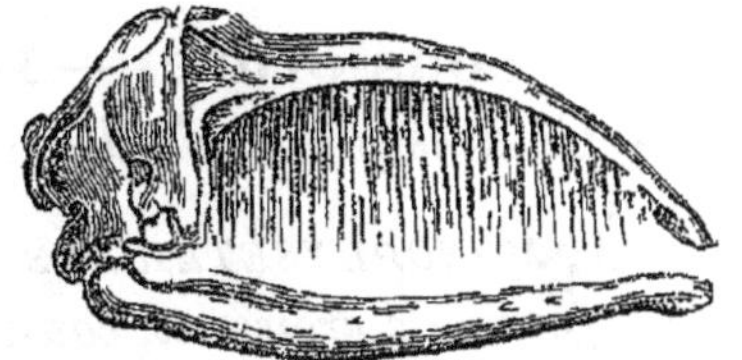

Fig. 165. — Crâne et fanons de la Baleine.

longitudinale. Tête énorme, non distincte du tronc, portant latéralement deux petits yeux en arrière, dépourvue d'oreilles externes Narines s'ouvrant au sommet du front par un ou deux orifices (*évents*), qui livrent passage à l'air expiré (*souffle*) Celui-ci produit, a quelque distance de la tête, au contact de l'atmosphère froide et humide, un panache simple ou double d'épais brouillard, que l'on a pris, pendant longtemps, pour un jet d'eau rejeté par les évents Fosses nasales verticales, ne servant pas a l'olfaction (nerf olfactif atrophié), fermées en bas par le larynx saillant a leur intérieur, ce qui permet à la respiration et a la déglutition de s'accomplir simultanément, le sommet de la tête étant a fleur d'eau. Gros Animaux, pisciformes, a peau glabre chez les adultes, épaisse, penétrée de

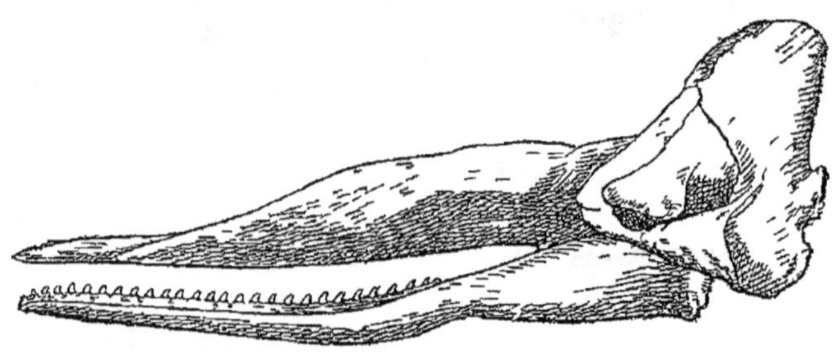

Fig 166 — Crâne de Cachalot.

graisse, non susceptible d'être tannée. Deux nageoires pectorales, mobiles seulement a l'épaule et dépourvues d'ongles ; pas de nageoires abdominales ; une nageoire caudale horizontale ; quelquefois une dorsale. Presque tous marins ; quelques-uns fluviatiles, tous carnivores, se nourrissant de petits Animaux (Poissons, Mollusques, etc.) qu'ils engloutissent en quantites considérables ; ne quittant jamais l'eau ; s'échouant quelquefois et mourant rapidement, s'ils ne peuvent se remettre a flot ; s'écrasant, pour ainsi dire, sous leur propre masse. Les grandes especes sont chassées pour leur graisse, leurs dents ou leurs fanons.

1er **Sous-ordre. — Denticetes** (*dens*, dent ; *cete*, cétacés). — *Cétacés munis de dents et dépourvus de fanons.*

A. *MONOPHYSETERIDES* (μονος, seul ; φυσητήρ, évent). *Un seul évent en forme de croissant, constitué par la reunion des deux narines.*

A. **Delphinidés.** — *Des dents aux deux mâchoires.*

1° *Une nageoire dorsale.*

Plataniste (*Platanista gangetica*). Gange et ses affluents. — Inia (*Inia amazonica*). Rivière des Amazones. — Dauphin (*Delphinus delphis*). Environ 200 dents. Bouche prolongée en forme de bec. Océan et Méditerranée. — Marsouin ou « Cochon de mer » (*Phocæna communis*). — Epaulard (*Orca gladiador*). Le plus redoutable des Cétacés.

2° *Pas de nageoire dorsale.*

Bélouga ou Delphinaptère (*Beluga leucas*). Corps d'un blanc jaunâtre; chair appréciée des Esquimaux.

B. ***Monodontidés.*** — *Pas de dents a la mâchoire inférieure; deux dents a la mâchoire superieure.*

Narval ou « Licorne de mer » (*Monodon monoceros*). Les deux dents de la mâchoire supérieure sont des canines et restent petites chez les femelles. Chez les mâles, l'une d'elles, le plus souvent celle de gauche, prend un développement considérable. Pas de nageoire dorsale.

C. ***Hyperoodontidés.*** — *Pas de dents a la mâchoire supérieure; deux dents permanentes a la mâchoire inferieure.*

Butskof (*Hyperoodon rostratus*). Une nageoire dorsale. Chassé pour son huile qu'on melange avec le spermaceti.

B. *DIPHYSETERIDES* (δίς, deux). — *Deux évents separes, dont un seul (le gauche) fonctionne pour la respiration.*

D. **Catodontidés.** — *Mâchoire inférieure avec dents coniques, la supérieure sans dents.*

Cachalot (*Catodon macrocephalus*). Tête énorme, tronquée verticalement, renflée par une grande quantité de graisse liquide (*spermaceti, blanc de baleine* ou *cétine*) qui s'amasse dams la fosse nasale droite développée en deux sacs énormes, la gauche restant normale (Pouchet et Beauregard) (1). Une nageoire dorsale longue et basse (fig. 167). Chassé pour la cétine, l'huile de son lard et l'ambre gris (2).

2e **Sous-ordre. — Mysticètes** (*myxtax*, moustache, fanon). — *Cetaces dépourvus de dents et munis de fanons. Deux évents.*

(1) Le spermaceti ne provient pas de glandes speciales; il paraît se former dans le tissu conjonctif, a la façon de la graisse. Liquide pendant la vie, il se dedouble, apres la mort, en une substance jaunâtre constituée par des lamelles cristallines et une huile qui reste liquide Il sert a la fabrication des bougies de luxe et a la preparation des cosmetiques

(2) L'ambre gris est une substance qui, a l'état frais, émet une odeur fecale . aussi l'a-t-on regarde comme n'etant autre chose que des excrements de Cachalot En vieillissant, il acquiert un parfum aromatique dû a une matiere balsamique speciale (*ambreine*). On le retire du Cachalot, mais on le trouve aussi a la surface de la mer, sous forme de boules flottantes, surtout dans l'ocean Indien Autrefois employé en medecine, comme antispasmodique, il ne sert plus guere qu'en Orient, pour des fumigations odorantes.

Des dents existent chez l'embryon, mais elles disparaissent avant la naissance. Les fanons fournissent la baleine du commerce. Effilés et frangés à leur extrémité libre, plus longs au milieu de la mâchoire qu'à ses deux extrémités, ils sont recouverts par la lèvre inférieure, quand la bouche est fermée. Œsophage étroit. Deux évents séparés.

A. ***Baleinoptéridés*** (baleine; πτερον, nageoire). *Une nageoire dorsale. Fanons courts. Des plis longitudinaux sous la gorge et la poitrine.*

Rorquals ou Baleinoptères (*Balænoptera.*) Nageoires pectorales

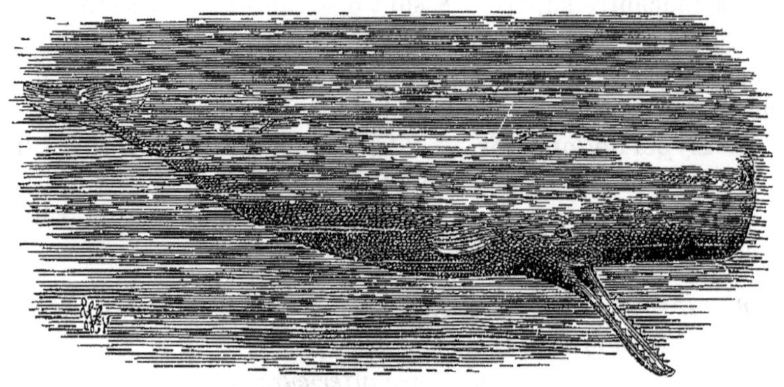

Fig. 167 — Cachalot

courtes; corps allongé. — Mégaptères (*Megaptera*). Nageoires pectorales très longues; corps relativement court.

B. ***Baleinidés*** (φάλαινα, baleine). — *Pas de nageoire dorsale. Fanons longs. Face ventrale lisse.*

Baleine (*Balæna*). B. franche (*B. mysticetus*). Atteint quelquefois 30 mètres de long, pèse autant que deux cents Bœufs; n'a pas les yeux plus gros que ceux du Bœuf; peut avoir jusqu'à sept cents fanons; un seul petit à la fois (*Baleineau*), de la grosseur d'un Bœuf et velu. Mers septentrionales, à partir du 65e degré de latitude. B. australe (*B. australis*); moins volumineuse. Mers du Sud.

SOUS-CLASSE II. — IMPLACENTAIRES.

ORDRE XIII. **Marsupiaux** (μαρσύπιον, bourse). — *Mammifères implacentaires vivipares; une poche ventrale où se termine le développement des jeunes; deux baguettes osseuses* (os marsupiaux) *attachées au bassin.*

Système dentaire très variable; une seule dent se renouvelle de chaque côté, à chaque mâchoire et est considérée comme la dernière prémolaire. Maxillaire inférieur présentant un condyle transversal et une apophyse angulaire dirigée et dedans. Deux os marsupiaux. Pénis terminé par un gland bifide. Deux utérus. Deux vagins. Rectum et organes génito-urinaires s'ouvrant au dehors par des orifices distincts. Mamelles pourvues de longs mamelons, situées au fond d'une poche ventrale (*poche marsupiale*), où les petits sont introduits après leur naissance et restent suspendus aux tétines de la mère, pour achever leur développement. Pas de placenta. Petits naissant aveugles, nus, avec des membres à peine indiqués; gros comme un grain de café chez un animal de la taille d'un Chat. Claviculés. Onguiculés; généralement pentadactyles. Cerveau à corps calleux rudimentaire. Couverts de poils doux et serrés. D'Australie ou des régions voisines, excepté les Didelphyidés qui habitent l'Amérique.

1er **Sous-ordre. — Diprotodontes** (δίς, deux; πρῶτος, premier; ὀδούς, dent). — *Deux incisives inférieures. Canines petites ou nulles. Herbivores.*

A. ***Poephages*** (ποία, herbe). *Six incisives supérieures. Membres postérieurs beaucoup plus longs que les antérieurs. Pas de gros orteils.*

Pattes antérieures courtes, pentadactyles. Pattes postérieures très allongées dans leurs divers segments. Queue robuste, longue, servant, avec les pieds de derrière, à la station et au saut. Herbivores; à estomac très allongé; broutant à la manière du bétail et constituant le gibier d'Australie.

Kangourous (*Macropus*). De grande taille. — Potorous « Kangourous-Rats » (*Hypsiprymnus*). De petite taille.

B. ***Carpophages*** (καρπος, fruit). — *Six incisives supérieures. Membres égaux. Gros orteil opposable.*

Animaux grimpeurs, frugivores, nocturnes, correspondant aux Lémuriens. Phalangers (*Phalangista*). Queue préhensile, plus ou moins touffue. Quelques-uns (*Petaurus*), pourvus d'un parachute membraneux étendu entre les membres, correspondent plus spécialement aux Galéopithèques. — Koalas (*Phascolarctos*). Queue rudimentaire; les deux doigts internes opposables aux trois autres.

C. ***Rhizophages*** (ῥίζα, racine). — *Deux incisives supérieures. Membres égaux pentadactyles.*

Phascolomes ou Wombats (*Phascolomys*). Pas de canines. Sortes de Rongeurs Implacentaires; creusent des terriers; vivent de racines; chair délicate.

2e **Sous-ordre.** — **Polyprotodontes** (πολύς, nombreux). — *Au moins six incisives à la mâchoire inférieure. Canines fortes Carnassiers.*

A. ***Péramélidés*** (πήρα, besace; *meles*, blaireau). — *Dix incisives supérieures. Queue préhensile presque nue. Pas de pouces ni de gros orteils.* Correspondent à nos insectivores.

Bandicouts (*Perameles*). Poche s'ouvrant en arrière. — Cheropes (*Chœropus*). Pieds postérieurs monodactyles.

B. ***Didelphyidés*** (δίς, deux; δελφυς, matrice). — *Dix incisives supérieures. Queue préhensile, presque nue. Gros orteil opposable.*

Sarigues (*Didelphys*). Doigts libres; poche bien développée chez les uns, rudimentaire chez les autres. Ceux-ci portent, sur le dos, leurs petits qui enroulent leur queue autour de celle de la mère. Insectivores. — Chironectes (*Chironectes*). Pattes postérieures palmées, seuls Masurpiaux à vie aquatique. Piscivores.

C. ***Dasyuridés*** (δασυς, poilu; οὐρά, queue). *Huit incisives supérieures. Queue non préhensile, touffue.*

Correspondent à nos Carnivores.

Thylacines (*Thylacinus*) « Loup zèbre »; taille et férocité du Loup. — Myrmécobies (*Myrmecobius*) Cinquante-quatre dents; les mieux endentés des Marsupiaux. —Phascogales (*Phascogale*). Rappellent nos Écureils. — Dasyures (*Dasyurus*). Rappellent nos Fouines.

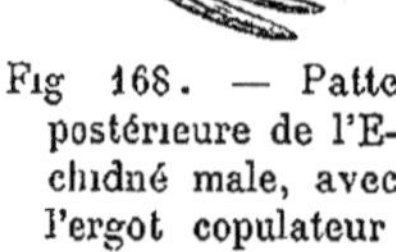

Fig 168. — Patte postérieure de l'Echidné male, avec l'ergot copulateur

XIV. **Monotrèmes** (μόνος, seul; τρῆμα, orifice). — *Mammifères ovipares munis d'os coracoïdes, et présentant un cloaque.*

Ce sont les Mammifères qui ont les caractères les plus primitifs.

Crâne à os fusionnés entre eux, comme chez les Oiseaux; face allongée en un bec corne dépourvu de véritables dents. Un cloaque. Une vessie urinaire reliée au cloaque par un canal génito-urinaire dans lequel s'ouvrent les uretères et les conduits génitaux. Mâles pourvus de deux testicules renfermés dans l'abdomen; présentant, sur les pattes postérieures, un ergot (fig. 168) creusé d'un canal en communication avec une glande non venimeuse. Cet ergot du mâle joue probablement un rôle pendant la copulation, car il peut pénétrer dans une fossette qui lui correspond, sur les pattes de la femelle. Ovaires inégaux : le droit atrophié, presque stérile. Pas d'utérus proprement dit, ni de vagin. Mamelles sans mamelons, abdominales, constituées par des glandes en tube, déversant le lait directement au dehors (Ornithorhynque) ou dans le fond d'une poche abdominale (Echidné). Ovipares. L'Ornithorhynque pond ses œufs à terre et les couve; l'Échidné introduit son œuf dans la poche abdominale où il éclôt. Deux os coracoïdes. Deux os marsupiaux. Corps calleux rudimen-

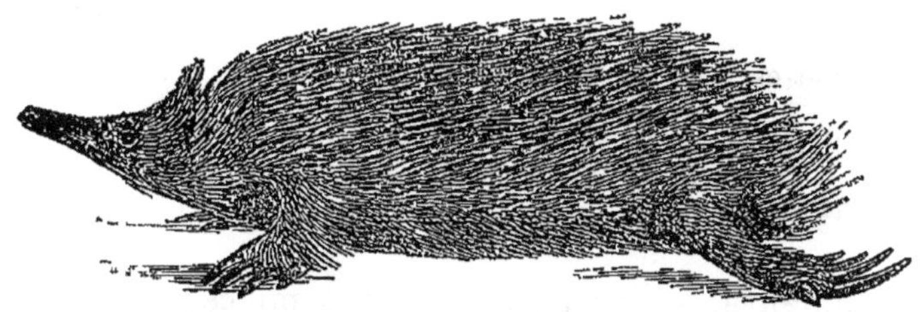

Fig 169 — Echidné.

taire. Pas d'oreille externe. Une membrane nictitante. Organisation rappelant à la fois celle des Marsupiaux et celle des Reptiles.

Ornithorhynques (*Ornithorhynchus*). Bec large, rappelant celui du Canard, avec deux paires de plaques cornees (*dents*) à chaque mâchoire;

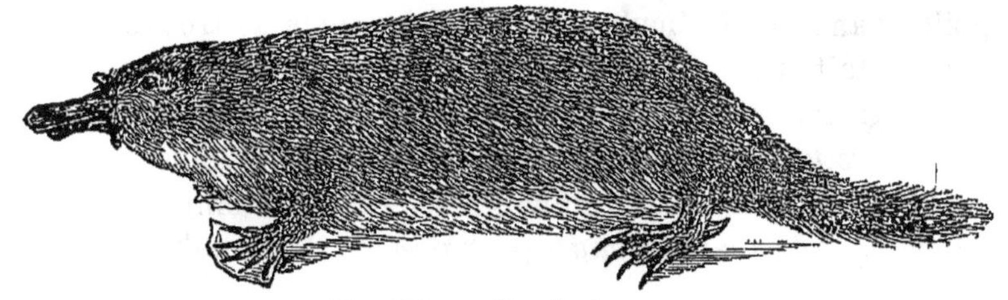

Fig 170 — Ornithorhynque.

corps revêtu d'une fourrure analogue à celle de la Loutre; pieds palmés; se nourrissent de Vers et d'Animaux aquatiques. Bords des cours d'eau en Australie. — Echidnés (*Echidna*). Bec mince, sans dents; langue vermiforme, protractile; corps couvert de piquants; ongles fouisseurs; se nourrissent surtout de Fourmis; vie terrestre. Australie et Nouvelle-Guinée.

CLASSE II. — OISEAUX.

Vertébrés allantoïdiens, couverts de plumes, à membres antérieurs transformés en ailes. Respiration pulmonaire. Température constante. Un seul condyle occipital. Ovipares.

Deux sous-classes (CARINATES, RATITES) basées sur la présence ou l'absence d'une carène médiane (*bréchet*) à la face antérieure du sternum. Huit ordres.

- OISEAUX.
  - CARINATES.
    - Pattes ordinaires, à doigts non palmés.
      - Bec crochu
        - 2 doigts en arrière ... PERROQUETS.
        - 1 doigt en arrière ... RAPACES.
      - Bec non crochu
        - à base cornée ... PASSEREAUX.
        - à base membraneuse.
          - Doigts libres .. COLOMBINS.
          - Doigts bordés ou unis à la base... GALLINACÉS.
    - Pattes longues, à doigts libres ou non .... ÉCHASSIERS.
    - Pattes courtes, à doigts palmés ou lobés..... PALMIPÈDES.
  - RATITES......................... COUREURS.

Téguments. — Peau extrêmement mince; épiderme avec une couche cornée; derme riche en terminaisons nerveuses. Pas de glandes cutanées. Une seulement, très volumineuse, à l'extrémité du corps, de chaque côté du croupion, la *glande uropygienne*. Elle sécrète un liquide huileux, surtout abondant chez les Palmipèdes, et servant à l'Oiseau pour enduire ses plumes et les préserver de l'action de l'eau.

PLUMES. — Annexes épidermiques se développant, comme les poils, dans des follicules au fond desquels se trouve la papille qui les produit (1).

Les grosses plumes (*pennes*) (fig. 171) se distinguent en plumes de la queue (*rectrices*), le plus souvent au nombre de douze, et en plumes de l'aile (*rémiges*). Les rémiges peuvent appartenir au pouce (*rémiges bâtardes*), à la main (*rémiges primaires*), à l'avant-bras (*rémiges secon-*

(1) Une plume complète se compose 1° d'une *hampe* formée par un tube creux (*tuyau*) et une tige pleine (*rachis*) creusée à sa face interne d'un sillon longitudinal, 2° d'une *lame* constituée, de chaque côté du rachis, par une série de *barbes* qui, elles-mêmes, portent des *barbules* d'où se détachent, dans les plumes à barbes adhérentes, des crochets servant à l'union de ces diverses parties. Le tuyau contient, dans son intérieur, une substance spongieuse (*âme de la plume*), constituée par les restes desséchés de la papille. Il présente deux petits orifices, l'un (*ombilic inférieur*) à l'extrémité adhérente, l'autre (*ombilic supérieur*) à la face interne de l'autre extrémité. Dans le voisinage de ce dernier orifice, qui sert à renouveler l'air du tuyau, se trouve généralement une houppe de barbes (*hypo rachis*). Quand l'axe est rudimentaire, la plume se compose seulement d'une houppe de filaments fins constituant le *duvet*. Quelques Oiseaux (Apteryx, Pingouins) ont toutes leurs plumes à l'état de duvet, sauf les rectrices. Les plumes tombent périodiquement, une ou deux fois par an (*mue*). Au printemps, la mue est le plus souvent partielle et fournit le plumage coloré, dit « plumage d'été », en automne, elle est générale et fournit le « manteau d'hiver ». Ces deux plumages sont quelquefois si différents l'un de l'autre, chez le même Oiseau, qu'on croirait avoir affaire à deux espèces.

diaires) et à l'humérus (*remiges scapulaires*). Les plumes qui recouvrent la base des pennes (*couvertures* ou *tectrices*) sont quelquefois très developpées, surtout celles qui recouvrent les rectrices (éventail du Paon ; panache du Coq). Chez quelques Oiseaux (Kamichi, Jacana), un certain nombre des rémiges du pouce sont remplacées par un éperon corné.

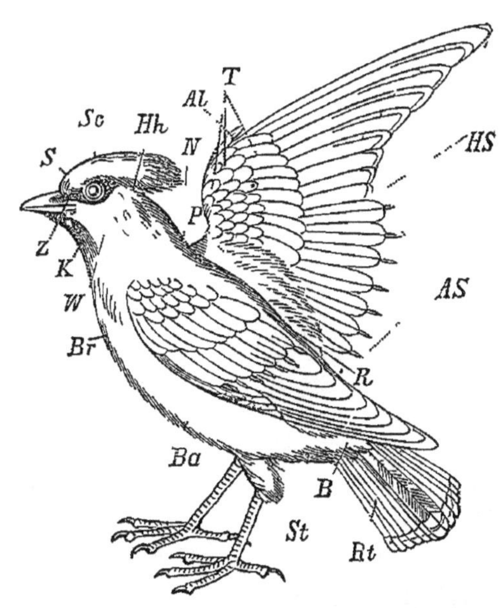

Fig 171. — Nomenclature des plumes et des régions du corps du *Bombycilla garrula*. — *S*, front, *Sc*, sinciput ; *Hh*, occiput, *Z*, lorum, *W* joue, *N*, nuque, *R*, dos, *K*, gorge, *Br*, poitrine, *Ba*, ventre, *St*, croupion, *B*, couvertures de la queue, *Rt*, queue avec les rectrices, *HS*, rémiges primaires (remiges de la main), *AS*, rémiges secondaires (rémiges de l'avant-bras), *T*, couvertures (tectrices), *P*, rémiges scapulaires (parapteres), *Al*, rémiges bâtardes (alula).

Appareil digestif. — Un étui corné (*bec*), dont la forme varie suivant le régime de l'Oiseau, recouvre les mâchoires toujours dépourvues de dents.— Langue variable, généralement mince, coriace et pourvue a sa base de longues papilles cornées dirigées en arrière, quelquefois chargée de graisse (Flamants), d'autres fois charnue et jouant un rôle dans l'articulation des sons (Perroquets). Chez le Pic, la langue est longue et protractile; elle est au contraire rudimentaire chez le Pélican. Ce dernier porte, entre les branches de la mâchoire inférieure, une grande poche membraneuse dans laquelle il accumule des Poissons, pour les avaler ensuite a loisir ou les dégorger devant ses petits. — Jamais de voile du palais ni d'épiglotte. — L'œsophage présente souvent un renflement (*jabot*) (fig. 173, *K*), où les graines s'accumulent et qui, chez les Pigeons, contient, apres l'incubation, une matière crémeuse servant à l'alimentation des jeunes. — L'estomac se divise en deux parties : l'une supérieure (*ventricule succenturié*) qui sécrète le suc gastrique et accomplit les phénomènes chimiques de la digestion, l'autre infé-

Fig. 172 — Pélican.

rieure (*gesier*) (*Km*) qui exerce une véritable trituration des aliments (1). Celle-ci est encore facilitée par la présence des corps durs que ces Animaux ingèrent avec les aliments L'ouverture du ventricule succenturié dans le gésier est très voisine de l'orifice intestinal; c'est ce qui explique que des graines puissent échapper a la trituration et servir ensuite a la dissémination des végétaux. — L'intestin, généralement court, comprend un intestin grêle et un gros intestin. Ce dernier presente, a son origine, deux appendices tubiformes (*cæcums*) (*C*) qui peuvent se réduire à un seul (Hérons), ou manquer complètement (Perroquets); il se termine dans un cloaque (*Kl*), dont le sépare un sphincter (*anus interne*), qui retient les excréments jusqu'au moment de la defécation. — Une poche glandulaire (*bourse de Fabricius*) s'ouvre dans la paroi postérieure du cloaque, au-dessous des orifices génitaux et urinaires; mais ses usages sont inconnus.

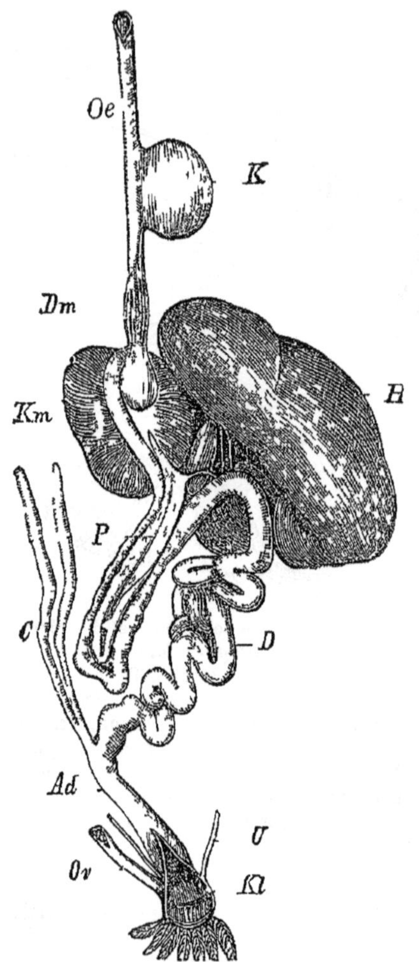

Fig. 173. — Tube digestif d'un Oiseau — *Oe*, œsophage, *K*, jabot, *Dm*, ventricule succenturié, *Km*, gésier, *D*, intestin moyen, *P*, pancréas, situé dans une anse duodénale, *H*, foie, *C*, les deux cæcums, *Ad*, rectum, *U*, uretères, *Ov*, oviducte, *Kl*, cloaque.

Glandes salivaires réduites aux sous-maxillaires (pouvant manquer chez les Granivores) et aux sublinguales (manquant chez l'Autruche), nulles chez beaucoup d'Oiseaux aquatiques. — Foie ordinairement volumineux, présentant deux canaux cholédoques, dont l'un porte la vésicule biliaire. Celle-ci manque quelquefois (Pigeons, Autruche, etc.). — Pancréas situé dans une anse du duodénum.

(1) Le gesier sécrete une substance qui, en se durcissant, donne une *membrane cornée*. Sa musculature est proportionnelle au degre de consistance des aliments; elle est mince chez les Rapaces et les Insectivores, epaisse au contraire chez les Granivores.

Appareil circulatoire. — Circulation tres analogue a celle des Mammiferes. — Cœur a quatre cavités, mais avec une valvule tricuspide formée d'une seule lame musculaire. Crosse de l'aorte recourbée à droite. Une veine porte rénale rudimentaire. A la face inférieure de l'abdomen, un réseau vasculaire sous-cutané, en rapport avec l'incubation. — Un canal thoracique ; quelquefois des cœurs lymphatiques.

Appareil respiratoire. — Surtout remarquable par la présence de neuf réservoirs membraneux (*sacs aériens*), quatre intra-thoraciques et cinq extra-thoraciques communiquant tous avec les poumons (fig. 174). Pas de véritables plèvres ni de véritable diaphragme. — Trachée longue, a anneaux nombreux et complets. Bronches courtes, a anneaux incomplets. — Poumons petits, sans lobes ; à face supérieure convexe, imperforee, adhérente à la voûte du thorax ; a face inférieure plane, présentant cinq orifices de communication avec les sacs aériens. — Sacs intra-thoraciques constitués par deux paires de réceptacles (*sacs thoraciques antérieurs, sacs thoraciques posterieurs*) n'offrant qu'un seul orifice, celui par lequel chacun d'eux s'ouvre dans le poumon correspondant. Sacs extra-thoraciques comprenant un sac impair (*sac interclaviculaire*), communiquant avec les deux poumons, et deux sacs pairs (*sacs cervicaux, sacs abdominaux*), s'ouvrant chacun dans le poumon correspondant. Les sacs extra-thoraciques

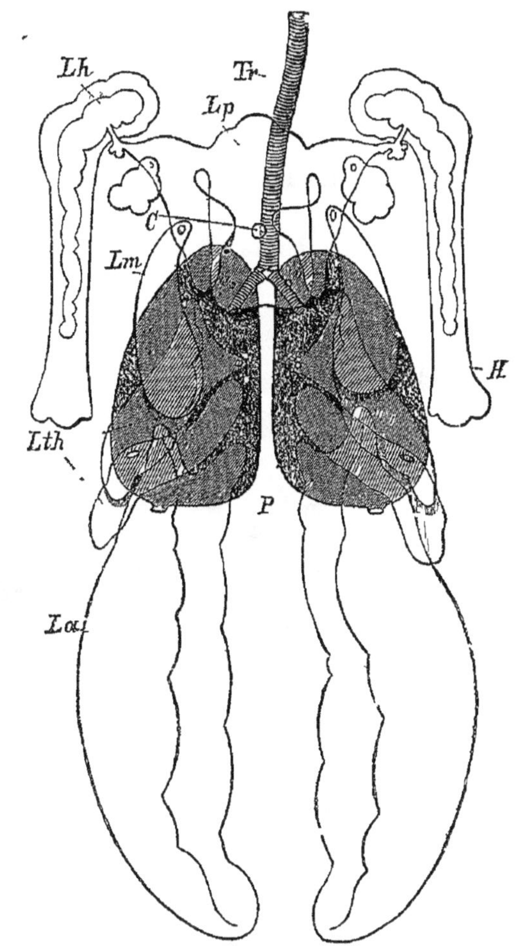

Fig 174 — Schéma de la disposition des poumons et des sacs aériens du Pigeon — *Tr*, trachée, *C*, poumon, *Lp*, sac aérien interclaviculaire avec ses prolongements (*Lh* et *Lm*) dans l humérus (*H*) et entre les muscles de la poitrine, *C*, communication de ce sac avec les cellules aériennes sternales, *Lth*, sacs thoraciques, *La*, sacs abdominaux

offrent des prolongements qui débouchent dans des *cavités pneumatiques* dont beaucoup d'os sont creusés. Ainsi le sac interclaviculaire communique avec l'humérus ; le cervical avec les vertèbres cervicales et dorsales ; l'abdominal avec les os du bassin et le femur. Les os les plus pneumatiques appartiennent aux Oiseaux bons voiliers ; quelquefois même les sacs aériens offrent des diverticules tubulaires, qui s'insinuent sous la peau entre les muscles ou même dans l'épaisseur des muscles (Pelican). La pneumaticité est rudimentaire chez les Oiseaux qui ne volent que peu ou point (Autruche, Pingouin).

Les mouvements respiratoires se font uniquement par le jeu des

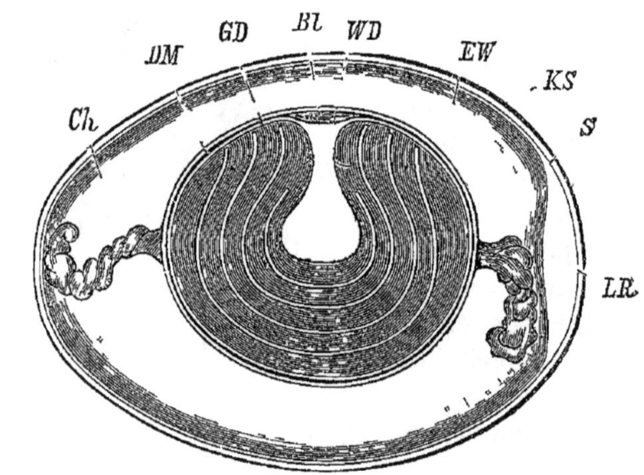

Fig. 175. — Coupe longitudinale schematique d'un œuf de Poule non couvé. — *Bl*, cicatricule, *GD*, vitellus jaune, *WD*, vitellus blanc, *DM*, membrane vitelline, *EW*, albumine, *Ch*, chalazes, *S*, membrane coquillère, *KS*, coquille calcaire, *LR*, chambre a air.

côtes. Les poumons, adhérents a la cage thoracique, ne changent pas sensiblement de volume; mais il n'en est pas de même des sacs aériens. A chaque inspiration, les sacs intra-thoraciques se dilatent, appelant dans leur cavité de l'air et une partie du gaz renfermé dans les sacs extra-thoraciques qui se rétractent A chaque expiration, les réservoirs intra-thoraciques sont comprimes ; leur contenu s'echappe en grande partie par la trachee, tandis que le reste reflue dans les sacs extra-thoraciques qui se dilatent. Il y a donc toujours antagonisme entre les sacs intra-thoraciques et les sacs extra-thoraciques. Les uns se remplissent quand les autres se vident et les poumons sont ainsi constamment ventilés.

Appareil urinaire. — Reins situés dans le bassin et habituellement trilobés Uretères débouchant a la partie postérieure du cloaque en dedans des pores génitaux. Pas de vessie. L'urine s'accumule dans le cloaque, où elle constitue une pâte blanchâtre qui renferme une grande quantité d'urate d'ammoniaque et forme la base du guano; elle est expulsée au moment de la défécation.

Appareil reproducteur. — *A*. Appareil male. — Deux testicules situés en avant des reins et portant un épididyme sur le côté interne. Canaux déferents s'ouvrant sur la paroi postérieure du cloaque, et présentant souvent, a leur partie inférieure, une ampoule ou vésicule séminale. Quelques Oiseaux seulement ont, à la partie antérieure du cloaque, un petit mamelon pénien (Autruche, Cigogne, Canard, etc.); leurs femelles présentent un clitoris correspondant.

B. Appareil femelle. — Chez l'embryon deux ovaires et deux oviductes, dont il ne reste, chez l'adulte (à l'exception de quelques Rapaces), que l'ovaire et l'oviducte du côté gauche. Ovaire contenant des œufs a divers degrés de développement. Les plus volumineux sont suspendus chacun dans un sac membraneux (*calice*), dont les vaisseaux s'atrophient à la maturité de l'œuf, de façon à former une bande équatoriale (*stigma*), le long de laquelle le sac se déchire. Oviducte composé de trois parties : 1° la *trompe*; 2° le *conduit albuminipare*; 3° la *chambre coquillière* (1).

(1) Quand l'œuf, dont nous avons deja parle plus haut (p. 24 et 29), a quitte l'ovaire, il tombe dans le pavillon de la trompe, traverse celle-ci, puis passe dans le conduit albuminipare, où il se recouvre d'une *membrane* dite *chalazifere* doublée d'une epaisse couche d'albumine, au milieu de laquelle on distingue les *chalazes*. Celles-ci (fig. 175, *Ch*), faciles a voir quand on mange un œuf mollet, sont deux prolongements de la membrane chalazifere formes d'albumine condensee et enroules en tire-bouchon. Les chalazes s'inserent de chaque côte du jaune et peuvent tourner avec lui, de telle sorte que la cicatricule (*Bl*) se trouve toujours au point le plus éleve du jaune, lorsque l'œuf repose sur un point quelconque de son equateur. Avant d'arriver a la chambre coquilliere, l'œuf s'est recouvert d'une membrane très mince (*membrane coquilliere*) (*S*), composee de deux feuillets, qui, apres la ponte, s'écartent l'un de l'autre, au niveau de la grosse extrémite, par suite de la pénetration de l'air a travers les pores de la coquille. Il se forme ainsi un espace (*chambre a air*) (*LR*) d'autant plus developpe que l'œuf est moins frais La chambre coquilliere, appelee quelquefois improprement *uterus*, secrete un liquide blanchâtre d'ou provient la coquille (*KS*). Celle-ci est constituée par une substance organique, à laquelle se mélangent des sels calcaires Lorsqu'une Poule ne trouve pas assez de matieres calcaires dans ses aliments, elle pond des œufs a coquille molle (*œufs hardés*). L'œuf peut être blanc (Poule, Pigeon) ou offrir des colorations variées, avec ou sans taches; ses dimensions sont en rapport avec celles de l'Oiseau et presentent generalement le dixième de sa taille. — La copulation se fait par application des anus l'un contre l'autre. En general, la ponte n'a lieu qu'une fois par an; elle est plus fréquente chez les especes domestiques, mais cesse aussitôt que la femelle commence a couver. Le nombre des œufs est

Appareil locomoteur. — Squelette. — Rachis sans région lombaire distincte. La vertèbre située après la dernière qui porte des côtes s'articule avec les os iliaques et contribue à la formation du sacrum. Région cervicale (de 9 à 24 vertèbres) très mobile, en forme d'S (1). Régions dorsale et sacrée remarquables par leur fixité et la soudure plus ou moins complète de leurs vertèbres; région coccygienne courte, peu mobile, terminée par une pièce en forme de soc de charrue (*pygostyle*).

Les os du crâne se soudent de bonne heure. Ils forment une boîte qui s'articule avec le rachis par un condyle unique, situé en avant du trou occipital. Os de la face présentant quelquefois une certaine mobilité. Mandibule supérieure constituée essentiellement par les intermaxillaires ; mandibule inférieure, en forme de V, terminée, à chacune de ses branches, par une cavité qui s'articule avec

plus considérable chez les petites espèces que chez les grandes. — La chaleur de l'incubation (environ 40°) est fournie ordinairement par la femelle, plus rarement par le mâle et la femelle (Pigeon, Cigogne), quelquefois simplement par le soleil (Autruche, dans les régions tropicales). Elle peut être remplacée par une source artificielle (*couveuses artificielles*) La durée de l'incubation est en rapport avec la taille de l'Oiseau (42 jours chez le Cygne, 21 chez la Poule, 12 seulement chez le Colibri) Le jeune brise lui-même sa coquille, au moyen d'un tubercule situé sur la mandibule supérieure et qui tombe après la naissance ; du reste, au terme de son développement, la coquille est moins dure qu'au début, car une partie de son calcaire a déjà servi à constituer les os de l'embryon. — A la naissance, les jeunes sont tantôt couverts de duvet, capables de marcher et de chercher leur nourriture (Rapaces, Gallinacés, Échassiers, Palmipèdes, Autruches), ce qui les a fait désigner sous le nom de *Ptilopédiens* (πτιλον, duvet, παῖς, jeune), tantôt, au contraire, nus, faibles et incapables de pourvoir seuls à leur alimentation, d'où le nom de *Gymnopédiens* (γυμνός, nu) qui leur a été donné (Perroquets, Passereaux, Colombins). Les Ptilopédiens construisent généralement des nids grossiers, au lieu que les Gymnopédiens édifient les leurs avec plus ou moins d'art. Habituellement, la femelle travaille seule au nid, le mâle n'y contribue pas ou se borne à apporter des matériaux de construction C'est à une impulsion innée (*instinct*) que les Oiseaux obéissent pour construire leurs nids, mais il faut aussi reconnaître chez eux une intelligence dépassant souvent celle de beaucoup de Mammifères. A l'exception des Gallinacés, presque tous les Oiseaux sont monogames. Ils présentent (les mâles surtout), à l'époque de la reproduction (généralement au printemps), une « parure de noce » plus vivement nuancée, en même temps, la voix devient plus pure et plus douce

(1) Les vertèbres cervicales, à partir de la troisième, sont percées d'un trou de chaque côté, comme chez les Mammifères. En outre de l'artère et de la veine vertébrale, le canal qui résulte de la superposition de ces trous contient le cordon du grand sympathique qui, chez les Mammifères, est en dehors de ce canal.

un os très mobile (*os carre*) (fig. 176, *Q*). Os hyoïde à branches souvent très longues (Picidés) a l'extrémité desquelles s'insère une paire de muscles. Ceux-ci partent de la face interne de la mâchoire inférieure et peuvent projeter la langue au dehors.

Sternum large, pourvu chez les Carinates, d'une carène médiane (*bréchet*) (fig. 177, *St*), qui fait défaut chez les Ratites (fig. 178). Il présente, le plus souvent, des ouvertures paires tantôt fermées par des membranes (*fontanelles*), tantôt converties en échancrures. Côtes mu-

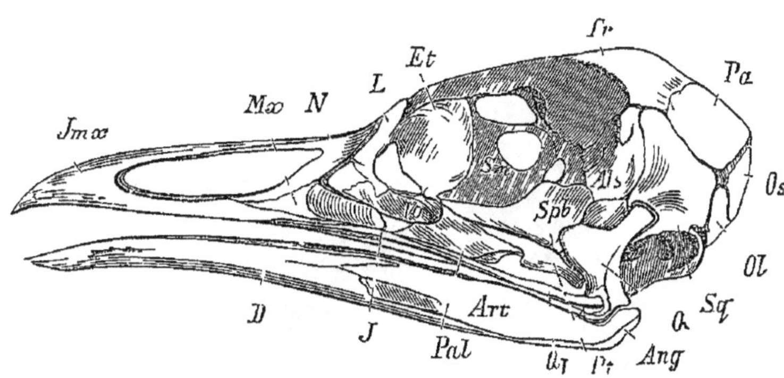

Fig. 176. — Crane d Outarde, vu de côté — *Ol*, occipital latéral, *Os*, occipital supérieur, *Sq*, squamosal, *Spb*, sphénoïde basilaire, *Als*, alisphénoïde, *Sm*, cloison inter-orbitaire, *Et*, ethmoïde impair, *Pa*, pariétal, *Fr*, frontal, *Mx*, maxillaire; *Jmx*, inter-maxillaire; *N*, nasal, *L*, lacrymal, *J*, jugal, *Qj*, quadrato-jugal, *Q*, os carré, *Pt*, pterygoïde, *Pal*, palatin. *Vo*, vomer, *D*, dentaire, *Art*, articulaire, *Ang*, angulaire.

mes, dans leur portion moyenne, d'une apophyse (*apophyse recurrente*) (*Pu*) qui s'appuie sur la face externe de la côte suivante: les deux premieres, en général flottantes; les autres, formées de deux segments, dont le second (*côte sternale*) (*Stc*), s'articule avec le sternum.

Arc scapulaire composé d'une omoplate (*Sc*) en forme de sabre, d'un coracoïde (*Co*) et d'une clavicule (*Cl*). Ces deux derniers os sont fixes au sternum. Clavicules soudées le plus souvent, sur la ligne médiane, à l'extrémité inférieure, en U ou en V, exceptionnellement en Y et formant ainsi un seul os (*fourchette*); quelquefois rudimentaires (Ratites) (fig. 178). — Arc pelvien comprenant un ilion, un ischion et un pubis, ne constituant que rarement une ceinture complète (Autruche). Cavité cotyloïde à fond perforé.

Humérus de longueur variable; avant-bras toujours formé d'un radius et d'un cubitus. Celui-ci, ordinairement plus volumineux que le radius, porte une rangée de tubercules correspondant a l'insertion des pennes. Carpe constitué par deux os (*radial, cubital*) chez les Carinates et un seul (*radial*) chez les Ratites. Métacarpe primitivement compose de trois os, n'en présentant ensuite que deux qui, soudés a leurs

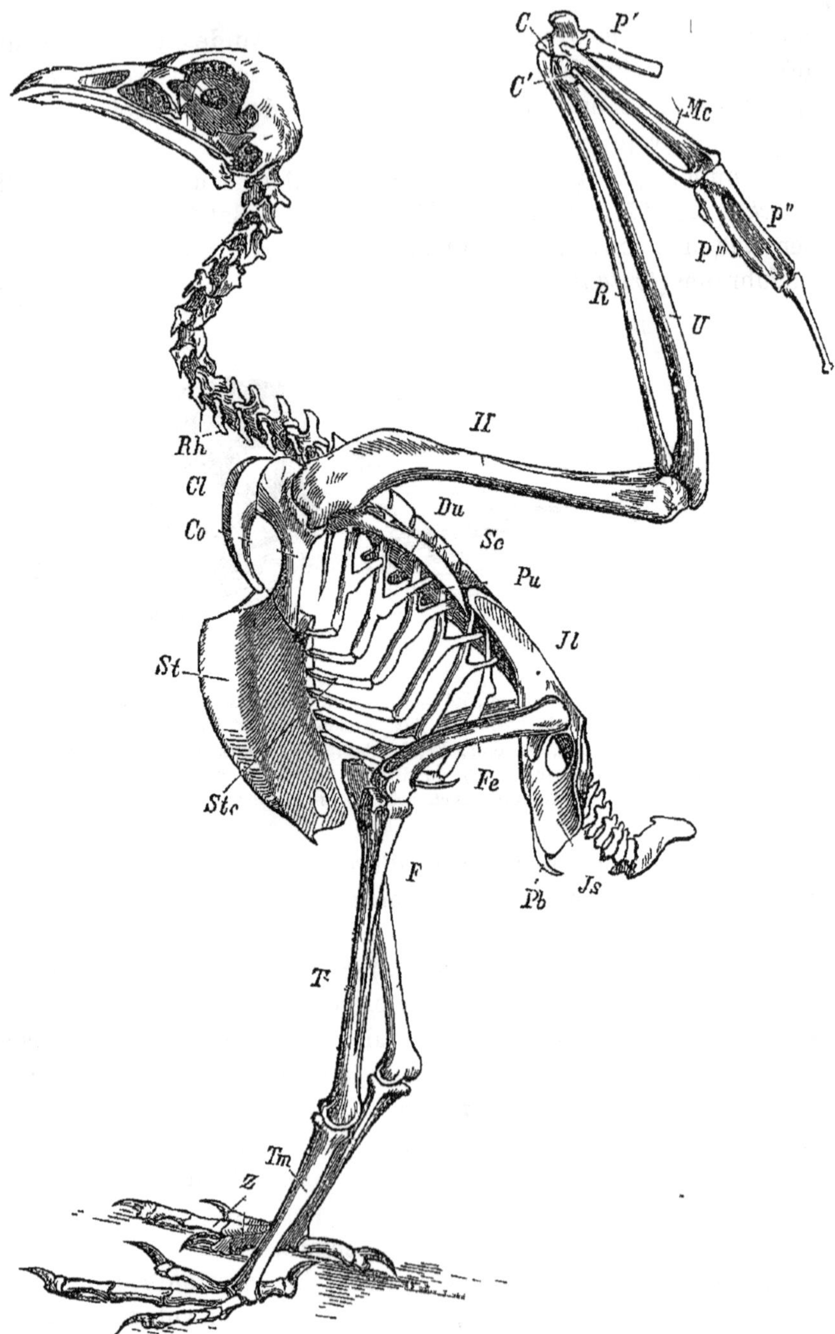

Fig 177. — Squelette de *Neophron percnopterus*. — *Rh*, côtes cervicales, *Du* apophyses épineuses inférieures des vertebres dorsales, *Cl*, clavicule, *Co*, coracoïde, *Sc*, omoplate, *St*, sternum, *Stc*, portion sternale des côtes, *Pu*, apophyses récurrentes des côtes, *Jl*, ilion, *Js*, ischion, *Pb*, pubis, *H*, humérus, *R*, radius, *U*, cubitus, *C*, *C'*, carpe, *Mc*, métacarpe ; *P'*, *P'''*, *P''*, phalanges des trois doigts, *Fe*, fémur, *T*, tibia, *F*, péroné, *Tm*, tarso métatarse, *Z*, doigts

extrémités, sont séparés dans leur milieu par un intervalle allongé (*Mc*). Trois doigts a l'aile (un seul chez l'Apteryx) : le premier (pouce) et le troisième à une seule phalange; le deuxième a deux phalanges.

Fémur plus court que la jambe; celle-ci (le pilon de la volaille) formée par le tibia et un pérone rudimentaire. Une rotule (*patella*) entre le fémur et le tibia. Tarse formé chez l'embryon de deux os placés a la suite l'un de l'autre. L'os supérieur se soude avec le tibia, l'os inférieur avec le métatarse. Métatarsiens soudés en une piece unique (*canon*); cette pièce est donc un *tarso-metatarse*, appelé improprement *tarse* par les ornithologistes. Jamais plus de quatre doigts aux pattes : l'interne (pouce) a deux phalanges (il manque souvent); le deuxième en a trois (il manque ainsi que le précédent, chez l'Autruche) ; le troisième quatre; le quatrième cinq. Pouce dirigé en arrière (fig. 179), exceptionnellement en avant (Martinet); les autres doigts sont antérieurs. Le doigt externe ou quatrieme doigt est postérieur chez les Perroquets et, parmi les Passereaux, chez les Pics (fig. 180). Cette disposition est facultative et non permanente (*doigt versatile*) chez les Rapaces nocturnes.

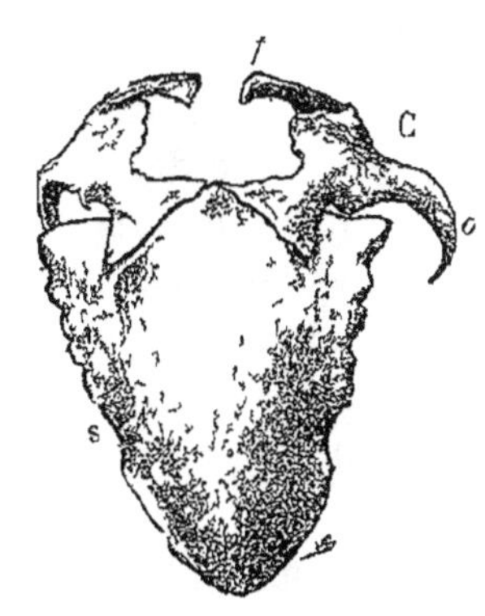

Fig 178 — Sternum et arc scapulaire (vus de face) d'un Ratite (Casoar) — *C*, coracoïde, *f*, clavicule, *o*, omoplate, *s*, sternum

Muscles. — Le *grand pectoral*, le plus volumineux muscle du corps, le principal abaisseur de l'aile, se porte du bréchet à à la face

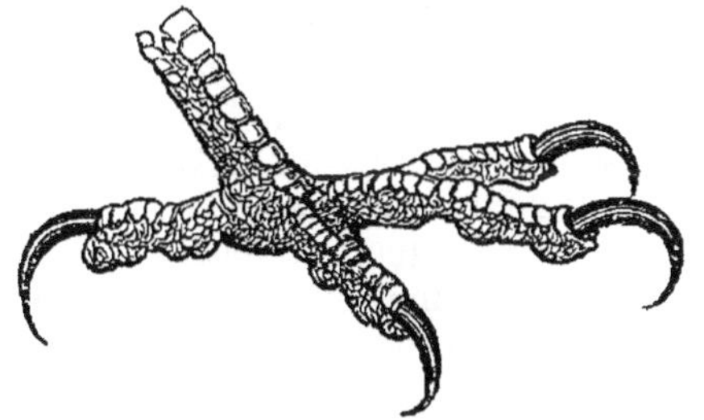
Fig 179 — Patte d'un Busard (le doigt externe est antérieur).

Fig 180 — Patte d'un Pic (le doigt externe est postérieur).

inférieure de l'humérus. Le *petit pectoral*, situé sous le précédent, est le principal élévateur de l'aile ; il va du bréchet à la face supérieure de l'humérus, en passant par un trou (*trou ovale*) formé à la rencontre de la clavicule, du coracoïde et de l'omoplate. Cette disposition des muscles les plus volumineux a la partie inférieure du corps abaisse le centre de gravité de l'Oiseau au-dessous des articulations des épaules, condition du maintien de l'équilibre pendant le vol (1). — Un des muscles du membre inférieur (*droit antérieur*) part du bassin, passe sur l'articulation du genou, au-devant duquel il présente la rotule, et s'unit avec le fléchisseur des orteils. Chaque flexion du genou est ainsi accompagnée de celle des orteils et l'Oiseau peut se maintenir perché pendant son sommeil.

Appareil phonateur. — Le larynx est double. Le *larynx supérieur*, situé derrière la langue, est dépourvu de cordes vocales et ne produit aucun son : la section du cou d'un Canard n'empêche pas celui-ci de crier. Le *larynx inférieur* ou *syrinx* peut se trouver : 1° à l'extrémité inférieure de la trachée; 2° à l'extrémité supérieure des bronches ; 3° à la jonction de la trachée et des bronches, chacun de ces organes contribuant à sa formation (2).

(1) Vol. — L'aile a sa face inférieure concave et imperméable à l'air, tandis que sa face supérieure est, au contraire, convexe et perméable ; elle rencontre donc plus de résistance pour s'abaisser que pour se relever et soutient ainsi l'Oiseau, d'autant mieux qu'elle est plus étendue au moment de la descente qu'à celui de la remonte. La face inférieure de l'aile regarde en arrière pendant la descente (*aile active*) et en avant pendant la remonte (*aile passive*), d'où résulte le double effet de propulsion et de glissement à la manière d'un cerf-volant, le bout de l'aile produit surtout le premier effet et sa base le second (Liais, Marey). Quand la surface de l'aile est grande (*Oiseaux voiliers*) l'Oiseau n'a besoin que de battements peu étendus pour se soutenir sur l'air : aussi, à une aile large correspondent des pectoraux et un sternum courts ; mais si les ailes ont peu de surface (*Oiseaux rameurs*), l'amplitude des battements est considérable ; aussi, dans ce cas, trouve-t-on des pectoraux et un sternum longs (Marey). La queue de l'Oiseau lui sert à la fois de balancier, pour se maintenir en équilibre, et de gouvernail, pour conserver ou changer sa direction. Pendant que le vol s'effectue, la pointe de l'aile décrit une sorte d'ellipse dont le grand diamètre est dirigé suivant la trajectoire de l'Oiseau (Marey). — La puissance du vol varie beaucoup. Les Pigeons voyageurs d'Amérique parcourent environ 30 mètres par seconde ou 100 kilomètres à l'heure. Le Condor peut s'élever à une hauteur de 9000 mètres. L'Autruche, l'Apteryx, le Manchot ont des ailes rudimentaires, impropres au vol.

La rapidité du vol des Oiseaux leur permettant de changer de climat, à l'approche de l'hiver, on n'observe pas, chez eux, de cas d'hibernation. Beaucoup d'Oiseaux des régions froides entreprennent périodiquement des voyages plus ou moins longs (*migrations*) vers les pays chauds. Un instinct particulier (*instinct d'orientation*) semble pousser les Oiseaux migrateurs à revenir chaque année à l'endroit où ils ont déjà niché et à reprendre possession du même nid. Tous les ans, les Hirondelles nous quittent en automne, pour nous revenir au printemps suivant.

(2) Le syrinx trachéo-bronchique se trouve chez tous les Oiseaux chanteurs : il se compose d'une espèce de tambour trachéen divisé à l'intérieur par une crête médiane surmontée d'une membrane semi-lunaire. Ce tam-

Système nerveux. — Moelle épinière pourvue, dans la région lombo-sacrée, d'une excavation caractéristique (*sinus rhomboïdal*) remplie par une substance gélatineuse. Ce sinus ne présente aucune communication avec le canal central de la moelle (Mathias Duval). Hémisphères cérébraux sans circonvolutions ni corps calleux. Tubercules quadrijumeaux réduits à deux (*tubercules bijumeaux*). Cervelet avec un grand lobe médian et une paire de petits lobes latéraux ; présentant des replis transversaux et un arbre de vie. Pas de pont de Varole.

Organes des sens. — Derme très mince, mais riche en corpuscules tactiles et en fibres musculaires lisses. Celles-ci vont aux follicules des plumes qu'elles font hérisser. — Sens du goût peu développé ; langue généralement sèche. — Organe olfactif assez obtus. Les Oiseaux sont plutôt prévenus de la présence d'une proie par la vue que par l'odorat. Une glande spéciale, surtout développée chez les Oiseaux aquatiques, deverse son produit dans les fosses nasales (*glande nasale*). — Pas d'oreille externe ; un rudiment de pavillon chez quelques Rapaces nocturnes. Oreille moyenne en communication avec des cellules creusées dans les os du crâne ; traversee, de la membrane du tympan à la fenêtre ovale, par un osselet unique (*columelle*) correspondant a l'étrier des Mammifères ; trompe d'Eustache réunie, en bas, a celle du côté opposé. Oreille interne

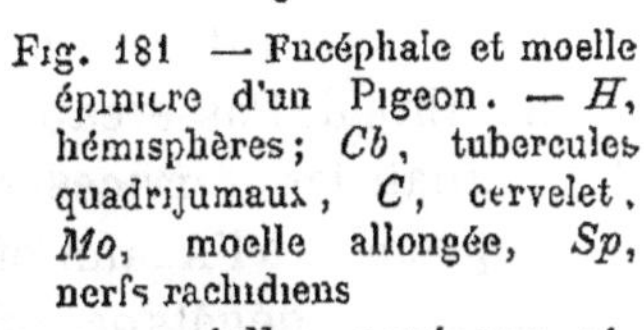

Fig. 181 — Encéphale et moelle épinière d'un Pigeon. — *H*, hémisphères ; *Cb*, tubercules quadrijumaux, *C*, cervelet, *Mo*, moelle allongée, *Sp*, nerfs rachidiens

bour communique avec deux glottes bronchiques pourvues chacune de deux levres vocales. Des muscles s'etendent, le plus souvent, entre les divers anneaux dont se composent ces parties et les meuvent de manière a tendre plus ou moins les membranes qu'elles contiennent. Le syrinx manque quelquefois (Autruche, quelques Vautours).

différant de celle des Mammifères par un limaçon à peine contourné et dont le canal cochléaire se termine par un renflement (*lagena*). — Œil muni de trois paupières : la supérieure généralement fixe, l'inférieure et l'interne mobiles. La paupière interne (*troisième paupière, membrane clignotante* ou *nictitante*) glisse au-devant du globe oculaire, par le moyen de deux muscles spéciaux, et revient sur elle-même par son élasticité. En outre de son rôle protecteur, elle empêche l'écoulement des larmes au dehors. Glande lacrymale petite ; glande de Harder bien développée. Sclérotique ren-

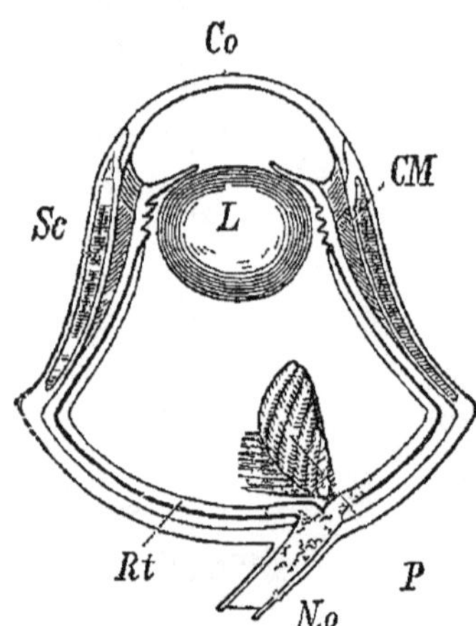

Fig 182. — Œil d oiseau — *Co*, cornée, *No*, nerf optique, *P*, peigne, *Sc*, sclérotique, avec ses plaques osseuses, *CM*, muscle ciliaire, *L*, cristallin, *Rt*, rétine

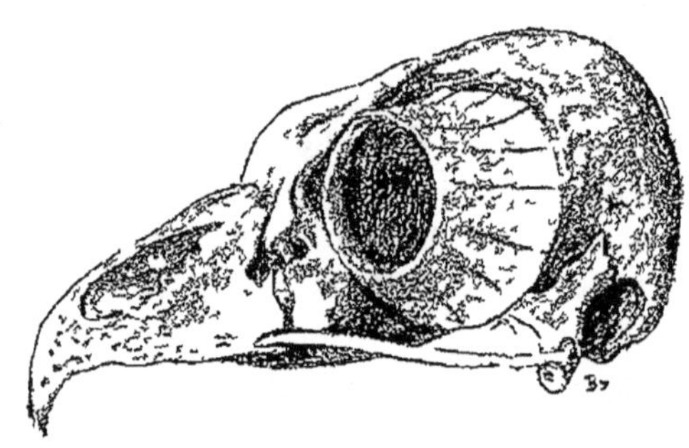

Fig 183 — Tete de Chouette montrant en place les plaques osseuses de la sclérotique On voit aussi l'os carré.

fermant, dans son épaisseur, un anneau de plaques osseuses (fig. 183) disposées en forme de toque. Pupille toujours circulaire. Une membrane plissée (*peigne*), riche en vaisseaux, est destinee sans doute à la nutrition du corps vitré et se trouve située en arriere du cristallin. Le peigne atteint son maximum de développement chez les Passereaux ; il manque chez l'Aptéryx (fig. 182).

Utilite des Oiseaux. — Les Oiseaux de basse-cour (Gallinacés, Palmipedes) ont une chair excellente et nous fournissent des œufs ou du duvet. Les plumes de beaucoup d'Oiseaux et quelquefois le plumage tout entier deviennent des objets de parure. La plupart des Échassiers purgent la terre de Reptiles venimeux ; les Rapaces nous délivrent des petits Mammiferes nuisibles et des cadavres en putréfaction ; un grand nombre de Passereaux détruisent des Insectes nuisibles. Tout le monde connaît les services rendus par les Pigeons messagers. On a pu apprendre a l'Agami et au Kamichi à garder les troupeaux de volaille. Enfin, les dégâts occasionnés par les Oiseaux granivores ou frugivores sont largement compensés par l'utilité de ces espèces comme aliment.

On peut dire, en thèse générale, que les Oiseaux sont beaucoup plus utiles que nuisibles.

CLASSIFICATION DES OISEAUX.

SOUS-CLASSE I. — CARINATES.

ORDRE I. **Perroquets.** — *Bec fort, épais, à mandibule supérieure crochue, à narines percées dans une membrane* (cire). *Deux doigts antérieurs et deux postérieurs.*

Pattes préhensiles. Langue épaisse, charnue, jouant un rôle dans l'articulation des mots que beaucoup peuvent apprendre à prononcer. Os palatins à apophyse postérieure caractéristique. Clavicules faibles

Fig 184. — Tête de Perroquet.

Fig 185 — Cacatoès

Fig 186. — Ara

ou disjointes. Sternum sans échancrures. — S'apprivoisent facilement; grimpent en s'aidant de leur bec ; se nourrissent surtout de fruits ou de graines. — Se trouvent dans toutes les parties du monde, excepté en Europe, habitent les forêts tropicales ; nichent dans les creux des arbres ou les trous des rochers.

A. ***Psittacidés*** (ψίτταχος, perroquet). — *Perroquets à queue courte, tronquée.*

Perroquets vrais (*Psittacus*). Queue carrée. Le plus connu est le *Jaco* ou Perroquet gris à queue rouge (*Psittacus erythacus*), de la côte occidentale d'Afrique. — Loris (*Loriculus*). Perroquets rouges d'Asie : langue terminée par un pinceau de fibres cornées. — Stringops ou « Perroquets de nuit » (*Stringops*). Face de Hibou, munie de disques oculaires; bréchet rudimentaire. Nouvelle-Zélande.

B. ***Cacatuidés*** (Du malais *kaka*, père; *tua*, vieux). — *Perroquets à huppe érectile.*

Cacatoès (*Cacatua*) (fig. 185). — Australie, Archipel Indien.

C. ***Platycercidés.*** — *Perroquets a queue longue, etagee.*

Aras (*Ara*). Joues nues (fig. 186) : les plus gros des Perroquets. Amérique. — Perruches (*Conurus*). Joues emplumées ; couleur verte prédominante. Amérique. — Paléornis (*Palæornis*). « Perruches a queue en fleche. » Inde, Afrique. — Mélopsittes (*Melopsittacus*). Bec recouvert, à sa base, d'une membrane boursouflée. Les charmantes Perruches ondulées (*M. undulatus*) dites « inséparables » constituent l'une des plus petites especes de Perroquets. Australie.

ORDRE II. **Rapaces.** — *Bec crochu, muni d'un cire. Trois doigts antérieurs et un postérieur, armés d'ongles crochus et acéres* (serres) (fig. 187). *Oiseaux de proie ou prédateurs.*

Les plus carnivores des Oiseaux ; saisissent leur proie avec les serres et l'emportent souvent au loin ; se nourrissent géneralement d'animaux vivants, quelquefois de cadavres (Vulturidés) ; vomissent, sous forme de pelotes, les substances non digestibles (poils, plumes). Femelles plus grandes que les mâles (d'un tiers chez les Faucons, dont le mâle, à cause de cela, est appelé *Tiercelet*). Nid variable. Répandus sur presque toute la surface du globe.

1er Sous-ordre. — Rapaces diurnes. — *Yeux petits, latéraux. Doigt externe dirigé en avant. Plumage raide. Vol bruyant.*

A. ***Falconidés.*** — *Pattes mediocres. Tête et cou emplumes.*

a. *Bec courbé des la base.* — 1° Rapaces a mandibule superieure portant une ou deux dentelures ; à ailes pointues (la première rémige presque aussi longue que la seconde, qui est la plus longue de toutes) ; appelés anciennement « Oiseaux nobles », parce qu'ils servaient a la chasse. — Faucon (*Falco*). — Gerfauts (*Hierofalco*).

2° Rapaces a mandibule supérieure dépourvue de dents latérales ; a ailes tronquées (la première rémige très courte, la troisième ou la quatrième étant la plus longue) ; appelés autrefois « Oiseaux ignobles » par opposition aux précédents. — Aigles (*Aquila*). — Pygargues (*Haliaetus*). « Aigles pêcheurs ». L'Orfraie ou « grand Aigle de mer » (*H. Nisus*) habite le voisinage des mers du Nord. — Balbusards (*Pandion*). — Autours (*Astur*). — Eperviers (*Accipiter*). — Milans (*Milvus*). — Buses (*Buteo*). — Busards (*Circus*).

b. *Bec droit a la base.* — Gypaète (*Gypaetus*). « Vautour des Agneaux » ; grande envergure.

B. ***Vulturidés.*** — *Pattes médiocres. Tête et cou nus.*

Vautours (*Vultur*). Hautes montagnes de l'Europe. — Condor (*Sarcorhamphus*). Amérique méridionale.

C. ***Serpentaridés.*** — *Pattes très longues. Tête et cou emplumes.*

Serpentaire, appelé encore Secrétaire ou Messager (*Gypogeranus*). Destructeur de Serpents. Afrique; domestique au Cap.

2e **Sous-ordre. — Rapaces nocturnes.** — *Yeux gros, dirigés en avant, entourés d'une collerette de plumes* (disque facial). *Doigt externe versatile, pouvant se diriger en avant ou en arrière. Plumage souple. Vol silencieux.*

A. ***Ululidés.*** — *Tête arrondie, sans aigrettes.*

Chouettes-épervières (*Surnia*). Volent aussi pendant le jour. — Chevêches (*Athene*). — Chats-Huants ou Hulottes (*Syrnium*). — Chouettes (*Ulula*). — Effraies (*Strix*).

Fig 187. — Tete et serres d'Aigle.

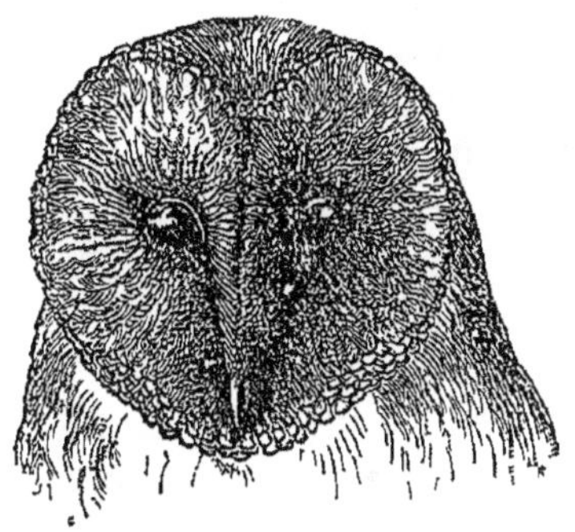

Fig. 188. — Tête d'Effraie.

B. ***Otidés.*** — *Tête aplatie, munie de deux aigrettes de plumes au-dessus des oreilles.*

Ducs (*Bubo*). Le Grand-Duc (*B. europæus*) est le plus grand des Rapaces nocturnes ; il s'apprivoise facilement. — Hibou ou Moyen-Duc (*Otus*). — Scops ou Petit-Duc (*Scops*).

ORDRE III. **Passereaux.** — *Bec variable, corné à la base et toujours dépourvu de cire. Pattes courtes ou médiocres; doigt externe dirigé en arrière, en avant, ou versatile; ongles grêles et recourbés. Oiseaux des champs et des bois.*

Varient beaucoup par leurs mœurs, leur régime et leur conformation. Pattes généralement impropres à saisir une proie, à gratter la terre, à nager ou à marcher à gué dans l'eau. Oiseaux chanteurs ou criards, grimpeurs, percheurs ou sauteurs.

1er **Sous-ordre.** — **Zygodactyles** (ζευγνύμι, je joins; δάκτυλος, doigt). — *Deux doigts antérieurs et deux posterieurs* (*rarement un seul posterieur*).

I. Zygodactyles grimpeurs. — A. ***Picidés.*** Insectivores à bec droit, a langue vermiforme et protractile. Grimpent contre les arbres en se soutenant avec leurs doigts postérieurs, souvent aussi avec leur queue; frappent les troncs a grands coups de bec, pour en faire sortir les Insectes; œufs blancs et brillants : — Pics (*Picus*). Queue raide; langue epineuse — Torcols (*Junx*). Queue ordinaire; langue lisse.

Fig. 189 — Pic

II. Zygodactyles percheurs. — A. ***Cuculidés.*** Bec un peu recourbé, de dimensions ordinaires : — Coucous (*Cuculus*). La femelle pond ses œufs a terre et les porte, avec son bec, dans le nid d'un autre Oiseau qui les couve avec les siens. — Amis (*Crotophaga*). Plusieurs femelles se réunissent pour couver dans un seul et même nid, sorte de phalanstere suspendu, ayant souvent plus d'un mètre de circonférence. Amérique.

Fig. 190 — Toucan.

B. ***Rhamphastidés*** (ῥάμφος, bec). Bec énorme recourbé et spongieux intérieurement. — Toucans (*Rhamphastos*). Brésil.

2e **Sous-ordre.** — **Syndactyles** (σύν, ensemble). — *Trois doigts en avant; l'externe soudé au médian jusqu'à l'avant-dernière articulation* (fig. 191).

Oiseaux à bec long et faible (*Levirostres*), insectivores ou baccivores. Nichent dans des trous d'arbres ou de murailles, quelquefois dans la terre; poursuivent souvent leur proie au vol ou pêchent le long des cours d'eau. Œufs en général blancs et luisants.

Calaos (*Buceros*). Bec très grand, surmonté d'un casque. Afrique, Asie. — Huppes (*Upupa*). Bec long et mince ; tête ornée d'une huppe. — Guêpiers (*Merops*). Bec arqué, aigu (fig. 192); genre de vie des Hirondelles. — Martins-pêcheurs (*Alcedo*). Bec droit ; se nourrissent

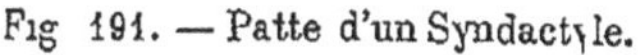

Fig 191. — Patte d'un Syndactyle.

Fig. 192 — Tete de Guepier.

principalement de Poissons qu'ils prennent en plongeant. — Grimpereaux (*Certhia*). Oiseaux grimpeurs, à queue usée au bout. — Echelettes (*Tichodroma*). Sortes de Grimpereaux des rochers. T. *muraria*, des Alpes, vole à la maniere d'un Papillon.

3e **Sous-ordre. — Déodactyles** (δέον, comme il faut). — *Trois doigts en avant, l'externe toujours libre.*

Ce sont les Passereaux proprement dits.

I *FISSIROSTRES* (*fissus*, fendu; *rostrum*, bec). — *Bec court, profondement fendu* (fig. 193). *Pieds courts. Insectivores.*

Engouffrent les Insectes en volant, le bec grand ouvert. — A. ***Caprimulgidés***. Base du bec poilue ; ongle médian dentelé, caractère unique parmi les Passereaux ; crépusculaires ; vol silencieux. L'Engoulevent ou « Crapaud volant » (*Caprimulgus europæus*) a la chair musquée; ses noms lui viennent de son cri et de la forme de son bec.

Fig 193 — Tête d'un Fissirostre (Engoulevent).

Fig. 194. — Patte de Martinet

Fig. 195. — Tete d'un Dentirostre (Pie-Grièche).

B. ***Hirundinidés***. Ni poils à la base du bec, ni ongle médian pectiné: Martinets (*Cypselus*). Bec très petit; tarse très court; le pouce (fig. 194) en avant comme les autres doigts (ceux-ci n'ayant chacun que trois phalanges). — Salanganes (*Collocalia*). Sortes de Martinets à glandes salivaires très développées. La Salangane de Java (*C. Linchi*) est renommée pour son nid comestible, constitué uniquement par une salive épaisse qui se desseche rapidement. D'autres Salanganes, celles des Philippines, de la Nouvelle-Calédonie, etc., construisent des nids qui, contenant une certaine quantité de matières végétales, sont moins estimés. Les nids de Salanganes servent, en Chine, à préparer la fameuse « soupe aux nids d'Hirondelles ». — Hirondelles (*Hirundo*). Bec et tarses plus longs que chez les Martinets.

II. *DENTIROSTRES* (*dens*, dent). — *Mandibule superieure plus ou moins échancre près de la pointe* (fig. 195). *Insectivores ou baccivores*

A. Dentirostres percheurs. — Oiseaux presque exclusivement insectivores. 1° *compressirostres*. Bec comprimé. — A. ***Laniidés***. Mandibule supérieure fortement échancrée, crochue : — Pies-grièches (*Lanius*). Mœurs des Oiseaux de proie. — B. ***Oriolidés***. Mâle generalement d'une couleur éclatante : — Loriot (*Oriolus*). — C. ***Paradiséidés***. « Oiseaux du Paradis ». Plumes des flancs effilées en panache chez le mâle. Nouvelle-Guinée : — Paradisiers (*Paradisæa*).

2° *dépressirostres*. Bec déprimé : — Gobe-mouches (*Muscicapa*) Bords des deux mandibules ornés de longs poils roides servant à retenir les Mouches. — Moucherolles (*Muscipeta*). Gobe-mouches a tête huppée. Le « roi des Gobe-mouches » (*M. regia*) est une belle espèce de l'Amérique méridionale.

B. Dentirostres marcheurs. — Oiseaux essentiellement marcheurs, à bec variable, quelquefois non échancré. — A. ***Turdidés***. Percheurs et marcheurs : — Merles (*Turdus*). Chanteurs a plumage ordinairement grivelé. Merle (*T. merula*). Litorne (*T. pilaris*); tarses bruns. Draine (*T. viscivorus*); tarses jaunes. Grive (*T. musicus*); tarses gris. — Cincles, « Merles d'eau » (*Cinclus*). Entrent dans l'eau, marchent sur le fond et volent entre deux eaux, pour se procurer les petits animaux aquatiques dont ils se nourrissent. — B. ***Alaudidés*** Caractérisés par l'allongement de l'ongle du pouce ; excellents marcheurs : — Bergeronnettes (*Motacilla*). Queue longue, se balançant sans cesse. — Farlouses ou « Alouettes des prés » (*Anthus*). Balancent leur queue comme les Bergeronnettes et chantent comme les Alouettes, en s'élevant dans les airs. Quelques espèces désignées sous les noms de *Becfigues* ou *Vinettes*. — Alouettes (*Alauda*). Ongle du pouce presque droit. *A. arvensis*.

III. *TENUIROSTRES* (*tenuis*, grêle). — *Bec mince et effile* (fig. 196), *droit ou arque, sans echancrure ou legerement echancre a la mandibule superieure. En général insectivores.*

A. Ténuirostres marcheurs. — Vol bas et peu soutenu. Sautillent sur le sol ou de branche en branche; nichent à terre ou près de terre dans les trous des arbres ou des vieux murs. — Rubiettes ou Rouges-queues (*Ruticilla*). — Rouges-gorges (*Rubecula*). — Gorges-bleues (*Cynecula*).

B. Tenuirostres percheurs. — Se suspendent aux branches qu'ils contournent en tous sens, pour y chercher les Insectes ou les larves. — Rossignols (*Philomela*). Les plus appréciés des oiseaux chanteurs. — Fauvettes (*Sylvia*). — Roitelets (*Regulus*). Les plus petits oiseaux d'Europe.

C. Tenuirostres aériens. — Volent de fleurs en fleurs : vie aérienne. Langue filiforme ou pénicillée; pas d'appareil vocal. — A. ***Trochilidés.*** Bec tantôt droit (*Oiseaux-mouches*) (fig. 197), tantôt arqué (*Colibris*). Oiseaux d'Amérique, a plumage d'un éclat métallique; pour la plupart insectivores. Le plus gros a la taille d'un Martinet; le plus petit celle d'une Abeille. Ce dernier est le plus petit des Oiseaux. — B. ***Nectarinidés*** ou *Soui-Mangas*. Représentants des Trochilidés dans l'Ancien Monde, en Afrique, en Asie et en Australie. Un appareil vocal; bec légèrement recourbé.

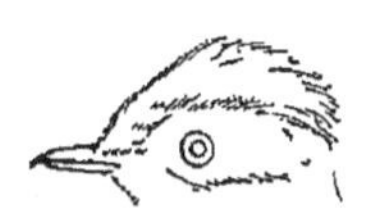

Fig 196 — Tete d'un Ténuirostre (Roitelet).

Fig. 197 — Oiseau-Mouche.

Fig. 198 — Tete de Conirostre (Gros-Bec)

IV. *CONIROSTRES* (*conus*, cône). — *Bec fort, conique a la base, comprimé, rarement échancré a la pointe* (fig. 198). *Granivores ou insectivores.*

A. Conirostres marcheurs. — A. ***Corvidés.*** Grands Oiseaux criards, a narines entourées de longues soies : — Corbeaux (*Corvus*). Les plus gros Passereaux d'Europe. — Chocards (*Pyrrhocorax*). — Casse-noix (*Nucifraga*). — Pies (*Pica*). — Geais (*Garrulus*). — B. ***Sturnidés.*** Bec dépourvu de soies Vivent par troupes nombreuses : — Etourneaux (*Sturnus*).

B. Conirostres percheurs. — A. ***Plocéidés.*** Tissent leur nid avec art, en entrelaçant de la paille, de la laine ou toute autre matière filamenteuse. Ces nids, suspendus aux rameaux des arbres, sont divisés en plusieurs compartiments. Asie. Afrique : — Tisserins (*Ploceus*). Les Républicains (*P. abyssinicus*), du Cap, s'associent pour construire, autour d'un tronc d'arbre, une sorte de parasol au-dessous duquel ils établissent leurs nids. — B. ***Passéridés.*** Granivores; bec gros, un peu recourbé au bout : — Moineaux (*Passer*). — C. ***Fringillidés***. Bec gros, caractéristique. Granivores pour eux-mêmes et insectivores pour leurs petits ; essentiellement domesticables ; dégorgent à leurs petits une nourriture élaborée dans le jabot : Gros-becs (*Coccothraustes*). — Fringilles (*Fringilla*). Verdier (*F. chloris*). Pinson (*F. cœlebs*). Niverolle (*F. nivalis*). Chardonneret (*F. carduelis*). Serin (*F. serinus*). Linot (*F. cannabica*). — Bouvreuils (*Pyrrhula*). — Becs-croisés (*Loxia*). — C. ***Paridés***. Granivores et insectivores; toujours en mouvement. Mangent quelquefois des petits Oiseaux dont ils dévorent la cervelle. — Mésanges (*Parus*).

ORDRE IV. **Colombins**. — *Bec faible, droit, membraneux et renflé à la base* (fig. 199). *Pattes faibles. Doigts libres. Ailes longues.*

Diffèrent à peine de plumage dans les deux sexes. Boivent d'un trait, en tenant le bec plongé dans l'eau. Granivores. Contrairement aux autres Oiseaux qui introduisent leur bec chargé

Fig. 199 — Tête de Pigeon.

Fig 200. — Coq et Poule de Bantam

de nourriture dans celui de leurs petits, les Pigeons ouvrent le leur aux jeunes, qui viennent s'y alimenter au moyen d'une bouillie lactescente formée par les parois du jabot. Celle-ci est remplacée ensuite par des graines ramollies dans le jabot. Vivent dans les diverses contrées du globe ; nichent sur les arbres. Voyageurs ; roucouleurs.

A. ***Colombidés***. — *Tête non surmontée d'un éventail de plumes.*

Colombes (*Columba*). Queue courte, arrondie ou carrée. Ramier (*C. palumbus*) ; le plus gros Pigeon d'Europe ; arboricole. Biset (*C. livia*) « Pigeon de roche » ; niche dans les creux des rochers; souche de nos Pigeons domestiques (1). Tourterelles (*C. turtur*) ; le plus

(1) Les Pigeons domestiques sont les uns *fuyards*, allant vivre aux champs et fuyant quelquefois le colombier , les autres *de volière*, vivant dans le pigeonnier, coûtant plus d'entretien, mais plus productifs Les Pigeons de volière les plus connus sont les *Pigeons boulants* ou *grosse gorge*, avalant de l'air et gonflant leur jabot, comme pour se rengorger, les *Pigeons messagers*, petits, dépourvus de tubercules sur les narines, très

petit Pigeon d'Europe ; arboricole. — Ectopistes (*Ectopistes*). Queue allongée, pointue. Pigeon voyageur (*E. migratorius*) ; vole avec une extrême rapidité; spécial à l'Amérique du Nord.

B. ***Gouridés.*** — *Tête surmontée d'un éventail de plumes.*

Gouras (*Goura*). Les plus grands des Colombins ; de la taille d'un Coq. Nouvelle-Guinée.

ORDRE V. **Gallinacés.** — *Bec fort, membraneux à la base. Pattes fortes. Doigts antérieurs bordés ou réunis à la base par une courte membrane. Ailes courtes.*

Mâles à plumage plus éclatant que celui des femelles, à tête souvent ornée de crêtes ou de lobes charnus, à métatarse généralement armé d'un ergot qui s'accentue avec l'âge (fig. 200). Oiseaux buvant à plusieurs reprises et relevant la tête à chaque gorgée. Granivores ; polygames : essentiellement marcheurs et sédentaires. Presque tous nichent à terre, pondent un grand nombre d'œufs et ont un cri désagréable. Estimés pour leur chair, soit comme Oiseaux de basse-cour, soit comme gibier. Oiseaux des terres, répandus dans toutes les régions du globe.

I. PASSÉRIPÈDES. — *Doigts seulement bordés.*

Ménures (*Menura*). La Lyre (*M. lyra*) a la taille d'une Poule ; les deux rectrices extérieures de la queue du mâle figurent une sorte de lyre. Australie. — Talégalles (*Talegalla*). Taille d'un Dindon ; édifient des tas de feuilles dans lesquels ils déposent leurs œufs, que fait éclore la chaleur développée par la décomposition des substances végétales. Australie.

II. GRALLIPÈDES (*grallæ*, échassiers). — *Doigts réunis à la base par une membrane.*

A. ***Tétraonidés.*** — *Tarses emplumés, sans éperon. Œufs tachetés.*

Une bande sourcilière nue, généralement rouge. Habitent l'hémisphère boréal de l'Europe et de l'Amérique : — Tétras (*Tetrao*). Doigts nus, pectinés sur les bords. Comprennent les Coqs de bruyères et les Gélinottes. — Lagopèdes (*Lagopus*). Doigts emplumés ; fauves en été, blancs en hiver ; « Perdrix de neige ».

B. ***Perdicidés.*** — *Tarses nus, généralement munis d'un éperon. Œufs tachetés.*

attachés à leur colombier, employés au transport des dépêches et pouvant parcourir 100 kilomètres à l'heure ; les *Pigeons cravatés*, à plumes de la gorge frisées en jabot ; les *Pigeons nonains* ou *capucins*, à plumes de la nuque redressées en capuchon, les *Pigeons culbutants*, à vol entrecoupé de culbutes dans les airs, les *Pigeons pattus*, à doigts couverts de plumes.

Une bande sourcilière, moins accentuée que chez les précédents. Queue généralement peu développée : — Perdrix (*Perdix*). Tarses éperonnés ou tuberculés. — Caille (*Coturnix*). Tarses lisses.

C. ***Gallidés.*** — *Tarses nus et éperonnes. Œufs unicolores.*

Pas de bande sourcilière. Queue ordinairement grande.

1° *Queue en toit.* — Coqs ; Poules ; Poussins (*Gallus*). Une crête sur la tête ; un ou deux lobes charnus sous le bec. Nombreuses races domestiques provenant, toutes ou en partie, du coq Bankiva des Indes (1). — Faisans (*Phasianus*). Pas de crête ni de lobes charnus. Originaires de l'Asie centrale.

2° *Queue convexe.* — Paons (*Pavo*). Tête ornée d'une aigrette ; couvertures de la queue du mâle tres longues, pouvant se relever en roue avec les rectrices. Originaires de l'Inde. — Dindons (*Meleagris*). Une caroncule érectile sur le front ; poitrine munie d'une touffe de plumes sans barbules, analogues a des crins ; queue du mâle pouvant se relever en roue. Originaires de l'Amérique du Nord. — Pintades (*Numida*). Tête nue ; deux caroncules charnues sous le bec. D'origine africaine. — Hoccos (*Crax*). Sortes de Gallinacés aberrants ; tête munie d'une huppe de plumes redressées ; taille du Dindon domestique. Amérique.

ORDRE VI. **Échassiers.** — *Jambes, cou et bec longs. Doigts rarement libres. Ailes longues. Queue courte. Oiseaux de rivage.*

Jambes nues jusqu'au-dessus de l'articulation tibio-tarsienne. Marchent a gué dans les eaux et y cherchent leur nourriture. La plupart carnivores, crépusculaires, etendant les pattes en arrière pendant le vol. Les uns font leur nid a terre et sont polygames ; les autres nichent sur les arbres et sont monogames. Tous migrateurs.

A. Macrodactyles. — *Doigts longs ou libres, pourvus de membranes, soit à la base, soit sur les bords.*

A. ***Plectroptères*** (πλῆκτρον, éperon) — *Ailes armees d'eperons.*

Kamichis (*Palamedea*). Gros Oiseaux de l'Amérique du Sud ; les uns

(1) Trois groupes de races domestiques : 1° des grandes (*race cochinchinoise*, a plumage uniforme, a œufs couleur cafe au lait) ; — 2° des moyennes (*race commune ; race de Padoue*, à huppe touffue, sans crête, *race de Houdan*, huppee, a crête en forme de coquille de Moule ouverte, pentadactyle, *race du Mans*, sans huppe, a crête frisee, celebre par ses chapons, *race de Bresse*, sans huppe, à crête simple, tres dentelee, celebre par ses poulardes, *race de La Flèche*, sans huppe, a crête formee de deux petites cornes. *race de Crèvecœur*, huppee, a crête formee de deux cornes larges a la base). — 3° des petites (*races de Bantam*, a crête frisee, a ailes trainantes).

avec une corne sur la tête (*P. cornuta*); les autres sans corne « Chaunas » (fig. 201) (*P. Chavaria*), domestiqués, gardeurs de volailles. — Jacanas (*Parra*). Ongles excessivement longs. Amérique tropicale.

B. ***Rallidés.*** — *Ailes sans eperons. Bec nu.*

Râle d'eau (*Rallus aquaticus*). Bec plus long que la tête. — Râle de genêt ou « Roi des Cailles » (*Crex pratensis*). Bec plus court que la tête ; chair très délicate.

C. ***Gallinulidés.*** — *Bec surmonté d'une plaque frontale.*

Poule d'eau (*Gallinula*). Doigts garnis d'une bordure étroite. —

Fig. 201. — *Chauna chavaria.*

Foulques ou « Morelles » (*Fulica*). Doigts bordés d'une membrane festonnée.

B. Hérodactyles (ἐρωδιος, héron). — *Doigts courts ou moyens, rarement libres, le plus souvent pourvus de membranes, tantôt à la base, tantôt sur les bords.*

A. ***Pressirostres*** (*pressus* comprimé). — *Bec ordinaire, comprimé.*

Pouce rudimentaire ou nul. Courent assez vite, mais volent rarement à de grandes distances : — Outardes (*Otis*). Oiseaux lourds, a port de Gallinacé. La grande Outarde (*O. tarda*) ou « Autruche d'Europe » est le plus gros Oiseau d'Europe. — Pluviers (*Charadrius*). Bec renflé au bout ; pas de pouce. — Vanneaux (*Vanellus*). Pouce rudimentaire ; ressemblent aux précédents et ont comme eux une chair a réputation usurpée. — Huîtriers (*Hæmatopus*). Bec pointu ; pas de pouce. La « Pie de mer » (*H. ostralegus*) ouvre, avec son bec, les coquilles bivalves et en arrache les habitants.

B. ***Cultrirostres*** (*culter*, couteau). — *Bec gros, long, fort, le plus souvent tranchant et pointu.*

Pattes longues, à quatre doigts : — Agamis (*Psophia*). L' « Oiseau trompette » produit des sons qui rappellent la voix d'un ventriloque ; domestiqué à la Guyane ; il garde les troupeaux. — Baléariques (*Balearica*). « Grue couronnée » (*B. pavonina*), à occiput orné d'une aigrette de plumes filiformes ; le mâle exécute, quand il est excité,

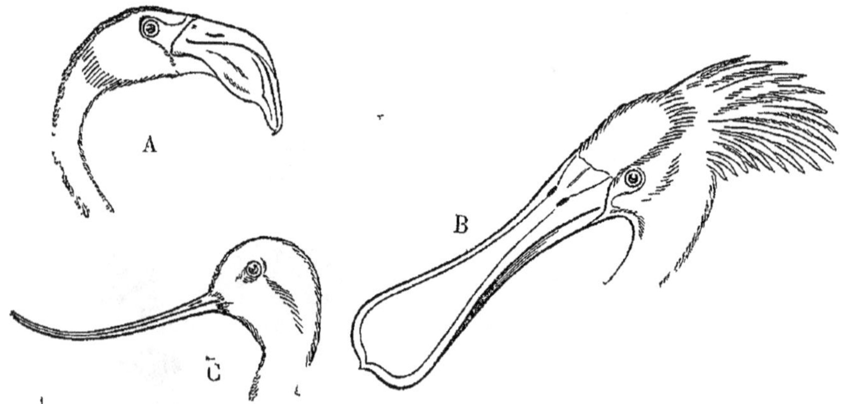

Fig. 202. — A, bec de Flamant, — B, bec de Spatule, — C, bec d'Avocette

une danse singulière. Afrique. — Grues (*Grus*). Célèbres par leurs migrations en troupes formant un triangle, dont le sommet est occupé par le chef de la bande ; voix éclatante. — Hérons (*Ardea*). Bec robuste, droit, fendu jusqu'aux yeux. — Savacous (*Cancroma*). Bec semblant formé de deux cuillers se regardant par leur concavité Guyane. — Cigognes (*Ciconia*). Oiseaux silencieux ; bec très long. — Marabouts (*Leptopilos*). « Cigognes à sac » ; un sac charnu sous le cou ; plumes élégantes (*marabouts*). Afrique ; Indes. — Spatules (*Platalea*). Doivent leur nom à la forme de leur bec (fig. 202 B).

C. ***Longirostres*** (*longus*, long). — *Bec grêle, long et faible.*

Ibis (*Ibis*). Bec arqué ; doigts longs. L'Ibis sacré (*I. religiosa*), de la taille d'une Poule, était adoré des Egyptiens. — Courlis (*Numenius*). Bec arqué ; doigts courts. Europe, Asie. — Bécasses (*Scolopax*). Bec droit, un peu renflé et mou vers le bout ; jambes complètement emplumées. — Bécassines (*Gallinago*). Diffèrent des précédentes par leur taille plus petite et leurs jambes nues inférieurement ; ont, comme elles, une chair exquise. — Combattants (*Machetes*). Les mâles se livrent des combats furieux pour la possession des femelles. — Avocettes (*Recurvirostra*). Bec recourbé en haut (fig. 202 C).

ORDRE VII. **Palmipèdes** (*palma*, paume; *pes*, pied). — *Pattes courtes, a doigts palmés ou lobés. Oiseaux nageurs.*

Pattes plus courtes que le cou, situées à la partie postérieure du corps. Jambes emplumées. Tarses comprimés. Ailes de forme et de longueur variables. Queue ordinairement courte. Recherchés pour leur duvet, plus que pour leur chair. Celle-ci est généralement huileuse et de mauvais goût, souvent immangeable chez les espèces piscivores. Répandus à la surface du globe, sur tous les points couverts d'eau. Presque tous vivent de Poissons ou de petits animaux aquatiques.

Fig 203. — Albatros

1er **Sous-ordre. — Lamellirostres** (*lamella*, lamelle). — *Bec revêtu d'une peau molle, à bords garnis de lamelles transversales ou de dentelures. Ailes ordinaires.*

Oiseaux d'eau douce, pour la plupart; nagent avec élégance, plongent bien, marchent mal.

A. ***Phœnicoptéridés*** (φοῖνιξ, rouge; πτερόν, aile). — *Pattes très longues. Bec gros, coude au milieu* (fig. 202 A). — Flamants (*Phœnicopterus*), ailes roses. Habitent les côtes de la Méditerranée, remontent quelquefois jusqu'au Rhin.

B. ***Anatidés*** (*anas*, canard). — *Bec elargi, pourvu de lamelles.*

Cygnes (*Cygnus*). Sternum évidé, logeant une anse de la trachée; cou très long. — Oies (*Anser*). Cou moyen; jambes moyennes. Oie grise (*A. cinereus*); souche de nos races domestiques (1). — Canards (*Anas*). Cou court, jambes courtes; bec large, aplati. C. sauvage (*A. boschas*); souche de la plupart de nos variétés domestiques (2).

(1) Deux races principales l'une petite (*Oie commune*), l'autre grande (*Oie de Toulouse*) Les grandes races soumises a l'engraissement (surtout avec le maïs) ne tardent pas a prendre un foie enorme qui sert à la fabrication des *pâtes de foie gras* (Alsace, Languedoc) Leur chair peut se saler et se conserver.

(2) Le *Canard commun* ne diffère guère de l'espèce sauvage. Le *Canard de Barbarie, Canard musqué, Canard muet*, nous vient de l'Amérique méridionale. Il est plus grand que le précédent et la tête des mâles est ornée

Sarcelle (*A. querquedula*); la plus petite espèce de Canard. — Eider (*Somateria*). Cou court, jambes courtes, bec élevé; taille d'une petite Oie; fournit le duvet le plus fin (*edredon*). Régions boreales.

Fig. 204. — Pétrel.

C. ***Mergidés*** (*mergere*, plonger). — *Bec effile, a bord dentele de pointes dures dirigées en arriere* (fig. 205).

Harles (*Mergus*). Port et plumage des Canards: nagent en immergeant le corps et ne laissant que la tête hors de l'eau.

2e **Sous-ordre. — Longipennes.** — *Bec corne, de forme variable. Ailes longues. Pouce libre ou nul.*

Oiseaux de pleine mer, s'avançant quelquefois dans les terres.

A. ***Procellaridés*** (*procella*, tempête). — *Narines tubuleuses.*

Pétrels (*Procellaria*). « Oiseaux des tempêtes »; narines supérieures (fig. 204). — Albatros (*Diomedea*). Narines laterales (fig. 203); les plus gros Oiseaux de haute mer.

Fig 205. — Bec de Harle.

B. ***Laridés*** (*Larus*, mouette). — *Narines ordinaires.*

Goélands ou Mouettes (*Larus*). Bec crochu; queue carrée; Oiseaux côtiers comprenant de grandes et de petites espèces. — Hirondelles de mer (*Sterna*). Bec droit, queue

d'excroissances rouges. En le croisant avec la Cane commune, on obtient le « Mulard », metis infécond, s engraissant facilement, dont le foie sert à fabriquer les terrines de Nerac et de Toulouse.

fourchue. — Coupeurs d'eau ou « Bec en ciseaux » (*Rhynchops*). Bec à mandibule supérieure plus courte (fig. 206). Mer des Antilles.

3e Sous-ordre. — Totipalmes (*totus*, tout; *palma*, paume).

Fig. 206. — Tête de Coupeur d'eau

Fig. 207. — Frégate (Long. : 1 m.)

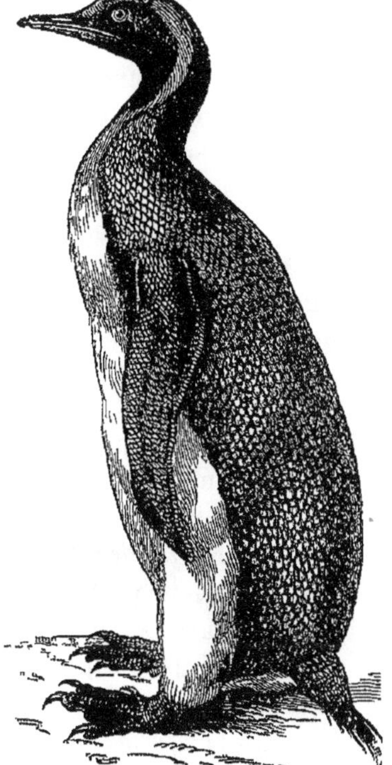

Fig. 209. — Manchot (Haut. : 1 m.)

Fig. 208. — Bec de Pélican

Fig. 210. — Casoar (Haut. : 2 m.).

— *Bec variable. Ailes longues. Pouce réuni aux autres doigts dans une palmature commune.*

Oiseaux de mer, nageurs, plongeurs et percheurs.

A. **Tachypétidés** (ταχυπέτης, au vol rapide). — *Membranes interdigitales très échancrées.*

Frégates (*Tachypetes*). Queue fourchue; ailes extrêmement longues (fig. 207). Le plus infatigable et le plus rapide des voiliers maritimes. Régions tropicales.

B. ***Stéganopodidés*** (στεγανόπους, palmipède). — *Membranes interdigitales entières.*

Paille en queue (*Phaeton*). Les deux rectrices médianes très longues « Oiseau du tropique ». — Fous (*Sula*). Bec denté en scie, doivent leur nom à la stupidité avec laquelle ils se laissent confisquer leur proie par les Frégates. — Anhingas (*Plotus*). Cou très long; nagent entre deux eaux. — Pélicans (*Pelecanus*). Bec très long, déprimé, pourvu, en dessous, d'une poche très dilatable (fig. 208). On peut lui apprendre à pêcher. — Cormorans (*Phalacrocorax*). Bec long, comprimé. Domestiqués en Chine où l'on en fait des pêcheurs domestiques, en leur entourant le cou d'un anneau, pour les empêcher d'avaler leur proie.

Fig 211 — Autruche (Haut. 3 m)

4e **Sous-ordre. — Brachyptères** (βραχύς, court). — *Bec comprimé. Ailes très courtes. Station verticale.*

Habitent pour la plupart, la haute mer; viennent à terre pour se reproduire.

A. ***Colymbidés*** (κόλυμβος, plongeur). — *Ailes couvertes de plumes.*

Grèbes (*Podiceps*). Doigts lobés; recherchés pour leur peau servant de parure. — Plongeons (*Colymbus*). Doigts antérieurs complètement palmés. — Pingouins (*Alca*). Bec court, très comprimé. Propres à la faune arctique; volent et nagent en se servant de leurs ailes.

B. ***Apténidés*** (ἀπτην, qui ne vole pas). — *Ailes en forme de rames, couvertes de plumes lisses semblables à des écailles.*

Ne volent pas; nagent avec leurs ailes; propres aux mers antarctiques. — Sphénisques (*Spheniscus*). Bec fort. Le Cap. — Manchots (*Aptenodytes*) (fig. 209). Bec grêle. Patagonie.

SOUS-CLASSE II. — **RATITES.**

ORDRE VIII. **Coureurs.** — *Sternum dépourvu de bréchet. Oiseaux coureurs.*

renferment les plus grands des Oiseaux. Ailes rudimentaires, impropres au vol. Pas de rémiges ni de rectrices. Végétariens. Steppes des régions tropicales.

A. ***Struthionidés.*** *Narines basales. Pas de pouce.*

Autruche (*Struthio*). Pieds à deux doigts (fig. 211), le plus grand des Oiseaux (hauteur 3 mètres, poids 80 kilos). La femelle pond une vingtaine d'œufs que le mâle couve et qui équivalent chacun à deux douzaines d'œufs de Poule. Coureur très rapide; chassé pour les

Fig 212 — Aptéryx

plumes de la queue et des ailes; chair appréciée. Afrique; domestiquée au Cap. — Nandou (*Rhea*). « Autruche d'Amérique » ; moitié plus petite que l'Autruche d'Afrique ; tridactyle, Amérique du Sud. — Emous (*Dromæus*). Tridactyles ; port des Autruches ; chair estimée. Australie.

B. ***Casuaridés.*** — Casoar (*Casuarius*). Tridactyle ; tête surmontée d'un casque osseux, formé par une saillie du frontal, plumes ressemblant à des crins ; chair grossière. Archipel indien.

C. ***Aptérygidés.*** — *Narines terminales. Un pouce.*

Apteryx (*Apteryx*). Ailes presque nulles ; trois doigts antérieurs ; taille d'une Poule (fig. 212). Nouvelle-Zélande, Tasmanie.

CLASSE III. — REPTILES.

Vertébrés Amniens sans mamelles, ni poils, ni plumes ; a peau écailleuse ou couverte de larges plaques cornées, a respiration pulmonaire, à temperature variable. Un seul condyle occipital Ovipares ou ovovivipares. Jamais de métamorphoses.

Trois ordres.

Une carapace et un plastron ; fente cloacale longitudinale............	CHÉLONIENS
Os dermiques, ne formant pas de carapace ; de larges plaques ecailleuses ; fente cloacale longitudinale....	CROCODILIENS
Pas d'os dermiques; des écailles petites ; fente cloacale transversale......	SAUROPHIDIENS

Les Saurophidiens comprennent les *Sauriens* ou Lézards, et les *Ophidiens* ou Serpents.

Téguments. — Derme refermant souvent, dans son épaisseur, des cellules pigmentaires (chromatophores) susceptibles d'extension et de rétraction, et pouvant par suite produire des changements de couleur. Les changements de coloration du Caméléon et de quelques autres Sauriens dépendent du mélange de deux pigments l'un superficiel et fixe, l'autre profond et contenu dans des chromatophores dont les dimensions varient sous l'influence du systeme nerveux.

Epiderme épais, présentant une couche cornée tres developpée, qui forme les écailles. On donne plus spécialement le nom d'*ecailles* aux productions cornées, imbriquees, qui recouvrent le dos et les flancs des ***Saurophidiens***, de *scutelles* aux plaques plus larges et juxtaposées (face ventrale des Serpents ; tête des Serpents et des Lézards) Chez les ***Crocodiliens*** et les ***Chéloniens***, il se forme de larges *plaques* cornées, qui, chez les Tortues, se soudent a la carapace et au plastron, mais sans correspondre aux plaques osseuses sous-jacentes. Ces plaques donnent, chez les grosses Tortues, l'*écaille* industrielle. La peau des Crocodiliens et celle de quelques Serpents sont aussi utilisées pour la maroquinerie de luxe.

La couche cornée de l'épiderme subit une mue plus ou moins fréquente, et elle se détache tantôt par lambeaux (***Sauriens***), tantôt (***Ophidiens***) tout d'une pièce, sous forme d'un fourreau que l'animal quitte de la tête à la queue Le derme s'ossifie très rarement (Scinque) chez les Saurophidiens. Au contraire, chez les ***Crocodiliens***, il existe de larges plaques dermiques isolées, dans toute la région dorsale. Enfin chez les **Tortues**, les plaques dermiques jouent le rôle principal dans la formation de la carapace et du plastron ; ce dernier est formé uniquement d'os dermiques, tandis qu'à la formation de la carapace prennent part les apophyses épineuses des vertèbres dorsales (plaques neurales) et les côtes (plaques costales) (voir fig. 220).

Pas de glandes cutanées en général ; cependant, des glandes existent, chez quelques Sauriens, à la région inférieure de la cuisse (*pores femoraux*) (fig. 216 et 217, *SP*) et, chez les Crocodiliens, sous la gorge et au voisinage de l'anus.

Appareil digestif. — A l'exception des Chéloniens, qui ont un bec corné comme les Oiseaux, tous les Reptiles possèdent des dents. Celles-ci ne sont implantées dans des alvéoles que chez les **Crocodiliens** (*Thécodontes*), où de plus elles ne s'observent que sur les bords

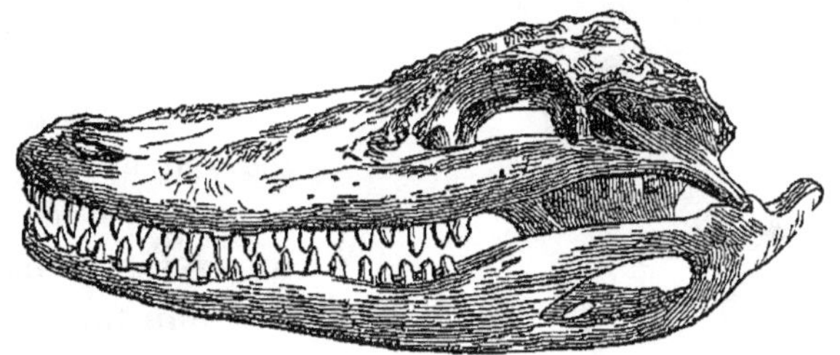

Fig 213 — Tete de Caiman

des mâchoires (fig. 213), tandis qu'il y a, en outre, des dents palatines, chez beaucoup de **Saurophidiens**. Les dents des Sauriens, tantôt pleines (*Pléodontes*), tantôt creuses (*Cœlondontes*), sont fixées soit sur la face interne (*Pleurodontes*), soit le bord libre (*Acrodontes*) des mâchoires. La bouche des Ophidiens se distingue par la mobilité de plusieurs de ses pièces, en particulier des deux branches de la mâchoire inferieure, qui sont réunies en avant par un ligament élastique, au lieu d'être soudées comme chez les autres Reptiles. Cette gueule dilatable leur permet d'avaler une proie souvent énorme. Les Serpents non venimeux ont toutes les dents pleines et lisses; les venimeux ont, en outre de ces dents, des *crochets*, c'est-a-dire des dents plus longues que les autres et situées uniquement sur les maxillaires supérieurs. Les crochets présentent tantôt un sillon antérieur (*crochets sillonnes* ou *canneles*), tantôt un canal central (*crochets tubuleux* ou *canalicules*). — Langue épaisse chez les **Chéloniens**, adhérente au plancher buccal chez les **Crocodiliens**, tres variable chez les Sauriens. Généralement longue, fourchue et protractile chez les Ophidiens, elle peut sortir, même lorsque la gueule est fermée, par une échancrure du museau, mais ne constitue jamais une arme offensive. — Voile du palais rudimentaire chez les *Crocodiliens*, nul chez les autres Reptiles. — Œsophage généralement large. Estomac plus ou moins vaste rappelant, chez les *Crocodiliens*, le gesier des Oiseaux. Intestin terminé par un cloaque, dont l'ouverture extérieure est tantôt longitudinale (*Chéloniens* et *Crocodiliens*), tantôt transversale (*Saurophidiens*). Chez les *Crocodiliens*, la cavité générale s'ouvre dans le cloaque par deux *canaux péritoneaux*. Chez les *Chéloniens*, ces canaux sont représentes par deux cæcums (*poches cloacales*).

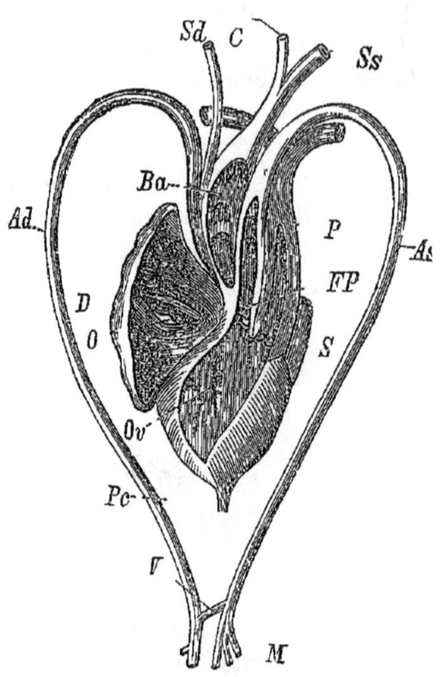

Fig. 214 — Cœur de Caiman (*Alligator lucius*) avec les gros vaisseaux, vu par la face antérieure et ouvert en partie. — *D*, oreillette droite, *S*, oreillette gauche, *O*, orifice veineux de l'oreillette droite, *Ov*, orifice auriculo-ventriculaire droit, *Ba*, bulbe artériel, *C*, carotide primitive, *Sd*, *Ss*, sous-clavières, *Ad*, crosse aortique droite, *As*, crosse aortique gauche, *P*, artère pulmonaire, *V*, branche de communication de la crosse aortique gauche avec la crosse droite, *M*, artère mesentérique, *Pc*, ligament péricardique, *FP*, foramen de Panizza

Glandes salivaires réduites a deux sublinguales, auxquelles s'ajoutent, chez les Ophidiens, une labiale supérieure et une labiale inferieure. Les glandes sublinguales d'un Saurien (*Holoderma horridum*) et les labiales superieures des Serpents venimeux sécrètent du venin. Toujours un foie et un pancréas.

Appareil circulatoire. — Le cœur a deux oreillettes et un ventricule (*Chéloniens, Saurophidiens*) ou deux ventricules distincts (*Crocodiliens*). Il existe des valvuves auriculo-ventriculaires et des valvules sigmoides (1). — Une veine porte re-

(1) Chez les **Crocodiliens** (fig. 214), les deux ventricules sont separes par une cloison complete Le ventricule droit donne naissance a l'*artere pulmonaire* et a la *crosse aortique droite*, qui correspond au canal artériel du fœtus des Mammiferes ; le ventricule gauche fournit la *crosse aortique gauche*. Ces deux crosses presentent a leur origine un trou de communication (*pertuis de Panizza*). Elles se rejoignent de nouveau plus loin, pour former l'aorte, apres que la crosse gauche a deja fourni les troncs arteriels de la tête et des membres anterieurs Les regions anterieures reçoivent donc du sang arteriel mélange d'une tres petite quantite de sang veineux, le reste du corps est alimenté par un melange de ce sang avec celui qui provient de la crosse droite. — Chez les autres Reptiles, le ventricule est divise en deux loges par une cloison incomplete percee d'un *orifice*

nale reçoit une grande partie du sang qui revient des membres postérieurs et de la queue. Des cœurs lymphatiques s'observent dans la région postérieure du corps.

Appareil respiratoire. — Toujours pulmonaire. Trachée a anneaux cartilagineux complets ou incomplets (1). Bronches courtes, ramifiées ou non. Poumons constitués par deux sacs dont la cavité est tantôt unique (***Saurophidiens***), tantôt divisée en un certain nombre de compartiments (***Chéloniens*** et ***Crocodiliens***). Chez les Ophidiens, le poumon droit, extraordinairement allongé, n'est alvéolé qu'à sa partie antérieure ; le gauche, rudimentaire, peut même disparaître complètement. Chez le Caméléon, les poumons présentent des appendices vésiculeux, qui sont comme une ébauche des sacs aériens des Oiseaux. La respiration se fait par des mouvements d'inspiration et d'expiration ; chez les Tortues, ces mouvements sont dus aux

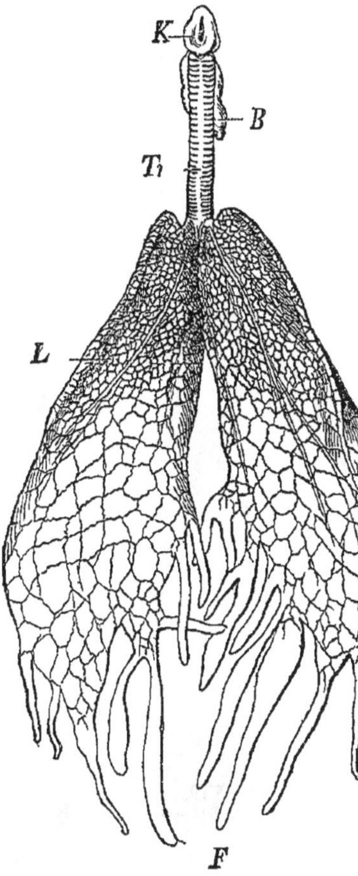

Fig 215 — Poumons du *Chamæleo africanus*. — *K*, larynx, *B*, sac laryngien, *Tr*, trachée, *L*, poumons; *F*, diverticules dépourvus d'alvéoles du poumon.

interventriculaire. La loge gauche ne donne naissance à aucune artere; la droite presente trois orifices arteriels, l'un inferieur et pulmonaire, les deux autres superieurs et aortiques. Au moment de la diastole du ventricule, les valvules auriculo-ventriculaires abaissees ferment l'orifice interventriculaire; la loge gauche se remplit alors exclusivement de sang rouge et la droite de sang noir. Quand arrive la systole, les mêmes valvules se relevent et la communication se trouve retablie entre les deux loges du ventricule, mais alors les valvules de l'artere pulmonaire cèdent aussitôt, a cause de la faible pression du sang a l'intérieur de ce vaisseau. Une ondee de sang noir va donc remplir l'artere pulmonaire, puis le contenu de la loge gauche arrive dans la loge droite et passe dans les deux crosses de l'aorte qui reçoivent ainsi du sang presque exclusivement arteriel. (SABATIER.)

(1) Excepte chez les Crocodiliens, la glotte s'ouvre dans la bouche et non dans l'arriere-gorge. Chez les Serpents, au moment de la déglutition, cet orifice est porte en avant et fait saillie au dehors.

os de l'épaule qui s'écartent et se rapprochent alternativement.

Appareil urinaire. — Reins souvent lobés (fig. 216 et 217, *N*). Uretères débouchant isolément dans le cloaque (*Cl*), sur la partie antérieure duquel se trouve une vessie urinaire (*Hb*), seulement chez les Chéloniens et les Sauriens. Chez les Ophidiens, l'urine, solide

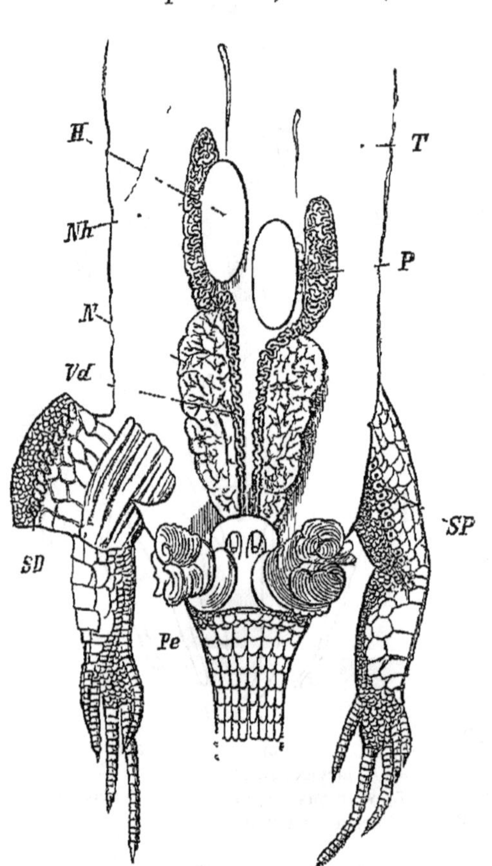

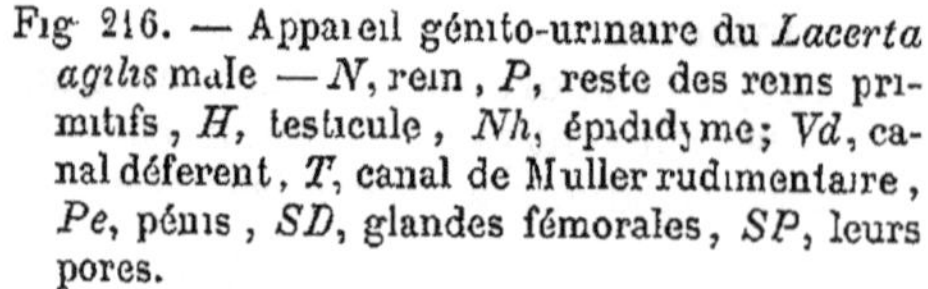
Fig. 216. — Appareil génito-urinaire du *Lacerta agilis* mâle — *N*, rein, *P*, reste des reins primitifs, *H*, testicule, *Nh*, épididyme; *Vd*, canal déférent, *T*, canal de Muller rudimentaire, *Pe*, pénis, *SD*, glandes fémorales, *SP*, leurs pores.

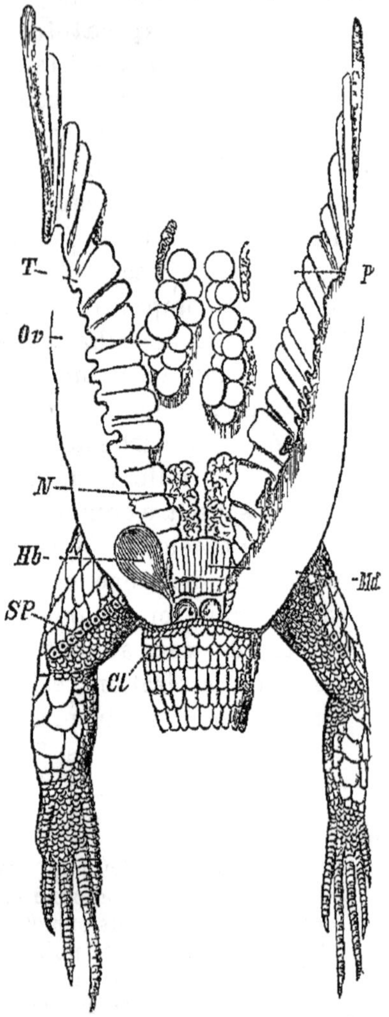

Fig. 217. — Appareil génito-urinaire du *Lacerta agilis* femelle — *N*, reins, *P*, reste des reins primitifs, *Hb*, vessie urinaire, *Md*, rectum fendu, *Cl*, cloaque, *Ov*, ovaires, *T*, canal de Muller transformé en oviducte, *SP*, pores de glandes fémorales.

et de couleur blanchâtre, renferme beaucoup d'acide urique.

Appareil reproducteur. — *A*. Appareil mâle (fig. 216). — Deux testicules (*H*) munis chacun d'un épididyme (*Nh*) et d'un canal déférent qui s'ouvre dans le cloaque. Chez les Saurophidiens, deux organes creux, situés de chaque côté de l'orifice transversal du cloaque, servent à la copulation (*Pe*). Chez les autres, l'organe copulateur est impair, plein et attaché à la paroi antérieure du cloaque.

B. APPAREIL FEMELLE (fig. 217). — Deux ovaires (*Ov*), deux oviductes (*T*), rapprochés à leur partie terminale, et débouchant dans le cloaque. Un clitoris double (***Saurophidiens***) ou simple (***Chéloniens*** et ***Crocodiliens***.) Fecondation interne. Les œufs sont pourvus d'une coque, tantôt calcaire (***Chéloniens*** et ***Crocodiliens***), tantôt parcheminee (***Saurophidiens***). Chez les espèces vivipares (l'Orvet, la Vipere, qui doit même son nom a cette particularité), ils éclosent dans la partie terminale de l'oviducte (ovovivipares). Habituellement abandonnés, les œufs sont quelquefois couvés apres la ponte (Python, Boa).

Appareil locomoteur. — *A.* SQUELETTE. — Chez les Reptiles pourvus de membres, le rachis peut présenter cinq régions distinctes, dont la moins variable est la région cervicale (8 vertèbres chez les ***Chéloniens***, 9 chez les ***Crocodiliens***). Chez les *Ophidiens*, il n'offre plus que deux régions, l'une caudale, l'autre précaudale, celle-ci pouvant être composée d'un nombre considerable de vertèbres (environ 400 chez le Python). Chez les ***Chéloniens***, les vertèbres cervicales n'ont pas d'apophyses transverses et les apophyses épineuses des vertèbres dorsales, en s'unissant à des portions ossifiees du derme, constituent les pieces médianes (*plaques neurales*) de la carapace. Chez les ***Crocodiliens***, les vertebres cervicales sont pourvues de côtes qui, excepté les deux premières, portent a leur extrémité une saillie antéro-postérieure limitant les mouvements latéraux du cou. Chez ces animaux et les ***Saurophidiens***, on observe des apophyses épineuses inférieures, dans les régions antérieures du rachis et plus souvent encore dans les vertebres caudales (1).

Les vertèbres ont généralement le corps concave en avant et convexe en arrière (*vertebres procœliques*) ; mais on peut observer aussi des vertèbres a corps convexe en avant et concave en arriere (*vertebres opisthocœliques*), des vertèbres a corps biconcave (*vertebres amphicœliques*), des vertèbres a corps biconvexe (*vertebres amphicyrtiques*) (2).

Le crâne est osseux dans toutes ses parties, et celles-ci sont unies tantôt solidement (***Chéloniens*** et ***Crocodiliens***), tantôt lâchement (***Saurophidiens***). Un seul condyle occipital. Pariétal généralement impair, percé au sommet, chez quelques Sauriens (fig. 218, *P*), d'un

(1) Chez quelques Sauriens, une cloison mince, non ossifiée, située au milieu des vertebres caudales, rend la queue tres cassante a ce niveau.

(2) Ces quatre sortes de vertèbres se rencontrent dans le cou des Tortues.

trou médian (*trou parietal*) ; ce trou loge la glande pinéale, qui a alors la structure d'un œil médian, et il est recouvert ordinairement par une plaque plus ou moins transparente (*plaque interpariétale*). Parmi les os de la face, les ptérygoïdiens, les palatins et les vomers sont plus ou moins unis sur la ligne médiane, chez les Sau-

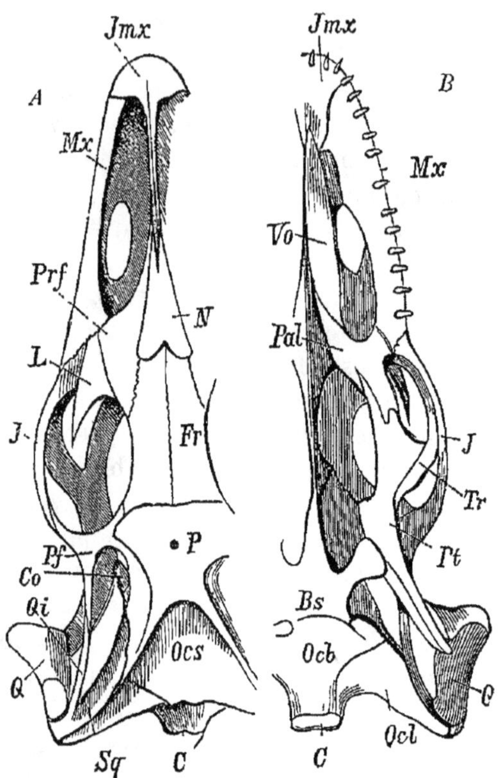

Fig 218 — Crane de Monitor — *A*, vu par la face supérieure, *B*, vu par la face inferieure — *C*, condyle occipital, *Ocs*, occipital supérieur, *Ocl*, occipital latéral, *Ocb*, occipital basilaire, *P*, pariétal avec le trou pariétal, *Fr*, frontal, *Pf*, postfrontal, *Prf*, préfrontal, *L*, lacrymal, *N*, nasal *Sq*, squamosal, *Q*, os carre, *Qi*, quadratojugal, *J*, jugal, *Mx*, maxillaire, *Jmx*, intermaxillaire, *Co*, columelle, *Bs*, sphénoïde basilaire, *Pt*, ptérygoïde, *Pal*, palatin, *Vo*, vomer, *Tr*, transverse.

rophidiens. Les deux moitiés de la mâchoire inférieure sont soudees en avant, excepté chez les Ophidiens, où elles sont reliées par un ligament extensible (1). Sauf les Tortues, qui sont dépourvues de dents (l'embryon de Trionyx en présente cependant), les Reptiles ont des dents aux deux mâchoires ou a l'une d'elles seulement. Ex-

(1) Chaque moitie de la mâchoire inférieure peut comprendre jusqu'à six os distincts : en dehors, un *dentaire*, un *angulaire*, un *surangulaire*, un *articulaire* ; en dedans, un *complémentaire* et un *operculaire*.

cepté chez les Crocodiliens, ces dents peuvent siéger, non seulement sur les os maxillaires, mais encore sur les palatins et même sur les ptérygoïdiens. L'os carré, fixe chez les Chéloniens et les Crocodiliens, plus ou moins mobile chez les Saurophidiens, relie le maxillaire inférieur et le ptérygoïdien à la région temporale du crâne, ou, chez les Ophidiens, à un os (*squamosal*) détaché de cette région (fig. 219). Un os spécial, l'*os transverse* (qui n'existe pas chez les Chéloniens), va du ptérygoïdien au maxillaire supérieur. Enfin un autre os, la *columelle* (qu'il ne faut pas confondre avec la *columelle de l'oreille* ou *étrier*), va du ptérygoïdien au pariétal.

Le sternum est bien développé, rudimentaire (Orvet), ou nul (Am-

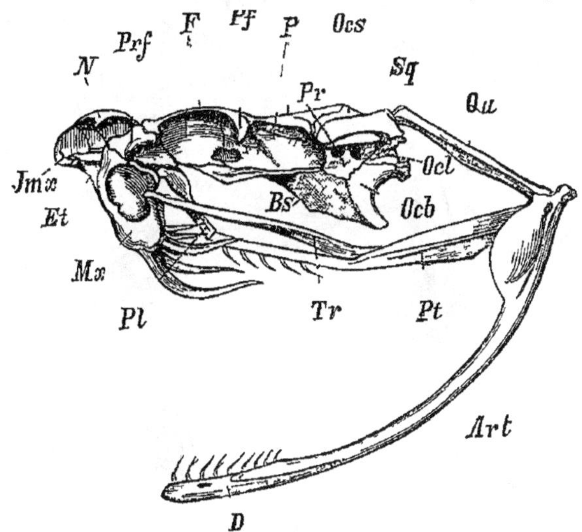

Fig 219. — Crâne de *Crotalus horridus* — *Ocb*, occipital basilaire, *Ocl*, occipital latéral, *Pr*, prootique, *Bs*, basisphénoïde, *Sq*, squamosal, *P*, pariétal, *F*, frontal, *Pf*, postfrontal, *Prf*, préfontal, *Et*, ethmoïde impair, *N*, nasal, *Qu*, os carré, *Pt*, ptérygoïde, *Pl*, palatin, *Mx*, maxillaire, *Jmx*, intermaxillaire, *Tr*, transverse, *D*, dentaire, *Art*, articulaire.

phisbènes, Ophidiens, Chéloniens). Chez les Sauriens, il porte, à sa partie anterieure, une sorte d'os en T (*épisternum*). Les Crocodiliens et l'*Hatteria* présentent, en arrière du sternum, une série de pièces osseuses (*sternum abdominal*), qui sont de simples ossifications de parties tendineuses. La partie ventrale (*plastron*) de la carapace des Cheloniens est entierement formée par des os dermiques (fig. 220); chez les mâles, elle présente souvent une dépression en rapport avec la position de ceux-ci sur les femelles pendant la copulation (1).

Les côtes des Chéloniens forment les parties latérales du bouclier,

(1) Les pieces osseuses du plastron sont generalement au nombre de neuf une mediane (*entoplastron*) et huit laterales (*epiplastron*, *hyoplastron*, *hypoplastron*, *xyphiplastron*).

en s'unissant à des plaques dermiques situées, les unes (*plaques costales*) au-dessus des côtes (fig. 220, *C*), les autres (*plaques marginales*)

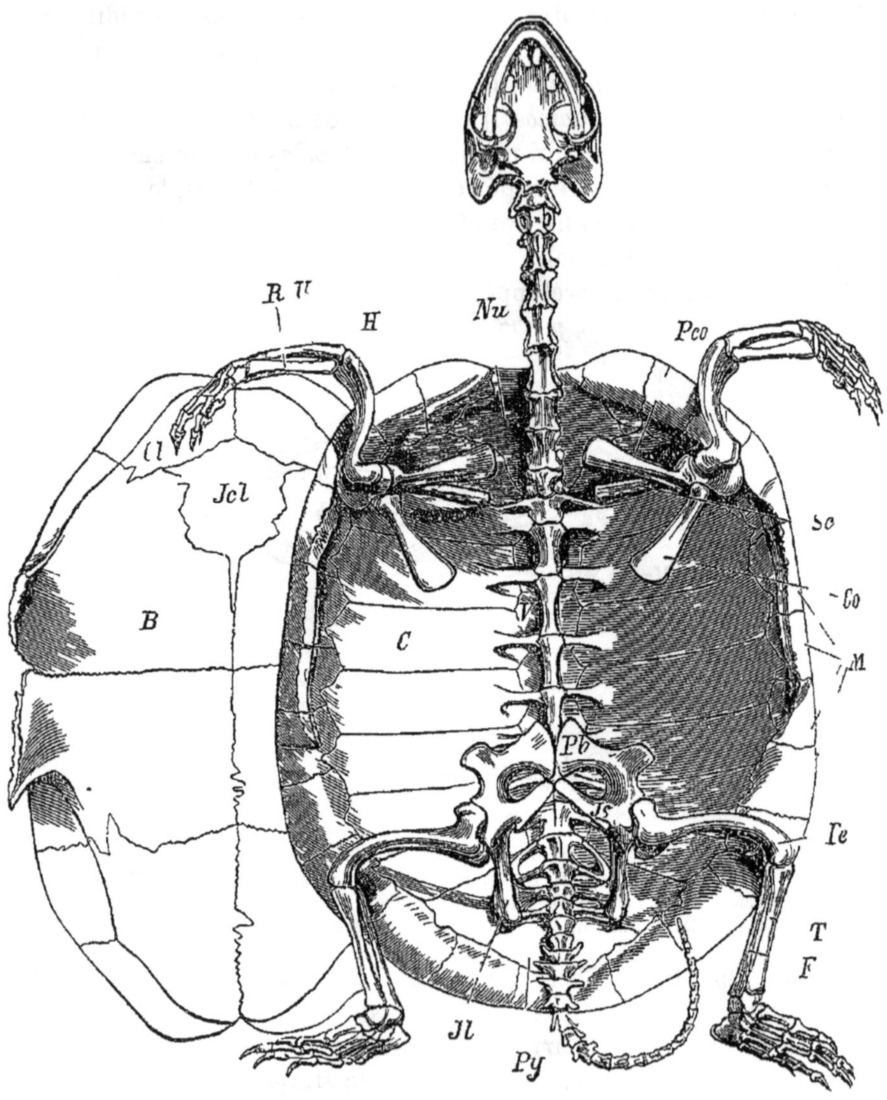

Fig 220 — Squelette de *Cistudo (Emys) europæa* — *V*, plaques vertébrales ou neurales, *C*, plaques costales, *M*, plaques marginales, *Nu*, plaque nucale, *Py*, plaque pygale, *B*, hyoplastron, suivi de l'hypoplastron et du xiphiplastron, *Cl*, épiplastron, *Jcl*, entoplastron, *Sc*, omoplate, *Co*, coracoïde, *Pco*, procoracoïde (clavicule), *Pb*, pubis *Js*, ischion, *Jl*, ilion, *H*, humérus, *R*, radius, *U*, cubitus, *Fe*, fémur ; *T*, tibia, *F*, péroné

au bord de la carapace (*M*). Parmi ces dernières, deux sont médianes, l'une (*Nu*) en avant (*plaque nucale*), l'autre (*Py*) en arrière (*plaque pygale*). — Chez les **Crocodiliens**, nous avons déjà signalé l'existence de côtes sur les vertèbres cervicales; chez eux et les Sauriens, les côtes thoraciques sont formées de deux segments, dont le distal s'articule avec le sternum, comme chez les Oiseaux. Chez le Dragon, les côtes moyennes, tres longues, se portent directement en dehors, pour soutenir un repli de la peau en forme de parachute. Chez l'*Hatteria*, les côtes présentent des apophyses uncinées qui rappellent celles des Oiseaux. Enfin, chez les Ophidiens, toutes les vertebres du tronc, a l'exception de l'atlas, portent des côtes mobiles qui, dans la reptation, remplacent les membres absents.

Ceinture scapulaire présentant une omoplate et un os coracoide bien développés. Rudimentaire chez les Sauriens apodes, nulle chez les Ophidiens. Chez les Tortues, la ceinture scapulaire est logée dans l'intérieur du thorax; chez les Crocodiliens, elle ne présente pas de clavicule.

Ceinture pelvienne composée d'un ilion, d'un ischion et d'un pubis qui porte généralement une apophyse plus ou moins développée (*apophyse laterale*). Rudimentaire chez les Sauriens apodes; nulle chez la plupart des Ophidiens.

Membres au nombre de quatre, chez les Reptiles les plus élevés (*Reptiles tetrapodes: quadrupedes ovipares* des anciens); au nombre de deux seulement chez quelques Sauriens; nuls chez les Ophidiens et quelques Sauriens. Pattes généralement courtes et disposées latéralement, ce qui donne a la locomotion terrestre une allure rampante (*reptation*), caractérisée par le contact plus ou moins accusé du ventre avec le sol (1). — Membre antérieur constitué par un humérus, un radius et un cubitus distincts, un nombre variable d'os

(1) Chez les Reptiles tetrapodes, la marche n'est pas, comme on l'a cru, celle des Mammiferes quadrupèdes. Les quatre membres des Reptiles (et des Batraciens) ne se detachent pas successivement du sol, comme chez le Cheval a l'allure du pas; ils se meuvent deux a deux, par bipedes diagonaux, comme dans le trot du Cheval, avec cette difference que le temps de suspension en l'air n'existe pas (Carlet) Cette marche diffère aussi de celle du jeune enfant marchant « à quatre pattes », car celle-ci n'est autre chose que l'amble. La reptation a quatre pattes peut être représentee par deux Hommes marchant l'un derriere l'autre d'un pas contraire. Le corps éprouve, s'il est ramassé (Tortue, Crapaud), des *mouvements de bascule*, s'il est allonge (Lézard, Salamandre), des incurvations laterales alternatives c'est une *marche a pas croisés* ou une sorte de *trot rampant* (Carlet). L'acte du grimper s'effectue, chez le Cameleon, au moyen des doigts groupes en pince prehensile La natation a lieu, chez les Tortues de mer, au moyen des membres transformes en nageoires ou rames aplaties Enfin, chez le Dragon, un glissement sur l'air, sorte de *vol passif*, s'accomplit au moyen d'une expansion bilaterale en forme de parachute.

du carpe, du métacarpe et des phalanges. — Membre postérieur également variable.

B. Muscles. — Ils sont moins nombreux et moins developpes que chez les Vertébrés a sang chaud, simplification en rapport avec la diminution des activités respiratoire et locomotrice chez les Animaux a sang froid.

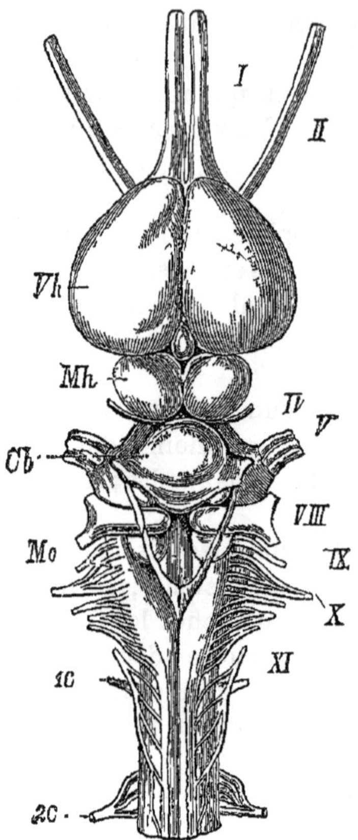

Fig 221 — Encéphale de Caiman, vu par la face supérieure — *Vh*, cerveau antérieur (hémisphères cérébraux), *Mh*, cerveau moyen (tubercules bijumeaux), *Cb*, cervelet, *Mo*, moelle allongée, *I*, nerf olfactif, *II*, nerf optique, *IV*, nerf pathetique; *V*, trijumeau, *VIII*, nerf acoustique, *IX*, glosso-pharyngien, *X*, pneumogastrique, *XI*, nerf accessoire de Wilbs (nerf spinal), *1c*, premier nerf cervical, *2c*, deuxieme nerf cervical

Appareil phonateur.— Il n'existe guère que chez les Crocodiles, les Iguanes et les Geckos. Ces derniers sont ainsi nommés à cause du bruit qu'ils font pendant la nuit. Le sifflement des Serpents est dû a l'expulsion brusque de l'air du poumon par la glotte. Le bruit produit par le Serpent a sonnette resulte des mouvements de sa queue dont l'extremité est garnie de pièces épidermiques en forme de grelots (*sonnette*); ces pièces résultent de ce que, au moment de la mue, la couche cornée de la région caudale ne tombe pas et reste autour de la queue, sous forme d'un anneau mobile, parcheminé, et rendant au choc un son intense.

Système nerveux. — Moelle épinière tres longue chez certains Ophidiens. Hémisphères cérébraux bien développés (fig. 221). Deux tubercules bijumeaux. Cervelet avec un grand lobe médian et deux petits lobes latéraux.

Organes des sens. — Tégument peu sensible.

Sens du goût rudimentaire. La langue des Saurophidiens est surtout un organe tactile ; celle du Caméléon constitue un véritable instrument de prehension.

L'organe de l'olfaction offre son plus grand développement chez les *Chéloniens* et les *Crocodiliens*. Ces derniers et les Ophidiens aquatiques ont les orifices externes des narines garnis de valvules s'opposant à l'entrée de l'eau dans les fosses nasales.

Organe de l'ouïe dépourvu d'oreille externe. Cependant celle-ci est représentée, chez les *Crocodiliens*, par un faible repli cutané. Membrane du tympan à fleur de tête, chez les Chéloniens et la plupart des Sauriens. Pas de caisse, ni de membrane du tympan, ni de trompe d'Eustache, chez les Ophidiens. Columelle en rapport avec la fenêtre ovale et les muscles de la région temporale. Limaçon non spiralé.

L'œil présente, le plus souvent, un cercle osseux autour de la sclérotique et un peigne analogue à celui des Oiseaux, mais moins développé. Pupille circulaire ou en fente. — La plupart des Reptiles possèdent deux paupières : une supérieure; une inférieure, plus développée, qui peut recouvrir l'œil. Les Caméléons n'ont qu'une paupière circulaire et contractile; de plus leurs yeux présentent une grande mobilité et peuvent se mouvoir dans tous les sens, indépendamment l'un de l'autre. Les Ophidiens, les Geckos et les Amphisbènes n'ont pas de paupières, ou plutôt leurs deux paupières, soudées ensemble, forment une membrane transparente qui recouvre l'œil à la façon d'un verre de montre. Une membrane nictitante, chez les Chéloniens et les Crocodiliens. Une glande lacrymale, chez les Chéloniens.

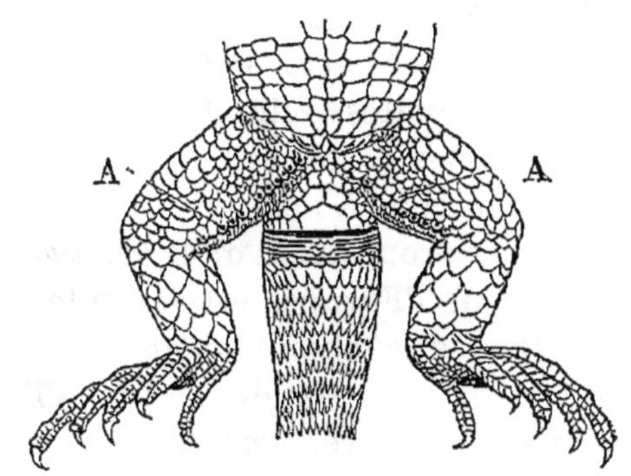

Fig 222 — Partie postérieure d'un Lézard, montrant la fente cloacale et les pores fémoraux *A*.

Mœurs et usages. — Les Reptiles sont, avant tout, des Animaux terrestres. Ils recherchent la chaleur et abondent dans les régions tropicales. A partir de là, ils diminuent non seulement de nombre, mais encore de taille ; en même temps, leur coloration devient moins vive et leur venin, s'ils en possèdent, est moins redoutable. En général attachés aux localités qu'ils habitent et n'émigrant pas, ils sont sujets à un *sommeil d'hiver* dans les régions tempérées, à un *sommeil d'été* dans la zone torride.

CLASSIFICATION DES REPTILES.

ORDRE I. **Chéloniens** (χελώνη, tortue). — *Une carapace. Pas de dents.*

Les Chéloniens ou Tortues ont un bec corné et quatre pattes typiquement pentadactyles. Tronc revêtu d'une carapace, sous laquelle la tête et les extrémités peuvent se rétracter en totalité ou en partie. Vertèbres dorsales et côtes immobiles. Cloaque a fente longitudinale. Penis simple. Tympan apparent. Généralement herbivores, mais se nourrissant aussi de petits Animaux. La chair de beaucoup d'espèces est comestible et agréable au goût, mais souvent indigeste et quelquefois vénéneuse. Les œufs sont sphériques, a coquille dure et toujours blanche; ils sont très appréciés, malgré leur goût légerement musqué. La graisse des Tortues de mer peut remplacer l'huile dans la préparation des aliments.

I. *TORTUES TERRESTRES* ou *CHERSITES* (χερσος, continent). — *Carapace tres bombee. Pattes terminees en moignons; doigts immobiles.*

Tête et pattes rétractiles ; les antérieures généralement a cinq ongles et les postérieures a quatre. Creusent des sortes de terriers, ne vont jamais à l'eau.

Tortues proprement dites (*Testudo*). *T. græca*, a plastron immobile, du midi de l'Europe, est la seule espèce française. *T. mauritanica*, d'Algérie, a mâchoires dentelées, et *T. marginata*, a mâchoires non dentées, la plus grande Tortue d'Europe, toutes deux a plastron mobile en arriere, servent à la préparation de la « soupe a la Tortue ». *T. elephantina* est une Tortue géante des îles du canal de Mozambique. Elle atteint plus de $1^m,10$ de long.

II. *TORTUES DE MARAIS* ou *ELODITES* (ἑλος, marais). — *Carapace peu bombee. Pattes plus ou moins palmees; doigts mobiles.*

Les unes (*Cryptodires*) ont les yeux placés latéralement et peuvent rentrer la tête sous la carapace : *Cistudo*, etc. *C. europea* habite le midi de la France. Les autres (*Pleurodires*) ont les yeux en dessus et ne peuvent qu'incliner la tête de côté, sous la carapace : *Chelys*, etc.

III. *TORTUES FLUVIATILES* ou *POTAMITES* (ποταμος, fleuve). — *Carapace deprimée. Pattes a doigts mobiles, transformees en nageoires.*

Carnassières. Carapace a pourtour cartilagineux (*Tortues molles*). Tête et pattes non rétractiles. Grands fleuves de l'Afrique et de l'Amerique du Nord.

Trionyx. Trois ongles ; narines au bout d'une longue trompe ; morsure redoutable. Comestible. Amerique.

IV. *TORTUES DE MER* ou *THALASSITES* (θάλασσα, mer). — *Carapace deprimee. Pattes a doigts immobiles, transformées en nageoires.*

Tête et pattes non rétractiles ; celles-ci généralement sans ongles.

Atteignent souvent une taille colossale et un poids de 500 à 800 kilogrammes. S'accouplent dans l'eau. Viennent pondre à terre et enfouissent leurs œufs dans le sol. Les jeunes se rendent à la mer, aussitôt après l'éclosion.

Sphargis. Carapace recouverte d'une peau épaisse. Le « Luth » (*S. coriacea*) se rencontre sur nos côtes. — Chélonées (*Chelonia*). Carapace couverte de plaques cornées, imbriquées (Caret : *C. imbricata*) ou non (Tortue franche : *C. esculenta;* Caouane : *C. caouana*). Atlantique, etc. Le Caret (fig. 223) fournit la belle écaille du commerce, mais, de même que la Caouane, n'est pas comestible. La Tortue franche est au contraire renommée pour sa chair délicate.

Fig. 223. — Caret

ORDRE II. **Crocodiliens** (κροκόδειλος, crocodile). — *Reptiles pourvus de dents implantées dans des alvéoles et à fente cloacale longitudinale.*

Dents n'existant que sur les maxillaires (1). Vertèbres procœliques. Quatres pattes, les antérieures pentadactyles, les postérieures tétradactyles et plus ou moins palmées. Pénis simple. Carnivores. Aquatiques ; habitent les grands fleuves des pays chauds ; abandonnent leurs œufs dans le sable ou dans des trous sur les rives. Chair

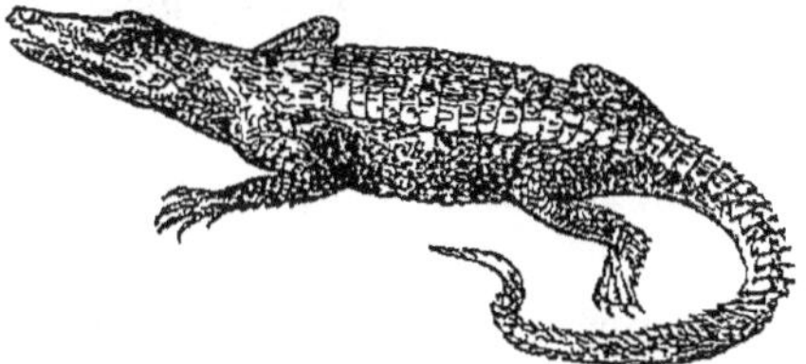
Fig. 224. — Crocodile.

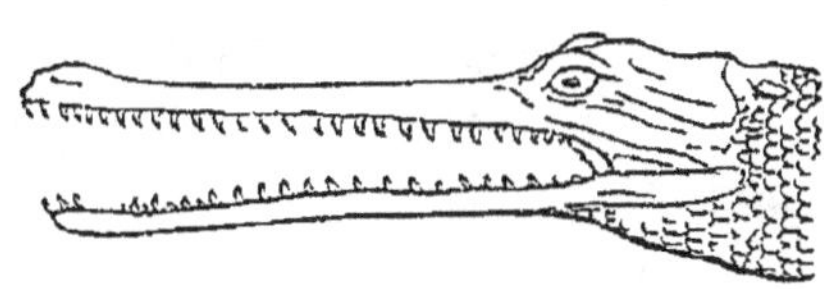
Fig. 225. — Tête de Gavial

comestible, à goût musqué ; œufs très appréciés (ceux du Crocodile semblables à ceux de l'Oie).

A. *ALLIGATORIDÉS* (de l'espagnol *lagarte*, lézard). — *Museau large, non échancré ni traversé par les dents.*

Caïmans (*Alligator*). Des plaques osseuses sur le dos et sous le ventre. Redoutables. Plusieurs espèces. Amérique.

B. *CROCODILIDÉS.* — *Museau large, échancré, traversé par la première paire de dents de la mâchoire inférieure.*

(1) Les dents tombent facilement et sont remplacées par des dents nouvelles emboîtées à l'intérieur des premières.

Crocodiles (*Crocodilus*). Pas de plaques osseuses sous le ventre (fig. 224). Redoutables ; adorés anciennement par les Egyptiens. Plusieurs espèces. Afrique (Nil); Asie ; Amérique du Sud.

C. *GAVIALIDES.* — *Museau etroit tres allonge* (fig. 225).

Gavials (*Rhamphostoma*). Moins redoutables que les Crocodiles et les Caimans ; n'attaquent pas l'Homme. Bassin du Gange ; îles de la Sonde.

ORDRE III. **Saurophidiens.** — *Reptiles sans os dermiques, à petites écailles, a fente croacale transversale* (fig. 222).

1er **Sous-ordre.** — **Sauriens** (σαύρα, lézard). — *Bouche non dilatable; genéralement des pattes et toujours au moins des rudiments de ceinture scapulaire; des paupières.*

Corps écailleux ou chagriné. En général quatre membres typiquement pentadactyles et pourvus d'ongles; quelquefois deux; rarement point. Branches de la mâchoire inférieure soudees en avant, mâchoire supérieure a os fixés au crâne. Une vessie urinaire. Pénis double, en arriere de la fente cloacale. Ordinairement des paupieres. Un tympan apparent à l'extérieur. Insectivores.

I. *CRASSILINGUES* (*crassus*, épais; *lingua*, langue). — *Lanque epaisse, non protractile, a peine echancree a la pointe.*

Toujours quatre membres. Vertèbres procœliques, excepté chez les Ryuchocephalidés et les Geckotidés, ou elles sont amphicœliques Habitent les contrées chaudes. Ceux d'Amérique pleurodontes; les autres pleurodontes ou acrodontes.

A. ***Rhynchocéphalidés*** (ρυγχος, bec; κεφαλή, tête). — *Un sternum abdominal.*

Type très primitif, autrefois bien représente, considéré comme le plus voisin de la forme ancestrale des Reptiles.

Hatteries (*Hatteria*). Acrodontes. Premaxillaires saillants, munis chacun d'une grosse dent incisive. Os carré immobile. Pas d'organes copulateurs. Une seule espèce (*H. punctata*). Nouvelle-Zélande.

B. ***Geckotidés*** (de *gecko*, nom indien rappelant le cri de ces animaux). — *Doigts presentant des dilatations adhésives* (fig. 226).

Sauriens nocturnes, pleurodontes, ressemblant a des Salamandres. Doigt munis, en dessous, de lames imbriquées qui adhèrent a la surface des corps et permettent a l'animal, qui est en outre pourvu d'ongles crochus et rétractiles, de grimper le long des murailles et meme de se tenir accroché aux plafonds. Répandus à la surface du globe, dans les régions chaudes. D'un aspect repoussant, ils sont l'objet d'une répugnance instinctive et ont passé pour venimeux. Ils sont en réalité inoffensifs et se rendent même utiles en détruisant des quantités de larves d'Insectes nuisibles. Deux especes de *Geckos* ou *Ascalabotes*, de couleur grisâtre et d'une longueur d'environ 10 centimètres, habitent l'Europe et sont communes sur les côtes de la Méditerranée. L'une (*Platydactylus muralis*) appelée « Tarente » en Provence, a les doigts élargis sur toute la longueur; l'autre (*Hemidactylus verruculatus*) les a élargis seulement a la base.

C. **Iguanidés** (du caraibe *yuana*). — *En général une crête dorsale. Gorge renflée. Abdomen dépourvu de grandes plaques rectangulaires.*

Beaucoup d'Iguanidés peuvent changer de couleur comme les Caméléons.

a. *Pleurodontes*. — Américains. — Iguanes (*Iguana*). Sortes de grands Lézards herbivores, recherchés pour leur chair delicate (fig. 227). — Phrynosomes (*Phrynosoma*). Ressemblent a des Crapauds dont le dos serait garni de piquants.

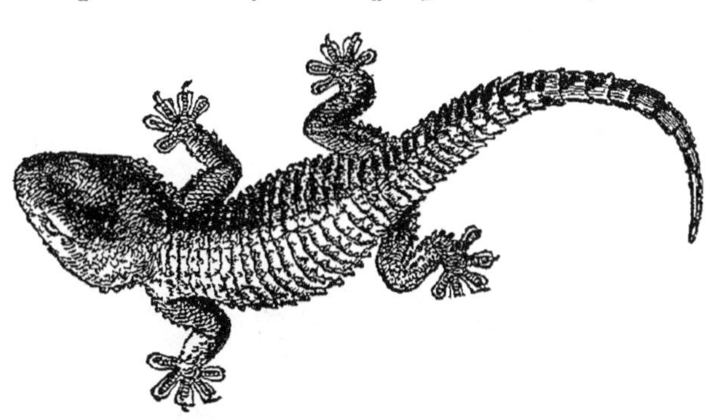

Fig 226 — *Platydactylus mauritanicus.*

b. *Acrodontes*. — De l'Ancien Continent. — Dragons (*Draco*). De chaque côté du tronc, une membrane aliforme soutenue par les côtes. Iles de la Sonde. — Stellions (*Stellio*) Dos couvert de taches qu'on a comparées a des étoiles; queue épineuse, conique. Passaient autrefois pour avoir des propriétés merveilleuses; leurs excréments (*crocodilea* ou *stercus lacerti*) étaient recueillis dans les interstices des pyramides d'Egypte et vendus pour servir de fard. — Fouette-queue (*Uromastix*). Dos couvert de petites écailles lisses ; queue épineuse, déprimée. Afrique septentrionale. — *Moloch*. Le « Diable épineux » (*M. horridus*) a la face dorsale couverte de piquants. Australie.

D. **Hélodermidés** (ἧλος, clou; δέρμα, peau). — *Corps couvert de tubercules coniques, en forme de clous. Pas de crête dorsale. Abdomen a plaques plus grandes que les tubercules des flancs.*

Hélodermes (*Heloderma*). Tubercules de la tête très développés, osseux. Dents inférieures creusées d'un sillon antérieur; glandes sublinguales venimeuses. Deux especes : *H. horridum* et *H. suspectum*, du Mexique; dépassant quelquefois la taille d'un metre. Rejettent, quand ils sont irrités, une bave blanchâtre; très redoutés. Au moment de l'attaque, l'animal se renverse sur le dos, de façon a faire penetrer plus sûrement, par sa morsure, le venin dans la plaie. Les seuls Sauriens venimeux que l'on connaisse; leur morsure amène rapidement la mort de petits animaux et a quelquefois déterminé celle de l'Homme.

II. *FISSILINGUES* (*fissus*, fendu). — *Langue mince, fourchue, protractile.* Toujours quatre membres bien développés et une longue queue

Fig 227 — Iguane

généralement plus renflée a la base chez le mâle. Pleurodontes. Vertebres procœliques.

A. **Varanidés** (de l'arabe *ouaran*). — *Tête n'offrant pas de larges plaques polygonales. Corps couvert de tubercules ecailleux, semblables sur le dos et sur le ventre. Pas de pores femoraux.*

Varan du Désert (*Varanus arenarius*). « Crocodile terrestre ». Queue arrondie. Afrique septentrionale. Varan du Nil (*V. niloticus*). « Grand monitor ». Queue déprimée. Mange les œufs de Crocodile. Egypte.

B. **Lacertidés** (*lacerta*, lezard). — *Sommet de la tête garni de larges plaques polygonales. Ventre couvert de grandes plaques rectangulaires. Des pores femoraux* (fig. 222).

a. *Pléodontes* (πλέος, plein; ὀδούς, dent). — Dents pleines. Lacertidés du Nouveau Monde. — Sauvegardes ou Téjus (*Salvator*). Chassés pour leur chair qui est comestible et à cause des ravages qu'ils font dans les basses-cours. — Ameivas (*Ameiva*). Brésil.

b. *Cœlodontes* (κοῖλος, creux). — Dents creuses. Lacertidés de l'Ancien Monde. — 1° *Leiodactyles*. Doigts lisses : Lézards (*Lacerta*) (1). *Tachydromus*, etc. — 2° *Pristidactyles*. Doigts carénés en dessous, dentes (*Acanthodactylus*) ou non dentés (*Psammodromus*) (2).

III. *VERMILINGUES* (*vermis*, ver). — *Langue vermiforme, protractile et préhensile.*

Caméléons (*Chamæleo*). Langue renflee a son extrémité, pouvant etre dardée avec une grande rapidite sur les Insectes, et atteignant alors plus de la moitié du corps. Corps comprimé, a peau rugueuse. Doigts soudés en deux paquets opposables, l'un de trois doigts, l'autre de deux. Le membre anterieur a deux doigts en dehors et trois doigts en dedans; c'est l'inverse pour le membre postérieur. Queue prenante, aidant l'animal à grimper. Coloration variable, pouvant s harmoniser dans une certaine mesure avec le milieu ambiant. Se trouvent dans toutes les parties du monde, excepté en Amérique; *Ch. vulgaris* existe dans l'Andalousie.

IV. *BREVILINGUES* (*brevis*, court). — *Langue courte, échancree ou non, peu ou pas protractile.*

Corps cylindrique. Membres au nombre de quatre, de deux (antérieurs ou posterieurs) ou nuls. Peau écailleuse ou non. Pas de pores femoraux. Acrodontes ou pleurodontes, à vertèbres procœliques.

A. **Scincoïdes** (σκίγκος, sorte de lézard). — *Corps couvert d'ecailles dermiques, dépourvu de sillons latéraux.*

Scinques (*Scincus*). Quatre pattes a cinq doigts aplatis et dentelés sur les bords (fig. 228). *S. officinalis*, d'un blanc argente, était autrefois employe dans la thériaque de Venise. Les médecins d'Orient lui supposent encore des propriétes merveilleuses. Afrique septentrionale. — *Seps*. Quatre pattes rudimentaires; ovovivipares. *S. chalcis* appartient à la région méditerranéenne. — *Pygopus*. Seulement des membres postérieurs. Australie (fig. 54, p. 106). — Orvets (*Anguis*).

(1) Nous avons en France : *L. ocellata*, a taches bleues ocellees sur les flancs, le plus grand de nos Lézards; *L. viridis*, vert, a queue tres longue, *L. stirpium*, verdâtre, a forme plus trapue que le precedent; *L. vivipara*, a ventre orange, qui pond des œufs d'ou les petits sortent quelques minutes apres la ponte; *L. muralis*, Lézard gris ou des murailles, le plus commun de tous.

(2) *Acanthodactylus vulgaris* et *Psammodromus hispanicus* appartiennent à la faune du Midi de la France

Pas de membres. *A. fragilis*, appelé « Serpent de verre » à cause de son corps serpentiforme et de la facilite avec laquelle il se brise; ovovivipare; commun en France.

B. **Ptychopleuridés** (πτύξ, pli; πλευρα, flanc). — *Corps ecailleux, présentant deux sillons lateraux.*

Chalcides. Quatre pattes tres courtes. Amérique. — *Pseudopus*.

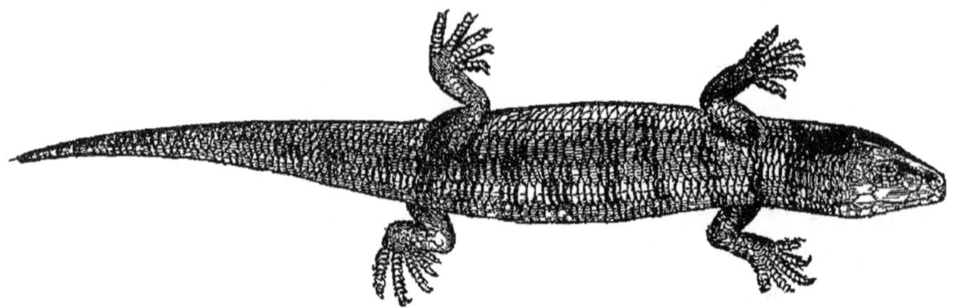

Fig. 228. — Scinque.

Deux pieds postérieurs seulement. Autriche. — *Ophiosaurus*. Apode; sorte d'Orvet d'Amérique, se brisant aussi facilement.

C. **Annulés**. — *Corps serpentiforme, apode; peau divisée en petits carres disposés en anneaux autour du corps* (fig. 229).

Pas de paupières. Quelquefois pas d'yeux.

Chirotes. Deux pattes antérieures seulement, très petites. Mexique. — Amphisbènes (*Amphisbæna*). Pas de membres. Yeux rudimentaires

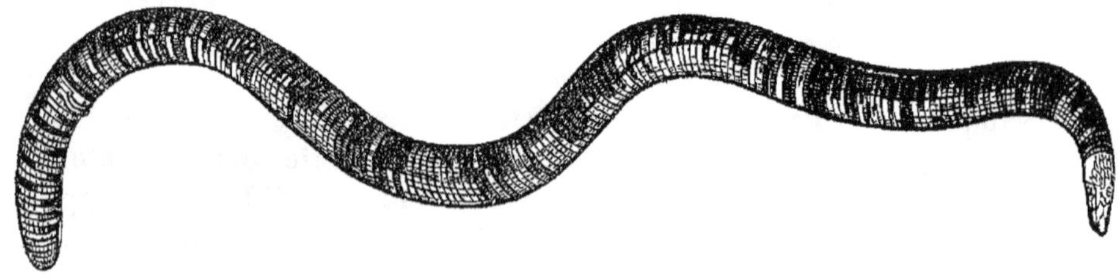

Fig. 229. — *Amphisbæna fuliginosa*

ou nuls. Fouisseurs; paraissent se mouvoir dans les deux sens. Amérique du Sud.

2e **Sous-ordre**. — **Ophidiens** (ὄφις, serpent). — *Reptiles apodes, à bouche dilatable.*

Corps cylindrique, toujours dépourvu de membres (1). Tous sont

(1) Il existe quelquefois (Typhlops, Python, Boa) un bassin rudimentaire, auquel sont suspendus, de chaque côte du cloaque, deux stylets osseux

acrodontes, a dents toujours recourbées en arrière, retenant la proie, mais ne pouvant servir à la mastication. Branches de la mâchoire inférieure réunies en avant par un ligament de tissu conjonctif. Maxillaire supérieur (*sus-maxillaire*) tantôt long et armé de nombreuses dents (Serpents non venimeux) (fig. 230, *m*), tantôt court et portant un seul crochet tubuleux ou un tres petit nombre de crochets sillonnés ou canaliculés (Serpents venimeux) (fig. 231, *m*). — Les crochets sillonnés ou canaliculés sont en rapport avec une *glande a venin* (fig. 232), deversant la secrétion par un conduit qui aboutit à l'origine du sillon ou du canal de la dent (1). En arrière de ces crochets s'en trouvent plusieurs autres beaucoup plus petits et servant à les remplacer (*cro-*

qui sont des membres atrophiés. Des traces d'un plexus lombaire et même d'un plexus brachial attestent que les Ophidiens descendent d'animaux tetrapodes

(1) Les crochets sillonnes derivent des dents pleines par l'accroissement des deux bords antérieurs de celles-ci. A leur tour, les crochets sillonnes, par accroissement et soudure des deux levres de leur sillon, deviennent des crochets canalicules. — La glande a venin provient de la partie superieure et posterieure de la glande labiale supérieure Elle est contenue dans une capsule fibreuse et entouree de muscles qui, par leurs contractions, provoquent l'expulsion d'une partie du venin. Le volume de la glande venimeuse, et par consequent la quantite de venin qu'elle secrete, sont en rapport plus ou moins direct avec la taille des Serpents.

Le venin est un liquide limpide, incolore ou ambre, toujours acide au moment de l'émission. Par la dessiccation, il prend l'aspect de la gomme arabique et peut être conserve presque indefiniment a l'abri de l'humidite, sans perdre son activite. On s'explique ainsi l'usage que certaines peuplades font du venin des Serpents, pour empoisonner leurs armes. Sa composition varie d'une espece a l'autre, mais son principe actif paraît appartenir aux leucomaines Ce principe n'est pas détruit quand le venin est porte a l'ébullition ; il resiste aussi a la plupart des acides, au nitrate d'argent et a l'ammoniaque (qui sont par suite inefficaces dans le traitement des morsures) ; mais il perd toute son activite en presence de la potasse et ne la reprend plus, même lorsqu'on sature exactement l'alcali. Contrairement a ce que l'on a suppose, le venin ne renferme pas de sulfocyanure de potassium, substance toxique qui se trouve dans la salive de l'Homme et dans celle de beaucoup d'animaux. Il ne contient non plus aucun element figure, et agit, a dose ponderable, comme les poisons mineraux ou les alcaloides, sans se multiplier dans le sang a la façon des bacilles. La morsure d'un Serpent est donc d'autant plus dangereuse que la quantite de venin inoculée est elle-même plus considerable. — L'action du venin est nulle chez les Vegetaux et les Protozoaires, faible chez les Invertébrés, plus ou moins considerable chez les Vertebres, moins chez ceux a sang froid que chez les autres et surtout que chez les Oiseaux ou elle atteint son maximum. Quelques especes (Hérissons, etc.) semblent refractaires au venin ; mais, d'une maniere generale, la resistance est en raison directe de la taille de l'animal, et en raison inverse de la vascularite de la région blessée et de la vitesse de la circulation. Les Serpents venimeux sont insensibles a l'action de leur

chets de remplacement) (fig. 231). Langue bifide, protractile. Pas de vessie urinaire. Pénis double, en arrière de la fente cloacale. Vertebres procœliques. Sternum nul. Côtes tres nombreuses. Tegument à écailles variant de forme et de disposition, suivant les diverses parties du corps (1). Pas de squelette dermique. Pas de paupières ni de tympan.

Les Ophidiens sont tous carnivores et ne recherchent que des proies vivantes. Ils progressent par ondulations latérales de la co-

propre venin et de celui des autres espèces, mais les Serpents inoffensifs n'y resistent pas.

Le venin se repand dans le sang de l'Animal mordu et l'inoculation de ce sang peut amener la mort. Il est donc prudent de s'abstenir de la chair d'animaux morts a la suite d'une blessure venimeuse, car si le venin des Serpents n'a pas d'action sur la muqueuse digestive saine (probablement parce que l'absorption est lente et que l'elimination se fait a mesure par les reins), il n'en est pas de même si cette membrane presente des erosions Néanmoins on ne doit pas rejeter completement la pratique qui consiste a sucer les plaies envenimees En effet, si la succion peut être dangereuse pour les plaies produites par les Crotales (qui possèdent plus d'un gramme de venin), les Najas, les Trigonocephales et autres Serpents exotiques dont la morsure est presque toujours mortelle, il n'en est plus ainsi pour la Vipere de nos pays, qui n'entraine qu'une mortalite d'un trentième, portant surtout sur les enfants Jusqu'a present, la morsure de la Vipere commune (qui pourrait inoculer au maximum 15 centigrammes, si elle vidait ses deux glandes dans une morsure, ce qui n'arrive jamais) n'a pas ete mortelle, si la plaie a pu être sucee, et jamais l'operateur (même lorsqu'il avait des plaies dans la bouche) n a eprouve de symptômes d'empoisonnement, apres la succion suivie du rejet, par crachement, du liquide suce. Parmi les nombreux remedes proposés contre les morsures (beurre d'antimoine, bichlorure de mercure, permanganate de potasse, etc.), le plus efficace semble être l'acide chromique a 1 pour 100 (Kaufmann), qui, injecte au point d'inoculation, precipite le venin et agit tant sur les desordres locaux que sur les accidents generaux — Le venin de la Vipere determine d'abord une excitation de courte duree, suivie d'une forte dépression au milieu de laquelle cependant l'intelligence reste entiere Divers organes, surtout le tube digestif, sont congestionnes, en même temps, la pression arterielle diminue et le nombre des pulsations cardiaques augmente. La mort, si elle survient, semble due a l'action stupefiante exercee sur le système nerveux et a l'apoplexie gastro-intestinale (Kaufmann)

On a tente autrefois d'utiliser en therapeutique le venin des Serpents. mais les details que nous venons de donner permettent de comprendre le danger d'un pareil remède.

(1) Le dessus de la tête est orné de larges plaques, ou bien de petites écailles semblables a celles des faces laterales et dorsales du corps Ces écailles sont lisses (souvent chez les Serpents inoffensifs) ou carénées (souvent chez les Serpents venimeux). La face ventrale présente une rangee de larges scutelles transversaux, unique sous le tronc (*gastrosteges*), unique ou double sous la queue (*urostèges*). Le scutelle préanal peut être simple ou double.

lonne vertébrale. Les petites espèces se nourrissent de Vers, d'Insectes, de Mollusques, de Batraciens, même de Poissons, d'Oiseaux et de petits Mammifères. Les grandes espèces ne craignent pas de s'attaquer a de grands Mammifères qu'elles broient d'abord entre leurs anneaux, puis déglutissent et digerent lentement au repos (1). — Si quelques Serpents sont inoffensifs ou utiles par la destruction qu'ils font de petits Mammifères nuisibles à l'agriculture, on peut dire néanmoins, d'une manière génerale. que la répulsion instinctive inspirée par les Serpents est trop souvent justifiée par les dangers terribles auxquels expose la morsure de beaucoup de Serpents venimeux. — Sauf quelques espèces aquatiques, les Ophidiens sont terrestres. Les espèces des régions tempérées ont un sommeil hibernal; celles des tropiques, un sommeil estival, correspondant a la periode de sécheresse. La *fascination*, que l'on prétend exercée par les Serpents en liberté sur leur proie, n'a jamais été observée dans les ménageries.

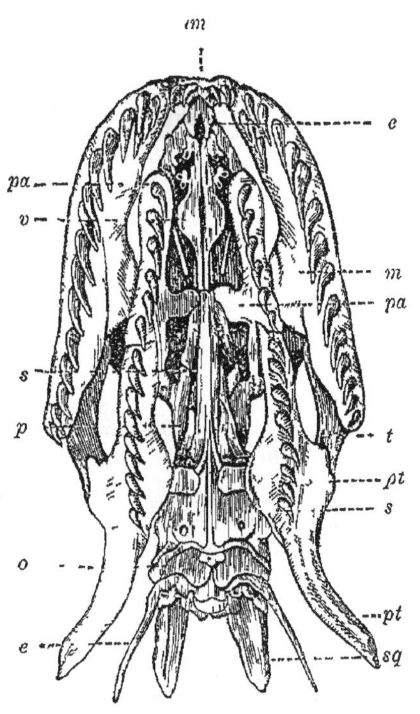

Fig 230. — Crâne de Python (face inférieure). — *e*, ethmoide, *e*, columelle, *im*, intermaxillaire, *m*, maxillaire supérieur, *o*, occipital, *p*, pariétal; *pa*, palatin, *pt*, ptérygoidien, *s*, sphénoide, *sq*, squamosal, *t*, transverse, *v*, vomer.

I. *SOLENOGLYPHES* (σωλήν, tuyau ; γλυφή, sillon). — *Serpents venimeux, a maxillaires superieurs très courts, munis chacun d'un seul crochet long et creuse d'un canal a venin* (fig. 231).

Tête triangulaire ; corps trapu, queue courte. Maxillaire supérieur très mobile, couche horizontalement, avec le crochet qu'il porte, dans un pli de la muqueuse gingivale, quand l'animal est au repos ; devenant peu a peu vertical, a mesure que la gueule s'ouvre. Derriere le crochet, de petits crochets de remplacement. Dents pleines au palais et a la mâchoire inférieure. Animaux nocturnes, à pupille

(1) La deglutition se fait par l'avancement alternatif des deux branches de la mâchoire inférieure, puis de celles de la mâchoire superieure sur la proie, les dents s'opposant a la sortie de celle-ci.

verticale, généralement ovovivipares. N'enserrent pas leur proie dans leurs anneaux, mais la frappent brusquement de leurs crochets et attendent que le venin ait produit son effet, avant de la dévorer.

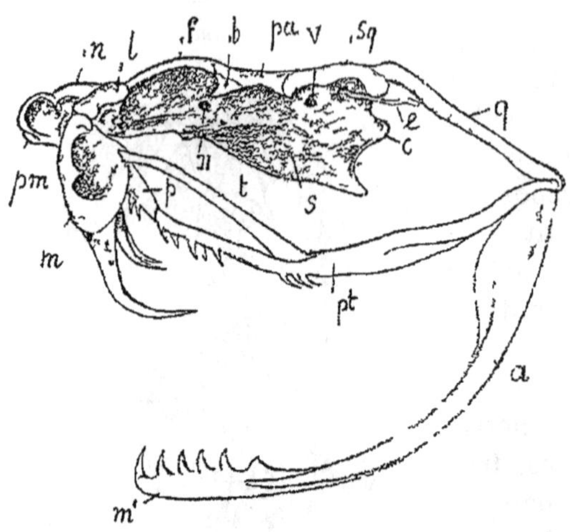

Fig. 231. — Crâne de Crotale — *a*, articulaire, *b*, post-frontal, *c*, condyle de l'occipital, *e*, columelle (étrier), *f*, frontal, *l*, lacrymal, *m*, maxillaire supérieur, *m*, dentaire, *n*, nasal; *p*, palatin, *pt*, ptérygoïdien; *q*, os carré, *s*, sphénoïde, *sq*, squamosal, *t*, transverse.

A. *Crotalidés* (κρόταλον, grelot). — *Une fossette* (fossette lacrymale) *de chaque côté, entre l'œil et la narine.*

Tête grosse. N'existent ni en Afrique, ni en Océanie. — Crotales (*Crotalus*). « Serpents à sonnette »; queue terminée par des grelots épidermiques; (v. p. 293) les plus dangereux des Serpents. Le « Durisse » (*C. durissus*) et le « Cascavella » (*C. horridus*) sont les deux espèces les plus connues. Amérique. — *Bothrops.* Tête couverte de petites écailles. *B. lanceolatus* « Fer de Lance ou Vipère jaune de la Martinique »; *B. atrox* « Grage », de la Guyane; *B. brasiliensis* « Jararaca », du Brésil; *B. viridis* « Budru ou Vipère verte des Indes »; tous tristement célèbres. — Trigonocéphales (*Trigonocephalus*). De grandes plaques sur la tête. *T. tortrix* « Mocassin ou Vipère rouge » est très redoute. Amérique du Nord. *T. halys*, le seul Crotalien d'Europe, habite les steppes voisins du Volga et de l'Oural. — *Lachesis.* Queue terminée par dix ou douze rangées d'écailles épineuses. Le « Surucucu » (*L. mutus*) a quelquefois deux mètres de long. Brésil; Guyanes.

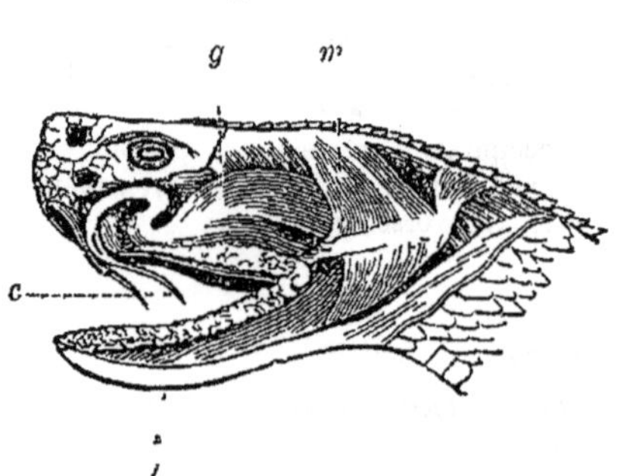

Fig. 232. — Appareil venimeux du Crotale: — *c*, crochets, *g*, glande venimeuse, *l*, glande labiale inférieure, *m*, muscles élévateurs de la mâchoire inférieure et compresseurs de la glande venimeuse.

B. *Vipéridés* (*vivus*, vivant; *parere*, engendrer). — *Pas de fossettes lacrymales.*

Tête large. Propres à l'ancien continent; abondent en Afrique.

1° ***Diurostégidés***. — *Deux rangees de plaques sous-caudales* (urostèges). — Echidnees (*Echidne*). Narines occupant la région superieure de la tête, presque entre les yeux. La « Daboie » (*E. elegans*) de l'Inde et le « Serpent cracheur » (*E. arietans*) d'Afrique sont redoutables. — Cérastes (*Cerastes*). Une corne au-dessus de chaque œil. La « Vipère cornue » (*C. ægyptiacus*) se tient enfouie dans les sables des déserts de l'Afrique. — Vipères (*Vipera*). Tête couverte, en arriere, de petites écailles lisses. La Vipere ordinaire (*V. aspis*) a le museau tronqué carrément, le plus souvent un peu retroussé, et présente une petite plaque hexagonale entre les yeux (fig. 233); sa coloration est très variable (grise, rouge, noire). Cette Vipère du midi et du centre de la France ne doit pas être confondue avec l'Ammodyte (*V. ammodytes*), de l'Italie et de l'Autriche, qui a l'extrémité du museau prolongée en corne molle et n'existe pas en France. — Péliades (*Pelias*). Tête portant, sur le vertex, trois plaques dont une antérieure et deux postérieures. La « petite Vipere ou lance d'Achille » (*P. berus*) a le museau arrondi, plat en dessus. Très rare dans le midi de la France, assez rare dans le centre, commune dans le nord, elle n'a qu'une rangée d'écailles entre l'œil et les plaques labiales supérieures, tandis qu'il y a deux rangées de ces écailles dans *V. aspis*.

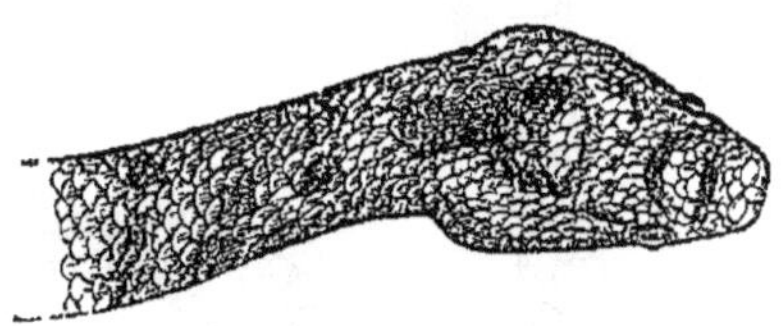

Fig 233 — Tête de Vipère

2° ***Monurostégidés***. — *Une seule rangee d'urosteges*. — Echides (*Echis*). Vertex couvert de petites écailles. La « Vipere des Pyramides ou Efa » (*E. carinata*) a la couleur du sable et est commune en Egypte.

II. *PROTEROGLYPHES* (πρότερον, en avant). — *Serpents venimeux, a maxillaires superieurs courts et munis d'un petit nombre de dents dont l'anterieure, quelquefois unique, est un crochet creuse d'un sillon sur sa face anterieure.*

Tête non élargie en arrière, couverte de plaques. Maxillaire supérieur immobile, ainsi que le crochet. Derrière celui-ci, des crochets de remplacement. Des dents lisses sur le palais et sur la mâchoire inférieure. En général de plus grande taille que les Solénoglyphes. Souvent ovovivipares. Répandus dans les régions chaudes de tous les pays du monde, excepté en Europe.

A. ***Élapidés*** (ἔλαψ, espece de serpent). — *Serpents terrestres a queue cylindrique; narines placées latéralement.*

Tête ovalaire. Ont l'apparence de Couleuvres à couleurs éclatantes.

Acanthophides (*Acanthophis*). Apparence extérieure des Viperes ;

queue couverte d'écailles imbriquées, terminée par un aiguillon corné. La « Vipère de la mort » (*A. cerastinus*) est le Serpent le plus dangereux de l'Australie. — Serpents à chaperon (*Naja*). Région cervicale dilatable par l'écartement des premières côtes; région antérieure du corps pouvant se dresser verticalement, l'autre posant sur le sol (fig. 234). Le « Cobra » ou « Serpent à lunettes » (*N. tripudians*) de l'Inde porte sur le cou un dessin en forme de binocle, que ne possède pas le Serpentivore (*N. elaps*) du même pays, le géant des Serpents venimeux, pouvant atteindre jusqu'à 4 mètres de long et recherchant plus spécialement les Ophidiens comme nourriture. L'« Haje » « Aspic » ou « Serpent de Cléopâtre » (*N. haje*) est le Cobra d'Égypte, plus grand que celui d'Asie, mais ne portant pas de lunettes sur le bouclier cervical (1). — Bungares (*Bungarus*). Dos comprimé. Le « Pamah » des Indous (*B. fasciatus*) est un grand Serpent de 2 mètres dont la morsure est des plus dangereuses. — *Elaps*. Tête petite ; bouche peu fendue ; maxillaire supérieur ne portant que le crochet venimeux ; corps brillamment coloré. Le « Serpent corail » (*E. corallinus*) est d'un rouge éclatant sur lequel se détachent des anneaux noirs bordés d'une ligne blanche. Il habite les grandes forêts du Brésil et, en général, ne cherche pas à mordre. On assure que les Brésiliennes s'en servent quelquefois comme de parure.

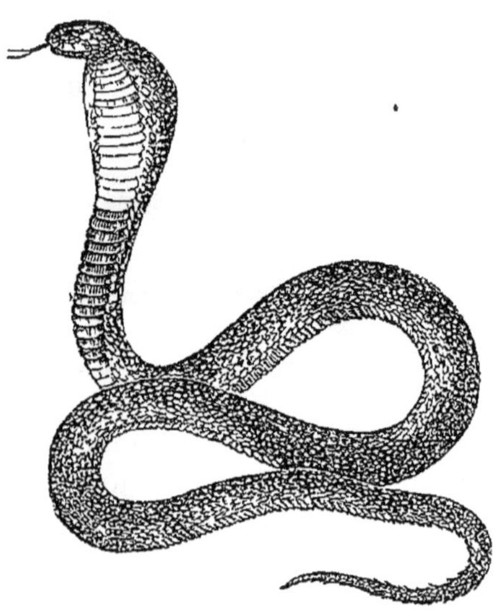

Fig. 234. — Naja aspic.

B. ***Hydrophidés*** (ὕδωρ, eau ; ὄφις, serpent). — *Serpents de mer, à queue comprimée en forme de rame* (fig. 235) ; *narines dirigées en haut.*

(1) Le Serpent à lunettes et l'Aspic ont les mêmes mœurs et se laissent apprivoiser par certains individus (*charmeurs* ou *psylles*), qui savent les exciter ou les calmer par des airs de musique, les faire se raidir comme des baguettes par une compression exercée sur la nuque, etc. Leur morsure est presque instantanément mortelle. L'Aspic était le Serpent sacré des Égyptiens qui l'adoraient et l'ont souvent représenté sur leurs monuments. Il était le symbole de la puissance, passait pour n'attaquer que les criminels et avait sous sa protection les champs cultivés, en raison des services qu'il rendait par la destruction des Rongeurs nuisibles.

Tête petite, à peine distincte du tronc. Corps comprimé. Narines fermées par des valvules. Ressemblent à des Anguilles. Habitent l'océan Indien et l'océan Pacifique ; remontent quelquefois les grands fleuves, mais ne vont jamais à terre. Très redoutés des pêcheurs qui les ramènent souvent dans leurs filets ; morsure souvent mortelle pour l'Homme.

Platures (*Platurus*). Corps cylindrique en avant ; écailles lisses et

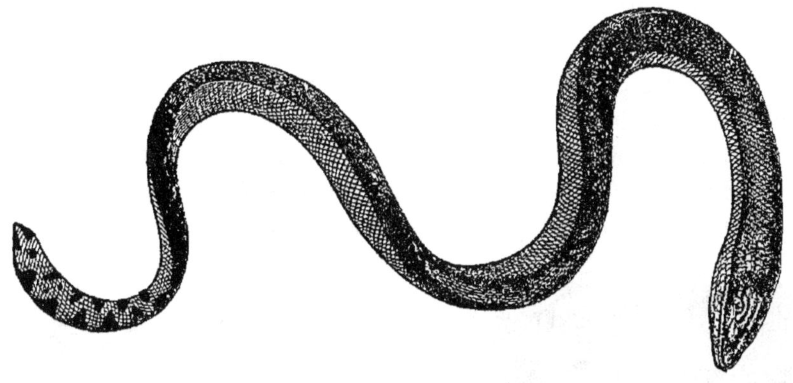

Fig 235. — *Hydrophis bicolor.*

imbriquées. — Hydrophides (*Hydrophis*). Corps comprimé ; écailles carénées ou tuberculeuses, non imbriquées.

III. *COLUBRIFORMES* (*coluber*, couleuvre). — *Des dents aux deux mâchoires ; pas de crochets venimeux en avant.*

A. **Opisthoglyphes** (οπισθε, en arrière). — *Maxillaire supérieur portant en avant des dents lisses et en arrière un ou plusieurs crochets cannelés*

Serpents suspects, tous munis d'une glande venimeuse et de maxillaires supérieurs plus longs que dans les deux groupes précédents. Blessure mortelle pour les petits animaux, surtout s'ils ont été piqués par les crochets ; peu ou pas dangereuse pour l'Homme et les grands animaux qui, à cause de leur volume, ne peuvent être mordus que par les dents lisses du devant de la mâchoire et résistent mieux à l'action du venin.

Scytales (*Scytale*). Tête élargie par derrière. Le « Serpent de lune » (*S. coronata*) du Brésil se nourrit surtout de Lézards. — *Dendrophis*. Serpents arboricoles des Indes ; tête triangulaire, très aplatie ; généralement verts et de grande taille. — *Cœlopeltis*. Tête creusée d'une fossette entre les yeux. La « Couleuvre maillée » ou de « Montpellier » (*C. insignitus*), le seul Opisthoglype d'Europe, atteint une grande taille (plus d'1 metre). Couleur d'un brun olivâtre ; écailles petites et finement striées. Inoffensive pour l'Homme, non pour les petits Mammifères ; habite le littoral méditerranéen.

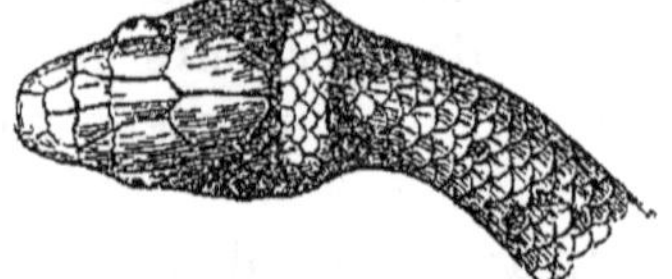

Fig 236 — Tête de Couleuvre a collier.

B. *Aglyphodontes* (ἀ priv. ; γλυφ, sillon ; ὀδοὺς, dent). — *Pas de dents sillonnees*.

Tête couverte de larges plaques (fig. 236), à dents nombreuses. Tronc cylindrique chez les especes qui vivent sous les pierres, atténué aux deux extrémites chez les especes arboricoles ; plus ou moins aplati en dessous chez les especes terrestres, comprimé chez les espèces aquatiques.

1° ***Colubridés***. — *Bouche dilatable. Pas de vestiges de membres* — Un grand nombre d'espèces dont nous ne citerons que les françaises

Fig 237. — Couleuvre d'Esculape. Elle mange une Souris

a. *Couleuvres terrestres, a queue non distincte du corps*. — Ecailles généralement lisses. — *Zamenis*. Dents posterieures plus longues que les autres et séparées d'elles par un intervalle. La « Couleuvre verte et jaune » (*Z. viridiflavus*), ainsi appelee a cause de la couleur de sa robe, est agressive. — *Coronella*. Dents postérieures plus longues que les précédentes, mais non séparées d'elles par un intervalle La « Couleuvre lisse » (*C. lævis*) a le dos roux avec des taches noirâtres. — *Elaphis*. Dents égales: museau carré ou arrondi. La « Couleuvre d'Esculape » (*E. Æsculapii*) est d'un brun olivâtre et a la queue longue (fig. 237). Elle habite au milieu des buissons sur lesquels elle grimpe volontiers, d'où son nom d' « Anguille de buissons ». Elle était élevée par les Romains dans les temples d'Esculape. Le Dieu de la médecine était représenté avec un bâton autour duquel s'enroulait ce Serpent, considéré comme le symbole de la prudence. La « Couleuvre a quatre raies » (*E. quaterradiatus*), qui a deux raies noires sur chaque flanc, atteint souvent une longueur de deux metres ; elle habite les broussailles, dans le midi de la France. — *Rhinechis*. Dents égales ; nez pointu, termine par une saillie. La « Couleuvre a echelons » (*R. scalaris*) doit son nom a ce qu'elle porte sur le dos deux lignes noires réunies, de distance en distance, par des bandes transversales ; elle est voisine de la précédente, dont elle se distingue par la couleur de sa robe et la brieveté de sa queue.

b. *Couleuvres a queue distincte du corps, souvent plus ou moins aquatiques*. — Écailles très carénées. Elles habitent les lieux humides, les mares, les bords des ruisseaux a cours lent ou des fossés ; elles font la chasse aux Vers, aux Batraciens et aux Poissons. — *Tropidonotus*. Dents des maxillaires supérieurs juxtaposées sans intervalle ; la postérieure plus longue que les autres. La « Couleuvre a collier » (*T. natrix*) a généralement sur la nuque un collier blanc et s'introduit souvent dans dans les habitations. La « Couleuvre vipérine » (*T. viperinus*) est plus aquatique que la précédente et doit son nom a la ressemblance de sa robe avec celle de la Vipère; mais cette derniere n'a pas de plaques sur la tête et habite toujours des endroits secs, ce qui permet de distinguer facilement ces deux espèces l'une de l'autre (1).

2° **Boïdés** (*Boa*, nom donné par les Romains a un serpent). — *Bouche dilatable. Des rudiments de membres posterieurs, sous forme d'eperons cornes.*

Habitent les régions chaudes des deux mondes. — Pythons (*Python*). Tête couverte de plaques; des dents sur l'intermaxillaire; queue préhensile. Les plus grands des serpents; pouvant acquérir une longueur de douze metres. Se tiennent de préférence sur les arbres où

(1) L'*Acrochordus javanicus* des îles de la Sonde et de la Cochinchine a tout le corps recouvert de tubercules granuleux qui remplacent les ecailles. La tête rappelle celle d'un Bouledogue. Cette Couleuvre est aquatique ; sa chair est tres appreciee des indigenes

ils se suspendent par la queue pour s'élancer sur leur proie; ils enserrent celle-ci dans leurs replis avant de la déglutir. S'attaquent rarement a l'Homme. On les capture pour les ménageries; leur chair est comestible; leur graisse passe, bien à tort, pour avoir des propriétés merveilleuses; leur peau est employée pour la maroquinerie de luxe. Afrique; Asie. — Boas (*Boa*). Tête couverte d'écailles. Pas de dents intermaxillaires. Grands serpents d'Amérique, un peu moins grands que les Pythons et ayant les mêmes mœurs qu'eux. — *Eunectes*. Sortes de Boas aquatiques. Amérique. — Javelots (*Eryx*) Tête peu distincte; pas de dents intermaxillaires; queue tres courte, non préhensile. Vivent enterrés dans le sable. Grèce; Égypte.

3° ***Tortricidés*** (*torquere*, tourner). — *Bouche peu ou pas dilatable.*

Serpents cylindriques, lents. Ressemblent à des Orvets; fouisseurs; vivent de Batraciens et de Reptiles apodes. Régions chaudes d'Asie et d'Amérique. — Rouleaux (*Tortrix*). Deux éperons cornés pres de l'anus; des dents palatines. Amérique. — *Uropeltis*. Pas d'éperons cornés ni de dents palatines; queue terminée par une plaque hérissée d'épines.

IV. *OPOTERODONTES* (ὁπότερος, l'un ou l'autre). — *Dents n'existant que sur l'une des mâchoires.*

Serpents non venimeux, vermiformes (fig. 238), de petite taille, a bouche non dilatable, n'ayant que des dents lisses et pas de dents

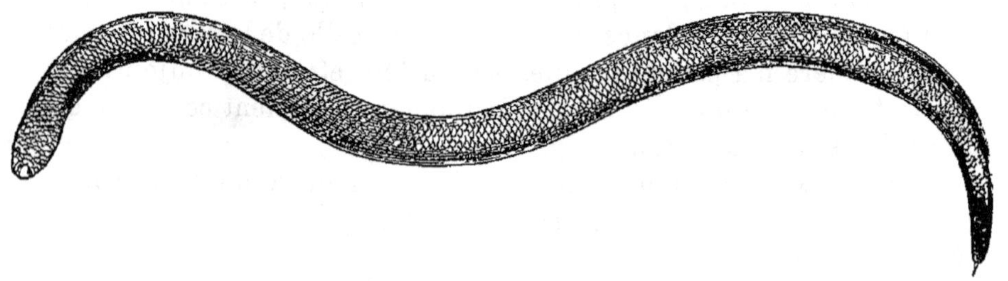

Fig 238 — *Typhlops lumbricalis.*

palatines. Yeux très petits. Deux petits os styliformes près de l'anus. Queue terminée par une pointe cornée; vie souterraine. Se nourrissent de Vers et d'Insectes. Régions chaudes du globe.

Typhlops. Des dents seulement sur la mâchoire supérieure. Une seule espece européenne (*T. vermicularis*). Grèce. D'autres especes en Amérique. — Sténostomes (*Stenostoma*). Des dents seulement sur la mâchoire inférieure. Afrique; Amérique.

CLASSE IV. — BATRACIENS.

Vertébrés Anamniens se mouvant à l'aide de pattes et non de nageoires. Respiration toujours branchiale dans le jeune âge, pulmonaire et branchiale ou pulmonaire seulement à l'âge adulte.

Deux condyles occipitaux. Peau généralement molle, humide et mince, jouant un rôle considérable dans la respiration (*respiration cutanée*) (1). Ovipares ovovivipares. Animaux a sang froid; subissant des métamorphoses. Larves (*Têtards*), toujours munies d'une queue qui persiste ou disparaît chez l'adulte. Habitent l'eau douce.

Trois ordres.

BATRACIENS.	Des membres.	Pas de queue ..	ANOURES.
		Une queue......	URODÈLES.
	Pas de membres...............		GYMNOPHIONES.

Tegument. — Peau généralement nue, lisse et visqueuse. L'épiderme est formé d'une couche non cornée, superficielle, qui se renouvelle périodiquement, et d'une couche muqueuse profonde. Il envoie, dans le derme sous-jacent, de nombreux prolongements globuleux ou tubuleux (*glandes*) surtout abondants à la face dorsale (2).

(1) La peau reçoit une branche du vaisseau afférent respiratoire (branchial ou pulmonaire). En circulant dans cette membrane, le sang perd une partie de son anhydride carbonique et absorbe une certaine quantité d'oxygène, puis il retourne au cœur Cette respiration cutanee permet a l'animal de vivre encore longtemps apres l'ablation des poumons ou apres l'action du curare qui aneantit les mouvements respiratoires.

(2) Les cellules qui forment les glandes de la peau reposent sur une membrane propre, tapissee interieurement de cellules musculaires, elles constituent un épithelium cylindrique, et secrètent un suc laiteux, qui est un veritable venin. Ce liquide cutane n'entre jamais en rapport avec un organe d'inoculation et ne peut non plus être projete a une certaine distance. Sa composition chimique n'est pas encore parfaitement connue et varie suivant les especes. Toujours acide a l'état frais, plus ou moins visqueux et a odeur vireuse, il parait plus actif a l'epoque des amours et est plus toxique chez les animaux des pays chauds que chez ceux des regions temperees. Il prend, en se dessechant, l'aspect d'une masse resineuse et garde son activite, ce qui permet a certaines tribus de l'Inde et de l'Amerique de s'en servir pour empoisonner des fleches. En injection souscutanee, le venin des Batraciens est mortel pour tous les animaux de petite taille et est loin d'être sans action sur l'animal qui le produit On peut empoisonner un Batracien en lui injectant son propre venin, mais il en faut une plus forte dose que pour une autre espece. Generalement sans action sur la peau, le venin peut cependant, apres des manipulations sur les Batraciens, amener de la rougeur et de la cuisson aux mains. Son action sur

Sur les côtes du cou, les glandes cutanées sont appelées improprement *parotides*; elles ne présentent aucune homologie avec les glandes salivaires qui portent ce nom chez les Vertébrés supérieurs. Le derme est formé de faisceaux conjonctifs traversés par des fibres musculaires lisses, des vaisseaux et des nerfs. Les *chromatophores*, surtout repandus dans le derme, amènent, sous l'influence du systeme nerveux, des changements de coloration qui permettent à l'animal de se dissimuler à ses ennemis ou de s'emparer plus facilement d'une proie. Le liquide sécrété par les glandes cutanées, outre qu'il maintient la peau humide, joue, grâce a sa toxicité, un rôle défensif plus ou moins considerable. Des dépôts calcaires peuvent se produire dans le derme, où quelquefois aussi apparaissent soit des plaques osseuses (*Ceratophrys dorsata*), soit de petites écailles (*Cæcilia*) rappelant la forme cycloide de celles des Poissons.

Appareil digestif (fig. 239). — Cavité buccale géneralement large, munie de dents maxillaires et palatines (1), rarement inerme (Crapauds, Pipas). Langue fixée au plancher de la bouche par sa partie antérieure; libre a sa partie posterieure, elle peut souvent se rabattre au dehors, a la façon d'un pont-levis, sur les Insectes convoités par l'animal et servir ainsi à la préhension (Z); elle est rudimentaire chez les Urodeles inférieurs; nulle chez les Anoures aglosses. — Œsophage court, tapissé de cils vibratiles. Estomac simple, en forme de cornue. Intestin sillonné de plis longitudinaux, terminé par un cloaque dont la paroi anterieure forme un diverticule fonctionnant comme vessie urinaire (*Hb*). Anus situe à l'extremite du tronc. — Des glandes palatines,

la conjonctive et la pituitaire produit une violente inflammation de ces membranes La muqueuse digestive est, en general, beaucoup moins sensible a cette action. Un certain nombre de Reptiles, d'Oiseaux et de Mammiferes avalent impunément des Crapauds couverts de venin, cependant le venin du Crapaud, ingere dans le tube digestif de la Grenouille, la tue presque aussi rapidement que lorsqu'il est etendu sur la peau ou injecte sous cette membrane. Les Crapauds, les Tritons et les Salamandres sont les Batraciens les plus venimeux de nos pays, mais tous les autres le sont a divers degres ; la Grenouille elle-même ne fait pas exception Quoi qu'il en soit, l'Homme n'a rien a redouter ni du venin ni de la morsure des Batraciens Les dents, quand elles existent, ne sauraient percer la peau, sous la pression exercee par des mâchoires faibles que mettent en mouvement des muscles peu puissants La seule precaution a prendre, quand on capture ou qu'on manipule des Batraciens, est d'éviter de porter les doigts aux paupieres ou de les introduire dans le nez Il est d'ailleurs toujours prudent, a la fin d'un travail sur ces animaux, de se laver les mains avec de l'eau pheniquee

(1) Les dents ont une couronne qui offre tantôt une seule pointe (Urodeles inferieurs), tantôt deux pointes (Anoures, Salamandrines) Elles se renouvellent un nombre indéfini de fois

pas de glandes salivaires extrapariétales. Foie et pancréas constants.

Appareil respiratoire. — Les larves respirent généralement par trois paires de fentes branchiales, et autant de houppes branchiales (*branchies externes*) couvertes de cils vibratiles et attachées aux arcs branchiaux, au bord postérieur de chaque fente. Un repli cutané (*repli operculaire*) recouvre en partie les branchies et, chez les Anoures, délimite une véritable *chambre branchiale* s'ouvrant, en arrière de la tête, par un orifice étroit (*spiraculum*) (1). Les branchies externes ne persistent que chez les Pérennibranches. Elles sont remplacées de bonne heure, chez les Anoures, par des branchies secondaires (*branchies internes*), qui ont une conformation différente et sont situées dans la chambre branchiale. Celle-ci est traversée par un courant d'eau qui va de l'orifice buccal au spiraculum, en traversant les fentes branchiales. — Deux poumons se développent toujours, tôt ou tard, sous la forme de sacs symétriques, rattachés au pharynx par une courte trachée et deux bronches rudimentaires. Ces poumons sont tantôt simples, tantôt divisés par des replis en larges alvéoles ; ils reçoivent l'air dans leur intérieur par une sorte de déglutition (2).

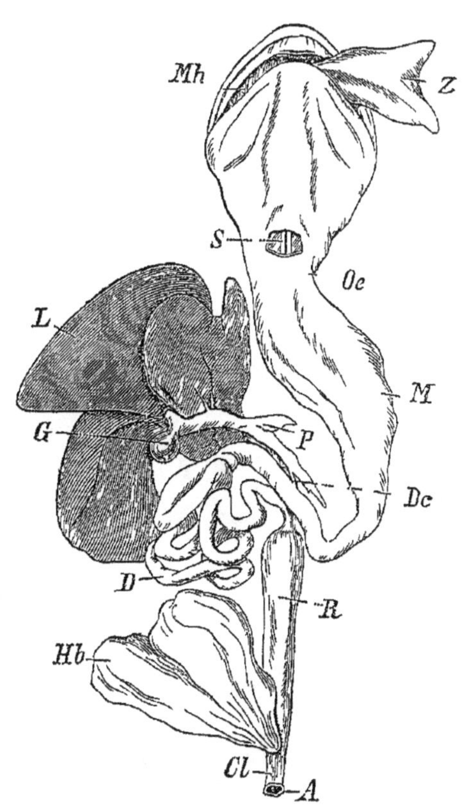

Fig 230 — Canal digestif de Grenouille, vu par la face ventrale — *Mh*, cavité buccale, Z, langue renversée en dehors, S, entrée du larynx avec la glotte, *Oe*, œsophage, M, estomac, D, intestin grêle, P, pancréas, L, foie, G, vésicule biliaire, *Dc*, canal excréteur commun du foie et du pancréas, R, gros intestin, *Hb*, vessie urinaire, *Cl*, cloaque, A, anus.

(1) Il peut y avoir deux spiracula symétriques (*Amphigyrinidés*), un spiraculum médian formé par le rapprochement et la fusion de deux spiracula primitifs (*Médiogyrinides*), enfin un seul spiraculum situé à gauche (*Levogyrinides*), par suite de la disparition de l'autre, les deux cavités branchiales entrant en communication sur la face ventrale.

(2) Le mécanisme de la respiration pulmonaire est le suivant. Dans un premier temps, la bouche et la glotte étant fermées, le plancher buccal

Appareil circulatoire. — Il rappelle, dans le jeune âge, l'appareil circulatoire des Poissons; dans l'âge adulte, celui des Reptiles. Le cœur des adultes (fig. 240) est divisé en trois cavités : un ventricule toujours simple et deux oreillettes séparées par une cloison pleine (***Anoures***) ou percée de petits orifices (***Urodèles***). Il existe deux

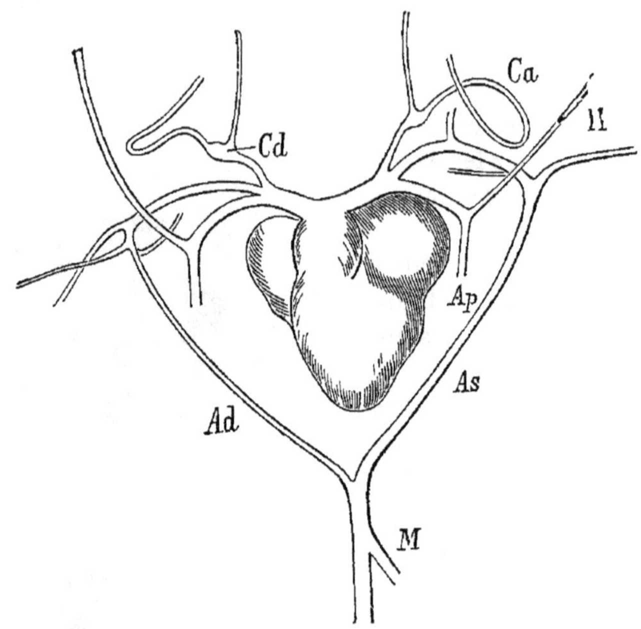

Fig 240 — Cœur d'un Crapaud avec les gros troncs vasculaires — *Ad*, crosse aortique droite, *As*, crosse aortique gauche, *Ca*, carotide, *Cd*, glande carotidienne, *Ap*, artère pulmonaire, *H*, artere cutanée, *M*, artère mésentérique.

valvules auriculo-ventriculaires et le ventricule est suivi d'un *bulbe arteriel*, séparé de lui par un orifice valvulaire (1). — Une veine porte

s'abaisse et l'air entre, par les narines largement ouvertes, dans la cavite buccale agrandie. Dans un deuxieme temps, le plancher buccal se releve et pousse l'air dans les poumons par la glotte, qui s'ouvre pendant que l'orifice des narines se retrecit Dans un troisieme temps, l'air, chasse par l'élasticité pulmonaire, passe du poumon dans la cavite buccale et s'échappe au dehors par les narines, la bouche restant toujours fermee.

(1) Dans la periode larvaire (fig. 241), le cœur est compose d'une oreillette, d'un ventricule et d'un bulbe arteriel qui fournit quatre paires d'arcs aortiques Ceux-ci entourent l'œsophage et se reunissent au-dessus de lui pour constituer l'aorte dorsale. Les trois premiers arcs se rendent seuls aux branchies, ou une fine branche anastomotique reunit a leur base l'artere et la veine qui s'y distribuent. Le quatrieme arc se jette directement dans l'aorte dorsale ; mais, quand les poumons se developpent, il donne naissance a un rameau se rendant a ces organes (*artere pulmonaire*) En même temps, l'oreillette se divise en deux loges, dont la droite reçoit le sang des veines

rénale. — Des cœurs lymphatiques, le plus souvent au nombre de quatre : un sous chaque omoplate et un de chaque côté du coccyx. Le thymus, toujours pair, et la rate ne font jamais défaut.

Appareil urinaire. — Il est constitue par un mésonéphros dont la portion antérieure est en rapport avec la glande sexuelle. Les canaux efférents du testicule s'enfoncent dans cette région et se réunissent aux canalicules urinifères. Ceux-ci fonctionnent donc comme conduits spermatiques dans la partie antérieure du méso-

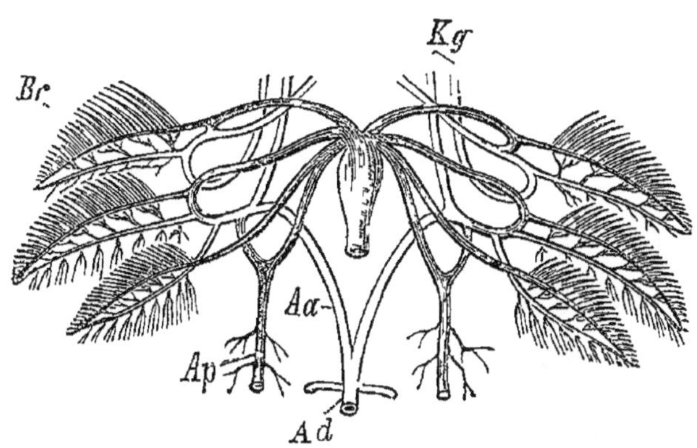

Fig 241 — Arcs aortiques d'une larve agée de Grenouille. — *Aa*, arcs aortiques qui se réunissent pour constituer l'aorte descendante, *Ad*, *Ap*, artère pulmonaire, *Kg*, vaisseaux de la tête, *Br*, branchies

néphros et comme conduits urinaires dans la partie postérieure. Les uns et les autres (sauf chez *Alytes*, qui a des conduits urinaires et spermatiques distincts) se jettent dans le canal de Wolff qui va s'ouvrir dans le cloaque par un pore dorsal. — Vessie formée par un diverticule de la paroi antérieure du cloaque.

Appareil reproducteur. — Sexes separés. Fécondation tantôt exterieure (le mâle des Anoures cramponne sur le dos de la femelle, arrose les œufs de sa semence, au moment de leur expulsion), tantôt

caves et la gauche celui des veines pulmonaires Si la circulation doit devenir uniquement pulmonaire, les branches anastomotiques de la base des branchies se developpent peu a peu en véritables canaux de traverse que le sang parcourt, au lieu de se rendre aux branchies. Alors les vaisseaux branchiaux s'atrophient et les branches pulmonaires s'accroissent, comme si elles beneficiaient du sang dont les branchies sont privees

Malgre que les deux oreillettes versent, l'une du sang rouge, l'autre du sang noir dans le ventricule, il n'y a pas neanmoins melange complet des deux especes de sang dans cette cavité. En effet le ventricule presente des areoles ou les sangs de couleur différente restent separés pendant la diastole Quand arrive la systole, le ventricule se contracte d'abord du côte droit et le sang noir remplit le systeme pulmonaire, tandis que le sang rouge alimente ensuite presque seul l'arbre de la grande circulation intérieure (par application, chez les Urodeles, des fentes cloacales l'une contre l'autre). Generalement

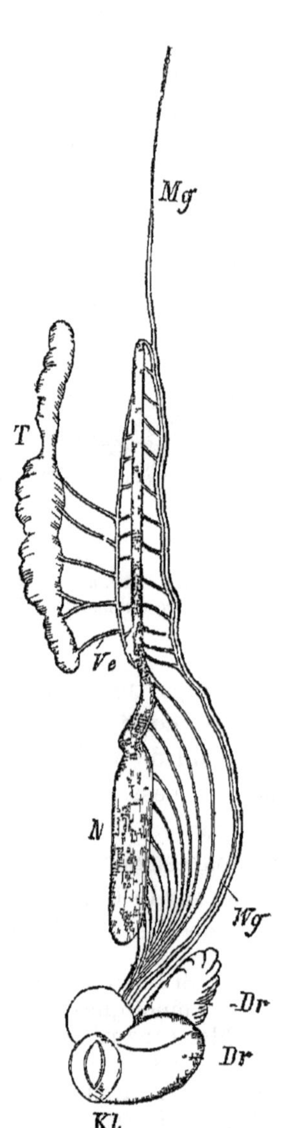

Fig 242. — Appareil génito-urinaire d'une Salamandre (moitié gauche, en partie schématique) — *T*, testicule *Ve*, canaux efférents, *N*, rein avec les canalicules collecteurs, *Mg*, canal de Muller, *Wg*, canal de Wolff ou canal déférent, *Kl*, cloaque, *Dr*, glandes prostatiques

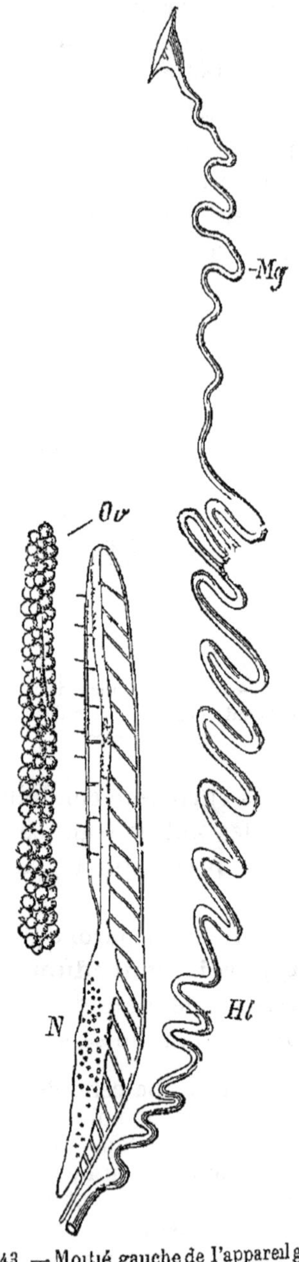

Fig. 243. — Moitié gauche de l'appareil génito-urinaire d'une Salamandre femelle Le cloaque n'a pas été représenté — *Ov*, ovaire, *N*, rein, *Hl*, uretere correspondant au canal de Wolff, *Mg*, oviducte ou canal de Muller.

ovipares, rarement ovovivipares (Salamandre). Œufs déposes le plus souvent dans l'eau (non chez *Alytes*); entourés d'une substance gelatineuse secrétée par l'oviducte et se gonflant au contact de l'eau, tantôt fixés isolement sur les plantes aquatiques (***Urodèles***), tantôt pondus en amas irréguliers (Grenouilles), en un seul cordon (Pélobates) ou en deux cordons parallèles (Crapauds); ordinairement abandonnés après la ponte, quelquefois l'objet de soins particuliers (Pipa, Crapaud accoucheur).

Le développement se fait, en général, au moyen de métamorphoses longues et compliquées. Les Têtards apodes, branchiferes et munis d'une queue comprimée, acquièrent successivement quatre membres d'abord les deux antérieurs (***Urodèles***) ou d'abord les deux posterieurs (***Anoures***). La queue persiste (***Urodèles***) ou disparaît (***Anoures***), en même temps que les membres poussent ; de même les poumons se développent, à mesure que les branchies se fletrissent. Rarement les larves subissent leurs métamorphoses dans la terminaison de l'oviducte (Salamandres) ; plus rarement encore, elles accomplissent dans l'œuf toutes les phases de leur évolution (*Hylodes*).

A. Appareil male (fig. 242). — Deux testicules simples ou lobés, dont les canaux efférents traversent généralement le rein. Mâles des Anoures pourvus de rugosités aux pouces (Grenouilles) ou d'une glande aux bras (Pélobates). Les Crapauds mâles présentent toujours, en avant des testicules, un rudiment d'ovaire contenant des ovules qui ne sont pas fécondables et n'arrivent jamais a maturité.

B. Appareil femelle (fig. 243). — Deux ovaires creux laissent échapper, par déhiscence, les œufs dans la cavité abdominale ; des cils vibratiles les conduisent ensuite à l'entrée des oviductes. Ces derniers sont longs, contournés et se dilatent souvent a leur partie terminale; ils débouchent sur la paroi dorsale du cloaque.

Appareil locomoteur. — *A*. Squelette. Vertèbres peu nombreuses, procœliques, opisthocœliques ou amphicœliques. Une seule vertèbre cervicale et une seule sacrée (1). Rachis terminé, chez les Anoures, par un os grêle et allongé (*coccyx* ou *urostyle*) qui correspond a la soudure des vertèbres situees derriere le sacrum. — Crâne (fig. 244) en partie cartilagineux, presentant toujours deux condyles occipitaux et, a la voûte buccale, un os de recouvrement (*parasphénoide*) qui porte parfois des dents et n'existe pas chez les Amniens. Chez les Anoures et les Gymnophiones, la région ethmoidale présente un anneau osseux caractéristique (*os en ceinture*) (*Et*). Mâchoire inférieure suspendue au crâne par un cartilage

(1) La vertèbre cervicale correspond a l'axis. L'atlas se soude de bonne heure avec l'occipital.

qui présente généralement deux ossifications : une externe (*os carré*), une interne (*pterygoïde*). — Côtes rarement bien développées (Gymnophiones), le plus souvent rudimentaires (Urodèles, Anoures) se soudant aux vertèbres, et ne rejoignant jamais le sternum. — Ceinture scapulaire comprenant une omoplate, une clavicule et un coracoïde ; ouverte en bas (Urodèles) ou réunie au sternum (Anoures) ; sans connexion avec l'axe squelettique ; nulle chez les Gymnophiones. Ceinture pelvienne constituée par un ilion, un pubis et un ischion (1), nulle chez les Gymnophiones. Membre antérieur formé par un humérus, un radius et un cubitus soudés, un nombre variable d'os

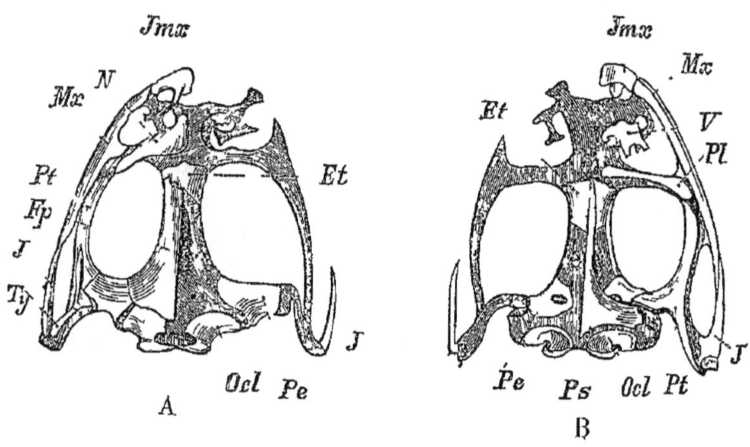

Fig. 244. — Crâne de Grenouille A, vu en dessus, B, vu par la face ventrale — *Ocl*, occipital latéral, *Pe* pétreux (prootique), *Et*, os en ceinture, *Ty*, tympanique, *Fp*, fronto pariétal, *J*, quadrato jugal (jugal), *Mx*, maxillaire, *Jmx*, intermaxillaire, *N*, nasal, *Ps*, parasphénoïde, *Pt*, ptérygoïde, *Pl*, palatin, *V*, vomer.

du carpe, du métacarpe et des phalanges. Membre postérieur (manquant chez les Sirènes) composé d'un fémur, d'un tibia et d'un péroné (soudés chez les Anoures), enfin d'un nombre variable d'os du tarse (deux chez les Anoures), du métatarse et des phalanges.

B. Muscles. — Tout en étant moins nombreux que chez les Reptiles, ils présentent néanmoins une assez grande complexité. C'est chez les Batraciens qu'apparaissent, pour la première fois, des muscles propres de la langue.

Appareil phonateur. — Sons (*coassements*) produits par un larynx

(1) Chez les Anoures, les ilions s'articulent avec les apophyses transverses de la vertèbre sacrée, les ischions et les pubis, rejetés très en arrière, au bout des ilions, se soudent en un disque vertical médian. Chez certains Urodèles on trouve, sur le milieu du bord antérieur du pubis, une tige cartilagineuse qui se divise en deux branches et équivaut morphologiquement aux os marsupiaux.

qui ne possède de véritables cordes vocales que chez les Anoures. La cavité buccale présente, chez les mâles, un (Rainettes, Crapauds) ou deux (Grenouilles) diverticules pouvant se gonfler d'air et jouant le rôle de résonnateurs (*sacs vocaux*).

Système nerveux. — Intermédiaire entre celui des Reptiles et celui des Poissons. Hémisphères cérébraux et cervelet peu développés. Le pneumogastrique envoie sur les côtés du corps, chez les larves, un rameau (*nerf latéral*) à des organes sensoriels (*organes latéraux* qui n'existent, à l'âge adulte, que chez les Pérennibranches (1).

Organes des sens. — Organes du goût représentés par des papilles gustatives sur la langue. — Terminaisons olfactives logées dans deux fosses nasales offrant des replis de la muqueuse et s'ouvrant dans la bouche. — Pas d'oreille externe. Chez les Anoures seulement, une oreille moyenne composée d'une caisse communiquant avec la bouche par une trompe d'Eustache et fermée en dehors par une membrane du tympan (visible ou cachée sous la peau), qu'une tige cartilagineuse (*columelle*) relie à la fenêtre ovale. Oreille interne formée par un vestibule, trois canaux demi-circulaires et un limaçon rudimentaire. — Yeux gros, moyens ou petits et quelquefois cachés sous la peau (Gymnophiones, Protée) ; sclérotique cartilagineuse ; un peigne rudimentaire. Trois paupières dont une membrane nictitante (Anoures), deux paupières seulement (Salamandrines) ou pas de paupières (Pérennibranches). Pas d'appareil lacrymal.

CLASSIFICATION DES BATRACIENS.

ORDRE I. **Anoures** (ἀ, priv. ; οὐρά, queue). — *Quatre membres Pas de queue.*

Corps ramassé, déprimé. Mâchoire supérieure pourvue de dents ou inerme ; presque jamais de dents à la mâchoire inférieure. Orifice cloacal terminal et de forme arrondie. Peau tantôt lisse (Grenouille), tantôt verruqueuse (Crapaud). Membres bien développés, les antérieurs tétradactyles, les postérieurs, plus longs et plus volumineux, pentadactyles. Adultes vivant dans des conditions très variées, plus spécialement terrestres, toujours dépourvus de queue ; carnivores. Les Anoures subissent des mues partielles ou complètes. Ils sont utiles à l'agriculture en détruisant une grande quantité d'Insectes, de Vers et de Mollusques.

(1) Au moment du passage de la larve à la vie aérienne, les organes latéraux s'enfoncent dans la peau et disparaissent avec le nerf latéral.

I. *DISCODACTYLES* (δίσκος, disque ; δάκτυλος, doigt). — *Une langue. Doigts et orteils élargis en disque a l'extrémité.*

Doigts terminés par des pelotes visqueuses qui permettent à l'animal d'adhérer a des surfaces planes. En général des dents maxillaires, des dents palatines et pas de parotides. Tympan habituellement distinct. Têtards a spiraculum situé du côté gauche (*Levogyrinides*).

A. ***Hylidés*** (ὕλη, forêt; allusion au mode d'existence). — *Doigts libres ou réunis seulement a la base. Langue plus ou moins adhérente au plancher buccal.*

a. *Doigts libres.* — *Hylodes.* Des dents au palais. La larve de *H martinicensis* subit dans l'œuf toutes ses métamorphoses. La Martinique. — *Phyllobates.* Pas de dents au palais. La « Grenouille de Choco » (*P. chocoensis*) exsude, sous l'action du feu, un venin qui sert aux Chocoès à empoisonner leurs flèches. Amérique. — *Dendrobates.* Pas de dents ; ressemblent à des Grenouilles. Le sang de la « Grenouille a tapirer » (*D. tinctorius*) passe pour pouvoir changer la couleur des parties du corps de Perroquets jeunes dont on frotte la peau après avoir arraché les plumes. On obtiendrait ainsi les *Perroquets* dits *tapires*. Amérique centrale.

b. *Doigts plus ou moins reunis a la base par une membrane.* — Rainettes (*Hyla*). Peau de la tête non adhérente au crâne. La Rainette verte (*H. viridis*) vit sur les feuilles des arbres pendant la belle saison et passe l'hiver au fond des eaux ; le mâle a un sac vocal en forme de goitre, de la grosseur d'une noisette, et pousse un cri caracteristique. Europe. La rainette bleue (*H. cyanea*) est la géante du groupe des Rainettes (20 centimetres de long). Australie. — *Nototrema* « Rainettes a bourse ». Peau du dos de la femelle formant une poche à orifice postérieur dans laquelle les œufs se développent. Amerique centrale.

B. ***Rhacophoridés*** (ῥάκος, lambeau d'étoffe ; φόρος, porteur). — *Doigts reunis par une large membrane jusqu'au renflement terminal. Langue libre en arriere.*

Rhacophorus. Sortes de Rainettes volantes pouvant développer la palmure de leurs pattes a la façon d'un parachute qui leur sert a aller de branche en branche, en glissant sur l'air. Inde ; îles de la Sonde ; Madagascar.

II. *OXYDACTYLES* (ὀξύς, pointu). — *Une langue. Doigts pointus.*

Doigts libres ; orteils reunis ou non par une palmure.

A. ***Ranidés*** (*rana*, grenouille). — *Des dents maxillaires. Peau lisse. Pattes postérieures très longues.*

En général des dents au palais. Langue protractile. Pas de parotides. Tympan distinct. Pupille ronde ou transversale. Corps élancé. Animaux essentiellement sauteurs. L'accouplement dure plusieurs jours, mais n'a lieu qu'une fois par an, au printemps. A ce moment, le mâle présente, au niveau des pouces, des rugosités appelées *brosses ;* elles lui servent à maintenir sous lui la femelle, qu'il tient embrassée derrière les aisselles, pendant tout le temps que dure le rapprochement des sexes. Les œufs, au nombre d'un millier, sont arrosés de sperme, à mesure qu'ils sortent, et sont pondus au milieu d'un mucus glaireux. L'embryon, d'abord pisciforme, se nourrit de ce mucus, puis devient le Têtard à tête globuleuse. Celui-ci est omnivore, se nourrissant aussi bien de débris animaux que de végétaux; il met deux ou plusieurs mois à se transformer en Grenouille. Cette dernière, toujours carnivore, vit d'Insectes, de Vers, de petits Animaux aquatiques. D'une extrême voracité pendant la belle saison, la Grenouille cesse de manger quand le froid se fait sentir; elle passe l'hiver enfoncée dans la vase.

a. *Têtards a spiraculum situé du côté gauche.*

Grenouilles (*Rana*). Orteils réunis par une palmure complete. Le mâle *coasse ;* la femelle fait entendre une espèce de grognement (1). « Grenouille verte » (*R. esculenta*). Deux sacs vocaux extérieurs chez le mâle ; aquatique ; le plus commun des Anoures. « G. rousse ou muette » (*R. temporaria*). Une tache noire sur la tempe ; pas de sacs vocaux externes ; ne coasse qu'au moment de la ponte et s'éloigne des eaux des qu'elle a pondu. « G. agile » (*R. agilis*). Ressemble a la précédente dont elle se distingue par sa tête acuminée, sa coloration plutôt jaune et ses bonds plus considérables. « Grenouille-Taureau » (*R. mugiens*). Grenouille géante (40 centimètres de long) olivâtre, ayant les mœurs de notre Grenouille verte et produisant un bruit assourdissant. Amérique du Nord (2). — *Cystignathus*. Orteils libres. Amérique.

(1) La chair des Grenouilles est blanche, delicate, saine et bonne a manger, surtout en automne. On ne sert sur la table que l'arriere-train, préalablement depouille et prépare de diverses manieres. Le bouillon de Grenouilles est, depuis longtemps, preconise par la medecine populaire contre les affections de poitrine. Les cuisses de Crapauds, que l'on est quelquefois expose a trouver dans les brochettes de cuisses de Grenouilles, sont faciles a reconnaître. Le membre posterieur du Crapaud, court, trapu, a chair grisâtre ou rougeâtre, differe sensiblement de celui de la Grenouille, qui est long, grêle et a chair blanche ou legerement rosee. — En se plaçant a un autre point de vue, on sait que la Grenouille a rendu et rend tous les jours beaucoup de services a la physiologie. Elle constitue, en effet, l'animal par excellence pour la plupart des recherches experimentales.

(2) Les essais que l'on a faits pour elever la Grenouille-Taureau, en vue de l'alimentation, ont ete presque partout abandonnes, a cause de la lenteur de la croissance de cette espece.

b. *Têtards à spiraculum médian* (Médiogyrinidés).

Discoglosses (*Discoglossus*). Langue presque circulaire. Sud de l'Europe; Algérie.

B. **Pélobatidés** (πηλός, boue; βάτειν, marcher). — *Des dents maxillaires. Peau verruqueuse. Pattes postérieures moyennes.*

En général des dents palatines. Langue adhérente en totalité ou en partie. Ordinairement des parotides. Tympan peu distinct ou nul. Pupille généralement verticale. Corps lourd; aspect de Crapaud. Animaux surtout terrestres, ne recherchant l'eau qu'à l'époque de la reproduction. Pendant l'accouplement, le mâle embrasse la femelle en avant des aines. Les œufs sont pondus en cordons.

a. *Têtards à spiraculum médian.* — *Alytes.* Orteils légèrement bordés: le plus terrestre de nos Batraciens. Le mâle du « Crapaud accoucheur » (*A. obstetricans*) enroule le cordon d'œufs autour de ses cuisses et se rend à l'eau, un peu avant l'éclosion. Europe. — Sonneurs (*Bombinator*). Orteils réunis par une palmure. Le « Crapaud de feu ou pluvial » (*B. igneus*) a le dos brun et le ventre orangé; la femelle pond ses œufs en plusieurs paquets. Europe.

b. *Têtards à spiraculum à gauche.* — *Pelobates.* Crâne protégé par un bouclier osseux; pattes postérieures palmées, à premier doigt portant un éperon jaune (*P. fuscus.*) ou noir (*P. cultripes*). Europe. — Crapauds cornus (*Ceratophrys*). Angle de la paupière supérieure prolongé en pointe cornée; orteils libres. *C. dorsata* présente sur le dos un bouclier ostéo-dermique. Amérique. — *Pelodytes.* Aspect d'une Grenouille verruqueuse; orteils libres; cri rappelant celui de la Rainette. Europe.

C. **Bufonidés** (*bufo*, crapaud). — *Pas de dents. Peau verruqueuse. Pattes postérieures courtes.*

Langue non protractile. Des parotides. Tympan distinct ou non. Corps épais. Animaux essentiellement nocturnes, surtout terrestres et marcheurs; à pattes postérieures demi-palmées. Pendant l'accouplement, le mâle embrasse la femelle sous les aisselles. Œufs en cordons. Lévogyrinidés.

Crapauds (*Bufo*). Pupille horizontale; parotides volumineuses; tympan distinct. Europe. C. commun (*B. vulgaris*). Le plus grand Anoure de nos pays et celui dont le Têtard est le plus petit; marche lentement. C. des joncs (*B. calamita*). Une raie médiane jaune sur le dos; marche vite. C. vert (*B. viridis*). Rappelle le Calamite, mais progresse par petits sauts. — *Rhynophrynus.* Pupille verticale; pas de parotide ni de tympan. Le seul Anoure dont la langue soit libre en avant et soudée en arrière. Mexique.

III. *AGLOSSES* (ἀ, priv. ; γλῶσσα, langue). — *Pas de langue.*

Tympan caché. Pattes postérieures palmées. Larves munies de deux spiracula symétriques (*Amphigyrinidés*).

Pipa. Ressemble à un Crapaud ; pas de dents ; pattes antérieures grêles, a doigts terminés par quatre petites pointes divergentes. Le mâle etale les œufs sur le dos de la femelle ; ceux-ci après avoir eté

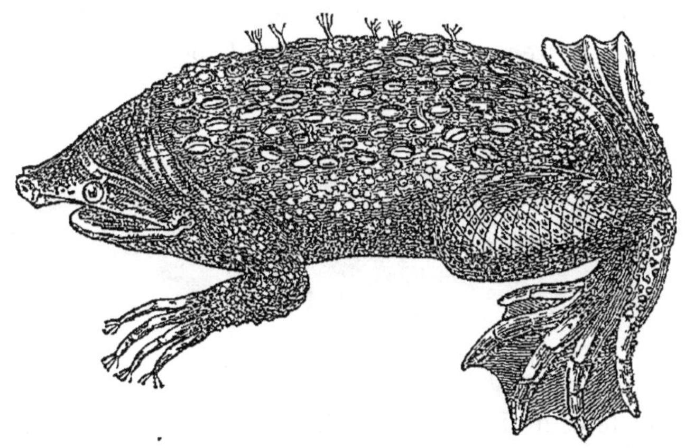

Fig 245. — Pipa femelle Les jeunes sont en voie d'eclosion.

fécondés, éclosent dans des boursouflures de la peau où la larve subit ses métamorphoses (fig. 245). *Pipa americana.* Amérique du Sud. — *Dactylethra.* Ressemble a une Grenouille ; des dents a la mâchoire

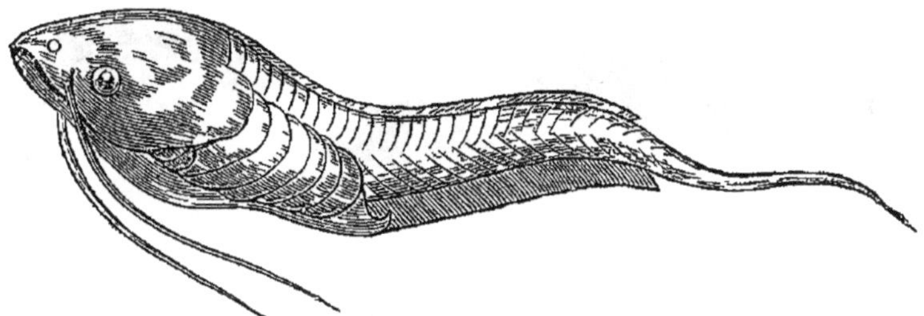

Fig. 246. — Larve de *Dactylethra.*

supérieure ; les trois doigts internes des pattes postérieures portent des ongles en forme d'étui corné ; larves munies de barbillons (fig. 246). Le Cap.

ORDRE II. **Urodeles** (οὐρά, queue; δῆλος, visible). — *Une queue. Une ou deux paires de membres.*

Corps allongé. Des dents aux deux mâchoires. Langue soudée presque entièrement au plancher buccal. Orifice cloacal plus ou moins longitudinal. Peau lisse ou visqueuse. Généralement deux paires de pattes courtes, très éloignées l'une de l'autre. Yeux petits. Pas de membrane ni de caisse du tympan. Têtards plus pisciformes que ceux des Anoures. Vie des adultes surtout aquatique.

A. *SALAMANDRINES*(σαλαμάνδρα, salamandre). *Pas de branchies ni d'orifices branchiaux a l'âge adulte. En général des paupières.*

Toujours des membres antérieurs (ordinairement tétradactyles) et des membres postérieurs (ordinairement pentadactyles). — Salamandres (*Salamandra*). Queue conique ; des parotides ; vie terrestre.

Fig. 247 — Axolotl, larve d'Amblystome

Tous les Urodèles de France appartiennent à ce groupe. *S. maculosa*, noire avec des grandes taches orangées, à venin énergique ; produit des larves munies de quatre pattes et de branchies externes. Europe. *S. atra*, des régions alpestres, ne met au monde qu'un seul petit. Celui-ci se nourrit, dans l'oviducte, des œufs qui ne se sont pas

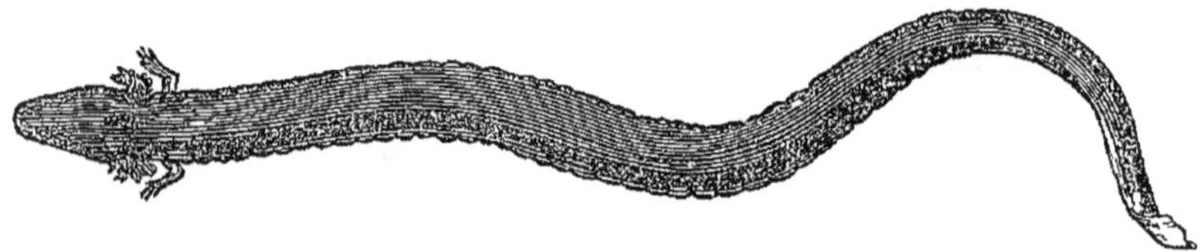

Fig 248 — *Siren lacertina.*

développés et naît avec la forme définitive. — Tritons ou « Lézards d'eau » (*Triton*). Queue comprimée ; pas de parotides ; vie aquatique. *T. cristatus*, le plus venimeux de nos Tritons indigènes, laisse suinter un liquide qui agit comme le venin de la Salamandre ; le mâle a le dos orne d'une crête découpée. *T. marmoratus* est le plus beau de nos Tritons indigènes ; dos vert, ventre rouge ; le mâle a le dos orne d'une mince membrane. *T. palmatus*, a pattes postérieures palmées, et *T. vulgaris* sont plus petits que les précédents. — *Pleurodeles*. De chaque côté des flancs, une série de tubérosités au niveau desquelles les côtes percent souvent la peau. Espagne ; Maroc. — *Amblystoma*. Museau obtus ; dos annelé par les plis de la peau. *A. mexicanum* a une larve (Axolotl : *Siredon pisciformis*) munie de branchies et d'une crête dorsale, pouvant se reproduire à cet état, dans nos régions (fig. 247). Mexique. — *Sieboldia*. Peau verruqueuse; corps bordé, de chaque côté, par un épais bourrelet longitudinal. La Grande Salamandre du Japon (*S. maxima*) a plus d'un metre de long.

B. *DEROTREMES* (δέρη, cou; τρῆμα, trou). — *Pas de branchies externes chez l'adulte, mais un orifice branchial persistant de chaque côte, Pas de paupières.*

Menopoma. Quatre doigts; cinq orteils; aspect d'un Triton. Amérique. — *Amphiuma*. Deux ou trois doigts et orteils; corps anguilliforme. Amérique.

C. *PÉRENNIBRANCHES* (*perennis*, persistant). — *Branchies externes persistantes. Pas de paupieres.*

Protees (*Proteus*). Quatre pattes; les antérieures tridactyles, les postérieures didactyles; eaux souterraines. Carniole. — Sirènes (*Siren*). Trois ou quatre doigts aux pattes antérieures; les postérieures nulles (fig. 248). Caroline du Sud.

ORDRE III. **Gymnophiones** (γυμνός, nu; ὀφίων, animal fabuleux ressemblant à un Serpent). — *Pas de membres ni de queue.*

Animaux vermiformes; corps marqué de sillons annulaires. Des dents aux deux mâchoires. Anus circulaire et terminal. Deux poumons, dont l'un (le gauche) rudimentaire. Vertèbres amphicœliques, pouvant s'élever a plus de deux cents. Peau nue ou renfermant de

Fig 249 — *Siphonops mexicana.*

petites écailles discoides. Yeux tres petits, souvent recouverts par la peau. Pas de membrane ni de caisse du tympan. Métamorphoses s'accomplissant avant la naissance. Vivent dans les lieux sombres et humides des regions tropicales; se nourrissent de larves et d'Insectes.

Siphonops. Peau nue (fig. 249). Brésil. — *Cœcilia*. Peau écailleuse. Guyanes.

CLASSE V. — **POISSONS.**

Vertébrés Anamniens, à nageoires munies de rayons, à respiration uniquement branchiale, tres rarement à la fois branchiale et pulmonaire.

Peau habituellement munie d'écailles dermiques, rarement nue. Ovipares ou ovovivipares. Animaux à sang froid, ne subissant qu'exceptionnellement des métamorphoses. Toujours des nageoires impaires et, le plus souvent, des nageoires paires représentant les membres des Vertébrés digités.

Cinq ordres :

- Squelette bien developpe, osseux ou cartilagineux. Mâchoires mobiles — Des nageoires paires.
  - Vessie natatoire pouvant servir de poumon .... DIPNEUSTES.
  - Vessie natatoire ne pouvant servir à la respiration.
    - Fentes branchiales recouvertes par un operculе.
      - Écailles molles et rondes, squelette osseux. TÉLÉOSTÉENS.
      - Ecailles emaillées, généralement losangiques, squelette osseux ou cartilagineux. GANOÏDES.
    - Fentes branchiales libres, visibles sur les côtes du cou. Squelette cartilagineux.......................... SÉLACIENS.
- Squelette reduit au crâne et a la corde dorsale. Mâchoires immobiles, bouche formant ventouse. Pas de membres pairs. CYCLOSTOMES.

Téguments. — Epiderme à plusieurs assises de cellules, sans couche cornée, mais contenant de nombreuses cellules mucipares, qui sécretent l'enduit glaireux dont le corps est recouvert.

Derme assez épais, renfermant généralement des chromatoblastes, ces derniers sont actionnés par le systeme nerveux, et donnent lieu chez quelques Poissons (Pleuronectes, etc.) à des changements de coloration, qui les harmonisent avec le fond sur lequel ils vivent.

Le derme s'ossifie souvent, en produisant des ossicules, qui peuvent se fusionner en une cuirasse continue ou constituer des écailles de formes variées.

Les *écailles* sont formées par une ossification du derme, recouverte par un revêtement d'émail. Elles different par suite des poils et des plumes, ainsi que des écailles des Reptiles, qui sont des productions exclusivement épidermiques ; elles se rapprochent plutôt des dents. On distingue trois principales sortes d'écailles : 1° Les écailles *placoïdes*, qui présentent une pulpe intérieure tout à fait semblable à celle des dents ; elles peuvent se renouveler et portent des épines ou des tubercules, on les rencontre chez les *Sélaciens* ; 2° Les écailles *ganoïdes*, constituées par du tissu osseux recouvert d'une epaisse couche d'émail brillant ; elles caractérisent les *Ganoïdes* ; 3° Les écailles *cycloïdes* et *cténoïdes*, relativement molles, et peu émaillées. Leur surface libre est tantôt lisse avec un bord postérieur entier (*cycloïde*), tantôt couverte de petites pointes, avec le bord postérieur dentelé (*ctenoïdes*). On les observe chez les ***Dipneustes*** et ***Téléostéens***.

Appareil digestif. — Bouche munie de mâchoires mobiles, excepté chez les ***Cyclostomes***, où elle est disposée pour la succion. Mâchoires cartilagineuses ou osseuses. Elles peuvent être rattachées au crâne de 3 façons : 1° la mandibule supérieure est soudée a la base du crâne, comme cela a lieu dans les Vertebrés supérieurs (*crâne autostylique*) (***Dipneustes***) ; 2° l'appareil mandibulaire est seulement relié au crâne par l'os hyomandibulaire, partie de l'arc hyoïdien, qui va de l'angle des mâchoires au crâne (*crâne hyostylique*) (***Sélaciens***) (fig. 80) ; 3° le plus souvent, l'arc mandibulaire, en conservant cette connexion indirecte, s'articule aussi directement avec le

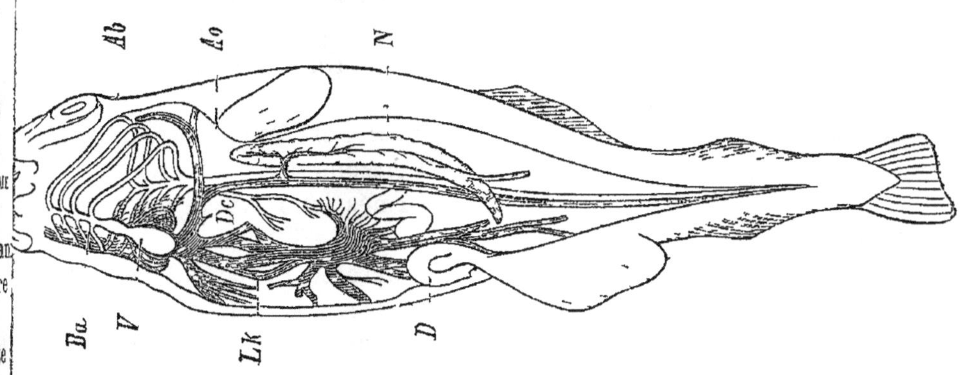

Fig 250. — Schema de la circulation chez un Poisson osseux — *V*, ventricule, *Ba*, bulbe aortique, *Ab*, arcs branchiaux qui conduisent le sang veineux aux branchies, *Ao*, aorte descendante, dans laquelle se rendent les arteres epibranchiales qui reviennent des branchies, *N*, rein, *D*, intestin, *Lk*, circulation de la veine porte hépatique, *Dc*, canal de Cuvier.

crâne, par la partie antérieure de la mandibule supérieure (*crâne amphistylique*) (quelques ***Sélaciens, Téléostéens, Ganoïdes***) (fig. 255). — Dents formées d'ivoire, rarement émaillées et implantées dans des alvéoles (quelques ***Ganoïdes***), le plus souvent soudées aux os (***Téléostéens***) ou simplement fixées sur la muqueuse (***Sélaciens***), quelquefois remplacées par des pointes cornées (***Cyclostomes***), parfois nulles (Lophobranches, Corégones, Malarmat, Esturgeon). — Œsophage court. Estomac offrant habituellement un grand cul-de-sac (fig. 254, *V*). Intestin muni d'une *valvule spirale*, excepté chez les Téléostéens ; terminé par un cloaque (***Dipneustes, Sélaciens***) ou s'ouvrant directement au dehors, en avant du pore sexuel (autres Poissons). — Pas de glandes salivaires, excepté chez les ***Cyclostomes***. Foie de forme variable ; habituellement une vésicule biliaire. Pancréas très réduit. Souvent, à l'origine de l'intestin, des organes en cæcum (*appendices pyloriques*) sécrétant un suc alcalin.

Appareil circulatoire (fig. 250). — Cœur tout entier veineux, situé dans la région jugulaire, composé d'une oreillette (incomplètement double chez les ***Dipneustes***) et d'un ventricule, séparé de l'oreillette par un orifice garni de valvules. En arrière de l'oreillette, un réservoir (*sinus de Cuvier*) reçoit le sang veineux du corps. En avant du ventricule, un renflement conique (*bulbe artériel*) tantôt élastique et muni de deux valvules (***Téléostéens***, ***Cyclostomes***), tantôt musculaire et à plusieurs rangs de valvules (autres Poissons), fournit l'*aorte* qui se divise en autant d'arcs aortiques qu'il y a de branchies. Ceux-ci portent le sang aux branchies, d'où il est repris par des *artères epibranchiales* (improprement *veines branchiales*). Ces dernières conduisent le sang à l'*artère dorsale* ou *aorte commune*, qui le distribue aux diverses parties du corps. — Une veine porte hépatique et une veine porte rénale.

Appareil respiratoire. — La respiration est toujours essentiellement branchiale ; cependant quelques Poissons possèdent, en outre des branchies, de véritables poumons formés par la vessie natatoire (***Dipneustes***).

A. Branchies. — Les branchies sont généralement constituées par des séries de lamelles triangulaires attachées aux parois des fentes branchiales ; les lamelles peuvent aussi se diviser en filaments (Lophobranches, ***Dipneustes***), de manière à former des houppes, comme chez les Batraciens (1).

A. ***Téléostéens***. — De chaque côté de la tête, quatre arcs parallèles (rarement trois ou deux), tournant leur concavité en avant et en dedans, portent des branchies (*arcs branchiaux*). Ces arcs (fig. 251) partent de la ligne médiane ventrale, pour aller s'attacher au crâne par de petits os (*pharyngiens supérieurs*). En avant des arcs bran-

(1) Les branchies fonctionnent soit dans l'eau douce, soit dans l'eau salée, soit alternativement dans l'eau douce et dans l'eau salée (Poissons migrateurs). La mort des Poissons d'eau douce dans l'eau salée et réciproquement tient à un arrêt de la circulation dans les branchies. Celles-ci, en vertu de l'action osmotique, sont desséchées par l'eau de mer, chez les Poissons d'eau douce, et gonflées par l'eau douce, chez les Poissons de mer (Bert). Beaucoup de Poissons, auxquels la respiration aquatique ne fournit pas assez d'oxygène, viennent souvent à la surface de l'eau respirer l'air en nature, quelques-uns même (Loche des étangs) avalent de l'air qu'ils rendent par l'anus : ils présentent une véritable respiration intestinale. Par suite du manque d'oxygène, un Poisson qui a les ouïes fermées vit moins longtemps qu'un autre de même espèce auquel on les maintient ouvertes. La longue survie de certains Poissons dans l'air est due surtout à la faible consommation d'oxygène qu'effectuent leurs tissus

chiaux, deux branches provenant de l'hyoïde sont suspendues au crâne et munies, à leur bord inférieur, d'un certain nombre de rayons recourbés (*rayons branchiosteges*). En arrière des arcs branchiaux, se trouve une paire d'os inférieurs (*pharyngiens inférieurs*) souvent garnis de dents. Le côté concave des arcs branchiaux porte des crochets ou des tubercules qui s'opposent au passage des aliments dans les intervalles, au nombre de cinq (*fentes branchiales*), que ces arcs forment, soit entre eux, soit avec les cornes de l'hyoïde et les pharyngiens

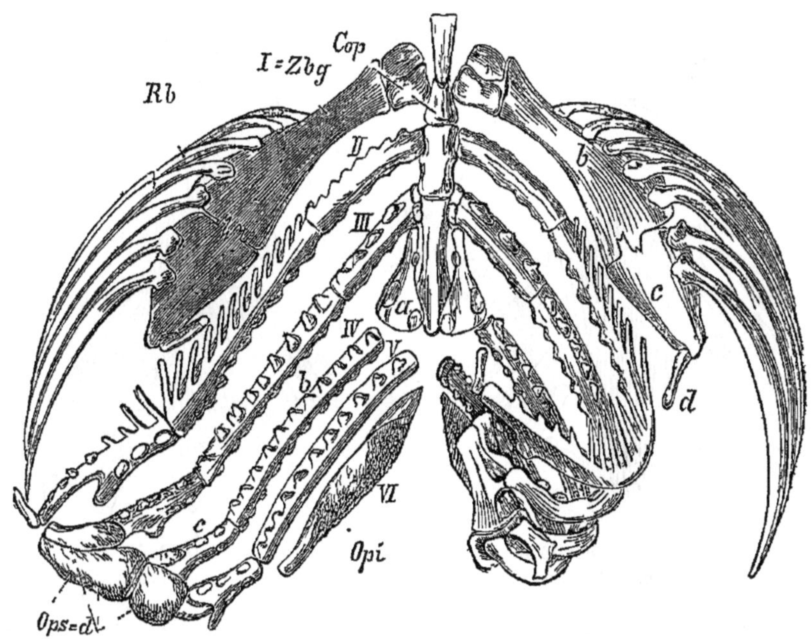

Fig 251 — Arc hyoïde et arcs branchiaux de la Perche Les organes sont en place du côté droit, les arcs sont étalés, à gauche. — *I* (*Zbg*), arc hyoïdien, *II* à *V*, arcs branchiaux, *a*, *b*, *c*, *d*, segments de ces arcs, le segment supérieur représente les os pharyngiens supérieurs (*Ops*), *VI* (*Opi*), os pharyngiens inférieurs, *Cop*, copules (basibranchiaux), *Rb*, rayons branchiostèges

inférieurs. Leur côte convexe est creusé d'une gorge au fond de laquelle rampent les arcs aortiques, qui amènent le sang aux branchies, et les artères épibranchiales, qui emmènent ce liquide dans l'aorte. Les lamelles branchiales sont disposées deux par deux à la face externe de l'arc et réunies quelquefois, à leur base, par une membrane intermédiaire (*diaphragme branchial*). Un couvercle mobile (*battant operculaire*), séparé du corps par une fente postérieure (*ouïe*), protège les branchies, qui se trouvent ainsi renfermées dans une *chambre branchiale*. Ce couvercle est membraneux dans sa partie inférieure, qui est soutenue par les rayons branchiosteges, et solide dans la partie supérieure qui est formée par quatre os spéciaux (*opercule, sous-opercule, préopercule, interopercule*. L'opercule porte souvent, à sa face interne, une *pseudobranchie* qui ne reçoit que du sang artériel.

B. ***Ganoïdes.*** — L'appareil branchial diffère peu de celui des Téléostéens. L'opercule porte d'ordinaire, à sa face interne, une *branchie accessoire*; mais elle reçoit du sang veineux. En arrière des yeux, se voient deux orifices, qui peuvent servir à l'entrée de l'eau. Ce sont

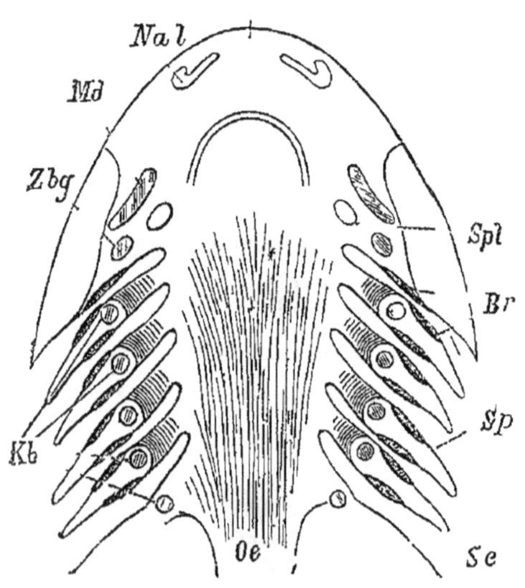

Fig 252 — Plafond de la cavité branchiale, sectionnée horizontalement, d'un Squale. — *Nal*, narine, *Md*, mandibule, *Zbg*, arc hyoïdien, *Kb*, arcs branchiaux, *Oe*, œsophage, *Spl.*, event, *Br*, branchies, *Sp*, fentes branchiales, *Se*, cloisons qui separent les sacs branchiaux.

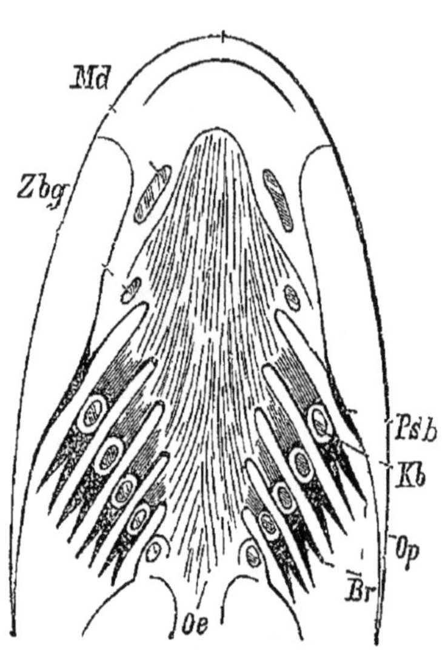

Fig 253 — Plafond de la cavité branchiale sectionnée horizontalement d'un Téléostéen — *Md*, mandibule, *Zbg*, arc hyoïdien, *Kb*, arcs branchiaux, *Oe*, œsophage, *Br*, branchies, *Psb*, pseudo-branchie de l'opercule, *Op*, opercule

les *events*. Ils n'ont aucune relation avec les cavités nasales, auxquelles on donne quelquefois ce nom chez les Cetacés. Ce sont les premières fentes branchiales modifiées : elles ne contiennent qu'une pseudobranchie.

C. ***Sélaciens*** (fig. 252). — En général, cinq paires de poches à parois tapissées de lamelles branchiales (*branchies fixes*) s'ouvrant isolement, d'un côté au dehors, de l'autre côté, dans la cavité buccale. La dernière chambre est dépourvue de branchies sur sa paroi postérieure. Il existe ordinairement deux évents, comme chez les Ganoïdes (1).

(1) L'appareil respiratoire des Téléostéens et des Ganoïdes, peut se déduire de celui des Plagiostomes d'une façon assez simple. Il suffit de

D. *Cyclostomes.* — Six (Myxine) ou sept (Lamproie) paires de poches branchiales s'ouvrant au dehors, de chaque côté, par autant de trous latéraux (Lamproie) (fig. 296) ou par une paire d'orifices ventraux (Myxine). Elles communiquent avec le pharynx, soit directement (Myxine), soit par le moyen d'un canal sous-œsophagien correspondant à l'ancien pharynx de la larve (Lamproie) (1).

B. Poumons. — Ils n'existent que chez les Dipneustes, mais ceux-ci possèdent aussi des branchies bien développées et même une branchie operculaire. Les poumons forment une ou deux poches, s'ouvrant par un canal médian dans le pharynx ; ils sont homologues a la vessie natatoire, qui est alvéolée a l'intérieur et reçoit du sang veineux.

C Vessie aérienne. — La vessie aérienne ou natatoire (fig. 254, *Vn*) est une poche de forme variable, simple, rarement paire (Polyptere), situee entre le tube digestif et la colonne vertebrale. Homologue du poumon des Vertébrés aériens, elle ne remplit le rôle de cet organe que chez les Dipneustes. Chez l'embryon, elle communique avec l'œsophage par un conduit (*canal aerien*), qui persiste chez un grand nombre de Poissons (*Physostomes*), mais disparaît chez les autres (*Physoclistes*) (2). Elle manque aux Cyclostomes, aux Sélaciens, et a un certain nombre de Téléostéens.

concevoir que les cloisons qui séparent les fentes branchiales se soient resorbees, et qu'il ne reste que les feuillets branchiaux. Ceux-ci, demesurement allonges, se logent alors dans une vaste cavite branchiale On voit ainsi que chaque branchie des Teleosteens correspond, chez les Sélaciens, aux deux rangees voisines logees dans deux fentes branchiales adjacentes.

La branchie de l'opercule correspond a la paroi anterieure de la premiere chambre branchiale des Sélaciens.

Les Selaciens, le Polyptere et le *Cobitis* presentent, pendant le premier âge, des filaments branchiaux externes.

(1) Chez tous les Poissons, l'eau se renouvelle a la surface des branchies, pendant la respiration Dans un premier temps, la cavite branchiale, simple ou multiple, se dilate et l'eau entre par la bouche ouverte, excepte chez les Cyclostomes ou elle penètre soit par le canal nasal (Myxine), soit par les trous lateraux (Lamproie), pendant que l'animal est fixé par sa ventouse buccale Dans un second temps, la cavite branchiale se resserre, en même temps que la bouche se ferme ; alors l'eau s'échappe par les ouies, les fentes branchiales ou les trous lateraux.

(2) Les gaz de la vessie natatoire ne viennent pas du dehors ; ils se degagent du sang contenu dans des reseaux vasculaires importants de la paroi (*réseaux admirables* ou *corps rouges*) Le rôle de la vessie natatoire est mal connu il semble cependant qu'on doive la considerer comme un appareil hydrostatique, permettant a l'animal de se maintenir dans l'eau a une hauteur determinee ou de changer de niveau Quand la vessie natatoire manque (Sélaciens, Cyclostomes, etc.) les Poissons, plus lourds que l'eau, ne peuvent rester immobiles, sans descendre. La plupart de ces

Appareil excréteur. — Constitué par deux reins (*mésonephros*) situés au-dessus de la vessie natatoire. Uretères s'ouvrant dans un cloaque ou confondus à leur terminaison et formant une vésicule qui fonctionne comme vessie. L'orifice urinaire est situé derrière le pore sexuel ou confondu avec lui, en arrière de l'anus.

Appareil reproducteur. — Sexes séparés, excepté chez quelques Serrans, qui sont toujours hermaphrodites, et d'autres espèces, qui peuvent l'être accidentellement (Esturgeon, Perche, Maquereau, Morue, Merlan, Lotte, Sole, Hareng, Carpe, Brochet). Les deux sexes

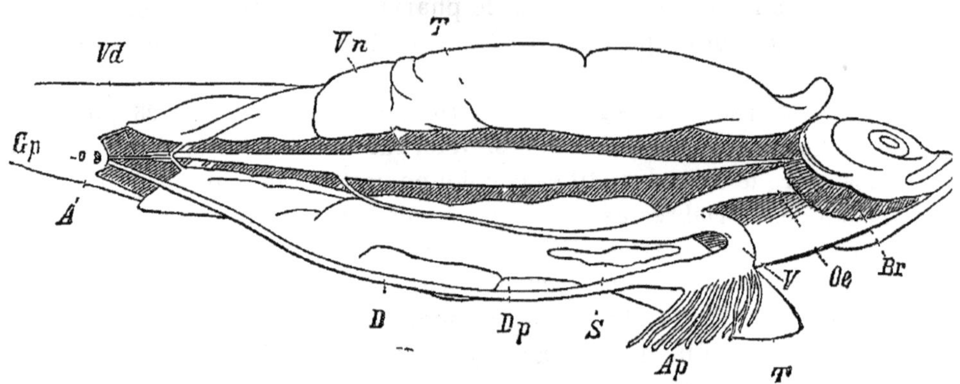

Fig 254 — Appareil digestif et organes génitaux du Hareng. — *Br*, branchies, *Oe*, œsophage *V*, estomac, *Ap*, appendice pylorique, *D*, intestin, *A*, anus, *Vn*, vessie natatoire, *Dp*, canal aérien, *T*, testicules, *Vd*, canal déférent; *Gp*, pore génital

présentent souvent des différences plus ou moins considérables; enfin quelquefois des individus stériles diffèrent un peu des sexués. Chez les Cyclostomes, les glandes génitales (testicules et ovaires), impaires et dépourvues de conduits vecteurs, laissent tomber leurs produits dans la cavité abdominale; ces produits sont évacués par deux orifices (*pores abdominaux*) situés derrière l'anus. Chez les autres Poissons, les organes sexuels sont généralement pairs (fig. 254, *T*) et, sauf quelques exceptions (Anguilles, femelles de Salmonidés), munis de canaux vecteurs (*Vd*). Ceux-ci se réunissent en un canal commun, qui, chez les espèces dépourvues de cloaque, se jette dans le canal urinaire (**Ganoïdes**) ou s'ouvre directement au dehors (*Gp*), entre l'anus et le méat urinaire. On n'observe d'organes copulateurs que chez les mâles des **Sélaciens** : ce sont de longs appendices cartilagineux traversés par une gouttière et annexés

Poissons reposent sur le fond de la mer (Raies, Soles, etc.) ou sont des Poissons de rapine (Requins, etc.) effectuant des mouvements brusques de montée ou de descente. La vessie aérienne peut exister chez l'embryon et disparaître ensuite chez l'adulte.

aux nageoires ventrales. L'oviparité est la règle ; cependant quelques Téléostéens (Blennie vivipare, etc.), la plupart des Squales et les Torpilles sont vivipares. Les œufs sont quelquefois enveloppés d'une coque qui revêt une forme bizarre (***Sélaciens***) (fig. 290). Les Lamproies et les Congres subissent des métamorphoses; leurs larves étaient considérées autrefois comme des espèces distinctes et respectivement désignées sous les noms d'Ammocètes et de Leptocéphales (1).

Appareil locomoteur. — *A*. Squelette. — Tantôt osseux (***Téléostéens, Ostéoganoïdes, Dipneustes***), tantôt cartilagineux (***Chondroganoïdes, Sélaciens, Cyclostomes***).

Corde dorsale persistant toute la vie. Autour d'elle se développent les vertèbres, incomplètes chez les ***Cyclostomes***, se complétant peu à peu chez les ***Sélaciens*** et les ***Ganoïdes***. Elles deviennent tout à fait complètes chez les ***Ganoïdes osseux*** et chez les ***Téléostéens***. Dans ces formes, la corde se renfle entre les vertèbres, se rétrécit à leur intérieur. Les vertèbres sont dès lors biconcaves (*amphicœliques*) et leur corps a la forme d'un sablier (fig. 78, p. 149). Pas de cartilages intervertébraux. — Colonne vertébrale se terminant dans la nageoire caudale, soit en ligne droite (*Poissons diphycerques :* ***Dipneustes***, Polyptère), et alors la nageoire caudale est pointue, soit en se redressant à l'extrémité. Dans ce dernier cas, la nageoire caudale peut être longue et terminée par deux lobes très inégaux (*Poissons hétérocerques :* ***Ganoïdes, Plagiostomes***) (fig. 291), ou au contraire courte avec les deux lobes à peu près égaux (*Poissons homocerques :* ***Téléostéens***). La forme hétérocerque, qui est celle des Poissons de

(1) La reproduction n'a lieu qu'une fois par an, habituellement au printemps on observe alors souvent de remarquables changements de coloration chez les mâles (*parure de noce*). La ponte nécessite quelquefois de véritables migrations : certains Poissons de mer (Aloses, Saumons, Lamproies) remontent le cours des fleuves pour y pondre leurs œufs ; quelques Poissons d'eau douce (Anguilles) émigrent au contraire vers la mer, à l'époque du frai. En général, la femelle dépose ses œufs au fond de l'eau et le mâle les arrose de son sperme (*laitance*). Presque toujours les œufs sont abandonnés à eux-mêmes. Certains Poissons en prennent soin, mais c'est alors en général le mâle Ainsi, le Chabot mâle veille sur les œufs pondus au fond de l'eau, les mâles des Épinoches et des Épinochettes construisent des nids (fig. 269) pour la ponte, gardent les œufs et protègent les petits. Le mâle d'un poisson du Nil, le Chromis « père de famille » prend dans sa bouche les œufs que vient de pondre la femelle et y conserve les jeunes, jusqu'à ce qu'ils aient acquis une certaine force. Chez les Lophobranches, les mâles possèdent ordinairement, à la face inférieure du corps, une poche d'incubation pour les œufs (fig. 284). Chez le Gourami, le mâle et la femelle se partagent le soin d'édifier un nid où les œufs sont pondus.

la période primaire, est aussi celle qu'affecte la nageoire caudale, à l'origine de son développement.

Côtes très développées (***Téléostéens***), rudimentaires (***Sélaciens***) ou nulles (Chimeres, ***Cyclostomes***), insérées sur le corps des vertebres ou à la base des apophyses inférieures. Celles-ci se dirigent en dehors dans la région abdominale (fig. 78 B), en bas dans la région caudale (C), où elles se réunissent a leur congenere pour former un canal où passe l'aorte caudale. Les organes costiformes, désignes vulgairement sous le nom d'*arêtes*, sont des faisceaux conjonctifs intermusculaires ossifiés. — Pas de sternum.

Crâne tantôt cartilagineux et d'une seule coulée, tantôt plus ou moins ossifie et composé d'os distincts. Ces os sont bien plus nombreux que chez les Vertébrés supérieurs; car la plupart des centres d'ossification donnent un os distinct, au lieu de se fusionner comme dans les types élevés. Il en résulte que chaque os des Mammiferes est remplacé par plusieurs os distincts chez les Poissons; mais l'homologie s'établit facilement. Il existe toutefois des os qui peuvent ne pas être representés chez les Mammiferes : tel est le *parasphénoide*, grande plaque osseuse qui couvre la face inférieure de la base du crâne, et forme le plafond de la cavité buccale. Au crâne se rattache le *systeme viscéral*, formé d'arcs disposés par paires s'attachant d'une part directement ou indirectement au crâne, et s'articulant d'autre part sur la ligne médiane avec leurs symétriques (fig. 80, p. 151 et fig. 251) Les arcs de la premiere paire (*arcs mandibulaires*) sont destinés à soutenir les bords de la fente buccale. Ils forment les *cartilages de Meckel* qui soutiennent la levre inférieure et sont renforcés par des os de membrane ; de plus ils envoient chacun un prolongement qui soutient la lèvre supérieure (*os carre, palatin*). — Les arcs de la seconde paire (*arcs hyoidiens*) sont destinés, au moins par leur partie supérieure (*hyomandibulaire*), a rattacher le premier arc au crâne. Le reste double le premier arc et forme le squelette de la langue. — Les autres arcs sont les *arcs branchiaux*. Ils supportent les branchies, et se subdivisent en plusieurs pieces (*pharyngo-, epi-, cerato-, hypo-branchial*) Une pièce impaire (*basibranchial*) relie les deux arcs d'une même paire Il existe en général cinq paires d'arcs branchiaux. Exceptionnellement il peut en exister six ou sept. Plus souvent leur nombre se réduit à quatre (Teléosteens) ou même a trois ou deux. Chez les Téleosteens, les basibranchiaux se soudent en une seule piece, portant en arrière les rudiments du dernier arc (*os pharyngiens inférieurs*).

Excepté chez les Chimeres et chez les Raies, le crâne n'a pas d'articulation mobile avec la colonne vertébrale ; sa portion basilaire, creusée d'une excavation conique, s'articule à la première vertebre, de la même manière que les autres vertèbres s'articulent entre elles.

Arc scapulaire suspendu au crâne ou à la colonne vertébrale, constitué par une seule pièce (**Sélaciens**) (fig. 80 *Sg*) ou par plusieurs pièces, en général au nombre de trois (fig. 255). — Arc pelvien peu développé.

Membres représentés par des nageoires paires, construites sur un plan très différent de la patte des autres Vertébrés ; elles sont munies

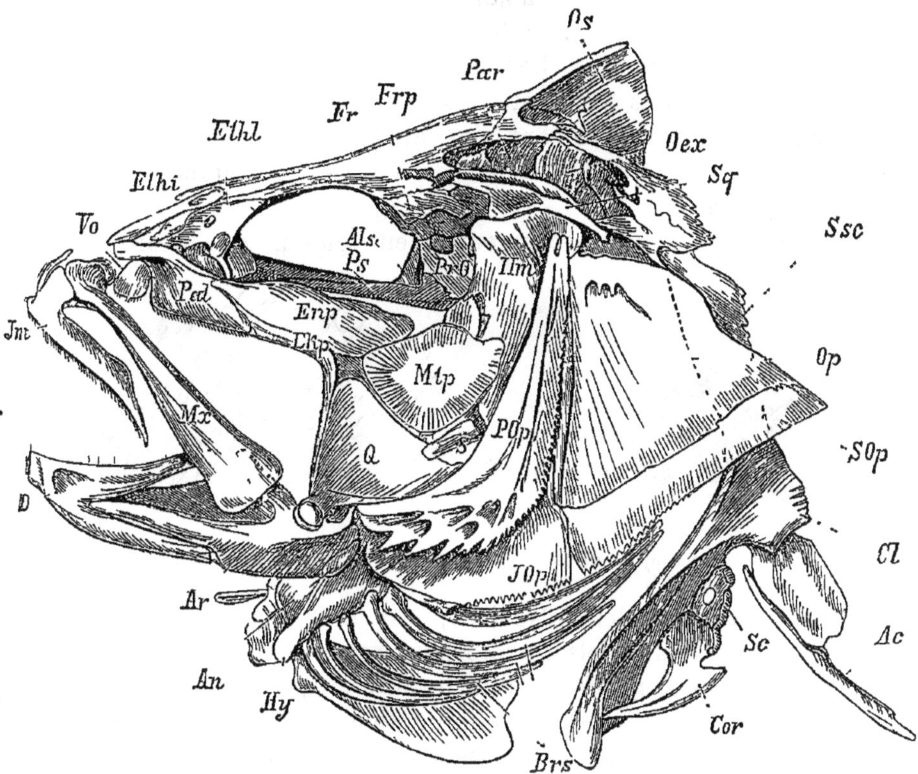

Fig. 255. — Crâne de Perche. — *Os*, occipital supérieur ; *Oex*, occipital externe (épiotique), *Par*, pariétal ; *Sq*, squamosal, *Fr*, frontal, *Frp*, postfrontal ; *PrO*, prooticum ; *Als*, alisphénoïde, *Ps*, parasphénoïde, *Ethi*, ethmoïde impair, *Ethl*, ethmoïde latéral (préfrontal), *Hm*, hyomandibulaire, *S*, symplectique, *Q*, os carré, *Mtp*, métaptérygoïde, *Enp*, entoptérygoïde, *Ekp*, ectoptérygoïde, *Pal*, palatin, *Vo*, vomer, *Jm*, intermaxillaire, *Mx*, maxillaire, *D*, dentaire, *Ar*, articulaire, *An*, angulaire, *Op*, opercule, *POp*, préopercule, *SOp*, sous opercule, *JOp*, interopercule, *Hy* arc hyoïdien, *Brs*, rayons branchiostèges, *Cl*, clavicule, *Sc*, omoplate, *Cor*, coracoïde, *Ssc*, sus claviculaires *Ac*, pièces accessoires.

d'un nombre variable de rayons. — Membres antérieurs (*nageoires pectorales*) situés de côté et en avant, manquant quelquefois, composés, chez les Plagiostomes, de trois pièces fondamentales : une antérieure, une moyenne et une postérieure (*propterygium*, *mesopterygium*, *metapterygium*). Le métaptérygium est seul constant chez les autres

Poissons. — Membres postérieurs (*nageoires ventrales*) moins développes que les antérieurs, manquant quelquefois (*Poissons apodes*). Situées à la partie postérieure de l'abdomen chez les Dipneustes, les Ganoides et les Plagiostomes, les nageoires ventrales présentent, chez les Téléosteens, une position variable, car elles peuvent être sous la gorge (*Poissons jugulaires*), au-dessous des pectorales (*Poissons thoraciques*) ou en arrière de celles-ci (*Poissons abdominaux*).

Il existe des nageoires impaires, verticales, sur le dos (*nageoire dorsale*), en arrière de l'anus (*nageoire anale*), ou a l'extremité de la queue (*nageoire caudale*). Les nageoires dorsale et anale peuvent être multiples; elles sont rattachées a la colonne vertébrale, soit par une membrane partant des apophyses épineuses, soit en outre par des os spéciaux inclus dans cette membrane (*os interepineux*) (fig. 257).

Les nageoires des Poissons renferment toujours des rayons, con-

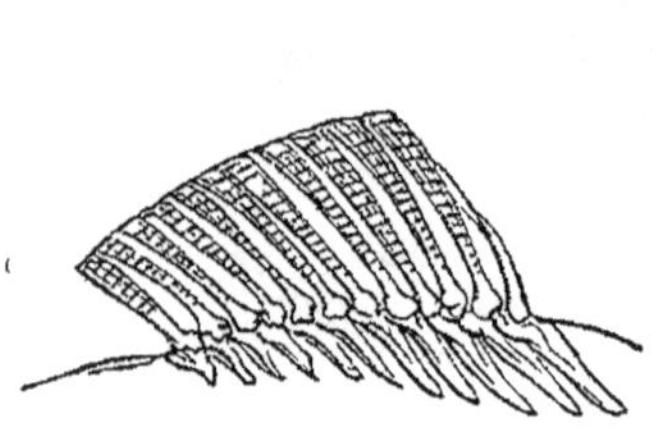

Fig. 256. — Nageoire a rayons mous.

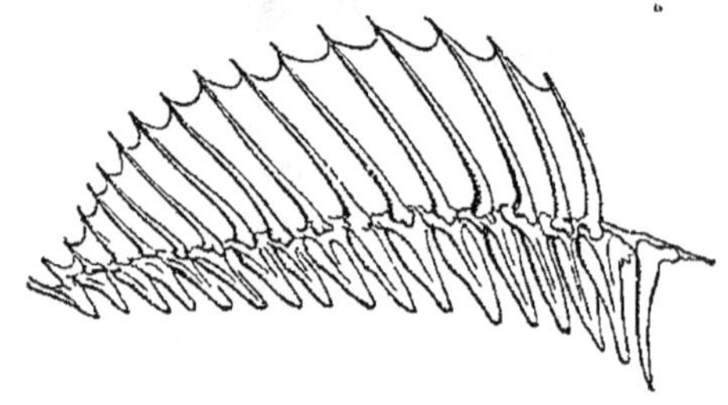

Fig. 257 — Nageoire à rayons épineux.

trairement à celles des Batraciens, qui n'en renferment jamais. Tantot ce sont des stylets spiniformes (*rayons épineux*), tantôt des pièces articulées et ramifiées à l'extremité (*rayons mous*). Quelquefois les rayons manquent dans une petite nageoire dorsale (*nageoire adipeuse*), située a la partie postérieure du corps et formée d'un repli cutané contenant de la graisse.

B. Muscles. — Ils forment, de chaque côté, une masse (*masse latérale*) divisée en deux portions, l'une dorsale, l'autre ventrale, par une membrane fibreuse horizontale située au niveau de la colonne vertébrale. Il y a ainsi quatre *muscles latéraux* du tronc, separés sur les flancs ainsi que sur les lignes médianes du dos et du ventre. Chacun de ces quatre muscles est divisé en segments (*myomeres*) par des feuillets tendineux (*myocommes*), dont on distingue a la surface les bords libres (*inscriptions tendineuses*). Chaque myomère correspond, en règle générale, à un espace intervertébral et à une paire de nerfs rachidiens. A la face ventrale et au voisinage des membres, un certain nombre de muscles sont différenciés. Les muscles du squelette branchial sont bien développés, mais des muscles dermiques semblent faire complètement défaut (1).

Appareil phonateur. — Quelques Poissons (Grondins, Harengs, etc.) émettent de véritables sons qui paraissent se produire dans la vessie aérienne. Celle-ci offre alors un diaphragme contractile percé, au centre, d'un trou que l'air sortant de la vessie traverse plus ou moins rapidement.

Système nerveux. — La moelle épiniere occupe généralement toute l'étendue du canal vertébral; elle offre souvent un *renflement caudal*, d'où naissent les nerfs de la nageoire terminale.

L'encéphale comprend les parties ordinaires ; toutes sont situées sur le même plan. Le cerveau antérieur est formé par les deux ventricules latéraux ; le plancher de ces ventricules est volumineux et constitue les deux *ganglions basilaires* ; mais le plafond, qui correspond aux hemisphères, est rudimentaire. Il est réduit à l'état d'une lamelle qui a longtemps passé inaperçue, si bien qu'on décrivait chez les Poissons des hémispheres compacts, sans ventricules. En avant des hémisphères, sont les deux lobes olfactifs, plus développés que les hémisphères eux-mêmes. En arrière se voient les deux tubercules bijumeaux, volumineux, et le cervelet, en général aussi, bien développé. Il couvre la fosse rhomboidale, partie du quatrième ventricule.

Au-dessous de l'encéphale, on voit le corps pituitaire, entouré de renflements volumineux, les *lobes inférieurs* et le *saccus vasculosus*.

Dans le cerveau antérieur des Sélaciens, les deux hémispheres sont largement soudés l'un a l'autre.

Organes des sens. — Les lèvres et les appendices cutanés (*barbillons*) situés dans le voisinage de la bouche constituent les prin-

(1) Natation. — La progression des Poissons en avant est due essentiellement aux mouvements lateraux de la region posterieure du corps. La nageoire caudale s'incurve dans l'eau et agit a la façon d'une helice qui, situee a l'arriere d'un bateau, pousse celui-ci en avant Les nageoires laterales servent surtout au maintien de l'equilibre ; les pectorales produisent principalement le recul. Le corps de la plupart des Poissons affecte la forme d'un fuseau, qui est la plus favorable a l'exercice de la natation. Le rôle de la vessie aerienne, dans la natation, a ete etudié plus haut.

Poissons volants — On désigne ainsi quelques Poissons qui peuvent, sous l'influence du vent, se mouvoir dans les airs. Ces Poissons (Dactylopteres, Exocets, etc) ont des nageoires pectorales énormes, qu'ils peuvent developper, a la maniere d'un cerf-volant, pour s'élever dans l'air, apres s'être donne une vitesse initiale en agitant fortement leur queue dans l'eau Contrairement aux Oiseaux, qui se meuvent avec les ailes et se dirigent avec la queue, les Poissons volants se servent de leur queue comme d'organe de propulsion et se dirigent avec les ailes (Jullien).

cipaux organes tactiles; les éléments tactiles (*corpuscules cyathiformes*) sont ovoïdes.

De chaque côté du corps, des *organes latéraux*, innervés par un rameau du pneumogastrique (*nerf latéral*), communiquent avec l'extérieur par des orifices, percés chacun dans une écaille du milieu des flancs et formant, par leur série, la *ligne latérale*. On suppose les organes latéraux susceptibles d'apprécier les qualités de l'eau.

Appareil gustatif très réduit : langue rudimentaire et paraissant assez impropre à l'exercice de la gustation.

Appareil olfactif pair, s'ouvrant au dehors par une ou deux paires d'orifices, rarement par un seul orifice médian (Cyclostomes); terminé en arrière en cul-de-sac, excepté chez les Dipneustes et la Myxine, où existe une communication entre les cavités buccale et nasale.

Organe de l'ouïe dépourvu d'oreille externe, d'oreille moyenne, de limaçon, de fenêtre ronde, mais possédant un (Myxine), deux (Lamproie) ou trois (les autres Poissons) canaux demi-circulaires et un vestibule qui communique directement avec l'extérieur, chez les Sélaciens. Le vestibule membraneux de quelques Poissons est relié à la vessie natatoire, soit par un prolongement tubulaire, soit par une chaîne d'osselets. Les vibrations sonores qui viennent frapper la surface du corps doivent être ainsi renforcées comme par une caisse de résonance; d'ailleurs, l'absence des oreilles moyenne et externe est compensée par la transmission plus parfaite du son dans les liquides.

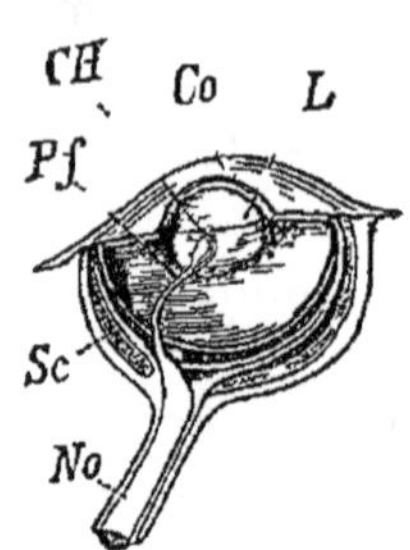

Fig 258 — Coupe de l'œil du Brochet — *Co*, cornée, *L*, cristallin, *Pf*, ligament falciforme ; *CH*, cloche de Haller, *No*, nerf optique, *Sc*, ossification de la sclérotique.

Globe oculaire plus ou moins aplati en avant (fig. 258); cristallin presque sphérique, atténuant le défaut de courbure de la cornée. Un organe particulier (*ligament falciforme*), rappelant le peigne des autres Vertébrés ovipares, va du fond de l'œil au cristallin ; il s'élargit souvent en forme de cloche (*cloche de Haller*) à son extrémité antérieure et doit être considéré comme un organe d'accommodation, à cause des fibres musculaires qu'il renferme et de l'absence de muscle ciliaire (1). Pas d'appareil lacrymal ni de

(1) Contrairement à ce qui existe chez les autres Vertébrés, l'œil des Poissons, à l'état de repos, est adapté pour la vision rapprochée et l'accommodation se fait non par un changement dans la courbure du cristallin, mais par un déplacement de cette lentille.

glande de Harder. Le plus souvent, les paupières font défaut ou sont constituées par un repli circulaire immobile (1).

Poissons alimentaires. Poissons vénéneux. Poissons venimeux. — Les Poissons, pour la plupart, sont comestibles et de digestion facile, mais leur chair est moins nourrissante que celle des autres Vertebrés. On connaît un certain nombre de Poissons qui sont dangereux, les uns par leur chair (*Poissons véneneux*), les autres par leur piqûre ou leur morsure (*Poissons venimeux*). Ces derniers ont généralement la chair délicate : aucun Poisson *venimeux* n'est *veneneux*. Enfin un grand nombre de Poissons présentent des appareils vulnérants qui ne sont pas en rapport avec des glandes venimeuses (*Poissons vulnerants*) (2).

(1) On sait aujourd'hui que les organes regardes autrefois comme des *yeux accessoires*, sur certains points du corps de quelques Poissons des grandes profondeurs, sont des organes phosphorescents.

(2) Poissons vénéneux. — Ces Poissons existent plus particulièrement dans les mers chaudes. Ils peuvent, à la suite de l'ingestion de leur chair, determiner des accidents plus ou moins graves, quelquefois même mortels. Le Thon, le Germon et le Maquereau, dont la chair est excellente a l'etat frais, deviennent rapidement toxiques, lorsque celle-ci commence a s alterer. Le Barbeau est nuisible au moment du frai et doit a ses œufs ses proprietes déleteres. D'une façon generale, les œufs des Poissons doivent être consideres comme indigestes. Parmi les Poissons dangereux dans tous les temps et dans tous les etats. on peut citer : la fausse Carangue (*Caranx fallax*) ; certains Tassards (*Cybium*) , le Gobie veneneux (*Gobius venenatus*) ; la Baudroie épineuse (*Lophius setiger*) , certains Scares ; la Sardine des Tropiques (*Clupea tropica*) ; la Melette des mers du Sud (*Meletta venenosa*) , les Diodons, Tetrodons, Balistes, Ostracions, etc Le principe toxique contenu dans la chair de ces Animaux est une leucomaine qui a pour siège les organes genitaux, en particulier les ovaires.

L'ingestion des Poissons veneneux determine des vomissements, une dilatation de la pupille, des crampes suivies d'une paralysie partielle des membres, quelquefois la mort. L'infusion concentree de cafe, employee apres les vomitifs, passe pour un bon antidote. Quoi qu'il en soit, avec la tendance qu'il y a, de nos jours, a repandre les procedes frigorifiques, pour la conservation des Poissons exotiques, il est a desirer, au point de vue de l'hygiene publique, que des commissions scientifiques soient instituees aux lieux de débarquement des Poissons conserves, pour examiner ceux-ci, avant leur dissemination dans les centres commerciaux.

Poissons venimeux. — On peut distinguer les Poissons a *morsure* envenimee, representes par les Murenes, des Poissons a *piqûre* envenimee. Ces derniers sont en nombre assez considerable et peuvent être divises en deux categories, suivant que l'appareil venimeux est clos ou en communication avec l'exterieur. Les Poissons venimeux habitent surtout les mers chaudes ; l'appareil qui leur sert de moyen de defense occupe, le plus souvent, la region dorsale, moins frequemment la region operculaire, plus rarement encore la region scapulaire. Les especes venimeuses appartiennent presque toutes aux Poissons osseux ; mais jamais leur tegument n'est ossifié, car les glandes

ORDRE I. **Dipneustes** (δὶς, deux ; πνέω, je respire). — *Des branchies et des poumons.*

Corps couvert d'écailles cycloïdes. Bouche armée de dents. Intestin pourvu d'une valvule spirale. Un cloaque. Deux oreillettes au cœur. Bulbe artériel à valvules multiples ou muni de deux replis spiroïdes. Branchies recouvertes par un opercule. Vessie natatoire adaptée à la respiration aérienne, formant une poche pulmonaire simple ou double communiquant avec le pharynx. Fosses nasales avec orifice interne. Squelette incomplètement ossifié. Corde dorsale persistante. Nageoires verticales continues. Diphycerques. Les Dipneustes ont une organisation très inférieure ; ils forment cependant le passage des Poissons aux Batraciens. Habitent les contrées chaudes ; vivent dans les rivières et respirent par les branchies ; pendant la saison des pluies s'enfoncent dans la vase et respirent par les poumons, quand la sécheresse fait disparaître les eaux. Trois espèces seulement.

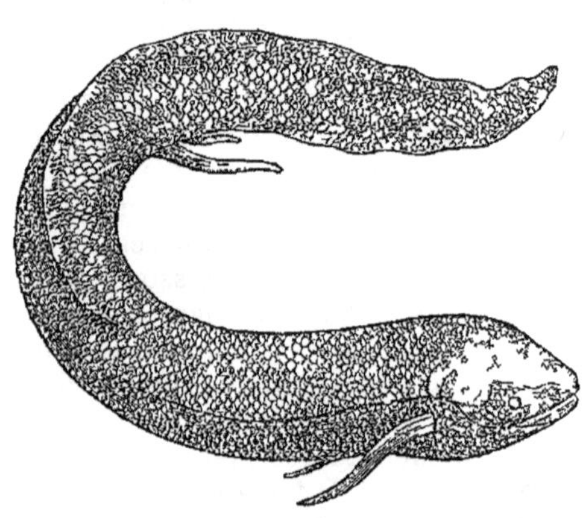

Fig. 259. — *Lepidosiren paradoxa.*

A. Dipneumones. — *Deux poumons. Membres filiformes.* Protoptères (*Protopterus annectens*). Des branchies externes (fig. 260). Cours d'eau de l'Afrique tropicale. — Lepidosirènes (*Lepidorisen paradoxa*). Pas de branchies externes (fig. 259). Fleuves du Brésil.

B. Monopneumones. — *Un seul poumon. Membres en forme de*

à venin sont une dépendance de la peau qui doit être molle et épaisse pour donner naissance à des follicules glandulaires : aussi les Poissons venimeux à peau nue (Synancée, Plotose, Thalassophryne, Cotte, Murène, etc.) sont-ils plus nombreux que ceux à peau écailleuse (Vive, Perche, etc.) (Bottard). Le venin des Poissons produit une douleur cuisante, une mortification plus ou moins rapide des tissus et amène la paralysie d'abord motrice, ensuite sensitive ; il paraît aussi avoir une action sur le cœur. La piqûre de certains Poissons venimeux amène quelquefois, chez l'Homme, des syncopes qui peuvent aboutir à la mort. Enfin l'inoculation est assez souvent suivie d'une lymphangite et d'un phlegmon. On empêchera l'absorption du venin en élargissant la plaie, la faisant saigner et la suçant au besoin. La douleur cuisante, qui souvent remonte le membre atteint, et s'irradie dans la poitrine où elle peut amener de l'anxiété, sera combattue par une injection de morphine. L'essence de térébenthine paraît être le spécifique par excellence contre le principe actif du venin des Poissons.

rames, avec un axe central et deux séries de rayons (fig. 261).

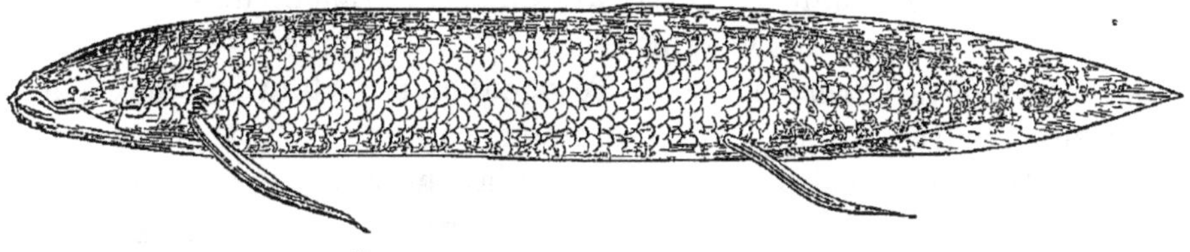

Fig 260 — *Protopterus annectens*

Cératodes (*Ceratodus Forsteri*). Chair appréciée. Rivières de l'Australie.

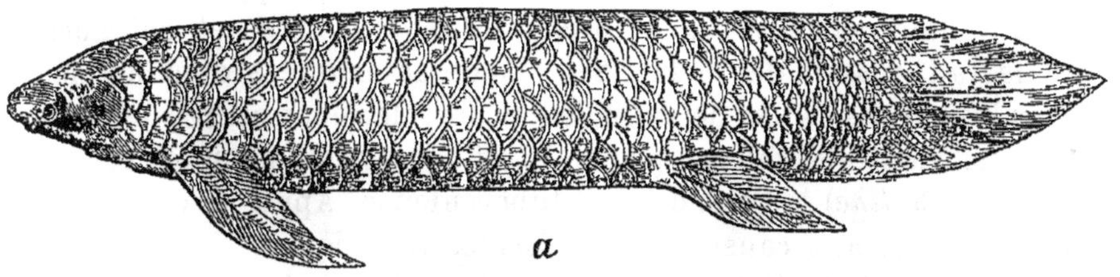

Fig 261 — *Ceratodus miolepis*

ORDRE II. **Téléostéens** (τέλειος, complet; ὀστέον, os). — *Poissons osseux et homocerques, à écailles cycloïdes ou cténoïdes; fentes branchiales recouvertes par un opercule.*

Intestin dépourvu de valvule spirale. Bulbe artériel non contractile, muni de deux valvules. Branchies libres, protégées par un opercule, présentant quelquefois une pseudo-branchie, mais sans rôle physiologique. Corps le plus souvent couvert d'écailles cornées, rarement nu. — Poissons osseux proprement dits.

1er Sous-ordre. — Acanthoptérygiens (ἄκανθα, épine; πτέρυξ, nageoire). — *Peau nue ou écailleuse. Rayons antérieurs de la nageoire dorsale toujours épineux. Physoclistes. Vessie natatoire souvent nulle. Surtout marins.*

I. *ACANTHOPTERYGIENS JUGULAIRES. — Nageoires ventrales situées sous la gorge, en avant des pectorales.*

A. ***Trachinidés.*** Corps allongé; nageoire anale longue. — Vives (*Trachinus*) * (1) Tête comprimée ; yeux placés très haut latéralement. Deux sortes d'organes venimeux, les uns dorsaux, les autres oper-

(1) L'astérisque * indique les Poissons de mer.

culaires (1), pouvant produire des piqûres dangereuses. Quatre espèces d'Europe : grande Vive (*T. draco*) et petite Vive (*T. vipera*) de l'Océan ; V. rayonnée (*T. radiatus*) et V. araignée (*T. araneus*) de la Méditerranée. S'enfoncent dans le sable et sont très redoutées des baigneurs. — Uranoscopes (*Uranoscopus*) *. Tête cuboïde portant les yeux à sa face supérieure ; un appareil venimeux scapulaire (2). *U. scaber*, de la Méditerranée, est la « Rascasse blanche » des Provençaux. —

B. ***Blenniidés.*** Peau nue, enduite de mucus. — Baveuses (*Blennius*) *. Front vertical, dents longues ; chair blanche et de bon goût.

C. ***Pédiculés.*** Nageoires pectorales portées sur un moignon formé par le développement des os basilaires. Peau nue. — Baudroies (*Lophius*)*. Peau molle. B. commune (*L. piscatorius*), appelée vulgairement « Raie pêcheuse », à cause de sa tête large et déprimée, qui la fait ressembler à la Raie, et de la manière dont elle fait jouer les rayons isolés de sa nageoire dorsale, pour attirer les petits Poissons dont elle fait sa proie. *L. setigerus* passe pour toxique. — Malthées (*Malthe*) *. Peau dure et tuberculeuse. Appelées « Chauves-souris de mer », à cause de leur forme. Amérique.

D. ***Batrachidés.*** Tête grosse, épaisse, déprimée ; Poissons des mers tropicales. — *Thalassophrynus*. Possède deux appareils venimeux, l'un dorsal, l'autre operculaire.

II. *ACANTHOPTÉRYGIENS THORACIQUES. — Nageoires ventrales situées sous les pectorales.*

A. ***Gobiidés.*** Corps allongé, comprimé ; une papille génitale chez les mâles. — *Gobius* *. « Goujons de mer ». Nageoires ventrales soudées à la base et formant une ventouse en entonnoir. — *Callionymus**. Nageoires ventrales séparées ; tête aplatie. Le « Doucet ou Capouri »

(1) L'appareil dorsal se compose de cinq à sept épines, auxquelles la membrane interradiaire forme une gaine. Chaque épine présente deux cannelures, l'une antérieure, l'autre postérieure, tapissées par des cellules venimeuses et servant de canal conducteur à leur produit. L'appareil operculaire offre, à la partie postérieure de l'opercule, une épine trièdre dirigée en arrière, cannelée en haut et en bas. Cette épine, entourée d'une membrane lâche, peut devenir proéminente au gré de l'Animal, sa double cannelure est en rapport avec une cavité de l'opercule et l'ensemble de ces cavités est tapissé par des cellules qui sécrètent le venin. Celui-ci conservant son activité après la mort, des règlements de police obligeaient autrefois les pêcheurs à couper les épines des Vives, avant de les vendre, usage qui est encore conservé dans quelques localités du Midi.

(2) Chez les Uranoscopes, l'os coracoïdien est armé d'une forte épine cannelée à laquelle la peau forme une gaine. Le venin est sécrété par des cellules qui tapissent un double cul-de-sac en rapport avec les cannelures. Il paraît peu actif et les pêcheurs ne le redoutent guère.

(*C. lyra*) a un appareil venimeux préoperculaire à trois pointes.

B. ***Mullidés.*** Deux barbillons sous le menton. — Mulles (*Mullus*) *. Le Rouget (*M. barbatus*) de la Méditerranée, d'un rouge vif, est recherché pour la délicatesse de sa chair.

C. ***Triglidés*** ou « Joues cuirassées ». Tête cuirassée par la réunion des os sous-orbitaires (qui se prolongent sur la joue) et des préopercules, généralement munie de fortes épines et souvent de prolongements charnus. — Grondins (*Trigla*)*. Tête cuboïde; pectorales grandes, à 3 rayons inférieurs détachés (*doigts*). — Malarmats (*Peristedion*) *. Corps cuirassé; museau fourchu, dépourvu de dents. — Dactyloptères (*Dactylopterus*) * ou « Poissons volants » de la Méditerranée. Nageoires pectorales très développées, aliformes. — *Cottus*. Tête grosse, déprimée. Espèces marines (*C. scorpius*, etc.), appelées « Chaboisseaux ou Scorpions de mer », a préopercule épineux, dont les pêcheurs redoutent les piqûres. L'espèce d'eau douce (*C. Gobio*) ou « Chabot » n'est pas venimeuse. — Scorpenes (*Scorpæna*)*. « Crapauds de mer ». Tête épineuse, comprimée et garnie de languettes charnues lui donnant un aspect hideux (fig. 262). La grande Scorpène (*S. Scrofa*), rouge, et la petite S. ou « Rascasse » (*S. porcus*), grise, de la Méditerranée, ont un appareil venimeux qui siege a la nageoire dorsale et a la nageoire anale, dont les épines sont creusées de deux cannelures latérales. La Rascasse sert a la confection de la bouillabaisse. La piqûre des Scorpènes est redoutee, mais on a exagéré sa gravité. — *Pterois**. Sortes de Scorpènes volantes a longues nageoires, avec un appareil venimeux dorsal. — Synancée (*Synanceia*) *. Corps couvert d'une peau verruqueuse, gluante; tête déprimée, monstrueuse. Océan Indien et Pacifique. *S. brachio* est le plus dangereux des Poissons venimeux (1).

Fig 262 — Scorpène.

D. ***Percidés.*** Corps écailleux. Ni joues cuirassées, ni barbillons; opercule épineux. — Perches (*Perca*). Corps zébré de noir; une seule

(1) Les treize rayons epineux de la nageoire dorsale sont creuses, de chaque côte, d'une cannelure a la base de laquelle se trouve une poche de venin Il y a vingt-six reservoirs contenant le venin secrete par des glandes en tube, qui se trouvent dans l'epaisseur de leur paroi Si les epines penetrent dans les tissus, il y a compression des reservoirs. Ceux-ci eclatent et le venin s'ecoule le long des cannelures des rayons jusque dans la plaie La piqûre de la Synancee a deja ete mortelle pour un certain nombre de pêcheurs de Maurice et de la Réunion.

épine à l'opercule. *P. fluviatilis* « Perdrix de rivière » a une chair délicate et présente les rudiments de deux organes venimeux, l'un à la nageoire dorsale, l'autre à l'opercule. — Bars ou Loups (*Labrax*) *. Opercule armé de deux épines. *L. lupus* est très estimé. — *Serranus* *. Hermaphrodites ; quelques-uns vénéneux.

E. ***Sciénidés.*** Région frontale renflée. —Maigres (*Sciæna*) *. Chair délicate.

F. ***Squamipennes.*** Nageoires dorsale et anale garnies d'écailles — *Chætodon* *. Corps très comprimé à écailles brillant des plus belles couleurs, présentant souvent des zébrures élégantes. — *Toxotes* *. L'« Archer » (*T jaculator*), des Indes, capture des Insectes en leur jetant des gouttes d'eau. — Castagnoles (*Brama*) *. Bouche très oblique, presque verticale. Méditerranée.

G. ***Sparidés.*** « Brêmes de mer ». Dorsale composée d'une portion épineuse et d'une portion molle, non couverte d'écailles. — Sargues (*Sargus*) *. Incisives tranchantes ; dents latérales arrondies. — Pagres

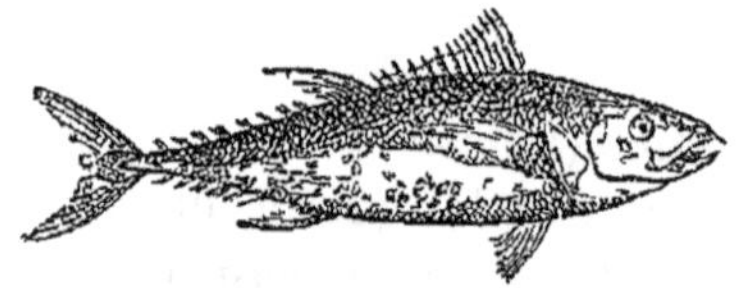

Fig. 263. — Thon.

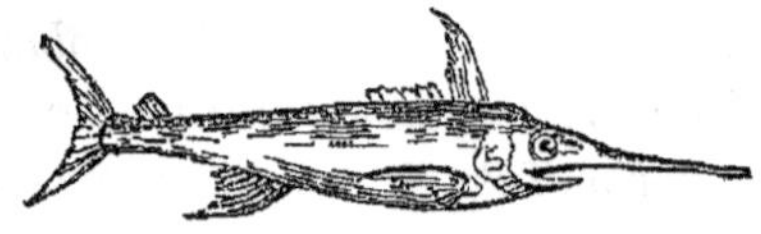

Fig. 264. — Espadon

(*Pagrus*) *. Incisives coniques ; molaires sur deux rangs. — Daurades (*Chrysophrys*) *. Incisives coniques ; molaires sur plusieurs rangs.

H. ***Scombridés.*** Dorsale simple ou double, caudale grande. En arrière de la dorsale et de l'anale, souvent des rayons détachés (*pinnules ou fausses nageoires*) (fig. 263). — Maquereaux (*Scomber*) *. Corps vert zébré de noir ; dorsales éloignées. Manche et Méditerranée. — Thons (*Thynnus*) *. Dorsales rapprochées ; écailles du thorax plus grandes et plus mates que les autres, formant une espèce de corselet. Peuvent atteindre une longueur de 5 mètres ; objet d'une pêche productive ; chair nourrissante, servant à préparer des conserves à l'huile. Méditerranée. Thon commun (*T. thynnus*). Germon (*T. alalonga*) Bonite (*T. pelamis*). — Tassards (*Cybium*) *. Pas de corselet ; quelques-uns vénéneux. — Dorées (*Zeus*) * « Poissons Saint-Pierre ». Corps très haut et comprimé ; une tache noire sur les flancs. — Espadons (*Xiphias*) *. Mâchoire supérieure allongée en forme d'épée (fig. 264), pas de ventrales. — Rémoras (*Echeneis*) *. Sur la tête, une sorte de disque ovalaire à lames transversales, représentant une nageoire dorsale modifiée et fonctionnant comme organe adhésif (fig. 265).

I. *Ténioïdes.* « Poissons rubans ». Corps allongé et comprimé. — Trichiures (*Trichiurus*) *. Ventrales et caudale nulles. — Jarretières (*Lepidopus*) *. Caudale échancrée; ventrales réduites a une paire d'écailles. — Gymnetres ou Régalecs (*Regalecus*) *. Ventrale longue, a un seul rayon (fig. 266).

J. *Labridés.* Pharyngiens inférieurs soudés en une seule plaque. — Labres ou Vieilles (*Labrus*) * « Perroquets de mer ». Ecailles cycloïdes; lèvres charnues; teintes variant suivant l'âge ou le sexe. — Chromis (*Chromis*). Ecailles cténoïdes; les uns marins; les autres d'eau douce. Afrique ; Palestine. Le mâle incube les œufs dans sa cavité buccale.

Fig. 265. — Rémora.

III. *ACANTHOPTERYGIENS ABDOMINAUX. — Nageoires ventrales en arrière des pectorales.*

A. *Gastérostéidés.* Première dorsale formée d'épines libres; construisent des nids pour l'éclosion de leurs œufs (fig. 269). — Epinoches (*Gasterosteus*). Une armure thoracique de pièces osseuses ; 2 à 4 epines dorsales (fig. 267); nidifient sur le fond des cours d'eau. — Epinochettes (*Gasterostea*). Pas d'armure thoracique; dix épines dorsales; suspendent leur nid aux plantes aquatiques, dans les eaux douces. — Gastrées (*Spinachia*) *. « Epinoches de mer ». Quinze épines dorsales; ecussons osseux sur le dos; nidifient au milieu des varechs ou dans un creux de rocher.

B. *Centriscidés* ou « Bouches en flûtes ». Bouche petite, située à l'extrémité d'un long tube formé par l'allongement de plusieurs os du crâne. — Centrisques (*Centriscus*) *. Corps ovale, comprimé, couvert d'écailles (fig. 268). « Bécasse de mer » (*C. Scolopax*). Méditerranée. — Cure-pipes (*Fistularia*) *. Corps allonge, nu. Mers tropicales.

C. *Mugilidés.* Corps cylindrique et couvert de grandes écailles arrondies. — Muges (*Mugil*) *. Bouche transversale, peu fendue, caractéristique; chair délicate.

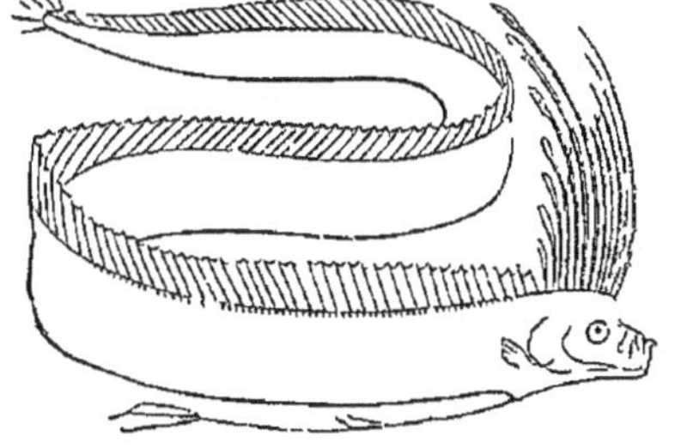
Fig 266. — Régalec.

D. *Labyrinthibranches.* Os pharyngiens supérieurs creusés d'anfractuosités (fig. 270) qui servent de cavités pulmonaires et permettent a l'animal de vivre dans l'air. Eaux douces des parties les plus chaudes de l'Ancien Monde. — *Anabas.* Effectuent de longs séjours sur terre. — Gouramis (*Osphronemus*). Poissons nidifiants des îles de la Sonde.

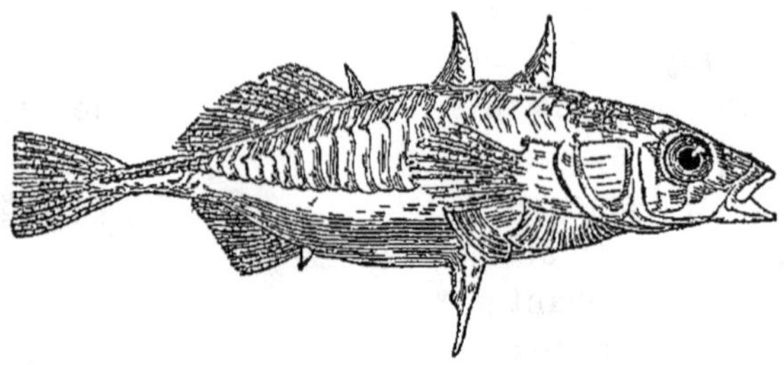

Fig 267 — Epinoche

2e Sous-ordre. — Malacoptérygiens (μαλακός, mou). — *Peau nue ou écailleuse. Rayons mous, excepté quelquefois le premier des nageoires dorsale ou pectorales. Physoclistes ou physostomes. Vessie natatoire quelquefois nulle. De mer ou d'eau douce.*

Fig 268. — Bécasse de mer.

I. PHYSOSTOMES. — *Vessie natatoire communiquant avec l'œsophage.*

A. *ABDOMINAUX.* — *Nageoires ventrales situées en arriere des pectorales.*

a. ***Dorsale unique, non opposée à l'anale.***

A. ***Cyprinidés.*** Forment la foule des Poissons d'eau douce de l'Ancien Monde; bouche inerme, a l'exception des os pharyngiens; vessie natatoire bilobée; narines a deux orifices; corps couvert d'écailles cycloïdes; dorsale insérée en avant de l'anale.

a). Un rayon dentelé a l'anale. — Carpes (*Cyprinus*). Quatre barbillons à la bouche; eaux douces; mer Noire. — Carassins (*Carassius*). Pas de barbillons. *C. auratus* « Poisson rouge » ou Cyprin doré de la Chine.

b). Pas de rayon dentelé à l'anale.

1° *Des barbillons.* — Barbeaux (*Barbus*). Quatre barbillons. — Tanches (*Tinca*). Deux barbillons; caudale carrée. — Goujons (*Gobio*). Deux barbillons; caudale fourchue.

2° *Pas de barbillons.* — Bouvières (*Rhodeus*). Corps ovale, couvert de grandes écailles ; les plus petits des Cyprinidés. — Vairons (*Phoxinus*). Corps presque cylindrique à très petites écailles. — Brêmes (*Abramis*). Corps comprimé, a mâchoire supérieure avancée. — Ablettes (*Alburnus*). Corps oblong, à mâchoire supérieure non avancée ; présentent, à la face interne des ecailles, une matière argentée servant à la fabrication des fausses perles. — Poissons blancs (*Leuciscus*, etc.). Corps ovalaire, comprimé, couvert de grandes écailles.

B. *Cobitidés*. Corps allongé ; bouche en dessous, entourée de barbillons ; vessie natatoire simple, enfermée dans une capsule osseuse. —

Fig 269 — Nid d'Epinoche

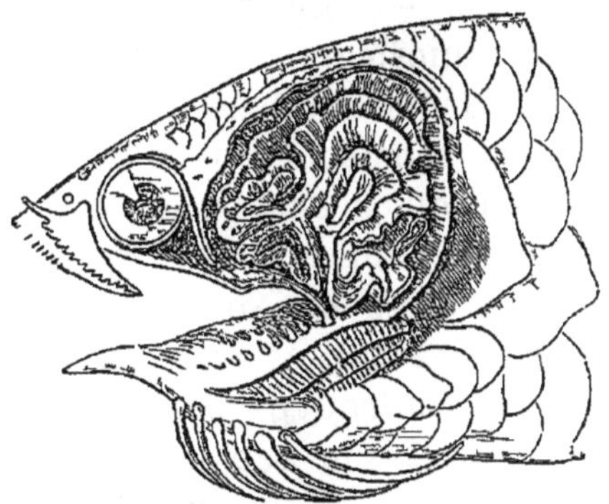

Fig 270. — Cavite branchiale accessoire d'*Anabas scandens*

Loches (*Cobitis*). Se servent de leur canal intestinal pour une respiration supplémentaire.

C. *Siluridés*. Poissons d'eau douce a peau nue ou garnie de plaques osseuses ; tête ordinairement large et déprimée, munie de barbillons ; renferment quelques espèces venimeuses (*Bagrus*, *Plotosus*, etc.) — Silures (*Silurus*). Corps nu ; dorsale courte, anale très longue. *S. glanis* est le seul Siluridé et le plus gros Poisson des eaux douces d'Europe. — *Malapterurus*. Peau molle ; une dorsale adipeuse. *M. electricus* « Silure électrique » possède, sous la peau des flancs, un appareil qui peut donner de fortes commotions electriques (fig. 271). Nil. — *Saccobranchus*. Peau molle, à la région dorsale, une paire de sacs aériens annexés aux cavités branchiales. — Loricaires (*Loricaria*). Corps cuirassé. Nouveau Monde.

D. ***Clupéidés.*** Corps allongé, couvert d'écailles généralement caduques; tête comprimée; dorsale opposée aux ventrales; caudale fourchue. — Harengs (*Clupea*) *. Le H. commun (*C. Harengus*) donne lieu à une pêche des plus importantes; il peut se conserver après avoir été salé (*Harengs blancs*) ou séché à la fumée (*Harengs saurs*). Une espèce vénéneuse, le Cailleu Tassard (*C. thrissa*) vit aux Antilles. — Melettes (*Meletta*) *. Une espèce vénéneuse (*M. venenosa*) vit dans la mer des

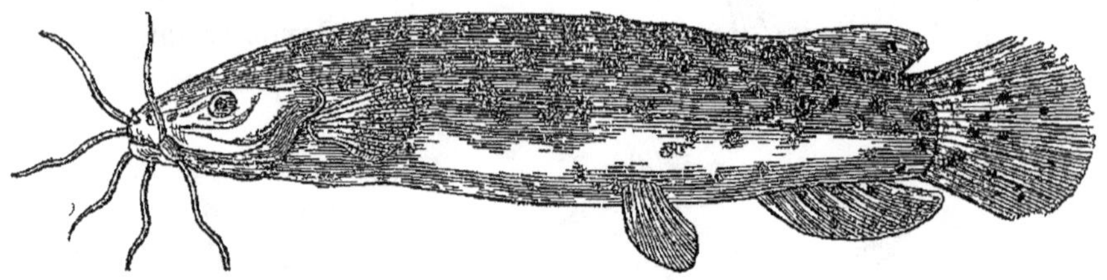

Fig. 271 — Malaptérure électrique

Indes. — Aloses (*Alosa*) *. L'A. commune (*A. vulgaris*) a huit rayons branchiostèges. La Sardine (*A. Sardina*) n'en a que sept. On mange les Sardines fraîches ou on les expédie après les avoir salées et fait cuire rapidement dans l'huile, puis placées dans des boîtes de ferblanc qu'on achève de remplir avec de l'huile d'olive et dont on soude le couvercle. — Anchois (*Engraulis*). Donne lieu à une pêche importante en Norvège et en Hollande; n'est guère mangé qu'en conserves, après avoir été vidé, lavé et salé (1).

E. ***Hétéropygidés.*** Poissons cavernicoles aveugles, se distinguant de tous les autres par la position de l'anus en avant des ventrales. — *Amblyopsis spelæus*, de la caverne du Mammouth, dans le Kentucky, possède de petits yeux recouverts par la peau.

F. ***Ostéoglossidés.*** Corps revêtu de grandes écailles formant une sorte de mosaïque: tête couverte de plaques osseuses; dorsale opposée à l'anale. — Vastrès (*Arapaima*). *A. gigas*, des fleuves de l'Amérique du Sud, le plus grand de tous les Téléostéens d'eau douce, peut dépasser cinq mètres de long et peser plus de cent kilos. L'os lingual, couvert de dents, est employé comme râpe par les naturels des bords de l'Amazone.

b. ***Dorsale unique opposée à l'anale.***

(1) Les Harengs, les Sardines et les Anchois émigrent des régions profondes vers les côtes, au moment du frai. Ils forment des *lits* ou *bancs* de plusieurs kilomètres de long et, après la ponte, retournent à la haute mer.

G. ***Ésocidés***. Manquent de barbillons. — Brochets (*Esox*) (fig. 273). — Orphies (*Belone*) *; se rapprochent beaucoup des Brochets, mais ils ont la vessie natatoire close et sont souvent, à ce titre, rapprochés des Anacanthiniens, comme le genre suivant; museau en bec

Fig 272. — Exocet de Rondelet

allongé. — Exocets (*Exocœtus*) *; museau court; pectorales très développées (fig. 272). « Poissons volants » de l'océan Indien, rares sur nos côtes.

H. ***Stomiadés***. Un barbillon sous la gorge. Poissons des grandes

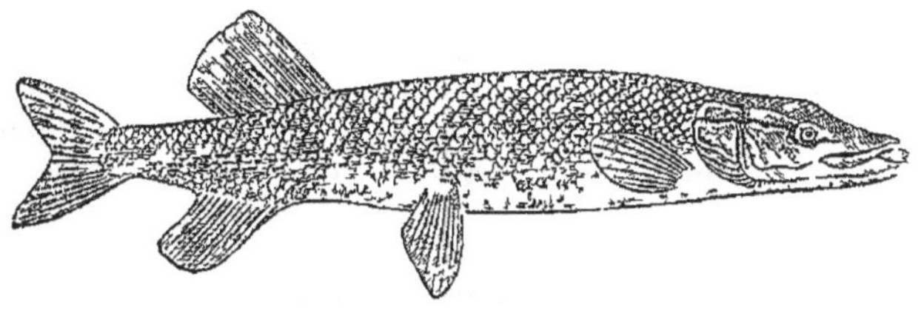

Fig 273 — Brochet.

profondeurs présentant, de chaque côté de la ligne medio-ventrale, une série de plaques phosphorescentes. — *Echiostoma* *. — *Stomias* *.

c. ***Dorsale double.***

I. ***Scopélidés***. Seconde dorsale soutenue par quelques rayons. — *Chauliodus*. Dents inégales. Poissons des grandes profondeurs, portant plusieurs rangées de points phosphorescents le long de la partie inférieure du tronc. — *Scopelus* *. Dents égales. Poissons des grandes profondeurs; des points phosphorescents épars sur les côtés et rangés en serie sous le ventre (1).

J. *Salmonidés.* Seconde dorsale adipeuse (fig. 274).

1° ***Macrostomidés.*** Bouche largement ouverte, à maxillaire supérieur depassant l'œil. — Saumons (*Salmo*) et Truites (*Trutta*). Mâchoire

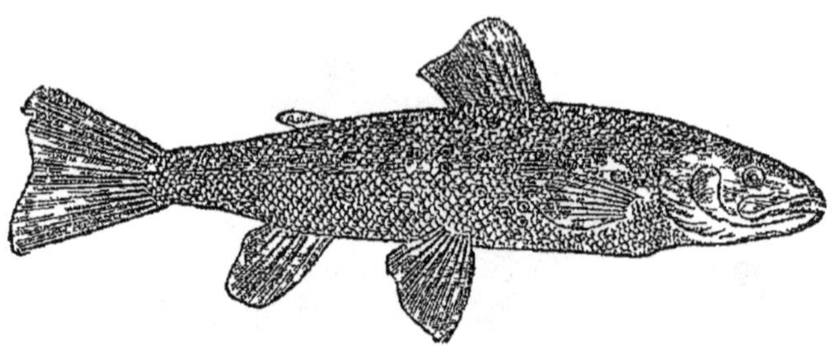

Fig 274 — Truite

inferieure non saillante. Saumon commun (*S. Salar*) ; chair rougeâtre très appréciée; tour à tour fluviatile et marin, jamais méditerraneen (2). Omble chevalier (*S. umbla*). Sédentaire dans les lacs de l'Europe centrale. — Truites (*Trutta*). Chair jaunâtre, exquise. Une espece alternativement marine et fluviatile; les autres especes des lacs, des eaux claires, froides et courantes (3). — Éperlans (*Osmerus*). Mâchoire inférieure saillante. Corps argenté; chair a parfum de violette. Océan ; embouchure des fleuves qui s'y jettent.

(1) Les Poissons des grandes profondeurs, pêches par des fonds de 1000 a 5000 metres, sont des êtres étranges, a couleurs sombres, depourvus d'ecailles, mais couverts d'un mucus lumineux ou portant des plaques phosphorescentes (prises a tort pour des yeux accessoires) qui leur servent tant a se guider qu'a attirer la proie dans les regions ou la lumière solaire n'arrive pas (elle ne depasse pas 500 metres). Ils se rattachent aux formes du littoral, qui, en penetrant de plus en plus profondement dans les abîmes, auraient subi des adaptations particulieres dans un milieu caracterise par l obscurite complète, l'absence de nourriture vegetale et la tranquillite absolue des eaux

(2) Au printemps, les Saumons se groupent dans les eaux saumâtres, a l'embouchure des fleuves, franchissent les barrages et les écluses, en faisant des bonds considerables, enfin deposent leurs œufs dans le sable Ceux-ci éclosent au contact de l'eau douce, qui semble nécessaire a leur developpement Au bout d'un ou de deux ans, les jeunes descendent en bandes vers la mer, ou ils acquierent une taille souvent considerable

(3) Le Saumon et la Truite sont a peu pres les seuls Poissons sur lesquels on ait reussi la *pisciculture* (art d'elever et de multiplier les Poissons) On prépare, dans les cours d'eau, des emplacements propres a servir de « frayeres », ou bien l'on a recours a la fécondation artificielle Celle-ci se pratique en faisant sortir les œufs mûrs par la pression du ventre des femelles, puis en arrosant ces œufs avec la laitance des mâles L'eclosion a lieu dans des appareils ou l'eau se renouvelle sans cesse, mais la dif-

2° ***Microstomidés.*** Bouche peu fendue, à maxillaire supérieur n'atteignant pas l'œil. — Ombres (*Thymallus*). Ecailles grandes. — *Coregonus* Ecailles petites ; chair blanche, délicate. Féra (*C. fera*), museau proéminent ; lac de Genève. Lavaret (*C. lavaretus*) ; museau non proeminent ; lac du Bourget. — *Argentina**. Ecailles caduques. Vessie natatoire enduite d'un pigment argenté qui sert a la fabrication des fausses perles, ainsi que celui qui recouvre le corps. Méditerranée.

B. *APODES — Pas de nageoires ventrales.*

Equilles (*Ammodytes*)*. Manche. — Donzelles (*Ophidium*)*. Méditerranée. — Anguilles (*Anguilla*). De petites écailles ovalaires dans

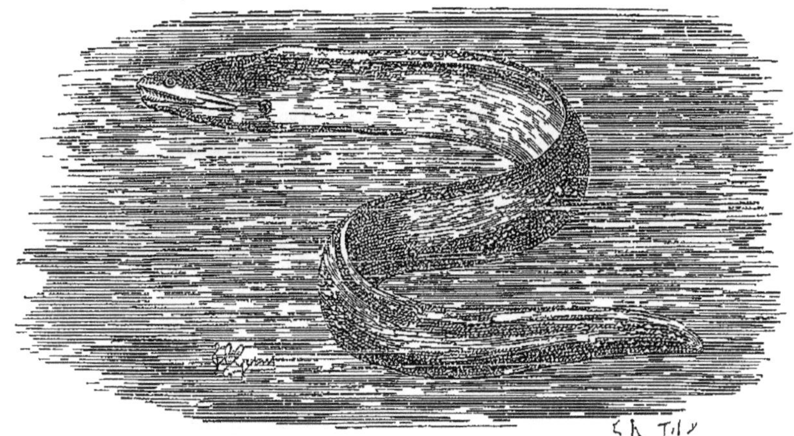

Fig 275. — Murène.

l'épaisseur de la peau ; sang toxique. Eaux douces de toute l'Europe, excepté le bassin du Danube. — Congres ou « Anguilles de mer » (*Conger*)*. Peau nue. — Murènes (*Muræna*)*. Pas de nageoires paires (fig 275). *M. helena* habite la Méditerranée (1). — Gymnotes ou « Anguilles électriques » (*Gymnotus*). Un appareil électrique placé le long du dos et de la queue (fig. 280). Eaux douces de l'Amérique du Sud.

ficulte est d'elever les jeunes (*alevins*), car les matieres dont ils se nourrissent (œufs des Batraciens, petits Crustaces, etc.) ne peuvent guere être employees, et celles qu'on leur substitue (sang desseche, etc) ne leur conviennent pas absolument Quand les alevins sont assez forts, on les seme dans les rivieres, mais ils ne prosperent qu'a la condition d'avoir une nourriture suffisante, dans des eaux relativement pures et tranquilles

(1) La Murene a une chair delicate, mais ses dents, fortes et recourbées en arriere, font des morsures envenimees. Ces crochets sont mobiles et entoures par la muqueuse qui leur constitue une gaine servant a l'ecoulement du venin Celui-ci est secrete par une glande palatine.

II. *ANACANTHINIENS.* — *Nageoires ventrales en avant ou au-dessous des pectorales. Physoclistes.*

A. ***Pleuronectidés*** ou « Poissons plats ». Corps asymétrique ; les deux yeux placés sur le même côté du corps qui est constamment

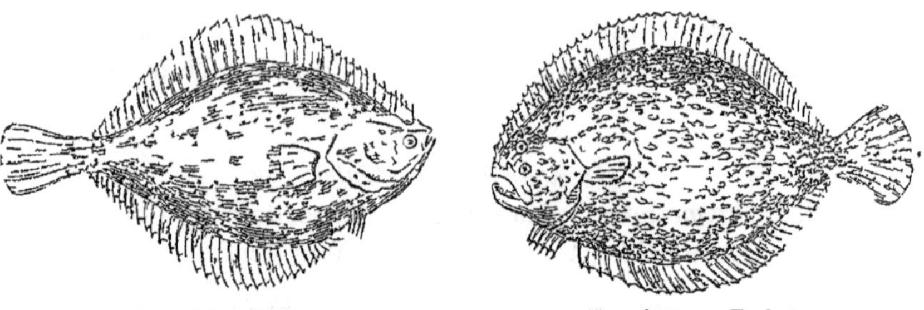

Fig 276 — Plie Fig 277 — Turbot.

tourné vers le haut ; l'animal repose et nage sur l'autre coté qui est généralement plus pâle ; les Poissons plats naissent symétriques ; ils

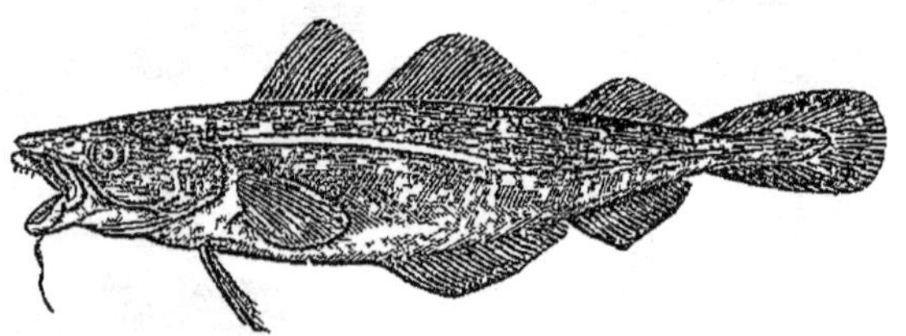

Fig. 278 — Morue

sont tous marins (quelques-uns remontent les fleuves) ; sans vessie natatoire ; fournissent une bonne nourriture.

1° Les uns ont les yeux à droite. — Flétans ou Halibuts (*Hippo-*

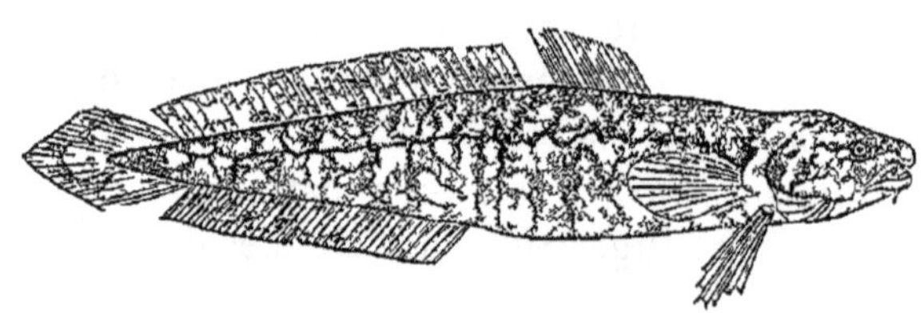

Fig 279 — Lotte

glossus)*. Les géants des Pleuronectidés, pouvant atteindre deux mètres de long. — Limandes (*Limanda*)*. — Plies ou « Carrelets » (*Platessa*)* (fig 276). — Soles ou « Perdrix de mer » (*Solea*)*.

2° Les autres regardent à gauche. — *Rhombus**. Comprennent le Turbot ou « Faisan de mer » (*R. maximus*) à peau tuberculeuse (fig. 277) et la Barbue (*R. lævis*) a écailles lisses. Les œufs de la Barbue peuvent être toxiques.

3° Quelques-uns, comme le Flet ou « Picaud » (*Flesus*), regardent tantôt à droite, tantôt a gauche.

B *Gadidés*. Corps symétrique; ventrales libres. — Gades (*Gadus*)* Dorsale triple; un barbillon a la mâchoire inferieure (fig. 278). Les deux espèces les plus connues sont la Morue (*G. Morrhua*) et l'Eglefin ou « Morue noire » (*G. æglefinus*), celui-ci ayant sur les côtés, au-dessous de la première dorsale, une tache noire que ne possede pas la Morue. On pêche la Morue dans les eaux de Terre-Neuve et dans la mer du Nord. Elle est rare sur les côtes de Bretagne où on

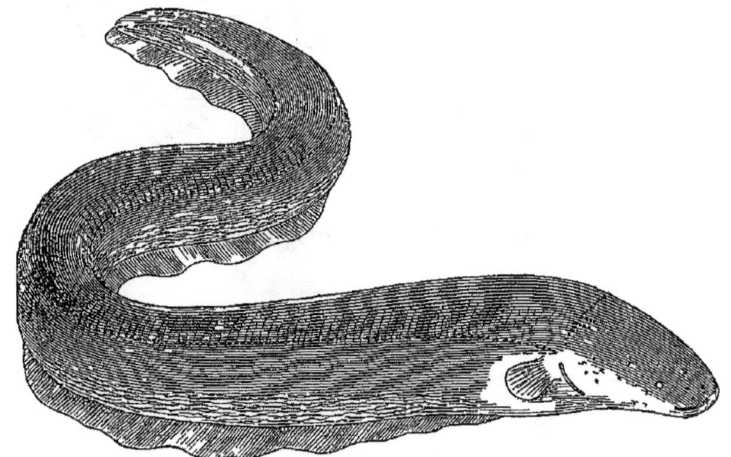

Fig 280 — Gymnote

l'appelle « Cabillaud » a l'etat frais; elle ne se trouve pas dans la Mediterranée. On la conserve en la salant (*Morue verte*) ou en la faisant sécher au soleil (*Morue seche*), soit directement (*stockfish*), soit apres l'avoir plongee dans la saumure (*klipfish*) (1). Sa chair est un aliment populaire (2); son foie sert à préparer une huile (*huile de foie de morue*) dite *blanche* (couleur de champagne), *blonde* (couleur de madere), *brune* ou *noire*, suivant sa coloration (3); employée contre le rachitisme et

(1) Les œufs de Morue, conserves avec du sel, fournissent le meilleur appât (*rogue*) pour la pêche de la Sardine

(2) On a attribue quelques cas d'intoxication a l ingestion de Morues presentant une coloration rougeâtre (*Morues rouges*) Ces cas tres rares étaient dus, non au rouge de la Morue, mais a un commencement d'alteration de sa chair Le rouge, constitué par une vegetation cryptogamique (*Clathrocystis roseopersicina*) ne provoque pas d'accidents On peut, d'ailleurs eviter l'apparition du rouge en melangeant au sel employe pour la preparation de la Morue une certaine quantite (5 p 100) de sulfibenzoate de soude qui s'oppose au developpement de l'organisme parasitaire (HECKEL).

(3) L'huile de foie de Morue a une legere acidite due a la presence d'un acide particulier (*acide morrhuique*) Elle renferme six leucomaines dont l'une (*morrhuine*) est son veritable principe actif (GAUTIER et MOURGUES) L'huile blonde est celle qui semble avoir les proprietes les plus actives.

la phtisie. — Merlans (*Merlangus*)*. Dorsale triple ; pas de barbillon Manche. — Merluches (*Merlucius*)*. Dorsale double ; pas de barbillon Méditerranée. — Lottes (*Lota*). Dorsale double ; un barbillon (fig. 279), lacs et rivières. La chair et surtout le foie sont estimés, mais ils peuvent transmettre le Bothriocéphale ; les œufs sont souvent toxiques.

C. ***Cycloptéridés.*** — Ventrales réunies en une sorte de ventouse

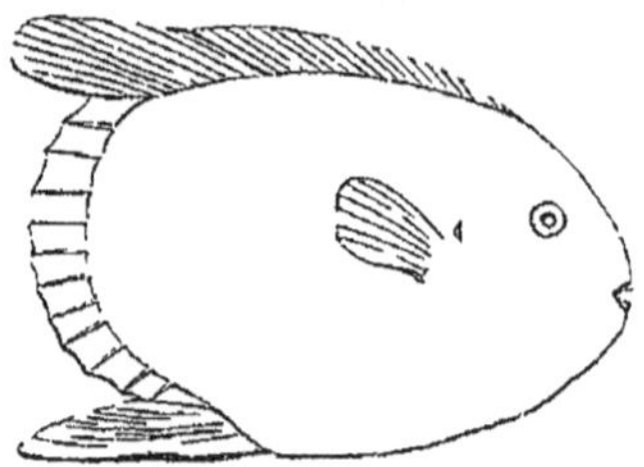

Fig 281 — Môle.

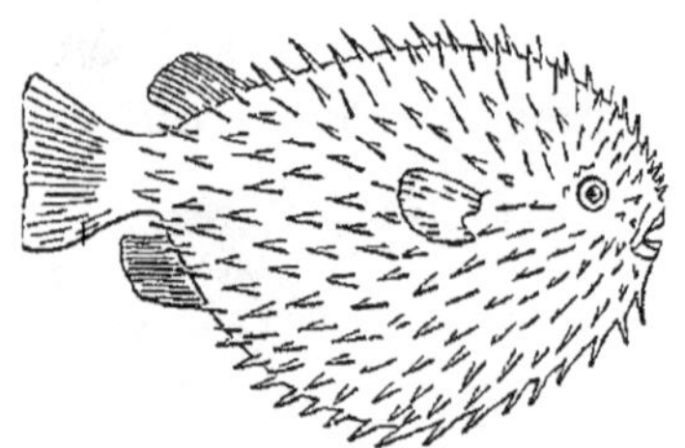

Fig 282 — Diodon

simple (*Cyclopterus*)* ou double (*Lepadogaster*)* qui peut se fixer aux corps solides.

3e Sous-ordre. — Plectognathes (πλεκτός, soude ; γναθος, mâchoire). — *Peau nue ou cuirassée. Mâchoire supérieure immobile. Physoclistes.*

Maxillaire uni fixement à l'intermaxillaire qui seul est en rapport

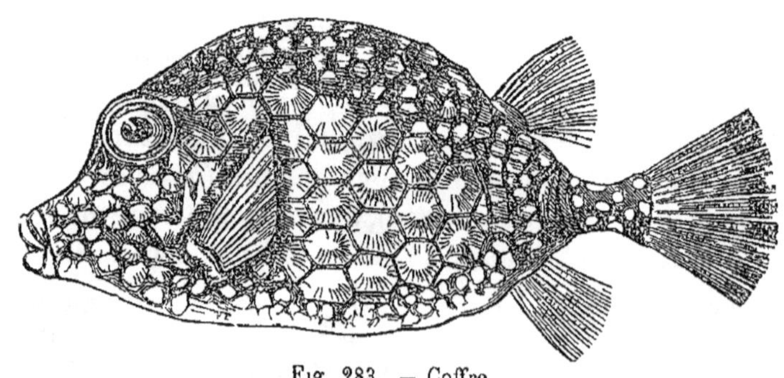

Fig 283 — Coffre

avec la fente buccale. Celle-ci est très étroite, et la mâchoire supérieure tout entière est fixée au crâne par une suture immobile. Squelette imparfaitement ossifié ; nageoires ventrales souvent nulles.

A. ***Gymnodontes*** (γυμνος, nu ; ὀδων, dent). — *Mâchoires garnies d'une sorte de bec formé par les dents réunies.*

1° ***Molidés*** (*mola*, masse charnue). — *Corps comprimé, inerme. Pas de vessie natatoire ni de sac pharyngien.*

Môle (*Orthagoriscus*)*. Mâchoires sans division médiane. Le Poisson lune « lune de mer » (*O. mola*), a corps discoïde (fig. 281) d'un éclat argenté, est rare sur nos côtes, mais commun dans les mers chaudes ; non comestible.

2° **Sphéridés** (*sphæra*, sphère). — *Corps plus ou moins globuleux, hérissé d'épines. Une vessie natatoire; un sac pharyngien pouvant se gonfler d'air.*

Ces Poissons, quand ils sont gonflés d'air, flottent le ventre en haut. Vénéneux. Mers chaudes.

*Diodon**. « Hérissons de mer » : mâchoires sans division (fig. 282). — *Triodon**. Mâchoire supérieure seule divisée au milieu. — *Tetrodon**. Les deux mâchoires divisées au milieu.

B. *Sclérodermes* (σκληρος, dur; δέρμα, peau). — *Dents séparées et distinctes.*

Coffres (*Ostracion*)*. Corps en forme de coffre triangulaire ou quadrangulaire, avec nageoires et queue seules mobiles (fig. 283). Non comestibles. Mers chaudes ; rares sur nos côtes. — *Balistes**. Corps comprimé; peau granuleuse ou revêtue d'écailles rhomboïdales. Vénéneux. Mers chaudes, rares sur nos côtes.

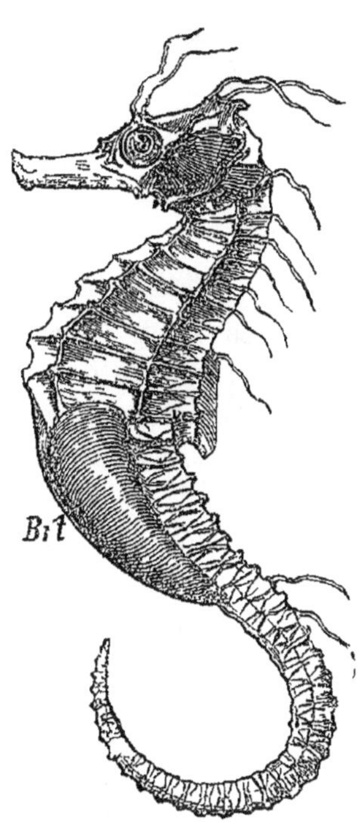

Fig 284 — Hippocampe mâle, avec sa poche incubatrice, *Brt*

4e Sous-ordre. — Lophobranches

(λοφος, houppe). — *Peau cuirassée. Branchies en forme de houppe. Physoclistes.*

Bouche allongée en tube. Pas de nageoires ventrales. Les mâles portent les œufs attachés sous le ventre ou renfermés dans une poche ventrale où ils éclosent (fig. 284 *Brt*).

Aiguilles de mer (*Syngnathus*) *. Nageoires pectorales très petites. — Hippocampes ou « Chevaux marins » (*Hippocampus*)*. Pas de nageoire caudale; queue préhensile (fig. 284). — Pégases (*Pegasus*)*. Nageoires pectorales très grandes, aliformes.

ORDRE III. **Ganoïdes** (γάνος, éclat). — *Poissons osseux ou cartilagineux ; à peau nue ou couverte soit d'écailles émaillées, soit d'écussons osseux. Physostomes. Fentes branchiales recouvertes par un opercule*

Intestin pourvu d'une valvule spirale. Bulbe artériel contractile, muni de valvules multiples. Branchies libres; battant operculaire portant généralement une branchie accessoire. Nageoires impaires, souvent protégées par des pièces osseuses en chevrons (*fulcres*).

I. *OSTEOGANOIDES*. — *Squelette osseux.*

A. ***Lépidostéidés.*** — *Écailles rhomboïdales.*

Lépidostées (*Lepidosteus*). Museau pointu, à longues mâchoires

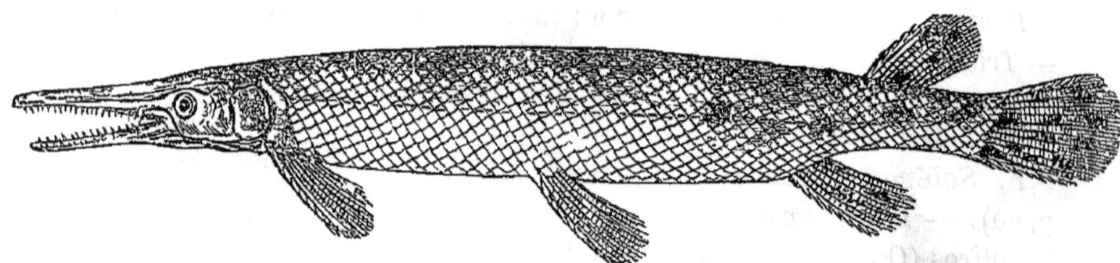

Fig 285. — *Lepidosteus platystomus.*

dentées (fig. 285). Fleuves de l'Amérique du Nord — Polypteres (*Polypterus.*) Dorsale multiple (fig. 286). Torrents de l'Afrique.

B. ***Amiidés.*** — *Écailles arrondies. Passage aux Teleosteens.*

Amies (*Amia*). Fleuves de la Caroline.

II. *CHONDROGANOIDES*. — *Squelette cartilagineux. Des events representant la première fente branchiale.*

Spatulaires (*Spatularia*) Peau nue, fleuves d'Asie et de l'Amérique

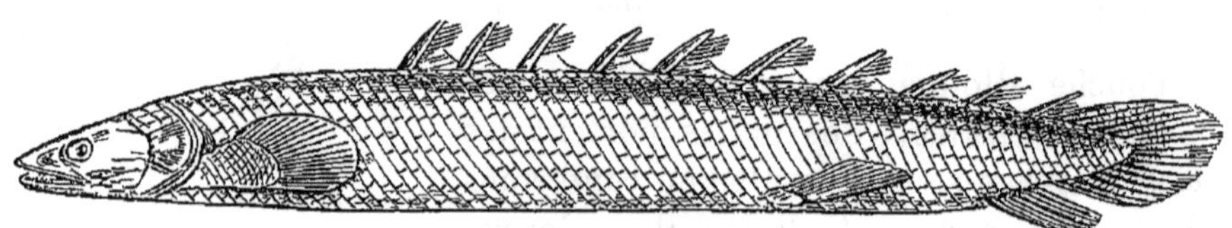

Fig 286. — *Polypterus bichir.*

du Nord. — Esturgeons (*Acipenser*). Bouche inerme, protractile, située a la face inferieure du museau, en arrière de quatre barbillons tactiles, peau recouverte d'écussons osseux disposés en rangées régulières (fig. 287). L'E. commun (*A. Sturio*) est le seul qui se trouve en France, le Sterlet (*A. ruthenus*), le petit et le grand Esturgeons ne sont que des jeunes ou des variétés de l'espece commune. Il quitte la mer au moment du frai, pour remonter dans les fleuves (Pô, Rhin, Loire, Seine, Rhône). Sa chair est grossière ; ses œufs constituent la base d'un mets (*caviar*) très apprécie en Russie; sa colonne vertebrale desséchee (*vesigna*) bouillie dans l'eau, est utilisée pour la confection de certains potages, sa vessie natatoire sert à fabriquer l'*ichthyocolle* eu *colle de Poisson*, qui sert à clarifier une foule de liquides, à faire des gelées de table et est employée à la fabrication du taffetas d'Angleterre.

ORDRE IV. **Sélaciens** (1) (σέλαχος, poisson cartilagineux). — *Poissons cartilagineux et hétérocerques, dépourvus de vessie natatoire; à peau rugueuse, chagrinée, souvent munie d'écussons épineux, rarement nue.*

Bouche habituellement transversale, située à la face ventrale, en arrière du bout du museau, munie de dents qui sont remplacées, à mesure qu'elles tombent, par d'autres dents placées en arrière. Ordinairement deux ouvertures (*events*) communiquant avec la cavité

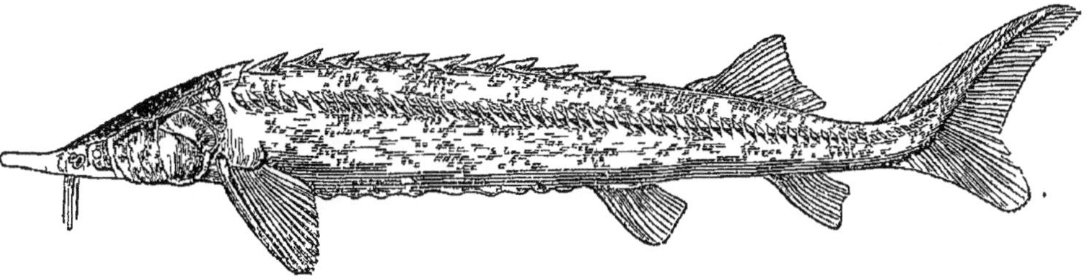

Fig. 287 — Esturgeon

buccale et placées sur la tête, derrière les yeux. Elles représentent la première paire de fentes branchiales. Intestin pourvu d'une valvule spirale. Bulbe artériel musculaire, à valvules multiples. En général cinq paires de sacs branchiaux et autant de fentes branchiales à l'extérieur. Crâne sans divisions. Ecailles placoïdes, tantôt petites, très rapprochées les unes des autres et donnant à la peau un aspect chagriné, tantôt grosses, à distance les unes des autres et portant des appendices pointus servant de défense (*boucles*). Narines situées à la face ventrale de la tête (fig 289), rarement à la face dorsale (Ange de mer), en avant de la bouche. Nageoires paires, horizontales, toujours bien développées, surtout les pectorales; caudale hétérocerque. Mâles pourvus d'organes copulateurs. Oviductes présentant des réservoirs incubateurs (*utérus*), où s'établissent quelquefois des relations entre la mère et l'embryon, par l'intermédiaire de la vésicule ombilicale qui forme, dans ce cas,

(1) Appelés encore *Chondroptérygiens* ou *Elasmobranches*.

un placenta ombilical. Presque tous marins ; quelques-uns seulement habitent les grands fleuves de l'Amérique et de l'Inde.

1er Sous-ordre. Holocéphales (ὅλος, entier, κεφαλή, tête)

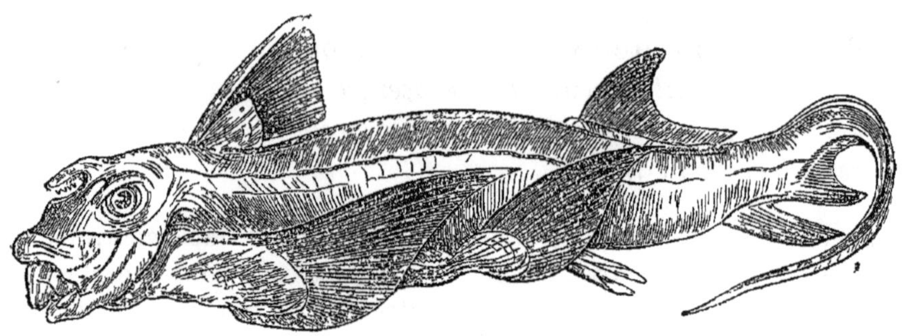

Fig 288 — Chimère

— *Fentes branchiales recouvertes par un opercule membraneux laissant, de chaque côté, un seul orifice branchial. Pas d'events.*

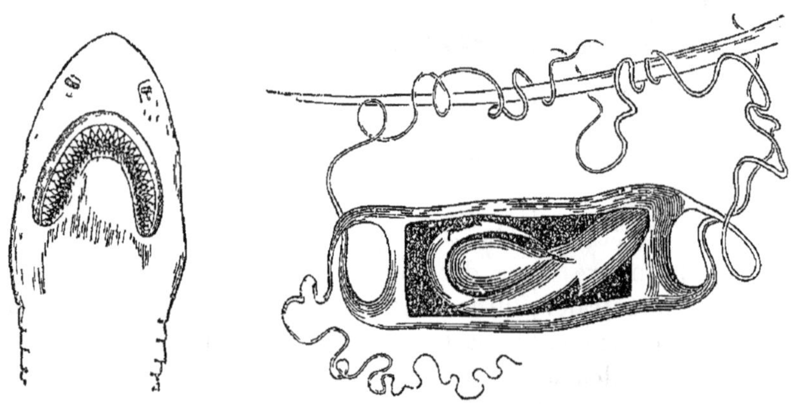

Fig 289 — Tete de Requin (face inférieure)

Fig 290 — Œuf de Roussette La coque est ouverte pour montrer l'embryon

Chimere ou « Chat de mer » (*Chimæra*) *. Méditerranée et Atlantique (fig. 288). — *Callorhynchus* *. Mer du Nord.

2e Sous-ordre. Plagiostomes (πλάγιος, transversal ; στόμα, bouche). — *Cinq paires de fentes branchiales (rarement six ou sept). Généralement des évents.*

I. *PLEUROTRÊMES* (πλευρόν, côté ; τρῆμα, trou) ou *Squales.* — *Fentes branchiales placées latéralement* (fig. 291).

Corps fusiforme. Bouche armée de dents aiguës ou dentelées. Vivipares, à l'exception des Roussettes. Les deux moitiés de la ceinture scapulaire ne se rejoignent pas sur le dos. Chair dure et grossière, consommée, sur les côtes de France, sous le nom de *Thon blanc* Foie volumineux, fournissant une huile utilisée dans l'industrie des cuirs. Peau couverte de petits tubercules squamiformes, employée sous le nom impropre de « chagrin », sous celui de « peau de Rous-

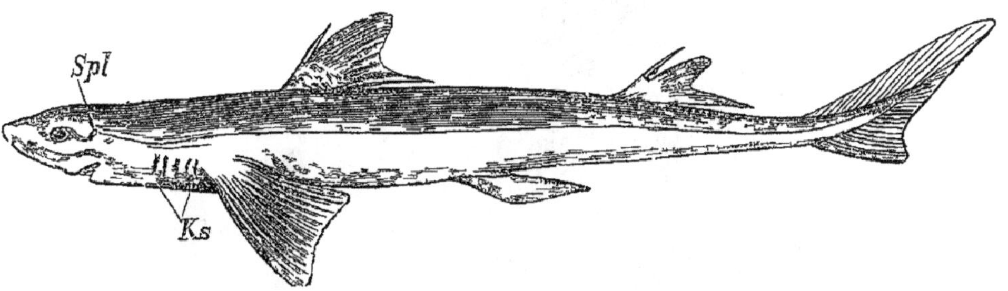

Fig 291 — Requin (*Acanthias vulgaris*) — *Spl*, évent, *Ks*, fentes branchiales

sette » ou de « galuchat », pour faire des étuis et polir le bois ou l'ivoire. Beaucoup atteignent de grandes dimensions et sont les géants des Poissons, redoutables même pour l'Homme.

A. **Carchariidés.** *Une nageoire anale.* — Roussettes (*Scyllium*) *. Œufs quadrilatères « violons de mer », présentant, aux angles, des appendices en vrilles (fig 290). — Lamies (*Lamna*)*. — Pèlerins (*Selache*) * — Émissoles (*Mustelus*) *. — Marteaux (*Zygæna*) *. Tête en forme de maillet. — Requins (*Carcharias*) *. — Grisets (*Hexanchus*) *. Six fentes branchiales. — Perlons (*Heptanchus*) *. Sept fentes branchiales.

B. **Spinacidés** *Pas de nageoire anale.* — Aiguillats (*Acanthias*) *. Un aiguillon à chaque dorsale. — Ange de mer (*Squatina*) *. Sans aiguillons ; seul Squale à chair appréciée.

II. *HYPOTRÈMES* (ὑπο, sous ; τρῆμα, trou) — *Fentes branchiales placées en dessous.*

Corps déprimé, nu ou partiellement couvert d'écussons épineux. Dents plates, en pavé. Ovipares (Raies) ou vivipares. Les deux moitiés de la ceinture scapulaire se réunissent sur le dos. Pas de nageoire anale.

A. **Rajidés.** *Nageoire dorsale double.* — Scies (*Pristis*) *. Museau prolongé en lame, armé latéralement de dents pointues — Torpilles (*Torpedo*) *. Partie antérieure du corps discoïde, entourée par les nageoires pectorales ; peau nue; queue charnue (fig. 292). Poissons à organe électrique très développé et donnant des commotions (1). Méditerranée. — Raies (*Raja*) *. Partie antérieure du corps rhomboïdale; peau munie d'ecailles affectant souvent la forme d'épines ou de boucles; queue grêle, renfermant un appareil électrique rudimentaire; œufs rectangulaires, portant une corne aux angles; chair estimée. R. bouclée (*R. clavata*). R. circulaire (*R circularis*). R. cen-

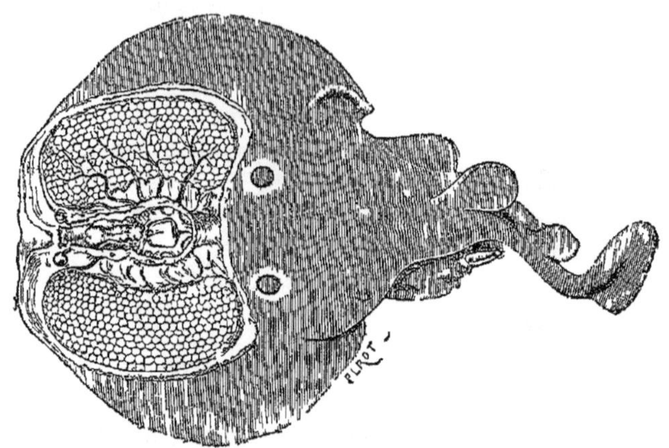

Fig 292 — Torpille. On a disséqué l'appareil électrique.

drée (*R. batis*). R. blanche (*R. alba*). On prépare une huile de foie de Raie qui s'emploie comme succedané de l'huile de foie de Morue.

B. ***Myliobatidés***. *Dorsale unique ou nulle.* — Céphalopteres ou « Raies cornues » (*Cephaloptera*) *. Tête munie de prolongements latéraux en forme de corne. Le « Diable de mer » (*C. giorna*) vit dans la Méditerranée. — Mourines ou « Aigles de mer » (*Myliobatis*) * Une dorsale; un aiguillon caudal vulnérant. — Pastenagues (*Trygon*) *. Pas de dorsale ; un aiguillon caudal vulnerant.

ORDRE V. **Cyclostomes** (κύκλος, cercle; στομα, bouche). — *Poissons cartilagineux sans mâchoires, a bouche circulaire et orifice nasal impair* (Monorhiniens), *dépourvus de vessie natatoire.*

(1) L'organe electrique est situe, de chaque côte, entre les branchies et les nageoires pectorales; il se compose d'un grand nombre de prismes a cinq ou six faces, disposes verticalement Chacune de ces colonnettes est formee par la superposition de lames de deux sortes, alternant regulierement, les unes de tissu électrogene (*lames electriques*), les autres de tissu conjonctif Les lames electriques sont constituées essentiellement par une matiere gelatineuse, dans laquelle se terminent des nerfs (*nerfs electriques*) emanant de deux gros lobes nerveux (*lobes électriques*) situes en arriere de la masse cerebrale Les organes électriques paraissent deriver des muscles des arcs branchiaux. Leurs proprietes ont ete etudiees plus haut (p. 86).

Bouche sans mâchoires, en forme de ventouse, hérissée de pointes cornées (*odontoïdes*), nombreuses (Pétromyzontidés) ou réduites a une seule (Myxinides). Succion s'effectuant par le moyen des mouvements de la langue Pharynx en rapport avec six ou sept paires de sacs branchiaux en forme de bourse (d'où le nom de *Marsipobranches*). Ces sacs communiquent avec un tube branchial distinct de l'œsophage (Petromyzontides) ou avec l'œsophage lui-même (Myxinidés): ils s'ouvrent extérieurement par des orifices latéraux (Lamproie, Bdellostome) ou par une paire d'orifices ventraux (Myxinidés). Intestin pourvu d'une valvule spirale (excepte chez les Myxinidés), terminé par un cloaque dans lequel s'ouvre un sinus urogénital. Ce dernier est percé de deux orifices (*pores abdominaux*), qui font communiquer la cavité genérale avec l'extérieur. Foie simple. Pas de pancréas ni de rate. Bulbe arteriel elastique, muni de valvules. Squelette constitué par la corde dorsale et une capsule cranienne. Celle-ci présente trois renflements, un supérieur (*capsule olfactive*) et deux latéraux (*capsules auditives*). Cavité nasale unique, offrant un prolongement postérieur (*sinus de Dumeril*) qui, chez les Myxinides, communique avec la cavité buccale. Yeux bien développés (Pétromyzontidés) ou situes sous la peau (Myxinidés).

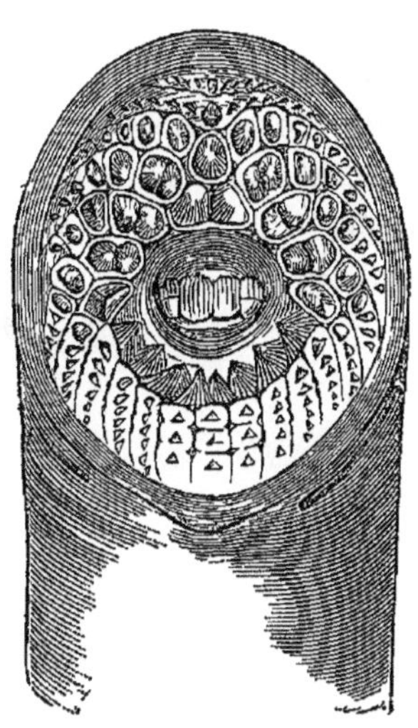

Fig. 293. — Bouche de Lamproie

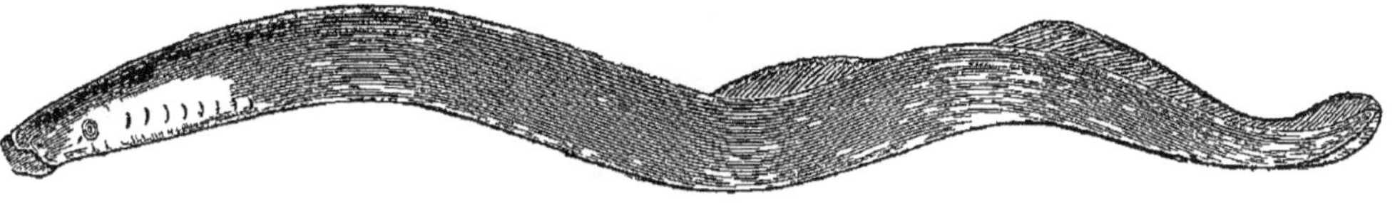

Fig 294 — Lamproie fluviatile.

Corps anguilliforme, a peau nue, terminé par une nageoire caudale homocerque. Pas de nageoires paires.

A. ***Pétromyzontidés*** (πετρος, pierre : μυζαεῖν, sucer). — *Nageoire dorsale double. Canal nasal en cul-de-sac.*

Lamproies (*Petromyzon*). Sept paires d'ouvertures branchiales externes ; larves (*Ammocœtes*) différant des adultes par leur bouche inerme et leurs yeux sous-cutanés. L. marine (*P. marinus*)*. L. fluviatile (*P. fluviatilis*).

B. ***Myxinidés*** (μύξα, mucosité). — *Pas de nageoire dorsale distincte, Canal nasal ouvert dans le pharynx.*

Parasites sur d'autres Poissons a l'intérieur desquels ils pénetrent

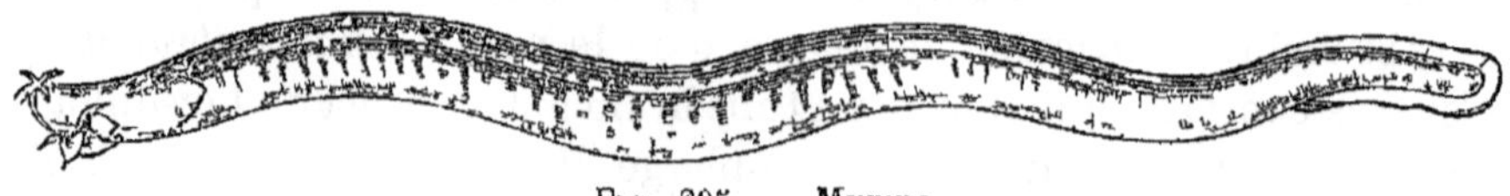

Fig 295 — Myxine

quelquefois, constituant ainsi les seuls Vertébrés endoparasites que l'on connaisse.

*Bdellostoma**. Six orifices branchiaux d'un côté et sept de l'autre. Mers du Sud. — *Myxine**. Une paire d'orifices branchiaux sous le ventre (fig. 295). Mers du Nord.

EMBRANCHEMENT II. — PROTOCHORDES

Caractères généraux. — Artiozoaires n'ayant comme squelette intérieur qu'une *corde dorsale*, qui peut disparaître chez l'adulte. — Système nerveux central représenté par un cordon courant au dessus de la corde, pouvant se réduire chez l'adulte à un simple ganglion unique. — Portion antérieure du tube digestif transformée en sac branchial, grâce a des orifices percés dans ses parois et laissant écouler l'eau introduite par la bouche.

Deux sous-embranchements :

Corde dorsale, s'etendant dans toute la longueur du corps..	ACRANIENS.
Corde dorsale pouvant disparaître chez l'adulte, et, dans tous les cas, n'existant qu a la partie postérieure du corps, qui a alors la forme d'un appendice caudal locomoteur.	TUNICIERS.

SOUS-EMBRANCHEMENT I. — ACRANIENS.

Chordés dépourvus de crâne et de colonne vertébrale (1), *à corde dorsale s'étendant sur toute la longueur du corps.*

Ce groupe est représenté par le genre *Amphioxus*, dont une espece, le Lancelet (*A. lanceolatus*), vit dans le sable, sur le bord des mers tempérées. Corps comprimé, long de 3 a 5 centimètres, aminci aux deux extrémités, dépourvu de nageoires paires, muni d'une nageoire caudale en fer de lance et privée de rayons. Celle-ci rejoint, sur la ligne médiane du dos et du ventre, les nageoires dorsale et anale dont chacune est munie de rayons (fig. 296).

Appareil digestif. — Bouche antéro-inférieure, dépourvue de mâchoires et de dents, en forme de fente longitudinale; elle est maintenue béante par un arc en fer à cheval, semi-cartilagineux, portant une série de tigelles qui soutiennent des tentacules (*cirres buccaux*) (*C*). Un sac pharyngien ou branchial, a fentes nombreuses, muni intérieurement de cils vibratiles et homologue de la branchie

(1) Appelés aussi LEPTOCARDES (λεπτός, grêle; καρδια, cœur) ou CÉPHALOCHORDES (κεφαλη, tête, χορδη, corde)

des Tuniciers, précède le tube gastro-intestinal. Celui-ci présente, à sa partie antéro-inférieure, un *cæcum* dit *hépatique* (*L*) qui ne présente aucune conformation glandulaire et semble fontionner comme estomac. L'intestin se termine par un anus situé un peu à gauche ou à droite, au niveau du quart postérieur du corps. Pas de pancreas.

Appareil respiratoire. — Constitué par le sac pharyngien ou branchial, sorte de corbeille percée de trous, soutenue par une charpente cartilagineuse et entourée d'une cavité péribranchiale homologue de la chambre sous-operculaire des Poissons. Cette cavité débouche au dehors par un orifice médian (*pore abdominal*) (*P*) situé assez en avant de l'anus. L'eau destinée à la respiration entre par la bouche, traverse les fentes du treillage branchial et est expulsee par le pore abdominal. La corbeille branchiale présente deux gouttières ciliees, l'une dorsale (*sillon épibranchial*), l'autre ventrale (*sillon hypobranchial*). Le sillon supérieur est le chemin suivi de préférence par les aliments ; il constitue en réalité un œsophage ouvert ventralement.

Appareil circulatoire. — Pas de cœur. Un vaisseau median ventral (*artere branchiale*), situé au-dessous du sac branchial, envoie a chaque arc branchial une branche munie à sa base d'un renflement pulsatile (*cœurs branchiaux*) ; de là le sang passe, au-dessus du sac branchial, dans un tronc (*aorte*) qui longe la face inférieure de la corde dorsale. Sang incolore, charriant cependant des globules qui renferment un peu d'hémoglobine. Il existe un système de vaisseaux et de cavités lymphatiques débouchant dans le système sanguin. Pas de rate.

Appareil urinaire. — On considère comme un vestige d'organes urinaires des replis (*N*) formés par l'épithelium de la cavité péribranchiale, un peu en arrière du cæcum hépatique. Les produits de l'excrétion s'échapperaient donc, avec l'eau, par le pore abdominal.

Appareil reproducteur. — Sexes séparés. Testicules et ovaires sous la forme de petites masses cuboides (*Ov*) situés dans la partie latérale de la cavité péribranchiale. Les produits sexuels s'échappent par le pore abdominal ou par la bouche.

Appareil locomoteur. — Le squelette est representé seulement par la notochorde (*Ch*) et la charpente cartilagineuse du sac branchial. La corde dorsale s'étend d'un bout a l'autre du corps, au lieu de s'arrêter, comme chez les Vertebrés, a une certaine distance de l'extrémité antérieure ; elle est entourée d'une gaine formant, au-dessus d'elle, un tube (*canal neural*) qui ne s'élargit pas dans la region céphalique pour limiter une cavité cranienne comme chez les Vertébrés

Les muscles du tronc forment une série de myomeres constitues par des lames de fibres striees. Les nageoires sont réduites a une dorsale et a une anale munies de rayons, rejoignant, a l'extrémité postérieure, une caudale sans rayons. Celle-ci rappelle la forme embryonnaire qu'affecte d'abord la caudale des Poissons.

Système nerveux. — La moelle épinière est logée dans le canal neural ; elle se termine a ses deux extrémités par un très petit renflement creusé d'une cavité. Le renflement antérieur représente un cerveau peu différencié; il donne quelques nerfs comparables a des nerfs craniens. Les nerfs rachidiens sont alternes d'un côte a l'autre, au lieu d'être symetriques ou opposés, comme chez les Vertébrés. Ils sont de deux sortes : les uns (*sensitifs*) partent de la région supérieure de la moelle; les autres (*moteurs*) s'échappent de la région inférieure. Pas de systeme nerveux sympathique distinct.

Organes des sens. — La peau est nue, transparente, composée d'un épiderme délicat, d'un derme fibreux et d'une couche souscutanée. Des cellules tactiles sont disséminées sur la région céphalique. Des cellules gustatives sont distinctes sur des papilles qui séparent la cavité buccale de la corbeille branchiale. Une petite fossette ciliée, placée un peu à gauche, sur la partie céphalique, represente l'organe de l'olfaction. Pas d'organe auditif. Pas d'yeux : une simple tache pigmentaire, a l'extremité antérieure du centre nerveux, au-dessous de la fossette olfactive.

Developpement. — L'œuf est alécithe, à segmentation totale et egale. La larve est d'abord munie de fentes branchiales qui s'ouvrent directement au dehors ; mais bientôt deux prolongements des parois du corps recouvrent ces fentes et s'unissent sur la ligne medio-ventrale, sauf au pore abdominal, pour former la cavité péribranchiale. Celle-ci ne doit pas être confondue avec la cavité viscérale.

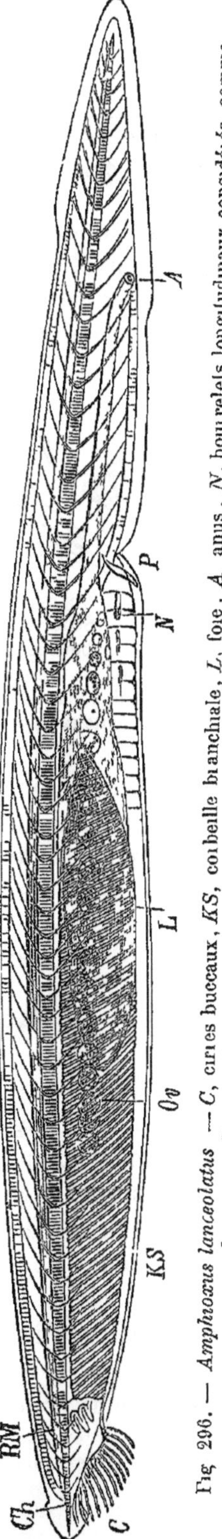

Fig 296. — *Amphioxus lanceolatus* — *C*, cirres buccaux, *KS*, corbeille branchiale, *L*, foie, *A* anus, *N*, bourrelets longitudinaux considérés comme les reins, *P*, pore du sac péribranchial, *Ov*, ovaires, *Ch*, corde dorsale, *RM*, moelle épinière

SOUS-EMBRANCHEMENT II. — TUNICIERS.

Chordes à corde dorsale persistante ou temporaire, n'occupant jamais que la région caudale (1).

Les Tuniciers sont tous marins. Ils doivent leur nom à l'existence d'une enveloppe spéciale (*tunique*) composée essentiellement d'une substance isomère de la cellulose et sécrétée par l'épiderme (*tunicine*)

Le derme, constitué par du tissu conjonctif et des fibres musculaires lisses, est situé au-dessous de la tunique et forme, avec elle, la paroi du corps. Celui-ci a généralement la configuration d'un sac a deux orifices : l'un pour l'entrée de l'eau et des aliments ; l'autre pour la sortie de l'eau, des produits sexuels et des résidus de la digestion. Chez les Tuniciers, au moins à l'état de larve, les principaux organes occupent la même situation relative que chez l'Amphioxus et les Vertébrés, a savoir de haut en bas : le système nerveux central, la corde dorsale, le tube digestif, le cœur. Les uns (*Perennichordes*) conservent pendant toute la vie, une queue et une corde dorsale ; les autres (*Caducichordes*) manquent, a l'âge adulte, de queue et de corde dorsale. Trois classes.

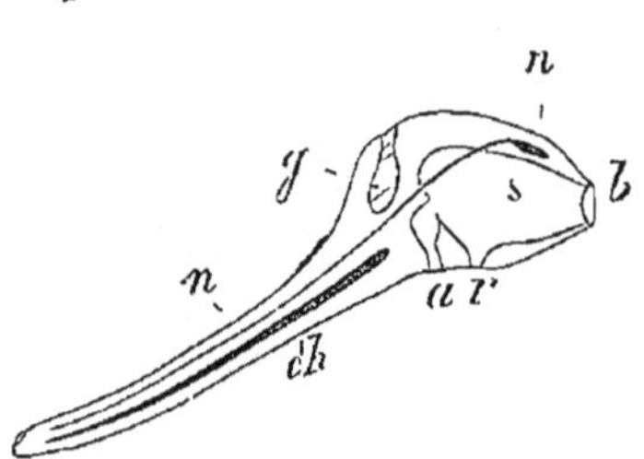

Fig 297 — Schéma d'une Appendiculaire. — *b*, bouche, *a*, anus, *r*, l'un des deux orifices de sortie du sac branchial, *s*, *ch*, corde dorsale, *g*, organes génitaux, *n*,*n*, centres nerveux

TUNICIERS.	**Perennichordes.**	....	APPENDICULAIRES
	Caducichordes.	Fixes. Deux orifices rapprochés.	ASCIDIACÉS.
		Nageurs. Deux orifices opposés	THALIACÉS.

Appareil digestif. — L'orifice buccal, inerme, conduit dans un sac pharyngien ou branchial (*branchie*), homologue de celui de l'Amphioxus. La branchie présente deux gouttières médianes l'une, dorsale (*gouttière épibranchiale*), supporte une série de languettes proéminant dans la cavité branchiale ; l'autre, ventrale (*gouttière hypobranchiale* ou *endostyle*) (fig. 299, *End*), est tapissée de cils vibratiles et remplie de mucus (2).

(1) D'où le nom d'UROCHORDES (οὐρά, queue)

(2) Les deux gouttières sont réunies en avant par une gouttière circulaire (*gouttière péricoronale*), qui marque le commencement de la branchie, en

L'œsophage est cilié, ainsi que le reste du tube digestif, sauf l'estomac. Celui-ci est assez volumineux et muni de glandules digestives. L'intestin se recourbe sur lui-même ; sa portion terminale (*rectum*) présente seule des fibres musculaires qui amènent l'expulsion des matières fécales. Le rectum débouche sur la face dorsale, soit dans un cloaque (Caducichordes) (fig. 299, *Af*), soit directement au dehors, sur la face ventrale (Pérennichordes) (fig. 297, *a*).

Appareil respiratoire. — Chez les Ascidiacés, la branchie a la forme d'un sac treillissé occupant toute la longueur du corps (*Phallusia*) ou une partie (*Clavellina*). Le sac branchial est suspendu, comme chez l'Amphioxus, dans une cavité (*cavite peribranchiale*) aux parois de laquelle il est relié par des brides conjonctives creuses (*sinus dermato-branchiaux*) contenant de l'hémolymphe. Celle-ci circule dans les travées du treillis branchial. Les cils vibratiles qui recouvrent ces travées déterminent l'entrée de l'eau par la bouche, son passage à travers les fentes branchiales, enfin sa sortie par l'ouverture du cloaque. Chacun des orifices d'entrée et de sortie de l'eau est muni d'un tube (*siphon*) proéminent à l'extérieur. Le siphon buccal débouche dans la cavité branchiale : le siphon cloacal s'ouvre dans le cloaque, simple élargissement de la cavité péribranchiale, Chez les Salpes, la branchie est tantôt une cloison transversale trouée (fig. 304 B), tantôt un ruban dorsal dirigé obliquement de la bouche à l'œsophage (fig. 302), Chez les Pérennichordes, la cavité peribranchiale n'existe pas ; le sac branchial présente ventralement deux ouvertures ciliées (fig. 300, *Sp*), par lesquelles sort directement l'eau qui a servi a la respiration.

Appareil circulatoire. — L'organe central de la circulation est un cœur simple, de forme allongée, situé sur la face ventrale de la cavite viscérale ; il est formé de fibres striées mais non anastomosées. Deux sinus principaux situés dans le derme, l'un au-dessus, l'autre au-dessous de la branchie, sur la ligne médiane, sont en communication avec le cœur. Celui-ci bat *alternativement* dans un sens et dans le sens contraire. La circulation est donc régulièrement oscillatoire ; alors l'hémolymphe oxygénée, allant tantôt d'un côté tantôt de l'autre, est répartie d'une maniere égale entre tous les

arriere par une courte gouttiere rectiligne (*raphé posterieur*), situee sur le fond du sac branchial. Cet ensemble de gouttieres est cilie et aboutit, au fond du sac branchial, a l'entree de l'œsophage Les particules alimentaires, agglutinées par le mucus de l'endostyle, sont dirigees vers l'œsophage par le jeu des cils vibratiles et y arrivent soit par les gouttieres ventrale et posterieure, soit par la gouttiere dorsale.

organes. Chez les PERENNICHORDES, le cœur est transversal (fig. 300, C), il fait quelquefois défaut (*Kowalevskyia*).

Appareil excreteur. — Peu connu; on doit peut-être considérer comme représentant le rein des glandes ramifiées débouchant dans l'intestin, ou de simples cellules disposées en traînées sur divers points de l'intestin. Parfois il existe un rein différencié, mais sans canaux excréteurs, les produits urinaires s'accumulant sous forme de concrétions dans les cellules qui le composent (Molgule).

Appareil reproducteur. — Les Tuniciers sont hermaphrodites et se reproduisent sexuel-

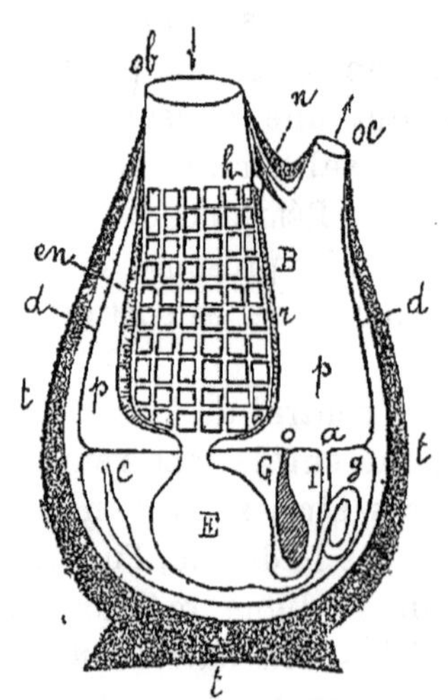

Fig 298 — Schéma d'une Ascidie — *t*, tunique, *d*, manteau, *ob*, orifice buccal, *oc*, orifice cloacal, *B*, branchie, *en*, endostyle, *i*, gouttière ciliée dorsale, *p*, cavité péribranchiale *E*, estomac, *a*, anus, *I*, intestin, *c*, cœur, *g*, cavité générale, *G*, glande génitale, *o*, son ouverture, *n*, ganglion nerveux, *h*, glande hypoganglionnaire

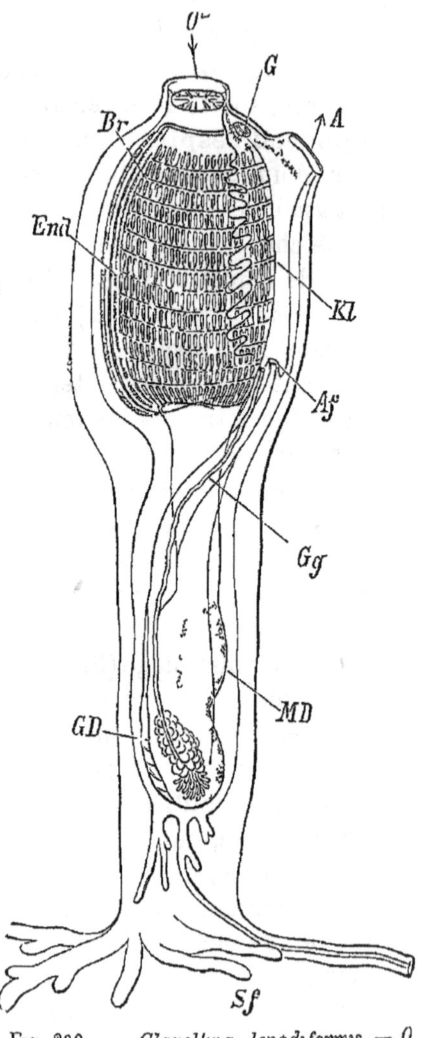

Fig 299 — *Clavellina lepadiformis* — *O* bouche, *Br*, branchie, *End*, endostyle, *MD*, estomac, *Kl*, cloaque, *A*, orifice de sortie, *Af*, anus, *G*, centre nerveux, *GD*, glande génitale, *Gg*, son canal excréteur *Sf*, stolons.

lement ou par gemmiparité. La reproduction sexuelle et le bourgeonnement peuvent être départis a des individus semblables ou a des individus différents, les individus sexués produisant des individus bourgeonnants et ceux-ci des individus sexués (*générations alternantes*).

Les ovaires et les testicules, généralement pairs, sont situés dans la cavité viscérale ; leurs canaux excréteurs débouchent dans le cloaque. Chez les APPENDICULAIRES, les organes génitaux forment une masse impaire, dépourvue de canal excréteur. La fécondation de l'œuf a généralement lieu dans le cloaque. L'embryon est expulsé, tantôt entouré des enveloppes de l'œuf (*oviparité*), tantôt à l'état libre (*viviparité*), chez les SALPES, il reste longtemps attaché au corps de la mère par une sorte de placenta.

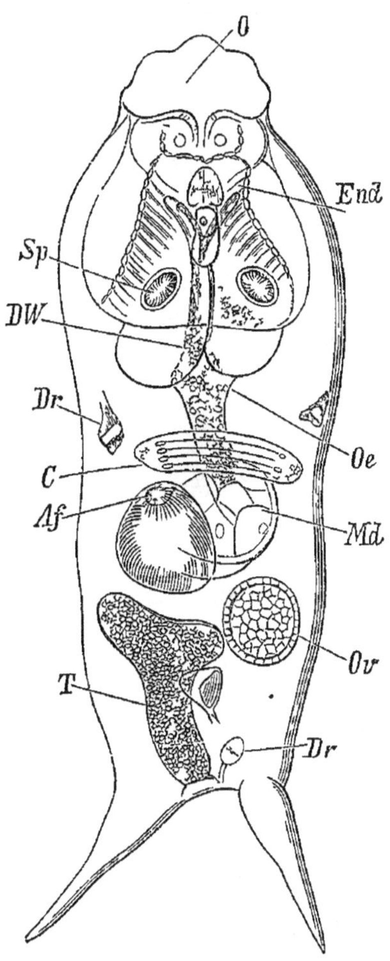

Fig. 300. – *Appendicularia* (*Fritillaria*) *furcata* vue par la face ventrale et dont l'appendice caudal a été enlevé — *O*, bouche, *End*, endostyle, *Sp*, les deux orifices efférents de la cavité pharyngienne, *DW*, bandelette ciliée dorsale, *Oe*, œsophage, *Md*, estomac, *Af*, anus, *Dr*, glandes, *C*, cœur, *Ov*, ovaire, *T*, testicule.

Corde dorsale. — Il faut assimiler à la corde dorsale des Vertébrés un cordon axial qui, chez les PÉRENNICHORDES et les larves des CADUCICHORDES, court tout le long de la queue. Ce cordon, qui ne se prolonge jamais dans le tronc (d'où le nom d'UROCHORDES qu'on a proposé pour les Tuniciers), existe pendant toute la vie chez les Pérennichordes et disparaît, à l'âge adulte, avec l'appendice caudal, chez les Caducichordes.

Système nerveux. — Chez les PÉRENNICHORDES, les centres nerveux sont représentés par un ganglion volumineux situé au-dessus de l'entrée du tube digestif et par une véritable moelle tubulaire. Celle-ci pénètre dans la queue, dont elle occupe presque toute la longueur, et donne des paires de nerfs actionnant autant de segments musculaires ou *myomères*. Chez les CADUCICHORDES, le système nerveux de l'adulte se réduit à un simple ganglion nerveux situé dans l'intervalle des deux siphons (*région interosculaire*) et émettant des rameaux très minces. Au-dessus du ganglion nerveux, se trouve chez les ASCIDIACÉS, un organe glandulaire de même volume (*glande hypoganglionnaire*), que l'on a considéré comme homologue de l'hypophyse des Vertébrés (JULIN). La glande hypoganglionnaire est en connexion avec un pavillon (*organe vibratile*), qui s'ouvre dans la cavité branchiale.

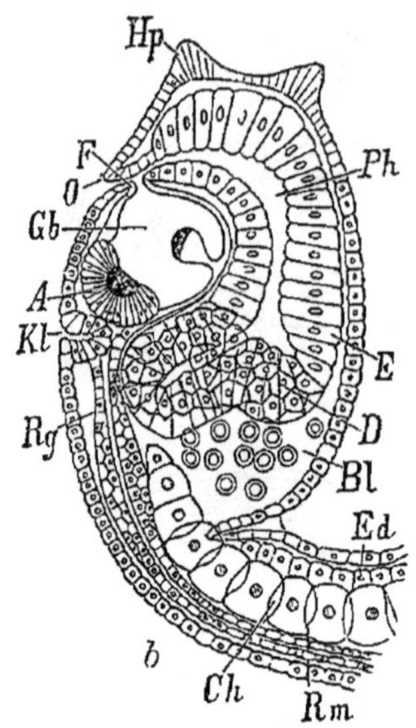

Fig. 301. — Larve d'Ascidie âgée de deux jours. La partie antérieure seule est représentée — *Rg*, *Rm*, moelle épinière, *Gb*, vésicule cérébrale, *F*, son orifice, *A* œil, *O*, bouche, *Ph*, cavité pharyngienne, *E*, endostyle, *D*, ébauche du tube digestif, *Kl*, orifice atrial (ébauche du cloaque), *Bl*, globules sanguins, *Hp*, papilles adhésives, *Ch*, corde, *Ed*, cellules de l'entoderme situées dans la queue

Organes des sens. — Chez les PERENNICHORDES, une fossette olfactive et un otocyste sont en rapport immédiat avec le ganglion nerveux. Chez les CADUCICHORDES, la larve présente un otocyste et un œil impair qui disparaissent chez l'adulte; cependant, chez la plupart des THALIACÉS, à cause de la vie libre pelagique, l'œil persiste toute la vie.

Développement. — Le développement des Ascidies rappelle celui de l'Amphioxus (KOWALEVSKY) (1).

Alternance de generations. — Les THALIACÉS (*Salpes*) se présentent sous deux aspects differents : 1° celui d'individus isolés de grande taille (Salpes libres) 2° celui de longues chaînes (Salpes agrégées) dont chaque chaînon est formé par un individu de petite taille. Les Salpes libres (fig. 302) sont asexuees et gemmipares; elles forment a leur intérieur (*St.p*) une chaîne d'individus qui restent toujours unis. Ces Salpes agrégées (fig. 303)

(1) La larve des Ascidies a la forme d'un Têtard (fig. 301). Munie d'une queue, d'une notochorde, d'un tube medullaire et d'un renflement cerebroide anterieur en rapport avec un organe auditif et un œil impair, elle rappelle l'etat permanent des Appendiculaires. Apres avoir nage pendant un certain temps, la larve se fixe, au moyen de papilles d'adherence situees a la partie anterieure du corps. Elle subit alors une metamorphose regressive qui l'eloigne des Appendiculaires. La queue, desormais sans usage, s'atrophie, la notochorde disparaît tout entiere, ainsi que la moelle tubulaire, le systeme nerveux se trouve reduit a la petite masse ganglionnaire repondant au renflement cerebroide. En même temps, les organes des sens disparaissent et la larve se metamorphose en une jeune Ascidie. Chez quelques Ascidiens (Pyrosomes, quelques Molgules), c'est une larve anoure qui sort de l'œuf; mais cela tient simplement a un developpement plus rapide (*accélération embryogénique*)

sont hermaphrodites et non gemmipares; chacune d'elles produit un œuf (*Ov*), d'où sort une Salpe libre, agame et gemmipare. Les deux formes alternent ainsi régulièrement (Chamisso) (1). — Chez les Barillets (*Doliolum*), le développement est encore plus compliqué, car deux générations agames de formes différentes s'intercalent entre deux générations sexuées (fig. 304).

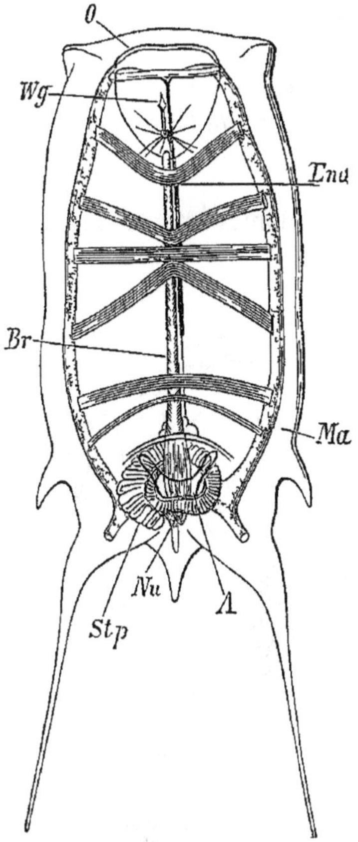

CLASSE I – APPENDICULAIRES (2).

Tuniciers libres, munis d'un appendice caudal persistant.

Fig 302 — *Salpa mucronata* individu isolé (génération asexuée) — *O*, bouche *A*, orifice de sortie, *Br*, branchie, *End*, endostyle, *Wg*, fossette ciliée avec, au dessous d'elle le ganglion *Ma*, manteau *Nu*, nucléus (masse viscérale), *Stp*, stolon prolifère

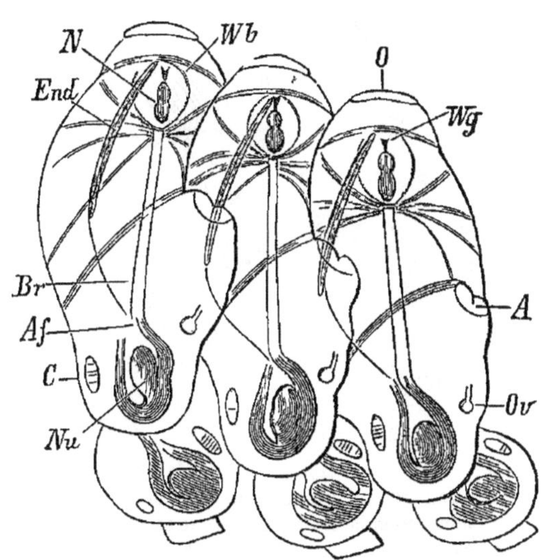

Fig 303 — Portion terminale d'une jeune chaîne de Salpes fortement grossie, — *N*, ganglion nerveux, *Wb*, arc cilié, *Af*, anus, *Ov*, ovaire, *C*, cœur, les autres lettres comme dans la figure précédente

Petits animaux pélagiques, transparents, munis d'un appendice

(1) En réalité l'interprétation doit être différente. L'œuf de la Salpe agrégée est formé déjà dans la Salpe libre qui lui a donné naissance Cette dernière est donc réellement sexuée et femelle Elle confie son œuf à la Salpe agrégée (née d'elle par bourgeonnement), qui est chargée de le nourrir et de le féconder. Celle-ci est en réalité un mâle nourricier.

(2) *Appendicula*, petit appendice.

caudal relativement énorme, conservant, pendant toute la vie, une corde dorsale et un cordon nerveux dorsal (fig. 297 et 300).

Oikopleura. — *Fritillaria*. — *Kowalesvkya*.

CLASSE II. — **ASCIDIACÉS** (1)

Tuniciers généralement fixés, a tunique opaque, pourvus de deux orifices rapprochés l'un de l'autre, plus rarement opposés.

Solitaires ou réunis en colonies. Manteau soutenu

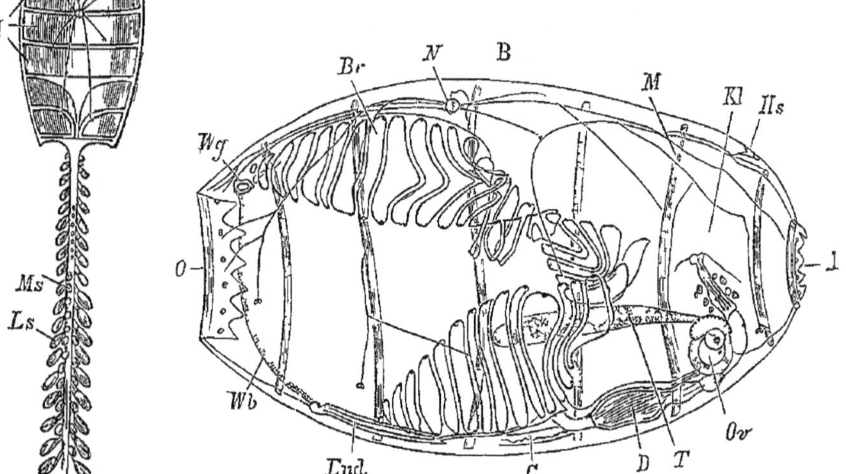

Fig 304 — *Doliolum denticulatum* — A Nourrice de la première génération issue de l'œuf (*M*, ses cercles musculaires) Elle porte un stolon dorsal, sur lequel sont attachés des bourgeons latéraux, *Ls*, qui ne se développent pas davantage et sont purement nourriciers, et des bourgeons médians, *Ms*, qui deviennent des nourrices de seconde génération Ces dernières sont semblables aux individus sexués, elles produisent un stolon ventral sur lequel se développent les individus sexués — B individu sexué — *O*, bouche *A*, orifice de sortie, *Kl*, cloaque, *N*, centre nerveux, *Hs*, organes sensoriels cutanés *Wb* arc cilié, *Wg*, fossette ciliée, *End*, endostyle, *Br*, branchie, *C*, cœur, *D*, tube digestif, *T*, testicule, *Ov*, ovaire, *M*, cercles musculaires

par de nombreux faisceaux musculaires entrecroisés. Une tunique coriace. Un large sac branchial. En général beaucoup d'œufs.

ORDRE I. **Ascidiens.** — *Animaux fixés, a orifices d'entrée et de sortie rapprochés l'un de l'autre* (fig. 298 et 299).

Ils peuvent être solitaires ou former des colonies ramifiées, chaque individu ayant une tunique distincte, ou enfin former de petits

(1) ἀσκιδιόν, petite outre.

groupes coloniaux (*systèmes* ou *cœnobies*) réunis dans une enveloppe commune et s'associant eux-mêmes en colonies de second ordre (fig. 70, p. 129). Toutefois les Ascidiens simples passent insensiblement aux Ascidiens composés. La division en Ascidies simples et en Ascidies composées ou Synascidies n'exprime donc pas des rapports naturels.

1° ***Formes simples.*** — *Phallusia.* — *Molgula.* — *Ciona.* — *Cynthia.* On mange, dans le Midi, *C. microcosmus*, malgré son goût amer et son aspect repoussant. — *Chevreulius.* Test bivalve. — *Boltenia.* Corps longuement pédonculé. — *Clavellina.* Colonies a stolons rampants (fig. 299). — *Perophora.* Individus situés verticalement, de chaque côté d'un stolon rampant.

2° ***Formes composées.*** — Systemes ayant le plus souvent une forme etoilée, les divers individus qui les forment rayonnant autour d'un orifice cloacal commun (fig. 70).

Botryllus. Corps de chaque individu simple — *Didemnum.* Corps divisé en deux regions. — *Polyclinum.* Corps divisé en trois régions.

ORDRE II. **Pyrosomiens** (πῦρ, feu ; σῶμα, corps). — *Ascidies pélagiques, à orifices places aux deux extrémités du corps ; unies en colonies tubuleuses, où les individus sont réunis dans une enveloppe commune.*

La colonie a la forme d'un manchon ouvert à l'une de ses extrémités et fermé a l'autre. Les individus sont placés dans la paroi du manchon, avec l'orifice d'entrée au dehors et l'orifice de sortie débouchant dans la cavité du tube. La luminosité a pour siege deux groupes de cellules situées dans le voisinage de la bouche de chaque individu.

Pyrosomes (*Pyrosoma*). Océan et Méditerrannée.

CLASSE III. — THALIACÉS (1)

Tuniciers nageurs, transparents, à orifices terminaux et opposes ; viscères concentrés en une petite masse (nucléus)*; branchie en forme de ruban ou de lamelle.*

Solitaires ou agrégés, souvent lumineux ; muscles du manteau formant des bandes séparées. Tunique gélatineuse transparente. Branchie variable. En général un seul œuf. *Nucléus* formant, a la partie pos-

(1) *Thalie*, nom mythologique.

térieure du corps, une masse arrondie et colorée. Nagent par la contraction du corps qui, rejetant l'eau intérieure, détermine un mouvement de recul.

Salpiens (σαλπή, salpe). — *Individus libres ou agrégés, mais seulement accolés.*

Salpes ou Biphores (*Salpa*). Cylindriques. Branchie réduite à une simple lamelle, tendue obliquement dans la cavité digestive (fig. 302, *Br*) — Barillets (*Doliolum*). En forme de tonnelets. Branchie formant mant un ruban percé de fentes, au fond de la cavité pharyngienne (fig. 304 B, *Br*).

APPENDICE — ENTÉROPNEUSTES (1)

Chordés (?) à corde dorsale (?) persistante mais rudimentaire et n'occupant jamais que la région branchiale.

Un seul genre, le *Balanoglossus*. L'adulte a l'aspect d'un Ver long

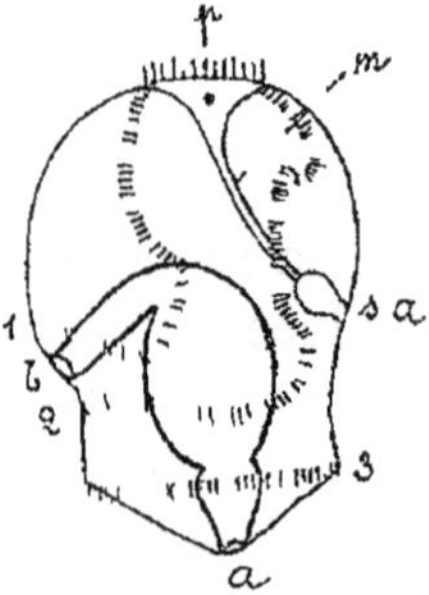

Fig. 305. — Tornaria, larve de Balanoglosse. — *1*, *2*, *3*, bandes ciliées ; *b*, bouche ; *a*, anus ; *m*, cordon musculaire ; *p*, pôle supérieur ; *sa*, invagination ectodermique.

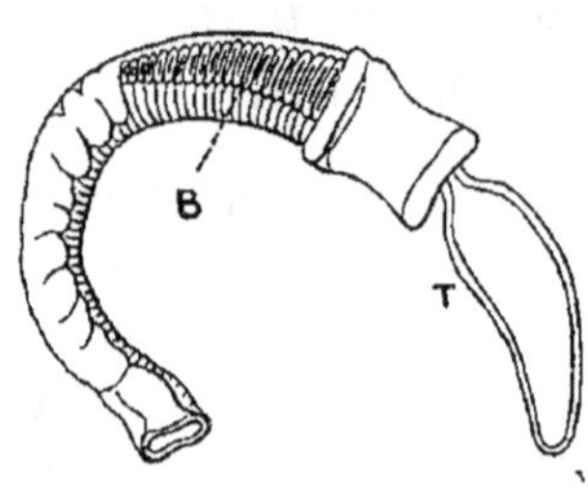

Fig. 306. — Balanoglosse (jeune). — *B*, fentes branchiales ; *T*, trompe. On voit le collier entre la trompe et le tronc.

d'environ 50 centimetres, vivant dans la mer ; mais la larve (*Tornaria*) ressemble à une larve d'Échinoderme (fig. 305).

Les Balanoglosses ont le corps couvert de cils vibratiles et divisé en trois régions : une antérieure (*trompe*), une moyenne (*collier*), une postérieure (*tronc*). La *trompe* (fig. 306) est creuse, en forme de gland, contractile et en communication avec l'extérieur par un ou deux pores dorsaux. Sa base est étranglée et porte en dessous l'ouverture buccale,

(1) ἔντερον, intestin ; πνεῦσις, respiration. Appelés aussi HEMICHORDES.

toujours béante. Le *collier* est un large anneau musculaire creusé d'une cavité independante qui communique avec l'extérieur par deux pavillons vibratiles Ces derniers vont s'ouvrir, de chaque côté, dans la premiere chambre branchiale et sont peut-être des organes segmentaires. Le *tronc* présente a sa partie antérieure une serie de *fentes branchiales* qui s'ouvrent intérieurement dans le pharynx. Elles sont disposées symétriquement de part et d'autre de la ligne médiane dorsale. La partie moyenne ou *gastrique* du tronc montre un amas de boursouflures verdâtres (*glandes digestives*) de chaque côte d'un sillon médian dorsal. La partie postérieure ou *caudale* est nettement annelee, mais cette annulation ne correspond pas à une métamérisation interieure.

Les Balanoglosses vivent au niveau des marées basses, ensablés la tête en bas. Ils avalent du sable qu'ils expulsent par l'anus sous forme de tortillons. Les deux espèces les plus connues sont *B. Kupfferi* de l'Océan, avec deux pores, et *B. minutus* de la Méditerranée, avec un seul pore a la trompe.

Appareil digestif. — Le tube digestif est cilié a l'intérieur. La bouche se trouve au-dessous de la base de la trompe ; elle est suivie d'un pharynx qui occupe une grande partie du collier. L'œsophage est divisé en deux étages, l'un supérieur où debouchent les fentes branchiales, l'autre inférieur et digestif. Il présente un sillon cilié, que l'on a comparé à l'endostyle des Tuniciers, et est suivi d'un long estomac, dans lequel viennent s'ouvrir, de chaque côté, des glandes digestives. L'anus occupe l'extrémite terminale du corps Une cavité genérale, close et divisée en deux par un mésentère, règne autour du tube digestif.

Appareil respiratoire — Il se compose d'une série de *chambres branchiales* soutenues par des tigelles squelettiques dont l'ensemble rappelle la cage respiratoire de l'Amphioxus. Les chambres branchiales communiquent d une part avec l'œsophage, d'autre part avec l'extérieur, au moyen de fentes recouvertes par les replis dorsaux qui prolongent le collier en arrière. L'eau pénètre par la bouche et sort par les fentes dorsales, apres avoir traversé les chambres branchiales.

Appareil circulatoire. — Il est constitué par deux troncs principaux, l'un dorsal, l'autre ventral. Le tronc dorsal, situé au-dessous de l'axe nerveux, se continue dans la trompe par un renflement (*cœur*) qui semble actionner le fluide sanguin. Le cœur est situe au-dessous d'une cavité (*sac glandulaire*) sur la nature de laquelle on n'est pas encore fixé. Les troncs dorsal et ventral sont réunis par un canal circulaire, a la base du collier, et, dans chaque anneau, par deux sortes d'anastomoses circulaires qui sont très développées dans la région branchiale.

Appareil reproducteur. — Sexes séparés. Les glandes sexuelles forment, sur le dos, une rangée de chaque côté des chambres branchiales et deux rangées en arrière de ces chambres, dans la région gastrique. Elles constituent des amas jaunâtres (*testicules*) ou rougeâtres (*ovaires*) qui déversent leurs produits par des orifices (*orifices génitaux*) situés en dehors ou en arriere des orifices branchiaux. Les œufs sont pondus en cordons.

Squelette. — On a considéré comme homologue a la notocorde un diverticule tubulaire qui part du tube digestif dans sa région dorsale et se dirige en avant. Autour d'elle s'edifie un axe semi-cartilagineux emettant des prolongements latéraux, qui soutiennent les chambres branchiales, et un prolongement médian qui s'avance dans la base de la trompe, au-dessus de l'orifice buccal. Mais ces homologies sont extrêmement vagues.

Système nerveux. — Tres peu développé : il est inclus dans la partie profonde de l'épiderme, et se compose principalement de deux cordons, l'un dorsal, l'autre ventral, relié par une commissure située dans le collier. Le cordon dorsal est tubulaire en avant, et a été comparé par suite a la moelle des Vertébrés.

Développement. — Segmentation totale et égale. Larves différentes suivant les espèces. Les unes (*Tornaria*) ont la forme d'un entonnoir surmonté d'un dôme et présentent trois bandes ciliees qu'on n'observe pas chez les autres. La *Tornaria* (fig. 305) a une bouche ventrale et un anus terminal (*pôle inferieur*). Le tube digestif, recourbé en anse, se compose d'un œsophage et d'un intestin courts, que réunit un estomac volumineux. Le sommet du dôme (*pôle superieur*) porte une touffe de cils au milieu desquels sont deux yeux latéraux. Un pore dorsal conduit dans une vésicule piriforme (*sac aquifere*) rattachée au pôle supérieur par un cordon musculaire (1).

(1) En resume on est tres mal fixe sur les affinites du Balanoglosse. Sa larve le rapproche des Echinodermes, quant a l'organisation de l'adulte, si les fentes branchiales rappellent la corbeille branchiale de l'Amphioxus, il faut convenir que la soi-disant notochorde a une valeur morphologique bien contestable.

EMBRANCHEMENT III. — MOLLUSQUES.

Animaux à symétrie bilatérale, non métamérisés, à tégument mou, avec une coquille en général externe, univalve ou bivalve, quelquefois absente ; système nerveux, présentant au moins deux colliers œsophagiens.

Artiozoaires à tégument mou, riche en glandes mucipares. Parois du corps se prolongeant en général en un repli, appelé *manteau*, qui protège les branchies. Le manteau sécrète une coquille calcaire univalve ou bivalve. — Appareil digestif présentant fréquemment une langue cornée armée de dents (*radula*) et toujours une glande digestive (improprement appelé *foie*), dont la sécrétion a des propriétés digestives cumulant celles du foie et du pancréas des Vertébrés. — Cavité générale restant rarement spacieuse ; elle se comble d'un tissu conjonctif, dans lequel se creusent seulement des lacunes plus ou moins vastes où pénètre le sang. Elle ne reste vide qu'autour du cœur, qui est par suite enfermé en général dans une cavité libre de trabécules (*péricarde*). — Cœur artériel généralement placé dans le voisinage du rectum. Système vasculaire incomplet, les artères débouchant dans les lacunes creusées dans le tissu conjonctif, et le sang baignant directement les organes. — Appareil excréteur (*organes de Bojanus*) communiquant d'une part avec l'extérieur et de l'autre avec la cavité générale (ou le péricarde). — Reproduction toujours sexuée. — Pied locomoteur de forme très variable. — Le système nerveux comprend 3 groupes de ganglions principaux : *cérébroïdes, pédieux, viscéraux*, formant 2 colliers œsophagiens : un *collier cérébro-pédieux*, un *collier cérébro-viscéral*.

Larves généralement pourvues, au-dessus de la bouche, d'une couronne vibratile souvent bilobée (*velum* ou *voile*) servant à la natation. L'extrémité supérieure est creusée d'une invagination ectodermique (*invagination coquillière*), qui produit la coquille, toujours univalve chez l'embryon.

Animaux aquatiques, à l'exception de quelques Gastéropodes terrestres ; la plupart marins, quelques Gastéropodes et Lamellibranches d'eau douce. Plusieurs sont comestibles.

Cinq classes.

MOLLUSQUES.	Symetrie bilatérale parfaite ; corps souvent vermiforme ; parfois une sole pedieuse, coquille nulle ou formée de plaques imbriquees..		AMPHINEURES
	Pied ventral avec une large sole servant a la reptation. — Symetrie bilatérale plus ou moins disparue ; une tête distincte, une radula ; coquille univalve, genéralement enroulée en spirale		GASTEROPODES
	Pied cylindrique, pas de tête distincte, symetrie bilatérale complete (ACÉPHALES).	Coquille tubuliforme. — Une radula.	SCAPHOPODES
		Coquille bivalve. — Pas de radula.	LAMELLIBRANCHES
	Tête distincte, pied représente principalement par une couronne de bras entourant la tête, symetrie bilatérale parfaite ; coquille univalve, cloisonnee, plus souvent interne ou nulle...		CÉPHALOPODES.

Morphologie. — L'anatomie comparée et le développement nous permettent de nous faire une idée de ce que devaient être les Mollusques primitifs (fig. 307 A et B). Leur corps peut être considéré comme ayant une forme conique, surbaissée, reposant sur le sol par un large organe musculeux, le *pied*, qui adhère au sol et y rampe a l'aide d'une large sole. Latéralement, existe un repli (*repli palleal*), qui forme une collerette tout autour du corps et recouvre les bords du pied. Entre ce repli et le pied règne une gouttiere (*gouttière palleale*). — Le tube digestif est droit ; la bouche s'ouvre en avant, l'anus a l'extrémité postérieure, dans une cavité (*cavite palleale*) qui n'est qu'un approfondissement de la gouttière palléale. Dans cette cavité se trouvent deux *branchies*, formées de deux rangées de feuillets attachés à un même axe (*branchies bipectinees*). — Le *cœur* est symétrique, situé au-dessus du rectum et présente deux oreillettes recevant le sang des branchies. Il est logé dans la cavité générale, ou dans une partie de celle-ci plus ou moins isolée et appelée *péricarde*. — Deux *nephridies* mettent en communication le péricarde avec l'extérieur et plus spécialement avec la cavite palléale. — Les produits génitaux se développent dans la cavité générale et s'échappent au dehors par les néphridies. — Le systeme nerveux est absolument symetrique.

A. Ce type primitif se retrouve, a peine modifié, chez les AMPHINEURES, qui peuvent être regardés comme les formes primordiales de tout le groupe des Mollusques.

B. GASTEROPODES. — Intimement unis aux précédents. Le corps comprend : 1° la *tête*, qui porte la bouche et les tentacules ; 2° le *pied*, muni d'une sole pédieuse sur laquelle rampe l'animal ; 3° la *masse viscerale*, géneralement enroulée en spirale et cachée par la coquille. — La caractéristique génerale des Gastéropodes est une dissymétrie remarquable qui se manifeste dans tous les organes et

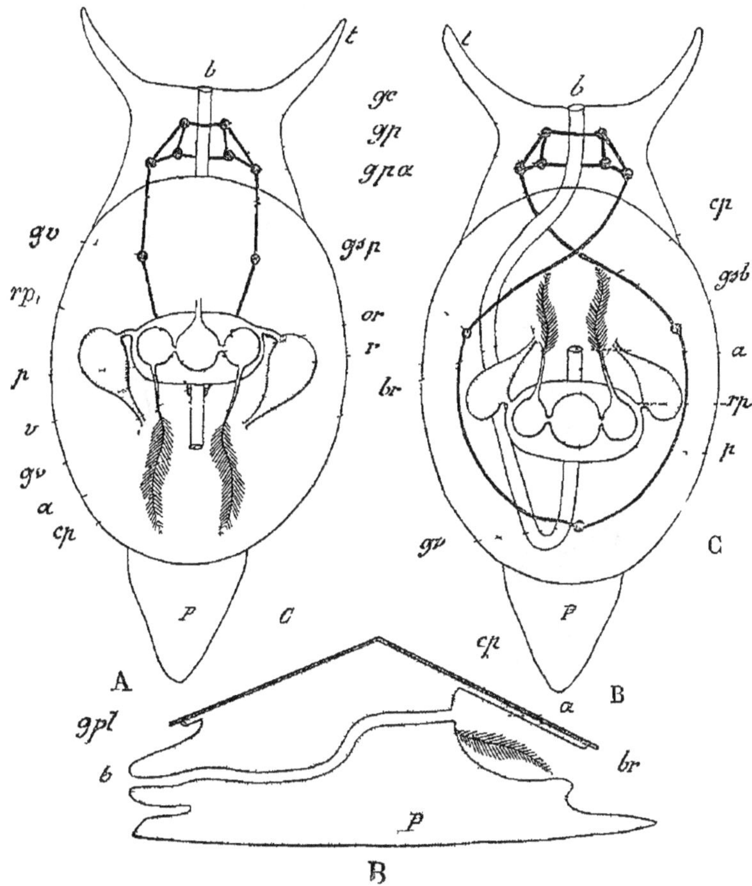

Fig. 307. — A, Schema d'un Mollusque primitif (hypothétique). — B Le même, en coupe longitudinale. — C Schéma d'un Mollusque apres la torsion. — *C*, coquille, *t*, tentacules ; *P* pied. *gpl*, gouttiere palléale. *cp*, cavité palléale, *br*, branchies, *b*, bouche, *a*, anus, *p*, péricarde, *v*, ventricule, *or*, oreillette, *r*, rein, *rp*, canal réno péricardique, *gc*, ganglions cérébroides, *gp*, ganglions pédieux, *gpa*, ganglions palléaux, *gv*, ganglions viscéraux, *gsp*, ganglion supra-intestinal. *gsb*, ganglion sub intestinal.

notamment dans le systeme nerveux. Cette dissymétrie est secondairement acquise. Les ancêtres des Gastéropodes presentaient une symetrie bilatérale ; mais ils l'ont perdue : 1° par suite de l'*enroulement* en spirale de la masse viscérale; 2° par une torsion autour d'un axe vertical, subie par celle-ci et pouvant atteindre 180°.

1° *Torsion* (fig. 307 C). — Supposons le Mollusque primitif décrit plus haut. La torsion ne se produit que pour la partie dorsale de la masse viscérale. Elle laisse intacts la tête et le pied, et a surtout pour effet de ramener l'anus et ses dépendances (cavité palléale, etc.,) en avant, au-dessus de la tête. Les branchies sont dès lors en avant du cœur, les oreillettes en avant du ventricule (*Prosobranches*). Le tube

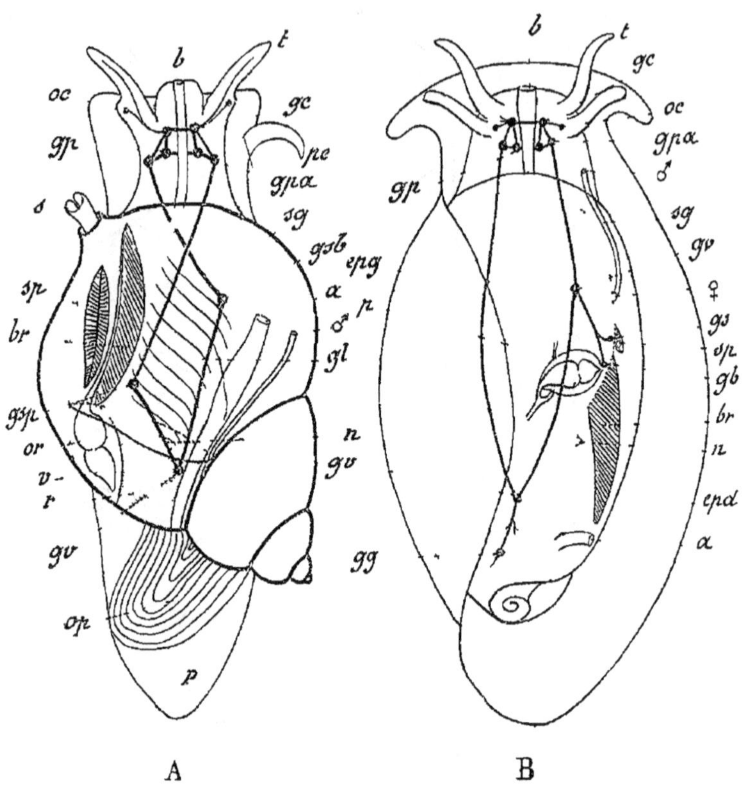

Fig. 308 — A Schéma d'un Prosobranche — B Schéma d'un Opistobranche — *oc*, œil ; *sp*, organe de Spengel (fausse branchie), *gs*, son ganglion, *gb*, ganglion branchial, *gg*, ganglion génital, *op*, opercule, *epd*, *epg*, lobes épipodiaux droit et gauche, ce dernier relevé dorsalement, *s*, siphon, *gl*, glande à mucus, *n*, orifice rénal, ♂, orifice mâle, ♀, orifice femelle, *sg*, sillon génital, où cheminent les spermatozoïdes, *pe*, pénis ; les autres lettres comme dans la figure 307.

digestif est courbé en U, et la commissure viscérale qui forme le second collier nerveux est croisée en X, de façon à passer une fois au-dessous et deux fois au-dessus du tube digestif. Il y a *chiastoneurie*. Ce type de Mollusque tordu, mais non enroulé, n'est pas rigoureusement représenté à l'époque actuelle (1).

(1) La Fissurelle toutefois s'en rapproche, mais elle a une légère dissymétrie, qui s'explique parce qu'elle est enroulée dans son jeune âge et se déroule ordinairement par régression de l'extrémité de la masse viscérale. La symétrie approchée qu'elle présente est donc secondairement acquise.

2° *Enroulement.* — C'est l'enroulement qui entraîne surtout l'asymetrie. Tout se passe comme si la masse viscerale s'enroulait en spirale autour d'un cône (*conchospirale*). Le côté le long duquel se fait l'enroulement est gêné dans son accroissement, et par suite, il se developpe moins que l'autre, s'atrophie plus ou moins complètement. Suivant que cette regression est poussée plus ou moins loin, le nombre primitif et pair des organes est conservé (*Diotocardes*), ou bien il n'y a plus qu'une branchie, qu'un rein, qu'une oreillette au cœur (*Monotocardes*, **Pulmonés**) (fig. 308 A).

Dans un dernier groupe de Gastéropodes, les ***Opisthobranches*** (fig 308 B), la masse viscérale tend à se detordre : le système nerveux n'est plus croisé et redevient *orthoneure*; l'anus et les organes circonvoisins (branchies, etc.) se reportent d'abord sur le côté droit et reviennent finalement en arriere ; l'organisme semble redevenir symétrique, mais il n'existe toujours plus qu'une branchie

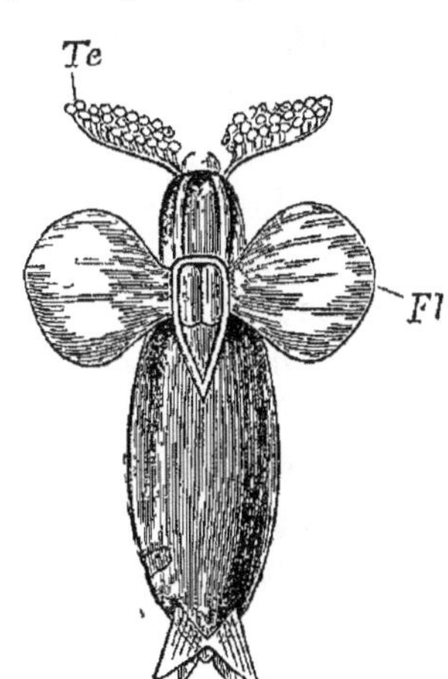

Fig 309 — Type de Pteropode. *Clione australis* — *Fl*, nageoires, *Te*, tentacules

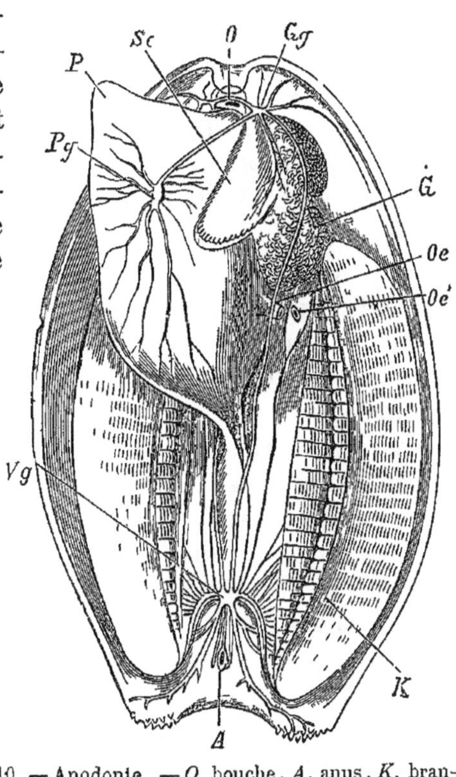

Fig 310 — Anodonte — *O*, bouche, *A*, anus, *K*, branchies, *P*, pied, *Se*, palpes labiaux, *G*, glande génitale, *Oe*, son orifice, *Oe'*, orifice du rein, *Gg*, ganglion cérébroide, *Pg*, ganglion pédieux, *Vg*, ganglion viscéral

et qu'une oreillette, qui est placée en arrière du ventricule.

Adaptation des Gasteropodes a la vie pelagique. — La plupart des Gastéropodes rampent sur le sol à l'aide de leur sole pédieuse. Quelques-uns cependant sont adaptés à la nage et sont devenus pelagiques ; leur pied s'est transformé en nageoire. On en distingue deux groupes : les ***Hétéropodes***, se rattachant aux Prosobranches, ont une seule nageoire impaire et ventrale, dont ils se servent comme d'une godille ; — les ***Ptéropodes***, qui dépendent au contraire des Opisthobranches, ont deux nageoires paires en forme d'ailes (fig. 309) et leur locomotion dans l'eau rappelle le vol des papillons dans l'air.

C. Lamellibranches. — Le corps des Lamellibranches est absolument symétrique; mais on n'y trouve pas de tête distincte (fig. 310). Ils sont surtout caractérisés par le développement excessif que prennent les replis palléaux, qui s'allongent de chaque côte du corps, de façon a entourer celui-ci de deux longs lobes palléaux qui le cachent complètement (fig. 330). Le pied presente encore chez les types primitifs (*Nucule*) une sole pédieuse; mais, par suite de l'allongement des lobes palléaux, il est obligé de se transformer : il ne sert plus a la reptation; en genéral cependant il sert encore a la progression de l'animal ; a cet effet, il s'allonge hors de la coquille, fixe son extremité en un point déterminé, puis, se contractant, rapproche le corps tout entier du point où il s'est fixé; plus souvent encore il sert a forer le sable ou la vase; parfois il disparaît (Huître).

D. Scaphopodes. — Corps allongé, entouré d'un manteau en forme de tube, sans tête distincte et avec un pied cylindrique trilobe à son extrémité (fig. 311).

E. Céphalopodes. — Une tête distincte, en géneral séparée de la masse viscérale par un étranglement (fig. 312). Autour de la tête se trouve une couronne de bras munis de ventouses et entourant la bouche. La masse viscérale est entourée par un manteau en forme de sac, qui n'est libre que sur la face ventrale. Il reste entre lui et le corps une vaste cavité palléale, où sont placées les branchies et où débouchent l'anus, ainsi que les organes génitaux et urinaires. Une large fente située en avant permet l'acces de l'eau dans la cavite palléale. A ce niveau se trouve également un tube, l'*entonnoir*, ouvert a ses deux extrémités (fig. 331) ; c'est par la que l'eau est expulsee de la cavité palléale; à ce moment, le bord antérieur du manteau est en effet relevé contre la paroi du corps et la lumiere de l'entonnoir est seule libre.

Tégument. — Le tégument présente un derme et un épiderme Celui-ci offre souvent des cils vibratiles. Le derme est uni à la couche musculaire sous-jacente et constitue avec elle une *enveloppe musculo-cutanée;* il renferme quelquefois (Céphalopodes) des corpuscules pigmentaires (*chromatophores*). Ces derniers sont formés essentiellement d'une cellule ectodermique (Joubin) et accessoirement de fibres mésodermiques de nature conjonctive (R. Blanchard ; P. Girod). Ils sont sous la dépendance du système nerveux (G. Pouchet) et permettent a l'animal d'harmoniser la teinte générale de son corps avec celle du milieu. — Des glandes cutanées tres simples secretent tantôt une matière visqueuse, comme par exemple celle qui laisse une traînée brillante après le passage des Limaces, tantôt un mucus riche en calcaire, qui produit, en se desséchant, le couvercle (*epiphragme*)

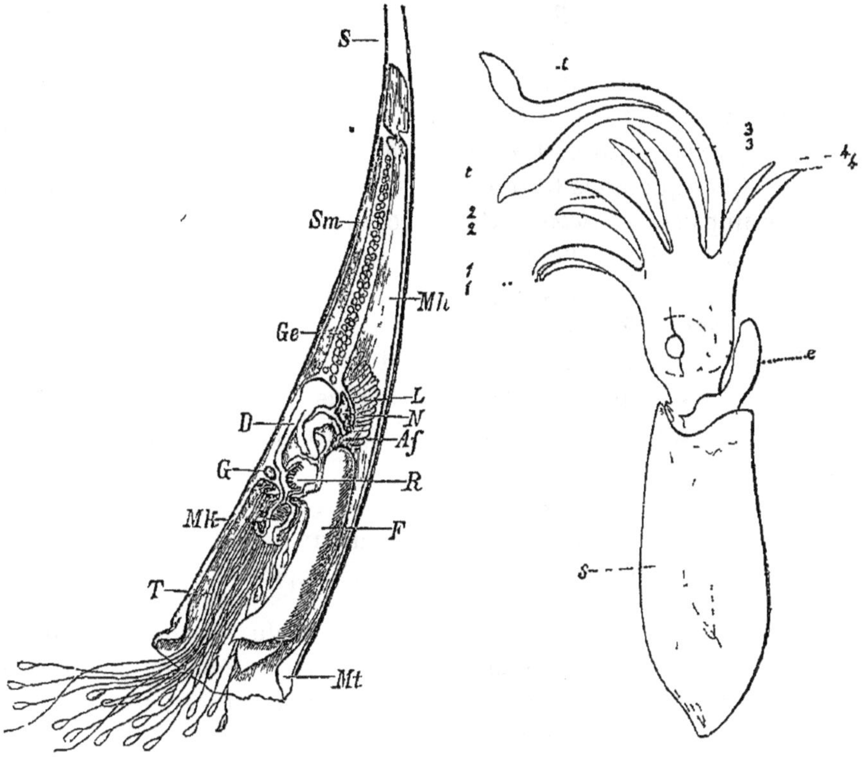

Fig 311 — Anatomie du Dentale — *S*, coquille, *Mt*, manteau, *Sm*, muscle de la coquille, *Mh*, cavite palléale, *F*, pied, *Mk*, mamelon buccal, *T*, cirres, *R* radula, *D*, intestin, *L*, foie, *Af*, anus, *G*, ganglion cérébroide, *N*, rein, *Ge*, glande génitale

Fig 312 — Schéma d'une Seiche — *1-4*, les huit bras péribuccaux, *c*, bras tentaculaires, *e*, entonnoir, *s*, sépion

qu'on observe en hiver a l'entrée de la coquille des Colimaçons. — Une glande spéciale aux Lamellibranches (*glande byssogène*), située à la face inférieure du pied, sécrète, chez beaucoup d'entre eux, une matière analogue à la soie. Cette matière produit, en se solidifiant, un paquet de filaments adhésifs (*byssus*) (fig. 367) qui servent à l'animal, soit pour se fixer, soit pour construire une espèce de nid (1).

(1) On a reussi à tisser le byssus de certains Mollusques, mais la rarete de cette matiere en limite la consommation.

— Chez quelques Opisthobranches, la peau renferme des cellules urticantes (*nématocystes*) analogues à celles qu'on observe chez les Cœlentérés.

Pied. — Organe de locomotion musculeux, toujours ventral, et où on peut, au maximum de complication, reconnaître trois régions impaires (*propodium*, *mésopodium*, *métapodium*) et une partie formée de deux lobes pairs (*epipodium*).

Chez la majeure partie des GASTÉROPODES et chez les AMPHINEURES, il présente une sole ventrale et sert à la reptation (*Platypodes*). Il est alors souvent muni à sa partie postérieure d'un disque corné ou calcaire (*opercule*), qui sert à fermer la coquille, quand l'animal s'y est retiré. Chez quelques Gastéropodes, le pied sert à la natation · la nageoire impaire des *Heteropodes* représente le métapodium, la nageoire paire des *Pteropodes* l'epipodium.

Chez les SCAPHOPODES, le pied est une tige dont l'extrémité est trilobée; il sert à forer.

Chez les LAMELLIBRANCHES, le pied est très variable : il sert très rarement à la reptation (Nucule); le plus souvent, il sert à forer le sable ou la vase, où le mollusque s'enfonce. Il est souvent muni d'un byssus.

Chez les CÉPHALOPODES, le pied est représenté par la couronne des bras et par l'entonnoir, qui correspond aux deux lobes généralement soudés, mais parfois libres (Nautile), de l'épipodium.

Manteau. — Repli du tégument qui est plus ou moins séparé du corps, de façon à former une cavité (*cavite palléale*) entre lui et le corps proprement dit. Cette cavité est toujours située au voisinage de l'anus et renferme les branchies.

A. AMPHINEURES. — Chez les *Solenogastres*, les types les plus primitifs, la cavité palléale est une petite chambre située à la partie postérieure ; chez les *Chitons*, c'est une simple gouttière allant d'un bout à l'autre le long de chaque côté du corps.

B. GASTEROPODES. — La cavité palléale est en général très vaste. Chez la Patelle, elle ne renferme pas de branchies : ces organes se logent dans la gouttière palléale, qui prolonge cette cavité sur chaque côte du corps. Partout ailleurs, des branchies sont placées dans la cavité palléale située en avant (*Prosobranches*) ou sur le côté droit (*Opisthobranches Tectibranches*). Elle disparaît complètement chez les *Nudibranches*. Enfin, c'est elle qui forme le *poumon* des *Pulmones*.

La cavité palléale n'est en général ouverte qu'en avant, mais dans les types primitifs, le manteau présente en outre une fente longitudinale (Pleurotomaire), quelquefois une simple échancrure (Émarginule), ou bien une rangée de trous (Haliotis), ou enfin un seul orifice (Fissurelle). Ces orifices servent alors à la sortie de l'eau (1).

Parfois le bord antérieur du manteau se prolonge sur l'un de ses points, de façon à former un prolongement dont les bords s'enroulent en formant un tube (*siphon*) qui sert à introduire l'eau dans la cavité palléale (fig. 313).

La cavité palléale renferme, outre les branchies, des organes sensoriels (*organe de Spengel*) qui prennent souvent l'aspect d'une autre branchie (*fausse branchie*), une *glande à mucus*, ou plus exactement une région glandulaire, qui couvre parfois presque toute l'étendue

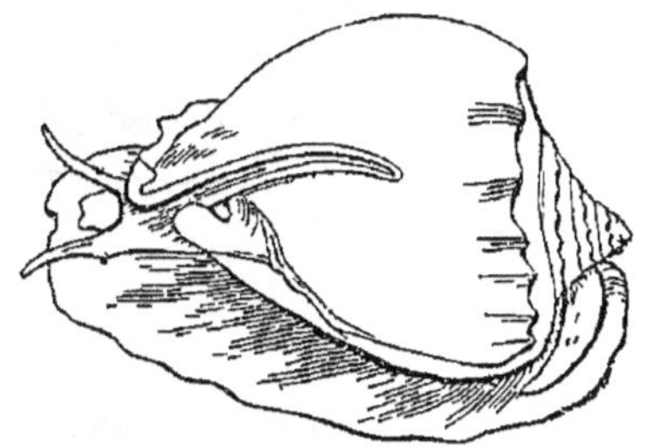

Fig. 313. — Casque

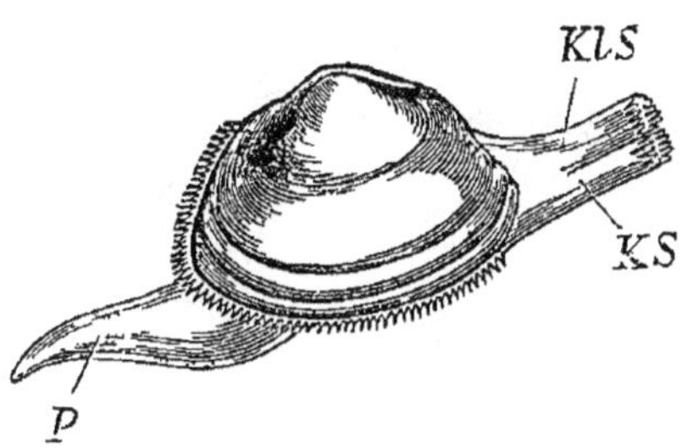

Fig. 314. — Mactre, avec les siphons étalés. — *P*, pied ; *KS*, siphon branchial ; *KIS*, siphon cloacal.

du plafond palléal (fig. 329). Dans certaines formes (*Murex*, etc.) le liquide sécrété prend à la lumière une couleur *pourpre*, qui était employée par les Romains pour teindre les étoffes en rouge violacé. La glande à mucus ainsi modifiée est la *glande de la pourpre*.

C. Scaphopodes. — Manteau en forme de cône, ouvert aux deux extrémités.

D. Lamellibranches. — Manteau divisé en deux lobes. Ils peuvent être libres, ou se souder plus ou moins, de manière à ne plus laisser libres que deux orifices : l'un en avant pour le pied, l'autre en arrière pour l'entrée et la sortie de l'eau. Ce dernier orifice peut se subdiviser en deux autres, dont l'un ventral sert à l'entrée de l'eau, l'autre au-dessus à la sortie (fig. 315). Enfin les bords de ces deux orifices peuvent se prolonger en deux longs tubes, les *siphons* (fig. 314), parfois plus ou moins soudés l'un à l'autre, permettant le mouvement de l'eau, même quand l'animal est caché dans le sable ou dans la vase.

E. Céphalopodes. — Manteau en forme de sac, soudé dorsalement au

(1) On considère ces solutions de continuité comme représentant, chez les Gastéropodes, la tendance du manteau à se diviser en deux lobes, comme cela a lieu d'une façon si nette chez les Acéphales.

corps, libre à la face ventrale. La cavité palléale est spacieuse; en avant est l'entonnoir (fig. 331).

Coquille. — Produite par le manteau qu'elle recouvre en général complètement. Constituée essentiellement par du calcaire uni à du pigment et à une matiere organique azotée *conchioline*) voisine de la chitine. Elle est formée (fig. 316) a l'intérieur, d'une couche de nacre, qui n'a pas toujours les reflets irisés caractéristiques, mais qui est constante; exterieurement, d'une cuticule (*drap marin*) laissant souvent a nu la couche intermédiaire, qui est la plus développee et constitue le *test*. Le test est sécrété par les bords du manteau et constitué par des prismes perpendiculaires aux faces de la coquille. La nacre est sécretée par la surface même du manteau; l'éclat spécial qu'elle presente (*eclat nacre*) est dû a ce qu'elle est formée de couches alternatives de calcaire et de conchioline, qui, lorsqu'elles sont suffisamment minces, diffractent la lumiere et produisent les phenomènes optiques de l'irisation (1).

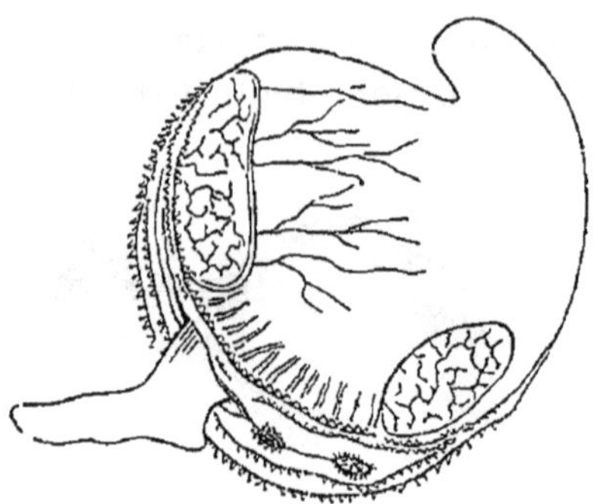

Fig 315. — Cardium retire de sa coquille, montrant le pied, les orifices siphonaux et les muscles.

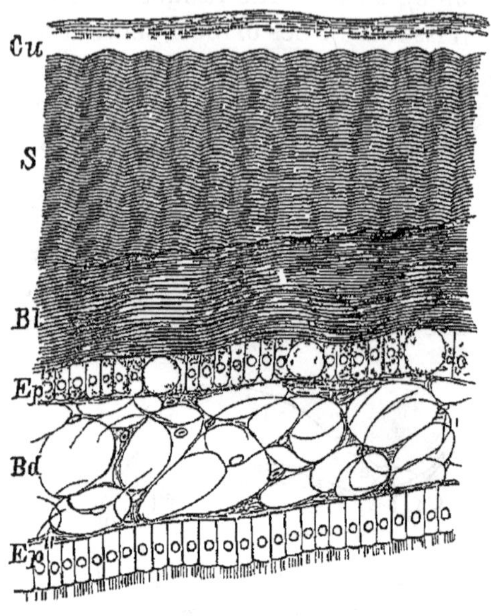

Fig. 316 — Coupe du manteau et de la coquille d'Anodonte — *Cu*, cuticule, *S*, couche de prismes calcaires, *Bl*, nacre feuilletée, *Ep'*, épithélium externe du manteau, *Bd*, couche conjonctive, *Ep"*, épithélium externe

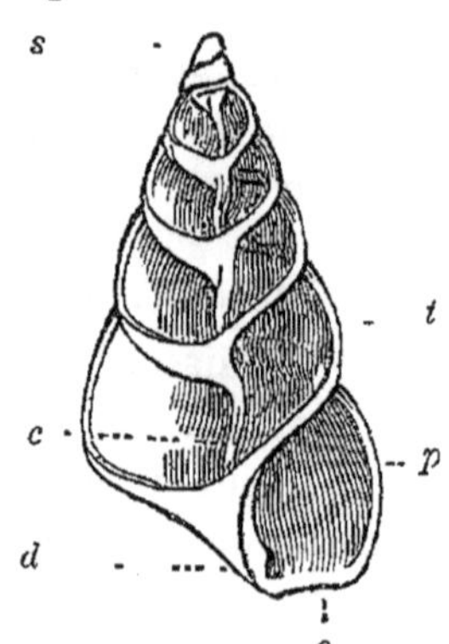

Fig 317 — Coupe d'une coquille turbinee On voit la columelle *c* allant du sommet *s* de la coquille a son ouverture *o*, le péristome *p* présente une dent *d* au bas de la columelle, *t*, avant-dernier tour de spire.

(1) Les perles sont des corps de même nature que la nacre; elles se développent, chez certains Lamellibranches, autour d'un noyau constitué soit par des corps étrangers, soit par la substance même de l'epiderme

Parfois la coquille est cachée par le manteau qui s'est refermé au-dessus d'elle (*coquille interne*), ou fait complètement défaut. Dans ces deux derniers cas, on dit que le Mollusque est *nu*.

A. Amphineures. — Les *Solenogastres* n'ont pas de coquille; chez les Chitons il existe une série de huit plaques calcaires imbriquées, qui couvrent le dos et permettent à l'animal de se rouler comme les Cloportes (fig. 318).

B. Gastéropodes. — La plupart des Prosobranches et des Pulmonés ont une coquille externe, bien développée. Au contraire, chez les Opisthobranches, la coquille est en général rudimentaire; elle n'existe pas chez les Nudibranches. On observe aussi une régression analogue parmi les Pulmonés, dans le groupe des *Limacides*.

Tous les Gastéropodes, même ceux qui sont nus à l'âge adulte, ont une coquille à l'état larvaire. Celle ci, toujours univalve, est le plus souvent externe, enroulée en hélice (*coquille turbinée*) autour d'un axe conique (*columelle*). La columelle est quelquefois creuse et présente alors a sa base un orifice extérieur, l'*ombilic*. L'*ouverture* de la coquille est le plus souvent à droite, rarement a gauche (*coquille senestre*) ; son bord (*peristome*), de forme variable, peut être entier, échancré ou prolonge en un canal plus ou moins long (*siphon*), où passe le siphon palléal. Le *sommet* ou *apex* de la coquille est généralement en pointe; cependant, chez quelques espèces, il peut être tronque (*coquille tronquee*). On désigne sous le nom de *suture* la jonction des tours de spire; elle n'existe pas chez quelques coquilles a tours de spire écartés (*coquilles scalariformes*). Quelquefois, les tours de la coquille sont a peu pres dans le même plan (*coquille discoïde*). — Quand la coquille est interne, elle est petite, incolore et plus ou moins aplatie.

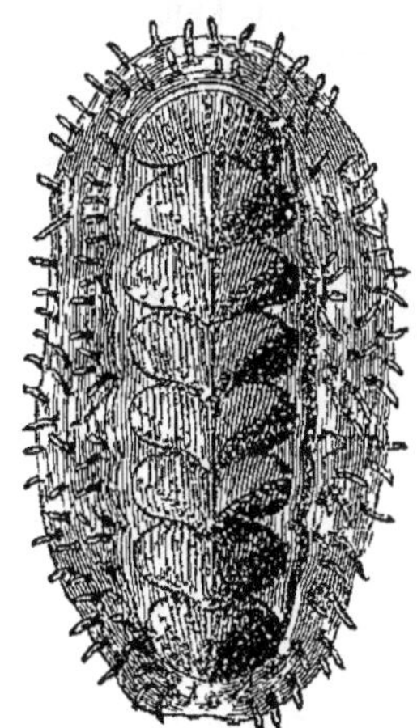

Fig 318 — *Chiton squamosus.*

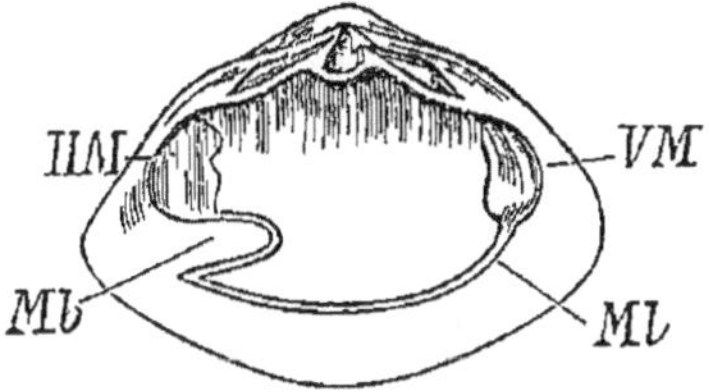

Fig 319 — Coquille de Mactre (valve gauche), avec les impressions musculaires — *VM*, muscle antérieur, *HM*, muscle posterieur, *Ml* impression palléale, *Mb*, sinus palleal

C. Scaphopodes. — Coquille bivalve chez la larve, conique et ouverte aux deux extrémités chez l'adulte.

D. Lamellibranches. — Tous ont une coquille a deux valves concaves qui renferment le corps. Ces deux valves, l'une droite, l'autre gauche, ne sont articulées ensemble que dans leur partie supérieure L'articulation est une charnière (*cardo*) dont les deux moitiés sont réunies par un *ligament elastique* qui produit l'ouverture de la coquille. Celle-ci se ferme par le moyen d'un (*Monomyaires*) ou de deux (*Dimyaires*) muscles adducteurs, qui sont antagonistes du ligament et se relâchent apres la mort, de sorte qu'alors la coquille est ouverte. Les muscles adducteurs laissent, a la face interne de la coquille (fig 320), des traces de leurs insertions (*impressions musculaires*). Cette face présente encore, parallelement aux bords de la

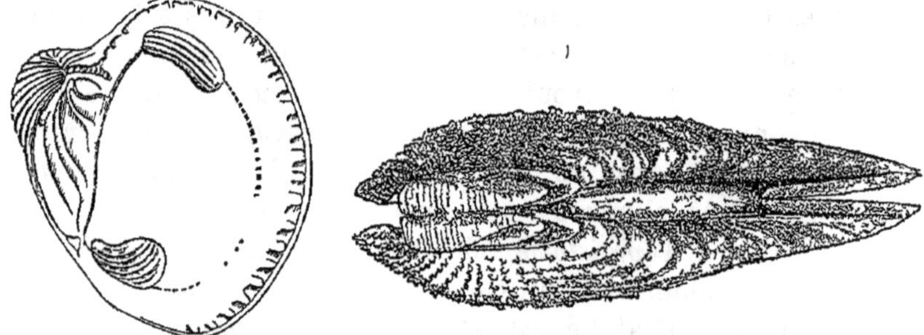

Fig 320 — Cardium Une des valves Coquille intégripalléale.

Fig 321 — Pholade. Coquille bâillante, équivalve On voit les crochets, la lunule et l'ecusson

coquille, une empreinte (*impression palleale*) qui marque l'insertion des fibres musculaires chargées de rétracter le bord du manteau. Cette impression palléale est tantôt entière (*coquille intégripalleale*), tantôt marquée d'une forte échancrure (*sinus palléal*), correspondant aux siphons respiratoires (*coquille sinupalléale*) (fig. 319). Quant a la surface externe, elle est souvent marquée de côtes qui rayonnent du sommet vers la circonférence, et de lignes concentriques correspondant aux diverses phases d'accroissement.

La charniere est située au sommet (*umbo* ou *crochet*) des valves; elle porte des dents, les unes centrales (*dents cardinales*), les autres latérales (*dents laterales*), qui pénetrent dans des fossettes de l'autre valve, comme les dents d'un engrenage. Généralement, il existe, en avant des crochets, une dépression (*lunule*) et derrière eux une autre dépression (*écusson*). Les deux valves peuvent être symétriques (*coquille equivalve*) ou différentes (*coquille inequivalve*); leur bord antérieur ou buccal peut être identique au bord postérieur ou anal (*coquille équilatérale*), ou être autrement développé que ce dernier (*coquille inequilatérale*). Quand la coquille est fermée, tantôt les valves s'appliquent exactement l'une contre l'autre (*coquilles closes*), tantôt elles s'écartent sur certains points (*coquilles*

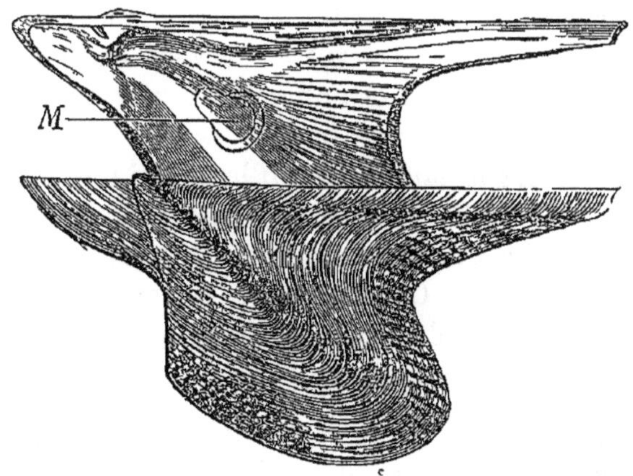

Fig 322 — Coquille d'Avicule — *M*, impression musculaire

bâillantes), laissant passer le pied ou les siphons (fig. 321). La plupart des Dimyaires ont une coquille équivalve s'enfonçant plus ou

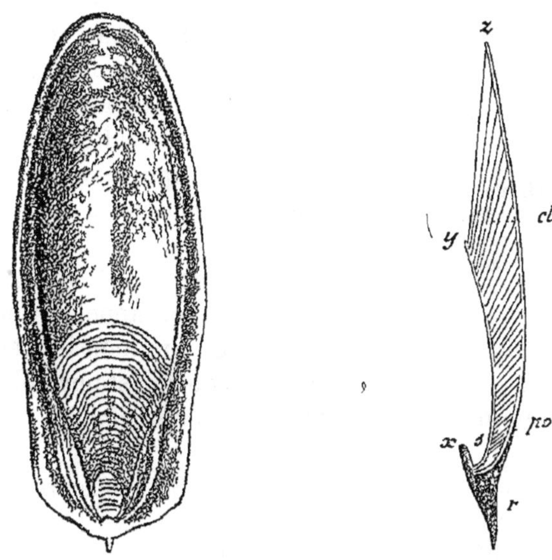

Fig 323 — Coquille interne ou Os de Seiche

Fig 324 — Coupe schématique d'un os de Seiche — *r*, rostre, *po*, couche dure, correspondant à la coquille externe de la Spirule, *s*, siphon, *xy*, ouverture du siphon, *yz*, dernière cloison (formant la portion lisse de l'os)

moins verticalement dans le sable ou la vase (*Orthoconques*) ; au contraire, les Monomyaires ont presque toujours une coquille inéquivalve reposant sur le sol par une de ses valves (*Pleuroconques*).

E. Céphalopodes — Le Nautile seul a une coquille externe (fig. 375). Elle est enroulée en spirale dans un plan et est interrompue par des cloisons transversales, qui la divisent en chambres dont l'animal n'occupe que la dernière; les autres servent de flotteur. Un tube (*siphon*) traverse toutes ces chambres. Il renferme un ligament qui rattache l'animal à la première loge.

Chez tous les *Dibranchiaux* la coquille a subi une régression. Chez la Spirule (fig. 378), elle est encore enroulée en spirale, et divisée en chambres; mais elle est recouverte par le manteau et ne protège aucune partie de l'animal. Chez les autres Décapodes, elle est interne, calcaire chez la Seiche (os de Seiche), cornée chez le Calmar (plume) (1) Chez les *Octopodes*, il n'en reste plus trace (2).

Appareil digestif. — Le tube digestif, primitivement droit, est très souvent recourbé en anse, de sorte que l'anus se trouve rapproché de la bouche. Excepté chez les Lamellibranches, le pharynx renferme une plaque chitineuse (*radula*), hérissée de dents disposées en un grand nombre de rangées transversales, qui forment une véritable râpe et servent à la mastication (fig. 326). La radula repose sur un renflement musculeux destiné à la faire mouvoir (fig. 325). Le pharynx forme ainsi une masse volumineuse, appelée souvent *bulbe buccal*. Dans le pharynx débouchent ordinairement les canaux excréteurs des *glandes salivaires*. Œsophage court. Estomac plus ou moins développé, généralement en rapport avec une *glande digestive* volumineuse.

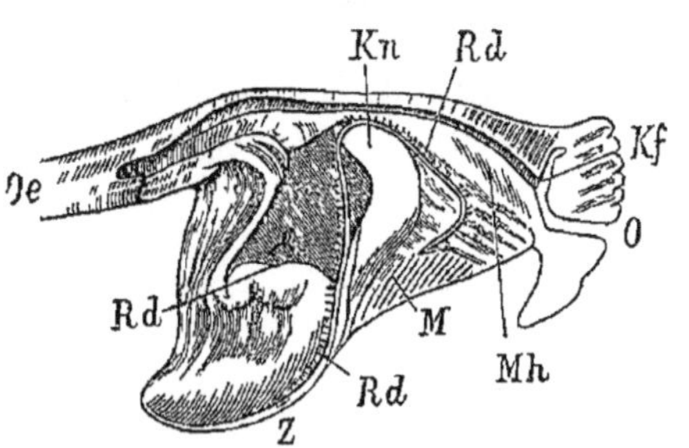

Fig 325 — Coupe longitudinale du bulbe buccal de l'Escargot, — *O*, bouche, *Mh*, cavité buccale, *M*, muscles, *Rd*, radula, *Kn*, cartilage lingual, *Z*, gaine de la radula, *Kf*, mâchoire, *Oe*, œsophage

A. Amphineures. — Tube digestif droit chez les Solénogastres, mais

(1) L'os de Seiche présente encore une grande homologie avec la coquille primitive des Céphalopodes. La couche dure qui recouvre la face dorsale de l'os, correspond à la paroi dorsale de la coquille, la paroi ventrale étant très réduite Quant à la partie tendre de l'os, elle est constituée par une série de lames appliquées les unes contre les autres, et représentant les cloisons transversales des vraies coquilles (fig. 323 et 324)

(2) L'Argonaute est en général décrite comme ayant une coquille, mais ce qu'on a désigné ainsi n'a aucun rapport avec les vraies coquilles. elle n'existe que chez la Femelle, n'adhère pas au corps, et n'est pas sécrétée par le manteau. C'est une nacelle où l'animal a déposé ses œufs (fig 376)

présentant des circonvolutions chez les Chitons ; dans tous les cas, anus terminal. Pas d'estomac. Radula nulle chez *Neomenia*, mais arrivant à être très compliquée chez les Chitons.

B. Gastéropodes. — Tube digestif généralement recourbé. — La bouche est portée, chez les espèces herbivores, à l'extrémité d'un mufle, qui peut être simple (Pulmonés, la plupart des Ténioglosses) ou rétractile (Strombe, Natice, Cyprée, etc.) ; chez les espèces carnivores, la partie antérieure du tube digestif est protactile et constitue une longue trompe, portant la bouche à son extrémité. Cette trompe, qui peut se projeter en un long tube, se rétracte au repos et se loge dans la *gaine de la trompe*. Une radula, située en bas du pharynx, peut faire saillie par l'orifice buccal et sert à attaquer les aliments. L'œsophage présente parfois un ou plusieurs jabots. Estomac simple ou multiple, offrant, chez les Éolidiens, des prolongements en culs-

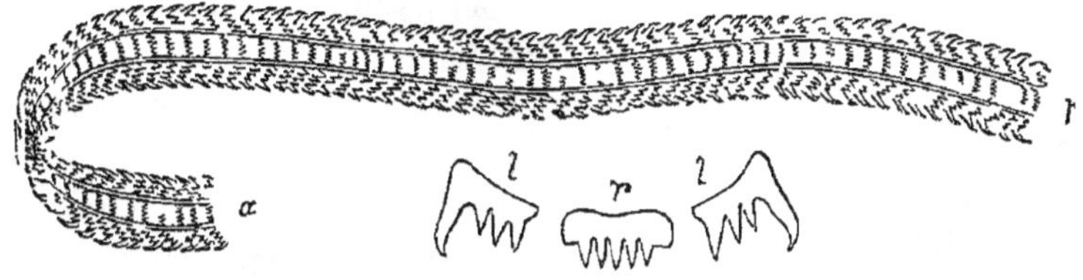

Fig 326 — Radula de Buccin. — *a*, extrémité antérieure, *p*, extrémité postérieure, *r*, dent médiane, *l*, dents latérales

de-sac qui occupent l'intérieur d'appendices respiratoires situés sur le dos. Intestin entouré par une glande digestive impaire (remplacée, chez les Eolidiens, par des cellules tapissant les cæcums stomacaux). Le rectum traverse quelquefois le ventricule du cœur (Diotocardes). Anus latéral, situé dans la cavité palléale, ordinairement à droite, dans le voisinage du bord du manteau.

C. Scaphopodes. — Orifice buccal entouré d'appendices labiaux foliacés. Rectum à mouvements alternatifs de contraction et de dilatation attirant et expulsant l'eau (de Lacaze-Duthiers). Glande digestive paire.

D. Lamellibranches. — Pas de bulbe pharyngien ni de mâchoires. Bouche béante, entourée de deux replis plissés (palpes labiaux). Ces derniers sont couverts de cils vibratiles, qui dirigent les aliments vers l'orifice buccal. Œsophage court. Estomac assez volumineux, présentant souvent, en arrière, un cæcum qui renferme une tige hyaline (*tige cristalline*). Intestin replié sur lui-même, traversant généralement le cœur. L'anus s'ouvre dans la cavité du manteau, sur le passage du courant d'eau expiratoire.

E. Céphalopodes. — Tube digestif recourbé en bas. Bouche située au centre d'une couronne de bras, munie de deux mandibules rappelant un bec de perroquet (fig. 327). Dans le bulbe, ou se trouve une volumineuse radula, viennent deboucher une paire (*Decapodes*) ou deux paires (*Octopodes*) de glandes salivaires. Œsophage pourvu quelquefois d'un jabot (*Octopodes*). Estomac en forme de gésier, presentant un cul-de-sac pylorique où vient se déverser le produit de la glande digestive. Intestin plus ou moins rectiligne, s'ouvrant dans la cavité palléale, près de la base de l'entonnoir. Conduits vecteurs de la glande digestive munis d'*appendices* dits *pancreatiques* (*Decapodes*).

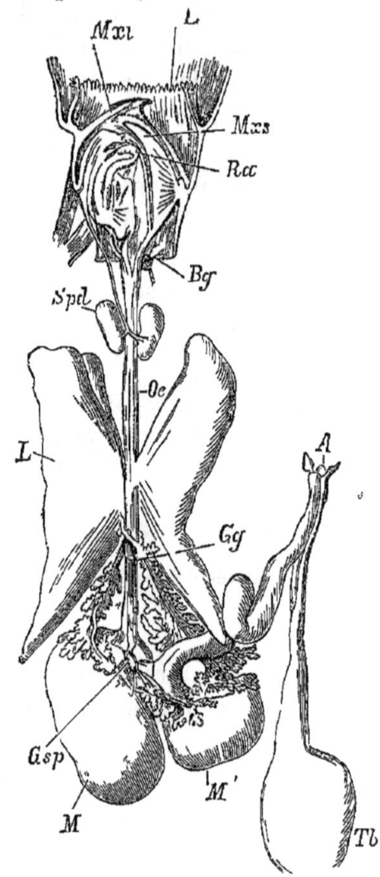

Fig 327 — Appareil digestif de la Seiche — *L*, lèvre, *Mxi*, *Mxs*, mâchoires inférieure et supérieure, *Ra*, radula, *Bg*, ganglion buccal, *Spd*, glande salivaire, *Oe*, œsophage, *L*, foie, *Gg*, conduits biliaires, *Gsp*, ganglion stomacal, *M*, estomac, *M'*, appendice cæcal, *A*, anus, *Tb*, poche à encre

Appareil circulatoire.— Cœur artériel, généralement entouré d'un péricarde. Circulation en partie lacunaire. Sang incolore ou légerement coloré, le plus souvent bleuâtre. Il renferme, dans son plasma, une substance albuminoide (*hemocyanine*) analogue a l'hémoglobine, mais contenant du cuivre au lieu de fer, et formant, avec l'oxygene, une combinaison de couleur bleue (FREDERICQ). Le sang, apres avoir servi a la nutrition, passe dans des sinus et traverse les reins et les branchies avant de retourner au cœur.

A. AMPHINEURES. — Cœur formé seulement d'un ventricule chez les Solénogastres, d'un ventricule et de deux oreillettes chez les Chitons. Il est dans la cavité générale chez les premiers, dans un pericarde chez les Chitons.

B. GASTÉROPODES. — Cœur dorsal, composé d'une oreillette, quelquefois de deux oreillettes (Diotocardes, Patelle), et d'un ventricule d'où naît l'aorte. Chez les *Opisthobranches*, l'oreillette est située en arrière du ventricule. C'est le contraire chez les autres Gastéropodes.

C. SCAPHOPODES. — Pas de cœur. Circulation lacunaire.

D. LAMELLIBRANCHES. — Cœur situé sous la charnière, un peu en avant du muscle adducteur postérieur ; composé ordinairement d'un ventricule et de deux oreillettes latérales, exceptionnellement de deux oreillettes et de deux ventricules (Arche de Noé). Ventricule géneralement traversé par le rectum.

E. Céphalopodes. — Le cœur est situé a la partie posterieure. Il se compose : 1° de deux *oreillettes* (Dibranchiaux) ou de quatre (Tetrabranchiaux), qui ne sont autre chose que les extrémités renflées et pulsatiles des veines branchiales ; 2° d'un *ventricule*, d'où partent

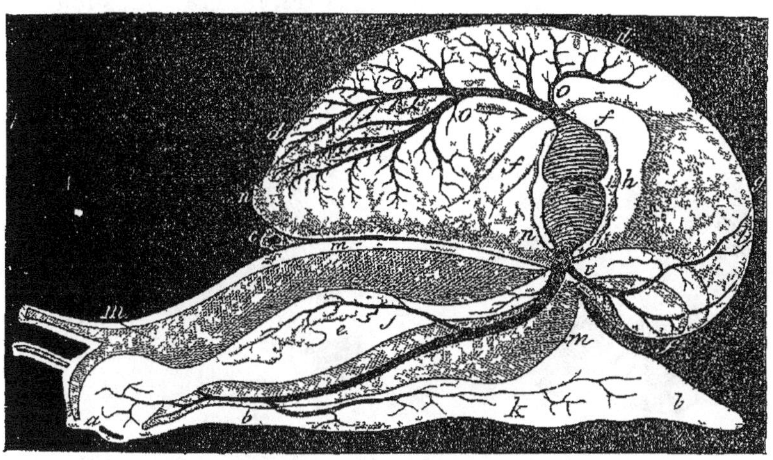

Fig 328. — Appareils circulatoire et respiratoire de l'Escargot — *a*, bouche *b*, *b*, pied, *c*, anus, *d*, *d*, poumon, *e*, œsophage recouvert par la glande salivaire, *f*, *f*, intestin, *g*, glande digestive (foie), *h*, cœur, *i*, aorte postérieure, *j*, aorte antérieure, *k*, artere pédieuse, *l*, artère de la glande digestive, *m*, *m*, grand sinus veineux (souvent consideré comme cavité générale), *n*, *n*, sinus afférent du poumon, *o*, *o*, veine pulmonaire.

trois troncs artériels (*artère céphalique*, pour la tête et les bras ; *artère viscerale; artere genitale*). Une veine impaire et médiane, ramenant le sang des parties superficielles de la tête et des bras (*grande veine* ou *veine céphalique*), se divise en deux (Dibranchiaux) ou quatre (Tetrabranchiaux) branches, qui se rendent aux branchies. Chez les Dibranchiaux, ces veines présentent des renflements pulsatiles (*cœurs branchiaux*), qui facilitent la circulation branchiale. Des branchies, le sang revient aux oreillettes par les veines branchiales afférentes Sur les veines branchiales afférentes, se développent des massifs glandulaires (fig. 332, *f*), qui constituent les organes d'excretion, et dont les produits se déversent dans les sacs rénaux (fig. 332, *S*). La circulation veineuse profonde se fait dans de vastes sinus qui, partant de la tête et des bras, aboutissent a des sinus dits *peritoneaux*. Ceux-ci débouchent dans les veines branchiales, près de la grande veine (fig. 332, *p*).

Appareil respiratoire. — Constitué le plus souvent par des branchies, quelquefois par un poumon, rarement par ces deux sortes d'organes réunis (*Ampullaria, Siphonaria*). Excepté chez les Céphalopodes, les branchies sont couvertes de cils vibratiles, qui amènent le renouvellement de l'eau à la surface de ces organes. — Le poumon est une cavité remplie d'air, tapissée de vaisseaux sanguins ; il représente la cavité branchiale des Mollusques Branchifères ; il communique avec l'extérieur par une étroite ouverture (*pneumostome*).

A. Amphineures. — Chez les *Solenogastres*, les branchies font défaut

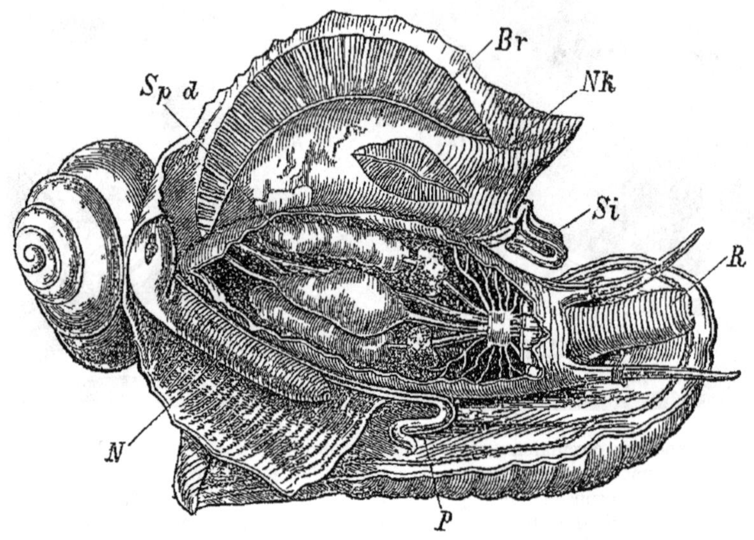

Fig 329 — Anatomie du Casque — *R*, trompe, *Si*, siphon, *Nk*, organe de Spengel (fausse branchie), *Br*, branchie, *Spd*, glandes salivaires, *P*, pénis, *N*, glande à mucus du manteau.

(*Proneomenia*), ou se logent, au nombre de deux, dans une cavité palléale située à l'extrémité postérieure du corps. Les Chitons possèdent un assez grand nombre de houppes branchiales, dans la gouttière palléale qui court le long des côtés du corps (fig. 339, *Br*).

B. Gastéropodes. — La respiration est généralement branchiale. Chez les Prosobranches, il existe quelquefois deux branchies (Haliotis, Fissurelle). Mais, le plus souvent, la branchie gauche, gênée dans son développement par l'enroulement de la masse viscérale, disparaît, et il ne reste plus qu'une branchie, qui morphologiquement est la branchie droite, bien qu'elle soit située sur le côté gauche de la cavité palléale. Les branchies (ou la branchie) sont attachées au plafond de la cavité palléale. Quelquefois (Cyclobranches), la cavité palléale ne possède pas de branchies, mais il existe un grand nombre de ces organes disposées en cercle autour du pied, sous un rebord du manteau.

Chez quelques Prosobranches (Cyclostome) et chez les *Pulmonés*, les branchies disparaissent, et la cavité palléale fonctionne comme poumon.

Chez les Opisthobranches, les branchies sont situées en arrière du cœur; elles peuvent être à nu ou recouvertes par le manteau. Enfin, chez les *Nudibranches*, les branchies sont des expansions plus ou moins nombreuses du tégument dorsal; elles disparaissent dans quelques formes dégradées.

C. Scaphopodes. — Pas de branchies. Respiration cutanée et rectale.

D. Lamellibranches. — La respiration s'effectue par deux branchies situées dans les angles que forme l'abdomen ou le pied avec les faces internes du manteau (fig. 332). Chacune de ces branchies est constituée par deux lames, qui descendent entre le lobe du manteau correspondant et le pied. Ces lames (*o*, *q*), après avoir atteint une certaine longueur (*feuillets directs*), remontent vers la région dorsale (*n*, *r*) (*feuillets réfléchis*), et, le plus souvent, le feuillet réfléchi vient se fixer de nouveau au fond de la gouttière palléale. Chaque branchie a donc deux lames et quatre feuillets. Chaque lame est formée d'une multitude de filaments creux, représentant les lamelles des branchies de Gastéropodes; ces filaments sont quelquefois indépendants, mais ils sont en général reliés entre eux par une multitude d'anastomoses qui transforment chaque rangée de filaments en une lamelle fenêtrée. Entre les deux feuillets, se trouve une cavité (*cavité intra-branchiale*) communiquant avec la cavité palléale au moyen du treillis branchial. L'eau traverse d'arrière en avant la cavité palléale, passe dans la cavité intra-branchiale, traverse celle-ci d'avant en

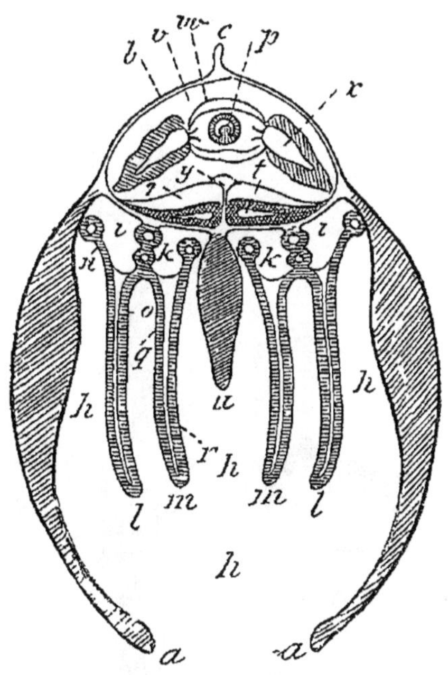

Fig. 330 — Coupe transversale schématique d'un Lamellibranche — *a*, lobes du manteau, *b*, manteau (paroi du corps), *c*, charnière, *h*, cavité palléale, *i*, *k*, cavités intrabranchiales, *l*, lame externe de la branchie, *m*, lame interne, *n*, feuillet réfléchi de la lame externe, *o*, son feuillet direct, *q*, feuillet direct de la lame interne, *r*, son feuillet réfléchi, *u*, pied, *t*, glande rénale, *z*, son canal excréteur, *y*, sinus veineux, *p*, rectum, *x*, oreillette, *w*, ventricule, *v*, cavité péricardique

arrière, et revient en arrière pour s'échapper au dehors par le siphon supérieur.

E. Céphalopodes. — Deux (Dibranchiaux) ou quatre (Tetrabranchiaux) branchies en forme de pyramides lamelleuses, suspendues symétriquement à la paroi dorsale et au fond de la cavité palléale (fig. 331). Sous l'influence des mouvements d'expansion de cette cavité, l'eau y pénètre par la *fente palléale*, qui sépare le corps du manteau. Quand la cavité se resserre, un système de valvules charnues ou cartilagineuses (*appareil de résistance*) ferme la fente palléale ; alors le liquide s'échappe par l'*entonnoir*.

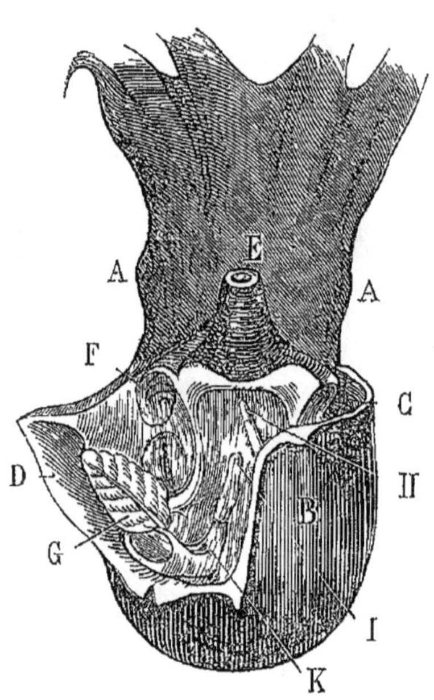

Fig. 331. — Appareil respiratoire du Poulpe. — *A*, tête, *B*, manteau, *C*, fente palléale, *D*, *K*, cavité palléale ouverte, *E*, entonnoir, *F*, appareil de résistance, *G*, branchie, *H*, anus, *I* orifice de l'oviducte.

Appareil excréteur. — Les reins sont primitivement au nombre de deux (un seul chez beaucoup de Gastéropodes); ce sont en général des sacs présentant sur une de leurs parois un parenchyme glandulaire, et communiquant d'une part avec l'extérieur, d'autre part avec la cavité générale (ou le péricarde, qui la représente) (1).

A. Amphineures. — Ils rappellent les organes segmentaires des Vers. Ce sont des tubes droits s'ouvrant dans la cavité palléale ou dans le rectum (cloaque). Chez le Chiton, ils sont très ramifiés et s'étendent dans tout le corps ; mais toujours ils communiquent avec le péricarde ou le cœlome.

B. Gastéropodes. — Les reins sont primitivement au nombre de deux et constituent chacun un sac communiquant d'une part avec le péricarde, d'autre part avec l'extérieur. Les reins restent pairs chez la plupart des *Diotocardes*, mais les deux reins ne présentent généralement pas la même structure (Haliotide ; Patelle), celui de droite fonctionnant seul comme organe excréteur. Chez les *Monotocardes*, les *Pulmonés* et les *Opisthobranches*, l'un des deux reins disparaît

(1) Ces sacs sont morphologiquement comparables à des tubes segmentaires d'Annelides, qui se seraient dilatés d'une façon excessive, tout en conservant leurs connexions.

et il n'y a plus qu'un orifice excréteur, situé soit dans la cavité branchiale, soit près de l'anus. Cette disparition est une conséquence de l'enroulement.

C. Scaphopodes. — L'organe rénal est pair, entoure le rectum et débouche dans la cavité palléale par deux orifices spéciaux, de chaque côté de l'anus.

D. Lamellibranches. — L'excrétion s'accomplit au moyen de deux reins, parfois soudés sur la ligne médiane ; ils communiquent avec le péricarde et débouchent latéralement, à la base du pied, le

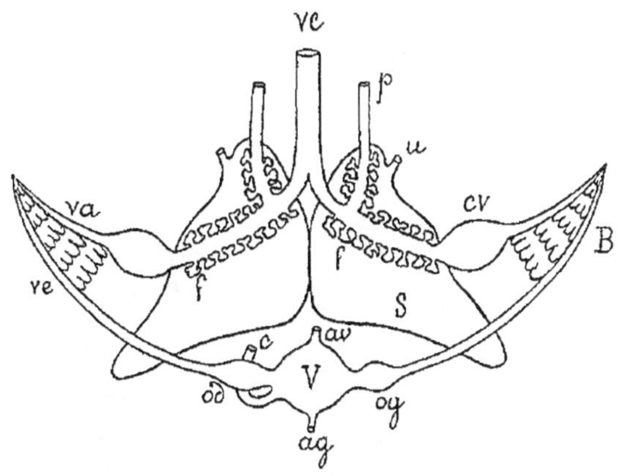

Fig 332. — Appareils circulatoire, respiratoire et excréteur des Céphalopodes dibranchiaux — B, branchies, *od*, *og*, oreillettes droite et gauche, V, ventricule, *av*, artère viscérale, *ag*, artère génitale, *c*, artère céphalique, *vc*, veine céphalique ou grande veine, *p*, sinus péritonéaux, *cv*, cœurs veineux ou branchiaux, *f*, corps fungiformes, S, sac urinaire, *u*, uretères, *va*, vaisseau afférent de la branchie ou artère branchiale, *ve*, vaisseau efférent de la branchie ou veine branchiale.

plus souvent par un orifice spécial, quelquefois par un orifice commun avec les organes génitaux.

E. Céphalopodes. — Les organes excréteurs sont des masses spongieuses (*corps fungiformes*) appendues aux veines caves et aux sinus péritonéaux (fig. 332, *f*). Ils sont formés par une expansion de la paroi veineuse et excrètent, par leur surface libre, des produits azotés. Ces derniers sont reçus dans deux grands *sacs urinaires* (S) accolés sur la ligne médiane et s'ouvrant chacun, par un tube court (*uretère*), dans la cavité palléale; les sacs urinaires communiquent d'autre part avec la cavité viscérale.

Appareil reproducteur. — La reproduction est toujours sexuée, les sexes pouvant être séparés ou, au contraire, réunis sur le même individu. Excepté chez les Céphalopodes et quelques Gastéropodes, le développement s'effectue avec métamorphoses. La larve (fig. 333) présente habituellement un repli cutané préoral (*voile* ou *velum*) bordé de cils vibratiles et servant à la natation (*larve veligere*).

A. Amphineures. — Monoiques; les éléments génitaux se développent aux dépens du revêtement cœlomique; ils sont expulsés par les néphridies.

B. Gastéropodes. — Monoiques ou dioiques. Quelques-uns vivipares (*Pupa*, *Clausilia*). Appareil génital asymétrique. La plupart déposent leurs œufs apres l'accouplement, soit isolément, soit en masses irrégulières ou en cordons.

a) *Gastéropodes dioiques* (Prosobranches). — Mâles munis d'un pénis (Monotocardes) ou au contraire depourvus de cet organe (Diotocardes)

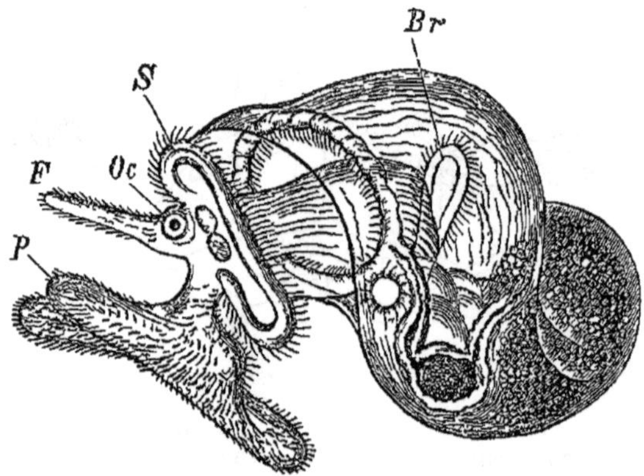

Fig 333 — Larve de Vermet — *S*, voile, *Br*, branche, *F*, tentacule, *Oc*, œil, *P*, pied

Testicule caché entre les lobes de la glande digestive; canal déférent aboutissant au pénis, près du tentacule droit. Ovaire affectant les mêmes rapports que le testicule; muni, chez les espèces vivipares, d'une dilatation (*utérus*) à l'intérieur de laquelle les œufs subissent leur développement.

b) *Gastéropodes monoiques* (Pulmonés, Opisthobranches). — Union étroite ou fusion des deux glandes mâle et femelle (*glande hermaphrodite*); orifices génitaux tantôt confondus, tantôt distincts (1). Il y a

(1) Chez l'Escargot, la *glande hermaphrodite* (fig. 334, *h*) presente un canal efferent qui debouche dans l'*oviducte*, ou il se continue avec une gouttiere (*gouttiere deferente*) qui conduit le sperme et devient le canal deferent (*c*) Celui-ci va s'ouvrir au fond de la gaine (*g*) du penis Les ovules parcourent l'oviducte, auquel fait suite un vagin (*v*). Les deux appareils mâle et femelle s'ouvrent à l'exterieur, par un orifice genital commun Ce double appareil a des annexes appartenant soit a la partie mâle, soit à la partie femelle Les premières sont . 1° un long prolongement de la gaine du penis (*flagellum*), dans lequel se forme un spermatophore (*capreolus*), 2° des glandes accessoires (*prostate*); 3° un muscle retracteur du penis. Les secondes sont · 1° la *glande de l'albumine*, 2° la *poche copulatrice*, qui reçoit

accouplement. Le plus souvent, chacun des conjoints fonctionne à la fois comme mâle et comme femelle (Escargot). Cependant l'un des conjoints peut agir seulement comme mâle et l'autre comme femelle

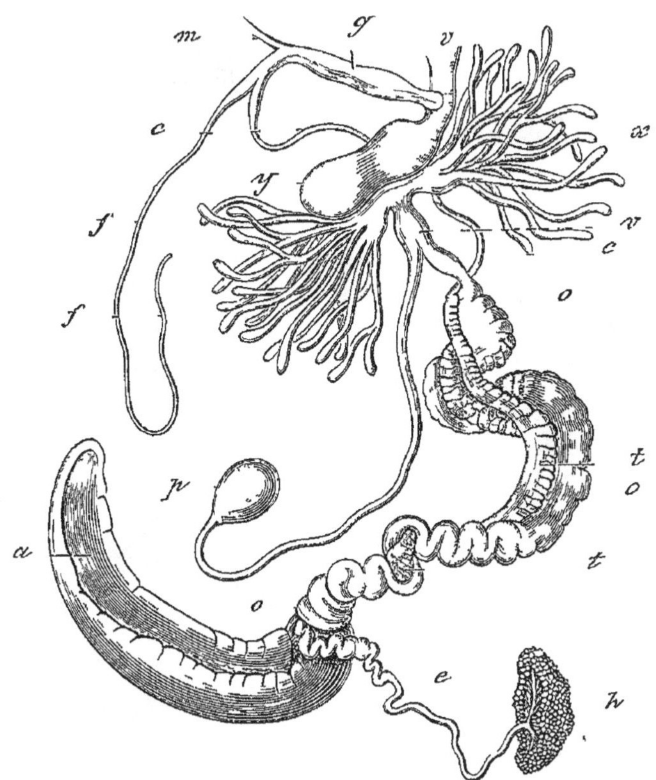

Fig 334 — Appareil reproducteur de l'Escargot — *h*, glande hermaphrodite, *e*, canal efférent, *t*, gouttière déférente, *c*, canal déférent, *o* oviducte, *v*, vagin, *a*, glande de l'albumine, *p*, poche copulatrice, *x*, vesicules multifides, *y*, sac du dard, *g*, gaine du pénis, *f*, flagellum, *m*, muscle rétracteur du pénis.

(Ancyle); ou bien un même individu est mâle pour un deuxième et femelle pour un troisième (Limnée).

C. Scaphopodes. — Dioïques. Glandes sexuelles impaires. Larves véligères, munies d'une petite coquille bivalve.

D. Lamellibranches. — Dioïques, excepté : *Pandora*, *Cyclas*, *Clavagella*, *Pecten*, *Ostrea*. Rarement vivipares. Glandes génitales situées au milieu des viscères; leurs orifices à la base du pied, dans le voisinage des orifices rénaux, ou confondus avec eux.

le spermatophore, 3° une paire de glandes ramifiées (*vesicules multifides*), qui s'ouvrent dans le vagin, 4° le *sac du dard*, dont le cul-de-sac renferme un petit stylet calcaire (*dard*) Ce dernier est un organe excitateur qui n'existe guère que chez les Colimaçons et quelques Doris.

Pas d'accouplement ; fécondation par transport des spermatozoïdes Œufs rougeâtres ; sperme lactescent. L'ovaire et le testicule se prolongent quelquefois dans le pied ou dans les lobes du manteau. Chez les Monoïques, ces glandes peuvent être distinctes (*Pecten*) ou réunies en une glande hermaphrodite (*Ostrea*). Les œufs se développent, le plus souvent, dans le manteau ou dans les branchies de la mère

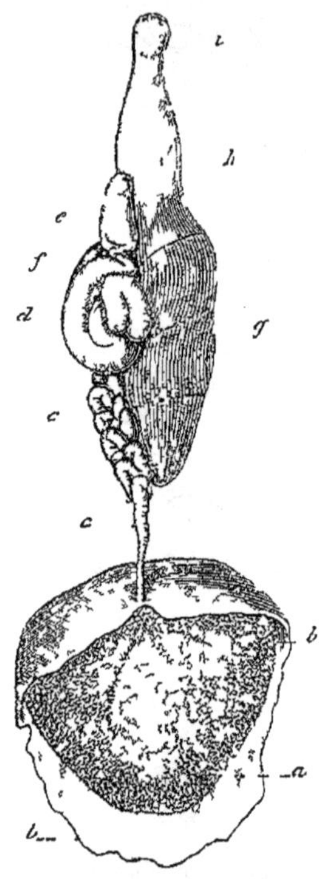

Fig. 335. — Appareil mâle de la Seiche — *a*, testicule, *b*, son sac, *c*, *d*, canal déférent, *e*, *f*, glandes accessoires, *g*, bourse de Needham, *h*, canal éjaculateur, *i*, son orifice

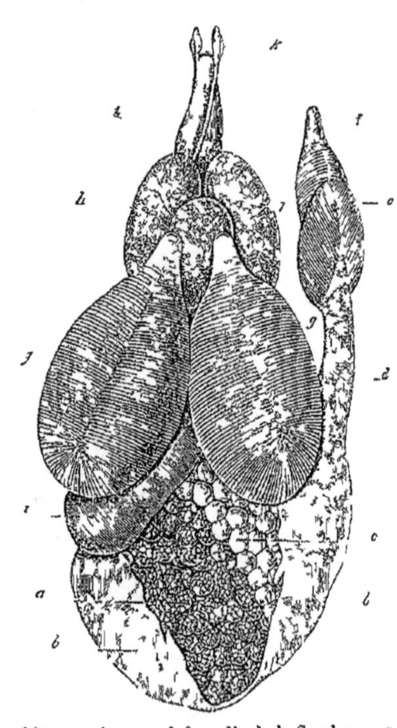

Fig 336 — Appareil femelle de la Seiche — *a* ovaire, *b*, sac ovarien, *c*, œufs *d*, oviducte, *e*, glande de l'albumine, *f*, orifice de l'oviducte, *g*, glandes nidamentaires, *h* glandes accessoires, *i*, intestin, *k*, anus.

Larves véligères, généralement munies d'une coquille d'abord impaire, dont la partie médiane non calcifiée devient un ligament élastique.

E. Céphalopodes. — Dioïques ; mâles ordinairement plus petits que les femelles. Une seule glande génitale, logée dans un sac péritonéal qui n'est qu'une portion de la cavité générale. Le sac péritonéal reçoit les produits sexuels et les expulse par un conduit, simple prolongement de ses parois.

Testicule formé de cæcums ramifiés (fig. 335). Canal déférent sinueux, muni de glandes accessoires et d'un réservoir de spermatophores (*bourse de Needham*), terminé par un canal éjaculateur qui s'ouvre du côte gauche, a la base de l'entonnoir (1). Un des bras (le troisième du côté droit chez les Octopodes, le quatrieme du côte gauche chez les Décapodes), modifié plus ou moins profondément (fig. 337), se remplit de spermatophores et sert d'organe copulateur (*hectocotyle* ou *bras copulateur*). Quelquefois (*Tremoctopus*, *Argonauta*) ce bras se détache et s'introduit par l'entonnoir dans la cavite palléale de la femelle.

Ovaire lobé (fig. 336). Oviducte tantôt pair (Octopodes), tantôt impair, à gauche (Décapodes) ou a droite (Nautile), s'ouvrant ordinairement a la base de l'entonnoir et muni d'une glande de l'albumine. Souvent (Décapodes, Nautile) une paire de glandes spéciales (*glandes nidamentaires*), qui sécrètent une substance visqueuse servant à agglutiner les œufs; ces glandes (fig. 336, *g*) s'ouvrent, par un court conduit, pres de l'orifice génital.

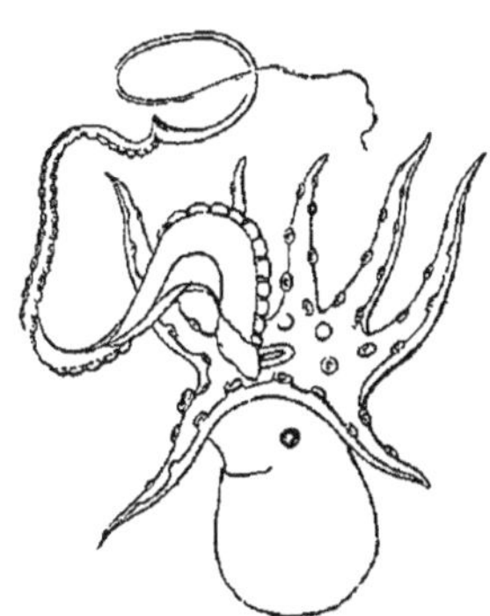

Fig 337 — Male d'Argonaute, avec l hectocotyle déroulé

Œufs télolécithes a segmentation partielle, pondus isolément (Poulpe, etc.) ou dans une masse gélatineuse (Calmar, etc.). L'embryon porte une vésicule vitelline, qui persiste jusqu'au moment où la larve quitte l'œuf. Celle-ci n'est pas ciliée.

Système nerveux. — Les nerfs partent de trois sortes de ganglions principaux et d'un nombre variable de ganglions accessoires. Les ganglions principaux (fig. 338) sont : 1° les *ganglions cérébroïdes* ou *sus-œsophagiens*, qui donnent naissance aux nerfs optique, auditif, olfactif, labial ; 2° les *ganglions pédieux*, qui innervent le pied ou les bras ; 3° les *ganglions viscéraux*, qui fournissent des branches au manteau, aux branchies et aux visceres. Le premier ganglion viscéral de chaque côte innerve le manteau et s'appelle *ganglion palleal*. Tous ces ganglions sont unis entre eux par un certain nombre de cordons nerveux, appelés *commissures* quand ils unissent deux ganglions symétriques, *connectifs* dans le cas contraire. Ces cordons forment deux colliers périœsophagiens : 1° un *collier cerebro-pedieux* formé par la commissure cérébroïde, les connectifs cerebro-pédieux et

(1) Le *spermatophore* est un tube renfermant, a l'une de ses extremites, un *reservoir spermatique* rempli de spermatozoïdes, a l'autre extremite, un *appareil ejaculateur* Celui-ci se compose essentiellement d'un sac cylindrique, relie d'un côte au reservoir spermatique par un court canal (*connectif*) et termine de l'autre par un long canal enroule en spirale (*filament spiral*) Le spermatophore, depose par le male au voisinage de la bouche ou dans la cavite branchiale de la femelle, eclate au contact de l'eau de mer. L'accouplement a lieu bouche a bouche.

la commissure pedieuse; 2° un *collier cerebro-viscéral* forme par la commissure cérébroide, les connectifs cerébro-palleaux et la *commissure viscérale*, qui unit les deux ganglions palléaux, en passant par les divers ganglions visceraux. Enfin un *connectif palleo-pedieux* forme, de chaque côte de l'œsophage, avec les deux autres connectifs un *triangle latéral*. — En outre, il existe le plus souvent un *systeme stomato-gastrique*.

A. Amphineures. — S'écarte notablement du système nerveux des autres Mollusques. Il est constitue (fig. 339) par un gros collier péri-

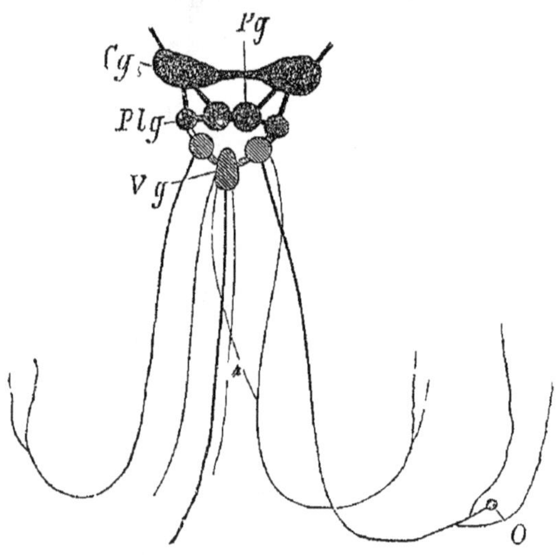

Fig 338. — Systeme nerveux de Limnée — *Cg*, ganglion cérébroide, *Pg*, ganglion pédieux, *Plg*, ganglion palléal, *Vg*, ganglions viscéraux, *O*, otocyste

œsophagien, sans ganglions individualisés et donnant de chaque côté deux grands cordons nerveux longitudinaux : un grand *nerf viscéral* et un grand *nerf pedieux*. Les deux nerfs pédieux sont unis par des commissures transversales.

B. Gastéropodes. — Système nerveux typique, avec, de chaque côte, un *triangle lateral*. La commissure viscérale est droite (*Orthoneures*) (fig. 338) ou croisée (*Chiastoneures*) (fig. 340).

C. Scaphopodes. — Système nerveux ne différant guere de celui des Lamellibranches.

D. Lamellibranches. — Système nerveux symétrique (fig. 341). Ganglions cerebraux ordinairement très petits et reliés par une commissure. Ganglions pédieux situés dans la partie antérieure de l'abdomen, réunis entre eux par une commissure et avec les ganglions cérébroides par des connectifs. Ganglions viscéraux très developpés, situés sur la face ventrale du muscle adducteur postérieur des valves, réunis entre eux et reliés aux cérébroïdes. Les commissures et les connectifs qui réunissent les ganglions cérébroïdes aux pédieux et aux viscéraux forment, autour du tube digestif, deux colliers nerveux : le *petit collier* ou *collier antérieur*, et le *grand collier* ou *collier postérieur*. Ce système nerveux se ramène à celui des autres Mollusques, si on admet que le ganglion palléal de chaque côté s'est fusionné avec le ganglion cérébroïde

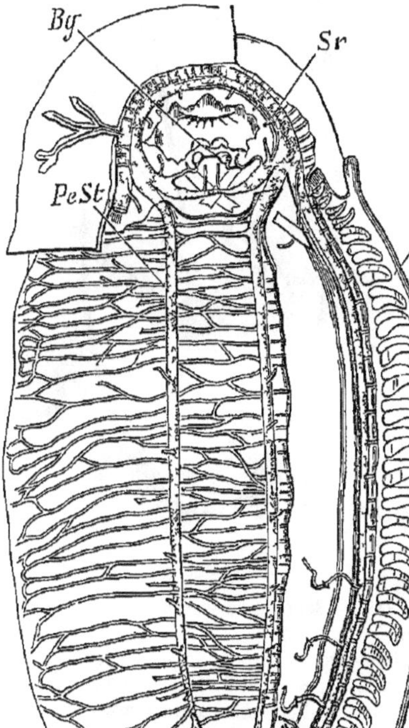

Fig. 339 — Système nerveux de Chiton — *Sr*, collier œsophagien, *Bg*, ganglion sublingual, *PeSt*, cordon pédieux *PaSt*, cordon palléal, *Br*, branchies.

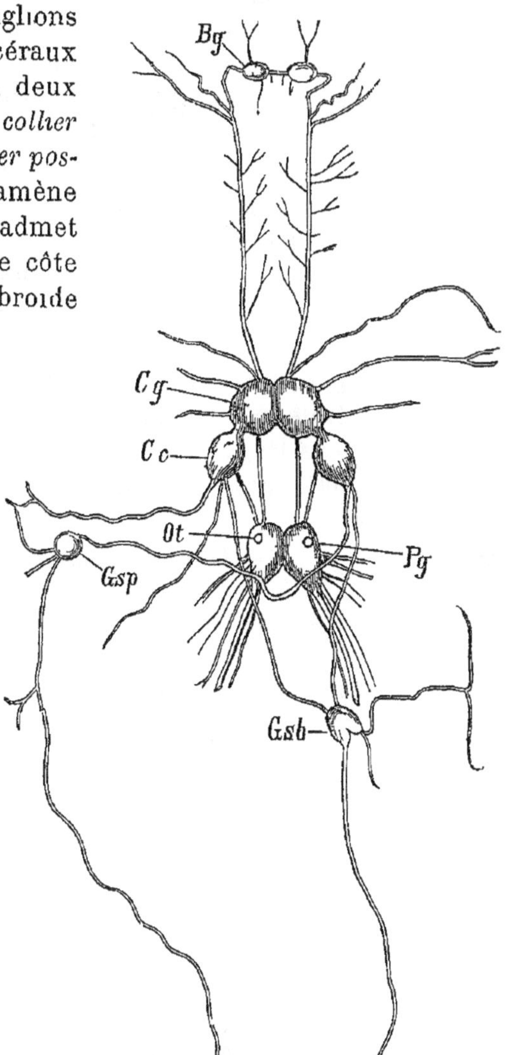

Fig. 340 — Système nerveux d'un Prosobranche chiastoneure (Cassidaire) — *Cg*, ganglion cérébroïde, *Pg*, ganglion pédieux, *Cc*, ganglion palléal, *Gsp*, ganglion supra intestinal, *Gsb*, ganglion sub intestinal, *Vg*, ganglions viscéraux, *Bg*, ganglion buccal, *Ot*, otocyste

correspondant. Cette interprétation est nettement démontrée par la constitution du système nerveux de la Nucule, où les deux ganglions sont accolés, mais non fusionnés (fig. 342).

E. Céphalopodes. — Système nerveux central concentré en une seule masse (fig. 343) qui entoure l'œsophage et est plus ou moins complètement logée dans un anneau cartilagineux (*cartilage céphalique*). La portion sus-œsophagienne (cérébroïde) comprend des lobes labiaux antérieurs et un lobe central en rapport avec les lobes optiques. La portion sous-œsophagienne est composée elle-même de deux parties : une portion pédieuse, représentant la soudure des *ganglions pédieux;* une masse viscérale résultant de la fusion de tous les *ganglions viscéraux*. De cette masse viscérale, se dé-

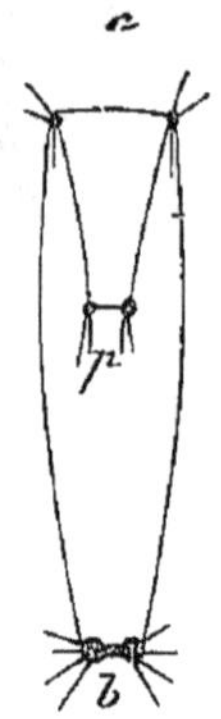

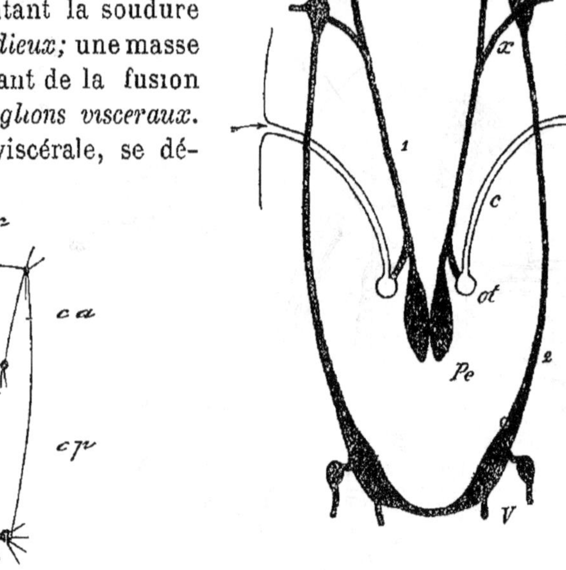

Fig. 341. — Système nerveux d'un Lamellibranche (Schéma). — *c*, ganglions cérébroïdes soudés aux ganglions palléaux, *b*, ganglions viscéraux, *p*, ganglions pédieux, *ca*, connectifs cérébro- et palléo pédieux soudés, *cp*, collier postérieur.

Fig. 342. — Schéma du système nerveux de la Nucule. — *C*, ganglion cérébroïde, *Pa*, ganglion palléal, *Pe*, ganglions pédieux, *V*, ganglions viscéraux, *1*, connectif cérébro-pédieux soudé au connectif palléo-pédieux, ces deux connectifs devenant libres en *x*, *2*, commissure viscérale, *ot*, otocyste s'ouvrant à l'extérieur, en *o*, par le canal *c*.

tachent plusieurs nerfs : deux *grands nerfs palléaux* auxquels se rattachent les *ganglions étoilés* du manteau ; deux grands nerfs viscéraux, portant des ganglions accessoires et se réunissant en arrière. Le stomato-gastrique présente un *ganglion stomacal* et des *ganglions buccaux*.

Organes des sens. — Le sens du tact paraît être généralisé dans le tégument. On trouve, dans l'épaisseur du manteau, des plexus nerveux en relation avec des cellules épithéliales, qui, par leur forme en bâtonnet et les cils qui les garnissent, peuvent être considérées comme des éléments tactiles. La sensibilité cutanee paraît surtout grande dans les tentacules des Cephalopodes, les lèvres des Gastéropodes, les bords du manteau des Lamellibranches.

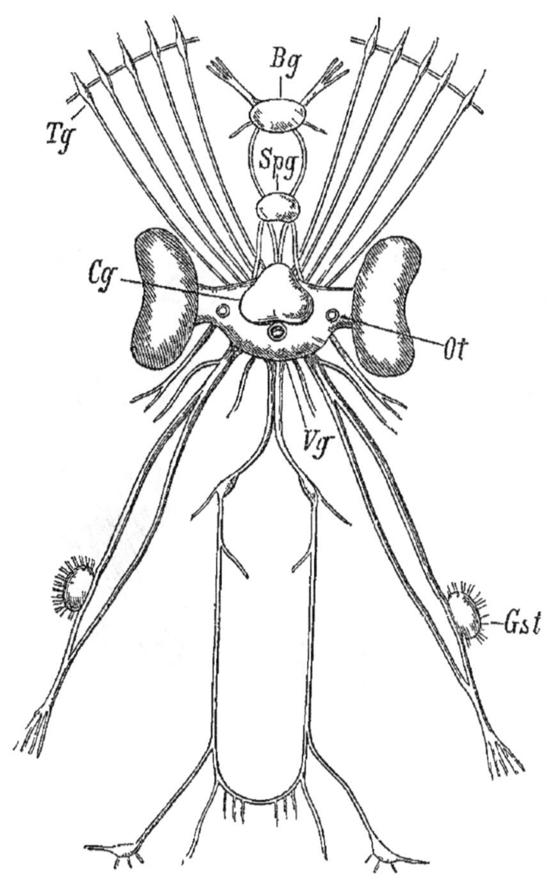

Fig 343. — Système nerveux de la Seiche — *Cg*, ganglion cérébroïde, *Vg*, ganglion viscéral *Bg*, ganglion buccal, *Spg*, ganglion sus pharyngien, *Tg*, ganglions des bras *Gst*, ganglion étoilé, *Ot*, otocystes

Sens du goût encore peu étudie. Chez les Hétéropodes, il existe, de chaque côté de la cavité buccale, des boutons gustatifs recevant chacun une fibre nerveuse.

Sens olfactif représenté par des organes ciliés, placés soit en arrière des yeux (Céphalopodes), soit a la base des branchies (Gasteropodes Diotocardes), soit a côté de ces organes (organe de Spengel et fausse branchie des Gastéropodes) (voir p. 453 et fig. 329), soit dans le voisinage de l'orifice respiratoire (Gastéropodes Pulmonés), soit entre l'anus et l'extrémité postérieure du pied (Lamellibranches).

Organes auditifs constitués par des vésicules (*otocystes*) remplies d'un liquide, au milieu duquel des corpuscules calcaires (*otolithes*), mis en mouvement par les vibrations sonores, viennent frapper les *soies auditives* qui hérissent la paroi. Une paire d'otocystes existe généralement dans le voisinage des ganglions pédieux.

Une paire d'yeux très développés, sur les côtes de la tête, chez les CÉPHALOPODES. Par sa complication, l'œil des Céphalopodes (fig. 344)

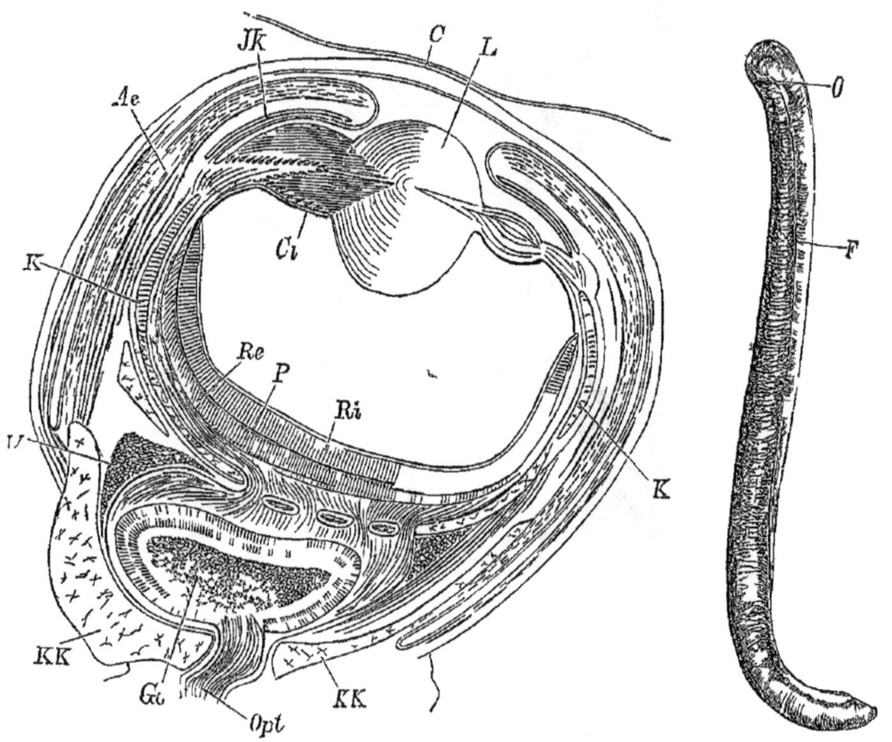

Fig. 344. — Coupe d'un œil de Seiche. — *KK*, cartilage céphalique, *C*, cornée, *L*, cristallin, *Ci*, corps ciliaire, *Jk*, cartilage de l'iris, *K*, cartilage du globe oculaire, *Ae*, couche argentine, *W*, coussinet graisseux, *Opt*, nerf optique, *Go*, ganglion optique, *Re*, *Ri*, couches externe et interne de la rétine, *P*, couche pigmentaire de la rétine.

Fig. 345. — Pronoménie. — *O*, bouche, *F*, fente pédieuse.

rappelle celui des Vertebrés. Il a la forme d'une sphère, parfois d'une cupule ouverte en avant, et est logé dans une dépression (*fosse orbitaire*) du cartilage céphalique. L'œil est limité par une membrane qui, le plus souvent, se continue au-devant de l'œil en devenant transparente et simulant une *cornee*. Celle-ci (elle manque chez le Nautile et les Oigopsides) est quelquefois percée d'un orifice qui permet a l'eau de mer de venir baigner le cristallin et remplacer l'humeur aqueuse. La rétine est constituée par de nombreux filets nerveux emanés d'un gros *ganglion optique ;* elle présente plusieurs couches, dont la plus interne est celle des bâtonnets, à l'inverse de ce qui a lieu chez les Vertébrés. Entre la membrane externe et la rétine, se trouve une épaisse couche moyenne, qui renferme à son intérieur des lamelles cartilagineuses, et est différenciée extérieurement en une *membrane argentée ;* elle forme, à sa partie antérieure, un *iris*, dont la pupille est largement ouverte. Derrière l'iris se trouve un gros *cristallin* autour duquel s'insèrent des procès ciliaires. Le cristallin est séparé de la rétine par un *corps vitré*. Le cristallin et le corps vitré font défaut chez le Nautile; la chambre interne de l'œil communique avec l'extérieur par un orifice, et la rétine est en contact direct avec l'eau de mer. Des replis cutanés constituent des sortes de *paupières ;* enfin des faisceaux musculaires permettent des mouvements de l'œil.

Chez les Gastéropodes, les yeux sont situés généralement à la base ou à la pointe des tentacules; ils ont (*Helix*, etc.) ou n'ont pas (*Murex*, etc.) de cristallin.

Pas d'yeux chez les Scaphopodes.

A l'état larvaire il existe des yeux sur le centre nerveux céphalique des Lamellibranches, mais ils disparaissent à l'âge adulte. On observe par contre, sur le bord du manteau de quelques Lamellibranches, des taches de pigment (*Arca*, *Pectunculus*) ou même de petits boutons colorés soit en vert, soit en rouge (*Pecten*, *Spondylus*) et pourvus d'un cristallin ainsi que d'une rétine en rapport avec les nerfs du manteau. Ce sont de véritables yeux palléaux.

CLASSIFICATION DES MOLLUSQUES

CLASSE I. — AMPHINEURES.

Corps symétrique, sans coquille ou avec des plaques dorsales.

Mollusques primitifs, à symétrie bilatérale; anus terminal ; deux reins servant de canaux génitaux. Système nerveux spécial.

ORDRE I. **Solénogastres.** — *Corps vermiforme, pas de manteau ; pied nul ou rudimentaire, pas de coquille.*

Proneomenia (fig. 345). Pas de branchies; téguments renfermant des spicules calcaires. — *Neomenia*. Des branchies, pas de radula. — *Chætoderma*.

ORDRE II. **Placophores.** — *Pied avec une sole; 8 plaques dorsales imbriquées.*

Chitons (*Chiton*) (fig. 318).

CLASSE II. — GASTÉROPODES.

Mollusques pourvus d'une tête et d'un pied ventral.

Tête munie de tentacules. Pied servant à la reptation, plus rarement à la natation (Hetéropodes, Ptéropodes), rarement nul (*Phyllirhoe*), portant le plus souvent, au moins chez les Prosobranches, à sa partie postérieure, une pièce cornée ou calcaire (*opercule*) qui sert à fermer l'ouverture de la coquille. Celle-ci est tantôt spiralée, tantôt conique, tantôt scutiforme; généralement externe et bien développée, elle est quelquefois interne et petite, rarement nulle. Carnivores ou herbivores. Leur chair, qui se mange crue ou cuite, est plus dure et plus coriace que celle des Céphalopodes.

Trois sous-classes :

GASTEROPODES.	Oreillettes en avant du ventricule	Dioiques. Des branchies . .	PROSOBRANCHES
		Hermaphrodites. Un poumon .	PULMONÉS
	Oreillettes en arrière du ventricule.	Hermaphrodites . .	OPISTHOBRANCHES

SOUS-CLASSE I. — PROSOBRANCHES.

Gasteropodes à coquille le plus souvent operculée. Respiration branchiale, rarement branchiale et pulmonaire ou seulement pulmonaire. Branchies géneralement situées à la partie antérieure, sur la face dorsale, en avant du cœur, et logées dans une cavité formée par le manteau. Coquille bien développee. Sexes séparés.

ORDRE I. **Diotocardes** (δίς, deux; οὖς, oreille; καρδία, cœur). — *Branchies bipectinées, symetriques ou asymetriques, quelquefois reduites à une seule. Cœur avec deux oreillettes et un ventricule traversé par le rectum, excepte chez les Helicines. En général pas de pénis. Presque tous marins, munis d'un mufle court, herbivores.*

Helicines (*Helicina*). Terrestres. — Néritines (*Neritina*). L'espèce la plus connue (*N. fluviatilis*) existe en abondance dans le sable qu'on retire de la Seine et de la Marne. — Toupies (*Trochus*)* (fig 347). — Sabots (*Turbo*)*. *T. rugosus* est la plus grosse coquille turbinée de nos côtes; son ouverture arrondie est fermée par un gros opercule calcaire « œil de Saint-Jacques ». Mediterranée. — Ormiers ou « Oreilles de mer » (*Haliotis*)*. Coquille auriforme, nacree interieurement, avec une rangee de trous par lesquels peuvent sortir des appendices filiformes du manteau; sa chair se mange crue. — Fissurelles (*Fissurella*) *. Coquille conique. perforee au sommet (fig. 346).

Fig 346 — Fissurelle   Fig 347 — Trochus

ORDRE II. **Cyclobranches** (κύκλος, cercle). — *Branchies de la cavité palléale en général disparues, remplacees par un cercle de branchies feuilletées placées dans la gouttiere palléale latérale. Coquille clypéiforme. Cœur avec deux oreillettes et un ventricule non traverse par le rectum. Pas de penis. Marins; herbivores.*

Tectures (*Tectura*). Des branchies palléales. — Patelles (*Patella*) *. Rien que des branchies latérales. Comestibles; connues sous le nom de « Bernicles » sur les côtes de l'Océan ; sous celui d' « Arapèdes » sur les côtes de Provence. — *Lapeta* *. Sans branchies.

ORDRE III. **Monotocardes** (μόνος, seul; οὖς, oreille; καρδία, cœur). — *Branchie droite seule persistante, unipectinee. Cœur a une seule oreillette et à ventricule non traversé par le rectum. Un pénis. Le plus souvent, une coquille spirale et un opercule. Presque tous marins; un mufle ou une trompe protractile; la plupart carnassiers.*

Tritons (*Tritonium*)*. La coquille de *T. variegatum*, de la Méditerranée, est la Conque ou Trompette marine des Tritons de la Fable. — Tonnes (*Dolium*)*. Coquille mince et ventrue (fig. 348). — Casques (*Cassis*)*. La coquille est épaisse et sert à faire des camées. — Strombes (*Strombus*)*. Bord externe de la coquille étalé en forme d'aile. — Porcelaines (*Cypræa*)*. Ouverture de la coquille longue, très étroite, a bords plissés (fig. 349). Les bords du manteau, ornés d'appendices charnus, se recourbent sur la coquille et en recouvrent une partie. — Valvées (*Valvata*). Hermaphrodites; branchie bipectinée exsertile, formant, sur le cou, une sorte de plume saillante ; eaux douces. — Natices (*Natica*)*. Coquille recouverte par des dépendances du pied (fig. 350). — Ampullaires (*Ampullaria*). A la fois des branchies

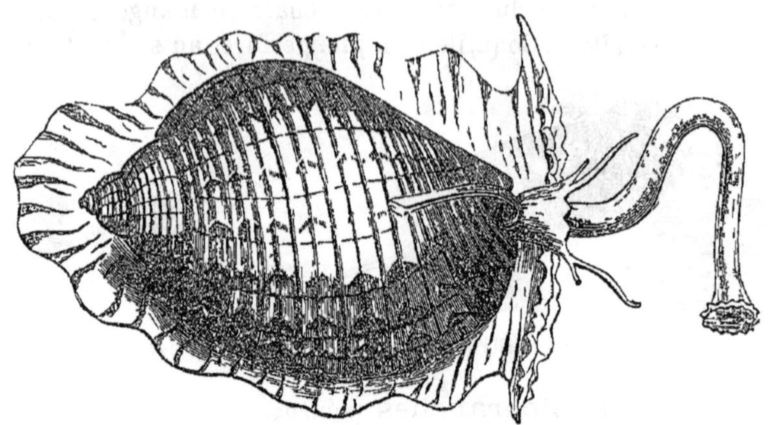

Fig. 348. — *Dolium perdix*, avec la trompe dévaginée

et un poumon; fleuves des pays chauds — Vermets (*Vermetus*)*

Fig. 349. — Porcelaine

Coquille devenant scalariforme chez l'adulte. — Turritelles (*Tur-*

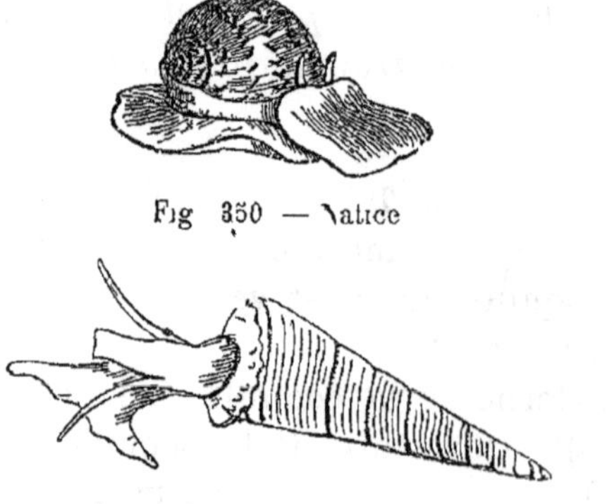

Fig. 350. — Natice

Fig. 351. — Turritelle. — *m*, manteau, *p*, pied, *t*, tentacules.

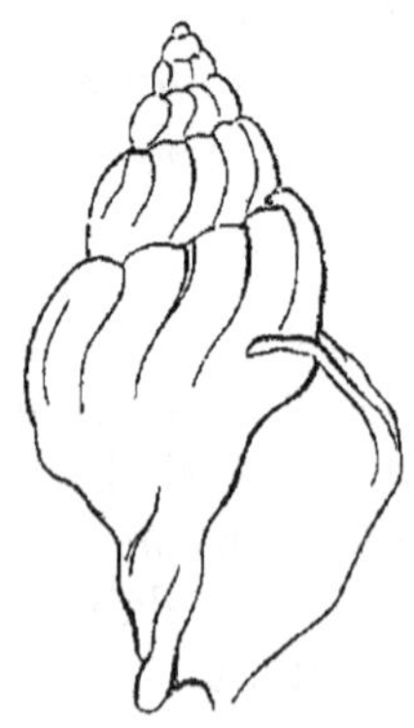

Fig. 352. — Buccin.

ritella)*. Coquille conique très allongée; rayée en spirale (fig. 351) — Paludines (*Paludina*). Eaux douces. — Cyclostomes (*Cyclostoma*). Terrestres; respirent l'air en nature. — Littorines (*Littorina*)*. Comestibles. « Vignot » (*L. littorea*), du littoral de l'Océan. — Cônes (*Conus*)* (fig. 353). —Buccins ou « Escargots de mer » (*Buccinum*)*. *B. undatum* (fig. 352) est commun sur les côtes de l'Océan, mais ne passe pas dans la Méditerranée. Ses œufs, groupés en petites masses, sont désignes

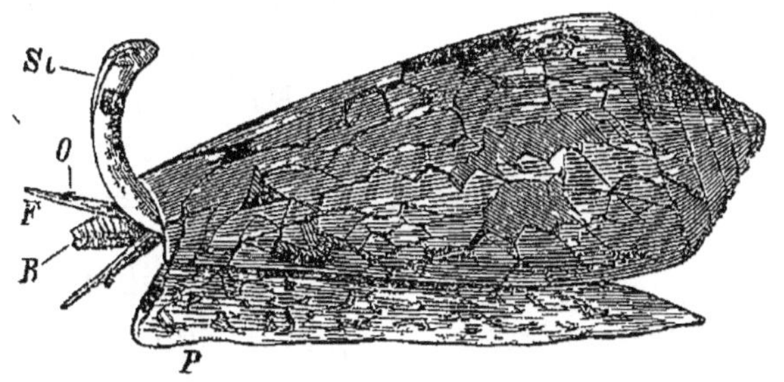

Fig 353 — Cône — *R*, trompe, *Si*, siphon, *F*, tentacules, *O*, œil *P*, pied.

sous le nom de « savon de mer » et sont employes par les marins pour se laver les mains. —Fuseaux (*Fusus*)*. — Pourpres (*Purpura*)*. La glande a mucus de la cavité palléale secrète une liqueur qui servait anciennement à la confection de la pourpre, couleur dont on n'a pu retrouver les procédés de fabrication. Cette liqueur, d'abord d'un blanc jaunâtre, devient verdâtre, puis violette sous l'action du soleil. — Rochers ou « Chicorées » (*Murex*)*. Coquille épaisse, ornée d'expansions (*varices*) longitudinales continues tuberculeuses, foliacées ou épineuses, à ouverture arrondie terminée par un canal antérieur droit (fig. 354). Les opercules des Murex étaient appelés autrefois « *onyx* » ou « ongles de mer » et employés en thé-

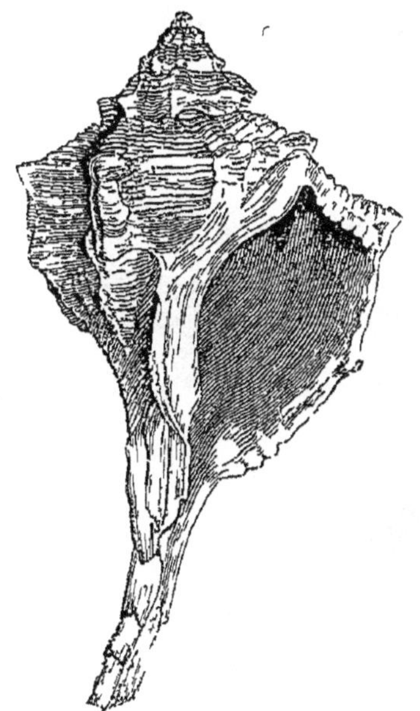

Fig 354. — Murex.

Fig 355 — Olive.

rapeutique. La « Droite Épine » (*M. brandaris*), à coquille piriforme, et le Rocher fascié (*M. trunculus*), à coquille fusiforme, communs sur les bords de la Méditerranée, figurent sous le nom de « Bious » dans les préparations culinaires des Provençaux; ils servaient aussi anciennement, avec les *Purpura*, à la fabrication de la pourpre. *M. erinaceus*, appelé vulgairement « Bigorneau, Cormaillot ou Perceur », se trouve sur toutes nos côtes et exerce de grands ravages dans les parcs à Huîtres, en perforant la coquille de ces animaux, pour se nourrir de leur substance. — Mitres (*Mitra*)*. — Harpes (*Harpa*)*. — Olive (*Oliva*)* (fig. 355) — Volutes (*Voluta*)*. — Scalaires (*Scalaria*)*. — Cadrans (*Solarium*)*. — Janthines (*Janthina*)*. Sécretent un radeau vésiculeux qui prolonge le pied et sert de flotteur a l'animal, en même temps que de réceptacle pour les œufs ; pelagiques.

ORDRE IV. — **Hétéropodes** (ἕτερος, différent; ποῦς, pied). — *Prosobranches pélagiques, à pied comprimé en raquette.*

Animaux transparents, nageant à la surface de la mer dans une position renversée, le pied en haut, au lieu de ramper sur le fond de la mer, comme les autres Gastéropodes. Tête prolongée en une trompe a l'extrémité de laquelle s'ouvre la bouche. Viscères ramassés en une petite masse (*nucleus*). Branchies en avant du cœur, sous forme de lamelles ciliées; quelquefois nulles. Deux tentacules ; deux yeux assez compliqués; deux otocystes. Pied

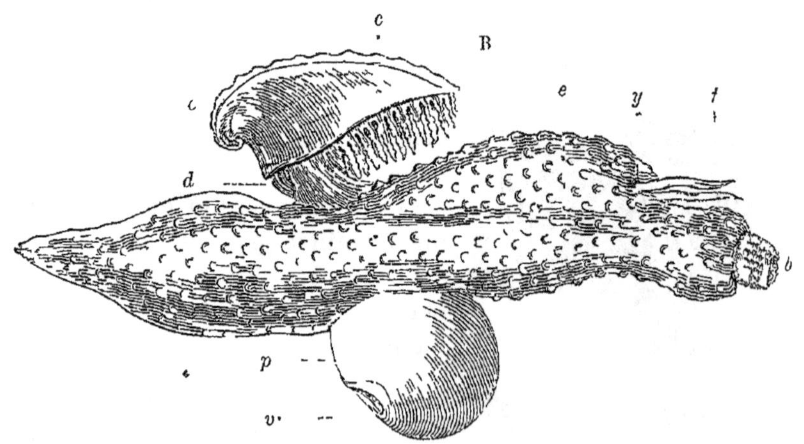

Fig 356 — Carinaire — *b*, bouche, *t*, tentacules, *y*, yeux, B, branchies, *c*, coquille, *d*, glande digestive, *e*, estomac, *p*, pied, *v*, ventouse.

souvent muni d'une ventouse, chez les mâles. Nus ou testacés. Larves pourvues d'un voile qui atteint parfois un développement considerable.

A. *Atlantidés* (*atlas*, nom mythol.). — *Corps renferme dans une coquille. Pas de nageoire caudale. Branchies cachees dans la cavité palleale.*

Atlanta *. Coquille discoide. — *Oxygyrus**. Coquille nautiloide.

B. ***Ptérotrachéidés*** (πτερον, aile ; τραχεῖα, trachée). — *Corps allongé, surmonté d'une coquille petite ou nulle. Branchies saillantes ou nulles.*

Carinaires (*Carinaria*)*. Coquille en forme de bonnet. — Firoles (*Pterotrachæa*)*, sans coquille, nageoire pédieuse munie d'un appendice caudal filiforme.

SOUS-CLASSE II. — **PULMONÉS**.

Tête munie d'une paire (*Limnæa*, etc.) ou de deux paires (*Helix*, etc.) de tentacules Pied parcouru, suivant son axe, par un canal qui s'ouvre au-dessous de la tête ; pourvu, à sa partie postérieure, d'une glande produisant un liquide qui, en se desséchant, laisse une trainée brillante. Coquille de forme variable, à bord toujours entier, sans nacre à l'intérieur ; quelquefois nulle (*Arion*, *Oncidium*). Un seul genre operculé (*Amphibola*) ; un seul genre muni d'une branchie, en outre du poumon (*Siphonaria*) ; tous deux des eaux saumatres. Le plus souvent terrestres ou d'eau douce ; les premiers seuls véritablement comestibles.

ORDRE I. **Stylommatophores** (στύλος, colonne ; ὄμματα, yeux). — *Yeux a l'extrémité de deux tentacules rétractiles* (fig. 357).

Pulmonés terrestres (*Geophiles*), excepté les Oncidies. Quatre tentacules rétractiles : deux antérieurs ou inférieurs, courts, servant d'organes tactiles : deux postérieurs ou supérieurs, plus longs, portant les yeux. En général herbivores.

A. ***Limacidés***. *Orifices génitaux confondus ou contigus.*

Testacelles (*Testacella*). Une petite coquille auriforme située a la partie postérieure ; se nourrissent de substances animales. — Limaces (*Limax*). Coquille rudimentaire (*limacelle*) placée sous un épaississement du manteau (*boucher*). — *Arion*. Sans coquille distincte.

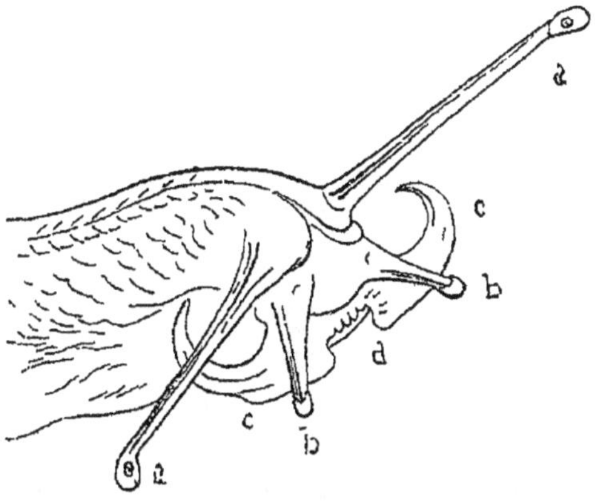

Fig. 357 — Tete d'un Stylommatophore — *a*, yeux au bout des grands tentacules, *b*, petits tentacules, *c*, palpes labiaux, *d*, bouche.

Fig. 358. — Testacelle.

La « Limace rouge » (*A. empiricorum*) était employée autrefois contre les affections de poitrine. — Colimaçons ou « Escargots » (*Helix*). Coquille spiralée, pouvant contenir l'animal entier. L'Hélice vigneronne ou « Escargot de Bourgogne » (*H. pomatia*), la plus grosse Hélice de France, se mange en hiver, quand elle a fermé l'ouverture de sa coquille avec un épiphragme. Elle manque dans le Midi, où elle

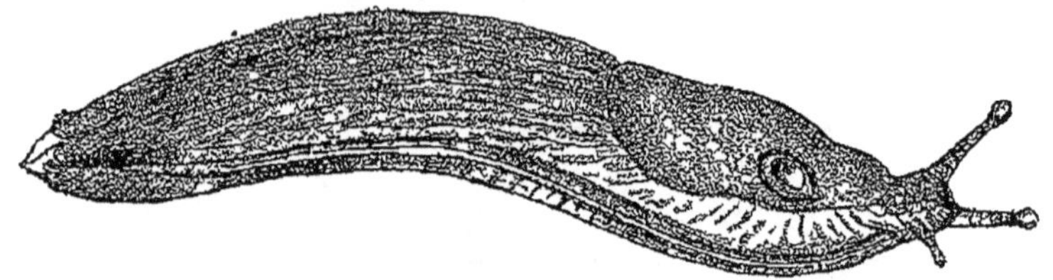

Fig 359 — Limace rouge On voit l'orifice respiratoire

est remplacée, comme aliment, par l'Hélice chagrinée ou « Limaçon » (*H. aspersa*). La chair des Escargots sert à faire un bouillon estime et diverses préparations pectorales : leur mucilage renferme une huile odorante (*helicine*). Certaines plantes rendent les Escargots indigestes (Buis) et même vénéneux (Belladone). — Bulimes (*Bulimus*). Sortes d'Helices a coquille allongée, dont une espece (*B. truncatus*) est à coquille tronquée. — Maillots ou Barillets (*Pupa*). Coquille cylindrique. — Clausilies (*Clausilia*). Coquille sénestre, fusiforme, dont l'ouverture est fermée par une plaque calcaire mobile (*clausilium*)

B. **Oncididés.** — *Orifices génitaux éloignés.*

Vaginules (*Vaginula*). Limaces des pays chauds; sans coquille, terrestres. — Oncidies (*Oncidium*). Sans coquille ; au bord de la mer ou dans les estuaires.

ORDRE II. **Basommatophores** (βάσις, base). — *Yeux a la base de deux tentacules non rétractiles.*

Pulmonés aquatiques à deux tentacules ; toujours testacés ; venant fréquemment respirer l'air à la surface de l'eau.

A. ***Hygrophyles*** (ὑγρός, humide ; φιλεῖν, aimer). — *Tentacules libres*

Auricules (*Auricula*). Lieux humides. — Limnées (*Limnæa*). Coquille mince, spiralée; des eaux douces. *L. truncatula* heberge la larve de la Douve hépatique. — Planorbes (*Planorbis*). Coquille mince, discoide ; sang rougeâtre ; eaux douces. *P. marginatus* est l'hôte de l'embryon de la Douve lancéolée. — Physes (*Physa*). Coquille sénestre, des eaux douces.

B. ***Thalassophiles*** (θάλασσα, mer). — *Tentacules soudes avec les teguments.*

Siphonaires (*Siphonaria*)* (1). Un poumon et des branchies. — Amphiboles (*Amphibola*)*. Un opercule.

Fig 360 — Limnee.

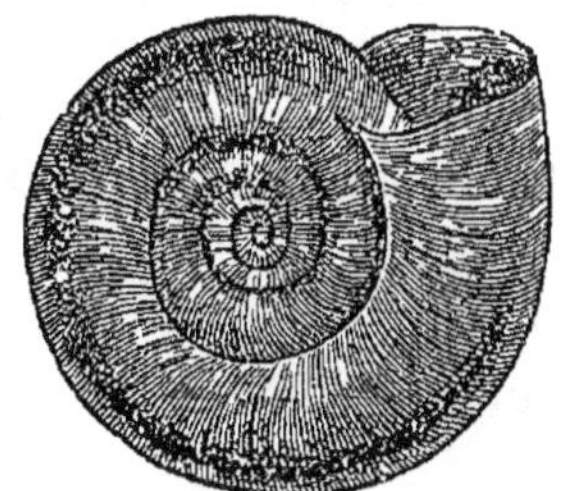

Fig 361. — Coquille de Planorbe.

SOUS-CLASSE III. — **OPISTHOBRANCHES.**

Gastéropodes marins, à respiration branchiale ou cutanée. Branchies situees sur le dos ou sur les côtés, en arrière du cœur, ou a la partie postérieure du corps. Appelés « Limaces de mer » a cause de leur forme. Leur coquille, lorsqu'elle existe, est en général petite et cachée plus ou moins completement. Pas d'opercule, excepté chez *Actæon*. Larves véligères.

ORDRE I. **Tectibranches** (*tectus*, couvert). — *Branchies latérales (en général une seule à droite) recouverte par la coquille ou le manteau.*

Actéons (*Actæon*)*. Coquille spiralée. — Bulles (*Bulla*)*. Coquille ventrue. — Aplysies ou « Lievres de mer » (*Aplysia*)*. Coquille interne ; quatre tentacules dont deux labiaux et deux cervicaux, ceux-

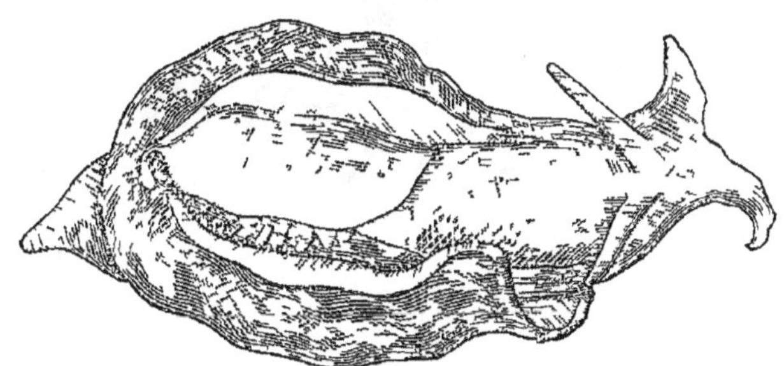

Fig 362 — Aplysie.

ci longs, en forme d'oreilles (fig. 362). — Ombrelles (*Umbrella*)*. Coquille externe, orbiculaire. — Pleurobranches (*Pleurobranchus*)*. Coquille interne.

(1) Le nom latin des especes marines est marqué d'un asterisque.

— ORDRE II. **Nudibranches** (1). (*Nudus*, nu). — *Branchies dorsales ou nulles, toujours a nu. Pas de coquille.*

Eolides (*Æolis*)*. Branchies dorsales papilleuses. — *Doris**. Branchies plumeuses, autour de l'anus. — *Tethys* *. Branchies papilleuses sur deux rangs dorsaux ; pas de radula. — *Phyllirhoe* *. Sans pied, nagent au moyen d'une queue en forme de nageoire ; phosphorescents. — *Elysia**. Sans branchies.

ORDRE III. **Ptéropodes.** — *Opisthobranches pélagiques, pourvus d'une paire de nageoires aliformes sur les côtés du cou.*

Petits Mollusques pélagiques ; à tête souvent peu distincte, portant quelquefois une ou deux paires de bras (fig. 309) ; pied (épipodium) transformé en deux nageoires aliformes au moyen desquelles ils volent, pour ainsi dire, dans l'eau.

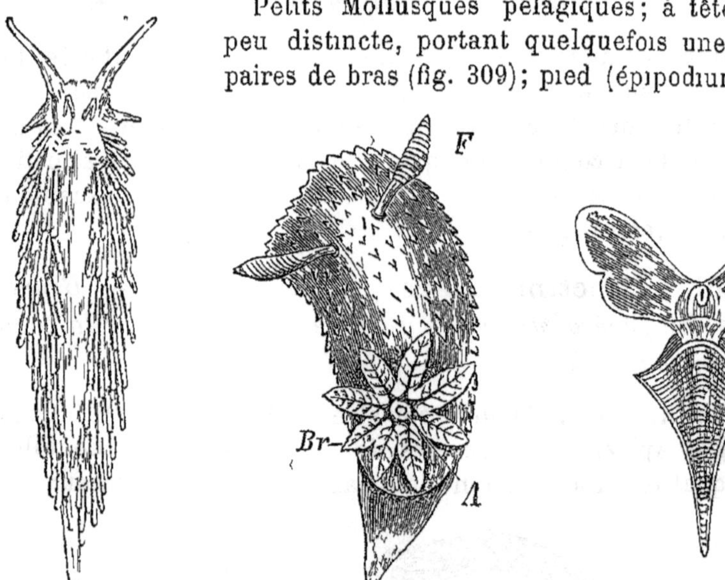

Fig. 363 — Eolide Fig 364 — *Doris pilosa*. *Br*, branchies, *A*, anus, *F*, tentacules Fig. 365 — Cléodore

1er **Sous-ordre. — Gymnosomes** (γυμνός, nu ; σῶμα, corps). — *Corps nu.*

Pneumodermes (*Pneumodermon*). Deux bras protractiles munis de ventouses (fig. 309). — *Clio*. Pas de bras protractiles.

(1) Appelés encore *Dermatobranches* ou *Gymnobranches*.

2e **Sous-ordre. — Thécosomes** (θήκη, étui). — *Une coquille extérieure.*

Cymbulies (*Cymbulia*). Coquille gélatineuse en forme de pantoufle. — *Cavolinia.* Coquille globuleuse ; nageoires trilobées. — *Cleodora.* Coquille triangulaire ; nageoires bilobées. — *Limacina.* Coquille spiralée.

CLASSE III. — SCAPHOPODES.

SCAPHOPODES (1) (σκάφος, carène ; ποῦς, pied). — *Mollusques sans tête distincte, à pied trilobé, à coquille conique, ouverte aux deux extrémités.*

Mollusques marins, vivant enfoncés à moitié dans la vase. La région céphalique porte à sa base deux touffes de filaments tentaculaires protractiles servant d'organes de préhension (fig. 311). Le corps est fixé à la coquille et entouré d'un manteau de même forme qu'elle.

Bouche antérieure, munie de palpes buccaux ; anus postérieur. Une double glande digestive volumineuse. Pas de cœur ni de branchies. Reins tubuleux. Dioïques. Larves rappelant celles de certains Vers et portant, pendant quelque temps, une coquille bivalve (DE LACAZE-DUTHIERS).

Un seul genre : Dentales ou « Dents de mer » (*Dentalium*).

CLASSE IV. — LAMELLIBRANCHES (2).

Mollusques à coquille bivalve, à branchies lamelleuses, à tête non distincte.

Pas de tête ni d'armature buccale. Corps comprimé, renfermé dans une coquille à deux valves reliées par un ligament élastique. Manteau divisé en deux lobes entourant entièrement le corps. Chair plus tendre et plus délicate que celle des Gastéropodes.

ORDRE I. **Asiphonés.** — *Lamellibranches sans siphons et à bords du manteau libres ou soudés sur un point.*

(1) Appelés encore *Solénoconques.*
(2) Appelés encore *Bivalves, Acéphales, Pélécypodes.*

1er **Sous-ordre. — Isomyaires** (ἴσος, égal; μῦς, muscle). — *Deux impressions musculaires égales, sur chaque valve. Valves égales. Lobes du manteau séparés ou un peu soudés en arrière; pied bien développé.*

Anodontes (*Anodonta*). Coquille généralement mince, dépourvue de dents à la charnière; eaux douces. *A. cygnea* est mangé, à Paris sous le nom de « Moule d'étang ». — Mulettes ou « Moules des peintres » (*Unio*). Coquille plus épaisse que celle des Anodontes, à charnière dentée; eaux douces. *U. sinuatus* sert à la fabrication des boutons de nacre. *U. margaritiferus* produit les « perles de rivière ». — Arches (*Arca*)*. Coquille à parois épaisses, allongée, avec une charnière rectiligne offrant une longue rangée de dents (fig. 366). L'Arche de Noé (*A. Noæ*) se mange sur les côtes de la Méditerranée et de la mer Rouge. — Pétoncles (*Pectunculus*)*. « Amandes de mer ». Diffèrent des précédents par leur coquille orbiculaire, à charnière courbe. Certains d'entre eux (*P. glycimeris*, *P. pilosus*, *P. violacescens*) sont comestibles.

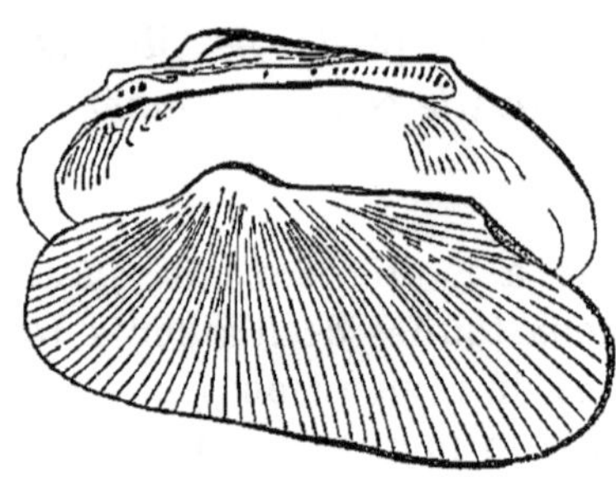

Fig. 366. — Arche.

2e **Sous-ordre. — Anisomyaires.** — *Deux impressions musculaires inégales sur chaque valve, la postérieure très petite; lobes du manteau distinct; un byssus.*

Dreissenes (*Dreissena*). Eaux douces. — Lithodomes (*Lithodomus*)*. Perforent les rochers. L'espèce commune « Datte de mer » (*L. lithophagus*), très estimée, se mange crue. — Moules (*Mytilus*)*. Coquille cunéiforme; pied linguiforme; byssus assez développé (fig. 367); vivent en colonies populeuses. L'espèce comestible (1)

(1) L'élevage des Moules (*mytiliculture*) se fait dans des parcs (*bouchots*), dont les plus importants en France sont ceux de la baie d'Aiguillon, près de la Rochelle. On enfonce des pieux dans le sol vaseux, ou l'on construit des appareils flottants sur lesquels les Moules se fixent par leur byssus et déposent leurs œufs. La croissance des Moules s'effectue en deux ans. La semence, déposée en mars sur les pieux, a, en avril, le volume d'une graine de lin (*naissain*), puis, en juillet, celui d'une graine de haricot (*renouvelain*). Pour récolter les Moules, les pêcheurs (*boucholeurs*) se servent d'une petite pirogue à fond plat (*acon*), dans laquelle ils se tiennent sur un genou, tandis qu'ils la font glisser sur la vase, avec l'autre jambe qui reste en de-

(*M. edulis*) est mangée soit crue, soit cuite et assaisonnée : d'une manière comme de l'autre, elle peut produire des accidents plus ou moins graves : malaise, gonflement de la face, rubéfaction

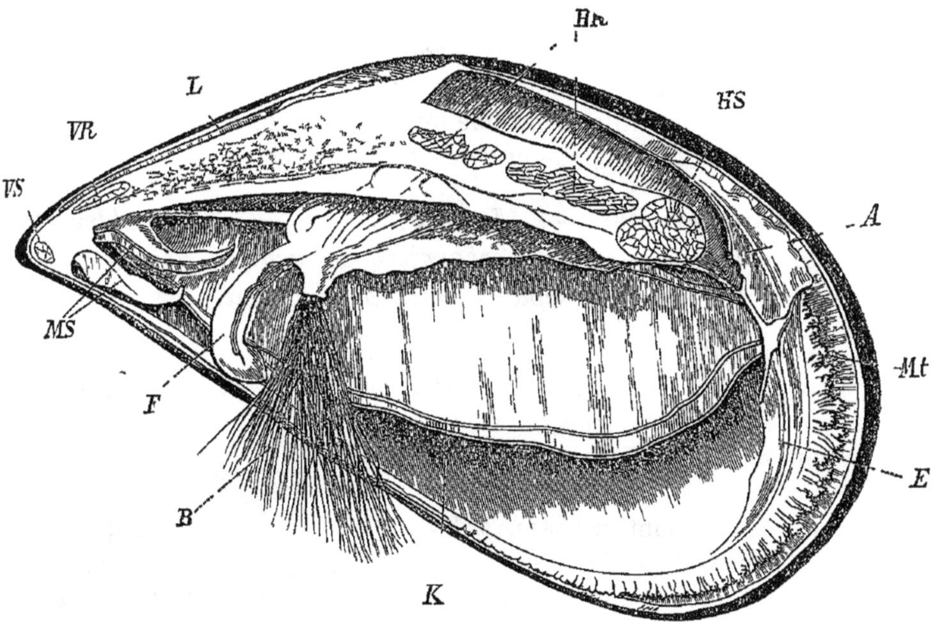

Fig 367 — Anatomie de la Moule. — *Mt*, manteau, *E*, orifice branchial, *A*, orifice cloacal, *VS*, muscle adducteur antérieur, *HS*, muscle adducteur postérieur, *VR*, *HR*, muscles rétracteurs antérieur et postérieur du pied, *L*, ligament, *MS*, palpes labiaux, *F*, pied, *B*, byssus, *K*, branchies

de la peau avec vives démangeaisons (*urticaire*), quelquefois même la mort. Ces accidents surviennent à la suite de l'ingestion de Moules, dans lesquelles une leucomaïne spéciale (*mytilotoxine*) s'est probablement formée aux dépens de l'eau corrompue. Tous les cas de mort ont été en effet produits par des Moules pêchées, non en pleine mer, mais dans des ports remplis d'eau stagnante ou se renouvelant peu. La

hors et sert de propulseur Les premiers essais de mytiliculture datent de plus de six siècles et furent faits en France par un naufragé irlandais, Patrice Walton. Il donna aux bouchots la forme de grandes palissades en forme de W (la première lettre de son nom) et dirigeant leur pointe, où est pratiqué un passage étroit, vers la haute mer. Chacune des branches des W a environ 200 mètres de long et est formée de pieux hauts de 3 mètres, distants d'un mètre, réunis par des branchages entrelacés. Les bouchots les plus éloignés de la mer sont dits d'*amont*, ceux de la pointe, toujours plus ou moins submergés, sont d'*aval*. Le clayonnage ne descend pas jusqu'au sol, de manière à permettre la circulation de l'eau.

glande digestive de la Moule renferme seule la matière toxique (1). — Jambonneaux (*Pinna*)*. Coquille grande, triangulaire, nacree, byssus long et soyeux, servant à fabriquer des tissus, dans certains pays; chair médiocre. — Pintadines ou « Huîtres perlières » (*Meleagrina margaritifera*)*. Coquille subéquivalve, fournissant la nacre et les perles fines. Mer des Indes; golfe du Mexique; golfe Persique. Les perles sont généralement libres et régulières; quelquefois elles adhèrent a la coquille et ont une forme irrégulière (*perles baroques*). — Marteaux (*Malleus*)*. Coquille en forme de marteau.

3e **Sous-ordre. — Monomyaires.** — *Un seul muscle adducteur (le postérieur); charniere en général depourvue de dents; lobes palleaux separés ; pied petit ou nul.*

Peignes (*Pecten*)*. Coquille auriculée, a valve droite convexe et a valve gauche aplatie ; yeux verts, sur les bords du manteau *P. jacobæus*, *P. maximus*, *P. varius* sont mangés crus ou cuits, sous le nom de « Coquilles de saint Jacques ». Les valves creuses (*pelerines* ou *ricardeaux*) sont utilisées, à défaut de coquilles d'argent, pour servir certaines préparations culinaires (champignons, volaille, veau, etc.) qualifiées de « coquilles ». — Spondyles « Huîtres épineuses » (*Spondylus*)*. Mers chaudes. — Huîtres (*Ostrea*)*. Coquille feuilletee; valve gauche convexe et fixée; valve droite plane et libre; pied rudimentaire ou nul; hermaphrodites, mais ne fonctionnant que comme mâles ou comme femelles; cœur non traversé par le rectum; vivent en bancs, dans le voisinage des côtes (2). L'Huître commune (*O. edulis*), l'Huître « Pied de

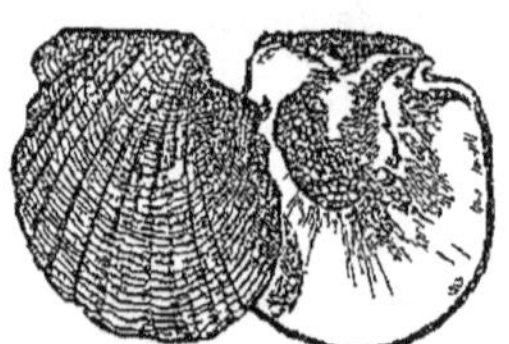

Fig 368 — Pintadine

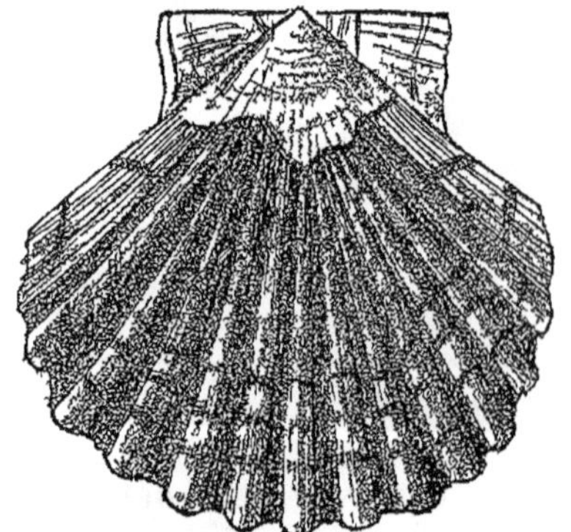

Fig 369. — Valve plate de Pecten

(1) Il paraîtrait que les Moules reconnues veneneuses, cuites pendant dix minutes, avec trois grammes de carbonate de soude par litre d'eau, perdraient toute propriete toxique.

(2) On estime qu'une Huître peut donner naissance a deux millions d'œufs chaque annee L'embryon de l'Huître a une forme globuleuse, sa surface

cheval » (*O. hippopus*), l'Huître de Tarente (*O. tarentina*) ; l'Huître de Corse (*O. cyrnusi*), l'Huître portugaise (*O. angulata*) sont les espèces que l'on mange plus spécialement en France ; elles se reproduisent d'avril à septembre (*mois sans R*). Un préjugé, utile au point de vue de la propagation des Huîtres, recommande de s'abstenir de ces Mollusques pendant les mois de mai, juin, juillet et août (1). L'Huître est un aliment de digestion relativement facile, utile aux convalescents ; sa digestibilité est encore augmentée sous l'influence des acides faibles (jus de citron, vin blanc légèrement acidulé). L'eau que renferme l'Huître est douée de propriétés apéritives et stimulantes. L'Huître cuite et l'Huître marinée sont réputées indigestes. Les Huîtres françaises les plus estimées sont celles de Marennes (2) ; leurs branchies ont une coloration verdâtre. Celle-ci est due à la présence d'une Diatomée (*Navicula ostrearia*) dont le pigment bleuâtre (*marennine*), vu à travers le tissu jaune brun de l'Huître,

est divisée en deux parties inégales par une couronne de cils vibratiles qui lui servent à nager. Au bout d'un certain temps, il est pourvu d'une paire de valves, se fixe par l'une d'elles, perd ses cils vibratiles et devient définitivement une Huître.

(1) Pour les Moules, il existe un dicton populaire qui, contrairement à celui des Huîtres, recommande de les manger surtout pendant les mois sans R.

(2) L'art de faire produire et d'élever les Huîtres (*ostréiculture*) était déjà connu des Romains. Il comprend deux branches principales. L'une (*production*) prend l'Huître à sa sortie de l'œuf et facilite le développement de l'embryon : c'est la spécialité d'Arcachon ; l'autre (*élevage*) engraisse l'Huître déjà développée et l'améliore jusqu'à ce qu'elle puisse être livrée à la consommation : c'est la spécialité de Marennes. Les autres établissements de France les plus importants, pour l'industrie ostréicole, sont ceux de Bretagne, surtout dans le golfe du Morbihan. La vente des Huîtres a dû être réglementée en France, pour assurer le repeuplement des côtes ; elle est interdite du 15 juin au 1er septembre et ne peut avoir pour objet des Mollusques d'une dimension inférieure à 5 centimètres. Quand les embryons s'échappent de la coquille maternelle, les producteurs essayent de les recueillir sur des objets (*collecteurs*) qui sont, de préférence, des tuiles creuses enduites de chaux hydraulique. Lorsque les jeunes (*naissain*) ont atteint une certaine taille, on les détache de leur support (*détroquage*), puis on les livre aux éleveurs. Ces derniers les parquent alors dans un endroit de la mer (*parcs* ou *claires*) favorable à leur développement (*petit élevage*), ou bien ils cherchent encore à les améliorer par l'action de l'eau saumâtre qui convient mieux pour l'engraissement (*grand élevage*). Les Huîtres acquièrent, au bout de trois à cinq ans, leur taille habituelle. Elles sont expédiées dans des paniers (*bourriches*) recouverts de paille et fortement ficelés. A l'endroit de consommation des Huîtres, on les empêche de bâiller et de perdre de leur eau, en les maintenant sous pression, au moyen d'une grosse pierre placée sur la bourriche entamée. On consomme par an environ 500 millions d'Huîtres, en France.

Un certain nombre de maladies sévissent sur les Huîtres de nos parcs. La

produit la coloration verte (PUYSÉGUR). Certains industriels communiquent quelquefois aux Huîtres une viridité artificielle, au moyen de sels de cuivre. L'Huître belge ou « Huître d'Ostende » se distingue surtout par la régularité de sa coquille ; elle est, comme l'Huître de Marennes, une variété de l'espece commune. — Anomies (*Anomia*)*. Une valve perforée livre passage au byssus qui est remplacé par une cheville calcaire. On les mange à Cette et a la Rochelle, où on les appelle « éclairs », à cause de leur phosphorescence. — Placunes (*Placuna*)*. Coquille plate et mince dont les valves sont quelquefois employées par les Chinois pour vitrer leurs fenêtres.

ORDRE II. **Siphonés.** *Lamellibranches à siphons respiratoires plus ou moins développés et à lobes du manteau plus ou moins soudés.*

1er **Sous-ordre. — Intégripalléaux.** — *Siphons courts, ou réduits a de simples orifices* (fig. 315) ; *impression palléale simple.*

Cyprines (*Cyprina*)*. Coquille ovale ou orbiculaire. — Isocardes (*Isocardia*)*. Coquille cordiforme, renflée (fig. 374). — Cyclades (*Cyclas*). Eaux douces. *C. rivicola* est commun dans la Seine et dans la Marne.

Fig. 370 — Tridacne.

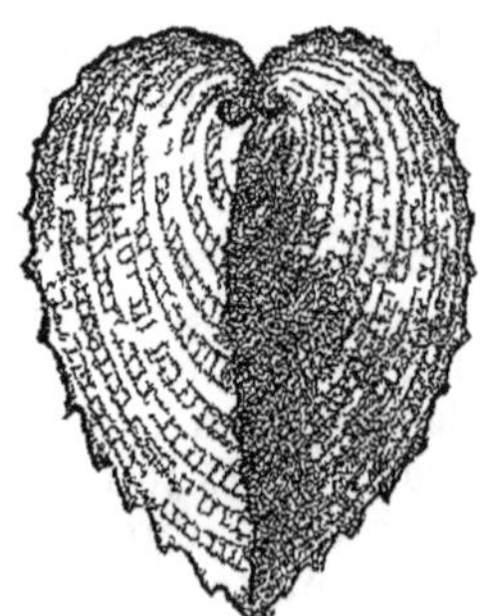
Fig 371 — Bucarde

— Corbeilles (*Corbis*)*. Pied long, pointu, vermiforme. — Bucardes (*Cardium*)*. Coquille équivalve, bombée, a côtes rayonnantes, a sommets enroulés, ayant, quand on la regarde par côté, la forme d'un

coquille peut être percee d'un grand nombre de trous par une Eponge perforante (*Vioa*) qui donne a l'Huitre l'aspect du pain d'epices (*maladie du pain d'epices*). La presence de la vase peut determiner 1° le *typhus des Huitres*, caracterise par le jaunissement de la coquille a l'exterieur et son bleuissement a l'interieur ; 2° le *chambrage*, c'est-a-dire la fabrication, par l'Huitre, d'une couche calcaire qui isole une cavite renfermant un liquide nauseabond dont le Mollusque a ainsi essaye de se debarrasser.

cœur (fig. 371). *C. edule* « Sourdon, Maillot, Coque, Rigadot », est mangé sur nos côtes ; il est commun dans les étangs saumâtres. — Benitiers (*Tridacna*)*. Coquille (fig. 370) pouvant devenir enorme et peser 200 kilos, à côtes rayonnantes et écailles foliacées, fixée par un byssus a fils gros et forts. — Cames (*Chama*). Pied coudé, rappelant le profil du pied humain.

2e **Sous-ordre. — Sinupalléaux.** — *Siphons longs; impression palléale offrant un sinus palleal.*

A. *OUVERTS.* — *Bords du manteau ouverts en avant et livrant passage au pied.*

Tellines (*Tellina*)*. Coquille comprimée; siphons divergents. — Mactres (*Mactra*)*. Coquille trigone, presque isocele; siphons réunis (fig. 314); se meuvent en se servant de leur pied comme d'une béquille. — Vénus (*Venus*)*. Coquille suborbiculaire, épaisse, a bords finement crénelés; quelques espèces sont mangées, dans le midi de la France, sous les noms d' « Arseilles » (*V. virginea*), de « Clovisses » (*V. decussata*), de « Praires » (*V. verrucosa*), etc. — *Donax* *. Coquille trigone, aplatie, a

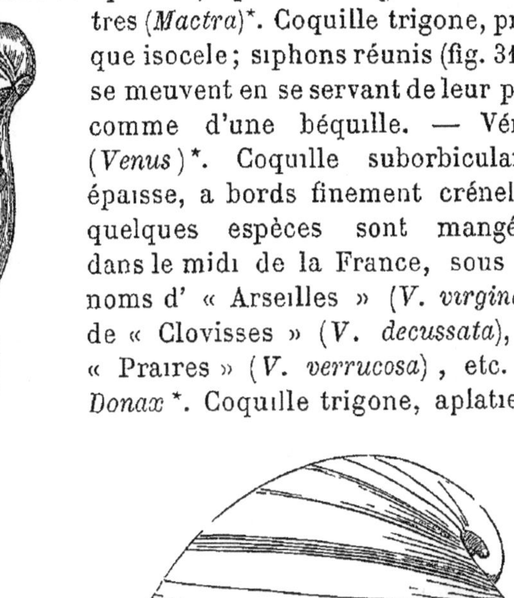

Fig 372. — Arrosoir

Fig. 373. — Taret, retire de son tube calcaire, avec les siphons étalés.

Fig 374. — *Isocardia cor*, montrant le pied et les orifices aquifères.

test lisse et brillant. « Petites Clovisses » ou « Haricots de mer ». Plusieurs espèces comestibles.

B. *ENFERMES.* — *Bords du manteau ne laissant qu'une petite ouverture en face de laquelle se trouvent le pied et la bouche.*

Pholades (*Pholas*) *. « Dattes blanches ». Percent les rochers, manteau et siphons phosphorescents. *P. dactylus* est consomme a la Rochelle, sous le nom de *Dail*, c'est un des Mollusques les plus estimés (fig. 321). — Tarets (*Teredo*). Corps vermiforme, termines par deux siphons soudés (fig. 373); creusent, dans les bois submergés, des galeries qu'ils revêtent d'une couche calcaire sécrétée par le manteau Le « Ver de vaisseau » (*T. navalis*) détruit les pilotis. — Arrosoirs (*Aspergillum*) *. Valves rudimentaires, soudées a un tube calcaire sécrété par le manteau et offrant une extrémité criblee de trous comme une pomme d'arrosoir (fig. 372). — Couteau (*Solen*) *. Coquille rectangulaire, ouverte aux deux extrémites ; chair très estimée (1). — Myes ou « Clanques » (*Mya*)*. Une grande dent très saillante sur une valve. Comestibles ; chair mediocre. — Lutraires (*Lutraria*)* Deux dents a chaque valve ; chair delicate.

CLASSE V. — CÉPHALOPODES.

Mollusques à tête distincte, présentant une couronne de bras autour de la bouche.

Les plus élevés des Mollusques. Le corps est divisé en deux parties : tête et masse viscérale. Cavité palléale analogue a une poche de tablier ; c'est elle qui renferme les branchies et c'est a son intérieur que débouchent les orifices des appareils digestif, excréteur et génital Bras servant aussi bien a ramper qu'a saisir une proie. A l'orifice de la cavité palleale, un entonnoir membraneux rejette les excrements et l'eau qui a servi a la respiration. Animaux marins, nocturnes, carnassiers, se nourrissant principalement de Poissons et de Crustacés, changeant rapidement de coloration par le jeu des chromatophores dont leur peau est pourvue.

ORDRE I. **Tétrabranchiaux**, **Tentaculiferes** ou **Inacétabulés**. — *Quatre branchies.*

Bras remplaces par des tentacules nombreux, filiformes, sans ventouses ni crochets (fig. 375, *T*). Les tentacules du côté dorsal se soudent

(1) Lorsque la mer descend, les Solens s'enfoncent verticalement a une assez grande profondeur et laissent sur le sable une ouverture semblable au trou d'une serrure. En repandant sur cette ouverture une pincée de gros sel, on fait remonter le Solen a la surface et on peut facilement le capturer.

en un *capuchon céphalique*, qui peut fermer l'ouverture de la coquille, quand l'animal s'y retire. Entonnoir divisé en deux lobes. Pas de poche à encre. — Une coquille extérieure, enroulée en spirale, cloisonnée intérieurement, composée de plusieurs chambres dont la dernière seule est occupée par l'animal. Celui-ci a sa face ventrale tournée du côté convexe de la coquille, son manteau se prolonge en arrière

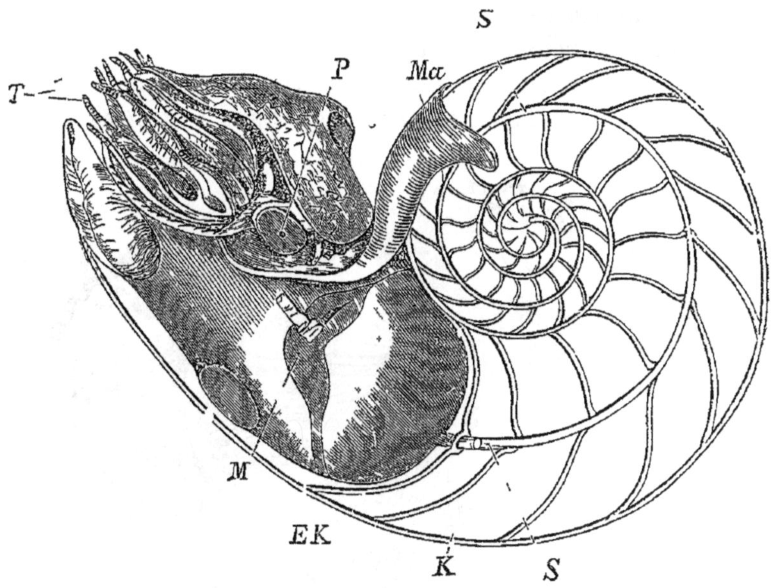

Fig. 375. — Nautile. — *EK*, chambre d'habitation ; *K*, chambres à air ; *S*, siphon ; *Ma*, manteau ; *M*, muscle qui fixe l'animal à sa coquille ; *P*, œil ; *T*, tentacules.

par un ligament qui passe dans un *siphon* tubulaire (*S*), traversant le milieu des cloisons. Pas de cristallin, ni de cornée.

Nautiles (*Nautilus*). Seul genre actuellement vivant. On mange le Nautile aux Moluques. Océan Pacifique.

On n'a pu en étudier que peu d'exemplaires vivants.

ORDRE II. **Dibranchiaux** ou **Acétabulifères** (*acetabulum*, ventouse). — *Deux branchies.*

Bras munis de ventouses. Entonnoir en forme de tube. Dans le voisinage de la glande digestive, une poche (*poche du noir*), composée d'une glande et d'un réservoir, s'ouvre dans le rectum, près de l'anus, par un orifice entouré d'un sphincter ; elle renferme une liqueur noirâtre que l'animal projette pour obscurcir l'eau et se dérober en cas d'attaque. L'encre de la Seiche était autrefois employée pour la préparation de la couleur connue sous le nom de « sépia ». Leur chair se mange cuite et rappelle un peu celle de la Langouste.

1er Sous-ordre. — Octopodes. — *Huit bras. Coquille nulle.*

Corps ovoïde, généralement dépourvu de nageoires latérales. Yeux fixes. Oviducte double. Ventouses dépourvues de cercle corné, sessiles ou pédonculées.

A. — *Ventouses sur un seul rang.*

Cirroteuthes (*Cirroteuthis*). Corps pourvu de deux nageoires ; bras munis de cirres. — Elédones (*Eledone*). Sans nageoires ni cirres.

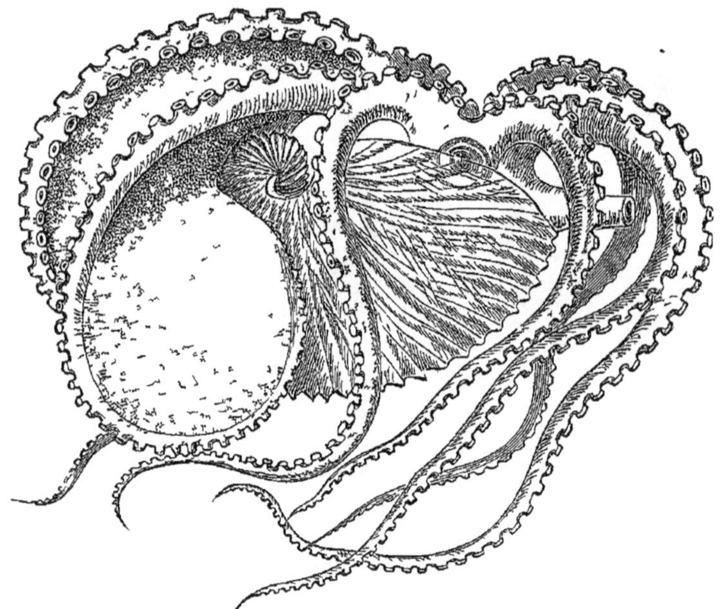

Fig. 376. — Argonaute femelle, nageant.

Deux especes méditerranéennes, mangées par les pêcheurs : *E. moschata*, « Pieuvre musquée », a forte odeur de musc ; *E. Aldrovandi*, de taille plus grande, sans odeur musquée.

B. — *Ventouses sur deux rangs.*

Poulpes ou Pieuvres (*Octopus*). Ventouses sessiles ; Animaux comestibles — Argonautes (*Argonauta*). Ventouses pédonculées ; mâles (fig. 337) petits et nus ; femelles (fig. 376) grandes, secrétant une nacelle nidamentaire que soutiennent les deux bras dorsaux élargis en raquettes ; elle sert de support aux œufs, et ne tient pas au corps par des muscles.

2e Sous-ordre. — Décapodes. — *Huit bras sessiles et une paire de longs bras tentaculaires à extrémité renflée* (massue) (fig. 312). *Une coquille interne, rarement externe.*

Corps oblong, muni d'une paire de nageoires latérales. Yeux mobiles. Oviducte simple. Ventouses pédonculées, pourvues d'un cercle corné, simple ou denticulé.

1° *Une coquille interne, cornee* (gladius *ou* calamus).

A. ***Oïgopsidés*** (οἴγειν, ouvrir; ὄψεις, yeux). — *Yeux sans cornée.*

Calmarets (*Loligopsis*). Bras sessiles courts ; bras tentaculaires longs, étroits. — *Chiroteuthis.* Bras sessiles longs ; bras tentaculaires démesurément longs. — *Onychoteuthis.* « Calmars à griffes ». Bras tentaculaires armés de crochets au lieu de ventouses. — *Ommastrephes* « Calmars flèches ». Ressemblent aux précédents dont ils different par l'absence de griffes. — *Architeuthis.* De taille colossale : 12 mètres de long ; bras de la grosseur d'une cuisse d'Homme, a ventouses de la taille d'une tasse à café.

B. ***Myopsidés*** (μύειν, fermer). — *Yeux munis d'une cornee.*

Sépioles (*Sepiola*). Corps court, a nageoires étroites, arrondies : comestibles. — Calmars ou Encornets (*Loligo*). Corps allongé (fig. 377), de couleur rougeâtre, effilé en arrière, a nageoires triangulaires, formant un losange par leur réunion ; gladius corné, en forme de plume d'oie ; œufs déposés en paquets rayonnant autour d'un point central. *L. vulgaris* est appelé « Seiche rouge » par les pêcheurs d'Arcachon et « Chipirone » par les Basques ; mets delicat.

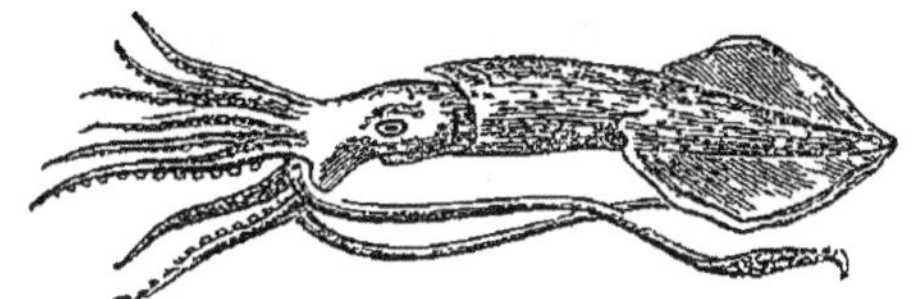

Fig 377. — Calmar.

2° *Une coquille interne* (sépion) *calcaire.*

Sépiidés. — Seiches (*Sepia*) (fig. 312). Nageoires aussi longues que le corps; bras à quatre rangs de ventouses; œufs « raisins de mer » fixés sur les plantes marines; sépion (*os de Seiche*) convexe en avant, terminé en arrière par une pointe saillante (*mucro*) (1). L'espèce commune (*S. officinalis*) est comestible, mais ne vaut pas le Calmar. Son sépion, employé autrefois en pharmacie, entre dans la composition de plusieurs poudres dentifrices et de la poudre de sandaraque;

(1) L'os de Seiche a ses deux faces convexes, la superieure dure et grenue, l'inferieure tendre, striee de lignes sinueuses. Ses bords presentent un feuillet d'une substance cornee (*conchioline*) qui constitue exclusivement le sepion du jeune et forme la trame de celui de l'adulte (V p. 458 et fig 323 et 324)

on le place souvent dans la cage des Oiseaux, pour leur effiler le bec et leur fournir le calcaire nécessaire a la coquille de leurs œufs.

3° *Une coquille externe, cloisonnée et enroulee, recouverte en partie par le manteau.*

Spirulidés. — Spirules (*Spirula*). Coquille à tours disjoints, peu nombreux; placee verticalement a la partie posterieure du corps, enroulée du côte ventral, munie d'un siphon qui traverse les cloisons (fig 378), appelee vulgairement « cornet de postillon », des Tropiques ; la coquille est bien connue, elle est amenée sur nos plages de l'Ocean par le Gulf-Stream, mais l'animal n'a encore pu être étudie que sur deux ou trois exemplaires incomplets.

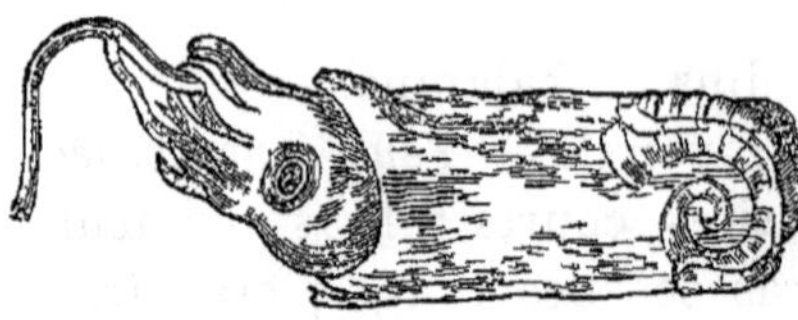

Fig 378. — Spirule

EMBRANCHEMENT IV. — ARTHROPODES

ARTHROPODES (ἄρθρον, articulation ; ποῦς, pied). — *Animaux annelés, pourvus de membres articulés* (1).

Artiozoaires à corps généralement segmenté en anneaux de structure différente (*anneaux* ou *somites hétéronomes*), dont quelques-uns portent des membres creux et *articulés*, c'est-à-dire formés de segments mobiles les uns sur les autres. — Un cerveau ; une chaîne ganglionnaire ventrale. — Un revêtement de chitine. Jamais de cils vibratiles.

Les Arthropodes forment six classes :

ARTHROPODES.	Respirant exclusivement par des trachées, une paire d'appendices prébuccaux en forme d'antennes........	Pattes nettement articulées.	Six pattes ; en général des ailes....	INSECTES.
			Un grand nombre de pattes, jamais d'ailes..........	MYRIAPODES.
		Pattes indistinctement articulées, terminées par des crochets....................		PROTRACHÉATES.
	Respirant par des trachées ou des poumons ; une paire d'appendices prébuccaux en forme de griffes ou de pinces........................			ARACHNIDES.
	Respirant par des branchies........	Une paire d'appendices prébuccaux en forme de pinces.		XIPHOSURES.
		Deux paires d'appendices prébuccaux le plus souvent en forme d'antennes..........		CRUSTACÉS.

Téguments. — Le tégument est formé par un *épiderme* et un *derme*.

L'épiderme comprend une seule assise de cellules régulières, dont la membrane superficielle s'épaissit en une cuticule épaisse. Cette cuticule est constituée par une substance spéciale (*chitine*), habituellement imprégnée de diverses matières colorantes. Elle peut être mince et molle (***Aranéides***) ; mais le plus souvent elle est épaisse et de consistance cornée (***Insectes***) ou plus dure encore, si des sels calcaires s'associent à la chitine (***Crustacés***,

(1) Ces membres disparaissent quelquefois chez l'adulte (Sacculine, Linguatule) ; mais ils existent toujours à une période du développement.

Myriapodes). Les saillies intérieures (*apodemes*) ou extérieures (épines, poils, écailles) du tegument sont également des productions chitineuses, résultant du plissement de l'épiderme. Le derme est forme de tissu conjonctif fibreux ou diffus.

La couche de chitine se réfléchit aux divers orifices du corps, pour tapisser l'intérieur d'un certain nombre d'organes derives, comme lui, de l'ectoderme (origine et terminaison du tube digestif, trachees, conduits sexuels).

La dureté relative du tégument en fait une sorte de squelette extérieur qui serait un obstacle à la croissance des Arthropodes, si sa chute (*mue*) n'avait lieu à certaines époques, soit pendant le jeune âge seulement, soit durant toute la vie. Au moment de la mue, l'ancienne cuticule se fend suivant des lignes constantes pour la même espèce ; il se forme ainsi un étui qui conserve, apres la sortie de l'animal, la forme de son corps et celle des parties chitineuses de l'interieur. On observe souvent, sous le tégument et entre les viscères, des amas de cellules graisseuses designés sous le nom de *corps adipeux*. Celui-ci, ordinairement coloré, constitue des reserves nutritives surtout abondantes chez les larves d'Insectes.

Morphologie. — Les anneaux du corps sont composés chacun de deux *arceaux*, l'un *sternal* ou *ventral*, l'autre *tergal* ou *dorsal*. L'arceau tergal est constitué par deux pièces seulement (*tergites*) habituellement réunies sur la ligne médiane en une pièce unique (*tergum*) ; l'arceau sternal, plus étendu, comprend trois paires de pièces : deux inférieures (*sternites*) souvent réunies en une seule (*sternum*), deux latérales (*épimeres*) et deux intermédiaires (*episternites*). Les épimères et les épisternites forment les flancs (*pleuræ*). Les anneaux sont réunis les uns aux autres par des parties membraneuses auxquelles ils doivent une certaine mobilite ; ils protègent les organes intérieurs et fournissent des insertions aux muscles. Ceux-ci ne forment jamais d'enveloppe musculo-cutanée avec le tégument

Les anneaux sont généralement différenciés suivant leur position (*segmentation hetéronome*). Tout au moins les anneaux antérieurs se fusionnent pour former la *tête* qui porte les yeux et la bouche, et leurs appendices se modifient pour constituer les *antennes* et les pieces adaptées à la mastication (*mandibules* et *mâchoires*).

Dans le cas le plus géneral, on distingue, dans le corps, trois parties principales (*tête*, *thorax*, *abdomen*) ; c'est ce qui a lieu notamment chez tous les Insectes. Le thorax est plus spécialement adapté à la locomotion. Il porte des pattes articulees s'inserant entre les épisternites et les épimères. Chez le plus grand nombre des Insectes, un ou deux anneaux du thorax portent en outre dorsalement des ailes s'insérant entre les tergites et les épimères. L'abdomen est la partie la plus variable du corps. Il porte quelquefois des appendices natatoires bien développés. Plus souvent, il est le siège d'une régression physiologique manifeste; ainsi il est apode chez les Insectes et les Arachnides; quelquefois même les organes abandonnent plus ou moins complètement les derniers anneaux de l'abdomen, qui deviennent alors très minces et constituent un *postabdomen*. Ils forment de la sorte une *queue*.

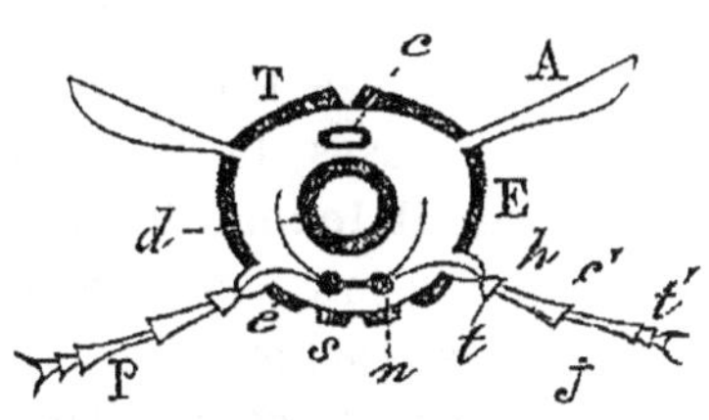

Fig 379 — Un anneau ailé d'Insecte — *T*, tergite, *s*, sternite; *E*, épimère, *e*, épisternite, *A*, aile, *P*, patte, *h*, hanche, *t*, trochanter, *c'*. cuisse, *j*, jambe, *t*, tarse, *c*, cœur, *d*, tube digestif, *n*, ganglions nerveux de la chaîne ventrale

Appareil digestif. — Bouche située à la face inférieure de la tête, entourée de pièces (*gnathites*) pour la mastication ou la succion. Œsophage, estomac et intestin variables. Anus terminal. Glandes annexes plus ou moins compliquées.

Appareil circulatoire. — Cœur artériel et dorsal, tantôt sacciforme, tantôt tubulaire (*vaisseau dorsal*). Il est entouré d'une cavité fonctionnant comme oreillette et appelée *péricarde*. Le sang revenant de l'appareil respiratoire arrive dans l'oreillette, puis pénètre par des ouvertures paires dans le ventricule, qui lance ensuite ce liquide dans un système artériel. Celui-ci, plus ou moins incomplet, est en communication avec la cavité générale. Hémolymphe (*sang*) généralement incolore.

Appareil respiratoire. — Aérien ou aquatique. L'appareil aérien est constitué tantôt par des *trachées* tubuleuses et ramifiées, ou par des *poumons* à parois plissées (Trachéates); tantôt par des trachées tubuleuses et non ramifiées (***Protrachéates***). L'appareil de la respiration aquatique est formé par des branchies (***Crustacés***). Chez quelques larves, les trachées s'adaptent à la respiration aquatique : l'appareil trachéen est clos et envoie des rameaux dans des lamelles foliacées, placées sur les côtés de l'abdomen (*branchies trachéennes*) (fig. 390). L'appareil respiratoire est nul dans quelques groupes, soit à respiration aérienne, soit à respiration aquatique.

Appareil excréteur. — Représenté tantôt par des glandes en tubes filiformes (*canaux de Malpighi*) annexées à l'intestin (Trachéates), tantôt par des *tubes segmentaires* s'ouvrant à la surface du corps (Protrachéates), ou par des glandes spéciales débouchant directement au dehors (Crustacés). Le liquide produit renferme soit de l'acide urique ou des urates (Insectes, Myriapodes), soit de la guanine (Arachnides, Crustacés).

Appareil reproducteur. — Sexes séparés, excepté chez les Tardigrades et quelques Cirripèdes. Glandes genitales ordinairement paires. Spermatozoïdes peu mobiles, souvent réunis en masses plus ou moins volumineuses (*spermatophores*). Femelles ovipares ou ovovivipares ; quelques-unes entourent leurs œufs d'une enveloppe protectrice commune, et forment une coque qui peut demeurer dans l'intérieur du corps (Blattes), ou être pondue (Mantes, Araignées). La parthénogénese s'observe chez quelques formes. En général des métamorphoses, le plus souvent progressives.

Appareil locomoteur. — Constitué par un squelette tégumentaire et des muscles intérieurs.

Dans la locomotion terrestre des adultes, deux pattes d'une même paire ne se meuvent jamais simultanément, non plus que toutes les pattes d'un même côté ; mais il n'en est pas de même chez les larves. La locomotion ou marche des Chenilles est une sorte d'ondulation formée par un saut de deux pattes opposées, qui se propage de l'arrière à l'avant du corps (CARLET). — Le vol n'a lieu que chez les Insectes. — La natation peut s'observer dans toutes les classes, à l'exception de celle des Myriapodes ; elle s'effectue en général à l'aide de pattes natatoires ciliées ou de pattes élargies en rames, quelquefois au moyen des antennes (Cladocères).

Appareil phonateur. — Les Insectes sont à peu près les seuls Arthropodes qui produisent des sons (*stridulation*). Nous étudierons plus loin leurs organes stridulants.

Système nerveux. — Système nerveux central constitué par une masse sus-œsophagienne (*cerveau*) et une chaîne ventrale (*chaîne ganglionnaire*) de ganglions disposés par paires, dont la première (*ganglions sous-œsophagiens*) est reliée au cerveau par deux connectifs péri-œsophagiens (*collier œsophagien*). Le cerveau des Insectes et des Myriapodes présente trois masses principales (SAINT-RÉMY) : 1° un *protocerebron* formé de deux *lobes optiques* et de deux *lobes frontaux*, siège de la volonté, centre des sensations speciales, c'est la seule partie fondamentalement sus-œsophagienne; 2° un *deutocerebron* présentant deux *lobes antennaires* pour les antennes ; 3° un *tritocérebron* envoyant des nerfs au labre ; ce sont des ganglions, primitivement ventraux, qui sont remontés le long des connectifs et se sont fusionnés avec le cerveau primitif. Chez les Arachnides, le deutocérébron fait entièrement defaut. Chez les Crustacés, le tritocérébron innerve les antennes externes (1). Les ganglions ven-

(1) Chez les Insectes sociaux (Abeilles, Fourmis, etc.), on observe deux hemispheres (*corps pedonculés*) situés sur le cerveau et rappelant, par leur structure, les circonvolutions cérebrales des Vertébrés.

traux sont tantôt distincts, tantôt plus ou moins fusionnés. Les nerfs ont leur origine réelle dans les ganglions, mais ils présentent souvent leur origine apparente sur les cordons de la chaîne. Les ganglions sous-œsophagiens constituent le centre sensitif et moteur pour les pièces buccales. Chaque ganglion de la chaîne est un centre moteur et sensitif, pour l'anneau auquel il appartient; mais la sensibilité est inconsciente et les mouvements sont réflexes, lorsque le ganglion est séparé de ceux qui le precèdent. Chacune des portions de la chaîne agit directement sur le côté du corps qui lui correspond. Les racines des nerfs de la chaîne ventrale sont à la fois motrices et sensitives (E. YUNG). Le plus souvent, il existe un système nerveux visceral.

Organes des sens. — Le toucher s'exerce par des poils tactiles renfermant un petit cône protoplasmique, dépendant d'une cellule speciale (*cellule du poil*). Les antennes sont le siège de l'odorat chez les Insectes et les Myriapodes. Le sens du goût réside probablement dans la cavité buccale. Organes auditifs rares, représentés par des otocystes situés sur des appendices attachés à la tête (Ecrevisse) ou sur d'autres parties du corps, même sur les jambes (Sauterelles); peu connus chez les Arachnides et les Myriapodes. Les yeux existent presque toujours. Situés sur la tête, ils sont géneralement disposés par paires, plus rarement impairs ou fusionnes sur la ligne médiane. Quelquefois des yeux supplémentaires ont été observés à la base des appendices thoraciques et abdominaux. Les yeux peuvent être réduits à des taches de pigment situées sur le cerveau (*yeux pigmentaires*). Le plus souvent munis d'un système convergent, ils sont tantôt simples (*yeux simples*, *ocelles* ou *stemmates*), tantôt (*yeux composes*) formés par l'agglomération de plusieurs yeux élementaires (*ommatidies*), reunis sous une cornée, qui est une dependance de la couche de chitine; cette cornée peut s'étendre uniformément sur les diverses ommatidies, ou former devant chacune une cornéule distincte (*yeux reticulés* ou *a facettes*).

CLASSE I. — **INSECTES** (1).

Trachéates munis d'une paire d'antennes et de trois paires de pattes (Hexapodes); *corps nettement divisé en trois parties : tête, thorax, abdomen; genéralement des ailes; des tubes de Malpighi s'ouvrant dans l'intestin.*

(1) *In*, à travers; *sectus*, coupe.

La tête, le thorax et l'abdomen sont composés chacun de plusieurs segments, dont l'union est de moins en moins intime, à mesure qu'on descend de la tête vers l'abdomen. — Tête formée de plusieurs segments entièrement fusionnes, portant des yeux, une paire d'antennes et trois paires de pièces buccales. — Thorax

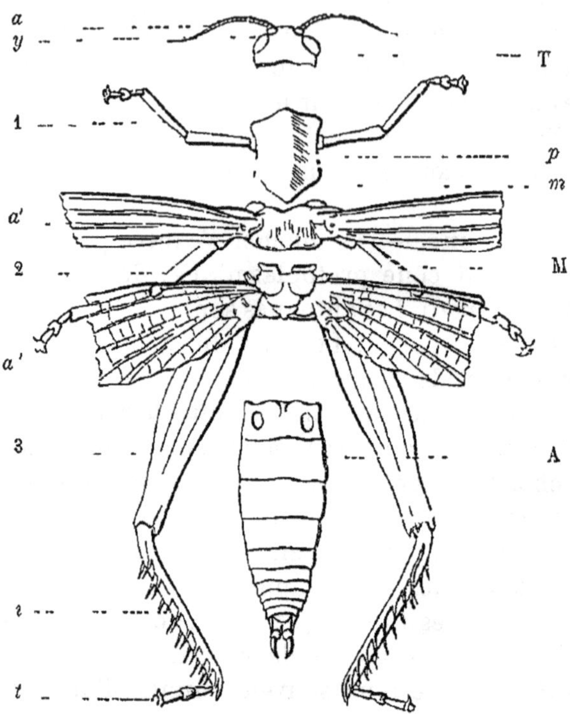

Fig 380 — Principales divisions du corps d un Insecte (Criquet). — *T*, tete, *p*, prothorax, *m*, mésothorax, *M*, métathorax, *A*, abdomen, *a*, antennes, *y*, yeux, *a*, premiere paire d ailes, *a'*, seconde paire d ailes, *1*, *2*, *3*, 1re, 2e et 3e paire de pattes, *i*, jambe, *t*, tarse

composé de trois segments (*prothorax*, *mesothorax*, *métathorax*), munis chacun d'une paire de pattes. Le deuxième segment (*Dipteres*) ou le deuxième et le troisieme (*Tretraptères*) portent chacun une paire d'ailes. Celles-ci font quelquefois defaut (*Apteres*). — Abdomen composé d'un nombre variable d'anneaux; depourvu de pattes chez les adultes, excepté chez quelques Thysanoures; portant souvent, sur les derniers anneaux, des appendices en rapport avec la reproduction (*armature genitale*) (1).

En général, l'Insecte ne vit qu'un an. Cependant certaines espèces

(1) Le tegument forme dans chaque anneau une saillie interne médiane et ventrale (*apodème*), qui reçoit un nom en rapport avec sa situation (*entocéphale*, *entothorax*, *entogastre*).

se reproduisent si rapidement qu'elles ont plusieurs générations dans l'espace d'une année; au contraire, d'autres espèces exigent plusieurs années pour leur développement (dix-sept ans pour *Cicada septemdecim* de l'Amérique du Nord).

Le tableau suivant résume la division de la classe des Insectes en huit ordres principaux, d'après l'armature buccale (FABRICIUS), les ailes (LINNÉ) et les métamorphoses (SWAMMERDAM) :

INSECTES	ailes ou n'étant privés d'ailes que par suite d'une régression	*Broyeurs.*	4 ailes; les supérieures plus ou moins cornées	Métamorphoses complètes ...	COLÉOPTÈRES.
				Métamorphoses incomplètes ou nulles....	ORTHOPTÈRES.
			4 ailes membraneuses, réticulées	Métamorphoses incomplètes..	ORTHONÉVROPTÈRES.
				Métamorphoses complètes...	NÉVROPTÈRES.
		Lécheurs	4 ailes membraneuses, veinées. Métamorphoses complètes....		HYMÉNOPTÈRES.
		Suceurs..	4 ailes couvertes d'écailles. Métamorphoses complètes...		LÉPIDOPTÈRES
			4 ailes nues. Métamorphoses incomplètes ou nulles		HÉMIPTÈRES.
			2 ailes nues. Métamorphoses complètes..................		DIPTÈRES
	fondamentalement dépourvus d'ailes				APTÉRYGOGÈNES.

Morphologie. — Le corps des Insectes comprend trois parties : la *tête*, le *thorax* et l'*abdomen*.

A. TÊTE. — On la considère comme formée par la soudure de plusieurs segments qui ne se distinguent plus que par les appendices correspondants. Elle porte, en outre des gnathites, une paire d'antennes insérées sur le front et formées d'articles peu mobiles, enfin des yeux simples ou composés.

B. THORAX. — Composé de trois segments : le *prothorax*, le *mesothorax* et le *metathorax*. Le prothorax est tantôt libre et bien développé (***Coléoptères***, ***Orthoptères***, ***Orthonévroptères***, ***Névroptères***, ***Hémiptères***), tantôt plus ou moins réduit et soudé au mésothorax (***Hyménoptères***, ***Lépidoptères***, ***Diptères***). La première paire de pattes s'articule au prothorax, la deuxième au mésothorax, la troisième et dernière au métathorax. Les ailes sont des appendices dorsaux qui s'insèrent sur le mésothorax et le métathorax chez les Tétraptères, sur le mésothorax seulement chez les ***Diptères***. Dans ce dernier cas, deux organes (*balanciers* ou *haltères*) formés d'une petite tige terminée par un bouton s'insèrent sur le métathorax et représentent des ailes modifiées. Le prothorax ne porte jamais d'ailes

Pattes. — Chaque patte est constituée par cinq pièces articulées et pouvant se mouvoir les unes sur les autres, grâce aux muscles qu'elles renferment : 1° la *hanche*, enclavée dans la partie correspondante du thorax ; 2° le *trochanter*, toujours très petit ; 3° la *cuisse*, souvent très épaisse ; 4° la *jambe*, longue et grêle ; 5° le *tarse*, offrant un nombre d'articles qui varie de un à cinq. Le dernier article du tarse, terminé ordinairement par un ou deux crochets

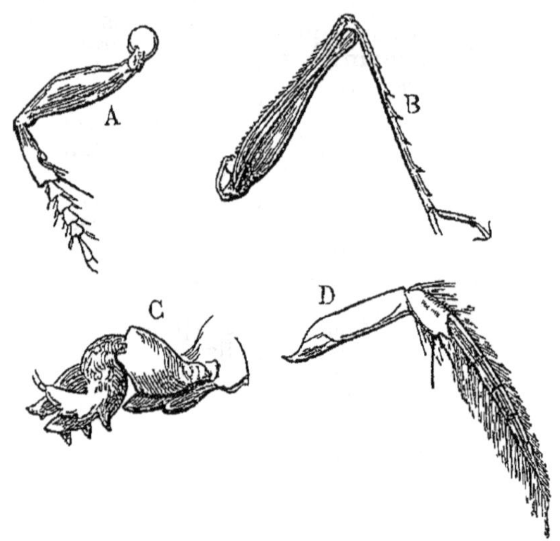

Fig 381. — Pattes d'Insectes — A, patte coureuse de Carabe, B, patte sauteuse de Criquet, C, patte fouisseuse de Courtilière, D, patte natatoire de Dytique.

(*ongles*), présente parfois des pelotes (*pulvilli*) (1) permettant l'adhérence aux corps lisses. Les pattes thoraciques des larves sont articulées comme celles des adultes (2).

C. Abdomen. — Il se compose d'un nombre d'anneaux variant de onze (Libellules) à huit ou moins encore, par atrophie, fusion ou invagination d'un certain nombre d'entre eux. L'articulation avec le thorax se fait toujours largement ; s'il existe un pédicule (Hyménoptères), celui-ci est formé par le rétrécissement du deuxième

(1) Ces pelotes sont ordinairement hérissées d'un nombre considérable de poils très fins sécrétant une substance qui produit l'adhérence, par action capillaire (Rombouts).

(2) Quand la courte patte écailleuse d'une Chenille doit être remplacée par la longue patte articulée du Papillon, il existe dans la portion basilaire du membre larvaire, un bourgeon rudimentaire qui est destiné à produire le nouvel appendice (Kunckel d'Herculais). Suivant qu'on laissera ce bourgeon intact ou qu'on le détruira, en coupant la patte de la chenille, le membre articulé poussera, ou, au contraire, n'apparaîtra pas chez le Papillon.

anneau de l'abdomen. Le dernier segment (*pygidium*) affecte des formes très diverses ; il porte toujours l'anus et renferme parfois des glandes anales sécrétant des liquides plus ou moins fétides. L'abdomen des adultes n'offre d'organes locomoteurs que chez les Thysanoures; ses autres appendices sont, outre l'armure génitale, des filaments articulés (Blattes, Grillons) ou des pinces (Forficules) à l'extrémité du corps. Chez les Chenilles et les larves de quelques

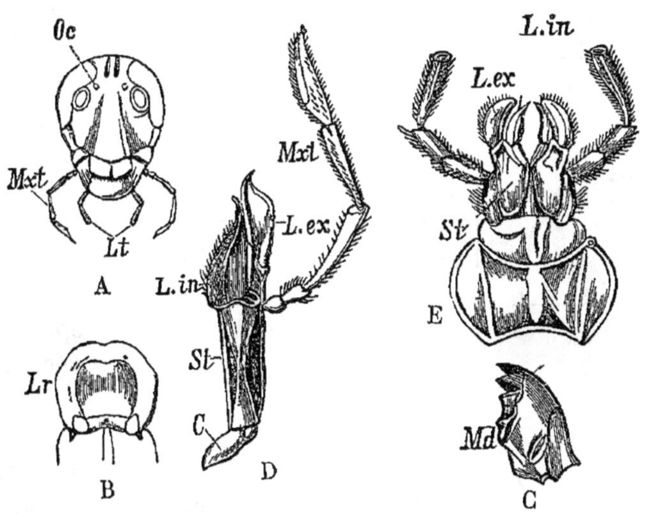

Fig 382 — Pièces de la bouche d'une Blatte — A, tête vue par la face antérieure *Oc*, ocelles, *Mxt*, palpes maxillaires, *Lt*, palpes labiaux — B, lèvre supérieure ou labre (*Lr*) — C, Mandibule (*Md*). — D, Maxille *C*, sous maxillaire, *St*, maxillaire, *L in*, lobe interne (intermaxillaire), *L. ex*, lobe externe (galea) — E, lèvre inférieure composée de deux appendices fusionnés *St*, menton, *L. in*, lobe interne (languette), *L ex*, lobe externe (paraglosse)

Hyménoptères (*fausses chenilles*), l'abdomen présente des appendices charnus et inarticulés (*fausses pattes*), munis le plus souvent, à leur partie inférieure, d'une couronne de crochets chitineux.

Appareil digestif. — *A*. ARMATURE BUCCALE. — Bouche armée de trois paires d'appendices : 1° les *mandibules*; 2° les *mâchoires* ou *maxilles*, munies de *palpes*; 3° la *lèvre inférieure* ou *labium*, formée par la soudure de deux autres mâchoires: elle porte deux *palpes* appelés *labiaux*. Il faut ajouter aux trois paires de gnathites une lèvre supérieure (*labre*), qui n'est pas de nature appendiculaire, et des saillies plus ou moins accentuées (*epipharynx*, *hypopharynx*) sur le plafond ou le plancher de la cavité buccale. Ces divers organes diffèrent énormément de forme, suivant le genre de vie (Broyeurs, Lécheurs, Suceurs); mais ils sont toujours homologues, dans les divers ordres (SAVIGNY).

1° *Insectes broyeurs* (fig. 382) (**Coléoptères, Orthoptères, Orthoné-**

vroptères, ***Névroptères***). — Le labre est une pièce transversale, insérée sur le bord supérieur du cadre buccal. Les mandibules sont dentées intérieurement et se meuvent latéralement. Les maxilles presentent un article basilaire (*sous-maxillaire*) surmonté d'une *tige* (*maxillaire*); celle-ci porte à son extrémité deux lobes, dont l'un externe ressemble tantôt à un palpe (*palpe maxillaire interne*), tantôt a un casque (*galea*) et dont l'autre, interne (*intermaxillaire*), garni de dents ou de soies, sert à la mastication. La tige porte en outre, sur le côté, un filament pluriarticulé (*palpe maxillaire externe* ou simplement *palpe maxillaire*). La lèvre inférieure est formée par la réunion de deux pièces, comparables, chacune, à une mâchoire; elle comprend généralement un *sub-mentum* et un *mentum*, repondant respectivement au sous-maxillaire et au maxillaire. Ce dernier porte latéralement deux *palpes labiaux*, rappelant les palpes maxillaires; il est terminé par une *languette* simple ou bifurquée, représentant les intermaxillaires, et accompagnée souvent de deux *paraglosses*, homologues des galeas.

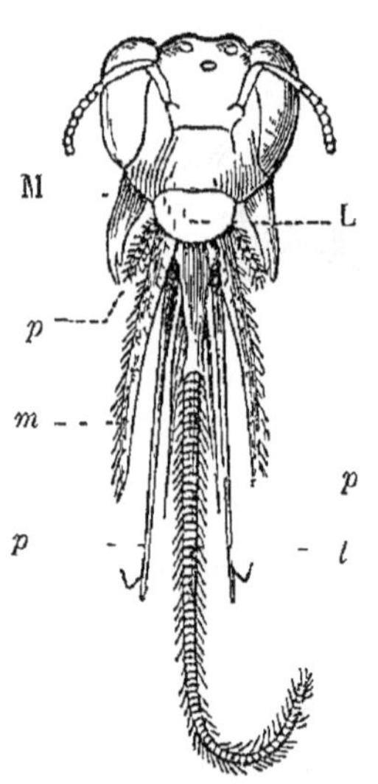

Fig 383 — Tete d'un Hyménoptere (Anthophore) — *L*, labre, *M*, mandibules, *m*, mâchoires, *p*, palpes maxillaires, *l*, languette, *p'*, palpes labiaux, *p'*, paraglosses

2° *Insectes lecheurs* (***Hyménoptères***). — Le labre et les mandibules ont la même conformation que chez les Insectes broyeurs (fig. 383). Celles-ci servent à saisir la proie, à creuser des terriers ou à effectuer des travaux de construction. Les mâchoires sont aplaties, palpigères et tantôt arrondies, tantôt allongées (Mellifères) à leur partie terminale. La lèvre inférieure presente une paire de longs palpes labiaux, une paire de paraglosses lanceoles et une languette souvent très allongee. Cette dernière, ordinairement velue, est animée de mouvement de va-et-vient; elle est creusée d'un canal à son intérieur et sert à laper ou à puiser le nectar dans les fleurs

3° *Insectes suceurs* (***Lépidoptères***, ***Diptères***, ***Hémiptères***).

a). Les ***Lépidoptères*** sont broyeurs à l'état de larve (Chenilles) et suceurs à l'âge adulte (Papillons). La bouche des Papillons presente une trompe flexible (*spiritrompe*) enroulée en spirale pendant le repos. La spiritrompe est constituée par les deux mâchoires qui se sont allongées et creusées en gouttière, de façon à former un canal complet par leur rapprochement. Deux rudiments de palpes maxillaires sont situés à la base de la spiritrompe. Au-dessus de cet organe, se trouvent un labre et deux mandibules également rudimentaires; au-dessous, la lèvre inférieure, tres courte à sa partie mediane, est munie, sur les côtés, de deux longs palpes labiaux triarticules (*barbillon*).

b). L'armature buccale des ***Diptères*** sert à la succion et souvent aussi à la ponction : c'est une trompe renfermant un nombre variable de stylets chitineux (fig. 385). La trompe est constituée par la lèvre inférieure qui replie ses bords en dessus, de façon à former une gaine ; les stylets sétiformes, au nombre maximum de six, proviennent de l'épipharynx, de l'hypopharynx, des deux mandibules et des deux mâchoires. Celles-ci sont pourvues de palpes articules semblant

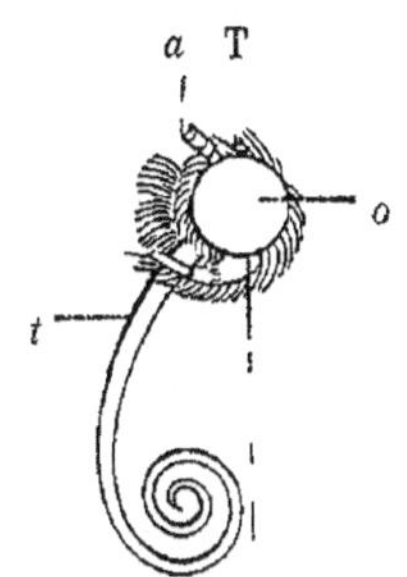

Fig 384 — Bouche d'un Lépidoptere — *T*, tete, *a*, base de l'antenne, *o*, œil, *p*, palpes labiaux, *t*, trompe

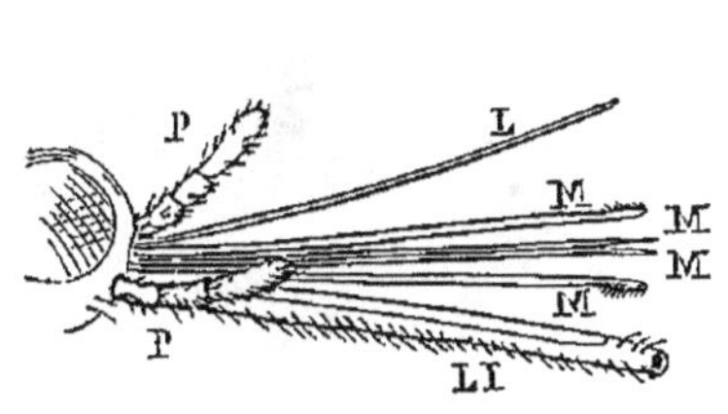

Fig 385 — Bouche d un Diptere (Cousin) — *L*, labre, *LI*, levre inferieure (trompe) contenant l hypopharynx non dégainé, *M*, *M*, *M*, *M*, mandibules et machoires dégainées, *P*, *P*, palpes maxillaires

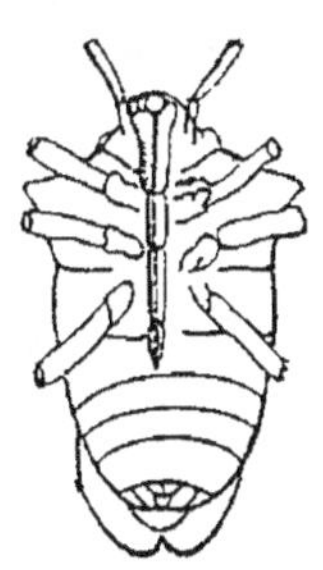

Fig 386 — Rostre d un Hémiptere (Pentatome). L'Insecte est vu en dessous, les pattes et les antennes ont été coupées pres de leur base.

annexés à la base de la trompe, mais qui correspondent en réalité aux palpes maxillaires. Le plus souvent, le nombre des stylets est moins considerable ; quelquefois même (Muscidés) il ne reste que les deux pièces impaires, propres ou non à perforer.

c). Les pièces buccales des ***Hémiptères*** servent à la succion et à la ponction. Un rostre articulé, formé par la lèvre inférieure recouverte à sa base par le labre, renferme quatre soies rigides représentant les mandibules et les mâchoires. Ce suçoir, qui ne porte jamais de palpes, est presque toujours replié, au repos, entre les bases des pattes (fig. 386).

B. Canal digestif. — L'œsophage se prolonge habituellement jusqu'a l'origine de l'abdomen; il se renfle souvent en un *jabot* auquel succede un *gesier*. Celui-ci, rudimentaire ou nul chez les suceurs et les lécheurs, est muni intérieurement de pièces cornées disposées suivant plusieurs lignes longitudinales ; le gésier ne semble pas servir à la trituration, son rôle est un simple rôle de filtration, il se contente de retenir les particules trop grosses.

L'estomac (*ventricule chylifique*) ne manque jamais ; il présente un grand nombre de glandes gastriques affectant souvent la forme de villosités extérieures (fig. 387). L'intestin, séparé de l'estomac par un étranglement valvulaire, est terminé par un renflement (*rectum*) qui aboutit à l'anus. Cet orifice est situé dans le dernier

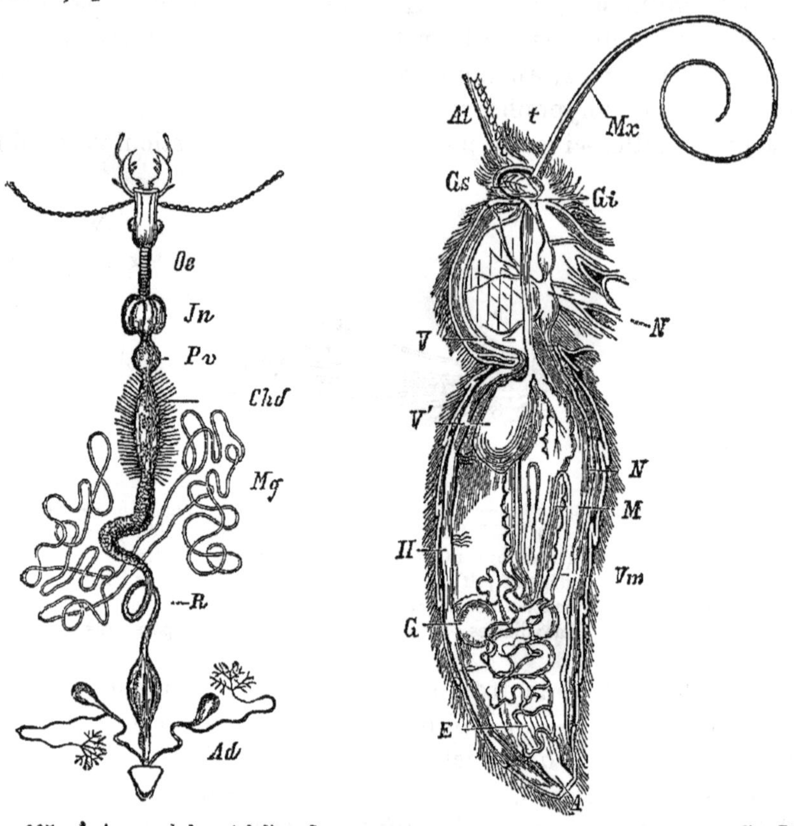

Fig. 387. — Appareil digestif d'un Coléoptère carnassier (Carabe doré). — *Oe*, œsophage, *Jn*, jabot, *Pv*, gésier, *Chd*, ventricule chylifique, *Mg*, tubes de Malpighi, *R*, intestin, *Ad*, glandes anales avec leur réservoir

Fig. 388. — Coupe longitudinale du corps d'un Papillon (*Sphinx Ligustri*) — *Mx*, mâchoires transformées en trompe, *t*, palpe labial, *At*, antenne, — *Gs*, cerveau, *Gi*, ganglion sous-œsophagien, *N*, ganglions thoraciques et abdominaux, — *V*, œsophage, *V'*, estomac suceur, *M*, intestin moyen, *Vm*, tubes de Malpighi, *E*, intestin terminal, *A*, anus, — *H*, cœur, *G*, testicule

anneau ; il est tellement petit chez certaines larves d'Hyménoptères (Abeilles, etc.), et l'intestin est tellement mince qu'on a cru longtemps que l'estomac de ces Insectes se terminait en cul-de-sac. Les glandes salivaires sont quelquefois détournées de leur rôle pour devenir des glandes à venin, des glandes séricigènes, etc. Exceptionnellement, l'on rencontre des Insectes adultes privés de tube digestif (Phylloxéras sexués, Papillons des Vers à soie).

Appareil circulatoire. — L'organe central de la circulation est un simple vaisseau contractile (*vaisseau dorsal* ou *cœur*) fixé à la paroi supérieure de l'abdomen par des muscles triangulaires (*muscles aliformes*). L'ensemble de ces muscles limite d'une façon incomplète une loge péricardique qui fonctionne comme oreillette. Le vaisseau dorsal est divisé en un certain nombre de chambres séparées les unes des autres par des replis membraneux offrant chacun une paire d'orifices latéraux. Le sang pénètre par ces orifices pendant la diastole; la systole se fait graduellement d'arrière en avant, les replis membraneux fonctionnant comme valvules pour empêcher la sortie du sang et son retour en arrière. Un prolonge-

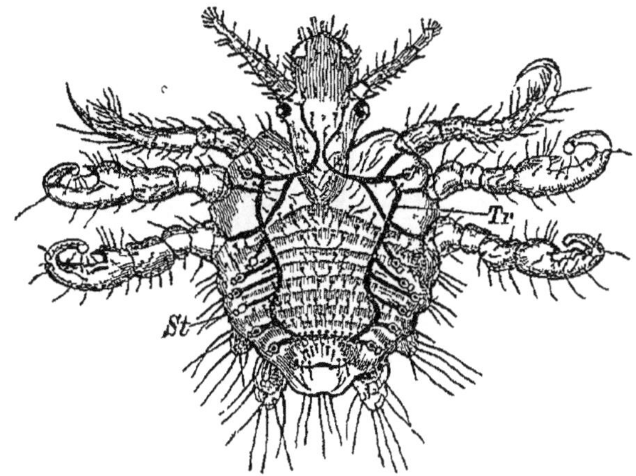

Fig 389. — *Phthirius inguinalis*, montrant les trachées (*Tr*) et les stigmates (*S*).

ment de la chambre antérieure (*aorte*) conduit le sang dans un système lacunaire qui distribue ensuite ce liquide dans les différentes parties du corps, sans qu'il existe d'autres vaisseaux différenciés. Cette régression de l'appareil respiratoire est en rapport avec le développement de l'appareil trachéen, qui pénètre dans toutes les parties du corps.

Appareil respiratoire. — Tous les Insectes respirent par des *trachées*. Celles-ci sont des tubes ramifiés et tapissés intérieurement d'une couche de chitine, renforcée par un épaississement en forme de fil hélicoïdal. Le système trachéen s'ouvre au dehors par une ou plusieurs paires de *stigmates* situés sur les anneaux de l'abdomen et sur les anneaux ou entre les anneaux du thorax (fig. 389, *St*). La tête ne présente jamais de stigmates. Le système trachéen est dit *holopneustique* quand les deux derniers anneaux du thorax et tous les anneaux de l'abdomen ont des stigmates. C'est le cas le plus général, mais il comporte de nombreuses variations. Quelques larves aquatiques ont un système trachéen fermé; leurs trachees viennent se ramifier, soit dans des appendices foliacés (*trachées branchiales*) attaches sur

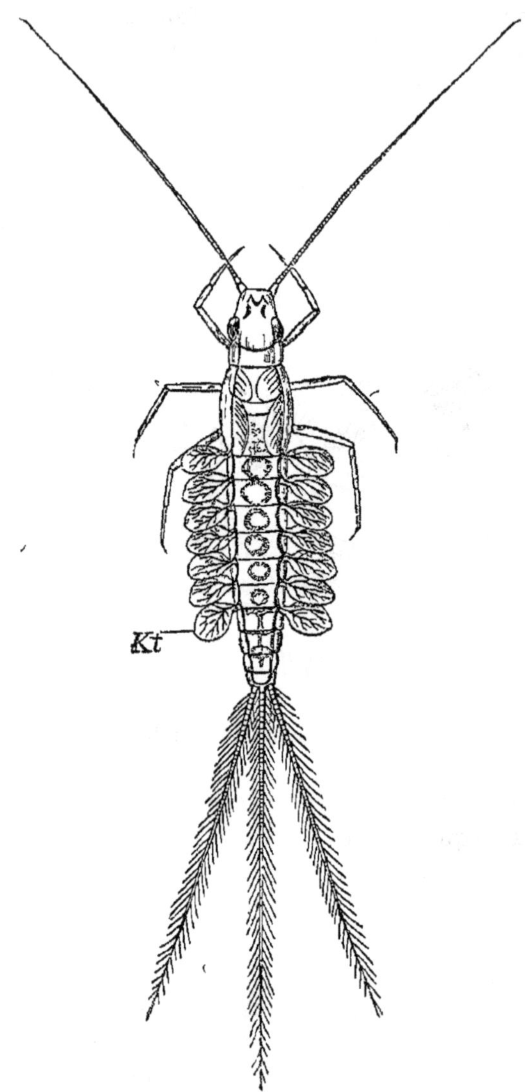

Fig. 390. — Larve d'Ephémère avec les trachées branchiales, *Kt*

les côtés de l'abdomen (Ephémères), soit à la surface du rectum (larves de Libellules).

Les trachées se ramifient à l'intérieur des organes et s'y terminent par des extrémités closes; elles peuvent présenter des renflements (*vésicules*), où disparaît plus ou moins complètement le fil hélicoïdal. Chaque trachée est une sorte d'invagination du tégument. Elle se compose de deux tuniques principales : l'une externe, de nature conjonctive ; l'autre interne, épithéliale et doublée d'une couche de chitine qui se détache à chaque mue. Les stigmates sont généralement entourés d'un cadre corné (*péritrème*) ; le plus souvent, ils sont bordés de cils protecteurs et s'ouvrent ou se ferment, à la volonté de l'animal, par le jeu d'organes obturateurs en forme de boutonnière ou de paupières. Chez les Hyménoptères, ces organes font défaut et les stigmates restent toujours béants ; ce sont alors les trachées qui se ferment par un mode spécial et caractéristique (*fermeture par écrasement*) (CARLET).

L'air s'introduit dans le système trachéen par suite de la dilatation du corps et surtout de l'abdomen, il est expulsé par le resserrement de ces mêmes cavités. L'air dissous dans l'eau pénètre en nature dans les trachées branchiales des larves aquatiques, de sorte que, même dans ce cas, la respiration est encore aérienne. Chez les larves des Libellules, où les trachées branchiales se ramifient à la surface du rectum, cet organe présente des mouvements de diastole et de systole. Les premiers président à l'entrée, les seconds à la sortie de l'eau, de façon à effectuer une véritable respiration rectale.

Appareil excréteur. — Représenté par deux ou plusieurs *tubes de Malpighi* débouchant dans l'intestin, à son point de jonction avec l'estomac (fig. 387, *Mg* et 391, *Re*). Le produit de sécrétion est en grande partie solide, formé de concrétions renfermant de l'acide urique.

Appareil reproducteur. — Sexes toujours séparés. Glandes sexuelles paires ; orifice sexuel impair (pair chez les Éphémérides), situé généralement dans l'avant-dernier segment de l'abdomen.

Chez quelques Insectes sociaux (Abeilles, Fourmis, Termites), il existe des individus stériles (*neutres*), dont les organes sexuels restent toujours rudimentaires. Habituellement les mâles sont plus petits que les femelles ; mais ils ont des couleurs plus vives, des antennes et des mandibules plus développées. En général, les femelles pourvoient seules, s'il y a lieu, aux besoins de la progéniture. Cependant, chez quelques Insectes sociaux (Abeilles, Fourmis, Termites), la femelle ne fait que pondre et les neutres se chargent pour elle des soins de la maternité. Quand un seul sexe est muni d'ailes (Lampyre, etc.), c'est toujours le mâle ; souvent aussi les mâles ont seuls la propriété d'émettre des sons (Cigale). Les femelles, plus intelligentes et plus travailleuses que les mâles, constituent le sexe fort chez les Insectes. En dehors de la fonction reproductrice, le mâle est presque un inutile.

Les organes sexuels, rudimentaires chez la larve, n'atteignent leur développement complet que chez l'Insecte parfait. L'accouplement a lieu pendant le repos ou pendant le vol (Abeille); il ne s'effectue qu'une fois et le mâle meurt, peu de temps après la copulation. L'oviparité est la règle; cependant on observe quelques

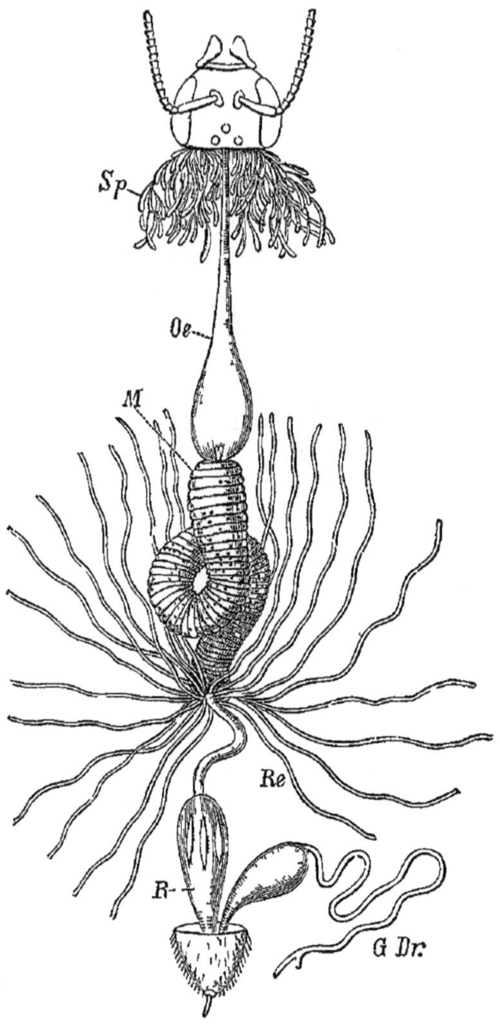

Fig. 391. — Appareil digestif de l'Abeille. — *Sp*, glandes salivaires, *Oe*, œsophage et jabot *M*, ventricule chylifique; *Re*, tubes de Malpighi, *R*, rectum avec les glandes rectales *G. Dr*, glande vénénifique.

espèces vivipares (Staphylins, Strepsiptères, *Tachina*, quelques Aphides et Œstridés). Un certain nombre d'Insectes présentent des cas de parthénogénèse soit régulière, soit accidentelle. Les generations parthénogenétiques peuvent renfermer des mâles seulement (Abeilles), des femelles seulement (Cynips), ou indifféremment des mâles et des femelles (Kermès). La parthénogénèse larvaire (*pedogénese*) a été observée chez quelques Diptères (*Miastor*), dont les larves engendrent des larves semblables à elles-mêmes (N. WAGNER).

L'APPAREIL MALE (fig. 392) se compose de deux *testicules*, simples ou multilobés, suivis de deux *canaux déferents* dont les extrémités, souvent renflées en *vesicules seminales* (*Vd*), se réunissent pour former un *canal éjaculateur*, terminé lui-même par un *pénis* tubuleux. Au point de jonction des conduits déférents et du canal éjaculateur, on observe souvent une ou deux paires de *glandes annexes* (*Dr*), fournissant l'enveloppe des spermatophores. Un certain nombre de pièces cornées (*armature copulatrice*) entourent le penis, qu'elles protègent et retiennent dans le corps de la femelle, après l'accouplement.

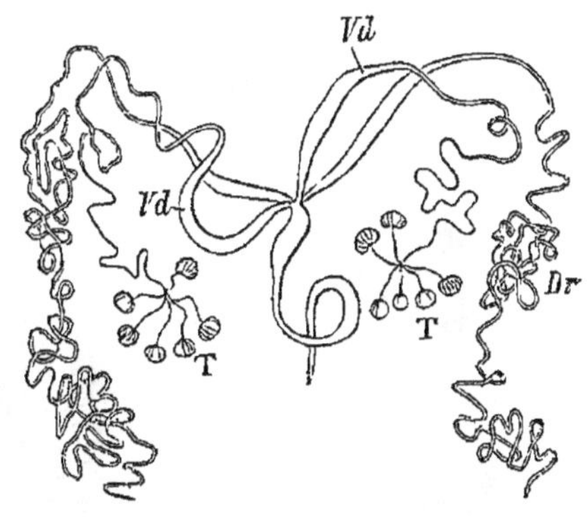

Fig 392 — Organes génitaux males du Hanneton — *T*, testicules, *Vd*, portion élargie du canal déferent, *Dr*, glandes annexes

L'APPAREIL FEMELLE (fig. 393) présente deux *ovaires* (*Ov*) formés d'un nombre variable de tubes ovigènes Ces tubes sont moniliformes et dé-

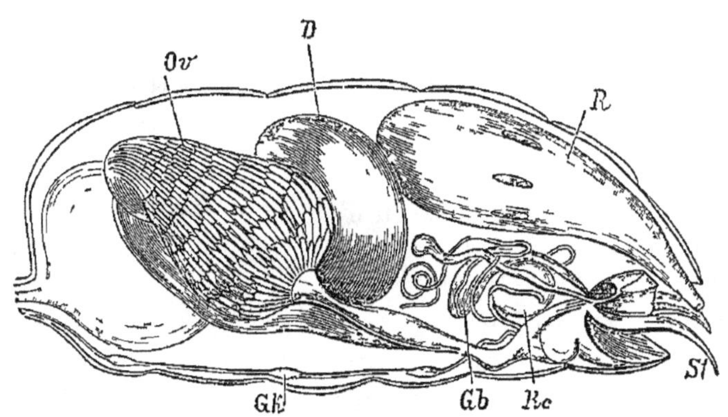

Fig 393 — Organes génitaux et tube digestif d'une reine d'Abeille — *Ov*, ovaire, *Re*, réceptacle séminal, *Gb*, poche a venin, *St*, aiguillon, *D*, intestin, *R*, rectum, *Gk*, chaine nerveuse

bouchent dans deux *oviductes*, qui se réunissent pour former un *vagin*. Ce dernier est généralement en rapport avec une *poche copulatrice*, qui reçoit le penis, et avec un *réceptacle seminal*, dans lequel s'accumule le sperme, après l'accouplement. On observe souvent des *glan-*

des nidamentaires annexées au vagin; elles sécrètent des matières visqueuses réunissant les œufs entre eux ou les faisant adhérer aux corps sur lesquels ils sont déposés. Les derniers anneaux de l'abdomen portent fréquemment une *armature génitale*, qui est tantôt un pondoir simple (*oviscapte*) ou perforant (*tarière*), tantôt un organe perforant véneneux, dont le venin est chargé de tuer ou d'immobiliser la proie dans laquelle l'œuf est pondu. Souvent ces pièces perforantes cessent d'être en rapport avec la reproduction et constituent simple-

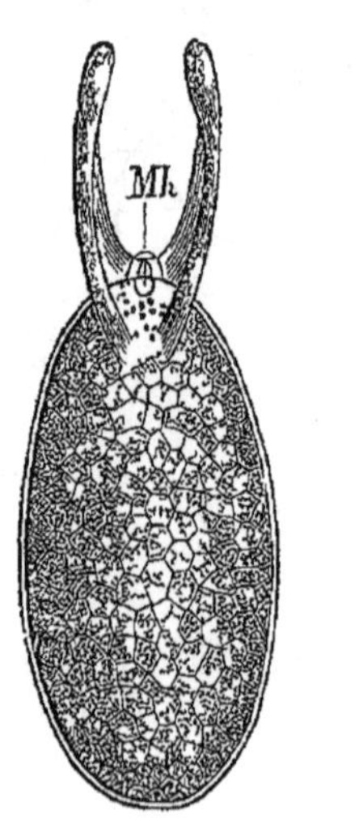

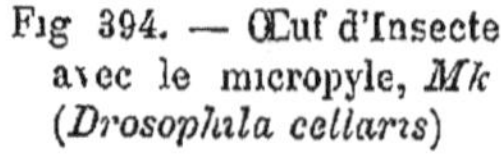

Fig. 394. — Œuf d'Insecte avec le micropyle, *Mk* (*Drosophila cellaris*)

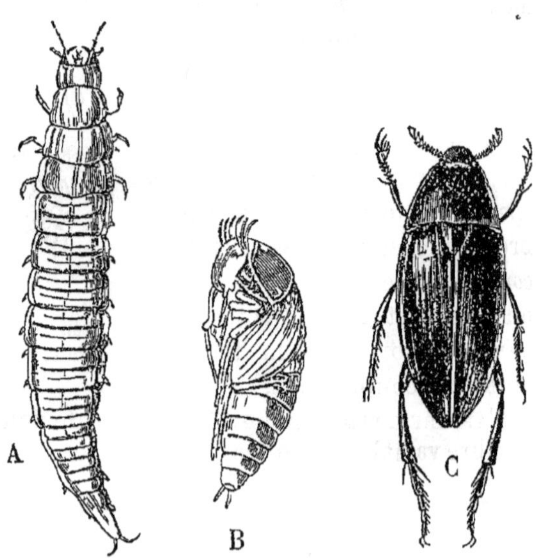

Fig. 395 — Larve, nymphe et adulte de l'Hydrophile.

ment des organes de défense ou d'attaque (*aiguillon*). Les œufs ont une coque assez résistante, souvent munie d'un système micropylaire compliqué (fig. 394, *Mh*).

Métamorphoses. — L'embryon sort de l'œuf sans aucun vestige d'ailes, mais il ne reste dans cet état que chez quelques formes aptères ne presentant point de metamorphoses (*Ametaboliens*); tous les autres Insectes subissent des métamorphoses (*Metaboliens*) tantôt graduelles ou incomplètes (*Hemimétaboliens*), tantôt brusques ou completes (*Holométaboliens*).

Les *Hemimetaboliens*, ou Insectes à metamorphoses incomplètes (**Orthoptères, Orthonénoptères, Hémiptères**), naissent avec les principaux caractères des adultes. Ils subissent un certain nombre de *mues*, separant des *phases*, pendant lesquelles l'animal se meut librement, se nourrit, et n'éprouve que de legères modifications amenant peu à peu la formation des ailes et des organes sexuels.

Les *Holometaboliens* ou Insectes à métamorphoses complètes (*Coléoptères, Névroptères, Hyménoptères, Lépidoptères, Diptères*) naissent sous la forme d'une *larve* (appelée *chenille* chez les Lépidoptères), qui n'a aucune ressemblance avec l'adulte (1) et presente quelquefois (Méloidés, Ptéromalides) plusieurs aspects successifs (*hypermétamorphoses*). Cette larve passe ensuite par le

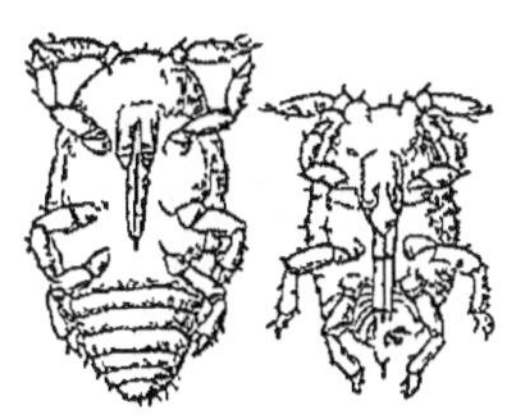

Fig 396 — Larves d'un Insecte hémimétabolien (Phylloxéra).

Fig 397. — Larve mélolonthoide de Hanneton

stade de *pupe* ou *nymphe* (*chrysalide* chez les Lépidoptères), forme généralement immobile, ne prenant pas de nourriture et pourvue seulement de rudiments d'ailes (2). La nymphe peut être nue, ou, au contraire, enfermée dans une enveloppe fabriquée par la larve. Cette enveloppe est tantôt une *coque* formée de terre ou de debris organiques agglutinés, tantôt un *cocon* de matière soyeuse pouvant, le plus souvent, se dévider en fil. La soie est produite par une paire de glandes (*glandes séricigènes*) provenant de glandes salivaires plus ou moins modifiées. A l'exception des chrysalides des Papillons diurnes, les nymphes nues sont souterraines ou abritees à l'intérieur

(1) Les larves des Holometaboliens peuvent se présenter sous trois formes principales : 1° *Larves hexapodes*, avec trois paires de pattes thoraciques et sans pattes abdominales (la plupart des Coleoptères, les Névropteres), ces larves hexapodes peuvent être actives, à corps grêle revêtu d'une couche resistante de chitine, et munies d'antennes et de pièces buccales bien developpees (*larves campodéiformes*), ou bien, peu mobiles, a corps mou, gros et lourd, a pièces buccales et thoraciques courtes (*larves mélolonthoides*) ; 2° *Larves cruciformes*, avec trois paires de pattes thoraciques et un nombre variable de pattes abdominales (Lépidopteres, quelques Hymenopteres) ; 3° *Larves apodes*, sans appendices locomoteurs (la plupart des Hymenopteres, Diptères, quelques Coleopteres).

(2) Les nymphes des Holometaboliens peuvent affecter trois formes principales 1° *Nymphes libres*, avec membres saillants et enveloppes d'une pellicule transparente (Coleopteres, Hymenoptères, etc), 2° *Nymphes emmaillotees* ou *chrysalides*, à membres appliques sur le corps. mais reconnaissables a travers l'enveloppe generale (Lépidopteres) ; 3° *Nymphes resserrées*, a membres invisibles a travers l'enveloppe generale (Diptères).

de divers corps. Les nymphes entourées d'un cocon protecteur sont, au contraire, exposées à l'air libre. En général, la nymphe se rencontre dans les endroits où se trouvait la larve; cependant certaines larves, qui ont vécu à l'air ou dans l'intérieur d'organes aériens, peuvent subir leur transformation dans le sol. Pour sortir

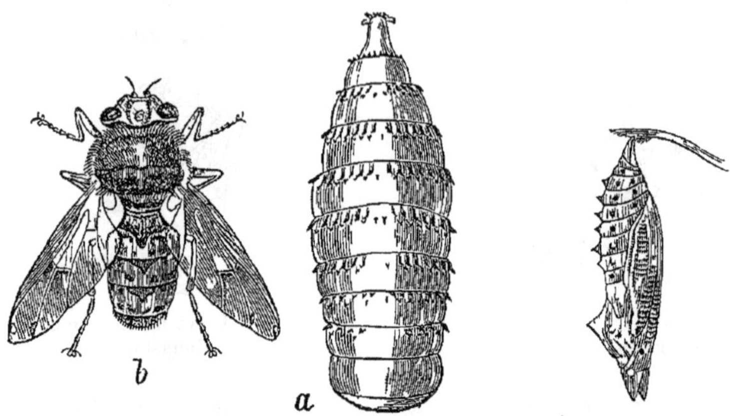

Fig 398 — Œstre du cheval et sa larve apode Fig 399. — Chrysalide nue (Vanesse)

de leur enveloppe de nymphe, les Insectes emploient des moyens variés. Le plus souvent, sous leurs efforts, l'enveloppe se rompt longitudinalement sur le dos; alors le thorax, puis la tête, les pattes et enfin les ailes se dégagent successivement. Les Papillons

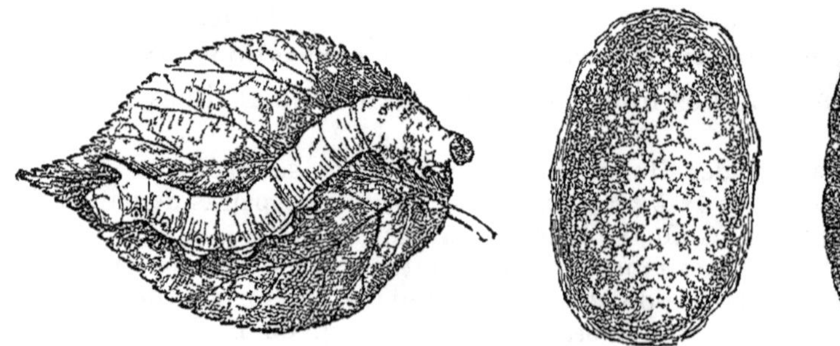

Fig 400 — Ver a soie (Chenille du *Bombyx Mori*).

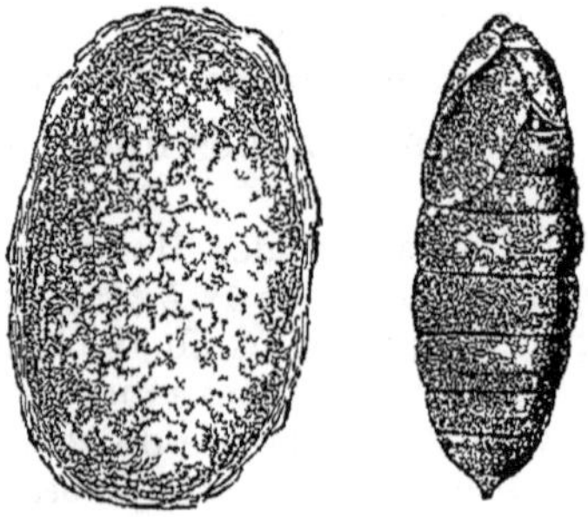

Fig 401 — Cocon et chrysalide de Ver a soie

enfermés dans des cocons rejettent un liquide particulier qui ramollit la soie et leur permet d'écarter les fils, pour s'ouvrir un passage. Les Mouches enflent la région frontale, par suite de la contraction des muscles du thorax. Celle-ci, en effet, amène un afflux de sang qui fait éclater la partie antérieure de la pupe. Lorsque l'Insecte éclôt, ses ailes sont recroquevillées; mais elles s'étendent bientôt, à la suite de l'introduction du sang dans les nervures, entre les deux membranes de l'aile. Cette introduction du sang dans les ailes est amenée par l'ingestion, dans le tube digestif, d'une grande quantité d'air qui produit une augmentation de pression du liquide (JOUSSET DE BELLESME). Alors se trouve constitué l'Insecte adulte (*Insecte parfait*, *Insecte ailé*, *Insecte sexué*, *imago*).

D'une manière générale, la vie larvaire est plus longue que la vie de l'Insecte parfait. C'est surtout pendant la période larvaire que l'Insecte s'accroît (le Ver à soie, long de 2 millimètres à sa naissance, mesure 9 centimètres au bout d'un mois). La nymphe ne prend pas de nourriture ; l'adulte s'alimente (quelques sexués ne prennent pas d'aliments), sans s'accroître sensiblement. Les organes de la larve ne se convertissent pas tous directement en organes correspondants de l'imago ; une partie des tissus larvaires sont peu à peu digérés par les globules du sang (*phagocytes*) et disparaissent (*histolyse*) ; les organes de l'adulte se développent par formation nouvelle (*histogenèse*) grâce à la prolifération d'un certain nombre de groupes de cellules (*disques imaginaux*), qui se développent activement en absorbant les substances nutritives élaborées par les phagocytes (WEISMANN ; KUNCKEL D'HERCULAIS).

Locomotion. — A. *Pattes.* — Les pattes servent à effectuer la locomotion terrestre et la locomotion aquatique.

Dans la *marche* ordinaire, l'Insecte repose sur un triangle de sustentation formé par les deux pattes extrêmes d'un même côté et la patte moyenne de l'autre côté, pendant qu'il porte en avant les trois autres pattes Autrement dit, la marche typique des Insectes peut être représentée par trois bipèdes (fig. 403) placés l'un derrière l'autre, le premier et le dernier allant au pas ensemble, mais d'un pas contraire avec celui du milieu (CARLET) (1). La *course* n'est qu'une marche accélérée. Le *saut* est l'allure principale chez certains Insectes (Orthoptères sauteurs, Puce, etc.), dont les pattes postérieures sont très longues, comparativement aux antérieures (fig. 427). Chez d'autres (Podures), le saut est déterminé par l'extension brusque de

(1) En supprimant une paire de pattes à un Insecte, on observe les faits suivants . 1° Dans l'allure lente, le corps est soutenu par trois membres, pendant que le quatrième se soulève, la succession de ces mouvements étant celle du pas de Cheval (CARLET) On comprend en effet que l'Insecte continue à se faire un trépied de trois des quatre membres qui lui restent, 2° dans l'allure rapide, l'Insecte tétrapode présente la *marche à pas croisés* que nous avons décrite chez les Reptiles et les Batraciens, mais avec exagération du mouvement de bascule due à la rigidité du corps, il y a même renversement sur le dos, si l'allure est trop précipitée (CARLET) On s'explique ainsi l'utilité, pour ne pas dire la nécessité, des six pattes chez les Insectes.

filaments caudaux, qui, dans l'état de repos, sont repliés sous l'abdomen (fig. 402). Enfin un grand nombre d'Insectes peuvent *grimper*, soit à l'aide de crochets ou de pinces, soit au moyen d'organes adhésifs.

Chez les Insectes qui vivent dans l'eau, les pattes postérieures présentent, en général, un élargissement plus ou moins considérable et agissent simultanément pour accomplir la natation. Chez les Insectes qui vivent à la surface de l'eau (Hydromètres, etc.), la

Fig. 402. — *Podura villosa*, les deux filaments caudaux, organes du saut, sont repliés sous l'abdomen.

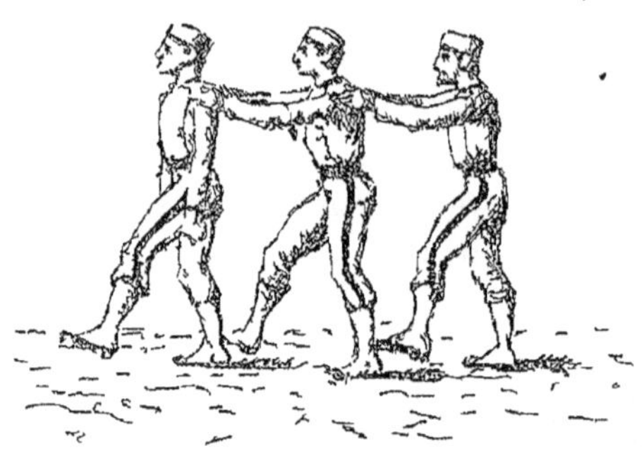

Fig. 403. — Représentation par trois hommes de la marche ordinaire d'un Insecte.

progression a lieu surtout par le mouvement des pattes intermédiaires, qui remplissent l'usage de rames.

B. *Ailes*. — Elles sont constituées par des expansions cutanées, aplaties en lames minces et composées de deux membranes parcourues par des nervures chitineuses. La charpente générale est formée par six nervures principales (trois antérieures, une médiane, deux postérieures), partant de la base de l'aile et ayant la forme de canaux qui livrent passage au sang, aux nerfs et aux trachées. Des nervures plus petites (*nervules*) limitent, avec les précédentes, des mailles (*cellules*) dont la disposition est utilisée dans la classification. Les ailes s'insèrent sur la face dorsale du thorax, au moyen de pièces courtes (*osselets*) ; elles sont mises en mouvement par un certain nombre de muscles (1).

(1) Vol. — La face supérieure de l'aile de l'Insecte regarde en avant pendant qu'elle descend, et en arrière pendant qu'elle monte. La pointe de l'aile décrit une courbe en forme de 8, dont le grand diamètre est dirigé suivant la ligne de projection de l'animal (Marey, Pettigrew). Chez beaucoup d'Insectes tétraptères (Hyménoptères, une partie des Lépidoptères et des Hémiptères), les ailes antérieures entraînent les postérieures dans leur mouvement, au moyen de mécanismes spéciaux variant dans les divers ordres. Contrairement à l'Oiseau, l'Insecte n'a pas de queue servant de gouvernail, pour changer la direction du vol. Celle-ci est obtenue, soit (Tétraptères) par les mouvements de l'abdomen et des pattes, soit (Diptères) par l'action des balanciers (Jousset de Bellesme). Une Mouche à laquelle

Appareil phonateur. — Un certain nombre d'Insectes émettent des sons (*stridulation*); ils appartiennent à tous les ordres, excepté peut-être à celui des Névroptères. La stridulation est généralement un appel pour le rapprochement des sexes; elle a lieu, soit chez le mâle et la femelle (Coléoptères, Hyménoptères, Lépidoptères, Hémiptères, Hétéropteres), soit chez le mâle seulement (Orthopteres, Hémiptères Homoptères). Tantôt ce sont des bruits de percussion ou des bruits de frottement, tantôt c'est un bourdonnement ou même un chant produit par des membranes vibrantes. L'appareil stridulant des Lépidoptères (Tête de mort, Ecaille pudique, etc.) n'est pas encore assez connu pour que nous nous y arrêtions.

A. Bruits de percussion. — Les Vrillettes (*Anobium*) frappent, avec leur tête, un certain nombre de coups contre le bois qu'elles perforent. Le tic tac ainsi produit est désigne vulgairement sous le nom d' « horloge de la mort ».

B. Bruits de frottement. — Les Longicornes frottent le prothorax contre des stries du mésothorax. Chez les Crioceres, le son est produit par l'extremite de l'abdomen, dont la partie superieure ridee frotte, comme une lime, contre les élytres. Chez les Géotrupes, ce sont les hanches posterieures striées qui frottent contre le bord du troisième anneau de l'abdomen. Chez les Acridides, la face interne des cuisses posterieures est dentée et, en passant contre une nervure saillante de l'élytre, met celui-ci en vibration. Chez les Locustides, un son criard est produit par le grincement des élytres à leur base ; l'elytre gauche, placé au-dessus du droit, porte une sorte de lime dont les raies transversales frottent contre le cadre d'une partie membraneuse (*miroir*) de l'élytre droit. Chez les Gryllides, c'est l'élytre droit qui est situé au-dessus du gauche et qui porte la lime ; celle-ci frotte alors contre une nervure située près du bord interne de l'elytre gauche.

C. Bourdonnement. — Le véritable bourdonnement ne se rencontre que chez les Hyménoptères et quelques Diptères. Un Bourdon qui vole rend un son grave ; quand il est pose, il peut émettre un son aigu à l'octave du premier. Le son grave est dû aux mouvements des ailes, le son aigu aux vibrations du thorax (Jousset de Bellesme).

D. Chant de la Cigale. — Il est produit par un appareil assez compliqué dont voici la disposition et le mecanisme (Carlet). L'*appareil*

on a coupe les balanciers suit toujours une trajectoire descendante, elle ne peut plus s'elever ni même voler horizontalement Si l'on n'a sectionne qu'un balancier, la descente s'opere toujours, mais le vol devient tourbillonnant, la concavite de la courbe decrite etant tournée du côte ou le balancier a ete coupe.

musical de la Cigale, situé à la base de l'abdomen du mâle, est entouré de deux paires d'organes protecteurs (fig. 404). Les uns (*opercules*) sont ventraux et ont la forme de volets; les autres (*cavernes*) constituent deux cavités latérales. Sur la paroi interne de chaque caverne se trouve une membrane convexe (*timbale*), qui est l'organe producteur du son. Les deux timbales forment les peaux d'un véritable tambour, dont la caisse est une énorme cavité thoraco-abdominale. Celle-ci communique avec l'extérieur par une paire de gros stigmates latéraux ; ses parois sont rigides, sauf à la partie ventrale où elles présentent, sous les volets, deux paires de membranes délicates séparées par une bande chi-

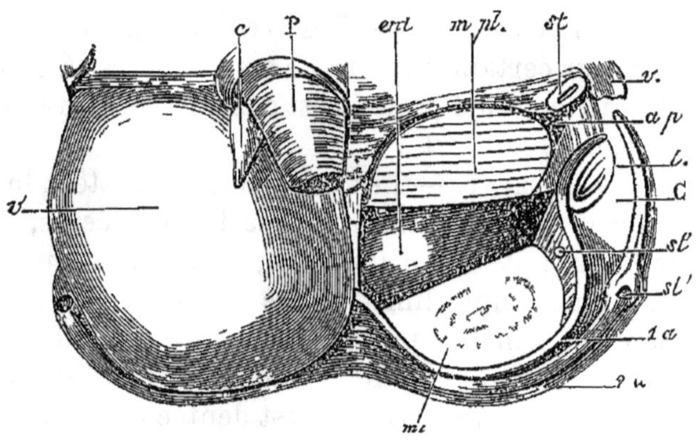

Fig. 404. — Appareil musical de la Cigale (vu de face). L'opercule gauche a été enlevé pour faire voir les parties qu'il recouvre. *1a*, *2a*, les deux premiers anneaux de l'abdomen. *C*, caverne, *ent*, entogastre, *mi*, miroir, *m pl*, membrane plissée, *st*, stigmate du métathorax, *st'*, *st''*, les deux premiers stigmates de l'abdomen. *t*, timbale, *v*, volet ou opercule.

tineuse (*entogastre*). L'une de ces membranes est tendue, transparente, irisée (*miroir*) ; l'autre est molle, plissée, opaque (*membrane plissée*), mais peut être plus ou moins tendue par un muscle spécial : toutes deux vibrent par influence et renforcent le son. Chaque timbale est mise en mouvement par un gros muscle (*muscle de la timbale*) qui va du bord interne de l'entogastre à la face interne de la timbale, où il s'insère par un fort tendon. L'appareil musical de la Cigale est, en somme, un tambour à deux peaux sèches et convexes (*timbales*), dont l'Insecte joue par la contraction brusque et simultanée de deux gros muscles allant du centre de l'instrument à chacune d'elles. Quand les muscles des timbales se relâchent, ces membranes reviennent sur elles-mêmes par l'effet de leur propre élasticité.

Système nerveux. — Le plus souvent très développé. Le cerveau envoie des nerfs aux antennes et à la lèvre supérieure. Le ganglion sous-œsophagien donne naissance aux nerfs des appendices buccaux

Les ganglions thoraciques sont au nombre de trois chez les larves et chez un certain nombre d'adultes. Les ganglions abdominaux, en nombre variable, sont plus ou moins reunis entre eux et parfois même avec les ganglions thoraciques.

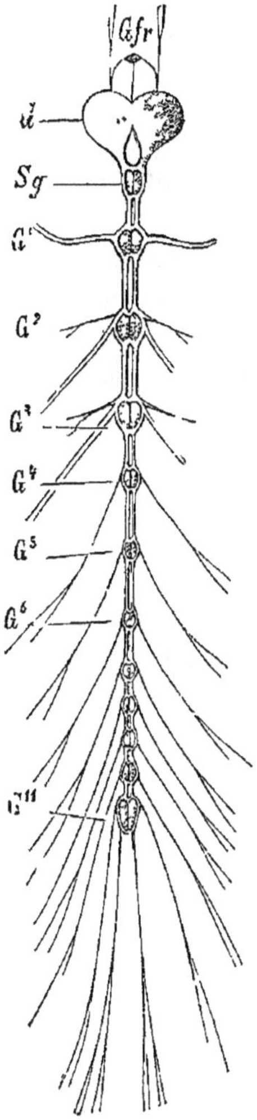

Fig 405 — Systeme nerveux de la larve de la Coccinelle — *Gfr*, ganglion frontal, *G*, ganglions cérébroides, *Sg*, ganglion sous-œsophagien, G^1 à G^{11}, les onze ganglions de la chaine ganglionnaire dans le thorax et l abdomen

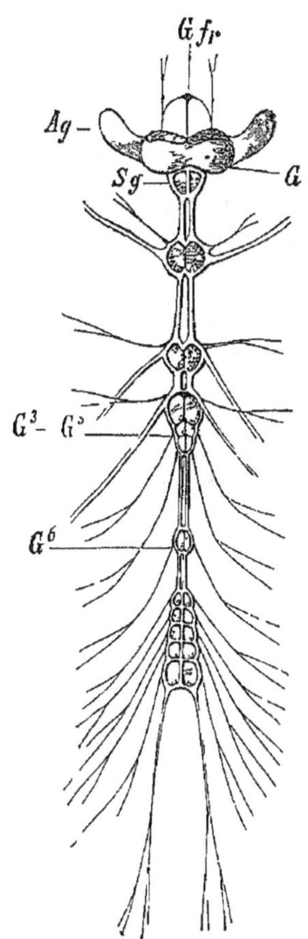

Fig 406 — Systeme nerveux de la Coccinelle adulte — *Ag*, ganglions ophtalmiques, *Gfr*, ganglion frontal, *G*, ganglions cérébroides, *Sg*, ganglion sous-œsophagien, G^1 à G^{11}, les onze ganglions de la chaine ganglionnaire dans le thorax et l abdomen

Il existe un *systeme nerveux visceral* qui, chez les Insectes les plus eleves, se montre compose de deux parties distinctes : l'une (*systeme stomato-gastrique*) correspondant au nerf pneumogastrique des Vertebrés, l'autre au *grand sympathique*. 1° Le systeme stomato-gastrique offre, à sa partie antérieure, un *ganglion frontal*, relié au cerveau. Ce ganglion émet, en avant, une *branche pharyngienne;* en arrière, un *nerf* dit *recurrent*. Celui-ci passe sous le cerveau, derrière lequel il se renfle en un petit *ganglion œsophagien*, puis se termine dans un *ganglion gastrique*, sur le ventricule chylifique. Il faut encore rattacher à ce système une paire de *ganglions angeiens* reliés au cerveau et à une paire de *ganglions tracheens*. Les premiers sont situés sur le vaisseau dorsal et les seconds sur les troncs tracheens qui penètrent dans la tête. — 2° Le grand sympathique est impair et tire son origine du ganglion sous-œsophagien; il est situé directement au-dessus de la chaîne ventrale et présente un renflement ganglionnaire à chaque anneau. Ce nerf fournit les principaux filets qui vont innerver les orifices respiratoires, l'extrémité du tube digestif et les organes de la génération.

Organes des sens. — Le tact s'exerce surtout au moyen des antennes et des gnathites. — Le goût paraît résider dans la bouche. — L'odorat a son siège dans les antennes ou plutôt dans un grand nombre de petits corps qui recouvrent ces organes et sont construits sur le même plan que les poils tactiles. — Chez beaucoup d'Insectes, on regarde comme appartenant au sens de l'ouie, des terminaisons nerveuses renfermant une espèce de bâtonnet chitineux en rapport avec la peau ou avec des organes en forme de tambour (Orthoptères). — Presque toujours, on observe deux yeux à facettes sur les côtes de la tête, et, le plus souvent, deux ou trois stemmates sur le sommet. Quelques Insectes des grottes ou cavernes sont aveugles (1). Le réseau des yeux à facettes est ordinairement hexagonal; chaque facette constitue une petite cornée biconvexe formee par la cuticule. Derrière chaque corneule se trouve un groupe de cellules qui constitue un œil elementaire (*ommatidie*) et qui comprend : en arriere, des cellules sensorielles entourées de cellules pigmentaires (*retinule*), puis des *cellules cristalliniennes*, chargées de secréter un appareil réfringent (*cône*); enfin les *cellules corneennes*, qui sont des cellules différenciées de l'exoderme et qui produisent la corneule. Le cône peut manquer dans quelques cas (*yeux acons*) ou être remplace par une sécretion liquide (*yeux pseudocons*).

On trouve des Insectes sur toute la surface du globe et le nombre de leurs espèces peut être évalué à 500,000. Plus on s'approche de

(1) Les larves qui vivent à la lumiere et cherchent leur nourriture ont des stemmates et tres rarement (Cousins) des yeux réticules Celles qui vivent a l'abri de la lumiere sont generalement aveugles (larves des Hymenopteres et de la plupart des Diptères; larves apodes des Coleopteres)

l'Équateur, plus les Insectes sont nombreux, gros et présentent de brillantes couleurs.

CLASSIFICATION DES INSECTES.

ORDRE I. **Coléoptères** (κολεός, etui ; πτερόν aile). — *Insectes broyeurs munis d'elytres. Métamorphoses complètes.*

Insectes broyeurs. Antennes de formes variées, ayant le plus souvent 11 articles. Deux yeux à facettes ; rarement des ocelles. Prothorax (*corselet*) libre, très développé. Mésothorax et metathorax caches sous les élytres, sauf une partie triangulaire du mésothorax (*ecusson*) habituellement visible sur le dos. Métathorax uni largement à l'abdomen. Tarses de trois à cinq articles. Ailes antérieures ou superieures (*elytres*) cornees, rigides, horizontales, en contact par leur bord interne, quelquefois soudees en un bouclier médian. Ailes postérieures ou inférieures membraneuses, repliées transversalement au-dessous des élytres, quelquefois nulles. Abdomen sessile, mou sous les élytres, portant les stigmates sur les côtés de sa face dorsale, presentant souvent son dernier segment (*pygidium*) à decouvert. Tubes de Malpighi au nombre de 4 ou 6. Métamorphoses complètes, Larves à têtes cornees et à corps mou ; broyeuses ; hexapodes ou apodes, avec ou sans ocelles. Nymphes immobiles, à membres replies, ressemblant à des momies.

1. *PENTAMERES* (πέντε, cinq ; μερος, partie). — *Cinq articles a tous les tarses.*

A. ***Carabidés.*** Lobe externe des mâchoires palpiforme et composé de deux ou trois articles. Carnassiers terrestres, à mandibules tranchantes, à antennes filiformes, à pattes propres à la course ; utiles par la destruction qu'ils font de beaucoup de petits animaux nuisibles ; larves carnassières, à pattes assez longues.

Cicindèles (*Cicindela*). Lobe interne des mâchoires termine par un crochet mobile ; volent bien. Les larves creusent des galeries souterraines dans lesquelles elles se fixent par deux crochets dorsaux, pour guetter leur proie. — Carabes (*Carabus*). Coureurs, à élytres ovales souvent soudes ; depourvus d'ailes membraneuses. La « Jardinière » (*C. auratus*) est tres commune dans les champs et les jardins (fig. 407). — Mormolyces (*Mormolyce*). Elytres élargis en forme de feuilles ; antennes très longues. Grands Coleoptères aplatis, vivant à Java, dans les forêts, sous les troncs d'arbres renversés. — Calosomes (*Calosoma*). Beaux Insectes ailes, à élytres quadrilatères ; grands destructeurs de Chenilles. *C. sycophanta* est l'un des plus beaux Coléoptères d'Europe (fig. 408).—Brachines (*Brachinus*). Corps rétreci en avant; vivent sous les pierres; se defendent en lançant avec bruit un liquide par l'anus d'où les noms de « Bombardiers » et de « Canonniers » sous lesquels on les designe. — Scarites (*Scarites*). Tête énorme, carree, à mandibules larges et fortes; jambes antérieures palmées; grands carnassiers nocturnes des plages de la Méditerranee. — Anophthalmes (*Anophthalmus*). Coleoptères aveugles, cavernicoles.

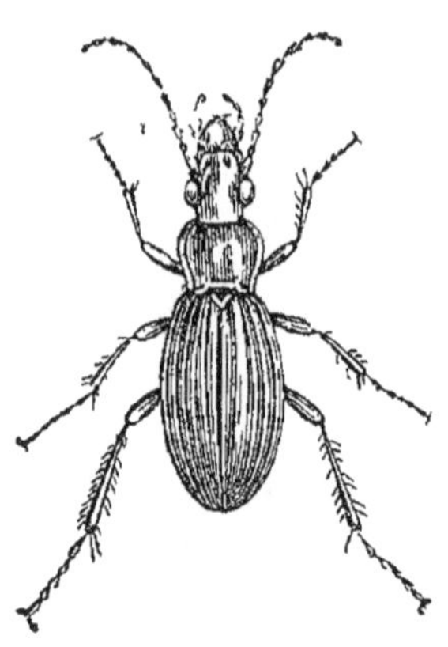

Fig 407 — Carabe

B. ***Dytiscidés.*** Carnassiers aquatiques vivant dans les eaux stagnantes ou peu courantes. Ils soulèvent les élytres à la surface de l'eau et emprisonnent ainsi, sous leur voûte, l'air nécessaire à la respiration. Leurs larves sont aussi aquatiques et carnassières; elles respirent en relevant, au-dessus de l'eau,

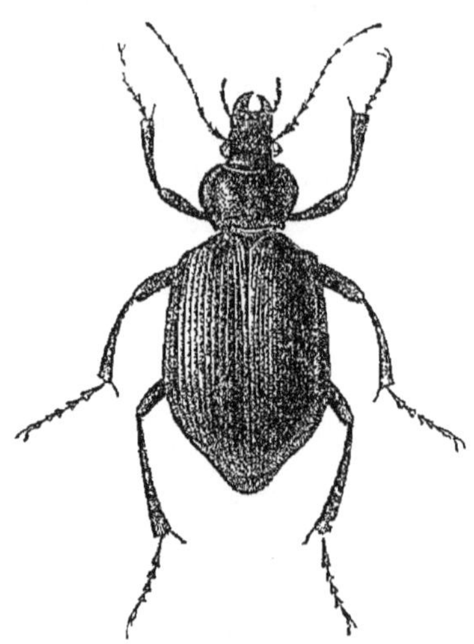

Fig 408 — Calosome

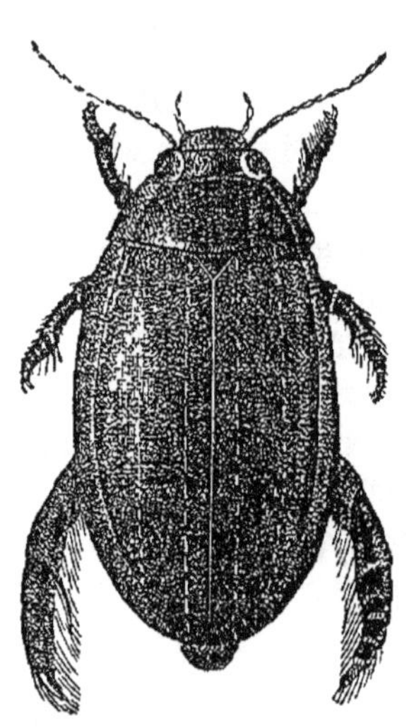

Fig 409 — Dytique

l'extrémité abdominale près de laquelle se trouve la dernière paire de stigmates.

Dytiques (*Dytiscus*). Antennes longues et filiformes ; mâles à tarses antérieurs munis de ventouses servant à retenir la femelle , detruisent le frai des Poissons. — Gyrins (*Gyrinus*). Antennes courtes et épaisses ; decrivent avec rapidité des cercles à la surface de l'eau, d'ou leur nom de « Tourniquets ».

C. ***Hydrophilidés*** ou ***Palpicornes.*** Palpes maxillaires longs, dépassant souvent les antennes qui sont terminées en massue.

Hydrophiles (*Hydrophilus*) (fig. 395). Phytophages aquatiques; corps ovalaire muni, sous le thorax, d'une sorte de lance dirigée en arrière; pondent leurs œufs dans un cocon soyeux en forme de cornue; larves « Vers assassins » aquatiques et carnassières. — Sphéridies (*Sphæridium*). Terrestres; corps hémisphérique; dans les excréments.

D. ***Staphylinidés*** ou ***Brachélytres.*** Elytres beaucoup plus courtes que l'abdomen. Généralement carnassiers; relèvent l'abdomen, à la façon des Scorpions, lorsqu'on cherche à les saisir, mais sont inoffensifs.

Staphylins (*Staphylinus*) (fig. 410). Tête armée de mandibules en faucilles; corps pubescent; présentent, au dernier segment de l'abdomen, deux petites vessies blanchâtres qui exhalent une odeur rappelant celle de certains acides.

E. ***Clavicornes.*** Elytres recouvrant l'abdomen; antennes presque toujours plus grosses vers l'extrémité.

Nécrophores ou « Fossoyeurs » (*Necrophorus*) (fig. 411). Corps allongé. Antennes de dix articles; vivent de matières corrompues; enterrent des cadavres de petits Vertébrés, dans lesquels ils pondent

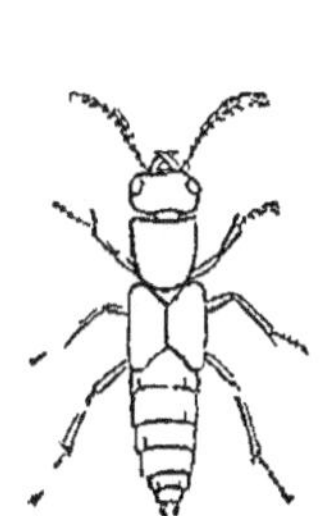
Fig. 410. — Staphylin.

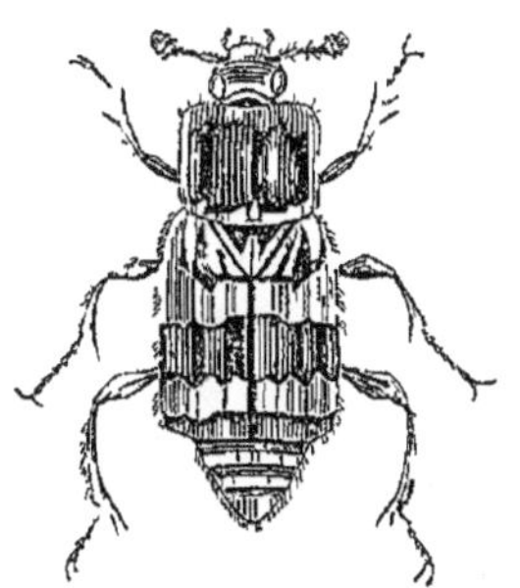
Fig. 411. — Nécrophore.

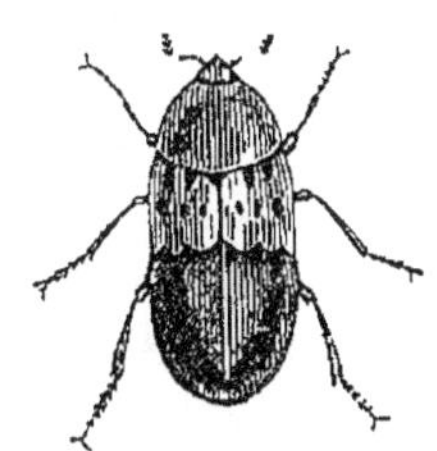
Fig. 412. — Dermeste.

et qui servent ensuite de nourriture aux larves. — Boucliers (*Silpha*). Corps large, arrondi; antennes de onze articles; dévorent les cadavres, mais ne les enterrent pas. Quelques espèces rendent des services en faisant la chasse aux Chenilles ou aux Colimaçons; par contre, d'autres espèces causent des dommages, en mangeant les feuilles des Betteraves à sucre. — Escarbots (*Hister*). Corps déprimé, très dur, presque carré; vivent dans les charognes et les excréments. — *Dermestes*. Corps allongé (fig. 412); se nourrissent de matières animales desséchées (peau, poils, plumes, etc.). *D. lardarius* abonde dans les charcuteries mal tenues et se trouve aussi sur les cadavres. — Attagènes (*Attagenus*). La larve de *A. pellio* ravage les pelleteries. — Anthrènes (*Anthrenus*). La larve de *A. musæorum* ravage les collections d'Histoire naturelle. L'adulte vit sur les fleurs.

F. ***Pectinicornes.*** Antennes coudées et terminées par des lamelles pectinées fixes; mandibules souvent très développées chez les mâles.

Lucanes (*Lucanus*). Le « Cerf-Volant » (*Cervus*), le plus grand Coléoptère de nos pays (fig. 413), est remarquable par les énormes mandibules des mâles; sa larve creuse le tronc et la souche des vieux Chênes. — Dorques (*Dorcus*). La « petite Biche » (*D. parallelipidus*) a de fortes mandibules.

G. ***Lamellicornes*** ou ***Scarabéidés.*** Antennes coudees ayant leurs derniers articles lamelleux et mobiles en éventail; mandibules relativement peu développées. Leurs larves sont aveugles et vivent toujours cachées; elles subissent leur transformation en nymphe dans une coque arrondie ou ovalaire, qu'elles fabriquent en agglutinant avec leur salive des grains de terre ou des detritus de bois.

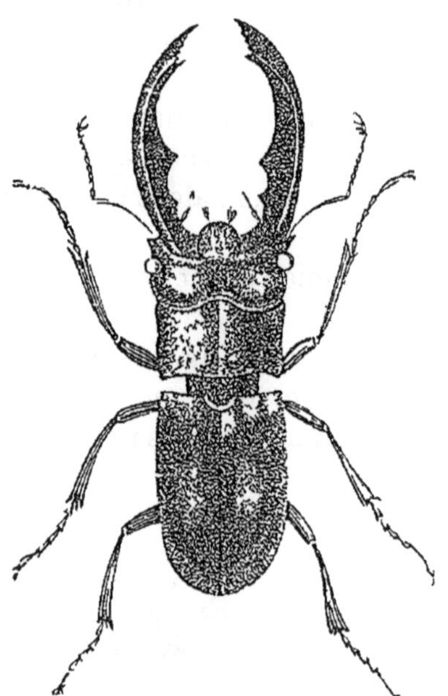

Fig. 413. — Lucane.

Fig. 414 — Bousier

1° Les uns (*Coprophages*) se rendent utiles en détruisant les excréments et en les dispersant dans la terre qu'ils fertilisent. — Pilulaires ou « Rouleurs de boules » (*Ateuchus*). Tarses antérieurs nuls; deposent leurs œufs dans des boules de fiente que la femelle pousse derrière elle, puis enterre. Le Scarabée sacré (*A. sacer*) etait vénéré des Égyptiens, en raison de ses services; il n'est pas rare en Provence, sur les bords de la mer. — Bousiers (*Copris*). Tête armée d'une corne, plus grande chez les mâles (fig. 414); écusson nul; sillonnent les matières stercorales au-dessous desquelles ils pondent leurs œufs. — Géotrupes (*Geotrupes*). Ecusson triangulaire; noirs en dessus; d'une belle couleur métallique (bleu, vert, violet) en dessous; mœurs des Bousiers.

2° Les autres (*Phytophages*) sont nuisibles par les ravages qu'ils exercent sur les Végétaux. — *Dynastes*. Tête et prothorax pourvus, chez les mâles, de prolongements en forme de cornes. Le Scarabee Hercule (*D. Hercules*) de l'Amerique méridionale est le géant de l'ordre. — *Oryctes*. Tête des mâles munie d'une corne arquée. Le Scarabée nasicorne ou « Rhinoceros » (*O. nasicornis*) est commun dans le voisinage des tanneries; sa larve vit dans les depôts de tan. — Hanneton (*Melolontha*). Mandibules fortes; antennes à 7 (mâles) ou 6 (femelles) feuillets. Constituent pour l'agriculteur un veritable fléau contre lequel il doit surtout lutter par la destruction des adultes (*hannetonage*); les femelles s'enterrent pour pondre. Le Hanneton commun (*M. vulgaris*) a l'abdomen termine par une pointe; ses larves (*vers blancs*) vivent de racines et mettent trois ans à effectuer leur developpement, de telle sorte qu'il y a, tous les trois ans, une « annee de Hannetons ». Le Hanneton foulon (*M. fullo*) est plus gros que le précedent; ses élytres sont marbrés de blanc; il n'a pas de pointe abdominale. — Rhizotrogues (*Rhizotrogus*). Mandibules fortes; massue des antennes à trois feuillets. Le « petit Hanneton de la Saint-Jean » (*R. solstitialis*) n'a pas de pointe abdominale; ses larves causent des degâts dans les cultures. — Cétoines (*Cetonia*). Mandibules faibles; recherchent les fleurs et s'attaquent quelquefois aux fruits. La Cétoine dorée ou « Scarabée des roses » (*C. aurata*) est commune partout. — Goliath (*Goliathus*). Sortes de Cétoines géantes, dont les mâles ont la tête armée d'une corne fourchue et les pattes antérieures très allongees. Appartiennent aux contrées les plus chaudes de l'Afrique.

H. ***Buprestidés***. Corps très allongé, terminé en pointe et offrant de riches couleurs d'un brillant metallique. Larves vermiformes, vivant dans les bois. — Buprestes ou « Richards » (*Buprestis*). Les larves vivent dans les Pins et les Sapins.

I. ***Élatéridés***. Bord posterieur du prothorax prolonge en une épine pointue. Lorsqu'ils sont renversés sur le dos, ils se cambrent sur la tête et l'extrémité de l'abdomen, puis sautent brusquement et recommencent cette manœuvre jusqu'à ce qu'ils retombent sur leurs pattes. Les larves vivent de bois et de racines.

Taupins (*Elater*), appelés aussi « Forgerons, Toque-Maillet, Marteaux », à cause du bruit qu'ils produisent en sautant. — Pyrophores ou Cucujos (*Pyrophorus*). « Mouches de feu »; Insectes phosphorescents d'Amérique, émettant une lumiere verdâtre; celle-ci provient de trois taches, dont deux sont situées sur les côtés du prothorax et une sur le milieu de la face ventrale du premier anneau de l'abdomen. Les organes lumineux sont des sortes de glandes dont les cellules subissent la dégénérescence graisseuse, à mesure qu'elles fonctionnent (R. Dubois).

J. ***Malacodermes.*** Téguments de consistance molle ou flexible.

Lampyres (*Lampyris*). Antennes filiformes ; sous les derniers anneaux de l'abdomen, des organes phosphorescents émettent une lumière bleuâtre; femelle aptère et lumineuse, ainsi que la larve (*Vers luisants*) ; mâle aile, doué d'un faible éclat (fig. 415). — Lucioles (*Luciola*). Les deux sexes sont ailés et phosphorescents. Italie, midi de la France. — Driles (*Drilus*). Aspect de Lampyres ; mâles petits, ailés, à antennes pectinées; femelles grosses, aptères, poilues, non lumineuses. Les larves vivent surtout de Colimaçons qu'elles dévorent peu à peu, en se glissant entre l'animal et sa coquille. — Clairons (*Trichodes*). Antennes en massue; corps velu; tarses à quatre articles. La larve du Clairon des Abeilles (*T. apiarius*) vit dans les ruches, mais ne semble pas y faire de grands ravages.

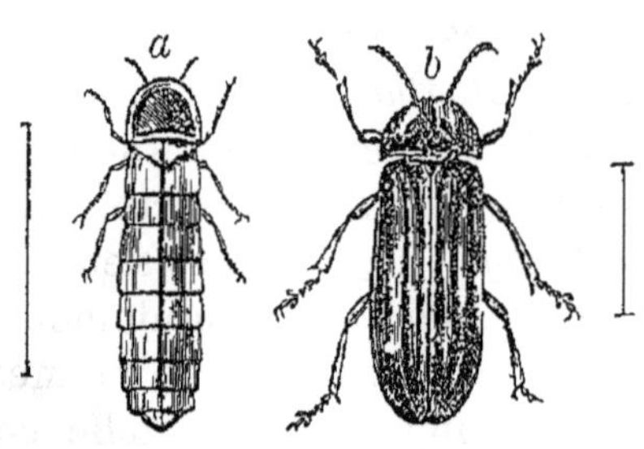

Fig. 415 — Lampyre ver luisant *a*, femelle, *b*, mâle.

K. ***Ptinidés.*** Petits Coléoptères reconnaissables à leur tête rétractile à l'intérieur du prothorax.

Ruine-bois (*Lymexylon*). Causent de grands dégâts dans le bois de Chêne des chantiers de la marine. — Vrillettes (*Anobium*). « Horloges de la mort », à cause du bruit qu'elles font en perçant les boiseries et les vieux meubles.

II. *HETÉROMERES* (ἕτερος, différent; μέρος, partie). — *Cinq articles aux tarses antérieurs et aux intermédiaires; quatre articles aux tarses postérieurs.*

A. ***Ténébrionidés.*** Insectes presque toujours de couleur noire, nocturnes ou crépusculaires.

Blaps. Sans ailes; élytres pointus; habitent les lieux sombres et humides.— Ténébrions (*Tenebrio*). La larve de *T. molitor* vit dans la farine (*Ver de farine*); elle est souvent employée pour la nourriture des Rossignols élevés en captivité.

B. ***Méloïdés*** ou ***Vésicants.*** Tête cordiforme, rétrécie en une sorte de cou, tarses terminés par des crochets bifides et quelquefois pectinés ; métamorphoses compliquées (*hypermetamorphoses*). Les œufs sont pondus généralement dans des cellules d'Hyménoptères solitaires; les larves dévorent les œufs de ces derniers, puis les provisions qui leur étaient destinées. Une premiere larve hexapode (fig. 416, *a*), oculifere et munie en général de trois fortes paires de pattes (*triongulin*), après avoir devoré l'œuf de l'hôte, se transforme en une deuxieme larve aveugle et à pattes atrophiées (*b*), qui mange avec avidite et grossit rapidement. A la deuxième larve succède une pupe immobile (*pseudonymphe*) legerement contractee et moins volumineuse que la deuxième larve (*c*). De la mue pseudonymphale sort une troisième larve (*d*) assez semblable à la deuxieme, mais ne prenant aucune nourriture et se transformant bientôt en une nymphe veritable (*e*). Celle-ci est pourvue de membres et donne naissance à l'Insecte parfait (FABRE). On trouve les Méloides dans toutes les parties du monde : tous sont vésicants à divers degrés et eux seuls le sont, parmi les Insectes. Leurs proprietes sont dues à un principe (*cantharidine*) qui, appliqué sur la peau, y développe une ampoule. La cantharidine est localisée dans l'hémolymphe et les organes genitaux (BEAUREGARD) ; elle passe de ces organes dans l'œuf et les larves sont également vésicantes. Soluble dans l'alcool, l'essence de terébenthine, les huiles, etc., elle est insoluble dans le sulfure de carbone.

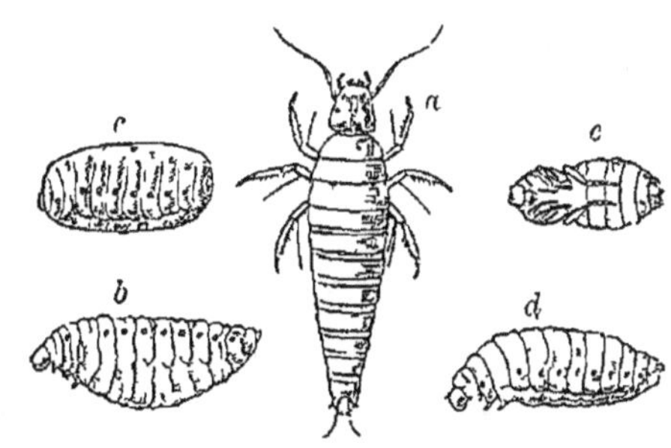

Fig 416. — Métamorphoses d'un Mylabre — *a*, 1re larve, *b*, 2e larve, *c*, pseudonymphe, *d*, 3e larve, *e*, nymphe

Cantharides (*Cantharis*). Antennes filiformes, à 11 articles; tarses allonges, à crochets non pectinés ; élytres à couleurs métalliques (fig. 417). La seule espèce de France est la Cantharide officinale (*C. vesicatoria*) appelée vulgairement « Mouche d'Espagne », d'un beau vert doré, longue de 2 centimètres et large de 5 millimètres. La femelle, plus grande que le mâle, pond dans la terre des œufs nombreux, d'où sortent des larves hexapodes. Celles-ci vivent aux depens du miel de divers Hymenoptères. Les Cantharides habitent surtout l'Europe méridionale, mais on les rencontre jusqu'en Suède : au mois de juin, elles s'abattent, en sociétés nombreuses, sur les Frênes, les Lilas et les Troènes, dont elles devorent les feuilles. On les recolte le matin, quand elles sont encore engourdies, en secouant les arbres sur lesquels elles se tiennent. On les reçoit sur des draps où on les ramasse avec des gants, pour éviter leur contact; on les tue ensuite, en les exposant à des vapeurs de vinaigre bouillant, puis on les fait sécher et on les conserve en vases clos, dans des endroits secs, car l'humidité detruit la cantharidine. La poudre de Cantharides, appliquée sur la peau, produit une vésication énergique, son absorption amène une vive irritation des voies génito-urinaires. On falsifie les Cantharides, soit en les mélangeant avec d'autres Insectes (Cétoines dorees, etc.), soit en leur enlevant la canthari-

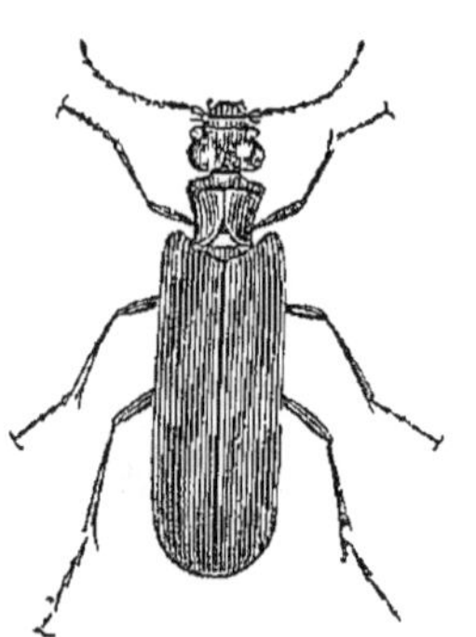

Fig 417 — Cantharide.

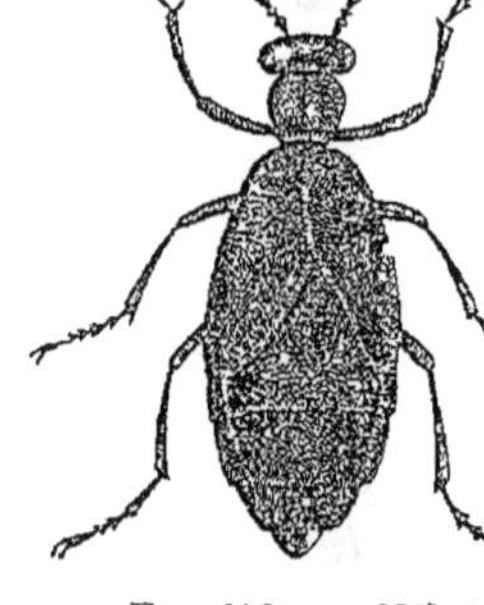

Fig. 418. — Méloé.

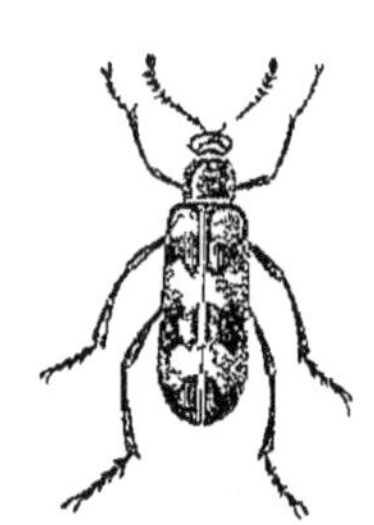

Fig 419 — Mylabre.

dine par immersion dans l'alcool ou l'essence de térébenthine (1). — Mylabres (*Mylabris*). Antennes en massue; corps convexe (fig. 419), Cantharides des anciens (2); surtout meridionaux. — Cérocomes (*Cerocoma*). Antennes à 9 articules. — Méloés (*Meloe*). Antennes moniliformes; apteres; élytres croisés à la base, plus courts que l'abdomen, surtout chez les femelles, où celui-ci est énorme (fig. 418); ne sont plus guère employés. On en trouve plusieurs espèces en France (3).

III. *TÉTRAMERES* (τέτραμερης, composé de quatre parties) — *Tarses de cinq articles, dont les trois premiers dilates et le quatrieme rudimentaire, paraissant par suite formes de quatre articles.*

On devrait par suite les appeler plutôt *Cryptopentameres* ou *Pseudotétrameres*. Phytophages. Larves à pattes très courtes ou nulles.

A. ***Rhynchophores*** ou ***Curculionidés*** (4). Tête prolongée en un rostre ou bec terminé par les pièces buccales. Ce rostre, surtout de-

(1) En Amerique, on emploie comme vesicants des Insectes voisins de notre Cantharide, en particulier la Cantharide pointillee (*Lytta adspersa*), qui passe pour ne pas produire d'inflammation des voies genito-urinaires.

(2) La loi *Cornelia* punissait de mort les empoisonneurs par les Mylabres

(3) On emploie presque exclusivement les Cantharides, parce que leur habitude de voyager par bandes permet de se les procurer plus facilement et en plus grande quantite.

(4) Nommés encore *Charançons* ou *Porte-Bec*.

veloppe chez les femelles, sert souvent à porter les œufs dans la profondeur des tissus où ils doivent se développer. Les larves vivent sur les végétaux et causent des dommages importants; les adultes se trouvent, en général, sur les plantes qui ont nourri leurs larves.

1° Les uns (**Recticornes**) ont les antennes droites. — Bruches (*Bruchus*). Les larves se developpent dans les graines des Légumineuses (Pois, Fèves, Lentilles, Vesces). — *Rhynchites*. Enroulent les feuilles en cornets, incisent les bourgeons, ou percent les fruits.

2° Les autres (**Fracticornes**) ont les antennes coudees, avec le premier article (*scape*) très allonge et logé en partie dans un sillon latéral (*scrobe*) du rostre. — Hylobies (*Hylobius*). Les larves rongent le bois des Arbres résineux. — Larins (*Larinus*). Vivent sur les Composées. En Orient, on récolte, sous le nom de *Tréhala*, une coque grisâtre, du volume d'une olive, construite par la larve de *L. nidificans*. Cette coque, dans laquelle l'Insecte se transforme en Nymphe, possède une saveur sucrée due à un sucre spécial (*tréhalose*); on l'emploie en decoction contre la bronchite et même comme aliment, sous forme de potage. — Balanins (*Balaninus*). Ressemblent à un petit gland; rostre quelquefois aussi long que le corps; vivent, à l'état de larve, dans les noix, les noisettes, les glands, etc. — Calandres (*Calandra*). Le Charançon du Blé (*C. granaria*) (fig. 420) et celui du Riz (*C. Oryzæ*) font un tort considérable aux graines, dans lesquelles vivent les larves. La Calandre des Palmiers (*C. Palmarum*) a une larve (*Ver palmiste*) de la grosseur du doigt, qui est considerée comme un mets delicat dans les Antilles.

Fig 420. — Calandre du Ble (grossie et de grandeur naturelle).

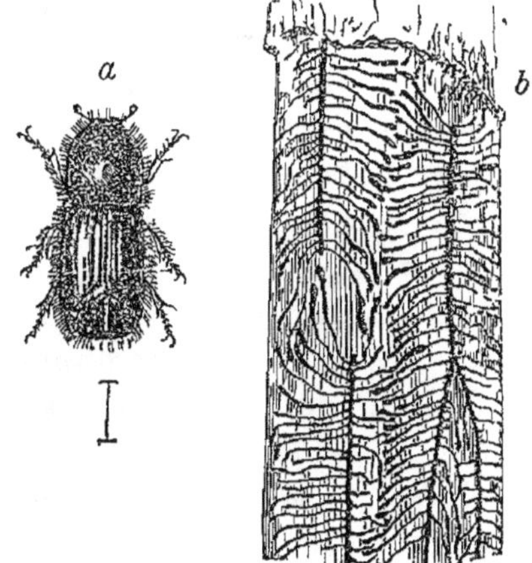

Fig. 421 — *a*, Bostriche du bois, — *b*, les galeries qu'il creuse sous l écorce, les galeries verticales sont l œuvre de la mere, les transversales sont creusées par les larves

B. *Xylophages*. — Petits Coleoptères à mandibules saillantes, à antennes droites, à jambes crénelees.

Scolytes (*Scolytus*). S'attaquent aux Angiospermes (Ormes, Chênes, Arbres fruitiers); les femelles creusent des galeries dans le bois, au-dessous de l'écorce, et y pondent leurs œufs; les larves branchent des galeries sur celles de la mère (fig. 421). — Tomiques ou Bostriches (*Tomicus* ou *Bostrichus*). S'attaquent plus spécialement aux Gymnospermes (Pins, Sapins, Mélèzes).

C. ***Longicornes*** ou ***Cérambycidés***. Renferment des Insectes dont les antennes sont d'une longueur souvent considérable, surtout chez les mâles. L'abdomen des femelles est terminé par un oviscapte tubulaire, au moyen duquel elles déposent leurs œufs dans les fissures des écorces.

Macrodontes (*Macrodontia*). Coleoptères geants, à mandibules énormes, plus longues que la tête. Amérique du Sud. *M. cervicornis* vit sur le fromager; sa larve est recherchée par les indigenes, comme un mets delicat. — Priones (*Prionus*). Prothorax triépineux de chaque côté. Le Prione tanneur (*P. coriarius*) se trouve dans les bois de Chênes. — Ergate (*Ergates*). Prothorax bordé de plusieurs petites épines. L'Ergate charpentier (*E. faber*), l'un des plus grands Insectes de nos pays, vit dans les bois de Pins du Midi. — Rosalies (*Rosalia*). Antennes à houppes soyeuses. *R. alpina*, d'un bleu cendre, avec des taches noires veloutées, est le plus joli Coleoptère de France (fig. 422). — Aromies (*Aromia*). Couleur métallique. Le « Capricorne musqué » (*A. moschata*) exhale une odeur agréable; sur les Saules — Cérambyx (*Cerambyx*). Grands Insectes à couleurs sombres, à antennes noduleuses à la base. Le « grand Capricorne » (*C. heros*) vit sur les Chênes; sa larve leur est tres nuisible. — Lamies (*Lamia*). Tête verticale; une épine de chaque côté du prothorax. Le « Tisserand » (*L. textor*), d'un noir chagrine, est commun dans les bois. — Acrocines (*Acrocinus*). Coléoptères geants, remarquables par la longueur excessive des pattes antérieures. L' « Arlequin de Cayenne » (*A. longimanus*) doit son nom aux couleurs bariolées de ses élytres. — Menuisiers (*Ædilis*). Les antennes du mâle atteignent jusqu'à cinq fois la longueur du corps; vivent sur les Pins.

D. ***Chysomélidés***. Renferment de petits Insectes voisins des Longicornes, mais à antennes plus courtes, à pattes généralement cachées sous le corps, à couleurs le plus souvent brillantes; leurs larves, à l'inverse de celles des Longicornes, s'attaquent aux parties molles des Végétaux et non au bois.

Criocères (*Crioceris*) (fig. 423). Les larves se recouvrent de leurs excréments. *C. merdigera;* sur le Lis. — Bromes (*Bromius*). L'Eumolpe de la Vigne (*B. Vitis*) « Gribouri » est aussi appelé « Ecrivain » a cause des sortes de caracteres qu'il dessine sur les feuilles, en les rongeant. — Chrysomèles (*Chrysomela*). Couleurs métalliques. — Leptinotarses (*Leptinotarsa*). Un sillon à la face externe des jambes postérieures. Ils ne présentent pas, en avant du mésosternum, la pointe caractéristique du genre voisin *Doryphora* (δορυφόρος, armé d'une lance). Le Leptinotarse du Colorado (*Leptinotarsa decemlineata*) (1) ravage les feuil-

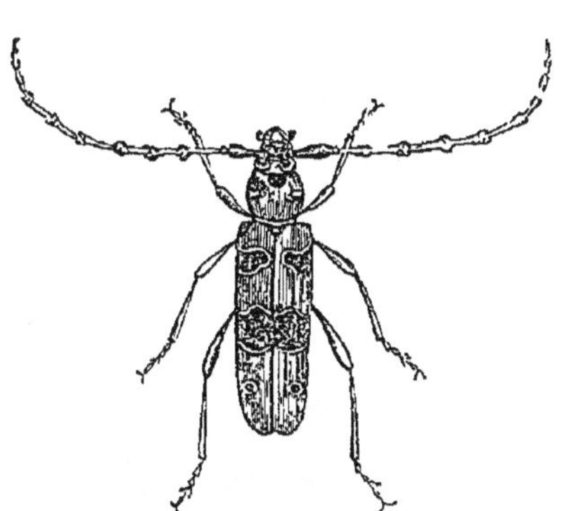

Fig 422 — Rosalie des Alpes

Fig 423. — Criocère a 13 points de l Asperge.

les des Pommes de terre, en Amerique. — Altises ou « Puces de terre » (*Altica*). Insectes sauteurs qui nuisent beaucoup aux Crucifères industrielles et potagères. — Cassides (*Cassida*). Ressemblent à de petites Tortues ; nuisent aux Betteraves.

IV. *TRIMERES* (τριμερής, composé de trois parties). — *Tarses de quatre articles, dont l'avant-dernier rudimentaire.* Devraient plutôt être appeles *Cryptotetrameres*, ou *Pseudotrimeres*.

Endomychidés. Insectes fungicoles, dont le corps est oblong et le thorax muni de trois sillons.

Coccinellidés ou « Bêtes à bon Dieu ». Insectes hémisphériques dont le thorax est dépourvu de sillons. Les larves et la plupart des adultes rendent des services à l'horticulture, en detruisant des quantites de Pucerons (2).

ORDRE II. **Orthopteres** (ὀρθός, droit; πτερόν, aile). — *Insectes broyeurs munis de pseudélytres. Ailes inferieures plissees en eventail. Métamorphoses incomplètes ou nulles.*

(1) Les documents officiels ont, à tort, fait connaître en France le *Leptinotarsa* sous le nom scientifique de *Doryphora* et, plus faussement encore, sous le nom vulgaire de *Colorado* (sa patrie)

(2) On designe sous le nom de Rhipiptères (ῥιπίς, éventail; πτερον, aile), ou sous celui de Strepsiptères (στρεψις, enroulement), de petits Insectes que l'on peut considerer comme des Coleoptères aberrants (fig. 424) Mâles à ailes anterieures tres petites, elytroides, enroulées à la pointe; à ailes posterieures grandes, membraneuses, se repliant en eventail Femelles apteres et apodes, larves hexapodes · les unes et les autres parasites des Hymenoptères aiguillonnes. — *Stylops*. — *Xenos*.

Insectes broyeurs, à gnathites très developpées ; mandibules fortes, lobe externe des mâchoires en forme de casque (*galea*) ; languette bilobee (fig. 382). Un jabot. Un gésier. Estomac présentant souvent, à son origine, des diverticules en cæcum et, à sa terminaison, un nombre considérable de canaux de Malpighi. Antennes généralement longues. Deux yeux à facettes et souvent des ocelles. Prothorax libre. Tarses de 3 a 5 articles. Ailes droites, les antérieures ou supe-

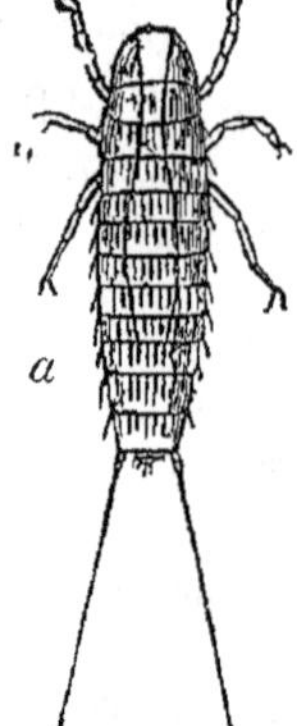

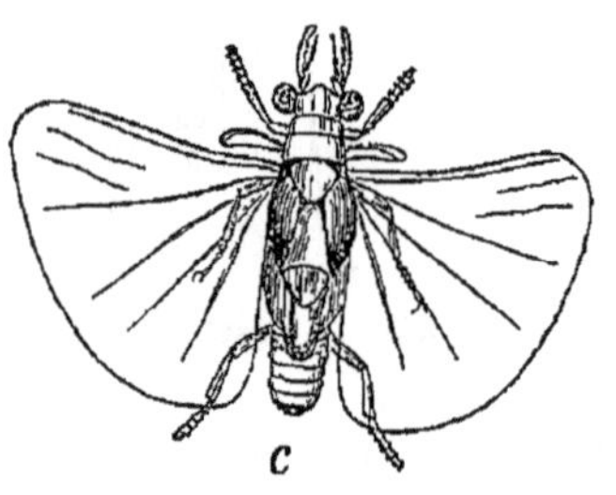

Fig 424. — *Stylops Childreni.* — *a*, larve ; *b*, femelle, *c*, mâle

rieures (*pseudelytres*) parcheminées, les postérieures ou inférieures membraneuses et plissées en éventail (repliées en travers chez les Forficulidés), quelquefois nulles (Myrmécophiles). Abdomen termine par des appendices de formes diverses (*cerques :* appendices arti-

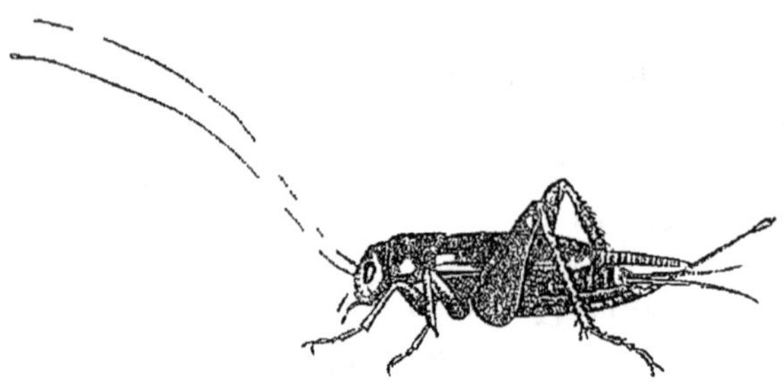

Fig. 425. — Grillon domestique

culés, constants, situés sur la partie dorsale du dernier anneau; *styles :* appendices inarticulés, propres aux mâles, insérés sur la partie ventrale du dernier anneau); presentant souvent, chez les femelles, un oviscapte qui sert à la ponte. Métamorphoses incomplètes. Dès l'éclosion, la larve présente la forme d'une nymphe mobile ne se distinguant extérieurement de l'adulte que par la taille, l'absence d'ailes et un nombre moindre d'articles antennaires. Apres chaque mue, l'Insecte dévore la dépouille qu'il vient de quitter.

Toujours terrestres, à tous les âges, se trouvent dans toutes les parties du globe ; surtout abondants dans les pays chauds.

1er Sous-ordre. — Sauteurs. — *Pattes postérieures à cuisses longues et épaisses, propres au saut. Des organes de stridulation chez les mâles.*

A. ***Gryllidés*** ou ***Grillons***. — Corps massif ; antennes longues, sétacées ; élytres courts, horizontaux ; tarses ordinairement de 3 ou 4 articles ; un organe auditif dans les jambes antérieures ; femelles pourvues d'un long oviscapte. Omnivores ; habitent des terriers.

Grillons (*Gryllus*). Les uns des prairies (*G. campestris*) ; les autres des maisons (*G. domesticus*) (fig. 425). — Courtilières (*Gryllotalpa*). « Taupes-Grillons ou Ecrevisses de terre » ; jambes antérieures

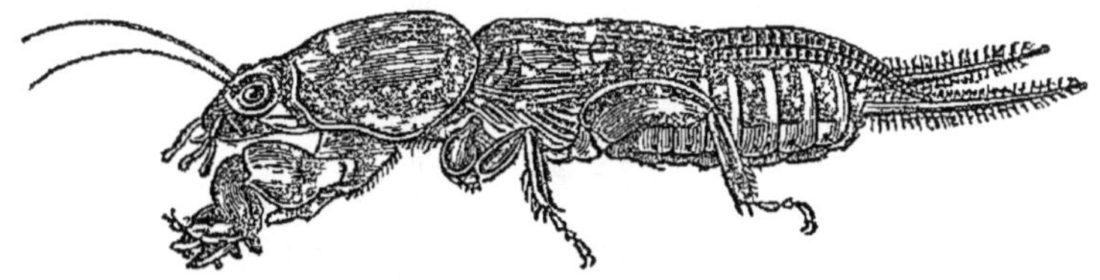

Fig. 426 — Courtilière commune

fouisseuses (fig. 426) ; creusent des galeries ; très nuisibles dans les jardins potagers. — Myrmécophiles (*Myrmecophila*). Aptères ; dans les fourmilières.

B. ***Locustidés*** ou ***Sauterelles***. — Corps long, comprimé ; antennes longues et fines ; élytres inclinés ; tarses à 4 articles ; un organe auditif dans les jambes antérieures ; oviscapte en forme de sabre ou de coutelas. Plus ou moins sédentaires ; peu nuisibles ; végétariens ; vivent à l'air libre.

Locustes (*Locusta*). *L. viridissima*, appelée improprement « Cigale verte ». — Dectiques (*Decticus*). *D. verrucivorus* passe pour guérir les verrues, par sa morsure.

C. ***Acrididés*** ou ***Criquets*** (fig. 427). — Corps long ; antennes courtes ; élytres inclinés ; tarses à 3 articles, pourvus d'une pelote ; organes auditifs à la base de l'abdomen ; oviscapte nul, remplacé par quatre valves courtes. Végetariens ; très nuisibles ; vivent a l'air libre.

C'est aux Criquets, surtout à *Pachytylus migratorius*, pour l'Europe, à *Acridium peregrinum*, pour l'Egypte, l'Algérie, la Perse, etc., qu'il faut rapporter ces invasions par volées innombrables, dites « de Sauterelles », détruisant tout sur leur passage, dans les contrées chaudes et temperées des deux hemisphères. Ces Insectes presentent, dans le thorax et l'abdomen, beaucoup de vesicules trachéennes aidant à leurs migrations. Quelques peuplades d'Afrique et d'Orient utilisent les Criquets comme aliments. Ces Insectes étaient ranges par Moise au nombre des animaux dont la chair etait permise aux Hébreux. Les Criquets sont surtout représentes, chez nous, par les *Œdipoda* qui montrent, en s'envolant, leurs ailes inférieures rouges ou bleues.

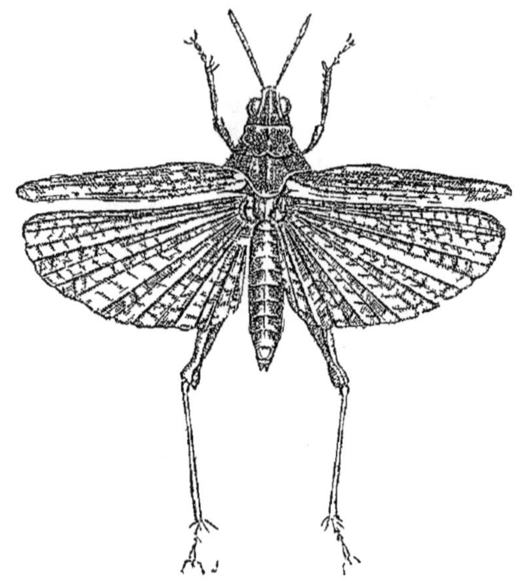

Fig 427 — Criquet.

2e Sous-ordre. — Coureurs. — *Pattes ambulatoires, propres à la course ou à la marche. Pas d'organes stridulants Pentamères.*

A. ***Phasmidés.*** — Pattes toutes propres à la marche. Elytres courtes. Phytophages. Les plus longs Insectes qui existent, ayant quelquefois plusieurs decimètres de longueur. Présentent des cas curieux de mimetisme.

Phyllies (*Phyllium*). Ailés; ressemblent à des feuilles (fig. 61). Indes. — Bacilles (*Bacillus*). Apteres; ressemblent à des baguettes *B. Rossii* habite l'Italie. *B. gallicus* se trouve dans le midi de la France.

B. ***Mantidés.*** — Pattes antérieures ravisseuses (fig. 428). Carnassiers.

Mantes (*Mantis*). Pondent leurs œufs dans un amas gommeux (*ootheque*) contre les pierres ou sur les buissons. *M. religiosa* est commune dans le Midi.

C. ***Blattidés.*** — Pattes toutes propres à la course. Pseudélytres croisés, manquant quelquefois, ainsi que les ailes.

Blattes (*Blatta*). Corps très aplati, permettant le passage par des

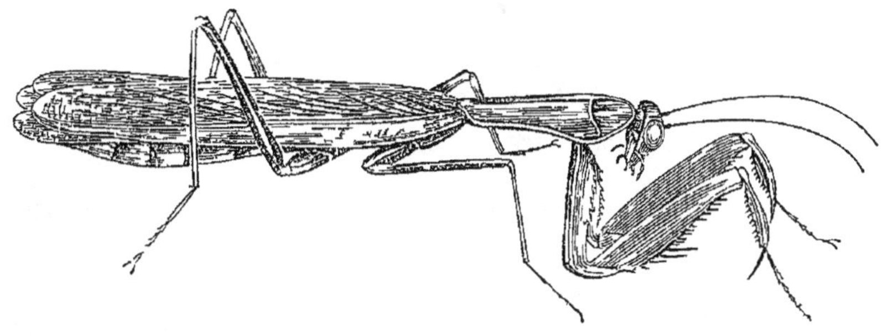

Fig 428 — Mante religieuse.

fentes étroites. La ponte des œufs a lieu dans une capsule cylindrique (*oothèque*, vulgairement œuf) formée à l'intérieur du corps et restant suspendue, plusieurs jours, à l'entrée de la vulve, avant d'être déposée. La Blatte des cuisines (*B. orientalis*), « Cancrelat » ou « Cafard », est d'un brun noirâtre; le mâle est ailé (fig. 429), la femelle aptère; attaque les comestibles et répand une odeur fétide La Blatte américaine

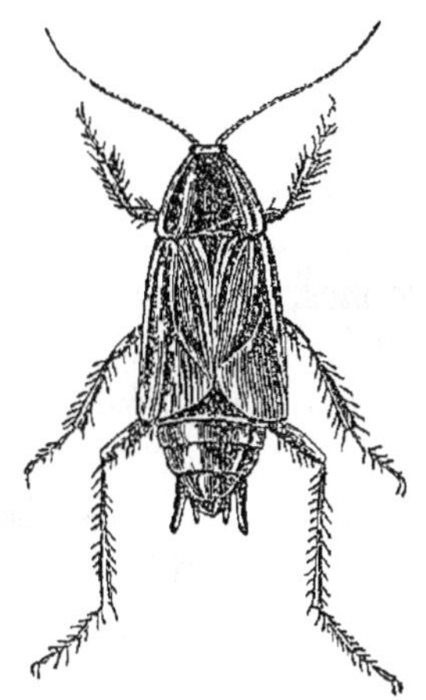

Fig 429 — Blatte orientale

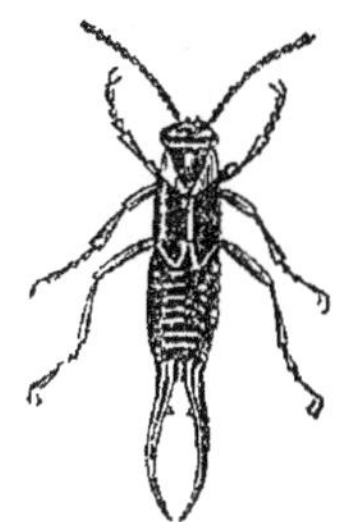

Fig 430. — Forficule

(*B. americana*), vulgairement « Kakerlac », a le corps ferrugineux; elle ne se trouve guère en France que dans les raffineries de sucre et les magasins de denrées coloniales.

D. ***Forficulidés.*** — Abdomen terminé par une pince.

Forficules ou Perce-oreilles (*Forficula*). Abdomen terminé par deux

organes en forme de pinces (*forcipules*); élytres courts, à suture droite; ailes plissées en éventail et repliées deux fois en travers sous les élytres; tarses à 3 articles (fig. 430). Insectes coureurs, frugivores; la femelle protège ses petits. Leur nom vulgaire vient de la ressemblance de leur pince anale avec l'instrument qui servait autrefois aux bijoutiers à percer le lobule auriculaire, pour y introduire des boucles d'oreilles.

ORDRE III. **Orthonévroptères** (ὀρθός, droit; νεῦρον, nervure; πτέρον, aile). — *Insectes broyeurs, à 4 ailes membraneuses et réticulées. Métamorphoses incomplètes* (1).

Insectes broyeurs, à organes buccaux quelquefois rudimentaires, à lèvre inférieure présentant deux moitiés distinctes. Prothorax libre Tarses de 2 à 5 articles. Ailes membraneuses, nues, généralement égales (les postérieures parfois rudimentaires ou nulles), parcourues par un réseau de nervures à mailles fines. Abdomen composé ordinairement de 10 anneaux. Métamorphoses incomplètes; larves et nymphes agiles, ne différant que peu de l'Insecte parfait.

1er **Sous-ordre. — Corrodants.** — *Orthonévroptères à ailes nues et à larves terrestres.*

A. ***Termitidés.*** Ailes égales et tarses de 4 articles. Se rapprochent des Orthoptères par la configuration de la bouche, la forme aplatie du corps et la voracité. Seuls, parmi les Orthonévroptères, ils forment des troupes innombrables, à la manière des Fourmis.

Termites ou « Fourmis blanches » (*Termes*, *Eutermes*, etc). Les Termites vivent en sociétés nombreuses, dans lesquelles on trouve au moins un couple fécond (*roi* et *reine*) et un grand nombre de neutres. Ceux-ci, composés de mâles et de femelles à organes sexuels atrophiés, affectent le plus souvent deux formes différentes. Les uns, femelles inféconds (*ouvriers*), à tête petite et arrondie, s'occupent des travaux domestiques; les autres, mâles inféconds (*soldats*), à tête grosse et carrée, armée de fortes mandibules, défendent le nid (fig. 431). Les neutres sont aptères; les rois (fig. 432), les reines vierges ont des ailes qui leur servent à quitter le nid et qui tombent ensuite. La

(1) Souvent réunis avec les Névroptères (sous-ordre des *Pseudonévroptères*), ou avec les Orthoptères (sous le nom d'*Orthoptères Pseudonévroptères*) Le nom Orthonévroptères rappelle que ces Insectes tiennent 1° des Orthoptères, par leurs métamorphoses incomplètes; 2° des Névroptères, par leurs ailes membraneuses et réticulées.

reine fécondée pond un grand nombre d'œufs; elle a un abdomen énorme (fig. 433) sous lequel le roi est habituellement caché. Les nids (*termitières*) sont creusés dans le bois ou fabriqués avec de la terre et les excréments des Termites. Le Termite lucifuge (*T. lucifugus*), du sud-ouest de la France, ronge les bois de charpente en respectant l'extérieur, de telle sorte qu'on est souvent dans l'ignorance des dégâts qu'il occasionne (1). Les Termites exotiques, encore plus dangereux que les précédents, sont, paraît-il, re-

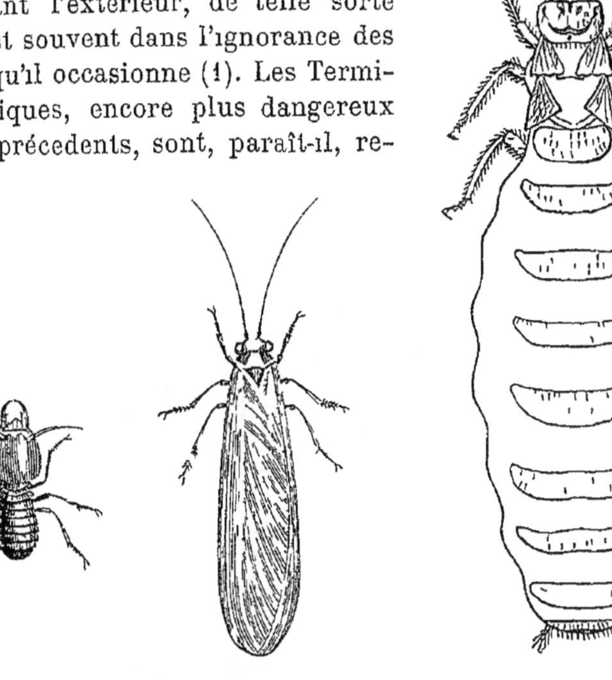

Fig 431 — Termite (soldat)　Fig 432 — Termite (mâle).　Fig 433 — Termite (femelle pleine, ou reine, l'abdomen gonflé par les œufs)

cherches par les Hindous et les Hottentots, qui en sont très friands (2).

B. *Psocidés*. Très petits Insectes à tarses bi- ou tri-articulés.—Pso-

(1) Un grand nombre de maisons de la Rochelle ont eu leurs poutres entièrement détruites par des Termites; certains quartiers de Bordeaux souffrent déjà des déprédations de ces Insectes.

(2) Le nid du Termite belliqueux (*T. bellicosus*) de l'Afrique méridionale a la forme d'une meule de foin qui aurait environ cinq mètres de hauteur sur une base de même diamètre (fig 434) Il est revêtu de boue cimentée formant une croûte assez résistante pour supporter un Bœuf Son intérieur présente 1° un rez-de-chaussée, au centre duquel se trouve une salle voûtée (*loge royale*) (*R*), qu'entourent d'abord des cellules pour les ouvriers de service (*S*), puis des magasins remplis de gomme et de résines, 2° un premier étage, qui a la forme d'une grande salle à colonnes (*1*) et constitue un réservoir d'air isolant, 3° un second étage (*2*), formé de cloisons principales en

ques (*Psocus*). Ailes ; vivent dans le bois sec. — Troctes (*Troctes*). Aptères. Le « Pou de poussière » (*T. pulsatorius*) ressemble à un Pou ; il vit dans les collections d'Insectes et les vieux papiers.

2e Sous-ordre. — Amphibiotiques (ἀμφί, de part et

terre et de cloisons secondaires en fragments de bois agglutinés avec de la gomme, ces cloisons limitant un grand nombre de chambres superposées (*nourricerie*) ; 4° un grenier (*G*) constituant, comme le premier étage, un réservoir d'air isolant. Au-dessous du nid, la terre (*sous-sol*) est criblée de canaux (*catacombes*) (*C*), d'où ont été extraits les matériaux pour la construction de la termitière et qui servent ensuite à préserver celle-ci de l'inondation, en recevant les eaux pluviales. Des galeries de deux sortes, les unes horizontales, les autres spirales, sont creusées dans l'épaisseur de la paroi et servent à la circulation des Termites. Celles qui aboutissent aux catacombes se continuent avec des chemins couverts et ceux-ci vont s'ouvrir au dehors pour constituer les portes de la termitière. Le couple royal est

Fig. 434. — Nid du Termite belliqueux (coupe). — *C*, catacombes ; *G*, grenier ; *R*, loge royale ; *S*, cellules de service ; *1*, chambre à air ; *2*, nourricerie.

enfermé dans la loge royale où la reine pond environ soixante œufs par minute. Ces derniers sont emportés aussitôt dans la nourricerie par les ouvriers qui veillent ensuite à l'éclosion des larves. La nourricerie, placée entre le premier étage et le grenier, c'est-à-dire entre deux couches de gaz, se trouve aérée en même temps qu'elle est à l'abri des variations trop brusques de température. De plus, des moisissures se développent sur les parois des logettes et forment une nourriture toute préparée pour les larves. Ces dernières donnent des ouvriers, des soldats, des mâles et des femelles. Les sexués quittent le nid et s'élèvent dans les airs en tourbillons nombreux. Ils retombent ensuite sur le sol et perdent leurs ailes. Ceux qui peuvent échapper aux causes de destruction sont entourés de soins par les ouvriers d'un nid voisin, puis emprisonnés dans un nid d'argile, premier rudiment d'une future termitière.

d'autre; βίος, vie). — *Orthonévroptères a ailes nues et a larves aquatiques.*

A. ***Libellulidés*** ou « Demoiselles ». Grands Insectes carnassiers, à pieces buccales bien développees, à ailes d'égale longueur; yeux tres grands, abdomen du mâle termine par une pince et muni, à sa base, d'un organe copulateur situé par suite très en avant de l'orifice genital. Dans l'accouplement, le mâle saisit, avec sa pince anale, le prothorax de la femelle; celle-ci, en courbant l'abdomen, amène sa vulve au contact de l'organe copulateur prealablement chargé de sperme. La ponte a lieu à la surface de l'eau, parfois dans l'eau ou sur des plantes. Larves aquatiques et carnivores, munies d'un appareil prehensile special (*masque*), forme par la levre inférieure dont deux articles (menton et languette) prennent un developpement considerable. Le masque est termine par deux lobes en forme de volets ou de crochets, correspondant aux paraglosses et aux palpes labiaux. Cet appareil, replié sur la face antérieure de la tête, se projette, à la façon d'un

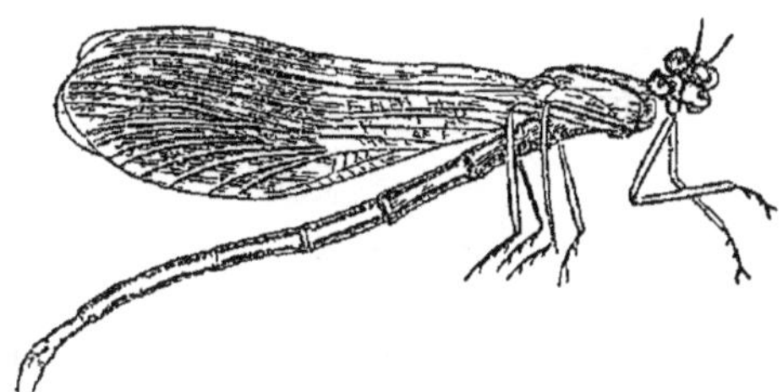

Fig 435 — Caloptéryx

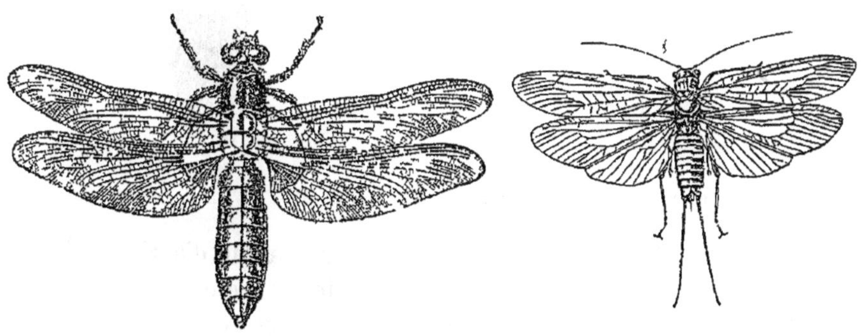

Fig 436 — Libellule

Fig 437. — Perle

bras qui s'ouvre sur la proie, saisit celle-ci, comme avec des tenailles, entre les volets ou crochets terminaux.

1° ***Isoptères.*** Ailes d'égale largeur, relevees pendant le repos. Larves munies de trois branchies tracheennes, a l'extrémite de l'abdomen. — Agrions (*Agrion*). Ailes pédonculées; pattes courtes. — Caloptéryx (*Calopteryx*). Ailes élargies à partir de la base; pattes longues (fig. 435).

2° ***Anisoptères.*** Ailes d'inégale largeur, horizontales pendant le repos. Larves sans branchies externes. — Æschnes (*Æschna*). Palpes labiaux triarticulés; larves munies d'un masque plat. — Libellules (*Libellula*). Palpes biarticulés; larves à masque en bouclier (fig. 436).

B. ***Éphémérides*** (*Ephemera*, *Chloeon*, etc.). Antennes courtes Bouche dépourvue d'organes masticateurs; ailes antérieures grandes, ailes postérieures petites ou nulles; abdomen terminé par deux ou trois filaments longs et articulés. Leurs larves habitent au fond des eaux et sont pourvues extérieurement de trachées branchiales (fig. 390). Pendant trois ans que dure leur vie, elles subissent de nombreuses mues. Leurs nymphes sont aussi aquatiques. Les Insectes ailés qui sortent de l'enveloppe de la nymphe ne sont pas encore à l'état parfait ; ils constituent une *sub-imago* qui doit subir encore une dernière mue, avant d'arriver à l'état parfait ou *imago*, caractère unique parmi les Insectes. Les adultes ne prennent pas de nourriture et ont une existence très courte, d'où le nom d'*Ephemeres* (fig. 438).

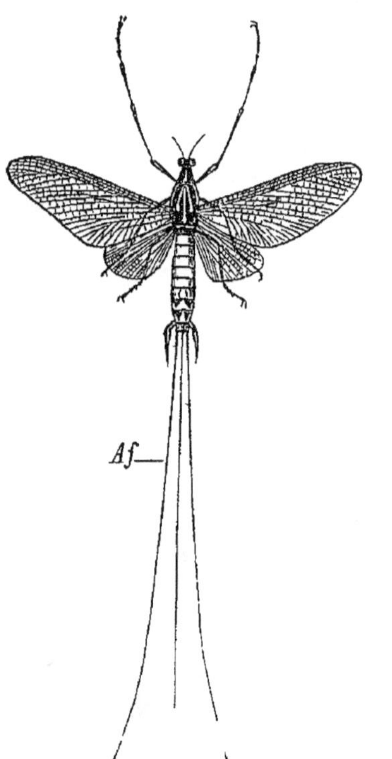

Fig. 438 — Ephémere avec les soies caudales, *Af*.

Fig 439. — Thrips des céréales

C. ***Perlidés.*** Antennes longues; ailes antérieures un peu plus longues et plus étroites que les postérieures. Larves et nymphes aquatiques, à trachées branchiales; vivant sous les pierres. — Perles (*Perla*). *P. bicaudata* (fig. 437), sur les quais de Paris, au printemps

3° **Sous-ordre. — Thysanoptères** (θύσανος, frange; πτερόν, aile). — *Orthonévroptères à ailes ciliées. Larves terrestres.*

Petits Insectes à mandibules sétacées, suceurs, à tarses biarticulés termines par des pelotes en forme de ventouses, d'où le nom de *Cystipedes* qu'on leur a aussi donné. Se nourrissent de sucs végétaux. — *Thrips*. *T. Cerealium* vit sur les épis du Seigle et du Froment (fig. 439).

ORDRE IV. **Névropteres** (νεῦρον, nervure; πτερόν, aile). — *Insectes broyeurs, quelquefois suceurs, à 4 ailes membraneuses et réticulées. Metamorphoses complètes.*

Insectes broyeurs ou suceurs n'ayant pas les deux moitiés de la levre inférieure distinctes. Prothorax libre. Tarses à 5 articles. Ailes tantôt nues, tantôt poilues ou écailleuses. Abdomen de 8-9 anneaux Métamorphoses complètes : larves vermiformes; nymphes immobiles.

1er Sous-ordre. — Planipennes (*planus*, plan; *penna*, aile) ou **Gymnopteres** (γυμνός, nu; πτερόν, aile). — *Ailes nues, parfois poilues sur les nervures, ne se repliant pas. Mandibules fortes. Larves habituellement terrestres.*

Fourmilions (*Myrmeleon*). Antennes courtes, épaissies au sommet. Ressemblent à certaines Libellules et répandent une odeur de rose. La larve a de fortes pinces formées par la soudure des mandibules et des mâchoires; elle creuse dans le sable un petit entonnoir au

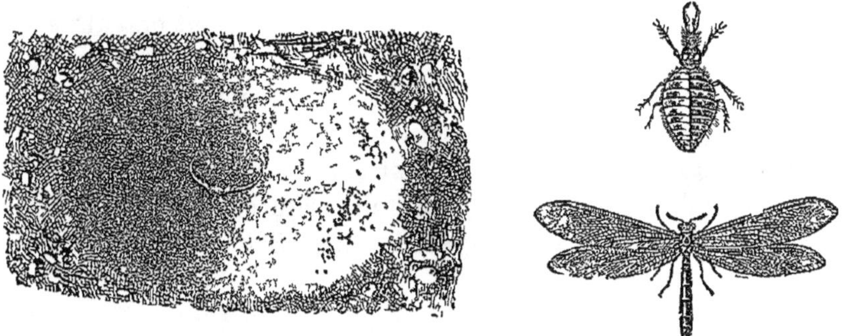

Fig. 440 — Fourmilion, sa larve et son piège au fond on voit les mandibules de la larve

fond duquel elle guette sa proie (Fourmis, etc.), lui jetant même du sable pour précipiter sa chute (fig. 440). — Hémerobes (*Hemerobius*). « Demoiselles terrestres »; antennes filiformes; ailes tachetees; répandent une odeur d'excréments. Les larves devorent les Pucerons. — Mantispes (*Mantispa*). Pattes antérieures ravisseuses. Les larves s'introduisent dans les sacs ovifères ou cocons des Araignées et y subissent une sorte d'hypermétamorphose, avant d'arriver à l'état aile. — Panorpes (*Panorpa*). « Mouches-Scorpions »; l'abdomen du mâle est terminé par une pince d'accouplement.

2e Sous-ordre — Plicipennes (*plicitus*, plie) ou **Trichoptères** (θρίξ, poil). — *Ailes couvertes d'écailles ou de poils, les posterieures se repliant en long. Mandibules atrophiees. Mâchoires et lèvre inferieure formant une trompe. Larves aquatiques.*

Appeles encore Phryganides (φρύγανον, fagot) (fig. 441). Les larves se construisent, dans l'eau, à la maniere des Teignes, de petits fourreaux avec diverses matières (grains de sable, coquilles, fragments de plantes) réunies ensemble par des fils soyeux, d'où le nom de « Tei-

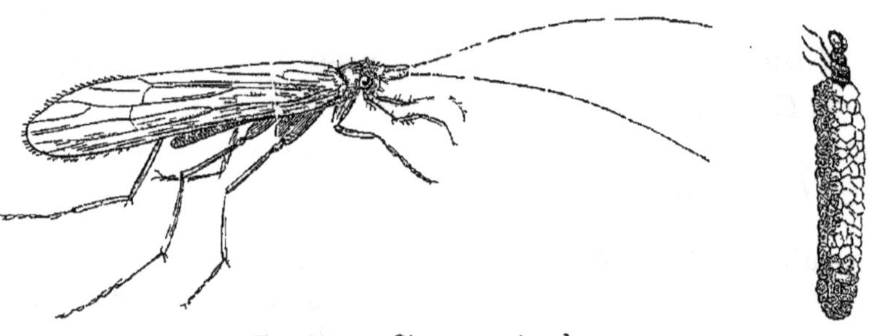

Fig 441 — Phryganc et sa larve

gnes aquatiques ». En général, elles traînent apres elles leur fourreau (Phryganes), mais quelques-unes construisent des abris fixes (Hydropsychés). Les nymphes habitent les fourreaux construits par les larves et les abandonnent pour se transformer, hors de l'eau, en Insectes parfaits. Ceux-ci ressemblent à certains Papillons du groupe des Phalènes, dont ils se distinguent par des palpes maxillaires tres developpés ; ils ne prennent aucune nourriture.

Phryganes (*Phrygana*). — Hydropsyches (*Hydropsyche*).

ORDRE V. **Hyménoptères** (ὑμήν, membrane ; πτερόν, aile). — *Insectes lécheurs, à 4 ailes membraneuses offrant peu de nervures. Metamorphoses complètes.*

Insectes à mandibules fortes et broyeuses, dont les mâchoires et la lèvre inférieure, plus ou moins modifiées, constituent une espèce de trompe rétractile servant à lécher et a sucer. Antennes de formes variées. Généralement 3 grands yeux à facettes et 3 ocelles. Prothorax soude. Mésothorax présentant, à la base des ailes superieures, de petites écailles mobiles (*epaulettes*). Tarses à 5 articles.

4 ailes membraneuses, transparentes, divisées en grandes cellules; quelquefois nulles. Ailes inférieures plus petites que les supérieures, presentant, à leur bord antérieur, un certain nombre de crochets tres fins qui se fixent au bord postérieur des ailes supérieures pendant le vol. Abdomen le plus souvent pédiculé, rarement sessile (Porte-scie); termine soit par un aiguillon venimeux (Porte-aiguillon), soit par une tarière à sylets simples (Porte-tarière) ou dentés en scie (Porte-scie). Métamorphoses complètes. Larves apodes, excepte chez les

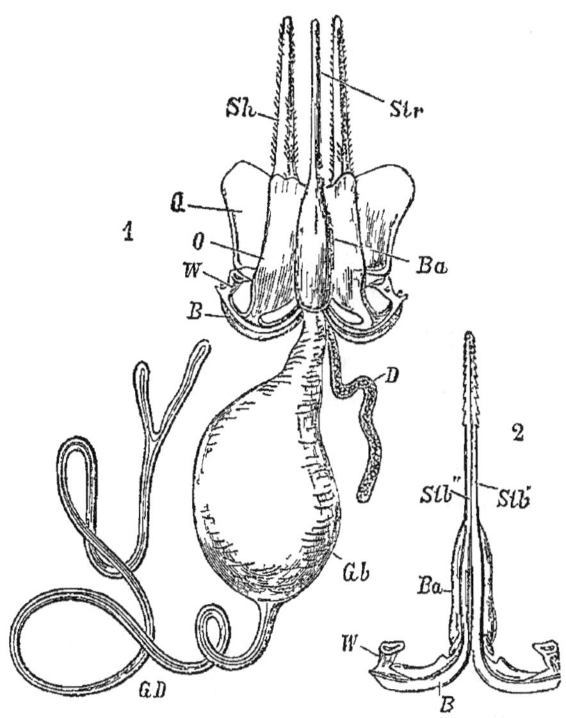

Fig 442 — Appareil venimeux de l'Abeille — *GD* glande acide, *D*, glande alcaline, *Gb*, reservoir a venin, *Str*, gorgeret, *B*, base des stylets placés dans le gorgeret, *W*, piece angulaire, *Ba*, renflement du gorgeret et des stylets jouant le rôle de piston, *Sh*, gaine de l'aiguillon, *O*, piece oblongue, *Q*, piece carree, *Stb'*, *Stb''*, les deux stylets contenus dans le gorgeret.

Porte-scie; vivant en général dans le lieu où la ponte s'est effectuée. Beaucoup s'entourent d'une coque soyeuse, pour se transformer en nymphes; quelques types (*Platygaster*) présentent ce fait unique, parmi les Insectes, d'éclore sous une forme à 5 segments, ressemblant aux Crustaces inférieurs du genre *Cyclops*, et n'acquièrent que plus tard leurs autres metamères. Quelques formes (Abeilles, Guêpes, Fourmis) presentent une parthenogénèse partielle, les œufs fécondés produisant des femelles et les non fécondés des mâles; parfois

(Gallicoles) une generation de femelles parthégenétiques alterne avec une d'individus sexués; enfin (*Halictus*) plusieurs générations successives de femelles peuvent être suivies d'une génération de sexués. — Chez les Hyménoptères sociaux, en outre des mâles et des femelles, il existe des neutres : ce sont des femelles à ovaires atrophiés, se presentant parfois sous plusieurs formes (*ouvrieres*, *soldats*)

1er Sous-ordre. — Aculeés ou Porte-aiguillon. — *Abdomen pédiculé, muni, chez les femelles et les neutres, d'un aiguillon venimeux. Trochanters simples. Antennes de 12 articles chez les femelles, de 13 chez les mâles. Larves apodes.*

Les Porte-aiguillon sont, pour la plupart, pourvus d'un appareil vulnérant et venimeux servant plutôt à la défense qu'à l'attaque. Cet appareil (fig. 442) se compose : 1° des *organes venimeux*, sécrétant ou emmagasinant le venin; 2° de l'*aiguillon*, servant à inoculer le venin, 3° de *muscles*, faisant mouvoir l'aiguillon et ses diverses parties. Les organes venimeux sont constitués par deux glandes distinctes. L'une d'elles (*glande acide*), à secrétion acide (acide formique), est connue depuis longtemps : elle a la forme d'un tube secréteur fourchu, aboutissant à une *vesicule* qui debouche elle-même à la base de l'aiguillon; l'autre, que nous nommerons *glande alcaline*, est un simple cul-de-sac venant s'ouvrir aussi à la base de l'aiguillon (1). Celui-ci est constitué par un corps conoide (*gorgeret*), renfermant une paire de pièces grêles très acerées (*stylets*). Les stylets sont des aiguilles creuses qui glissent dans le gorgeret, par le moyen d'une sorte de coulisse en queue d'aronde, rendant tout deraillement impossible (Carlet) ; ils sont tantôt lisses (Sphégides), tantôt (Apidés, Vespides) barbelés extérieurement, pres de la pointe, de dents qui, chez l'Abeille, sont au nombre de dix, dirigees en avant et en dehors. Chez les Vespides, les stylets sont de simples perforateurs et la vesicule du venin, entourée de fibres musculaires, se contracte pour lancer son contenu dans la plaie. Au contraire, chez les Apides, la vésicule du venin est nue, non contractile ; mais il existe, sur chaque stylet, un véritable piston qui chasse le liquide devant lui, a mesure que le stylet descend dans le gorgeret (Carlet). l'appareil vulnerant est alors à la fois un trocart qui perce et une seringue qui injecte

(1) 1° Le venin, qui resulte du melange des deux liquides secretes par les glandes acide et alcaline, est toujours acide ; 2° Il ne produit la mort qu'a la condition de contenir ses deux liquides constituants ; 3° Chez quelques Hymenopteres, dont le venin agit simplement comme anesthesique (*Sphegides*), la glande alcaline est rudimentaire ou nulle (Carlet).

La piqûre des Frelons et des Guêpes est non seulement plus douloureuse, mais encore plus dangereuse que celle des Abeilles. Les accidents consécutifs sont d'autant plus serieux que les piqûres ont éte plus nombreuses. Les cas mortels sont très rares ; ils résultent, pour la plupart, de piqûres faites dans l'arrière-bouche, la tuméfaction des tissus amenant rapidement l'asphyxie. Des lotions d'eau froide, avec addition de quelques gouttes d'ammoniaque, constituent le remède le plus simple et le plus efficace contre les piqûres des Hyménoptères ; on a quelquefois utilisé les piqûres d'Abeille ou de Guêpe dans un but thérapeutique, surtout contre les rhumatismes.

A. ***Formicidés*** ou ***Fourmis***. — *Porte-aiguillon a antennes coudees. Individus sexues, munis d'ailes ; neutres apteres.*

Les Fourmis sont des Hyménoptères sociaux, formant des colonies (*fourmilieres*) composées (fig. 443) de *mâles* ailés, d'une ou de plusieurs *femelles* ailees, enfin d'un grand nombre d'*ouvrieres* apteres,

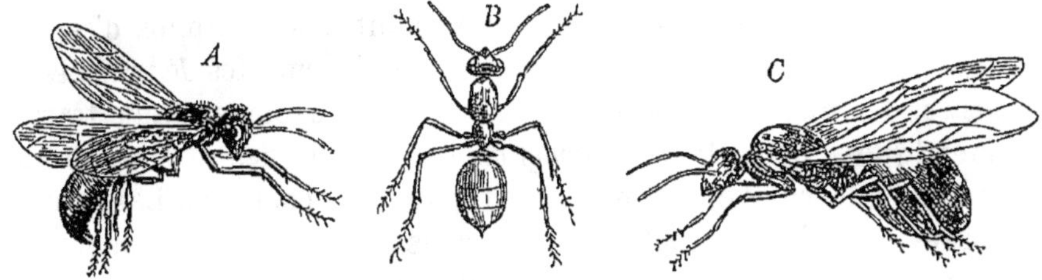

Fig 443 — Fourmi rousse. *A*, male, *B*, ouvrière, *C*, femelle

se présentant parfois sous deux formes différentes, dont l'une à tête volumineuse (*soldats*). La fécondation se fait, soit dans le nid lui-même, soit dans les airs ; après cet acte, les mâles périssent et les femelles perdent les ailes ou se les arrachent, puis servent, soit à perpétuer la fourmilière, soit à en fonder une nouvelle. Les Fourmis construisent des nids dont la forme varie suivant les especes : les uns sont souterrains, composés de terre pure ou mélangée à d'autres matériaux, et forment un dôme à la surface du sol ; les autres sont établis dans les rochers, les murailles, le bois, ou fabriqués avec des matieres végétales transformées. Larves toujours nourries par les ouvrieres. Nymphes nues ou entourées d'un cocon ovalaire (appelé à tort œuf de Fourmi) que l'on recueille pour nourrir les jeunes Faisans. Larves et nymphes non enfermees dans des loges, transportees souvent par les ouvrières sur divers points du nid, suivant les circonstances atmospheriques.

La nourriture des Fourmis consiste en matières liquides ou semi-liquides, animales ou végétales, qu'elles lèchent avec leur langue. Leurs mandibules, impropres à la mastication, servent d'armes ou d'instruments de travail, mais peuvent aussi déchirer des corps solides, quand ceux-ci renferment des liquides alimentaires. Les Fourmis ont une prédilection pour les matières sucrées, en particulier pour les sécrétions sucrées des Pucerons et des Coccides; elles poursuivent ces Insectes, les transportent même quelquefois dans leur nid, où ils constituent un véritable bétail. Les Fourmis du nord de l'Europe ne font pas de provisions et hivernent sans prendre de nourriture. Certaines espèces du Centre et du Sud récoltent des graines (*Fourmis moissonneuses*), qu'elles transportent dans leurs magasins, tantôt les maintenant à l'abri de l'humidité, pour empêcher la germination, tantôt au contraire les soumettant à l'action de l'humidité, pour les ramollir, au moment où elles veulent s'en nourrir.

Les Fourmis de nids différents se livrent souvent des batailles, soit sous la forme de duels, soit sous celle de guerres nationales Ces combats ont tantôt pour mobile la conquête ou la défense d'un territoire, tantôt le pillage ou l'enlèvement des nymphes d'espèces industrieuses pouvant servir d'auxiliaires. Parmi les *Fourmis esclavagistes*, les unes prennent part, avec leurs esclaves, aux travaux domestiques, les autres (*Fourmis amazones*) ont des instincts exclusivement guerriers et se font nourrir par leurs esclaves. Les Fourmis blessées dans les combats sont soignées par leurs amies et souvent des honneurs funèbres leur sont rendus après la mort; elles sont, au contraire, tuées par leurs ennemies. Les prisonniers de guerre sont traînés au camp des vainqueurs et mis à mort, ou réduits en esclavage. Un grand nombre d'observations et d'expériences (P. HUBER; FOREL; LUBBOCK) ont mis hors de doute l'intelligence des Fourmis, leur mémoire, leur persévérance, leur langage mimique par attouchement des antennes (*langage antennal*). On connaît leur dévouement à la chose publique, leur courage pour défendre leur propriété, mais elles sont, par contre, sujettes à la colère, à la haine, à la gourmandise, et détruisent souvent nos provisions ou leur communiquent une odeur désagréable. En ceci, elles sont nuisibles; mais elles peuvent avoir une certaine utilité, à l'état de larves ou de nymphes, pour l'élevage du gibier à plumes, et, à l'âge adulte, par la destruction qu'elles font des parties molles des cadavres.

Un certain nombre de Fourmis (**Formicines**) sont privées d'aiguillon ou plutôt n'ont qu'un rudiment de cet organe (*Camponotus* (1),

(1) La plus grande Fourmi de France (*C. herculeanus*) fait son nid dans les troncs d'arbre.

Formica (1), *Lasius* (2), *Polyergus* (3), *Myrmecocystus* (4), etc.). Les ***Ponérines*** ou *Fourmis à aiguillon* (*Ponera* (5), etc.) ont un seul article au pédoncule abdominal; leurs nymphes sont dans un cocon. Les ***Myrmicines*** ou *Fourmis à nœuds* sont aiguillonnées et ont un pédoncule de deux articles nodiformes; leurs nymphes sont nues (*Myrmica* (6), *Aphænogaster* (7), etc.). Les ***Dorylines*** ou *Fourmis aveugles*, dont les mâles seuls ont des yeux à facettes (*Atta* (8), *Ecyton*, etc.), sont américaines.

B. ***Apidés*** ou ***Mellifères***. — *Porte-aiguillon à individus tous ailés et à tarses postérieurs élargis. Corps velu. Antennes coudées.*

Hyménoptères sociaux ou solitaires et quelquefois parasites. Les ailes antérieures ne se replient jamais; la nourriture des larves est toujours mielleuse.

1° ***Apidés sociaux*** — Comprennent trois sortes d'individus : mâles, femelles, ouvrières ou femelles stériles (fig. 445). Jambes et tarses des ouvrières élargis, surtout aux pattes de derrière. Jambes postérieures (fig. 446) creusées, sur la face externe, d'une fossette

(1) La Fourmi fauve (*F. rufa*) construit de grands nids en forme de tertre, dans les forêts de Sapins.

(2) La Fourmi brune des jardins (*L. niger*) nidifie un peu partout, elle construit des chemins couverts pour se rendre auprès de ses Pucerons et les abrite même dans des pavillons.

(3) La Fourmi amazone (*P. rufescens*) est esclavagiste elle établit ses fourmilières dans les prairies ou les broussailles.

(4) La Fourmi à miel (*M. melliger*) du Mexique présente une forme d'ouvrières dont le jabot, rempli de miel, donne à l'abdomen la forme et le volume d'un grain de Groseille (fig. 444). Ces « Fourmis-outres » constituent des réserves alimentaires destinées à nourrir les habitants du nid pendant l'hiver, elles sont très appréciées par les Mexicains qui en sucent le miel directement ou le recueillent pour leurs repas.

Fig. 444. — Fourmi à miel du Mexique.

(5) *P. contracta* habite toute l'Europe.

(6) La Fourmi rouge (*M. rubra*) est répandue partout.

(7) Un certain nombre de Fourmis moissonneuses (*A. structor*, *A. barbara*, etc.) sont méditerranéennes.

(8) Les *A. Cephalotes* sont de grosses Fourmis qui, au Brésil, servent à l'alimentation, après avoir été rissolées à sec, comme des marrons. Ces Fourmis sont appelées vulgairement « Fourmis de visite » à cause de leurs déprédations domiciliaires, « Fourmis coupeuses de feuilles » et « Fourmis à parasol », parce qu'elles découpent des rondelles de feuilles qu'elles portent à la façon d'un parasol. Ces débris végétaux sont transformés, dans la fourmilière, en une matière papyracée qui sert à fabriquer des gâteaux de cellules hexagonales. Celles-ci, moins régulières que celles des Abeilles, sont habitées par les nourrices qui s'y livrent à l'éducation des larves.

(*corbeille*) dans laquelle l'insecte loge une boulette de pollen (1) retenue par des poils raides implantés sur les bords (*râteau*). Premier article des tarses postérieurs (*pièce carrée*) très développé ; muni, à

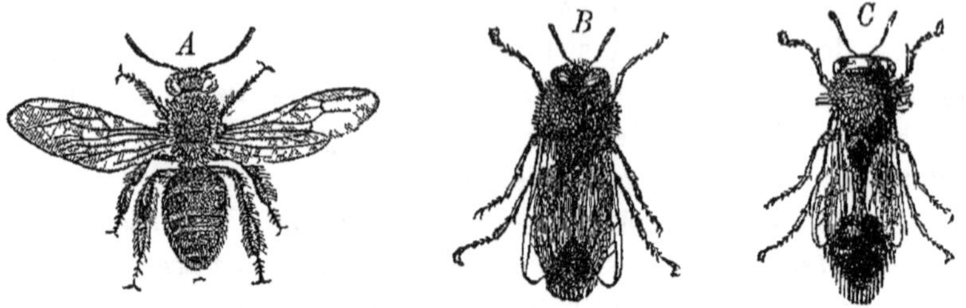

Fig 445 — Abeilles *A*, ouvrière, *B*, mâle, *C*, reine

sa face interne, de huit ou neuf rangées transversales de poils courts (*brosse*) servant à rassembler le pollen ; armé, à son angle postérieur et supérieur, d'un éperon, qui forme avec le bord inférieur de la jambe une sorte de pince. Celle-ci sert à détacher les lamelles de cire que sécrète l'abdomen.

a) Les Abeilles proprement dites appartiennent, les unes (*Apis*), à l'ancien continent (Europe ; nord de l'Afrique, Asie occidentale) ; les autres (*Melipona*, *Trigona*), à l'Amérique et à l'Océanie. Ni les unes ni les autres ne présentent d'épines terminales aux jambes postérieures. Les Abeilles d'Amérique sont plus petites que nos Abeilles ; le premier article de leurs tarses postérieurs a une forme triangulaire et leur aiguillon est rudimentaire ou nul. Elles construisent des réservoirs de miel complètement différents des cellules hexagonales des Abeilles de l'ancien continent (2).

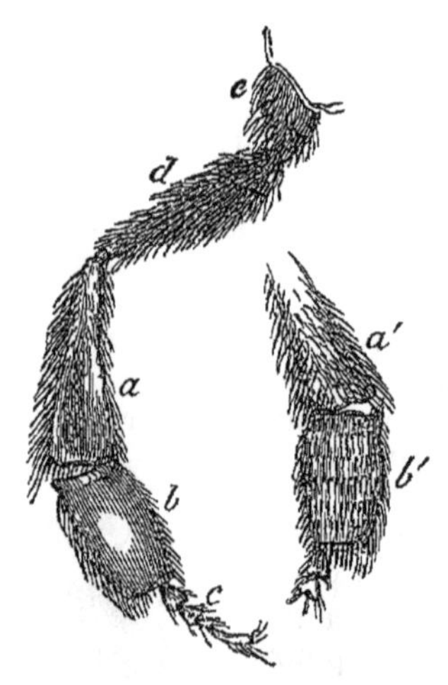

Fig 446 — Patte postérieure d'Abeille ouvrière — *e*, trochanter attaché à la hanche, *d*, cuisse, *a*, jambe (face externe montrant la *corbeille*), *a'*, jambe (face interne), *b*, pièce carrée ou 1er article du tarse (face externe), *b*, pièce carrée (face interne montrant la *brosse*), *c*, les autres articles du tarse

(1) Le pollen n'est pas emmagasiné à l'état de poussière dans la corbeille, il est pétri, avec du miel, par les pattes moyennes et transformé en une sorte de pâte

(2) Les gâteaux de cire des Abeilles d'Amérique sont horizontaux avec des alvéoles verticales, ouvertes en haut et à fond sphérique Les œufs sont pondus dans des cellules approvisionnées et celles-ci ne servent qu'une fois Le miel est emmagasiné dans des outres sphériques attachées en dehors des gâteaux, sous les parois du nid On récolte ces urnes à miel et on les vend sur les marchés d'Amérique Le trou de vol des Mélipones est

L'Abeille commune ou noire (*A. mellifica*) (1) nous fournit la *cire*, dont elle construit son nid, et le *miel*, qu'elle amasse pour nourrir ses larves. A l'état sauvage, elle établit son nid dans les creux des arbres ou des rochers; à l'état domestique, elle se loge dans des ruches de disposition variable. Dans les deux cas, il n'y a jamais qu'une seule ouverture (*trou de vol*) et celle-ci sert aussi bien à l'entrée qu'à la sortie des Insectes. Une colonie (*essaim*) se compose de mâles (*faux-Bourdons*), d'*ouvrières* et d'une seule femelle sexuée (*reine* ou *mère*) (2). Les ouvrières sont des femelles à organes génitaux atrophiés (elles pondent quelquefois par parthénogenèse, mais ne donnent que des mâles). Leur abdomen est muni d'un aiguillon droit; leurs pattes postérieures sont pourvues d'une corbeille, d'un râteau et d'une brosse. Aucun de ces organes collecteurs n'existe chez les mâles ni chez la reine. Les mâles sont plus gros et plus bruns que les ouvrières : ils se reconnaissent à leur grosse tête, à leur languette très courte, à l'absence d'aiguillon. La reine est aussi plus grosse que les ouvrières; elle a l'abdomen plus large et surtout plus long. D'une couleur plus fauve, elle est pourvue d'un aiguillon recourbé et plus fort que celui des ouvrières. Celles-ci élaborent le miel et fabriquent des *rayons* de cire ou *gâteaux* qui descendent verticalement du plafond de leur demeure. En outre de l'élevage des jeunes et de la collecte des provisions, les ouvrières se chargent aussi de la garde du trou de vol, à l'entrée duquel on en voit toujours un certain nombre flairant et palpant les Abeilles qui se présentent (3). Les rayons sont composés de deux couches de cellules

très petit et ne livre passage qu'à un seul individu; il est constamment surveillé par une ouvrière placée en sentinelle. Contrairement à ce qui se passe chez nos Abeilles, le mâle sécrète de la cire comme les ouvrières, et cette sécrétion, au lieu de se faire par les arceaux ventraux, se fait par les arceaux dorsaux (Drory). Le miel des Mélipones passe pour avoir des propriétés reconstituantes énergiques; au contraire, le miel de quelques Trigones peut, paraît-il, être dangereux.

(1) L'Abeille italienne ou jaune (*A. ligustica*), l'Abeille égyptienne (*A. fasciata*), l'Abeille grecque (*A. Cecropia*) et quelques autres diffèrent très peu de l'Abeille commune. Celle-ci a été introduite en Amérique et en Australie. Dans ce dernier continent, elle lutte avec avantage contre les Abeilles indigènes dépourvues d'aiguillon, qu'elle est en train de supplanter.

(2) Il y a environ 300 mâles et 3000 ouvrières dans un essaim. La reine vit quatre ou cinq ans ; les ouvrières vivent moins d'un an, les mâles deux ou trois mois seulement.

(3) La même Abeille peut successivement remplir toutes les fonctions de l'ouvrière. D'abord sentinelle, cirière ou nourrice, lorsqu'elle est jeune, elle devient ensuite butineuse. Quand les Abeilles quittent la ruche pour la première fois, elles forment un véritable nuage (*soleil d'artifice*) dont

hexagonales (*alvéoles*) disposées horizontalement et se touchant par le fond (économie d'espace et de matière). Celui-ci, toujours formé de trois pièces rhomboïdales, est situé plus bas que l'orifice d'entrée, pour empêcher l'écoulement du contenu. On distingue trois sortes d'alvéoles (fig. 447). Les plus petites (*cellules d'ouvrières*) reçoivent la pâtée de pollen ou contiennent des œufs et des larves (*couvain*) d'ouvrières; elle occupent la partie supérieure du gâteau. Les alvéoles moyennes (*cellules de mâles*) sont destinées au miel et au couvain des mâles; elles se trouvent à la partie inférieure du gâteau. Les plus grosses alvéoles, en très petit nombre, forment, sur les bords latéraux ou sur le bord inférieur des rayons, des cellules irrégulières (*cellules royales*) en forme de dé à coudre, verticales, ouvertes en bas et servant à l'élevage des femelles (1). En hiver, la ruche ne contient que la reine et un petit nombre d'ouvrières, qui se nourrissent de miel. Dès le retour du printemps, la ponte commence et, pendant deux mois environ, la reine, fécondée de l'année précédente, pond des œufs dans les diverses cellules. On admet généralement qu'elle peut, à volonté, déverser ou non, sur les œufs qui passent devant le réceptacle séminal, une partie du sperme qui y est emmagasiné. Les œufs non arrosés de sperme donnent toujours naissance à des mâles; ceux qui ont subi le contact du sperme produisent, au contraire, des ouvrières ou des femelles, suivant la grandeur de la cellule et surtout la nature des aliments. Les premières pontes

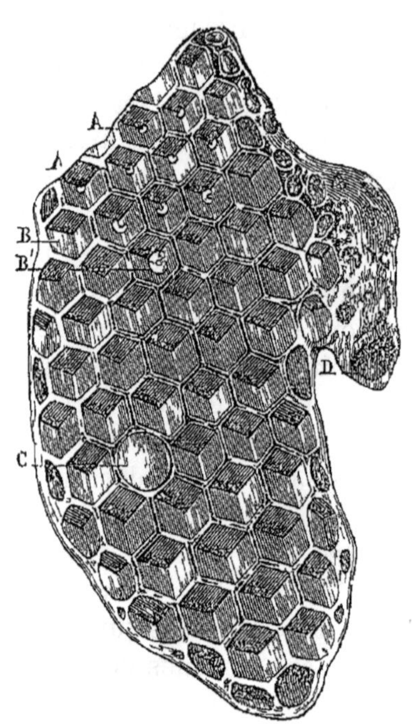

Fig. 447. — Rayon d'Abeille *A*, *B*, cellules d'ouvrières, avec larves à divers degrés de développement, *C*, cellule de mâle, *D*, cellule royale.

tous les individus regardent la ruche en s'éloignant, afin, dit-on, de la retrouver ensuite facilement.

(1) Un rayon peut être composé uniquement de cellules d'ouvrières, uniquement de cellules de mâles ou en partie des unes et en partie des autres. Les alvéoles ont une longueur de 13 millimètres, ce qui donne au rayon une épaisseur de 26 millimètres. Les rayons sont parallèles et séparés les uns des autres par un intervalle d'environ 10 millimètres qui permet aux Abeilles de circuler librement. Le rayon du centre de la ruche est toujours construit le premier.

sont les plus abondantes et ne donnent que des ouvrières. A ce moment, une grande agitation règne dans la ruche et la temperature s'y eleve jusqu'à 30°. Les œufs pondus éclosent au bout de quatre jours. Les Abeilles nourrissent les larves de mâles et d'ouvrieres, d'abord au moyen d'une substance albumineuse qu'elles édulcorent bientôt avec un peu de miel, ensuite au moyen d'une pâtee formée de miel et de pollen. La larve de reine ne reçoit jamais qu'une sorte de gelee limpide (*gelee royale*), plus substantielle et moins grossiere que la pâtee pollinique. Sous l'influence de cette nourriture de luxe, les organes genitaux prennent leur complet développement (1). L'état de larve dure cinq (ouvrières, reine) ou six (mâles) jours ; au bout de ce temps, les cellules d'ouvrières et de mâles sont fermees par le moyen d'un couvercle bombe (2). La cellule de la reine est coiffée d'une sorte de dôme conique arrondi au sommet. Les larves filent alors une coque soyeuse (*cocon*) et se transforment en nymphes. Après avoir rongé leur couvercle de cire et avec l'aide des ouvrières, les jeunes sortent de leur coque, seize jours (reine), vingt-deux jours (ouvrières) ou vingt-cinq jours (mâles) après la ponte. Quand le nombre des individus de la ruche est devenu trop considerable, des émigrations (*essaims*) se produisent (du 15 mai au 15 juin) ; elles coincident toujours avec la naissance d'une femelle, car deux reines ne sauraient vivre en bonne harmonie dans la même ruche. Avant qu'une nouvelle reine apparaisse, la vieille reine abandonne la ruche avec une partie des ouvrières et des mâles. Après avoir vole quelque temps, l'essaim s'abat sur le lieu que la reine a choisi pour se reposer et les individus s'accrochent les uns aux autres. Il forme generalement une grappe suspendue à une branche d'arbre et on le cueille dans une ruche renversée qu'on a enduite de miel. Quand l'essaim est sauvage, il s'établit dans un tronc d'arbre creux ou dans une cavite de rocher. Apres le depart du *premier essaim*, la jeune reine cherche a detruire les larves royales ; mais, si les ouvrières sont très nombreuses, elles s'opposent aux desseins de la reine, qui alors s'éloigne à son tour, avec une partie des ouvrières et des mâles (*deuxieme essaim*). Il y a très rarement un *troisieme essaim*.

(1) Quand une ruche perd sa reine, les Abeilles agrandissent aussitôt une cellule d'ouvriere, qu'elles transforment en une *cellule royale suppletive* et apportent de la gelee royale a la larve qui y est contenue. Celle-ci devient bientôt, grâce a cette nourriture exceptionnelle, une veritable reine (*reine ou mere de sauvete*).

(2) Les cellules a couvain sont operculees avec de la cire vieille au contraire, les cellules a provision, pleines de miel ou de pollen, sont fermees au moyen d'un couvercle plat de cire nouvelle et blanche.

Quoi qu'il en soit, la jeune reine doit être fécondée. Par un beau jour d'eté, elle s'élève dans les airs (*promenade nuptiale*), suivie des mâles dont un seul s'accouple avec elle. Après ce rapprochement, qui ne se renouvellera plus jusqu'à la fin de sa vie, elle rentre à la ruche, ayant encore dans son vagin le pénis du mâle. Aussitôt les ouvrières commencent à pourchasser les mâles devenus inutiles; quand les provisions deviennent moins abondantes (vers la fin d'août), les mâles sont sacrifiés, ainsi que leur couvain. Deux jours après son retour, la reine commence à pondre, parcourant les cellules vides, dans lesquelles elle depose des œufs dont le nombre peut aller jusqu'à 3000 par jour. Vers la fin de sa vie, la reine devient moins féconde et ne pond plus guere que des œufs de mâles (*reine bourdonneuse*), par suite de l'épuisement de sa provision de substance fécondante. La ruche est dite alors *bourdonneuse* et vouée à une destruction certaine, si l'on ne se hâte d'y introduire du couvain extrait d'une autre ruche (1).

Les Abeilles recueillent, sur les Végétaux, trois substances distinctes : la *propolis*, le *pollen* et le *nectar*. La *propolis* est une substance résineuse, brunâtre, qui se trouve sur les bourgeons de divers arbres (Peupliers, Saules, Marronniers, Sapins, etc.); elle sert aux Abeilles à fixer leurs gâteaux au plafond de la ruche et à obturer les fentes de celle-ci. Le *pollen* et le *nectar* servent a la nutrition, ce dernier, d'abord avalé par l'ouvrière, subit, dans le jabot, une élaboration spéciale et est ensuite dégorgé sous forme de miel.

(1) L'élevage des Abeilles (*apiculture*) se fait dans des receptacles (*ruches*) construits d'ordinaire en paille ou en bois, sur deux types distincts les *ruches à rayons fixes* et les *ruches a rayons mobiles*. Ce dernier systeme l'emporte sur le premier, en ce qu'il rend plus facile la recolte du miel et l'observation des Abeilles On reunit generalement plusieurs ruches dans un emplacement (*rucher*) abrite contre les intemperies et, le plus souvent, expose au sud-est La recolte du miel destine a la consommation se fait vers la fin de l'ete Les rayons les plus recents contiennent du miel pur, exposes a une douce chaleur, ils donnent le *miel vierge* ou *blanc surfin* En soumettant ensuite ces gâteaux, ainsi que ceux qui contiennent du miel melange de pollen, a une temperature un peu plus elevee, on obtient le *miel blanc fin*. A l'aide d'une presse, on retire du residu le *miel jaune* ou *ordinaire* renfermant une certaine quantite de cire ; enfin une derniere pression donne le *miel brun*, le moins pur de tous. Les miels de France les plus estimés sont ceux de *Narbonne*, de *Chamouny* et de *Normandie*. Compacts, blancs, grenus, a odeur aromatique tres accentuée, ils sont surtout élabores aux depens des Labiees et des Papilionacees on les reserve pour la table. Le miel de *Bretagne* et celui du *Morvan* sont brunâtres, recoltes principalement sur le Sarrasin, les Bruyeres, les Genêts, etc, ils sont employes a la fabrication du pain d'epice, qui garde leur odeur caracteristique.

Le *miel* est formé par la réunion de plusieurs matières sucrées (glucose, mellose, saccharose). Il renferme en outre, avec une certaine quantité d'eau, de la mannite, un acide et des principes aromatiques; pur, il est soluble en totalité dans l'eau. Le miel sert à la nourriture des Abeilles et à celle des larves : on l'emploie dans l'alimentation et en médecine. A dose faible, il est émollient; à haute dose, il devient laxatif et peut même avoir des propriétés délétères, s'il est récolté sur des plantes vénéneuses (Aconit, etc.). Chez certaines personnes, très sensibles à l'action des poisons végétaux, le miel occasionne, après son ingestion, des coliques plus ou moins fortes. La fermentation de la dissolution aqueuse de miel donne l'*hydromel*, boisson autrefois très appréciée et employée encore par quelques peuples du Nord.

La *cire* (1) est une substance grasse complexe qui se forme sur les parties latérales de la moitié antérieure (*aire cirière*) des quatre derniers arceaux ventraux de l'abdomen (*arceaux ciriers*). Elle n'est pas produite par des glandes intra-abdominales, comme on l'a supposé à tort, mais par des cellules glandulaires (*cellules cirières*) dépendant de l'épithelium superficiel (Carlet). Ces cellules sont recouvertes directement par la couche cuticulaire, et celle-ci est traversée par la substance cireuse, qui vient s'accumuler au dehors, où elle forme des lamelles incolores. Ces lamelles sont recouvertes par la moitié postérieure de l'arceau ventral précédent : elles sont ensuite détachées par la pince tibio-tarsienne des pattes postérieures, puis pétries avec de la salive par les mandibules, pour servir à la confection des rayons. La cire est insoluble dans l'eau, très soluble dans les huiles, les graisses, les essences et le sulfure de carbone. On s'en sert pour fabriquer des cérats et beaucoup d'emplâtres ou d'onguents.

(1) Pour préparer la cire, on fait fondre, dans l'eau bouillante, les marcs résultant de la pression qui a fourni le miel. Par refroidissement, la substance surnage et, après une seconde fusion, elle est versée dans des moules ; on obtient ainsi la *cire jaune* qu'on blanchit ensuite au chlore, si l'on veut obtenir la *cire blanche* ou *vierge*.

La sécrétion de la cire par les Abeilles a servi de base aux expériences par lesquelles on a fait voir que les animaux peuvent fabriquer de la graisse aux dépens de matières organiques quelconques et que, par conséquent, ils ne font pas que transformer les graisses contenues dans les aliments. Si l'on nourrit des Abeilles avec du sucre, elles continuent à produire de la cire (Huber). Celle-ci ne provient pas uniquement de la graisse emmagasinée dans le corps. En effet, si l'on détermine le poids de cette graisse, avant le régime du sucre, et le poids tant de la cire sécrétée que de la graisse restant dans le corps après l'expérience, on trouve que le second poids est supérieur au premier (Dumas et Milne-Edwards).

Un certain nombre de maladies (1) sévissent sur les Abeilles. Celles-ci ont aussi des ennemis qui s'attaquent soit à elles (2), soit à leurs provisions (3).

b) Les Bourdons (*Bombus*) ont le corps plus lourd que les Abeilles et les jambes postérieures munies de deux épines terminales. Ils produisent un miel peu abondant et ne construisent pas de rayons; leurs sociétes, composées d'une cinquantaine d'individus, sont annuelles. Quelques femelles fécondees passent seules l'hiver dans un abri naturel, d'où elles sortent, au printemps, pour pondre leurs œufs et commencer un nid que les ouvrières accroissent ensuite. — B. terrestre ou souterrain (*B. terrestris*); noir, avec des bandes blanches et jaunes. B. des pierres (*B. lapidarius*); noir, avec l'extrémité de l'abdomen rouge. B. des mousses (*B. muscorum*); d'un beau jaune de miel.

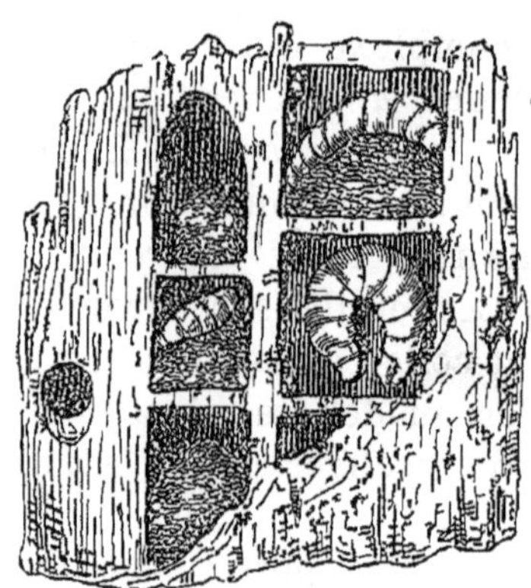
Fig 448 — Nid de Xylocope

2° ***Apidés solitaires nidifiants.*** — Ils vivent par groupes ne comprenant pas de neutres. La femelle seule construit un nid où elle depose ses œufs, avec une provision de miel et de pollen suffisante pour l'existence de la larve. Le pollen est récolté à l'état pulverulent, et non en pâtee comme chez les Abeilles sociales, au moyen de poils collecteurs diversement répartis.

a. *PODILEGINES.* — Appareil collecteur tibio-tarsien. — Anthophores (*Anthophora*). Établissent leurs nids dans les talus ou dans les vieux murs. — Abeilles charpentieres (*Xylocopa*). Creusent, dans le bois vermoulu, des galeries qu'elles divisent en cellules par des

(1) Les deux maladies les plus communes sont la *dysenterie* et la *loque* ou *pourriture du couvain*

(2) Les Frelons, les Guêpes, le Philanthe apivore et quelques autres Hymenopteres attaquent directement les Abeilles, un grand nombre d'Oiseaux, surtout les Guêpiers et les Mesanges, leur font la chasse, enfin elles ne sont pas à l'abri des attaques de quelques Reptiles (Lezards, Couleuvres) ou Batraciens (Crapauds, Salamandres), et même de certains Mammifères (Musaraignes, etc)

(3) Les Blaireaux et les Ours sont friands de miel, ils renversent quelquefois les ruches et en mangent l'interieur. Les chenilles de deux Microlépidopteres, la grande et la petite Teigne, en devorant la cire, amenent la chute des rayons. Le Sphinx Tête de mort entre souvent dans les ruches, pour se gorger de miel Un Coleoptere, le Clairon des Abeilles, ne constitue pas un ennemi aussi dangereux qu'on l'a suppose, sa larve « Ver rouge » ne vit que de miel altere et de debris de rayons.

cloisons obliques (fig. 448). Les mâles hivernent, comme les femelles.

b. *MERILEGINES.* — Appareil collecteur sur les cuisses et les jambes. — Abeilles à culottes (*Dasypoda*). — Abeilles des sables (*Andrena*). Mâles à tête relativement énorme. — *Colletes.* Langue

Fig 449 — Nid de Guepe des bois

obtuse. Tapissent les parois de leurs galeries d'une humeur visqueuse qui forme une membrane delicate.

c. *GASTROLEGINES.* — Appareil collecteur sous l'abdomen (*brosse ventrale*). — Abeilles maçonnes (*Chalicodoma, Osmia*). Construisent contre les murs et dans les trous de ceux-ci des nids de terre gâchee. — Abeilles à duvets (*Anthidium*). Font leur nid dans les murs et le matelassent de duvets végetaux. — Abeilles tapissières. Tapissent leur nid, soit avec des feuilles (*Megachile*), soit avec des pétales (*Anthocopa*).

3° ***Apidés solitaires parasites.*** — Pas de neutres. Femelles depourvues de poils collecteurs, incapables de ramasser du pollen et de produire du miel, déposant leurs œufs dans les nids des Apides sociaux ou solitaires, avec lesquels ils offrent le plus de ressemblance. Les larves vivent aux dépens des provisions amassées dans le nid où elles se trouvent déposées.

Psithyres ou « Bourdons parasites » (*Psithyrus*). Ils vivent en parasites chez les Bourdons auxquels ils ressemblent. — Nomades (*Nomada*). — Mélectes (*Melecta*).

C. ***Vespidés*** ou ***Guêpes***. — *Porte-aiguillon à ailes antérieures pliées en long dans le repos. Corps lisse. Antennes coudées.*

La partie inférieure de l'aile antérieure se replie sous la partie supérieure, pendant le repos. Sociaux ou solitaires, quelquefois parasites.

a. ***Vespidés sociaux***. — Les Guêpes sociales (mâles, femelles, ouvrières) ont une languette courte et des ongles simples. Nourriture des larves extraite de substances sucrées (végétales ou animales), mielleuse en quelque sorte, mais ayant subi une simple trituration et non une élaboration spéciale dans le jabot. Nids (*guêpiers*) formés de substances végétales broyées et agglutinées de salive, de formes très variées. Rayons composés d'un seul rang de cellules hexagonales; tantôt nus (Polistes), tantôt recouverts d'enveloppes papyracées (Guêpes proprement dites). Sociétés annuelles; les femelles fécondées hivernent seules et, au printemps suivant, fondent une nouvelle colonie. — Guêpe commune (*Vespa vulgaris*). Nidifie sous terre. Guêpe des bois (*V. media*). Suspend son guêpier aux branches d'arbres ou aux toits des habitations (fig. 449). Frelon (*V. Crabro*). Fait son nid dans de vieux troncs d'arbres, avec une sorte de carton jaunâtre. — Polistes (*Polistes*). Petites Guêpes construisant des guêpiers non recouverts et attachés, par un pédicule, à un mur ou à une branche.

b. ***Vespidés solitaires***. — Les Guêpes solitaires ont une languette longue et les ongles dentés en dessous. La femelle nidifie, soit dans le bois, soit dans la terre ou construit des coques terreuses, elle approvisionne son nid avec des Insectes, des Chenilles ou des Araignées. — Odynères (*Odynerus*). — Eumènes (*Eumenes*).

Quelques Vespidés solitaires sont caractérisés par leur parasitisme et une simplification dans la nervation de l'aile antérieure. — Masarines (*Masaris*).

D. ***Sphégidés*** ou ***Fouisseurs***. — *Ailes étalées, tarses ordinaires, antennes droites.*

Hyménoptères solitaires, à aiguillon lisse. Les femelles creusent des galeries dans le sable, la terre ou le bois; elles approvisionnent leur nid avec des Insectes, des Chenilles ou des Araignées qu'elles percent de leur aiguillon et engourdissent seulement, ménageant ainsi des provisions vivantes à leur progéniture. — *Sphex*. Abdomen brièvement pédiculé. — Ammophiles (*Ammophila*). Abdomen à pédicule biarticulé. — Pélopées (*Pelopœus*). Premier anneau de l'abdomen formant un pédicule aussi long que le reste de l'abdomen. — Philanthes (*Philanthus*). Le « Loup des Abeilles » (*P. apivorus*) s'attaque aux Abeilles. — *Cerceris*. — Pompiles (*Pompilus*). Le Pompile des chemins (*P. viaticus*) (fig. 450) creuse, dans le sable, des trous qu'il remplit d'Insectes divers pour l'alimentation de sa couvée.

Fig. 450. — Pompile

E. ***Chrysididés*** ou ***Guêpes dorées***. — *Ailes étalées, tarses postérieurs ordinaires, antennes coudées.*

Appelés « Guêpes dorées » à cause de leur brillant éclat, et « Hyménoptères cuirassés » à cause de la dureté de leur tégument. Pondent leurs œufs dans les nids d'autres Hyménoptères (surtout des Fouisseurs). Les larves dévorent celles des propriétaires du nid dans lequel elles ont été déposées. — *Chrysis ignata*, d'un vert bleuâtre, avec l'abdomen d'un rouge doré des plus brillants, est commun partout.

F. ***Hétérogynes*** (ἕτερος, différent; γυνή, femelle) — *Femelles aptères ou munies d'ailes écourtées.*

Hyménoptères solitaires, ne comprenant que des mâles à antennes longues et des femelles à antennes courtes. Pondent dans les nids des Abeilles ou d'autres Insectes, sans plus s'inquiéter de leur progéniture. — Scolies (*Scolia*). Les deux sexes ailés. — Mutilles (*Mutilla*). Femelles aptères.

2e Sous-ordre. — Térébrants ou Porte-tarière. — *Abdomen pédiculé, muni d'une tarière chez les femelles. Trochanters de deux articles. Larves apodes.*

A. ***Ichneumonidés*** ou ***Entomophages***. — *Porte-tarière dont les femelles déposent leurs œufs dans le corps d'autres Insectes.*

Appelés encore « Mouches vibrantes », à cause des mouvements vibratiles de leurs antennes, et « Mouches tripiles », à cause des trois soies de la tarière, qui sont saillantes chez beaucoup d'entre eux. Chaque Entomophage s'adresse à un Insecte particulier ; ses larves vivent aux dépens de l'hôte dont elles dévorent la substance, en commençant par les parties graisseuses. La peau seule est respectée et sert souvent à la protection de la nymphe. On a signalé exceptionnellement des cas ou des Entomophages (*Bracon*, etc.) avaient pondu leurs œufs dans la peau de l'Homme. Insectes généralement utiles.

a. *Ailes très veinées.* — *Ichneumon.* — *Fœnus.* — *Pimpla* — *Bracon.*

b. *Ailes très peu veinées.* — *Chalcis.* — *Pteromalus.* — *Platygaster*

B. **Cynipidés** ou **Gallicoles.** — *Porte-tarière dont les femelles déposent leurs œufs dans les Végétaux.*

Petits Hyménoptères de couleur sombre, à tarière généralement renfermée dans l'intérieur du corps. Quelque temps après la piqûre et le dépôt de l'œuf, une excroissance (*galle*) est produite par la larve. Celle-ci attaque le Végétal dont les cellules prolifèrent autour d'elle, de façon à l'enkyster. Une *galle* est une production végétale

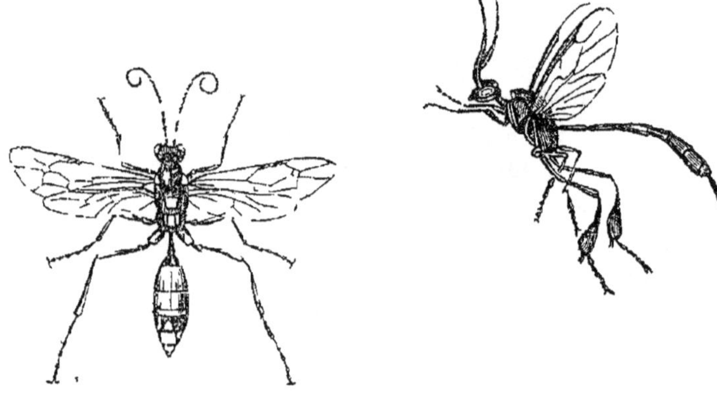

Fig 451 — Ichneumon Fig 452 — Fœne

close dont la vitalité et le développement dépendent de ceux de l'animal qui y est inclus. Elle fournit à la larve sa nourriture, mais défend la plante contre son parasite, en les isolant l'un de l'autre. Une galle peut abriter, en outre de son *propriétaire*, des *locataires*, Cynipides étrangers à sa production et vivant dans la galle due au propriétaire sans gêner celui-ci, enfin des *successeurs*, qui arrivent après la sortie des précédents. Les Cynipidés vivent de préférence sur les Chênes : ils présentent deux formes, l'une agame, l'autre sexuée (1).

(1) La forme agame ou parthénogénétique, qui ne comprend que des femelles, produit des galles d'où sortent des mâles et des femelles. Celles-ci, après avoir été fécondées, donnent des galles d'une autre forme d'où sort une génération agame semblable à la première. Ainsi, *Biorhiza aptera* est la forme agame et *Andricus terminalis* la forme sexuée d'un Cynips du Chêne. *Biorhiza* se développe sur les racines, dans des galles ligneuses, et va, en hiver, piquer les bourgeons situés au sommet des branches. Ceux-ci,

La forme des galles est variée. Les unes proviennent des bourgeons et constituent les *galles en artichaut* ou *en cônes de houblon*. Les autres se développent sur les feuilles : ce sont les *galles en cerise* ou *en groseille*, quelquefois réunies sous la dénomination commune de *galles rondes des feuilles de chêne*. Les galles sont employées comme astringentes ; on leur préfère cependant le tannin qu'on dose plus exactement. Les *galles d'Alep*, *galles turques*, *galles du Levant* ou *noix de galles* proprement dites, sont produites par la piqûre du *Cynips gallæ tinctoriæ* sur les bourgeons d'un Chêne de l'Asie Mineure (*Quercus infectoria*) ; elles ont la grosseur d'une noisette et sont couvertes d'aspérités. Quand la larve est encore contenue dans leur intérieur,

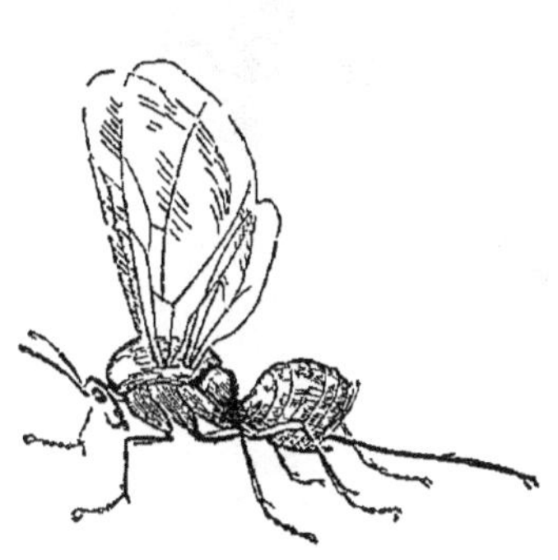

Fig 453 — Cynips

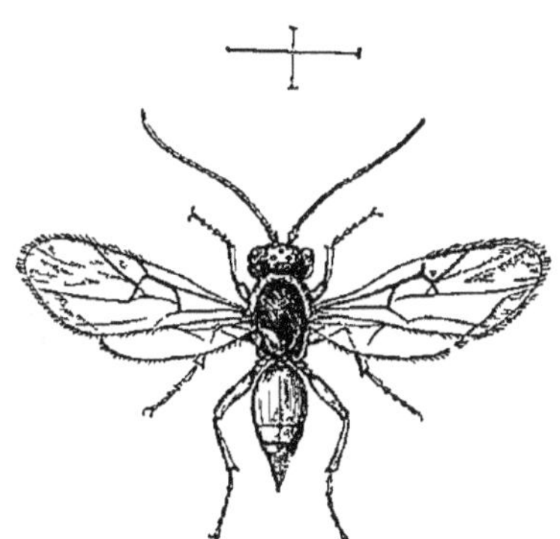

Fig 454. — *Rhodites rosæ*, du Bédégar des Rosiers

elles sont lourdes et verdâtres (*galles vertes*) ; mais, quand l'Insecte s'en est échappé, elles deviennent légères et blanchâtres (*galles blanches*). La *petite galle couronnée d'Alep* a la grosseur d'un pois ; elle provient de la piqûre des bourgeons du *Quercus infectoria* par le *Cynips polycera*. Les *galles de Hongrie* ou *de Piémont* proviennent du développement anormal de la cupule du gland du Chêne rouvre (*Quercus robur*) après la piqûre du *Cynips calicis*. La *pomme de chêne*, la plus volumineuse des galles du Chêne, est globuleuse et mesure de 4 à 5 centimètres de diamètre. Marquée extérieurement d'un cercle de points équidistants et spongieuse intérieurement, elle paraît résulter du développement monstrueux de la fleur femelle, après la piqûre du *Cynips argentea*. La *galle de France*, sphérique et d'un diamètre de

en été, deviennent des galles en pomme, molles, multiloculaires, d'où sort *Andricus*, dont la femelle ira piquer les racines et reproduira la première sorte de galles. Les deux formes de l'Insecte, que l'on classait autrefois dans deux genres distincts, sont aujourd'hui réunies sous le nom de *Biorhiza terminalis*.

2 centimètres, croît sur l'Yeuse (*Quercus ilex*), après la piqûre de *C. hungarica*. La *galle lisse* du pétiole des feuilles du Chêne rouvre, provient de la piqûre de *C. petioli*. Sur la feuille de notre Chêne, on trouve la grosse galle commune (*Cynips quercus folii*), de petites galles sur les nervures (*Cynips divisa*), des galles en cupule groupées de 30 à 40 (*Neuroterus numismatis*), d'autres en forme de lentille (*N lenticularis*) ou réniformes (*Biorhiza renum*). Les galles du Rosier

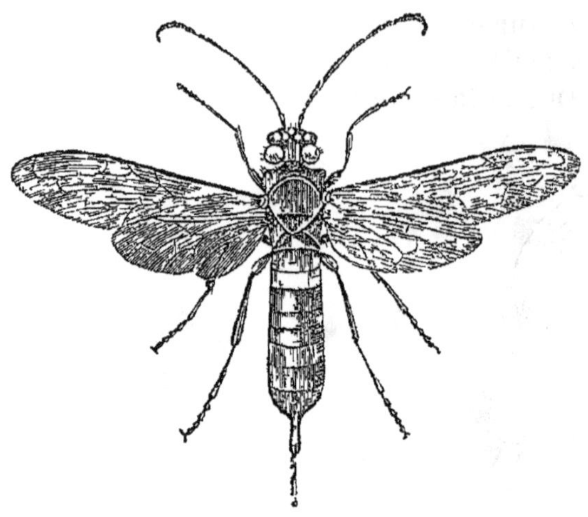

Fig 453 — Sirex géant

(*bedegars*) sont des excroissances chevelues, d'abord vertes, puis rouges, qui se développent à la suite de la piqûre des bourgeons feuillus par le *Rhodites rosæ* (fig. 454) (1).

3e Sous-ordre. — Phytophages ou **Porte-scie.** — *Abdomen sessile, muni, chez les femelles, d'une tarière à stylets dentes en scie. Trochanters biarticulés. Antennes non coudees. Larves munies de pattes* (fausses chenilles), *phytophages.*

Les œufs sont déposés dans les plantes. Les larves sont seules phytophages; elles ressemblent aux chenilles et se tiennent, comme elles, plutôt sur les feuilles qu'a l'intérieur des plantes. On réunit

(1) On designe sous le nom de *galloïdes* des excroissances non fermees provoquees par la piqûre d'un certain nombre de Pucerons, de Diptères ou d'Acariens. Les galloïdes peuvent, en s'ouvrant de plus en plus, arriver a prendre la forme de simples bosselures a la surface des feuilles Ces dernieres altérations, connues sous le nom d'*érinéums*, sont occasionnees par des Acariens

quelquefois les Porte-tarière et les Porte-scie sous la dénomination générale de *Terebrants*.

A. ***Urocéridés*** (οὐρα, queue ; κέρας, corne) — *Antennes filiformes*. Appelés encore « Guêpes des plantes ». Tarière généralement longue. Larves hexapodes. — *Sirex* (fig. 455). Larves dans les Pins et

Fig 456 — Cimbex

Fig. 457. — Tenthrède des Epines et sa larve.

les Sapins. — Cèphes (*Cephus*). Le « Pygmée » (*C. Pygmæus*) perce la tige des céréales; sa larve fait flétrir l'épi.

B. ***Tenthrédidés*** (τενθρηδών, sorte de guêpe). — *Antennes épaissies au sommet.*

Tarière généralement courte. Larves hexapodes ou à 9-11 paires de pattes. — Lophyres (*Lophyrus*). — Tenthrèdes (*Tenthredo*) (fig 457). — Hylotomes (*Hylotoma*). *H. rosæ* dépose ses œufs dans l'écorce du Rosier; ses larves vivent des feuilles du Rosier. — *Cimbex* (fig. 456). Larves se transformant en nymphes dans un cocon solide.

ORDRE VI. **Lépidoptères** (λεπίς, écaille ; πτερόν, aile). — *Insectes suceurs ; mâchoires prolongées en une trompe spiralée ; ailes couvertes d'écailles. Métamorphoses complètes.*

Suceurs dont les mâchoires constituent une trompe enroulée en spirale pendant le repos (*spiritrompe*). Tube digestif muni d'un jabot vesiculeux et pediculé (fig. 388) ; 6 tubes de Malpighi. Antennes de formes très variées, jamais coudées; 2 gros yeux à facettes ; parfois 2 ocelles. Thorax à anneaux soudés, offrant sur les côtés du mésothorax deux pièces mobiles (*pterygodes*) qui correspondent aux épaulettes des Hyménoptères. Pattes grêles, ne servant presque jamais à la marche; tarses pentamères, terminés par des crochets utilises pour grimper. Chez quelques Papillons Diurnes, dits *tétrapodes*, les pattes antérieures, atrophiées, sont appliquées contre le thorax, de façon à imiter une palatine (*pattes en palatine*) ; 4 ailes membraneuses revêtues de poils élargis en écailles colorées ou brillantes. Ailes supérieures plus développées que les inférieures, reliées l'une à l'autre de deux manières différentes. Tantôt (Papillons Diurnes et quelques Nocturnes), l'aile supérieure présente à la partie interne de son bord postérieur un rebord dans lequel vient s'emboîter le bord antérieur de la seconde aile. Tantôt (Crépusculaires et la plupart des Nocturnes) la solidarité des deux ailes est assurée par une disposition spéciale. Un crin raide (*frein* ou *rétinacle*), parti du bord antérieur de l'aile inférieure, s'engage dans un anneau situé sous l'aile supérieure (1). Abdomen toujours sessile, composé de 6 à 8 anneaux dont chacun porte un stigmate situé latéralement sur la membrane qui réunit les deux arceaux. Jamais d'aiguillon ; rarement un oviscape servant à déposer les œufs. Mâles généralement plus petits et d'une coloration plus riche que les femelles (2) : celles-ci quelquefois aptères (*Orgya, Psyche*) (fig. 466 et 464). Métamorphoses complètes. Quelques cas de parthénogenèse, soit régulière (*Psyche*), soit accidentelle (*Bombyx*). Larves (*chenilles*) à tête présentant deux calottes latérales munies chacune de 5 ou 6 ocelles, au-devant desquels se trouvent des antennes rudimentaires. Bouche broyeuse, composée d'une paire de mandibules ; d'une paire de mâchoires portant chacune un petit palpe ; d'une lèvre inférieure munie de deux palpes assez grands et d'un mamelon médian. Celui-ci est percé d'un orifice microscopique (*filière*) d'où s'échappe, sous forme de fil, la matière

(1) L'aile inférieure a un rôle beaucoup moins important que l'aile supérieure et peut, le plus souvent, être mutilée ou même supprimée, sans que le vol soit empêché — Les nervures les plus importantes sont, en allant du bord antérieur de l'aile vers son bord postérieur la *costale*, la *sous-costale*, la *médiane* et la *radiale* Une grande cellule (*cellule médiane* ou *discoïdale*) occupe le centre de l'aile, entre les nervures sous-costale et médiane, elle donne naissance à un certain nombre de *nervules* comprenant entre elles des *cellules* dites *marginales* En général, le squelette des ailes est dissimulé sous des écailles imbriquées ressemblant plus ou moins à de petites feuilles, dont le pétiole s'implanterait dans un trou de la membrane alaire Quelques Lépidoptères (Sésiides) ont des ailes transparentes, mais, au moment de l'éclosion, elles sont munies d'écailles et celles-ci tombent au premier vol.

(2) Les femelles déposent leurs œufs sur les plantes qui doivent héberger leurs chenilles. Les œufs sont de formes variées et en général très résistants ; ils ressemblent quelquefois à une graine (d'où le nom de *graine* de Ver à soie donné aux œufs du *Bombyx Mori*). La ponte est tantôt un amas informe, tantôt une bague qui entoure une tige, etc., elle est souvent recouverte de poils protecteurs arrachés à l'abdomen de la pondeuse, ou d'une matière gélatineuse, ou d'un liquide qui, en se desséchant, forme un enduit vernissé.

textile secretée par deux glandes a soie (*séricteres*). La plupart des chenilles vivent de feuilles qu'elles ne mangent que par leurs bords; elles pratiquent ainsi des entailles faciles à distinguer des perforations que produisent les fausses chenilles, les Coléopteres phytophages et leurs larves. Independamment de la tête, 12 anneaux forment le corps de la chenille. Le corps porte 3 paires de pattes thoraciques (*pattes ecailleuses*) qu'on retrouve chez l'adulte; 2 à 5 paires de pattes abdominales (*fausses pattes* ou *pattes membraneuses*), dont une au dernier segment (*pattes anales*), qui disparaissent chez l'adulte. Les deux premiers et les deux avant-derniers anneaux de l'abdomen sont apodes; 9 paires de stigmates; les deuxième (*mesothorax*), troisième (*metathorax*) et douzieme anneaux n'en portent jamais. Peau des chenilles lisse ou verruqueuse, glabre ou poilue et même épineuse. Chez quelques chenilles velues, les poils se deta-

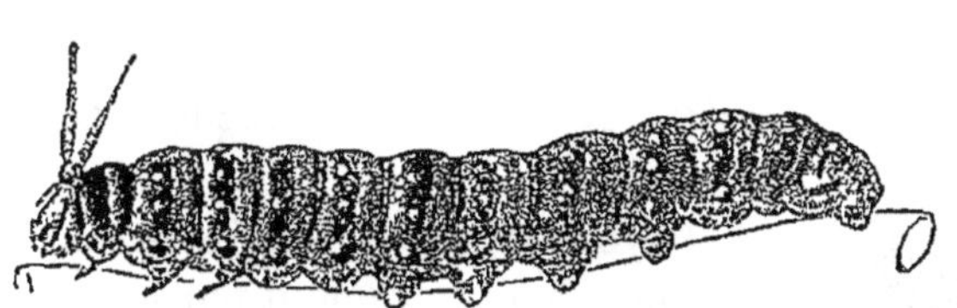

Fig 458. — Chenille du Papillon Machaon.

Fig 459 — Chrysalide succincte du Papillon Machaon

chent facilement et irritent les parties sur lesquelles ils tombent (*poils piquants*); quelquefois même ils sont creux, remplis d'acide formique, et produisent une sorte d'urtication (*poils urticants*), enfin ils peuvent être rendus venimeux par l'action d'une substance que sécrètent les verrucosités et qui s'attache aux poils sous forme de poussière.

Au moment du passage à l'état de nymphe (*nymphose*), la chenille devient immobile. Les chrysalides (fig. 459) laissent voir la forme des ailes, des antennes, des yeux, de la trompe et montrent plus ou moins distinctement les pattes. Elles peuvent être nues et fixées par l'extremité postérieure, la tête en bas (*Chrysalides suspendues*) ou entourées par un fil qui les soutient horizontalement comme par une ceinture (*Chrysalides succinctes*). Elles peuvent aussi être maintenues entre des feuilles par quelques fils de soie (*Chrysalides enroulees*) ou enfermées dans un cocon de soie file par la chenille (*Chrysalides en cocon*) (fig. 401). Au moment de l'éclosion, l'étui de la chrysalide se fend longitudinalement de haut en bas, et le Papillon, apres avoir abandonne sa depouille, secoue ses moignons d'ailes qui s'étendent par l'afflux du sang entre les deux membranes alaires. Tous les Papillons rendent par l'anus, après leur naissance, un liquide rougeâtre quelquefois très abondant. Celui-ci a fait croire autrefois à de prétendues « pluies de sang ».

1er Sous-ordre. — Rhopalocères (1) (ῥόπαλον, massue, κέρας, antenne). — *Ailes dépourvues de frein, relevées verticalement et accollées pendant le repos* (fig. 460). *Antennes terminées en massue ou en bouton.*

Volent en plein jour (*Papillons diurnes*). Pas d'ocelles. Chenilles à 8 paires de pattes, nues, poilues ou épineuses. Chrysalides nues, de couleur claire, présentant souvent des saillies anguleuses sur la face dorsale, suspendues, succinctes ou enroulées.

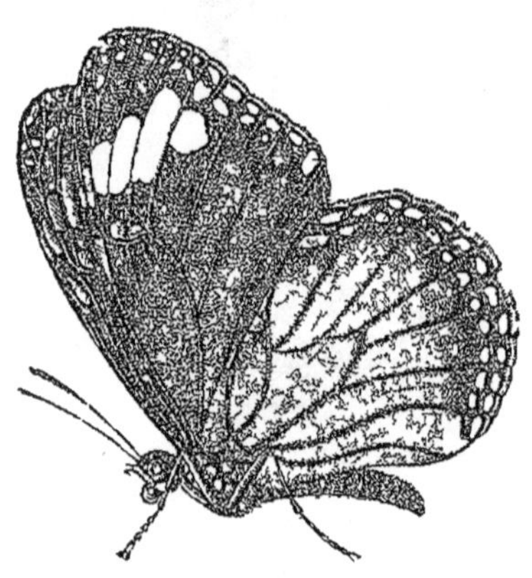

Fig 460. — Papillon diurne au repos (Danaïde)

I. Ceintures. — Chrysalides succinctes Antennes rapprochées à la base.

A. ***Papilionidés.***—Ailes inférieures terminées ordinairement par un prolongement caudiforme. Chenilles pouvant faire sortir une fourche charnue de la partie dorsale du cou. — Papillons proprement dits (*Papilio*). Ailes inférieures dentelées. Machaon (*P. Machaon*). Flambé (*P. podalirius*) — Ornithoptères (*Ornithoptera*). Ailes inférieures entières et sans queue; renferment les plus grands Papillons diurnes connus. Indes.

B. ***Piéridés.*** — Papillons à ton dominant blanc ou jaune, rehaussé de taches. Papillon du Chou (*Pieris Brassicæ*).

C. ***Lycénidés.*** — Les plus petits Papillons diurnes; connus sous le nom d'*Argus*, à cause des nombreuses taches ocellées que la plupart d'entre eux présentent au-dessous des ailes. Chenilles courtes, en forme de Cloporte. — *Thecla.* — *Polyommatus.* — *Lycena.*

II. Suspendus — Chrysalides suspendues, souvent ornées de taches dorées ou argentées. Antennes rapprochées à la base.

A. ***Danaïdés.*** — Pattes antérieures atrophiées; chenilles glabres Papillons des pays chauds. — Danaïdes (*Danais*).

B. ***Nymphalidés.*** — Pattes antérieures en palatine. Ailes à cou-

(1) Appelés encore *Achalinoptères* (ailes sans frein).

leurs vives; les inférieures à bord interne creuse en gouttière pour recevoir l'abdomen. Chenilles généralement épineuses. — Mars (*Apa-*

Fig 461. — Papillon Machaon

tura). — Sylvains (*Limenitis*). — Vanesses (*Vanessa*). Le Paon de jour (*V. Io*) est un des plus jolis Papillons de France.

III. Enroulés. — Chrysalides enroulées. Antennes écartees à la base.

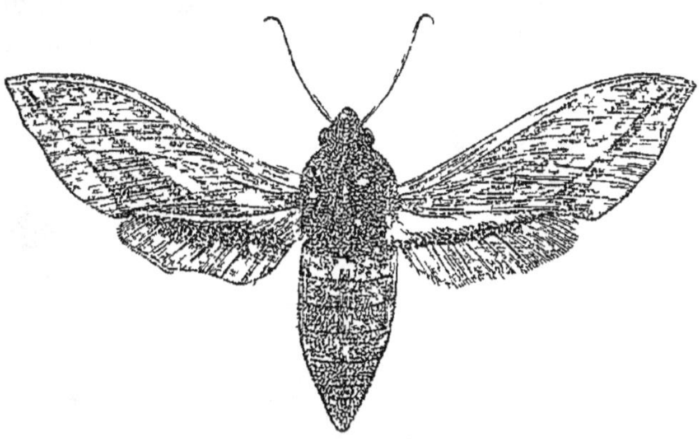

Fig 462 — Sphinx de la Vigne

Hespéridés. — Petits Papillons à tête volumineuse. Se rapprochent des Sphingides; au repos, relèvent les ailes superieures et étalent les inférieures. Chrysalides enroulées. — *Hesperia.*

2e Sous-ordre. — Sphingides. — *Ailes horizontales au repos, pourvues d'un frein. Antennes fusiformes ou prismatiques, ordinairement terminées par un petit crochet.*

Volent rapidement, généralement au crepuscule (*Papillons crepusculaires*), quelquefois en plein soleil. Corps robuste, velu, le plus souvent terminé en pointe. Yeux saillants ; généralement pas d'ocelles Ailes supérieures longues et étroites ; les inférieures beaucoup plus courtes. Chenilles glabres, lisses, à couleurs vives, à 8 paires de pieds, munies d'une corne sur l'avant-dernier anneau, redressant souvent la moitié antérieure du corps, dans la position où l'on représente le Sphinx de la Fable ; d'où le nom du groupe. Chrysalides ovoides, lisses, terminees par une pointe et ayant souvent le fourreau de la trompe dégage du corps, souterraines, nues ou enfermees soit dans des coques de grains de terre, soit dans des debris de feuilles sèches, réunis par quelques fils de soie.

A. ***Sphingidés.*** — Ailes opaques. Pas d'ocelles. — *Acherontia.* Trompe courte, thorax orné d'un dessin rappelant vaguement une tête de mort. La « Tête de mort » (*A. atropos*) entre souvent dans les ruches pour y sucer le miel : c'est le seul de nos papillons qui puissent faire entendre un léger cri en aspirant l'air de son jabot par sa trompe ; sa chenille, qui vit sur les Pommes de terre, est la plus forte que nous ayons en Europe. — *Smerinthus.* Trompe moyenne Antennes dentées. — *Sphinx.* Trompe robuste et longue, antennes terminees par une touffe de poils. Sphinx du Liseron ou « Cornebœuf » (S. *Convolvuli*). Le mâle répand une forte odeur de musc. —

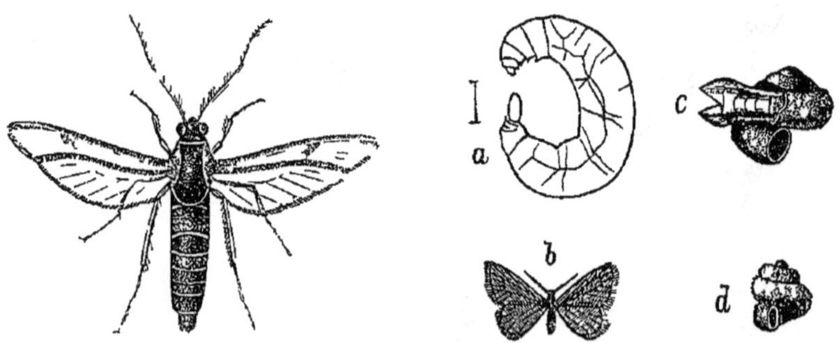

Fig. 463 — Sésie

Fig 464 — *Psyche helix.* — *a*, femelle, *b*, male, *c*, fourreau de la chenille mâle, *d*, fourreau de la chenille femelle.

Macroglossa. Trompe très longue ; abdomen terminé par une touffe de poils. Le Moro-Sphinx ou « Sphinx-Moineau » (*M. Stellatarum*) butine, en plein jour, sur les fleurs devant lesquelles il reste en vol stationnaire.

B. ***Sésiidés*** (σής, ver qui ronge le bois). — Ailes transparentes. Des ocelles. — Sésies (*Sesia*). Ailes presque entièrement dépourvues d'écailles (fig. 463) ; volent au milieu du jour. Plusieurs miment les Hyménoptères (fig. 62). Les chenilles rongent l'intérieur des tiges ou elles se construisent une coque.

3e Sous-ordre. — Bombycides (βόμβυξ, ver à soie). — *Ailes disposées en toit pendant le repos, ordinairement dépourvues de frein. Antennes sétiformes, pectinées chez les mâles et quelquefois chez les femelles. Généralement pas d'ocelles.*

Volent lourdement pendant la nuit (*Papillons nocturnes*), quelquefois en plein jour. Ailes larges. Chenilles poilues, à 8 paires de pattes. Chrysalides dans des cocons, sur les arbres.

A. ***Zygénidés*** « Sphinx à cornes de Bélier ». — Papillons à antennes plus ou moins contournées ; laissent suinter de leurs pattes un suc épais Chrysalides dans des coques parcheminées. — *Zygæna.*

B. ***Chélonidés.*** Nommés « Ecailles » à cause des bigarrures de leurs ailes supérieures. Chenilles à poils disposés en aigrettes « Chenilles hérissonnes ». — L'Ecaille pudique (*Callimorpha pudica*) possède un appareil musical.

C ***Cossidés.*** Ailes munies d'un frein. Chenilles quelquefois dépourvues de fausses pattes. Celle du *Cossus ligniperda* creuse parfois, dans les Ormes, des galeries de plusieurs mètres de long.

D. ***Psychidés*** — Femelles aptères, vermiformes, vivant, de même que les chenilles, dans des fourreaux de débris végétaux qu'elles traînent après elles. Chenilles présentant aussi un dimorphisme sexuel. — *Psyche* (fig. 464).

E ***Liparidés.*** — Ailes bien développées seulement chez les mâles. Surtout connus par les dégâts de leurs chenilles. — *Liparis.* Abdomen de la femelle terminé par une sorte de bourre soyeuse, qui sert à couvrir la ponte. Le « Zigzag » (*L. dispar*) (fig. 465) présente un dimorphisme sexuel accentué ; quelquefois même les Papillons sont mâles d'un côté et femelles de l'autre. — La chenille de *Dasychira pudibunda* à anneaux bleus et à poils blancs avec le pinceau caudal rouge, est connue sous le nom de « chenille de la République ». — L' « Etoilée » (*Orgyia antiqua*) a une femelle munie seulement de moignons d'ailes (fig 466). — Les chenilles des Processionnaires (*Cnethocampa*) du Chêne et du Pin vivent en société dans des poches de soie ; elles sortent le soir en une longue file triangulaire, sous forme de procession, qui rentre au nid dans le même ordre. Ces chenilles, très velues et couvertes de tubercules qui sécrètent une poussière âcre, sont urticantes (fig. 467).

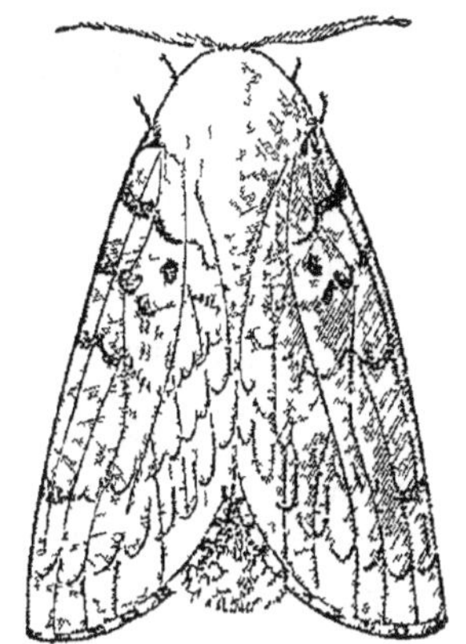

Fig 465 — Zigzag

F. **Bombycidés.** — Chenilles très velues. Chrysalides renfermées dans des cocons (fig. 401). — *Bombyx.* Corps velu ; antennes pectinées; pas de trompe. Produisent la soie, mais les espèces d'Asie sont les seules dont le produit puisse être utilisé dans l'industrie. Le *Bombyx* ou *Sericaria mori*, cultivé en Chine depuis un temps immémorial, a été modifié par la domestication qui lui a fait perdre la teinte brune qu'il possédait à l'état sauvage. Sa chenille (1), le Ver à

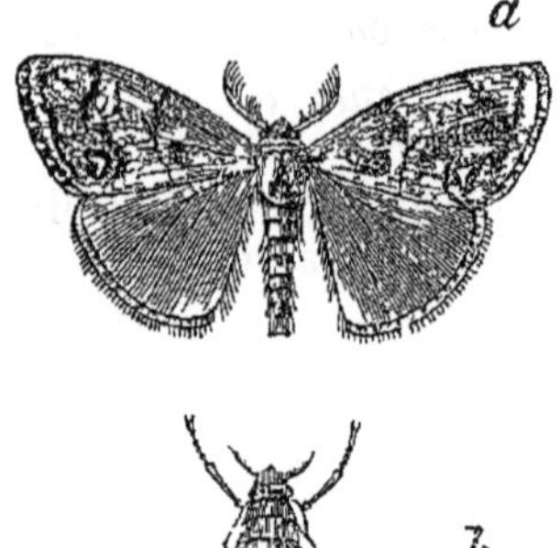

Fig 466 — *Orgya antiqua* — *a*, mâle, *b*, femelle

(1) L'élevage des Vers à soie (*sériciculture*) se fait en France dans des établissements spéciaux (*magnaneries*, de *magnan*, nom vulgaire du Ver à soie) et est lié à la culture du Mûrier Pour faire éclore les œufs (*graine :* une once (30 grammes) de graine renferme 30 000 œufs), on a recours à l'incubation artificielle (à la température de 15 à 20 degrés), au moment où les feuilles de Mûrier sont bien développées La chenille qui sort de l'œuf mesure 2 millimètres et, après quatre mues, plus de 80 millimètres L'éducation totale, qui dure environ trente trois jours, se fait sur des claies à la surface desquelles on met de la feuille de Mûrier On appelle *âges* les périodes comprises entre deux mues, *sommeil*, l'état d'immobilité qui accompagne les mues, *frèze*, la période de voracité qui les précède ou qui les suit Après la dernière mue, vers la fin du cinquième âge, le Ver à soie dresse la tête et cherche à grimper (*montée*) sur des corps étrangers (*bruyères*) placés à sa portée, il commence à filer un cocon dont la construction exige trois ou quatre jours Le fil présente trois couches au milieu, la soie pure, autour d'elle, un vernis inattaquable par l'eau chaude, mais soluble dans une faible lessive, enfin, à la surface, un enduit gommeux qui agglutine les divers tours du fil Chaque cocon est entouré d'une couche extérieure floconneuse (*bourre*), il est formé par l'enroulement d'un seul fil, formé lui-même de deux brins tordus ensemble et ayant quelquefois une longueur d'un kilomètre Quand le Ver, en train de filer, se raccourcit, ce qui est l'indice d'un mauvais cocon (*ver tapissier*), on le fait macérer dans du vinaigre, pour extraire les glandes séricigènes En étirant la sécrétion de ces glandes et la faisant sécher à l'air, on

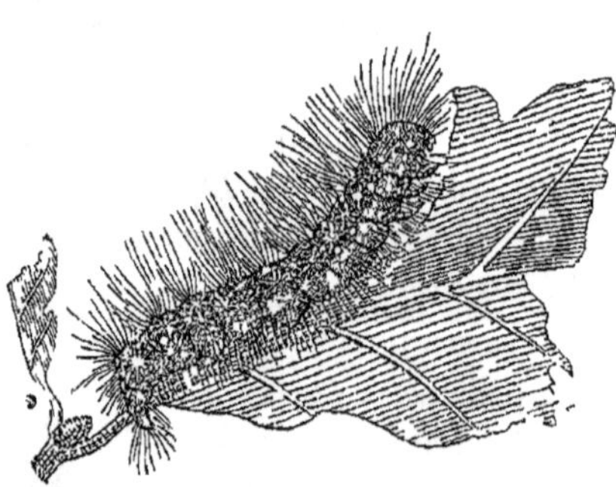

Fig 467. — Chenille processionnaire.

Fig 468 — Bombyx processionnaire

soie, est glabre et porte, sur l'avant-dernier anneau, une corne recourbée en arrière; elle possède une paire de glandes séricigènes occupant une grande partie de la longueur du corps, sur les côtes du tube digestif. Chacune de ces glandes est tubiforme et pourvue d'un conduit vecteur qui se réunit bientôt à son congénère, pour former un canal unique (*filière*) percé dans la lèvre inférieure. C'est de ce canal que sort la matière visqueuse

Fig 469. — Bombyx du Mûrier.

obtient les *fils* ou *crins de Florence* qui servent aux pêcheurs à attacher leurs hameçons. La phase de nymphe dure de quinze à vingt jours. Le Papillon sort du cocon en ramollissant la soie par l'émission d'un liquide, puis en écartant les brins pour se frayer un passage Les cocons ainsi percés ne pourraient être dévidés qu'avec beaucoup de peine: ils sont cardés et servent à faire la *filoselle*. Ceux qui doivent donner la soie grège sont mis dans un bassin d'eau bouillante, pour étouffer les chrysalides et dissoudre la gomme qui agglutine les fils, ils sont ensuite dévidés dans des ateliers spéciaux (*filatures*). La soie ainsi traitée (*soie écrue*) est blanche ou jaune, suivant la couleur des cocons dont elle provient Pour qu'elle puisse prendre la teinture, on la dépouille de son vernis naturel au moyen d'un lessivage à chaud (*soie cuite*) L'enveloppe immédiate des chrysalides a la forme d'une membrane parcheminée et ne peut être dévidée.

Les Vers à soie sont sujets à plusieurs maladies dont les trois plus connues sont la *muscardine*, la *pébrine* et la *flacherie* La *muscardine* est produite par un Champignon (*Botrytis Bassiana*) dont le mycélium infecte les organes internes et se fait jour à travers les stigmates, en formant une efflorescence blanchâtre constituée par des spores qui propagent très rapidement la maladie Le Ver se dessèche sans se putréfier et ressemble alors à une sorte de bonbon provençal appelé *muscardin*. On lutte contre la muscardine en désinfectant la magnanerie La *gattine* ou *pébrine* se traduit à l'extérieur par des taches qui font paraître le Ver comme saupoudré de poivre Elle est due à la présence, dans les tissus, de Sporozoaires (*Glugea Bombycis*), dont les spores ont la forme de corpuscules ovoïdes brillants (*corpuscules de Cornalia*), et peuvent se transmettre aux Vers sains et aux œufs On combat la pébrine en faisant accoupler les Papillons sur des carrés de toile ou la ponte s'opère Après la mort, on examine les femelles au miscrocope et on n'utilise que les œufs de celles qui n'ont pas de corpuscules (PASTEUR) La *flacherie* est due à un microbe en chapelet (*Micrococcus Bombycis*) qui produit une fermentation de la feuille de Mûrier et cause des troubles digestifs Les Vers deviennent flasques, puis noirâtres et infects; ils montent avec une grande lenteur ou restent au pied des brindilles En les sacrifiant, on s'oppose à la propagation de la flacherie, car « le Ver flat engendre des Vers prédestinés à la flacherie »

servant à la construction du cocon (1). Les cocons qui doivent donner les Papillons mâles sont généralement plus petits que les autres et étranglés au milieu. Les Papillons sortent du cocon une douzaine de jours après son achèvement; ils rejettent alors un liquide roussâtre, puis l'accouplement a lieu. La ponte commence presque aussitôt. Exceptionnellement, les œufs des femelles vierges peuvent être féconds. Ceux qui ont été fécondés passent bientôt de la couleur jonquille à la couleur ardoisée (2). — Lasiocampes (*Lasiocampa*). Grands Papillons à ailes dentelées, appelés « feuilles mortes » à cause de la couleur de ces organes; pendant le repos, les ailes inférieures débordent les supérieures.

G. ***Saturniidés***. — Facilement reconnaissables aux quatre grandes taches vitrées (*yeux*) entourées de diverses colorations dont les ailes sont ornées, ce qui leur a fait donner le nom de « Paons de nuit ». Ils renferment les plus grands Papillons de l'Europe. — *Saturnia atlas*, de la Chine, est le géant du groupe. *S. Piri* (fig. 470) et *S. Carpini* sont respectivement connus sous les noms de Grand et de Petit Paons de nuit.

H. ***Notodontidés***. — Essentiellement nocturnes. Leurs chenilles ont les pattes anales transformées en une sorte de fourche qui a fait surnommer les Papillons « Queues fourchues ». Ces filaments leur servent de fouet pour chasser les Insectes entomophages. — *Dicranura*. — *Harpyia*. — *Notodonta*.

4e Sous-ordre. — Noctuelles (*nox*, nuit). — *Ailes en toit pendant le repos, munies d'un frein. Antennes sétiformes, parfois pectinées chez les mâles. Corps large. En général des ocelles.*

Papillons nocturnes, plus rarement diurnes. Corps trapu; trompe cornée; ailes ordinairement sombres, les supérieures souvent marquées de deux taches (l'orbiculaire et la réniforme), les inférieures plissées dans leur longueur, au côté interne. Tourbillonnent la nuit autour des lumières et se laissent souvent dévorer par la flamme. Chenilles glabres ou poilues, sans protubérances, à 8, rarement 7 ou 6 paires de pattes. Chrysalides à cocons imparfaits, aériennes ou souterraines.

(1) Cette matière paraît se solidifier par une sorte de coagulation comparable à celle du sang.

(2) On a cherché, avec plus ou moins de succès, à tirer parti, au point de vue de l'industrie de la soie, d'un certain nombre d'espèces d'Orient *S. Yama-mai*; *S. Pernyi*, *S. Cynthia*; *S. Arrindia*.

A. *Mamestridés.* — Abdomen obtus; ailes foncees et luisantes. La chenille de *Mamestra Brassicæ*, glabre et de couleur bronzée, est le « Ver de cœur » des jardiniers; elle perfore les feuilles du Chou et penètre jusqu'au cœur.

B. *Agrotidés.* — Abdomen conique; ailes animées de mouvements de trémulation. Les chenilles d'*A. segetum* vivent de racines et sont appelées « Vers gris ». *A. infusa*, très abondant en Australie, est pilé et fumé pour en faire des conserves.

C. *Catocalidés.* — Ailes très developpées; pattes fortes et munies d'éperons. — Lichenees (*Catocala*). Ailes inférieures colorées en gé-

Fig 470. — Grand Paon de nuit (réduit). Fig. 471 — Noctuelle

néral en rouge (fig. 471) et bordées de noir. Doivent leur nom à la coloration grise de leurs chenilles qui rappelle celle des Lichens. — Ophidères (*Ophideres*). Taraudent les oranges au moyen de leur trompe qui est perforante à l'extrémite; régions intertropicales.

D. *Deltoidés.* — Se rapprochent des Phalenidés par leur corps frêle et leurs pattes grêles; leurs ailes au repos figurent un Δ. — *Hypena.* Volent, le soir, autour des habitations et jusque dans les appartements.

5e **Sous-ordre. — Phalènes** (φάλαινα, papillon de nuit). — *Ailes en toit pendant le repos, munies d'un frein. Antennes setiformes, parfois pectinées chez les mâles. Corps grêle. Pas d'ocelles.*

Papillons nocturnes ou crépusculaires dont quelques-uns volent en plein jour, d'un vol tremblotant et vacillant. Corps grêle; ailes larges, avec les couleurs et les dessins des supérieures se continuant souvent sur les inférieures. Désignés d'une manière générale sous le nom de *Phalènes*, appeles encore *Geométrides* ou *Arpenteuses* à cause du mode de progression de leurs chenilles. Celles-ci n'ont que deux paires de fausses pattes, toutes deux en arrière, et ne peuvent se fixer que par les deux extrémités. Pour avancer, elles portent les pattes antérieures en avant, puis elles élèvent le milieu du corps, de façon à former une anse et rapprochent les postérieures. A l'état de repos, les chenilles arpenteuses restent fixées par les pattes de derrière seulement, avec le corps dressé en forme de baguette (*Arpenteuses en bâton*), ce qui leur permet de rester souvent inaperçues. Elles peuvent aussi se dérober brusquement, en se laissant tomber au bout d'une soie. Chrysalides renfermées dans de petits cocons.

A. ***Géométridés.*** — Chenilles terminées, en avant et en arrière, par deux pointes. — *Geometra.*

B. ***Hiberniidés.*** — Ainsi appelés parce qu'ils éclosent pendant l'hiver; femelles à ailes rudimentaires ou nulles. — *Hiberna.*

6e **Sous-ordre. — Microlépidoptères** (μικρός, petit). — *Très petits Papillons à ailes munies d'un frein, à longues antennes sétiformes.*

Les uns diurnes, les autres nocturnes. Chenilles à 8 paires de pattes se transformant en nymphes dans des cocons (1).

A. ***Pyralidés.*** — Ailes triangulaires, frangées, présentant les taches caractéristiques des Noctuelles. Pattes longues, éperonnées. Chenilles glabres, luisantes, se transformant en nymphes dans un cocon qui quelquefois est suspendu en l'air. — Pyrale de la farine (*Asopia farinalis*). La chenille pratique des boyaux soyeux dans le son et les vieux morceaux de pain. — P. de la graisse (*Aglossa pinguinalis*). La chenille vit dans la graisse. — P. du Nénuphar (*Hydrocampa nympheata*). Chenille aquatique vivant sous les feuilles du Nénuphar. — La chenille de la grande Teigne des ruches (*Galleria melonella*) et celle de la petite Teigne des ruches (*Achræa grisella*) remplissent les gâteaux de miel de longs boyaux soyeux.

B. ***Tortricidés*** ou *Tordeuses.* — Doivent leur nom à l'habitude qu'ont les chenilles de rouler les feuilles en un cornet dans lequel elles se chrysalident. — Pyrale de la vigne (*Œnophtira pilleriana*) (fig. 472). La chenille ravage les vignes; on la détruit au moyen de l'arrosage des ceps par l'eau bouillante (*ébouillantage*). — La Teigne de la grappe est le *Conchylis ambiguella.* — Le « Ver des fruits » est la chenille de

(1) On a réuni quelquefois les *Microlépidoptères* avec les *Sphingidés*, les *Bombycides*, les *Noctuelles* et les *Phalènes* sous la dénomination d'*Hétérocères* (à cause de leurs antennes qui affectent des formes très variées) ou de *Chalinoptères* (ailes avec frein).

Carpocapsa pomonella, qui les rend vereux et les remplit de ses dejections noirâtres.

C. **Tinéidés** ou *Teignes*. — Les chenilles vivent dans des tubes qu'elles ont fabriqués, ou dans diverses substances soit animales, soit vegetales. — Teignes proprement dites (*Tinea*). Trompe atrophiée. Teigne des tapisseries (*T. tapezella*). Brune (fig. 473); la chenille se met à couvert dans un fourreau fixe tapisse de soie et construit avec les debris de la laine rongée. T. des pelleteries (*T. pellionella*). Grise.

Fig 472 — Pyrale de la Vigne

Fig 473 — Teigne des tapisseries

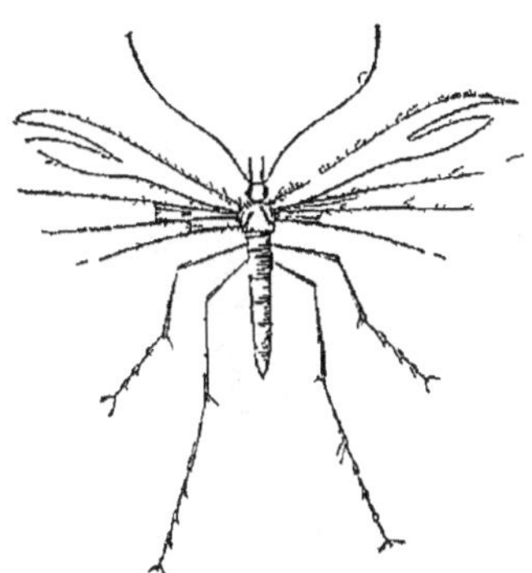

Fig 474 — Ptérophore.

La chenille construit un fourreau de poils qu'elle traîne avec elle. Celui-ci présente a chaque bout un opercule mobile pour laisser passer la tête d'un côte et les excréments de l'autre. T. fripière (*T. spretella*). La chenille se promène sur diverses étoffes et finit par avoir un fourreau bariolé comme un habit d'Arlequin. T. des cadavres (*T. cadaverina*). Argentée. La chenille, blanche, ronge les tissus des cadavres. T. du crin (*T. crinella*). Fauve. La chenille vit dans le crin et dans les étoffes de laine. T. des caves (*T. infinella*). La chenille taraude les bouchons des bouteilles. La chenille de la T des grains (*T. granella*) ronge les grains de blé. L'Alucite des céréales (*Sitotraga cerealetta*) pond ses œufs entre les balles des épis; sa chenille pénètre dans le grain dont elle ne laisse que l'enveloppe. — Hyponomeutes (*Hyponomeuta*). Emprisonnent des bouquets de feuilles d'arbres fruitiers sous une toile soyeuse.

D. **Ptérophoridés**. — Ailes divisees en lanieres barbelees, ce qui leur donne un vol faible et incertain, amenant souvent leur chute dans les pieces d'eau qu'ils veulent traverser. — Pterophores (*Pterophorus*). Ailes antérieures bifurquées, les postérieures trifurquées. (fig. 474). — Orneodes (*Orneodes*). Ailes divisées chacune en six plumes (fig. 475).

ORDRE VII. **Hémiptères** (1) (ἥμισυς, demi; πτερόν, aile). — *Insectes suceurs, a métamorphoses incomplètes ou nulles.*

Insectes suceurs et piqueurs. Lèvre inférieure constituant un rostre articulé dans lequel les mandibules et les mâchoires forment quatre soies protractiles. Glandes salivaires volumineuses. 2 ou 4 tubes de Malpighi. Antennes courtes ou longues. 2 petits yeux à facettes; le plus souvent 2 ocelles. Prothorax géneralement libre. Tarses uni-, bi- ou tri-articulés. 4 ailes membraneuses ou les poste-

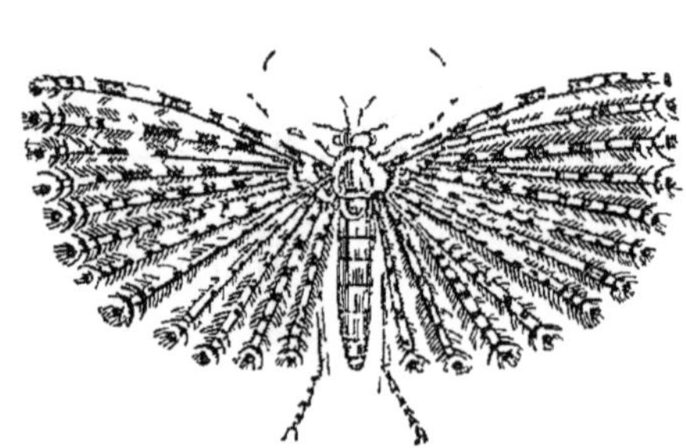
Fig 475. — Ornéode.

Fig 476 — Pentatome (ailes étendues)

rieures membraneuses et les antérieures coriaces, rarement en totalité, le plus souvent seulement à la base (*hémelytres*) (fig. 476). Quelquefois aptères. Abdomen présentant, à la face ventrale, un bord tranchant (*connexivum*) sur lequel s'ouvrent plusieurs stigmates. Métamorphoses incomplètes, quelquefois nulles (Apteres) ou exceptionnellement complètes (mâles des Coccides); parfois des cas de parthénogenèse (Phytophthires). Vivent de sucs végétaux ou animaux.

1er **Sous-ordre.** — **Hétéropteres** (ἕτερος, different). — *4 ailes horizontales, les antérieures à partie proximale* (corie) *coriace et à partie distale* (membrane) *membraneuse. Rostre naissant du front.*

Antennes de 4 à 5 articles. Une paire de glandes fétides s'ouvrant, le plus souvent, par un orifice sternal; des glandes analogues, impaires, situées sur le dos, chez les larves.

(1) Appeles encore Rhynchotes.

A. Géocorises (1) (γῆ, terre; κόρις, punaise.) — *Heteropteres terrestres, rarement aquatiques. Antennes découvertes, plus longues que la tête.*

Pentatomes ou « Punaises des bois » (*Pentatoma*). Antennes de 5 articles; écusson tres grand (fig. 478). — Punaises (*Cimex* ou *Acanthia*). Antennes de 4 articles; rostre de 3 articles; tarses de 2 articles; corps très aplati, d'un brun rougeâtre; ailes réduites aux rudiments de la partie coriace; pas d'ailes; pas d'ocelles (fig. 477). La Punaise des lits (*A. lectularia*) peut vivre plus d'un an sans prendre de nourriture et ne s'alimente que du sang qu'elle pompe elle-même sur le corps de

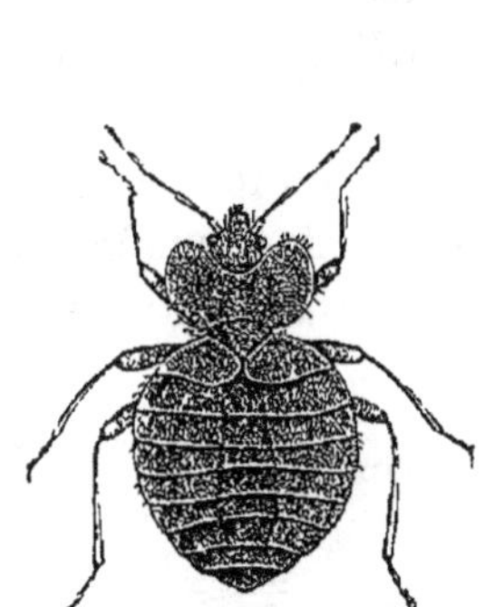

Fig 477 — Punaise des lits (grossie 5 fois)

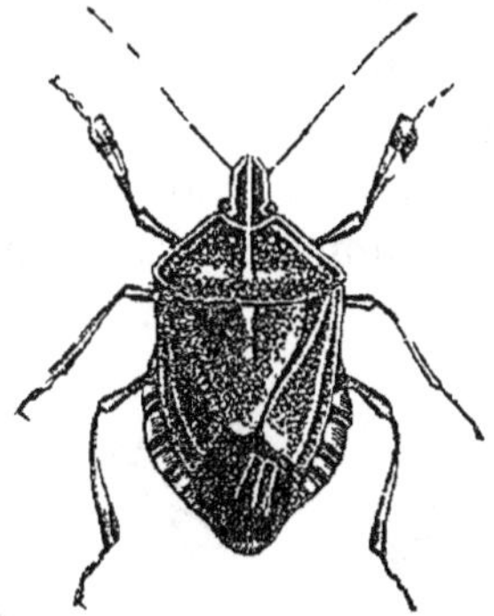

Fig. 478 — Punaise des bois.

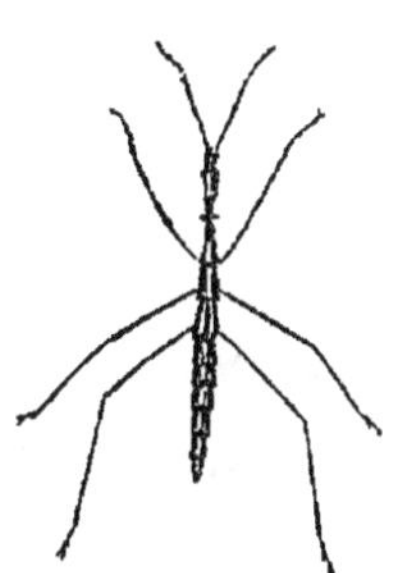

Fig 479. — Limnobate.

l'Homme vivant. Sa piqûre est douloureuse et donne lieu à une tache rougeâtre, quelquefois même à une petite ampoule. La Punaise pond plusieurs fois par an; ses œufs cylindriques et munis d'un opercule donnent naissance à un Insecte blanc qui peut aussitôt pourvoir à sa nourriture (2). — *Tingis.* Ailes antérieures élargies, réticulées. Tigre du poirier (*T. piri*); à la face inférieure des feuilles. Plutôt nuisible par ses dejections, qui recouvrent les stomates, que par ses piqûres; depose ses œufs dans le parenchyme des feuilles et les recouvre de ses excréments (CARLET). — Réduves (*Reduvius*). Tête retrecie en forme de cou; élytres presque entièrement membraneux. Le Réduve masqué (*R. personatus*) se trouve dans les maisons malpropres; sa piqûre est très douloureuse. Sa larve s'entoure de poussière et passe pour faire la guerre aux Punaises. — Hydrometres ou « Araignees d'eau » (*Hydro-*

(1) Appeles encore *Gymnoceres* (antennes a nu).

(2) On trouve, dans les pigeonniers et les nids d'Hirondelles, des Punaises qui ne different pas sensiblement de la Punaise des lits. On a signale, dans la Russie meridionale, une espèce (*A. ciliata*) et, dans l'île de la Réunion, une autre espèce (*A rotundata*), qui sont également tres voisines de notre espèce domestique.

metra, Limnobates). Se promènent, avec leurs longues pattes, à la surface des eaux (fig. 479). — Punaises de mer (*Halobates*). Ocean Pacifique.

B. ***Hydrocorises*** (1) (ὕδωρ, eau). — *Hétéroptères aquatiques. Antennes cachees dans une fossette au-dessous de la tête, plus courtes que la tête*

Bélostomes (*Belostoma*). Corps plat, allongé ; pattes antérieures préhensiles ; les femelles portent leurs œufs sur le dos ; exotiques. *B. grande*, de l'Amérique du Sud, mesure 10 centimètres et est le géant des Hémiptères. — Nèpes (*Nepa*). Pattes antérieures prehensiles ; corps large. Le « Scorpion d'eau » (*N. cinerea*) pique avec force (fig. 480). — Ranatres (*Ranatra*). Ne diffèrent des Nèpes que par la forme linéaire du corps. La « Punaise à queue » (*R. linearis*) se promène sur le fond des mares. — Notonectes (*Notonecta*). Tête grosse ; pattes postérieures en forme de longues rames ciliées ; nagent sur le dos ; piqûre douloureuse (fig. 481). — Corises (*Corisa*). Rostre caché,

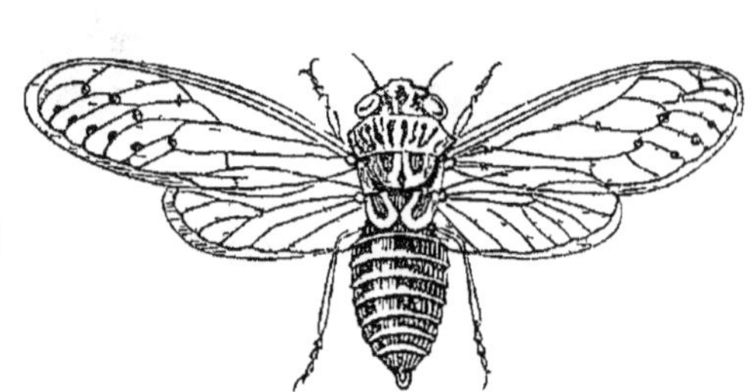

Fig 480 — Nèpe. Fig. 481. — Notonecte Fig 482 — Cigale de l'Orne

paraissant inarticulé. Les œufs des Corises des lacs du Mexique, deposés sur des faisceaux de joncs, mis à dessein dans l'eau, servent à préparer une sorte de galette, à goût de Poisson, vendue sous le nom de *hautle*, sur les marchés de Mexico.

2e **Sous-ordre**. — **Homoptères** (ὁμός, semblable). — *4 ailes membraneuses (les antérieures quelquefois coriaces) disposees en toit pendant le repos. Rostre naissant de la partie inferieure de la tête, au-dessous des yeux. Femelles pourvues d'un oviscapte.*

A. ***Cicadidés*** ou Cigales chanteuses. Antennes à 7 articles ; 3 ocelles ; des organes stridulants chez les mâles seulement (p. 520) ; ailes transparentes ; femelles introduisant leurs œufs sous l'écorce ; larves souterraines (fig. 484). — Cigale du Frêne ou plebéienne (*Cicada Fraxini*

(1) Appelés encore *Cryptocères* (antennes cachees).

ou *plebeia*); la plus grosse de France. C. de l'Orne (*C. orni*) (fig. 482); passe pour faire écouler la manne, à la suite de la piqûre des branches

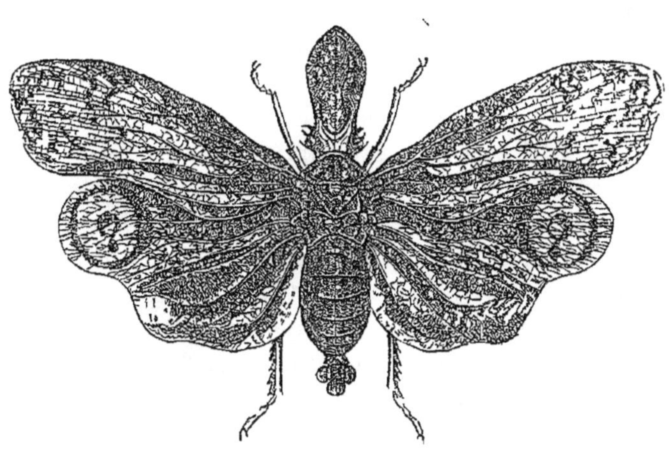

Fig 483 — Fulgore porte lanterne

du *Fraxinus ornus*. La manne actuellement employée en medecine, comme laxatif, nous vient de la Sicile et de la Calabre.

B. ***Fulgoridés.*** — Antennes à 3 articles; 2 ocelles; tête pourvue

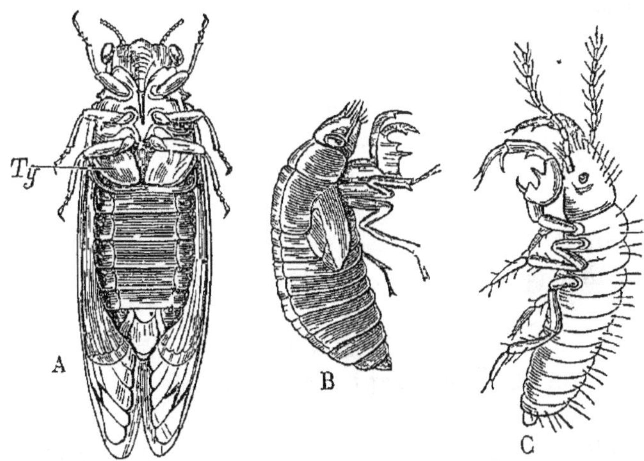

Fig 484 — Cigale (*Cicada septemdecim*) — A, adulte, vu par dessous, avec les tymbales *Ty*, B, larve, avec ses pattes antérieures en forme de serpette, à l'aide desquelles elle se fraye un chemin sous terre. — C, nymphe.

de prolongements vésiculeux plus ou moins accentués; ailes antérieures souvent colorees. — Fulgores (*Fulgora*). Appendice frontal vésiculeux (*Porte-lanterne*, de la Guyane) ou conique (*Porte-chandelle*, de la Chine); décrits à torts comme phosphorescents (fig. 483). —

Quelques genres (*Flata, Phœnax, Lystra*) présentent, à la face ventrale, une sécrétion cireuse abondante.

C. ***Membracidés***. — Antennes à 3 articles; 2 ocelles, prothorax grand, dilaté de manière à couvrir le corps, pourvu d'appendices souvent bizarres; ailes antérieures membraneuses; presque tous Americains. — Centrotes (*Centrotus*). Prothorax cornu. Le « petit diable » (*C. cornutus*) est commun en France. — Le « porte-grelots » (*Bocydium tintinnabulariferum*), du Brésil, porte quatre boules branchées sur un prolongement vertical du prothorax; il constitue l'une des formes les plus étranges du monde des Insectes.

D. ***Cicadellidés***. — Sortes de petites Cigales muettes; antennes triarticulées; ailes antérieures coriaces; pattes disposées pour le saut. Les uns à jambes anguleuses (*Jassus, Tettigonia*), les autres à jambes cylindriques (*Aphrophora, Cercopis*). Les larves des Aphrophores s'enveloppent d'une écume protectrice en forme de crachat, « crachat de Grenouille », qui paraît sortir de l'anus.

3e **Sous-ordre. — Phytophthires** (1) (φυτόν, plante; φθείρ, pou). — *4 ailes membraneuses (2 seulement chez les mâles des femelles aptères) à nervures peu nombreuses. Rostre paraissant naître du sternum, entre les pattes antérieures et les intermédiaires.*

Yeux généralement simples. Tarses à 1 ou 2 articles. Tégument souvent recouvert d'un dépôt cireux sécrété par des glandes cutanées unicellulaires. Habituellement plusieurs générations parthénogénétiques, suivies d'une génération sexuée. Petits Hémipteres vivant du suc des plantes.

A. ***Psyllidés*** (ψυλλα, puce). — *Phytophthires sauteurs, toujours tétrapteres.*

Psylles (*Psylla*). « Faux Pucerons »; antennes de 10 articles, terminées par deux soies; rappellent à la fois les Pucerons et les Cigales.

B. ***Aphidés*** (ἄφίς, puceron). — *Phytophthires marcheurs, apteres ou tretraptères, souterrains ou aériens.*

a. *Aphides a générations parthénogénetiques ovipares.*

Phylloxéras (*Phylloxera*). Antennes à 3 articles. Le Phylloxéra de la Vigne (*P. vastatrix*) presente de 6 à 8 générations de femelles parthénogénétiques aptères qui se succèdent tout l'été et vivent sur les racines (fig. 485 *b*); à la dernière génération, c'est-à-dire vers la fin

(1) Appeles encore *Sternorhynques*.

de l'été, quelques-uns de ces parasites montent vers les tiges et deviennent, après une dernière mue, des femelles ailées (*c*). Celles-ci pondent, à l'envers des feuilles, des œufs de deux grosseurs : les petits donnent des mâles (*d*) et les gros des femelles (*e*) aptes à la fécondation (Phylloxéras sexués). Les sexués sont aptères, dépourvus de suçoir et de tube digestif. Après l'accouplement, chaque femelle pond un seul œuf (*œuf d'hiver*), qu'elle depose sous l'écorce. Il en sort, au printemps, un individu aptère et parthénogenetique (*a*) ; celui-ci

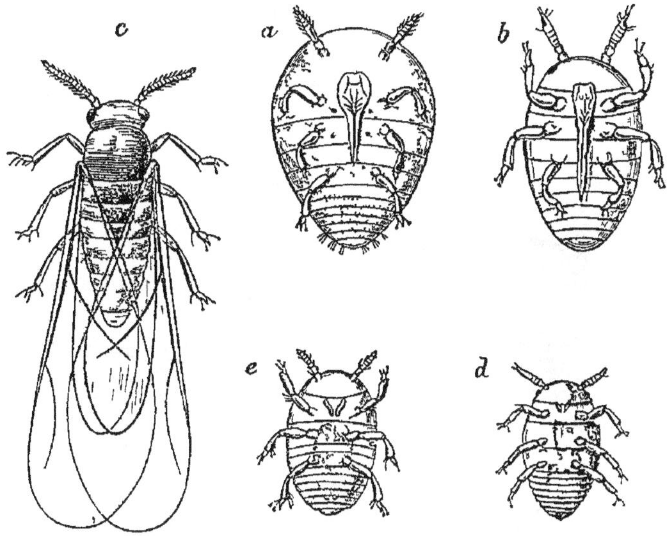

Fig 485 — Phylloxéra — *a*, individu des galles, — *b*, phylloxéra des racines, — *c*, individu ailé, — *d*, male, — *e*, femelle

monte vers les feuilles, y produit des galles, et donne naissance parthenogenétiquement à des jeunes qui descendent vers les racines et constituent la première génération des individus d'eté que nous avons pris comme point de départ. Le Phylloxéra des racines est tres nuisible à la Vigne ; en suçant les radicelles, il détermine, à leur surface, des sortes de nodosités qui s'opposent à l'absorption et font perir la plante (1).

(1) En Amerique, le Phylloxera ne descend guère aux racines. il attaque surtout les feuilles et est moins dangereux : aussi a-t-on propose de cultiver la Vigne americaine en Europe, mais la plupart des cepages americains donnent un vin mediocre On obtient d'excellents resultats en greffant les Vignes europeennes sur des souches americaines. Pour le traitement des Vignes europeennes, l emploi du sulfure de carbone, injecte dans le sol, a ete suivi de succes, la submersion des vignobles et leur plantation dans les terrains sablonneux ont donne aussi de bons resultats.

b. *Aphides à générations parthénogénétiques vivipares.*

Schizoneures (*Schizoneura*). Antennes de 6 articles, beaucoup plus courtes que le corps; abdomen présentant, vers l'extrémité, deux pores tuberculeux. Le « Puceron lanigère » (*S. lanigera*) vit sur les Pommiers; il est rougeâtre et couvert de filaments de cire blanche qui lui forment une toison laineuse. Après une série de générations aptères et vivipares qui se succèdent pendant la belle saison, il apparaît, en automne, une forme femelle ailée et ovipare, enfin deux formes sexuées aptères et sans rostre. La femelle, après l'accouplement, pond sur l'écorce un œuf d'hiver qui, au printemps, donne un Puceron lanigère, aptère et vivipare. — Pucerons proprement dits (*Aphis*). Antennes de 7 articles, aussi longues ou plus longues

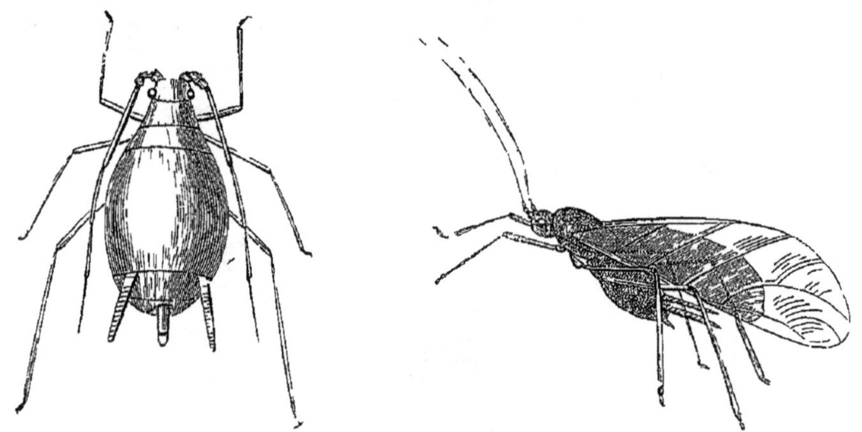

Fig 486 — Pucerons, forme aptère d'été et forme ailée d'automne

que le corps (fig. 486); abdomen terminé par deux petites pointes (*cornicules*). Des œufs d'hiver sortent, au printemps, de jeunes Pucerons qui donnent naissance à des femelles aptères, parthénogénétiques et vivipares. En automne, apparaissent des mâles ailés et des femelles ordinairement aptères. Ces sexués s'accouplent et les femelles fécondées pondent des œufs d'hiver. P. du rosier (*A. Rosæ*), couleur verte. P. de la Chine (*A. chinensis*); produit, sur les feuilles de divers arbres, une fausse galle, « galle de Chine », employée comme astringente.

C. **Coccidés** (1) (κόκκος, graine). — *Phytophthires à femelles aptères et à mâles diptères (rarement aptères). Ovipares ou vivipares.*

Larve libre, enfonçant, au bout d'un certain temps, son rostre dans l'écorce et devenant immobile pour passer à l'état parfait Le

(1) Appelés encore *Gallinsectes.*

mâle subit une metamorphose complète, contrairement aux autres Hémipteres. Le plus souvent, il n'a qu'une paire d'ailes, la postérieure étant remplacee par des balanciers, comme chez les Dipteres; il n'a pas de suçoir et ne prend aucune nourriture. La femelle, beaucoup plus grosse que le mâle, subit une métamorphose incomplète, son corps, toujours aptère, finit par former une masse inerte ou la tête, le thorax et l'abdomen sont plus ou moins réunis. — Cochenilles (*Coccus*). Les femelles se fixent sur les plantes, avec leur suçoir. Quand leurs œufs, soit fécondés, soit parthénogenetiques, sont pondus, le corps de la femelle se dessèche et prend l'apparence d'un bouclier qui les protège. C. ordinaire (*C. cacti*). Originaire du Mexique; prise d'abord pour une graine, « graine d'écarlate »; vit sur les raquettes de diverses especes de Nopals, fournit la belle couleur connue sous le nom de « carmin », mais a perdu beaucoup de son importance commerciale, depuis la decouverte des couleurs d'aniline. En médecine, on l'emploie quelquefois contre les quintes d'asthme et de coqueluche. C. du Chêne vert (*C. ilicis*). Plus grosse que la precedente (dimensions d'un pois); servait autrefois en médecine, sous le nom de *Kermes animal*, et était employée pour teindre en rouge avant la decouverte de l'Amérique. C. de Pologne (*C. polonicus*) « sang de saint Jean ». Sur les racines du *Scleranthus perennis*. C. de la laque (*C. lacca*). Vit sur le Figuier des pagodes; les deux sexes, apteres, exsudent en abondance la *laque*, sorte de resine tres employée pour la fabrication des vernis fins et de la cire à cacheter. C. à graisse (*C. adipofera*) « Axin ». Vit sur l'écorce d'un grand nombre d'arbres du Mexique; sécrète, par de nombreuses glandes cutanees, une graisse (*axine*) employée comme vernis et servant à rendre impermeables les étoffes qui en sont imprégnees. — Ericère (*Ericerus cerifer*). Le mâle produit la *cire de Chine* employée à des usages médicaux et à la fabrication des bougies de luxe. — C. de la manne (*Gossyparia manniparus*). La femelle a la forme d'une petite masse elliptique un peu jaunâtre et velue sur le dos, elle vit en Perse et en Armenie sur le *Tamarix mannifera*. La manne est une sorte de *miellee* secretee par l'Insecte; elle forme, en se solidifiant, des grains

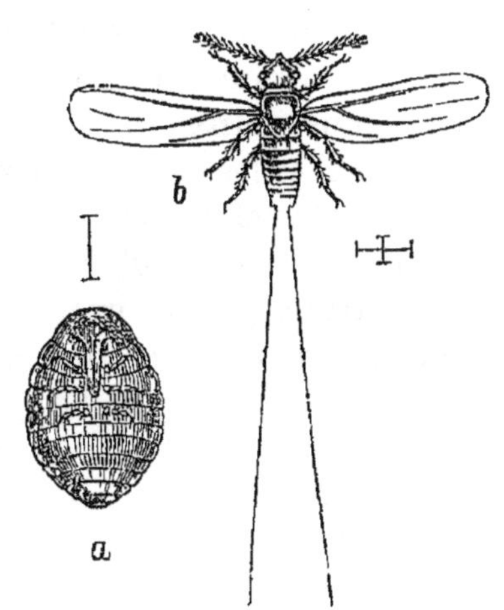

Fig. 487 — Cochenille ordinaire. — *a*, femelle, *b*, male.

amorphes à saveur sucrée, répondant aux antiques descriptions de la manne des Hébreux.

4e Sous-ordre. — Apteres (1) (ἀ priv. ; πτερόν, aile). — *Hémiptères aptères et amétaboliens.*

Ils renferment les *Pediculides* ou *Poux*, parasites sur les Animaux à sang chaud. Antennes à 5 articles. Des ocelles, pas d'yeux a facettes. Suçoir composé d'une gaine rétractile formée par la reunion des lèvres. Pourvu de crochets à son extrémité, il contient un aiguillon creux qui paraît constitué par la soudure des mandibules et des mâchoires. Tarses à 2 articles : le dernier, recourbe en crochet, forme une pince avec une pointe terminale (*pouce*) de la jambe. Mâles plus petits que les femelles. Dernier segment de l'abdomen arrondi chez les mâles et portant le pénis sur sa face dorsale, bilobe chez les femelles dont la vulve ventrale est située entre les deux derniers segments, d'où l'accouplement avec la femelle sur le dos du mâle. Œufs (*lentes*) ovoides, enfoncés, par le petit bout, (comme un œuf dans un coquetier) dans une cupule dont la base forme une gaine autour d'un poil. Le jeune sort de l'œuf en soulevant un clapet qui ferme le gros bout. — Morpions (*Phthirius*). Thorax plus large que l'abdomen et confondu avec lui ; corps discoidal. Une seule espèce (*P. inguinalis*), spéciale à l'Homme et surtout à la race blanche, s'attache aux poils des organes genitaux, des aisselles, de la poitrine, de la barbe, des sourcils et même des cils (chez les enfants), mais ne s'attaque que tres rarement aux cheveux. Piqûre assez forte, donnant lieu a la formation de taches rougeâtres et quelquefois de taches bleues caracteristiques. On detruit ces parasites au moyen de frictions mercurielles ou mieux d'une solution faible de sublime corrosif. — Poux proprement dits (*Pediculus*). Thorax peu distinct de l'abdomen et plus etroit que lui ; corps allonge (2). Pou de tête (*P. capitis*). Stigmates encadres d'une tache noire, sur les bords de l'abdomen. Habite la tête des individus malpropres, surtout des enfants. On constate des différences de coloration des Poux, dans les diverses races humaines. A l'exemple des Singes, les races inferieures mangent leurs Poux. Pou du corps ou des malades (*P. vestimenti* ou *tabescentium*). Plus grand que le précedent, dont il ne differe

(1) Appeles encore *Zoophthires*, *Anoploures*, *Parasites*.

(2) Les Poux de nos Animaux domestiques (Cheval, Bœuf, Chèvre, Porc, Chien) appartiennent au genre *Hæmatopinus* qui ressemble beaucoup au genre *Pediculus*. Les Poux des Singes (*Pedicinus*) different des precedents par leurs antennes à 3 articles au lieu de 5.

guère que par les taches moins nettes autour des stigmates ; dépose ses œufs dans les vêtements. En se répandant à la surface du corps, ce Pou determine une maladie (*phthiriase*) dans laquelle la peau présente des taches brunes (*mélanodermie*) et dont auraient été victimes un certain nombre de personnages célèbres (Hérode, Antiochus, Agrippa, Sylla, Philippe II, etc.). On combat : 1° les Poux de tête par des soins de propreté, par la poudre de Staphysaigre, l'emploi du pétrole ou d'huiles grasses qui asphyxient ces Insectes en obturant leurs stigmates ; 2° les Poux de corps et des malades, par les bains sulfureux et le séjour des vêtements dans l'étuve à 100° (1).

ORDRE VIII. **Diptères** (δίς, deux ; πτερόν, aile). — *Insectes suceurs à deux ailes ou sans ailes. Métamorphoses complètes.*

Insectes suceurs et le plus souvent piqueurs. Tête mobile, articulée avec le thorax par un mince pédicule ; divisée par les yeux, généralement très gros, en deux parties, l'une supérieure (*épicrâne*), l'autre inférieure (*epistome*). La lèvre inférieure constitue un canal (*trompe*) dans l'intérieur duquel existent de deux à six stylets propres ou non à perforer ; elle se termine par les deux paraglosses qui forment une ventouse et, vus de profil, ressemblent à la tête d'un marteau dont la tige de la trompe serait le manche (fig. 488). Glandes salivaires à produit irritant. Un jabot pédiculé. 4 tubes de Malpighi. Antennes tantôt petites et triarticulées, tantôt longues et pluriarticulées. 2 gros yeux à facettes ; en géneral 3 ocelles. Thorax inarticulé (excepte chez les Aphanipteres). Tarses à 5 articles, munis de deux crochets, entre lesquels se trouvent deux ou trois pelotes vésiculeuses et adhésives. 2 ailes antérieures membraneuses ; 2 postérieures transformées en balanciers ayant chacun la forme d'une tige terminée par un bouton (*balanciers* ou *halteres*). A la base des balanciers, on trouve souvent (Brachycères) de petites écailles blanchâtres et ciliées (*cuillerons*). Abdomen generalement convexe en dessus et concave en dessous, de 5 à 9 anneaux, sessile ou pédiculé, terminé, chez les femelles, par une tariere de ponte formée de tuyaux

(1) Ici se placent les Mallophages (μαλλος, toison, φαγεῖν, manger), petits Insectes ametaboliens qui ressemblent exterieurement aux Poux, mais en different par leur bouche broyeuse et leur tête plus large que le prothorax. Les uns (*Pilivores*), vivant dans le pelage des Mammiferes, ont des tarses à une seule griffe (*Trichodectes*, *Gyropus*) les autres (*Pennivores*), vivant dans le plumage des Oiseaux, ont des tarses a 2 griffes (*Goniodes*, *Ornithobius*, *Menopor*, etc).

rentrant les uns dans les autres. Métamorphoses completes. Larves molles, généralement apodes et connues sous le nom impropre de « Vers », à stigmates situés à l'extrémite du corps qui se prolonge parfois en un long tube. Elles se developpent dans les milieux les plus divers et présentent deux formes distinctes : les unes cephalees, munies d'antennes, d'ocelles et de pièces buccales bien developpees; les autres, sans tête distincte, à pièces buccales rudimen-

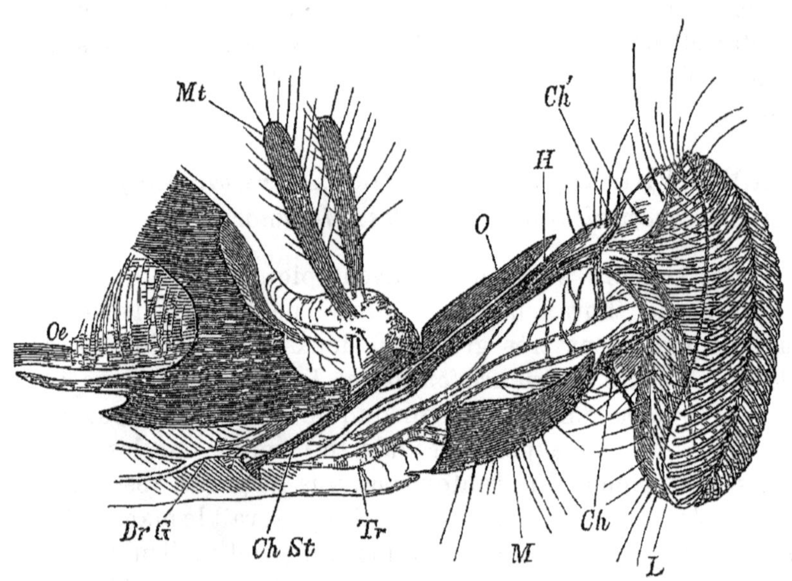

Fig. 488. — Trompe d'une Mouche — *Ch St*, tiges de chitine qui soutiennent la levre supérieure (restes des machoires), *O*, levre superieure, *Oe*, œsophage, *Mx*, levre inférieure (labelles), *Mt*, palpes maxillaires, *Ch*, *Ch'*, tiges de soutiens des labelles, *M*, menton, *H*, hypopharynx *Dr G*, canal excréteur commun des glandes salivaires, qui aboutit dans le sillon de l'hypopharynx, *Tr*, trachées

taires ou se réduisant à deux crochets cornes. Nymphes mobiles ou immobiles; quelques-unes aquatiques. Insectes tres repandus, plus nombreux dans le Nord que dans le Midi; les seuls que l'on rencontre sur les terres les plus rapprochées du pôle.

1er Sous-ordre. — Némocères (νῆμα, fil; κέρας, antenne). — *Antennes longues, multiarticulees, filiformes, souvent ornees de poils en panache chez les mâles. Thorax inarticulé. Corps allongé*

A. *Culicidés*. Corps grêle, élancé ; trompe longue et pourvue de longs palpes. — Cousins (*Culex*), vulgairement « Moucherons ou Moustiques ». Les femelles seules sucent le sang de l'Homme et des Mamnifères. Trompe munie de 6 stylets sétiformes : 1° le labre et l'épipharynx soudés ; 2° l'hypopharynx ; 3° et 4° les mandibules ; 5° et 6° les mâchoires, denticulées en dehors à la pointe et munies de leurs palpes. Mâles dépourvus de stylets, à palpes plus longs que la trompe, à antennes plumeuses. Œufs déposés à la surface de l'eau. Larves aquatiques, à abdomen terminé par un tube respiratoire, nageant la tête en bas. Nymphes aquatiques, mobiles, munies de deux tubes trachéens derrière la tête, nageant la tête en haut. Cousin commun (*C. pipiens*). Les « Maringouins » des pays chauds paraissent se rattacher au genre *Culex*.

B. *Tipulidés*. Corps des Cousins ; trompe en général courte, épaisse et munie de palpes courts. — Tipules (*Tipula*). Ressemblent à de grands Cousins à pattes très longues

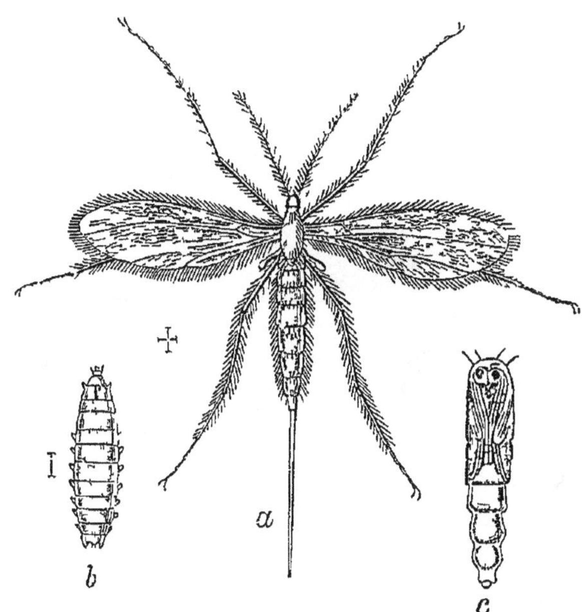

Fig. 489. — Cécidomyie du Blé. — *a*, femelle avec l'oviscapte étendu, — *b*, larve, — *c*, nymphe.

Fig. 490. — Simulie cendrée.

et ténues ; vivent sur les plantes ainsi que leurs larves. — Sciares (*Sciara*) ou « Tipules funèbres ». Ailes noires. Larves (*Vers processionnaires*) se montrant quelquefois en troupes sous la forme d'un long serpent grisâtre. Scandinavie. — Cécidomyies (*Cecidomyia*). Ailes ciliées. Volent par myriades, le soir, au-dessus des champs de blé ; déposent leurs œufs entre les glumes des épillets, avant la floraison. Les larves rongent le grain (fig. 489).

C. *Simuliidés* Corps semblable à celui des Mouches ; antennes relativement courtes. — Simulies (*Simulium*). 2 stylets dans la trompe, thorax bossu (fig. 490). Les femelles sucent le sang de l'Homme et des Animaux, mais piquent souvent des charognes et peuvent jouer le rôle de porte-virus. *S. cinereum*, *S. maculatum*, *S. reptans* constituent, avec les Stomoxes, dont nous parlerons plus loin, les « Mouches charbonneuses » de nos pays.

2e Sous-ordre. — Brachycères (βραχύς, court). — *Antennes courtes à 3 articles, dont le dernier est le plus grand et est souvent muni d'un style* (arista) *simple ou articulé, nu ou velu. Thorax inarticulé. Corps ramassé.*

A. ***Tabanidés.*** Trompe saillante, à 6 stylets chez les femelles et à 4 (par atrophie des mandibules) chez les mâles ; antennes dépourvues de style ; tarses munis de 3 pelotes. Les mâles vivent du suc des fleurs, les femelles sucent surtout le sang des grands animaux et quelque-

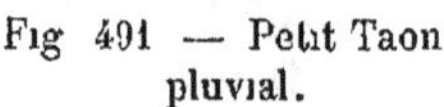

Fig 491 — Petit Taon pluvial.

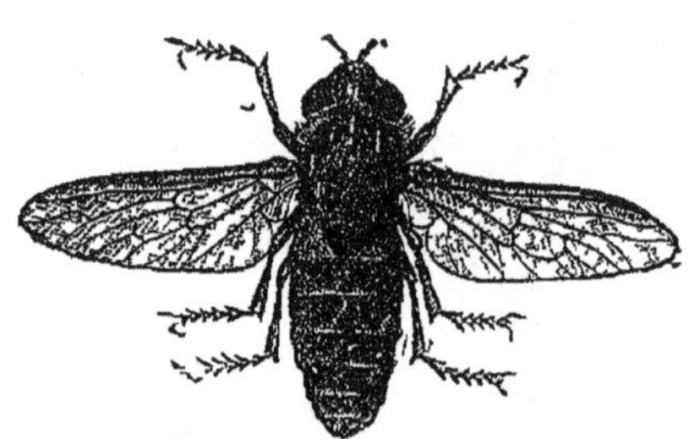

Fig 492 — Taon des Bœufs

Fig 493 — Petit Taon aveuglant.

fois celui de l'Homme ; les larves vivent dans la terre. — Taons (*Tabanus*). 3e article des antennes échancré ; pas d'ocelles. T. des Bœufs (*T. bovinus*) (fig. 492) ; de grande taille. T. noir (*T. morio*). — Hématopotes (*Hæmatopota*). Petits Taons à 3e article des antennes non échancré, pas d'ocelles. Petit Taon des pluies (*H. pluvialis*). Yeux verts et ailes rapprochées (fig. 491) ; très importuns pour l'Homme, par les temps orageux. — *Chrysops*. 3 ocelles ; yeux verts et ailes écartées (fig. 493). Petit Taon aveuglant (*C. cæcutiens*). Attaque les Animaux, surtout autour des yeux ; harcèle aussi l'Homme par les temps d'orage.

B. ***Stratiomydés.*** Trompe courte, presque entièrement retirée dans la cavité buccale et contenant 4 soies qui ne produisent jamais de piqûre ; les larves vivent dans l'eau ou le bois pourri. Le Stratiome Caméléon (*Stratiomys Chamælon*) est commun sur les plantes, au bord des mares.

C. ***Tanystomes.*** Trompe longue et munie de mâchoires styliformes organisées pour la rapine. — Asiles (*Asilus*). « Mouches de proie » ; corps allongé ; trompe saillante, dirigée en avant, pointue, de consistance cornée ; font la chasse à d'autres Insectes dont elles sucent les liquides ; larves dans les racines et le bois. — Bombyles (*Bomby-*

lus). Aspect et bourdonnement des Bourdons; trompe dirigée en avant, quelquefois plus longue que le corps (fig. 494). — *Anthrax*. Diffèrent des précédents par leur trompe courte.

D. ***Syrphidés***. Ailes épaisses, nuancees; extrémité de la trompe charnue. Les adultes se nourrissent de pollen et de miel. — Volucelles (*Volucella*). Aspect des Bourdons, des Frelons ou des Guêpes (fig. 495).

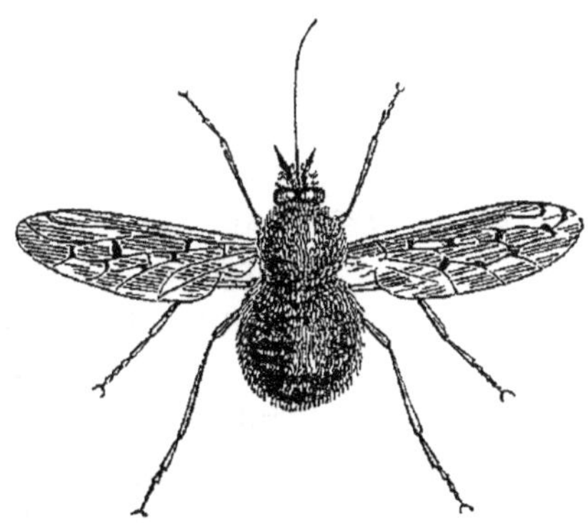

Fig 494. — Bombyle

Fig 495. — Volucelle.

Déposent leurs œufs dans les nids des Hyménoptères qui leur ressemblent le plus; larves pourvues de pattes membraneuses. — Eristales (*Eristalis*). Aspect d'Abeilles. Larves « Vers à queue de rat » munies d'un long tube respiratoire (fig. 496); dans les eaux vaseuses. — Syrphes (*Syrphus*). Aspect de petites Guêpes. Les larves vivent de Pucerons.

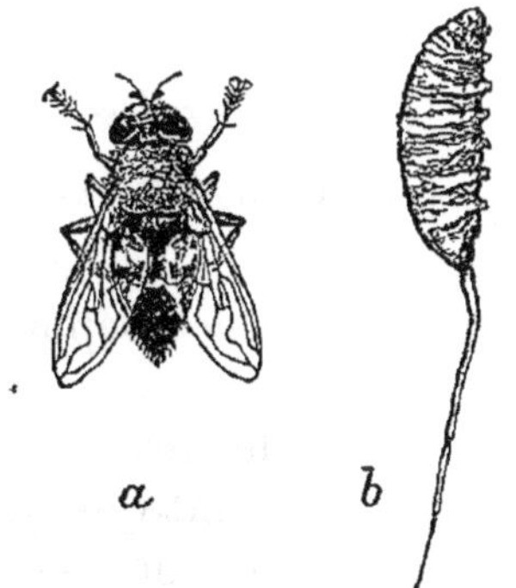

Fig 496 — *Eristalis tenax* et sa larve ou « Ver a queue ».

E. ***Œstridés***. Diptères à trompe atrophiée, à antennes munies d'une soie, à abdomen velu. Les femelles, ovipares ou larvipares, deposent leurs œufs ou leurs larves sur les grands Mammifères, à des endroits determines. Celles-ci gagnent ensuite leur habitat special et vivent en parasites; elles présentent des anneaux dentelés et souvent leur bouche est armée de crochets. — Œstre du Cheval (*Gastrophilus Equi*) (fig. 398). Pond ses œufs sur le poitrail du Cheval. Celui-ci, en se lechant, introduit les œufs dans sa bouche; ils éclosent ensuite dans l'estomac, où les larves subissent plusieurs mues; après quoi, elles sont expulsées avec les excréments. La peau des larves se durcit pour constituer l'enveloppe de la nymphe, d'où l'Insecte sort au bout d'un mois. — Œstre du Bœuf (*Hypoderma Bovis*). Les larves penètrent dans le tissu conjonctif sous-cutané, où elles amènent la formation d'une tumeur. En sortant de cette tumeur, elles tombent à terre où elles se transforment en nymphes, qui, au bout d'un mois, donnent l'Insecte parfait. — Œstre du Mouton (*Œstrus Ovis*). Larves dans les sinus maxillaires ou frontaux du Mouton et de la Chèvre. — Œstre de l'Homme ou Dermatobie (*Dermatobia noxialis*). Larve piriforme, à 3 paires de stigmates en fente, à la région postérieure; connue sous les noms de *Ver macaque* ou de *Ver moyoquil*; vit en Amérique, sous la peau des bestiaux, du Chien et même de l'Homme.

F. ***Muscidés***. Caractérisés par un renflement charnu de l'extrémité de la trompe qui est rarement piquante; les balanciers sont généralement recouverts par des cuillerons bien développés. Les larves vivent ordinairement dans les fumiers ou sur la viande; les nymphes ont la forme de tonnelets. — Mouches (*Musca*). Grisâtres. Mouche commune (*M. domestica*). Importune; peut propager les maladies infectieuses et en disséminer les germes, tant par sa trompe et ses pattes que par ses excréments. — Calliphores (*Calliphora*). Bleuâtres. Mouche à viande (*C. vomitoria*). Dépose des œufs sur la viande. — Lucilies (*Lucilia*). D'un vert métallique. Mouche verte (*L. Cæsar*). Dépose ses œufs sur les charognes et quelquefois sur les plaies. Mouche hominivore (*L. hominivorax*) (fig. 497). Dépose ses œufs dans les fosses nasales de l'Homme. Les larves passent dans les sinus, arrivent quelquefois jusqu'au pharynx et amènent souvent la mort. Guyane. — Ochromyies (*Ochromyia*). Jaunâtres. Mouche du Cayor (*O. anthropophaga*). Sénegal. La larve « Ver du Cayor » pénètre souvent sous la peau du Chien, du Chat et quelquefois de l'Homme. — Stomoxes (*Stomoxis*). Ressemblent à des Mouches domestiques, mais leur trompe est horizontale et renferme deux stylets (épipharynx, hypopharynx); elles peuvent être charbonneuses. Stomoxe mutin ou « Mouche piquante d'automne » (*S. calcitrans*) (fig. 498). Pique les Chevaux et les bestiaux; attaque souvent l'Homme; pénetre quelquefois dans nos habitations. Se distingue facilement de la Mouche domestique par sa taille un peu plus petite, ses ailes plus écartees et sa station, la tête en haut, tandis

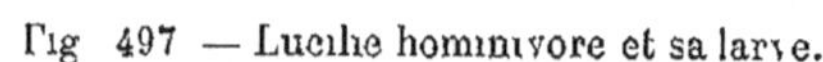

Fig. 497 — Lucilie hominivore et sa larve.

Fig. 498 — Stomoxe mutin

que la Mouche affecte, au repos, une position horizontale. — Glossines (*Glossina*). Trompe longue, à palpes de même longueur lui servant de gaine. Glossine mordante ou Tsétse (*G. morsitans*). Un peu plus grande que la Mouche commune; thorax châtain; abdomen jaunâtre; ailes un peu enfumées. Habite l'Afrique centrale où elle pique l'Homme et les bestiaux; peut inoculer des germes virulents et amène souvent la mort. — Sarcophages (*Sarcophaga*). Style des antennes velu à la base. *S. carnaria* « Mouche carnassiere » d'un gris jaunâtre et *S. Wohlfarti*, d'un cendré grisâtre (fig. 499), sont vivipares : elles deposent leurs larves sur les charognes et dans les plaies (1). — Tachines (*Tachina*). Style des antennes nu. Les larves vivent en parasites sur les chenilles. — *Diopsis*. « Mouches à lunettes »; yeux pédonculés (fig. 500); ailes vibratiles; cuillerons nuls.

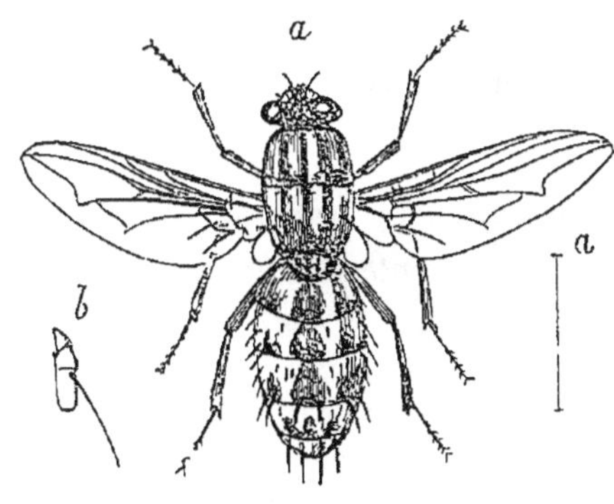

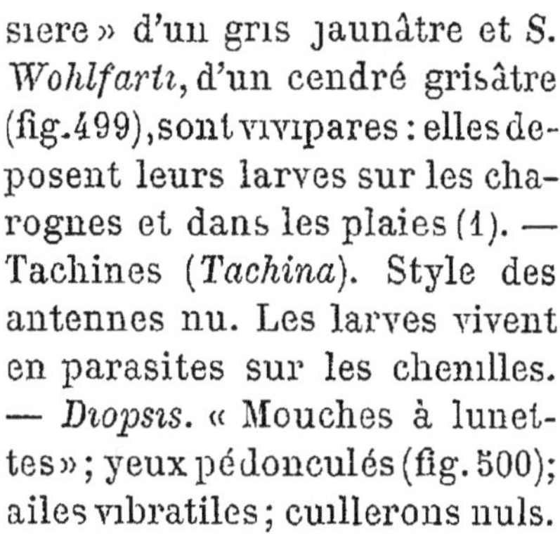

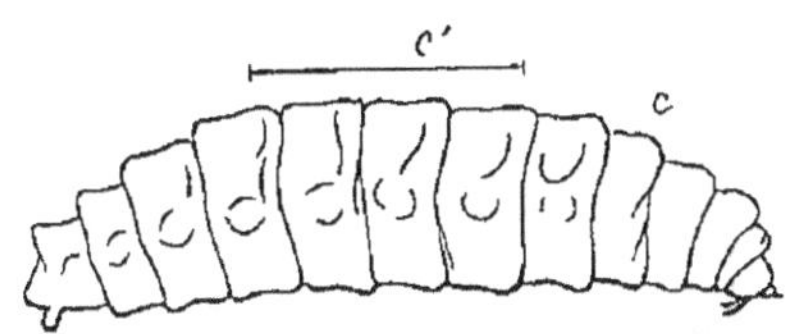

Fig 499 — *Sarcophaga Wohlfarti*, — *a* grandeur naturelle, — *b*, une antenne, — *c*, larve grandeur naturelle

Fig 500 — *Diopsis*.

On designe, sous le nom de **Pupipares**, des Insectes dont les femelles, croyait-on, engendraient des nymphes. En réalité ces femelles sont *larvipares* et non pupipares; mais les larves se transforment en nymphes aussitôt apres la ponte. Ces Insectes ont l'abdomen large et souvent deprimé, les antennes très courtes et quelquefois formees de deux articles seulement, la trompe constituée par la lèvre supérieure et les mâchoires, les ailes rudimentaires ou nulles. Géneralement parasites sur la peau des Animaux à sang chaud. — Hippobosques (*Hippobosca*). Yeux grands; ailes longues. *H. Equi* attaque les Chevaux, plus rarement l'Homme (fig. 501 *a*). — Mélophages (*Melophagus*). Aptères; yeux petits. *M. ovinus;* sur les Moutons (fig. 501 *b*). — Nyctéribies (*Nycte-*

(1) On appelle *myiase* l'ensemble des accidents provoqués, chez l'Homme, par des larves de Dipteres.

ribia). Aptères; pattes longues. *N. Latreillei* · sur les Chauves-

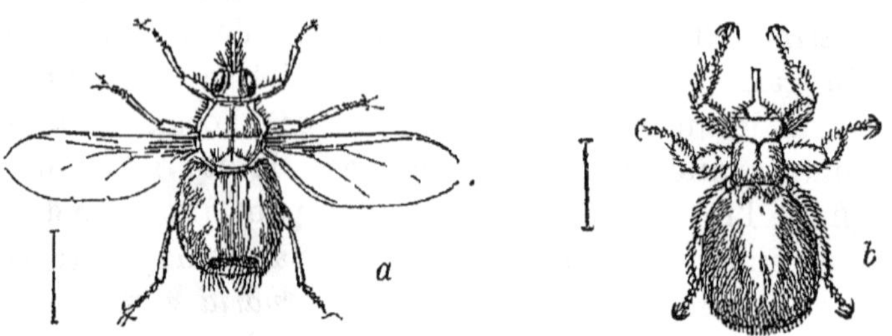

Fig. 501. — *a*. Hippobosque du Cheval, *b*. Mélophage du Mouton

Souris. — Braules (*Braula*). Aptères et aveugles. *B. cæca;* sur les Abeilles.

3e Sous-ordre. — Aphaniptères (1) (ἀφανής, non apparent; πτερόν, aile). — *Antennes très courtes. Thorax divisé en anneaux distincts. Corps comprimé, aptère.*

Insectes sauteurs et parasites, ovipares. Larves apodes à tête distincte munie de mâchoires (fig. 502). Nymphes enveloppées d'une coque soyeuse. Adultes piquant la peau et suçant le sang des Animaux à sang chaud. Rostre composé (fig. 503) : 1° de deux

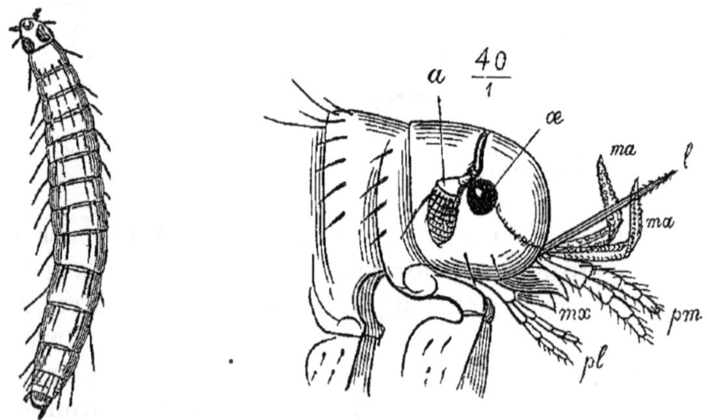

Fig 502 — Larve de Puce

Fig. 503 — Tête de la Puce de l'Homme. — *a*, antenne, *œ*, œil, *l*, languette, *ma*, mandibules, *mx*, mâchoires, *pl*, palpes labiaux, *pm*, palpes maxillaires.

mâchoires foliacées (*mx*) portant chacune un palpe maxillaire (*pm*); 2° de deux mandibules allongées, denticulées, peu rigides et se pliant facilement (*ma*); 3° d'une languette styliforme (*l*), rigide, agent principal de la ponction; 4° d'une gouttière articulée soutenant les organes

(1) Appelés encore *Siphonaptères* ou *Suceurs*.

précedents et formée par la lèvre inférieure accompagnee de deux palpes labiaux. Les deux derniers anneaux du thorax portent de petites plaques qui representent les ailes. Pattes longues, propres au saut. Anneaux de l'abdomen à arceaux pouvant se distendre peu (*Pulicides*) ou énormement (*Sarcopsyllides*).

A. **Pulicidés.** — *Tête petite, palpes labiaux quadriarticulés; un pygidium.*

Puces (*Pulex*). Vivent en parasites temporaires sur l'Homme, sur divers Mammiferes (*P. irritans*). Corps caréne aux faces dorsale et ventrale. La femelle, plus grande que le mâle, monte sur le dos de celui-ci lors de l'accouplement. Elle pond ses œufs (de 8 à 12) dans les fentes des parquets, le linge sale, etc. L'évolution totale dure environ un mois. Larve vermiforme, broyeuse, comprenant la tête et 13 anneaux. La tête porte deux yeux et une corne frontale qui lui sert a percer la coque de l'œuf. Une dizaine de jours après sa naissance, la larve se tisse un petit cocon blanc et se transforme en nymphe; celle-ci, au bout du même temps, donne l'animal parfait. Piqûre désagréable, à tache persistant sous la pression du doigt. Pour se préserver des Puces, quand elles sont abondantes, on peut s'envelopper dans une couverture de Cheval usagée, dont l'odeur les fait fuir. Quelques Pulicidés (*Hystrichopsylla, Typhlopsylla*) sont aveugles, ils vivent sur des Insectivores ou des Rongeurs. La Puce du Chien (*P. Canis*) et celle du Chat (*P. Felis*) ne s'établissent que passagerement sur l'Homme.

B. **Sarcopsyllidés** (σάρξ, chair ; ψύλλα, puce). *Tête relativement grosse; palpes labiaux biarticules ; pas de pygidium.*

Chiques (*Sarcopsylla*). La Chique (*S. penetrans*), de l'Amérique intertropicale, actuellement transportée en Afrique, est plus petite que la Puce commune, ce qui lui permet de penétrer par les plus minces interstices des chaussures et des vêtements; elle se tient dans les bois et au voisinage des habitations. La femelle fécondée s'introduit sous la peau des membres inférieurs (surtout le pied) de l'Homme et de divers Mammifères (Chiens, Porcs, Moutons, Bœufs, Chevaux, etc.). Elle se gorge alors de sang et son abdomen atteint le volume d'un pois. Après la ponte, les larves donnent lieu à un ulcère. Pour tuer l'Insecte, on le pique avec une aiguille ou on frotte d'essence de térébenthine les parties où il s'est réfugié. Le meilleur moyen est d'énucléer le parasite; mais il faut avoir soin de ne pas percer l'abdomen de la chique, car alors les œufs se répandraient dans la plaie et ne pourraient qu'augmenter l'inflammation. L'œuf se développe à terre. Larve et nymphe assez semblables à celles de la Puce.

ORDRE IX. **Aptérygogènes** (ἀπτέρυγος, dépourvu d'ailes; γενεά, naissance) ou **Thysanoures.** — *Insectes amétaboliens, aptères, à abdomen présentant parfois des membres rudimentaires et terminé par des appendices sétiformes, à organes sexuels débouchant dans le rectum.*

Les Aptérygogènes sont les Insectes les plus primitifs. L'absence d'ailes est chez eux originelle, et non pas le fait d'une régression, comme chez les autres Insectes aptères. Ils sont petits; leurs yeux

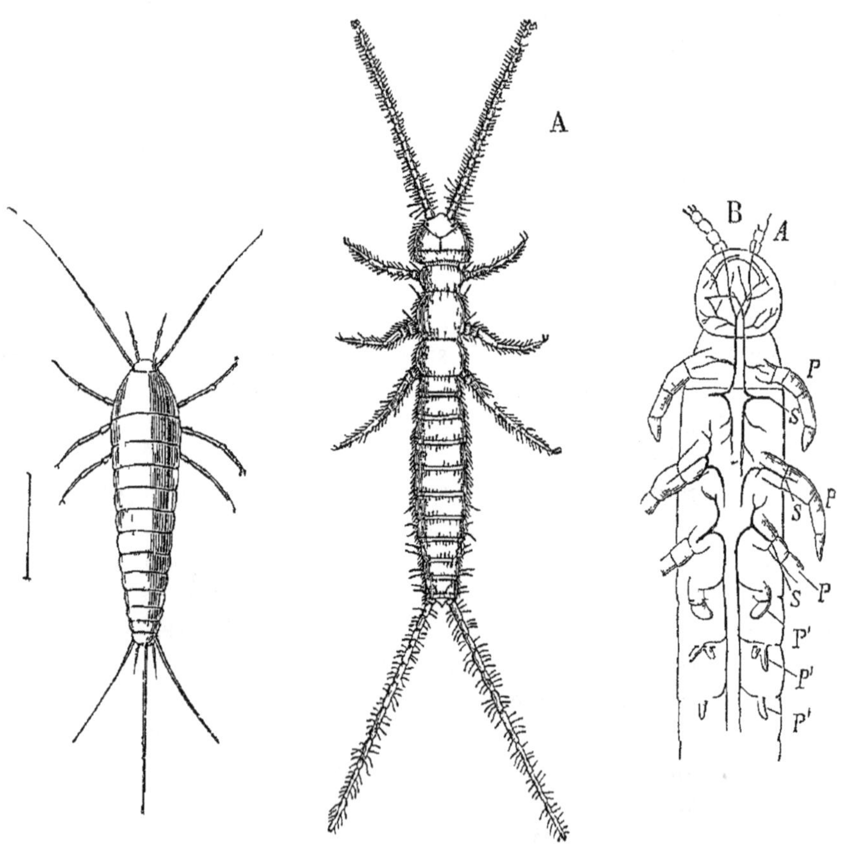

Fig. 504. — Lépisme du sucre.

Fig. 505 — *Campodea staphylinus* — En B, partie antérieure vue par la face ventrale. — *A*, antennes, *S*, stigmates, *P*, pattes thoraciques, *P'*, pattes abdominales rudimentaires

sont toujours simples; leurs organes génitaux débouchent dans l'intestin. Ils se rapprochent, à certains égards, des Myriapodes, et quelques-uns (Campodéides) présentent des pattes abdominales rudimentaires (fig. 505, B).

A. **Lépismidés** (λεπις, écaille). — *Corps couvert d'écailles brillantes. Coureurs.*

Lépismes (*Lepisma*). Yeux simples. *L. saccharina*, vulgairement « petit Poisson d'argent », attaque les substances sucrées et le linge dans nos armoires (fig. 504). — Machiles (*Machilis*). Yeux composés, habitent les lieux pierreux; des appendices abdominaux mobiles, servant à la locomotion; peuvent sauter avec les filaments terminaux de leur abdomen.

B. **Poduridés** (ποῦς, pieds; οὐρά, queue). — *Corps velu ou écailleux, terminé par une fourche repliée en dessous; 6 ou 7 segments abdominaux au plus. Sauteurs.*

Podures (*Podura*). Lieux humides (fig. 402). — Desories (*Desoria*). *D. glacialis* « Puce des Glaciers » vit sur les glaciers des Alpes.

C. **Campodéidés** (κάμπη, chenille). — *Corps non écailleux, pourvu de courtes pattes sur les premiers segments de l'abdomen. Marcheurs.*

Campodes (*Campodea*). Considérés comme les plus rapprochés de la forme souche des Insectes (fig. 505).

CLASSE II. — MYRIAPODES (1).

Trachéates munis d'une paire d'antennes et de nombreuses paires de pattes.

Corps divisé en deux régions : *tête* et *tronc*. Tête portant des yeux simples, plus rarement composés, quelquefois nuls; une paire d'antennes et trois paires de gnathites, dont une paire de mandibules non palpigères. Tronc formé de nombreux anneaux (9 seulement chez *Pauropus*), composés chacun de deux arceaux, l'un tergal (très développé chez les **Chilognathes**), l'autre ventral. Chaque anneau porte une paire (**Chilopodes**) ou deux paires (**Chilognathes**) de pattes semblables, ne permettant pas la division de la partie post-céphalique (*tronc*) en thorax et abdomen. La différence entre les **Chilopodes** et les **Chilognathes**, au point de vue du nombre des pattes, a été attribuée à ce que les segments se seraient, chez les **Chilognathes**, soudés deux à deux; mais cette hypothèse n'est pas démontrée. Jamais d'ailes. Animaux terrestres, vivant dans les lieux sombres et humides.

MYRIAPODES { 1 paire de pattes à chaque anneau........ CHILOPODES.
2 paires de pattes sur la plupart des anneaux. CHILOGNATHES.

(1) μυρίος, innombrable, ποῦς, pied.

Appareil locomoteur. — Chez les *Chilognathes*, les pattes s'insèrent près de la ligne mediane. Celles de la premiere paire se dirigent en avant, mais ne se terminent jamais par une griffe venimeuse. Les trois premiers anneaux post-cephaliques (*anneaux thoraciques*) n'ont chacun qu'une paire de pattes ; il en est de même pour quelques anneaux suivants. Tous les autres segments portent deux paires de pattes.

Chez les *Chilopodes*, chaque anneau ne porte qu'une paire de pattes. Celles-ci s'inserent sur le bord de la face ventrale et sont formées de sept articles. Le tarse est géneralement biarticule et terminé par un crochet. La dernière paire de pattes, plus allongee que les autres, s'insère au bord postérieur du dernier anneau.

Appareil digestif. — Chez les *Chilopodes* (lèvre à palpes pediformes), l'armature buccale comprend : un labre, une paire de mandibules, une paire de mâchoires, une lèvre inférieure à palpes pédiformes. En arrière de la bouche, une plaque mediane (*mentonniere*) porte, sur les côtés, une paire de pattes ravisseuses biarticulees (*forcipules*), terminees par un crochet mobile. Les forcipules forment de véritables pinces à mouvements lateraux ; elles sont chacune en rapport avec une glande venimeuse. Celle-ci est tubuleuse et son conduit vecteur vient deboucher au fond d'un sillon, près de la pointe du crochet. Autour d'elle se trouvent des masses musculaires, qui, en la comprimant, expulsent son contenu. Chez les *Chilognathes* (lèvre mâchoire), l'armature buccale se compose d'un labre, d'une paire de mandibules, d'une plaque médiane formee par la soudure des mâchoires en une lèvre inférieure. Quelquefois les organes masticateurs sont remplaces par un suçoir conique.

Le tube digestif, généralement rectiligne, se compose d'un œsophage accompagné quelquefois d'un jabot ; d'un estomac pourvu de nombreuses glandes en cæcum ; d'un intestin qui s'élargit dans sa portion terminale et aboutit à l'anus situé à l'extrémité du corps. Les glandes salivaires sont surtout developpées chez les Chilopodes.

Appareil circulatoire. — Analogue à celui des Insectes. Cœur ayant la forme d'un long vaisseau dorsal. L'hémolymphe, apres avoir baigne les organes, se rassemble surtout dans un sinus qui entoure complètement la chaîne ventrale, comme chez les Annélides

Appareil respiratoire. — Trachées formant deux longs tubes lateraux et recevant l'air par des stigmates, tantôt latéraux ou dorsaux (*Chilopodes*), tantôt ventraux (*Chilognathes*). Dans ce dernier cas, les stigmates se trouvent en dedans de la hanche de chaque patte. Dans la premier cas, ils sont percés dans la membrane qui unit les arceaux dorsal et ventral. Pas de mouvements respiratoires visibles.

Appareil excréteur. — Deux, quatre ou six canaux de Malpighi s'ouvrant dans la partie terminale de l'intestin.

Appareil reproducteur. — Sexes séparés. Organes reproducteurs situés au-dessus (*Chilopodes*) ou au-dessous (*Chilognathes*) du

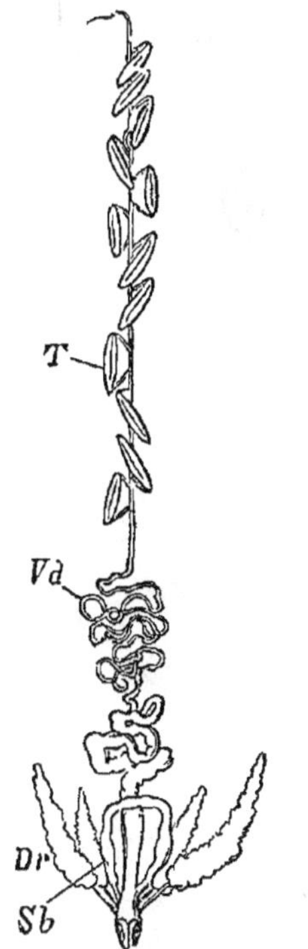

Fig 506. — Organes génitaux mâles de la *Scolopendra complanata* — *T*, testicule, *Vd*, canal déférent, *Sb*, vésicule séminale, *Dr*, glandes accessoires.

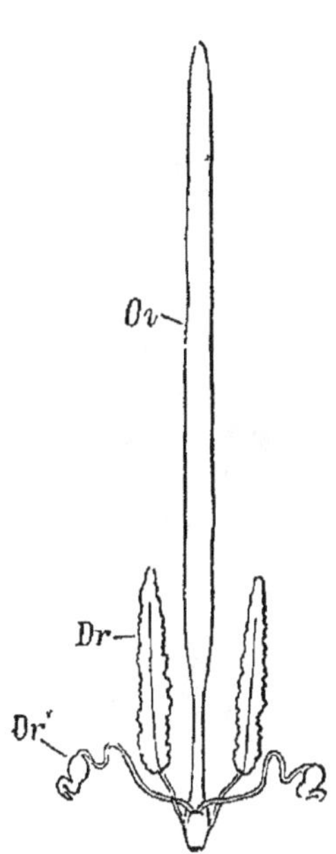

Fig 507. — Organes génitaux femelles de la *Scolopendra complanata* — *Ov*, ovaire, *Dr*, *Dr*, glandes accessoires

tube digestif; constitués par un long tube simple ou double, suivi d'un conduit vecteur également simple ou double, qui s'ouvre tantôt par un seul orifice génital situé devant l'anus, à la partie postérieure du corps (*Chilopodes*) (fig. 506 et 507), tantôt par deux orifices sexuels à la partie antérieure du corps (*Chilognathes*) (fig. 508 et 509). Des organes copulateurs, constitués par des pattes modifiées, distants des orifices sexuels, existent chez les *Chilognathes*; ils manquent aux *Chilopodes*. Chez les *Chilognathes*, au moment de l'accouplement, le mâle, après s'être recourbé en S, enduit de sperme ses organes copulateurs qu'il introduit ensuite dans les vulves de la femelle. Chez les *Chilopodes*, le mâle répand sur le sol des spermatophores que la femelle recueille dans son orifice sexuel. Celle-ci pond, le plus souvent, dans la terre. Les petits naissent tantôt apodes, tantôt munis de trois (*Chilognathes*), six ou huit paires de pattes; pendant une série de mues, ils prennent successivement un plus grand nombre d'anneaux qui apparaissent immédiatement avant l'anneau terminal.

Système nerveux. — Il présente un cerveau, un collier œsophagien et une chaîne ganglionnaire ventrale. Celle-ci forme un gan-

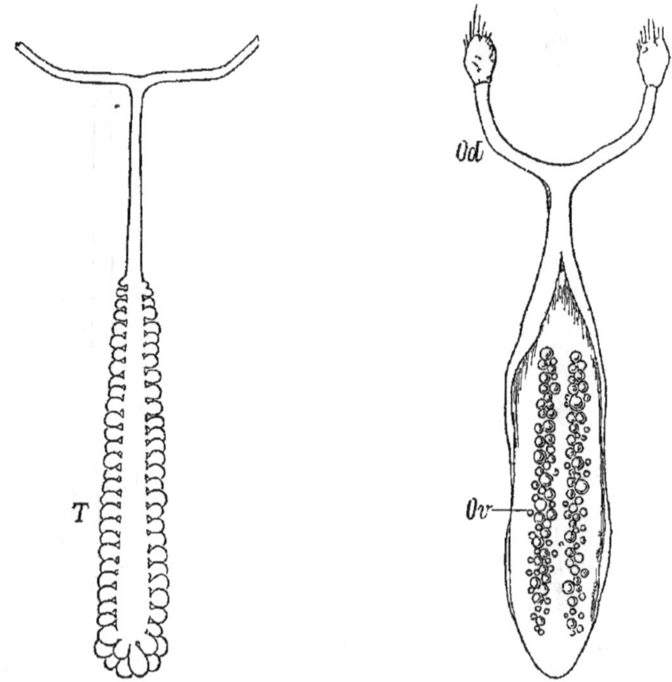

Fig 508 — Testicule et canaux déférents de *Glomeris marginata*

Fig 509 — Organes genitaux femelles de *Glomeris marginata* — *Ov*, œufs, *Od*, oviductes

glion, au niveau de chaque anneau, et est habituellement entouree d'un sinus sanguin. Il existe aussi un systeme nerveux viscéral.

Organes des sens. — Le tegument présente quelquefois des sels calcaires et acquiert une dureté pierreuse (Iules). — L'odorat siege dans les antennes. — Le goût paraît résider dans la cavité buccale. — Pas d'organes de l'ouie. — Yeux presque toujours representés par des ocelles ou des amas de points oculaires. Rarement des yeux à facettes (Scutigères); quelquefois pas d'yeux (Cryptops, Géophiles, Blaniules).

ORDRE I. **Chilopodes** (χεῖλος, lèvre; ποῦς, pied). — *Une seule paire de pattes à chaque anneau.*

Corps généralement deprime. Antennes longues, multiarticulees. Stigmates latéraux, rarement dorsaux. Deux forcipules. Orifice genital terminal. Pas d'organes d'accouplement. Surtout carnassiers; se nourrissent d'Araignees ou de petits Insectes qu'ils tuent par leur morsure envenimée.

A. ***Scutigéridés.*** — *Tarses bifides. Yeux a facettes. Stigmates dorsaux.*

Scutigères (*Scutigera*). Pattes et antennes très longues. Surtout au sud de la Loire; Afrique.

B. ***Scolopendridés.*** — *Tarses entiers. Yeux lisses. Stigmates lateraux.*

Lithobies (*Lithobius*). Appelées quelquefois « Perce-oreilles »; 15 paires de pattes. — Scolopendres (*Scolopendra*). 21 paires de pattes à tarses biarticulés (fig. 510). Les Scolopendres sont très redoutées dans les pays chauds (Sénégal; Indes; Antilles); celle du midi de la France (*S. cingulata*) détermine, par sa morsure, un gonflement

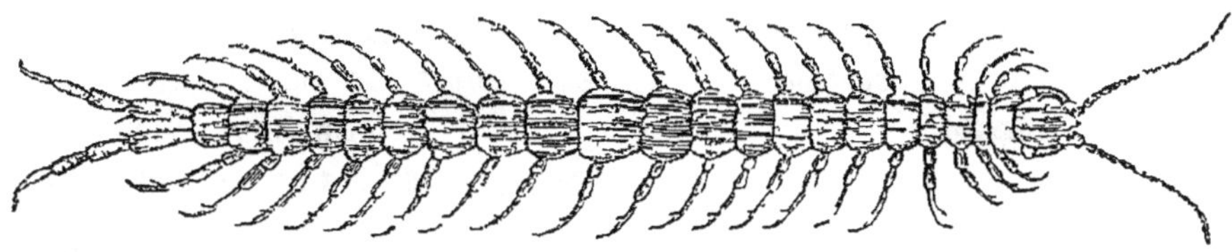

Fig 510 — Scolopendre

local accompagne d'un état fébrile passager, accidents que l'on combat au moyen de cataplasmes et de boissons chaudes. — *Cryptops*. Sorte de Scolopendres sans yeux. — Géophiles (*Geophilus*). Anneaux très nombreux; pattes courtes à tarses uniarticulés; pas d'ocelles; rongent les racines charnues; s'introduisent parfois dans les fosses nasales de l'Homme; quelques formes phosphorescentes. Europe. *G. Gabrielis*, le plus grand et le plus grêle de nos Myriapodes indigènes, a 15 centimètres de long et possède 163 paires de pattes.

ORDRE II. **Chilognathes** (1) (χεῖλος, lèvre; γνάθος, mâchoire).

— *Deux paires de pattes à chaque anneau, excepté aux trois anneaux post-céphaliques, qui portent chacun une seule paire de pattes.*

Corps plus ou moins cylindrique. Antennes courtes, à 7 articles. Stigmates ventraux. Pas de forcipules. Orifices génitaux dans la région antérieure du corps. Des organes d'accouplement. Sécrètent, par des glandes particulières, une humeur acide, d'odeur desa-

(1) Appeles encore *Diplopodes*.

gréable, qui sort par des pores dorsaux (*foramina repugnatoria*) et sert de moyen de defense. Surtout végetariens.

Gloméris (*Glomeris*). Ressemblent aux Cloportes; se roulent en boule. — Iules (*Iulus*). Vermiformes ; un amas de points oculaires ; anneaux nombreux; pattes courtes à tarses uni-articules (fig. 511) se

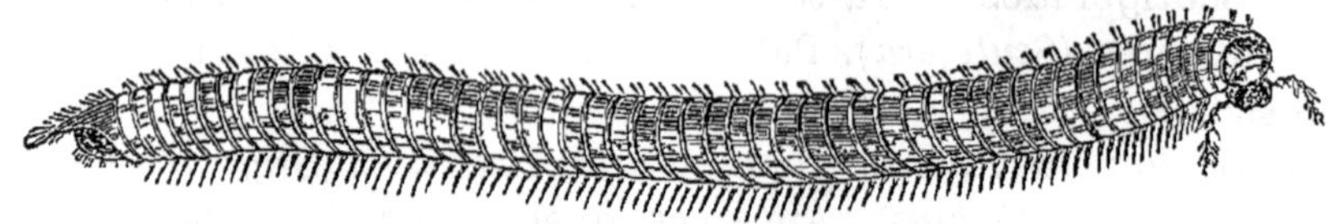

Fig. 511 — Iule terrestre

roulent en spirale lorsqu'ils sont inquiétés; ravagent quelquefois les champs de betteraves. — Blaniules (*Blaniulus*). Iules sans yeux. *B. guttulatus* se trouve assez souvent dans les fraises. — Polydesmes (*Polydesmus*). Diffèrent des Iules par leurs anneaux anguleux ; aveugles. — Polyzonies (*Polyzonium*). Ressemblent à de petits Iules deprimés ; un grand nombre d'anneaux ; bouche transformee en suçoir.

Deux autres ordres doivent être ajoutés ici : ils renferment des

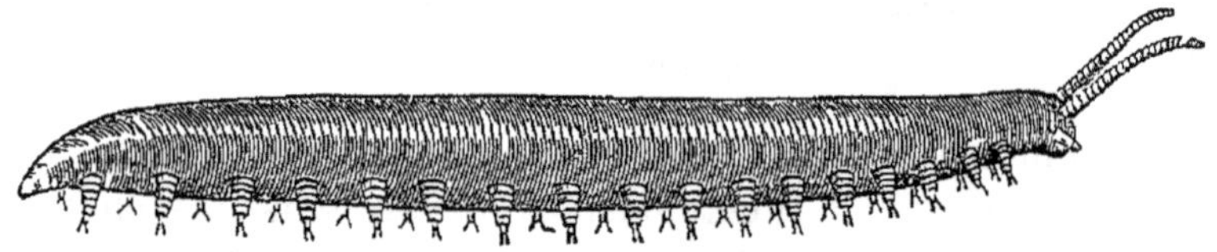

Fig 512 — *Peripatus capensis*

types primitifs de l'Amérique du Nord et de l'Europe, qui n'ont qu'une paire de mâchoires apres les mandibules. Pas de pattes-mâchoires. 1° Les Symphiles (*Scolopendrella*), petits Myriapodes à orifices génitaux postérieurs avec de grands et de petits segments dont les premiers seuls portent des pattes. 2° Les Pauropodes (*Pauropus*), qui n'ont que 7. anneaux et ne depassent pas 1 millim. Antennes à trois fouets, une paire d'appendices par anneau.

CLASSE III. — PROTRACHÉATES (1).

Arthropodes terrestres, à stigmates trachéens épars, avec des tubes excréteurs s'ouvrant a l'intérieur comme les organes segmentaires des Vers; corps vermiforme, demi-cylindrique, mou, verruqueux, compose de segments portant chacun une paire de pattes courtes, obscurément articulées et terminées par deux griffes

(1) Appelés aussi *Onychophores* (ὄνυξ, griffe).

Tête pourvue de deux antennes annelées et de deux yeux dorsaux simples (fig. 512). A la base des antennes se trouvent deux petits mamelons, au sommet desquels un orifice laisse échapper une matière visqueuse et susceptible d'être étirée en fils. Cette sécrétion constitue un moyen d'attaque et de défense. Pattes verruqueuses, obscurément articulées, terminées par deux griffes, à l'exception des deux dernières qui sont inermes et inarticulées (*papilles anales*).

Bouche munie d'une lèvre circulaire entourant deux paires de crochets (fig. 514, *K*). Un pharynx. Un œsophage. Un long estomac rectiligne suivi d'un intestin qui s'ouvre à la partie postérieure du corps (fig. 513). — Un long vaisseau dorsal. — Respiration s'effectuant par des trachées non ramifiées. Stigmates formant une double série sur les deux faces du corps, ou disséminés sur toute sa surface. — Organes excréteurs constitués par des tubes segmentaires semblables à

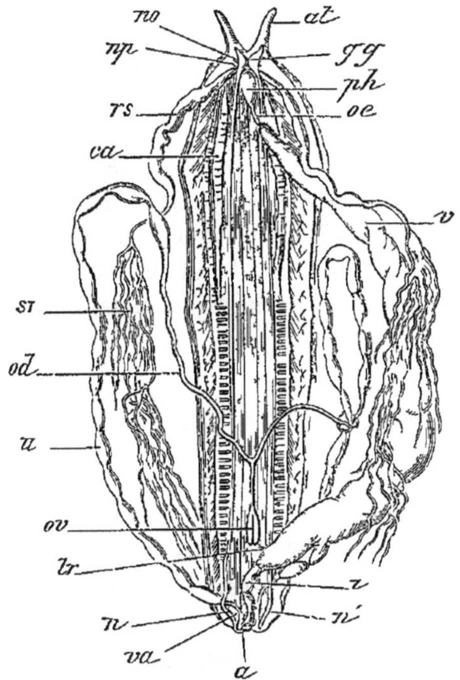

Fig. 513. — Anatomie du Péripate. — *at*, antennes, *ph*, pharynx, *oe*, œsophage, *v*, estomac, *i*, intestin, *a*, anus, *ca*, corps adipeux, *rs*, canal excréteur de la glande séricifère *sr*, *tr*, trachées, *gg*, ganglions cérébroïdes, *n*, *n'*, cordons nerveux latéraux, *no*, nerf optique, *np*, nerf papillaire, *ov*, ovaire, *od*, oviducte, *u*, utérus, *va*, vagin.

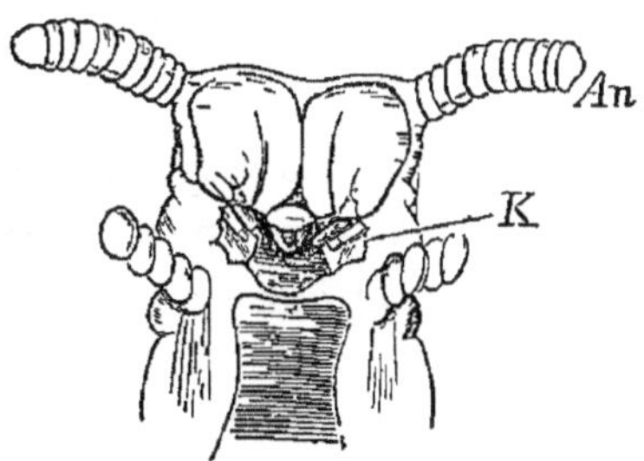

Fig. 514. — Tête d'un embryon de Péripate montrant les antennes *An*, et les mâchoires, *K*.

ceux des Annélides et s'ouvrant par une fente (*orifice segmentaire*) à la base de chaque membre.

Sexes séparés; orifice sexuel au-dessus de l'anus. — Appareil mâle formé de deux testicules tubuleux se réunissant en un canal éjaculateur qui va s'ouvrir à l'extérieur. — Appareil femelle constitué par un ovaire d'où partent deux oviductes qui se renflent en deux utérus se réunissant pour déboucher au dehors. Pas d'accouplement ni de métamorphoses. Vivipares.

Musculature presque exclusivement composée de fibres lisses, des muscles striés aux mâchoires et dans les pattes. — Système nerveux remarquable par l'absence d'un collier œsophagien et d'une chaîne ganglionnaire bien caractérisée. Un double ganglion cérébroïde d'où partent deux cordons qui contournent l'œsophage, puis s'écartent et marchent sur les côtés du corps, pour aller s'anastomoser en arrière de l'anus. Les cordons nerveux sont réunis par des commissures transversales et envoient des nerfs dans les pattes. Deux nerfs antennaires partent des ganglions cérébroïdes. Système sympathique rudimentaire, formé de deux connectifs partant des ganglions cérébroïdes et se réunissant en un filet médian sur le tube digestif.

Péripates (*Peripatus*). Seul genre du groupe. Représentés par des animaux vivant à la façon des Myriapodes et présentant des caractères qui rappellent les Annélides. Amérique du Sud; Australie, le Cap. Les diverses espèces se distinguent surtout par le nombre des pattes (17 paires chez *P. capensis*, l'espèce la plus anciennement connue).

CLASSE IV. — **ARACHNIDES** (1).

Arthropodes respirant par des trachées ou des poumons; appendices préoraux en forme de griffes ou de pinces, non en forme d'antennes; quatre paires de pattes thoraciques.

Tête soudée au thorax (excepté chez les Solifuges), toujours dépourvue de vraies antennes. 4 paires de pattes thoraciques. Jamais d'ailes. Abdomen apode.

Appareil digestif. — Les appendices préoraux (chélicères), au lieu d'avoir la forme d'antennes et d'être sensoriels, sont terminés par des griffes ou des pinces et sont des organes préhenseurs. Bouche généralement munie de deux lèvres rudimentaires, l'une supérieure, l'autre inférieure; d'une paire de mâchoires portant chacune un palpe (*palpe maxillaire*) très développé et terminé par une pince ou un crochet (fig. 515). Œsophage étroit. Estomac muni quelquefois (Aranéides, Solifuges, Acariens) de cæcums latéraux. En général des

(1) ἀραχνη, araignée

glandes salivaires. Glande digestive souvent très developpée (Scorpions; Aranéides).

Appareil circulatoire. — En général un vaisseau dorsal (*cœur*) à la région supérieure de l'abdomen. Quelquefois pas d'appareil circulatoire (Acariens, Linguatulides, Tardigrades).

Appareil respiratoire. — Respiration tantôt pulmonaire (Scorpions, Pédipalpes, Aranéides) ; tantôt tracheenne (Solifuges, Phalangides, la plupart des Acariens) ; tantôt à la fois pulmonaire et tracheenne (une partie des Araneides) ; tantôt enfin seulement cutanee (quelques Acariens, Pseudarachnes). Pas de mouvements respiratoires perceptibles. Un poumon d'Arachnide (fig. 516, *F*), est constitué par une cavité aérienne renfermant une série de lamelles chitineuses et parallèles, à l'interieur desquelles le sang circule (Mac Leod). Cette cavite s'ouvre au dehors par une fente (*pneumostome*) servant à l'entrée et a la sortie de l'air.

Appareil excréteur. — Constitué par des canaux de Malpighi qui s'ouvrent à l'extrémite de l'intestin. Souvent nul.

Appareil reproducteur. — Sexes séparés, excepté chez les Tardigrades. Glandes sexuelles ordinairement paires, à conduits vecteurs se réunissant pour s'ouvrir à la face ventrale de l'abdomen. Rarement des organes copulateurs. Quelquefois (Aranéides) les palpes des mâles introduisent le sperme dans l'orifice sexuel des femelles. Celles-ci, plus grandes que les mâles, à couleurs moins vives, sont souvent vivipares (Scorpions, Phryne, quelques Acariens). Des métamorphoses chez les Acariens et les Pseudarachnes.

Appareil locomoteur. — L'appareil locomoteur presente quatre paires de pattes. Pendant la *marche*, l'Arachnide s'appuie sur un quadrilatère de sustentation formé d'un côte par les pattes de rang pair et de l'autre par les pattes de rang impair; en même temps, elle fait mouvoir les quatre autres pattes, figurant ainsi quatre bipèdes qui se suivent et vont, ceux de rang pair du même pas, ceux de rang impair du pas contraire (Carlet). La marche s'effectue généralement en ligne droite, mais elle peut aussi se faire de côté (Araignées laterigrades). La *course* n'est qu'une marche accélerée. Le *saut* s'observe chez quelques Araignées diurnes (Saltigrades), qui, au moyen de pattes puissantes, bondissent sur leur victime. Chez les Arachnides nageuses, les pattes sont généralement ciliées (Argyronètes, Hydrachnes). Une sorte de locomotion aérienne s'observe chez quelques Araignées (Thomises) qui relèvent l'abdomen pour lancer un « fil de la Vierge » à une certaine distance et se laissent ensuite entraîner par lui au gre des vents.

Système nerveux. — Le système nerveux central est caractérisé par la coalescence des ganglions thoraciques. Il présente une chaîne ganglionnaire chez les Scorpions et est réduit au collier œsophagien chez les Acariens.

Organes des sens. — Pas d'organes auditifs connus d'une façon bien certaine (1). Yeux simples et sessiles, situés sur le sommet du céphalothorax, en

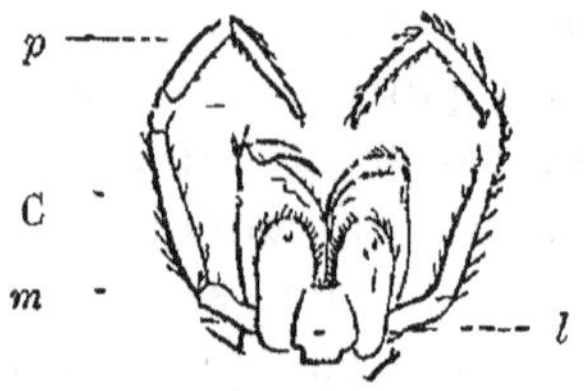

Fig 515 — Bouche d'Araignée — C, chélicères, m, mâchoires, p palpe, l, levre inférieure

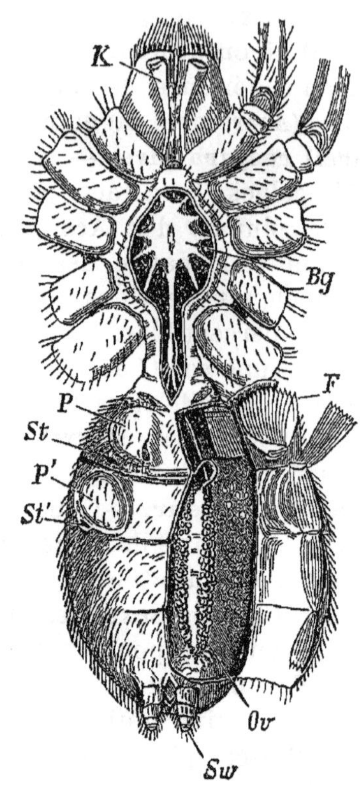

Fig 516 — Face inférieure de la Mygale, une partie de la peau de l'abdomen renversée en dehors et le plastron largement perforé — K, chélicères, Bg, masse ganglionnaire thoracique, P, P', poumons, F, lamelles des poumons, St, St, stigmates, Ov, ovaire, Sw, filières avec l'anus au milieu

nombre variable (2 à 12); manquant chez beaucoup d'Acariens.

Mœurs. — Les Arachnides se nourrissent généralement de proies vivantes dont ils sucent le sang, rarement de sucs végétaux

Fig 517 — Représentation, par quatre Hommes, de la marche des Arachnides

(1) Chez les Aranéides, on observe, sur les pattes et les palpes, des organes microscopiques en forme de lyre (*organes lyriformes*) que l'on a regardés comme servant à l'audition Chez les Ixodes, on a signalé des otocystes dans le segment terminal de la première paire de pattes.

Beaucoup sont malfaisants ; un certain nombre vivent en parasites sur le corps des animaux ; la plupart se cachent pendant le jour et chassent pendant la nuit.

Deux sous-classes (*Autarachnes*, *Pseudarachnes*) basées sur la présence ou l'absence d'un appareil respiratoire. Six ordres.

ARACHNIDES.
- **Autarachnes.**
  - Abdomen articulé (ARTHROGASTRES)
    - Tête distincte, thorax annelé ..... . SOLIFUGES.
    - Céphalothorax tout d'une pièce.
      - Abdomen aplati de 10 ou 13 anneaux.
        - Première paire de pattes normale.
          - Un aiguillon caudal. ... SCORPIONS.
          - Pas d'aiguillon caudal . . PSEUDOSCORPIONS.
        - Première paire de pattes prolongée en forme d'antennes. . .. . PÉDIPALPES.
      - Abdomen ovoïde de 6 anneaux... PHALANGIDES.
  - Abdomen non segmenté (HOLOGASTRES).
    - Réuni au céphalothorax par un pédicule grêle.... . .. . ARANEIDES.
    - Soudé au céphalothorax. . . .. . ACARIENS.
- **Pseudarachnes.**
  - Corps vermiforme; sexes séparés . LINGUATULIDES.
  - Corps muni de 4 pattes en forme de mamelons; hermaphrodites.. . .. . TARDIGRADES.

SOUS-CLASSE I. — **AUTARACHNES.**

§ 1. **Arthrogastres.**

ORDRE I. **Solifuges** (*sol*, soleil; *fugere*, fuir). — *Arthrogastres trachéens, à thorax formé de segments distincts.*

Galéodes (*Galeodes*). Chelicères énormes (fig 518), terminées par de puissantes pinces verticales ; palpes très développés, sans griffes et fonctionnant comme pattes ambulatoires. Les trois dernières paires de pattes terminées par deux griffes (1). Thorax à trois articles. Ressemblent à de grosses Araignées ; ont été considerés, mais à tort, à cause de la constitution de leur thorax comme formant la transition des Arachnides aux Insectes ; attaquent les petits animaux ; passent pour venimeuses. Pays chauds.

(1) La dernière paire de pattes porte des appendices lamelleux de forme triangulaire, au nombre de cinq a chaque patte. On ignore leurs usages.

ORDRE II. **Phalangides** (φαλάγγιον, tarentule). — *Anthrogastres tracheens, a céphalothorax inarticule. Abdomen segmente. Mâchoires à palpes très développées.*

Faucheurs (*Phalangium*). Chelicères à pinces didactyles et verti-

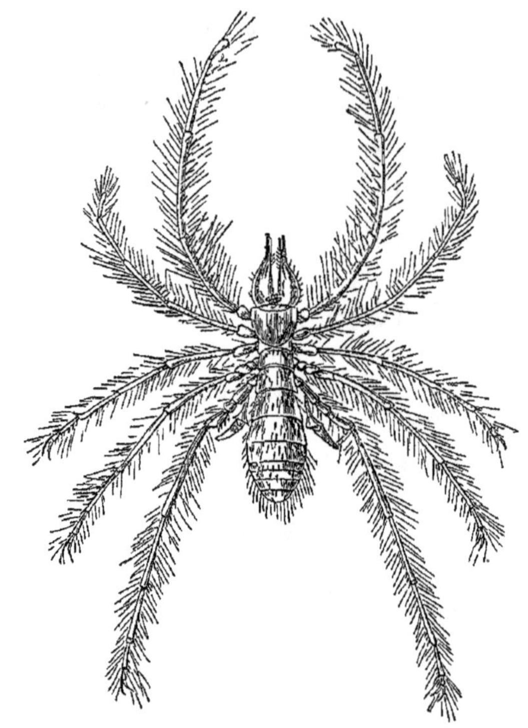

Fig 518. — *Galeodes araneoides*, type des Solifuges

cales; palpes simples, termines par une griffe. Une seule paire de

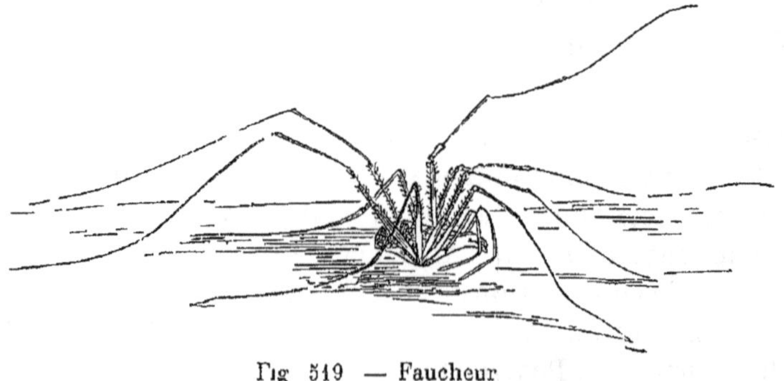

Fig 519 — Faucheur

stigmates. Ressemblent à des Araignées à pattes très longues et grêles (fig. 519).

ORDRE III. **Pseudoscorpions.** — *Arthrogastres trachéens à céphalothorax inarticulé. Abdomen articulé. Chélicères et mâchoires avec des pinces didactyles. Taille petite* (fig. 520).

Pinces (*Chelifer*). Pas de glande à venin; des filières. Deux paires de stigmates. Ressemblent à de très petits Scorpions à abdomen arrondi (faux Scorpions). Dans les vieux livres et les herbiers.

ORDRE IV. **Scorpions.** — *Arthrogastres pulmones, a chelicères et mâchoires* (pinces) *didactyles.*

Céphalothorax inarticulé, portant des yeux en nombre variable. Chelicères triarticulées, non venimeuses. L'article moyen presente une apophyse interne (*doigt fixe*) qui forme une pince horizontale

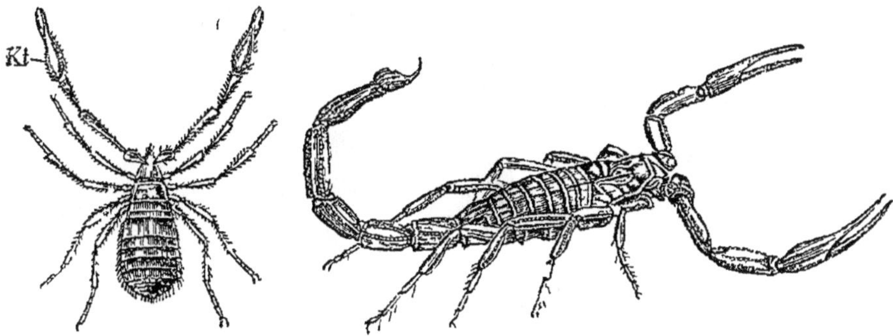

Fig 520 — *Chelifer Bravaisii* — *Kt*, palpes maxillaires

Fig 521. — Scorpion

avec l'article terminal (*doigt mobile*), disposition inverse de celle de la pince des Crustaces, dont la branche interne, au contraire, est seule mobile. Mâchoires très grandes, formees de six articles dont le basilaire (*hanche*) sert à la mastication ; elles se terminent par de grosses pinces. Les pattes vont en augmentant de longueur, de la première à la dernière. Chacune d'elles comprend sept articles. Hanches des deux dernières paires de pattes comprenant entre elles un espace (*sternum*) d'une grande importance taxonomique (fig. 522). Abdomen sessile, composé d'une partie antérieure large, à sept anneaux (*preabdomen*), et d'une partie postérieure caudiforme (*postabdomen*), comprenant six anneaux. Le preabdomen contient quatre paires de poumons, la glande digestive, le cœur et les organes génitaux. Il presente, à la partie antérieure de sa face ventrale, l'orifice génital, que protège un opercule mobile et que bordent latéralement une paire d'organes denticulés (*peignes*) caractéristiques. Le dernier anneau du postabdomen renferme un appareil venimeux. Celui-ci se compose d'un dard recourbé et de deux glandes hémispheriques renfermées dans la partie renflée de l'anneau et appliquées l'une contre l'autre par leur face plane. Chacune de ces glandes a un canal excréteur qui debouche près de l'extrémité du dard. L'expulsion du venin se fait par la contraction de fibres musculaires qui entourent les glandes venimeuses. Le venin est acide et

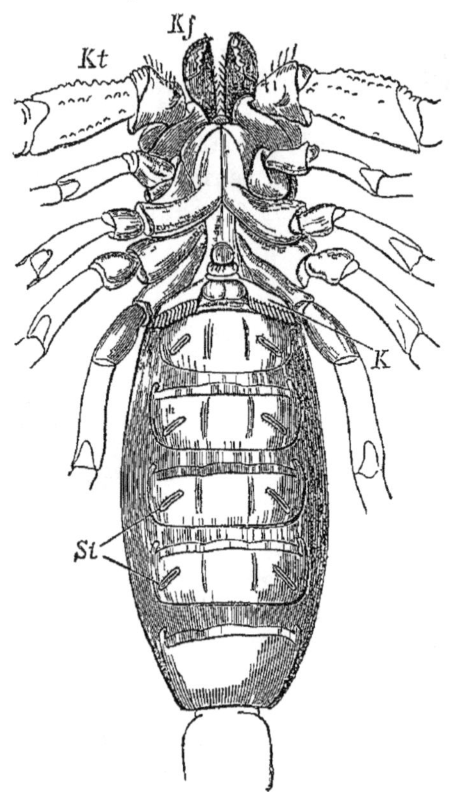

Fig. 522 — Cephalothorax et abdomen d'un Scorpion (*Heterometrus africanus*) : — *Kf*, chéliceres, *Kt*, pattes-machoires, en arriere, pattes, et, a leur base, pieces sternales, *K*, peigne, *St*, stigmates.

conserve son activité apres la dessiccation. Il excite d'abord les centres nerveux, puis paralyse les extrémites péripheriques des nerfs moteurs (Bert; Joyeux Laffuie). La piqûre des Scorpions est rarement suivie de mort chez l'Homme, mais elle est douloureuse, les accidents qu'elle produit sont très atténués par des lotions de la plaie avec de l'eau ammoniacale ou pheniquée. Chez les Mammifères de petite taille et les Oiseaux, la mort arrive assez rapidement; elle est presque immédiate chez les Insectes et les Arachnides. Les Scorpions se nourrissent surtout d'Insectes qu'ils saisissent avec leurs pinces et percent de leur dard, après avoir redressé leur postabdomen : ils piquent toujours en avant de leur tête. Les Scorpions habitent les contrées chaudes des deux continents

Buthus (*Buthus*). Sternum triangulaire ; peigne à dents nombreuses. *B. europæus* se trouve dans le midi de la France, surtout du côté des Pyrénées. — Scorpions proprement dits (*Scorpio*). Sternum tétragonal ou pentagonal ; peigne à dents peu nombreuses. *S. africanus* est le plus grand des Scorpions (18 centimètres). *S. flavicauda*, brun en dessus (au plus 4 centimètres), habite tout le midi de la France et s'avance jusqu'à Grenoble. S. *carpathicus*, fauve en dessus (au plus 3 centimètres), se trouve dans le midi de la France, surtout du côté des Alpes. — Bélisaire (*Belisarius*). Ressemble au précédent, mais est aveugle. Pyrénées orientales.

ORDRE V. **Pédipalpes** (*pes*, pied, *palpus*, palpe). — *Arthrogastres pulmonés, à chélicères monodactyles ; pattes antérieures allongées en fouets.*

Céphalothorax inarticulé. Chélicères probablement venimeuses. Pattes antérieures allongées, antenniformes. 2 paires de poumons.

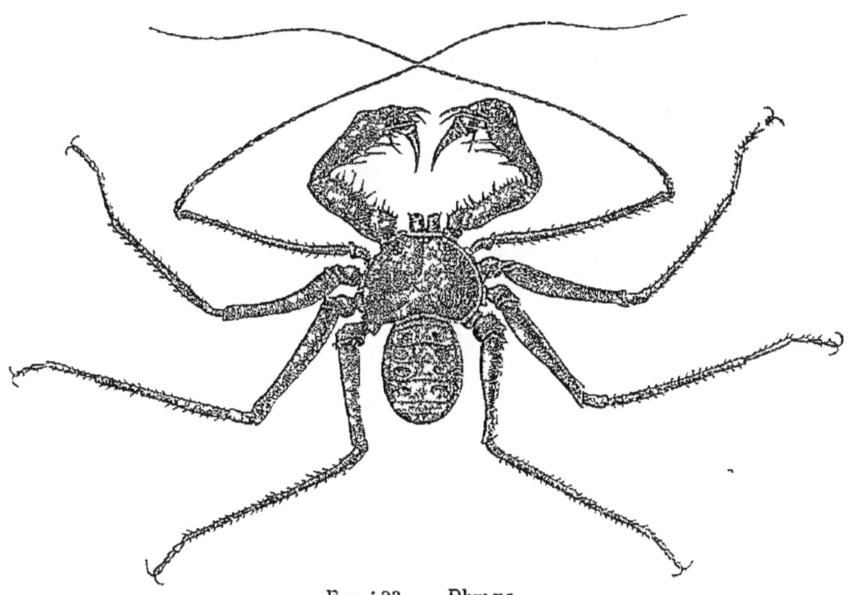

Fig 523. — Phryne

Pas d'aiguillon ; pas de peignes. Transition des Araignées aux Scorpions. Régions tropicales.

Thelyphones (*Thelyphonus*). Abdomen de 12 anneaux, suivi d'un fouet (postabdomen) très aminci. Palpes didactyles. Java. — Phrynes (*Phrynus*). Ressemblent aux Araignées plus qu'aux Scorpions (fig. 523). Abdomen ovoïde, palpes munis de griffes. Amérique.

§ 2. — Hologastres.

ORDRE VI. **Aranéides.** — *Arachnides à abdomen inarticulé, pédiculé et pourvu de filières.*

Céphalothorax inarticulé. Chelicères biarticulées, terminées par un crochet mobile, près de la pointe duquel debouche le conduit vecteur d'une glande venimeuse. Cette glande est piriforme et présente extérieurement une couche musculaire spirale, qui, en se contractant, expulse le venin. Elle peut être renfermée dans la chélicère, dans celle-ci et le céphalothorax, ou être tout entière dans ce dernier. Le venin est acide et très rapidement mortel pour les Insectes. Pour l'Homme, il est le plus souvent inoffensif, mais peut agir sur le système cérébro-spinal. Mâchoires larges, à mouvements latéraux. Pal-

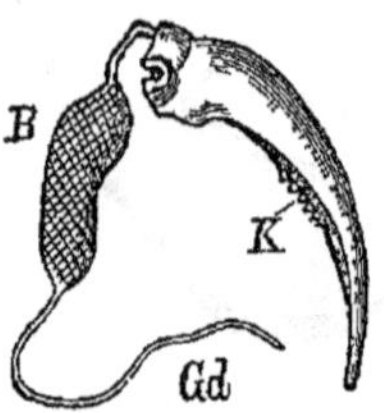

Fig. 524. — Glande venimeuse et griffe d'une chélicère de Mygale. — *K*, griffe, *Gd*, glande venimeuse, *B*, réservoir de la glande.

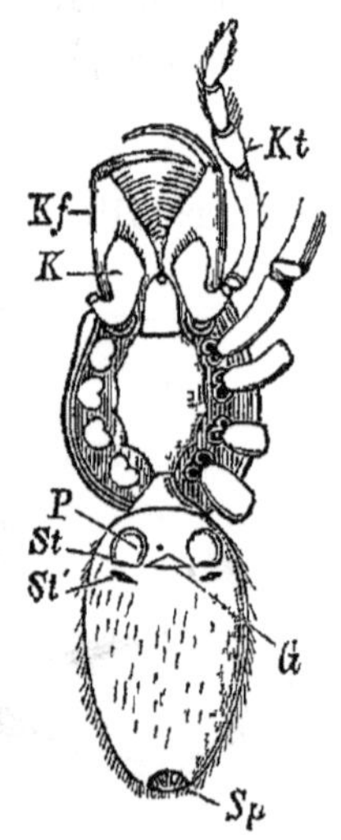

Fig. 525. — Araignée (*Dysdera erythrina*) vue par la face ventrale. — *Kf*, chélicères, *Kt*, palpes maxillaires, *K*, lobe masticateur des mâchoires. *P*, poumons. *St*, leurs stigmates, *St'*, stigmates postérieurs conduisant dans les trachées, *G*, orifice génital, *Sp*, filières.

pes pluriarticulés, pédiformes chez les femelles, à dernier article de conformation spéciale chez les mâles et servant d'organe copulateur.

Œsophage suivi d'un *jabot* se dilatant sous l'action de muscles transversaux et d'un muscle vertical qui rattache sa face supérieure aux téguments dorsaux (fig. 526). Au jabot fait suite une dilatation, le *proventricule*, qui envoie en avant deux cæcums, entourant le muscle aspirateur du jabot, et arrivant à se souder en avant de ce muscle, de façon à produire un canal annulaire. De ce canal, partent latéralement 5 paires de cæcums (*Ms*) qui se recourbent à la base des palpes maxillaires et des pattes ; à la suite du proventricule, vient le véritable estomac (*ventricule chylifique*), où débouchent les conduits (*L*) de la glande digestive. L'intestin est rectiligne et reçoit deux

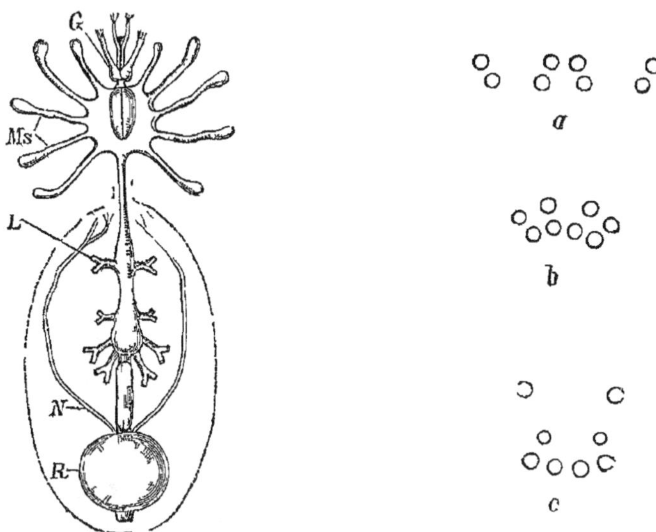

Fig 526 — Canal digestif de Mygale — *G*, cerveau, *Ms*, diverticules de l'estomac, *L*, canaux hépatiques, *N*, tubes de Malpighi, *R*, rectum.

Fig 527 — Mode de répartition des yeux dans diverses Araignées : — *a*, Épeire, *b*, Tégénaire, *c*, Saltique.

tubes excréteurs ramifiés (*N*) renfermant de la guanine. Il se renfle en une ampoule rectale (*R*) et aboutit à un anus bilabié.

Le vaisseau dorsal, indivis, présente trois paires d'ouvertures latérales et est entouré d un sinus péricardique. A la face ventrale de l'abdomen se trouve l'orifice sexuel, sur la ligne médiane (fig. 525, *G*) et, de chaque côté, une ou deux paires de pneumostomes (*St*). Quelquefois la seconde paire de ces orifices conduit dans un système de trachées (Ségestrie, Argyronète) ou forme un stigmate médian (Epeires). L'abdomen renferme, en outre, la glande digestive, les organes sexuels et des glandes séricigènes, dont la sécrétion, servant à former des fils, des toiles ou des sacs ovifères, s'écoule par des mamelons (*filières*) criblés de petits trous (fig. 516, *Sw*) (1).

(1) Les filières sont constituées par deux paires (Tetrapneumones) ou trois paires (Dipneumones) de mamelons bi ou triarticulés, disposés autour de l'anus. Les glandes séricigènes sont très nombreuses (plus de mille chez

1er **Sous-ordre. — Tétrapneumones.** — *4 poumons, 4 filières (rarement 6). Crochets des chélicères recourbés en bas.*

Mygales (*Mygale*) (fig. 516). Araignées géantes habitant des tubes qu'elles tissent dans les fentes des arbres ou entre les pierres. Piquent aux pieds les Chevaux, plus rarement l'Homme, et occasionnent une vive sensation de brûlure. Amérique du Sud. — Cténizes (*Ctenıza*). Habitent des tubes souterrains fermés par un opercule mobile. Europe méridionale.

2e **Sous-ordre. — Dipneumones.** — *2 poumons, 6 filières. Crochets des chélicères recourbés en dedans.*

I. *VAGABONDES. — Yeux disposés sur 3 rangées transversales* (fig. 528, *B*).

Chassent leur proie sans tisser de toiles ; fabriquent des sacs ovifères.

A. ***Saltigrades*** ou ***Araignées sauteuses.*** Les deux yeux du milieu de la rangée antérieure plus gros que les autres (fig. 527, *c*) ; pattes non terminées par des griffes. Bondissent sur leur proie ; fixent leur sac ovifère sur les pierres et les plantes. — Saltiques (*Salticus*). — Myrmécies (*Myrmecia*).

B. ***Citigrades*** ou ***Araignées coureuses.*** Les deux yeux du milieu de la rangée antérieure petits ; pattes terminées par une griffe. Marchent ou courent droit sur leur proie ; tapissent de soie des anfractuosités sous les pierres ; se tiennent sur leur sac ovifère ou le portent fixé à l'abdomen ; prennent soin de leurs petits. — Dolomèdes (*Dolomedes*). Grosses Araignées des lieux humides et marécageux, poursuivant leur proie jusque sur les eaux, mais ne plongeant pas. — Lycoses ou Araignées-Loups (*Lycosa*). Araignées des régions chaudes, munies de filières courtes et cachées. La Tarentule (*L. tarentula*) vit surtout aux environs de Tarente, dans des trous souterrains ; elle passe à tort pour déterminer, par sa piqûre, une maladie spéciale (*tarentisme*) dont on ne pourrait guérir que par une danse particulière (*tarentelle*) aux accords de la flûte ou de la guitare.

II. *SEDENTAIRES. — Yeux disposés sur 2 rangées transversales* (fig. 527, *b*).

A. ***Latérigrades.*** Marchent de côté et à reculons. Yeux disposés sur deux lignes en forme de croissant ; pattes avec deux griffes supérieures pluridentées. Construisent une toile rudimentaire servant à réunir des feuilles au milieu desquelles elles se tiennent et dépo-

Epeira diadema). Elles produisent un liquide visqueux qui se solidifie rapidement à l'air.

sent leur sac ovifère. — Thomises (*Thomisus*). Pattes dépourvues de touffes de poils entre les griffes (fig. 528 *C*). *T. viaticus* produit les «fils de la vierge». quelquefois tres nombreux dans l'air, en automne. — Philodromes (*Philodromus*). Deux fortes touffes de poils entre les griffes.

B. ***Tubitèles***. Filent des toiles horizontales, avec un réduit en forme

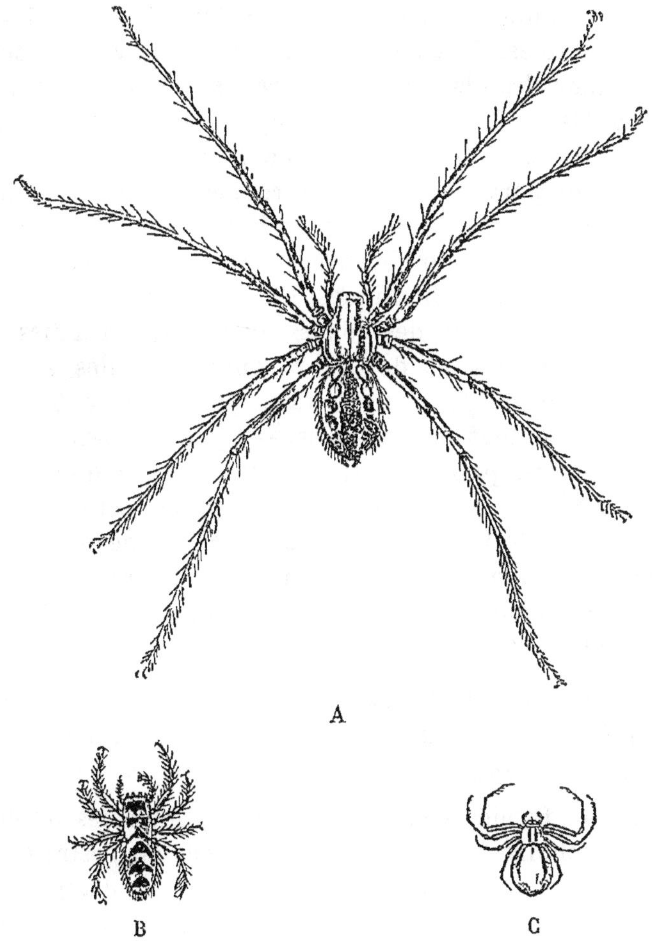

Fig 528 — A, *Tegenaria domestica* femelle — B, *Salticus scenicus* femelle — C, *Thomisus citreus* femelle

de tube, dans lequel elles se tiennent. — Ségestries (*Segestria*). Six yeux. L'Araignee de cave (*S. cellaria*) est une des especes les plus communes. — Argyronètes (*Argyroneta*). L'Araignée d'eau (*A. aquatica*) file dans l'eau une cloche qu'elle fixe sur les plantes et qu'elle habite, après l'avoir remplie d'air. — Tégénaires (*Tegenaria*). Une griffe inférieure non dentée. *T. domestica* (fig. 528 *A*) est cosmopolite et établit sa toile triangulaire dans tous les coins mal entretenus des habitations.

C. ***Rétitèles*** ou ***Inéquitèles.*** Tissent des toiles irrégulières en réseau dont les fils se croisent en tous sens; elles se tiennent sur la toile même. — Pholques (*Pholcus*). Chélicères soudées à la base. — Théridions (*Theridium*). Chélicères libres. Quatre yeux médians en carré. *T. benignum* entoure les raisins d'une toile fine, qui les protège contre les Insectes. *T. civile* s'établit dans les cavités des pierres de taille et tend des fils qui, en s'imprégnant de poussière, salissent les monuments. — *Latrodectes.* Chélicères libres; yeux disposés sur deux lignes droites. La Malmignathe (*L. tredecimguttatus*) est d'un noir de poix et porte treize taches rouges sur l'abdomen: elle se tient parmi les pierres et fait un véritable carnage de Sauterelles ou de Criquets. La peur qu'inspire sa morsure ne paraît pas basee sur des observations authentiques. Europe méridionale.

D. ***Orbitèles.*** Tissent des toiles verticales, arrondies, formées de fils concentriques et de fils rayonnants; elles se fixent au centre de la toile ou dans une retraite peu éloignée. Tarses munis de trois griffes dentées ou pectinées. — Epeires (*Epeira*). Mâchoires courtes; première paire de pattes plus longue que les autres. L'Araignée diadème ou porte-croix (*E. diadema*) est commune dans toute l'Europe et doit son nom à la tache en forme de croix qu'elle porte sur l'abdomen. — Gastéracanthe (*Gasteracantha*). Abdomen armé d'épines plus ou moins longues. — Tétragnathes (*Tetragnatha*). Mâchoires longues; abdomen allongé.

ORDRE VII. **Acariens** (ἄκαρι, ciron). — *Petits Arachnides à corps inarticulé, muni de pattes. Pièces buccales disposées pour mordre ou sucer. Des métamorphoses.*

Chélicères en forme de stylets rétractiles, de griffes ou de pinces didactyles. Mâchoires formant habituellement un rostre ou suçoir, sur les côtés duquel se trouvent les palpes. Pas d'appareil circulatoire. Respiration trachéenne ou cutanée. Subissent, presque tous, des métamorphoses caracterisées par la naissance d'une larve hexapode, à laquelle manque la dernière paire de pattes et qui arrive à sa forme définitive par des mues successives. La femelle subit, après l'accouplement, une dernière métamorphose pour passer à l'état de femelle ovigère. La plupart vivent en parasites sur les animaux, dont ils sucent le sang ou la sérosité, plus rarement sur les plantes. Terrestres ou aquatiques. Les Acariens étaient designes anciennement sous les noms de *Cirons* et de *Mites*, suivant qu'ils se trouvaient sur des êtres vivants ou sur des matières mortes. Ces désignations, considérées ensuite comme synonymes, ne sont plus employées. Le genre *Acarus* de Linné, qui a donné son nom à l'ordre, a lui-même disparu, par suite de son démembrement en plusieurs autres genres.

A. ***Gamasidés***. Acariens aveugles, ovipares ou vivipares, munis d'une paire de stigmates à péritrème tubulaire, situés près des pattes postérieures. — Gamase (*Gamasus*). Tégument coriace; un bouclier sternal bien développé (fig. 529). Vivent, à l'âge adulte, sur les Mammifères et les Oiseaux. La larve se trouve souvent sur les Insectes et, en particulier, sur les Coléoptères. — Dermanysses (*Dermanyssus*). Tégument

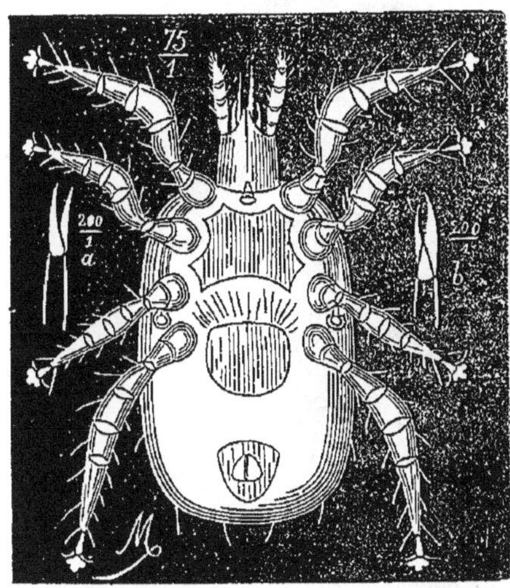

Fig. 529. — Gamase.

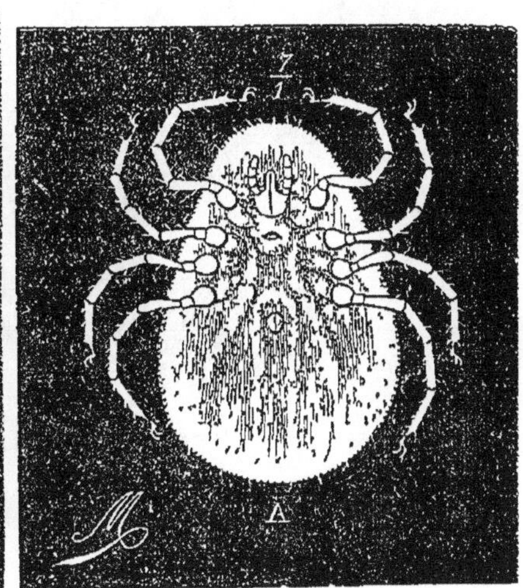

Fig. 530. — Argas.

mou, finement strié; sternum mince. Le D. des poulaillers (*D. Gallinæ*) attaque souvent les filles de ferme.

B. ***Ixodidés***. Acariens aveugles ou non, possédant un rostre garni de crochets récurrents et une paire de stigmates à péritrème discoïde, en écumoir. Pattes à six articles. Ovipares. — Tiquets (*Ixodes*). Rostre terminal. Ricin ou Tiquet des Chiens (*I. Ricinus*), la femelle à jeun a le corps très aplati; fécondée et repue, elle ressemble à une graine de Ricin. Les Ricins n'attaquent que rarement l'Homme; on s'en débarrasse en arrosant la peau avec un peu de benzine ou d'essence de térébenthine. — *Argas*. Rostre à la face inférieure du céphalothorax, assez loin du bord antérieur du corps. Ressemblent à des Punaises (fig. 530). *A. marginatus* vit sur les Pigeons, rarement sur l'Homme. *A. persicus* ou « Punaise de Miânè » passe pour avoir une piqûre venimeuse. Divers *Argas* américains, connus sous les noms de « Garapates », font aussi à l'Homme des piqûres douloureuses, amenant quelquefois des désordres plus ou moins graves

C. **Sarcoptidés**. Acariens mous, blanchâtres, à chélicères didactyles glissant sur une sorte de cuiller creuse constituée par les mâchoires soudées avec la lèvre inférieure. Pas d'yeux ni de trachées; pattes pentamères disposées en deux groupes, l'un près du rostre, l'autre près de l'abdomen, tarses terminés par un ou plusieurs crochets souvent accompagnés d'une ventouse pédiculée servant d'organe

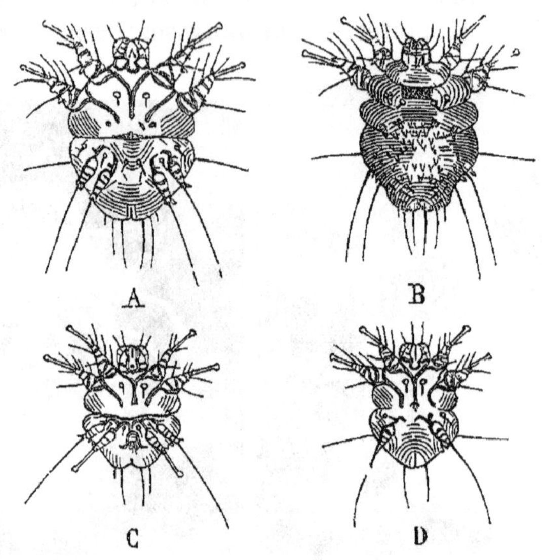

Fig 531 — Sarcopte de la gale — A, femelle ovigère (face ventrale), B, femelle ovigère (face dorsale), C, mâle (face ventrale), D, larve (face ventrale)

d'adhérence. Ovipares; longs d'un millimètre au plus. Larves hexapodes. — Sarcoptes (*Sarcoptes*). Les deux pattes antérieures sont marginales et terminées par une ventouse pédiculée. Les deux pattes postérieures sont sous-abdominales et terminées : les troisièmes, par une longue soie; les quatrièmes, par une soie chez la femelle, par une ventouse copulatrice chez le mâle. Parasites sur les animaux à sang chaud.

Le Sarcopte de la gale de l'Homme (*S. scabiei*) est le plus petit des Sarcoptes. Corps à peine visible à l'œil nu, muni, sur le dos, de papilles aiguës (*spinules*) dirigées en arrière. Mâles à pénis placé entre les pattes postérieures. Femelle de deux sortes. Les unes (*femelles pubères*), à peine plus grandes que les mâles, sont munies à l'extrémité postérieure du corps, d'une fente vulvo-anale servant à la fois à la copulation et à la défécation ; les autres (*femelles ovi-*

gerées ou *fécondées*), après avoir subi une mue de plus que les mâles, deviennent plus grandes (longueur = 0mm,30; largeur = 0mm,26) et acquièrent, pour la ponte, un organe spécial dont l'orifice (*tocostome*) est une fente transversale située au milieu de la face ventrale du corps. Le conduit de la ponte n'est donc pas le même que celui de la fécondation. Les diverses formes de Sarcoptes piquent la peau et produisent, à sa surface, de petites vésicules transparentes. La femelle fécondée pénètre seule dans la profondeur de l'épiderme où elle creuse une galerie, pour mettre sa progéniture à l'abri; elle occasionne ainsi le prurit violent de la *gale*, maladie déterminée par la présence du Sarcopte. Les galeries de la gale ont, à l'extérieur, l'apparence d'une traînée d'épingle, ce qui leur a fait donner le nom impropre de *sillons*. La femelle occupe le fond de la galerie, où elle est toujours seule et d'où l'on peut l'extraire avec une pointe d'aiguille; elle ne peut rétrograder, à cause de ses spinules dorsales. A l'intérieur de la galerie se trouvent des œufs pleins, des œufs vides et des excréments. Après avoir pondu une vingtaine d'œufs, la femelle meurt. Les larves quittent la galerie en perforant son plafond; elles arrivent à la surface de la peau, parcourent le corps et ce sont elles qui, avec les nymphes et les mâles, transmettent ordinairement la gale. Les sillons s'observent surtout dans les endroits où la peau est fine et facile à entamer : entre les doigts (assez souvent entre les orteils, chez les enfants) ; à la face interne des membres ; sur les organes sexuels ; au ventre et aux seins, chez la Femme. La tête en est presque toujours exempte. Les Sarcoptes sont surtout actifs pendant la nuit; c'est alors que le prurit est le plus violent. On guérit la gale par des frictions générales avec des pommades sulfurées dont la plus employée est celle d'Helmerich (1).

(1) Il existe souvent des Sarcoptes sur le Porc, le Cheval, le Mouton, le Chien, etc. La plupart de ces variétés passent facilement d'une espèce animale sur l'autre et peuvent aussi communiquer la gale à l'Homme, mais l'affection contractée dans ces circonstances n'est pas tenace. Les Sarcoptes des Oiseaux n'ont pas de spinules dorsales.

Les *Psoroptes*, à rostre pointu, et les *Chorioptes*, à rostre obtus, diffèrent des Sarcoptes en ce qu'ils ont les pattes toutes marginales. Ils provoquent, chez les animaux, des gales moins graves que celles provenant de la présence des Sarcoptes. Les *Tyroglyphidés* ont des poils soyeux et les pattes toutes semblables ; le plus connu, la Mite du fromage (*Tyroglyphus siro*), habite la croûte des fromages secs. On a pu constater, sur les Tyroglyphes et quelques genres voisins, de singulières transformations. Lorsque la matière sur laquelle vivent ces Acariens vient à disparaître, les adultes et les larves périssent, mais les nymphes se transforment (*nymphes*

D. ***Trombidiidés.*** Acariens en général velus, colores de teintes vives, à rostre conique, à palpes ravisseurs. Pattes à 6 articles; tarses onguiculés. Respiration trachéenne. Souvent deux yeux. — Trombidions (*Trombidium*). Des yeux pédonculés. Pattes à 6 articles. Le Trombidion soyeux (*T. holosericeum*) ou « Mite rouge » a l'abdomen carré (fig. 523), est phytophage et se rencontre, en été, dans les prairies. Sa larve hexapode, appelée « Rouget » ou « Acare des regains », a le corps orbiculaire, 2 yeux, 2 stigmates, 6 pattes à 6 articles (fig. 522).

Fig 532 — Rouget, larve de Trombidium

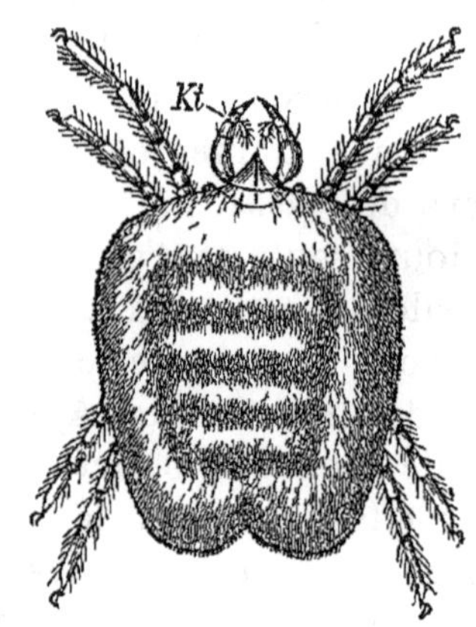

Fig 533 — *Trombidium holosericeum*

Elle se fixe dans le tégument d'un Mammifère quelconque, rarement d'un Oiseau, et montre au dehors son abdomen sous la forme d'un petit point rouge. Le Rouget attaque l'Homme aux jambes et au bas-ventre ; il occasionne des demangeaisons tres vives; on s'en debarrasse au moyen de quelques frictions de benzine. — Cheylètes (*Cheletus*). Trombidiides aveugles; pattes à 5 articles ; palpes maxillaires énormes. *C. eruditus* se trouve dans les chiffons, les vieux livres, exceptionnellement sur le corps de l'Homme et des animaux.

E. ***Hydrachnidés.*** Acariens aquatiques. Corps globuleux ou allongé. 2 ou 4 yeux. Pattes à 6 articles. Respiration tracheenne. Larves hexapodes, parasites sur les Insectes et les Lamellibranches. — Hydrachnes (*Hydrachna*). Yeux tres écartes; larves sur les Nèpes.

F. ***Démodicidés.*** Acariens vermiformes, glabres, à pattes courtes

adventives), deviennent cuirassees, prennent des ventouses sous-abdominales, perdent les ouvertures buccale, anale et vulvaire, enfin s'attachent au corps d'un animal quelconque, dont elles se detachent, quand elles sont arrivees dans un milieu convenable. Elles reprennent alors leur forme premiere et fondent une nouvelle colonie (Mégnin).

triarticulées. Respiration trachéenne. Ovipares. Larves d'abord hexapodes, puis octopodes. Nymphes ne différant des adultes que par l'absence des organes sexuels. Vivent dans les glandes sébacees et les follicules pileux des Mammifères (Homme, Chien, Chat, Porc, Mouton). Le *Demodex folliculorum* de l'Homme (fig. 534) a environ $0^{mm},3$ de long sur $0^{mm},04$ de large ; il habite les glandes sébacées du nez, du front et des joues ; il est place la tête en bas et rarement isolé. Chez le Chien, il determine la maladie appelée « gale noire ».

SOUS-CLASSE II. — **PSEUDARACHNES.**

ORDRE VIII. **Linguatulides** (*linguatus*, en forme de langue). — *Arachnides parasites, vermiformes, anneles ; dépourvus de pattes et de pièces buccales.*

Les Linguatules ou Pentastomes adultes habitent les fosses nasales, les sinus frontaux ou maxillaires des Vertébrés supérieurs et quelquefois de l'Homme. Les individus atteints ont de fréquentes épistaxis, éternuent souvent et dispersent ainsi les œufs des Linguatules. Quand ces œufs parviennent dans l'intestin d'un hôte convenable, ils donnent issue à un embryon qui va se fixer dans les organes, de preférence dans le foie. La larve,

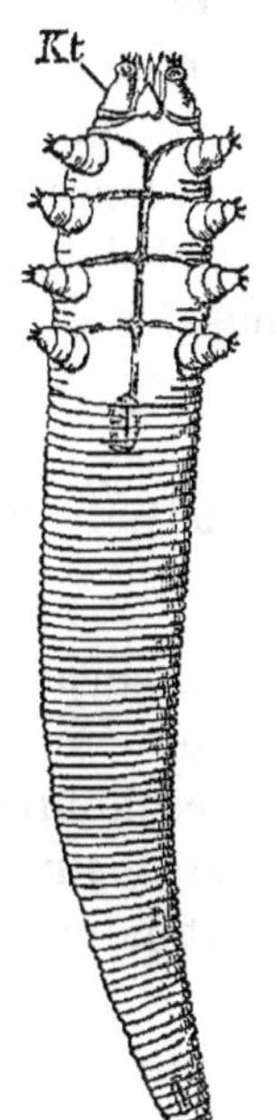

Fig. 534 — *Demodex folliculorum*, fortement grossi — *Kt*, palpes maxillaires

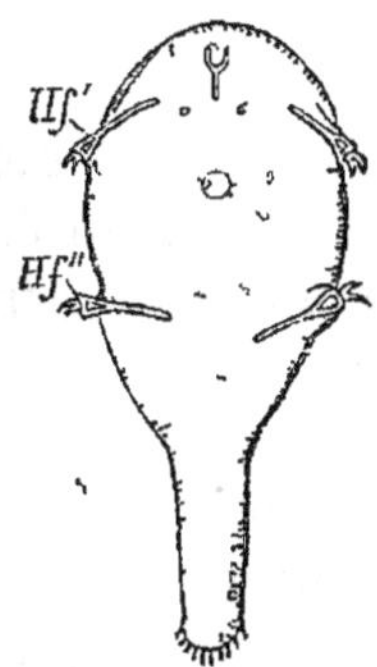

Fig. 535 — Embryon de Pentastome avec les deux paires de membres — *Hf'* et *Hf''*

introduite dans le tube digestif d'un nouvel hôte approprié, remonte, par l'œsophage, dans les fosses nasales, accomplit sa dernière metamorphose et revêt les caractères de l'adulte, consistant surtout dans le developpement des organes sexuels.

Embryon (fig. 535) a deux paires de crochets articulés correspondant à des pattes antérieures et disparaissant chez l'adulte Celui-ci presente, sur les côtes de la bouche, deux autres paires de crochets répondant à des pattes postérieures (fig. 536).

Adulte différant de l'embryon par sa forme et le développement des organes genitaux; le mâle beaucoup plus petit que la femelle. Bouche ventrale (*O*), à peu de distance de l'extrémité anterieure, sans pièces buccales. Pharynx musculeux; œsophage étroit; estomac se continuant sans ligne de demarcation avec l'intestin; anus terminal. Pas d'organe de circulation ni de respiration. Système excréteur représente par des glandes en grappe simple, s'ouvrant à la base des crochets. Un testicule ou un ovaire dorsal, avec deux spermiductes ou deux oviductes, qui se réunissent pour s'ouvrir en arrière de la bouche (mâle) ou en avant de l'anus (femelle). Système musculaire strié. Une bandelette nerveuse sus-œsophagienne est reliée à une masse sous-œsophagienne fournissant des nerfs latéraux et deux longs cordons longitudinaux. Pas d'organes des sens.

Linguatules (*Linguatula*). *L. tænioides*. L'embryon, rejeté sur l'herbe, arrive dans l'intestin d'un herbivore (Lapin, etc.), le perfore, pénètre dans le foie où il se transforme en une larve différant peu de l'adulte. La larve, avalée par un carnassier (Chien, etc., rarement l'Homme), remonte dans les cavités nasales où elle devient l'adulte sexué.

ORDRE IX. **Tardigrades** (*tardus*, lent; *gradi*, marcher). — *Arachnides monoïques*.

Animaux microscopiques à tête peu distincte, à corps cylindrique, obcurément segmenté. Quatre paires de pattes inarticulées, en forme de moignons terminés par plusieurs griffes mobiles (de 4 à 9). Abdomen nul. — Un suçoir formé par un tube chitineux où debouche une paire de glandes salivaires et où pénètrent latéralement deux stylets mus par des muscles spéciaux. Un pharynx garni intérieurement de pièces chitineuses. Estomac long; intestin court, renflé en cloaque; anus terminal. Pas d'organes pour la circulation, la respiration et l'excretion. Hermaphrodites. Ovaire dorsal, en forme de sac impair, où se developpent des œufs relativement volumineux. Une paire de testicules aboutissant à une vésicule séminale, qui s'ouvre dans le cloaque au même point que l'ovaire. Muscles lisses, séparés en faisceaux distincts. Systeme nerveux composé de deux ganglions cérébroïdes unis par une longue commissure et reliés par un collier œsophagien à une chaîne ventrale de 4 ganglions. Quelquefois deux yeux dorsaux. Pas de métamorphoses. Dans l'eau douce ou salée;

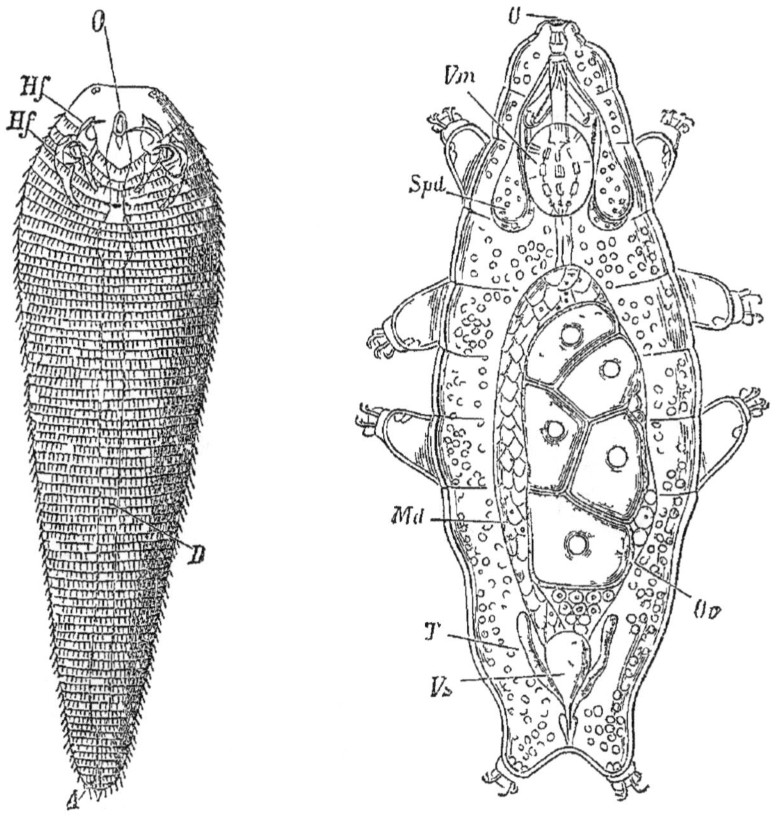

Fig 536 — *Pentastomum denticulatum*, forme jeune du *P. tænioides*. — *O*, bouche, *Hf*, les quatre crochets, *D*, intestin, *A*, anus.

Fig 537 — Tardigrade (*Macrobiotus Schultzei*) — *O*, bouche, *Vm*, pharynx, *Md*, intestin gastrique, *Sp*, glandes salivaires, *Ov*, ovaire, *T*, testicule, *Vs*, vésicule séminale.

dans la mousse et la poussière des toits. Tombent en état de mort apparente par la dessiccation, mais reprennent leur activité à l'humidité; dits *reviviscents* ou *ressuscitants*.

Macrobiotes (*Macrobiotus*). Dans les mousses. — *Arctiscon*. Dans l'eau stagnante. — *Echiniscus*. Dans la mer (1).

(1) On rattache souvent aux Arachnides les Pantopodes ou Pycnogonides parce qu'ils ont 2 paires d'appendices céphaliques et 4 paires d'appendices thoraciques. Mais ils vivent dans la mer et n'ont aucun rapport morphologique avec les autres Arachnides. Leur céphalothorax, articulé ou non, présente un rostre conique, muni à sa base d'une paire d'appendices didactyles

CLASSE V. — **XIPHOSURES** (1).

Arthropodes marins à antennes en forme de pinces (chélicères); *pattes thoraciques autour de la bouche, toutes semblables; pattes abdominales branchifères.*

Un cephalothorax en forme de bouclier demi-circulaire, portant deux gros yeux composés (fig. 540, *O*) et deux petits yeux lisses. Une paire d'appendices didactyles préoraux (chélicères) suivie de

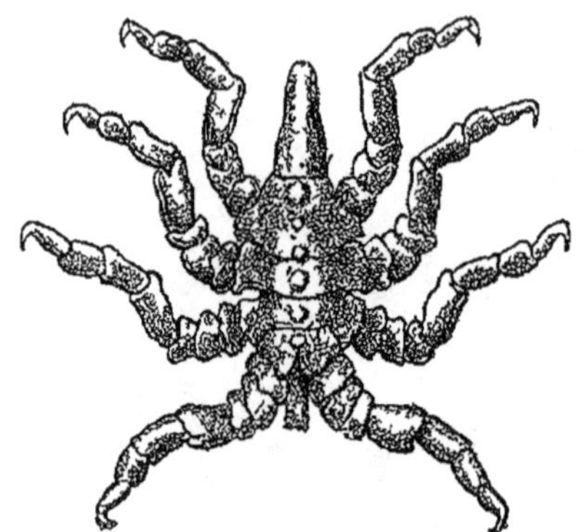

Fig. 538 — *Pycnogonum.*

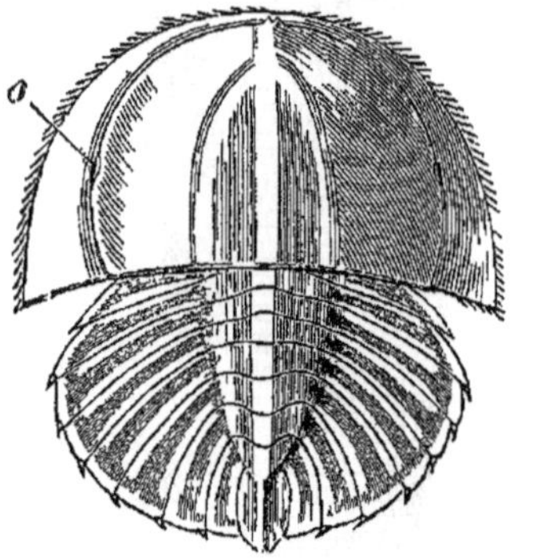

Fig. 539. — Embryon de Limule a la phase Trilobite

cinq paires de pattes circumbuccales (la première paire terminee en griffe chez les mâles) à base denticulee; servant à la mastication et à la locomotion (fig. 541). Abdomen hexagonal, portant des pattes la-

et d'une paire de palpes Quatre paires de longues pattes ambulatoires (fig 538), formees de 6 a 9 articles, terminées par des griffes et precedees d'une paire de courtes pattes oviferes Abdomen tres court et inarticule. — Bouche triangulaire; œsophage droit, estomac conique, a 5 paires de longs cæcums penetrant dans les palpes maxillaires et les pattes; intestin court, anus terminal. Un cœur dorsal. Pas d'organes respiratoires, cependant on a signale chez quelques-uns des trachees veritables Sexes separes. Glandes sexuelles tubuliformes, envoyant dans les pattes des prolongements lateraux qui s'ouvrent au dehors par des orifices situés sur le deuxieme article des pattes Un ganglion cerebroide relie par un collier œsophagien a une chaîne ventrale de 4 ou 5 ganglions. Quatre yeux dorsaux simples. En general des métamorphoses, larves hexapodes (*Protonymphon*). Vivent dans les Algues ou sur divers Animaux marins (Poissons, Huitres, Hydroides)

Pycnogonum. Cheliceres et palpes rudimentaires; pattes relativement courtes, petites espèces du littoral. — *Nymphon.* Cheliceres et palpes bien developpes, pattes tres longues; renferment, avec de petites especes littorales, de grandes especes des abimes

(1) ξίφος, epee, οὐρα. — Appeles aussi Pœcilopodes (ποικίλος, varie, ποῦς, pied).

melleuses, munies sur leur surface antérieure de lamelles branchiales et recouvertes par un opercule mobile correspondant aussi à une paire d'appendices. La partie terminale de l'abdomen (*queue*) est un long stylet mobile qui correspond au telson des Crustacés. — Un cœur et des vaisseaux (artères, veines, capillaires). — Organes sexuels séparés, réduits à une glande dont les conduits efférents

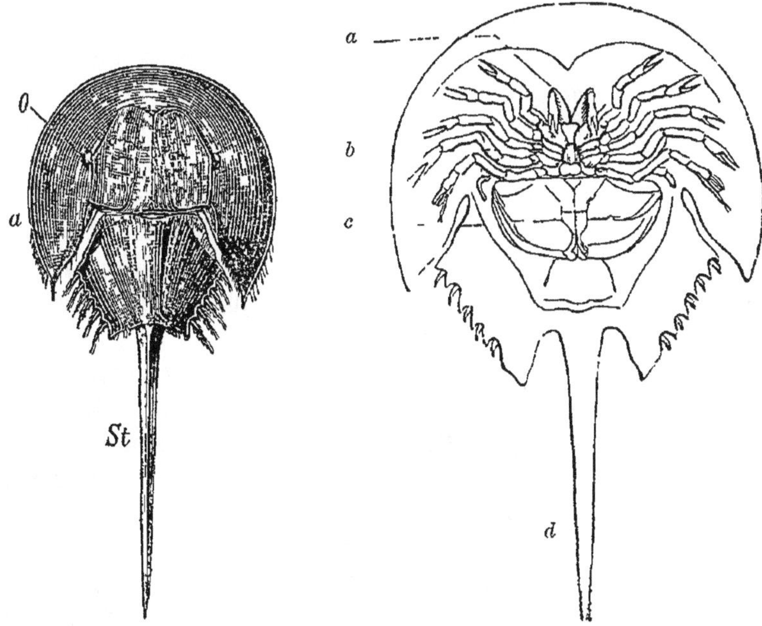

Fig. 540 — Limule · — *A*, céphalothorax, *O*, œil composé, *St*, aiguillon caudal

Fig. 541 — Limule (face inférieure) — *a*, antennes ou chélicères, *b*, bouche entourée des cinq paires de pattes-mâchoires, *c*, pattes abdominales portant les lamelles branchiales et recouvertes par l'opercule, *d*, queue

vont s'ouvrir isolement sur l'opercule. — Portion centrale du système nerveux logée dans l'intérieur d'un vaisseau médian, composée d'une paire de ganglions cérébroïdes et d'une masse sous-œsophagienne reliée à une masse abdominale. — Développement avec métamorphoses. Larves dépourvues de stylet caudal (*stade trilobite*) (fig. 539).

Limules ou Crabes des Moluques (*Limulus*). Rappellent les Scorpions par plusieurs détails d'organisation; comestibles. Archipel Indien; côte occidentale de l'Amérique du Nord (1).

(1) Les Xiphosures se rattachent nettement aux Trilobites de l'époque primaire, la larve en a exactement la forme. Les rapports remarquables des Limules aux Scorpions permettent d'autre part de concevoir les relations des Arachnides avec les Limules (Arthropodes branchifères).

CLASSE VI. — CRUSTACÉS (1).

Arthropodes branchifères, munis de deux paires d'antennes

Corps formé d'un nombre très variable de segments (ENTOMOSTRACÉS), se fixant à 20 chez les MALACOSTRACÉS ; parfois sans segmentation extérieure chez l'adulte (Lernée, Sacculine). Tête rarement distincte, habituellement soudée avec un ou plusieurs anneaux du thorax et constituant un *céphalothorax*. Celui-ci est parfois recouvert par un bouclier, quelquefois par une carapace bivalve. Une paire d'yeux. Deux paires d'antennes : les unes antérieures ou internes (*antennules*) ; les autres postérieures ou externes (*antennes*), quelquefois atrophiées Une paire de *mandibules ;* en général 2 paires de *mâchoires* ou *maxilles ;* un nombre variable de pattes thoraciques adaptées à la mastication (*pattes-mâchoires* ou *maxillipèdes*) ; de nombreuses paires de pattes thoraciques et souvent des pattes abdominales. Les organes appendiculaires sont généralement biramés, présentant une branche interne (*endopodite* ou *tige*) et une branche externe (*exopodite* ou *palpe*) ; la partie basilaire de l'appendice (*protopodite*) n'est pas divisée, son premier article est ordinairement muni, chez les Malacostracés, d'un court appendice (*épipodite* ou *fouet*)(2).

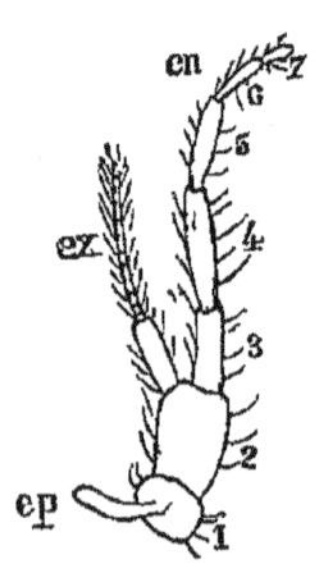

Fig 542 — Une patte mâchoire d'une larve de Pénéus — *en*, endopodite, *ex*, exopodite, *ep*, épipodite *1-2*, articles du protopodite

Le plus souvent, des métamorphoses compliquées (3). Vie généralement aquatique. La plupart carnassiers. Quelques-uns alimentaires, à chair ferme et d'une digestion assez difficile (4).

(1) *Crustatus*, couvert d'une croûte.

(2) Les antennules sont généralement simples, excepté chez les Malacostracés.

(3) Si l'œuf ne contient que très peu de vitellus nutritif, l'embryon en sort de bonne heure, sous la forme d'une larve très simple (Entomostracés, Pénée). Si le vitellus est en quantité suffisante, la larve sort plus tard et sous une forme plus compliquée (Langouste) Si le vitellus est très abondant, l'embryon accomplit tout son développement dans l'œuf et naît semblable à l'adulte, mais plus tard encore, après avoir épuisé sa réserve nutritive (Écrevisse)

(4) Un grand nombre de Crustacés perdent quelques-unes de leurs pattes, surtout lorsqu'on cherche à les retenir par un de ces organes ; mais, dans ce cas, l'amputation est spontanée (*autotomie*) et se fait toujours au niveau d'une articulation, par action réflexe (FRÉDÉRICQ) Cette amputation n'a pas lieu chez les animaux anesthésiés ni chez ceux dont la chaîne nerveuse a

Deux sous-classes : l'une (Malacostracés) comprenant les Crustaces dont le corps est formé de 20 anneaux ; l'autre hetérogène (Entomostracés), renfermant ceux qui sont composés d'un nombre variable de somites. Dix ordres.

CRUSTACÉS.	Malacostracés.	Yeux pédonculés (*Podophthalmes*). Une carapace cephalothoracique.	3 paires de pattes mâchoires ; 5 paires de pattes ambulatoires		Décapodes.
			5 paires de pattes mâchoires ; 3 paires de pattes ambulatoires		Stomatopodes.
			8 paires de pattes-mâchoires.		Schizopodes.
		Yeux sessiles ou subsessiles. Une carapace unissant la tête et les premiers anneaux thoraciques			Cumacés.
		Yeux sessiles (*Edriophthalmes*) Pas de carapace.	Des lamelles branchiales sur les pattes abdominales		Isopodes
			Des vésicules branchiales sur les pattes thoraciques		Amphipodes.
	Entomostraces.	Dioiques, libres.	Des pattes lamelleuses		Branchiopodes.
			Pas de pattes lamelleuses.	Pas de carapace bivalve	Copépodes.
				Une carapace bivalve	Ostracodes.
		Hermaphrodites ; fixés ou parasites à l'âge adulte			Cirripedes.

Tegument. — Dur et incrusté de sels calcaires chez les Malacostracés, il présente généralement une consistance cornée chez les Entomostracés.

On compte, dans le corps des Malacostracés, 20 anneaux ou somites (5 pour la tête, 8 pour le thorax, 7 pour l'abdomen) et, en faisant abstraction des yeux, 19 paires d'appendices (antennules, antennes, mandibules, mâchoires, pattes-mâchoires, pattes locomotrices, pattes abdominales). Le dernier somite est reduit à une plaque anale (*telson*), qui ne porte aucun organe appendiculaire. Chez les Entomostracés, le nombre des anneaux est très variable, pouvant dépasser 40 (*Phyllopodes*), ou au contraire se réduire beaucoup

ete lésée. Dans tous les cas, la perte du membre n'est pas definitive et celui-ci se reproduit assez rapidement (*redintégration*). — L'autotomie s'observe de même chez quelques Insectes (Sauterelles), Arachnides (Araignées), Echinodermes (Comatules), etc.

(*Ostracodes*); quelquefois même le corps ne présente pas de segmentation (fig. 575, *B* et *C*) et les membres peuvent être rudimentaires (Lernée) ou nuls (Sacculine). Un certain nombre d'Entomostraces sont revêtus d'une carapace bivalve (***Ostracodes***, quelques Branchiopodes) ou multivalve (***Cirripèdes***).

Beaucoup de Crustacés doivent leur coloration normale à deux pigments, l'un rouge, l'autre bleu. Ce dernier est détruit par l'eau chaude, l'alcool et les acides; d'où resulte la coloration rouge du tégument, soit par la cuisson, soit par l'immersion dans l'eau acidulee ou alcoolisée. Souvent les Crustacés mettent leur coloration en harmonie avec le ton géneral des objets qui les avoisinent. Ce phénomène, qui est sous la dependance du systeme nerveux, sert à l'animal de moyen d'attaque ou de defense.

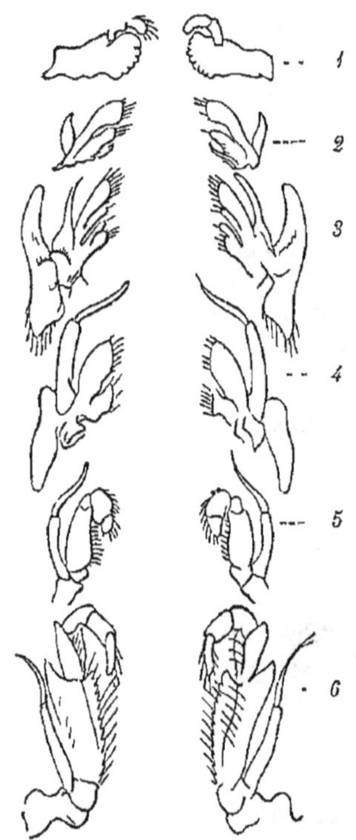

Fig. 543 — Armature buccale de l'Ecrevisse — *1*, mandibules *2*, *3*, les deux paires de mâchoires, *4*, *5*, *6*, les trois paires de pattes-mâchoires.

Appareil digestif. — *A*. ARMATURE BUCCALE. — a. *Crustaces broyeurs.* — La bouche est surmontée d'une lèvre supérieure, au-dessous de laquelle se trouve une paire de mandibules palpigères, recouvrant elles-mêmes fréquemment une petite lamelle bilabiée que l'on regarde comme une lèvre inférieure. A la suite des mandibules, on observe encore deux paires de mâchoires (rarement une) et une ou plusieurs paires de pattes-mâchoires.

b. *Crustaces suceurs.* — Chez les Copepodes parasites, les deux lèvres se soudent pour former une sorte de trompe, renfermant dans son intérieur deux stylets aigus, qui correspondent aux mandibules, les pattes-mâchoires deviennent des crochets ou des ventouses, servant à fixer l'animal sur sa proie. Chez les Rhizocéphales, le parasite se nourrit par des sortes de racines absorbantes partant de la surface du corps et se ramifiant à l'intérieur de l'hôte (fig. 578, A).

B. CANAL DIGESTIF ET SES ANNEXES. — Œsophage court. Estomac présentant, dans sa paroi supérieure, des pièces chitineuses mobiles, surtout développées chez les ***Décapodes***, où elles forment un appareil masticateur (*moulin gastrique*). Cet appareil, dans lequel les aliments sont écrasés entre une dent médiane et deux dents laterales, est mis en action par des muscles spéciaux. — Intestin rectiligne, muni souvent d'un, de deux ou d'un plus grand nombre de cæcums. Anus situé dans le dernier anneau. — Pas de glandes salivaires. Chez

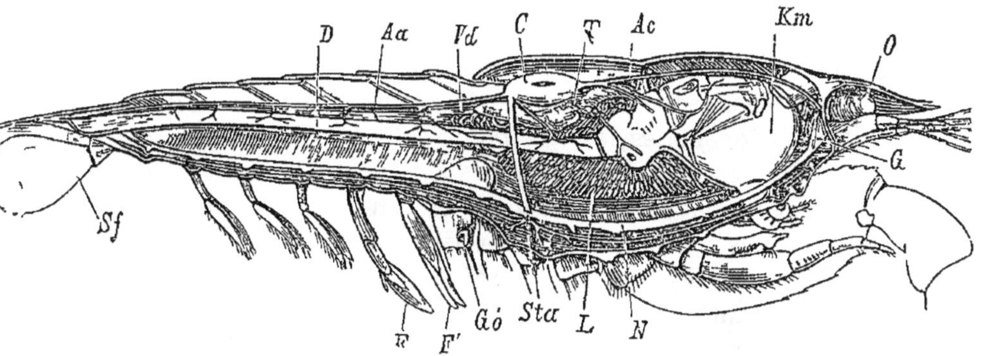

Fig. 544. — Coupe longitudinale d'une Écrevisse mâle. — C, cœur ; Ac, aorte céphalique ; Aa, aorte abdominale, près de son origine se détache l'artère sternale (Sta) ; Km, gésier ; D, intestin ; L, foie ; T, testicule ; Vd, conduit déférent ; Go, orifice génital ; F, F', les deux premières pattes abdominales transformées en organes copulateurs ; G, cerveau ; N, chaîne ganglionnaire ; O, œil pédonculé ; Sf, plaque latérale de la nageoire caudale.

les types supérieurs, une glande digestive très développée, connue sous le nom de « foie », déverse dans l'estomac un liquide qui

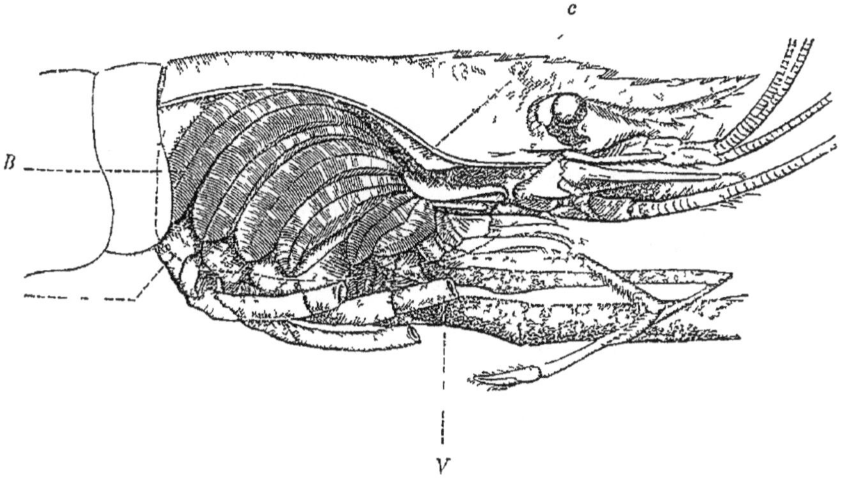

Fig. 545. — Appareil respiratoire d'un Palémon. — B, branchies ; c, canal efférent, terminé en bas par la valvule V ; l, ligne ponctuée figurant le bord inférieur de la carapace, qui a été enlevée pour montrer les branchies, et le long duquel est la fente afférente.

paraît réunir les propriétés des divers sucs digestifs des Vertébrés. Le tube digestif fait complètement défaut chez les Rhizocéphales.

Appareil circulatoire. — Cœur vésiculeux ou tubuleux (fig. 544, C), toujours artériel, logé dans l'oreillette (péricarde) ; nul chez les Cirripèdes, quelques Copépodes et Ostracodes. Système artériel composé de vrais vaisseaux ; système veineux lacunaire ; pas de capillaires généraux. Sang ordinairement incolore, parfois teinte en rouge par de l'hémoglobine ou en bleu par de l'hémocyanine, ces deux substances étant dissoutes dans le plasma.

Appareil respiratoire. — La respiration est purement cutanée chez les ***Copépodes***, les ***Cirripèdes*** et les ***Ostracodes***; partout ailleurs il existe des branchies, toujours dependant des pattes. Quelquefois, ce sont les pattes elles-mêmes, qui prennent la forme de lames foliacées (pattes branchiales) (fig. 546, C). D'autres fois, elles portent des vésicules remplies de sang (***Amphipodes***) ou des lamelles élargies (***Isopodes***). Tantôt enfin, ce sont de véritables organes autonomes, mais attachés aux pattes (***Podophthalmes*** et ***Cumacés***). Les organes respiratoires dépendent soit des membres abdominaux (***Stomatopodes, Isopodes***), soit des membres thoraciques (***Amphipodes, Décapodes***), soit même des pattes-mâchoires (***Schizopodes, Cumacés***). Chez les ***Décapodes***, les branchies sont sous la carapace, dans deux cavités latérales (*chambres branchiales*) s'ouvrant chacune au dehors : 1° par une fente inspiratoire, au-dessus de la base des pattes ; 2° par un orifice expiratoire, à côté de la bouche (fig. 545). Le renouvellement de l'eau dans la chambre branchiale se fait par le jeu d'une valvule en forme de cuiller (*V*), constituée par la branche externe des mâchoires de la seconde paire. Au moyen de mouvements de bascule determinés par des muscles spéciaux, cette valvule rejette, à chaque instant, de l'eau par l'orifice expiratoire et produit ainsi un appel de liquide par la fente inspiratoire. — Chez quelques Crabes terrestres (Gécarcins, etc.), qui d'ailleurs entrent souvent dans l'eau, la chambre branchiale présente, à son sommet, une membrane spongieuse ou, à sa base, une sorte d'auge servant à emmagasiner de l'eau qui prévient la dessiccation des branchies, lorsque ces animaux sont à terre.

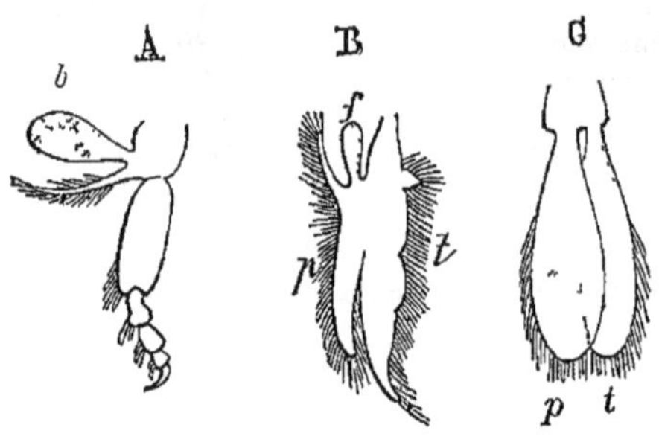

Fig. 546. — Pattes de Crustacés — A, patte thoracique d'un Amphipode, montrant la vésicule branchiale, *b* — B, patte branchiale d'un Branchiopode. — C, patte abdominale d'un Isopode, *t*, endopodite, *p*, exopodite, *f*, epipodite

Chez quelques Isopodes (Porcellions, Armadilles), les lamelles abdominales sont creusées de cavités, dans lesquelles l'air pénètre et qui fonctionnent dès lors comme de petits poumons. Enfin une respiration rectale, s'effectuant au moyen de l'entrée et de la sortie de l'eau par l'anus, peut s'observer chez quelques especes aquatiques (Limnadies, Daphnies).

Appareil excréteur. — On considère comme organes excréteurs des glandes qui débouchent à la base des antennes externes (*glandes vertes* chez les MALACOSTRACÉS) (fig. 547) et des glandes (*glandes du test*) qui

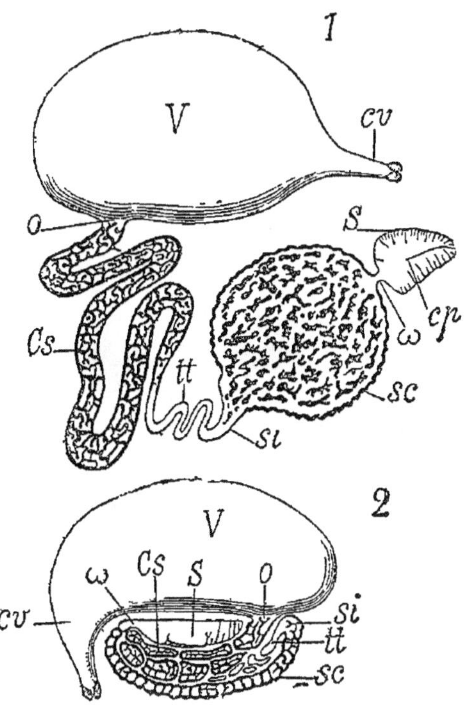

Fig 547 — Glande verte de l'Ecrevisse, en place en 2, déroulée en 1. — *cv*, canal vésiculaire, s'ouvrant sur le premier article des antennes, *V*, vessie, *Cs*, tube de couleur blanche, absent chez les autres Décapodes, *tt*, tube transparent, *sc*, poche anfractueuse ou labyrinthe, formant la substance corticale verte de la glande, *S*, saccule, *o*, orifice du tube blanc dans la vessie, *si*, orifice du tube transparent dans le labyrinthe, *ω*, orifice de communication du labyrinthe et du saccule.

s'ouvrent à la base des mâchoires postérieures (*Branchiopodes*). Le liquide sécrété par les glandes vertes renferme de la guanine. On rencontre exceptionnellement (*Amphipodes*) deux courts tubes glandulaires qui débouchent dans la partie moyenne du tube digestif et qui paraissent correspondre aux tubes de Malpighi d'un grand nombre d'Insectes.

Appareil reproducteur. — Les sexes sont séparés, excepté chez les *Cirripèdes* qui, pour la plupart, sont monoiques. Les organes sexuels, habituellement pairs, debouchent à la partie anterieure de l'abdomen, tantôt sur un anneau, tantôt sur l'article basilaire d'une paire de pattes. Les mâles sont plus petits que les femelles, parfois nains et alors vivant en parasites sur les femelles (fig. 574 *b*, *M*). Les spermatozoïdes sont immobiles (sauf chez les Cirripèdes), tantôt filiformes (Isopodes, Amphipodes, etc.), tantôt munis d'appendices rayonnés (Décapodes); ils sont généralement expulsés dans une mucosité qui se durcit en spermatophore, au contact de l'eau. Femelles toujours

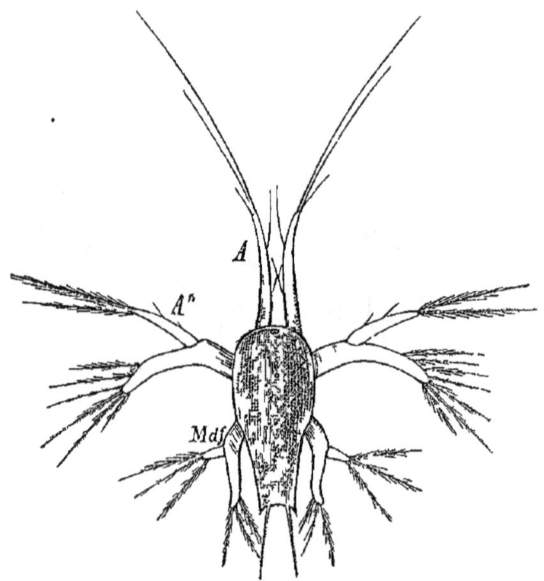

Fig. 548. — Nauplius du *Penæus*, vu par la face dorsale. — *A'*, *A''*, les deux paires d'antennes; *Mdf*, patte mandibulaire.

ovipares, portant souvent leurs œufs fixés aux appendices abdominaux ou renfermés dans des chambres incubatrices (fig. 573 et 570). Plus rarement (Cypris), les œufs sont déposés sur des plantes aquatiques. Quelques formes (Apus, Daphnies, etc.) présentent des phénomènes de parthénogenèse.

Le développement est rarement direct (Écrevisse); il s'effectue, le plus souvent, avec des métamorphoses tantôt progressives, tantôt régressives (espèces parasites). Une forme larvaire commune à tous les ordres est le *Nauplius* (fig. 548), à corps ovale ou triangulaire, théoriquement composé de quatre segments dont la limite est rarement visible et dont les trois premiers portent des appendices. Le Nauplius possède un tube digestif droit et un ganglion cérébroïde sur lequel repose un œil impair simple. La première paire d'appendices est simple et donnera les antennules. Les deux autres paires sont bifurquées; elles deviendront respectivement les antennes et les mandibules de l'adulte. Quand le Nauplius ne s'observe pas, comme larve

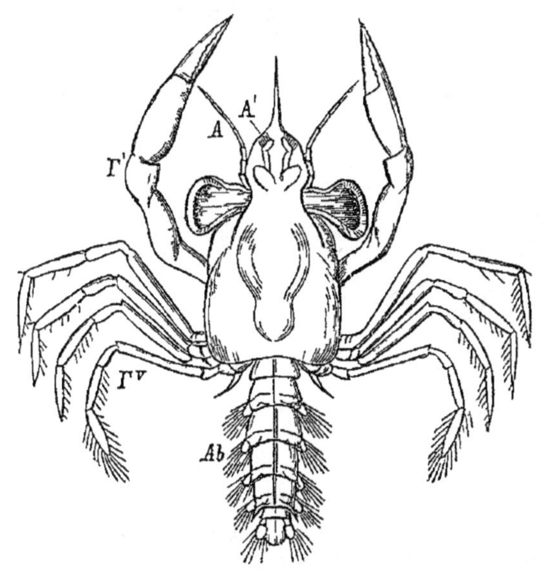

Fig. 549 — Larve *Megalopa* de *Portunus* — *A'*, *A''*, les deux paires d'antennes *Ab*, abdomen, *F'* à *F^V*, les cinq paires de pattes thoraciques.

libre, il existe dans l'œuf un stade embryonnaire correspondant. L'accroissement du Nauplius se fait par l'apparition d'anneaux entre

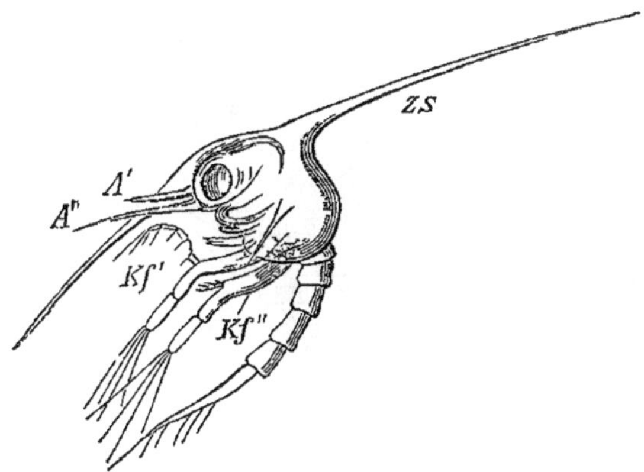

Fig 550 — Zoé d'un Crabe (*Thia*) après la première mue — *ZS*, aiguillon dorsal, *A'*, *A''*, les deux paires d'antennes, *Kf'*, *Kf''*, les deux paires de pattes biramées, correspondant à la première et à la seconde paire de pattes-mâchoires

le segment mandibulaire et le dernier segment ou segment anal. La larve des Podophthalmes naît généralement dans un état d'organisation assez avancé, sous la forme *Zoea* ou *Zoe* (fig. 550). Le corps

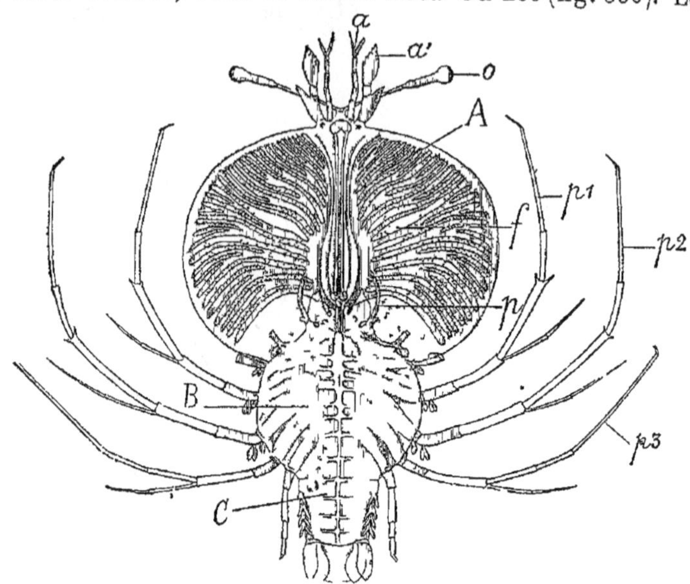

Fig 551 — *Phyllosome* de *Scyllarus* : — *a*, antennules, *a'*, antennes déjà transformées en écaille, *o*, pédoncule oculaire, *f*, foie, *p*, p^1, p^2, p^3, pattes thoraciques, *A*, partie céphalique, *B*, thorax, *C*, abdomen rudimentaire avec des rudiments de pattes.

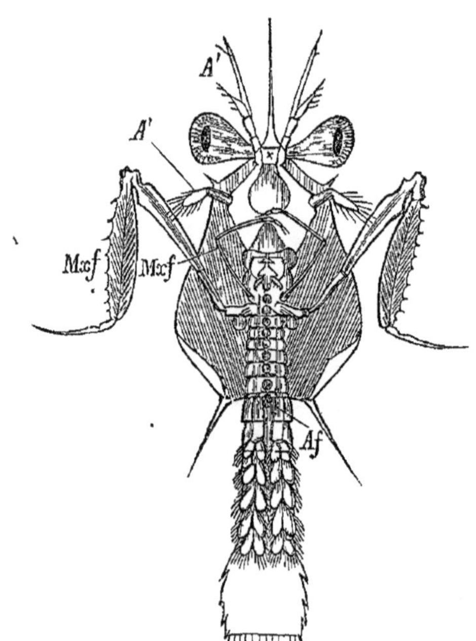

Fig 552 — Larve *Alima* de Squille — *A'*, *A''* antennes, *Mxf'*, 1re paire de pattes mâchoires *Mxf''*, grande paire de pattes ravisseuses (2e paire de pattes mâchoires), *Af*, pattes abdominales

est nettement segmenté, avec un ou plusieurs aiguillons, sept paires de membres et deux gros yeux à facettes entre lesquels se trouve un petit œil simple. On constate encore d'autres formes larvaires telles que la larve *Megalopa* des Brachyures, *Alima* des Squilles, *Phyllosoma* des Langoustes, etc. (fig. 551).

Système nerveux. — Un cerveau et une chaîne ventrale à ganglions plus ou moins coalescents. Ces ganglions correspondent aux divers segments, et peuvent être loges chacun dans l'anneau auquel ils appartiennent (fig. 553) ou se réunir plus ou moins jusqu'à ne former

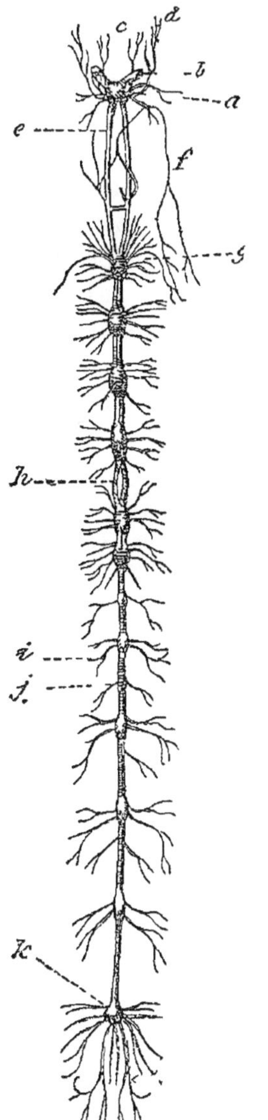

Fig 553 — Systeme nerveux du Homard — *a*, cerveau, *b*, nerfs optiques, *c*, nerfs antennulaires, *d*, nerfs antennaires, *e*, cordons nerveux formant le collier œsophagien, *f*, nerf viscéral, *g*, ganglion sous œsophagien, *h*, écartement des cordons inter ganglionnaires pour livrer passage a l'artere sternale, *i*, premier ganglion abdominal, *j*, cordon inter-ganglionnaire unique, *k*, dernier ganglion abdominal.

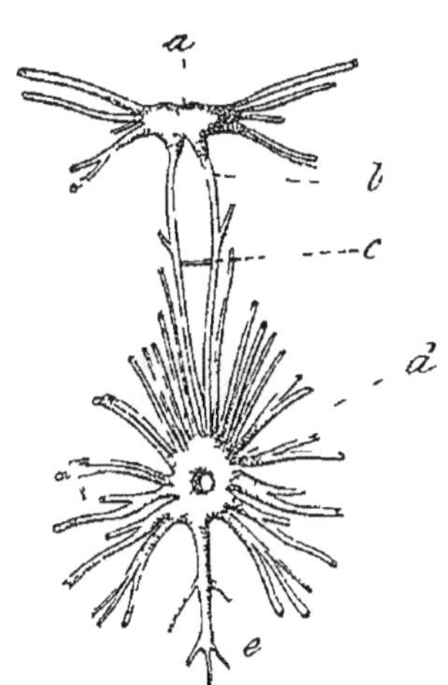

Fig 554 — Systeme nerveux du *Carcinus mænas* — *a*, cerveau, *b*, collier œsophagien, *c*, commissure post-œsophagienne, *d*, masse ganglionnaire commune, *e*, terminaison de la chaine ventrale

qu'une seule masse (fig. 554). Souvent un systeme nerveux viscéral ou stomato-gastrique, prenant naissance sur les connectifs de l'anneau œsophagien.

Organes des sens. — Les sens du *toucher*, du *goût* et de l'*odorat* ont pour organes des poils dans lesquels pénètrent des filets nerveux. Ces poils sont particulièrement abondants sur les antennes (*poils tactiles* et *olfactifs*) (fig. 555), sur les palpes des mâchoires, aux lèvres, dans le voisinage immédiat de la bouche (*poils gustatifs*) Des *sacs auditifs*, tapissés par des soies très fines, avec ou sans otolithes, sont logés dans l'article basilaire des antennules chez les Décapodes et, chez les Schizopodes, dans les lamelles caudales adjacentes au telson (*Mysis*); mais ils paraissent manquer dans les autres groupes. Les yeux sont tantôt simples, pairs ou impairs; tantôt composés, à cornée lisse ou à facettes, à fleur de peau ou portés sur des pédoncules mobiles. Les Crustacés supérieurs ont habituellement des yeux composés à facettes. Un certain nombre de Crustacés parasites, souterrains ou vivant dans les grandes profondeurs des eaux, sont complètement aveugles.

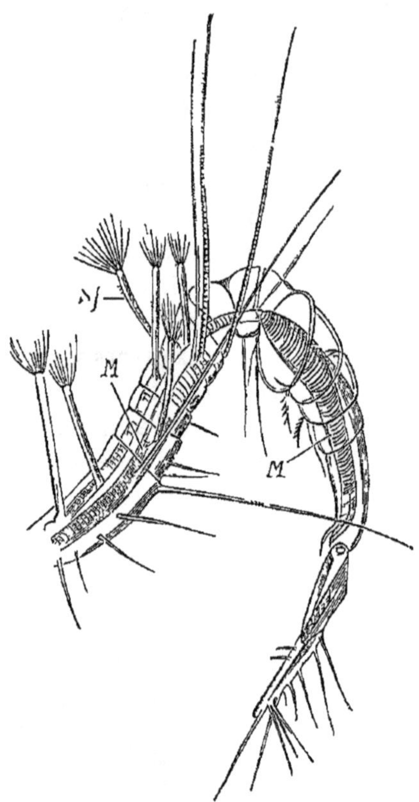

Fig. 555. — Antenne de *Cyclops serrulatus* mâle. — *Sf*, poils olfactifs, *M*, muscle.

SOUS-CLASSE I. — MALACOSTRACÉS

A. PODOPHTHALMES (1) (ποῦς, pied ; ὀφθαλμός, œil). — *Malacostracés à yeux pédonculés.*

Un bouclier céphalothoracique (*carapace*) recouvre, en totalité ou en partie, la face dorsale du thorax. Excepté chez quelques Schizopodes (*Mysis*), les deux moitiés de la glande sexuelle sont réunies

(1) Encore appelés Thoracostracés, à cause de la carapace céphalothoracique.

par une partie impaire, et la première (Stomapodes) ou les deux premières paires de pattes abdominales du mâle sont transformées en organes copulateurs.

ORDRE I. **Décapodes** (δέκα, dix ; ποῦς, pied). — 3 *paires de pattes-mâchoires et 5 paires de pattes locomotrices simples ou terminées par une pince didactyle, à doigt interne mobile.*

Carapace grande, recouvrant tout le thorax. Cœur thoracique. Branchies renfermées dans la carapace et fixées sur la base des pattes thoraciques. Œufs suspendus aux pattes abdominales.

1er **Sous-ordre. — Brachyures** (βραχὺς, court; οὐρα, queue). — *Abdomen rudimentaire, replié sous le corps, dépourvu de nageoire caudale.*

Corps ramassé. Antennes courtes. Sternum très large, percé généralement de deux orifices pour la sortie des œufs. Pattes de la première paire à pinces didactyles; pattes des quatre paires suivantes terminées par un tarse styliforme ou lamelleux. Connus généralement sous le nom de « Crabes »; conformés pour la marche plutôt que pour la nage. La plupart sont alimentaires.

A. *Catométopes* ou « Crabes quadrangulaires ». Carapace plus ou moins carrée, à bord frontal presque rectiligne. — Gécarcins

Fig 556 — Gecarcin

Fig 557 — Tourteau (*Cancer pagurus*).

ou « Crabes terrestres » (*Gecarcinus*). Carapace très bombée. Régions chaudes des deux hémisphères. Le Tourlourou (*G. ruricola*) des Antilles, peut devenir vénéneux, ce qui serait dû, paraît-il, à ce qu'il mange quelquefois le fruit du Mancenillier. — Grapses (*Grapsus*).

Carapace aplatie; sur le rivage ou sur les roches. — Gélasimes (*Gelasimus*). La pince didactyle de l'une des pattes acquiert, chez le mâle, de grandes dimensions. — Telphuses (*Telphusa*). Crabes fluviatiles, pouvant vivre sous les pierres, dans l'intérieur des terres Italie; Grèce; Egypte. — Pinnothères (*Pinnotheres*). Crabes minuscules, à petite carapace molle et sphérique; vivent entre les lobes du manteau des Lamellibranches, surtout des Moules.

B. ***Cyclométopes*** ou « Crabes arqués ». — Tourteaux (*Cancer*). Carapace très large; front tridenté. *C. Pagurus* est de grande taille et a une chair délicate. — Etrilles (*Portunus*). Article terminal de la derniere paire de pattes très large, servant à la natation. — Carcins (*Carcinus*). Article terminal de la dernière paire de pattes lanceole Le Crabe commun (*C. mœnas*) est le « Cranque » des Provençaux, et le « Crabe enragé » des Normands. — Podophthalmes (*Podophthalmus*). Pédoncules oculaires très longs.

C. ***Oxyrhynques*** ou « Crabes triangulaires ». Carapace triangulaire, prolongee en rostre aigu. — Araignées de mer (*Maia*). Rostre

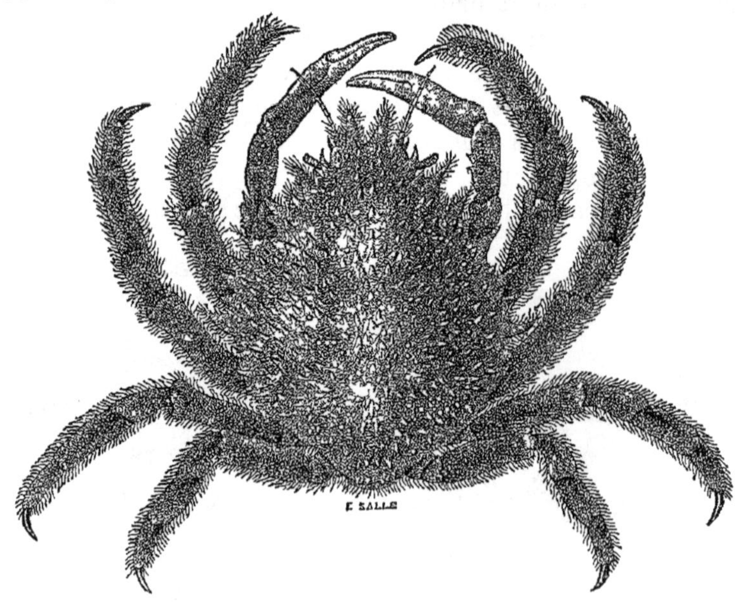

Fig 558. — Araignee de mer (*Maia squinado*)

simple, denté. *M. Squinado;* comestible, commun sur nos côtes. — Sténorhynques (*Stenorhynchus*). Rostre bifide; pattes tres longues. Sur nos côtes.

D. ***Oxystomes*** ou « Crabes circulaires ». Carapace plus ou moins circulaire; cadre buccal triangulaire. — Ilies (*Ilia*). Céphalothorax spherique; pinces tres longues. Méditerranée. — Calappes (*Calappa*).

« Crabes honteux ». Céphalothorax en demi-cercle, à parties latérales aliformes ; les pinces, grandes et appliquées contre les appendices buccaux, semblent voiler la face.

E. *Notopodes* ou « Crabes à pattes dorsales ». La dernière ou les deux dernières paires de pattes plus ou moins insérées sur la face dorsale. — Dromies (*Dromia*). Les deux dernières paires de pattes insérées sur le dos; chair indigeste. Méditerranée. — Porcellanes (*Porcellana*). La dernière paire de pattes insérée sur le dos; pinces très aplaties. Côtes de France.

2e Sous-ordre. — Macroures (μακρός, long). — *Abdomen allongé, terminé par une nageoire caudale.*

Corps allongé. Antennes généralement longues. Sternum étroit, excepté chez les Palinuridés. Orifices de sortie des œufs placés à la base de l'antépenultième paire de pattes. Surtout nageurs.

A. *Paguridés*. Abdomen généralement mou et abrité dans des coquilles vides de Gasteropodes. — Pagures (*Pagurus*). Carapace allongee ; abdomen mou, asymetrique, servant d'appât. Le « Bernard l'ermite » (*P. Bernhardus*) vit ordinairement dans une coquille de Buccin qui porte souvent une Actinie parasite (*Sagartia parasitica*).

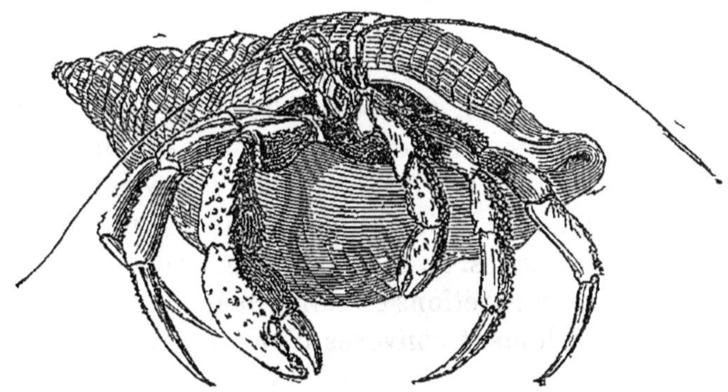

Fig. 559 — Bernard l'ermite

P. Prideauxii habite une coquille toujours recouverte de l'Actinie manteau (*Adamsia palliata*). — Birgues (*Birgus*). Carapace élargie ; abdomen à téguments solides. Le « roi des Crabes » (*B. latro*) se tient dans des trous à terre ; la nuit, il grimpe sur les Cocotiers dont il dévore les bourgeons. Iles de la mer des Indes ; la Martinique.

B. *Palinuridés*. Un large plastron sternal; teguments très épais ; pattes monodactyles. Les larves, à corps presque transparent et aplati comme une feuille, ont été décrites, autrefois, sous le nom de

Phyllosomes, comme appartenant à un autre groupe. — Langoustes (*Palinurus*). Corps cylindrique; carapace épineuse; antennes externes très longues. — Scyllares (*Scyllarus*). Corps aplati; antennes externes transformées en larges lamelles. *S. latus*, de la Méditerranée, sert à la confection de la bouillabaisse.

C. ***Astacidés.*** Corps cylindrique. Carapace avec un sillon transversal (*sillon cervical*) d'où partent deux sillons longitudinaux (*sillons branchio-cardiaques*) qui marquent la limite entre les cavités péricardique et branchiales. Un appendice lamelleux et mobile, au-dessus de la base des antennes. Branchies disposées en touffes. La première paire de pattes armée de puissantes pinces; les deux paires suivantes terminées par une petite pince. — Homards (*Homarus*). « Ecrevisses de mer »; rostre armé, de chaque côté, de trois ou quatre petites dents; dernier segment thoracique soudé. *H. vulgaris*, de l'Océan et de la Méditerranée, a une chair très estimée. *H americanus*, de l'Amérique du Nord, est plus grand que l'espèce européenne dont il diffère par des dentelures à la face inférieure du rostre. — Ecrevisses (*Astacus*). Rostre armé d'une petite dent de chaque côté; dernier segment thoracique mobile. Eaux douces de l'Europe et du Nord de l'Asie. *A. fluviatilis* constitue un aliment léger et agréable. Deux variétés : l'une dite à *pattes blanches;* l'autre à *pattes rouges*, plus estimée. L'accouplement a lieu vers la fin d'octobre. Les œufs sont fixés, après la ponte, aux fausses pattes de l'abdomen de la femelle; d'abord noirâtres, ils deviennent rougeâtres au moment de l'éclosion. Celle-ci a lieu vers le milieu de mai, six mois après la ponte. Les jeunes ont une nageoire caudale rudimentaire et la configuration des adultes. L'Ecrevisse mue plusieurs fois pendant les deux ou trois premières années, une fois seulement dans les années suivantes. Avant la mue, on trouve, dans les parois de l'estomac, deux concrétions calcaires blanchâtres et lenticulaires (*gastrolithes*) généralement convexes d'un côté, concaves ou planes de l'autre côté. Ces concrétions, qui font défaut chez les Crabes, étaient autrefois employées en médecine, sous le nom d' « yeux d'Ecrevisse ». Au moment de la mue, elles sont broyées, dissoutes et utilisées pour la calcification des téguments nouveaux.

D. ***Carididés.*** Corps comprimé. Carapace non calcifiée, sans suture transversale. Antennes externes recouvertes à la base par une grande lamelle munie de soies. Branchies lamelleuses. — Pénées (*Penæus*). Pattes des trois premières paires didactyles. La Caramote (*P. caramote*) a une chair délicate. Elle est remarquable par son développement embryogénique qui est normal et présente une phase nauplius et une phase mysis. — Crevettes (*Palæmon*). Pattes des deux premières paires didactyles, la deuxième paire étant la plus forte ; un long rostre pointu et denté en scie ; mandibules bifides. La Crevette rose (*P. serratus*) est un aliment très estimé. La Salicoque (*P. squilla*), plus petite que la précedente, à rostre plus court et moins épineux en dessous, se pêche, comme elle, sur nos côtes. — Crangons (*Crangon*). Pattes des deux premières paires didactyles, la première paire étant la plus forte ; rostre très court, non denté La Crevette grise (*C. vulgaris*) a une chair moins estimée que celle des Palemons; son tégument devient grisâtre par la cuisson, d'où la coloration frauduleuse et dangereuse avec du minium, pour vendre les Crangons à un prix plus élevé, comme Crevettes roses. — *Nika*. Rostre court, non denté ; la paire antérieure de pattes seule didactyle. *N. edulis*, d'un rose vif avec des taches jaunâtres, se pêche abondamment dans la Méditerranée.

ORDRE II. **Schizopodes** (σχίζειν, fendre). — 8 *paires de pattes thoraciques semblables, servant à la fois de pattes-mâchoires et de pattes ambulatoires.*

Petits Crustacés ayant l'aspect des Décapodes. Cœur thoracique. Les branchies sont des appendices ramifiés des pattes thoraciques ;

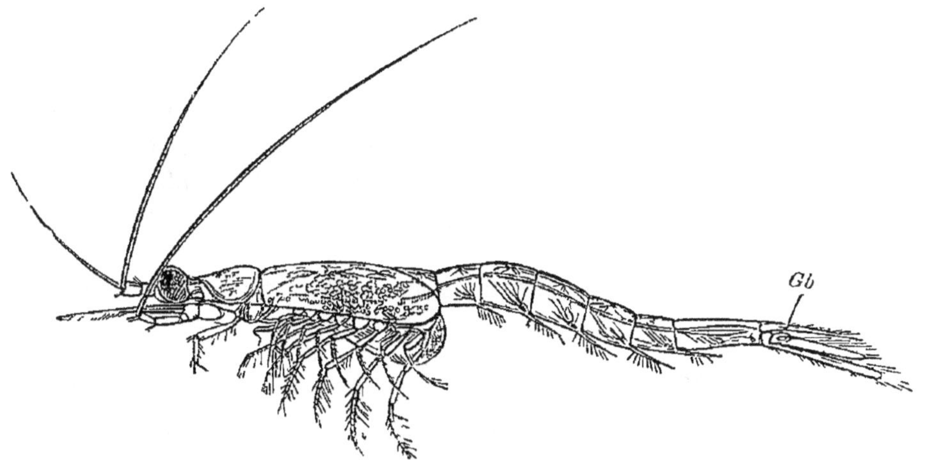

Fig 560 — *Mysis oculata* — Femelle avec les appendices foliacés des pattes thoraciques formant une chambre incubatrice, *Gb*, organe auditif dans la nageoire caudale

tantôt extérieures, tantôt cachées dans une cavité branchiale, elles sont quelquefois nulles (*Mysis*). Le plus souvent, une cavité incubatrice.

Euphausies (*Euphausia*). 7 paires de grandes branchies flottant au dehors, à la base des pattes thoraciques et abdominales. — *Mysis.* Pas de branchies sur les pattes thoraciques ; carapace mince, organes auditifs dans les lamelles latérales internes de la nageoire caudale.

ORDRE III. **Stomatopodes** (στόμα, bouche). — *5 paires de pattes-mâchoires et 3 paires seulement de pattes locomotrices*

Corps déprimé. Carapace courte, laissant à decouvert les trois ou quatre anneaux postérieurs du thorax. 5 paires de pattes-mâchoires, la deuxième ravisseuse, beaucoup plus developpée que les autres. 3 paires de pattes biramées, sur les derniers anneaux du thorax.

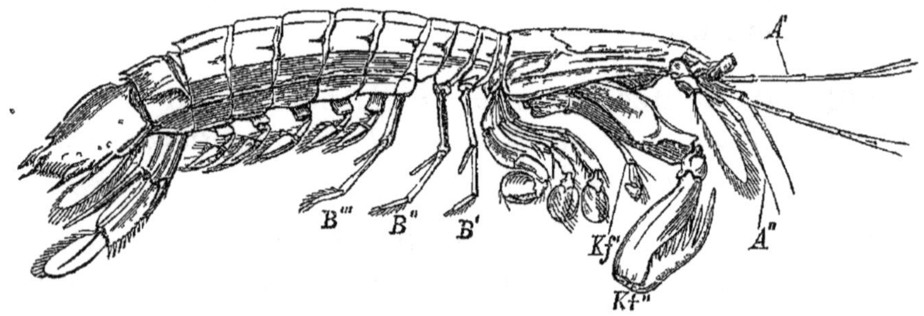

Fig. 561 — *Squilla mantis* — *A'*, *A''*, antennes, *Kf'*, *Kf''*, paires antérieures des pattes mâchoires, *B'*, *B''*, *B'''*, les trois paires de pattes biramées insérées sur les anneaux libres du thorax.

Abdomen tres développé, muni de pattes lamelleuses et natatoires, dont la lamelle externe porte des touffes branchiales. Cœur thoraco-abdominal. Les femelles ne transportent pas les œufs ; elles les deposent dans les trous qui leur servent d'habitation. Métamorphoses compliquées.

Squilles (*Squilla*). La « Cigale de mer » (*S. mantis*) est comestible et commune dans la Méditerranée.

ORDRE IV. **Cumacés.** — *Yeux sessiles ou subsessiles, presque toujours réunis en un seul ; 2 paires de pattes-mâchoires portant des branchies ; 6 paires de pattes thoraciques.*

Intermédiaires entre les Podophthalmes et les Edriophthalmes. Une carapace peu developpée, comprenant la tête et les anneaux antérieurs du thorax. Antennules bifides, très courtes ; antennes simples, très allongées chez les mâles. Pas de glandes antennaires. Les deux glandes sexuelles ne sont pas réunies par une partie médiane. Pas d'organes copulateurs. Une chambre incubatrice formee par les pattes de la femelle. Larves peu différentes des adultes. Petits Crustacés du fond de la mer, parfois des grandes profondeurs.

Leucons (*Leucon*). Norvège. — Cumes (*Cuma*). Mer du Nord.

B. ÉDRIOPHTHALMES. — *Malacostracés à yeux sessiles.*

En général 7 segments thoraciques distincts, sans carapace. La tête porte 2 paires d'antennes, 1 paire de mandibules, 2 paires de mâchoires, 1 paire de pattes-mâchoires. Celle-ci correspond au premier anneau thoracique, qui est par suite soudé à la tête.

ORDRE V. **Isopodes** (ἴσος, pareil; ποῦς, pied). — *Édriophthalmes à 7 paires de pattes thoraciques ambulatoires semblables, munies chez les femelles de lamelles incubatrices; pattes abdominales en général dilatées en lamelles branchiales.*

Corps déprimé. Thorax à sept anneaux libres. Abdomen souvent réduit, muni de pattes branchiales. Marins, ou d'eau douce, ou terrestres. Se nourrissent de matieres animales. Un grand nombre sont parasites.

1er **Sous-ordre. — Euisopodes** (εὖ, bien). — *Pattes abdominales munies de lamelles branchiales.*

Segments thoraciques libres. Lamelles branchiales recouvertes souvent par des boucliers protecteurs formés par les pattes antérieures de l'abdomen. Ces boucliers sont quelquefois (*Porcellio*, *Armadillo*) parcourus par un système de cavités remplies d'air.

Armadilles (*Armadillo*). Corps très bombé, susceptible de s'enrouler; terrestres. *A. officinalis* a eté employé autrefois comme diurétique et lithotriptique. — Porcellions (*Porcellio*). Abdomen muni d'appendices caudaux styliformes; terrestres; employés autrefois en médecine, comme les précedents et les suivants. — Cloportes (*Oniscus*). Diffèrent des précédents par l'absence de lacunes aériennes dans les lamelles abdominales; lieux humides. — Ligies (*Ligia*). Sortes de grands Cloportes, vivant au bord de la mer, d'une existence alternativement aquatique et aérienne (fig. 562). — Entonisques (*Entoniscus*). Parasites prenant la forme de sacs qui s'enferment, en totalité ou en partie, dans la cavité viscérale d'autres Crustacés. — Bopyres (*Bopyrus*). Parasites dans la cavité branchiale des Palémons; rendent la carapace bossue, du côté où ils se trouvent. — Aselles (*Asellus*). Formes d'eau douce. — Idotées (*Idotea*). Dernière paire de pattes transformée en une sorte d'opercule. Méditerranée; Manche.

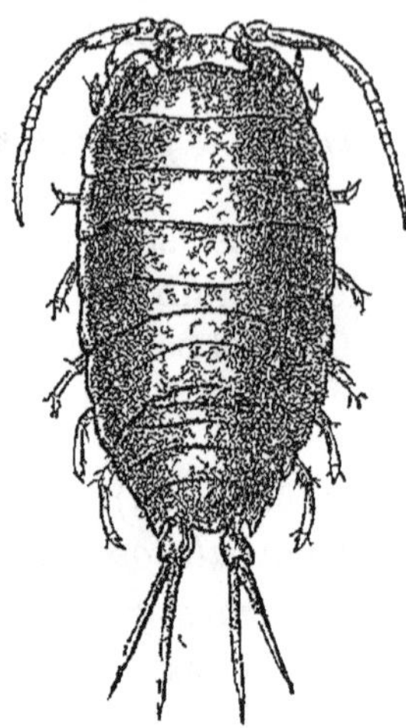

Fig. 562. — Ligie

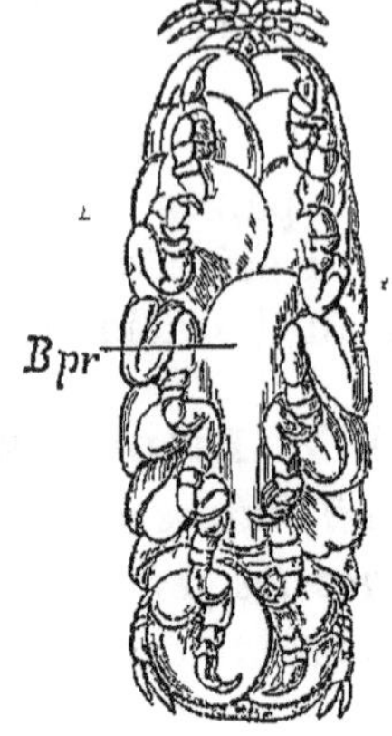

Fig. 563. — Cymothoé — *Bpr*, lamelles incubatrices des pattes thoraciques.

— Cymothoés (*Cymothoa*). Pièces buccales disposées pour la succion Parasites sur les Poissons (fig. 563).

2e **Sous-ordre. — Anisopodes.** — *Abdomen muni de pattes biramees ne fonctionnant pas comme branchies.*

Corps ressemblant à celui des Amphipodes. Rappellent les Podophthalmes par leur carapace, sous laquelle l'eau circule pour la respiration.

Ancées (*Anceus*). Premier segment thoracique soude avec la tête. — Anthures (*Anthura*). Premier segment thoracique libre. — *Tanais*. Corps très allonge; une cuirasse cephalothoracique.

ORDRE VI. **Amphipodes** (ἀμφί, de deux sortes; ποῦς, pied). — *Édriophthalmes a pattes thoraciques portant des vesicules respiratoires et chez les femelles des lamelles incubatrices.*

Corps comprimé. Six ou sept anneaux thoraciques libres, portant autant de paires de pattes munies de vésicules branchiales. Abdomen variable, pourvu de pattes natatoires. Marins ou d'eau douce. De petite taille. Quelques-uns parasites.

1er **Sous-ordre. — Hypérines.** — *Tête grande. Abdomen bien développé.*

Vivent principalement dans le corps des Méduses et des Tuniciers.

Hyperia. Tête sphérique, presque entièrement remplie par les

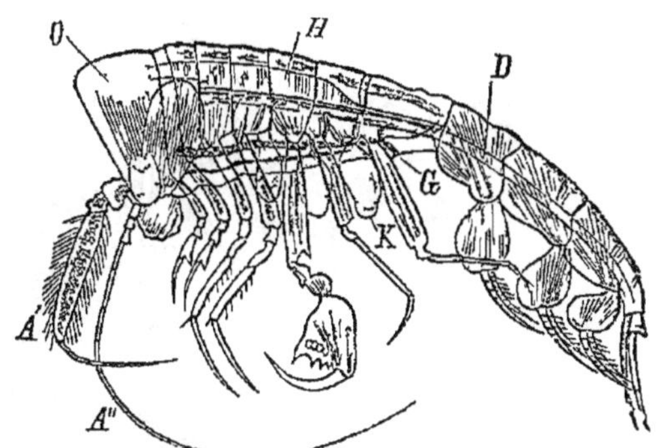

Fig 564 — *Phronima sedentaria*, mâle — *O*, œil, *A'*, *A'*, les deux paires d'antennes, *D*, intestin, *H*, cœur avec l'aorte, *K*, branchies, *G*, orifice sexuel.

yeux. — *Phronima.* Rostre saillant (fig 564). — *Platyscelus.* Antennes du mâle repliées en zigzag, comme un mètre de poche.

2e **Sous-ordre. — Crevettines.** — *Tête petite. Abdomen bien développé.*

Formes marines ou d'eau douce; nagent avec agilité.

A. ***Marcheuses.*** — Corps peu comprimé.

Corophies (*Corophium*). — Podocères (*Podocerus*).

B. ***Sauteuses.*** — Corps comprimé ; mandibules non palpigères.

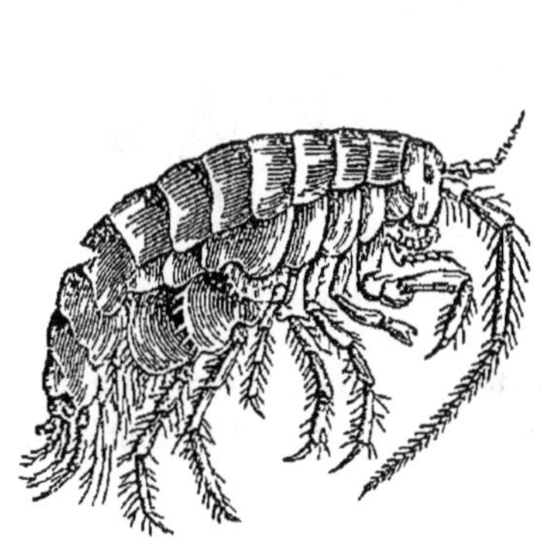

Fig. 565. — Talitre.

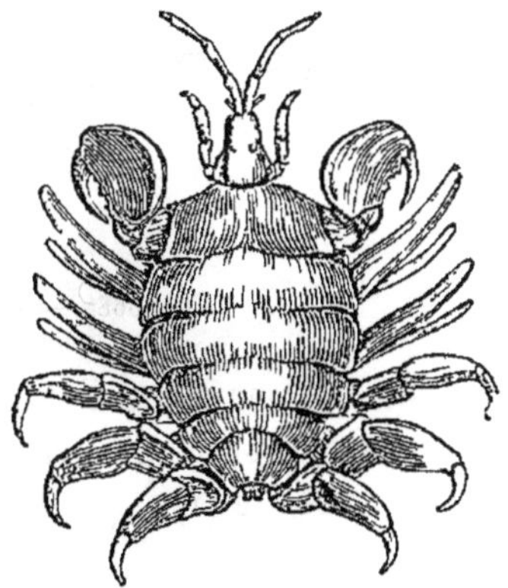

Fig 566 — Cyame

Talitres (*Talitrus*). Antennes antérieures courtes, sans branche accessoire (fig. 565). La « Puce de mer » (*T. saltator*) est commune sur les rivages sablonneux. Quelques espèces vivent aussi dans les flaques d'eau douce.

C. *Nageuses.* — Corps comprimé ; mandibules palpigères.

Fausses Crevettes (*Gammarus*). Antennes antérieures longues, avec

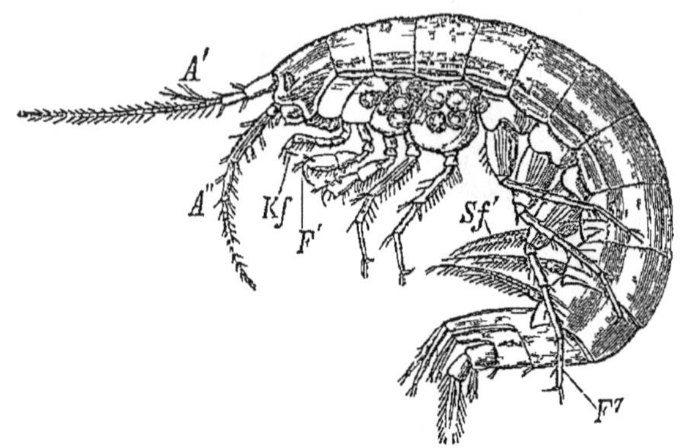

Fig. 567. — Gammare. — *A*, *A*, antennes ; *Kf*, pattes mâchoires ; *F*-*F*7, pattes thoraciques ; *Sf*, pattes abdominales.

une branche accessoire. La « Crevette de ruisseau » (*G. pulex*) est commune dans les eaux courantes (fig. 567). Quelques espèces marines

3e **Sous-ordre. — Lémodipodes** (λαιμός, cou ; δίπους, bipède). — *Tête petite. Abdomen rudimentaire.*

La paire de pattes antérieure est située sous le cou.

Cyames (*Cyamus*). Corps élargi ; pattes courtes. Vivent en para-

Fig. 568. — Caprelle. — *K*, sacs branchiaux.

sites sur la peau des Cétacés. Pou de Baleine (*C. ceti*) (fig. 566). — Chevrolles (*Caprella*). Corps linéaire ; pattes grêles (fig. 568). Mènent une vie errante (1).

(1) On place ici les Nébalies, formant un petit ordre (**Leptostraces**) qui est intermédiaire entre les Entomostracés et les Malacostracés. Il y a vingt segments comme chez ceux-ci, mais la différenciation des appendices ne dépasse pas ce qui a lieu chez les premiers. Yeux pédonculés. Une carapace bivalve, laissant libre la partie postérieure de l'abdomen (fig. 569).

SOUS CLASSE II. — **ENTOMOSTRACÉS.**

ORDRE VII. **Branchiopodes** (βράγχια, branchies ; ποῦς, pied). — *Entomostracés à pattes lamelleuses.*

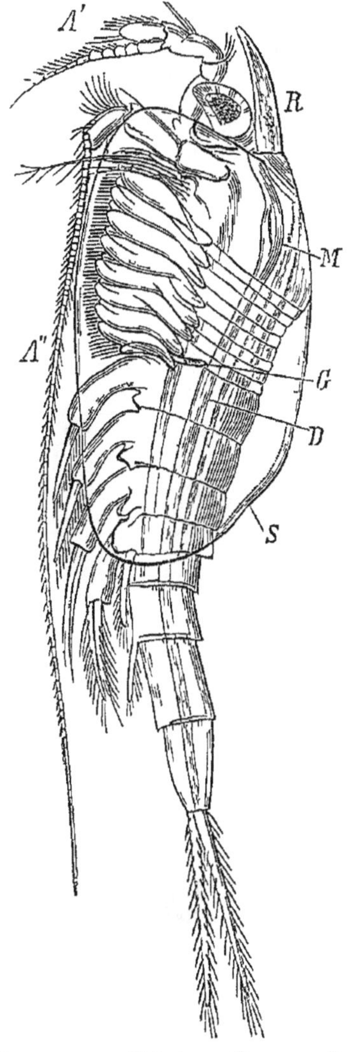

Fig. 569. — Nébalie mâle — *R*, rostre, *A'*, *A'* , les deux paires d'antennes , *M*, estomac , *D*, intestin , *G*, canal déférent , *S*, carapace.

Corps allongé, en général nettement segmenté, nu ou couvert soit d'un bouclier, soit d'une carapace bivalve. Membres en forme de rames doubles, foliacées, servant à la préhension, à la respiration et à la locomotion. Les femelles ont, le plus souvent, une chambre incubatrice située a la face dorsale, sous le test. Chez beaucoup d'espèces, les œufs peuvent résister à une sécheresse prolongée. La plupart d'eau douce ; quelques-uns marins.

1er **Sous-ordre. — Cladocères** (κλάδος, rameau ; κέρας, antenne). — *Petits Branchiopodes a corps comprimé, obscurément segmenté, renfermé, à l'exception de la tête, dans une carapace bivalve. 4 a 5 paires de pattes* (fig. 570).

La plupart n'ont qu'un œil frontal. Antennules courtes, non segmentées, terminees par une houppe de filaments olfactifs. Antennes transformées en rames bifurquées, natatoires. Mâles plus petits que les femelles, n'existant qu'à l'automne. Pendant tout l'été exclusivement des femelles parthénogénétiques, produisant des *œufs d'eté* à developpement immédiat ; les *œufs d'hiver* fécondes, plus gros, à coque dure, passent tout l'hiver avant de se développer. Les jeunes qui sortent des œufs d'ete ont leur forme définitive ; ceux qui proviennent des œufs d'hiver subissent généralement des métamorphoses.

Daphnies (*Daphnia*). La « Puce d'eau » (*D. Pulex*) habite les eaux douces et stagnantes; 5 paires de membres. — Polyphèmes (*Poly-*

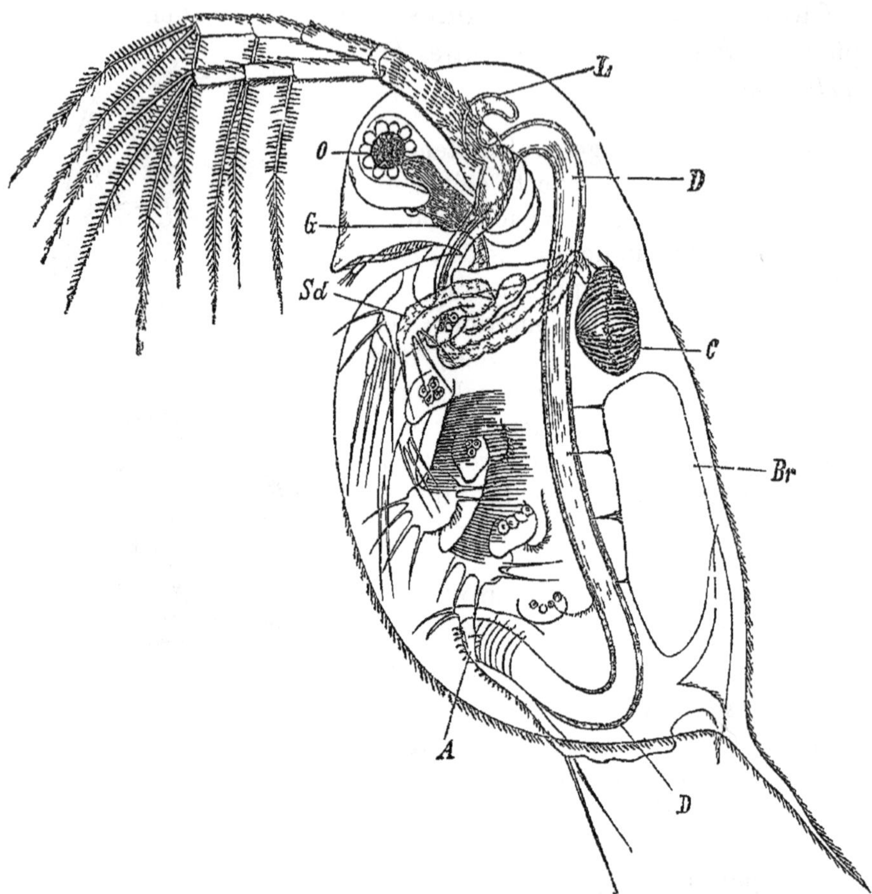

Fig 570. — Daphnie — *C*, cœur avec l'orifice gauche, *D*, tube digestif, *L*, appendice hépatique, *A*, anus, *G*, cerveau, *O*, œil, *Sd*, glande du test, *Br*, chambre incubatrice sous le repli testacé du dos.

phemus). 4 paires de membres. *P. pediculus* habite les lacs de la Suisse. — Evadnées (*Evadne*). Mer du Nord.

2e **Sous-ordre. — Phyllopodes** (φύλλον, feuille; ποῦς, pied). — *Grands Branchiopodes, à corps nettement segmenté, entouré souvent d'une carapace soit clypéiforme, soit bivalve.* 10 *à* 40 *paires de pattes munies d'appendices branchiaux.*

Deux gros yeux composés, quelquefois pédonculés (Branchipes), et un œil médian plus ou moins rudimentaire. Antennules courtes, antennes (manquant chez les *Apus*) non natatoires. Mâles beaucoup plus rares que les femelles. Chez beaucoup d'espèces, on a constaté la parthénogenèse et la production de deux sortes d'œufs : les uns parthénogénétiques, à développement rapide, les autres fécondes, pouvant se développer après plusieurs années. Larves naupliiformes. Habitent surtout les eaux peu profondes.

Branchipes (*Branchipus*). Corps nu, allongé. Dans les mares. — Artemies (*Artemia*). Semblables aux pré-

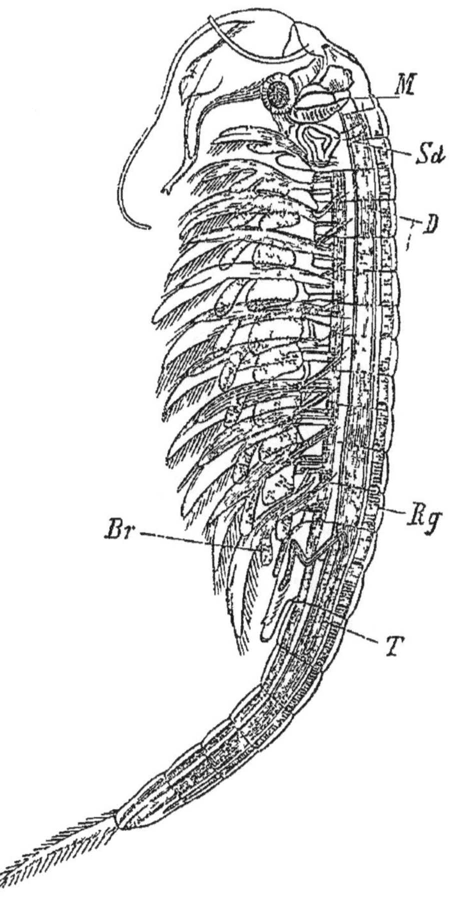

Fig. 571. — Mâle de *Branchipus stagnalis*. — *Rg*, cœur ou vaisseau dorsal présentant une paire d'orifices au niveau de chaque segment ; *D*, tube digestif ; *M*, mandibule ; *Sd*, glande du test ; *Br*, appendice branchial de la onzième paire de pattes ; *T*, testicule.

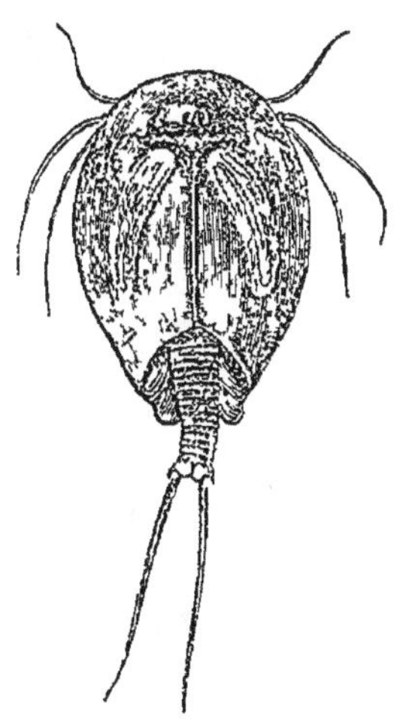

Fig. 572. — *Apus cancriformis*.

cédents, mais plus petits. Marais salants ; l'animal présente des caractères très différents suivant le degré de salure. — *Apus*. Tête et thorax cachés sous une carapace clypéiforme que dépasse l'extrémité de l'abdomen. Eaux douces. — Limnadies (*Limnadia*). Corps entièrement recouvert d'une carapace bivalve. Dans les fossés.

ORDRE VIII. **Copépodes** (κώπη, rame ; πούς, pied). —

Entomostracés dioïques, à 4 ou 5 paires de pattes thoraciques biramées.

Petits Crustacés à corps allongé, segmenté, toujours sans carapace. 2 paires d'antennes natatoires, dont la premiere est la plus grande. Abdomen à 5 articles, dépourvu de membres. Organisa-

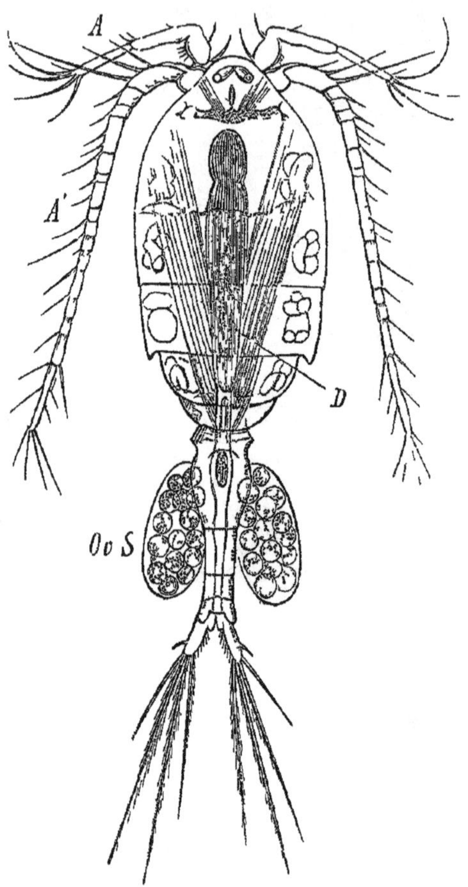

Fig 573 — *Cyclops coronatus* femelle, vu par la face dorsale — *A'*, *A'*, les deux paires d antennes, *D*, intestin, *Ov S*, sac ovifère

tion très simple : appareils circulatoire et respiratoire nuls. Les mâles ont souvent les antennes terminées par un crochet qui leur sert à s'accrocher aux femelles. Celles-ci, plus grosses que les mâles, portent généralement leurs œufs dans des sacs ou des tubes, de chaque côté de l'abdomen. Naissent, le plus souvent, sous la forme Nauplius, dont ils conservent ordinairement l'œil frontal.

1er Sous-ordre. — Eucopépodes (εὖ, bien). — *Pas d'yeux composés. Abdomen terminé en fourche.*

I. *GNATHOSTOMES* (γνάθος, mâchoire ; στόμα, bouche). — *Eucopepodes masticateurs et nageurs, a corps nettement segmenté.*

Cyclopes (*Cyclops*). Doivent leur nom à leur œil unique ; les antennules sont transformées, chez le mâle, en deux bras préhensiles. Deux poches ovifères chez la femelle. Très petits Crustacés des eaux douces ;

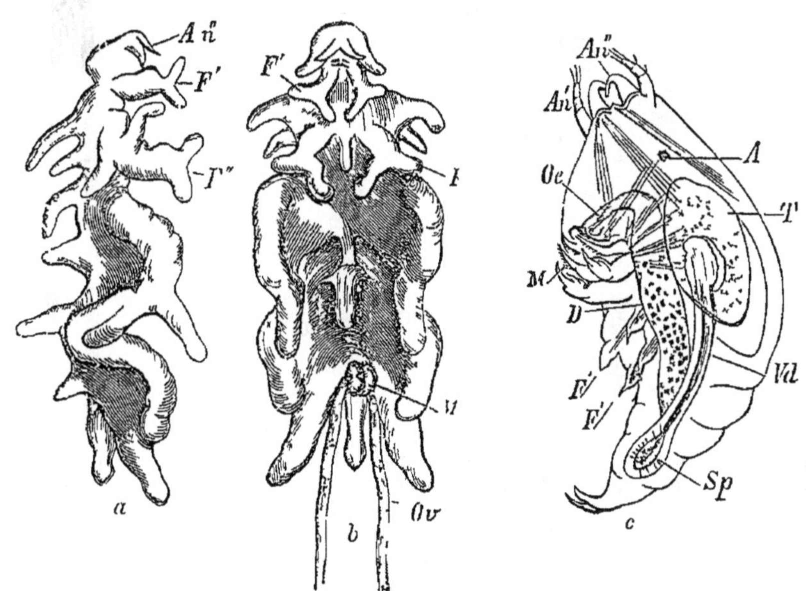

Fig 574 — Mâle et femelle de *Chondracanthus gibbosus*, grossis environ six fois — *a*, femelle vue de profil, *b*, femelle vue de profil avec le mâle, *M*, fixé sur elle, *c*, mâle fortement grossi — *An*, antennes antérieures, *An''*, antennes recourbées en crochet, *F''*, *F'''* les deux paires de pattes, *A*, œil, *M*, pièces de la bouche, *Oe*, œsophage, *D*, intestin, *T*, testicule, *Vd*, conduit déférent, *Sp*, sac a spermatophores, *Ov*, ovisacs tubuleux.

se trouvent quelquefois jusque dans les carafes de nos tables. — Cétochiles (*Cetochilus*). Fourmillent souvent dans la mer, en la rendant laiteuse sur une grande étendue ; servent d'aliments aux Baleines.

II. *SIPHONOSTOMES* (σίφων, tube). — *Eucopepodes suceurs et parasites, a segmentation plus ou moins effacée.*

En général, parasites sur la peau et les branchies des Poissons.

A. **Corycéidés.** — *Des mandibules falciformes et des mâchoires palpiformes ; pas de trompe.*

Corycées (*Corycæus*). Antennes transformées en organes de fixation. — Chondracanthes (*Chrondracanthus*). Mâles nains, fixés sur les femelles (fig. 574).

B. *Lernéens.* — *Une trompe bien développée, aplatie ou tubuleuse* Caliges (*Caligus*). Corps clypeiforme. Sur certains Poissons de

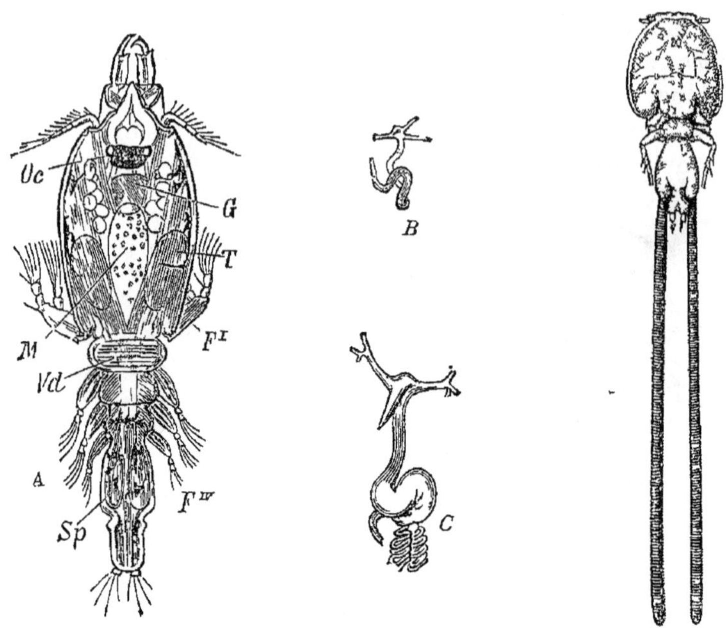

Fig 575. — *Lernaea branchialis* — *A*, male (long environ de 2 3 mm.) · — *Oc*, œil, *G*, cerveau, *M*, estomac, F^I à F^{IV}, les quatre paires de rames, *T*, testicule, *Sp* sac à spermatophores, *Vd*, canal deferent. — *B*, femelle en voie de transformation apres l'accouplement · — *C*, la même avec les ovisacs, de grandeur naturelle

Fig. 576 Calige.

mer (fig. 576). — Lernées (*Lernæa*). Corps vermiforme (fig. 575). Sur les Gades. — Achthères (*Achtheres*). Tête et thorax distincts. Sur les Perches.

2e Sous-ordre. — Branchiures (βράγχια, branchies ; οὐρά, queue). — *Des yeux composés. Abdomen aplati, fonctionnant comme branchie.*

Crustacés suceurs, parasites sur les Poissons, à trompe renfermant quatre stylets (mandibules et mâchoires).

Argules (*Argulus*). Pattes-mâchoires transformées en ventouses. Un appareil perforant ajouté à la bouche. Pas de poches ovifères, les femelles attachent leurs œufs sur des corps étrangers. Le « Pou de Poissons » (*A. foliaceus*) est discoïde et vit sur les Carpes. — *Gyropeltis.* Pattes-mâchoires terminées par une griffe : pas d'appareil perforant.

ORDRE IX. **Ostracodes** (ὄστρακον, coquille). — *Entomostraces a carapace bivalve, dépourvus de pattes lamelleuses.*

Petits Crustaces à corps comprimé, sans segmentation nette ; completement renfermés dans une carapace à deux valves mobiles, s'écartant par un ligament élastique et se fermant par deux muscles retracteurs. Corps n'ayant qu'un très petit nombre de segments ;

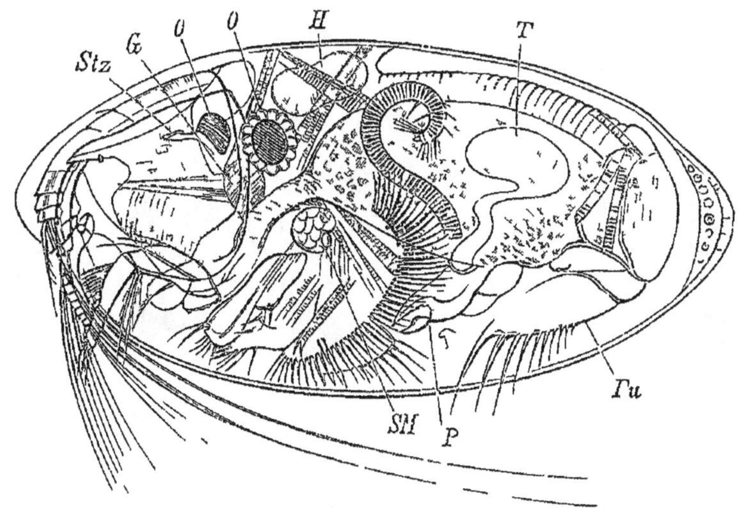

Fig 577 — *Cypridina mediterranea,* male — *H*, cœur, *SM*, muscle adducteur, *O*, œil pair, *O'*, œil impair, *G*, cerveau, *Stz*, organe frontal, *T*, testicule, *P*, organe copulateur, *Fu*, queue (furca)

7 paires d'appendices : 2 paires de longues antennes natatoires ; 3 paires de pièces buccales et 2 paires de pattes locomotrices, terminées par une griffe. Abdomen court, fourchu. Se nourrissent de matières animales.

Cypris. « Poux d'eau » ; carapace mince ; métamorphoses compliquées. Eaux douces d'Europe. — Cytherées (*Cythere*). Carapace dure ; developpement presque direct ; formes marines.

ORDRE X. **Cirripedes** (*cirrus*, frange ; *pes*, pied). — *Crustacés marins, fixés a l'âge adulte, généralement monoïques et entourés par un repli cutané renfermant des plaques calcaires. Pattes multiarticulées, en panache recourbé* (cirres), *au nombre de* 6 *paires, de* 3 *paires ou nulles.*

Corps indistinctement segmenté ou non segmenté (Rhizocephales), renfermé ordinairement dans un repli cutané (*manteau*), contenant des pièces calcaires régulièrement disposées. L'animal est fixé par l'extrémité céphalique. Une seule paire d'antennes (la seconde paire manque). Le corps peut être sessile ou, au contraire, muni d'un pédoncule. En général, 3 paires de gnathites, 3 ou 6 paires de pieds cirriformes attirant vers la bouche les particules alimentaires. Œsophage musculeux. Estomac sacciforme. Intestin recti-

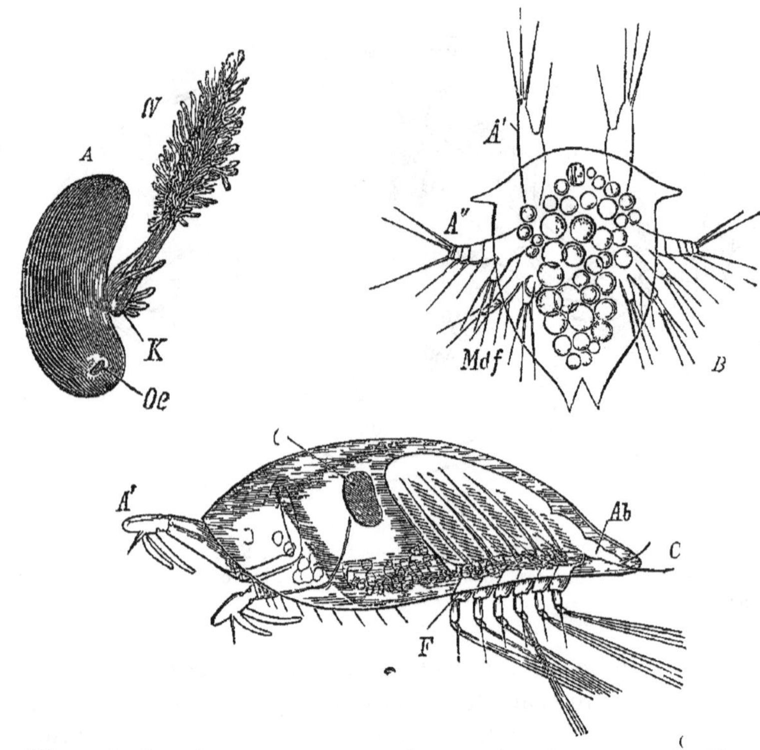

Fig. 378. — *A*, *Sacculina purpurea*. — *Oe*, ouverture du sac palléal, *W* prolongements radiciformes, *K*, couronne de ceux-ci. — *B*, larve Nauplius d'une Sacculine. *A'*, *A''*, les deux paires d'antennes, *Mdf* pattes mandibulaires. — *C*, larve Cypris. *F*, les six paires de pattes, *Ab*, abdomen, *A'*, antenne adhésive, *O* œil.

ligne. Une glande digestive. Pas de traces de tube digestif chez quelques formes parasites (Rhizocephales). Pas d'appareil circulatoire nettement distinct. Pas d'appareil respiratoire. Abdomen rudimentaire, dépourvu de cirres, le plus souvent muni, chez les mâles, d'un long pénis. Quand les sexes sont séparés, le mâle est très petit et vit dans le manteau de la femelle. Dans quelques formes, il existe des mâles nains (*mâles complémentaires*) fixés sur le corps des hermaphrodites. Système nerveux central constitué par un cerveau et ordinairement une chaîne ventrale à cinq paires de ganglions parfois fusionnés en une masse unique. Un collier œsophagien. Un œil simple, correspondant à l'œil impair du Nauplius. Aucune certitude sur l'existence d'organes auditifs ou olfactifs. Des métamorphoses : d'abord un nauplius, puis une phase cypris, avec une coquille bivalve et des antennes provenant de la paire antérieure de membres du Nauplius. La larve cypris se fixe par les antennes, au moyen de la sécrétion d'une glande (*glande cémentaire*) qui s'ouvre sur ces organes ; puis la portion dorsale de ses téguments se développe en un large sac (*capitulum*), qui reste ouvert sur la face ventrale et entoure le corps, auquel il n'adhere que dans la

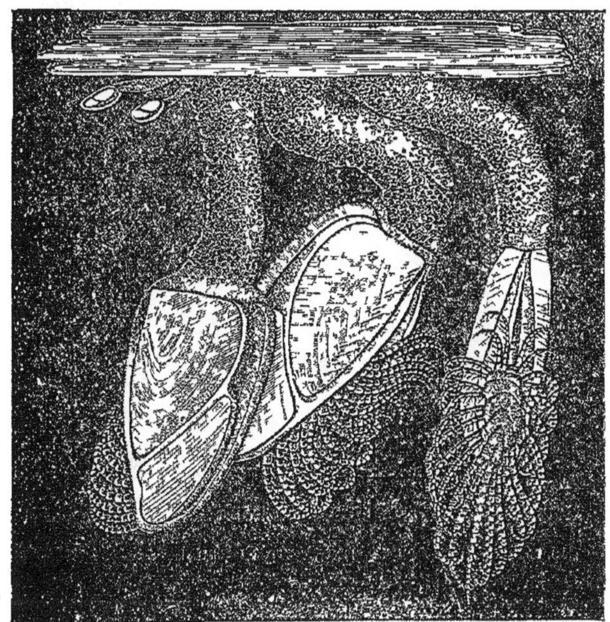

Fig 579. — Anatifes

région céphalique. Celle-ci peut, chez l'adulte, se prolonger, au delà du sac, en un long pedoncule creux, contractile, par lequel se fixe l'animal et dans lequel peuvent s'engager quelques organes tels que l'ovaire. Des pièces calcaires plus ou moins nombreuses apparaissent ensuite, le plus souvent, dans le capitulum.

1er **Sous-ordre. — Thoraciques.** — *Corps segmenté, a 6 paires de cirres. Manteau muni ordinairement de plaques calcaires. Géneralement monoïques.*

I. Pédonculés. — *Corps pedonculé.*

Anatifes (*Lepas*) Test composé de 5 plaques contigues : une impaire (*carene*) sur le dos; quatre paires (*pieces marginales*), sur les côtes. Le bord ventral de celles-ci limite l'ouverture par où passent les cirres. Deux des plaques marginales (*scuta*) sont à la base du test, en rapport avec le pedoncule ; les deux autres (*terga*) sont situées a l'autre extrémité. L'Anatife commune (*L. anatifera*) se trouve dans nos mers, attachee aux rochers ou aux corps flottants. — Pouces-pieds (*Pollicipes*). Test composé de cinq plaques principales et d'un nombre plus ou moins considerable de pieces accessoires. *P. cornucopia* habite l'Océan et la Méditerranee.

II. Opercules. — *Corps sessile ou muni d'un pedoncule rudimentaire*

Balancs ou « Glands de mer » (*Balanus*). Des plaques accessoires,

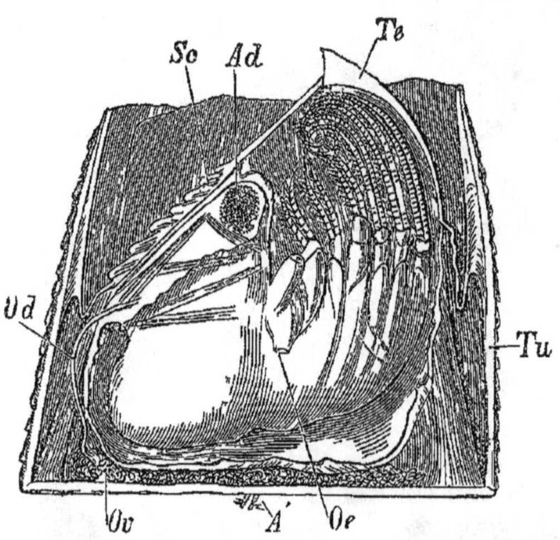

Fig. 580 — *Balanus tintinnabulum*, dont une des moitiés du test a eté enlevée — *Tu*, section de la couronne externe du test, *Ov*, ovaire, *Od*, oviducte, *Oe*, orifice de l'oviducte, *Ad*, muscle adducteur, *Te*, tergum, *Sc*, scutum, *A*, antennes adhésives

développees autour du pédoncule (*plaques coronales*), forment, avec la carène, une sorte de couronne au-dessus de laquelle les plaques marginales, articulées entre elles, constituent un opercule mobile. *B. ovularis* est commun sur les coquilles des Moules. *B. tintinnabulum* est comestible. — Coronules (*Coronula*). Sortes de gros Balanes aplatis (*Diadema*) ou cylindracés (*Tubicinella*), vivant sur les Cétaces.

2e **Sous-ordre. — Abdominaux.** — *Corps segmenté, a 3 paires de cirres. Manteau dépourvu de pièces calcaires. Dioiques.*

Vivent en parasites, enfoncés dans la coquille de quelques Gastéropodes. Souvent des mâles nains, presque réduits aux organes sexuels

Alcippe. Dans la coquille des Buccins.

3e **Sous-ordre. — Apodes** (ἀ priv.; ποῦς, pied). — *Corps segmenté, dépourvu de cirres et de pièces calcaires. Monoïques.*

Tube digestif rudimentaire. Vivent en parasites dans l'intérieur du manteau d'autres Cirripèdes.

Proteolepas. Antilles.

4e **Sous-ordre. — Rhizocéphales** (ῥίζα, racine; κεφαλή, tête). — *Corps non segmenté, présentant des filaments radiciformes; dépourvu de cirres, de pièces calcaires et de tube digestif. Monoïques.*

Parasites sacciformes constitués, à l'intérieur de l'hôte, par des racines absorbantes et, en dehors, par un corps charnu, réuni à la portion intérieure au moyen d'un court pédicule. La portion extérieure est charnue et formée presque entièrement par les organes génitaux; elle présente une cavité incubatrice communiquant avec le dehors par un petit orifice (*cloaque*).

Sacculines (*Sacculina*). Parasites ovoïdes, fixés à la face ventrale de l'abdomen des Crabes; désignés, par les pêcheurs, sous le nom d'« œufs de Crabe » (1). — *Peltogaster.* Parasites en forme de boudins. Sur les Pagures.

(1) La larve cypridiforme de la Sacculine, après s'être fixée sur un Crabe, se transforme en une larve sacciforme présentant, à la partie antérieure, un dard creux par lequel son contenu passe dans le corps de l'hôte. Elle devient ainsi endoparasite et développe, à sa surface, des prolongements radiciformes qui se ramifient sur les viscères de l'hôte et en absorbent les sucs. Quand la masse viscérale de la Sacculine a pris un certain accroissement, elle devient en partie extérieure et le parasite grossit alors rapidement (DELAGE).

EMBRANCHEMENT V. — VERS.

Vers. — *Artiozoaires, généralement annelés, toujours dépourvus de membres articulés.*

L'embranchement des Vers, le moins homogène des embranchements du règne animal, est constitué par un ensemble de formes très disparates. Il est à peu près impossible d'en donner une définition précise ; le seul caractère commun à tous est la symétrie bilatérale. C'est en quelque sorte un groupe de débarras, où on place tous les Artiozoaires qui ne sont ni Vertébrés, ni Arthropodes, ni Mollusques ; aussi les Vers n'ont-ils guère que des caractères négatifs. En réalité ils devraient former plusieurs embranchements. C'est seulement pour ne pas multiplier les grandes coupures du règne animal que nous maintenons l'embranchement des Vers. — Tous les Vers habitent l'eau ou les milieux humides. Plusieurs sont parasites. On les divise en 3 sous-embranchements :

VERS.	Corps généralement divisé en anneaux ; une chaîne nerveuse ou un cordon ventral, des organes segmentaires servant à l'expulsion des produits génitaux	ANNELIDES.
	Corps cylindrique, revêtu d'une cuticule épaisse, n'ayant jamais de cils vibratiles, jamais annelé.	NEMATHELMINTHES.
	Corps annelé ou non, aplati, sans cavité générale. Pas de chaîne nerveuse ventrale. . .	PLATHELMINTHES.

SOUS-EMBRANCHEMENT I. — ANNÉLIDES.

ANNELIDES (*annellus*, petit anneau). — *Vers ciliés, en général annelés, pourvus d'une chaîne nerveuse ou d'un cordon ganglionnaire ventral, munis d'un système vasculaire.*

Corps cylindrique ou aplati, présentant ou non une segmentation extérieure. La segmentation se manifeste souvent à l'intérieur par des diaphragmes musculo-membraneux que traverse le tube digestif.

Bouche antérieure ou ventrale, suivie d'un œsophage pouvant souvent se dévaginer au dehors, à la maniere d'une trompe ; anus postérieur ou dorsal. Appareil vasculaire habituellement clos. Des branchies seulement chez les Polychètes. Organes excréteurs en forme de canaux plus ou moins pelotonnés (*organes segmentaires*), se répétant généralement par paire dans chaque anneau, s'ouvrant souvent, dans la cavité generale, par un entonnoir cilié et debouchant au dehors, sur les côtés du corps. Sexes tantôt séparés, tantôt réunis. Reproduction souvent asexuelle par scissiparité ou par formation de bourgeons suivant l'axe du corps. Système nerveux pré-

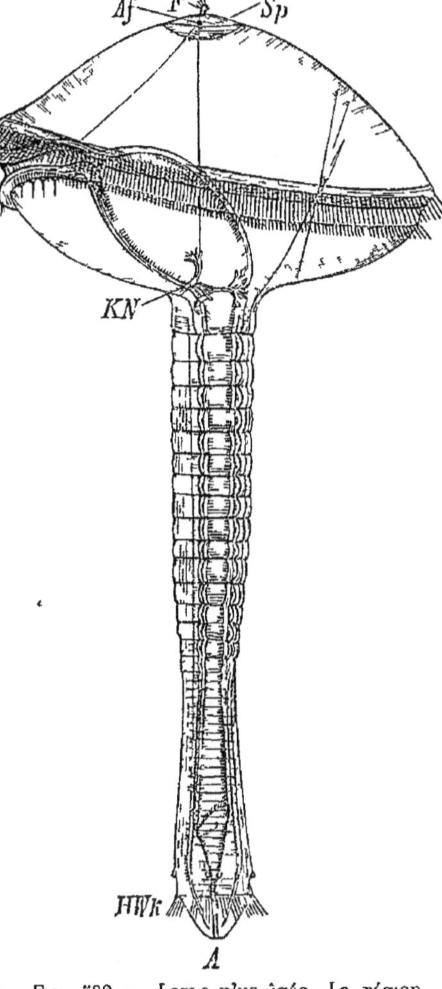

Fig. 581. — Larve trochosphère du *Polygordius*. — *Sp*, plaque apicale avec une tache pigmentaire, *Prw*, couronne ciliée pre-orale, *Pow*, couronne ciliée post-orale, *O*, bouche, *A*, anus, *Ms*, mésoderme, *KN*, rein céphalique

Fig. 582. — Larve plus âgée. La région post-orale du corps est devenue vermiforme et s'est divisée en plusieurs métamères. — *HWk*, couronne ciliée postérieure, *Af*, tache oculaire, *F*, tentacules

sentant un ganglion cérébroïde, un collier œsophagien et une double chaîne ganglionnaire ventrale, dont les deux moitiés sont plus ou moins coalescentes sur la ligne médiane. Presque toujours un système nerveux viscéral. Souvent, sur la tête, des filaments tactiles en forme d'antennes ou de cirres, des vésicules auditives, des taches oculaires munies de corpuscules réfringents.

Développement tantôt sans métamorphoses et se faisant dans des espèces de cocons où les œufs sont pondus; tantôt avec métamorphoses et débutant par la formation d'une larve ciliée (*larve de Lovén*, *trochophore* ou *trochosphère*). Cette larve (fig. 581), ovoïde, non annelée, munie de deux couronnes équatoriales ciliées, présente un tube digestif coudé, dont la bouche s'ouvre entre les deux couronnes de cils et l'anus au pôle postérieur. A l'extrémité antérieure, un épaississement ectodermique (*plaque apicale*) représente l'ébauche d'un ganglion cérébroïde; dans la partie postérieure, une paire de conduits, pourvus chacun d'un entonnoir vibratile (*rein céphalique*), forme l'appareil excréteur.

Cette larve peut être considérée comme représentant la forme originelle du groupe des Annélides. Certains types (Monomérides) ne sont autre chose que le résultat d'une modification directe de la Trochosphère. Chez d'autres (Polymérides ou Annélides proprement dites), la trochosphère bourgeonne à sa suite une série de segments qui deviennent les divers anneaux du Ver (fig. 582).

Six classes :

ANNÉLIDES.	Corps constitué par un seul segment (**Monomérides**).	Individus isolés: partie antérieure du corps entourée par un disque cilié.	ROTIFÈRES
		Individus en colonie généralement fixée, encroûtante ou ramifiée. Bouche au milieu d'une couronne de tentacules..................	BRYOZOAIRES
	Corps formé par plusieurs segments, parfois fusionnés et non distincts (**Polymérides**).	Segments distincts, au moins à l'intérieur du corps; dioïques. .	CHÉTOPODES
		Segments non distincts.	GÉPHYRIENS
		Segments distincts; des ventouses; hermaphrodites.................	HIRUDINÉES
	Corps rappelant les Mollusques Acéphales, entouré d'une coquille bivalve		BRACHIOPODES

DIVISION I. — MONOMÉRIDES.

CLASSE I. — ROTIFÈRES.

Vers ciliés non annelés, présentant à la partie antérieure un appareil vibratile (organe rotatoire); *extrémité postérieure amincie en un pied; pas d'appareil circulatoire; une paire d'organes segmentaires; sexes séparés.*

On peut considerer les Rotifères comme le résultat d'une simple modification de la larve Trochosphère. Ce sont donc des formes très primitives, se rapprochant de la forme initiale des Vers.

Le corps, composé de deux parties distinctes (fig. 583), l'une antérieure, l'autre postérieure, presente parfois des sillons transversaux qui feraient croire à une segmentation; mais ces sillons sont limités au tégument. Jamais d'appendices locomoteurs. La partie antérieure est plus ou moins protractile; elle contient tous les organes, et porte, excepte chez quelques formes parasites (*Balatro*, etc.), un appareil vibratile (*organe rotatoire*). Celui-ci, habituellement formé de deux lobes circulaires, est constitué par deux couronnes de cils, dont le mouvement donne l'illusion d'un mouvement de rotation; il sert tant à la natation qu'à la direction de la nourriture vers la bouche. La partie postérieure du corps, formée d'anneaux pouvant s'invaginer les uns dans les autres (*queue* ou *pied*), est souvent terminée par une sorte de tenaille au moyen de laquelle l'animal peut se fixer. Cette tenaille contient quelquefois, a la réunion de ses deux branches, une *glande caudale* qui sécrète un liquide adhésif; elle peut manquer (*Albilus*, etc.). — Tube digestif cilié. Bouche large, ventrale, située au-dessus de l'organe rotatoire, pouvant se fixer comme une ventouse et permettant au corps de progresser à la façon des Chenilles arpenteuses. Pharynx armé souvent de pièces chitineuses (*mastax*) ; œsophage étroit ; estomac muni de deux glandes digestives ; intestin en anse, terminé par un cloaque ; anus dorsal, situé à la base du pied et pouvant manquer (*Asplanchna*, etc.). — Pas d'appareil circulatoire ni d'appareil respiratoire. — Système excréteur constitué par deux canaux latéraux (*organes segmentaires*). Ceux-ci communiquent avec la cavité viscerale par leur extrémité antérieure ainsi que par quelques canalicules munis de pavillons ciliés; ils debouchent dans l'intestin, soit directement, soit par l'intermédiaire d'une

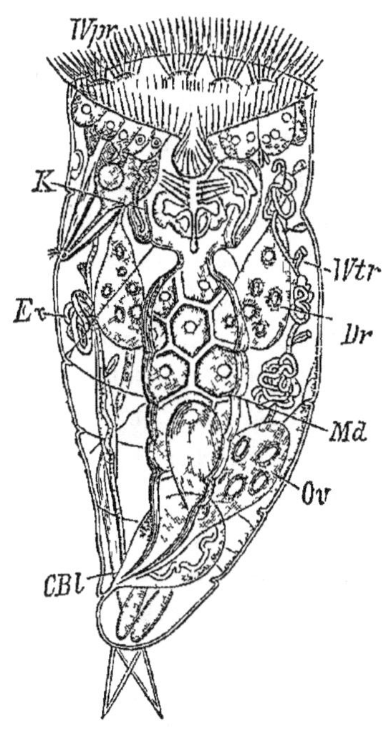

Fig 583 — Type de Rotifère (*Hydatina senta*) femelle — *Wpr*, organe rotateur *K*, mastax, *Dr*, glandes salivaires, *Md*, intestin gastrique, *Ov*, ovaire, *Wt*, entonnoir cilié de l'appareil excréteur, *Ex*, tubes segmentaires, *CBl*, vésicule excrétrice

vésicule contractile (*vessie*). — Sexes séparés. Dimorphisme sexuel très accentué. Les mâles, beaucoup plus petits que les femelles, sont dépourvus de tube digestif (excepté *Seison*) et n'apparaissent qu'en automne. Un testicule volumineux se termine par un tube copulateur (*pénis*) situé dans le voisinage de la queue. Un ovaire volumineux et muni d'un très court oviducte débouche dans le cloaque. Il y a deux sortes d'œufs. Les uns (*œufs d'ete*) parthénogénetiques, à coque molle, à developpement rapide, donnent d'abord uniquement des femelles, puis en automne des mâles et des femelles. Les autres (*œufs d'hiver*), à coque dure, sont pondus après la fécondation et produisent au printemps des femelles qui recommencent le cycle. Pas de metamorphoses. Tégument mince ou épaissi en forme de cuirasse, composé d'une cuticule chitineuse et d'un tissu hypodermique. — Système musculaire disposé par faisceaux separés, ne formant pas d'enveloppe musculo-cutanee. — Système nerveux représenté par un ganglion cérebroide d'où partent des nerfs pour l'organe rotatoire, les muscles et les organes des sens. Ceux-ci rudimentaires : quelquefois des sortes d'antennes tactiles, une fossette sétigère, une ou deux taches oculaires; parfois aussi un otocyste.

Les Rotifères habitent plutôt l'eau douce que l'eau salee; quelques-uns sont parasites. On les a considérés comme pouvant resister à la dessiccation et reprendre leur activité sous l'influence de l'humidité (*Animaux ressuscitants* ou *reviviscents*); mais, le plus souvent, les œufs seuls résistent et se developpent rapidement dans l'eau.

I. **Tubicoles.** — *Rotifères fixés par un pied, souvent entourés d'un tube ou d'une gaine gélatineuse.*

Flosculaires (*Floscularia*). Organe rotatoire à cinq lobes. — Mélicertes (*Melicerta*). Organe rotatoire quadrilobé. — *Limnias.* Organe rotatoire bibolé ; gaine verte.

II. **Nageurs.** — *Rotifères libres.*

A. Cuirassés. — *Corps cuirasse.*

Brachions (*Brachionus*). Cuirasse comprimée, dentelée ; œil impair, un long pied muni d'une pince. — Anurées (*Anurea*). Pas de pied.

B. Nus. — *Corps dépourvu de cuirasse.*

Rotifères (*Rotifer*). Organe rotatoire formant deux roues, une trompe portant deux yeux ; un long pied fourchu. — Hydatines

(*Hydatina*). Corps tubuleux ; organe rotatoire multifide ; pas d'yeux ; un court pied fourchu. — Apsiles (*Apsilus*). Corps lenticulaire ; pas d'organe rotatoire ni de pied. — Asplanchnes (*Asplanchna*). Corps sacciforme ; intestin terminé en cæcum. — Trochosphères (*Trochosphæra*). Corps globuleux, sans queue ni autres appendices ; une couronne ciliaire équatoriale ; ressemblent aux larves des Annélides. — Alberties (*Albertia*). Organe rotatoire très réduit ; parasites dans la cavité viscérale des Vers de terre. — *Balatro*. Organe rotatoire nul ; parasites sur les Oligochètes. — *Seison*. Mâles pourvus d'un tube digestif ; différant peu des femelles ; parasites sur les *Nebalia* (1).

CLASSE II. — **BRYOZOAIRES** (2).

Individus (polypes) *formés d'un seul segment, et renfermés dans une enveloppe dure* (cellule), *réunis le plus souvent en une colonie nombreuse ramifiée, encroûtante ou stolonifère. Bouche entourée de tentacules ciliés, fixés sur un support* (lophophore) *de forme variable.*

On peut les considérer comme des Vers Monomérides fixés, se reproduisant par bourgeonnement, de telle sorte que les bourgeons restent unis en colonie.

Trois ordres :

BRYOZOAIRES.	Lophophore annulaire ou en fer à cheval.	Anus en dehors du lophophore.. .	ECTOPROCTES.
		Anus en dedans du lophophore...	ENTOPROCTES.
	Lophophore à deux bras séparés . .		PTEROBRANCHES.

(1) On rattache aux Rotateurs les *Echinoderes* et les *Gasterotriches*.

Les ÉCHINODERES (ἐχῖνος, hérissé de piquants ; δέρη, cou) sont caractérisés par un anneau antérieur renflé en boucle et muni de longs aiguillons recourbés en arrière. L'invagination et la dévagination fréquentes de cet anneau servent à la progression. Animaux microscopiques découverts sur des Algues marines. — *Echinoderes.*

Les GASTEROTRICHES (γαστήρ, ventre ; θρίξ, τριχός, poil) sont vermiformes et caractérisés par un revêtement de cils vibratiles restreint à la surface ventrale du corps. Ils présentent souvent des soies, surtout sur le dos (*Chætonotus*). Extrémité postérieure du corps terminée par une sorte de fourche entre les branches de laquelle se trouve l'anus. Animaux d'eau douce ou d'eau salée. — *Chætonotus. Turbanella.*

(2) βρύον, mousse ; ζῶον, animal. Appelés encore *Polyzoaires* (πολύς, nombreux).

Artiozoaires non segmentés, formant des colonies rappelant l'aspect des Mousses. Le plus souvent les colonies sont fixées au sol; rarement (*Cristatella*) elles sont libres et peuvent se deplacer sur une sorte de semelle aplatie. Les individus d'une même colonie n'ont pas toujours la même structure et ne sont pas chargés des mêmes fonctions.

La paroi du corps de chaque individu (*zooïde*) est épaissie de façon à former une petite loge (*cellule* ou *zoecie*).

La zoécie se compose de deux couches: une extérieure (*ectocyste*), une intérieure (*endocyste*). L'ectocyste est une production cuticulaire generalement cornée ou calcaire, quelquefois gélatineuse (*Alcyonidium*) ou même nulle (*Cristatella*). C'est lui qui forme la loge. L'endocyste n'est autre chose que l'exoderme, qui sécrète l'ectocyste et devient amorphe. Il est double par un tissu fibreux qui représente le derme; cette couche émet plusieurs tractus dont le plus important est un cordon plus ou moins contourne (*funicule*), qui va se fixer au tube digestif. Les loges sont séparées les unes des autres et souvent surmontées de cavités speciales (*oécies*), constituant de véritables chambres d'incubation, dans lesquelles on trouve des larves à tous les degres de developpement. Quelquefois il n'y a pas de loges nettes (Entoproctes), et les divers individus sont unis entre eux par des stolons proliferes (Pédicellines), ou restent isoles (Loxosomes). — Les tentacules sont ciliés. Chez les Entoproctes, ils restent toujours épanouis au dehors, tandis que, chez les Ectoproctes, ils peuvent rentrer brusquement à l'intérieur, par l'action de muscles rétracteurs amenant l'invagination de la partie superieure de la loge (*gaine tentaculaire*) (1). Les tentacules sont creux et communiquent avec la cavite génerale; ils reposent sur un support (*lophophore*) tantôt en forme d'anneau, tantôt en forme de fer à cheval, tantôt enfin constitué par deux bras symétriques. — Bouche située au milieu des tentacules, dont les cils lui envoient des parcelles alimentaires, nue (Gymnolèmes) ou surmontée (Phylactolèmes) d'une languette membraneuse et mobile (*epistome*). Estomac recouvert de glandules digestives, prolonge inférieurement en un grand cul-de-sac (*cæcum stomacal*), au fond duquel s'insère le funicule. Intestin court et droit. Anus dorsal, place en dedans (Entoproctes) ou en dehors (Ectoproctes) de la couronne tentaculaire. — Dans certaines colonies de Bryozoaires marins, on observe des organes spéciaux pour la

(1) Apres l'invagination, un sphincter situé à la base de la gaine se contracte, ou un opercule se rabat pour assurer à l'animal une protection plus efficace.

préhension des aliments ou la protection de la colonie. Ces organes sont en realité des individus particuliers, placés dans le voisinage de l'orifice de la loge des individus normaux. Tantôt ce sont des instruments en forme de tête d'Oiseau (*aviculaires*) avec une mandibule inférieure mobile (fig. 584); tantôt ce sont des appendices flagelliformes

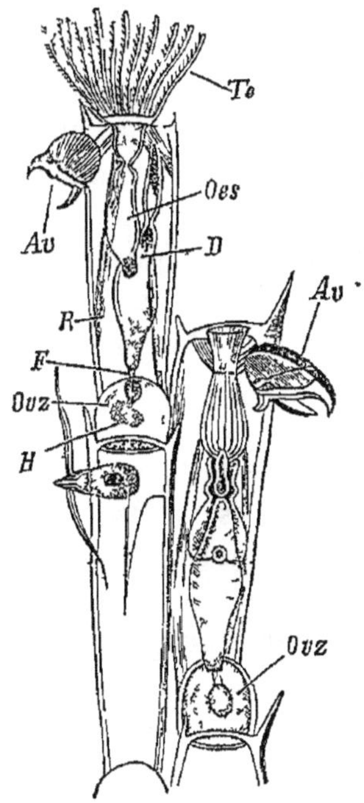

Fig 584 — Bugule aviculaire — *Te*, couronne tentaculaire, *R*, muscle rétracteur, *Oes*, œsophage, *D*, tube digestif, *F* funicule, *Av*, aviculaires, *H*, testicule, *Ovz*, ovicelles.

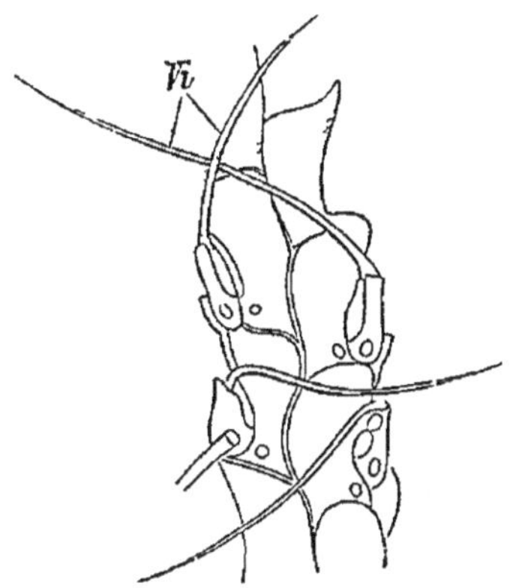

Fig. 585. — *Scrupocellaria ferox*. — *Vi*, vibraculaires

(*vibraculaires*) qui battent l'eau (fig. 585). — Pas de cœur ni de vaisseaux. La circulation est réduite aux fluctuations du liquide de la cavité générale, sous l'influence des mouvements generaux (Gymnolèmes) ou sous l'action de cils vibratiles (Phylactolèmes). — Les organes respiratoires sont constitués presque exclusivement par les tentacules ciliés. — Les organes segmentaires n'existent que chez les Entoproctes ; il n'y en a qu'une seule paire et ils ne servent jamais à l'expulsion des produits genitaux.— Les Bryozoaires peuvent se reproduire de trois manières différentes : par œufs fécondés, par gemmation, enfin, chez quelques formes d'eau douce, par des bourgeons

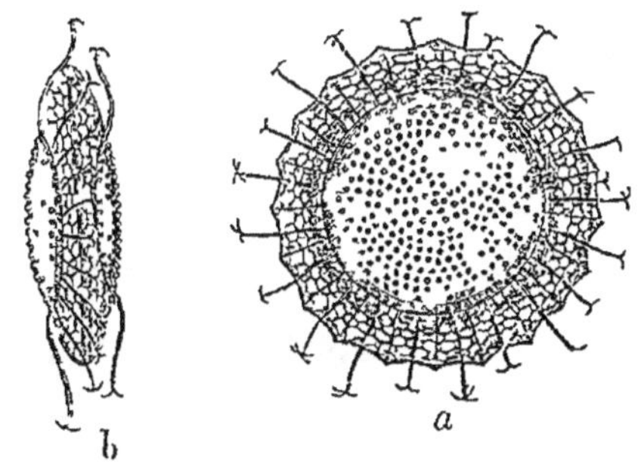

Fig. 586 — Statoblastes de *Cristatella mucedo* : *a*, vu de face, *b*, vu de profil.

analogues aux bulbilles des végetaux (*statoblastes*). Ceux-ci (fig. 586), nés sur le funicule à la fin de l'éte, donnent chacun, au printemps, un petit animal qui bourgeonne bientôt et devient le point de depart d'une nouvelle colonie. Les sexes, généralement réunis sur le même individu, deviennent rarement distincts. Le testicule se developpe dans le funicule ; l'ovaire s'y developpe aussi ou se montre dans la couche pariétale. Les produits sexuels tombent dans la cavite générale, où a lieu la fécondation. Des métamorphoses. Les larves sont ciliées et présentent les formes les plus variées. Leur étude permet de considérer les Bryozoaires comme descendants des Rotifères et peut-être comme proches parents des Brachiopodes. (J. Barrois.)

Souvent le tube digestif se résorbe et se transforme en un *corps brun* sphérique. Le funicule forme alors, par bourgeonnement, un nouveau tube digestif qui englobe le corps brun et le rejette par l'anus. Système musculaire réduit aux muscles necessaires à la sortie et à la rétraction de l'extrémité antérieure du corps. Pas de gaine musculo-cutanée. Système nerveux constitué, tantôt (Phylactolemes) par un collier œsophagien presentant deux ganglions du côte de l'anus, tantôt (autres Bryozoaires) par un seul ganglion situé entre la bouche et l'anus. Ce ganglion, simple ou double, envoie des filets nerveux aux tentacules et à l'œsophage. Pas d'organes des sens chez l'adulte.

Les Bryozoaires vivent pour la plupart dans la mer, où ils s'établissent sur les corps les plus divers, en colonies ramifiées ou lamelleuses. Quelques-uns seulement habitent les eaux douces.

ORDRE I. **Ectoproctes** (ἐκτός, en dehors ; πρωκτός, anus), — *Bryozoaires ayant une gaine tentaculaire retractile ; lophophore circulaire ou en fer a cheval ; anus placé en dehors du lophophore.*

Ectocyste de nature variable (calcaire, corne ou gélatineux) Renferment la plupart des Bryozoaires. Marins ou d'eau douce.

1er **Sous-ordre. — Phylactolèmes** (1) (φυλακτός, garde, λαιμός, gosier). — *Lophophore en fer à cheval. Bouche surmontée d'un épistome* (1).

Tous d'eau douce.

Plumatelles (*Plumatella*). Colonies sédentaires, à cellules tubifor-

(1) Appeles encore *Lophopodes* ou *Hippocrepiens.*

mes, de consistance parcheminée (fig. 587). — Cristatelles (*Cristatella*). Colonies transparentes, mobiles sur un disque pédieux commun.

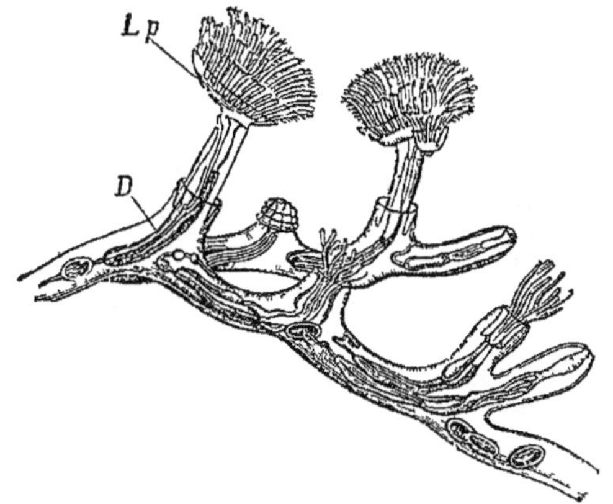

Fig 587 — Plumatelle, faiblement grossie — *Lp*, lopophore, *D*, tube digestif.

2e **Sous-ordre.** — **Gymnolemes** (1) (γυμνός, nu). — *Lophophore annulaire. Bouche sans epistome.*

Presque tous marins.

I. Chilostomidés (χεῖλος, lèvres ; στόμα, bouche). — *Orifice des cellules ferme par un opercule mobile ou par un sphincter.*

Cellepores (*Cellepora*). Cellules calcaires, rhomboides ou ovales, a ouverture terminale. — Eschares (*Eschara*). Cellules calcaires, subovales, à ouverture latérale. — Flustres (*Flustra*). Cellules rectangulaires formant de larges surfaces incrustees. — Cellulaires (*Cellularia*). Cellures infundibuliformes.

II. Cténostomidés (κτείς, peigne). — *Orifice des cellules depourvu d'opercule, ferme par des replis de la gaine tentaculaire ou par une couronne de soies.*

Paludicelles (*Paludicella*). Cellules tubuleuses ; d'eau douce. — Alcyonides (*Alcyonidium*). Ectocystes formant des colonies charnues ou membraneuses.

III Cyclostomidés (κύκλος, cercle). — *Orifice des cellules rond et terminal, sans appendices mobiles.*

Tubulipores (*Tubulipora*). Colonies en forme de croûtes avec cellules disposées sur des rangées contigues. — Crisies (*Crisia*). Colonies articulees, calcaires et ramifiées, à zoécies en forme de cornet.

(1) Appeles encore *Stelmatopodes* ou *Infundibulés*

ORDRE II. **Entoproctes** (ἐντός, en dedans ; πρωκτός, anus) — *Bryozoaires dépourvus de gaine tentaculaire, a anus placé a l'intérieur d'un lophophore continu.*

Lophophore circulaire Ectocyste corne ou nul. Conservent l'organisation des larves de Bryozoaires. Marins.

Pédicellines (*Pedicellina*). Petites colonies formées par des individus séparés, mais reunis sur un stolon commun. — Loxosomes (*Loxosoma*). Individus isolés, produisant des bourgeons qui se detachent.

ORDRE III. **Ptérobranches** (πτερόν, aile ; βράγχια, branchies). — *Bryozoaires a deux bras symétriques et non coalescents à leur base.*

Le lophophore rappelle les bras des Brachiopodes et porte deux rangées de tentacules. Pas d'endocyste ni de muscles rétracteurs

Rhabdopleures (*Rhabdopleura*). Petites colonies en forme de tubes qui peuvent se deplacer en rampant. Ocean.

DIVISION II. — POLYMÉRIDES.

CLASSE III. — CHÉTOPODES.

Annelides segmentees, présentant presque toujours 2 paires de faisceaux de soies sur chaque segment.

Trois ordres :

ANNÉLIDES	Segmentation non visible à l'exterieur. pas de soies locomotrices.		ARCHIANNÉLIDES
	Segmentation visible.	Soies disposees par faisceaux (2 paires par segment) portes par 2 parapodes.	POLYCHÈTES.
		Soies isolées ; pas d'appendices.	OLIGOCHÈTES.

Corps composé d'une série longitudinale d'anneaux semblables (*somites homonomes*) ou dissemblables (*somites hétéronomes*) quelquefois invisibles extérieurement. En géneral, chez les POLYCHÈTES, chaque anneau présente exterieurement une paire de *parapodes*, qui servent a la locomotion et sont aussi charges d'appendices utilises pour d'autres fonctions. Ce sont d'abord des productions cuticulaires, des *soies* chitineuses, très variées de formes et utilisees dans la systematique ; les autres appendices sont des expansions du tégument des organes protecteurs en forme d'écailles (*elytres*), des organes tactiles en forme de baguettes coniques (*cirres*), enfin des appendices respiratoires plus ou moins ramifiés (*branchies*). Chez les OLIGOCHETES, les parapodes font défaut et les soies, moins abondantes que chez les POLYCHETES, sont directement implantees dans des cryptes, ordinairement sur quatre rangees longitudinales : deux dorsales, deux ventrales. En général, une *segmentation interieure* par des diaphragmes correspond à la segmentation extérieure. Une chambre intérieure, comprise entre deux diaphragmes, contient (fig. 588) un renflement du tube digestif, une paire d'organes génitaux, une paire d'organes segmentaires, deux ganglions nerveux ordinairement plus ou moins fusionnes, enfin deux troncs vasculaires longitudinaux. Ces deux troncs sont réunis, de chaque côté du tube digestif, par une anse vasculaire se rendant à la branchie correspondante, si celle-ci existe. Les divers organes de l'anneau typique peuvent n'exister que dans certaines régions du corps; quelques-uns d'entre eux font même quelquefois complètement defaut.

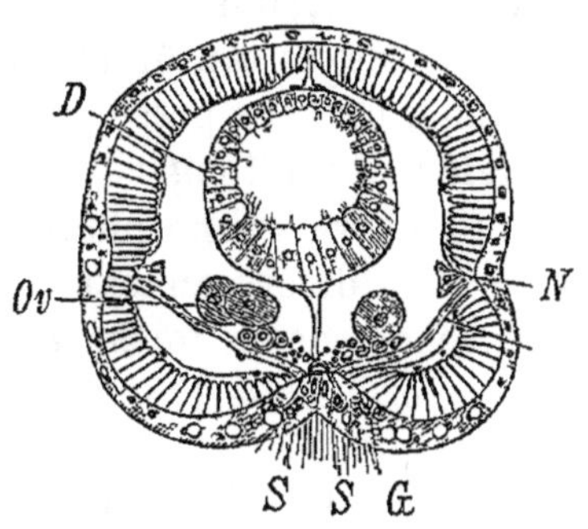

Fig 588 — Coupe a travers le corps du *Protodrilus* — *S*, *S*, les deux cordons nerveux, *G*, leur revetement ganglionnaire, *D*, intestin, *N*, reins, *Ov*, œufs

Les soies des Chétopodes sont des appendices chitineux. Implantees dans la peau, elles prennent naissance a l'interieur d'un cul-de-sac ectodermique, dont la paroi les sécrete. Elles affectent des formes tres diverses, celles d'aiguilles, de lances, de crochets, de faux, de flèches, etc. ; tantôt elles sont d'une seule pièce (*soies simples*) et tantôt formees de plusieurs parties (*soies composees*). Abondantes chez les POLYCHETES, elles se disposent quelquefois (Aphrodite) en un feutrage serré sur la face dorsale Dans quelques cas (Aphrodite) les soies presentent un éclat métallique.

La proprieto de reproduire des parties du corps qui ont ete detruites (*redintegration*) paraît être tres generale chez les Chétopodes.

ORDRE I. **Archiannélides.** — *Annélides marines, a segmentation non visible extérieurement, dépourvues de soies locomotrices.*

Vers allongés, munis de deux antennes sur la tête, depourvus de parapodes et de soies. Bouche antérieure ; anus posterieur; tube digestif rectiligne, sans aucune différenciation. La cavité génerale est tres nettement divisée par des cloisons transversales en segments homonomes. Il existe deux vaisseaux médians, l'un dorsal, l'autre ventral, accolés au tube digestif et émettant transversalement des anses qui les relient l'un avec l'autre, dans chaque segment. Sang rouge. Organes segmentaires au nombre d'une paire par segment, faisant communiquer la cavité générale avec l'extérieur. Sexes tantôt séparés, tantôt réunis, suivant les espèces. Système nerveux presentant un ganglion cérebroide, un collier œsophagien et un long cordon abdominal sans renflements ganglionnaires. Larve trochosphère (fig. 581) bourgeonnant à sa partie postérieure les divers anneaux du Ver (fig 582). Considérés comme très rapprochés de la forme ancestrale des Annélides.

Polygordius. — *Protodrilus.* — *Histriobdella.*

ORDRE II. **Polychètes** (πολύς, nombreux ; χαίτη, soie). — *Chétopodes marins, munis de pieds qui portent des soies nombreuses, des cirres et des branchies. Dioiques. Des métamorphoses.*

Une tête distincte composée de deux parties : 1° l'*anneau cerebral* renfermant le cerveau et portant des *antennes* sur la face dorsale; 2° l'*anneau buccal* offrant la bouche et des appendices, appeles *tenta-*

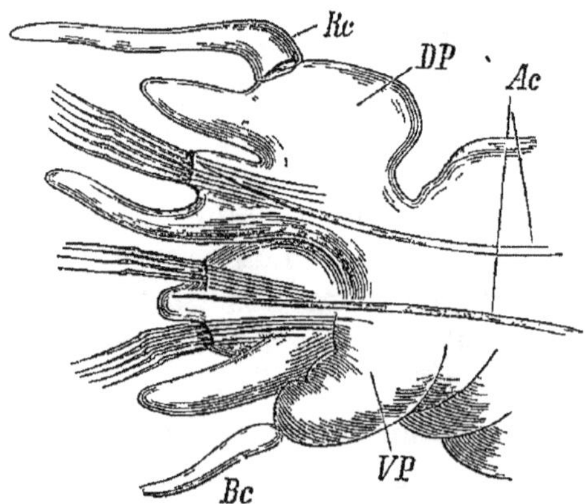

Fig 589. — Parapode d'une *Nereis*, divisé en une rame dorsale, *DP*, et une rame ventrale, *VP*, *Ac*, acicules, *Rc*, cirre dorsal, *Bc*, cirre ventral

cules sur la face dorsale, *palpes buccaux* sur la face ventrale. — Les autres anneaux présentent des parapodes constitués par un mamelon creux, le plus souvent decomposé en deux parties ou *rames:* l'une dorsale (*notopode*), plutôt respiratoire; l'autre ventrale (*neuropode*), plutôt locomotrice. Chacune de ces rames porte un appendice conique (*cirre dorsal; cirre ventral*) et un faisceau de soies de formes très variées. Le parapode, normalement biramé, devient uniramé chez quelques familles (Syllidiens, Euniciens) où toujours le notopode disparaît (PRUVOT). Le notopode et le neuropode présentent habituellement, à leur interieur, une grosse soie (*acicule*) qui leur donne une certaine rigidité et traverse le bulbe sétigère, mais sans se montrer au dehors. Le dernier segment du corps (*lobe anal*) est percé d'un anus dorsal et porte d'habitude deux longs cirres (*cirres anaux*).

Le *tégument* se compose d'une cuticule secrétée par un exoderme (*hypoderme*), qui renferme souvent des glandes unicellulaires. Il est doublé d'une couche musculaire à fibres circulaires, au-dessous de laquelle existent généralement quatre grands muscles longitudinaux, deux dorsaux et deux ventraux.

Le *tube digestif* s'étend, le plus souvent, en ligne droite, de la bouche à l'anus; rarement il présente des diverticules segmentaires. Généralement le pharynx est armé de mâchoires et peut faire saillie au dehors, sous forme de trompe.

L'*appareil circulatoire* est clos et ne manque que chez quelques espèces (Polynoés, etc.). Il se compose esentiellement d'un vaisseau sus-intestinal et d'un vaisseau sous-intestinal, reliés ensemble par des canaux latéraux. Le sang est coloré en rouge, quelquefois en vert (Sabelles). Le plus souvent, le plasma est coloré par l'hémoglobine et les globules sont incolores; mais ceux-ci sont quelquefois rouges (Glycères). Le sang se meut d'avant en arrière dans le vaisseau ventral, d'arrière en avant dans le dorsal. Ce dernier vaisseau peut être contractile dans toute sa longueur ou seulement dans sa partie antérieure (*cœur*). — La cavité générale du corps renferme un liquide incolore (*lymphe, liquide plasmatique*), dans lequel flottent des globules à mouvements amiboïdes. C'est sous l'afflux de ce liquide que les parapodes prennent la rigidité nécessaire à l'accomplissement de la marche ou de la natation.

L'*appareil respiratoire* est constitué par des branchies. Les plus simples sont de petits appendices cirriformes situés sur le dos de la rame dorsale (Hermelles); elles peuvent être en forme de peignes (Eunices), de touffes arborescentes (Arénicoles), etc. Développées surtout vers le milieu du corps chez les Errantes, elles se rapprochent de la tête chez les Sédentaires, où elles forment quelquefois une couronne autour de la bouche. Les branchies font défaut dans quelques groupes (Syllidiens, etc.).

Les *organes segmentaires* font communiquer la cavité générale avec l'extérieur. Ce sont ordinairement des tubes s'ouvrant au dehors, par un orifice étroit, sur la paroi ventrale du corps et, dans la cavite générale, par un pavillon cilié. Quelquefois, ils sont fermes du côte interne et figurent des sortes de reins.

Les *organes genitaux*, toujours très simples, n'ont pas de conduits propres. Les produits genitaux sont évacués par les organes segmentaires. Les sexes sont séparés ; cependant quelques formes sont her-

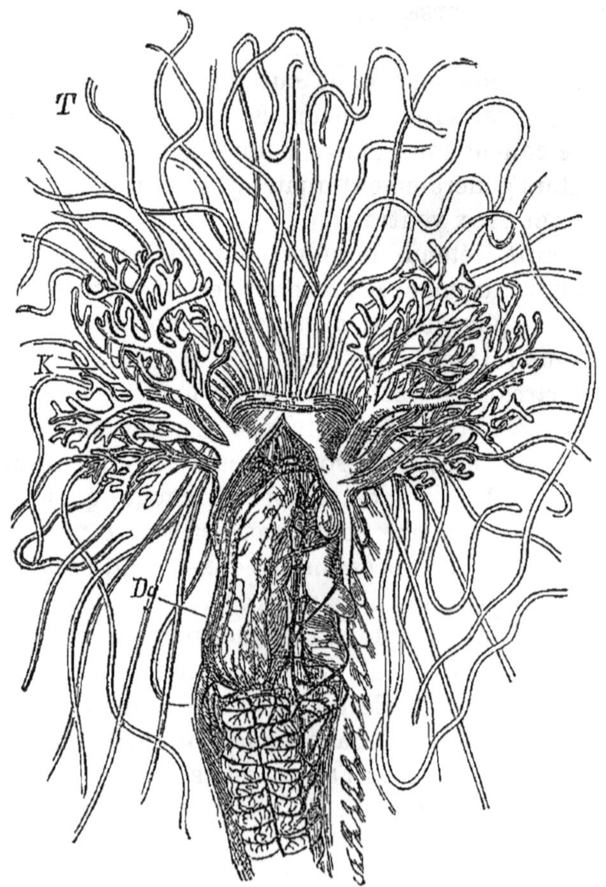

Fig 590 — *Terebella nebulosa*, ouverte sur la face dorsale — *T*, tentacules *K*, branchies, *Dg*, partie anterieure du vaisseau dorsal (cœur)

maphrodites. Il n'y a pas d'accouplement. — Quelques espèce seulement sont vivipares. — Les Syllidiens présentent en outre une reproduction agame par scissiparité et bourgeonnement suivant l'axe longitudinal. Quelquefois même (Myrianide) on peut observer une alternance réguliere des deux modes de reproduction. Les produits sexuels ne se forment alors que dans les derniers anneaux, au devant desquels un segment se différencie en une tête ; puis de nouveaux anneaux bourgeonnent, une nouvelle tête se forme et ainsi de suite, jusqu'à la production d'une chaîne d'individus sexués (fig. 591). Le dernier de la chaîne est le plus âgé et tous se separent successivement de l'individu souche, qui demeure toujours asexue.

Le *système nerveux* comprend un cerveau, un collier œsophagien et une double chaîne ventrale présentant une paire de ganglions dans

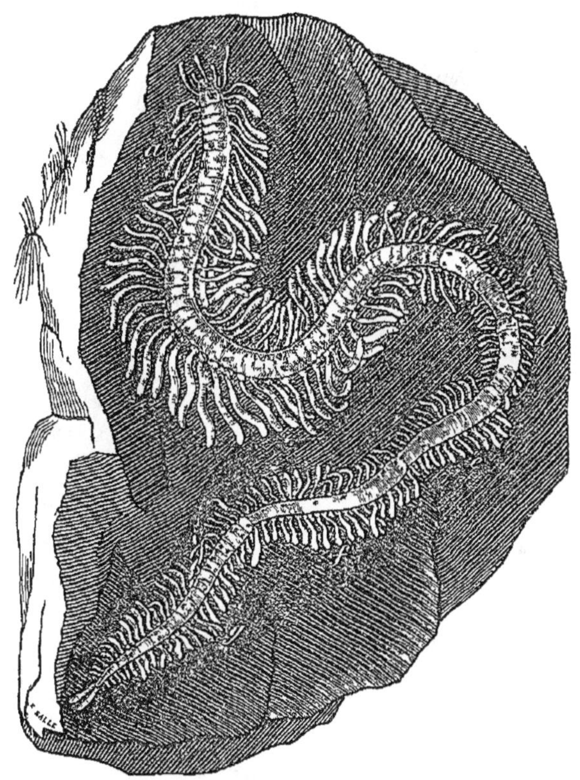

Fig. 591. — Bourgeonnement axial d'une Myrianide — *a*, individu souche asexué, *b*, *c*, *d*, *e*, *f*, *g*, individus sexués, développés par bourgeonnement

chaque anneau. La première paire de ganglions occupe l'anneau buccal et est en rapport avec le cerveau par le collier œsophagien ; les deux moitiés de la chaîne ventrale peuvent être rapprochees ou écartees, de manière à simuler soit une échelle de corde, soit une double corde à nœuds (fig. 592 et 593).

Le *toucher* a pour organes les antennes et les cirres — La *vue* s'exerce par des yeux simples, pourvus d'un cristallin. Celui-ci est enchâssé dans une cupule rétinienne munie de granulations pigmentaires. Les yeux peuvent être au nombre de deux, de quatre ou davantage, distribués habituellement sur le lobe cephalique, mais pouvant être placés aussi sur les branchies (Sabelles), sur les côtés de tous les anneaux (Polyophthalmes) ou à l'extrémité postérieure du corps (Fabricie) ; enfin ils peuvent manquer. — Les *organes auditifs* sont rares ; on trouve cependant une paire d'otocystes à otolithes, chez quelques formes (Arénicoles).

Le *developpement* présente toujours des phénomènes de metamor-

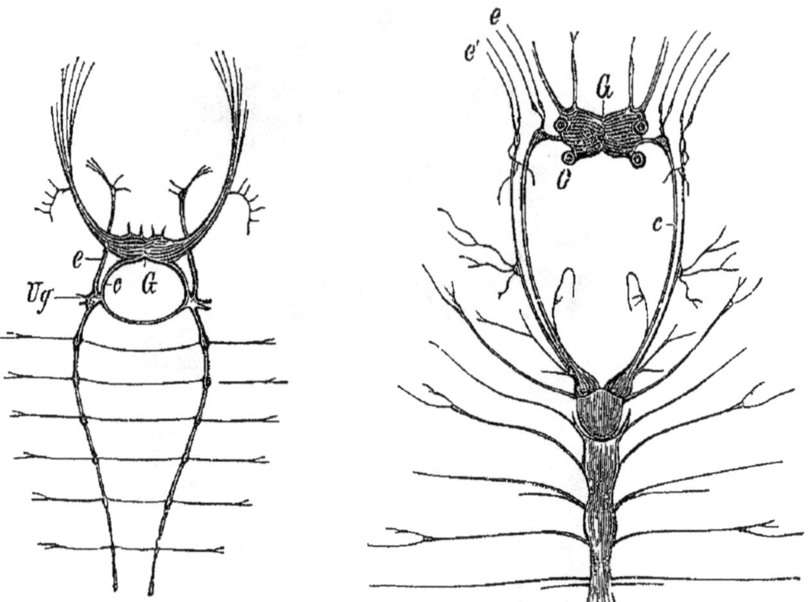

Fig. 592. — Collier œsophagien et partie antérieure de la chaine abdominale d'une Serpule. — *G*, ganglion sus-œsophagien, *Ug*, ganglion sous-œsophagien, *c*, commissure œsophagienne, *e*, nerfs des cirres tentaculaires et de l'anneau buccal.

Fig. 593. — Collier œsophagien et partie antérieure de la chaine abdominale d'une *Nereis*. — *G*, ganglion cérébroide, *e*, *e*, nerfs des cirres tentaculaires et de l'anneau buccal, *O*, yeux, *c*, commissure œsophagienne.

phose. Les embryons sont d'abord des larves ciliées, dont la forme fondamentale est representee par la *trochosphere*.

Toutes les Polychètes sont marines, à part quelques très rares exceptions, et vivent géneralement près des côtes. Quelques-unes (*Chætopterus*, *Polynoe*, etc.) sont phosphorescentes (1).

(1) On considere le genre *Myzostoma* comme une forme aberrante. Les Myzostomes sont de petits Vers discoides, parasites des Comatules. Ils ont quatre paires de ventouses ventrales et cinq paires de parapodes munis chacun d'un crochet arqué. L'estomac est entoure de longs cæcums qui se ramifient dans l'épaisseur du corps. Les sexes sont réunis. Une grosse masse ganglionnaire ventrale, situee au-dessous de l'estomac, donne naissance a un cordon nerveux qui entoure l'œsophage, sans presenter de renflement sus-œsophagien. Les parapodes sont obscurement divises en deux articles et se rapprochent ainsi des membres des Arthropodes.

1er **Sous-ordre.** — **Errantes.** — *Polychètes à tête distincte et a régions du corps similaires.*

Tête portant des tentacules et un petit nombre d'yeux assez gros (fig. 594). Branchies dorsales ou nulles. Annélides carnassières munies generalement d'un appareil masticateur; parapodes bien developpés ; mènent une vie vagabonde.

Aphrodites ou « Souris de mer » (*Aphrodite*). Corps ovalaire, muni sur les bords de longues soies raides, métalliques, recouvert d'un feutrage de soies. — Polynoés (*Polynoe*). Dos recouvert d'élytres nus (fig. 595). — Eunices (*Eunice*). Une tête à cinq antennes; de nombreux anneaux à pieds uniramés; branchies variables. — Nephthydes (*Nephthys*). Corps nacré; branchies cirriformes. — Néréides (*Nereis*). Tête distincte à quatre yeux et quatre antennes; des mâchoires; pieds biramés; pas de branchies. — Syllis (*Syllis*). Petites Polychètes a corps lineaire ; pas de mâchoires; pieds uniramés, sans branchies. — Glycères (*Glycera*) . Tête conique; pieds birames, pedoncules. — Polyophthalmes (*Polyophthalmus*). Aspect de Nématodes; présentent des yeux céphaliques et des yeux lateraux.

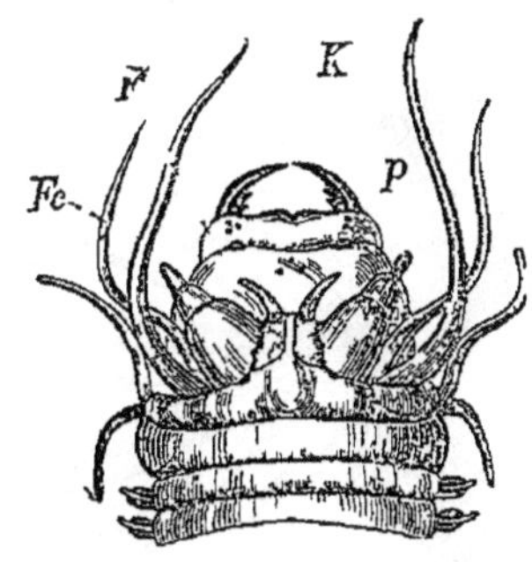

Fig 594 — Tete et trompe de *Nereis margaritacea*, vues en dessus — *K*, mâchoires, *F*, antennes, *P*, palpes, *Fc*, cirres tentaculaires

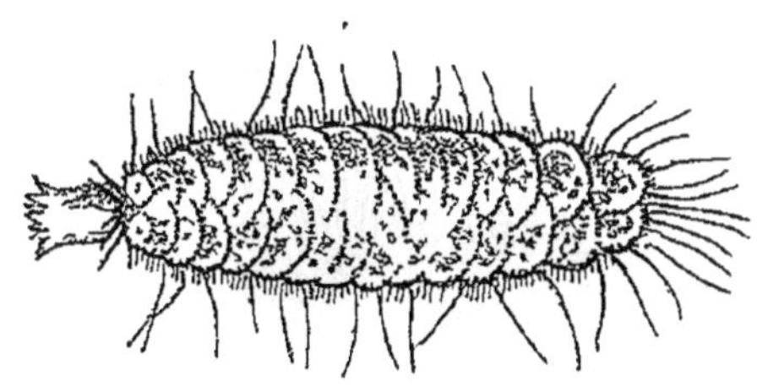

Fig. 595. — Polynoé.

2e **Sous-ordre.** — **Sédentaires** ou **Tubicoles.** — *Polychètes a tête peu distincte et à régions du corps dissemblables.*

Tête dépourvue d'yeux ou en portant de très petits et très nombreux. Branchies développées seulement d'ordinaire sur quelques segments antérieurs ou constituées par les appendices cephaliques transformes (*Cephalobranches*) ; quelquefois nulles. Pas d'appareil masticateur. Parapodes peu saillants, munis de soies, mais depourvus de cirres. Vivent dans des tubes gélatineux, chitineux ou calcaires, sécrétés par la peau et auxquels ils ne sont pas fixés. Se nourrissent de vase et de debris organiques.

Serpules (*Serpula*). Branchies céphaliques; un opercule corne infundibuliforme à l'extrémité d'un tentacule (fig. 596); habitent un tube calcaire, quelquefois enroulé dans un plan (*Spirorbis*). — Sabelles

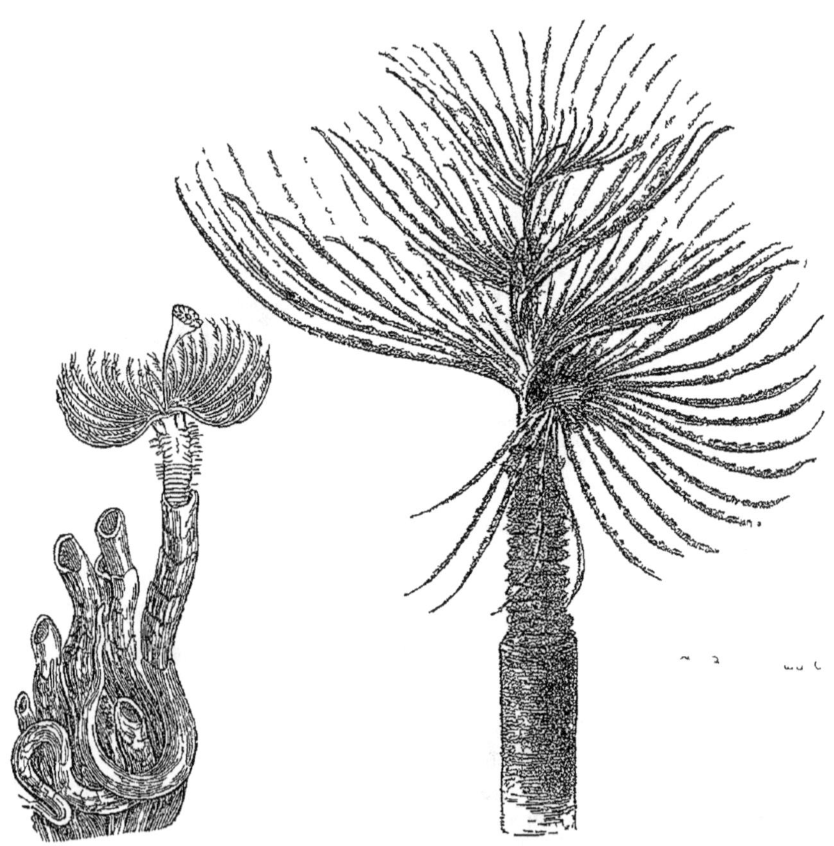

Fig. 596 — Serpule. Fig. 597. — Spirographe (*Spirographis*) Branchies disposées en panache spiralé

(*Sabella*). Branchies cephaliques étalées en disque ; pas d'opercule, habitent un tube à consistance de caoutchouc. — Térébelles (*Terebella*). Corps vermiforme, plus épais en avant où il porte deux touffes de cirres filiformes ; trois paires de branchies dorsales arborescentes. Habitent des tubes grossiers formés de debris, ou creusent des galeries dans le sol. — Hermelles (*Hermella*). Extrémite anterieure munie de couronnes de soies formant opercule ; extremite postérieure constituée par une queue sans segments ni parapodes,

des branchies dorsales. Habitent des tubes de grains de sable agglutinés. — Arénicoles (*Arenicola*). Tête sans appendices; branchies arborescentes, dans la partie moyenne du corps; région caudale nue (fig. 598). L'Arénicole des pêcheurs (*A. piscatorum*) s'enfonce dans le sable où elle se creuse une galerie en U; elle sert d'amorce aux pêcheurs. — Capitelles (*Capitella*). Tête conique, sans appendices; parapodes rudimentaires; soies peu nombreuses. Se rapprochent des Oligochètes.

ORDRE III. **Oligochètes** (ὀλιγός, peu; χαίτη, soie). — *Chétopodes terrestres ou d'eau douce, dépourvus de parapodes, de cirres et de branchies; soies peu nombreuses. Monoïques. Pas de métamorphoses.*

Tête peu distincte, ne portant jamais d'antennes ni de tentacules. Pas d'armature buccale; pas de pieds. Généralement quatre séries longitudinales (deux ventrales, deux dorsales) de soies courtes, semblables et peu nombreuses sur chaque segment, implantées dans des culs-de-sac tégumentaires et mues par de petits muscles spéciaux. Au moment de la reproduction, une région du corps (*clitellum* ou *ceinture*) est le siège d'une sécrétion plus ou moins abondante (fig. 599 *a*, *Cl*).

Le *tube digestif* est rectiligne. Il présente, après le pharynx et l'œsophage, des glandes calcifères (*glandes de Morren*) sécrétant une émulsion calcaire. Viennent ensuite un jabot et un gésier, qui font défaut chez les Limicoles, puis un intestin qui présente le long de la paroi dorsale, une invagination tubuleuse (*typhlosolis*).

L'*appareil circulatoire* est toujours clos. Il se compose de deux troncs longitudinaux, un dorsal et un ventral, réunis, aux deux extrémités du corps, par un réseau sanguin et, à chaque segment, par des anses vasculaires de deux sortes : les unes accolées au tube digestif (*anses intestinales*), les autres flottant autour de lui (*anses périviscérales*). Le vaisseau dorsal est toujours contractile d'arrière en avant; quelquefois, certaines anses périviscérales sont plus ou moins dilatées et contractiles (*cœurs*). Chez les Terricoles, le vaisseau ventral est divisé en deux troncs superposés. Le sang est presque toujours rouge et dépourvu de corpuscules sanguins.

L'*appareil respiratoire* n'existe que dans le genre *Dero*, où l'extrémité caudale se termine par un entonnoir dorsal protégeant quatre branchies rétractiles et ciliées.

Les *organes segmentaires* sont disposés par paires : l'orifice extérieur est placé, en dedans des soies ventrales, dans le segment qui vient après celui qui renferme le pavillon vibratile.

Les *organes génitaux* sont réunis sur le même individu. chez les Terricoles, ils ont des conduits excréteurs propres, chez les Limi-

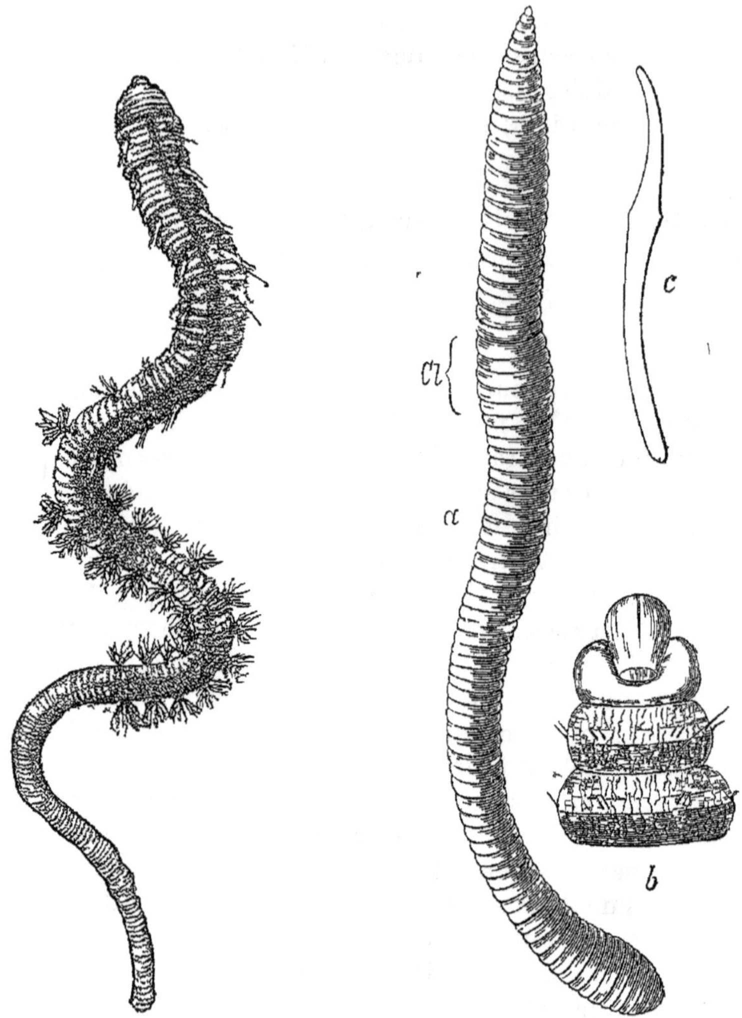

Fig 598 — Arénicole des pecheurs.

Fig 599. — Ver de terre (*Lumbricus rubellus*) — *a*, le Ver tout entier *Cl*, clitellum — *b*, extrémité antérieure du corps vue par la face ventrale — *c*, soie isolée

coles, les produits sexuels s'échappent par les organes segmentaires situés hors des anneaux genitaux (1). En outre de la reproduction

(1) Le Lombric « Ver de terre » présente aux dixième et onzième segments (fig. 600), deux paires de testicules (*T*) recouverts de deux grandes vesicules seminales : l'une antérieure portant deux paires de cæcums, l'autre postérieure ne portant qu'une paire de ces appendices. Les vesicules ne commu-

sexuée, certains Limicoles présentent encore une reproduction asexuée par bourgeonnement ou par scissiparité. Le développement a lieu sans metamorphoses.

Le *système nerveux* comprend un cerveau avec nerfs céphaliques,

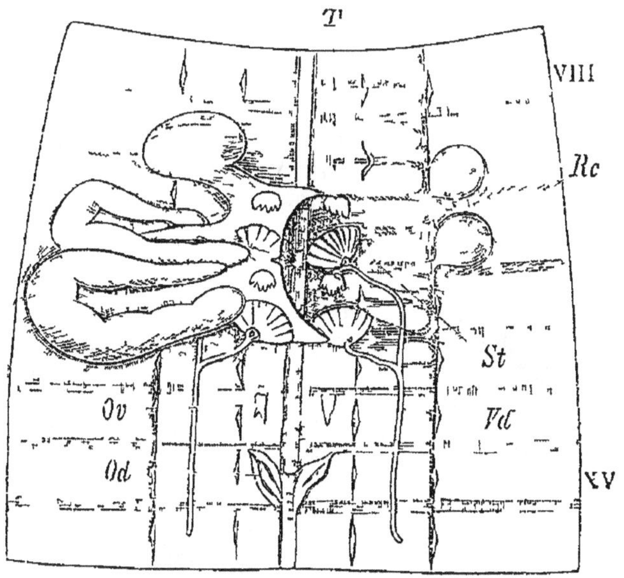

Fig 600 — Organes génitaux du Lombric, dans les anneaux VIII a XV, — *T*, testicules, *St*, les deux entonnoirs séminaux, *Vd*, canal déférent, *Ov*, ovaire, *Od*, oviducte, *Rc*, réceptacles séminaux

un collier œsophagien avec nerfs pour le pharynx, enfin une chaîne ventrale dont les deux moitiés sont soudées et offrent un ganglion au milieu de chaque segment.

niquent pas entre elles ; au moment de la fécondation, elles se gonflent de spermatozoïdes Sur le plancher de chaque vesicule s'ouvre une paire de pavillons franges (*St*), auxquels font suite deux canaux deferents (*Vd*) qui, après un court trajet, s'unissent pour deboucher a la base du quinzieme segment en dehors des soies dorsales. Les ovaires sont au nombre de deux, et situés dans le treizième segment. Les œufs tombent dans la cavite generale ; ils s'echappent par de tres courts oviductes dont l'orifice interne a la forme d'un pavillon cilié et dont l'orifice externe est situé dans le quatorzième segment, en dedans des soies ventrales. Deux paires de *réceptacles seminaux* (*Rc*), sans communication avec la cavite générale ou les organes genitaux, occupent les neuvième et dixième segments, ils debouchent au dehors, sur la même ligne que les orifices mâles. La fecondation est reciproque. La ceinture comprend les anneaux intermediaires entre le trente-deuxième et le trente-huitieme ; au moment de l'accouplement (juin, juillet), elle devient le siège d'une secretion abondante. Dans la copulation, les deux Vers s'accolent ventre à ventre, mais en sens inverse. Apres la ponte, les œufs sont enveloppes dans une sorte de cocon secreté par la ceinture

Les *organes des sens* sont représentés, chez les Limicoles, par de simples amas de pigment qui manquent chez les Terricoles.

1er Sous-ordre. — Terricoles (*terra*, terre ; *colere*, habiter). — *Oligochètes terrestres, pourvus d'organes segmentaires dans les anneaux génitaux.*

On peut les diviser (E. Perrier), d'après la position relative du clitellum et des orifices génitaux, en Antéclitelliens (orifices génitaux en avant du clitellum); Intraclitelliens (orifices mâles sur le clitellum); Postclitelliens (orifices mâles en arrière du clitellum), Aclitelliens (pas de clitellum). Seuls, les Antéclitelliens appartiennent à nos pays.

Le plus connu est le Ver de terre (*Lumbricus*) dont on a décrit un grand nombre d'especes, parmi lesquelles une des plus communes et des plus grandes est *L. terrestris* ou *agricola*. Les Vers de terre ou Lombrics se nourrissent en avalant des portions d'humus et s'assimilent les principes nutritifs qui s'y trouvent : ils réduisent ainsi la terre en une sorte de pâte et contribuent, par suite, à l'amelioration du sol, qu'ils assainissent encore en y creusant constamment des galeries. Malheureusement, ils peuvent aussi ramener à la surface du sol des particules infectieuses enfouies depuis longtemps et qui trop souvent servent à la propagation des maladies (Pasteur). Les Lombrics sont aussi les agents les plus actifs du recouvrement des anciennes constructions par des couches regulieres de terre. Ils contribuent à revêtir le sol d'un épais manteau de terre végétale, dont ils augmentent même la richesse par la grande quantite de feuilles et autres matieres organiques qu'ils emmagasinent dans leurs galeries, non seulement pour se nourrir, mais aussi pour en masquer l'entrée (Darwin). La galerie d'un Ver est une sorte de tunnel tapissé d'un enduit très adhérent et s'élargissant souvent en une chambre assez spacieuse où l'animal passe la mauvaise saison. Les Lombrics sont employes pour amorcer les lignes de pêche et servent aussi de nourriture aux Oiseaux de basse-cour.

2e Sous-ordre. — Limicoles (*limus*, limon ; *colere*, habiter). — *Oligochètes aquatiques, dépourvus d'organes segmentaires dans les anneaux génitaux.*

La ceinture, quand elle existe, porte les orifices mâles.

Nais (*Nais*). Petits Limicoles à sang incolore, à lobe frontal très allongé. — *Dero.* Appendices de la queue fonctionnant comme branchies. — *Tubifex*. Vivent enfoncés dans des tubes vaseux au dehors desquels l'extrémité postérieure fait saillie. — *Enchytræus*. Se rapprochent des Terricoles; vivent dans la terre humide. — Acanthobdelles (*Acanthobdella*). Une ventouse postérieure; corps armé, de chaque côté, de deux soies ou crochets. *A. pelidna*. Côtes de Sicile. — Branchiobdelles (*Branchiobdella*). Une ventouse postérieure; corps cylindrique, dépourvu de soies. Marchent à la manière des chenilles arpenteuses. *B. Astaci*. Sur les branchies de l'Ecrevisse.

CLASSE IV. — **HIRUDINÉES.**

Annélides dépourvues de soies et munies de deux ventouses.

Vers plus ou moins aplatis, désignés vulgairement sous le nom de *Sangsues*. Corps terminé en avant par une petite ventouse entourant la bouche, servant à la succion et à la fixation; en arrière par une large ventouse ventrale, imperforée, uniquement fixatrice. Pas de tête distincte; ni pieds, ni soies, ni branchies. Cavité générale habituellement comblée par le parenchyme du corps. Hermaphrodites. Se nourrissent du sang de divers animaux. Ectoparasites temporaires (1).

Organisation de la Sangsue proprement dite, médicinale ou officinale. — A. **Extérieur.** — Son corps est divisé extérieurement en une centaine d'anneaux dont 95 ou 93 seulement sont visibles sur la face ventrale. Cette centaine d'anneaux correspond à un nombre moindre de segments internes (*somites*) (2). La bouche est trilobée et occupe le fond de la ventouse antérieure (fig. 601 *a*). Celle-ci offre une lèvre supérieure allongée en forme de cuiller renversée et une courte lèvre inférieure. En arrière de la bouche, le pharynx ovoïde porte, à la partie antérieure, trois pièces chitineuses demi-cir-

(1) Par la présence des ventouses, l'absence de soies et d'une véritable cavité générale à l'âge adulte, les Hirudinées se rapprochent des Plathelminthes.

(2) A la partie moyenne du corps, un somite comprend cinq anneaux, dont le premier (*anneau papillifère*) porte sur ses deux faces un certain nombre de papilles sensorielles (*papilles segmentaires*) et dont le dernier (*anneau porifère*) présente, sur la face ventrale, une paire d'orifices (*pores segmentaires*), qui font communiquer les organes segmentaires avec l'extérieur. Les somites sont seuls importants au point de vue morphologique: ce sont eux qui correspondent aux segments des Annélides, les anneaux ne sont que des plissements de l'exoderme.

culaires (*mâchoires*), l'une supérieure, les deux autres inféro-laterales. Chacune des trois mâchoires est constituée par une masse musculaire recouverte de cuticule et presente, sur son bord libre (fig. 601, *b*), une centaine de denticules en forme de chevrons et en rapport avec les fibres de la masse musculaire. Celles-ci se continuent sur le pharynx et peuvent imprimer aux mâchoires des mouvements d'abaissement ou d'élévation, d'écartement ou de rapprochement. Le pharynx lui-même peut se raccourcir ou s'allonger, se rétrécir ou s'élargir par l'action des fibres longitudinales et des fibres circulaires renfermées dans sa paroi. La Sangsue se sert de sa ventouse et de sa mâchoire pour faire des saignées locales.

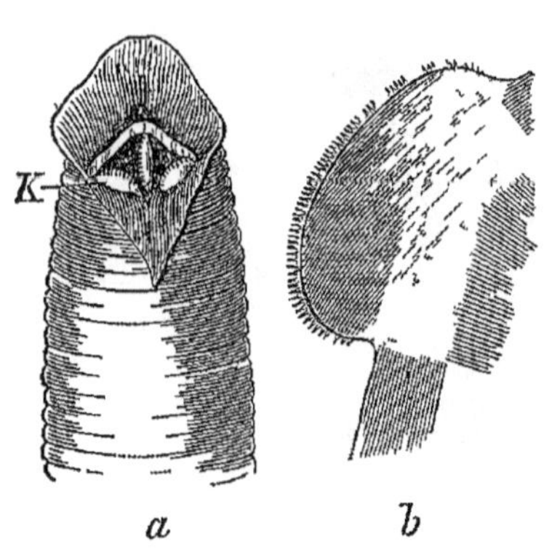

Fig. 601 — Sangsue médicinale. — *a*, extrémité céphalique La cavité buccale a été fendue pour montrer les trois mâchoires (*K*) — *b*, une machoire isolée avec ses nombreux denticules sur son bord convexe libre

B. **Appareil digestif.** — En arrière de la bouche et du pharynx, un court œsophage conduit dans un vaste estomac, dont il est separe lui-même par une valvule. Dans l'œsophage débouchent les canaux vecteurs de petites *glandes*, dites *salivaires*. Elles sécrètent un liquide empêchant la coagulation du sang qui se rend dans l'estomac. Celui-ci (fig. 602), se montre composé de dix chambres consécutives pourvues chacune d'une paire de cæcums et séparées les unes des autres par des entonnoirs valvulaires à sommet postérieur. Ces chambres vont en s'élargissant d'avant en arriere, et il en est de même de leurs cæcums, dont les deux derniers, volumineux, descendent parallélement à l'intestin. Celui-ci (*rectum*) est un tube cylindrique, étroit, qui va directement de l'estomac à l'anus et est séparé de la dernière chambre stomacale par un sphincter. L'anus est très petit et situe au-dessus de la ventouse postérieure, sur une sorte de *pedicule* qui la rattache au corps

C. **Appareil circulatoire.** — Il se compose essentiellement de deux *troncs medians* et d'une paire de *troncs lateraux*. Le *vaisseau dorsal* et le *vaisseau ventral*, unis par des anses vasculaires entourant le tube digestif, se bifurquent en avant ; leurs branches de bifurcation se réunissent pour entourer l'œsophage d'un collier vasculaire. Le vaisseau ventral renferme la chaîne nerveuse et présente un leger renflement au niveau de chaque ganglion. Les vaisseaux latéraux s'anastomosent au niveau des deux ventouses. A chaque segment intérieur, ils s'envoient des branches de communication dans la région dorsale (*branches latéro-dorsales*) et dans la région ventrale (*branches latéro-ventrales*). Ils s'anastomosent également avec le vaisseau dorsal et avec le vaisseau ventral. Le sang est rouge et doit sa coloration à l'hémoglobine; il circule sous l'influence des contractions des troncs longitudinaux (surtout des latéraux). Ces contractions ne se font pas toujours dans le même sens : la circulation du sang est donc oscillatoire.

D. **Appareil respiratoire.** — La respiration est uniquement cutanée, la peau recevant un riche réseau vasculaire provenant des divers vaisseaux.

E. **Appareil excréteur.** — Les *organes segmentaires*, au nombre de 17 paires, s'étendent du 7e au 24e somite. Chacun d'eux se compose d'une glande en fer à cheval et d'une vésicule. La *glande segmentaire* présente un conduit vecteur qui débouche dans la vésicule segmentaire ; ses deux branches s'accolent pour former un fin prolongement. La *vésicule segmentaire* est une poche piriforme à paroi contractile et tapissée de cils vibratiles ; elle expulse les produits de la glande segmentaire par un petit orifice inférieur. Cet orifice est visible, sur les côtes de la face ventrale, à la partie postérieure de chacun des somites désignés ci-dessus. Les organes segmentaires de la Sangsue sont clos du côté interne et ne présentent pas de pavillons (1).

F. **Appareil reproducteur.** — La Sangsue est hermaphrodite. Ses organes mâles consistent en neuf paires de testicules (fig. 603) répartis du 12e au 20e somite, sous le tube digestif, entre la chaîne nerveuse et les organes segmentaires. Ce sont de petits corps globuleux (*T*), munis chacun d'un canal efférent allant déboucher dans un canal déférent longitudinal (*Vd*). Celui-ci s'enroule à son extrémité antérieure, en formant une sorte d'épididyme (*Nh*), et débouche dans une vésicule piriforme, dont le canal excréteur protractile constitue le pénis (*C*). La vésicule piriforme est recouverte d'un amas de glandes unicellulaires (*prostate*), dont la sécrétion agglomère les spermatozoïdes en spermatophores allongés. L'orifice du pénis est situé, sur la ligne médiane de la face ventrale, entre le 24e et le 25e anneau. Les *organes femelles* sont concentrés dans le 11e somite, entre l'orifice mâle et la première paire de testicules. Ils se composent (fig. 604) de deux ovaires (*Ov*), se continuant chacun par un oviducte, qui s'unit à celui du côté opposé

(1) Seuls, les organes segmentaires situés au niveau de la région testiculaire s'ouvrent, par le fin prolongement de la glande en fer à cheval, dans un petit espace péritesticulaire qui communique avec le vaisseau ventral.

pour former un oviducte commun (*od*). Celui-ci est entouré d'une masse glandulaire (*glande albuminipare*), qui sécrète de l'albumine. Il debouche dans un sac ovoide (*uterus* ou *vagin*), qui s'ouvre en arrière de l'orifice mâle, entre le 29e et le 30e anneau.

La *fecondation* des Sangsues est réciproque. Les deux conjoints sont disposés ventre contre ventre, en sens inverse, de manière à mettre en présence les deux orifices de sexe différent. La copulation dure plusieurs heures; le spermatophore est introduit dans le vagin et y éclate. La ponte a lieu environ un mois apres l'accouplement. A ce moment, les anneaux voisins des orifices sexuels se gonflent en une sorte de ceinture (*clitellum*) et leurs glandes cutanees

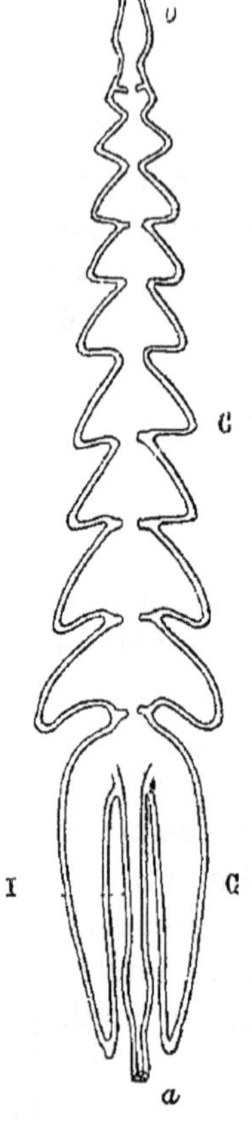

Fig 602 — Tube digestif de la Sangsue. — *o*, œsophage, *C*, *C*, cæcums, *I*, intestin, *a*, anus

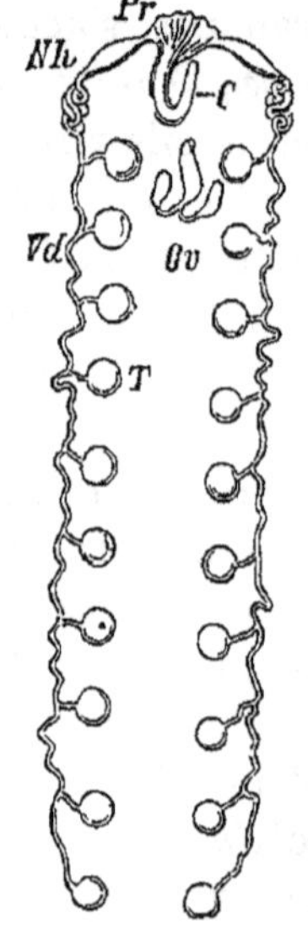

Fig. 603 — Appareil génital de la Sangsue — *T*, testicules, *Vd*, canal déferent, *Nh*, épididyme, *Pr*, prostate, *C* cirre, *Ov*, ovaires avec le vagin et l'orifice génital femelle.

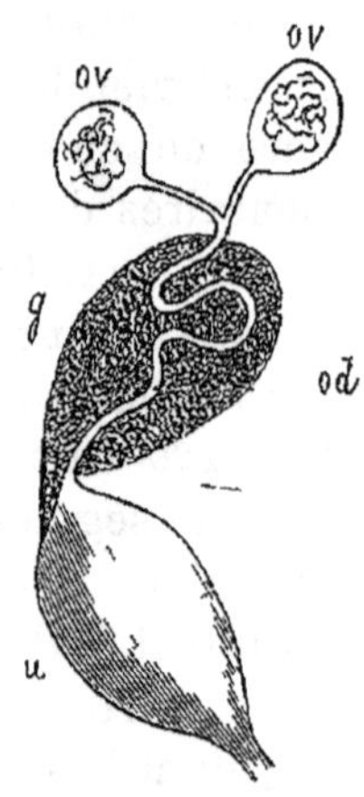

Fig. 604 — Organes femelles de la Sangsue (grossis) — *ov*, ovaires *od*, oviducte commun, *u*, utérus ou vagin, *g*, glande albuminipare

sécrètent une substance visqueuse dans laquelle sont pondus les œufs. La Sangsue sort à reculons de cette capsule dont les deux ouvertures se rétrécissent. Ainsi se forme une sorte de *cocon*, d'apparence spongieuse et de coloration brunâtre, de 2 centimètres et demi de long sur 1 centimètre et demi de large. Les cocons de la Sangsue sont déposés dans la terre humide; ils contiennent de 10 à 20 œufs.

Le développement est direct; il s'effectue entièrement dans le cocon, où les jeunes se nourrissent de l'albumine qu'il contient. L'éclosion a lieu un mois après la ponte. Quand les jeunes Sangsues sortent du cocon, elles sont filiformes, transparentes et longues d'environ 2 centimètres; elles portent alors le nom de *germement* (1).

(1) Les industriels distinguent les Sangsues, suivant leur grosseur, sous les noms de *filets* ou *petites*, *petites moyennes*, *grosses moyennes*, *mères* ou *grosses*, enfin *vaches*, lorsqu'elles ont acquis leur grosseur maximum. Comme les Sangsues se vendent au poids, certains marchands les gorgent avec du sang de Bœuf ou de Mouton. Une Sangsue *gorgée* rend du sang par la bouche, quand on la presse doucement d'arrière en avant, elle ne vaut jamais une Sangsue *vierge*. On fixe habituellement à 2 grammes le poids d'une bonne Sangsue moyenne, à 15 grammes celui du sang qu'elle peut absorber. On admet que la quantité de sang qui s'écoule après l'application est à peu près égale à celle du sang absorbé, de sorte que chaque Sangsue fait subir une perte d'environ 30 grammes de sang. On fait souvent dégorger dans l'eau les Sangsues qui ont servi, après les avoir saupoudrées de sel, de sciure de bois, de cendres, etc., qui suffisent pour leur faire rendre une certaine quantité de sang par l'orifice buccal, mais il faut fréquemment les changer d'eau. C'est une bonne précaution de mettre une couche de sable au fond du vase. Toutes les méthodes de dégorgement immédiat sont nuisibles aux Sangsues. On conserve très bien les Sangsues, que l'on peut même faire reproduire dans un vase de terre cuite percé de petits trous à sa base et rempli de terre. On ferme l'extrémité supérieure de ce vase avec une toile grossière et l'on fait tremper son fond dans une légère couche d'eau. Pour élever une grande quantité de Sangsues (*hirudiniculture*), on établit des bassins (*barrails*) traversés par un courant d'eau modéré, de niveau constant. Certains de ces bassins servent à la nourriture des Sangsues (*bassins de nourriture*), on y fait entrer des Chevaux, des Ânes ou des Mulets hors de service, sur lesquels les Sangsues se précipitent aussitôt, pour se gorger de leur sang. Les autres bassins servent à soumettre les Sangsues au jeûne avant la vente (*bassins de purification* ou *de dégorgement*). On garantit les bassins de l'approche des Porcs, des Taupes, des Musaraignes, des Canards, des Brochets, des Perches, des Anguilles et autres ennemis des Sangsues. Un assez grand nombre de marais du département de la Gironde sont exploités pour l'élevage des Sangsues, mais actuellement la plupart de ces Annélides viennent de Hongrie, de Russie, de Turquie, de Grèce, d'Algérie, etc.

Avant d'appliquer les Sangsues, on rase la peau, s'il y a lieu, et on l'assouplit avec de l'eau tiède, si elle est rude ou coriace. Les Sangsues de bonne qualité mordent habituellement sans difficulté, celles dont la vivacité laisse à désirer peuvent être excitées avec du vin ou de l'eau vinaigrée. Lorsqu'elles se sont gorgées, elles se détachent; mais la saignée locale peut être continuée, en favorisant l'écoulement avec des ventouses ou des cataplasmes. Quand on veut augmenter le débit d'une Sangsue, sur un point déterminé, on peut, quand elle est en train de se gorger, la trancher par le milieu, d'un seul coup de ciseaux. Le plus souvent, la Sangsue ainsi mutilée ne se détache pas et continue de sucer, quelquefois pendant plus de deux heures, le sang s'écoulant au fur et à mesure de la succion. Après la chute et l'enlèvement des cataplasmes, l'écoulement cesse, en

G. **Système nerveux.** — Il se compose de deux ganglions cérébroïdes, reliés à une paire de ganglions sous-œsophagiens par un collier œsophagien, et d'une chaîne ganglionnaire contenue dans le vaisseau ventral. Celle-ci présente une masse antérieure de 5 paires ganglionnaires, auxquelles font suite 21 paires de ganglions régulièrement espacés au milieu de chaque somite et réunis l'un à l'autre par deux connectifs distincts, enfin 7 ganglions formant une masse postérieure (*ganglion anal*). Chaque paire de ganglions ventraux émet deux nerfs de chaque côté. Il existe un système stomatogastrique encore mal connu.

H. **Organes des sens.** — Le tégument ne paraît exercer le sens du *toucher* actif que par la lèvre supérieure de la ventouse orale. Il n'est jamais cilié et se compose : 1° d'une cuticule ; 2° d'une couche épidermique renfermant de nombreuses glandes unicellulaires ; 3° d'une couche hypodermique présentant de nombreuses traînées pigmentaires. Au-dessous de l'hypoderme, le système musculaire est constitué par des fibres annulaires, des fibres longitudinales et des fibres rayonnantes. — Le siège du *goût* est inconnu ; mais l'existence de ce sens est démontrée par la préférence de la Sangsue pour certaines substances, comme le lait ou l'eau sucrée, l'engageant à mordre la peau qui en est humectée. — L'*odorat* est dévoilé par la répugnance qu'éprouve la Sangsue à sucer des parties qui ont été couvertes par des emplâtres ou des onguents odorants. On regarde, comme *organes olfactifs*, des capsules ovoïdes renfermant des cellules épithéliales, innervées par des rameaux émanant des ganglions cérébroïdes. — Aucun *organe auditif* n'a été découvert, mais les Sangsues sont sensibles au bruit. — Les *yeux*, au nombre de 5 paires, sont homologues des papilles segmentaires ; ils forment une courbe à concavité postérieure, au-dessus de la ventouse orale. Chaque œil est formé d'une cupule cylindrique doublée extérieurement d'une couche de pigment (*choroïde*) et intérieurement de grosses cellules transparentes (*cristallin*) au milieu desquelles passe un filet nerveux.

ORDRE I. **Gnathobdellidés** (γνάθος, mâchoire ; βδέλλα, sangsue). — *Sangsues à pharynx armé de mâchoires.*

A. ***Hirudinidés.*** — *5 paires d'yeux ; 3 mâchoires.*

général, de lui-même, mais quelquefois, surtout chez les enfants, on doit l'arrêter par divers moyens appropriés (tampons de toile d'Araignée, bourdonnets de charpie, rondelles d'Agaric, poudres inertes, poudres astringentes, perchlorure de fer, etc.).

Sangsues proprement dites ou médicinales (*Hirudo*). Une centaine d'anneaux; mâchoires finement dentées, présentant une centaine de denticules. La Sangsue grise (*H. medicinalis*), à face ventrale maculee de noir, et la Sangsue verte (*H. officinalis*), à face ventrale non maculee, se trouvent souvent dans les marais d'Europe. La Sangsue truite ou dragon (*H. troctina*), à ventre borde d'une bande en zigzag, habite les eaux douces d'Algérie. *H. granulosa* de l'Inde et *H. sinica* de Chine, mordent la peau de l'Homme comme les précedentes, et servent aussi a produire des saignées locales. — Hémopis (*Hæmopis*). Corps moins aplati que celui des Sangsues; 30 denticules seulement sur les mâchoires; ne peuvent entamer que les muqueuses. La Sangsue de Cheval (*H. sanguisuga*) penètre souvent dans les narines des Chevaux, pendant qu'ils boivent; elle habite les eaux vives de l'Europe et du Nord de l'Afrique. — Aulastomes (*Aulastoma*). Mâchoires à denticules obtus; dos brun, ventre vert. *A. gulo* est commun en France; il sort souvent de l'eau pour dévorer des Vers de terre. — Sangsues terrestres (*Hæmadipsa*). La Sangsue de Ceylan (*H. ceylanica*), de la grosseur d'un crin de Cheval, atteint, après la succion, la grosseur d'une plume d'Oie. Elle constitue un des fléaux de Ceylan, où elle vit dans les herbes humides et se jette sur les voyageurs.

B. ***Néphélidés***. — *4 paires d'yeux; 3 mâchoires ou 3 plis pharyngiens.*

Néphélis (*Nephelis*). Mâchoires remplacees par 3 plis longitudinaux, le long du pharynx. *N. octoculata* habite les fontaines et les ruisseaux de l'Europe ; ne peut quitter l'eau, sans mourir au bout de quelques minutes. — *Limnatis*. 3 mâchoires.

ORDRE II. **Rynchobdellidés** (ῥύγχος, bec). — *Sangsues à trompe; dépourvues de mâchoires.*

A. ***Ichthyobdellidés***. — *Anneaux très distincts; sang rouge; ventouse unilabiee. Parasites des Poissons.*

Piscicoles (*Piscicola*). Sur les Cyprins. — Pontobdelles (*Pontobdella*). Peau verruqueuse. Sur les Raies. — Branchellions (*Branchellion*). Des appendices dorsaux branchiformes. *B. Torpedinis*. Sur les Torpilles.

B. ***Glossiphonidés***. — *Anneaux peu distincts; sang incolore; ventouse bilabiee.*

Glossiphonies (*Glossiphonia*). Petites Sangsues parasites des Batraciens et des Gastéropodes ; se roulent en boule comme des Cloportes. — Hémanteries (*Hæmentaria*). Sangsues de grande taille, a trompe perforante. *H. officinalis*, des lacs de Mexico, est employé aux mêmes usages que la Sangsue officinale. *H. Ghiliani*, de l'Amazone, est une Sangsue geante atteignant quelquefois plus de 20 centimètres de long.

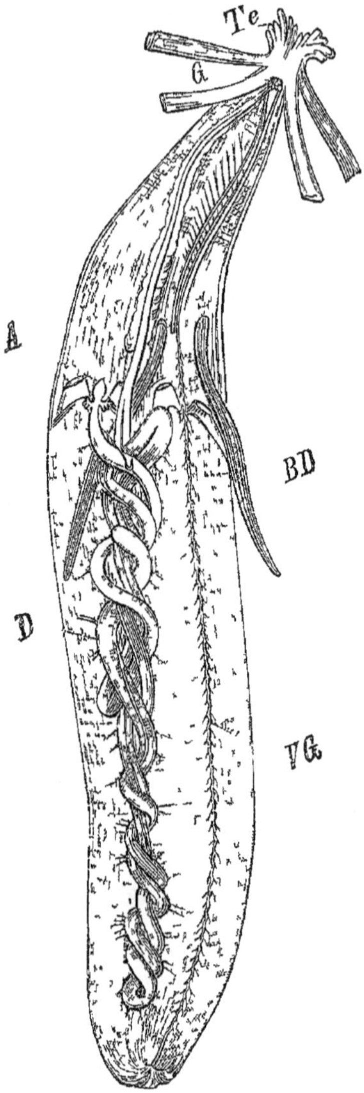

Fig. 605. — Siponcle (*Sipunculus nudus*), ouvert latéralement — *Te*, tentacules, *G*, cerveau, *VG*, cordon ganglionnaire ventral, *D*, intestin, *A*, anus, *BD*, glandes excrétrices (organes segmentaires).

CLASSE V. — GÉPHYRIENS (1)

Annélides marines sans segmentation extérieure; tube digestif contourne sur lui-même (2).

Corps cylindrique ou renflé, sans segmentation, muni, en avant, d'une

(1) γέφυρα, pont; groupe de passage.

(2) Il n'est pas sûr que le groupe des Géphyriens soit reellement homogène. La segmentation qui se manifeste dans les larves d'Échiure (fig. 606), et divers caracteres anatomiques des adultes, semblent bien montrer que les **Gephyriens armés** sont des Annelides ou la métamérisation a disparu, mais il est difficile de donner des conclusions precises relativement aux affinites des **Gephyriens inermes**.

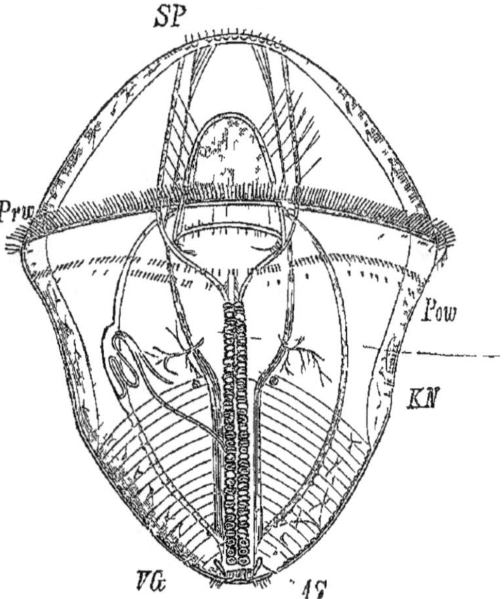

Fig. 606. — Larve d'Echiure vue par la face ventrale — *SP*, plaque apicale, *Prw*, couronne ciliée pré orale, *Pow*, couronne ciliée post-orale, *KN*, rein céphalique, *VG*, cordon ganglionnaire ventral réuni à la plaque apicale par la longue commissure œsophagienne, *AS*, vésicules anales.

trompe rétractile pleine ou percée par l'œsophage. Bouche antérieure ou ventrale, quelquefois entourée de tentacules. Tube digestif contourné sur lui-même (fig. 605), tapissé de cils vibratiles à l'intérieur et à l'extérieur. Anus terminal ou dorsal, souvent très rapproché de l'extrémité antérieure du corps. Système vasculaire composé essentiellement de deux troncs longitudinaux : l'un, dorsal, accompagnant l'intestin et présentant quelquefois une dilatation (*cœur*) ; l'autre, ventral, appliqué contre la paroi du corps. Quelquefois, pas d'appareil circulatoire (*Priapulus*). Sang incolore ou rougeâtre, distinct du liquide de la cavité générale, circulant sous l'influence de la contraction des vaisseaux et sous l'action des cils vibratiles qui revêtent les parois vasculaires. Respiration cutanée Deux sortes d'organes excréteurs : les uns (*vésicules anales*) communiquant avec la terminaison de l'intestin, les autres (*organes segmentaires*) débouchant sur la face ventrale. Quelquefois pas d'appareil excréteur (*Priapulus*). Sexes séparés. Les produits sexuels tombent dans la cavité générale et sortent par les organes segmentaires ou par des canaux propres. Développement avec métamorphoses, offrant des analogies avec celui des Chétopodes. Pas de pieds ni de ventouses. Système nerveux représenté par une chaîne ventrale très simple (*cordon ventral*) dépourvue de renflements ganglionnaires, un collier œsophagien et souvent un cerveau. Tégument à cuticule le plus souvent épaisse, chitineuse et présentant parfois des crochets ou des couronnes de soies. Système musculo-cutané très développé. La trompe et les tentacules servent d'organes du tact. Chez quelques Siponcles, des taches oculaires reposent directement sur le cerveau

Les Géphyriens vivent cachés dans le sable, la vase et les trous des rochers. Ils constituent un groupe peu homogène, que l'on divise généralement en deux ordres.

ORDRE I. **Géphyriens armés.** — *Deux soies en crochets sous la bouche et souvent deux couronnes de soies à l'extrémité postérieure. Bouche à la base d'une trompe imperforée et munie d'un sillon ventral. Anus terminal. Dioïques.*

Bonellies (*Bonellia*). Trompe longue, bifurquée à son extrémité ; pas de couronnes de soies postérieures (fig. 607). Les mâles ressemblent à des Planaires et se tiennent dans les conduits vecteurs de l'appareil femelle. Méditerranée. — Echiures (*Echiurus*). Trompe courte ; deux couronnes de soies postérieures (fig. 608). Océan.

ORDRE II. **Géphyriens inermes.** — *Pas de crochets ni de soies. Bouche a l'extrémité anterieure de la trompe. Anus dorsal. Dioïques.*

Siponcles (*Sipunculus*). Corps cylindrique; une couronne tentaculaire autour de la bouche; anus anterieur. *S. nudus* (fig. 605) atteint

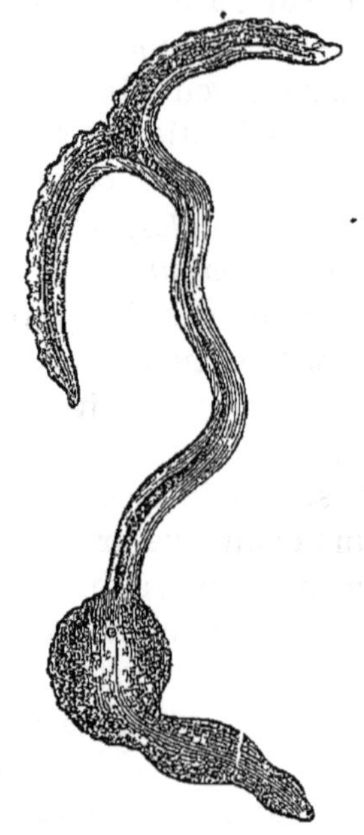

Fig 607 — Bonellie femelle

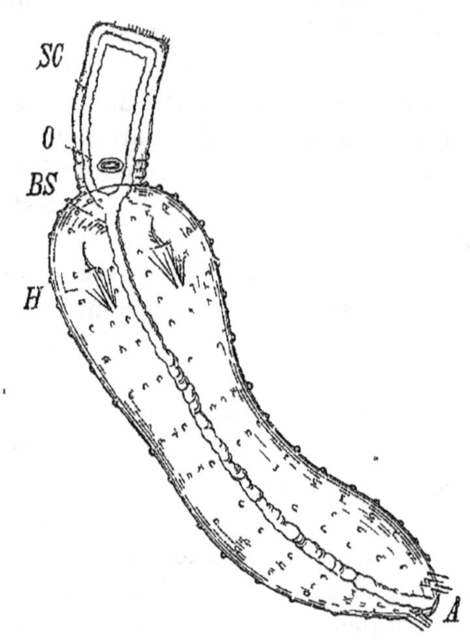

Fig 608 — Jeune Échiure (face ventrale) — *O*, bouche, *A*, anus, *H*, crochets, *BS*, cordon ventral, *SC* commissure œsophagienne.

jusqu'a 3 decimètres de longueur sur 3 centimètres de large. Méditerranée. — Phascolosomes (*Phascolosoma*). Ressemblent aux précédents; peau couverte de papilles. — Priapules (*Priapulus*). Pas de couronne tentaculaire ; anus presque terminal, le plus souvent surmonte d'un appendice caudal qui porte des tubes en forme de papilles (*branchies*).

CLASSE VI. — BRACHIOPODES (1).

Animaux marins, très généralement fixes, sans tête ni pied. Corps déprimé, non vermiforme, enfermé dans une coquille equi-

(1) βραχίων, bras ; ποῦς, pied. — Appeles encore Spirobranches ou Palliobranches Les Brachiopodes ont ete, pendant longtemps, ranges parmi

latérale à deux valves inégales, l'une ventrale, l'autre dorsale, sans ligament articulaire. Un manteau bilobé, bordé de soies. Un appareil vibratile prébuccal, porté sur deux bras creux enroulés en spirale.

BRACHIOPODES.	Une charnière. Pas d'anus . .	TESTICARDINES.
	Pas de charnière. Un anus.	ECARDINES.

Le corps des Brachiopodes est, contrairement à celui des Lamellibranches, symétrique par rapport à un plan perpendiculaire au plan de séparation des valves. La valve dorsale est la plus petite. La valve ventrale dépasse ordinairement la dorsale en arrière, en formant un *crochet* ou *bec*, muni d'un orifice par où passe un pédoncule de fixation. Ce pédoncule, formé par l'allongement de l'extrémité postérieure du corps, fait parfois (Lingule) saillie entre les valves de la coquille.

Quelques Brachiopodes, dépourvus de pédoncule, se fixent par leur valve ventrale ; un seul genre (*Glottidia*) est libre. La coquille, généralement mince (le plus souvent calcaire, quelquefois cornée), est sécrétée par le manteau ; mais elle diffère de celle des Mollusques et présente, à son intérieur, des canalicules allant perpendiculairement d'une surface à l'autre (1). Tantôt elle est munie d'une charnière et d'un squelette brachial (Testicardines), tantôt elle est dépourvue de ces deux sortes d'organes (Écardines). Chez les Testicardines, des muscles spéciaux, les uns abducteurs (fig. 612, *Md*), les autres adducteurs (*Ma*), servent à entr'ouvrir ou à fermer la coquille, en faisant basculer la valve dorsale autour de la charnière. Celle-ci est formée par deux dents de la grande valve, qui s'encastrent dans deux fossettes de la petite. Chez les Ecardines, la charnière fait défaut

les Mollusques, à côté des Lamellibranches, mais leurs larves se rapprochent beaucoup de celles des Chétopodes et n'ont rien de commun avec celles des Mollusques, car elles sont profondément segmentées et portent des soies. Les larves des Brachiopodes sont formées de trois segments (fig. 610) : le premier donne naissance aux bras, le deuxième, pourvu de soies, formera les viscères et le manteau, le troisième deviendra le pédoncule. Certaines larves ressemblent beaucoup à des Bryozoaires (fig. 609). On doit donc considérer les Bryozoaires et les Brachiopodes comme des types d'Annélides, dérivés du même rameau, mais qui se seraient profondément modifiés et séparés les uns des autres.

(1) On ignore le rôle de ces tubes spéciaux aux Brachiopodes. En rapport avec le manteau, du côté interne, ils se terminent de l'autre par une couronne de poils venant se mettre en contact avec la couche externe (*periostracum*) de la coquille.

et l'une des deux valves tourne sur l'autre, par le moyen de muscles spéciaux. Enfin un groupe de muscles s'attachant sur le pedoncule peut amener la rotation de tout l'animal sur cet organe. Entre les deux valves de la coquille, on n'observe jamais de ligament articulaire (1). Le squelette brachial (fig. 611) est fixé sur la valve

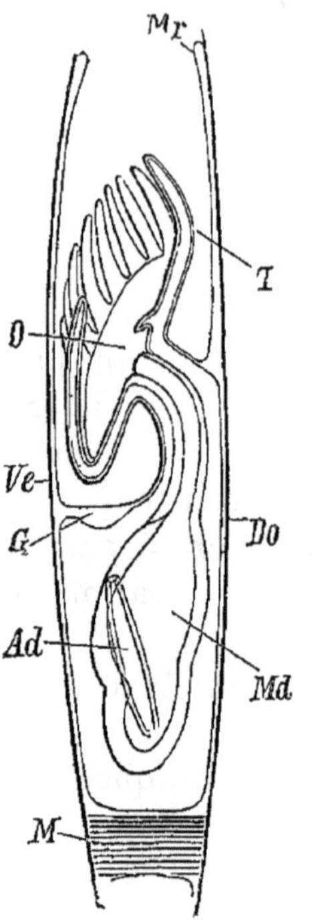

Fig 609 — Larve agée de Lingule — *Do*, valve dorsale, *Ve*, valve ventrale, *Mr*, bord épaissi du manteau, *T*, tentacules, *O*, bouche, *Md*, estomac, *Ad*, intestin terminal, *M*, muscle postérieur, *G*, ganglion.

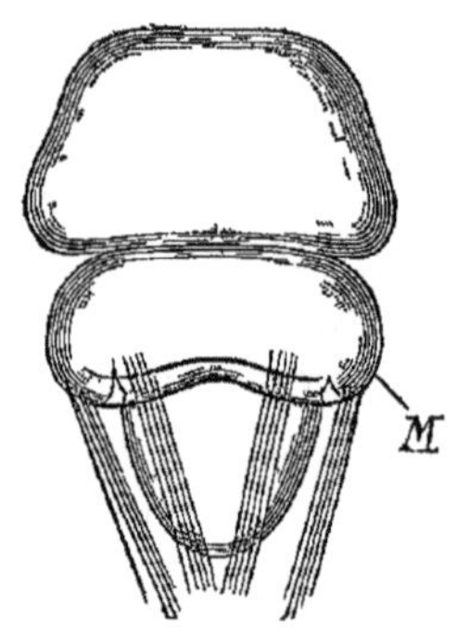

Fig 610. — Larve jeune d'Argiope — *M*, manteau

dorsale et formé de processus calcaires affectant des dispositions tres variables. — Les deux bras, tout à fait caractéristiques des Brachiopodes, sont places dans l'intérieur d'une cavite palléale. Ils renferment un diverticule tubulaire de la cavité génerale. La bouche s'ouvre à la naissance des bras. Ils portent latéralement des cirres mobiles et couverts de cils vibratiles. Sur leur ligne médiane court une gouttiere ciliée qui aboutit a la bouche. Ils constituent ainsi des organes de prehension et servent, en outre, au renouvellement de l'eau entre les deux lobes du manteau. Le tube digestif, dirige en arriere, du côté du pedoncule, est entoure d'une grosse glande digestive et se termine par un cæcum ventral (Testicardines), ou

(1) L'ouverture de la coquille, chez les Brachiopodes, se fait activement et non passivement comme chez les Lamellibranches. Apres la mort, les Lamellibranches ont leur coquille ouverte; celle des Brachiopodes est au contraire fermee.

debouche à droite, par un anus, dans la cavité palleale (Ecardines). Un mesentère dorso-ventral divise la cavite génerale en deux parties sans communication entre elles. — Le système vasculaire est représenté par des vaisseaux, avec un certain nombre de renflements contractiles fonctionnant comme cœurs. Le manteau contient de vastes lacunes et sert a la respiration ; ses bords sont garnis de soies raides (comme celles des Annélides), que l'animal peut hérisser pour s'opposer a l'entrée de ses ennemis. — Les organes excréteurs, au nombre d'une ou de deux paires, rappellent les organes segmentaires des Annélides; ils debouchent de chaque côté de la bouche, dans la cavite du manteau. — Sexes séparés · glandes génitales paires, semblables dans les deux sexes, evacuant leurs produits par les organes segmentaires. Fécondation exterieure. Le système nerveux est forme par un collier œsophagien très réduit, presentant des ganglions peu distincts et en nombre variable. Il émet des nerfs qui vont aux bras, au manteau et aux muscles. Les organes des sens se réduisent aux cirres, qui sont doués d'une grande sensibilité tactile.

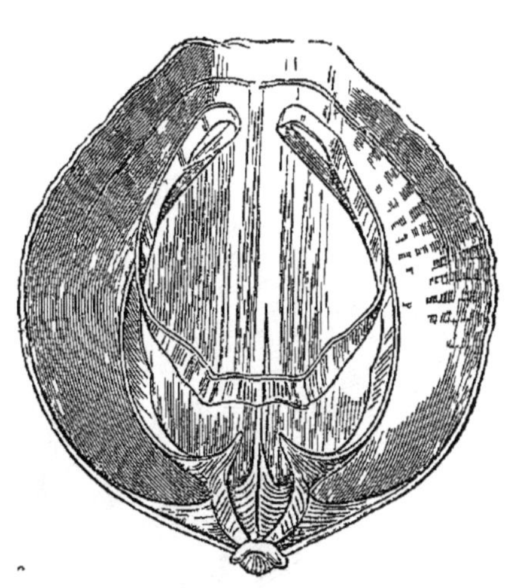

Fig 611 — Valve dorsale avec le squelette brachial de la *Waldheimia australis*

Les Brachiopodes vivent en général fixés sur des corps étrangers; ils sont rares dans les mers actuelles.

ORDRE I. **Testicardines** (1) (*testa*, coquille; *cardo*, gond, charnière). — *Coquille munie d'une charniere et généralement d'un squelette brachial. Pas d'anus.*

Thécidies (*Thecidium*). Test épais et sessile ; crochet non perforé. Méditerranée. — Térébratules (*Terebratula*). Valve ventrale pedonculee; valve dorsale auriculee. *T. vitrea* Méditerranée. — *Waldheimia* (fig. 611). — Argiopes (*Argiope*). Bras remplaces par un disque tentaculifere Méditerranée. — Rhynchonelles (*Rhynchonella*). Test plisse. Océan; Méditerranée.

(1) Appeles encore *Apygiens* ou *Articulés*.

ORDRE II. **Écardines** (1) (*e*, sans ; *cardo*, charnière). — *Coquille dépourvue de charniere et de squelette brachial. Anus latéral.*

Cranies (*Crania*). Test orbiculaire, calcaire ; pas de pédoncule ;

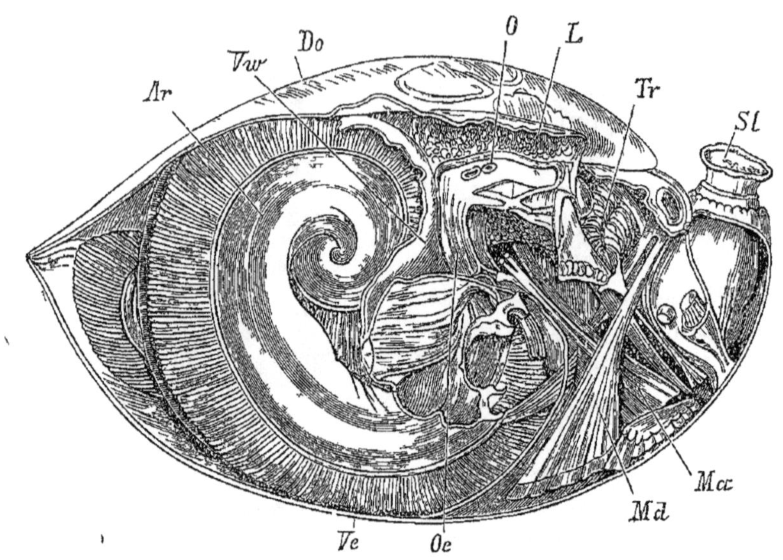

Fig. 612 — Anatomie de la *Waldheimia australis* — *Do*, lobe dorsal *Ve*, lobe ventral de manteau, *St*, pédoncule, *Ma*, muscle adducteur, *Md*, muscle divaricateur (abducteur), *Ar*, bras, *Vw*, paroi antérieure de la cavité viscérale, *Oe*, œsophage, *D*, intestin terminé en cul-de-sac, *O*, orifice des canaux hépatiques, *L*, foie, *Tr*, pavillon de l'oviducte

valve ventrale fixée. — Lingule (*Lingula*). Test mince, corne; un long pédoncule charnu passant entre les deux valves. *L. anatina*. Mer des Indes.

SOUS-EMBRANCHEMENT II. — NÉMATHELMINTHES (2)

Vers cylindriques (Vers ronds) *pourvus d'une cavité générale, dépourvus d'appendices locomoteurs et de chaîne ganglionnaire ventrale.*

Le corps est recouvert d'une cuticule epaisse qui empêche d'une façon absolue l'existence de cils vibratiles ; il n'existe jamais de mé-

(1) Appeles encore *Pleuropygiens* ou *Inarticulés*.
(2) νῆμα, fil ; ἕλμις, ver.

tamérisation; tout au plus peut-il y avoir une annulation superficielle ne correspondant pas a une segmentation intérieure. L'anus, quand il existe, est à l'extrémité postérieure du corps. Le tube digestif et les organes sexuels flottent librement dans la cavité générale ou ne sont reliés aux parois du corps que par de très rares travées conjonctives. Système nerveux formé essentiellement d'un anneau œsophagien et de deux troncs médians, l'un dorsal, l'autre ventral. Vers pour la plupart unisexués ; un grand nombre sont endoparasites. Deux classes (1) :

NEMATHELMINTHES.	Un tube digestif . . .	NEMATODES.
	Pas de tube digestif..	ACANTHOCÉPHALES.

CLASSE I. — NÉMATODES (2).

Némathelminthes pourvus d'un tube digestif et dépourvus de trompe.

Vers ronds a corps allongé, fusiforme ou filiforme. Cuticule chitineuse, transparente, rigide, ridée transversalement, toujours

(1) On peut rattacher aux Némathelminthes les *Chétognates*, les *Chétosomidés* et les *Desmoscolecidés*.

I Les CHÉTOGNATHES (χαίτη, soie; γνάθος, mâchoire) sont des Vers marins, libres, microscopiques, transparents, vivant à la surface de la mer La forme de leur corps (fig 613) rappelle celle d'une flèche Tube digestif complet a bouche armee, de chaque côte, de soies courbes et mobiles. anus ventral, à l'origine de la region caudale Pas d'appareils circulatoire, respiratoire, ni excreteur. Monoiques, à orifices sexuels pairs, sans organes d'accouplement, à developpement sans metamorphoses Deux ou quatre nageoires latérales et une caudale pourvues de rayons cartilagineux Systeme nerveux composé d'un cerveau, d'un collier œsophagien et d une masse ganglionnaire ventrale. Deux yeux, à la base de la tête, un organe olfactif

Sagitta. Quatre nageoires laterales — *Spadella* Deux nageoires laterales (fig 613).

II Les CHÉTOSOMIDÉS (χαίτη, soie; σῶμα, corps) sont des Vers voisins des precedents, ayant le corps couvert de poils tres fins, rampant sur les Algues marines au moyen d'une double rangee de crochets ventraux Dioiques, deux spicules chez les mâles.

Rhabdogaster — *Chætosoma*

III Les DESMOSCOLÉCIDÉS (δεσμός, lien; σκώληξ, ver) ont le corps marqué de bourrelets annulaires, portant, presque tous, une paire de soies locomotrices. Dioiques. deux spicules chez les mâles.

Desmoscolex.

(2) νῆμα, fil; εἶδος, forme.

dépourvue de cils vibratiles. La couche profonde de la cuticule est formée de lamelles, se laissant décomposer en fibrilles croisées à angle droit Au-dessous de la cuticule, est un exoderme, primitivement formé de cellules; mais celles-ci se fusionnent en une masse granuleuse avec des noyaux épars. Cette couche (*hypoderme*) s'épaissit généralement en quatre bourrelets longitudinaux équidistants : deux médians (*ligne mediane dorsale, ligne médiane ventrale*) et deux latéraux (*champs lateraux*). Enfin la couche la plus interne du tégument est la *couche musculaire*, composée de grandes cellules dont les parois, a la base, sont différenciées en fibrilles musculaires longitudinales; la couche musculaire forme quelquefois un revêtement continu et interrompu seulement sur la ligne médiane ventrale (*Holomyaires*), mais le plus souvent, elle présente quatre champs distincts composés chacun de deux rangées longitudinales d'éléments musculaires (*Méromyaires*) ou de nombreuses séries de ces éléments (*Polymyaires*).

Tube digestif en général complet, allant d'une extrémité a l'autre du corps. Bouche ordinairement pourvue de levres, inerme ou armée d'appendices chitineux, oblitérée chez les Gordiidés adultes. Œsophage étroit, cylindrique ou triquètre, quelquefois dilaté à sa partie postérieure. Estomac cylindrique. Intestin court et étroit. Anus ventral, s'ouvrant généralement a une petite distance de l'extrémité caudale, manquant chez les Mermidés.

Circulation lacunaire. Respiration cutanée. Ordinairement deux canaux excréteurs situés dans les champs latéraux, partant de la région postérieure où ils se terminent en cul-de-sac, pour se diriger en avant et s'ouvrir, a la face ventrale, par un pore commun (*pore excreteur*). Sexes séparés, a de très rares exceptions pres.

Organes sexuels tubulaires, terminés en cæcum dans la partie testiculaire ou ovarienne, débouchant a l'extérieur. Les mâles, habituellement plus petits que les femelles (le plus souvent de moitié) et a queue recourbée, ont généralement un testicule impair muni d'un canal déférent, qui débouche, avec le canal digestif, dans une dépression (*cloaque*) située sur la ligne médiane de la face ventrale, près de l'extrémité postérieure. Assez souvent, entre l'anus et l'orifice sexuel, on observe une poche contenant une ou deux pièces chitineuses (*spicules*), servant à ouvrir la vulve au moment de l'accouplement (fig. 620, *c*). Quelquefois (Strongylides) une bourse caudale cupuliforme (fig. 618) maintient le mâle étroitement fixé a la femelle. — Les organes femelles consistent en un ou deux tubes ovariens filiformes, aboutissant a un vagin qui s'ouvre, le plus souvent, vers le milieu de la face ventrale. Chez les Gordiidés, les oviductes débouchent dans le cloaque. Ovipares ou vivipares.

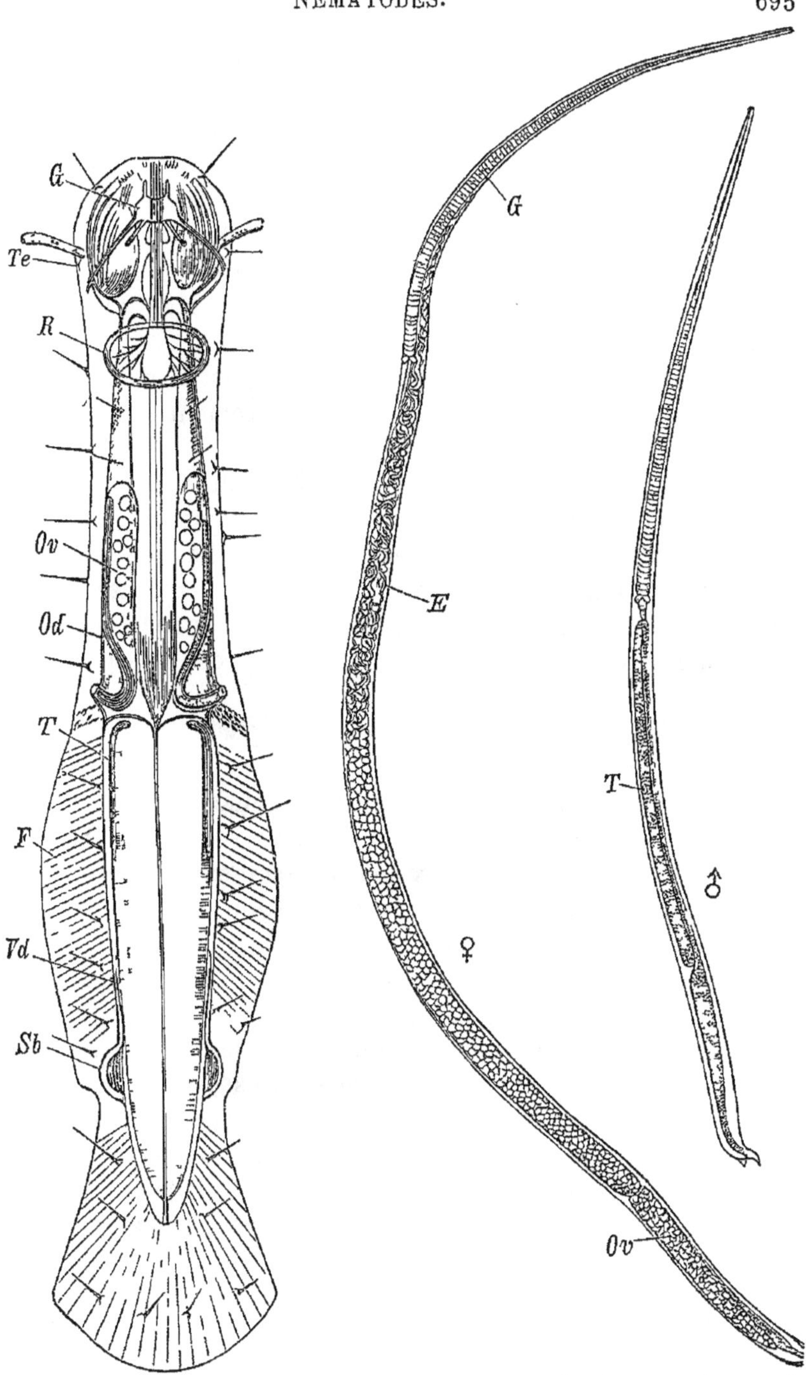

Fig 613. — *Sagitta (Spadella) cephaloptera*, grossie 30 fois (face ventrale). — *F*, nageoire latérale, *G*, ganglion, *Te*, tentacules, *R*, organe olfactif, *Ov*, ovaire, *Od*, oviducte, *T*, testicule, *Vd* canal déférent, *Sb*, vésicule séminale

Fig 614 — *Trichina spiralis* — ♀, Trichine femelle de l'intestin, adulte *Ov*, ovaire, *G*, orifice génital, *E*, embryons — ♂ Mâle, *T*, testicule

Système nerveux formé d'un collier œsophagien d'où partent des troncs nerveux. Le collier, constitué par des cellules et des fibres, ne presente pas de renflements ganglionnaires distincts. Les troncs nerveux sont au nombre de huit : deux postérieurs, l'un dorsal, l'autre ventral; six antérieurs, un dorsal, un ventral et deux lateraux de chaque côté. — Organes du tact représentes par des éminences circumbuccales (fig. 619). Appareils de la vue et de l'audition constitués, quand ils existent, par des ocelles très simples et des otocystes.

Developpement direct ou avec métamorphoses peu accentuees. Des migrations chez les formes parasites; rarement des cas de géneration alternante.

La plupart des Nématodes sont parasites, plutôt sur les Animaux que sur les Végétaux. Quelques-uns peuvent mener une vie indépendante pendant certaines périodes de leur existence; enfin d'autres restent toujours libres, soit dans la terre, soit dans l'eau douce ou salée. Quelques Nématodes peuvent, sous l'influence de la dessiccation, perdre leur activité et la reprendre en présence de l'humidité.

A. **Trichinidés.** — *Nématodes parasites, a partie anterieure amincie; mâles depourvus de spicules.*

Petits Vers vivipares à corps capillaire. Bouche nue; tube digestif complet; anus terminal. Mâles munis d'un seul testicule; les spicules sont remplaces par deux petites éminences coniques, entre lesquelles le cloaque peut être évaginé. Femelles a un seul ovaire et a vulve transversale située vers le quart anterieur du corps.

Trichine (*Trichina spiralis*). Mâle long de 1 millimètre ; femelle longue de 3 millimètres (fig. 614). Les adultes ou sexués se trouvent dans l'intestin grêle d'un certain nombre de Mammifères, surtout du Porc; les larves sont dans les muscles striés des mêmes animaux. Chaque femelle peut donner naissance à 10000 embryons. Ceux-ci traversent les parois intestinales et émigrent surtout dans les muscles striés de l'hôte. Ils se nourrissent de substance musculaire, puis s'enkystent dans des capsules de nature conjonctive. Les Trichines enkystées ont des organes reproducteurs rudimentaires et sont enroulées en spirale (fig. 615 et 616); elles ne peuvent arriver a l'état adulte qu'apres avoir été ingerées par un Mammifere dans l'estomac duquel les kystes sont attaqués. L'Homme est infesté par le Porc. Celui-ci s'infeste en mangeant de petits Rongeurs (Rats, Surmulots, etc.) ou des débris de Porc trichine. L'affection déterminée, chez l'Homme, par la présence des Trichines (*trichinose*) se révèle generalement par des symptômes d'irritation gastro-intestinale ou même de péritonite, lorsque les embryons sortent du tube digestif; puis par des douleurs plus ou moins violentes et la gêne du mécanisme respiratoire, quand ils arrivent dans les muscles. La Trichine est combattue dans l'intestin par des purgatifs répétés et un traitement anthelminthique. Quand elle est arrivée dans les muscles, environ un mois après l'invasion, on peut essayer d'administrer la glycérine qui passe pour ratatiner le parasite, mais on est le plus souvent réduit a soutenir les forces du malade, en attendant la periode d'enkystement. Il se peut alors que les Trichines enkystées entrent en dégénérescence, s'encroûtent de matières calcaires et meurent. Si l'organisme ne résiste pas à la trichinose, la mort survient, soit par entero-péritonite, soit par atrophie progressive des muscles.

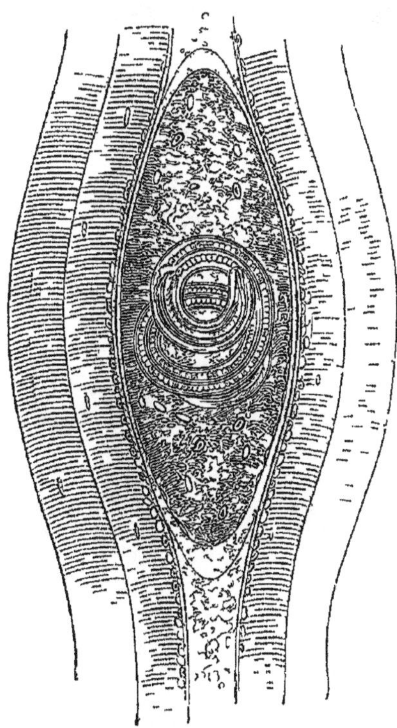

Fig 615 — *Trichina spiralis.* — Larve enroulée et enkystée dans un muscle

Fig 616 — Trichine dégagée de son kyste

L'Homme contracte presque toujours la trichinose par l'ingestion de viande de Porc trichinée. Le Porc présente une résistance considérable à la trichinose.

Les larves enkystées peuvent rester vivantes pendant de nombreuses annees et même vivre longtemps encore apres la mort de leur hôte. Elles résistent énergiquement a la dessiccation et au fumage; la salaison ne les fait périr qu'a la longue, mais la cuisson très prolongée les tue sûrement. Des epidémies de trichinose ont eté souvent observées en Allemagne et en Amérique; en France, où l'on ne consomme pas de viande de Porc crue, quelques cas seulement ont été signalés. L'examen des viandes suspectes n'offre aucune difficulté.

B. ***Trichocéphalidés.*** — *Nematodes parasites, a partie anterieure effilée, a partie posterieure renflee; mâles avec spicules.*

Vers intestinaux ovipares. Bouche nue; anus terminal. Mâles pourvus d'un testicule et présentant, à l'extrémité postérieure, un spicule rétractile entouré d'une gaine. Femelles à ovaire simple; vulve à la réunion des deux parties du corps.

Trichocéphales (*Trichocephalus*). Partie antérieure très effilée, enfoncée tout entière dans la muqueuse intestinale (fig. 617). Vivent dans le cæcum des Mammifères. Une seule espèce (*T. dispar*) sur l'Homme; cosmopolite; longue de 3 à 5 centimètres. Œufs en forme de citrons, expulsés avec les excré-

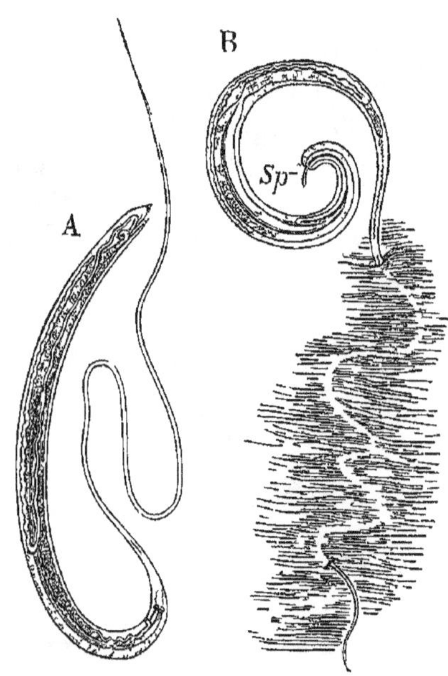

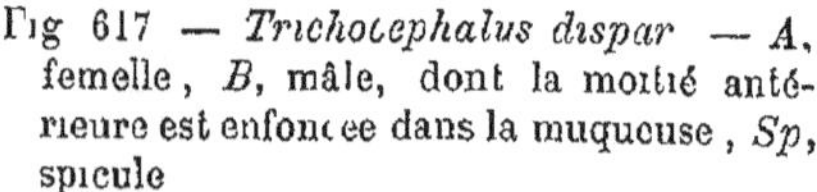
Fig 617 — *Trichocephalus dispar* — *A*, femelle, *B*, mâle, dont la moitié antérieure est enfoncée dans la muqueuse, *Sp*, spicule

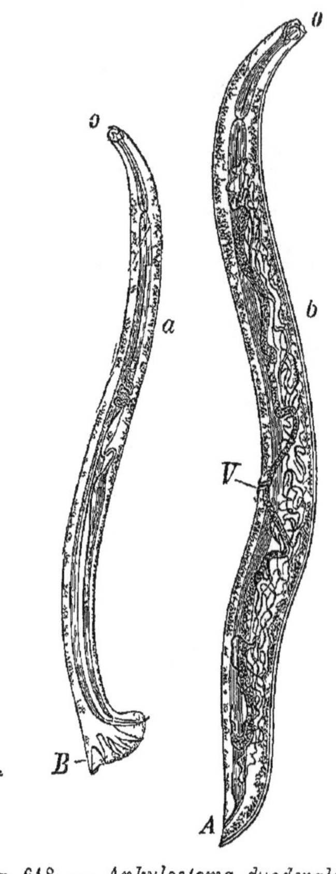

Fig 618 — *Ankylostoma duodenale* — *a* male *O*, bouche, *B*, bourse — *b* Femelle *O*, bouche, *A*, anus, *V*, vulve

ments; se développant directement, lorsqu'ils sont introduits dans le tube digestif de l'Homme avec l'eau ou les aliments. Les Trichocéphales sont très communs mais ne déterminent pas d'accidents sérieux; on les combat par le semen-contra, la santonine, le calomel, la mousse de Corse, l'ail, etc. On peut s'en préserver surtout en filtrant l'eau de boisson.

C. **Strongylidés.** — *Corps cylindrique. Bouche nue ou munie de papilles, armée ou non d'un squelette chitineux. Queue du mâle terminée* *par une expansion membraneuse en forme de cloche, du centre de laquelle part un spicule simple ou double* (fig. 618).

Vers parasites non seulement dans l'intestin, mais dans d'autres organes (notamment les poumons) des Vertébrés, surtout les Mammifères.

Eustrongles (*Eustrongylus*). Bouche entourée de 6 papilles, dépourvue d'armature chitineuse. Bourse caudale campanuliforme, sans rayons ni échancrure, à un seul spicule. Strongle géant (*E. gigas*). Ovipare; mâle long de 20 centimetres; femelle longue de 30 centimetres a 1 mètre; le plus gros Nématode connu; parasite des reins, chez un grand nombre de Mammiferes; heureusement très rare chez l'Homme, où il occasionne des douleurs atroces, des hématuries et finalement la mort. — Strongles (*Strongylus*). Bouche nue ou entourée de 6 papilles. Bourse caudale ouverte sur le côté ventral et munie de côtes rayonnantes; 2 spicules. Vivent généralement dans les poumons e les bronches. S. *paradoxus*, commun dans les bronches du Porc, est exceptionnel chez l'Homme. — Ankylostomes (*Ankylostoma*). Bouche munie d'un squelette chitineux. L'A. du duodénum (*A. duodenale*) suce le sang dans l'intestin grêle et est un des parasites les plus redoutables de l'espece humaine. Sa bouche est cupuliforme et armée de 8 crochets chitineux. Mâle long de 9 millimètres, terminé en arrière par une bourse copulatrice (fig. 618); femelle longue de 18 millimètres, terminée en arrière par une pointe caudale. Œufs en nombre considérable, ne se développant pas dans l'intestin de l'hôte, évoluant dans les excréments ou la terre humide; introduits dans le tube digestif avec des eaux malpropres. Tres commun en Égypte, où il cause la *chlorose d'Egypte*, et en Amérique, où il occasionne l'*opilaçao* ou *anémie intertropicale*. Il produit, dans nos pays, l'*anemie des mineurs* et celle des ouvriers qui travaillent l'argile (briquetiers, tuiliers) ou sont employés dans les rivières. Ces effets désastreux ont pour cause les petites hémorragies qu'occasionnent les parasites en grand nombre. On combat l'Ankylostome avec l'extrait éthéré de Fougère mâle.

D. Ascaridés. — *Nématodes parasites, a bouche entourée de 3 lèvres, mâles munis de 2 spicules.*

Vers intestinaux polymyaires ou méromyaires; les 3 levres buccales (fig. 619), sont plus ou moins saillantes (1 médiane dorsale; 2 latérales). Œsophage triquetre, sans renflement postérieur. Mâles pourvus de 2 spicules ventraux; femelles à vulve située vers le tiers antérieur du corps et a extrémité caudale conique. — Ascarides (*Ascaris*). L'Ascaride lombricoide « Lombric intestinal » (*A. lumbricoides*), le plus commun des Vers parasites de l'Homme, habite l'intestin grêle, surtout chez les enfants. Le mâle mesure jusqu'à 20 centimètres et la femelle jusqu'à 40 centimètres. Les œufs sont ellipsoïdes et pourvus de deux enveloppes distinctes : l'interne lisse, résistante ; l'externe albumineuse, mûriforme. Expulsés avec les excréments, ils n'écloront chez un autre individu, dans l'intestin duquel ils doivent devenir adultes. L'infestation a lieu par les eaux impures et les aliments végétaux ; elle est plus commune à la campagne qu'à la ville où l'on fait usage de filtres à eau. L'Ascaride est rarement solitaire ; l'anus est la voie par laquelle il est normalement expulsé. Sa présence peut passer inaperçue ou au contraire donner lieu à divers accidents plus ou moins redoutables tels que l'asphyxie, si l'Ascaride s'engage

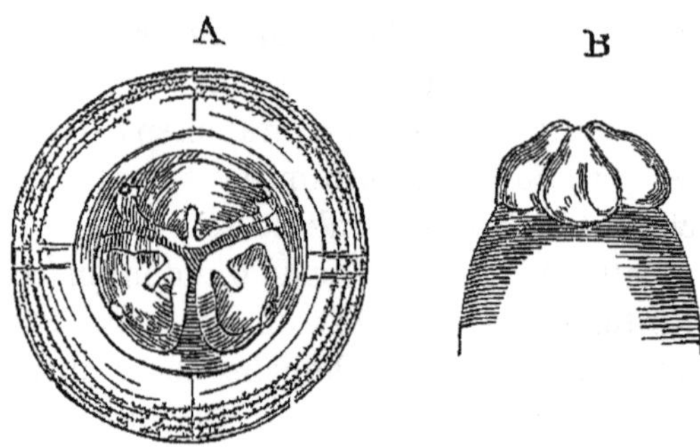

Fig. 619. — *Ascaris lumbricoides*. Extrémité antérieure vue de face (A) et de dos (B).

dans les voies respiratoires ; l'apparition d'un ictère ou d'une hépatite suppurée, si le Ver remonte par le canal cholédoque. Souvent aussi les Ascarides donnent lieu à divers accidents nerveux d'origine sympathique ou simulant la chorée, l'épilepsie, etc. On les combat avec succès par le semen-contra, la santonine, qui en est extraite, le calomel, la Tanaisie, etc. — L'Ascaride à moustaches (*A. mystax*) a la tête pourvue de deux ailes membraneuses qui lui donnent l'aspect d'un fer de flèche. Plus petit que le précédent, il habite l'intestin grêle du Chat et du Chien ; ses œufs ont leur enveloppe albumineuse ornée d'un élégant réseau. Il est très rare chez l'Homme.

Oxyures (*Oxyuris*). Un renflement (*bulbe œsophagien*) à l'œsophage, mâles à un seul spicule. Une seule espèce est parasite de l'Homme (*O. vermicularis*) ; elle habite l'intestin, depuis le duodénum jusqu'à l'anus et est surtout commune chez les enfants. Tête munie de deux renflements latéraux (fig. 620) ; mâles longs de 3 millimètres ; femelles longues de 9 millimètres ; leur vulve est un peu plus en arrière que chez les *Ascaris*. Les œufs sont expulsés de l'intestin et rentrent ensuite dans le tube digestif avec les boissons ou les aliments. Les Oxyures causent, aux environs de l'anus, un prurit violent, quand ils émigrent pendant la nuit. Des frictions anales avec la pommade mercurielle, des lavements d'eau froide (salee ou sucrée) suffisent, le plus souvent, pour detruire les Oxyures ou les expulser.

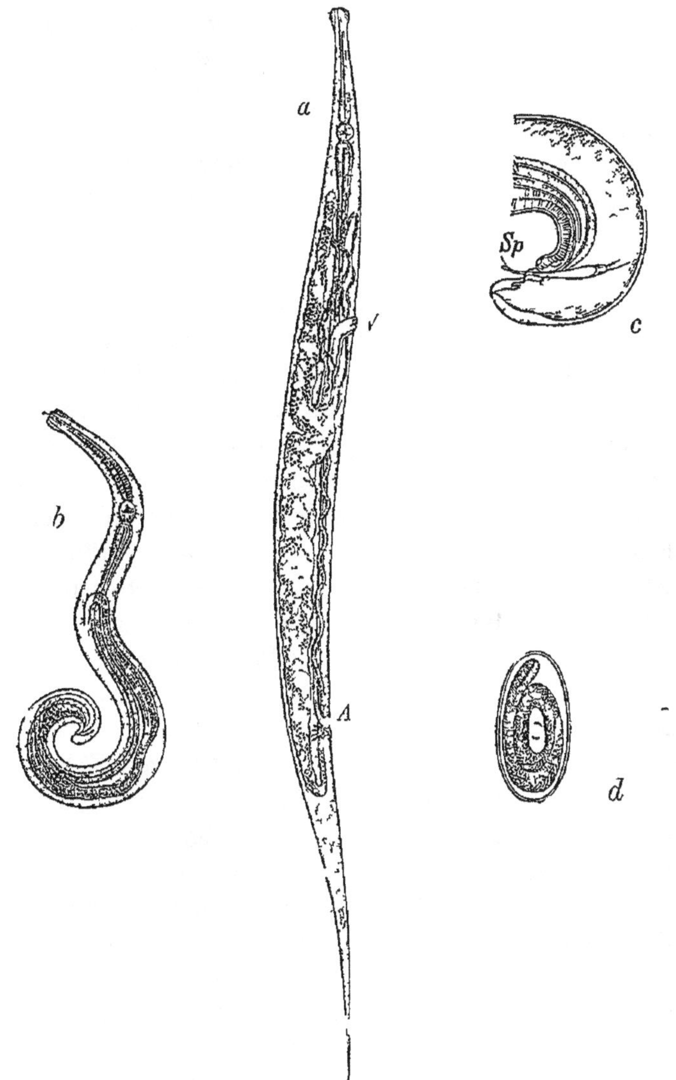

Fig 620 — *Oxyuris vermicularis* — *a* Femelle *A*, anus, *V*, orifice génital. — *b*, Mâle avec l'extrémité postérieure recourbée — *c*, extrémité postérieure du mâle grossie *Sp*, spicule — *d*, œuf renfermant un embryon

E. **Filaridés**. *Corps tres long, filiforme ; mâle avec 4 paires de papilles préanales.*

Bouche nue ou entourée soit de levres, soit de papilles le plus souvent au nombre de 6. Œsophage sans renflement. Mâles à 1 spicule ou à 2 spicules inégaux. Femelles à ovaire double, à vulve antérieure ; généralement vivipares. — Filaires (*Filaria*). Vulve située tout près de la bouche. Le « Ver de Médine », Filaire ou improprement Dragonneau de Medine (*F. medinensis*), occasionne une maladie spéciale (*dracontiase*), observée d'abord dans les contrées tropicales de l'Ancien Monde (Afrique, Indes) et devenue endemique dans certaines contrées du Brésil. Ce Ver vit en dehors des viscères, dans le tissu conjonctif sous-cutane, souvent autour de la cheville ; c'est sans doute lui qu'il faut reconnaître dans les « Serpents de feu » dont les Hebreux furent atteints, pendant leur séjour au voisinage de la mer Rouge. Mâle inconnu. Femelle longue de 60 centimètres à 1 mètre et plus, sur une largeur de 1 millimètre, vivipare, à corps presque entièrement rempli de plusieurs milliers d'embryons à longue queue pointue. Au moment où les embryons vont sortir du corps de la mère, celle-ci devient la cause d'un abcès sous-cutané. Il faut alors extraire le Ver, en se gardant de le rompre, pour ne pas envenimer la plaie avec son contenu. Si les embryons arrivent dans l'eau, ils s'introduisent dans le corps de petits Crustaces (Cyclops), où ils perdent leur longue queue et passent à l'état de larves, sans s'enkyster. On ignore si ces larves sont absorbees par l'Homme, avec les boissons, en même temps que leur hôte, ou si elles s'introduisent directement sous la peau, quand elle est mise en contact avec l'eau infectée. — La Filaire du sang de l'Homme (*F. Bancrofti*) est un des parasites les plus redoutables pour l'espèce humaine, en dehors de l'Europe. Elle vit en Asie, en Afrique, en Australie et dans l'Amerique du Sud. Mâle inconnu. Femelle adulte de 6 centimètres de longueur et de la grosseur d'un cheveu, habitant les vaisseaux lymphatiques, en amont des ganglions. Embryons transparents ayant seulement $0^{mm},3$ de longueur et $0^{mm},003$ de largeur ; pouvant franchir les ganglions lymphatiques ; tres nombreux dans la lymphe et le sang. Les embryons de la Filaire ne peuvent devenir adultes chez l'Homme, ils doivent passer par un hôte intermédiaire et celui-ci est le Moustique. Les Moustiques, en se gorgeant du sang de l'Homme, introduisent dans leur tube digestif un grand nombre d'embryons qui se développent davantage et mesurent, à ce moment 1 millimètre. Après la ponte et la mort des Moustiques a la surface de l'eau, les jeunes Filaires s'échappent dans ce liquide. Absorbées ensuite avec les boissons, elles traversent les tissus pour pénétrer dans le système lymphatique, où elles donnent naissance à de nombreux embryons qui sont entraînés dans le sang. La présence des Filaires occasionne une maladie (*filariose*) dont la terminaison est rarement fatale, les embryons ne modifiant que peu la constitution du liquide sanguin. La gravité du mal dépend surtout du nombre des Filaires adultes que renferme le systeme lymphatique, car celles-ci peuvent amener une obstruction plus ou moins complete des lymphathiques, à la suite de laquelle on observe la tuméfaction des ganglions inguinaux, la *chylurie* (1) accompagnee ordinairement d'hématurie, enfin l'*elephantiasis des Arabes* (2). Les opérations pratiquées dans le voisinage des ganglions altérés sont dangereuses par leurs complications; mais on peut employer avec avantage des frictions mercurielles, au niveau des ganglions tuméfiés. — Filaire de l'orbite ou Loa (*F. Loa*). Peu connue; habite sous la conjonctive des Negres, au Congo et au Gabon.

F. **Anguillulidés.** *Nematodes filiformes, parasites ou libres; ordinairement munis de deux renflements œsophagiens; mâles a deux spicules egaux.*

Anguillule du vinaigre (*Anguillula aceti*); dans le vinaigre de vin, la colle de farine aigrie, etc. — Anguillule du Blé (*Tylenchus Tritici*); màle, 2 millimètres; femelle, 4 millimetres; détermine la maladie du Blé connue sous le nom de « nielle »; les embryons occupent l'intérieur du grain. — *Rhabditis*. Vers filiformes, termines en arrière par une queue pointue; renflement postérieur de l'œsophage armé d'un appareil masticateur; spicules du màle munis d'une pièce accessoire; vulve saillante; les uns monoiques, les autres dioiques. Anguillule terrestre (*R. terricola*). Longueur de 1 à 2 millimetres; non parasite; habite les matières organiques qui se putréfient dans le sol. *R. pellio*. Dans les substances organiques en putréfaction; rarement parasite accidentel de l'Homme et des Animaux.

G. **Rhabdonémidés.** *Nematodes dont les adultes se presentent sous deux formes distinctes qui se succèdent régulierement: une forme dioique et libre; une forme monoique et parasite.*

L'Anguillule de l'intestin de l'Homme (*Rhabdonema intestinale*) est cosmopolite, mais occasionne dans les pays chauds, surtout dans nos colonies d'Indo-Chine, une affection grave, trop souvent mortelle. caractérisée essentiellement par une diarrhee persistante (*diarrhee*

(1) Dans la chylurie, les urines ont l'aspect du chyle et sont susceptibles de se coaguler. Cet aspect laiteux est dû a des granulations graisseuses tres fines que ne retiennent même pas les filtres en papier.

(2) L'élephantiasis des Arabes (qu'il ne faut pas confondre avec l'éléphantiasis des Grecs) est caracterise par le gonflement de la peau et des tissus sous-jacents, surtout aux parties inférieures du corps Cette affection est determinee par l'arrêt de la circulation lymphatique dû aux Filaires et a leurs embryons.

de Cochinchine), avec évacuation d'un nombre considerable de ces parasites. L'Anguillule intestinale est hermaphrodite et longue d'au moins 2 millimetres; elle a un œsophage sans renflement et produit des embryons qui sont expulsés avec les matieres fécales. Ces embryons evoluent dans les excréments ou dans l'eau, puis deviennent des larves sexuées, longues seulement de 1 millimètre et pourvues de deux renflements œsophagiens. Les femelles de ces larves donnent des individus qui possèdent l'œsophage allonge et sans renflement de leur *grand'mère*, mais ils ne peuvent se développer et se comporter comme celle-ci qu'en revenant par les boissons dans l'intestin de l'Homme (1). L'anthelminthique jusqu'ici employe contre l'Anguillule intestinale est l'extrait éthéré de Fougere mâle; mais le meilleur traitement à opposer a la diarrhee de Cochinchine est la diète lactée.

H. **Énoplidés**. *Petits Nematodes marins libres, sans bulbe œsophagien, souvent munis d'yeux, d'une armature buccale et d'une ventouse caudale*

Dorylaimes (*Dorylaimus*). Un aiguillon dans la cavité buccale. *D. stagnalis*. Dans la vase. *D. palustris*. Dans l'eau saumâtre. — Enoples (*Enoplus*). Cavité buccale indistincte, entouree de 3 dents *E. tridentatus*. Dans la mer. — Oncholaimes (*Oncholaimus*). Cavite buccale spacieuse, munie de 3 dents. *O. Echini*. Dans l'intestin de l'Oursin.

I. **Mermidés**. *Vers filiformes tres longs et depourvus d'anus.*

Bouche entouree de 6 papilles. Mâles a extrémité caudale elargie portant 2 spicules. Vivent a l'état larvaire dans la cavité viscérale des Insectes; deviennent sexués dans la terre humide. — *Mermis nigrescens*. Quelquefois abondant sur le sol, apres une pluie d'orage, ce qui avait fait croire a des « pluies de Vers ».

J. **Gordiidés**. *Vers filiformes tres longs et depourvus de bouche a l'âge adulte.*

La partie postérieure du tube digestif aboutit a un cloaque ou debouchent les conduits vecteurs des glandes sexuelles. Mâles a deux testicules, a extremité caudale bifurquée, sans spicules. Femelles a deux ovaires, a extrémité caudale obtuse. Bruns ou noirâtres, du diamètre d'une corde de violon, atteignant quelquefois plusieurs mètres. Vivent dans les fontaines, les rivières et surtout les flaques

(1) Ce cycle normal peut être modifié Ainsi, certains embryons, rejetes avec les excrements, prennent directement les caracteres de leur mere, mais ne peuvent devenir sexués qu'en revenant dans l'intestin Il semble probable que le Ver peut aussi se reproduire dans l'intestin, ce qui permettrait d'expliquer le nombre prodigieux de parasites rejetes chaque jour

d'eau, entortillés, au moment de la reproduction, en pelotons inextricables, sortes de nœuds gordiens, d'où le nom de *Gordius*; pondent dans l'eau des œufs en un cordon blanc et mou. L'embryon présente une armature céphalique, au moyen de laquelle il pénètre dans une larve d'Insecte aquatique, où il s'enkyste. Quand la larve est mangée par un Insecte carnassier ou un Poisson, le kyste se dissout et l'embryon, après avoir vécu un certain temps dans le tube digestif de ce nouvel hôte, s'échappe dans l'eau. Il achève alors son développement et la partie antérieure de son tube digestif se résorbe, par suite de la pression qu'exercent sur elle les organes génitaux.

Dragonneaux (*Gordius*). *G. aquaticus*, long quelquefois de 1 mètre sur 1 millimètre d'épaisseur; eaux douces; a été trouvé dans les matières vomies par une hystérique. *G. tolosanus*, long de 12 centimètres, a été rencontré dans les selles d'un individu atteint d'anémie des mineurs.

CLASSE II. — **ACANTHOCÉPHALES** (1).

Némathelminthes sans tube digestif, à trompe munie de crochets.

Vers intestinaux terminés, à l'extrémité antérieure, par une trompe cylindrique, imperforée, garnie de crochets chitineux recourbés, au moyen desquels ils se fixent à l'intestin de leur hôte (fig. 621). Cette trompe est protractile; elle peut se replier dans une gaine (*réceptacle de la trompe*), dont le fond est rattaché à la paroi par des *muscles rétracteurs* et par un *ligament suspenseur* (*Li*), renfermant l'appareil génital. Corps couvert d'une cuticule résistante doublée d'une couche musculaire à fibres longitudinales et à fibres circulaires. Pas de tube digestif. Un système de canaux cutanés, sans parois propres, présentant deux troncs longitudinaux principaux, joue le rôle d'un appareil de nutrition. On regarde comme servant à l'excrétion deux corps (*lemnisques*) (*Le*) suspendus à la gaine de la trompe et creusés de canaux anastomosés, à contenu granuleux. Sexes séparés. Mâles munis de deux testicules (*T*); pénis situé généralement au fond d'une poche campanuliforme (*B*) occupant l'extrémité du corps et susceptible de se renverser à l'extérieur. Femelles avec un ovaire contenu dans le ligament et laissant tomber les œufs dans la cavité viscérale. Ceux-ci sont recueillis par un utérus en forme de cloche aboutissant à un court vagin qui débouche à l'extrémité postérieure. Système nerveux formé d'un ganglion situé au fond de la gaine de la trompe et émettant, en haut, des nerfs antérieurs;

(1) ἄκανθα, épine; κεφαλή, tête.

en bas, quatre nerfs latéraux et un nerf génital médian. Pas d'organes des sens. L'œuf, après avoir été expulsé au dehors, est avalé par un Invertebré, de nature variable, dans l'intestin duquel l'embryon éclôt. Celui-ci, après avoir perforé le canal intestinal, tombe dans la cavité générale, où il reste à l'état larvaire, jusqu'à ce que l'hôte soit dévoré par un Vertebré. Arrivée dans l'intestin de ce dernier, la larve devient adulte, évagine sa trompe et se fixe à la muqueuse par ses crochets.

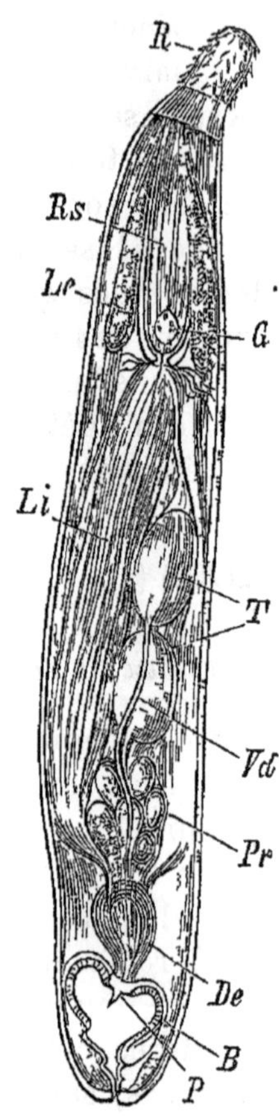

Fig. 621 — *Echinorhynchus angustatus* — *R*, trompe, *Rs*, gaine de la trompe, *Li*, ligament, *G*, ganglion, *Le*, lemnisques, *T*, testicules, *Vd*, canaux déférents, *Pr*, glandes prostatiques, *De*, canal éjaculateur, *P*, pénis, *B*, bourse invaginée.

Échinorhynques (*Echinorrhynchus*). A l'âge adulte, dans le tube digestif des Vertébrés, surtout des Poissons ; à l'état de larve, dans la cavité viscérale ou les muscles d'un Invertebré (Crustacés, Insectes). E. de l'Homme (*E. Hominis*) n'est connu que par un seul exemplaire trouvé dans l'intestin grêle d'un enfant. É. du Porc (*E. gigas*) est assez commun en France ; le mâle a environ 15 centim., et la femelle 30 centim. Ses œufs, rejetés avec les selles du Porc, sont dévorés par les larves de la Cétoine, à l'intérieur desquelles se passe leur phase embryonnaire. Le Porc s'infeste ensuite, en mangeant des larves de Cétoine. E. du Surmulot (*E. moniliformis*), dont la larve a pour hôte un Coléoptere (*Blaps mucronata*), peut se développer chez l'Homme (Grassie).

SOUS-EMBRANCHEMENT III. — PLATHELMINTHES.

PLATHELMINTHES (πλατύς, plat ; ἕλμις, ver) — *Vers plats a cavité générale comblee par du parenchyme, à appareil excréteur forme d'un système pair de canaux continus dans toute la longueur du corps.*

Les Plathelminthes n'ont en général pas de véritable cavité générale ; ils présentent, a leur intérieur, un lacis de travées conjonctives constituant une sorte de parenchyme.

Les Vers rangés sous ce nom se subdivisent en deux classes, dont la parenté n'est pas très certaine.

La classe des Némertiens occupe une place tout à fait à part dans le groupe, grâce a la présence d'un anus et d'un appareil circulatoire. Elle paraît toutefois se rapprocher des Turbellariés, par l'intermédiaire de formes primitives, réunies sous le nom de *Palæonemertiens*.

La classe des Platodes, comprenant les *Turbellariés*, les *Trématodes* et les *Cestodes*, est très homogene. Ces formes doivent dériver des Annélides, et en particulier des Hirudinées. Des formes à segmentation nette quoiqu'imparfaite, comme *Gunda*, semblent indiquer que les Platodes dérivent d'animaux primitivement segmentés, et que la metamérisation a disparu chez eux par régression.

Deux classes :

PLATHELMINTHES.	Un anus et un appareil circulatoire ...			NÉMERTIENS.
	Pas d'anus (PLATODES).	Corps cilié. Libres ...		TURBELLARIÉS.
		Pas de revêtement ciliaire. Parasites.	Un tube digestif; corps non segmenté.......	TRÉMATODES
			Pas de tube digestif. Corps formé de plusieurs segments.. ..	CESTODES.

CLASSE I. — NÉMERTIENS.

Plathelminthes ciliés, pourvus d'un tube digestif complet, d'un anus et d'un appareil circulatoire.

Corps allongé, non annelé, cylindrique ou aplati, couvert d'un épiderme cilié. Au sommet de l'extrémité céphalique, un orifice, entouré d'un sphincter (*orifice proboscidien*), se continue par un court canal (*rhynchodœum*), avec un long boyau musculaire exsertile terminé en cul-de-sac et constituant une *trompe* caractéristique (fig. 622). Celle-ci est suspendue, à l'état de repos, dans une gaine musculaire dorsale (*gaine proboscidienne*) remplie de liquide. Cette gaine occupe toute la longueur du corps, au-dessous du tégument, et se termine en cul-de-sac, près de l'anus. Le fond de la trompe donne insertion a un cordon musculaire (*muscle rétracteur*) qui, suspendu librement a l'intérieur de la gaine, traverse sa paroi postérieure et va se perdre dans les fibres longitudinales des muscles dorsaux du tégument. Chez les Némertiens armés, la trompe renferme, dans sa région moyenne, un gros stylet central et plusieurs stylets latéraux (*R*). Ces organes, en forme de clous à tête, sont contenus dans des sacs spé-

(1) Νημερτής, nom d'une Néréide.

ciaux pleins de liquide et le stylet médian vient faire saillie par l'orifice proboscidien qu'il bouche complètement. La trompe a été considérée comme un organe de défense et d'attaque (1).

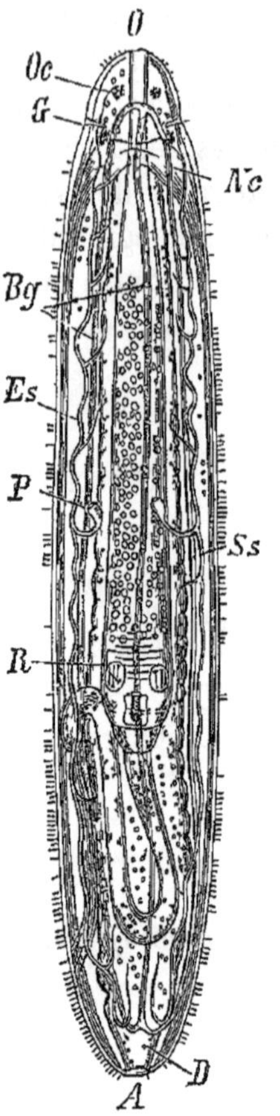

Fig. 622 — Anatomie d'une Némerte (*Tetrastemma obscurum*) Jeune individu — *O*, bouche, *D*, tube digestif, *A*, anus, *Bg*, vaisseaux sanguins, *R*, trompe avec le stylet, *Es*, troncs latéraux du système excréteur, *P*, ses orifices, *G*, organe latéral, *Nc*, centre nerveux, *Ss*. troncs nerveux latéraux, *Oc*, yeux.

Tube digestif généralement cilié, sans communication avec la trompe, bouche située au-dessous de l'orifice proboscidien (2); anus terminal. Appareil circulatoire composé ordinairement de trois troncs longitudinaux (*Bg*), l'un dorsal, les deux autres latéraux, s'anastomosant entre eux aux extrémités du corps. Sang incolore, se dirigeant vers la queue dans le vaisseau médian et vers la tête dans les deux vaisseaux latéraux. Pas d'organes spéciaux pour la respiration. Organes excréteurs constitués par un plus ou moins grand nombre de petits canalicules, s'ouvrant d'un côté au dehors (*P*) et de l'autre dans un canal longitudinal (*Es*), en rapport avec les troncs vasculaires latéraux.

Sexes séparés. Organes génitaux constitués par une série de petits sacs situés sur les côtés de l'intestin et s'ouvrant chacun par un orifice latéral. Pas de copulation. Développement avec (Anoplidés) ou sans (Enoplidés) forme larvaire. Larve ciliée typique, en forme de casque (*Pilidium*), se présentant quelquefois sous une forme plus simple (*larve de Desor*). Parenchyme rempli d'un liquide incolore tenant en suspension des éléments figurés.

Système nerveux composé de deux gros ganglions cérébroïdes unis par deux commissures, l'une dorsale, l'autre ventrale, formant une sorte de collier œsophagien, au milieu duquel passe la trompe mais non l'œsophage, qui est situé au-dessous. Quelques nerfs émergent de la partie antérieure des ganglions ; deux gros

(1) Au fond de la trompe, chez les Enoplides, débouche, près des stylets, une glande à venin, sur l'extrémité postérieure de laquelle se fixe le muscle rétracteur. Chez les Anoplides, l'épithélium de la trompe renferme un grand nombre de corpuscules en bâtonnets ou de capsules urticantes

(2) Exceptionnellement (*Amphiporus*, *Malacobdella*), l'orifice de la trompe s'ouvre dans l'œsophage, de sorte que la trompe fait saillie par la bouche

cordons longitudinaux (*Ss*), issus de la partie postérieure des ganglions, vont se terminer en pointe, au voisinage de l'anus. Des yeux (*Oc*) variables de nombre et de position, avec ou sans lentille cristalline, existent sur la face supérieure de la tête; enfin deux *sacs cephaliques* (*G*), en forme de poche ovoide, semblent correspondre à un épanouissement d'un nerf volumineux qui naît sur le côte du ganglion cérebroide.

Les Nemertiens sont, pour la plupart, marins et vivent sous les pierres ou dans la vase. Quelques uns sont terrestres, quelques autres sont parasites sur les Crabes ou les Lamellibranches.

ORDRE I. **Énoplidés** (ἐνοπλιος, arme). — *Némertiens a trompe armee de stylets. Bouche en avant des ganglions cerébroides Pas de métamorphoses.*

Nemertes (*Nemertes*). Corps tres long; trompe courte; yeux nombreux. Deux sous-genres : l'un (*Geonemertes*) terrestre, l'autre (*Pelagonemertes*) pelagique. — Tetrastemmes (*Tetrastemma*). Quatre yeux groupes en carre (fig 622). — Amphipores (*Amphiporus*). Corps relativement court; yeux groupés en plusieurs amas.

ORDRE II. **Anoplidés**. — *Némertiens à trompe inerme. Bouche en arriere des ganglions cérébroides. Des métamorphoses.*

1er **Sous-ordre** — **Schizonémertiens**. — *Tête ayant de chaque côté un profond sillon longitudinal, conduisant a un sac cephalique.*

Linées (*Lineus*).

2e **Sous-ordre**. — **Palæonémertiens**. *Pas de fentes céphaliques.*

Corps filiforme. — *Carinella*, tête distincte du corps.

3e **Sous-ordre**. — **Malacobdelliens**. *Pas de fentes cephaliques; une large ventouse à l'extrémité postérieure, ce qui les fait ressembler aux Hirudinéés.*

Malacobdelles (*Malacobdella*) parasites dans la cavité palléale des Myes

CLASSE II. — PLATODES.

Plathelminthes dépourvus d'anus et d'appareil circulatoire.

ORDRE I. **Turbellariés** (*turbellæ, agitation ciliaire*). — *Platodes à tégument cilié, dépourvus, en général, de ventouses et de crochets ; vie libre.*

Corps mou, ovale, foliacé, recouvert d'un revêtement ciliaire, dépourvu de ventouses ou de crochets de fixation, glissant à la surface de l'eau ou des corps immergés, d'un mouvement lent et continu, par l'action des cils vibratiles. Tégument renfermant souvent des corpuscules en baguettes, quelquefois des cellules lançant un fil qui se déroule (*nematocystes*),

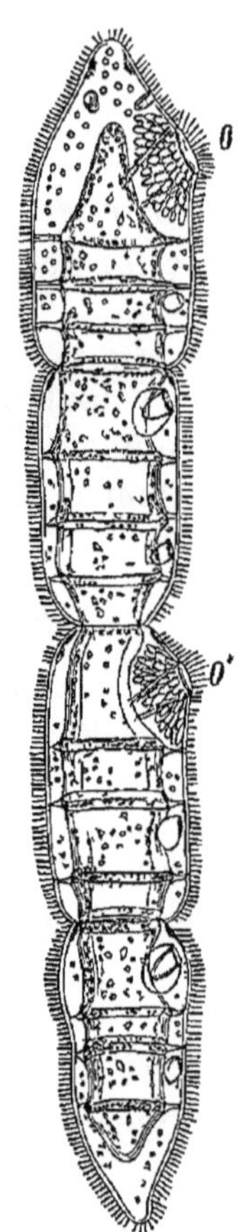

Fig. 623. — *Microstomum lineare*. — Chaîne d'individus produits par scissiparité, O, O, bouches.

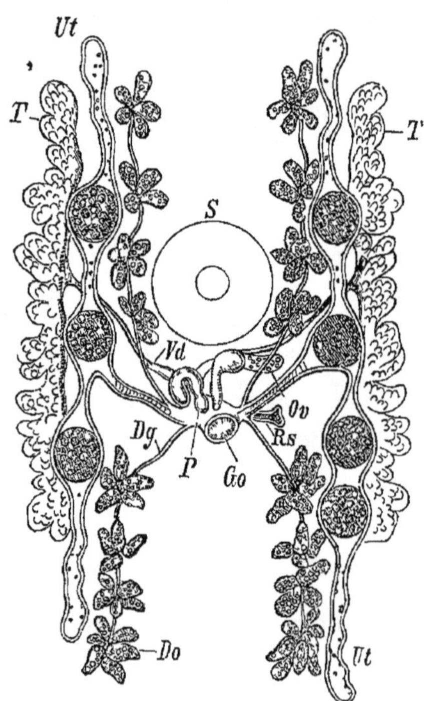

Fig. 624. — Appareil génital du *Mesostomum Ehrenbergii*. — *S*, pharynx, *Go*, orifice génital, *Ov*, ovaire, *Ut*, utérus renfermant des œufs d'hiver, *Do*, vitellogènes, *Dg*, vitelloducte, *T*, testicule, *Vd*, canal déférent, *P*, pénis, *Rs*, réceptacle séminal.

enfin divers pigments. Enveloppe musculo-cutanée en continuité avec le parenchyme.

Tube digestif souvent cilié. Bouche circulaire, entourée d'un sphincter (fig. 625, *O*) ; un pharynx d'origine ectodermique. Une cavité digestive tantôt droite (Rhabdoceles), tantôt ramifiée (Dendrocèles) (fig. 625), pouvant faire complètement défaut (Aceles).

Jamais d'anus. Pas d'appareils circulatoire ni respiratoire. Appareil excréteur quelquefois rudimentaire ou nul, généralement composé de nombreuses branches s'ouvrant dans deux troncs latéraux, qui débouchent au dehors par un ou plusieurs orifices, sur des points variables du corps.

Reproduction rarement asexuelle, par scissiparité (fig. 623). Sexes réunis, excepté chez les Microstomes. Orifice sexuel unique ou double. Organes mâles (fig. 624) : testicules (*T*) compacts ou diffus, symétriques : canaux déférents (*Vd*) ; vésicule séminale ; pénis (*P*). Organes femelles : ovaire (*germigène*) impair (*Ov*), compact ou diffus ; oviducte simple ou double, accompagné d'un réceptacle séminal ; souvent deux glandes albuminipares (*vitellogènes*) (*Do*) ; une glande simple (*glande coquillière*) sécrétant une substance destinée à former une coque à l'œuf ; enfin un double utérus (*Ut*) en forme de boyau allongé, servant à recevoir les œufs après la fécondation. Ceux-ci s'échappent lors de l'éclosion, par rupture des téguments. Pendant l'été, la glande coquillière et le pénis étant peu développés, il y a autofécondation et les ovules (*œufs d'été*) sont à coque molle. A l'automne, les ovules (*œufs d'hiver*) sont fécondés par accouplement réciproque et ont une coque résistante sécrétée par la glande coquillière. Développement sans métamorphoses, excepté chez quelques Dendrocèles marins où l'on observe une larve munie d'appendices digités.

Système nerveux formé par la coalescence de deux gros ganglions cérébroïdes d'où part une paire de cordons latéraux présentant souvent des renflements ganglionnaires et des anastomoses transversales. Yeux assez répandus, constitués par des taches pigmentaires, avec ou sans cristallin. Rarement un otocyste (Acèles). Quelquefois des fossettes ciliées, sur les parties latérales de l'extrémité antérieure.

Les Turbellariés habitent l'eau douce ou l'eau de mer ; quelques-uns seulement sont terrestres.

1er **Sous-ordre. — Dendrocèles** (δένδρον, arbre ; κοῖλον, cavité). — *Turbellariés à cavité digestive ramifiée.*

Corps large et aplati. Bord antérieur présentant des appendices tentaculiformes ; bords latéraux souvent plissés.

I. *DIGONOPORES* (δίς, deux ; γονή, génération ; πόρος, pore). *Deux orifices sexuels distincts et placés l'un en avant de l'autre* (fig. 625, *MGo*, *WGo*).

Pas de vitellogènes. Appareil excréteur rudimentaire ou nul. Intestin très ramifié (Polyclades). Presque tous marins, présentant ordinairement une phase larvaire.

Styloques (*Stylochus*). Deux tentacules. — Leptoplanes (*Leptoplana*). Pas de tentacules. — Céphaloleptes (*Cephalolepta*). Une ventouse céphalique. — *Thysanozoon*. Corps garni de nombreuses papilles dorsales.

II. *MONOGONOPORES*. — *Un seul orifice sexuel extérieur commun*

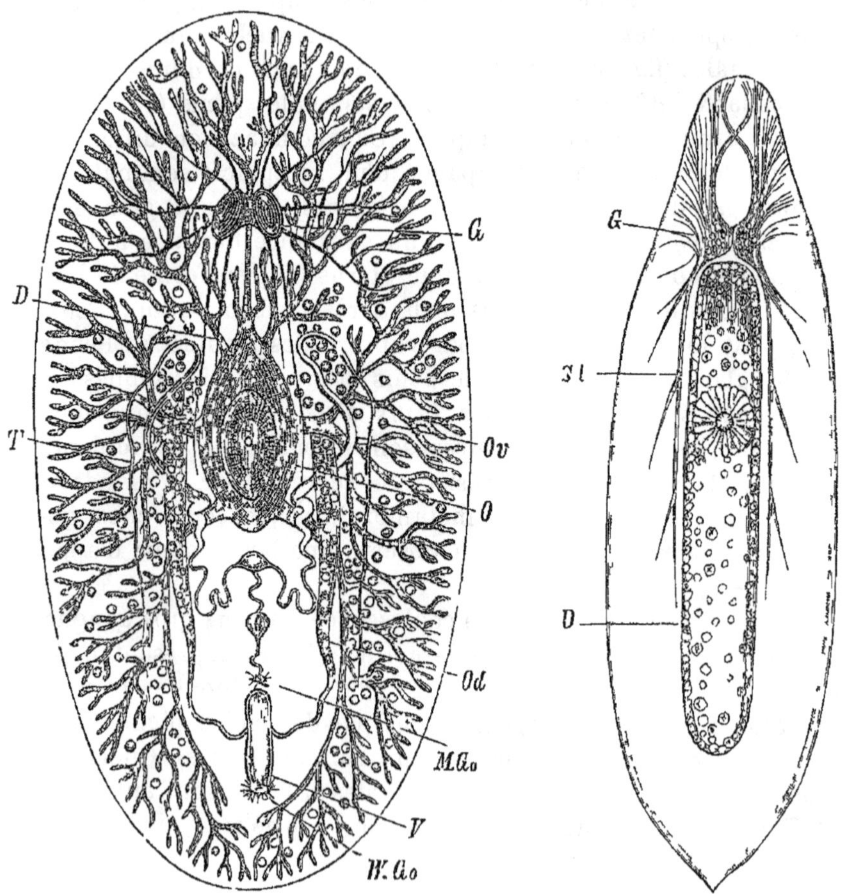

Fig. 625. — Anatomie d'un Turbellarié dendrocèle (*Leptoplana pallida*). — *G*, ganglion cérébroïde, avec les nerfs qui en partent ; *O*, bouche ; *D*, ramifications intestinales ; *Ov*, œufs ; *Od* oviducte ; *V*, vagin ; *Wgo*, orifice genital femelle ; *MGo*, orifice génital mâle ; *T*, canal déférent.

Fig. 626. — Appareil digestif et système nerveux du *Mesostomum Ehrenbergii*. — *G*, les deux ganglions cérébroïdes avec deux taches oculaires ; *St*, les troncs nerveux latéraux ; *D*, tube digestif avec la bouche et le pharynx.

Deux vitellogènes. Appareil excréteur bien constitué. Intestin peu ramifié, offrant généralement trois paires de branches principales (Triclades). Terrestres ou d'eau douce, rarement marins, sans métamorphoses. — Planaires (*Planaria*). Deux yeux ; eau douce. — *Geoplana*. Terrestres. — *Gunda*. Formes marines.

2e **Sous-ordre. — Rhabdocèles** (ῥάϐδος, bâton; κοῖλον, cavité). — *Turbellaries à cavité digestive droite* (fig. 626).

Corps peu aplati. Généralement hermaphrodites. Deux vitellogenes. Un appareil excréteur. Développement direct : infusoriformes pendant le jeune âge. Presque tous d'eau douce.

I. *RHABDOCELES.* — *Deux testicules compacts. Intestin simple. Cavité générale spacieuse.*

Microstomes (*Microstomum*). Sexes séparés (fig. 623). — Prostomes (*Prostomum*). Bouche ventrale ; a l'extrémité antérieure, une cavite renfermant une trompe exsertile. — Macrostomes (*Macrostomum*). Bouche près de l'extrémité antérieure. — Mésostomes (*Mesostomum*). Bouche au milieu du corps (fig. 626). — Dérostomes (*Derostomum*). Pharynx en forme de tonneau. — *Vortex*. Corps cylindrique. — Opisthomes (*Opisthomum*). Bouche près de l'extrémité posterieure.

II *ALLOIOCELES* (ἀλλοῖος, different). — *Testicules nombreux, disseminés. Intestin lobe. Cavite generale entièrement comblee par du parenchyme.*

Plagiostomum. — *Monotis.*

III. *ACELES* (ἀ priv., κοῖλον, cavite). — *Turbellaries sans tube digestif distinct; pas de systeme nerveux, ni d'appareil excreteur. Un orifice mâle et un orifice femelle distincts.*

Bouche ventrale, suivie d'un œsophage conduisant dans le parenchyme. Celui-ci remplit la fonction digestive. Pas d'appareil excreteur. Orifices sexuels separés. Testicules dispersés. Deux ovaires. Pas de vitellogènes distincts. Pas d'yeux. Un otocyste.

Convoluta. — *Proporus.*

ORDRE II. **Trématodes** (τρηματώδης, troué). — *Platodes sans cils vibratiles, a tube digestif bifurqué, sans anus, munis d'une ou de plusieurs ventouses et souvent aussi de crochets. Parasites.*

Verts plats, courts (ne dépassant pas quelques centimetres), depourvus d'anneaux, endoparasites ou ectoparasites sur d'autres animaux, auxquels ils se fixent par leurs ventouses (fig. 627). Bouche (*O*) antérieure, généralement située au fond d'une petite ventouse (*ventouse orale*) ; pharynx ovoide ; œsophage court, terminé par deux branches intestinales (*D*) simples ou ramifiées, contractiles et finissant en cul-de-sac. Pas d'organes de circulation ni de respiration. Appareil excreteur debouchant dans un tronc médian dorsal qui présente quelquefois une vésicule contractile, avant d'aboutir à un *pore excréteur* presque terminal. — Sexes réunis, excepté chez *Bilharzia.* Organes mâles : deux testicules en grappe (*T*) dont les canaux déférents se rendent dans une vésicule séminale terminée elle-même par un canal éjaculateur. Celui-ci est entouré d'une glande (*prostate*) et débouche dans un cloaque commun avec l'appareil femelle. Organes femelles : un ovaire impair (*Dr*) et deux vitellogènes (*Do*) dont les vitelloductes se réunissent à l'oviducte (*Ov*), pour constituer un utérus ou vagin, qui reçoit en outre la sécrétion d'une glande coquillière, avant

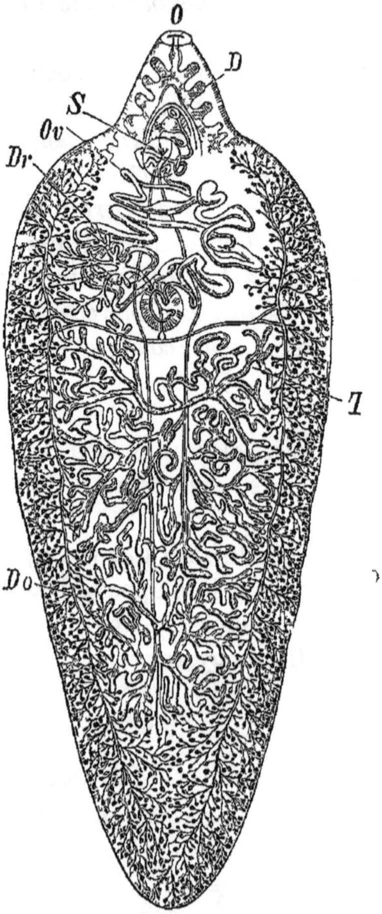

Fig. 627. — *Distomum hepaticum*. — *O*, bouche, *D*, branches du tube digestif, *S*, ventouse abdominale, *T*, testicule, *Do*, vitellogenes, *Ov*, oviducte, *Dr*, ovaire.

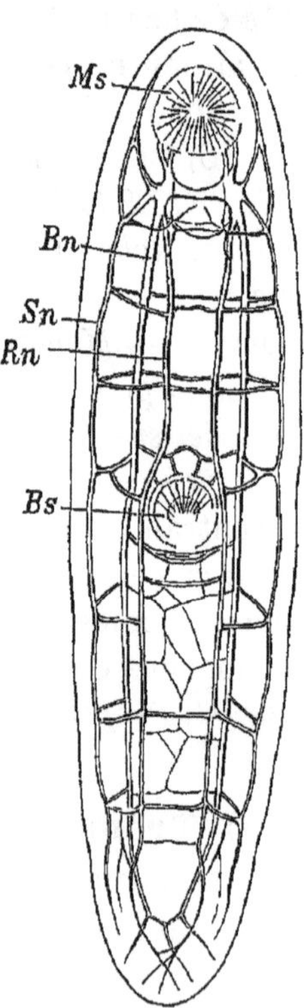

Fig. 628. — Système nerveux du *Distomum isostomum*. — *Ms*, ventouse buccale, *Bs*, ventouse abdominale, *Sn*, nerf latéral, *Rn*, nerf dorsal, *Bn*, nerf ventral.

de déboucher dans le cloaque sexuel. Un canal particulier (*canal de Laurer*), s'ouvrant d'une part dans l'oviducte et d'autre part sur la ligne médiane dorsale, fait communiquer l'appareil femelle avec le dehors. Orifice génital simple ou double, situé sur la face ventrale, près de l'extrémité antérieure. La plupart ovipares ; quelques-uns seulement vivipares. On admet l'une autofécondation externe, les spermatozoïdes éjaculés dans le cloaque sexuel pénetrant dans l'uterus où ils s'accumulent comme dans un réceptacle séminal. Développement direct (la plupart des Polystomiens) ou accompagné de metamorphoses (Distomiens). — Systeme nerveux composé de deux ganglions cerebroïdes unis par une commissure dorsale. De ces ganglions partent des nerfs antérieurs, pour la ventouse orale, et, en arriere, de chaque côté, un nerf dorsal, un nerf ventral et un nerf latéral (fig. 628). Ceux-ci portent ou non des renflements ganglionnaires et des commissures transversales. Organes des sens réduits à des taches oculaires, qu'on observe surtout dans la phase embryonnaire.

1er **Sous-ordre. — Distomiens** (δὶς, deux; στόμα, ouverture). — *Trématodes à deux ventouses au plus, sans crochets. Vers endoparasites a developpement compliqué.*

Vivant surtout dans le tube digestif des Vertébrés. Métamorphoses complexes (fig. 629). Œufs toujours petits, nombreux, à coque mince, donnant naissance, dans un milieu aquatique, a des embryons en forme de massue (A) munis d'un ganglion et d'une tache oculaire. Ces embryons sont genéralement ciliés et pourvus de piquants a la partie antérieure; ils présentent, dans la plus grande partie de leur corps, des cellules qui sont des œufs parthénogénétiques pouvant se développer sans fecondation. L'embryon pénetre habituellement dans la cavité respiratoire d'un Mollusque aquatique (Limnée, Paludine, etc.), où il perd son revêtement ciliaire en même temps que ses yeux et son ganglion. Il devient alors une sorte de boyau (*sporocyste*) (B) renfermant dans sa cavité des êtres (*rédies*) (*R*), qui proviennent des œufs parthénogenétiques. Les rédies (C) offrent a l'extrémité anterieure une sorte de ventouse au dessous de laquelle se trouve un orifice special (*orifice de ponte*); elles présentent un cul-de-sac digestif (*D*), entouré d'autres rédies (*rédies filles*), nées par bourgeonnement (*R*) Les rédies mères quittent de bonne heure le sporocyste, qu'elles détruisent en traversant ses parois, et pénètrent dans la glande digestive de l'hôte. Alors les filles sortent du corps de la mere par l'orifice de ponte, pour vivre en parasites auprès de celle-ci, qui ne tarde pas à disparaître Les redies filles s'accroissent rapidement et donnent intérieurement naissance à des larves plates (*cercaires*) (fig. 629 C, *C*) munies d'un appendice caudal, de deux ventouses et d'un tube digestif bifurqué. Après être sorties par l'orifice de ponte, les cercaires (*D*) quittent l'hôte et nagent assez longtemps, au moyen de leur appendice caudal. Elles se fixent ensuite sur des plantes aquatiques ou sur l'herbe des prairies, perdent leur queue et s'enkystent au moyen d'une sécrétion produite par deux glandes spéciales. Les cercaires enkystées peuvent résister longtemps a la sécheresse. Lorsqu'elles parviennent ensuite dans l'intestin d'un Vertebré, le kyste se rompt; le jeune Distomien gagne alors une cavite determinée (foie, vessie urinaire, etc.), où il acquiert ses organes genitaux et devient adulte. Le cycle évolutif est quelquefois

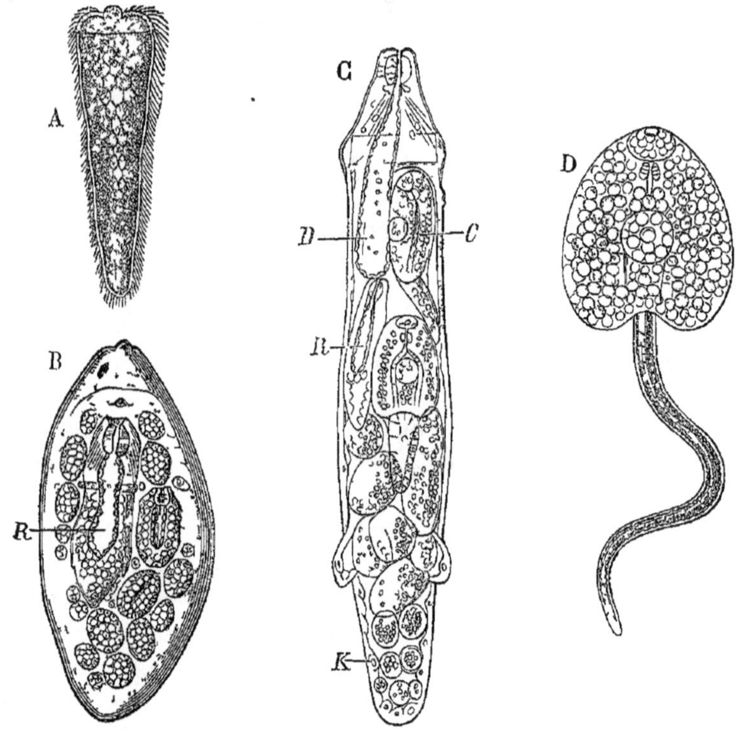

Fig 626 — Phases du developpement du *Distomum hepaticum* — A, embryon cilié libre, B, sporocyste avec des rédies, *R*, — C, rédie *D*, tube digestif, *C*, cercaires, *R*, rédies filles, *K*, corps germinaux. — D, cercaire

plus simple ou au contraire plus compliqué, suivant les cas. Ainsi, la cercaire libre peut se rendre dans un deuxième hôte intermédiaire, le plus souvent un Invertébre, où elle s'enkyste, et n'arriver dans le corps de son hôte definitif, généralement un Vertébré, que lorsque son hôte intermédiaire est dévoré par celui-ci.

Monostomes (*Monostomum*). Une ventouse orale; pas de ventouse ventrale *M. lentis* a éte trouvé une seule fois dans la capsule du cristallin. — Distomes ou Douves (*Distomum*). Une ventouse anterieure ou orale; une ventouse ventrale, imperforée, dans le tiers antérieur du corps. D. du foie ou grande Douve (*D. hepaticum*). Corps rétréci antérieurement en une sorte de cou (fig. 627); terminé en pointe mousse à la partie postérieure; couvert de petites écailles chitineuses; 3 centimètres de long sur 1 centimètre de large; intestin ramifié; ventouse ventrale triangulaire; orifice génital entre les deux ventouses. Rare chez l'homme et quelques autres Mammifères; commun dans les canaux et la vésicule biliaire du Mouton, du Bœuf, du Cheval, etc., où il se nourrit de bile; à peu près cosmopolite. Les lésions que la grande Douve détermine dans le foie sont en rapport avec le nombre des parasites et peuvent passer inaperçues, si ces derniers sont en petit nombre. Quand ils sont nombreux, les parasites produisent une affection hydrémique spéciale (*cachexie aqueuse*), par suite de l'obstruction d'un certain nombre de voies biliaires et de l'atrophie des territoires correspondants du foie. L'animal infesté succombe souvent à la suite des troubles de nutrition que déterminent ces lésions hépatiques. Embryon infusoriforme, pénétrant dans *Limnœa truncatula*. Les cercaires s'enkystent sur l'herbe des prairies et les animaux s'infestent en consommant cette herbe. L'Homme contracte la Douve en mangeant des salades qui portent des Limnées. — D. lancéolé (*D. lanceolatum*). « Petite Douve du foie »; corps lancéolé dépourvu de piquants sur le tégument; plus petite (9 millim. de long sur 3 millim. de large) et moins dangereuse que la précédente; se rencontre avec celle-ci chez les mêmes Animaux. L'hôte intermédiaire est *Planorbis marginata*. Quelques autres Distomes ont été observés sur l'Homme, mais très rarement: *D. crassum* (le plus grand Distome qui vive chez l'Homme), *D. conjunctum*, *D. sinense*, *D. heterophyes*, *D. pulmonale*. Ce dernier a le corps cylindrique et habite le poumon de l'Homme, au Japon; il détermine une sorte d'hémoptysie (*hemoptysie parasitaire*) dans les crachats de laquelle on trouve les œufs du parasite. — Bilharzies (*Bilharzia*). Deux ventouses, comme chez les Distomes, mais sexes séparés. Mâle plus gros que la femelle, portant celle-ci, plus longue et plus étroite que lui, dans une dépression de la face ventrale qui devient un canal (*gynecophore*) par le rapprochement de ses deux bords. Orifices génitaux situés en arrière de la ventouse ventrale (fig. 630). *B. hæmatobia* se nourrit de sang et peut devenir une cause d'oblitération des veines, soit par lui-même, soit par ses œufs. Ces derniers sont ellipsoïdes et portent une épine à l'un de leurs pôles. La Bilharzie détermine souvent des hématuries (*hematurie d'Egypte*) ou de graves affections dysentéroïdes. L'infestation se fait par les eaux de boisson. Egypte; côte orientale de l'Afrique. — Amphistomes (*Amphistomum*). Une ventouse orale; une ventouse ventrale très grande et tout à fait postérieure. *A. Hominis* n'a été rencontré que dans le cæcum et le côlon de quelques Indiens

2e **Sous-ordre. — Polystomiens** (πολύς, nombreux; στόμα, bouche). — *Trématodes munis de plus de deux ventouses, le plus souvent accompagnees de crochets. Ectoparasites. Développement presque toujours direct.*

Développement de l'appareil de fixation plus grand que chez les précédents et en rapport avec la vie extérieure. Généralement, deux ventouses antéro-latérales entre lesquelles s'ouvre la bouche, et une ou plusieurs ventouses postérieures. Œufs très développés, contenant un embryon qui présente d'ordinaire la forme et l'organisation des parents.

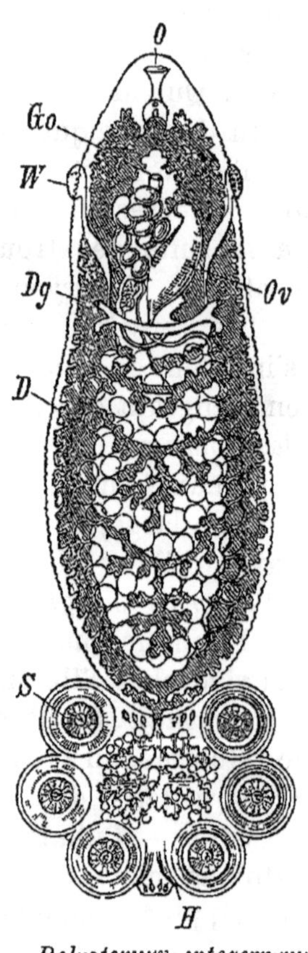

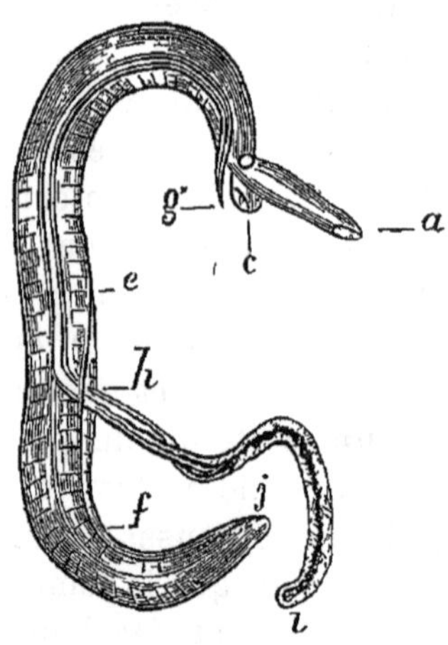

Fig 630 — Bilharzie (le male et la femelle) — *a*, ventouse orale et *c*, ventouse ventrale du mâle, *e*, *f*, canal gynécophore, *g*, *h*, *i*, corps de la femelle, *j*, extrémité du corps du mâle

Fig 631 — *Polystomum integerrimum* — *O*, bouche, *Go*, orifice génital, *D*, canal digestif, *W*, orifices d accouplement (bourrelets latéraux), *Dg*, vitelloductes, *Ov*, ovaire, *S*, ventouses, *H*, crochets.

Polystomes (*Polystomum*). Plusieurs petites ventouses postérieures avec crochets. *P. integerrimum* habite la vessie de la Grenouille (fig. 631). — *Diplozoon*. Constitués par deux individus hermaphrodites soudés en X au moyen d'une papille et d'une ventouse médianes, chacun des deux individus ayant ses organes indépendants (fig. 632). Parasites sur les branchies des Poissons d'eau douce; assez communs sur celles du Goujon. — Gyrodactyles (*Gyrodactylus*).

Tres petits Vers munis d'un gros disque caudal armé de forts crochets. *G. elegans* vit sur les branchies des Carpes. — Tristome (*Tristomum*). Deux ventouses orales et une seule terminale, très grande ; pas de crochets. Sur la peau de l'Espadon, les branchies de l'Esturgeon, etc.

ORDRE III. **Cestodes** ou **Cestoïdes** (κεστός, ruban ; εἶδος,

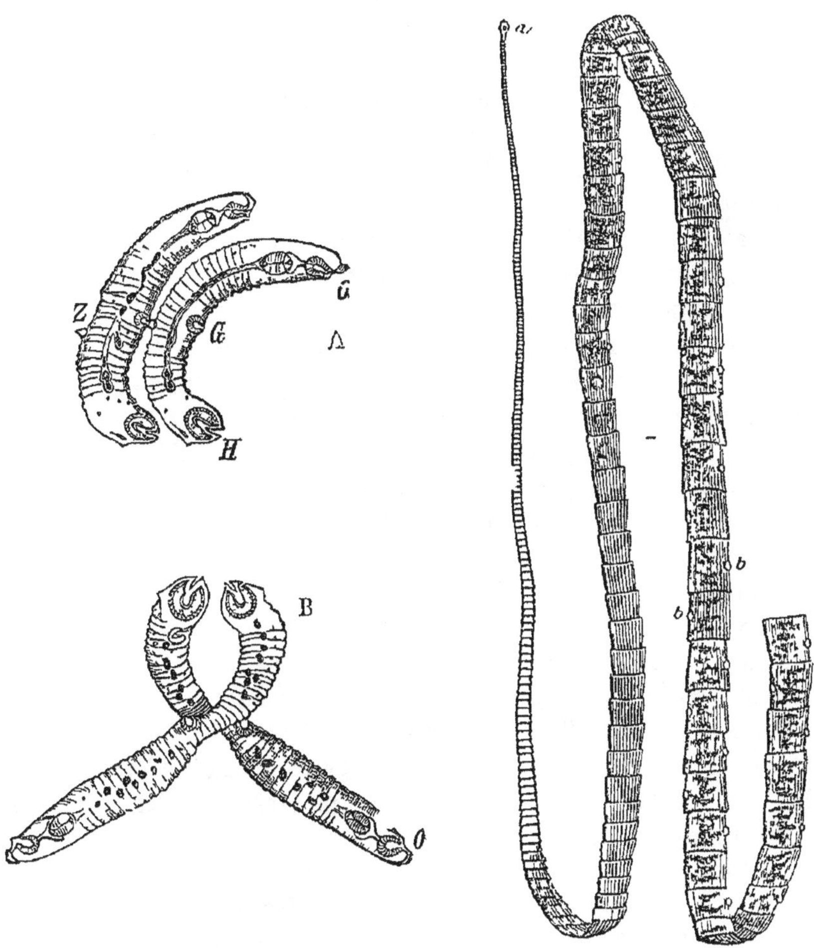

Fig 632 — *Diplozoon paradoxum* — A, deux individus en train de se souder l'un à l'autre — B, les mêmes, après que la soudure est complète *O*, bouche, *H*, appareil adhésif, *Z*, saillie dorsale, *G*, fossette ventrale.

Fig 633 — *Tænia solium* — *a*, tête, *b*, *b*, pores sexuels

forme). — *Platodes parasites, sans cils vibratiles ni tube digestif. Corps généralement formé d'une série d'anneaux.*

Vers endoparasites, composés, le plus souvent, d'une partie piriforme (*scolex*) et d'une série linéaire (*strobile*) de segments successifs (*proglottis*), dont les dimensions vont en croissant d'avant en arrière. Le scolex se divise en *tête* et *cou*. La tête porte un ganglion nerveux et des organes de fixation (*ventouses, crochets*). Le cou forme sans cesse, par bourgeonnement, de nouveaux proglottis qui repoussent en arrière ceux déja formés. Les proglottis renferment les organes génitaux dont la structure rappelle, dans chaque anneau, l'appareil sexuel d'un Trématode. Aussi peut on comparer les Cestodes à des colonies de Trématodes dépourvus de cavité digestive.

Pas de tube digestif ni d'organes pour la circulation et la respiration. Un appareil excréteur bien développé, constitué par des canaux latéraux dans lesquels débouchent, le plus souvent, des systèmes de canalicules. Ces collecteurs s'ouvrent a la partie postérieure du corps par un orifice (*foramen caudale*), qui se reforme chaque fois qu'un anneau se détache. Système nerveux plus ou moins compliqué. Pas d'organes des sens.

Le développement a lieu par métamorphoses et s'accompagne de migrations. L'œuf fécondé renferme un embryon globuleux (*hexacanthe*) muni de six crochets, deux antérieurs et quatre latéraux. Le sort de l'hexacanthe varie beaucoup avec les différents Cestodes ; tantôt il est aquatique et libre pendant un certains temps (Bothriocéphalidés), tantôt il est parasite des le début (Téniadés). Parasites dans le tube digestif des Vertebrés.

A. *POLYMERIENS* (πολύς, nombreux; μερος, partie). — *Cestodes formes d'une chaîne* (strobile) *d'anneaux. Vers rubanes.*

A. **Téniadés** (ταινία, ruban). — *Tête munie de quatre ventouses disposées en croix. Anneaux a pores sexuels marginaux.*

Ténias (*Tænia*). L'hexacanthe se transforme, dans les tissus de son hôte en une vésicule (*cystique*), souvent entourée d'un kyste provenant des tissus de l'hôte. En même temps, ses crochets disparaissent et, au point opposé a celui où ils se trouvaient, se forme la tête du futur Ténia avec ses ventouses et ses crochets, s'il y en a. Quand le cystique est introduit dans le tube digestif d'un hôte convenable, il perd sa vésicule et produit par bourgeonnement un *strobile*, dont les anneaux sont d'autant plus âgés qu'ils sont plus loin du scolex. Les derniers anneaux sont seuls arrivés a maturité ; ils finissent par se détacher de la chaîne (*cucurbitains*). Apres qu'ils se sont détachés, les anneaux se contractent et se vident, dans l'intestin, d'une partie de leurs œufs, par la solution de continuité qui s'est produite en avant et en arrière de chaque segment en raison même de leur séparation. Après leur expulsion de l'intestin, les cucurbitains rampent encore, pendant un certain temps, à la surface du sol. Les cystiques peuvent se développer chez les Vertébrés ou les Invertébrés, mais les strobiles se rencontrent seulement chez les Vertébrés, presque exclusivement dans le canal intestinal.

Les Ténadés se divisent en deux groupes : les *Cystidiens* ou *Echinoténias* et les *Cystoïdiens* ou *Gymnotenias*.

1° Les *Cystidiens* sont des Ténias à tête généralement armée d'une double couronne de crochets, à pores génitaux régulièrement ou irrégulièrement alternes. Leurs cystiques ont une vésicule caudale très développée (*Ténias vésiculaires*) et se présentent sous trois formes : les *Cysticerques*, les *Cénures*, les *Echinocoques*. Les Cysticerques (*Cysticercus*) sont des cystiques à un seul scolex. Les Cénures (*Cœnurus*) sont des cystiques renfermant plusieurs scolex. Les Echinocoques (*Echinococcus*) sont des cystiques renfermant plusieurs corps vésiculeux qui produisent, à leur tour, des scolex multiples.

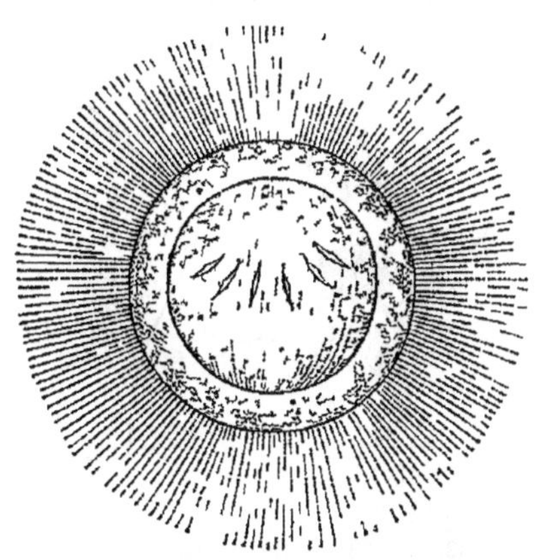

Fig 634. — Embryon de *Bothriocephalus latus*, à l'intérieur de son enveloppe ciliée.

Les Ténias du groupe des Cystidiens, qui vivent chez les Mammifères, se trouvent à l'état strobilaire dans le tube digestif des carnassiers et à l'état cystique dans les tissus ou cavités closes du corps des herbivores; les omnivores seuls peuvent être porteurs, à la fois, de cystiques et de strobiles (Van Beneden).

Le « Ver solitaire » (*Tænia solium*) habite, à l'état rubané, l'intestin grêle de l'Homme (1). Il présente, à l'œil nu, un scolex arrondi (cuboïde au microscope), plus petit qu'une tête d'épingle (1 millimètre de diamètre), porté sur une sorte de cou très mince et suivi d'une longue chaîne (de 2 à 10 mètres) d'anneaux, d'abord plus larges que longs, puis aussi larges que longs (vers le milieu), enfin plus longs que larges (vers l'extrémité, où ils atteignent 1 centimètre de longueur sur 6 millimètres de largeur). Le scolex (fig. 635) porte quatre ventouses circulaires ; il se termine par un mamelon protractile (*rostellum*), autour duquel s'insèrent une trentaine de crochets chitineux à pointe libre, les uns grands, les autres petits, disposés sur deux ran-

(1) Le nom de « Ver solitaire » est impropre, car ce Ver est loin de vivre toujours isolé.

gées concentriques (1). Ces ventouses et ces crochets servent d'organes de fixation contre les parois de l'intestin. Le cou est filiforme; il produit les proglottis, qui sont d'autant plus âgés qu'ils sont plus éloignés. Le corps est enveloppé d'une cuticule assez épaisse, mais celle-ci offre des points amincis qui permettent l'osmose des liquides nutritifs. Un proglottis (fig. 637) présente deux faces : l'une (*ventrale* ou *femelle*) pres de laquelle se trouvent les organes femelles, l'autre (*dorsale* ou *mâle*) contre laquelle sont appliqués les

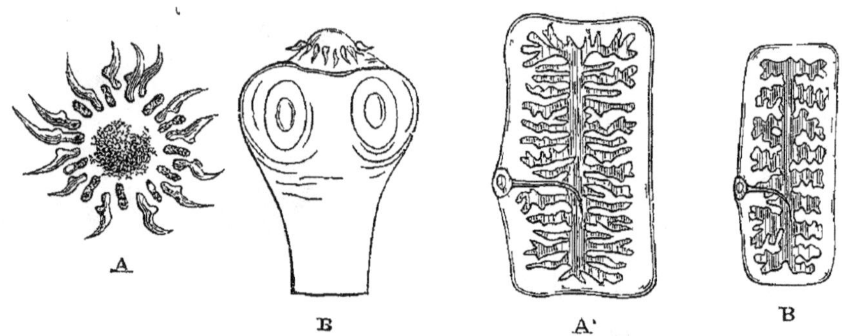

Fig 635. — Tête de *Tænia solium*, vue de profil (B), et couronne de crochets, vue d en haut (A)

Fig 636. — Cucurbitains de Ténias montrant l utérus A. *Tænia saginata*, B, *Tænia solium*.

organes mâles. Il offre quatre bords : un antérieur, un postérieur et deux latéraux sur l'un desquels se trouve un petit bouton (*papille génitale*). Les proglottis du commencement de la chaîne ne montrent guere que les éléments du parenchyme ; ceux de l'extrémité, ou *cucurbitains*, sont bourrés d'œufs enfermés dans l'uterus, qui remplit presque tout l'intérieur et dont le développement entraîne la régression de la plupart des organes (fig. 636). Appareil excreteur debutant, dans le scolex, par un anneau, d'où partent quatre vaisseaux, qui passent chacun derrière une ventouse. Ils vont former de chaque côté, dans la série des anneaux, deux vaisseaux distincts : l'un externe et ventral (fig. 637, *Wc*), dépourvu de paroi (*lacune longitudinale*) ; l'autre interne et dorsal, muni d'une paroi propre (*vaisseau longitudinal*). Les vaisseaux longitudinaux ne communiquent pas entre eux dans les anneaux; mais les lacunes longitudi-

(1) Chaque crochet a la forme d'une serpe et presente trois parties : un *manche*, une *garde* et une *lame*. Les grands crochets sont aux petits comme 3 : 2. Les uns et les autres sont implantes par le manche dans de petites poches du tegument. Ils ont leur lame tournée vers la peripherie et toutes les pointes situées sur une même circonférence.

nales sont réunies par une anastomose transversale (*lacune transversale*), longeant le bord posterieur de chaque proglottis (SOMMER; MONIEZ). En dehors des vaisseaux excreteurs, deux cordons nerveux (*N*) suivent les côtés du corps jusqu'à la tête, où ils se terminent chacun par un ganglion (*ganglion lateral*); ce dernier s'unit a un système très complexe de ganglions (parmi lesquels un gros *ganglion central*), et ces centres nerveux fournissent, en outre de nombreuses branches nerveuses, des nerfs aux ventouses et au rostellum. Organes génitaux hermaphrodites dans chaque anneau, faisant leur apparition vers l'anneau 250, les organes mâles se développant avant les organes femelles

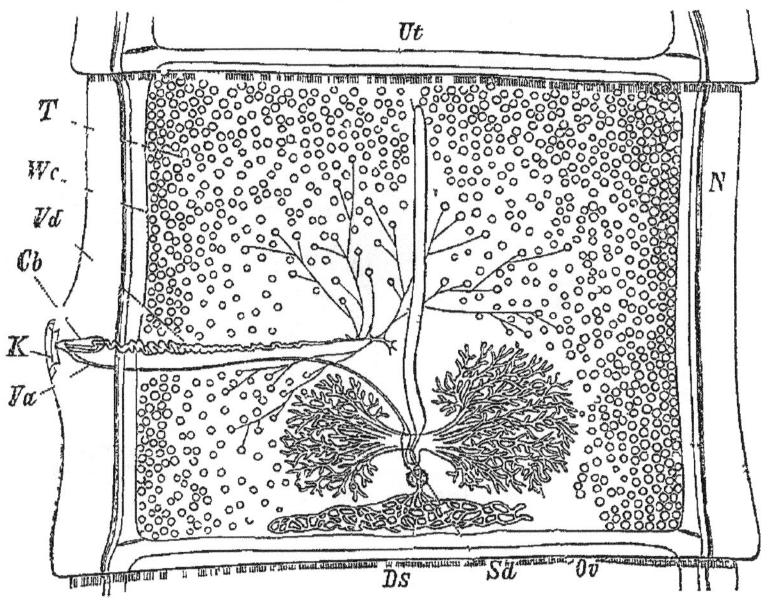

Fig 637 — Proglottis de *Tænia saginata*, complètement développé — *Ov*, ovaires latéraux, *Ds*, ovaire impair, *Sd*, glande coquillière, *Ut*, utérus, *Va*, vagin, *T*, testicules, *Vd*, canal déférent, *Cb*, poche du cirre, *K*, sinus genital, *N*, cordon nerveux, *Wc*, canal excréteur

qui persistent seuls dans les derniers anneaux. Organes mâles représentés par un grand nombre de *testicules* (*T*) ou amas de spermatoblastes, ne paraissant reliés au canal déférent que par les mailles du parenchyme. Le canal déférent ou spermiducte (*Vd*) a des parois véritables; il vient deboucher dans une petite cavité (*poche du cirre*) (*Cb*), s'ouvrant elle-même au sommet de la papille génitale; son extrémité peut se renverser et faire saillie à l'extérieur (*cirre* ou *penis*). Organes femelles formés de trois *ovaires*, dont deux latéraux (*Ov*) réunis par un tube intermédiaire et un inférieur (*Ds*), beaucoup plus petit. Les œufs sont recueillis par un pavillon suivi d'un oviducte qui se bifurque aussitôt. L'une des branches de bifurcation se renfle en un *reservoir séminal* et se continue avec un long tube (*vagin*) (*Va*), qui va s'ouvrir sur la papille génitale, en arrière du canal déférent ; l'autre branche de bifurcation présente aussi un renflement (*bulbe*) et se continue avec l'utérus (*Ut*). Celui-ci a la forme d'un cylindre présentant des branches latérales plus ou moins ramifiées. On ignore encore si la fécondation se fait, dans chaque anneau, par la pénétration du pénis à l'intérieur du vagin, ou si les spermatozoides passent directement dans cet organe, après avoir été

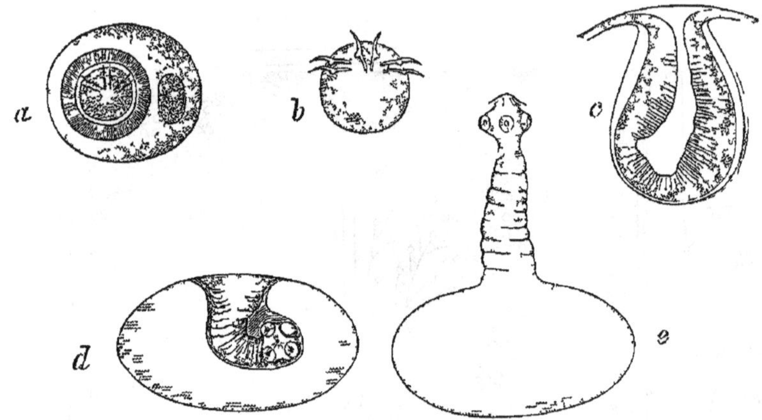

Fig 638 — Developpement du *Tænia solium* — *a*, œuf contenant un embryon, — *b*, embryon libre, — *c*, bourgeon creux sur la paroi du ver cystique, dans lequel se développe la tête, — *d*, cysticerque avec la tete invaginée, — *e*, le meme avec la tete dévaginée; grossi environ quatre fois

déversés dans la poche du cirre. Quoi qu'il en soit, les spermatozoides, accumulés dans le réservoir séminal, impregnent les œufs lors de leur passage dans l'oviducte, avant leur pénétration dans l'utérus. Les proglottis ont des pores sexuels marginaux, alternant regulierement d'un anneau a l'autre. Les cucurbitains présentent un uterus ayant, de chaque côté, une dizaine de branches ; ils se détachent isolément et sortent pendant la défécation. Les œufs sont spheriques et ont 33 μ de diametre. Quand un cucurbitain ou simplement un œuf a été avalé par un Porc, l'hexacanthe (fig. 638, *b*), devenu libre, traverse la paroi de l'intestin, en se servant de ses crochets Quand il a trouvé son lieu d'élection (tissu conjonctif intermusculaire, graisse, etc.), il s'enkyste, perd ses crochets et prend la forme d'un Cysticerque. Le Porc est dit alors *ladre* ou atteint de *ladrerie* (1). Le

(1) Les cysticerques sont surtout repandus dans les muscles de la langue,

Cysticerque du Ver solitaire (*Cysticercus cellulosæ*) ou « Cysticerque du tissu conjonctif » a le volume d'un pois (fig. 638, *d*) ; il présente une dépression ou invagination (*c*), au fond de laquelle se trouve une tête de Ténia montrant la double couronne de crochets et, un peu plus haut, les quatre ventouses en croix. Cette tête est exsertile et sort de sa gaine (*e*), comme une tête de Tortue sortirait de sa carapace (MONIEZ). L'expérimentation a démontré que si les cysticerques du Porc sont introduits dans l'intestin de l'Homme, leur vésicule caudale est digérée et se rompt a la base du cou. Le jeune Ver, alors long de 1 à 2 millimetres, se met aussitôt à former de nouveaux anneaux et devient le *Tænia solium* que nous avons décrit plus haut (1).

Le Cysticerque du tissu conjonctif se trouve habituellement chez le Porc; mais on l'a rencontre aussi chez le Sanglier, le Chien, le Chat, le Rat, le Chevreuil, l'Ours, divers Singes et même chez l'Homme. Des expériences sur le Porc sain ont démontré que cet animal devient ladre, après l'ingestion d'œufs du Ver solitaire de l'Homme. Enfin on a expérimenté, sur l'Homme, que les cysticerques humains se transforment en *Tænia solium*, aussi bien que les Cysticerques du Porc. La ladrerie de l'Homme peut se produire, soit par ingestion directe des œufs (avec les salades et autres legumes arrosés d'engrais humain), soit par le fait d'un cucurbitain remonté de l'intestin dans l'estomac et digéré dans ce dernier organe. Les cysticerques humains se logent, de préférence, dans le tissu conjonctif sous-cutané ou intermusculaire (ils sont très rares sous la langue) ; mais ils ont eté observés aussi dans l'œil (surtout dans le corps vitré), dans les méninges, enfin dans le cerveau où ils déterminent des accidents épileptiformes plus ou moins graves. La coexistence du Ténia et des cysticerques a été observée quelquefois. La présence des Vers rubanés dans l'intestin détermine souvent des douleurs abdominales, des borborygmes, des frissons, de l'anxiété, une faim exagérée ou au contraire une inappétence presque

du cou et des epaules, exceptionnellement dans le pannicule adipeux. On peut les apercevoir de chaque côte du frein de la langue, sous la forme de globules opalins soulevant la muqueuse: de la l'examen de la langue des Porcs vivants (*langueyage*) et la pratique qui consiste a percer les cysticerques avec une epingle (*épinglage*), pour essayer de faire disparaître ce signe de l'affection parasitaire On cherche aussi, dans les abattoirs, a enlever les grains de ladrerie de la surface des viandes abattues, dans le but de tromper les inspecteurs.

(1) Le fait que la ladrerie du Porc donne le Ver solitaire a l'Homme était sans doute connu des anciens, d'ou l'interdiction par Moise de la viande de porc aux Hebreux. Cette interdiction fut également prononcee par Mahomet, pour les Musulmans.

absolue. On peut observer des vertiges, des bourdonnements d'oreilles, des troubles de la vue, des démangeaisons au nez, autour de la bouche ou de l'anus. etc. On combat les Ténias avec l'écorce de racine de Grenadier, le sulfate de pelletiérine extrait de cette plante, les graines de Courge, la racine de Fougère mâle, la naphtaline, le Kousso, etc. Il importe d'amener l'expulsion de la tête, pour empêcher tout bourgeonnement ultérieur. L'aire de distribution du Ténia, a la surface du globe, est naturellement celle du Porc. On ne rencontre pas le Ténia chez les populations (Juifs, Musulmans, etc.) qui s'abstiennent du Porc ; il est rare en Asie et en Afrique. En France, où l'habitude de faire cuire convenablement la viande de Porc se répand de plus en plus, le Ver solitaire devient de moins en moins fréquent.

Le Ténia inerme (*Tænia saginata* ou *mediocanellata*) rappelle, à première vue, le Ver solitaire. A l'état rubané, il habite l'intestin grêle de l'Homme; à l'état vésiculaire (*Cysticercus Bovis*), il se trouve dans le tissu conjonctif des muscles du Bœuf et de quelques autres Ruminants (Girafe, Mouton d'Afrique). On a produit expérimentalement: 1° la ladrerie du Bœuf ou du Veau, à la suite d'ingestion, par ces animaux, d'œufs du Ténia inerme : 2° l'infestation de l'Homme par l'introduction, dans son tube digestif, de cysticerques recueillis dans la chair du Bœuf. La fréquence de plus en plus considérable du Ténia inerme, aujourd'hui beaucoup plus commun que le Ver solitaire, s'explique par l'usage très répandu des viandes saignantes. Le Bœuf prend les œufs du Ténia en paissant l'herbe, frequemment arrosée avec les engrais humains. Les embryons se transforment ensuite en cysticerques dans la chair du Bœuf. La tête de *T. saginata* (2 millimètres de diamètre) est depourvue de crochets et presente une dépression apicale, au lieu du rostellum de *T. solium;* ses ventouses sont plus volumineuses que celles du Ver solitaire et souvent teintées en noir par un pigment. Les proglottis situés pres de la tête sont plus larges que longs; mais ceux de l'extrémité atteignent 2 centimetres de long sur 5 a 7 millimètres de large, présentant ainsi, sur la même largeur, une longueur double de ceux de *T. solium.* Les pores marginaux alternent d'une façon irrégulière, au lieu de présenter l'alternance régulière de ceux de *T. solium.* Les cucurbitains sont munis d'un utérus ayant, de chaque côté, une vingtaine de branches. Ils se détachent quelquefois par chaînons, le plus souvent isolement, et sont expulsés non seulement pendant la defécation, mais encore dans l'intervalle des selles, malgré les efforts du malade pour les retenir. Les œufs sont elliptiques (40 μ de long sur 30 μ de large) et un peu plus gros que ceux du *T. solium.* Le

Cysticercus Bovis (fig. 639), plus petit que le *Cysticercus cellulosæ* et dépourvu de crochets, n'a pas encore été rencontré dans l'espece humaine; son Ténia ne fait donc pas courir les mêmes dangers que le Ver solitaire, mais il est plus difficile à expulser, par l'administration des médicaments appropriés, qui sont d'ailleurs les mêmes dans les deux cas (1).

D'autres Ténias, ayant des cysticerques pour cystiques, s'observent chez les animaux; les plus connus sont les suivants, qui ont tous la tête armée : Le Ténia en scie (*Tænia serrata*) habite l'intestin grêle du Chien; son cystique (*Cysticercus pisiformis*) est tres commun dans le péritoine du Lapin. — Le Ténia bordé (*T. marginata*) se trouve aussi, assez souvent, dans l'intestin grêle du Chien. Son cystique (*Cysticercus tenuicollis*), appelé « boule d'eau » par les bouchers, se rencontre surtout dans le péritoine des Ruminants; il a un cou grêle et une vésicule de la grosseur d'une prune. — Le Ténia crassicolle (*T. crassicollis*) habite l'intestin grêle du Chat. Son cystique (*Cysticercus fasciolaris*), se trouve dans le foie des Rats et des Souris; il est remarquable par le faible développement de sa vésicule caudale.

Le Ténia cénure (*T. cœnurus*), de l'intestin grêle du Chien, est arme, long de 30 centimètres a 1 mètre. Son cystique est un Cénure (*Cœnurus cerebralis*), qui se développe ordinairement dans l'encéphale du Mouton. Ce Cenure peut n'être pas plus gros qu'une tête d'épingle, ou arriver au volume d'un œuf de Poule et offrir alors de nombreuses têtes invaginées ; sa présence détermine, chez le Mouton, l'affection connue sous le nom de « tournis » à cause du tournoiement convulsif qu'effectue l'animal atteint.

Le Ténia échinocoque (*T. echinococcus*), de l'intestin grèle du Chien et de quelques autres carnassiers, est le plus petit des Cestodes connus. Il n'existe chez l'Homme qu'à l'état larvaire et a pour cystique un Echinocoque (*Echinococcus polymorphus*), dont l'habitat est des plus variables. Le Ver rubané (fig. 640) a la forme d'un filament rougeâtre, long de 3 à 4 millimètres, comprenant une tête armée et 3 ou 4 anneaux, dont le dernier est rempli d'œufs. L'Échinocoque, appelé encore *hydatide*, se développe surtout dans le foie et le poumon d'un grand nombre de Ruminants. On le trouve souvent aussi dans les autres organes, chez ces animaux, chez les Porcins, les Jumentes, le Lapin,

(1) Les *Tænia saginata* et *solium* peuvent presenter des malformations (variation dans le nombre des ventouses ou des crochets, coloration noire, fusion d'anneaux, anneaux surnuméraires cuneiformes, perforation centrale des anneaux, forme triquètre, etc.) sur lesquelles nous ne pouvons insister. Un certain nombre d'anomalies ont aussi ete signalees chez les cysticerques de ces deux Ténias.

divers Singes et même chez l'Homme, où il peut se développer dans toutes les parties du corps (os, muscles, viscères, cerveau), mais surtout dans le foie. Les hydatides ont un volume très variable, pouvant aller de la grosseur d'un grain de chènevis à celle de la tête, mais leur croissance s'effectue toujours très lentement. Leur paroi est composée de deux couches : une externe fibreuse (*cuticule*), formée d'une série de lamelles stratifiées ; une interne celluleuse (*membrane germinale*), qui remplit seule un rôle actif. Quelquefois l'hydatide ne renferme qu'un liquide albumineux : on la dit alors *stérile* et on l'appelle *acéphalocyste*. Le plus souvent, elle est *fertile*, c'est-à-dire qu'elle contient (fig. 641) un certain nombre de vésicules

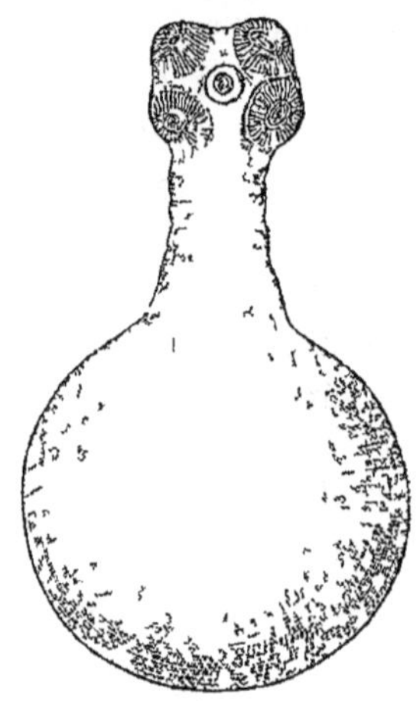

Fig 639. — Cysticerque du *Tænia mediocanellata*, avec la tête dévaginée, grossi environ huit fois

Fig 640. — *Tænia echinococcus*, grossi douze fois

secondaires (1). Les échinocoques ne sont pas très rares en France et en Algérie. Ils abondent en Australie et surtout en Islande, où l'Homme vit dans une communauté étroite avec les animaux. On devrait interdire aux Chiens l'entrée des abattoirs, car ils y sont exposés à avaler des débris de foie ou de poumons qui sont parfois remplis d'échinocoques. On ne devrait pas non plus se laisser lécher par les Chiens, car ces animaux ont souvent des Ténias échinocoques, dont quelques œufs peuvent rester sur les poils des régions voisines de leur

(1) L'échinocoque diffère du cysticerque et du cénure (qui n'est qu'un cysticerque à plusieurs têtes) en ce que ses têtes de Ténias sont toujours intérieures à la vésicule, tandis qu'elles sont extérieures (même quand elles sont rentrées) chez les cysticerques et les cénures.

anus. Or les Chiens, en se nettoyant avec la langue ou se flairant les uns les autres, peuvent récolter ces œufs et ensuite, en léchant les mains ou le visage, être une cause d'infestation. Enfin, pour la même raison, il peut être imprudent de faire lécher les assiettes aux Chiens. Les hydatides fournissent, lorsqu'on les percute, un *frémissement hydatique* spécial, bien connu des praticiens. Le traitement de ces kystes est surtout chirurgical (1).

2° Les ***Cystoïdiens*** renferment des Ténias de formes très diverses. Leurs cystiques (*Cysticercoïdes*) ont une vésicule très réduite (*Ténias*

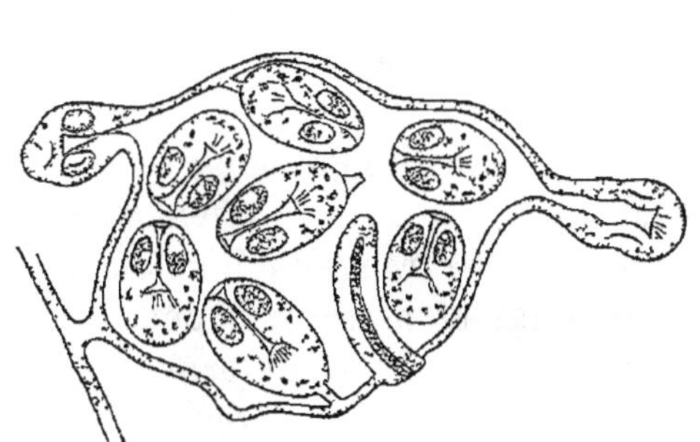

Fig 641. — Vésicule cystique d'*Echinococcus*, avec des têtes en voie de développement

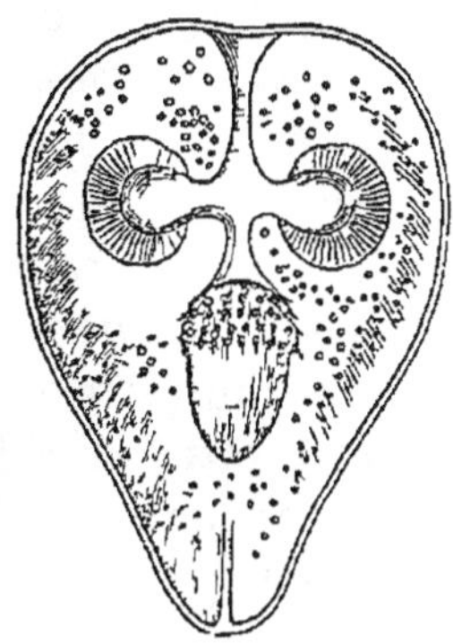

Fig 642 — Cysticercoïde du *Tænia cucumerina*, grossi soixante fois

non vésiculaires) (fig. 642) ; ils ne sont jamais entourés d'un kyste et ne vivent en parasites que chez les Invertébrés.

Le Ténia cucumérin ou elliptique (*T. cucumerina* ou *elliptica*), long de 10 à 60 centimètres sur une largeur de 3 millimètres, a un rostellum muni de 3 ou 4 couronnes de crochets et présente, dans chaque proglottis, une paire de pores marginaux. Ses derniers anneaux sont elliptiques et ont la forme de semences de Courge. Il se trouve, à l'état strobilaire, dans l'intestin grêle du Chien, du Chat et quelquefois de l'Homme, surtout chez les enfants. Son cysticercoïde est

(1) Quand les hydatides se développent dans le foie, la destruction, sur certains points, de la substance de cet organe, ainsi que la gêne de la circulation dans la veine porte, amènent le trouble des fonctions digestives et l'hydropisie de l'abdomen. Le liquide renfermé dans les kystes hydatiques est limpide, peu albumineux et relativement riche en chlorure de sodium. Il paraît contenir une leucomaïne, à laquelle on attribue les phénomènes d'urtication (*urticaire hydatique*) et la dyspnée (pouvant être mortelle) que l'on observe quelquefois à la suite de la ponction des kystes. Ces accidents seraient dus à la résorption du liquide épanché dans le péritoine ou dans d'autres tissus, lors de la ponction. Une leucomaïne analogue existerait aussi dans la vésicule des cysticerques.

microscopique; il vit dans le corps du Pou du Chien (*Trichodectes Canis*) et aussi de la Puce du Chien (*Pulex serraticeps*). Ces parasites avalent les œufs du Ténia rendus avec les excréments et fixés aux poils du Chien. Celui-ci, en mangeant ses Poux et ses Puces, ingère des cysticercoïdes ; enfin les enfants, en embrassant les Chiens, sont exposés au même danger. — Le Ténia nain (*T. nana*), long d'environ 1 centimètre, à une seule rangée de crochets et a pores sexuels unilatéraux, a été découvert en Egypte, dans l'intestin grêle de l'Homme. Il n'est pas rare en Lombardie et en Sicile.

B. ***Bothriocéphalidés*** (βοθριον, fossette; κεφαλή, tête). — *Tête munie de deux fossettes. Pores sexuels sur le milieu de la face ventrale.*

Bothriocéphales (*Bothriocephalus*). Tête ovoïde, dépourvue de crochets, munie de deux fossettes (*bothridies*) en forme de fente, l'une dorsale, l'autre ventrale. Phase larvaire dans les Poissons. Le Bothriocephale large (*B. latus*), le plus long des Cestodes qui vivent a nos depens, habite l'intestin grêle de l'Homme et se trouve quelquefois chez le Chien. Proglottis plus larges que longs et présentant chacun trois orifices sur la ligne médiane ventrale : 1° un antérieur (*orifice du penis*) par où s'échappent les spermatozoïdes; 2° un moyen (*orifice du vagin*) par où pénètrent les spermatozoïdes; 3° un postérieur (*orifice de l'uterus*) par où s'effectue la ponte. Les deux premiers orifices sont très rapprochés l'un de l'autre, au sommet d'un petit tubercule, près du bord antérieur de l'anneau; le troisième est a quelque distance en arrière. Les testicules sont situés, en grand nombre, sur les parties laterales de la face dorsale de l'anneau ; ils paraissent reliés, par les mailles du parenchyme, à un canal déferent replié sur lui-même, dont la partie antérieure peut se renverser au dehors, sous forme de penis. L'ovaire (fig 643, *Ov*) est médian et situé a la partie posterieure de l'anneau. Les ovules sont reçus dans un pavillon qui se continue avec l'utérus. Celui-ci (*Ut*) communique lui-même avec le vagin et le vitelloducte. Le vagin (*Va*) présente un réservoir séminal qui emmagasine les spermatozoïdes. Le vitelloducte conduit la sécrétion des glandes vitellogènes; ces dernieres sont situées sur les côtés de la face ventrale de l'anneau. Les œufs sortent par l'orifice de l'utérus et ne sont pas mis en liberté par une simple déchirure, comme chez les Ténias. Contrairement aussi à ce qui se passe chez ces derniers, les anneaux du Bothriocéphale se séparent en chaînons assez longs. Les proglottis présentent un appareil excréteur encore imparfaitement connu, mais dont les parties les plus visibles sont deux canaux longitudinaux (un de chaque côté du corps) ne présentant pas d'anastomose transversale qui rappelle la lacune des Ténias. En dehors de ces deux vaisseaux excréteurs se trouvent deux troncs nerveux situés au milieu de l'espace qui sépare la ligne médiane du bord des anneaux. Ces deux troncs, arrivés dans la tête, se terminent chacun par un ganglion (*ganglion latéral*) et s'unissent par une commissure puissante présentant un renflement median (*ganglion central*). Cet ensemble rappelle le système nerveux des Ténias, mais est moins complexe. Les œufs sont ellipsoïdaux (longs de 70 μ, larges de 44 μ); ils présentent un opercule en forme de calotte, a l'un des pôles. L'éclosion a lieu dans l'eau, plusieurs mois apres la ponte. L'embryon (fig. 634) est revêtu d'une enveloppe ciliée et nage en tournoyant. Au bout d'un certain temps, l'enveloppe se déchire et met en liberté

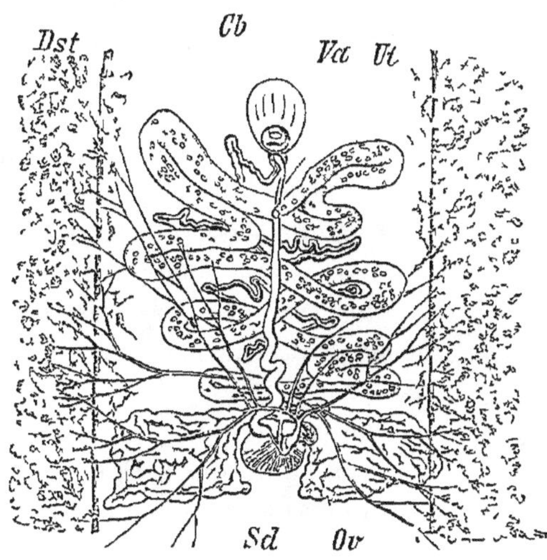

Fig 643 — Proglottis mûr de Bothriocéphale, vu par la face ventrale ou femelle — *Dst*, glandes vitellogenes, recouvrant les testicules, qui occupent la face dorsale, *Ov*, ovaire, *Sd*, glande coquillière, *Va*, vagin, *Ut*, utérus, *Cb*, poche du cirre, où aboutit le canal déférent, étroit canal dont les circonvolutions sont en partie cachées, dans la figure, par celles de l'utérus.

l'hexacanthe. Celui-ci a pour hôte un Poisson (Brochet, Lotte, Perche, Truite, Féra, etc.) dans les muscles duquel il s'enkyste (Braun). Le Bothriocéphale large est assez rare en France, où on ne l'observe guère que dans les pays de montagnes et de lacs (Savoie, Dauphiné), On le trouve en Suisse « Ver suisse », en Hollande, en Suède et en Russie, où il occasionne des accidents de même nature que ceux provoqués par le Ténia. On l'accuse de produire l'*anemie pernicieuse*, qui s'observe precisément dans les pays où il est commun.

Trois autres espèces de Bothriocéphales ont été signalées chez l'Homme : *B. cordatus*, de forme lancéolée, a tête cordiforme, est dépourvu de cou et mesure seulement 30 centimètres de long. Groenland, où il est surtout commun chez le Chien et le Phoque.

B. cristatus n'a été rencontré que deux fois en France; il doit son nom à sa tête, qui porte, sur chacune de ses faces, une crête longitudinale saillante. *B. Mansoni* est une forme larvaire qu'on n'a observée que deux fois, en Chine et au Japon, dans le tissu conjonctif sous-péritonéal.

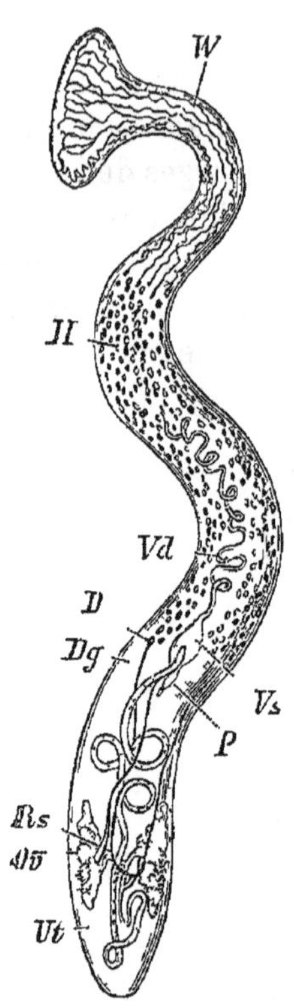

Fig 644 — *Caryophyllæus mutabilis*. — W, canaux excréteurs, *H* testicule, *Vd*, canal déférent, *Vs*, vésicule seminale, *P*, pénis, *Ov*, ovaire, *D*, vitellogène, *Ut*, utérus, *Rs*, receptacle séminal.

C. **Tétraphyllidés** (τέτρα, quatre; φύλλον, feuille). — *Tête munie de quatre grandes ventouses foliacees, quelquefois réduites a deux. Orifices sexuels latéraux.*

Parasites, pour la plupart, dans l'intestin des Plagiostomes. — *Echinobothrium.* 2 ventouses; 2 trompes. — *Tetrarhynchus.* 4 ventouses; 4 trompes. — *Phyllobothrium.* 4 ventouses sans crochets. — *Acanthobothrium.* 4 ventouses armees de crochets.

D. **Ligulidés** (*ligula*, lame de poignard). — *Tête munie de deux fossettes allongees, avec ou sans crochets. Corps tres long, ne présentant de segmentation nette que pour les organes genitaux.*

Ligules (*Ligula*). Vivent dans l'intestin des Oiseaux aquatiques. Œuf ovale, operculé, se développant dans l'eau et donnant naissance a un hexacanthe cilié. Celui-ci passe dans le tube digestif des Cyprinoides, puis s'établit dans leur cavité viscérale, où il perd ses crochets, s'allonge et devient rubané. Les organes sexuels n'engendrent de produits qu'après émigration dans le tube digestif d'un Oiseau aquatique. Dans certaines localités de l'Italie, on mange les Ligules en friture sous le nom de « *macaroni piatti* ».

B. *MONOMÉRIENS* (μονος, seul; μέρος, partie). — *Corps non segmente. Appareil sexuel unique, a pores medians.*

Caryophylleidés (καρυόφυλλον, clou de girofle).

Caryophyllæus. Quatre prolongements antérieurs donnant au corps l'aspect d'un clou de girofle. Parasites dans le tube digestif des Cyprinoides. — *Amphilina.* Corps muni d'une depression anterieure que l'on a considérée, soit comme un rudiment de tube digestif, soit comme une ventouse très simple. Parasites dans la cavité générale des Esturgeons.

APPENDICE. — **PSEUDHELMINTHES** (1).

PSEUDHELMINTHES (ψευδής, faux; ἕλμις, ver). — *Animaux composés d'un petit nombre de cellules, formant deux feuillets, l'un interne* (endoderme), *l'autre externe* (ectoderme).

Organismes très simples, depourvus de tube digestif, d'organes spéciaux de circulation, de respiration ou d'excrétion, n'ayant ni appareil fixateur, ni système nerveux, ni organes des sens. La structure de ces animaux est rudimentaire : les cellules, peu nombreuses, ne se differencient que de deux manières : les cellules externes constituent l'*exoderme* ; les cellules internes, parfois réduites a une seule, forment l'*endoderme* ; on a comparé cette structure a celle d'une Gastrula, sans tube digestif. Trois ordres :

PSEUDHELMINTHES	Corps annele, endoderme pluricellulaire	ORTHONECTIDES.
	Corps non annele ; endoderme unicellulaire	DICYÉMIDES.

Orthonectides (ὀρθός, droit; νήκτης, nageur). — *Pseudhelminthes à corps annele et sans orifice.*

Ectoderme et endoderme pluricellulaires. Parasites des Némertiens, des Turbellaries et des Ophiures. Nagent droit devant eux, a l'aide des cils vibratiles de l'ectoderme. Le plus connu est le *Rhopalura Giardi* (fig. 645), parasite dans la cavité d'incubation d'une Ophiure

(1) Les animaux que nous reunissons ici sous la denomination generale de PSEUDHELMINTHES et que nous considerons, avec certains auteurs (GIARD, etc.), comme des Vers degrades, ont ete regardes par quelques naturalistes (ÉD. VAN BENEDEN, etc.), comme ayant une grande importance morphologique. Leur simplicite histologique et l'absence de mésoderme les avaient fait considerer comme formant, sous le nom de *Mesozoaires*, un sous-regne intermédiaire entre celui des *Metazoaires* et celui des *Protozoaires*. Mais, en presence du mésoderme, souvent a peine reconnaissable, de certains Cœlenteres, et de la couche de fibrilles musculaires, sorte de mesoderme rudimentaire, qu'offrent les Orthonectides, il ne semble pas qu'on doive attacher une telle importance au caractere tire de l'absence de ce feuillet. De plus, l'inferiorite organique de ces formes semble bien plutôt le fait d'une regression due au parasitisme, qu'un manque de differenciation. On les place a la suite des Vers, et notamment des Plathelminthes, sans toutefois pouvoir affirmer de rapports de parente bien nets avec telle ou telle classe.

(*Ophiocoma neglecta*). Dioique. Mâle (M) fusiforme, long d'un dixième de millimetre, cilié aux extrémités; présentant, derriere la tête, un anneau de cellules cuboïdes non ciliées (*anneau papillifere*). Au milieu du corps, une poche ovoïde (*testicule*), entouree d'un faisceau de fibrilles musculaires, se désagrège au moment de la maturité

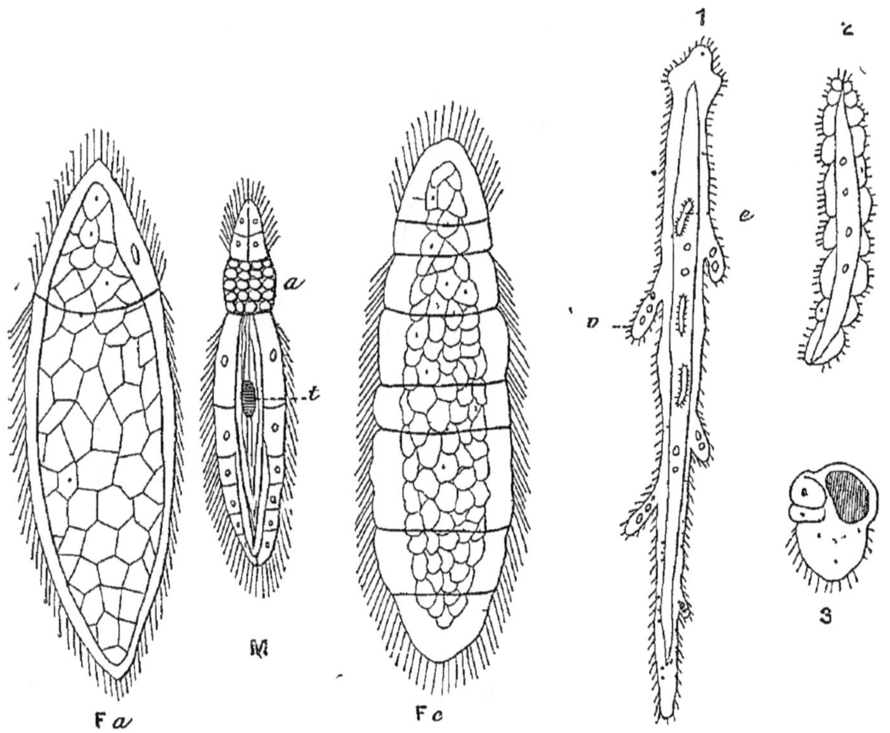

Fig 645. — *Rhopalura Giardi*. — F *a*, femelle aplatie, — F *c*, femelle cylindrique, — M, mâle. *a*, anneau papillifere, *t*, testicule.

Fig 645 *bis* — *Dicyema* — *1*, adulte, *e*, un embryon vermiforme, *v*, verrue — *2* embryon vermiforme plus grossi. — *3*, embryon piriforme.

sexuelle, pour l'expulsion des spermatozoïdes. Femelles dimorphes, longues de 2 dixièmes de millimètre, remplies d'œufs : les unes (F.*c*) *cylindriques*, a anneaux tous ciliés, excepté le second ; les autres *aplaties*, a corps entièrement cilié (F. *a*). Les œufs des femelles cylindriques donnent des mâles ; ceux des aplaties engendrent des femelles.

Dicyémides (δίς, deux ; κύημα, embryon). — *Pseudhelminthes à corps sans orifice et non annelé.*

Ectoderme pluricellulaire. Endoderme unicellulaire. Parasites dans les organes urinaires des Céphalopodes. Se meuvent au moyen des cils vibratiles de l'ectoderme et offrent aussi des mouvements généraux. Petits animaux vermiformes (fig. 645 *bis*), à extremité céphalique légèrement renflée; présentant, de chaque côté du corps ou a l'extrémité, des sortes de bourses (*verrues*) bourrées de sphérules réfringentes. A l'intérieur de la cellule axiale ou entodermique, deux sortes de petits corps ciliés mobiles (*embryons*), les uns vermiformes (2), les autres piriformes (3). Ces embryons quittent le corps de la mere; les vermiformes deviennent des Dyciémides semblables a celui qui leur a donné naissance; les piriformes paraissent ne pas subir de transformations et sont probablement des organismes mâles.

Dicyema. Une coiffe de 8 cellules à l'extrémité céphalique; verrues latérales. — *Conocyema*. Pas de coiffe polaire; verrues terminales.

EMBRANCHEMENT DES ÉCHINODERMES

ÉCHINODERMES (ἐχῖνος, hérisson; δέρμα, peau). — *Animaux marins à corps rayonné, mais à symétrie bilaterale se superposant souvent à la symétrie rayonnée, a peau incrustée de calcaire et souvent hérissée de piquants. Un tube digestif spécialisé; une*

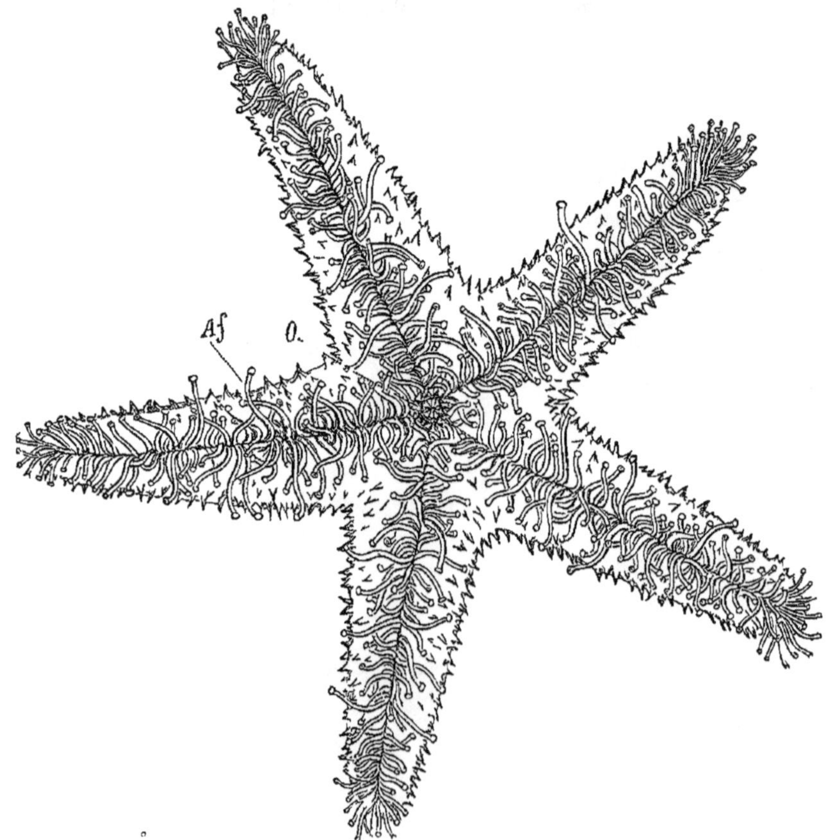

Fig. 646. — *Echinaster sentus*, vu par la face orale — *O*, bouche *Af*, pieds ambulacraires.

cavité générale vaste ; appareil circulatoire compliqué, en général en relation avec le milieu extérieur.

Corps formé de parties homologues, souvent au nombre de 5, généralement disposées autour d'un axe ou d'un centre, suivant des directions appelees *rayons*. Symetrie bilatérale évidente dans quelques groupes, dans les types réguliers, la symétrie rayonnée est toujours troublée, par la présence d'organes impairs spéciaux (anus, plaque madréporique, canal hydrophore, etc.), mais qui ne déterminent pas cependant une symétrie bilatérale.

Téguments essentiellement formés d'une épaisse couche conjonctive et d'un épiderme vibratile ; le revêtement péritoneal, également cilie, est appliqué immédiatement contre le derme. La couche conjonctive présente des fibres musculaires et des pièces calcaires. Celles-ci ont la forme soit de petits corps épars (***Holothurides***), soit de plaques isolées (***Ophiurides***, ***Astérides***, ***Crinoïdes***), ou solidement unies entre elles de facon a constituer un squelette cutané (*test* des ***Échinides***). Ce dernier est le plus souvent percé de deux ouvertures où n'existe qu'un tégument membraneux : l'une (*péristome*) autour de la bouche, l'autre (*periprocte*) autour de l'anus. Le test offre ordinairement des piquants mobiles (***Échinides***, ***Ophiurides***) ou immobiles (***Astérides***). Les piquants mobiles sont articulés sur de petits mamelons et mis en mouvement par des muscles spéciaux.

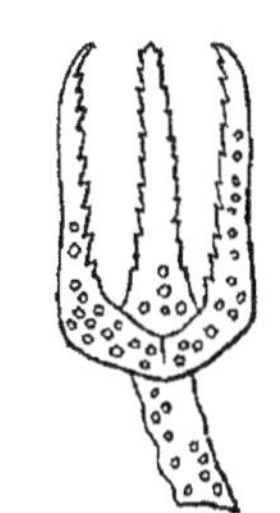

Fig 647 — Un pédicellaire d Oursin (grossi)

A côté des piquants, se trouvent de petites pinces préhensiles (*pedicellaires*) à deux (***Astérides***) ou trois (rarement quatre) branches (***Oursins***), unies par des fibres musculaires (fig. 647). Les pedicellaires servent d'organes de préhension et de défense ; ils sont surtout abondants au voisinage de la bouche. Quelques-uns, dits *gemmiformes*, renferment des glandes sécrétant une substance, probablement veneneuse, qui s'épanche par leur extrémite libre.

Les organes locomoteurs contractiles (fig. 646) sont constitués par un grand nombre de tubes saillants (*pieds* ou *tubes ambulacraires*) generalement terminés par une ventouse (***Holothurides***, ***Échinides***, ***Astérides***) ; ils se gonflent par l'afflux d'un liquide remplissant un système de canaux dont l'ensemble forme le *systeme ambulacraire*.

Des vesicules contractiles (*vesicules ambulacraires*) sont annexées aux pieds ambulacraires, lorsqu'ils sont termines par des ventouses (fig. 660, *Amp*) ; au moment de la locomotion, elles poussent le liquide ambulacraire dans les pieds et en determinent la turgescence. Enfin on observe généralement, chez les Oursins, de petits boutons ciliés, transparents et brièvement pedonculés (*spheridies*), que l'on suppose être des organes sensoriels servant à apprecier la nature du milieu ambiant.

Cinq classes.

- Corps caliciforme, muni de bras simples ou ramifies, pedoncule, au moins dans la jeunesse. Appareil circulatoire communiquant avec l'exterieur par un certain nombre d'entonnoirs vibratiles, epars sur tout le corps. — CRINOIDES
- Corps toujours libre, jamais pedoncule. Entonnoirs vibratiles localises sur la plaque madréporique, quelquefois nuls.......
  - Corps en forme d'etoile, quelquefois pentagonal .....
    - Bras peu mobiles, pieds ambulacraires servant a la locomotion. — ASTERIDES.
    - Bras tres mobiles ; pieds ambulacraires très courts, non fonctionnels. . — OPHIURIDES
  - Corps dépourvu de bras . ..
    - Soutenu par un squelette rigide de plaques calcaires. .. ... — ECHINIDES.
    - A parois molles, avec des spicules isoles . . — HOLOTHURIDES

Morphologie. — Le corps des Echinodermes a une symétrie rayonnée fondamentale, qui cependant est toujours modifiée par l'existence d'organes uniques excentriques, ne se répetant pas dans tous les rayons (anus, plaque madreporique, etc.). En outre, dans certains types d'Echinides et d'Holothurides, apparaît une symétrie bilaterale très nette, qui se superpose à la symetrie rayonnée fondamentale.

A. CRINOIDES. — Les Crinoides occupent une place un peu à part parmi les Echinodermes. C'est le seul groupe qui renferme des formes fixées, c'est-à-dire placees dans les conditions primitives qui devaient être realisées chez les ancêtres de tous les Echinodermes. Les formes fondamentales (Pentacrine) sont fixées au sol par un long pédoncule formé d'articles calcaires plus ou moins mobiles (fig. 648). Ces formes autrefois tres fréquentes (calcaires à encrines, calcaires à entroques) n'existent plus aujourd'hui que dans les grands fonds. Les formes littorales (Comatule) ne sont fixées que dans leur jeunesse (*larve pentacrinoide*) (fig. 649). L'animal se detache de bonne heure de son pédoncule, et peut nager librement par les ondulations de ses longs bras.

La forme genérale est celle d'une fleur, formée d'une partie centrale, le *disque* (fig. 648 2), portant 5 longs *bras* rarement simples, le plus souvent bifurqués (Comatule), quelquefois même ramifiés (fig. 648 1). Les bras portent toujours de petits rameaux latéraux, les *pinnules*, également mobiles.

Le disque, plat à la face supérieure, est conique à la face inférieure,

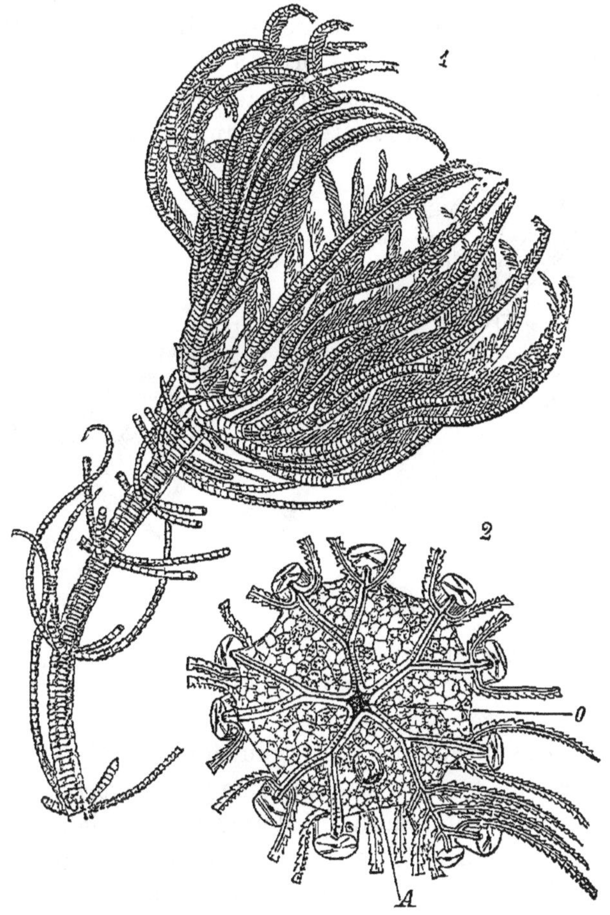

Fig 648 — *Pentacrinus caput Medusæ* — 1, L'animal vu de profil — 2, le disque, vu par la face orale, *O*, bouche, *A*, anus

dont le centre s'attache au pedoncule, dans les formes fixées ; dans les formes libres, il existe autour du pôle inférieur une couronne de petits appendices articulés, les *cirres*, à l'aide desquels l'animal s'attache aux rochers. Cette face inférieure est soutenue par une série de plaques calcaires, dont l'ensemble forme le *calice* et qui comprend une *plaque centro-dorsale* et deux ou trois cercles de plaques ; chacun des cercles comprend cinq plaques, et ces plaques alternent d'un cercle à l'autre (*plaques sous-basales*, *basales* et *radiales*). Sur ces dernières plaques, s'attachent les *plaques brachiales*, qui se continuent sur la face dorsale des bras, d'un bout à l'autre de ces appendices, formant une serie complète; leur mobilite assure le mouvement des bras.

La face supérieure du disque presente un tégument non inscrusté de calcaire. En son centre se trouve la bouche (fig. 648 2, *O*), d'où partent, dans la direction des bras, 5 gouttières ciliées ; celles-ci se bifurquent ou se ramifient comme les bras eux-mêmes, et se continuent sur les bras, sur leurs rameaux et leurs pinnules jusqu'à

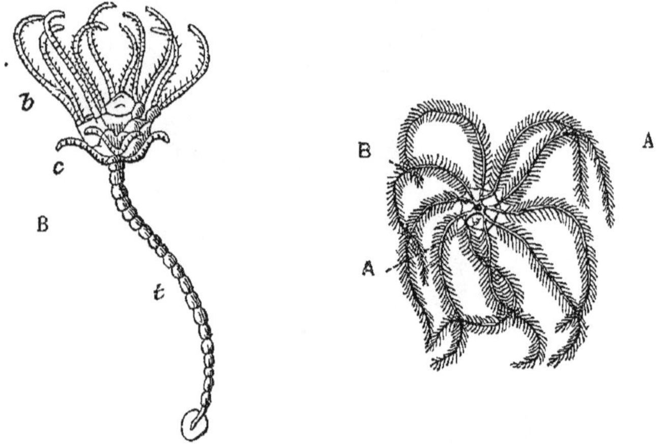

Fig. 649. — Comatule (A) et sa larve pentacrinoide (B). — *B*, bouche, *A*, anus, *c*, calice *b*, bras, *t*, pedoncule

l'extrémité. Les directions des 5 gouttières ciliées sont dites *directions radiales*, les bissectrices marquent les *interradius*. L'anus (*A*) est placé dans un interradius et determine un plan de symetrie.

Les bras et les pinnules portent des tentacules nombreux et très courts, qui representent les pieds ambulacraires, mais n'ont aucun rôle locomoteur.

B. Echinides. — Les *Echinides reguliers* ont une forme spherique, présentant un aplatissement aux deux extrémites d'un même diamètre, qui est l'*axe* du corps. A l'une de ces extrémites est la *bouche*, à l'autre l'*anus*. Les parois du corps sont soutenues par un ensemble de plaques calcaires, soudées intimement les unes aux autres en un *test* continu. Ce test n'est interrompu qu'au voisinage de la bouche et de l'anus. Il existe à ce niveau deux plages circulaires, le *péristome* et le *périprocte*, où le tégument, quoique tres résistant, reste membraneux ou ne renferme que des plaques juxtaposées, mais libres entre elles. De l'anus au péristome s'étendent dix fuseaux ou *zones*, formés chacun de deux séries de plaques juxtaposées (fig. 650). Cinq de ces zones (*A-E*) sont percées de trous nombreux qui livrent passage aux pieds ambulacraires : ce sont les *zones ambulacraires* ; les cinq autres zones, alternant avec les précédentes, sont imperforées et dites *zones interambulacraires J.*

Le pôle où se trouve l'anus, présente un système de plaques (*appareil apical*) rangées autour d'une zone membraneuse analogue au péristome, mais plus petite, le *périprocte*, sur laquelle d'ailleurs se voient de nombreuses plaques calcaires très petites. L'appareil apical comprend deux cercles de cinq plaques chacun. Les plaques du cercle intérieur sont interradiales et portent chacune un orifice génital (*plaques génitales*) ; les autres sont radiales et portent aussi un orifice livrant passage à un nerf (*plaques radiales*). L'une des plaques génitales (*plaque madréporique*) est percée de nombreux orifices, qui correspondent aux entonnoirs vibratiles, et conduisent l'eau dans l'appareil circulatoire (1).

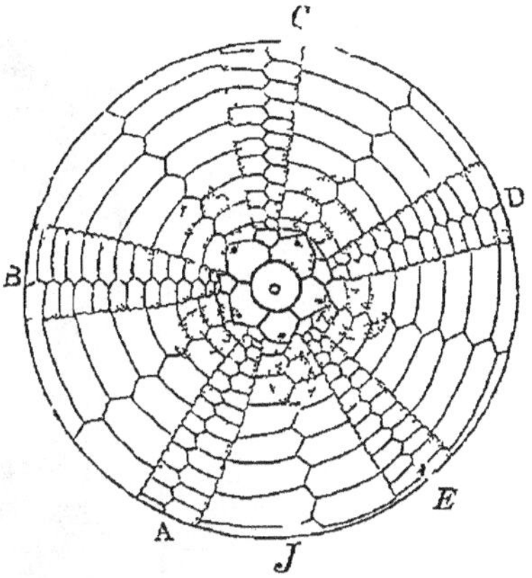

Fig 650 — Test d'un Oursin régulier, vu par le pôle apical — *A*, *B*, *C*, *D*, *E* zones ambulacraires (radius), formées de deux rangées de plaques percées de pores, *J*, interradius (on a dessiné les organes génitaux qui leur correspondent, vus par transparence) — Au centre l'appareil apical, formé des cinq plaques radiales, placées à l'extrémité des ambulacres, et des cinq plaques génitales, correspondant aux interambulacres, parmi celles-ci, la plaque madréporique, dans l'interambulacre antérieur droit.

Les Oursins irréguliers sont caractérisés par ce fait que l'anus a quitté l'appareil apical, et s'est déplacé le long de l'un des interambulacres (interambulacre postérieur), pour arriver se placer à l'extrémité postérieure du corps et même sur la face ventrale.

Chez les Clypeastres (fig. 651), la bouche reste centrale ; chez les Spatangues (fig. 652), qui constituent le type le plus modifié, la bouche s'est portée en avant, diminuant de plus en plus la netteté de la symétrie rayonnée, qui n'est plus accusée que par l'existence

(1) La plaque madréporique ne doit pas être considérée comme déterminant un plan de symétrie dans les Oursins irréguliers, où elle est conservée, et où le plan de symétrie apparaît avec la plus grande netteté, elle est placée dans l'interambulacre antérieur droit : c'est donc cette position qu'on doit lui donner aussi dans les Oursins réguliers.

des cinq rangées de pores ambulacraires, qui sont elles-même fort inégales

Les plaques des Oursins sont couvertes de tubercules arrondis. Ils servent d'insertion aux *piquants*, qui sont mobiles au sommet des tubercules, et qui, dans quelques cas (*Cidaris*), peuvent atteindre des dimensions énormes (fig. 653). Le tégument porte également des *pédicellaires*, organes de préhension, terminés par des pinces à trois ou

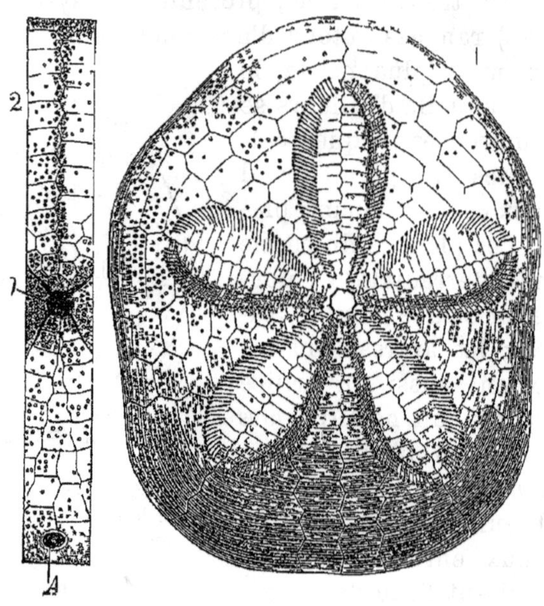

Fig 651 — *Clypeaster rosaceus* — *1*, face dorsale ou aborale Au milieu la plaque étoilée formée par la soudure des cinq plaques génitales autour, les cinq pores génitaux et la rosette des ambulacres pétaloïdes — *2*, portion médiane de la face orale — *O*, bouche *A*, anus

quatre mors. Ils se localisent surtout au voisinage de la bouche sur la membrane péristomale.

C. Holothurides. — L'allongement du corps des Oursins dans le sens de l'axe central, nous conduit a la forme cylindrique des Holothurides. La bouche est à l'une des extrémités du corps, l'anus à l'extremité opposee et de l'une à l'autre s'étendent cinq rangees de pieds ambulacraires, qui definissent les radius (fig. 654). Il n'y a plus ici de plaques calcaires, mais le derme est rempli d'une multitude de spicules (fig. 655) dont les formes servent à caracteriser les especes et ont par suite une grande importance systématique.

Les Holothuries des grands fonds montrent une symetrie bilatérale qui se superpose à la symétrie rayonnée. Cette symétrie peut être acquise de deux façons : 1° par le fait que l'animal, vivant enfoui dans la vase, se courbe en U, de façon à rapprocher ses deux extrémités (*Ypsilothuria*) et finit (*Rhopalodina*) par devenir une sorte de bouteille à goulot allongé, portant côte à côte, à son extrémité, la bouche et l'anus ; 2° par l'habitude que prend l'animal de ramper sur la vase en s'appuyant constamment sur le même côté de son corps. Il se constitue une sole ventrale, présentant trois ambulacres (*trivium*), et une face dorsale, portant les deux autres ambulacres (*bivium*). En même temps, la bouche tend à devenir ventrale.

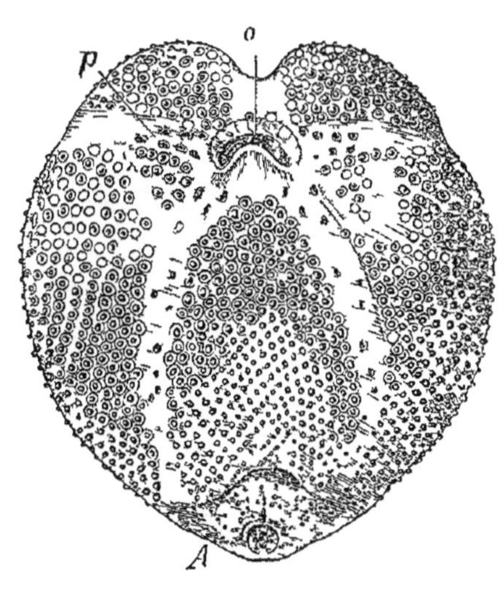

Fig 652 — Spatangue (*Schizaster*), vu par la face orale — *A*, anus, *o*, bouche, *p*, pores des pieds ambulacraires

D. Astérides. — Le corps des Etoiles de mer (fig. 646) est formé par la réunion d'un certain nombre de bras, qui se soudent par leur base, de façon à constituer une partie centrale, le *disque*. Les bras sont en général au nombre de 5,

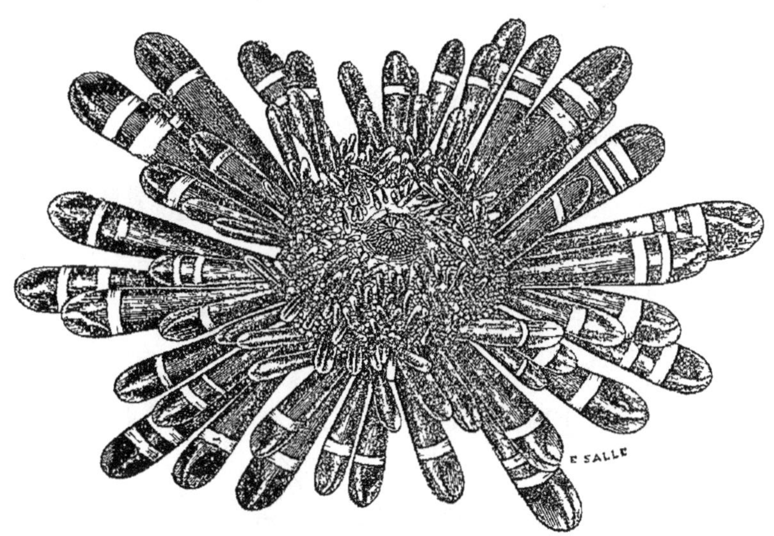

Fig 653 — *Cidaris*, Oursin à piquants énormes.

mais ils peuvent devenir plus nombreux (jusqu'à 40 chez les *Heliaster*) Suivant la longueur relative des bras et du rayon du disque, le corps peut être en forme d'étoile ou de pentagone. D'après la défini-

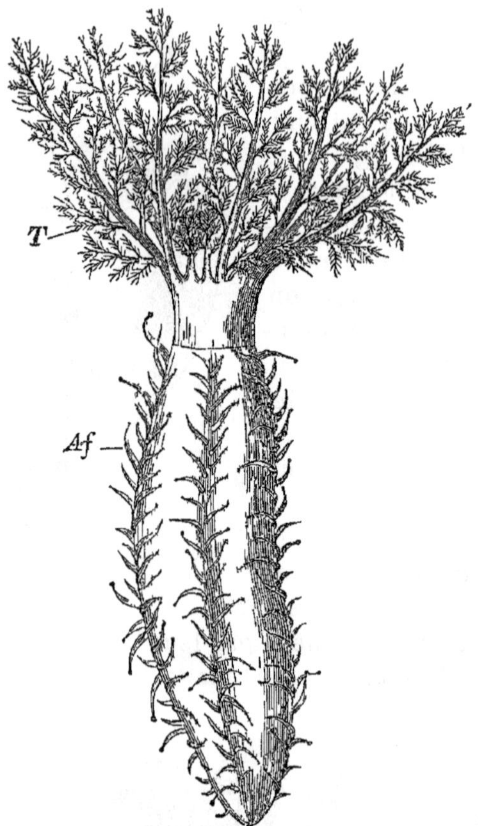

Fig. 654. — Holothurie (*Cucumaria*). — *T*, les tentacules arborescents étalés, *Af*, tubes ambulacraires.

tion que nous venons de donner, il ne peut y avoir de délimitation

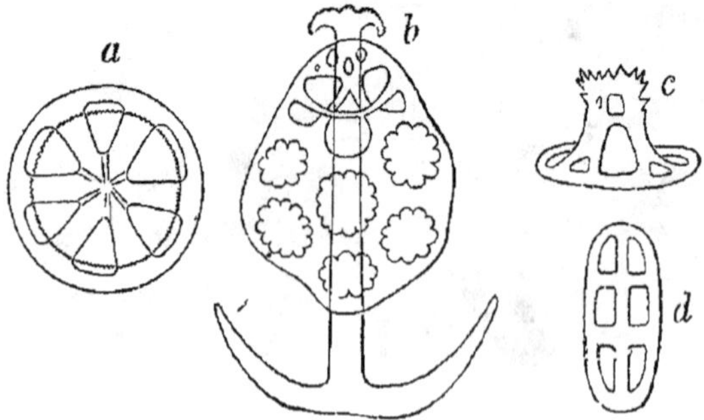

Fig. 655. — Corpuscules calcaires de la peau des Holothuries. — *a*, *Chirodota* ; *b*, *Synapta*, *c* et *d*, *Holothuria impatiens*.

entre les bras et le disque, puisque ce dernier est simplement constitué par la base des bras.

Au centre du disque, se trouve la bouche, qui détermine la face ventrale. Chaque bras est creusé, sur sa face ventrale, d'une gouttière médiane, qui part de la bouche et va jusqu'à l'extrémité du bras (fig. 660). Dans cette gouttière (*gouttière ambulacraire*) s'insèrent deux ou quatre séries de *pieds ambulacraires*, servant à la locomotion. Les parois de la gouttière ambulacraire sont soutenues par deux rangées de plaques calcaires (*plaques ambulacraires*), disposées comme les chevrons d'une charpente ; de part et d'autre de ces plaques se trouvent deux autres rangées, les *plaques adambulacraires* et les *plaques marginales* ; celles-ci sont placées au bord des bras sur la face ventrale ; une rangée de *marginales dorsales* leur correspond au bord des bras, mais sur la face dorsale.

La face dorsale des Étoiles de mer est en général membraneuse ; mais elle s'incruste par place de calcaire, de façon qu'il se forme des réseaux ou des plaques distinctes. Les plus importantes de ces plaques sont les *marginales dorsales*, citées plus haut, les *carinales*, qui forment une rangée sur le milieu de la face dorsale des bras. Sur cette même face dorsale, existe, dans la jeunesse, un ensemble de plaques, correspondant à l'appareil apical des Oursins ; mais cet appareil se dissocie bientôt, et la seule plaque qui reste bien nette est la *plaque madréporique*, toujours située dans un interradius, et qui est percée comme chez les Oursins, d'entonnoirs vibratiles.

Les Stellérides présentent des pédicellaires à deux mors croisés ou droits ; ils se disposent en général en collerette autour de certains piquants. Les piquants sont en général très courts et constamment fort peu mobiles. Ils ne sont guère développés qu'au bord des bras, et le long des gouttières ambulacraires.

E. Ophiurides. — Les Ophiurides se rattachent aux Stellérides, mais ils en diffèrent par les points suivants :

1° Les bras sont presque cylindriques et s'insèrent sur le disque par une très petite étendue, de sorte qu'entre eux, celui-ci présente un bord libre assez étendu (fig. 665) ;

2° Les bras sont très mobiles dans le plan du corps, et sont susceptibles de mouvements d'ondulation qui les a fait comparer à des serpents ;

3° En conséquence, les tubes ambulacraires sont réduits à de simples papilles et ne prennent pas part à la locomotion ;

4° La plaque madréporique est placée sur la face ventrale.

Tégument. — Le tégument des Échinodermes comprend :

1° Une couche épithéliale exodermique formée d'une seule assise de cellules ciliées, et qui peut manquer, notamment sur les parties calcaires ;

2° Une couche de tissu conjonctif fibreux, dans les mailles duquel se dépose du calcaire (*tissu calcifere*), de façon à former les plaques ou les pigments, et qui, dans les parties restees molles, renferme de nombreuses fibres musculaires;

3° Une couche de cellules endothéliales plates et ciliées, formant le revêtement de la cavité générale.

Appareil digestif. — Tube digestif toujours distinct de la cavité générale (*cœlome*), dans laquelle il est suspendu par un mesentere. Il est tantôt court et sacciforme (Asterides), tantôt long et alors replié sur lui-même (Holothurides) ou contourne en hélice (Échinides, Crinoides). Orifice buccal tantôt central, tantôt excentrique; tantôt nu, tantôt entouré de tentacules ou de rayons, géneralement depourvu d'organes de mastication. Ceux-ci n'existent que chez les Oursins, à l'exception des Spatangues. L'appareil constitue alors une armature complexe (*lanterne d'Aristote*) (fig. 656), composée de 25 pièces distinctes, parmi lesquelles 5 plus considerables (*mâchoires*) renferment chacune une dent saillante, légèrement recourbée. Les autres pièces servent à relier les mâchoires entre elles. Les mâchoires sont mises en mouvement par des muscles adducteurs et abducteurs qui s'attachent d'une part sur les mâchoires et d'autre

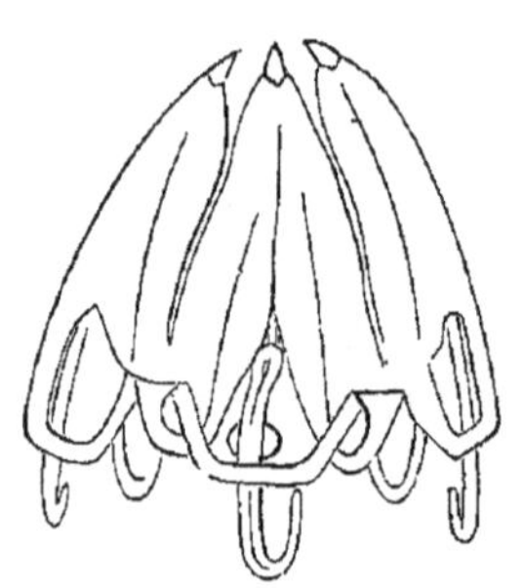

Fig 656 — Appareil masticateur (lanterne d'Aristote) d un Oursin régulier

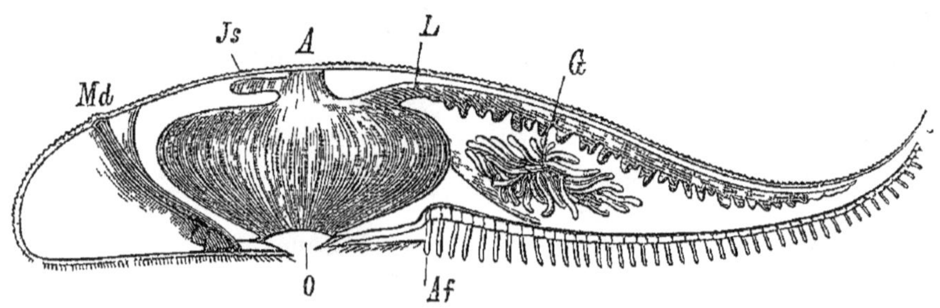

Fig 657 — Coupe verticale d une Etoile de mer (*Solaster endeca*) — *O*, bouche donnant entrée dans l'estomac, *A*, anus, *L*, cæcum gastrique, *Js*, cæcum rectal, *Af*, tube ambulacraire, *G*, organe genital *Md*, plaque madréporique, avec le canal hydrophore.

part à des apophyses, attachées au bord du péristome. Ces apophyses (*auricules*) sont traversées par les canaux ambulacraires, ce qui leur donne la forme d'arches de pont (fig. 662, *au*). Œsophage court. Estomac long et étroit (Holothurides, Echinides) ou au contraire court et spacieux (Astérides) et muni, dans ce cas, de 5 paires de cæcums glanduleux fonctionnant comme glandes digestives (fig. 657). Intestin présentant quelquefois des appendices glandulaires de diverses formes (1). Anus tantôt central, tantôt excentrique, situé le plus souvent sur la face aborale, mais se trouvant aussi parfois sur la face orale (Crinoïdes, quelques Oursins irréguliers) ou pouvant même faire complètement défaut (Ophiurides ; quelques Astérides) (2).

Appareil circulatoire. — L'appareil circulatoire est très compliqué, et s'écarte notablement de ce qui a lieu chez les animaux étudiés jusqu'ici. Prenons d'abord les Crinoïdes, qui sont placés à ce point de vue un peu à part et semblent présenter une disposition plus primitive.

1. Crinoïdes. — La cavité générale est obstruée par de nombreuses trabécules de tissu conjonctif. A peu près dans l'axe du corps, ces trabécules se disposent de façon à former une sorte de massif spongieux, creusé de cavités ressemblant à des vaisseaux, mais sans parois propres. Ce massif spongieux, appelé *plexus axial*, part de la plaque centro-dorsale, monte suivant l'axe du corps, et se rattache à un autre plexus annulaire, placé autour de la bouche, le *plexus labial*. Dans les bras, il existe en outre de petites cavités ressemblant à des vaisseaux, allant d'un bout à l'autre des bras. Ces cavités (fig. 658, *CD*, *CV*, *CG*), appelées *cavités para-ambulacraires*, communiquent, les unes avec le plexus labial, les autres avec la partie inférieure de la cavité générale, et sont comme les mailles de ce dernier plexus, des dépendances du cœlome : elles représentent la portion du cœlome logée dans les bras.

Des entonnoirs vibratiles en nombre variable (de 5 à 1500) disposés sur toute l'étendue de la face orale, et se continuant par de longs canaux livrent passage à l'eau de mer, qui pénètre, grâce à eux, dans les canaux du plexus axial et du plexus labial et se répand de proche en proche dans toutes les parties du cœlome.

Appareil ambulacraire. — A côté de ce premier système cœlomique, se place un autre système ayant une individualité particulière, mais en communication avec le précédent, c'est l'appareil ambulacraire. Il se compose : 1° d'un canal annulaire (*anneau ambula-*

(1) On observe, chez quelques Holothuries, des appendices glanduleux (*organes de Cuvier*), formés de fils collants (*tubes de Cuvier*), qui, lancés par l'anus, paraissent servir d'organes de défense.

(2) Les Ophiures rongent leurs aliments ; les Astéries s'en emparent en dévaginant leur estomac. Dans les deux cas, les excréments sont rejetés par la bouche, car l'anus, même s'il existe, est très réduit et n'a aucune importance physiologique.

craire) placé autour de la bouche, et communiquant par des tubes courts (*tubes hydrophores*) avec le plexus labial; 2° de canaux radiaires au nombre de 5, courant le long des gouttières ciliées des bras, se bifurquant avec eux, et s'étendant jusqu'aux pinnules (fig. 658, *Wr*); 3° ces canaux radiaux ambulacraires envoient des branches (*T*) dans les petits tentacules que nous avons décrits sur toute l'étendue des bras, et qui representent les pieds ambulacraires des autres types.

Appareil plastidogene. — Le liquide contenu dans les cavités

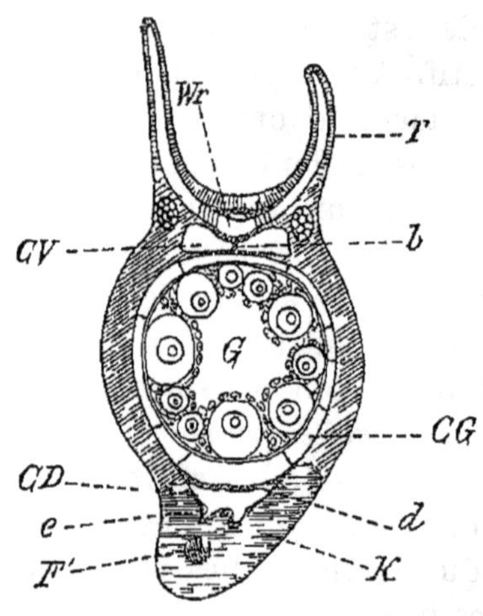

Fig 658 — Coupe d une pinnule de Comatule — *K*, plaque brachiale, *T*, tentacules, *G*, organe génital, dépendance de l'organe plastidogene, logé dans la cavité génitale *CG*, dépendant de la cavité générale, *CV*, cavités para-ambulacraires divisées par la cloison *b*, *CD*, cavité cœlomique tapissée d une couche d'endothélium, *d*, *e*, *Wr*, canal ambulacraire, *F*, nerf radial

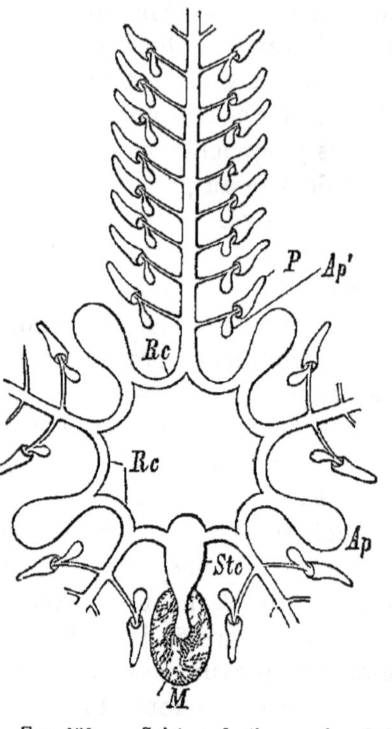

Fig 659 — Schéma de l'appareil ambulacraire d'une Etoile de mer — *Stc*, canal hydrophore *M*, plaque madréporique, *Rc*, anneau ambulacraire *Ap*, vesicule de Poli, *P*, pieds ambulacraires sur les branches latérales des canaux radiaires, *Ap*, ampoules des pieds ambulacraires

viscerales et les cavités ambulacraires est formé d'eau de mer, tenant en dissolution des substances albuminoides, et renfermant des cellules amiboides, nées sur les trabécules de la cavité generale. Ces cellules prolifèrent particulièrement sur les parois des canaux du plexus axial; sur ces parois, il se forme des bourrelets cellulaires, dont l'ensemble constitue l'*appareil plastidogene*. Cet appareil se continue dans les cavités para-ambulacraires des bras, et jusque dans les pinnules, sous forme d'un cordon massif. Dans les pinnules (fig. 658), l'appareil plastidogène se specialise; au lieu de donner des cellules amiboides, il y produit des éléments sexuels (G), qui sont mis en liberté par dehiscence des pinnules. L'appareil génital apparaît ainsi comme une dependance, une specialisation, de l'appareil plastidogène.

Enfin, une derniere partie de l'appareil circulatoire est formée par un réseau de lacunes, creusées dans les parois du tube digestif. Ce reseau est le *systeme absorbant*; il aboutit finalement dans le plexus labial.

B. Astérides. — L'appareil circulatoire des Etoiles de mer, comme

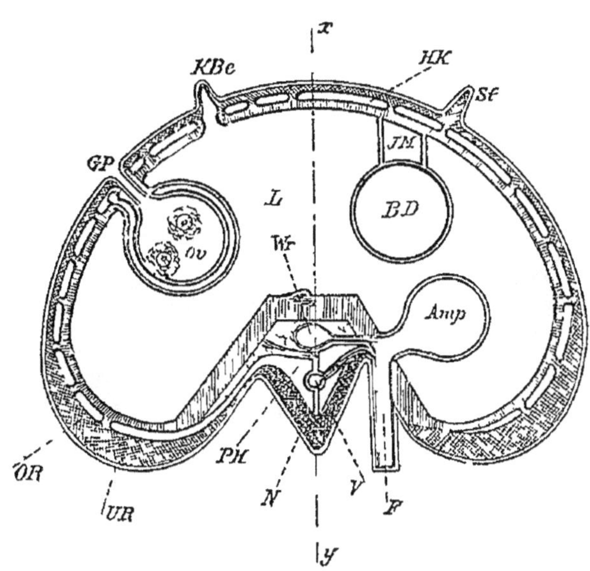

Fig 660 — Coupe d'un bras d'Etoile de mer — *xy*, plan median du bras, *Ur*, épiderme, *Or*, derme décalcifié, *Wr*, canal radial ambulacraire, *F*, tube ambulacraire, *Amp*, ampoule, *PH*, cavité sous ambulacraire, *V*, dépendance de l'appareil plastidogene, *N*, épaississement nerveux, *L*, cavite générale, *HK*, lacunes creusées dans le derme, *BD*, cæcum digestif (celui de gauche n'est pas représenté), *JM*, mésentere, *ov*, ovaire (celui de droite n est pas représenté), *GP*, orifice génital, *KBe*, branchie dermique, *St*, piquant

celui des autres Échinodermes, comprend les mêmes systèmes que celui des Crinoides, mais simplifiés et spécialisés.

1° *Appareil ambulacraire*. Il part de la plaque madréporique et comprend (fig. 659) :

(*a*. Un *canal hydrophore* (*Stc*), appelé quelquefois *canal du sable*, à cause des concrétions calcaires qu'il renferme souvent dans ses parois, ce canal reçoit quelques-uns des canaux de la plaque madre porique, et descend verticalement vers la bouche;

(*b*. Il aboutit dans un *anneau ambulacraire* (*Rc*), placé autour de la bouche ;

(*c*. Celui-ci donne dans chaque bras un *canal radiaire ambulacraire*, qui court tout le long de la gouttiere ambulacraire, à l'extérieur des plaques ambulabraires (fig. 660, *Wr*);

(*d*. Enfin, de ces canaux radiaires, partent latéralement, de part et d'autre, des petits tubes qui aboutissent en dernière analyse aux pieds ambulacraires. Ceux-ci sont visibles au dehors et peuvent faire saillie par l'afflux du liquide ambulacraire; à l'état de rétraction des pieds, le liquide est reçu dans de petites vesicules (fig. 659, *Ap* et 660, *Amp*) disposées au-dessus de chacun d'eux. Les parois de ces vésicules sont musculeuses, et c'est leur contraction qui produit l'afflux de liquide destiné à faire saillir le pied.

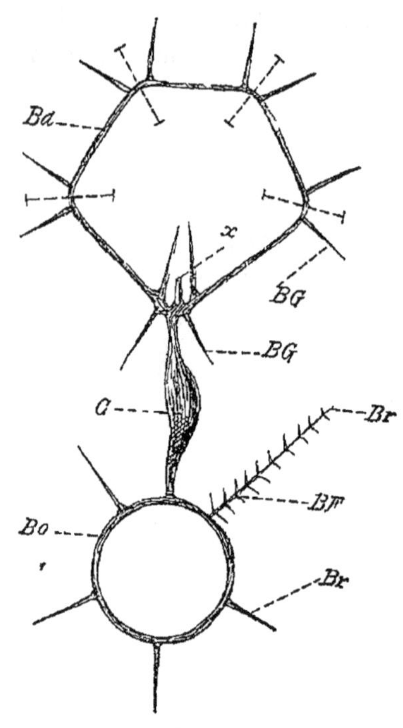

Fig 661 — Système des cavités para-ambulacraires d'une Etoile de mer *C*, organe sacciforme, *x*, canaux d'entrée de l'eau de mer, *Bo*, anneau labial, *Br*, canaux radiaires, *BF*, canaux latéraux, *Bd*, anneau dorsal, *BG*, canaux génitaux

2° *Cavites para-ambulacraires* — La cavité génerale est spacieuse, et n'est interrompue que par des membranes (mésentères) chargées de relier les organes aux parois du corps. Toutefois des parties de cette cavite s'individualisent, tout en communiquant toujours avec la cavite générale proprement dite. elles accompagnent toutes les parties de l'appareil ambulacraire et constituent les *cavites para-ambulacraires* (fig. 661). Elles comprennent : 1° l'*organe sacciforme* (*C*), sorte de tube cloisonné, représentant le plexus axial, et accompagnant dans toute sa longueur le tube hydrophore; il reçoit, à son extrémité superieure, le plus grand nombre des canaux (*x*) qui traversent la plaque madréporique; 2° un *anneau labial* (*Bo*), satellite de l'anneau ambulacraire; 3° des *cavites sous-ambulacraires* (*Br*), courant au-dessous des canaux radiaires ambulacraires; 4° enfin un *anneau dorsal* (*Bd*), placé tout autour du pôle anal. Ce dernier donne, dans chaque interradius, deux paires de canaux (*BG*), qui se rendent à des poches contenues dans les bras et où se developpent les organes génitaux.

3° *Appareil plastidogène.* — Il se localise dans l'organe sacciforme, où il forme le corps plastidogène; mais on en trouve ailleurs des parties isolées, notamment dans les cavités sous-ambulacraires et tout le long de l'anneau dorsal. Cette derniere partie se présente sous la forme d'un bourrelet, qui envoie des prolongements jusqu'aux *glandes génitales;* celles-ci ne sont donc encore qu'une portion spécialisée de l'appareil plastidogène.

4° Il n'existe pas de *systeme absorbant* sur l'appareil digestif.

Les autres classes d'Echinodermes ont leur systeme circulatoire construit sur le même plan que celui des Etoiles de mer Toutefois il existe un système absorbant chez les Echinides et les Holothurides.

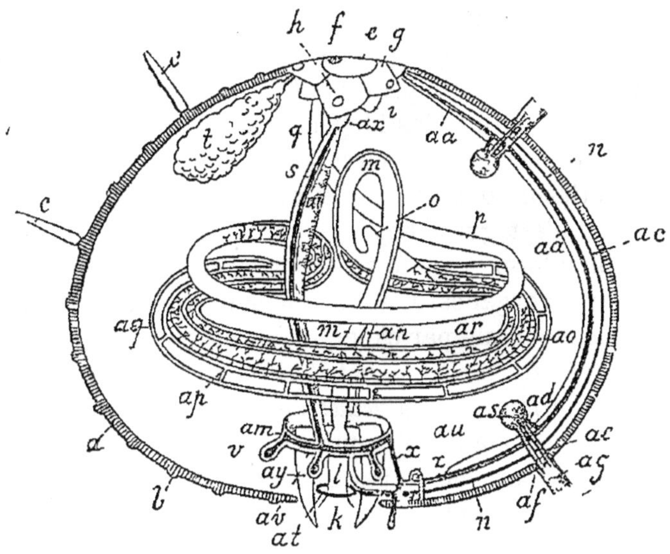

Fig. 662 — Schema de l'organisation d'un Oursin; — *a*, test, *b*, tubercules, *c*, piquant, *e*, périprocte, *f*, anus, *g*, plaque génitale, *h*, plaque madréporique, *i*, plaque radiale, *k*, bouche, *l*, pharynx *m*, œsophage, *o*, cæcum stomacal, *p*, intestin, *q*, rectum, *t*, glande génitale, *ax*, cavité sous-madréporique, *s*, canal hydrophore, *am*, anneau ambulacraire, *v*, vésicules de Poli, *x*, *aa*, canal radial ambulacraire, *ag*, pied ambulacraire, *as*, vésicule ambulacraire, *ad*, *ag*, *af*, branches de communication, *ai*, organe sacciforme, *av*, anneau labial, *ac*, canal sous-ambulacraire, *an-ai*, diverses parties de l'appareil absorbant, *at*, anneau nerveux, *n*, nerf radial, *au*, auricule, *ay*, mâchoire

Enfin, chez ces dernières, la plaque madréporique a émigré vers l'intérieur. Le tube hydrophore et l'organe sacciforme ne communiquent plus avec l'extérieur, mais avec la cavite générale. L'ensemble des cavités circulatoires et cœlomiques forme donc un système clos.

En résumé, ce qui domine l'histoire évolutive de l'appareil circulatoire des Echinodermes est l'indépendance croissante acquise par ce dernier relativement au milieu exterieur. Chez les formes primitives, l'eau de mer entre largement dans les diverses parties de la cavité générale et dans l'appareil circulatoire qui n'en est qu'une partie specialisée : les conditions sont ici celles qui se montrent chez la plupart des Phytozoaires (Spongiaires, Cœlentéres), qui sont absolument pénétrés par le milieu extérieur. Peu à peu, les communications se réduisent, les entonnoirs vibratiles, servant a l'entrée de l'eau, se localisent sur la plaque madréporique, et finalement chez les Holothuries, les formes les plus libres, ces dernieres communications se ferment, le milieu intérieur est constitué avec toute son autonomie, et s'affranchit définivement du milieu ambiant, conditions réalisées chez les Artiozoaires.

Appareil respiratoire. — L'eau chargée d'oxygène, qui penètre par la plaque madréporique (ou les entonnoirs vibratiles), se sature de substances assimilables provenant du tube digestif et d'amœbocytes nes dans l'appareil plastidogène : elle remplit d'une façon égale toutes les parties de l'appareil circulatoire, c'est-à-dire toute la cavite genérale. Les tissus sont pour ainsi dire baignés dans l'eau chargee d'oxygène et il n'est guère besoin d'appareil respiratoire spécialisé.

On peut considerer toutefois comme servant à la *respiration* un certain nombre d'organes. Les uns ne sont que des tubes ambulacraires modifiés, comme par exemple les *tubes ambulacraires dorsaux* des Oursins irréguliers, les *branchies dermiques* des Etoiles de mer et des Oursins réguliers, les *tentacules* des Holothurides (1). Les autres sont des organes spéciaux de respiration. Chez les Ophiures, dix *sacs respiratoires* s'ouvrent chacun par une fente, de chaque côté des bras (fig. 665, *GS*). Ces sacs sont des sortes de branchies invaginées qui font saillie dans la cavité génerale, reçoivent de l'eau de mer et servent à la respiration du liquide cœlomique. Chez quelques Holothurides, on trouve des organes que l'on nomme assez improprement des *poumons aquifères*. Ils partent du cloaque en formant deux (rarement 4 ou 5) organes creux, arborescents et contractiles, termines par des vesicules allongées (fig. 663). Sous l'influence de mouvements alternatifs d'inspiration et d'expiration, l'eau entre ou sort par l'anus, se renouvelant sans cesse à l'intérieur des poumons aquiferes, amenant des échanges continuels entre le milieu ambiant et celui de la cavite génerale.

Appareil reproducteur. — La reproduction est principalement

(1) Les pieds ambulacraires dorsaux des Oursins irreguliers (Spatangides, Clypeastrides) sont aplatis en lames foliacees et plus ou moins ramifiees. Les *branchies dermiques* des Etoiles de mer sont des tubes simples emanant du tegument dorsal, celles des Oursins reguliers sont circumbuccales, ramifiées, au nombre de 5 paires. Les *tentacules* des Holothurides, simples ou ramifies, forment une couronne en avant de l'orifice buccal

sexuelle; mais certaines espèces peuvent se multiplier normalement par division spontanee. Dioiques, a l'exception des Holothurides Apodes.

Organes sexuels représentés par des glandes en grappes qui ne

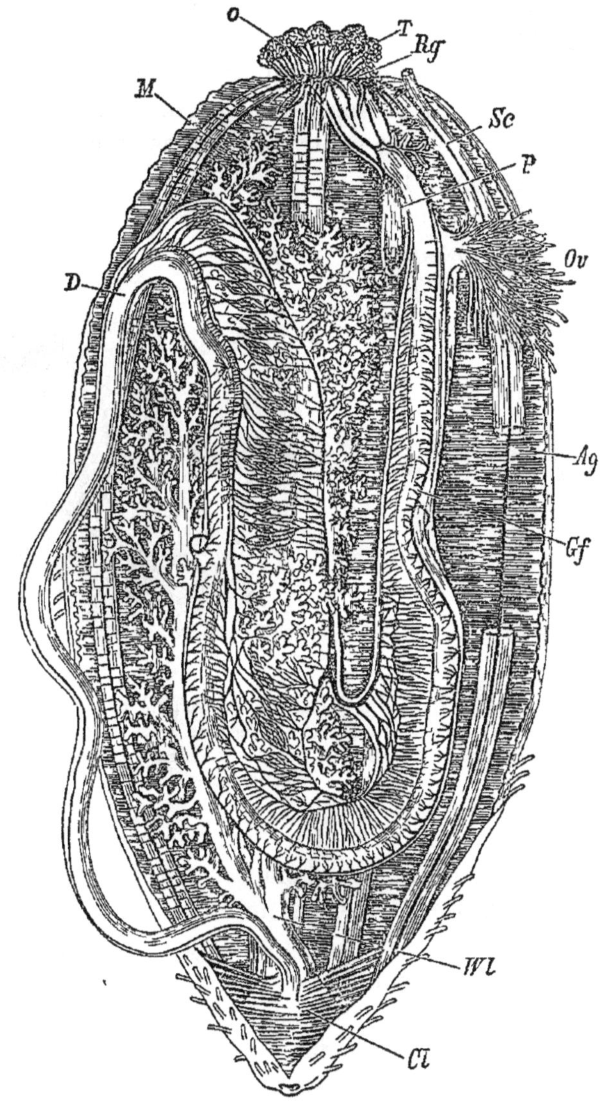

Fig 663 — Anatomie de *Holothuria tubulosa* — *O*, bouche au centre des tentacules (*T*), *D*, tube digestif, *Sc*, canal hydrophore, *P*, vésicule de Poli, *Rg*, anneau ambulacraire, *Ag*, vaisseau radial ambulacraire, *M*, muscles longitudinaux, *Gf*, vaisseau absorbant, *Ov*, ovaire, *Cl*, cloaque, *Wl*, poumons

sont que des dependances spécialisées de l'appareil plastidogène; elles sont identiques dans les deux sexes; toutefois, au moment de la fécondation, les testicules présentent une couleur blanchâtre et les ovaires une teinte jaune brun ou rougeâtre. Chez les Oursins, 5 glandes génitales (fig. 664), situées dans les espaces interambulacraires, débouchent au dehors par des pores dorsaux, percés dans les *plaques génitales* qui entourent le périprocte, et dont fait partie la plaque madréporique. Chez les Etoiles de mer, 5 ou 10 paquets de glandes sexuelles, interradiales, mais se prolongeant dans les bras, viennent s'ouvrir par des orifices, d'ordinaire assez nombreux, percés dans des plaques (*plaques criblées*) qui se trouvent dans la région de raccordement des bras. Chez les Ophiures, les glandes sexuelles, au nombre de dix, débouchent sur la paroi des sacs respiratoires et c'est par

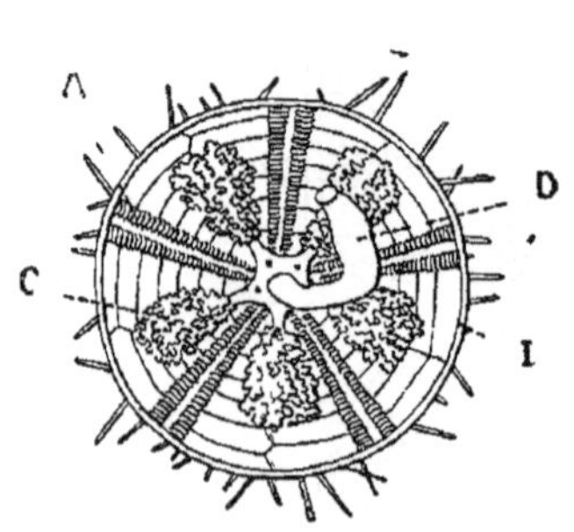

Fig 664 — Organes génitaux d'un Oursin A, aires ambulacraires, I, aires interambulacraires, D, tube digestif, G, glandes génitales

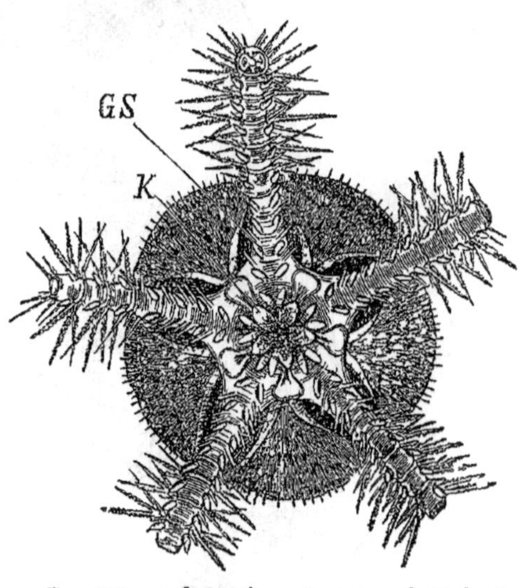

Fig 665 — *Ophiothrix fragilis*, dont l'extrémité des bras a été enlevée — *GS*, fentes des poches branchiales ou génitales, *K*, plaques masticatrices

les orifices de ceux-ci que sortent les produits sexuels (fig. 665, *GS*). Chez les Crinoïdes, ces glandes sont placées dans les pinnules (fig. 658) ou limitées au calice. Enfin, chez les Holothuries, les organes sexuels ont la forme d'un paquet de tubes simples ou ramifiés (fig. 663, *Ov*), dont le canal excréteur commun débouche sur la face dorsale, dans le voisinage de la couronne tentaculaire. Pas d'accouplement; la fécondation se fait extérieurement dans la mer.

Système nerveux. — Le *système nerveux* consiste en un anneau pentagonal, situé autour de l'œsophage (*anneau œsophagien*) et donnant naissance à 5 troncs principaux (*nerfs radiaires*), ou davantage, suivant le nombre des rayons. Si l'on pratique des sections de l'anneau œsophagien, dans l'intervalle des rayons, chaque rayon conserve ses mouvements propres; mais il n'y a plus de coordination entre leurs mouvements. L'anneau œsophagien est donc le centre coordinateur des mouvements généraux de l'animal; les nerfs radiaux sont des centres pour les mouvements spéciaux de chaque rayon. Chez les Crinoïdes, outre ce système nerveux périoral, il existe un anneau nerveux aboral creusé dans la plaque centro-dorsale, et envoyant dans chaque bras un nerf qui traverse toute la série des plaques brachiales (fig. 658, *F'*).

Organes des sens. — Organes des sens peu importants. Les tentacules ambulacraires paraissent être plus ou moins tactiles. Chez les Astérides, on trouve, à l'extrémité des bras, des palpes qui sont des tubes ambulacraires modifiés. Ces palpes, inaptes à la locomotion, paraissent servir à l'olfaction (Prouho). Les yeux se réduisent à des taches pigmentaires rouges situées à la face inférieure de l'extrémité des bras, chez les Astérides. On a décrit des vésicules auditives chez les Synaptes.

Développement. — Rarement direct. Le plus souvent, on observe des métamorphoses profondes, avec larves transparentes (*Echinopædium*) à symétrie bilatérale, munies de bandes ciliées (fig. 667 et 668) et rappelant les larves des Annélides (1).

(1) L'Echinoderme peut avoir un développement direct, notamment quand

Fig. 666. — Astérie à développement direct (*Sporasterias*) : les jeunes, *j*, sont fixés à l'estomac dévaginé de la mère.

il s'accomplit sur l'organisme maternel, ou dans son voisinage (fig. 666) ; mais souvent, il existe une larve munie d'organes spéciaux de locomotion

CLASSE I. — **HOLOTHURIDES** (1).

Echinodermes à téguments coriaces, incrustés de spicules, mais non soutenus par des plaques calcaires; corps allongé, cylindrique; bouche entourée d'une couronne de tentacules rétractiles.

Bouche antérieure et supérieure ; anus inférieur et généralement postérieur. Peau molle et musculeuse, bourrée de corpuscules cal-

(*larves adaptatives*) · l'Échinoderme ne se forme qu'aux depens d'une petite partie de l'organisme larvaire (fig 667, *St*). Chez les Holothuries, la larve (*Auricularia*) se presente avec un seul cordon cilié (fig. 668). Chez les Etoiles de mer, on observe deux formes consecutives (*Bipinnaria*,

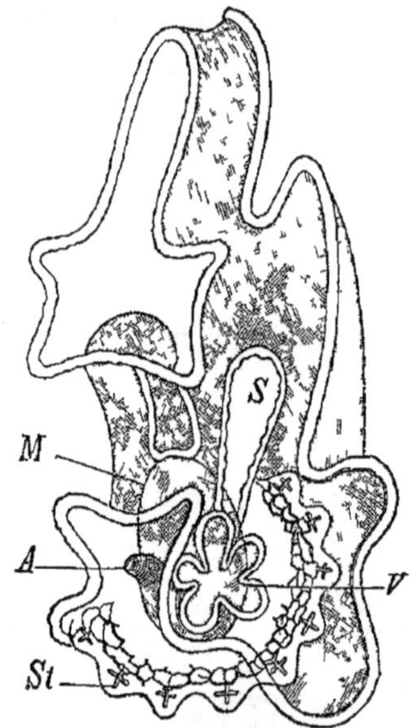

Fig 667 — Larve *Bipinnaria* d un Stelléride, l'Etoile de mer (*St*) est en voie de développement — *M*, estomac, *A*, anus, *V*, rosette des vaisseaux ambulacraires avec le canal hydrophore

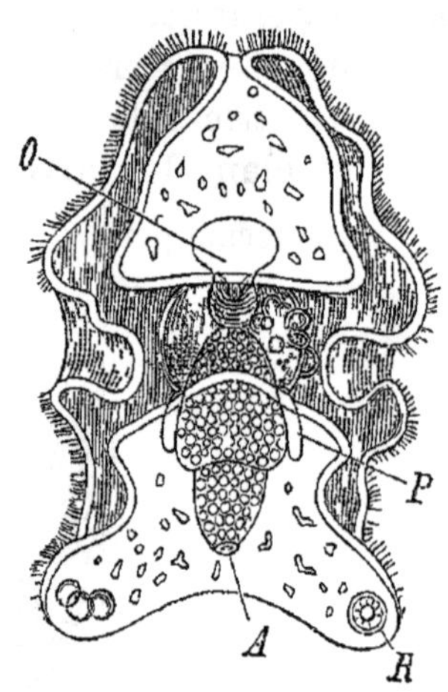

Fig 668 — Larve *Auricularia* d'une Holothurie — O, bouche, *A*, anus, *P*, commencement de la cavité générale, *R*, corpuscule calcaire.

puis *Brachiolaria*), avec deux couronnes ciliées (fig. 667). Chez les Oursins et les Ophiures, la larve (*Pluteus*) est en forme de chevalet, avec un certain nombre d'appendices sur lesquels se prolonge le cordon cilié (fig 669) Chez les Crinoides, une larve libre (*larve cystoide*), a forme de tonnelet entoure de cercles cilies, nage pendant quelque temps, puis se fixe au moyen d'un pedoncule terminé par un disque transversal (*larve pentacrinoide* (fig. 649 *A*). Toutes les larves d'Echinodermes, avant d'acquerir leurs caracteres differentiels, passent par un même stade (*Pentactula*). Cette larve presente un tube digestif dont la bouche, ventrale, est entouree de cinq tentacules, elle presente aussi un anneau aquifere, un anneau nerveux et un tube hydrophore qui s'ouvre au dehors par un pore dorsal

(1) ὅλο, entier; θυρίδιον, petit trou; corps parsemé de petits trous.

caires, dépourvue de piquants et de pédicellaires. Vivent sur les côtes ou dans les eaux profondes. Mouvements lents. Avalent la vase et se nourrissent des particules nutritives qui s'y trouvent. Deux ordres :

HOLOTHURIDES.	Des pieds ambulacraires....	EUPODES.
	Pas de pieds ambulacraires..	APODES.

ORDRE I. **Eupodes** (εὖ, bien ; ποῦς, pied). — *Holothurides pourvus de pieds ambulacraires.*

Tubes ambulacraires sur cinq ou dix rangées longitudinales, munis

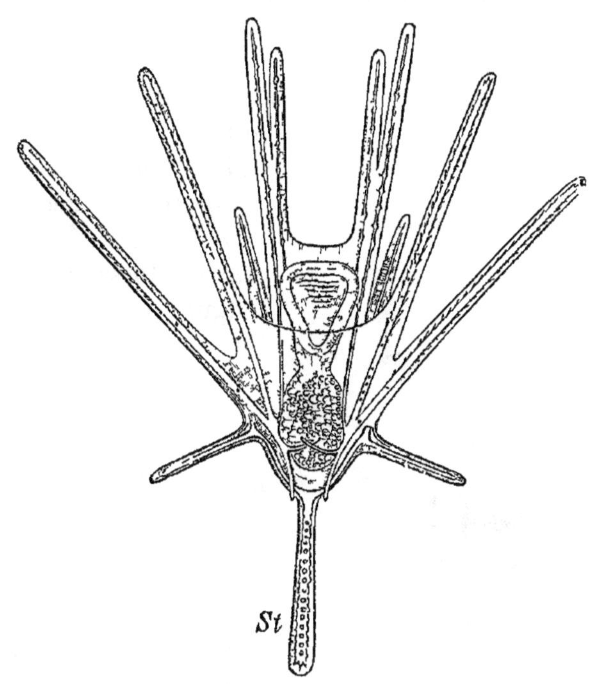

Fig. 669. — Larve *Pluteus* d'un Spatangue, avec la tige apicale *St*.

de ventouses (fig. 654). Des poumons aquifères annexés au tube digestif (fig. 663). Sexes séparés.

A. *Aspidochirotes* (ἀσπίς, bouclier, χείρ, main). — *Tentacules scutiformes. Anus terminal.*

Holothuries (*Holothuria*). Corps cylindrique. Appelées vulgairement « Trépangs ou Cornichons de mer » ; vivent ordinairement près des côtes. A Naples, on mange *H. tubulosa*. En Chine, *H. edulis* et quelques autres constituent un mets très recherché pour les propriétés aphrodisiaques qu'on leur attribue, surtout à cause de leur forme (*Priapus marinus*). — *Stichopus*. Corps prismatique à 4 faces.

B. **Dendrochirotes** (δένδρον, arbre; χείρ, main). — *Tentacules ramifiés. Anus terminal.*

Cucumaires (*Cucumaria*). Tubes ambulacraires disposés par series. 10 tentacules *C. doliolum* est commun dans la Méditerranée (fig. 654). — Thiones (*Thione*). Tubes ambulacraires distribués sur tout le corps ; anus avec des dents calcaires. Océan.

C. **Rhopalodinidés** (ῥόπαλον, massue). — *Tentacules ramifiés. Anus situé pres de la bouche. Teguments soutenus par des pieces en mosaique.*

Rhopalodina. En forme de bouteille, sur le goulot de laquelle sont situés les deux orifices buccal et anal, comprenant entre eux le pore génital. — *Hypsilothuria.* Corps recourbé en U. Atlantique.

D. **Élasipodes** (ἔλασις, course ; πούς, pied). — *Face ventrale transformee en sole pédieuse. Bouche ventrale. Anus dorsal.*

Holothuries des grands fonds. *Oneirophanta.* Pieds ambulacraires dorsaux transformés en longues papilles. — *Psychropotes.* Un énorme appendice à l'extrémité postérieure du corps.

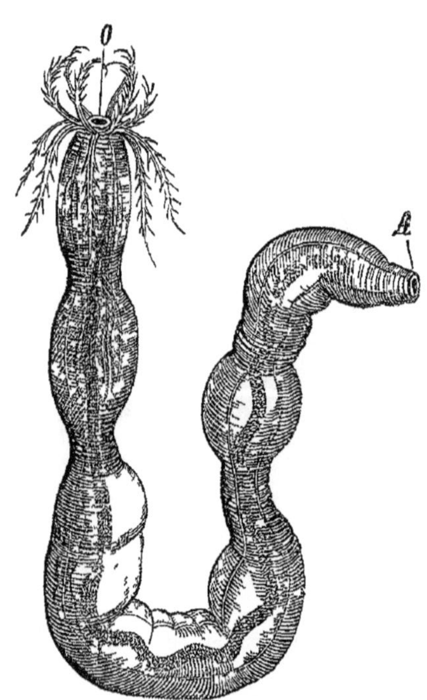

Fig 670 — *Synapta inhærens* — *O*, bouche, *A*, anus On aperçoit le tube digestif par transparence a travers la peau.

ORDRE II. **Apodes** (ἀ, priv., ποῦς, pied). — *Holothurides depourvus de tubes ambulacraires.*

Probablement tous hermaphrodites.

A. Pneumonés (πνεύμων, poumon.) — *Des poumons aquiferes.*

Molpadies (*Molpadia*). Tentacules digites. — Echinosomes (*Echinosoma*). Tentacules en forme de tubercules ; peau avec de grosses écailles épineuses.

B. Apneumonés. — *Pas de poumons aquiferes.*

Synaptes (*Synapta*). Corps vermiforme (fig. 670). La peau renferme des corpuscules en forme d'ancre. Un Mollusque Gasteropode (*Entoconcha*) et même un Poisson (*Fierasfer*) vivent souvent à l'intérieur du corps de certaines Synaptes.

CLASSE II. — ÉCHINIDES.

Échinodermes à corps globuleux, clypeiforme, discoïde ou cordiforme, soutenu par un système de plaques calcaires dermiques soudées entre elles.

Appelés vulgairement « Oursins ». Test composé de plaques pentagonales généralement immobiles; portant toujours des *radioles* (piquants ou baguettes) mobiles, des pedicellaires et souvent des sphéridies. Tubes ambulacraires munis de ventouses, effectuant la locomotion chez les Oursins à baguettes courtes. Chez les Oursins à longues baguettes, celles-ci, dépassant les pieds, servent seules à la locomotion. Herbivores ou carnivores; quelques-uns se creusent des retraites dans les rochers. Deux ordres .

ECHINIDES.	Un appareil masticateur .	GNATHOSTOMES
	Pas d'appareil masticateur. ..	ATÉLOSTOMES.

ORDRE I. **Gnathostomes** (γνάθος, mâchoire ; στόμα, bouche). — *Bouche centrale, pourvue d'un appareil masticateur. 5 glandes génitales.*

1er **Sous-ordre. Réguliers.** — *Oursins globuleux, à aires ambulacraires semblables et occupant des méridiens entiers. Anus subcentral.*

A *Euéchinides* (εὖ, bien). — *Test immobile, à aires ambulacraires larges.*

Des radioles variables, généralement minces. Des branchies circumbuccales. Renferment les Oursins comestibles ou « Châtaignes de mer » dont les plus connus sont : l'Oursin commun (*Strongylocentrotus lividus*), répandu sur presque toutes les côtes européennes; l'Oursin melon (*Echinus melo*) et d'autres (*E. esculentus*, *E. granularis*, etc.), dont on mange les glandes génitales, après avoir rejeté le tube digestif rempli d'Algues et de sable. Il est prudent de ne manger des Oursins que de septembre en avril, c'est-à-dire en dehors des époques de la fécondation, car on a signalé quelques cas d'intoxication survenus pendant cette période. Dans certaines localités du midi de la France, on boit le liquide de la cavité génitale des Oursins, comme excitant des fonctions digestives. Il agit ainsi, à la dose d'un verre par jour; mais, à plus forte dose, il devient purgatif. On ne doit également faire cette « cure d'Oursins » que de septembre en avril.

B. ***Cidaridés*** (κίδαρις, diadème). — *Test immobile, a aires ambulacraires tres etroites.*

Des radioles en massue, grandes et épaisses. Pas de branchies circumbuccales.

Cidaris. — Salenia.

C. ***Échinothuridés*** (ἐχῖνος, herisson ; θυρίδιον, petit trou). — *Test a plaques mobiles, ecailleuses, imbriquees, et a aires ambulacraires larges.*

Test couvert de tubercules perforés, à radioles nombreuses et petites. Animaux des grandes profondeurs.

Calveria. — Phormosoma.

2e **Sous-ordre. Clypéastres.** — *Oursins déprimés, présentant, autour du pôle aboral, une rosette ambulacraire a 5 pétales courts. Anus excentrique.*

A. ***Clypéastridés*** (*clypeus*, bouclier ; *aster*, étoile). — *Test plus ou moins bombe, a aires ambulacraires imparfaitement petaloides.*

Clypeaster (fig. 651). — *Laganum.*

B ***Scutellidés*** (*scutella*, plateau). — *Test plat, discoide, a aires ambulacraires nettement pétaloides.*

a. Imperforés. — *Pas d'entailles ni de trous.*

Dendraster. — Echinarachnius.

b. Perforés. — *Des entailles ou des trous.*

Lobophora. — Mellita. — Rotula.

ORDRE II. **Atélostomes** (ατελής, incomplet). — *Pas d'appareil masticateur. Bouche et anus plus ou moins excentriques. 4 glandes génitales.*

I. *CASSIDULIDES* (*cassida*, casque). — *Oursins irreguliers, plus ou moins clypéiformes, a bouche subcentrale et dépourvue de labre. Anus ventral ou marginal.*

A. ***Échinonéidés*** — *Aires ambulacraires simples, rubanées, non petaloides.*

Echinoneus. Forme elliptique. Antilles.

B. ***Échinolampidés*** (ἐχῖνος, hérisson ; λαμπάς, flambeau). — *5 aires ambulaires petaloides.*

Echinolampas. Forme arrondie. Antilles.

II. *SPATANGIDES* (σπάταγγος, herisson de mer). *Oursins irreguliers, plus ou moins cordiformes, a bouche excentrique et transversale, protegee par un labre saillant. Anus ventral ou marginal.*

A. ***Euspatangidés*** (εὖ, bien). — *Une rosette ambulacraire a 4 petales bien marques.*

Spatangus. — *Brissus.* — *Schizaster.*

B. ***Holastéridés*** (ὅλος, entier ; ἀστήρ, étoile). — *Pas de rosette petaloide.*

Pourtalesia. Des grandes profondeurs.

CLASSE III. — ASTÉRIDES (1).

Échinodermes aplatis, a corps pentagonal ou en forme d'etoile. Bras se touchant par leur base, non distincts du disque.

Un revêtement dorsal de petites pièces calcaires de forme très diverses (brosses, piquants, etc.). Un squelette ventral constitué par des pièces articulees mobiles entre elles, formant des anneaux juxtaposés à la façon des vertèbres. Face orale ou ventrale tournée vers le sol, ayant la bouche au centre et portant seule des sillons ambulacraires. Face aborale ou dorsale présentant une ou plusieurs plaques madréporiques et l'anus, s'il existe. Pas de système absorbant. Les rayons ou bras sont épais et se touchent à la base. Ils renferment les glandes génitales et des appendices du tube digestif et présentent, sur la face ventrale, des sillons ambulacraires, dans lesquels sont situés les pieds ambulacraires, generalement terminés chacun par une ventouse. Les Astérides habitent toutes les mers, depuis les côtes jusqu'à des profondeurs extrêmes. Présentent des phénomènes de mutilation volontaire ou par action réflexe (*autotomie*) et de reconstitution subséquente des parties detruites (*redintegration*). Rampent lentement sur le fond de la mer, en y fixant leurs ventouses et raccourcissant le tube membraneux qui leur fait suite. Ils maintiennent généralement l'extrémite des rayons courbée un peu en haut, les ocelles tournés vers la lumière. Ils se nourrissent surtout de Mollusques. Certaines espèces d'Etoiles de mer sont très redoutées des éleveurs d'Huîtres et de Moules.

I. *QUADRISERIÉS.* — *Pieds ambulacraires sur 4 rangees ou davantage, terminés chacun par une ventouse. Un anus.*

Astéries (*Asterias* ou *Asteracanthion*). L'Astérie rouge (*A. rubens*), commune sur les côtes de la Manche et de la mer du Nord, est considerée comme veneneuse; elle est si abondante, dans certaines

(1) ἀστήρ, etoile, εἶδος, forme. Appeles vulgairement *Etoiles de mer.*

contrées, qu'on s'en sert pour amender les terres. — *Heliaster.* 30 à 40 bras.

II. *BISERIES.* — *Pieds ambulacraires sur 2 rangees, termines ou non par une ventouse. Pedicellaires sessiles. Pièces calcaires péribuccales en genéral bien développees. Anus quelquefois nul.*

Solaster. Plaques dorsales portant au centre un bouquet d'épines mobiles (*paxilles*). — Asterines (*Asterina* ou *Asteriscus*). Corps pentagonal, à bords tranchants. — *Pteraster.* Dos recouvert d'une peau nue, figurant une sorte de tente dorsale, à l'abri de laquelle se developpent les jeunes. — *Asterodiscus.* Corps pentagonal à bords arrondis, sans plaques marginales. — *Pentagonaster.* Corps pentagonal, à côtes bordes en dessus et en dessous par une rangée de pièces marginales. — *Archaster.* Bras allongés, avec deux rangées de plaques marginales. — *Porcellanaster.* Plaques marginales à aspect de porcelaine; portent au milieu du dos une colonnette molle (plus developpee encore dans les genres voisins : *Caulaster* et *Ilyaster*), rappelant le pedoncule fixateur des Crinoides. — *Astropecten.* Pieds ambulacraires sans ventouses; pas d'anus. L'Etoile de mer orangée (*A. aurantiacus*) se trouve dans toutes les mers d'Europe. — *Brisinga.* Bras très longs et flexibles, distincts du disque; aspect des Ophiurides. Des grandes profondeurs.

CLASSE IV. — **OPHIURIDES** (1).

Corps étoilé. Rayons nettement distincts du disque central.

Pas de pedicellaires. Des crochets particuliers, en forme d'hameçon, existent sur les bras de certaines espèces et servent de crampons pour la locomotion. Intestin sans anus. Plaque madréporique toujours ventrale. Les rayons ou bras sont serpentiformes, grêles, flexibles et ne se touchent pas par leur base (fig. 665). Ils ne contiennent jamais de prolongements du tube digestif et sont dépourvus de sillons ambulacraires, ou plutôt ceux-ci sont recouverts par des plaques calcaires. Les pieds ambulacraires, toujours depourvus de ventouses, font saillie sur les côtes des bras et ne jouent qu'un rôle tactile.

ORDRE I. **Ophiures**. — *Bras simples, non volubiles, à sillons ambulacraires recouverts par des plaques ventrales.*

1) ὄφις, serpent, οὐρά, queue, εἶδος, aspect.

Les Ophiures se meuvent en faisant onduler leurs bras, comme des Serpents, dans un plan horizontal.

Ophiomyxa. Disque mou. — *Ophiothrix.* Téguments durs et épineux ; fentes buccales nues. — *Ophiocoma.* Téguments durs et épineux ; fentes buccales pourvues de papilles. *O. vivipara*; vivipare ; des grandes profondeurs. — *Amphiura.* Disque recouvert d'écailles nues. *A. squamata*, hermaphrodite et phosphorescente. — *Ophiactis*, Disque rond, recouvert d'écailles qui portent de courts piquants. *O. virens* se multiple par scissiparité ; le liquide de son système aquifère renferme de l'hemoglobine. — *Ophiura* ou *Ophioderma.* Disque granuleux ; bras munis de très courts piquants.

ORDRE II. **Euryales** (Euryale et Meduse, déesses des enfers, a tête couverte de serpents). — *Bras ordinairement rameux, volubiles, à sillons ambulacraires fermés par une peau molle.*

Les Euryales grimpent en enroulant leurs bras autour des corps auxquels elles se fixent.

Astronyx. Bras simples. — *Astrophyton.* Bras bifurqués à la base. *A. arborescens.* Méditerranée.

CLASSE V. — **CRINOIDES.**

Échinodermes en forme de calice ou de disque, pourvus de bras articulés plus ou moins developpés et garnis de branches laterales (pinnules).

Fixés dans le jeune âge ou pendant toute la vie par une tige calcaire qui part du pôle aboral ou dorsal. Cette tige, creuse et pluriarticulee, porte souvent, de distance en distance, de petits appendices, également creux et articules (*cirres*), disposés en verticilles. Corps capsuliforme ; face aborale composée de plaques juxtaposees ; face orale tournée vers le haut, revêtue d'une membrane coriace, portant la bouche au centre et l'anus dans un espace interradiaire. Des bords du calice naissent des bras articules, simples, bifurqués ou ramifiés, munis d'appendices latéraux (*pinnules*) qui sont les dernières ramification des bras. De la bouche partent des sillons qui se prolongent dans les bras et leurs ramifications. Ces sillons (*sillons ambulacraires* ou *tentaculaires*), revêtus d'une peau molle, portent des tubes ambulacraires tentaculiformes, depourvus de ventouses et couverts de cils vibratiles, dont les mouvements dirigent vers la bouche les particules alimentaires. La locomotion s'effectue chez les formes libres par les mouvements ondulatoires et verticaux des bras, de plus, des cirres généralement terminés par des crochets et formant une couronne au-dessus du calice, permettent à l'animal de s'accrocher aux corps sous-marins. La plaque madréporique n'existe pas ; sur toute la face orale du disque existent des *entonnoirs vibratiles*, qui introduisent l'eau de mer dans le système aquifère. Organes génitaux situés dans les pinnules.

Calice formé d'un nombre plus ou moins considérable de plaquettes disposees régulierement sur 5 rayons. Souvent une piece unique (*piece centro-dorsale*) sert à l'insertion de la tige.

Comatules (*Comatula* ou *Antedon*). Pédoncules dans le jeune âge, sessiles et libres plus tard. Seuls représentants des Crinoides sur les côtes de tous les pays du monde. *C. mediterranea* ou *A. rosaceus*, a 10 bras simples; est commun dans la Méditerranee. Naît sous la forme d'un petit Ver, muni de 4 bandes de cils vibratiles et à l'intérieur duquel se developpe une larve pedonculee, munie de bras, qui se fixe au sol ; au bout de quelque temps elle acquiert des cirres, se détache de son pedoncule, pour aller se suspendre aux Algues voisines, en conservant son attitude primitive. — *Eudiocrinus*. Comatules à cinq bras ; des profondeurs de l'Atlantique et du Pacifique. — Pentacrines (*Pentacrinus*). Calice à 10 bras plusieurs fois bifurqués, situé à l'extrémité d'un pedoncule pourvu de verticilles de cirres. Le « Palmier marin » (*P. caput Medusæ*) des Antilles est la plus grande des espèces vivantes. — D'autres formes pédonculees ont été découvertes dans les explorations sous-marines (le *Porcupine*, le *Challenger*, le *Blake*, le *Travailleur*, le *Talisman*, etc.).

EMBRANCHEMENT VII. — CŒLENTÉRÉS (1).

Phytozoaires, à mésoderme nul ou formé d'un tissu gelatineux, toujours sans cavité générale, possèdant des nématocystes *dans l'exoderme; se présentant fréquemment sous la forme de* polypes, *à cavité digestive close en cul-de-sac, avec une bouche entourée de tentacules. Individus s'associant en général en colonies aborescentes ou rayonnées.*

Les Cœlentérés, appelés aussi Polypes, sont essentiellement caractérisés par la réduction considerable du mésoderme, eu égard au développement que presentent l'endoderme et l'exoderme. La paroi du corps est formée ainsi d'*une assise* de cellules exodermiques, et d'*une assise* de cellules endodermiques, séparées par une lamelle anhiste, sans cellules, qui ne peut être considérée comme représentant un feuillet embryonnaire; on lui donne le nom de *mésoglée* (fig. 671). Ce n'est que dans quelques cas (ombrelle des Méduses) que cette partie s'épaissit considerablement et qu'il y apparaît des cellules. C'est alors un veritable mésoderme, mais peu différencié, formé seulement de tissu muqueux. — Par contre, l'exoderme et l'endoderme présentent une différenciation remarquable, qui varie avec chaque classe.

L'embranchement des Cœlentérés présente tous les degrés de complication possible et permet de suivre, avec la plus grande netteté, l'évolution subie par ses divers représentants, et les procédés par lesquels ils dérivent les uns des autres.

Quatre classes.

CŒLENTÉRÉS	Polypes ou Méduses ; les Polypes de constitution très simple, a cavité gastrique non divisée, les Méduses munies d'un velum, et d'organes sensoriels simples.	Hydroméduses
	Méduses, dépourvues de velum, à organes sensoriels complexes.	Acalèphes.
	Formes ne se rattachant pas aux formes méduse ou polype, nageant à l'aide de 8 rangées méridiennes de palettes vibratiles....	Cténophores.
	Polypes, à cavité gastrique subdivisée en loges périphériques rayonnant autour d'une cavité centrale.	Coralliaires.

(1) κοῖλος, cavité, ἔντερον, intestin, parce que l'on considérait le tube digestif comme s'ouvrant dans le cœlome, et ne faisant qu'un avec elle

CLASSE I. — **HYDROMÉDUSES.**

Polypes à formes simples, à cavite gastrique entière, pouvant se reproduire directement, ou par l'intermédiaire de Méduses libres ; quelques types ne présentent que la forme méduse, sans phase polype; d'autres enfin se ramènent à des colonies des Meduses.

HYDROMEDUSES	Présentant toujours une forme polypoïde fixee, avec ou sans forme médusoïde..........	Hydroïdes
	Ne présentant qu'une forme medusoïde	Trachyméduses
	Formant des colonies nageuses, que l'on peut considérer comme des colonies de Méduses différenciees	Siphonophores

SOUS-CLASSE I. — **HYDROÏDES.**

Les formes les plus simples du groupe des Hydroïdes, et de tous les Cœlentérés sont les formes *Protohydra* et *Microhydra*, qui ressemblent à des Hydres sans tentacules. Mais ces formes sont rares et peu connues ; aussi pouvons-nous prendre comme point de départ l'Hydre d'eau douce, qui constitue en réalite trois espèces : *Hydra viridis, H. grisea, H. brunnea.* C'est un sac fixé par sa base (*pied*) et portant à l'extrémité un orifice, la *bouche*, entourée d'une couronne de *tentacules.* Ces tentacules sont, dans l'Hydre, creusés d'un prolongement de la cavité digestive; mais c'est là une exception parmi les Hydroïdes, dont les tentacules sont géneralement pleins.

Histologie de l'Hydre. — Les parois du corps de l'Hydre comprennent une couche d'exoderme et une couche d'endoderme, séparées par une mince lamelle de mesoglee anhiste.

A. Exoderme. — Les cellules exodermiques normales (fig 671, *ep*), sont des cellules allongées, revêtues à leur surface d'une cuticule épaisse; les cellules du pied présentent des prolongement amiboïdes, et c'est à l'aide de ces pseudopodes que l'Hydre peut glisser à la surface des corps.

Eparses au milieu de ces cellules indifférentes, on observe d'autres cellules spécialisées. Ce sont :

1° Des *cnidoblastes*, ou *cellules urticantes* (*cn*), volumineuses, dont le protoplasme est creusé à sa surface d'une cupule profonde; sur le bord de la cupule est une sorte de bec, le *cnidocil* (*cc*), qui semble jouer un rôle sensitif. Dans la cupule se trouve loge l'organe urticant ou *nematocyste* (*nem*). C'est une vésicule, aux parois de laquelle s'attache un filament creux, qui, à l'etat de repos, est pelotonné à l'intérieur de la vésicule, mais qui, à la moindre irritation, sous la pression du protoplasme de la cellule, se devagine à l'extérieur. La vésicule est remplie d'un liquide urticant, qui est rejete au dehors par l'intermédiaire du fil urticant (1).

2° Des *cellules glandulaires* ressemblant aux cellules épithéliales, mais pouvant sécréter des matières qui forment à leur intérieur des gouttelettes liquides, puis s'échappent au dehors.

3° Des *cellules neuro-epitheliales* (*s*), en relation par un filet nerveux profond avec d'autres cellules profondes (fig. 28, p. 55)

4° Ces dernières sont les *cellules nerveuses*, multipolaires (*n*), cachées dans la partie profonde de l'épitheliélium.

5° Des *myoblastes*, ou cellules épithélio-musculaires (*mb*), qui ont été decrites precedemment (p. 51).

6° Enfin des *fibres musculaires lisses* (*cm*), placées profondement, tout contre la mésoglee.

B. Endoderme. — Les cellules endodermiques sont d'énormes cellules cubiques, (*end*) munies d'un flagellum, et pouvant émettre des pseudopodes : ces pseudopodes englobent les matières alimentaires introduites dans le tube digestif, et les digèrent : la digestion est donc *intracellulaire*. Au milieu de ces cellules, se trouvent quelques représentants des formes de cellules spécialisées énumérées plus haut, mais elles sont beaucoup plus rares que dans l'épithelium externe.

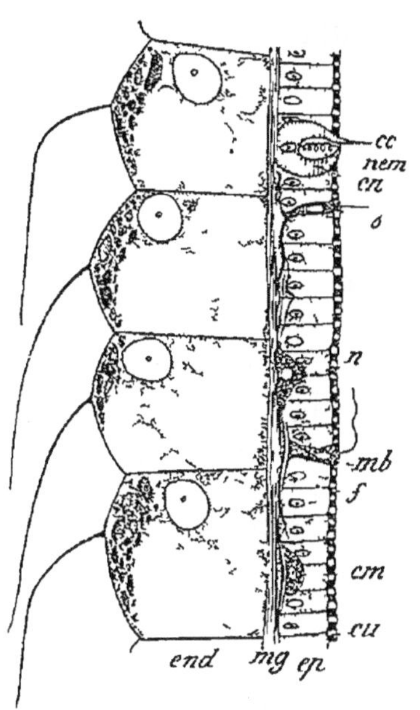

Fig 671 — Coupe de la paroi d'une Hydre — *end* endoderme, *ep*, cellule épithéliale de l'ectoderme, *cu*, cuticule, *cn*, cnidoblaste, *nem* nématocyste, *cc*, cnidocil, *s*, cellule sensorielle neuro-épithéliale, *n*, cellule nerveuse, *cm*, cellule musculaire (fibre lisse), *mb*, myoblaste et sa fibre musculaire, *f*, *mg*, mésoglée

Reproduction de l'Hydre. — L'Hydre peut se reproduire de deux façons :

1° Par *reproduction sexuee* : une protuberance, provenant de la proliferation d'une cellule endodermique se montre vers le tiers

(1) La brûlure causee par le contact des nematocystes de l'Hydre d'eau douce n'est pas sensible, les parties delicates de la peau sont déja impressionnées par les nematocystes des Actinies, enfin le contact des grandes Meduses et des Siphonophores cause de vives douleurs.

inférieur du corps; elle renferme plusieurs œufs, dont un seul arrive à maturité. Vers le tiers supérieur se produisent d'autres protubérances où se développent les spermatozoïdes. Les éléments sexuels sont mis en liberté, la fécondation est externe.

2° Par *reproduction asexuée*: une protubérance, contenant à son intérieur un diverticule de la cavité générale, apparaît en un point; cette protubérance, appelée *bourgeon*, grandit, acquiert une bouche et des tentacules, et le bourgeon, après être reste quelque temps attaché à l'Hydre mère, s'en détache pour former une nouvelle Hydre.

Constitution des colonies d'Hydroïdes. — Les Hydroïdes qui vivent dans la mer ont pour point de départ un polype analogue à une Hydre d'eau douce et résultant du developpement de l'œuf. C'est l'*oozoïte*. Mais ce polype manifeste une tendance à un bourgeonnement autrement rapide et autrement accentué que l'Hydre d'eau douce, si bien que, à la suite de ce premier polype se produisent, par bourgeonnement, une multitude d'autres polypes (*blastozoïtes*), qui. au lieu de se séparer, restent unis en une colonie plus ou moins nombreuse.

Quelquefois ils sont attachés les uns aux autres. Mais plus généralement ils sont reunis par une tige dressée, ou par des stolons ramifiés et rampants, qui n'appartiennent en propre à aucun individu; cette partie commune est le *cœnosarc* ou *hydrosome*. Dans tous les cas, les cavités gastriques des différents polypes sont mises en communication par des canaux tubulaires creusés dans le cœnosarc.

Division du travail. — Polymorphisme des Polypes. — Les divers individus, ainsi associés en colonie, se partagent le travail physiologique, et par suite se modifient en vue du rôle special qui leur est échu. De là un polymorphisme remarquable qui se manifeste dans beaucoup de types, où on peut distinguer jusqu'à cinq formes principales d'individus (fig. 672):

1° Les *gastrozoïdes* (*P*), ou individus nourriciers, les plus voisins du type normal, plus ou moins semblables à une Hydre, présentant une bouche et des tentacules, épars ou disposés suivant un ou deux verticilles.

2° Les *dactylozoïdes* (*S*), sans bouche, sans tentacules, qui, eux-mêmes, prennent la forme de tentacules, et dont le rôle est d'explorer le voisinage immédiat de la colonie.

3° Les *machozoïdes*, ou individus de combat, semblables aux précédents, mais terminés par une couronne de tubercules bourrés de nematocystes (*batteries urticantes*).

4° Les *acanthozoïdes* (*SK*), qui se réduisent à une simple épine, recouverte d'une couche de chitine dure, et qui protège la colonie retractée.

5° Enfin les *gonozoïdes* ou individus reproducteurs (*M*). Ceux-ci méritent une attention toute particulière, à cause de la variation extrême qu'ils présentent et des faits remarquables qu'ils offrent à étudier.

L'Hydre nous a montre le cas le plus simple, celui où il n'y a aucune différenciation ; nous étudierons tout de suite le cas le plus complexe, pour montrer la différence considerable que peuvent pre-

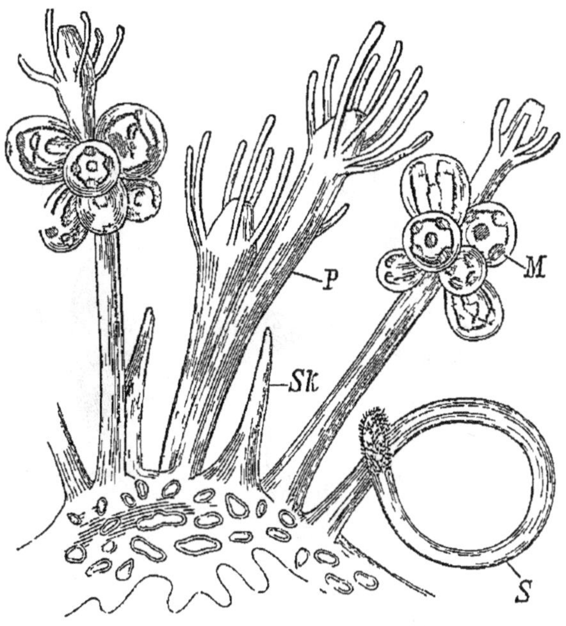

Fig 672 — *Podocoryne carnea* — *P*, gastrozoides, *M*, gonozoides portés sur les gastrozoides et appelés à devenir des Méduses, *S*, dactylozoide, *Sk*, acanthozoides

senter les gonozoides des divers types d'Hydroides, sauf à étudier ensuite les diverses formes intermédiaires qui rattachent ces types extrêmes.

Sur la colonie d'Hydraires on voit se former, au milieu des autres individus, un organisme particulier, en forme de cloche ou d'ombrelle, et renfermant à son intérieur les élements sexuels. Cet organisme, une fois complètement développe, se detache et devient une *Meduse*.

Organisation d'une Méduse. — Les Méduses nées sur les colonies d'Hydroides sont en général de taille très petite, quelques millimètres à peine; les plus grandes ont 5 centimètres. Cependant, quelques formes géantes (*Æquorea*) peuvent atteindre de grandes dimensions, jusqu'à 40 centimetres.

Leur forme (fig. 673, 674) est celle d'une cloche profonde, plus rarement d'une calotte aplatie. Au centre de la cloche (fig. 674) est suspendu le *manubrium* (*m*), qui porte la bouche (*b*) à son extremité. L'orifice de l'ombrelle est retréci par un anneau membraneux, le *velum*, formé exclusivement par l'ectoderme (*v*). La locomotion s'effectue par des contractions brusques de l'ombrelle : la sortie de l'eau entraîne une réaction, et la Méduse se meut par une serie de soubresauts en arrière. La bouche conduit dans un œsophage, que

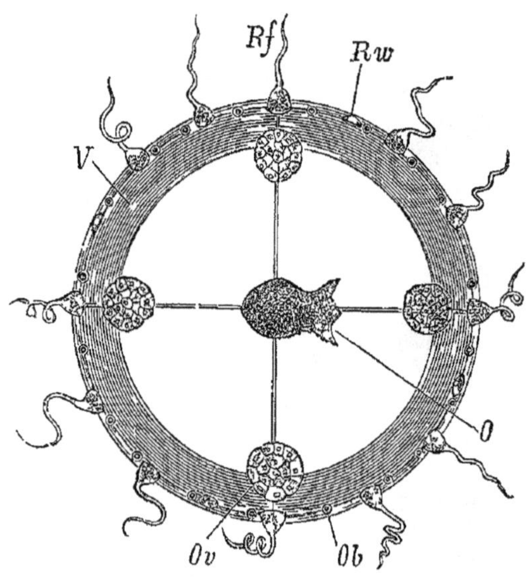

Fig 673 — *Phialidium variabile*, vu par la face sous ombrellaire — *V*, velum, *O*, bouche, *Ov*, ovaires, *Ob*, vésicules auditives, *Rf*, tentacules marginaux, *Rw*, bourrelets marginaux

renferme le manubrium, puis dans un estomac (*C*) logé sous le dôme de l'ombrelle. De l'estomac partent des canaux (*r*) rayonnant vers le bord de l'ombrelle; il en existe en genéral 4 ou 8 (fig. 673), mais quelquefois plus de 100, produits par la ramification des canaux principaux. Tous ces canaux se rendent dans un *canal marginal* (fig. 674, *cm*), occupant le bord de l'ombrelle. Cet ensemble, comparé jadis à un appareil vasculaire, est quelquefois designé sous le nom d'*appareil gastro-vasculaire*. Sur le bord de l'ombrelle sont des *tentacules* creux (*t*), dont 4 primaires sont places aux extrémités des canaux radiaires; mais leur nombre peut augmenter dans de grandes proportions.

Il existe un double *anneau nerveux*, dont une partie à l'interieur, l'autre à l'extérieur du canal marginal. Cet anneau nerveux est en relation avec des organes sensoriels (*corpuscules marginaux*), portés sur le bord de l'ombrelle (fig. 673, *Rw*). Ces corpuscules sont ou bien des amas de cellules pigmentaires (*ocelles*), ou bien des vésicules renfermant un otholithe (*otocyste*) ; ces deux formations s'excluent l'une l'autre. Enfin les produits génitaux sont placés dans le manubrium ou dans la paroi des canaux radiaires (fig 673, *Ov*; 674, *g*).

Alternance de générations. — La découverte des rapports étroits qui rattachent les Méduses aux Hydraires conduisit à

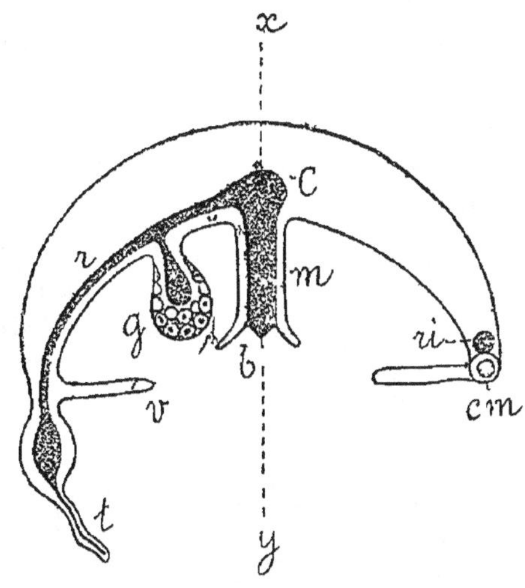

Fig 674 — Schéma d'une Méduse craspédote. — Section verticale passant à gauche par un radius, à droite par un interradius — *b*, bouche, *m*, manubrium, *C*, cavité gastro-vasculaire, *r*, canaux radiaires, *cm*, canal annulaire, *ri*, anneau nerveux, *g*, organes génitaux, *t*, tentacule, *v*, velum, *xy*, axe de symétrie.

considérer l'évolution de ces êtres comme présentant un cycle plus compliqué que celui qui se présente d'ordinaire.

En général, les générations se succèdent semblables, chaque individu reproduisant dans ses grands traits l'individu qui lui a donné naissance. Ici, semble-t-il, il n'en est plus de même : une génération de Polypes hydraires asexués donne par bourgeonnement une génération de Méduses sexuées, laquelle à son tour reproduit la génération de Polypes. Il y a donc succession régulière de deux générations différentes. Chaque individu ressemble à ses grands-parents. C'est le phénomène qui est connu sous le nom d'*alternance de générations*.

Cela peut être admis dans un exposé élémentaire. Mais y a-t-il réellement une alternance, et dans tous les cas que signifie-t-elle ?

1° Remarquons tout d'abord qu'il n'y a pas généralité ; que, dans certains cas, il n'y a pas alternance de générations, et que, par suite, comme tous les Hydraires doivent être comparables entre eux, l'alternance de générations, si elle existe, ne doit pas être un bouleversement aussi grand des phenomènes ordinaires que cela le paraît au premier abord.

2° Si on fait l'étude comparée des gonozoides dans la serie des Hydraires, ou trouve des stades de différenciation tres variable. Il peut exister en effet :

A. Des individus ordinaires, portant des *gonophores*, comme cela a lieu dans l'Hydre d'eau douce ;

B. Des *sporosacs*, avec une cavité digestive close à leur interieur (fig. 675, *a*) ;

C. Des sporosacs entourés d'une ombrelle exodermique pleine;

D. Des sporosacs semblables, mais avec des canaux radiaires creusés dans l'ombrelle (*b*) ;

E. Enfin, si une bouche s'ouvre, s'il s'y forme un velum et des tentacules, la forme devient exactement celle d'une Méduse ; mais cet organisme ne se détache pas : on l'appelle un *Medusoide* (fig. 675, *c*).

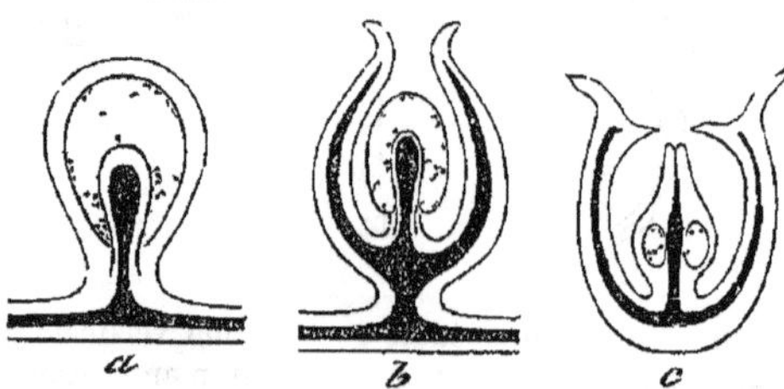

Fig. 675 — Trois formes de gonozoides des Hydroméduses — *a*, sporosac, *b*, sporosac médusiforme, *c*, médusoide.

Dans tous ces cas, on ne peut pas parler d'alternance de générations; on peut dire simplement que, parmi les individus faisant partie de la colonie, quelques-uns se différencient pour s'adapter a la nutrition des produits sexuels, mais ces gonozoides appartiennent bien réellement à la génération des autres Polypes.

Cela est encore vrai pour la Méduse, qui ne diffère en somme d'un Médusoide qu'en ce qu'elle se detache à un moment donne de la colonie. Elle appartient, elle aussi, à la même genération que les autres Polypes Il n'y a donc pas alternance réelle de générations, — puisqu'il n'y qu'une génération — mais un simple phénomène de différenciation et de division du travail. La seule différence qui existe entre les types à prétendues generations alternantes et les types à développement normal est que le gonozoide se détache, dans le premier cas, de la colonie ; qu'il y reste fixé dans le second : différence importante, à dire vrai, mais pas fondamentale.

3° D'ailleurs, il arrive souvent que les cellules génitales se developpent avant l'apparition de la Méduse. Ces cellules sont réellement produites par la colonie de Polypes. On ne peut donc pas dire que ce soit la Méduse qui est sexuée. C'est simplement un des indi-

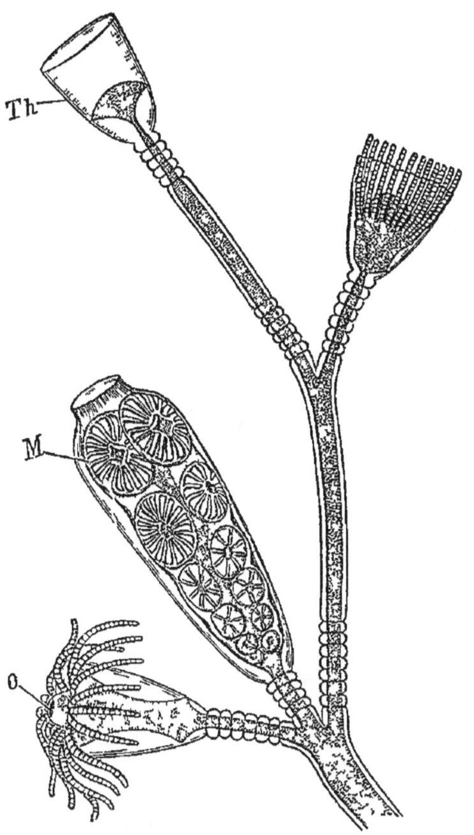

Fig 676 — Branche d'une colonie de Campanulaire (*Obelia gelatinosa*) — O, orifice buccal d'un gastrozoide, dont les tentacule sont étalés, *M*, bourgeons médusoides bourgeonnant sur un polype rudimentaire (*blastostyle*), *Th*, gaine en forme de cloche (*theque*) d'un gastrozoide.

vidus de la colonie qui est particulièrement chargé de nourrir, de protéger et de disséminer les œufs. La Méduse est comparable à la fleur des vegétaux, qui est adaptée au même rôle. Jamais on n'a considéré le cycle évolutif des Phanérogames comme composant deux générations : la génération vegétative, puis la fleur. Il n'y a pas de raison pour qu'on fasse une pareille hypothèse pour les Hydres et les Méduses.

Classification. — Les formes à polypes isolés sont nues. Partout ailleurs, il se produit une membrane chitineuse ou calcaire qui est une formation cuticulaire de l'exoderme, et qui est par suite toujours extérieure : c'est le *périsarc*. La classification des Hydroïdes est basée sur la nature et l'étendue du périsarc.

ORDRE I. **Hydraires.** — *Polypes nus; cœnosarc nu ou recouvert d'un périsarc, ne s'étendant jamais jusqu'aux polypes. Méduses, — quand elles existent, — ocellées, en forme de cloche, avec les produits génitaux dans le manubrium* (Anthoméduses)

Hydres (*Hydra*). Formes isolées d'eau douce. Si on divise ces êtres en fragments, chacun d'eux peut reproduire l'animal entier (rédintégration). *H. viridis*, *H. fusca*, *H vulgaris* sont communes dans nos étangs, fixées notamment aux feuilles de Lemna. — *Protohydra*, *Microhydra*. Formes marines, isolées, sans tentacules. — *Cordylophora*, forme coloniale d'eau douce. — *Syncoryne* (forme médusaire, *Sarsia*). — *Hydractinia*. Vivent sur les coquilles habitées par des Pagures. — Tubulaires (*Tubularia*), polypes très longs et volumineux.

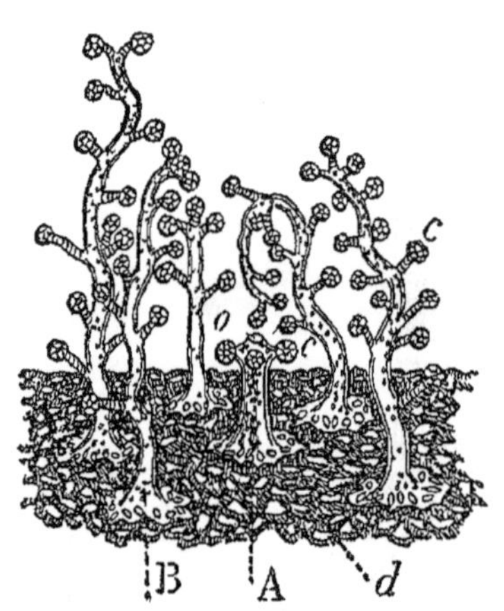

Fig 677. — Groupe de polypes de *Millepora nodosa* — Au centre le gastrozoïde *A*, entouré de cinq dactylozoïdes *B* — *o*, bouche, *c*, tentacules, *d*, polypier

ORDRE II. **Campanulaires** — *Périsarc formant une enveloppe autour de chaque Polype. Méduses* (Leptoméduses) *discoïdes, munies d'otocystes, avec les œufs dans les canaux radiaires.*

Campanulaires (*Campanularia*). Polypes pedonculés, entourés d'une membrane en forme de cloche (fig. 676). — Sertulaires (*Sertularia*) Polypes sessiles, s'insérant de chaque côte de la tige qui les porte. — Plumulaires (*Plumularia*). Polypes sessiles unilateraux.

ORDRE III. **Hydrocoralliaires.** — *Périsarc calcaire; cœnosarc très abondant, creusé d'une multitude de canaux, mettant en relation les divers individus.*

Forment des polypiers analogues à ceux des Coralliaires, et établissent le passage entre les deux groupes.

Millépores (*Millepora*). Dactylozoïdes groupés autour des gastrozoïdes, mais indépendants (fig. 677). — *Stylaster*. Dactylozoïdes et gastrozoïdes plus ou moins dépendants les uns des autres (fig. 678).

SOUS-CLASSE II. — **TRACHYMÉDUSES.**

Méduses semblables aux Méduses d'Hydroïdes, mais ne présentant pas de phase hydraire.

Un velum ; tentacules ordinairement solides, à la différence des

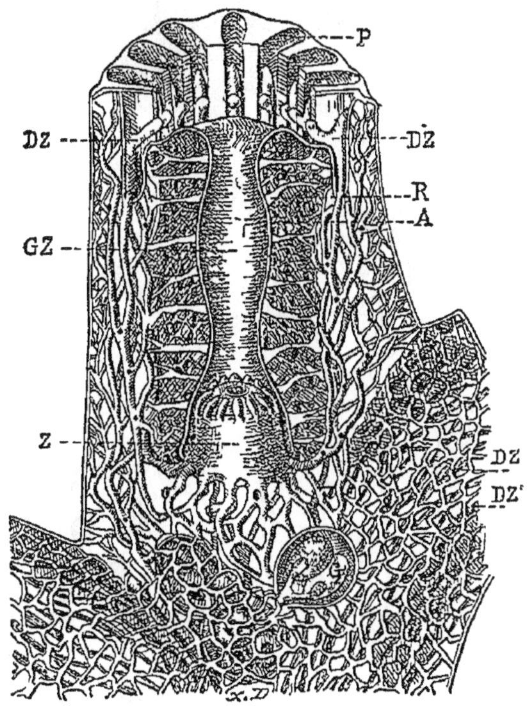

Fig. 678. — Coupe verticale à travers un des cyclo-systèmes de zoïdes d'une colonie mâle décalcifiée d'*Allopora profunda*. — *DZ*, dactylozoïdes, *P*, sacs des dactylozoïdes séparés par des pseudo-cloisons, *Z*, gastrozoïde avec 12 tentacules, de larges canaux naissent à la base du gastrozoïde et communiquent avec les canaux basilaires *DZ*, des cyclo-systèmes adjacents, *GZ*, sac du gastrozoïde, *G*, gonozoïdes.

Méduses d'Hydraires, avec un cordon axial endodermique. Des tentacules auditifs, formés d'un otocyste entouré de cellules auditives à long cil. Ce groupe se rattache au précédent par l'existence de formes (*Cunina*) chez lesquelles il existe une forme polypoïde rudimentaire sans bouche, sur laquelle bourgeonnent six ou sept petites meduses, ou bien un polype qui se transforme lui-même en méduse.

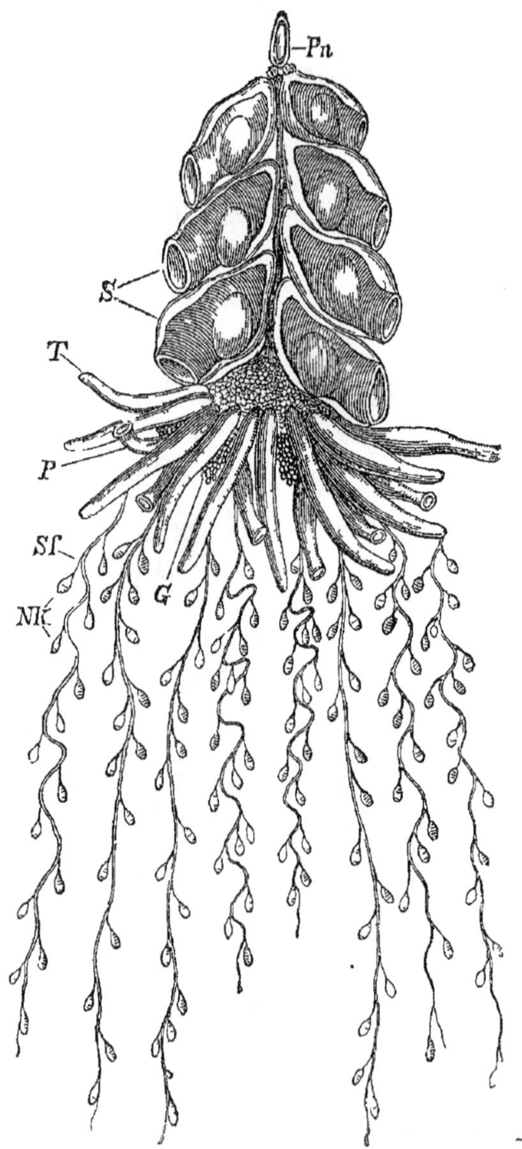

Fig 679 — *Physophora hydrostatica* — *Pn*, pneumatophore, *S*, cloches natatoires (nectozoïdes) disposées sur deux rangs, *T*, tentacules, *P*, un gastrozoïde (siphon) avec son filament préhensile, *Sf*, *Nk*, boutons urticants, *G*, grappes génitales

On voit ainsi s'éliminer peu à peu la phase polypoïde, et on arrive aux Trachyméduses, où cette phase n'est pas représentée du tout.

Geryonia. — *Ægina.* — *Solmaris.*

SOUS-CLASSE III. — **SIPHONOPHORES.**

Colonies flottantes ou nageuses, constituees par l'association d'individus se rattachant par leur structure aux Meduses Craspédotes et attachées à un disque ou a une tige creuse.

Les Siphonophores se rattachent aux Méduses d'Hydraires et

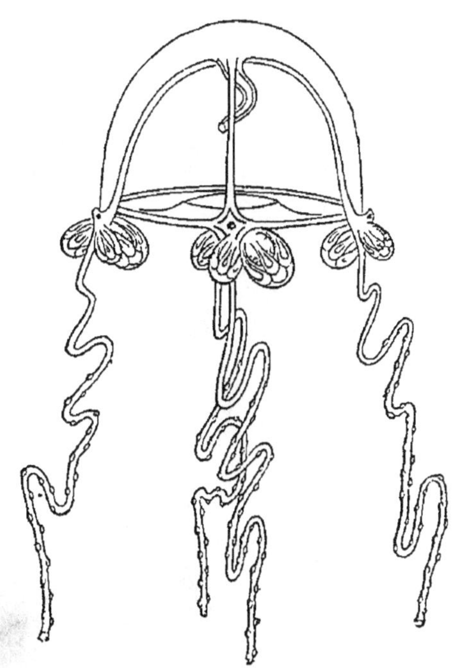

Fig 680 — *Sarsia*, méduse bourgeonnante

peuvent être considerés comme des colonies de Méduses modifiées par l'état colonial et la division du travail (1).

Le polymorphisme est plus grand encore que chez les Hydraires. On distingue en effet (fig. 679) : 1° des *gastrozoides*, ou *siphons* (*P*), c'est-à-dire des tubes sans tentacules, qu'on peut considerer comme des manubriums de Meduse ; 2° des *dactylozoides*, astomes, en forme de tentacules et servant d'organes de tact (*T*) ; 3° des *machozoides*,

(1) Chez les *Sarsia*, le bord de l'ombrelle et le manubrium produisent des bourgeons (fig 680), qui deviennent bientôt des Méduses identiques a la Meduse mere, et qui s'en detachent ensuite pour vivre librement

accompagnant généralement les deux types précédents, et se présentant sous la forme d'un long filament (filament pêcheur) (*Sf*) armé de batteries urticantes (*Nh*) ; 4° des *siphons excréteurs*, ou *proctozoïdes*, plus rares, et servant d'orifices de sortie; 5° des *phyllozoïdes* ou *bractées*, accompagnant toujours un dactylozoïde ou un gastrozoïde,

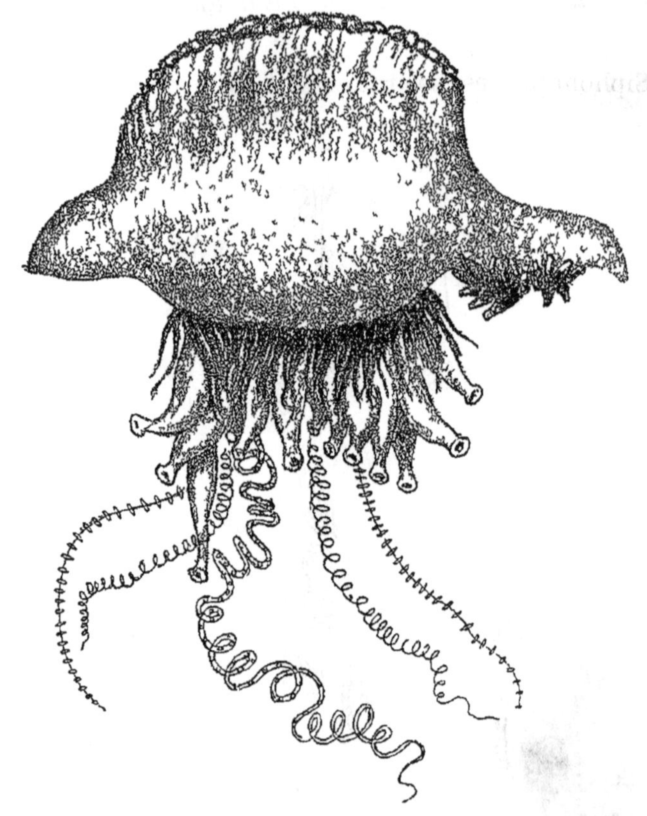

Fig 681 — Physalie

et qu'on peut considérer comme des méduses, dont l'ombrelle serait incomplète et réduite au quart de son étendue primitive; 6° des *nectozoïdes* ou cloches natatoires, méduses sans bouche et sans manubrium (*S*); enfin 7° les *gonozoïdes* (*G*), ayant en général une forme médusoïde, mais se détachant rarement (*Velelle*) en méduses libres.

De l'œuf fécondé d'un Siphonophore sort une larve médusiforme, qui produit par bourgeonnement les autres individus de la colonie. Le corps de la Méduse primitive est creusé souvent d'une cavité (*pneumatophore*) remplie de gaz (*Pn*), et s'ouvrant à l'extérieur par un petit orifice. Le pneumatophore sert de flotteur. Il est quelquefois

(*Stephalia*) accompagne d'une grosse glande (*aurophore*) d'aspect médusoïde qui sécrète le gaz qu'il renferme (fig. 682).

Tous marins, très urticants, redoutés des baigneurs ; considérés, peut-être à tort, comme ayant une chair toxique.

Deux ordres, les SIPHONANTHES et les DISCONANTHES, suivant que le

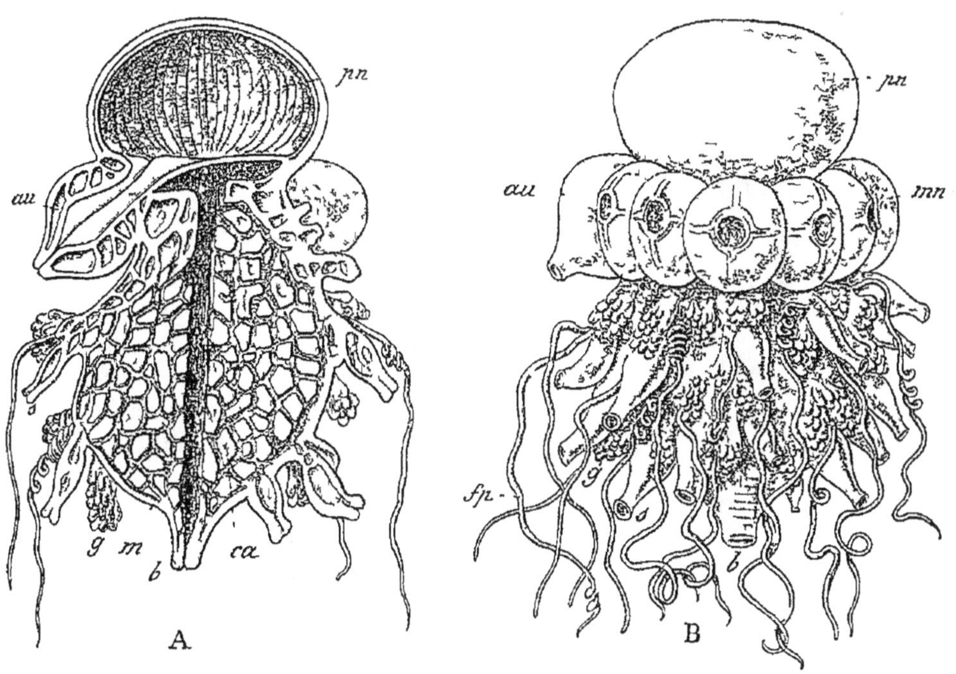

Fig. 682. — *Stephalia corona*. — *pn*, pneumatophore, *au*, aurophore, *m*, manubrium de la méduse primitive, *b*, sa bouche, *ca*, réseau de canaux contenus à son intérieur, *s*, siphons, *fp*, filaments pêcheurs, *mn*, couronne de méduses (nectozoïdes), *g*, gonophores

bourgeonnement a lieu sur le disque ou le manubrium de la Méduse primitive.

ORDRE I. **Siphonanthes** (σίφων, tube ; ἄνθος, fleur). — *Siphonophores à tronc tubuleux* (tige) *représentant le manubrium d'une méduse* (1), *dont le disque est rudimentaire ou nul* (fig. 679).

La larve (*siphonule*) a la forme d'une Méduse Craspédote ; son

(1) On ne trouve que rarement (*Stephalia*, etc.), à l'extrémité de la tige d'un Siphonanthe, l'ouverture qui correspond à l'orifice buccal du manubrium primitif.

ombrelle disparaît et son manubrium produit, par gemmation, sur le milieu de sa ligne ventrale, tous les individus de la colonie dont il devient la tige.

A. ***Physophoridés*** (φῦσα, vessie, φορός, porteur). — *Un pneumatophore.*

Physalies ou « Galères » (*Physalia*). Un gros pneumatophore, sans aurophore ; tige raccourcie et renflée en disque au-dessous du pneumatophore ; filaments pêcheurs très longs ; pas de cloches natatoires ni de boucliers (fig. 681). — *Stephalia*. Un pneumatophore et un aurophore (fig. 682). — *Physophora*. Un pneumatophore sans aurophore ; des nectozoïdes ; des dactylozoïdes ; tige courte (fig. 679).

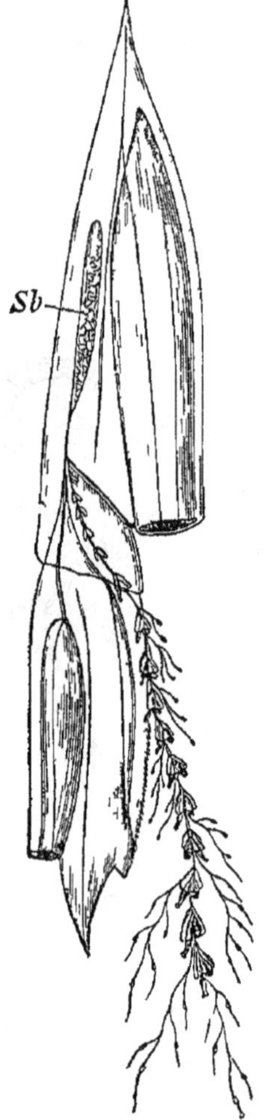

Fig 683. — *Diphyes acuminata*, grossie environ huit fois — *Sb*, réservoir dans la cloche natatoire supérieure

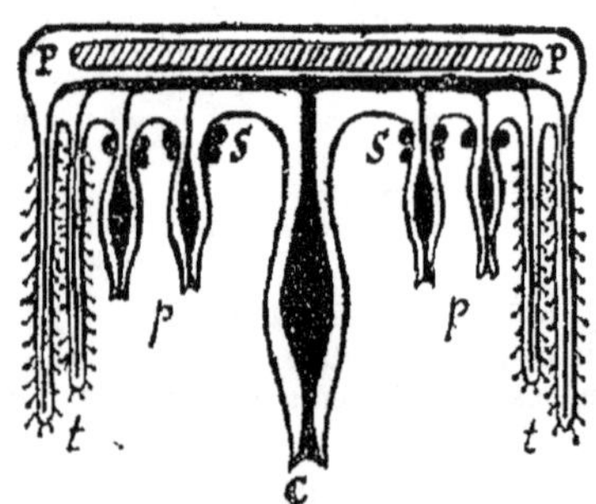

Fig 684 — Schéma d'un Disconanthe — *P*, disque avec le pneumatophore, *c*, gastrozoïde central manubrium primitif, *p*, gastrozoïdes périphériques, *t*, dactylozoïdes

B. ***Calycophoridés*** (κάλυξ, calice). — *Pas de pneumatophore.*

Chez quelques-uns, des groupes d'individus se séparent de la colonie, nagent librement (*Eudoxies*) et donnent ensuite une colonie polymorphe, par alternance de générations.

Hippopodius. Un grand nombre de nectozoïdes. — *Diphyes* (fig. 683) et *Cucullus*. Formes coloniale et eudoxiale ; deux nectozoïdes. — *Mugiœa* et *Eudoxia*. Formes coloniale et eudoxiale ; un seul nectozoïde.

ORDRE II. **Disconanthes** (δίσκος, disque). — *Siphonophores a forme discoïde, dont les divers individus bourgeonnent sur l'ombrelle de la méduse primitive* (fig. 684).

La larve (*disconule*) a la forme d'une Méduse Craspedote dont le manubrium devient le gastrotrozoïde central. Le disque de l'adulte renferme un pneumatophore à chambres multiples débouchant à l'extérieur par de petits pores ; son bord porte de nombreux tentacules. A la face inférieure du disque apparaissent, par bourgeonnement, des polypoïdes secondaires, sur la paroi desquels se développent des bourgeons médusoïdes.

Vélelles (*Velella*). Une crête verticale sur le disque. — Porpites (*Porpita*). Pas de crête sur le disque.

CLASSE II. — ACALÈPHES.

En opposition au groupe des Méduses Craspédotes se place celui des Méduses Acalèphes, qui présentent une forme analogue, mais s'en distinguent par les caractères suivants :

1° Les dimensions sont beaucoup plus considerables : 10 centimètres en moyenne ; le Rhizostome de Cuvier atteint 60 centimètres, et on a trouve un échantillon de Cyanée dont le disque avait 2m,50 de diamètre et dont les tentacules avaient 36 mètres de long.

2° La forme est plus évasee, elle se rapproche plutôt de celle d'un champignon que de celle d'une cloche (fig. 689).

3° Le manubrium a une section carrée, et la bouche, carrée aussi, se prolonge à ses angles, en quatre bras, longs, simples ou ramifiés, et creusés en gouttière (fig. 685).

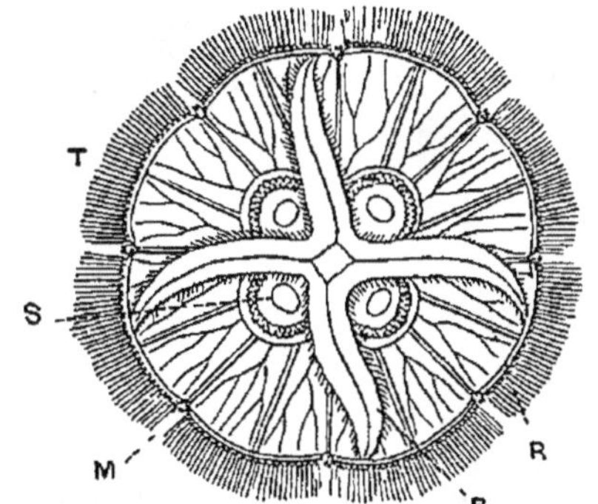

Fig 685 — Méduse (*Aurelia aurita*), vue par la sous-ombrelle : — *B*, bras buccaux, *M*, corpuscules marginaux, *R*, vaisseaux radiaires, *S*, glandes sexuelles, *T*, tentacules marginaux.

4° Le bord de l'ombrelle ne porte pas de velum (Méduses Acraspèdes). Toutefois il peut exister (Cuboméduses, Rhizostomes) un repli marginal (*velarium*), mais alors ce velarium est creusé de dependances de l'apreil gastro-vasculaire, ce qui le distingue du velum, toujours dépourvu de cavité.

5° L'estomac présente de nombreux filaments vermiformes (filaments gastriques) qui secrètent des tubes digestifs. Il donne naissance soit à quatre ou huit longues poches, séparées les unes des autres par de minces cloisons, soit à un système de nombreux canaux, aboutisssant à un canal marginal (fig. 685).

6° Le système nerveux ne forme pas un anneau complet : il existe en général de huit à seize ganglions isoles sur le bord de l'ombrelle.

7° Les organes sensoriels comprennent chacun à la fois un organe visuel et un organe auditif (fig. 686). Ils sont recouverts par un repli

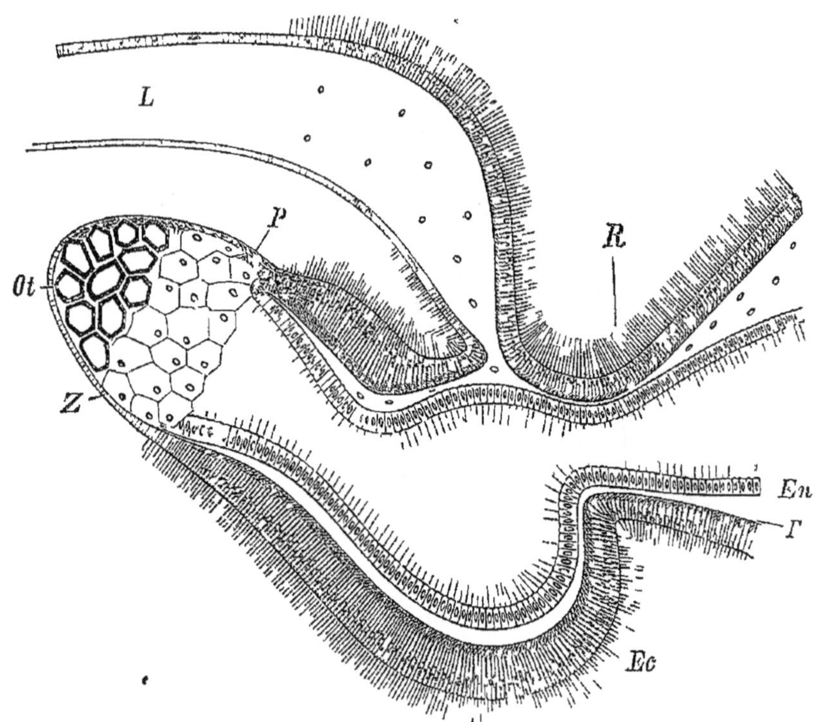

Fig 686 — Coupe à travers un organe sensoriel marginal de l'*Aurelia aurita* — *R*, fossette olfactive, *L*, lobe de l'ombrelle qui recouvre le corpuscule marginal, *P*, tache oculaire, *Ot*, otolithes du sac auditif, *Z*, cellules apres dissolution des otolithes qu'elles contiennent, *En*, entoderme, *Ec*, ectoderme, avec la couche sous-jacente de fibrilles nerveuses (*F*).

membraneux, qui forme au-dessus d'eux une sorte de capuchon (Méduses Stéganophthalmes).

8° Les élements génitaux se forment aux depens de l'endoderme des canaux gastro-vasculaires, ils font ensuite saillie dans des cavités creusées dans la face inférieure de l'ombrelle, et s'échappent par dehiscence dans ces cavites, et de là au dehors (fig. 685, S).

Développement. — Rarement direct (*Pelagia*). De l'œuf féconde de la méduse, sort une larve ciliée (*planula*) (fig. 687, *a*) qui, après avoir nagé pendant un certain temps, se fixe et perd ses cils vibratiles. Une bouche et des tentacules apparaissent à l'extrémité libre et la larve prend la forme *Scyphistome*, avec un tube œsophagien central, aboutissant dans un estomac, qui lui-même se prolonge en quatre vastes poches radiaires. Au début, les Scyphistomes se multiplient par bourgeonnement (*e*); plus tard, ils se divisent, sur toute leur longueur, en un certain nombre de tronçons transversaux, acquérant chacun une couronne de lobes périphériques (*f-h*).

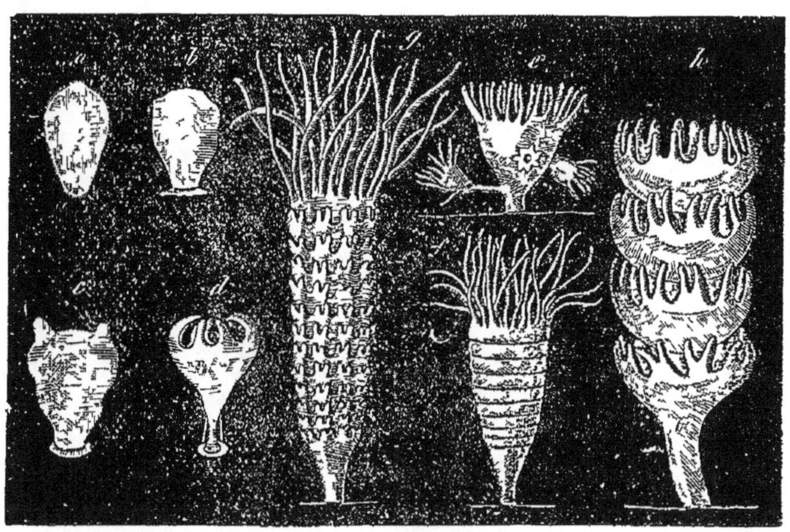

Fig. 687 — Développement de l'*Aurelia aurita*.

Ces tronçons, empilés les uns sur les autres, figurent assez bien une pile d'assiettes creuses. Cette forme constitue un *Strobile*. Bientôt les segments supérieurs se détachent du Strobile, et chacun d'eux devient une jeune Méduse (*Ephyra*), qui acquiert graduellement l'organisation et les caractères d'une Méduse adulte.

On a voulu encore voir là une alternance de générations, le Syphistome représentant une phase Polype asexuée, à laquelle succède une phase Méduse sexuée. Mais en réalité, le Scyphistome représente déjà une Méduse fixée, analogue aux Lucernaires, et la strobilisation n'est qu'une dissociation du corps.

La parenté des Acalèphes avec les Méduses Craspédotes apparaissait autrefois comme évidente; aujourd'hui la similitude de formes est plutôt considérée comme un phénomène de convergence, et on tend à les rapprocher plutôt des Coralliaires. Les formes fixées (Lucernaires, Scyphistomes) ne sont pas en effet sans analogie avec les Coralliaires, qui possedent comme elles des loges radiales, disposées autour d'une cavité centrale.

ORDRE I. **Hypsoméduses** (ὕψος, hauteur). — *Méduses a ombrelle très haute, a quatre poches gastriques plus ou moins nettes, provenant directement des poches du scyphistome.*

I. *CUBOMEDUSES. — Méduses en forme de cloche cuboide et quadrilobee, munies d'un velarium.*

Bouche depourvue de bras. Quatre corpuscules marginaux. Un veritable anneau nerveux sur le bord de l'ombrelle, avec des ganglions vis-à-vis des corps marginaux. Développement inconnu.

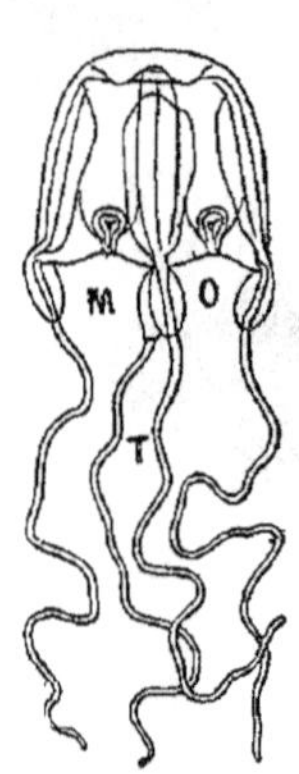

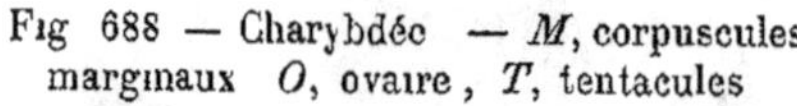
Fig 688 — Charybdéc — *M*, corpuscules marginaux *O*, ovaire, *T*, tentacules

Fig 689. — Rhizostome

Charybdees (*Charybdea*). *C. marsupialis.* Méditerranée

II. *STAUROMEDUSES. — Animaux en forme de coupe, souvent fixes par le pied.*

Animaux marins rappelant, par leur structure, un Scyphistome dépourvu de tentacules. La coupe presente, au centre, un tube œsophagien, que termine une bouche entourée de quatre petits bras buccaux. Quatre poches gastriques séparées par d'étroites cloisons.

Organes génitaux representés par huit bourrelets rubanés.

Lucernaires (*Lucernaria*). Fixées. Huit lobes saillants terminés par des groupes de petits tentacules capités. — *Tessera.* Libres, sans lobes bien nets.

ORDRE II. **Discoméduses** (δίσκος, disque). — *Méduses a ombrelle plate, discoide; poches gastriques du scyphistome non persistantes.*

Nagent souvent en bandes nombreuses et tracent, pendant la nuit, un sillage phosphorescent à la surface de la mer.

A. *Monostomidés* (μόνος, unique ; στόμα, bouche). — *Une large bouche quadrangulaire et centrale, entourée de quatre bras plus ou moins considérables. Bord de l'ombrelle généralement pourvu de tentacules marginaux.*

Aurélies (*Aurelia*). Ombrelle aplatie, bordée de courts tentacules ; quatre bras buccaux étalés horizontalement (fig. 685). La Méduse oreillarde (*A. aurita*) est employée, en Norvège, pour traiter les névralgies. On applique, à plusieurs reprises, la sous-ombrelle contre les parties douloureuses; les nombreux nématocystes qu'elle contient produisent alors une vive urtication, amenant souvent une prompte guérison. — Cyanées (*Cyanea*). Des touffes de filaments sur la face inférieure du disque; quatre bras en forme de larges feuilles ondulées. — Pélagies (*Pelagia*). Ombrelle hémisphérique, bordée de très longs tentacules ; quatre bras buccaux ; reproduction directe. — *Nausithoe*. Pédoncule buccal simple et carré, sans bras buccaux. Forme presque identique aux larves *Ephyra*, et devant être par suite considérée comme un des types primitifs. — *Periphylla* Ombrelle en forme de cloche, avec un sillon annulaire.

B. *Rhizostomidés* (ῥίζα, racine ; στόμα, bouche). — *Huit bras buccaux percés de nombreux petits suçoirs. Pas de tentacules marginaux.*

A l'origine, les Rhizostomes ont une bouche centrale entourée de quatre bras ; mais ceux-ci ne tardent pas à se dédoubler, en même temps que la bouche s'oblitère.

Rhizostomes (*Rhizostoma*). « Poumons de mer ». Bras simples, à bords plissés (fig. 689). — Céphées (*Cephea*). Bras ramifiés, avec filaments. — Cassiopées (*Cassiopea*). Bras ramifiés, sans filaments. — Crambesses (*Crambessa*). Bras longs, simples, sans filaments. *C. Tagi* : d'eau saumâtre. Dans le Tage.

CLASSE III. — CTÉNOPHORES.

CTENOPHORES (κτείς, peigne ; φορός, porteur). — *Cœlentérés nageurs présentant des rangées méridiennes (généralement 8) de palettes natatoires.*

Animaux marins, toujours solitaires et de consistance gélatineuse, ayant deux plans de symétrie perpendiculaires entre eux. Dans l'un d'eux, se trouvent généralement deux *tentacules*, pectinés sur l'un des côtés seulement. Ce plan peut porter le nom de *plan tentaculaire*, l'autre celui de *plan médian*. La forme typique du corps est celle d'une poire, présentant quatre paires de *côtes* saillantes. Celles-ci sont munies de palettes natatoires (*peignes*), formées par de grands cils soudes à la base. La bouche, située à l'un des pôles (*pole oral*), est tantôt large (Eurystomes), tantôt retrécie (Sténostomes), entourée souvent de lobes plus ou moins développés. Un œsophage d'origine ectodermique, aplati parallèlement au plan médian, conduit dans un estomac, aplati parallelement au plan tentaculaire. De l'estomac partent : 1° deux *canaux œsophagiens*, en cul-de-sac, qui remontent parallèlement à l'œsophage, dans le plan tentaculaire ; 2° deux *canaux radiaires*, placés aussi dans ce même plan, qui se divisent en deux

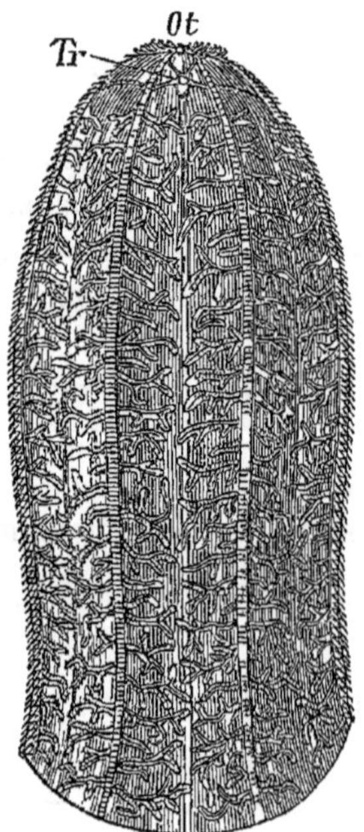

Fig 690 — *Beroë ovata* — *Ot*, vésicule a otolithes et, sur ses côtés, les petits tentacules des aires polaires, *Tr*, entonnoir

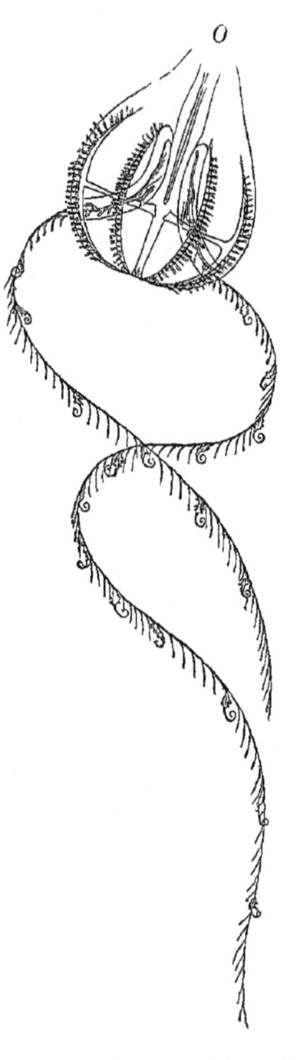

Fig 691 — *Cydippe* (*Hormiphora*) *plumosa* — *O*, bouche

branches, dont chacune se bifurque, à son tour, pour aboutir à huit *canaux méridiens*, longeant les côtes à l'intérieur, 3° deux *canaux terminaux* qui vont chacun deboucher au pôle aboral, par un *pore* muni d'un sphincter, mais ne remplissant jamais le rôle d'anus. Hermaphrodites. Glandes génitales situées dans des culs-de-sac que présentent latéralement les canaux méridiens : les éléments mâles d'un côté du canal ; les éléments femelles, de l'autre côté. Nagent librement par l'action des palettes vibratiles qui se meuvent, soit toutes ensemble. soit par séries entieres ou partielles, suivant que l'animal veut progresser dans une direction determinée ou tourner sur lui-même. Chez les Stenostomes, on observe deux longs *tentacules pennes*, ou *filaments préhensiles*, pleins, plus ou moins ramifiés (fig. 691) et pouvant se rétracter dans une poche spéciale (*poche tentaculaire*). Les tentacules renferment un grand nombre de *cellules adhesives*, en forme de boutons hémisphériques garnis extérieurement de granules collants, auxquels s'attachent les petits animaux dont se nourrissent les Ctenophores. — Au pôle aboral, s'observe un *organe central* constitué essentiellement par un otocyste. Cet organe, dont on n'a pas réussi jusqu'a présent à montrer les relations avec un système nerveux central, paraît présider au mouvement des palettes natatoires. — Les Ctenophores sont phosphorescents. — Le developpement est direct ; rarement des metamorphoses.

Deux ordres :

CTENOPHORES.	Bouche large Pas de tentacules.	EURYSTOMES.
	Bouche etroite. Deux tentacules.	STENOSTOMES.

ORDRE I. **Eurystomes** (εὐρύς, large ; στόμα, bouche). — *Bouche large. Œsophage spacieux. Pas de tentacules.*

Corps en forme de tonneau allongé, un peu comprimé.

Béroes (*Beroe*). Bords de la bouche entiers (fig. 690). — Rangies (*Rangia*). Des tentacules autour de la bouche.

ORDRE II. **Sténostomes** (στενός, étroit). — *Bouche et œsophage étroits. Deux tentacules.*

A. GLOBULEUX. — *Corps sphérique ou ovoide.*

Vulgairement « Melons de mer ».

Cydippe (fig. 691). — *Pleurobrachia.* — *Mertensia.* — *Callianira.*

B. RUBANÉS. — *Corps rubane, comprime parallelement au plan median, sans lobes buccaux.*

Deux paires de côtes atrophiées.

Cestum. « Ceinture de Vénus » (*C. Veneris*). Dans la Méditerranée.

C. LOBÉS. — *Corps comprime parallelement au plan median, muni de deux lobes buccaux dans le même plan.*

Bolina. — *Mnemia* — *Eucharis.*

CLASSE IV. — **CORALLIAIRES** (1).

Cœlentérés fixés, dont la cavité gastrique comprend un tube œsophagien, se terminant par un bord libre et conduisant dans une vaste cavité, libre au centre, mais divisée sur son pourtour, par des cloisons rayonnantes (septa), *en loges qui se continuent dans des tentacules circumbuccaux.*

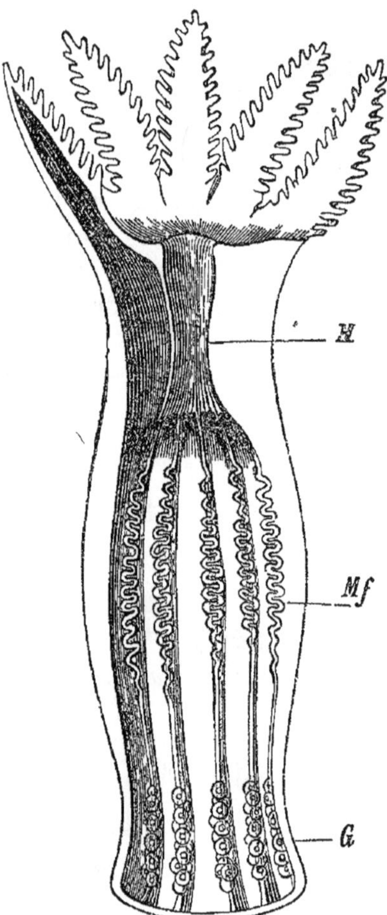

Fig 692 — Coupe d'un polype de Corail : — *M*, tube œsophagien, *Mf*, cordon pelotonné formé par l'ourlet mésentérique sur le bord des septa, *G*, éléments génitaux

Un polype Coralliaire a la forme d'un cylindre ou d'un tronc de cône reposant sur sa petite base. Le corps se termine par deux disques, l'un inférieur ou *pedieux*, l'autre supérieur ou *buccal*. Celui-ci présente une fente (*bouche*), entouree d'une ou de plusieurs couronnes de tentacules prehensiles s'ouvrant quelquefois à l'extérieur par un pore terminal. Intérieurement, la bouche donne accès dans un tube (*tube œsophagien*), suspendu au milieu de la cavité cylindrique que renferme le corps de l'animal. Ce tube conduit les aliments dans une vaste *cavité* située au-dessous. Cette *cavité gastrique centrale* est divisée, sur la périphérie, en loges incompletes par des cloisons (*septa*) qui, dans la partie superieure, rattachent l'œsophage aux parois du corps, mais qui, dans la moitié inférieure, ont un bord externe libre, et sont disposées comme les coulisses d'un théâtre (fig. 692). Ces loges figurent des

(1) Appelés encore *Anthozoaires* (ἄνθος, fleur, ζῶον, animal), expression doublement mauvaise, parce qu'elle se prononce comme le mot *Entozoaires*, employe quelquefois pour designer les Vers endoparasites des Animaux, et qu'elle a pour racines les deux mêmes mots que *Zoanthaires* (l'un des groupes des Anthozoaires), ce qui prête a la confusion.

sortes de niches qui se continuent dans les tentacules et communiquent aussi, chez les Polypes coloniaux, avec des canaux ramifiés dans l'épaisseur de la colonie. Les septa (fig. 693) sont formés par une lame de mésoglée, recouverte sur ses deux faces par une assise de cellules entodermiques ; ils portent, sur une de leurs faces, un épaississement constitué par un faisceau musculaire longitudinal (*lm*). Le bord libre de chaque septum présente un bourrelet renflé (*ourlet mesentérique*) (*v*) qui constitue un cordon pelotonné (fig. 692, *Mf*). L'ourlet est couvert de nématocystes et renferme des cellules qui sont les unes glandulaires, les autres sensorielles. Sexes le plus souvent séparés. Les produits sexuels se forment toujours dans l'épaisseur des septa, où ils consti-

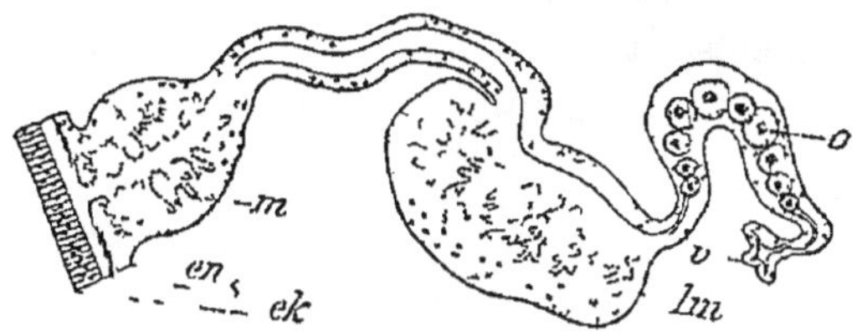

Fig. 693. — Coupe transversale d'un septum — *ek*, ectoderme ; *s*, mésoglée ; *en*, endoderme ; *m*, muscle pariétal ; *lm*, muscle longitudinal ; *o*, ruban génital ; *v*, ourlet mésentérique.

tuent un cordon longitudinal (fig. 693, *o*), entre le faisceau musculaire et l'ourlet mesentérique ; ils s'échappent par déhiscence. Le système nerveux est diffus et ne comprend que les cellules neuro-épithéliales, reliées à un réseau sous-épithélial uniformément réparti sur toute la surface extérieure et interne. Il n'y a pas d'organes spécialisés pour les sens. Les tentacules constituent, il est vrai, des organes tactiles qui se rétractent quand on les touche ; mais ils servent surtout à la préhension. Quand une proie est capturée, elle est déglutie par la contraction du disque buccal, qui se referme au-dessus d'elle. La fécondation est intérieure. Les individus mâles lâchent leurs spermatozoïdes dans la mer et ceux-ci pénètrent dans les cavités gastro-vasculaires des individus femelles. Les larves sont ciliées ; vomies par la bouche des Polypes, elles nagent pendant quelque temps, avant de se fixer.

Une fois fixées, elles donnent un polype (*oozoïte*), qui reste rarement à l'état d'individu isolé. Ce fait n'a lieu d'une façon à peu près constante que dans les Actinies ; il ne se présente que rarement dans les autres groupes. En général, l'oozoïte donne, par bourgeonnement ou scissiparité, d'autres individus (*blastozoïtes*) qui restent unis avec lui en une colonie en général très nombreuse. Tous les individus d'une même colonie sont unis par une masse commune, le *cœnosarc* ou *sarcosome*, et leurs cavités sont mises en relation par des canaux plus ou moins compliqués.

En général, il existe un squelette de soutien, qui tantôt est formé de spicules mesodermiques, tantôt constitue un polypier central corné ou calcaire, d'origine exodermique.

Deux ordres :

CORALLIAIRES	8 tentacules..................	ALCYONAIRES.
	6 ou 6 $\times n$ tentacules.......	ZOANTHAIRES.

ORDRE I. **Alcyonaires.** — *Coralliaires à 8 tentacules pennés, presentant intérieurement 8 septa* (1), *a fanons musculaires tournés du même côte* (fig. 694).

Les Alcyonaires sont à peu près toujours associés en colonie. Le squelette est soit formé de spicules mésodermiques isolés, soit cons-

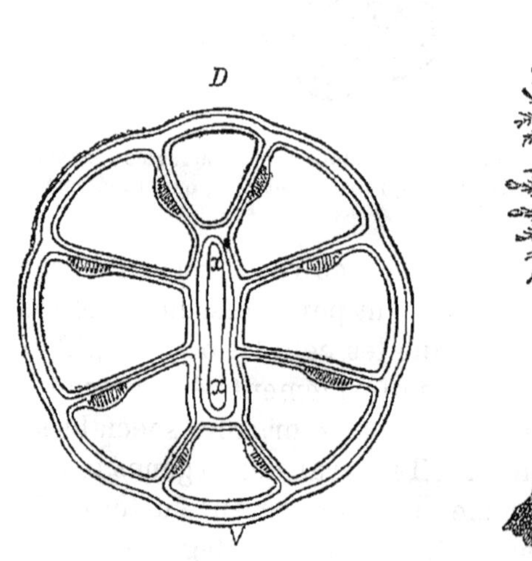

Fig 694. — Coupe transversale d'un polype d'Alcyonaire — *V*, *D*, loges directrices, *xx*, commissures du tube œsophagien

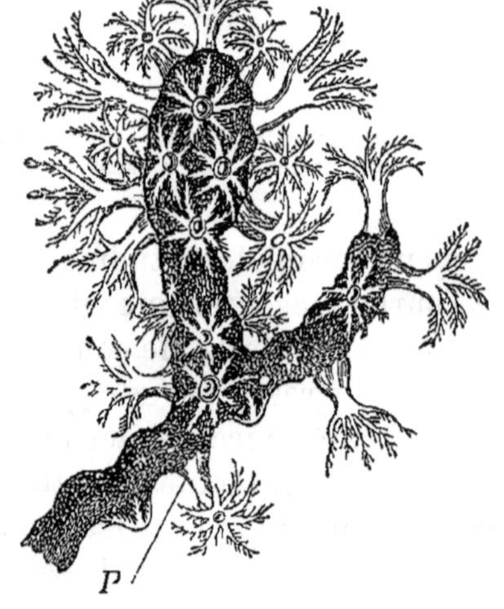

Fig 695 — Branche de Corail avec les polypes, *P*

titué par un axe corné ou calcaire d'origine exodermique, mais le squelette n'existe que dans le cœnosarc, il n'entre pas en relation avec les polypes eux-mêmes, et ne porte pas l'empreinte de ces derniers (sauf chez les Tubipores et les Héliopores).

A. ***Gorgonidés*** (*Gorgone*, nom mythol.). — *Alcyonaires fixes, a polypier constitue par un axe corné ou calcaire.*

Corail (*Corallium rubrum*). Axe pierreux, rouge, rameux, marti-

(1) D'ou le nom d'*Octocoralliaires*.

culé (1), revêtu d'une écorce renfermant des sclerites qui donnent au sarcosome une coloration rouge sur laquelle se détachent des Polypes d'un blanc éclatant (fig. 695). Le sarcosome renferme deux sortes de vaisseaux. Les uns, longitudinaux et parallèles, sont appliqués contre l'axe, sur lequel ils impriment leur trajet ; les autres forment un réseau irrégulier dans l'épaisseur de l'écorce (DE LACAZE-DUTHIERS). Surtout répandu dans la Méditerranée, où il se développe à la face inférieure des rochers; utilisé pour la bijouterie. — *Isis.* Axe articulé, formé alternativement de cylindres calcaires et cornes. — *Briarium.* Axe formé de spicules calcaires non soudés. — *Gorgo-*

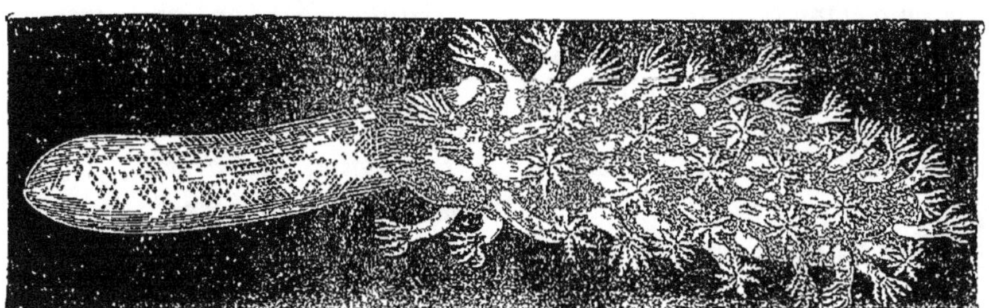

Fig 696 — Vérétille

nella. Axe lamelleux, calcaire. — *Gorgonia.* Axe corné; polypier ramifié. — *Rhipidogorgia.* Polypier cornéo-calcaire, en éventail : « Eventail de mer ».

B. **Pennatulidés** (*penna*, plume). — *Individus disposés autour d'une tige libre et terminée par un pivot qui peut s'enfoncer dans le sable. Le plus souvent un axe corné.*

Habituellement phosphorescents et dimorphes (des individus neutres, à côté des sexués).

Véretilles (*Veretillum*). « Verges de mer » ; tige cylindrique (fig. 696). — Pennatules (*Pennatula*). « Plumes de mer » ; dimensions et aspect d'une plume d'Autruche. — Virgulaires (*Virgularia*). Polypes au sommet d'une longue tige pourvue d'un axe calcaire.

C. **Alcyonidés** (*Alcyon*, nom mythologique). — *Cœnosarc charnu, présentant des spicules épars.*

Alcyons (*Alcyonium*). « Mains de mer » ; masses ramifiées, lobu-

(1) Le polypier est la partie utilisée pour la fabrication des bijoux. Il est habituellement d'un rouge vif, mais sa teinte varie beaucoup, depuis le blanc jusqu'au noir (variété cadavérique produite par l'acide sulfhydrique résultant de la putréfaction), le plus estimé est le corail rose (*peau d'ange*). Composé essentiellement de carbonate de chaux et d'un peu de carbonate de magnésie, le corail doit probablement sa coloration à la quantité plus ou moins considérable d'oxyde de fer qu'il renferme.

lees ou digitées. — Cornulaires (*Cornularia*). Réunis en petit nombre à la surface d'une expansion crustiforme. — *Haimea*. Isolés.

D. ***Tubiporidés*** (*tubus*, tube ; *porus*, pore). — *Alcyonaires a polypier forme de tubes calcaires paralleles et unis par des lamelles horizontales.*

Tubipores (*Tubipora*). « Orgues de mer ». Polypiers généralement colorés en rouge, dont les tubes correspondent aux murailles des Madreporides. *T. musica*. Mer des Indes.

E. ***Hélioporidés*** (ἥλιος, soleil ; πόρος, pore). — *Alcyonaires a polypier calcaire compact, presentant des calices correspondant aux polypes, et rappelant ceux des Zoanthaires ; ces calices ont leur cavite traversee par des planchers transversaux.*

Héliopores (*Heliopora*). Mers du Sud.

ORDRE II. **Zoanthaires.** — *Tentacules non pennés, primitivement au nombre de 6 ou de 12, mais pouvant devenir plus nombreux, tout en restant un multiple de 6.*

Les Zoanthaires sont aussi appeles HEXACORALLIAIRES, parce qu'ils sont construits sur le type 6. Le nombre des septa varie comme

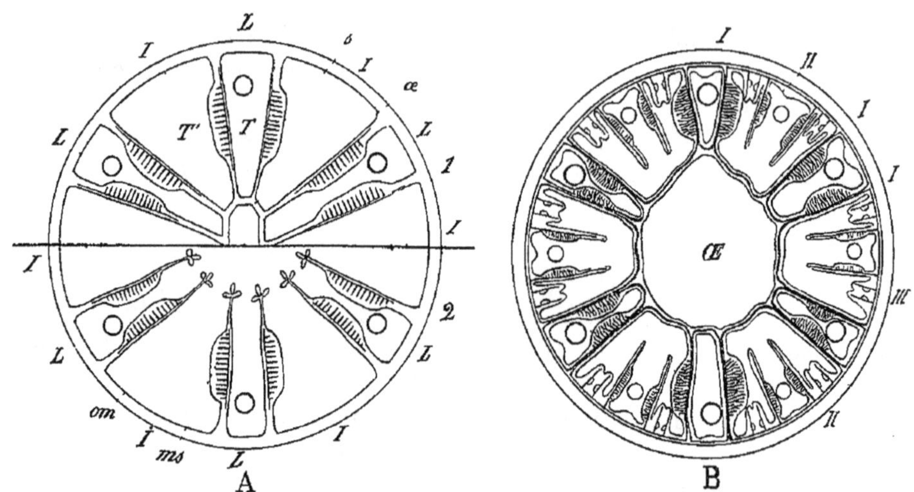

Fig 697 — A Coupe d'un polype de Zoanthaire, présentant les septa du premier cycle. Dans la partie supérieure (1) la coupe passe au niveau du tube œsophagien, dans la partie inférieure (2), elle passe au-dessous du niveau ou se termine ce tube — *œ*, œsophage, *s*, septum, *ms*, muscle septal *om*, ourlet mésentérique, *L*, loges, *I*, interloges *T*, tentacules, *T'*, tentacules correspondant aux interloges (intertentacules) — B Coupe d'un polype de Zoanthaire, présentant 3 cycles de septa, *I*, septa du premier cycle, *II*, *III*, septa du second et du troisième cycle, *Œ*, tube œsophagien.

celui des tentacules : il y en a au minimum 12, séparant autant de loges périphériques, tout autour de la cavite centrale (fig. 697, A, *s*).

Mais ces douze loges ne sont pas toutes identiques : 6 d'entre elles, comprenant les deux loges qui avoisinent les commissures de la bouche (*loges directrices*) portent toujours des tentacules. Ce sont les *loges* proprement dites (*L*) ; les autres n'en portent pas toujours, ce sont des *interloges* (*I*). Les septa qui limitent une loge ont toujours leur fanon musculaire (*ms*) tourné vers l'intérieur de la loge, sauf pour les deux loges directrices où ils sont tournés en dehors. Les douze septa primaires constituent le *premier cycle*.

Lorsque ce cycle est constitué, il peut s'en former un second (fig. 697, B) ; à cet effet, douze nouveaux septa (*II*) apparaissent, disposes par couples de deux, dans chacune des six interloges, les fanons des deux septa du même couple se regardant ; tout se passe donc comme si chaque interloge avait été remplacee par une loge flanquée de deux interloges. Il y a donc, après l'apparition du second cycle, douze loges et douze interloges. Le troisième cycle sera formé par vingt-quatre septa, apparaissant toujours par couples de deux dans chaque interloge (*III*), et ainsi de suite ; il peut y avoir ainsi jusqu'à sept cycles de cloisons, ce qui fait 384 loges et autant d'interloges, soit en tout 768 divisions.

La formation des nouveaux tentacules suit la formation des nouvelles loges ; et les tentacules se peuvent aussi diviser en cycles comme les loges.

Les Zoanthaires comprennent trois sous-ordres, basés sur la presence ou l'absence et sur la nature du squelette.

1er Sous-ordre. — Actiniaires (ἀκτίς, rayon). — *Polypes charnus, sans squelette, généralement isoles, à tentacules nombreux et a septa encore plus nombreux.*

Polypes pour la plupart hermaphrodites, pouvant se fixer, ramper, rarement nager librement. Chez quelques Actinides « Actinies perforées » (*Sagartia*, *Adamsia*, etc.), des organes de défense (*aconties*) constitués par de longs filaments urticants, blancs ou violets, partent des bords libres des septa et peuvent être lances au dehors par la bouche ou par des ouvertures (*cinclides*) percees dans la paroi du corps. Les cinclides laissent aussi s'échapper de l'eau quand l'animal se contracte.

A. *Actinidés.* — *Un grand nombre de septa.*

Cerianthus. — Corps allonge, à extrémite inférieure percée d'un pore et s'enfonçant dans le sable. — *Zoanthus.* Polypes agrégés. — *Thalassianthus.* Tentacules composes, rameux ou papillifères. — Actinies (*Actinia*). Tentacules simples, rétractiles ; pied discoide. L'Anémone de mer, vulgairement « Cul d'âne » (*A. equina*), à surface lisse, pourpre ou verte, et le « Cul de mulet » (*A. coriacea*), à surface verruqueuse, se mangent sur les côtes de France. — *Sagartia.* Actinies perforées en forme de colonne coriace à tentacules courts. L'Actinie parasite (*S. parasitica*) se fixe generalement sur les coquilles de Buccin habitées par le Pagure Bernard. — *Adamsia.* Actinies perforées, à corps très court. L'Actinie-manteau (*A. palliata*) a le corps blanc jaunâtre parseme de taches roses; elle entoure, comme d'un manteau, les coquilles habitees par le Pagure de Prideaux. — *Minyas* Disque pedieux en forme de bourse, servant à la natation. Mers du Sud.

B. **Edwarsidés** (dedié à *H. Milne Edwards*). — *Polypes charnus a huit septa et un plus grand nombre de tentacules.*

Edwardsiés (*Edwardsia*). Corps divisé en deux parties : l'antérieure coriace, la posterieure molle. Petits Polypes solitaires, rampant lentement sur le sol.

2e **Sous-ordre.** — **Antipathaires** (ἀντι, contre ; παθος, douleur). — *Un polypier corné.*

Antipathes. 6 tentacules tres courts et 6 septa, dont 2 genitaux; axe noir ramifié « Corail noir »; a passé longtemps pour un remède souverain contre toutes les douleurs. — *Gerardia.* 24 tentacules et autant de septa.

3e **Sous-ordre.** — **Madréporaires.** — *Zoanthaires a polypier calcaire.*

Le polypier est exclusivement d'origine exodermique. Il se developpe non seulement dans l'intérieur du cœnenchyme, mais encore au-dessous des polypes eux-mêmes. Mais il est toujours tapisse par l'exoderme, qui le secrète et se replie a la partie inferieure de l'animal, contre le polypier, pour lui former un revêtement. La place de chaque polype est marqué sur le polypier par une empreinte qu'on nomme le *calice* (fig. 705).

Les parties essentielles du calice (fig. 698) sont : 1° un *disque basilaire* servant de base à toutes les autres parties; 2° une *muraille* circulaire; 3° une *columelle* centrale (*C*); 4° des *lames* rayonnantes (*S*) partant de la muraille et se dirigeant vers la columelle qu'elles n'atteignent pas en général (1).

(1) A ces parties essentielles peuvent s'ajouter des parties accessoires, les *palis* (fig. 698, *P*), petites tiges verticales dressees autour de la columelle dans le plan des lames, les *côtes*, exterieures a la muraille, dans le

Toutes ces parties sont réellement extérieures au polype. Le polype est placé simplement au-dessus de son calice, qu'il coiffe comme un doigt de gant coiffe le doigt qui le porte; pour bien comprendre les rapports du polype et de son calice, on peut le comparer à une masse de cire molle, qu'on presserait au-dessus d'un cachet;

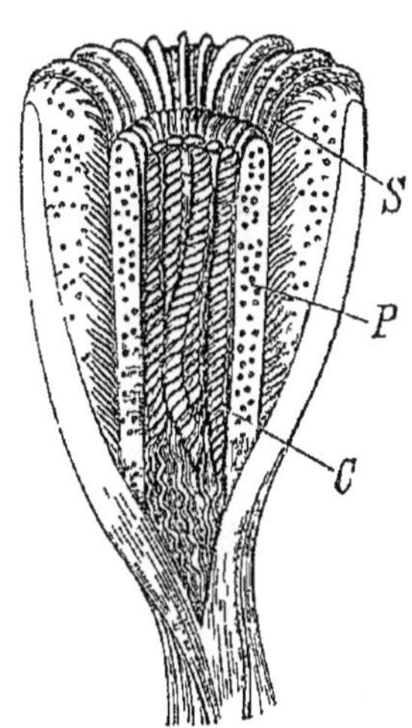

Fig. 698. — Coupe verticale d'un calice de Coralliaire (*Cyathina cyathus*). — *S*, lames, *P*, palis, *C*, columelle.

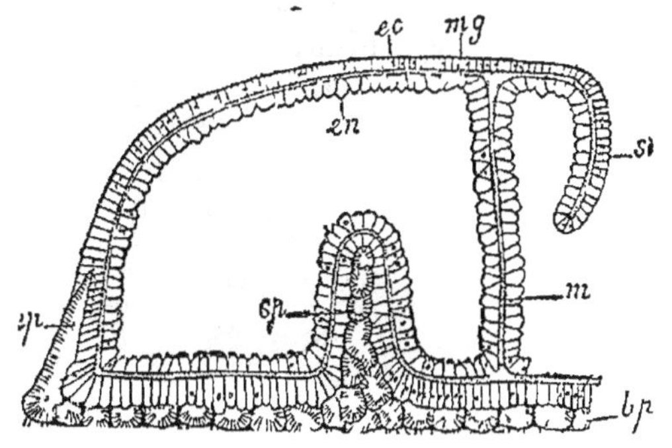

Fig. 699. — Coupe verticale d'un polype d'*Astroïdes*, avec son calice. — *ec*, ectoderme, *en*, endoderme, *mg*, mésoglée, *bp*, disque basilaire, *sp*, lame, *ep*, épithèque, *m*, septum, *st*, tube œsophagien.

celui-ci pénétrerait au-dessous de la cire, sans la déchirer; de même les parties saillantes repoussent devant elles la paroi du corps du polype, sans la déchirer et font saillie dans la cavité interne, mais en restant toujours recouvertes par l'exoderme de cette paroi (fig. 699). Si on dissolvait le polypier, l'empreinte des diverses parties du calice apparaîtrait sous forme de sillons dans la base du polype.

Cela est réalisé complètement chez les Polypiers imperforés. Mais chez les Perforés, il existe une multitude de canaux qui pénètrent le polypier calcaire, mettant en relation les divers individus, et même les diverses parties d'un individu. Le polypier apparaît alors comme percé de trous dans toutes ces parties, comme ayant une structure spongieuse.

La columelle est placée au centre du polype (fig. 700, *col*). La muraille (*m*) ne correspond pas en général à la paroi extérieure du polype; elle est interne par rapport à cette paroi, et laisse par suite en dehors une partie du polype (*ex*). Tout à fait à l'extérieur peut se

prolongement des lames. les *synapticules*, trabécules calcaires allant d'une lame à une autre, les *dissépiments*, cloisons horizontales, réunissant deux lames et formant des *planchers*, quand elles se continuent dans toutes les loges du calice.

former un autre mur circulaire, revêtant l'exoderme pariétal ; on lui donne le nom d'*épitheque* (fig. 699, *ep*). Enfin les lames (fig. 700, *l*) sont placées au milieu des loges ; elles alternent donc avec les septa, et correspondent au contraire aux tentacules. Elles se forment les unes après les autres, par cycles, en même temps que les loges correspondantes ; il y a donc autant de cycles de lames qu'il y a de cycles de loges, et le nombre des lames d'un cycle est le même que celui des loges du cycle correspondant. La loi d'apparition des lames est cependant un peu plus simple que celle des septa :

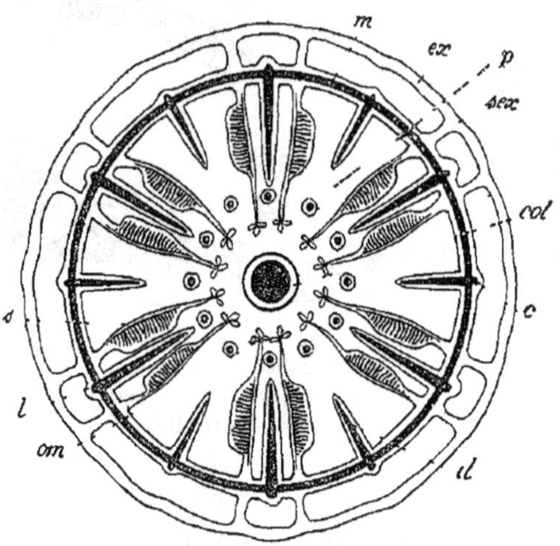

Fig. 700 — Coupe d'un Madréporaire et de son calice — *col*, columelle, entourée d'un repli du disque pédieux, *s*, septum, *om* ourlet mesentérique, *l*, lames, *il*, interlames, dans les interloges, *m*, muraille, *ex*, portion exothécale du polype, *sex*, portion exothécale des septa, *p*, palis, *c*, côtes

chaque cycle se constitue par la formation d'une lame au milieu de chacune des chambres que limitent les lames du cycle précedent (1).

La formation des colonies resulte soit du bourgeonnement, soit de la division répetee des polypes. La reproduction asexuée a en effet chez les Madréporaires une importance considérable, et, du mode generalement suivi, depend la forme qu'affecte la colonie. Elle peut s'étendre uniformement à la surface des corps étrangers (polypier encroûtant), ou s'épaissir en une masse spheroidale, s'allonger en cylindre vertical, en masses lobees ou arborescentes, ou enfin s'élargir en lames foliacées, en éventail, en coupe, en champignon. L'activite de la reproduction influe également sur les dispositions relatives des polypes. S'ils deviennent libres sur toute leur étendue, ils

(1) Le lecteur se rendra facilement compte de cette loi si simple, en faisant une figure montrant simultanement l'apparition des septa et des loges d'une part, des lamelles de l'autre.

coiffent les extrémites des branches d'un polypier rameux (Oculine, fig. 704, Dendrophyllie); plus souvent ils sont soudes entre eux directement (fig. 705) ou par une masse charnue commune, le cœno-

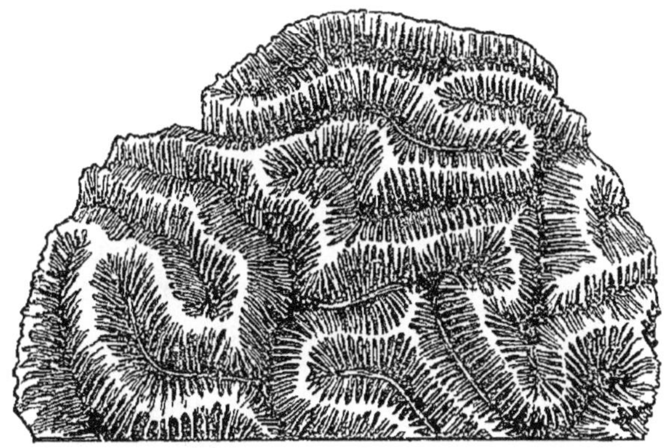

Fig 701. — Méandrine (*Cœloria arabica*)

sarc. Enfin, dans le cas des formes fissipares, la division peut rester incomplète, les polypes sont alors confluents, et il peut ainsi exister des rubans continus sinueux (Méandrine, fig. 701), bordes de tenta-

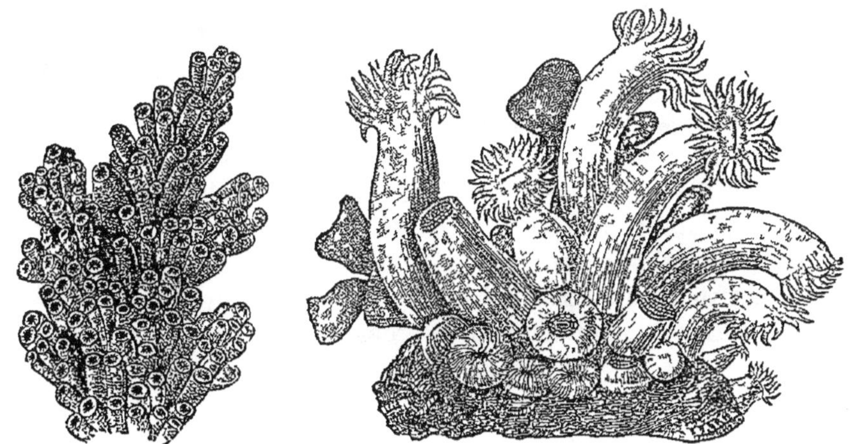

Fig 702 — *Madrepora verrucosa.* Fig 703 — *Astroides calycularis.*

cules, et présentant sur leur ligne médiane un certain nombre de bouches, révélant seules l'individualité des polypes fusionnés.

I. *MADREPORAIRES PERFORES. — Polypier perce de canaux qui font communiquer les individus entre eux, ou qui mettent en communication les diverses parties d'un même polype.*

Porites. Calices contigus, à cœnosarc rudimentaire. — *Madrepora.* Cœnosarc abondant, calices saillants à sa surface (fig. 702). —

Dendrophyllia, polypier arborescent, à grands calices placés à l'extrémité des bouches. — *Astroides*. Colonies encroûtantes (fig 703) à calices polygonaux, munis d'une columelle saillante spongieuse. — *Eupsammia*. Formes isolees

II. *MADRÉPORAIRES SYNAPTICULES*. — *Lames et muraille entières et perforees, les lames unies par des synapticules.*

Fongies (*Fungia*). Formes simples en disque plan ou concave, ressemblant à un chapeau d'Agaric Mer Rouge.

III. *MADRÉPORAIRES IMPERFORES*. — *Lames et muraille compactes, sans synapticules.*

Fig 704. — Branche d'*Oculina speciosa* Fig 705. — *Astræa (Goniastræa) pectinata*

Turbinolia. Formes libres, droites, à lames saillantes. — *Flabellum*. Formes libres, comprimées, cunéiformes. Méditerranée. — *Oculina*. Polypier arborescent (fig. 704) — *Astræa* et nombreux genres voisins. Calices distincts, généralement contigus (fig. 705). — *Mæandrina*. Calices confluents en longues bandes sinueuses (fig. 701).

EMBRANCHEMENT VIII. — SPONGIAIRES.

Phytozoaires toujours fixés, dont le corps, de forme très variable, est creusé de cavités ou de canaux compliqués, au moins partiellement tapissés de choanocytes, *et constamment parcourus par un courant d'eau. Mésoderme bien développé, à éléments différenciés ; pas de cavité générale.*

Sauf les Spongilles et quelques formes americaines, qui habitent l'eau douce, les Spongiaires sont tous marins ; ils vivent fixés aux rochers ou enfoncés par leur base dans le sable. Ils forment tantôt des plaques irregulières *encroûtantes*, tantôt des masses plus ou moins compactes (*Éponge officinale*), parfois regulièrement arrondies, plus fréquemment avec des digitations. La forme d'éventail, et surtout celle de coupe évasee (*Poterion*), de tubes isoles (*Sycon*) ou concrescents (*Hippospongia*) sont aussi très fréquentes.

Quelquefois la forme exterieure est bien determinée, c'est celle d'une corne (*Ascetta*), d'un nid d'Oiseau (*Pheronema*), d'un cornet (Euplectelle), d'un manchon (*Hyalonema*). Mais le plus souvent, la morphologie exterieure est sans aucune importance. La couleur et la forme varient, même dans l'étendue d'une espèce, et c'est l'organisation interne seule qui a réellement une valeur morphologique :

Deux sous-classes :

SPONGIAIRES.	Spicules calcaires	ÉPONGES CALCAIRES.
	Spicules siliceux, seuls ou unis à des fibres de spongine, quelquefois exclusivement des fibres, ou même pas de squelette	ÉPONGES CORNÉO-SILICEUSES.

CLASSE I — ÉPONGES CALCAIRES.

Les Éponges calcaires nous permettent de partir des formes les plus simples des Eponges, et de suivre la complication graduelle qui aboutit aux formes les plus élevees.

Les formes les plus simples constituent la famille des *Ascones*. où on peut prendre pour type l'*Ascetta* (*Olynthus*) *primordialis*.

C'est un sac fixé par sa base (fig. 706), et présentant à son extrémité supérieure un large orifice, l'*oscule* (*o*); les parois du sac sont percées d'une foule de petits orifices, les *pores inhalants* (*pi*). L'eau, mise en mouvement par les organes vibratiles qui tapissent tout l'intérieur de l'éponge, entre par les pores inhalants et sort par l'oscule.

La paroi du corps comprend trois couches bien developpees : 1° un *exoderme*, formé d'une assise de cellules épithéliales, plates ou

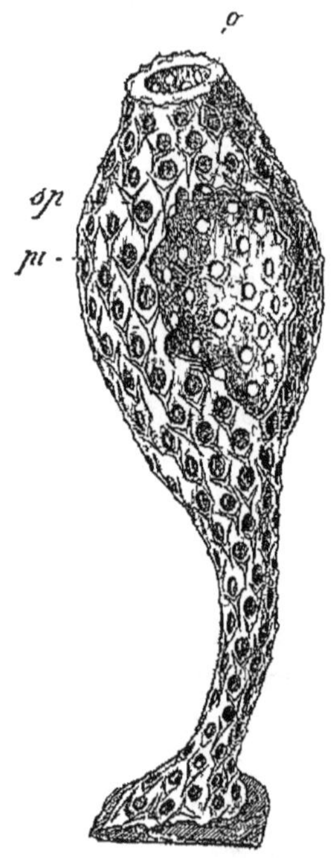

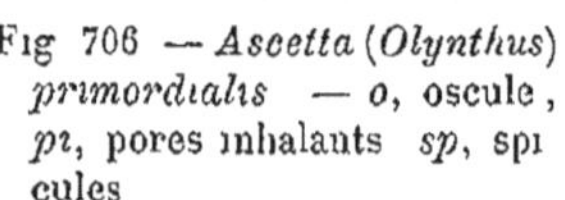
Fig 706 — *Ascetta* (*Olynthus*) *primordialis* — *o*, oscule, *pi*, pores inhalants *sp*, spicules

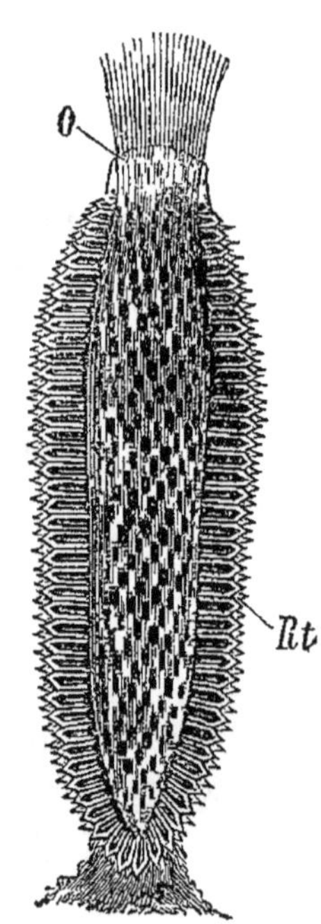

Fig. 707. — Coupe longitudinale d'un *Sycon raphanus* (grossissement faible) — *O*, préoscule avec une collerette de spicules, *Rt*, tubes radiaires, qui s'ouvrent dans la cavité centrale.

plutôt en forme de cône tres bas, portant un flagellum à leur sommet; 2° un *mesoderme*, épais, presentant des élements cellulaires de formes variées (amiboides, étoilés), plongés dans une substance interstitielle plus ou moins abondante ; 3° un *endoderme*, forme d'une assise de cellules tout à fait caractéristiques ; ce sont de hautes cellules flagellées, dont le flagellum est entouré à sa base d'une collerette transparente. Ces cellules (fig. 710) sont des *choanocytes* : elles sont pressées les unes contre les autres et disposées de telle sorte, que le bord des collerettes devient polygonal par pression reciproque, et que les collerettes se soudent les unes aux autres en une membrane réticulée. Ce sont les mouvements des flagellums qui produisent les courants d'eau.

A l'intérieur du mésoderme se trouvent des cellules spéciales (*scléroblastes*), chargées de produire les spicules : ceux-ci sont formés de carbonate de chaux uni à une substance organique (*spiculine*). Dans l'*Ascetta*, ils ont la forme d'étoiles à trois branches, disposées régulièrement autour des pores inhalants. Dans les autres Ascones, on peut trouver des spicules en aiguille, ou des spicules 4-radiés, Ces trois types sont les seuls qu'on trouve dans les Eponges calcaires : chacun peut s'y trouver isolement; ils peuvent être associés deux à deux ou enfin exister simultanement tous les trois. Les spicules calcaires ne se soudent jamais en un squelette continu.

En partant de l'*Ascetta*, nous pouvons établir une serie de formes successives, presentant une complication graduelle.

Dans le genre *Homoderma*, l'endoderme se plisse de façon que la cavite interne se prolonge en diverticules latéraux, mais le revêtement interieur reste partout identiquement formé de choanocytes.

Les *Sycones* peuvent être décrits comme un sac à paroi épaisse, creusee de canaux allant, normalement à la surface, de l'extérieur à l'intérieur de la cavité. C'est dans ces tubes radiaux que se localisent les choanocytes.

On peut concevoir les Sycones comme résultant du bourgeonnement lateral d'un Ascon primitif. Ce bourgeonnement donne naissance aux tubes radiaux, dont chacun est lui-même comparable à un Ascon.

Ces tubes radiaux sont d'abord independants les uns des autres : ils présentent des pores inhalants extérieurs, et s'ouvrent dans la cavite interne par un large orifice qui est réellement leur oscule (*Sycetta primitiva*). Ailleurs, ces tubes radiaux se soudent plus ou moins, mais en laissant entre eux des canaux intermédiaires. Ces canaux communiquent avec l'extérieur par des orifices (pores afférents), et communiquent avec les cavites des tubes radiaux par les véritables pores inhalants.

Enfin le cas le plus compliqué est celui des *Leucones*. Le corps a encore la forme d'un sac à paroi tres épaisse, creusée de nombreux canaux ramifiés, portant sur leur trajet des dilatations caractéristiques, les *chambres* ou *corbeilles vibratiles* (fig. 708). Les choanocytes se localisent dans ces corbeilles ; les canaux sont revêtus d'un épithelium semblable à l'épithelium exodermique.

On peut considerer cette forme comme résultant du bourgeonnement accéléré et irrégulier des Ascones. Certaines formes d'Ascones (*Ascandra pinus*) s'associent en colonies abondamment ramifiées ; il suffit de concevoir que le mésoderme de pareilles colonies se développe abondamment pour arriver à un Leucon. L'individu est ici la *chambre vibratile.* Mais, comme les individus sont profondément plongés dans le mésoderme, les pores inhalants ont fait place à des canaux *inhalants*, tandis qu'à l'oscule fait suite un canal plus vaste qui aboutit dans la cavité centrale de l'Eponge.

Chez les Ascones et les Leucones, cette cavité centrale est, d'après la théorie adoptée, la cavité digestive de l'individu primitif, et son orifice est un vrai oscule. Mais, par leur rôle et leur disposition, ces

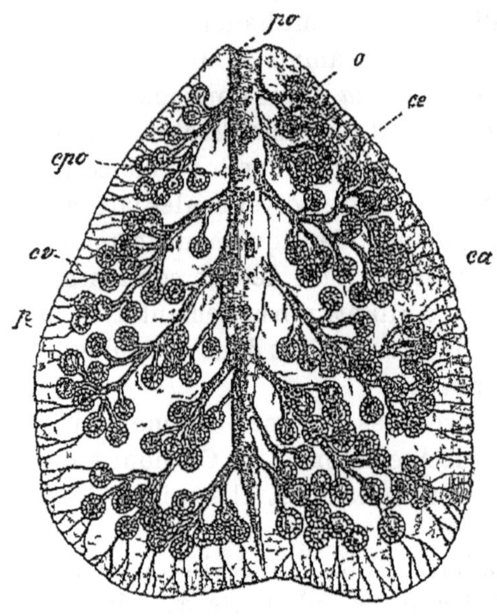

Fig. 708 — Schéma de Leucon : — *cv*, corbeille vibratile, *p*, pores afférents; *ca*, canaux afférents, *ce*, canaux efférents; *o*, orifices de ces canaux dans la cavité préosculaire, *cpo*, cavité préosculaire, *po*, préoscule.

parties sont devenues fort différentes des parties correspondantes des individus résultant du bourgeonnement. Les veritables cavites gastriques sont les chambres vibratiles; les vrais oscules sont les orifices de sortie des canaux radiaires et des corbeilles vibratiles.

On peut donner à l'orifice afférent terminal le nom de *preoscule*, et la cavité intérieure s'appellera *chambre preosculaire*.

Les Eponges calcaires, toutes marines, ont de très petites dimensions. Les Ascones ont de 1 à 3 millimètres, mais elles sont le plus souvent réunies en colonies; les autres, qui ont de 10 à 20 millimètres, sont géneralement isolées, et ne forment que rarement des associations de 2 ou 3 individus.

ORDRE I. **Homocèles.** — *Cavité intérieure uniformément tapissée de choanocytes.*

A. *Ascones.* — *Cavité interieure simple.* — *Ascetta, Ascilla, Ascyssa.* Une seule espèce de spicules. — *Ascaltis, Ascormis, Asculmis.* 2 sortes de spicules. — *Ascandra,* 3 sortes de spicules.

B. *Homodermidés.* — *Cavite intérieure plissee.* — *Homoderma.*

ORDRE II. **Hétérocèles.** — *Cavités intérieures partiellement tapissées de choanocytes.*

A. *Sycones.* — *Choanocytes localisés dans des tubes radiaux, disposés autour de la cavite preosculaire et s'ouvrant directement a son interieur.* *Sycandra compressa, S. raphanus,* communes dans la Manche.

B. *Leucones.* — *Choanocytes localisés dans des corbeilles vibratiles spheriques, communiquant avec l'extérieur et avec la cavite préosculaire par des canaux.*

Leucetta, Leucyssa, Leucilla, etc.

CLASSE II. — ÉPONGES CORNÉO-SILICEUSES.

Il n'existe pas de formes simples d'Eponges siliceuses correspondant aux Ascones. Les moins compliquées peuvent être comparées aux Sycones. Telles sont les Hexactinellidés, où, autour d'une cavité centrale, se groupent des corbeilles vibratiles en forme de des à coudre et percées de pores inhalants: Tout autour de ces corbeilles se trouve un espace parcouru de fines trabécules (*espace subdermique*), et qui lui-même communique avec l'extérieur par des pores superficiels. L'eau pénètre par les pores superficiels, traverse l'espace subdermique, les chambres vibratiles, et arrive dans la cavité centrale, d'où elle s'échappe par le grand orifice supérieur (préoscule). Cette forme est exactement un Sycon, dans lequel le systeme des intercanaux se serait développé davantage pour devenir l'espace subdermique.

Beaucoup d'autres Éponges passent d'abord par une forme larvaire, appelée *Rhagon*, qui est aussi comparable à un Sycon ; mais les chambres ciliées sont hémisphériques et s'ouvrent par un large oscule dans une vaste cavité préoculaire (fig. 709, 1); plus tard ce Rhagon se plisse et se développe, et sa cavité centrale se décompose en une série de cavités irrégulières communiquant entre elles (2).

Enfin d'autres formes d'Eponges siliceuses présentent le type qui caractérise les Leucones.

Les chambres ciliées (fig. 710) ne communiquent pas en général directement avec l'extérieur. Il se forme le plus souvent des *canaux afferents* (*i*) qui amènent l'eau aux corbeilles vibratiles et des *canaux efferents* (*E*), qui l'emmènent dans la cavité preosculaire. Plus souvent encore, les canaux afférents se dilatent de façon à former

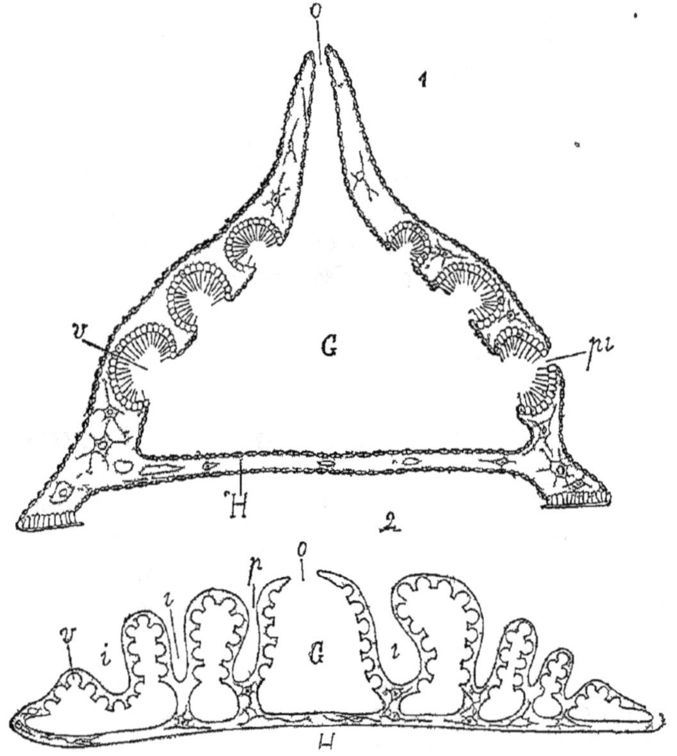

Fig. 709 — 1 Coupe schématique d'un *Rhagon* — *G*, cavité préosculaire, *o*, proscule, *v*, corbeille vibratile, *pi*, pores inhalants, *H*, couche basilaire — 2 Plissement du *Rhagon* — *p*, pores afférents, *i*, cavites afferentes.

au-dessous de la surface de l'Eponge de vastes espaces vides pouvant s'anastomoser entre eux (fig. 711), *d*). Ces espaces isolent une partie periphérique de l'Éponge, dénuée de chambres ciliées (*écorce* ou *ectosome*), d'une partie profonde où se localisent les chambres (*choanosome*). Enfin, sur la paroi de l'écorce, les pores afférents se localisent souvent sur certaines plages, géneralement déprimées, ou même formant des chambres, qui s'ouvrent au dehors par de plus ou moins larges orifices afférents (*pseudoscules*). Des modifications analogues peuvent être realisées sur le parcours des canaux efferents, et aboutir à la formation d'*espaces subgastriques*, séparant du choanosome une zone (*endosome*) depourvue de chambres ciliées et limitant directement la cavité preosculaire. En definitive, le corps de l'Éponge finit par former une masse volumineuse, parcourue par un réseau compliqué de cavités de nature différente : 1° des cavités afférentes (cavites pseudosculaires, espaces sous-dermiques, canaux afférents) ; 2° les chambres ciliées ; 3° des cavités efférentes (canaux efférents, espaces subgastriques, chambre preosculaire). A la sur-

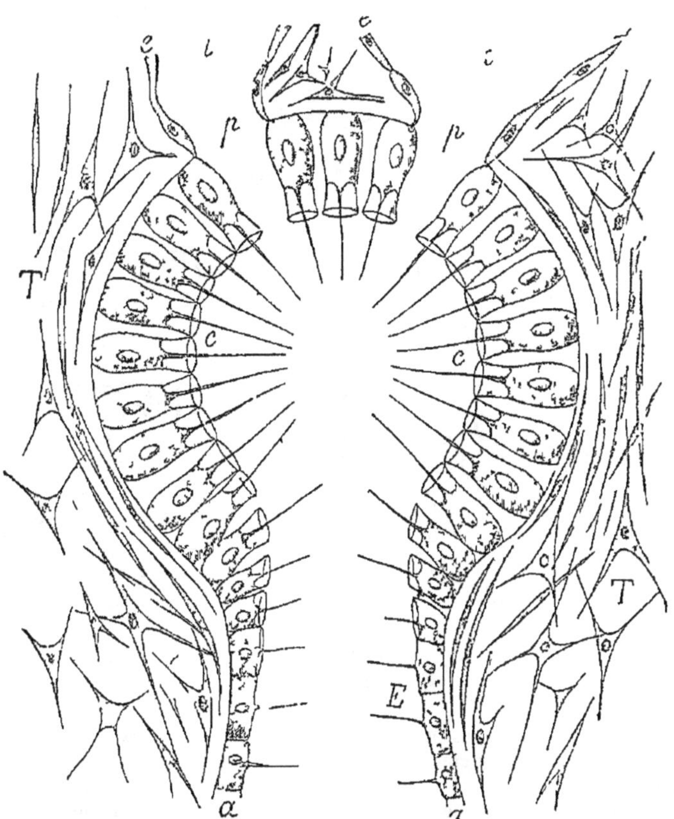

Fig 710 — Coupe d'une corbeille vibratile de l'Eponge officinale — i canaux afférents, *p*, leurs orifices d'entrée dans la corbeille, *E*, canal efferent, *c*, choanocytes, *e*, cellules plates, *a*, passage des choanocytes aux cellules plates, *T*, mésoderme

face se voient un grand nombre d'orifices : les petits sont des pores afférents, les moyens des pseudoscules, également afférents ; les plus gros des preoscules efférents.

Differenciation du mesoderme. — Dans ces Éponges complexes, le mésoderme prend une importance predominante et ses cellules montrent une différenciation remarquable. On y trouve : 1° des éléments *conjonctifs*, étoiles (fig 710, *T*), plonges dans une substance interstitielle dont la consistance varie de celle de la gélatine à celle du cartilage ; 2° des *scleroblastes* chargés de la production des spicules ; 3° des cellules *glandulaires*, reliées à l'extérieur par un pédicule et sécrétant du mucus ; 4° des fibres *musculaires*, disposées en sphincter autour des oscules, formant ailleurs des cordons ou des cloisons musculaires (fig. 711, *h*) qui peuvent rétracter l'Eponge, et

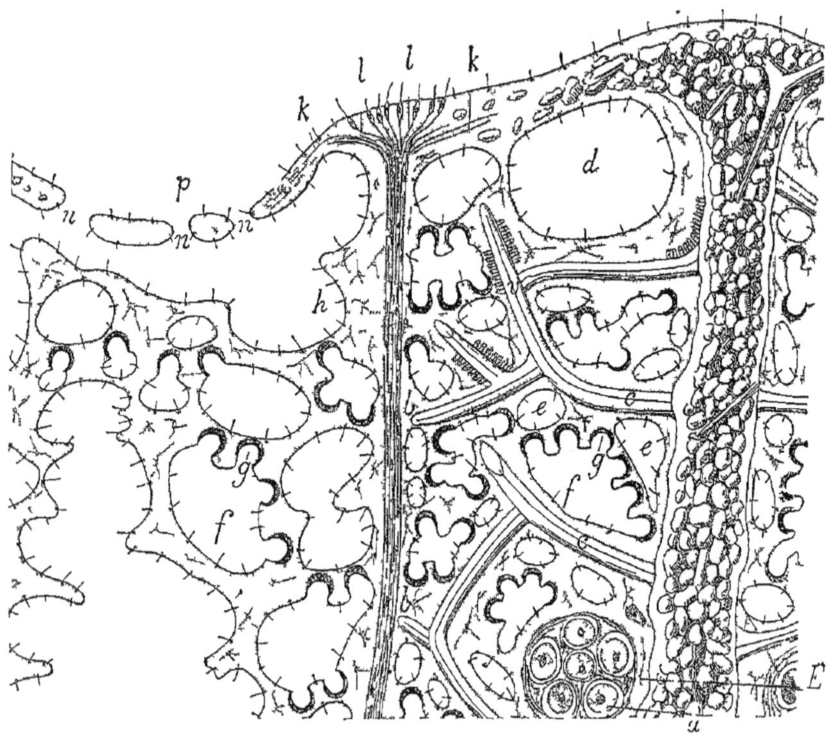

Fig 711. — Coupe dans le corps de l'Eponge commune (*Hippospongia canaliculata*) — *a*, fibre principale de spongine, renfermant a son intérieur des corps etrangers, *b*, *c*, fibres de spongine, *v*, fibre de spongine avec ses spongoblastes, *p*, vestibule (c est par l'approfondissement de ces vestibules que se forment les cavités pseudosculaires), *n*, pores afférents *d*, cavites subdermiques, *e*, canaux afferents, *f*, cavites efférentes (résultant de la subdivision de la cavité préosculaire primitive du Rhagon, *g*, corbeilles vibratiles, *h*, cloison musculaire, portant a sa partie supérieure un ganglion nerveux, *k*, nerfs partant de ce ganglion, *l*, cellules sensorielles, *E*, œufs enfermés dans des capsules endotheliales

règlent le cours de l'eau ; 5° des cellules *neuro-epithéliales*, generalement disposées par groupes (*l*) ; 6° des cellules *ganglionnaires*, reliées aux précédentes, et généralement en rapport avec les cloisons musculaires ; 7° des éléments *genitaux* (*E*).

Les spicules siliceux naissent, comme les spicules calcaires, dans des scléroblastes. Ils sont tres importants à étudier, car ils servent de base à la classification. On les divise en *spicules principaux* et *spicules accessoires* ou *microscleres*. Ces derniers sont petits, épars dans le tégument. Les autres, plus grands, servent à caratériser les ordres; ils sont associés par simple contact, ou unis en un squelette continu par des filaments de silice ou des fibres de spongine. Les spicules principaux appartiennent à trois types : 1° spicules à six pointes, dirigées suivant trois axes rectangulaires (***Hexactinellidés***); 2° spicules à quatre pointes, disposées comme les quatre lignes qui vont d'un point intérieur aux quatre sommets d'un tétraèdre (***Tétractinellidés***); 3° spicules à deux pointes en ligne droite (***Monactinellidés***). — Les Monactinellidés passent peu à peu aux Éponges fibreuses. Le plus grand nombre de celles-ci ont des spicules à un axe unis à des fibres de spongine, les spicules étant placés soit dans l'axe des fibres, soit à leur surface. Dans les autres formes, il n'y a que des fibres de spongine (fig. 711); le plus souvent l'axe en est occupé par des corps étrangers; plus rarement, l'axe est lui-même fait de spongine, mais généralement cette spongine médullaire est un peu différente de la spongine superficielle. La spongine est une substance analogue à la soie, sécrétée par des cellules spéciales (*spongoblastes*) placées tout le long de la fibre (*v*).

Les Eponges présentent une reproduction sexuée et une reproduction asexuée. Les œufs et les spermatozoïdes se produisent dans le mésoderme. La fécondation a lieu à l'intérieur de l'organisme maternel; l'œuf se développe dans le mesoderme ou dans les cavités internes et donne naissance à un embryon cilié, qui sort de la mère et se fixe.

La reproduction asexuée se fait par bourgeonnement. Des portions de l'Eponge s'isolent à l'extrémité de pédicules plus ou moins longs, et se détachent par rupture du pedoncule. Chez les Spongilles, existe une sorte de bourgeonnement interne. Des masses pluricellulaires (*gemmules*) s'isolent et s'entourent d'une enveloppe percée d'un trou et soutenue par des spicules pointus ou en forme de boutons doubles (*amphidisques*). Les gemmules, nées à l'automne, passent l'hiver, après s'être détachées par destruction du tissu où elles se sont formées, et se développent au printemps.

ORDRE I. **Hexactinellidés** (ἕξ, six ; ἀκτίς, rayon). — *Charpente treillissée, formee de spicules siliceux à* 6 *rayons* (Éponges de verre).

Les spicules ont normalement 6 branches, disposées suivant trois directions rectangulaires, mais peuvent en avoir 5, 4, par avortement de quelques branches (fig. 712). En général ils sont soudes par de longs fils siliceux, réunis par des travées en forme d'échelle. Des microsclères en forme d'ancres, d'amphidisques, etc. Corbeilles vibratiles en forme de dés à coudre (Voir page 803). Eponges d'eau profonde, vivant entre 300 et 2000 mètres.

Euplectelles (*Euptectella*). L'Euplectelle arrosoir ou « Corbeille de

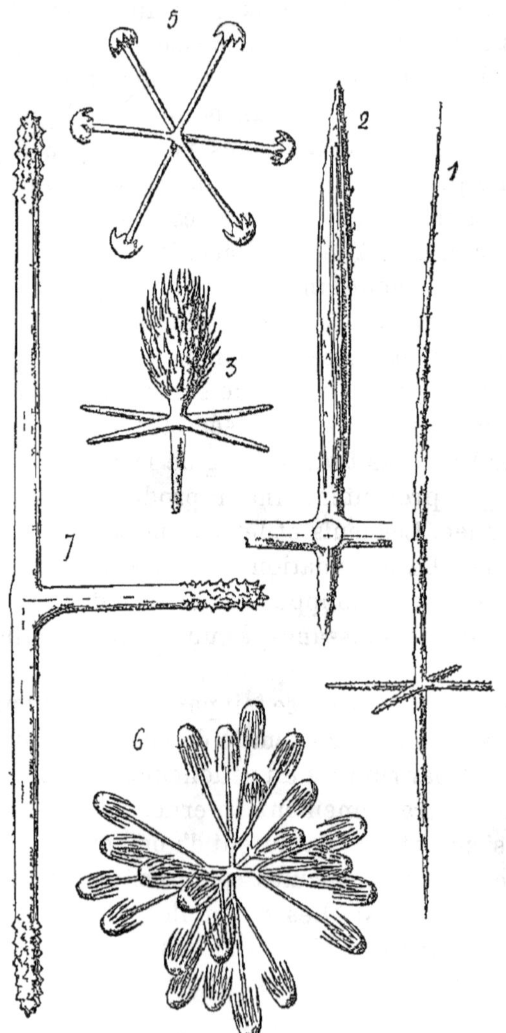

Fig 712. — Spicules d'Hexactinellidés

Vénus » (*E. aspergillum*), des Philippines, est la plus élégante de toutes les Eponges ; elle a la forme d'une corne d'abondance en cristal, à corps treillagé, dont la pointe se perd dans une touffe de délicats fils fixateurs et dont l'ouverture est fermee par une sorte de pomme d'arrosoir. — *Aphrocallistes*. Aspect d'une urne à parois plissées et à ouverture fermée par un crible. — *Pheronema*. Aspect d'un élegant nid d'Oiseau, soutenu par une masse de fins spicules semblables à du verre filé. — *Hyalonema*. Eponges cylindriques ou coniques munies à leur partie inférieure de filaments siliceux, tordus en forme de torsade « fouet de mer »; l'extrémité s'enfonce dans le sable pour maintenir la colonie au fond de la mer.

Quelques Eponges (***Hexacératinées***), qui ont un système d'irrigation identique à celui des Hexactinellides, n'ont que des fibres cornées, ou sont dépourvues de squelette.

Halisarca. Masses spongieuses, molles, sans spicules; recouvrant les rochers de nos côtes d'incrustations d'un beau violet.

ORDRE II. **Tétractinellidés** (τετράς, quatre). — *Charpente compacte formée par des spicules siliceux a 4 rayons* (Éponges de pierre).

Les spicules ont aussi quelquefois la forme d'ancres (fig. 713).

Corallistes. — *Ancoria*. — *Geodina*.

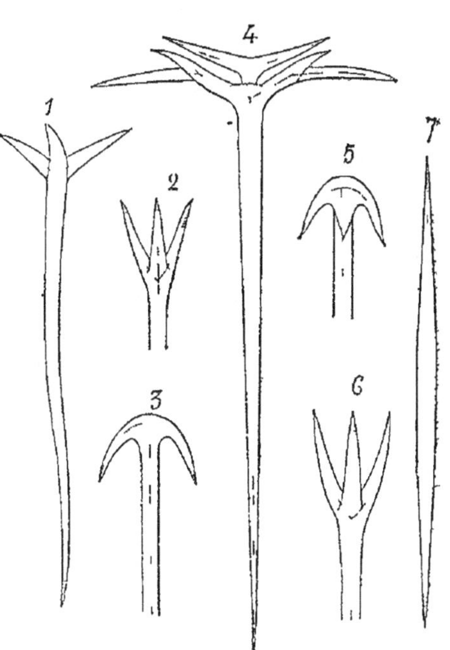

Fig 713 — Spicules de Tétractinellidés et de Monactinellidés.

ORDRE III. **Monactinellidés** (μόνος, seul). — *Spicules siliceux, le plus souvent à un seul axe, cimentés plus ou moins par une substance cornée* (Éponges corneo-siliceuses). — Comprennent les trois quarts des Éponges actuellement vivantes.

Axinella. Éponges résistantes, plus ou moins cylindriques. — *Vioa*. Eponges perforantes s'établissant quelquefois sur les coquilles des Huîtres et causant des dégâts plus ou moins considérables dans les huîtrieres. — *Chondrosia*. Éponges à consistance de caoutchouc; quelquefois dépourvues de spicules siliceux. — *Spongilla*. Eponges d'eau douce, formant des revêtements d'un gris verdâtre sur les parties immergées des piles de pont, des portes d'écluses et des bois flottés. — *Suberites*. Consistance du liège, se développant sur les coquilles des Pagures.

ORDRE IV. **Cératospongidés** (κέρας, corne). — *Charpente de fibres de spongine* (Éponges cornées).

Les fibres cornées sont constituées par une substance azotée spéciale (*spongine*); les corpuscules siliceux ou les grains de sable qui s'y trouvent doivent être considérés comme des corps étrangers.

Les Eponges employées en médecine et dans l'industrie ont été décrites sous le nom collectif d'*Euspongia officinalis*; mais elles appartiennent, en réalité, à plusieurs espèces. *Hippospongia equina* « Éponge de Cheval » est l'Éponge commune, grossière, creusée de larges cavités, consacrée aux usages domestiques et employée pour le pansage des Chevaux. Nord de l'Afrique. *Euspongia communis* « Éponge de Marseille » ou Éponge brune. Barbarie. *E. zimocca*. Eponge fine, de l'Archipel. *E. mollissima*. Éponge fine de toilette, en forme de coupe. Syrie. En chirurgie, on emploie l'*Éponge preparée a la gomme*, l'*Éponge préparee a la cire* et surtout l'*Éponge préparee a la ficelle*, pour dilater des orifices naturels ou accidentels. La grande quantité d'iode que renferment les Eponges les a fait utiliser en médecine, comme remède contre le goitre.

EMBRANCHEMENT IX. — PROTOZOAIRES.

Animaux unicellulaires, pouvant s'associer en colonies, qui semblent constituer alors des êtres pluricellulaires, mais dans lesquelles les éléments anatomiques sont tous semblables.

L'absence de différenciation entre les individus associés permet de distinguer les Protozoaires coloniaux des Métazoaires, où les cellules sont toujours différenciées les unes des autres. — D'autre part, les Protozoaires confinent aux Végétaux, et il est souvent difficile de les distinguer des végétaux unicellulaires. Mais il importe de considerer que la distinction de deux règnes est purement artificielle ; il n'y a lieu de les separer que d'une façon conventionnelle, et le criterium tiré de la présence de la cellulose, au moins à un moment donné de l'existence (Voir p. 9), suffit à caracteriser les organismes unicellulaires végétaux.

Les Protozoaires comprennent trois grandes divisions :

1° Les Infusoires dont le corps proplasmique est revêtu d'une membrane résistante et qui se meuvent à l'aide de fouets (*flagellums*) ou de cils vibratiles ; 2° les Sporozoaires, géneralement recouverts d'une membrane, qui vivent en parasites dans le corps d'autres animaux, et sont dépourvus d'organes de locomotion ; 3° les Rhizopodes, dont le corps protoplasmique est depourvu de membrane et présente des prolongements protoplasmiques transitoires, animés de mouvements généralement lents, les *pseudopodes*, qui sont les organes de mouvement et de prehension.

Le protoplasme qui forme le corps des Protozoaires est à peu pres toujours subdivisé en deux zones : une zone péripherique, l'*ectoplasme*, et une masse centrale, l'*endoplasme*. Ces deux zones se distinguent toujours assez nettement l'une de l'autre, soit par les granulations protoplasmiques qui presentent un aspect différent dans l'une et l'autre, soit par les vacuoles qui y sont incluses. Mais c'est chez les Radiolaires, que la différenciation est poussee le plus loin : l'ectoplasme et l'endoplasme y sont même séparés par une membrane chitineuse, percée d'orifices de disposition variée.

La *membrane* des Infusoires n'est que le résultat d'une différenciation de la couche externe de l'ectoplasme, c'est donc une couche vivante. Dans l'endoplasme se trouve le *noyau*, qui, chez les Infusoires les plus élevés, est accompagné d'un autre organite plus petit, le *paranucleus*.

La digestion suppose en général l'introduction à l'intérieur du corps protoplasmique de matières alimentaires solides (particules animales ou végétales, Algues unicellulaires, autres Protozoaires). Cette pénétration peut se faire, chez les Rhizopodes, en un point quelconque du corps; chez les Infusoires, elle ne peut se produire qu'en un point, où la membrane s'interrompt (*cytostome* ou *bouche*). En même temps que les particules alimentaires, une portion de l'eau ambiante est ingérée, et forme une gouttelette au milieu du protoplasme A l'intérieur de cette gouttelette (*vacuole digestive*), au centre de laquelle est l'aliment, se sécrète un suc acide, à la faveur duquel se produit la digestion. La vacuole se déplace à l'intérieur du protoplasme en suivant un chemin quelconque; les résidus inutilisables sont évacués en un point quelconque du corps chez les Rhizopodes, en un point déterminé (*cytoprocte*) chez les Infusoires.

Il existe très généralement des *vacuoles contractiles* qui se remplissent de liquide et se vident d'une façon rythmique. Leur contenu est expulsé à l'extérieur. Ces vacuoles ont très certainement un rôle d'excrétion, car le liquide qu'elles renferment contient sûrement des matériaux de désassimilation De plus les contractions entraînent des mouvements continuels à l'intérieur de la masse protoplasmique. Ces mouvements sont rendus visibles par le déplacement des granulations protoplasmiques; ils assurent la circulation des substances nutritives à l'intérieur du protoplasme.

Les Protozoaires présentent fréquemment des organes durs et solides qui leur constituent un squelette. Dans ce groupe de formations doivent se ranger : les baguettes axiales qui soutiennent les pseudopodes des Héliozoaires, et qui sont formées d'une substance albuminoïde; d'autre part les organes de protection et de soutien du corps protoplasmique : le *test* chitineux ou calcaire des Amiboïdes et des Foraminifères, les piquants et les sphères treillissées de la majorité des Radiolaires et de quelques Héliozoaires. Les Infusoires peuvent aussi être protégés par une enveloppe solide qui peut devenir une vraie carapace; cette enveloppe est le résultat de la différenciation de la membrane : elle est donc de nature cuticulaire. Dans d'autres cas, il peut se sécréter une coque gélatineuse ou chitineuse, à l'intérieur de laquelle peut se rétracter l'animal.

La reproduction des Protozoaires se fait par *division*, par *bourgeon-*

nement ou par *sporulation*. La *division* consiste dans la bipartition pure et simple de l'individu, bipartition toujours précédée de la division du noyau. Le *bourgeonnement* isole de l'individu une très petite masse protoplasmique nucléée, qui s'en sépare, sans modifier notablement la forme et les dimensions du parent. La *sporulation* enfin réside dans la division de la masse protoplasmique en un très grand nombre de petits fragments nucléés, dont chacun constitue une *spore*.

Au moment de la reproduction, l'animal s'enferme quelquefois dans une enveloppe solide (*kyste*), qui se rompt pour disséminer les produits de la division. L'enkystement n'est pas toujours lié aux phénomènes de reproduction. Il peut se produire quand les conditions ambiantes deviennent mauvaises, et a pour effet de soustraire l'individu à l'influence de ces conditions. Il a lieu souvent, aussi, après une digestion abondante : le Protozoaire s'enkyste pour digérer à l'abri.

Sauf chez les Foraminifères et les Radiolaires, les phénomènes de reproduction sont en rapport étroit avec une *conjugaison* préalable, c'est-à-dire qu'ils sont précédés de l'union temporaire ou définitive de deux individus. C'est surtout chez les Infusoires ciliés qu'a été bien étudié le mécanisme de la conjugaison (Maupas).

SOUS-EMBRANCHEMENT I. — INFUSOIRES

Protozoaires à corps protoplasmique entouré par une membrane, et se mouvant à l'aide de cils ou de flagellums.

INFUSOIRES.	Se déplaçant à l'aide de cils vibratiles.	CILIÉS
	Fréquemment parasites, se nourrissant à l'aide de tentacules ou de suçoirs	ACINÉTIENS
	Se déplaçant à l'aide de flagellums ..	FLAGELLÉS.

CLASSE I. — CILIÉS.

Protozoaires se déplaçant à l'aide de cils vibratiles généralement nombreux et courts.

Les Infusoires ciliés vivent pour la plupart dans l'eau et principalement dans l'eau douce. La plupart des eaux douces, sauf les eaux pures et les eaux courantes et claires, en renferment. Ils abondent dans les mares et les fossés ; il s'en développe un grand nombre dans les infusions de foin, dans les vases où ont séjourné des fleurs, en un mot dans les milieux riches en matières organiques où pullulent les

Bactéries, leur nourriture ordinaire. Les germes dont ils proviennent sont contenus dans l'eau, ou déposés à l'état de kystes sur les plantes.

Quelques Infusoires vivent en parasites dans les liquides organiques; en particulier le rectum de la grenouille en renferme plusieurs espèces.

Les Ciliés constituent les plastides les plus compliqués que l'on connaisse. Leur corps est formé d'une masse protoplasmique granuleuse, dont la partie superficielle, plus consistante, plus réfringente, constitue l'*ectoplasme*. A sa surface se trouve encore une *membrane* de nature cuticulaire, qui dans quelques cas peut s'épaissir, jusqu'à devenir une véritable carapace (fig. 715). La membrane est toujours (1) interrompue en un point déterminé, où se présente un orifice, le *cytostome*, servant à la pénétration des aliments dans le corps protoplasmique. Le cytostome est quelquefois terminal, plus souvent il est latéral, et se trouve au fond d'un profond sillon oblique, le *peristome*.

Le corps présente un revêtement, continu ou non, de cils vibratiles; ce sont des émergences protoplasmiques, qui traversent la membrane et font saillie au dehors. Les cils vibratiles sont les organes de locomotion des Infusoires Ciliés. Leur disposition est extrêmement variable et sert à la classification. Ces variations, qui seront

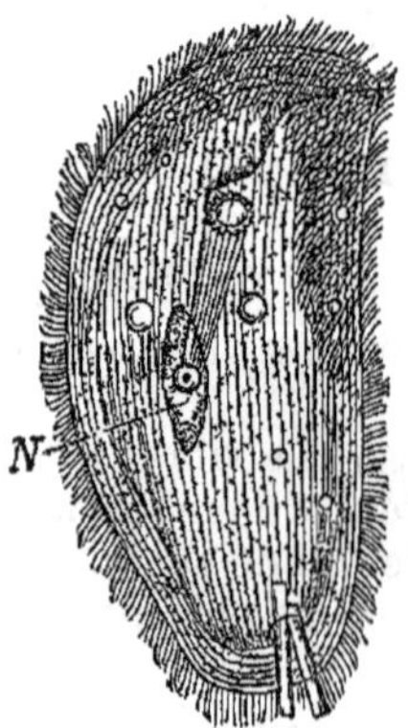

Fig 714. — Infusoire homotriche (*Chilodon cucullus*). — De l'extrémité supérieure part la frange ciliée adorale, qui aboutit à la bouche celle-ci conduit dans un œsophage en forme de nasse, *N*, noyau, par dessus est le paranucléus, sur ses cotés, 2 vacuoles contractiles, en bas le cytoprocte, par où s'échappent les carapaces siliceuses de deux Diatomées.

Fig. 715 — *Aspidisca lyncaster*, montrant l'épaisse cuticule qui lui forme une carapace, à droite la frange adorale, a l'intérieur le noyau en fer a cheval.

étudiées plus loin, ont pour termes extrêmes : d'une part, un revêtement continu de cils identiques sur tout le corps (***Homotriches***) (fig. 714), d'autre part une localisation et une spécialisation remarquables, re-

(1) Il y a exception pour quelques formes, comme les Opalines, qui vivent en parasites dans le rectum de la Grenouille, au sein d'un liquide nutritif.

duisant et fixant le nombre de ces organes, qui deviennent des appendices coniques volumineux, semblant animés de mouvements volontaires (***Hypotriches***) (fig. 716, c). Presque toujours, le long du péristome, existe une frange de cils plus grands, la *frange adorale* (*b*), produisant les mouvements entraînant vers la bouche un courant d'eau continuel et avec lui les aliments. Ils sont aidés dans ce rôle par d'autres organes plus complexes, des *lanières vibratiles* (*a*), des *lamelles ondulantes* (*m*) qui ne sont peut-être que le résultat de l'accolement d'un certain nombre de cils vibratiles.

Le *cytostome*, quelquefois appelé *bouche*, conduit dans un canal, le *cytopharynx*, sur les parois duquel se replie la membrane. Ce canal se termine rapidement, et au fond se trouve le protoplasme mou. Le courant ciliaire vient frapper contre le fond du tube, le rend concave, et finalement il se forme une cavité au-dessus de laquelle se referme le protoplasme, et dans laquelle est renfermée une goutte d'eau, tenant en suspension des particules alimentaires (Bactéries, etc.). Cette gouttelette est une *vacuole digestive*. Il s'y sécrete un suc acide qui digère les substances alimentaires. La vacuole, prise par le mouvement interne du protoplasme, chemine dans le corps cellulaire en suivant un chemin quelconque, et finalement son contenu est expulsé avec les résidus non assimilables des matières ingerées, par un orifice determiné, le *cytoprocte*, qui n'est visible qu'au moment de l'expulsion. Il n'existe pas d'intestin; toutefois, dans certaines formes, on distingue un tractus de protoplasme différencié, allant du cytostome au cytoprocte, et que les vacuoles digestives suivent de préference.

Les Infusoires où l'ingestion est due a un mouvement ciliaire sont très nombreux. Leurs proies sont en général petites et consistent en Algues unicellulaires, Diatomées, Zoospores, Flagellés. Ils restent longtemps immobiles, quelques-uns même sont fixés, les autres ne se deplacent que quand le milieu est devenu trop pauvre pour pourvoir a leur nutrition. Chez d'autres Infusoires, les organes vibratiles péribuccaux se réduisent : il y a alors des levres mobiles ou un appareil formé de dents chitineuses, destiné a retenir la proie; l'animal opere une véritable deglutition. Ces derniers Infusoires sont tous carnivores, errants, toujours en chasse, se nourrissant de Flagellés et de petits Ciliés.

Les *vacuoles contractiles* sont en général au nombre de deux : elles sont quelquefois simples, mais en général elles présentent un certain nombre de canaux afférents, disposés en étoile autour d'elles (fig. 717). Ces canaux se remplissent d'abord, puis se vident peu a peu dans la vacuole, qui grossit progressivement ; arrivée a son maximum, celle-ci expulse brusquement son contenu au dehors, par un canal efférent dont le pore extérieur n'est visible qu'au moment de l'expulsion. La fréquence du rythme varie de 7 à 15 secondes.

Le protoplasme renferme toujours un noyau (très rarement, dans 9 espèces seulement, un plus grand nombre). Sa forme est très variable ; généralement sphérique, il peut être ovoide, arqué, en forme de ruban, de chapelet, ou même être plus ou moins ramifié. Il est toujours accompagne d'une petite masse, le *paranucleus* (quelquefois improprement appelé *nucléole*), qui joue dans la conjugaison un rôle

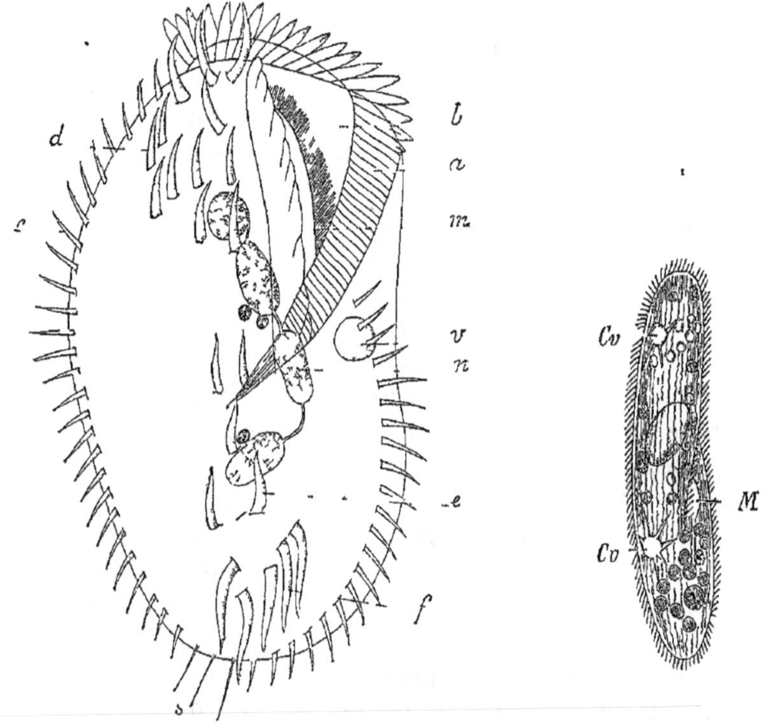

Fig 716 — Infusoire hypotriche (*Onychodromus grandis*) — *a*, lanières vibratiles adorales, *b*, cils adoraux, *m*, membrane ondulante, *c*, *d*, *e*, cirres, *s*, soies tactiles, *n*, noyau en chapelet avec 3 paranucléus, *v*, vésicule contractile.

Fig 717 — *Paramecium Aurelia* — *M* cytostome *Cv*, vacuoles contractiles

extrêmement important. Il semble que le noyau proprement dit ait une fonction essentiellement nutritive, tandis que le paranucléus serait le noyau sexuel.

Enfin, dans la couche ectoplasmique, on trouve fréquemment de petits bâtonnets cylindriques ou fusiformes, qui se disposent de façon à former une couche continue. Ces organes, appelés *trichocystes*, sont capables de s'allonger brusquement en faisant saillie au dehors, leur longueur passant de 4 μ à 33 μ. Ils sont probablement urticants et servent d'organes de défense ou d'attaque; ils sont en effet très développés dans le pharynx des Infusoires chasseurs.

Enkystement. — Quand les conditions du milieu extérieur deviennent mauvaises, certains Infusoires peuvent s'enfermer dans une enveloppe protectrice, où ils attendent, à l'état de vie ralentie, des conditions plus favorables. L'Infusoire s'est *enkyste*. La substance du kyste est homogène et transparente, rarement jaune ou brune; elle est assez analogue a la chitine, et peut présenter jusqu'à 3 couches superposées. A l'intérieur, l'Infusoire reste d'abord avec sa forme normale et persiste a cet état s'il est maintenu dans l'eau, auquel cas il ne tarde pas a mourir. S'il se dessèche au contraire, il passe a l'état d'une masse protoplasmique amorphe, et peut se conserver ainsi plusieurs années, a la condition d'être humecté de temps en temps. Quand les conditions redeviennent favorables, l'Infusoire gonfle, crève son kyste et reprend sa vie active.

Scissiparite. — La reproduction des Infusoires est toujours le resultat d'une bipartition, transversale dans le cas des Infusoires libres, longitudinale chez les Infusoires fixés (fig. 719). Le nucléus et le paranucléus se disposent perpendiculairement au plan futur de séparation, s'allongent, et se divisent par étranglement, rarement (Opaline) par karyokinese.

Avant leur séparation, les deux individus se complètent, chacun emportant la moitié des organes du génerateur, et récupérant le reste par nouvelle formation.

Dans des conditions égales de température et de nutrition, la scissiparité se continue régulierement. A 25°, elle se produit 5 fois en vingt-quatre heures. Il en résulterait, au bout de six jours et demi, si la division se continuait sans interruption, plus de dix milliards d'individus.

Mais à partir de la centième division, les individus commencent a subir une remarquable dégénérescence. Leur taille diminue jusqu'a devenir le quart de la taille normale, le noyau se fragmente, les cils disparaissent, et la mort arrive. Cette degénérescence ne peut être evitée que par la *conjugaison*, c'est-a-dire par l'union de deux individus, avec échange de substance. Encore cette conjugaison, pour amener un *rajeunissement*, ne doit-elle pas s'effectuer entre les rejetons d'un même individu.

Conjugaison. — Les Infusoires s'accolent généralement bouche a bouche, et leur corps est le siège de phénomènes compliques, dont le paranucléus est le facteur principal. Prenons pour type le *Paramecium aurelia*.

1° Le paranucléus (fig. 718) se divise deux fois de suite, de façon à donner quatre paranucléus; mais, de ceux-ci, trois se résorbent, et le quatrième restant se divise de nouveau en deux corpuscules identiques, qu'on peut appeler par convention le *corpuscule mâle* et le *corpuscule femelle.*

2° Les deux individus échangent leur corpuscule mâle, qui va se fusionner avec le corpuscule femelle du conjugué pour former un nouveau paranucléus mixte.

3° La conjugaison est alors opérée, les deux individus se sépa-

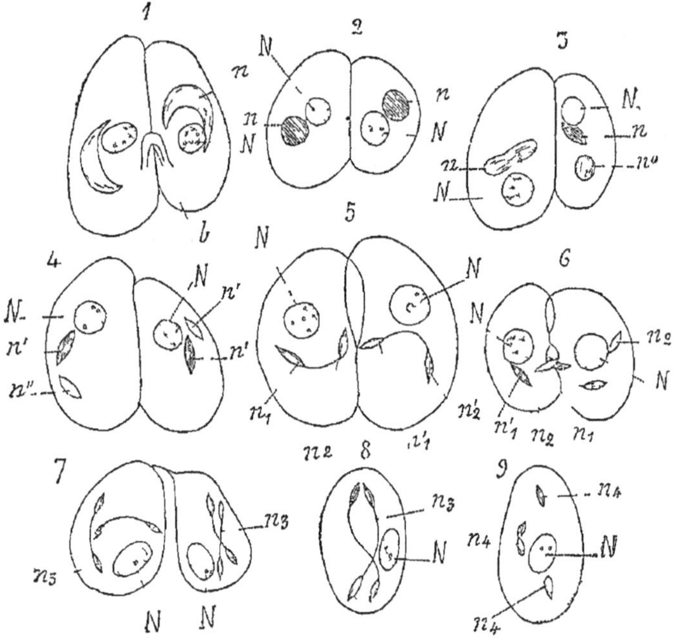

Fig 718 — Conjugaison de deux Paramécies. — 1, paranucléus (n) en croissant, 2, paranucleus sphériques, 3, bipartition du paranucléus (suivie d'une seconde bipartition), 4, des quatre paranucléus formés dans chaque individu, deux ont complètement disparu, un (n'') est en voie de résorption, 5, le paranucléus restant (n') se divise en un corpuscule mâle (n_2) et un corpuscule femelle (n'_1), 6, échange des corpuscules mâles, 7, le paranucléus mixte se bipartit deux fois, 8 et 9, il a donné quatre paranucléus, deux deviendront des noyaux, destinés à remplacer le noyau N, qui se résorbe, les deux autres resteront des paranucléus

rent; mais auparavant, le paranucléus s'est divisé en 4 fragments dans chacun d'eux : deux des fragments deviennent des paranucléus, les deux autres deviennent des noyaux, destinés à remplacer le noyau ancien qui se fragmente et se résorbe. Apres la conjugaison, chaque individu renferme donc 2 noyaux et 2 paranucléus; mais il va se diviser maintenant, et la première bipartition rétablira l'état de choses normal : chaque individu ne renfermera plus qu'un noyau et qu'un paranucléus.

Chez les Vorticelles, la conjugaison ne se ramène pas à un accolement temporaire de deux individus, mais à leur fusion complète. Un individu se divise plusieurs fois, et donne des individus plus petits (*microgametes*), qui acquierent une couronne de cils a leur extrémité postérieure et se détachent de la colonie. La microgamete vient ensuite se fixer (fig. 718) sur un individu normal (*macrogamete*) et des phénomènes identiques a ceux que nous venons de décrire se produisent. Il y a échange des paranucléus, et reconstitution d'un nouveau paranucléus dans chacun des conjugués. Mais le paranucléus de la microgamète se fragmente et se résorbe, et son protoplasme se fusionne avec celui de la macrogamète, qui seule se développe, acquiert une couronne de cils, se détache et va fonder une nouvelle colonie. Il n'y a donc pas fécondation réelle, puisqu'il y a échange de substance, mais cependant indication de sexualité.

ORDRE I. **Homotriches.** — *Un revêtement continu de cils vibratiles, semblables entre eux.*

Paramécies (*Paramecium*) (fig. 717). — *Coleps*, corps muni d'une

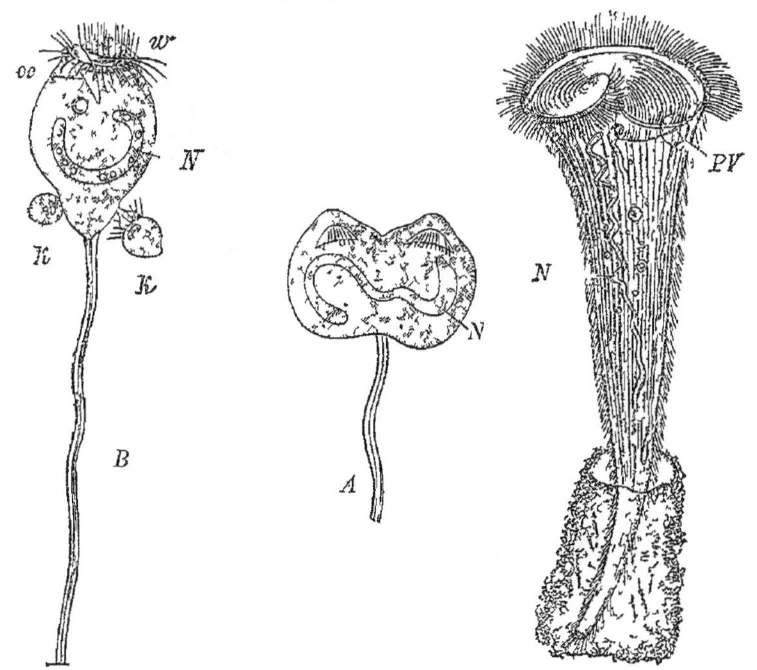

Fig 719 — *A*, Vorticelle en voie de division longitudinale, *N*, noyau — *B*, conjugaison, *k*, microgamètes se fusionnant avec une macrogamete, *w*, disque vibratile, *œ*, cytopharynx, au dessous la vésicule contractile; *N*, noyau.

Fig 720 — *Stentor Rœseli* — *N*, noyau, *PV* vacuole contractile.

carapace. — Opalines (*Opalina*). Pas de bouche, de nombreux noyaux. Parasites dans le rectum des Grenouilles.

ORDRE II. **Hétérotriches.** — *Cils de la frange adorale différenciés.*

Balantidium, parasite de l'intestin de l'Homme. — *Nyctotherus*, intestin de la Grenouille. — *Stentor*, pouvant se fixer temporairement par des cils terminaux (fig. 720).

ORDRE III. **Discotriches.** — *Fixés, au moins temporairement. Frange adorale formant une spirale de plusieurs tours, sur un disque placé à l'extrémité supérieure et pouvant se retracter à l'interieur d'une cavité que limite un bourrelet extérieur ; les divers orifices* (cytostome, etc.), *s'ouvrant dans un* vestibule *creusé entre le disque et la lèvre saillante qui l'entoure.*

Vorticelles (*Vorticella*). Vivent solitaires à l'extrémité d'un pédon-

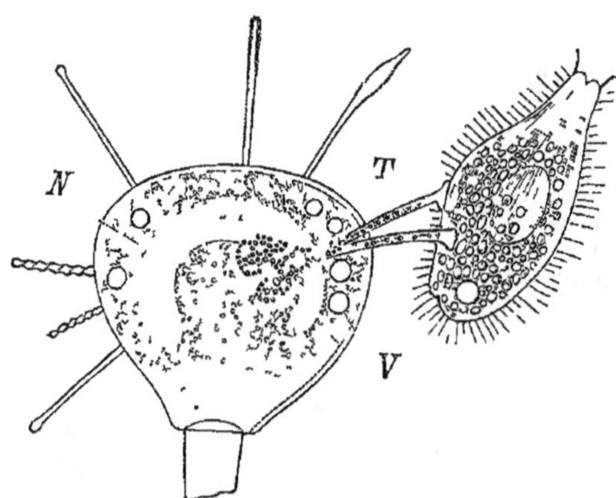

Fig 721 — *Podophrya ferrum equinum*, suçant un petit Infusoire — *T*, tentacules, *N*, noyau, *V*, vacuoles.

cule contractile (fig. 719). — *Carchesium*. Formes coloniales a pédoncule contractile. — *Epistylis*. Forme coloniale à pédoncule rigide.

ORDRE IV. **Hypotriches.** — *Face dorsale sans appendices ; sur la face ventrale, des* cirres, *articulés, et animes de mouvements volontaires.*

Stylonychia (fig. 718), *Oxytricha*. — *Euplotes, Aspidisca*. Corps revêtu d'une carapace.

CLASSE II. — ACINÉTIENS.

Infusoires parasites, munis de tentacules et de suçoirs.

Pendant la plus grande partie de leur existence, ces Infusoires sont dépourvus de cils : ils rampent sur les colonies de Vorticelles, ou bien vivent en parasites à l'intérieur du corps de certains Ciliés, ou encore sont fixés a des corps étrangers, à des Hydraires ou à des Crustacés. Les tentacules et les suçoirs servent d'organes de préhension (fig. 721).

Les Acinétiens peuvent changer de forme, quand la nourriture devient insuffisante ; ils rétractent leurs tentacules, acquièrent une ceinture de cils, et se meuvent comme les Ciliés, pour reprendre au bout de quelque temps leur forme premiere.

Ces phénomenes indiquent une parente avec les Ciliés, parenté que confirme l'organisation générale.

La reproduction se fait par bourgeonnement (fig. 722). Souvent existe une sorte de bourgeonnement interne : une petite partie du protoplasme, munie prealablement d'un fragment du noyau, s'isole du reste par la formation d'une vésicule

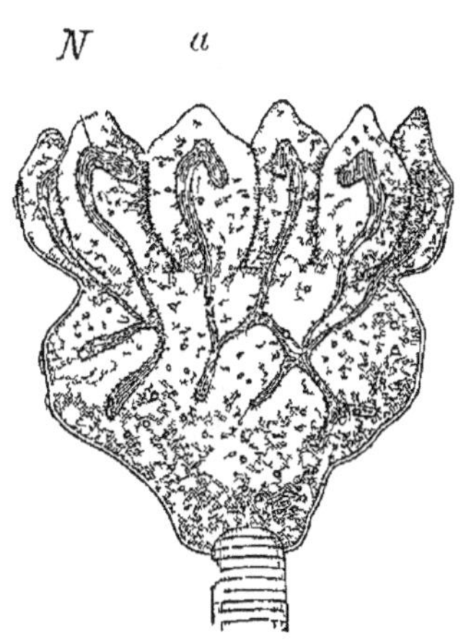

Fig 722 — Bourgeonnement de *Podophrya gemmipara* — Le noyau *N* envoie des prolongements dans les bourgeons.

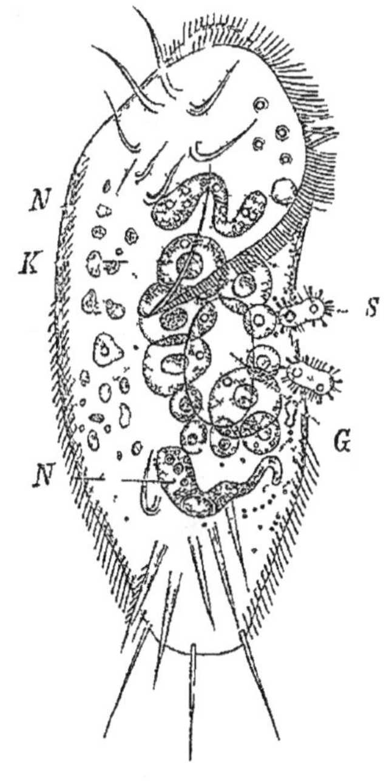

Fig 723 — *Sphærophrya* (*S*) sortant d'un *Stylonychia mytilus* par un large orifice *G* — *K*, germes non mûrs, *N*, noyau de la *Stylonychia*

autour d'elle : ce *bourgeon interne* acquiert une couronne de cils et s'échappe hors du parent.

Sphærophrya. Solitaires, sphériques, en parasites dans le corps des Ciliés (fig. 723). — *Podophrya*. Pédonculés et fixes (fig. 722). — *Acineta*. Enfermés dans une coque pédonculée.

CLASSE III. — FLAGELLÉS.

Infusoires toujours dépourvus de cils, munis d'un ou de plusieurs flagellums, d'un noyau et de vacuoles contractiles. Reproduction par division ou par bourgeonnement.

FLAGELLÉS	De grande taille, protoplasme formant un réticulum très fin s'étendant dans tout l'intérieur de la cellule.		CYSTOFLAGELLÉS.
	Corps très petit à protoplasme granuleux.	Un flag. à collerette....	CHOANOFLAGELLÉS.
		Pas de flag à collerette.	EUFLAGELLÉS.

ORDRE I. **Cystoflagellés** (κύστις, vessie). — *Corps vésiculeux de grande taille, à protoplasme réticulé.*

Noctiluques (*Noctiluca*). Corps sphéroïdal (fig. 724 *A*) avec un sillon au fond duquel est la bouche ; dans le voisinage de celle-ci se trou-

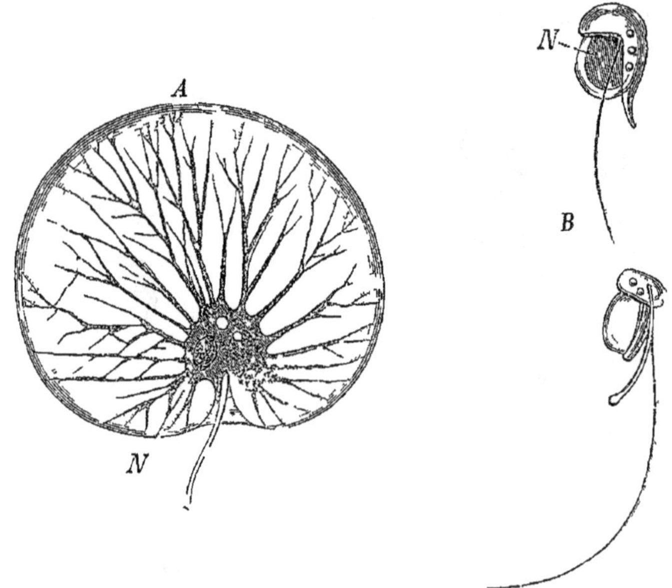

Fig 724. — A. *Noctiluca miliaris.* — B, spores *N*, noyau.

vent un flagellum et un appendice plus gros (*tentacule*). Protoplasme situé dans le voisinage de la bouche et envoyant des trabécules à un réseau protoplasmique appliqué contre la face interne de la membrane résistante qui limite le corps. Reproduction par sporulation fig. 724 B). Rendent la mer phosphorescente sur de grandes étendues et produisent la « mer de lait » dans l'océan Indien. — Leptodisques (*Leptodiscus*). Corps discoïdal ; pas de tentacules. Méditerranée.

ORDRE II. **Choanoflagellés** (χόανος, entonnoir). — *Corps présentant un flagellum simple, entouré à sa base d'une collerette hyaline en entonnoir* (fig. 725).

Le rôle de la collerette hyaline est bien certainement de déterminer la marche des particules alimentaires vers le corps protoplasmique ; mais il y a doute sur le point de savoir si l'ingestion se fait

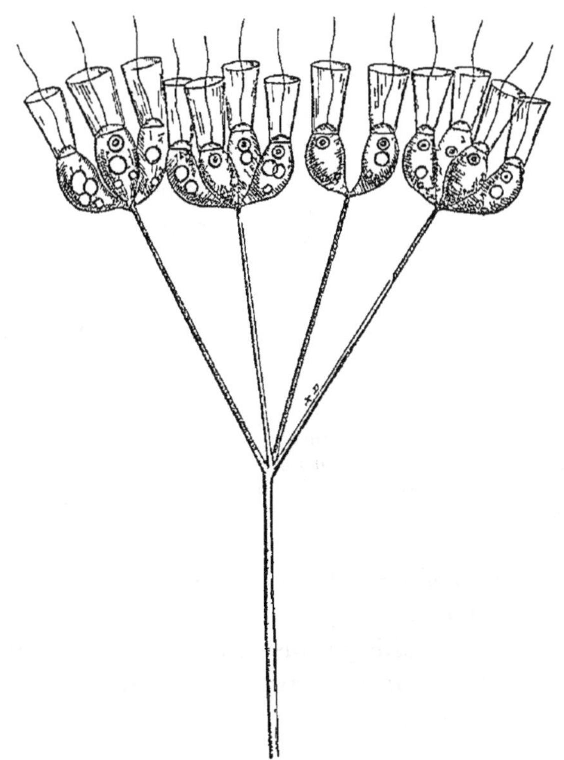

Fig. 725. — Type de Choanoflagellé (*Codonocladium umbellatum*).

a l'intérieur de l'entonnoir ou sur son pourtour. Animaux nus ou sécrétant des tuniques cornées ; solitaires ou coloniaux ; libres ou fixes. *Phalansterium*. — *Lagenæca*. — *Codosiga*.

ORDRE III. **Euflagellés** (εὖ, bien). — *Flagellés à flagellum simple, unique ou multiple, non entouré d'une collerette à sa base.*

A. ***Biflagellés***. — *Deux flagellums*. — *Amphimonas*. — *Rhipidodendron*. Habitent des tubes juxtaposés et disposés en éventail.

B. ***Uniflagellés***. — *Un seul flagellum.*

Monas. — *Cercomonas.* Une queue flagelliforme. *C. Hominis.* Intestin de l'Homme atteint de diarrhée, de fièvre typhoïde, de choléra ; kyste hydatique du foie. On a trouvé aussi des *Cercomonas* dans les dents cariées. — *Dendromonas,* forme coloniale ; — *Cephalothamnium, Anthophysa,* colonies ramifiées, dont les rameaux portent un bouquet de Monades.

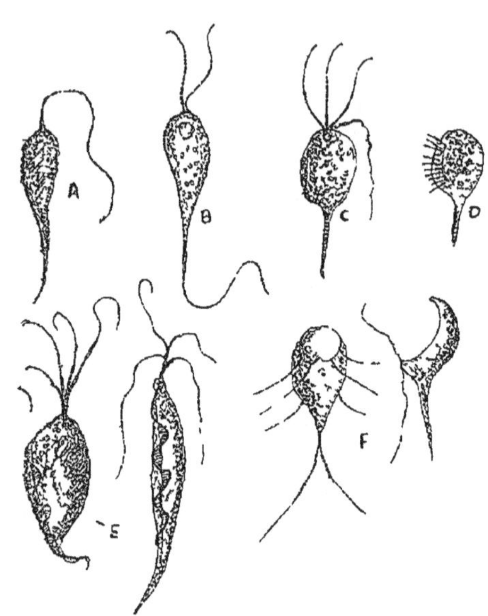

Fig 726 — Flagellés parasites de l'Homme — A, *Cercomonas*, B, *Cystomonas*, C, *Monocercomonas*, D, *Trichomonas intestinalis*, E, *Trichomonas vaginalis*, F, *Megastoma*

C. ***Multiflagellés***. — *Trois flagellums ou davantage.*

Megastoma. Flagellé piriforme à base déprimée en une sorte de ventouse ; 8 flagellums (6 latéraux ; 2 postérieurs). *M. intestinale,* commun dans l'intestin des Rats et des Chats, se rencontre également chez l'Homme. — *Trichomonas.* Quatre flagellums, une membrane ondulante et une queue rigide. *T. vaginalis* est commun dans le vagin et *T. intestinalis* n'est pas très rare dans l'intestin, surtout dans les cas de diarrhée. On a trouvé aussi des *Trichomonas* dans la bouche. — *Monocercomonas.* 4 flagellums et une queue rigide, pas de membrane ondulante. *M. Hominis.* Fourmille parfois dans les dejections diarrhéiques. — *Cystomonas.* 2 flagellums en avant, 1 en arrière. *C. urinaria* se trouve dans l'urine de l'Homme ; rare.

SOUS-EMBRANCHEMENT II. — SPOROZOAIRES.

Protozoaires dépourvus d'organes de locomotion, immobiles ou à mouvements très lents ; presque tous parasites ; reproduction par spores.

<table>
<tr><td rowspan="3">SPOROZOAIRES.</td><td colspan="2">Spores munies d'une capsule à filament, existence extracellulaire.....</td><td>Myxosporidies.</td></tr>
<tr><td rowspan="2">Spores sans capsules.</td><td>Parasites extracellulaires, généralement dans les muscles.... ....</td><td>Sarcosporidies</td></tr>
<tr><td>Parasites intracellulaires, au moins pendant une partie de l'existence..</td><td>Grégarinides.</td></tr>
</table>

CLASSE I. — MYXOSPORIDIES.

Corps protoplasmique amiboïde, se reproduisant par spores munies de capsules à filament.

Vivent en parasites principalement sur la peau ou les branchies des Poissons, mais aussi sur les organes internes, à l'exception du système nerveux.

Corps protoplasmique ne présentant pas de membrane, mais seulement une couche d'ectoplasme mou, émettant des pseudopodes servant à la locomotion ou à la fixation ; des noyaux en général nombreux.

Le mode de reproduction est particulièrement remarquable. — Les noyaux nombreux du corps protoplasmique se partagent le protoplasme, et il se constitue, par un procédé assez complexe, un certain nombre de *sporoblastes*, qui donnent chacun 2 *spores* fusiformes (*psorospermies*) binucléées, protégées par une carapace bivalve, et contenant des vésicules à l'intérieur desquelles se trouve inclus un filament déroulable et exsertile. Ces spores s'ouvrent et donnent chacune une masse amiboïde, qui devient une nouvelle Myxosporidie.

C'est à ce groupe qu'il faut rattacher la pébrine des Vers à soie, qui est due au *Glugea Bombycis* (Thélohan).

CLASSE II. — SARCOSPORIDIES.

Sporozoaires peu connus, vivant pour la plupart dans le tissu musculaire strié. Le corps est un tube très long (1 à 3 mm. sur $0^{mm},1$), rempli d'une masse blanchâtre, qui, à un stade avancé du développement, présente des vésicules nucléées : ce sont les spores, à la maturité, ces vésicules se segmentent en un grand nombre de sporozoïtes, qui crèvent la vésicule et finissent par remplir le tube. L'évolution est fort peu connue.

CLASSE III. — GRÉGARINIDES.

Sporozoaires à corps protoplasmique revêtu d'une membrane, passant toute leur existence, ou seulement les premiers temps, comme parasites, à l'intérieur d'une cellule.

Deux ordres :

GREGARINIDES.	Une phase adulte libre..........	Grégarines.
	Existence entière intracellulaire.....	Coccidies

ORDRE I. **Grégarines.** — *Sporozoaires subissant leur pre-*

mier développement dans une cellule, puis vivant dans la cavité générale de leur hôte.

Le corps, très variable de forme, est recouvert d'une membrane cuticulaire, et son protoplasme se décompose en un ectoplasme hyalin, et un endoplasme granuleux renfermant beaucoup de granulations amylacées. Dans l'endoplasme est un noyau, mais il n'existe pas de vacuole contractile.

Chez certaines Grégarines (***Monocystidées***) l'ectoplasme forme une couche continue et uniforme autour de l'endoplasme ; mais chez d'autres (***Polycystidées***), il pénetre à l'intérieur et divise l'endoplasme en deux tronçons, simulant deux cellules : le *protomerite* et le *deutomerite*, ce dernier contenant seul un noyau (fig. 727).

Fig 727. — Syzygie de deux individus de *Clepsidrina polymorpha.*

La *sporulation* est à peu près toujours précedée d'un *enkystement*, par suite de la sécrétion d'une membrane résistante au-dessous de la membrane protoplasmique. Par contre, elle n'est pas toujours précédée d'une conjugaison de deux individus. On trouve en effet toutes les transitions possibles : 1° individus se fusionnant et s'enfermant dans le même kyste ; 2° individus s'accolant et s'enfermant dans le même kyste, mais sans se fusionner; 3° individus s'accolant, puis s'enkystant dans deux kystes jumeaux ; 4° individus s'accolant, puis se séparant pour s'enkyster isolément ; 5° enfin certaines formes qui vivent normalement associées par 2 ou par 3, formant une *syzygie* (fig. 727), se séparent au moment de l'enkystement.

Quoi qu'il en soit, la Grégarine, à l'état de sporulation, donne naissance a un certain nombre de *sporoblastes*, nucléés, une portion du protoplasme restant à l'état de masse residuelle. Chacun de ces sporoblastes devient une *spore* (*navicelle* ou *pseudo-navicelle*), et a son intérieur se forment des *sporozoïtes* (corpuscules falciformes), une partie du protoplasme restant en général inemployée sous forme d'une masse résiduelle (comme dans fig. 729).

Les Grégarines vivent a l'état adulte dans le tube digestif ou les cavités internes des Vers et des Arthropodes. Elles manifestent des mouvements très faibles : mouvements de flexion et mouvement de translation sans contraction apparente.

1er Sous-ordre. Polycystidées. — *Corps divisé en deux parties* : proto- *et* deuto-mérite. *Un épimérite.*

Les Polycystidées présentent, au début de leur développement, une phase *coccidienne*, pendant laquelle elles sont intracellulaires ; puis elles s'allongent, et font saillie, hors de la cellule, dans la cavité du tube digestif, sous forme d'une tige qui reste fixée à la cellule hospitalière, et où émigre le noyau du parasite. La tige reste separée de la partie intracellulaire par une constriction ; c'est a ce moment que le protomérite et le deutomérite se séparent par un septum ectoplasmique; en même temps la partie initiale s'allonge en un cordon grêle qui est fixe à la cellule hospitalière par une tête renflée, quelquefois épineuse, l'*épimérite* (fig. 728 A). La Grégarine à cet etat est un *céphalin* (A). Mais bientôt l'épimerite se détache, et elle passe a l'état de *sporadin* ; elle est alors libre dans le tube digestif. — Vivent dans le tube digestif des Arthropodes.

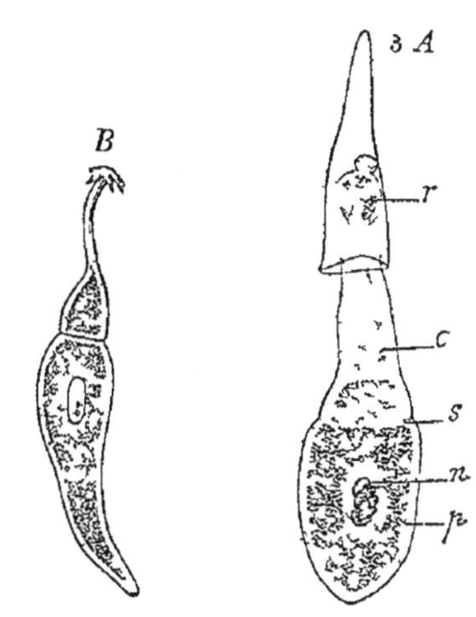

Fig. 728. — *Stylorhynchus longicollis* du *Blaps* — A, individu dont l extrémité est encore attachée a la cellule épithéliale de l'hôte, — *r*, épimérite, *c*, protomérite, *p*, deutomérite contenant le noyau *n*. — B, céphalin isolé.

Clepsidrina (fig. 727), parasite des Blattes. — *Stylorhynchus* (fig. 728). chez le Blaps.

2e Sous-ordre. Monocystidées. — *Ectoplasme entièrement périphérique.*

Pas de phase coccidienne; habitent les cavités internes de leur hôte, qui peut être soit un Arthropode, soit un Ver.

Monocystis. Testicule du Lombric. — *Diplocystis*, constamment réunies en syzygie de deux. Blatte des cuisines.

ORDRE II. **Coccidies.** — *Parasites constamment intracellulaires.*

Corps toujours sphérique, subissant l'enkystement dans la cellule hospitalière.

1er Sous-ordre. Polysporées. — Le contenu du kyste se décompose en un très grand nombre de *sporoblastes*, qui se disposent à la périphérie où ils forment une couche serree.

Chaque sporoblaste devient une *spore*, à l'intérieur de laquelle se forment de 1 à 4 *sporozoïtes* (fig. 729).

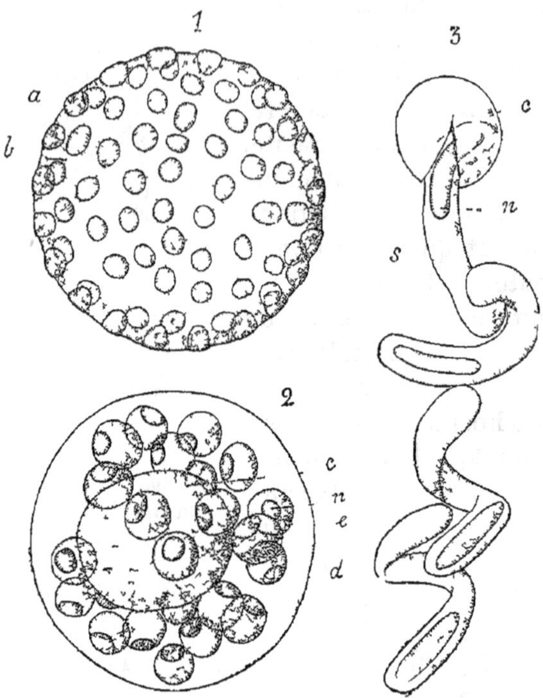

Fig. 729. — Reproduction de *Klossia octopiana*, parasite de la Seiche. — 1, multiplication des noyaux qui deviennent superficiels ; 2, le kyste renferme de nombreux sporoblastes *e*, munis d'un noyau *n*, et une masse de protoplasme résiduelle, *c* ; 3, spores donnant quatre sporozoïtes (*s*), munis d'un noyau *n*.

Les Polysporées se rapprochent des Grégarines dont elles ne diffèrent que par l'absence de vie libre.

Klossia ; diverses espèces parasites du Poulpe, de l'Escargot, de la Scolopendre.

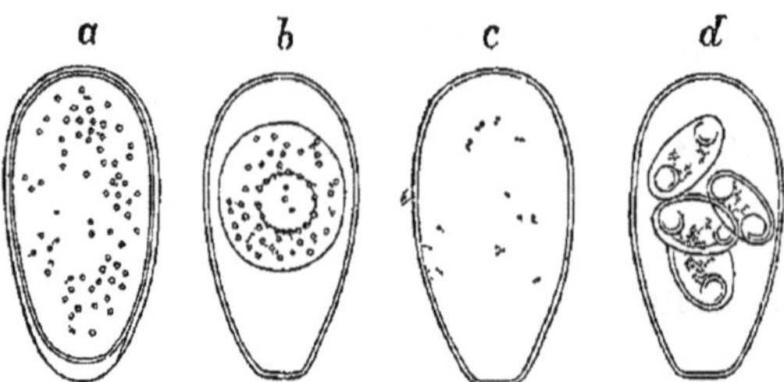

Fig. 730. — Sporulation du *Coccidium oviforme*, du foie du Lapin. — *a*, individu enkysté ; *b*, l'enveloppe externe du kyste a disparu, et le protoplasme est condensé ; *c*, formation de quatre sporoblastes ; *d*, les sporoblastes sont devenus des spores et renferment chacun deux sporozoïtes.

2e Sous-ordre. Oligosporées. — Le contenu du kyste

donne deux ou quatre sporoblastes (fig. 730, *c*), chacun devient une spore où se forment 2 sporozoïtes (*d*), rarement 4 ou un grand nombre.

Coccidium oviforme, du foie du Lapin.

3e Sous-ordre. Monosporées. — Le contenu du kyste devient une seule spore où se forment de nombreux sporozoïtes.

Eimeria; tube digestif de la Souris (1).

SOUS-EMBRANCHEMENT III. — RHIZOPODES.

Protozoaires dont le protoplasme est dépourvu de membrane, présente une surface molle, et peut émettre des pseudopodes.

RHIZOPODES.	Protoplasme nettement divisé en deux parties différenciées par une membrane chitineuse......... ..		RADIOLAIRES.
	Protoplasme ne présentant pas de membrane chitineuse, séparant l'ectoplasme de l'endoplasme.	Pseudopodes grêles et ramifiés, anastomosés ; un test chitineux ou calcaire	FORAMINIFÈRES.
		Pseudopodes grêles, pointus, non ramifiés ni anastomosés, quelquefois rigides	HÉLIOZOAIRES.
		Pseudopodes gros et courts..	AMIBOÏDES.

CLASSE I. — RADIOLAIRES.

Rhizopodes dont l'endoplasme et l'ectoplasme sont séparés par une enveloppe chitineuse.

L'endoplasme, avec la capsule chitineuse qui l'entoure, constitue la *capsule centrale*. Des orifices, percés dans cette membrane, per-

(1) C'est au groupe de Coccidies que se rattache l'organisme qui caractérise l'impaludisme et particulièrement la fièvre intermittente. C'est un parasite des globules du sang (*Hæmamœba Laverani*) qui se présente sous forme d'une petite masse protoplasmique logée à l'intérieur des hématies. Elle grossit de façon à occuper toute l'étendue du globule, puis quand le maximum de taille est atteint, elle se divise en un certain nombre d'éléments nucléés, qui se disposent en rosettes et constituent autant de spores. Ces spores mises en liberté dans le sang, pénètrent chacune dans un nouveau globule sanguin où elles subissent une évolution identique. Les accès de fièvre coïncident avec la période de sporulation (LAVERAN).

mettent la communication des deux zones protoplasmiques. C'est d'après la disposition de ces orifices que les Radiolaires se répartissent en trois ordres :

RADIOLAIRES.	Capsule centrale percée uniformément de petits trous...................... ..	Péripylaires.
	Pores de la capsule localisés sur une région determinée (plaque poreuse).... .	Monopylaires.
	De 1 à 3 grands trous percés dans la capsule centrale.......	Phlodaries

Les Radiolaires présentent des pseudopodes très fins, tantôt simples et rayonnants comme ceux des Héliozoaires, tantôt réticulés comme

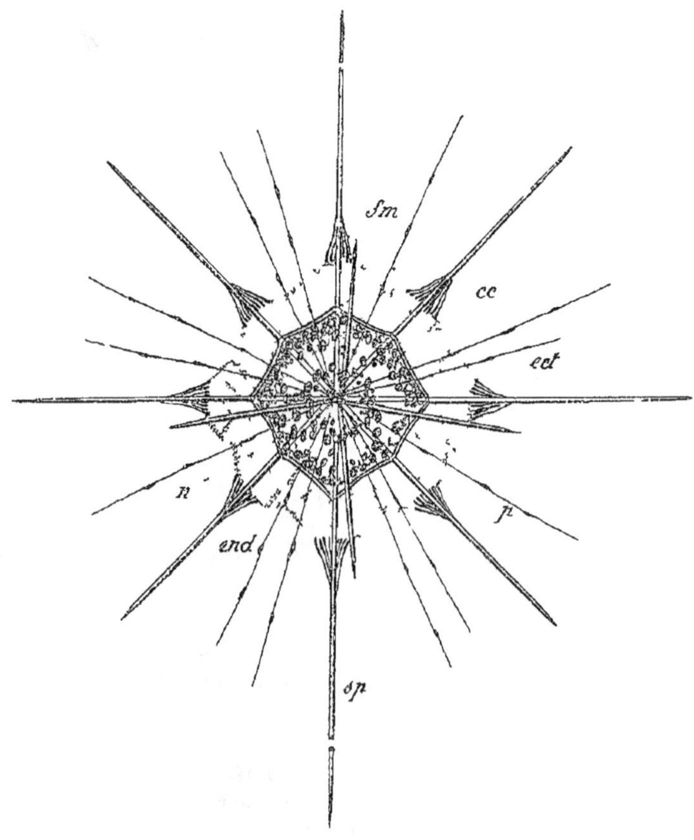

Fig 731 — *Acanthometra elastica* — *cc*, membrane chitineuse de la capsule centrale *end* endoplasme, *ect*, ectoplasme, *n*, noyaux, *p*, pseudopodes, *sp*, spicules, *fm*, fibrilles contractiles étendant le protoplasme sur les piquants.

ceux des Foraminifères. L'*endoplasme* est dépourvu de vésicule contractile, et présente en général un seul noyau central; dans quelques cas il en existe plusieurs, quelquefois même beaucoup, et dans certaines formes, ils peuvent devenir tellement nombreux qu'ils se touchent et deviennent polyédriques. L'endoplasme renferme fréquemment des gouttelettes oléagineuses et des vacuoles liquides, qui deviennent nombreuses au point de ne plus laisser qu'un réticulum protoplasmique. *Ectoplasme* formé d'une couche d'épaisseur uniforme chez les Péripylaires; ailleurs il est surtout épais au-devant de la plaque poreuse ou des gros orifices. Il est quelquefois criblé d'alvéoles qui peuvent le faire paraître mousseux. Il est recouvert par une enveloppe gélatineuse hyaline, que traverse un réseau de filaments protoplasmiques : ces filaments aboutissent à un fin réticulum superficiel, d'où partent les pseudopodes. L'ectoplasme renferme de petits corps jaunes, arrondis ou elliptiques, munis d'un

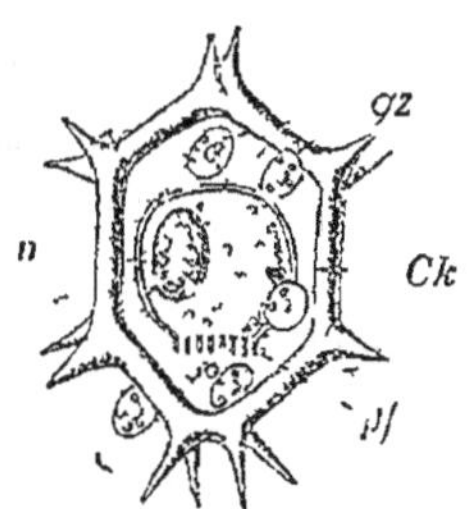

Fig. 732. — Radiolaire monopylaire (*Lithocircus annularis*). — *Ck*, capsule centrale, *pf*, plaque poreuse, *n*, noyau, *gz*, zooxanthelles.

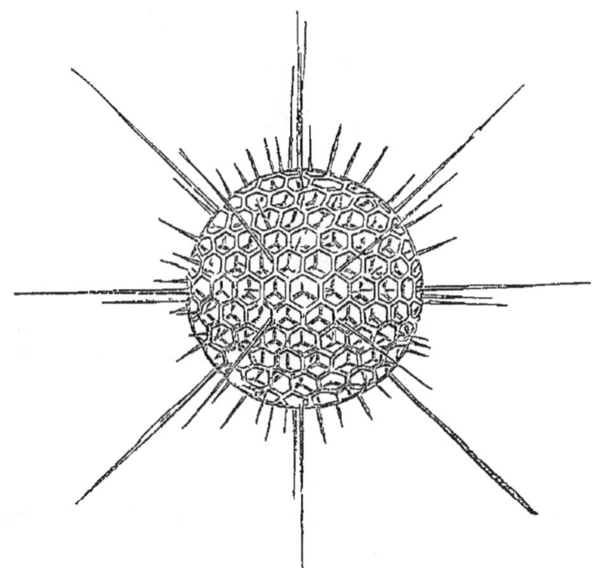

Fig. 733. — *Heliosphæra echinoides.*

noyau : ce sont des Algues unicellulaires, les *Zooxanthelles*, qui vivent en symbiose avec le Radiolaire.

Quelques Radiolaires sont dépourvus de squelette (*Collozoum*, *Thalassicolla*); mais la plupart présentent un squelette formé de spicules isolés, de piquants rayonnants, ou de sphères treillissées, ce squelette ne constitue jamais un test continu analogue à une coquille. Au point de vue de sa nature chimique, il peut être exclusivement formé de silice, ou d'une substance organique, l'*acanthine*, qui paraît être albuminoïde.

Les Radiolaires se reproduisent par *division* ou par *sporulation*. Dans le premier cas, la capsule centrale s'allonge, s'étrangle en forme de biscuit, puis se divise en deux ; l'ectoplasme se sépare ensuite en deux moitiés, contenant chacune une capsule centrale. Quelquefois les capsules centrales, apres s'être divisées, restent associées par les réticulums de leur ectoplasme sous la même enve-

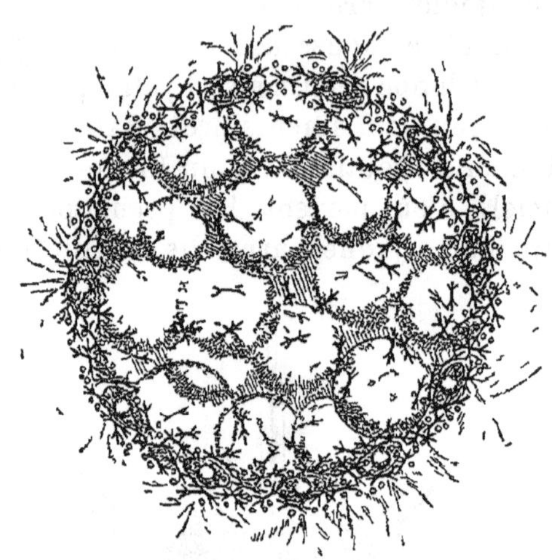

Fig 734. — *Sphærozoum ovodimare* — Coupe à travers une colonie vivante La masse de la colonie est formée par des alvéoles sphériques transparentes, reliées ensemble par un réseau de protoplasme. A la périphérie et a des distances régulières, on voit les capsules centrales lenticulaires, qui, en coupe, paraissent fusiformes Chaque capsule centrale renferme une grosse vésicule de graisse et est entourée de nombreuses cellules jaunes et de spicules a six branches

loppe gélatineuse. Ce sont des Radiolaires coloniaux (*Collozoum*, *Sphærozoum*). — La sporulation débute par la division du noyau au sein de la capsule centrale ; puis celle-ci se résorbe, et les noyaux se séparent, emportant chacun une petite masse de protoplasme munie d'un flagellum.

Les Radiolaires sont tous marins. Ils nagent en général entre deux eaux, ou rampent a l'aide de leurs pseudopodes a la surface de l'eau. Tous ne sont pas pélagiques cependant, car le *Challenger* a trouvé des formes abyssales, peu nombreuses a la vérité et appartenant toutes a l'ordre des Phéodariés. Ces formes rampent sur le fond de la mer à l'aide de leurs pseudopodes. — Les grandes profondeurs de la mer sont couvertes d'une mince couche de limon, absolument rempli de squelettes de Radiolaires (boue à Radiolaires). Mais ces Radiolaires n'appartiennent pas réellement a la faune abyssale. Le tres grand nombre appartiennent a des formes pélagiques, dont les squelettes sont lentement tombés sur le sol sous-marin, après la mort de l'animal.

ORDRE I. **Péripylaires.** — *Membrane centrale percée uniformement d'orifices.*

Organismes sphériques, ou dérivant de la sphère, à squelette formé d'acanthine ou de silice, quelquefois nul.

A. ***Acanthaires.*** *Squelette forme d'acanthine.* — *Acanthometra.* Squelette formé de 20 piquants rayonnant à partir du centre de la capsule et régulièrement disposés (fig. 731). — *Lithoptera.* Piquants portant des prolongements latéraux disposés tangentiellement a une même sphère. — *Dorataspis.* Les prolongements des 20 piquants deviennent contigus et constituent par leur ensemble une sphère treillisée complète; cette sphere devient d'un seul morceau dans quelques types. — *Haliomma.* Deux spheres treillissées.

B. ***Spumellaires.*** *Squelette siliceux ou nul.* — *Thalassicolla.* Squelette nul. — *Collozoum.* Squelette nul; plusieurs capsules centrales. — *Sphærozoum;* plusieurs capsules centrales, squelette formé de spicules tangentiels (fig. 734). — *Heliosphæra* (fig. 733), *Acanthosphæra, Actinomma.* De une à cinq sphères treillissées concentriques, avec ou sans piquants. — *Lytocyclia, Stilodictya, Coccodiscus,* etc. Squelette discoide, formé d'une partie centrale, sphérique ou lenticulaire, entourée d'un disque équatorial périphérique.

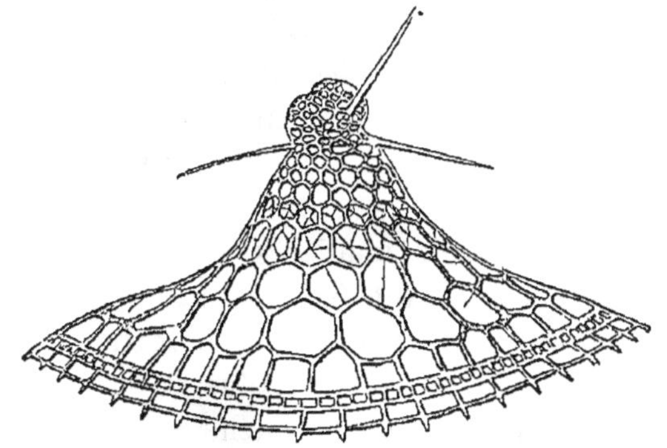

Fig 735 — Radiolaire monopylaire à deux articles (*Eucecryphalus Gegenbauri*)

ORDRE II. **Monopylaires.** — *Une plaque poreuse. Squelette symétrique par rapport à un axe.*

A. ***Monocyrtidés.*** Squelette d'une seule venue (fig. 732).

B. ***Dicyrtidés***. Squelette divisé par un étranglement en deux articles, séparés par une cloison percée de grands trous (fig. 735) : la capsule centrale, située dans l'article supérieur, envoie des diverticules dans l'autre article.

C. ***Polycyrtidés***. — Plusieurs articles au squelette.

ORDRE III. **Phéodariés**. — *Capsule ne présentant qu'un, deux ou trois larges orifices.*

La capsule est entourée de pigment très foncé. Espèces en général abyssales. *Challengeron*. Pas de squelette. — *Aulosphæra*. Squelette sphérique.

CLASSE II. — FORAMINIFÈRES.

Rhizopodes à protoplasme recouvert d'un test chitineux ou calcaire, à pseudopodes fins, longs, ramifiés et anastomosés.

Le protoplasme des Foraminifères n'est pas différencié nettement en ectoplasme et endoplasme, ce qui les distingue des Héliozoaires et surtout des Radiolaires. Leur caractéristique essentielle est, outre la forme de leurs pseudopodes, la présence d'un test, percé d'un orifice relativement large, la *bouche*, par où le protoplasme peut s'épancher au dehors et fournir les pseudopodes.

Le *test* est toujours a base de chitine; quelquefois même il est simplement chitineux ; d'autres fois, la chitine est recouverte de grains de sable agglutinés; plus souvent encore, la chitine est imprégnée de calcaire. Ces trois manieres d'être peuvent se retrouver dans une même espece suivant les conditions de milieu. Elles ne peuvent donc pas servir de base à la classification.

Un autre caractère tiré du test est plus important. Tantôt le test ne présente d'autre orifice que la bouche ; le protoplasme a l'etat d'extension est surtout abondant a ce niveau, et c'est de là que partent la plupart des pseudopodes (fig. 736). L'aspect des espèces calcaires est alors blanc et pareil à de la porcelaine. Ailleurs, au contraire, le test est perforé de petits trous, ou de fins canalicules, qui laissent passer le protoplasme et les pseudopodes; ces derniers forment alors a la surface de l'animal une couche uniforme (fig. 737). De la, la division des Foraminifères en ***Perforés*** et ***Imperforés***.

Au point de vue de la forme du test, on doit distinguer deux cas. 1° le test ne renferme qu'une loge, dont la forme d'ailleurs peut être extrêmement variable (*Tests monothalames*) ; 2° il est subdivisé par des cloisons en un certain nombre de loges communiquant entre elles (*Polythalames*). Dans ces derniers, les loges se forment successivement et leur multiplication résulte de l'accroissement du corps protoplasmique. L'arrangement de ces loges présente d'ailleurs la plus grande variation et sert de base à la classification.

Le corps protoplasmique renferme un noyau dans les formes monothalames, plusieurs dans les polythalames; mais il n'y a pas

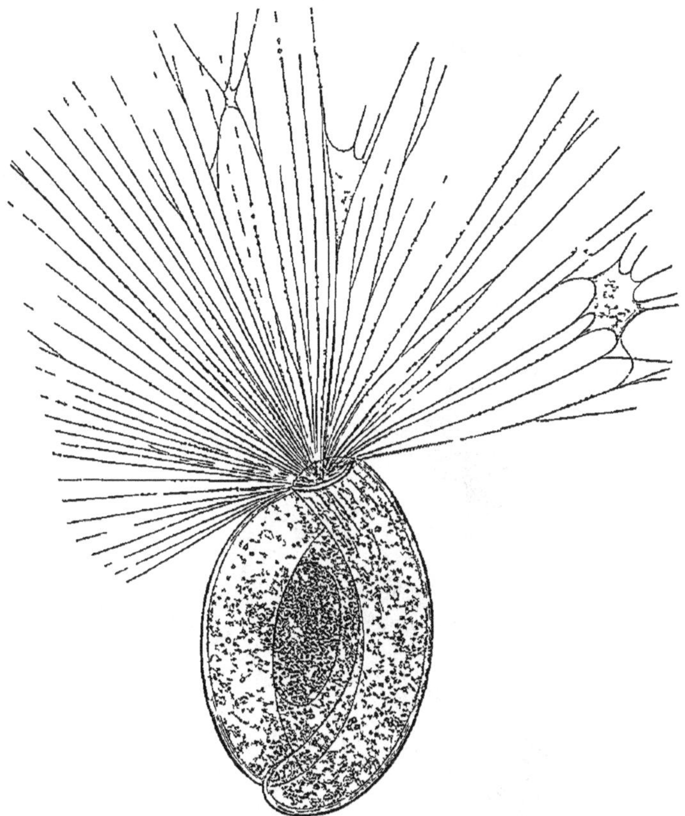

Fig 736 — Foraminifère imperforé (*Miliola tenera*).

de concordance entre le nombre des noyaux et celui des chambres; ces dernières sont en général plus nombreuses, et beaucoup ne renferment pas de noyaux ; aussi est-il difficile de considérer la formation des loges successives comme correspondant à la formation de colonies.

Les vésicules contractiles sont très répandues.

Reproduction peu connue. Dans certains cas, on trouve certaines loges renfermant de petits individus. Ce seraient des bourgeons internes, qui seraient mis en liberté par la bouche ou par la destruction des parois de la loge. On n'a jamais observé de conjugaison.

Les Foraminifères vivent tous dans l'eau, principalement dans la mer. Ils rampent à la surface de la vase et peuvent vivre à de grandes profondeurs. A partir de 500 mètres, il ne se dépose plus dans le fond de la mer qu'une argile rougeâtre extrêmement fine. Cette argile est remplie de coquilles de Foraminifères, et notamment de Globigérines. Ces Globigérines ont réellement vécu sur la vase où on trouve leurs restes ; mais elles ne dépassent pas 3500 mètres. C'est donc entre 500 et 3500 mètres qu'on rencontre la *boue à Globigérines*.

ORDRE I. **Imperforés.** — *Test ne présentant d'autre orifice que la bouche.*

A. *Monothalames.*

Gromia. Test chitineux, ovoïde ; espèces marines et espèces d'eau douce. — *Diplophrys.* Deux orifices au test. — *Astrorhiza.* Test aré-

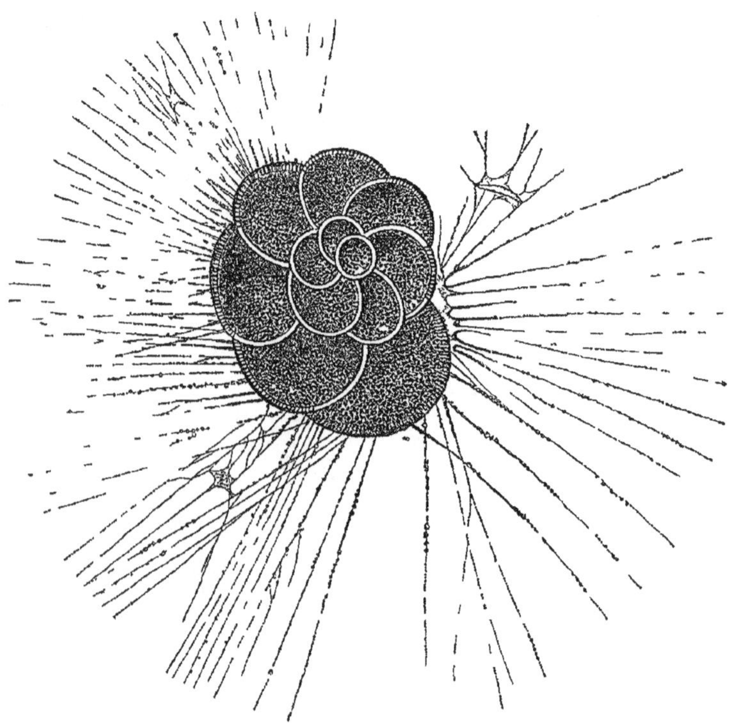

Fig. 737. — Foraminifère perforé (*Rotalia veneta*).

nacé en forme d'étoile, dont chaque branche porte une bouche terminale. — *Cornuspira.* Test calcaire enroulé en spirale.

B. *Polythalames.*

Spiroloculina. Chambres enroulées en spirale elliptique, occupant chacune une moitié de l'ellipse et s'ouvrant alternativement aux deux extrémités. — *Biloculina*. Comme la précédente, mais les chambres sont embrassantes, de façon que les deux dernières sont seules visibles. — *Triloculina*, *Quinqueloculina*. Chambres enroulées comme chez la Biloculine, mais se disposant suivant des méridiens espacés de 120° et de 72°, de façon que trois ou cinq chambres sont visibles. — *Vertebralina* Chambres d'abord disposées comme chez *Spiroloculina*, puis se disposant en série linéaire (*ditaxisme*). — *Peneroplis*. Test formé par un ruban s'enroulant d'abord en spirale et pouvant ensuite se prolonger en ligne droite. Le ruban est constitué par des rangées formées chacune de plusieurs loges, se succédant régulièrement. *Orbicularia*. Test en éventail, formé de rangées de loges de plus en plus larges; les rangées, allant en s'élargissant de plus en plus, finissent par former un cercle complet.

ORDRE II. **Perforés.** — *Test criblé de petits orifices; la bouche se ferme quelquefois.*

A. *Monothalames.*

Orbulina. Test sphérique. — *Lagena*. Test en forme de bouteille. – *Spirillina*. Test spiralé.

B. *Polythalames.*

Nodosaria. *Lagena*. Loges disposées en une série droite. — *Dentalina*. Série arquée. — *Rimulina*. Série spiralee. — *Textularia*. Loges disposées sur deux rangs alternés. — *Globigerina*. Loges spheriques,

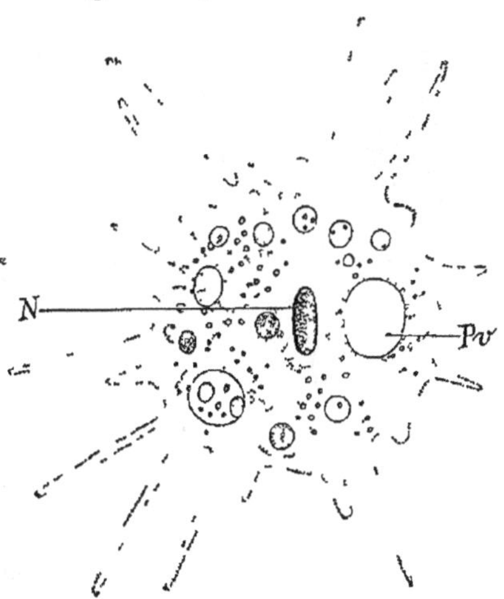

Fig 738 — *Dactylosphæra polypodia*, avec ectoplasme hyalin et endoplasme granuleux *N*, noyau, *Pv*, vacuole contractile

en spirale un peu confuse. — *Rotalia.* Loges disposées en spirale. Ensemble discoïde (fig. 737). — *Nummulites.* Test lenticulaire, formé de loges disposées en spirale, mais telles que chaque tour de spire embrasse les précédents, de façon a être seul visible. Test creusé d'un système de canalicules très compliqué.

CLASSE III. — HÉLIOZOAIRES.

Rhizopodes d'eau douce, à corps protoplasmique sphérique, avec de nombreux pseudopodes grêles, pointus, rayonnants.

Quelques formes font le passage aux Amibes. C'est le cas de *Dactylosphæra,* qui est une Amibe à pseudopodes plus nombreux et plus grêles. Les Héliozoaires typiques ont des pseudopodes rigides,

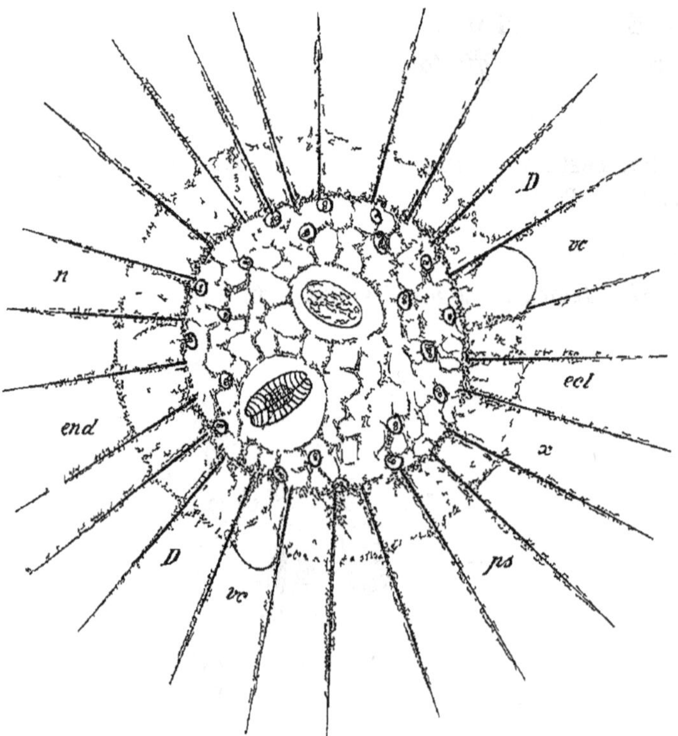

Fig 739 — Type d'Héliozoaire (*Actinosphærium*) — *end*, endoplasme, *ect*, ectoplasme, *n*, noyau, *vc*, vacuole contractile, *D*, Diatomées a l'intérieur d'une vacuole digestive, *ps*, pseudopodes, avec spicule axial *x*

par suite de la présence a leur intérieur d'une baguette solide s'etendant d'un bout à l'autre et formée d'une substance analogue, peut-être identique, a l'acanthine. Les pseudopodes sont donc ici des organes relativement constants. L'animal se meut par une sorte de balancement des pseudopodes.

Quand un Infusoire ou une Diatomée a frôlé un pseudopode, les pseudopodes voisins s'inclinent vers lui et le retiennent dans une sorte de cage ; puis un pseudopode spécial, gros et court, part du corps protoplasmique et va englober la proie capturée.

Reproduction par division, quelquefois par bourgeonnement donnant des zoospores, quelquefois enfin par sporulation.

Actinophrys : pas de différenciation du protoplasme; un seul noyau. — *Actinosphærium.* Protoplasme différencié en ectoplasme et endoplasme; de nombreux noyaux. — *Acanthocystis.* Des spicules siliceux. — *Orbulinella.* Une sphère treillissée continue. — *Clathrulina.* Une sphère treillissée; un pédoncule ; pseudopodes légèrement anastomosés; forme le passage aux Radiolaires.

CLASSE IV. — **AMIBOIDES** (1).

Rhizopodes à pseudopodes lobés, gros et courts.

Formes en général très simples, nues ou présentant un squelette ; en général un noyau, mais quelquefois plusieurs ou même un grand

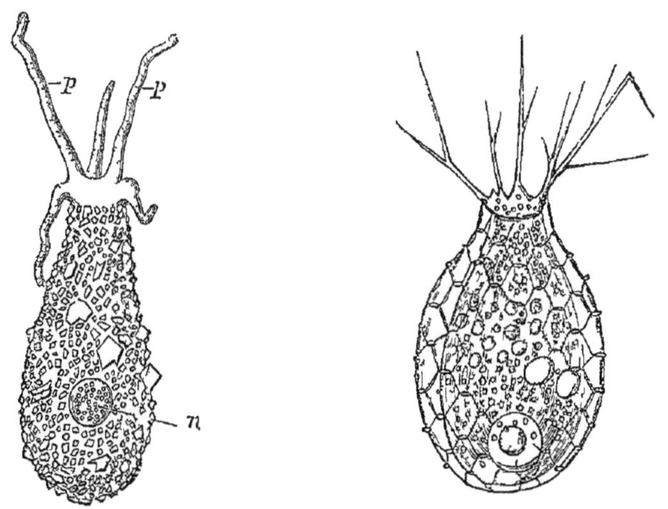

Fig 740 — *Difflugia oblonga* — *n*, noyau, *p*, pseudopodes Fig 741 — *Euglypha oblonga*

nombre Les pseudopodes servent constamment à la locomotion ou à la capture des proies. Celles-ci sont englobées avec une petite quantité d'eau, qui forme une vacuole digestive. Une vacuole contractile

(1) ἀμοιβή, changement.

en général. Se reproduisent par division. La conjugaison a été observée dans quelques cas.

Amibes (*Amœba*). Corps nu. Une vingtaine d'espèces, vivant dans la mer, mais surtout dans les eaux douces, quelquefois sur la mousse humide. Une espèce, *A. coli*, parasite accidentel dans l'intestin de l'Homme.

Arcella. Test chitineux en forme de verre de montre. — *Difflugia.* Bourse chitineuse couverte de grains de sable. — *Euglypha.* Test chitineux, présentant des plaquettes hexagonales ; pseudopodes grêles et pointus, légèrement ramifiés ; passage aux Foraminifères.

INDEX ALPHABÉTIQUE

Q

R

FIN DE L'INDEX ALPHABÉTIQUE.

1209-96 — Corbeil. Imprimerie Ed. Crété

www.ingramcontent.com/pod-product-compliance
Lightning Source LLC
Chambersburg PA
CBHW060716220326
41598CB00020B/2112

9782019166298